"十二五"普通高等教育本科国家级规划教材
高等院校石油天然气类规划教材
北京高等教育精品教材

沉积岩石学

(第五版·富媒体)

朱筱敏 主编

石油工业出版社

内 容 提 要

本书是我国高等院校地质资源与地质工程、地质学、石油工程等专业采用的沉积岩石学课程统编教材，是在前四版教材的基础上修订而成的。全书全面系统地叙述了沉积岩石学的基础知识、基本原理和基本研究方法，介绍了沉积岩的形成与演化，沉积岩的成分、结构和构造特征，沉积相类型及沉积相模式，主要沉积类型的油气勘探意义。教材内容丰富、概念清楚、图文并茂、理论联系实际、可读性强，反映了近期沉积岩石学、沉积学和岩相古地理学的研究热点和最新研究成果。

本书除供高等院校有关专业本科生和研究生的沉积岩石学教学需要外，也可供其他专业教学及广大地学科技人员参考使用。

图书在版编目（CIP）数据

沉积岩石学：富媒体/朱筱敏主编. —5版. —北京：
石油工业出版社，2020.12（2025.11重印）
"十二五"普通高等教育本科国家级规划教材
ISBN 978－7－5183－4387－4

Ⅰ.①沉…　Ⅱ.①朱…　Ⅲ.①沉积岩石学—高等学校—教材
Ⅳ.①P588.2

中国版本图书馆 CIP 数据核字（2020）第 228580 号

出版发行：石油工业出版社
　　　　　（北京市朝阳区安定门外安华里2区1号楼　100011）
　　　　　网　　址：www.petropub.com
　　　　　编辑部：（010）64523697　图书营销中心：（010）64523633
经　　销：全国新华书店
排　　版：三河市燕郊三山科普发展有限公司
印　　刷：北京中石油彩色印刷有限责任公司

2020年12月第5版　2025年11月第5次印刷
787毫米×1092毫米　开本：1/16　印张：35
字数：891千字

定价：69.00元
（如发现印装质量问题，我社图书营销中心负责调换）
版权所有，翻印必究

编写人员名单

主编：朱筱敏　中国石油大学（北京）

参编人员及单位（按姓氏拼音顺序排列）：

鲍志东　中国石油大学（北京）

何幼斌　长江大学

季汉成　中国石油大学（北京）

金振奎　中国石油大学（北京）

谢庆宾　中国石油大学（北京）

张廷山　西南石油大学

序一

沉积学（沉积岩石学）是一门古老的地质学科，随着地质学基础理论、方法技术和能源工业的发展，沉积学理论和方法也得到快速发展。目前，沉积学研究热点主要包含"源汇系统"、深时气候与沉积作用、大洋（陆）钻探与深水沉积过程、碳酸盐岩沉积环境与沉积模式、微生物岩（混积岩）沉积学及沉积过程模拟、地质大数据等多个方面。

在未来沉积学发展创新过程中，沉积岩石学是重要的研究基础。由国家教学名师、国家教学团队带头人、中国石油大学（北京）朱筱敏等编写的《沉积岩石学（第五版）》顺应了当今沉积学发展现状和趋势。该教材主要内容包括：沉积岩的物质成分、结构、构造、岩石产状和岩层之间的关系；沉积岩的母岩风化、沉积物搬运、沉积及沉积后变化的理论知识；沉积相的概念和分类，不同碎屑岩和碳酸盐岩沉积相的基本特征、沉积模式、时空分布及其与油气富集之间的关系等。同时，介绍沉积岩岩石描述、确定沉积过程、恢复沉积相、绘制沉积古地理图件以及预测沉积盆地有利生储盖分布地区的综合研究方法。

与《沉积岩石学（第四版）》相比，第五版教材强调追踪学科理论前沿和沉积岩石学研究新进展；着重阐明了水动力学理论和沉积机制，三角洲、重力流、生物礁等主要沉积类型的沉积过程和沉积模式；每章增加了导读、主要知识点和思考实习题，更换了部分图表与照片；整体构建了反映学科前沿动态的、系统的、新颖的、实用的教材体系。

《沉积岩石学（第五版）》教材是在1982年第一版、1992年第二版、2001年第三版和2008年第四版教材体系的基础上修订而成的，经过多次出版修订，具良好继承性；反映了学科前缘动态和沉积学发展规律，具有科学性、系统性；教材概念清晰、层次分明、教材体系符合科学认知规律，利于启发学生学习沉积科学知识；教材内容丰富、图文并茂，结合石油勘探成果，理论联系实际；教材精练、信息量大，基础性、可读性和实用性强，利于学生自学。

我相信，该教材的出版发行不仅可满足石油、地矿高校及有关专业沉积岩石学本科生和研究生教学需要，而且可供其他专业教学及广大地学科技人员参考使用，是值得精读的优秀教材。

中国科学院院士、中国地质大学（北京）教授

序二

沉积岩石学是"研究沉积岩（物）的沉积过程、岩石结构、沉积构造、岩石成因与分布和沉积环境产物的科学"，在沉积型矿产勘探与开发中发挥着重要作用。沉积岩石学的形成与发展既依赖于地质学相关学科理论的创立与发展，也与石油工业发展的需求密切相关。随着岩性油气藏勘探发现规模与范围的不断扩大和非常规油气勘探开发需求的日益加大，沉积（岩石）学获得的关注与应用越来越多，且一直是地质学大家庭里的研究重点和热点。沉积（岩石）学的理论和方法已经有效指导了中国油气勘探开发历程，对推动我国油气产量、储量增长和石油工业的可持续发展都发挥了不可磨灭的作用。同时，沉积岩石学在推动石油工业健康发展中也实现了自身的完善和发展。

由国家教学名师、国家精品课程和资源共享课程、国家一流课程（线下）主讲教师朱筱敏教授主编的"十二五"普通高等教育本科国家级规划教材《沉积岩石学（第五版）》是在中国石油大学吴崇筠、冯增昭、赵澄林、朱筱敏4位教授主编的前四版教材的基础上修订完成的。该教材共分五篇二十八章。第一篇介绍沉积岩石学基本概念、研究内容及研究方法、发展过程，以及沉积岩的形成和演化过程。第二篇介绍碎屑岩及火山碎屑岩成分、结构、构造特征和沉积后作用。第三篇介绍碳酸盐岩的基本特征、分类、沉积后作用、白云岩形成机理。第四篇介绍其他沉积岩和矿产。第五篇介绍与油气资源密切相关的碎屑岩和碳酸盐岩沉积相沉积特征及沉积模式。

《沉积岩石学（第五版）》教材具有明确的教材编写指导思想和创新意识；教材突出"三基"全面教育和训练，教材体系符合科学认知规律，具有先进的理论体系，概念清楚、方法实用，与油气勘探实践紧密结合。教材在保持系统性和新颖性的同时，将科研成果引进教材，又体现了教材对学科前沿动态的跟踪与敏锐性；教材内容丰富，注重能力培养，富有极高的启发性；教材结构严谨，层次分明，知识内容逐渐递进；教材文字流畅简洁，基本概念、定义严谨清晰；教材中有大量从中国沉积型矿产勘探和开发实践中总结出来的理论认识和实际例子，信息量大，并提供了大量配有文字说明的图件和富媒体资料，设计精美、图文并茂。

总之，朱筱敏教授主编的国家级规划教材《沉积岩石学（第五版）》，不仅反映了沉积学研究最新进展，而且理论密切联系实际，理论性、系统性和可读性强，是一本石油特色鲜明的精品教材。

中国工程院院士、中国石油勘探开发研究院教授级高工

第五版前言

沉积岩石学是研究沉积岩（包括沉积矿产）形成、沉积过程、沉积特征、沉积相类型和沉积岩时空分布规律的一门具有200余年历史的地质科学。20世纪中叶，沉积岩石学得到迅速发展，并进入专业化研究阶段。21世纪，沉积岩石学（沉积学）在全球化综合研究、源汇系统、沉积作用过程和沉积机理以及矿产开发应用等方面取得了一系列创新成果。

1953年，在北京石油学院（中国石油大学的前身）成立之际，吴崇筠教授就在石油地质勘探专业开始了沉积岩石学教学工作。

1958年，北京石油学院吴崇筠教授编写的《沉积岩石学参考材料》，约30万字。此书是我校以后编写并公开出版《沉积岩石学》的先导教材和专著。

1961年，中国工业出版社出版了由吴崇筠教授主编的、我国第一本公开出版的《沉积岩石学》教材，此书38万字，参编人员还有冯增昭、冯宝华、赵澄林、管守锐、安延恺、张家环等。

1977年，华东石油学院勘探系基础地质及石油地质教研室主编的《沉积岩》由石油化学工业出版社出版。全书53万字。这是我校编写并公开出版的第二本沉积岩石学的专著，全面叙述了不同成因类型砂体与油气勘探之间的关系。

1977年末，华东石油学院勘探系开始酝酿编写适应恢复高考后石油高校油气地质与勘探专业教学需要的、反映沉积岩石学新进展的《沉积岩石学》教材。由华东石油学院岩矿教研室主编，参编人员有冯增昭、赵澄林、信荃麟、刘孟慧、管守锐、方少仙、洪庆玉、强子同。1982年由石油工业出版社出版《沉积岩石学》（上、下册），该教材约71万字，是我校编写并公开出版的第三本沉积岩石学教材。它在我国石油高校以及其他高校的沉积岩石学教学和科研工作中发挥了重要作用，得到了广大师生及读者的好评，也受到了联合国教科文组织有关专家的好评。

1986年，在主编冯增昭教授组织下，开始酝酿《沉积岩石学（第二版）》的编写工作。该教材约100万字，参编人员有冯增昭、赵澄林、信荃麟、刘孟慧、管守锐、方少仙、侯方浩、洪庆玉、强子同。1993年由石油工业出版社出版后，不仅对石油高校沉积岩石学的教学工作起到了很大引领作用，而且对于石油勘探开发科研工作起到了积极推动作用，在学术界引起了积极的反响。该教材曾于1994年获中国石油天然气总公司高等学校优秀教材特等奖，并于1997年获国家优秀教材二等奖。

1998年，赵澄林教授积极组织编写《沉积岩石学（第三版）》教材，青年教师朱筱敏、鲍志东、季汉成、金振奎、王贵文、谢庆宾等参加教材编写工作。教材编写人员本着加强基础理论和知识传播、反映学科前沿动态、简明扼要、系统性和可读性强的原则，对《沉积岩石学（第二版）》作了较大的修订，特别增加了碎屑岩和碳酸盐岩沉积相方面的新成果。该教材在21世纪初适应了新时期石油高校教学改革的需要，在地质教学和石油勘探开发研究中发挥了积极作用，并于2006年被评为"北京高等教育精品教材"。

随着21世纪世界石油工业的快速发展，要求出版能反映在现代沉积环境、海陆相沉积相序、沉积岩石学研究方法、沉积作用模拟、层序地层学（地震沉积学）以及岩性油气藏勘探等领域取得重大进展的沉积岩石学教材。2004年以来，石油工业出版社和中国石油大学抓住了这个重要机遇，组织中国石油大学、大庆石油学院、西南石油学院和长江大学的教师对《沉积岩石学（第三版）》教材进行修订完善，并对编写人员进行了调整组合。《沉积岩石学（第四版）》是普通高等教育"十一五"国家级规划教材，它继承了《沉积岩石学（第三版）》教材概念清楚、理论先进、方法实用、通顺易懂、与油气勘探实际密切结合的特点，继承了在沉积岩的形成及演化、沉积岩主要类型和特征、沉积相标志、主要沉积体系类型和特征等方面的完整体系，同时调整了碳酸盐岩沉积的章节，增加了深水牵引流和主要沉积类型的最新理论和实际研究成果，形成了系统、新颖、反映学科前沿动态的教材体系。

2008年，朱筱敏教授担任主编，季汉成、鲍志东、金振奎、王贵文、钟大康、谢庆宾、何幼斌、陈世悦、柳成志、沈昭国教授参编的，近80万字的《沉积岩石学（第四版）》由石油工业出版社出版并在中国数十所综合性大学和行业性大学得到了广泛应用，产生了重要影响。第四版《沉积岩石学》教材已印刷10余次，发行4万余册。该教材先后获得2010年中国石油高等教育（2004—2009）优秀教材奖、2011年中国石油和化学工业优秀出版物（教材奖）一等奖、2011年北京高等教育精品教材奖。2012年《沉积岩石学（第五版）》被选定为"十二五"普通高等教育本科国家级规划教材。

近十年来，沉积岩石学（沉积学）除了在岩石学定量化研究方面取得进展之外，在冲积扇、河流、滩坝、三角洲、重力流沉积特征和形成机理，碳酸盐岩沉积环境和沉积模式，全球海平面变化、全球气候变化、源汇系统与过程沉积学、构造沉积学、火山沉积学、混合沉积学等方面均取得了创新成果。加之高等学校教学改革出现了许多新理念、新方法、新手段，要求我们加快编写适应新时代快速发展的《沉积岩石学》教材。自2016年起，在石油工业出版社组织教材编写研讨会、研讨制定教材编写大纲的基础上，确定《沉积岩石学（第五版）》由中国石油大学（北京）、长江大学和西南石油大学的主讲教师基于《沉积岩石学（第四版）》教材进行修订完善。

《沉积岩石学（第五版）》包括28章，主要内容包括：沉积岩的物质成分、结构、构造、岩石产状和岩层之间的关系；沉积岩形成的理论，包括风化、搬运、沉积及沉积后变化的理论知识，特别是研究沉积作用及沉积后作用所形成的物质组分和结构、构造特点；沉积相的概念和分类、不同碎屑岩和碳酸盐岩沉积相的基本特征、主要识别标志、沉积模式、沉积砂体时空分布及其与油气分布富集之间的关系等。同时，介绍沉积岩岩石描述、确定沉积过程、恢复沉积相、绘制沉积古地理图件以及预测沉积盆地有利生储盖分布地区的综合研究方法。

与《沉积岩石学（第四版）》相比，第五版教材强调追踪学科理论前沿，反映近年来沉积岩石学研究成果；系统表明碎屑岩和碳酸盐岩岩石学特征，更换了部分图表与照片；着重阐明主要沉积类型的沉积特征，强调沉积过程和沉积机理分析，介绍沉积模式研究新进展，增加了碎屑岩和碳酸盐岩沉积新模式；每章增加导读（包括核心知识点）和思考实习题；将第四版与碳酸盐岩相关的第二十五章与第二十六章合并、第二十八章与第二十九章合并，分别构成第五版的第二十五章和第二十七章；指出主要沉积类型与油气勘探开发的关系，整体构建了反映学科前沿动态的、系统的、新颖的、实用的教材体系。

沉积岩石学是资源勘查工程、地质学等专业重要的专业基础课之一，可为地层学、地球化学、石油地质学、储层地质学以及测井地质学、地震地层学、层序地层学（地震沉积学）

学习和研究提供沉积学基础。

该课程的教学思想是:"夯实基础知识,践行多维教育,培育实际能力,拓展创新思维",建议教学学时为120学时(含30~40学时实验课)。

《沉积岩石学(第五版)》教材编写人员具有丰富的教学和科研经验,具体编写分工如下:朱筱敏教授任主编,编写第一、第四、第五、第七、第九、第十四、第十五、第十六、第十七、第十八、第十九、第二十、第二十一、第二十二、第二十四、第二十八章;季汉成教授编写第二、第六、第八、第十章,朱筱敏参编第二章;谢庆宾教授编写第三章和附录;金振奎教授编写第十一、第十三章;鲍志东教授编写第十二章;何幼斌教授编写第二十三章;金振奎、鲍志东、朱筱敏教授编写第二十五章;张廷山和朱筱敏教授编写第二十六章;鲍志东、朱筱敏教授编写第二十七章;朱筱敏教授和潘荣博士编写了各章的导读和思考实习题。朱筱敏、朱世发、王俊辉、孙海涛、梁婷、史燕青博士提供了富媒体资源。

2020年6月全书修订编写完毕,最后经主编统一审校、加工、定稿,交石油工业出版社出版。

在该教材编写中,继承了《沉积岩石学》前四版的教材体系、结构框架和主要内容,吸取了许多著作者的见解和成果,参阅了多篇沉积学文献,在此深表谢意。

感谢中国地质大学(北京)王成善院士和中国石油勘探开发研究院赵文智院士审阅了第五版教材,提出了许多建设性的修改意见,并给第五版教材作序。

感谢中国石油大学(北京)张宏、沈志虹、牛花朋教授在流体力学、无机化学和矿物学基础知识方面给予的指导,感谢北京大学梁新平博士和中国科学院刘诗奇博士在俄文文献核定方面给予的帮助。

在教材编写过程中,中国石油大学(北京)相关领导给予了关心和支持,中国石油大学(北京)教务处和地球科学学院领导专家也给予了许多指导,在此一并深表感谢。

希望《沉积岩石学(第五版)》对中国高等学校地质及其相关专业本科生、研究生的沉积岩石学(沉积学)的教学和沉积矿产勘探开发研究工作的发展起到地质理论基础和应用指导作用,并逐渐形成具中国区域特色的沉积学理论和应用体系。

由于编写者教学科研水平有限,教材中会有不足之处,恳请使用该教材的广大师生和读者提出宝贵建议和意见,并反馈给本人,本人表示衷心感谢!

本人通讯地址:北京市昌平府学路中国石油大学(北京)地球科学学院,邮编102249,电子邮箱 xmzhu@cup.edu.cn。

朱筱敏
2020年6月29日

第四版前言

沉积岩石学是研究沉积岩（包括沉积矿产）形成、沉积特征、沉积相类型和沉积岩时空分布规律的一门地质科学。沉积岩石学研究具有近200年的历史，20世纪中叶，沉积岩石学得到迅速发展和广大地质工作者的普遍关注。1953年，在北京石油学院成立之际，吴崇筠教授就在石油地质勘探专业开始了沉积岩石学教学工作。

1958年，北京石油学院吴崇筠教授编写了《沉积岩石学参考材料》，约30万字。此书是我校以后编写并公开出版的沉积岩石学的先导教材和专著。

1961年，中国工业出版社出版了由北京石油学院矿物岩石教研室主编的《沉积岩石学》，此书是我国第一本公开出版的沉积岩石学教材，全书38万字。编写者除主编吴崇筠外，还有冯增昭、冯宝华、赵澄林、管守锐、安延恺、张家环等。

1977年，华东石油学院勘探系基础地质及石油地质教研室主编的《沉积岩》由石油化学工业出版社出版，全书53万字，这是我校编写并公开出版的第二本沉积岩石学专著，全面叙述了不同成因类型砂体与油气勘探之间的关系。

1977年末，华东石油学院勘探系开始酝酿编写能适应恢复高考后石油高校油气地质与勘探专业教学需要的、反映沉积岩石学新进展的沉积岩石学教材。1982年，由冯增昭任主编、赵澄林任副主编的《沉积岩石学》（上、下册）由石油工业出版社出版。该教材大约71万字，是我校编写并公开出版的第三本沉积岩石学教材。它在我国石油高校以及其他高校的沉积岩石学教学和科研工作中发挥了重要作用，得到了广大师生及读者的好评，也受到了联合国教科文组织有关专家的好评。

1986年，在主编冯增昭教授组织下，开始酝酿《沉积岩石学》（第二版）的编写工作，该教材约100万字，1993年由石油工业出版社出版后，不仅对石油高校沉积岩石学的教学工作起到了很大作用，而且对于石油勘探开发的科研工作起到了积极推动作用，在学术界引起了广泛的反响。该教材曾于1995年获石油高校第三届优秀教材特等奖，并于1997年获国家优秀教材二等奖。

1998年，赵澄林教授积极组织编写《沉积岩石学》（第三版），青年教师朱筱敏、鲍志东、季汉成、金振奎、王贵文、涂强、谢庆宾参加教材编写工作。编写人员本着加强基础理论和知识传播、反映学科前沿动态、简明扼要、系统性和可读性强的原则，对《沉积岩石学》（第二版）做了较大的修订工作，特别是在碎屑岩和碳酸盐岩沉积相方面作了较大的改动。该教材在2001年由石油工业出版社出版，适应了新时期石油高校教学改革的需要，在地质教学和石油勘探开发研究中发挥了积极作用。该教材被教育部评为普通高等教育"九五"国家级重点教材，并于2004年获北京市高等教育精品教材奖。

前三版《沉积岩石学》教材已印刷10余次，发行7万余册。

随着21世纪世界石油工业的快速发展，要求出版能反映在现代沉积环境、海陆相沉积相序、沉积岩石学研究方法、沉积作用模拟、层序地层学（地震沉积学）以及岩性油气藏勘探等领域取得重大进展的沉积岩石学教材。2004年以来，石油工业出版社和中国石油大学抓住了这个重要机遇，组织中国石油大学、大庆石油学院、西南石油学院和长江大学的教师对《沉积岩石学》（第三版）教材进行修订完善，并对编写人员进行了调整。《沉积岩石学》（第四版）是"十一五"国家级规划教材，它继承了《沉积岩石学》（第三版）教材概念清楚、理论先进、方法实用、与油气勘探实际密切结合的特点，继承了在沉积岩的形成及演化、沉积岩主要类型和特征、沉积相标志、主要沉积体系类型和特征等方面的完整体系，同时调整了碳酸盐岩沉积的章节，增加了深水牵引流和主要沉积类型的最新理论和实际研究成果，形成了系统、新颖、反映学科前沿动态的教材体系。

沉积岩石学是地质工程专业（石油地质专业）重要的专业基础课之一，可为地层学、层序地层学、地球化学、石油地质学、储层地质学以及测井地质学、地震地层学（地震沉积学）学习和研究提供沉积学基础。该课程是石油地质、矿产普查与勘探、地质工程及相近专业的必修课和专业基础课。课程的主要内容是：全面研究沉积岩的物质成分、结构、构造、岩石产状和岩层之间的关系；总结沉积岩形成的理论，包括风化、搬运、沉积及沉积后变化的理论，特别是研究沉积作用及沉积后作用所形成的物质组分和结构、构造特点；阐述沉积相的概念和分类、不同碎屑岩和碳酸盐岩沉积相的基本特征、主要识别标志和与油气分布之间的关系、沉积相模式、沉积砂体的时空分布，恢复沉积古地理面貌，预测沉积矿产的有利分布地区。同时，介绍沉积岩岩石描述、确定沉积过程、恢复沉积相以及预测有利生储盖分布地区的综合研究方法。

该课程的教学思想是："拓宽基础知识，提高理论水平，推行素质教育，突出实际能力"，建议教学学时为120学时（含20学时实验课）。

本书继承了《沉积岩石学》前三版的体系和主要内容，吸收了许多著作者的见解和成果，在此深表谢意。《沉积岩石学》（第四版）教材编写人员均是石油院校主讲教师，具有丰富的教学和相关科研经验，这次教材的具体编写分工如下：

朱筱敏任主编，编写第一、第五、第七、第十六、第十七、第十八、第二十、第二十二、第二十四、第三十章；季汉成编写第二、第六、第八、第十章；谢庆宾编写第三章和附录；柳成志编写第四章；钟大康编写第九、第十四章；金振奎编写第十一、第十三、第二十六章；鲍志东编写第十二、第二十五、第二十八章；王贵文编写第十五、第十九、第二十九章；陈世悦编写第二十一章；何幼斌编写第二十三章；沈昭国编写第二十七章。

2007年10月全书修订编写完毕，并提交中国地质大学（北京）郑浚茂教授和中国石油勘探开发研究院顾家裕教授评审。主审人对教材进行了认真详细审阅，提出了许多建设性的修改意见。根据主审人的评审意见，各位编者又对所编章节进行了修改，最后经主编统一审校、加工、定稿后交石油工业出版社出版。

在教材编写过程中，石油工业出版社和中国石油大学领导给予了关心和支持。石油工业出版社教材出版中心的领导和责任编辑、中国石油大学教务处的领导也给予了大力帮助，在此深表感谢。

愿《沉积岩石学》（第四版）这本精品教材对我国高等院校本科生、研究生的沉积岩石学的教学和沉积矿产勘探开发研究工作的发展能够起到地质理论基础作用和应用指导作用。

朱筱敏

2007年10月10日

第一版前言

本书是根据石油工业部 1977 年 12 月教材会议的决定编写的，是我国各石油院校石油地质专业的"沉积岩石学"教材，学时 140 左右。全书分上、下册共六编二十四章。

本书为华东石油学院及西南石油学院编写，由华东石油学院岩矿教研室主编。参加编写的教师共八人，分工如下：

方少仙（西南石油学院）：第八、十一、十四、十五章；

洪庆玉（西南石油学院）：第二十章；

强子同（西南石油学院）：第二十三章；

冯增昭（华东石油学院）：第一、七、十、十二、十三、十七、十八、二十二、二十四章；

刘孟慧（华东石油学院）：第二、四章；

信荃麟（华东石油学院）：第三、五、六章；

赵澄林（华东石油学院）：第九、十六、二十一章；

管守锐（华东石油学院）：第十九章。

本书的审稿工作，除两个编写单位自审外，还特请武汉地质学院何镜宇副教授、中国矿业学院张鹏飞副教授、石油工业部石油勘探开发科学研究院吴崇筠副教授审阅。三位老师严肃、认真、热情地提出了许多宝贵意见。另外，中国科学院地质研究所的戴永定和李菊英同志还对第十一章提出了许多宝贵的修改意见。特此深表谢意。

在本书的编写过程中，大庆油田、胜利油田、四川石油管理局、贵州石油勘探指挥部、云南石油地质大队、地质部地质科学院、二普、八普、山东海洋学院、成都地质学院、中国科学院地质研究所等单位，曾给以大力协助；长庆油田还派李延森同志专程来京和我院一起进行绘图工作；石油工业部教材编译室也给予大力支持，责任编辑刘孟慧同志对全书进行了整理和编辑工作；在此一并致谢。

在两个编写单位的党委以及院、系的领导和支持下，在有关单位的协助下，八位编者共同努力，几经修改，终于完成了本教材的编写工作。但是由于我们水平所限，问题、欠妥甚至错误之处是难免的。敬希使用此教材的广大师生和阅读此书的广大读者批评指正。

华东石油学院　岩矿教研室

1981 年 6 月

目　录

第一篇　总　论

第一章　绪论 ·· 1
　第一节　沉积岩的基本概念、基本特征及分类 ······································· 1
　第二节　沉积岩石学的基本概念、研究内容及研究方法 ························· 3
　第三节　沉积岩石学的历史、现状及发展趋势 ······································· 5
　思考实习题 ·· 10
第二章　沉积岩的形成及演化 ··· 11
　第一节　母岩的风化作用——沉积岩最原始物质的形成 ··························· 11
　第二节　碎屑物质的搬运和沉积作用 ··· 18
　第三节　溶解物质的搬运和沉积作用 ··· 33
　第四节　沉积后作用及其阶段的划分 ··· 37
　思考实习题 ·· 40

第二篇　碎屑岩及火山碎屑岩

第三章　碎屑岩的成分 ··· 41
　第一节　碎屑成分 ·· 41
　第二节　填隙物成分 ·· 48
　第三节　化学成分 ·· 51
　思考实习题 ·· 53
第四章　碎屑岩的结构及粒度分析 ··· 55
　第一节　碎屑颗粒及填隙物的结构 ·· 55
　第二节　支撑结构和胶结类型 ··· 64
　第三节　孔隙结构和结构成熟度 ·· 65
　第四节　粒度分析 ·· 66
　思考实习题 ·· 82
第五章　碎屑岩的构造和颜色 ·· 83
　第一节　沉积构造的分类 ··· 83
　第二节　层理 ·· 84
　第三节　层面构造 ·· 96
　第四节　变形构造 ·· 100
　第五节　化学成因构造 ·· 103
　第六节　生物成因构造 ·· 104
　第七节　碎屑岩的颜色 ·· 106

思考实习题……108
　第六章　砾岩……109
　　　第一节　砾岩的一般特征……109
　　　第二节　砾岩的分类……109
　　　第三节　砾岩主要成因类型……111
　　　思考实习题……115
　第七章　砂岩及粉砂岩……116
　　　第一节　砂岩的一般特征……116
　　　第二节　砂岩的分类……117
　　　第三节　石英砂岩类……122
　　　第四节　长石砂岩类……124
　　　第五节　岩屑砂岩类……126
　　　第六节　杂砂岩类……129
　　　第七节　粉砂岩类……130
　　　第八节　砂岩油气储集性能及研究方法……131
　　　思考实习题……132
　第八章　黏土岩……134
　　　第一节　黏土岩的物质成分……134
　　　第二节　黏土岩的结构、构造和颜色……138
　　　第三节　黏土岩的分类和沉积后变化……140
　　　思考实习题……144
　第九章　碎屑沉积物的沉积后作用……145
　　　第一节　压实作用和压溶作用……145
　　　第二节　胶结作用……148
　　　第三节　交代作用和重结晶作用……152
　　　第四节　溶解作用与次生孔隙……156
　　　第五节　碎屑岩成岩阶段划分及其主要标志……160
　　　思考实习题……162
　第十章　火山碎屑岩……163
　　　第一节　火山碎屑岩的成分……163
　　　第二节　火山碎屑岩的结构、构造及颜色……165
　　　第三节　火山碎屑岩的分类和命名原则……166
　　　第四节　火山碎屑岩的主要岩类及其特征……167
　　　第五节　火山碎屑岩的成因类型及其标志……169
　　　思考实习题……171

第三篇　碳酸盐岩

第十一章　碳酸盐岩概述……172
　　　第一节　碳酸盐岩的研究现状及发展趋势……172
　　　第二节　碳酸盐岩的成分及颜色……176

> 第三节 碳酸盐岩的结构组分 178
> 第四节 碳酸盐岩的构造 188
> 思考实习题 191

第十二章 石灰岩 193
> 第一节 石灰岩的成分分类 193
> 第二节 石灰岩的结构分类 194
> 第三节 石灰岩的主要类型 201
> 思考实习题 204

第十三章 白云岩 205
> 第一节 白云石晶体和白云岩岩类学 205
> 第二节 白云岩的生成机理 208
> 第三节 白云岩的成因分类 217
> 思考实习题 219

第十四章 碳酸盐沉积物的沉积后作用 220
> 第一节 碳酸盐沉积物沉积后作用的环境及特征 221
> 第二节 碳酸盐沉积物沉积后作用的主要类型 225
> 第三节 成岩序列和成岩阶段 232
> 思考实习题 237

第四篇 其他沉积岩及矿产

第十五章 其他沉积岩及矿产 238
> 第一节 其他沉积岩 238
> 第二节 煤及其形成演化 252
> 第三节 油页岩 257
> 思考实习题 258

第五篇 碎屑岩和碳酸盐岩沉积相

第十六章 沉积相及其综合分类 259
> 第一节 沉积相概述 259
> 第二节 沉积相综合分类 264
> 思考实习题 265

第十七章 山麓—洪积相 266
> 第一节 山麓—洪积相沉积过程及沉积类型 266
> 第二节 冲积扇沉积模式 270
> 第三节 古代冲积扇鉴别标志及冲积扇与油气关系 274
> 思考实习题 276

第十八章 河流相 277
> 第一节 河流沉积过程及沉积类型 277
> 第二节 河流沉积模式 282
> 第三节 古代河流鉴别标志及河流与油气关系 293

思考实习题 297

第十九章　湖泊相 298
第一节　湖泊沉积环境、分类及沉积作用 298
第二节　湖泊沉积模式 304
第三节　古代湖泊鉴别标志及湖泊与油气关系 311
　　思考实习题 313

第二十章　三角洲相 314
第一节　三角洲沉积环境及沉积类型 314
第二节　三角洲沉积特征和沉积模式 320
第三节　古代三角洲鉴别标志及三角洲与油气关系 344
　　思考实习题 347

第二十一章　障壁岛、潟湖、潮坪和河口湾相 348
第一节　堡岛体系沉积环境和沉积作用 348
第二节　障壁岛、潟湖和潮坪沉积特征 350
第三节　河口湾沉积特征 357
第四节　古代障壁岛、潟湖、潮坪和河口湾鉴别标志及障壁体系与油气关系 361
　　思考实习题 363

第二十二章　海相组沉积相 364
第一节　海洋沉积环境与沉积特征 364
第二节　海相碎屑岩沉积模式 373
第三节　海相组鉴别标志及海相与油气关系 385
　　思考实习题 387

第二十三章　深水牵引流沉积 388
第一节　等深流沉积 388
第二节　内波和内潮汐沉积 392
第三节　深水牵引流与浊流沉积的主要区别及其与油气关系 398
　　思考实习题 400

第二十四章　重力流沉积 401
第一节　沉积物重力流有利形成条件 402
第二节　沉积物重力流类型和沉积机制 404
第三节　鲍马序列和粗粒岩相沉积特征 412
第四节　重力流沉积相模式 416
第五节　重力流沉积识别标志及重力流与油气关系 425
　　思考实习题 430

第二十五章　碳酸盐沉积环境和沉积相模式 431
第一节　碳酸盐沉积作用的基本特点 431
第二节　现代碳酸盐沉积环境 432
第三节　碳酸盐岩沉积相模式 442
　　思考实习题 456

第二十六章	生物礁和礁相	457
第一节	生物礁沉积环境和沉积作用	457
第二节	生物礁相和礁复合体沉积模式	467
第三节	生物礁的分布规律及与油气关系	472
	思考实习题	479
第二十七章	远洋及湖泊碳酸盐沉积	480
第一节	远洋碳酸盐沉积作用和沉积模式	480
第二节	湖泊碳酸盐沉积条件和沉积模式	488
	思考实习题	501
第二十八章	沉积作用控制因素	502
第一节	地质历史中的沉积作用和沉积旋回	502
第二节	沉积作用控制因素分析	507
	思考实习题	511
附录	油区岩相古地理研究方法提纲	512
第一节	沉积相分析和岩相古地理基本原理	512
第二节	陆源碎屑岩相古地理条件分析和制图	515
第三节	碳酸盐岩岩相古地理图的编制	531
	思考实习题	534
参考文献		535

富媒体资源目录

序号	名 称	页码
1	彩图 5-5 羽状交错层理	88
2	彩图 5-19 干涉波痕(山东东营,黄河三角洲平原)	98
3	彩图 5-21 雨痕	99
4	彩图 6-2 塔里木盆地泥盆系滨岸砾岩	112
5	彩图 6-4 新西兰现代冲积扇洪积砾岩	114
6	彩图 10-7 火山角砾岩	168
7	彩图 11-12 澳大利亚西部鲨鱼湾现代潮间带的柱状叠层石	189
8	彩图 11-13 华北震旦系叠层石	189
9	彩图 11-15 碳酸盐岩示顶底构造	190
10	彩图 11-16 中国华南碳酸盐岩生物爬行痕迹和虫孔构造	190
11	彩图 12-4 亮晶颗粒石灰岩	202
12	彩图 12-5 生物礁石灰岩	203
13	彩图 13-1 颗粒白云岩	206
14	彩图 13-2 晶粒白云岩	207
15	彩图 13-8 毛细管和回流渗透作用形成白云岩储层分布发育模式	213
16	彩图 16-4 常见沉积相类型分布图	265
17	彩图 17-4 准噶尔盆地西北缘三叠系粗粒冲积扇沉积模式	270
18	彩图 18-4 现代沉积的平直河(a)、曲流河(b)、辫状河(c)和网状河(d)	281
19	彩图 18-18 渤海湾盆地沙垒田地区新近系河流沉积综合发育模式图	295
20	彩图 19-10 中国中新生代断陷湖盆沉积充填模式	313
21	彩图 20-25 不同气候条件下浅水三角洲发育模式	344
22	彩图 24-18 陆相湖盆三角洲—水道化细粒重力流扇体沉积模式	420
23	彩图 7 霸县凹陷沙河街组沙三中亚段(a)和沙一下亚段(b)岩相古地理图	528
24	视频 2-1 岩石风化作用	11
25	视频 2-2 底床沉积物搬运	22
26	视频 2-3 碎屑颗粒搬运方式	22
27	视频 2-4 碎屑物质在流水中搬运沉积	23
28	视频 2-5 碎屑物质在空气中搬运	29
29	视频 2-6 风成沙丘	29
30	视频 2-7 伊拉克沙尘暴	29

续表

序号	名称	页码
31	视频 2-8　碎屑物质在冰川中搬运沉积	31
32	视频 2-9　冰川融化与沉积	31
33	视频 5-1　水平层理形成过程	85
34	视频 5-2　板状交错层理形成 1	87
35	视频 5-3　板状交错层理形成 2	87
36	视频 5-4　楔状交错层理形成	87
37	视频 5-5　槽状交错层理形成	87
38	视频 5-6　爬升波纹交错层理形成过程	87
39	视频 5-7　底床形态的演变(水槽实验)	93
40	视频 5-8　沙波和交错层理形成过程	93
41	视频 5-9　逆行沙丘形成过程 1	93
42	视频 5-10　逆行沙丘形成过程 2	93
43	视频 5-11　浪成波痕的形成	97
44	视频 9-1　碎屑颗粒压实过程	145
45	视频 10-1　火山喷发	170
46	视频 10-2　火山喷发过程和形成火山物质	170
47	视频 17-1　泥石流(碎屑流)	267
48	视频 18-1　河流边滩形成	281
49	视频 18-2　曲流河截弯取直和牛轭湖的形成	281
50	视频 18-3　辫状河形成过程	281
51	视频 19-1　湖泊沉积	298
52	视频 19-2　岸线滩坝形成过程	308
53	视频 20-1　河口沙坝形成过程	315
54	视频 20-2　钱塘江大潮	326
55	视频 21-1　障壁岛沉积环境 1	348
56	视频 21-2　障壁岛沉积环境 2	348
57	视频 21-3　障壁岛与潮汐三角洲	353
58	视频 21-4　潮坪沉积	355
59	视频 24-1　重力流形成过程模拟 1	409
60	视频 24-2　重力流形成过程模拟 2	409
61	视频 25-1　澳大利亚现代海洋叠层石	435
62	视频 26-1　活体珊瑚和海绵生长	458
63	视频 26-2　珊瑚礁	458
64	视频 26-3　碳酸盐岩礁滩	458

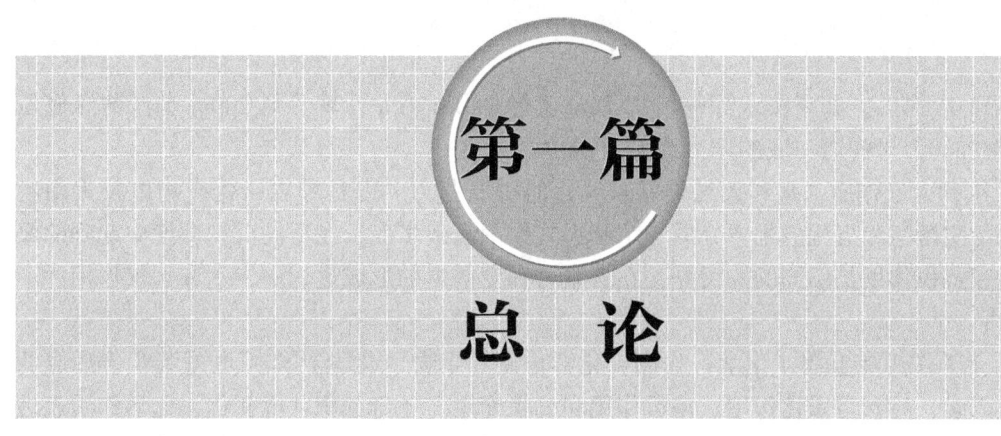

第一篇 总 论

第一章 绪 论

> **导读**
>
> 本章核心知识点包括沉积岩、沉积岩石学的概念,地壳表层条件,沉积岩石学研究历史和沉积岩的分类。建议掌握沉积岩和沉积岩石学的基本概念,沉积岩石学的研究内容和研究方法,沉积岩石学的历史、现状及发展趋势,沉积岩的分类方案。

第一节 沉积岩的基本概念、基本特征及分类

一、基本概念

沉积岩是组成地球岩石圈的三大类岩石(沉积岩、岩浆岩、变质岩)之一。它是在地壳表层条件下,由母岩的风化产物、化学沉积物质、火山物质、有机物质以及其他沉积岩的原始物质成分,经搬运作用、沉积作用以及沉积后作用而形成的一类岩石。

地壳表层是指大气圈的下层、水圈和生物圈的全部以及岩石圈的上层。这是涉及地球表面的一个特定圈层。沉积岩就形成在这个圈层中,所以可将它称为沉积岩生成圈层或沉积圈层。

地壳表层条件具有特定的地质含义,是指常温、常压和存在机械、化学和生物等多种风化搬运作用和沉积以及成岩作用。

二、基本特征

(1) 温度:在地壳表层,地表温度随地理位置发生变化。根据现代地理学和气候学研究,临近赤道地表温度较高,地表最高温度见于非洲中部,可达85℃;最低温度见于俄罗斯西伯利亚北部勒拿河右岸北极圈内的维尔霍扬斯克,达-70℃。因此,地表的最大温差达150~160℃。

(2) 压力:压力大小与海拔高度或水深密切相关。海平面压力为0.1MPa (1atm),山

区压力不到 0.1MPa。如果按水深每增加 10m 就增加 0.1MPa 计算，则 200m 水深的海底压力约为 2MPa，万米深海海底的压力约为 100MPa。

（3）水和大气作用：水和大气是母岩风化的主要营力，也是母岩风化产物以及火山物质等其他物质搬运和沉积的主要介质。水和大气作用复杂多变，在不同沉积环境中起到的风化、搬运和沉积作用是不同的。可是，在岩浆岩和变质岩的形成过程中，水和大气作用并不重要。

（4）化学作用和生物（化学）作用：化学作用和生物（化学）作用也是沉积岩形成的重要地质因素，可参与风化作用、搬运作用和沉积作用。随着沉积环境变化，化学作用表现出明显的沉积特征，可以观察到直接由化学沉淀作用形成的沉积岩，比如膏盐岩。有的沉积岩，如生物礁石灰岩、硅藻岩和煤等，主要是由生物（化学）作用形成的。然而，在岩浆岩和变质岩形成过程中，可能发生一些化学作用，但几乎不发生生物作用及生物（化学）作用。

（5）事件沉积作用：地壳表层发生的沉积作用并不始终是均衡稳定的，可存在大量的突发性沉积作用，即事件沉积作用。它是指在沉积物质的形成过程中，由突发事件（比如洪水、风暴等）造成的风化、搬运和沉积作用，如重力流形成的浊积岩、风暴沉积作用形成的风暴岩、异重流沉积作用形成的异重岩、地震沉积作用形成的震积岩、火山爆发—沉积作用形成的火山碎屑沉积岩以及陨石雨作用形成的陨石岩等。它们可与其他正常沉积作用和沉积岩共生。

三、分类

在地壳表层沉积岩分布很广。大约 3/4 的陆地面积被沉积物（岩）所覆盖，而几乎全部海底面积被沉积物（岩）所覆盖。但从体积而言，沉积岩约占岩石圈体积的 5%，而岩浆岩及变质岩约占 95%。由此可知，沉积岩主要分布在岩石圈的上部和地球表层部分。在地壳表层沉积岩厚度变化很大，有的地方可达几十千米厚，如高加索地区，仅中生界和新生界厚度就达 20~30km；但有的地方可很薄，甚至没有沉积岩的分布，直接出露岩浆岩和变质岩。地球物理和深井钻探证实：现代和古代沉积物大量沉积的场所为大陆边缘和大陆内部坳陷带，在这些地方可以形成巨厚的沉积岩层，是沉积地质学的主要研究对象。

沉积岩中蕴藏着大量矿产。世界资源总储量的 75%~85% 是沉积和沉积变质成因的。石油、天然气、煤、油页岩等可燃有机矿产以及盐类矿产，几乎全部是沉积成因的。铁矿的 90%、铅锌矿的 40%~50%、铜矿的 25%~30%、锰矿和铝矿的绝大部分以及其他许多金属和非金属矿产，也都是沉积或沉积变质成因的。显然，沉积岩及沉积矿产在国民经济中占有极为重要的地位，是地质学主要的研究对象。

国内外存在数十种沉积岩的分类方案。本书是根据沉积岩的原始组成物质的来源和形成作用来划分沉积岩大类和基本类型的（冯增昭，1982，1992；图 1-1）：

（1）主要由母岩（指原先存在的沉积岩、岩浆岩和变质岩）风化物质组成的沉积岩；

（2）主要由火山碎屑物质组成的沉积岩；

（3）主要由生物遗体组成的沉积岩；

（4）主要由宇宙物质来源组成的沉积岩。

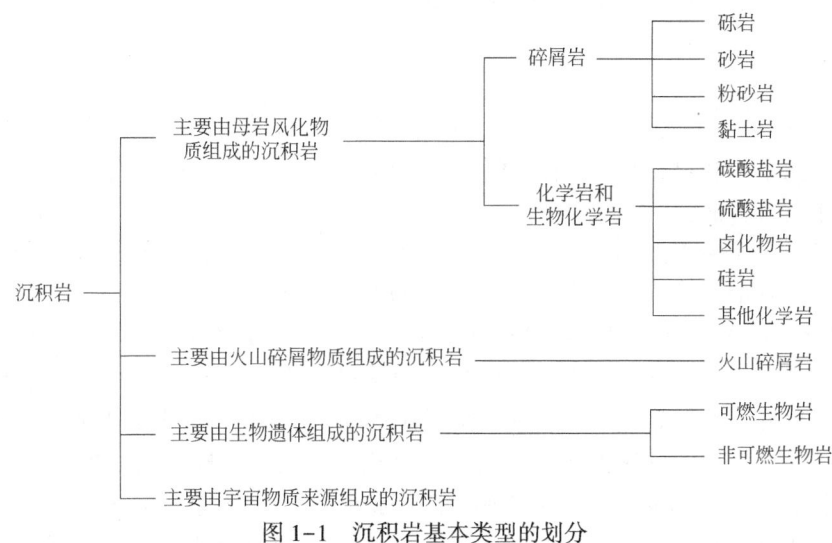

图 1-1　沉积岩基本类型的划分

主要由母岩风化产物组成的沉积岩是最主要的类型，它还可以根据母岩风化产物的类型（碎屑物质及溶解物质）和其搬运沉积作用的不同（机械的和化学的），再划分为两类：碎屑岩和化学岩及生物化学岩。碎屑岩还可以根据其主要的结构特征即粒度，进一步划分为砾岩、砂岩、粉砂岩和黏土岩。化学岩和生物化学岩还可以根据其主要成分特征，细分为碳酸盐岩、硫酸盐岩、卤化物岩、硅岩及其他化学岩等。

主要由火山物质组成的、具有沉积特征的沉积岩即火山碎屑岩，可以根据其成分结构特征再进行细分。

主要由生物遗体组成的沉积岩即生物岩或有机岩，还可以根据其是否可燃，再划分为可燃生物岩（如煤和油页岩）和非可燃生物岩。

主要由宇宙来源的陨石组成的沉积岩可称为陨石岩。

第二节　沉积岩石学的基本概念、研究内容及研究方法

一、基本概念

沉积岩石学是研究沉积岩的物质成分、结构构造、岩石类型、沉积过程和沉积作用、沉积物质形成环境以及沉积岩分布规律的一门地质科学。

沉积岩石学不仅研究古代的沉积岩层，还大量研究现代沉积物，进行比较沉积学研究；除了利用地质和地球物理资料研究沉积物沉积特点外，还可进行物理和数值模拟实验，深入探讨沉积作用机理；不仅可以开展全面、系统的沉积相和岩相古地理条件分析，还可研究其时空演化及其与大地构造、沉积矿产勘查之间的关系。现在，人们越来越明显地把沉积岩石学与沉积学研究密切地联系起来，因为沉积学是在沉积岩石学的基础上发展起来的，两者的研究内容是相互渗透和密不可分的。

石油及天然气生成于沉积岩中，绝大部分也储集于沉积岩中。因此，从事沉积矿产普查与勘探的地质研究人员，必须了解和掌握沉积岩石学的基本知识、基本理论和研究方法。沉

积岩石学（含沉积相）是一门重要的基础地质课程。

二、研究内容

沉积岩石学是在19世纪发展起来的。早期的沉积岩石学研究仅限于岩石学的描述、鉴定以及开展地层划分和对比研究。近20年来，沉积岩石学的研究内容有了巨大的发展，主要表现在以下几个方面：

（1）全面系统研究沉积岩（物）的物质组分、结构、构造、沉积序列、类型、岩体产状和岩层之间的接触关系，为阐明其成因与分布规律提供研究基础。

（2）探讨沉积岩石的沉积作用过程和形成机理，依据源汇系统思想，阐明母岩风化、搬运过程、沉积作用以及沉积后作用之间的动力学过程等，为研究沉积矿产（包括有机可燃矿产中的石油和天然气等）形成机理、预测其富集和分布规律提供沉积地质依据。

（3）在建立等时地层格架基础上，进行古沉积条件或古地理背景分析，恢复古沉积环境。根据沉积岩中地质和地球物理等多种沉积相标志及其时空分布特点的综合分析，恢复沉积岩形成时的古气候条件、古地理条件、古介质条件以及大地构造条件等，阐明沉积盆地演化、古地理变迁及其主要控制因素。

（4）基于沉积岩的基本特征、沉积过程以及构造等多种控制因素分析，建立不同类型沉积盆地多种沉积类型的沉积相模式，为层序地层学、沉积古地理学、储层地质学、地球化学以及油气地质学提供沉积地质基础，并不断为矿产资源普查和勘探提供新的科学依据和信息。

另外，还研究沉积岩的形成演化与自然环境（气候、海平面变化等）、地质灾害发生等之间的关系，科学地预测相关自然灾害。

三、研究方法

沉积岩石学的研究包括野外地质、覆盖区地质与地球物理以及室内分析化验等多种研究方法。

野外地质观察和描述是研究沉积岩石学的基础。在野外工作中，可以初步鉴定沉积岩的岩性，描述原生沉积构造等多种沉积相标志，测量岩层产状和厚度，确定岩层之间的接触关系及其成因标志。综合分析研究野外观察到的地质现象，编制相应的野外地质图件，明确沉积岩的沉积序列，分析沉积岩层的形成条件和成因环境，确立区域性沉积模式，表明沉积岩和沉积环境与沉积矿产之间的关系。

在覆盖区的沉积岩石学研究中，最直接的手段是沉积岩的岩心观察和描述，要充分利用岩心资料，对关键井的沉积类型作出科学判断。由于覆盖区钻井取心数量有限，在岩心刻度地球物理资料的基础上，开展岩性、电性、物性和含油气性分析，进行沉积相标志、测井相标志和地震相标志的综合研究，利用层序地层学理论，确定沉积序列，建立等时地层格架，恢复沉积盆地不同沉积时期的沉积面貌，表明沉积体系类型及其时空分布规律。经常使用的测井资料是自然电位、自然伽马、微电极、感应、密度、声波、地层倾角以及成像测井资料等。经常使用的地震资料是指能够反映沉积体系特征的二维和三维地震反射剖面。

以沉积盆地油气勘探和开发为重点的室内常规沉积岩石学研究主要包括普通薄片鉴定、铸体薄片分析、粒度分析和物性分析等；针对不同的岩类和研究目的，进一步采用扫描电镜、电子探针与能谱、X射线衍射、阴极发光、显微荧光、多尺度图像分析、包裹体分析、有机地球化学指标，以及黏土矿物和碳、氧、硫等稳定同位素分析方法。利用上述室内分析化验资料，综合研究沉积岩的岩石学特征，推断恢复沉积环境和古地理背景。同时，可以进行沉积盆地生油层和储层的评价。

20世纪60年代以来，针对世界油气勘探的实际需要，广泛开展了现代沉积考察、室内水槽物理模拟实验，90年代以来又建立了河流、三角洲、湖泊以及重力流等沉积体系的大型水槽模拟实验装置，在进行水槽物理模拟实验的同时，也开展了数值模拟研究和沉积物成岩模拟实验研究。这些实验模拟试图从正演和反演两种途径再现沉积物和沉积岩形成的全过程，为重塑沉积岩的形成和沉积岩成矿规律，提供定性和定量的科学依据。

第三节 沉积岩石学的历史、现状及发展趋势

一、沉积岩石学的诞生、发展及沉积学的形成

沉积岩石学（沉积学和古地理学）的发展经历了从简单到复杂、从单学科到多学科的发展过程。沉积岩石学的形成发展与人类的生存和能源工业发展密切相关，该学科的形成基础是地层学和岩石学，大致可以划分为19世纪中叶前后的奠基阶段、19世纪中后叶到20世纪中叶的专业化发展阶段和20世纪中叶至今的现代全面发展阶段。

（一）奠基阶段

近代地质科学的奠基者是C.莱伊尔（Charles Lyell）。1830年，莱伊尔出版了具有划时代意义的《地质学原理》，建立了地质学研究的现实主义方法，成为地质科学领域各方面研究的指南。"现代是打开过去的钥匙"就是对现实主义（比较沉积学）的阐明，现今常用"将今论古、古今对比"或"比较地质学"的术语来表述现实主义的概念。《地质学原理》出版之后，莱伊尔的现实主义地质观念成为研究地质学的主导思想。

19世纪中叶，英国地质学家索比（Sorby，1850）是沉积岩石学的奠基者，他是第一个用偏光显微镜开展沉积岩成分、结构等多种特征研究的科学家。从此，沉积岩石学的研究领域由宏观深入到了微观，这是一个突破性发展。

1894年，沃索（J. Walther）出版了专著《作为历史科学的地质学导论》，提出了被大家广泛认可使用的相序定律（Walther's law），使地质学及沉积学成为比较系统的地质科学。后来，瑞士地质学家研究阿尔卑斯山冰川沉积时提出了岩相（facies）概念。

（二）专业化发展阶段

19世纪中后叶到20世纪中叶沉积岩石学进入专业化研究阶段。1913年，葛利普（Amadeus William Grabau）出版了反映现实主义原理的专著《地层学原理》。后来，吉尔伯特（G. K. Gilbert，1914）利用水槽实验研究沉积作用过程和沉积机制。1926年，温特奥斯（C. K. Wentworth）提出了符合流体力学规律的、以2的幂次作为划分碎屑颗粒的粒级界限，以2mm直径作为砂的粒级上限。1931年，美国经济古生物学家和矿物学家学会（SEPM）出版了 Journal of Sedimentary Research（第一卷），成为沉积学专业化的标志。

到20世纪上半叶，人们开始利用X射线衍射技术研究细粒沉积物成分，应用声波测深技术探测水深，并充分考虑沉积作用的主要控制因素。总之，沉积岩石学有了更为专业化的发展，特别是在沉积岩类、成岩作用、沉积学定量研究、沉积作用与构造作用之间关系等方

面取得了明显进展，除了发表了大量相关文献外，还出版了具有代表性的沉积岩石学教材，如，哈奇和拉斯泰尔（Hatch and Rastall，1913，1923，1938）的《沉积岩石学》、米尔纳尔（Milner，1922，1927）的《沉积岩石学导论》、米尔纳尔（Milner，1929，1940）的《沉积岩石学》、童豪富（Twenhofol，1925，1932）的《沉积作用文集》、童豪富（Twenhofol，1939，1950）的《沉积作用原理》、裴蒂庄（Pettijohn，1949）的《沉积岩》、克鲁宾和施洛斯（Krumbein and Sloss，1950）的《地层学与沉积作用》等。

在 20 世纪四五十年代，苏联的沉积岩石学研究成果丰硕，出版的沉积岩石学经典教材主要有普斯托瓦洛夫（Пустовалов）的《沉积岩石学》、什维佐夫（Швецов）的《沉积岩石学》、鲁欣（Рухин）的《沉积岩石学原理》、斯特拉霍夫（Страхов）的《沉积岩研究方法》、鲁欣（Рухин）的《沉积岩石学手册》、斯特拉霍夫（Страхов）的《沉积岩石学原理》等。随后，这些教科书在我国被广泛应用，产生了深远的影响。

（三）全面发展阶段

20 世纪中叶至今为沉积岩石学（沉积学）的现代全面发展阶段，出现了许多新地质理论或观点，多学科交叉产生了新的沉积地质学分支学科，沉积岩石学研究方法在不同维度和尺度均得到快速发展。20 世纪 50—70 年代是沉积岩石学（沉积学）的大发展时期，沉积岩石学成为地质学中的一个重要分支学科。沉积岩石学的发展首先表现在浊流学说的提出（Kuenen and Mighiorini，1956）和完善（Bouma，1962），之后浊流学说发展到了沉积物重力流类型划分和沉积模式（Walker，1973；Middleton and Hampton，1976）层面，这一理论的出现促进了深水沉积研究的发展；Fisher（1967）沉积体系概论的提出和应用促进了含油气沉积盆地沉积学的研究；还有碳酸盐岩结构—成因分类的提出（Folk，1959，1962；Dunham，1962）和碳酸盐岩沉积相模式建立（Irwin，1965；Laporte，1967；Young et al，1972；Armstrong，1974；Wilson，1975）以及白云岩成因、碳酸盐岩成岩作用研究的发展（Batnarst，1971）。这一时期的代表著作有《沉积岩（第三版）》(Pettijohn，1975)、《沉积岩成因》(Blatt et al，1972，1980)、《沉积学导论》(Selly，1976)、《沉积环境和相》(H. Reading，1978)、《沉积学原理》(Friedman and Sanders，1978) 等。1962 年，国际沉积学家协会（IAS）出版了权威刊物 Sedimentology，标志着沉积岩石学（沉积学）发展到了新阶段。

20 世纪 80 年代到 21 世纪早期，交叉学科不断涌现，比如 P. Vail 提出的地震地层学（1977）、层序地层学（1988）以及曾洪流提出的地震沉积学（1998）；人们不仅研究沉积作用过程，还建立了多种类型的沉积模式，沉积岩石学发展到沉积学阶段。沉积学是系统研究沉积作用、沉积过程和沉积岩形成机理的一门学科。在全面发展阶段，人们基于全球深海钻探、板块构造学说，研究全球气候与冰川演变；通过气候与地表环境以及海平面变化，开展深时（deep time）研究；倡导研究源汇系统，表明沉积物源（汇水区域）、沉积过程与沉积结果关系；关注碳酸盐岩台地沉积环境以及微生物岩、混积岩研究；强调高精度层序地层格架与河流、(浅水和深水) 三角洲和陆架边缘三角洲、重力流（异重流、风暴流、深水潮汐）沉积体系关系以及地震与事件沉积（海啸岩）、块体搬运过程与沉积；探讨细粒沉积物形成过程和细粒沉积动力学及其控制因素、沉积过程模拟和古地貌恢复、构造变换带与沉积物源及沉积体系关系；诞生了新的交叉学科层序地层学、构造沉积学、气候沉积学、资源沉积学、环境沉积学、火山沉积学、地震沉积学（地震岩性学与地震地貌学）、事件沉积学、全球旋回地层学、大陆动力沉积学等；加强了沉积储层研究成果在沉积矿产资源（如岩性油气藏）勘探开发中的应用。

二、中国沉积岩石学及沉积学的历史和现状

中国沉积岩石学及沉积学（古地理学）研究是在国外沉积岩石学和沉积学的影响下逐步发展起来的。

从1922年中国地质学会成立到1949年中华人民共和国成立，仅发表了百余篇沉积学方面的学术论文，几乎没有沉积学方面的专著。中国古地理图最早见于20世纪30年代葛利普的《中国地质史》。

20世纪50年代，苏联沉积学家如什维佐夫、普斯托瓦洛夫、斯特拉霍夫、鲁欣、瓦索耶维奇等的沉积地质著作相继在我国翻译出版，促进了我国沉积岩石学的发展。20世纪50年代中期，刘鸿允以古生物地层学方法编制的《中国古地理图》，是第一本系统论述我国各地质时代沉积地层的古地理轮廓专著，具有开创意义。1961年，我国第一个沉积学的研究机构——中国科学院地质研究所沉积研究室成立。与此同时，各种沉积矿产，如锰、铁、铝、磷、盐类等以及油气、煤的勘探和研究工作，也都有所开展。1961年，北京石油学院矿物岩石教研室编写并出版了《沉积岩石学》，这是我国第一本沉积岩石学方面的教科书。

1979年第一次全国沉积学学术会议的召开以及中国矿物岩石地球化学学会沉积学会和中国地质学会沉积地质专业委员会的成立，标志着中国沉积岩石学研究进入专业化阶段。20世纪80年代以来，相继出版了一些高水平的教科书和专著，如成都地质学院刘宝珺主编的《沉积岩石学》(1980)和《岩相古地理基础和工作方法》(1985)、华东石油学院冯增昭主编的《沉积岩石学》(1982)、成都地质学院曾允孚和夏文杰主编的《沉积岩石学》(1986)、中国地质大学何镜宇和孟祥化主编的《沉积岩和沉积相模式及建造》(1987)、吴崇筠编著的《中国含油气盆地沉积学》(1992)、赵澄林主编的《沉积岩石学(第三版)》(2001)、于兴河主编的《碎屑岩油气储层沉积学》(2002)、姜在兴主编的《沉积学》(2003)、朱筱敏主编的《沉积岩石学（第四版）》(2008)、冯增昭编著的《中国沉积学》(2013)、朱筱敏等人编著的《地震沉积学原理与应用》(2017)以及林春明主编的《沉积岩石学》(2019)等教材和专著的出版以及大量的研究沉积岩沉积特征、沉积作用机理、层序地层与沉积体系分布、地震沉积学、沉积砂体与岩性圈闭等理论性、实践性均很强的学术论文的发表，充分反映了我国近期与国际沉积岩石学和沉积学同步发展的新水平。

中国油气资源丰富，沉积地质学在中国沉积盆地石油与天然气工业可持续发展中具有重要战略地位。近年来，中国沉积学家围绕重大构造期、重大事件沉积环境和沉积相研究、陆相盆地沉积动力学机制研究、碳酸盐岩微地块沉积模式研究、细粒与混积沉积体系动力学机理研究、多尺度沉积地质建模与高效油气勘探开发等方面，取得了丰硕成果，有效指导了油气勘探开发。中国东部断陷湖盆三角洲、滩坝、水下扇等多种类型储集砂体充填模式的建立推动了松辽、渤海湾等盆地岩性油气藏的勘探进程；松辽、鄂尔多斯、准噶尔等盆地浅水三角洲、砂质碎屑流模式的建立，拓展了湖盆中心岩性油气藏的勘探领域；前陆冲断带冲积扇、扇三角洲（辫状河三角洲）粗粒沉积模式的建立，推动了库车凹陷深层、准噶尔盆地西北缘油气勘探发现；海陆过渡相三角洲体系的成因模式研究，推动了鄂尔多斯苏里格大气区和中国南海大油气田的发现；细粒沉积与富有机质页岩分布模式的建立，推动了渤海湾、松辽、鄂尔多斯、四川、准噶尔等盆地致密油气与海相页岩气的勘探；随着碳酸盐岩台地礁滩沉积体系的建立，相继发现了四川盆地、塔里木盆地等大油气田（区）。

三、沉积岩石学和沉积学的发展趋势

当代地球科学正在不断地朝着全球化、科学化、综合化、数字化、信息化的方向发展。沉积学也将适应历史潮流，将沉积学置于全球沉积地质综合研究之中。未来关于不同沉积盆地源汇系统、多类型河流沉积模式、浅水和陆架边缘三角洲、滩坝形成机理和分布、重力流（异重流）沉积过程和沉积结果、细粒沉积物沉积作用和沉积机理、碳酸盐岩沉积环境（微生物岩）、温室地球化学古地理重建、关键转折期沉积过程和多尺度循环、沉积—构造相互作用、沉积物理和数值模拟将是沉积地质学研究热点和重要研究方向。

（一）发展总趋势和演化

沉积岩石学（沉积学）理论就是要阐明地球的沉积演化过程。综合国内外沉积岩石学和沉积学研究的历史和现状，沉积岩石学和沉积学总的发展趋势是：

（1）发展着眼于全球变化的沉积学理论，阐明地球的沉积演化过程，加强全球和大区域的沉积作用及其机理、沉积作用与全球海平面变化、构造作用之间关系的研究。沉积岩石学和沉积学发展到20世纪60年代，在沉积岩类学、沉积形成作用、岩理学等领域已建立了一套公认的理论和方法，强调"正常沉积作用"研究。20世纪七八十年代，随着岩相古地理学、地震地层学和层序地层学、沉积相和沉积环境、天文地层学、事件地层学等学科以全球变化为研究对象外，其他领域均有待沉积学家从整个地壳演化的角度来重新认识沉积作用的规律和各种沉积现象，诸如大洋缺氧事件、大洋分层事件、气候突变事件、星球撞击事件、凝灰沉积事件、全球冰川活动事件、生物减少和灭绝事件，以及米兰柯维奇旋回等科学问题。

（2）深时记录研究。通过深时沉积记录研究，了解前第四纪地质历史时期重大古气候、古海洋、构造和沉积事件，建立地质历史时期冰室—温室时期大气及海水组分、温湿度变化、大气、大洋环流变化与自然环境、生态系统、沉积产物之间的联系，明确气候变化上限，对未来气候变化预测和人类文明发展具有重大现实意义。美国国家航空航天局（NASA）也在依靠太古宙沉积层和远古生物化石研究恢复早期地球的深时古气候、古环境，对于行星沉积学特别是火星自然环境研究具有较强的指导意义。在能源勘查领域，尤其是中—新元古界油气的发现，也需要沉积学家将眼光聚焦到深时古气候、源汇系统研究中，为广泛勘探开发沉积矿产提供新领域。

（3）充实和发展沉积岩类学，丰富沉积岩石学基础理论。进一步充实和完善广泛分布的正常沉积岩类如碎屑岩、黏土岩和碳酸盐岩的成分、结构、构造和分类、命名体系研究；结合混合沉积作用、事件沉积作用、火山沉积作用等逐步完善特殊沉积岩类的识别标志和分类命名体系，建立正常沉积岩类与事件（混合）沉积岩类共生组合关系，并利用沉积水动力学理论解释不同沉积岩类的形成过程和组合关系。

（4）源汇系统或沉积过程—产物研究。源汇系统分析方法是以物源区的构造、剥蚀作用、沉积物搬运方式以及最终沉积物堆积样式构建完整的动力学系统，对控制该系统内、外因相互作用及其产生结果开展综合分析，以阐明源汇系统不同要素相应发生的地质事件。基于源汇系统思想，利用盆内沉积记录揭示物源区（造山带）特征和演变，以反映造山带形成过程、板块初始碰撞时间和汇聚过程等信息；利用不同地质时期沉积物组成和年龄，可明确母岩岩性、母岩风化、沉积物搬运和沉积过程，不同沉积体系之间的成因关系，阐明不同大陆气候演化和构造演化过程，建立源汇系统中沉积区的沉积体系对源区的响应特征。陆相盆地源汇系统存在规模较小、流域小、气候多变、多物源、构造活动强烈、搬运通道类型多、沉积体系规模小和变化快、源汇系统控制因素多样等特点，要依据沉积盆地类型，结合砂体分布模型建立源汇系统组合模式，建立源汇系统要素之间的定量化关系，预测大型砂体或油藏分布。在沉积学研究处于由定性向半定量、定量化转变的阶段，仅仅依赖于沉积现象描述的研究是不够充分的。相比之下，基于过程—产物（过程沉积学）的研究越来越多，并成为沉积动力学研究的基础。在探讨沉积物搬运与沉积过程、成岩作用中离子的交换过程，除了传统沉积地质学基本理论分析之外，物理、化学、数值模拟等正演方法逐渐受到沉积学工作者的重视。可以预见的是，基于过程—产物沉积学研究方法（包括源汇系统研究）将成为今后沉积学的基本研究思路，对于未来沉积学理论完善具有重要意义。

（5）基于现代沉积或露头岩心研究，拓展物理和数学模拟实验，深入研究沉积作用机理。沉积物理和数学模拟在沉积岩形成演化研究中具有十分重要的地位。通过现代沉积和露头岩心详细研究，建立沉积地质概念模型和多类别模拟实验装置，完善控制系统，紧密结合各类沉积环境和沉积体系实际，进行沉积物理和数学模拟实验研究，促进沉积学由定性向定量化发展。同时，加强储层流岩作用研究，解决在埋深、温度、压力增加条件下，以层序地层格架和沉积体系类型研究成果为基础，多种成岩作用对常规和非常规储层的发育演化的控制作用，以提高不同类别储层评价和高效优质预测效果。

（6）多学科交叉渗透，创新地质分支学科，指导沉积矿产勘探开发。随着现代分析手段、实验技术的发展，学科之间界限越发模糊，多学科交叉渗透已然成为如今地球科学学科发展的趋势，沉积学也不例外。构造地质学、地球化学、地球物理学、古气候学及地貌学等地质学相关学科与沉积学相互结合，已成为沉积学研究常规理论方法和手段。例如，沉积学和砂泥运动力学的结合形成了沉积动力学，沉积学与物理、化学、热力学及有机化学结合形成了储层沉积学、有机地球化学，沉积学与地震地层学结合形成了层序地层学，储层地质学与层序地层学结合形成了成岩层序地层学，板块构造学与沉积学结合形成了构造沉积学，有机地球化学与沉积—成岩作用理论及层控矿床学结合形成了生物成矿作用的学说和油藏地球化学，沉积学和测井学的结合形成了测井沉积学等。生物、物理和化学相关方向的结合为今后开展深时气候变化、源汇系统、沉积与成岩过程模拟及动力学研究提供了重要理论基础，也是过程—产物研究的重要趋势。这些新学科的形成发展将有助于沉积矿产资源的勘探开发和综合利用。

大数据科学和计算机学科的发展，机器学习和人工智能的进步，对于沉积学定量化研究也必将起到重要的推进作用。

（二）国内沉积岩石学研究展望

中国发育多种沉积类型盆地以及碎屑岩和碳酸盐岩沉积体系，特别是陆相湖盆具有多物源、近物源、相变快、构造活动强烈、气候变化明显、源汇系统规模小、混源沉积发育的特点，这给创新沉积地质学理论和技术带来了发展机遇。今后，中国沉积地质学应该加强下列科学问题的研究：

（1）大陆边缘（中国南海）现代沉积环境和沉积作用研究。大陆边缘构造环境与沉积环境之间具有多变的耦合关系，大陆边缘的演化与环境变迁、沉积作用类型及其沉积过程具有密切联系。通过大陆边缘构造环境与沉积环境之间关系的综合研究，基于源汇系统思想，发展海相沉积学理论，建立不同构造演化阶段的海相沉积模式。

（2）多类型陆相沉积盆地沉积过程和沉积相模式研究。中国发育裂陷、前陆、走滑等多种类型的陆相沉积盆地，不同类型的沉积盆地具有不同结构特征，进而控制形成了不同的地貌单元。在不同地貌单元中，沉积作用过程不同，会发育不同沉积类型的沉积体系。通过盆地类型和发育演化阶段的综合研究，建立具有中国区域特色的陆相沉积盆地立体沉积模式，完善陆相湖盆沉积学理论，实现湖盆沉积过程和事件沉积研究的新突破。

（3）裂解克拉通碳酸盐岩沉积模式（微生物岩）研究。中国古生代发育裂解（微小）克拉通沉积盆地，这种沉积盆地难以使用通用的碳酸盐岩沉积模式描述沉积过程和沉积类型，应该充分考虑克拉通的裂解过程及其对沉积地貌的控制作用，建立微小克拉通沉积盆地的沉积模式。

（4）应用源汇沉积体系分析方法，研究造山带剥蚀与沉积盆地的沉积过程、地貌演化、物源以及气候对沉积体的影响，探讨陆相盆地沉积动力学机制；根据中国盆地构造背景，编制重大构造期、重大事件沉积古地理系列图件，重建不同历史时期的古气候与古地理格局，有效指导沉积矿产勘探开发。

（5）创新建立细粒与混积岩研究方法体系，建立统一的岩性/岩相分类体系，研究细粒、混积沉积的机械作用、地球化学与生物过程（多种沉积过程叠加）以及细粒、混积岩沉积动力学机理（细粒沉积学和混积沉积学）。

（6）不断深化现代沉积和露头沉积学、实验沉积学、地震沉积学、遥感沉积学、物理和数值模拟等新方法技术在沉积机理和砂体预测等方面的应用，不断促进沉积学由定性描述向定量研究发展，加强应用研究与沉积机理研究紧密结合，形成具有中国地域特色的沉积学理论和方法体系。利用计算机、大数据和互联网技术，解决沉积相、砂体分布和储层物性以及流体时空分布问题，有效指导油气勘探开发。

总之，加强沉积岩石学基本理论、沉积作用机理以及沉积岩石学理论在勘查沉积矿产实际应用方面的综合研究，积极开展国内外沉积岩石学和沉积学相关研究成果的学术交流，中国的沉积岩石学和沉积学，特别是陆相沉积学理论和研究方法必将得到更快和更好的发展，必将对国际沉积学界以及整个地质学界做出突出的贡献。

思考实习题

1. 简述沉积岩的概念及基本特征。
2. 简述沉积岩的分布及研究意义。
3. 简述沉积岩石学的概念、研究内容及研究方法。
4. 简述沉积岩石学和沉积学的发展历史和趋势。
5. 了解其他沉积岩的分类，简述本书中沉积岩的分类。
6. 通过文献调研，简述沉积地质学研究热点和主要研究进展。

第二章　沉积岩的形成及演化

导读

本章核心知识点包括母岩风化作用的概念、类型、过程以及产物，流体力学的基本知识，沉积物搬运方式类型及其特征，沉积后作用的阶段划分以及划分标准。建议掌握沉积岩的形成及演化的全部地质历史过程，即沉积岩原始物质（主要是母岩的风化产物）的形成阶段、沉积岩原始物质的搬运和沉积阶段（即沉积物的形成阶段）、沉积后作用阶段（其中包括沉积物的同生作用和准同生作用阶段、沉积物的成岩作用阶段以及沉积岩的后生作用阶段）。

第一节　母岩的风化作用——沉积岩最原始物质的形成

一、风化作用的概念

沉积岩的原始物质包含母岩的风化产物、火山物质、有机物质以及宇宙物质等，其中母岩的风化产物是最主要的。所以本节着重对母岩的风化作用、风化产物的形成过程以及风化产物的地质特征进行介绍。

母岩是指供给沉积岩原始物质成分的岩石，主要是岩浆岩和变质岩，也包括早已形成的沉积岩。

风化作用是地壳表层岩石的一种破坏作用。引起岩石破坏的外界因素有温度的变化、水以及各种酸的溶蚀作用、生物作用以及其他地质营力的剥蚀作用等。在这些因素的共同影响下，地壳表层的岩石就处于新的不稳定状态，逐渐遭受破坏并形成风化产物。这些风化产物就是最主要的沉积岩的原始物质成分。

风化作用按其性质和风化方式可分为物理风化作用、化学风化作用及生物风化作用。

（一）物理风化作用

岩石主要发生机械破碎，而化学成分不改变的风化作用，称为物理风化作用。

引起物理风化作用的主要因素有：温度的变化，晶体生长，重力作用，生物的生命活动，水、冰、风以及构造等多种破坏作用。

物理风化的总趋势是使母岩崩解，产生更细粒的碎屑物质，其中包括岩石碎屑和矿物碎屑（视频2-1）。

视频2-1 岩石风化作用

（二）化学风化作用

在氧、水和溶于水中的各种酸性物质的作用下，母岩遭受氧化、水解和溶滤等化学变化，使其分解而产生新矿物的过程称为化学风化作用。化学风化作用不仅使母岩破碎，而且使其矿物成分和化学成分发生本质的改变，它们在适当的条件下就形成黏土物质和化学沉淀物质（真溶液及胶体溶液）。

（三）生物风化作用

在岩石圈的上部、大气圈的下部和水圈的全部，几乎到处都有生物的存在，因而生物特别是微生物在风化作用中能起到巨大的作用。生物对岩石的破坏方式既有机械作用，又有化学作用和生物化学作用；既有直接的破坏作用，也有间接的破坏作用。比如，生物的自然生长直接造成岩石机械破碎，生物生长分泌的有机酸间接造成岩石化学风化。

生物作用可以促进和加速化学风化作用的进行。在许多情况下，岩石的风化作用是由生物的活动开始的。菌类、藻类及其他微生物对岩石的破坏作用是巨大的，不仅直接对母岩进行机械破坏、化学分解（吸收某些元素，生成新矿物），而且本身分泌出的有机酸有利于分解岩石或吸取某些元素转变成有机化合物。生物对大气组分（如 CO_2、N_2、O_2）也有很大的影响，影响着风化作用的强度。

二、各种造岩矿物的风化及其产物

各种造岩矿物抵抗风化作用的能力存在很大差别，即它们在风化作用条件下的稳定性是很不相同的。

石英是岩石中的主要造岩矿物。石英在风化作用中稳定性极高，它几乎不发生化学溶解作用，一般只发生机械破碎作用。在长期的风化作用以及搬运和沉积作用的过程中，风化稳定性较低的一些矿物就逐渐被破坏从而相对减少，而风化稳定性高的石英却逐渐地相对富集起来。因此，石英就成了碎屑沉积岩中最主要的造岩矿物。

长石的风化稳定性次于石英。在长石类矿物中，钾长石的稳定性较高，多钠的酸性斜长石次之，中性斜长石又次之，多钙的基性斜长石风化稳定性最低。因此，在沉积岩中钾长石含量多于斜长石。

钾长石的风化过程及其产物如下：

$$K(AlSi_3O_8) \longrightarrow K_{<1}Al_2[(Si,Al)_4O_{10}][OH]_2 \cdot nH_2O \longrightarrow$$
$$(钾长石) \qquad\qquad (水白云母)$$
$$Al_4(Si_4O_{10})(OH)_8 \longrightarrow \begin{cases} SiO_2 \cdot nH_2O\,(蛋白石) \\ Al_2O_3 \cdot nH_2O\,(铝土矿) \end{cases}$$
$$(高岭石)$$

在钾长石的风化过程中，最先析出的成分是钾，其次是硅，最后才是铝。与此同时，氢氧根或水也参加到矿物的晶格中来。随着钾、硅、铝的逐渐析出和水的加入，原来的钾长石就依次转变为水白云母、高岭石、蛋白石和铝土矿。钾长石是富钾的无水铝硅酸盐矿物，架状构造，铝位于硅酸根的结晶格架中。水白云母中的钾已比钾长石中的钾少，硅也有所减少，部分铝已从硅酸根的晶格中释放出来变为一般的阳离子，其结晶构造已不是架状而是层状的了，但仍然还是铝硅酸盐矿物。高岭石与水白云母相比，钾已完全没有了，铝已完全从硅酸根中释放出来变为一般的阳离子，但高岭石仍是层状构造的硅酸盐矿物。蛋白石和铝土矿就完全不同了，它们已不再是硅酸盐矿物，而是含水的氧化物矿物。由此可知，由原来的钾长石，到水白云母、高岭石，以至最后的蛋白石和铝土矿，是一个由量变到质变的、逐步的、分阶段的风化过程，这一过程的总趋势是原来的钾长石不断地遭受破坏，最终变为在风化带中最为稳定的新矿物。铝土矿是风化带中很稳定的矿物，它是钾长石风化的最终产物，但是只有在理想的条件下，钾长石才能完全风化成铝土矿；在一般情况下，钾长石大都转变为水白云母和高岭石。

斜长石的风化情况与钾长石类似。斜长石风化时，除一些成分（如钙、钠、硅等）从矿物中转移出去以外，常形成一些在风化带中相对较稳定的新矿物，如各种沸石、绿帘石、黝帘石、蒙脱石、蛋白石、方解石等。当然，这些新矿物在风化带中也不是十分稳定的，还会继续发生变化。基性斜长石的风化稳定性比酸性斜长石低，因此在沉积岩中很少见到基性斜长石。

在云母类中，白云母的抗风化能力较强，所以它在沉积岩中相当常见。白云母在风化过程中，主要是析出钾和加入水，先变为水白云母，最后可变为高岭石。

黑云母的抗风化能力比白云母差得多。黑云母遭受风化后，钾、镁等成分首先析出，同时加入水，常转变为蛭石、绿泥石、褐铁矿等。

橄榄石、辉石、角闪石等铁镁硅酸盐矿物的抗风化能力比石英、长石、云母都低得多，其中橄榄石最易风化，辉石次之，角闪石又次之。这些矿物在风化产物中保留较少，故在沉积岩中比较少见。这些矿物在遭受风化时，铁、镁、钙等易溶元素首先析出，硅也部分地或全部地析出，大部分元素呈溶液状态流失，一部分元素在风化带中形成褐铁矿、蛋白石等。

各种黏土矿物如高岭石、蒙脱石、水云母等，本来就是在风化条件下或者沉积环境中生成的，在风化带中相当稳定；但是，在一定的条件下，它们也还会发生变化，转变为更加稳定的矿物，如铝土矿、蛋白石等。

各种碳酸盐矿物如方解石、白云石等，风化稳定性很低，很容易溶于水并被转移，因此在碎屑沉积岩中很难看到它们。只有在干旱的气候条件下，在距母岩很近的快速搬运和堆积的沉积物中，才可能看到由它们组成的岩屑。

各种硫酸盐矿物（如石膏、硬石膏）、硫化物矿物（如黄铁矿）、卤化物矿物（如石盐）等，它们的风化稳定性最低，最易溶于水，多呈真溶液状态流失。

在岩浆岩及变质岩中常见的一些次要矿物或副矿物，其风化稳定性的差别是很大的。风化稳定性较大的，如石榴子石、锆石、刚玉、电气石、锡石、金红石、磁铁矿、榍石、十字石、蓝晶石、独居石、红柱石等，在沉积岩中常作为碎屑重矿物出现。

为什么各种造岩矿物的风化稳定性差别这么大呢？

有观点认为，这与它们的结晶温度有关。例如在岩浆岩的主要造岩矿物中，橄榄石的结晶温度最高，其风化稳定性最低，最易遭受风化破坏；辉石、角闪石、黑云母的结晶温度依次降低，而它们的风化稳定性却依次增高；基性斜长石、中性斜长石、酸性斜长石、钾长石的结晶温度也依次降低，它们的风化稳定性也依次增高；石英的结晶温度最低，故其抗风化能力最强。这些岩浆岩主要造岩矿物的风化稳定性高低的顺序，恰好与它们从岩浆中结晶出来时温度高低的顺序相反。

又有人认为，矿物的风化稳定性与其化学成分的化学活泼性（主要指它们在水中的溶解能力）有关。根据实际观察，得知 Cl、S 等元素在矿物的风化过程中最易析出、最易溶于水、最易呈溶液状态流失走；Ca、Na、Mg、K 等元素次之；Mn、Fe、Si、Al 等元素化学活泼性最差。这些元素的转移能力可相差几千倍。矿物的风化稳定性正是由这些元素的化学性质决定的。

但是，这一看法还不够全面。它仅仅考虑到元素本身的化学性质，还没有考虑矿物的晶体化学性质。矿物中的元素都是按照一定的晶体化学规律而相互联系着，元素以及矿物在自然界中的许多性质都与该矿物的晶体构造性质有关。例如 K 和 Na，它们的硅酸盐矿物（如钾长石和钠长石）就远比其卤化物矿物（如石盐和钾石盐）难以溶解。又如 Ca 和 Mg，它们的硅酸盐矿物（如斜长石、辉石等）就远比其碳酸盐矿物（如方解石和白云石等）难以溶解。再如石英中的 Si 也远比各种硅酸盐矿物中的 Si 难以溶解出来。因此各种矿物的风化稳定性不仅取决于它们的化学成分，还取决于它们的晶体构造。

用矿物的化学成分及其晶体构造的特征去认识矿物在风化作用过程中的相对稳定性，是一个正确的思路，而且已经取得了一定的成果。例如，有学者已经定量地计算出鲍文反应系列中的各种矿物的氧离子与阳离子之间键强度总数（以 cal/mol 计，1cal/mol=4.18J/mol），如图 2-1 所示。从图中键强度的数字可以看出，鲍文反应系列下端的矿物，其键强度总数较大，所以其风化稳定性较高。当然，在这些数字中也有一些矛盾现象，即白云母的键强度总数与风化稳定性序列中的顺序不符，这可能是由于氢氧根存在的原因，因为氢氧根的能量效应还是未知的。另外，也还存在着许多未知或疑难的问题。

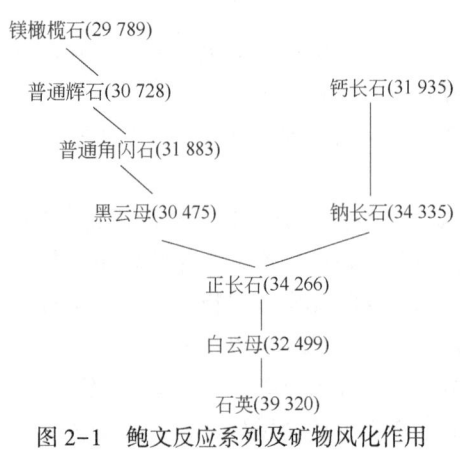

图 2-1 鲍文反应系列及矿物风化作用的相对稳定性（据 Bowen，1927）

总之，矿物在风化作用过程中稳定性的定量标志及其顺序的确定，是一个异常复杂的现象，还有待进一步研究解决。

三、各种岩石的风化及其产物

岩石是矿物的集合体。因此，岩石风化及其产物主要是由组成岩石的矿物的风化情况决定的。

花岗质的岩浆岩（包括花岗岩、花岗闪长岩等）及变质岩（如花岗片麻岩等）是分布最广的岩浆岩及变质岩，它们的风化作用具有代表性。花岗质的岩浆岩（表 2-1）包含多种抗风化能力较强的矿物，甚至有些矿物几乎不发生化学风化；有些矿物既可发生机械风化，也可发生化学风化，形成新的矿物。

表 2-1 花岗岩的风化作用及其产物

矿物成分	化学组分	所发生的变化	风化产物
石英	SiO_2	残留不变	砂粒
钾长石	K_2O	成为碳酸盐、氯化物进入溶液	溶解物质
	Al_2O_3	水化后成为含水铝硅酸盐	黏土
	$6SiO_2$	少部分 SiO_2 游离出来，溶于水中	溶解物质
斜长石（更长石）	$3Na_2O$	成为碳酸盐、氯化物进入溶液	溶解物质
	CaO	成为碳酸盐，溶于含 CO_2 的水中	溶解物质
	$4Al_2O_3$	水化后成为含水铝硅酸盐	黏土
	$20SiO_2$	部分 SiO_2 游离出来，溶于水中	溶解物质

续表

矿物成分	化学组分	所发生的变化	风化产物
白云母	$2H_2O$ K_2O $3Al_2O_3$ $20SiO_2$	残留不变	云母碎片
黑云母	H_2O	水溶液	水溶液
	K_2O	成为碳酸盐、氯化物进入溶液	溶解物质
	Al_2O_3	生成含水铝硅酸盐	黏土
	$2(Mg, Fe)O$	成为碳酸盐、氯化物进入溶液，碳酸盐氧化为赤铁矿、褐铁矿等	溶解物质及色素
	$3SiO_2$	部分SiO_2游离出来，溶于水中	溶解物质
锆石	ZrO_2 SiO_2	残留不变	砂粒（重矿物）
磷灰石	$Ca_5(PO_4)_3$ (F, Cl, OH)	溶解或残留不变	溶解物质或砂粒（重矿物）

中性和碱性侵入岩的风化情况大体与花岗质岩石相似。

基性和超基性侵入岩主要由较易风化的橄榄石、辉石、基性斜长石组成，远比花岗质岩石易风化。风化后，除部分易溶元素转移流失外，常在原地形成一些化学残余矿物，如蛇纹石、滑石、绿泥石、褐铁矿等。

火山岩及火山碎屑岩由于含有相当多的甚至大量的玻璃质或火山灰，故其风化速度大都相当快，如玄武岩在遭受风化时，除一部分易溶元素流失外，常形成蒙脱石、高岭石、铝土矿、褐铁矿等化学残余矿物；如风化较彻底，可形成风化残余的富铁的红土层。

沉积岩的风化情况比较简单，因为它们本身就主要是由母岩的风化产物组成的。其中，蒸发岩（主要由卤化物及硫酸盐矿物组成）最易溶解、最易风化，碳酸盐岩次之，黏土岩、石英砂岩、硅岩等最难风化。

四、母岩风化的阶段性

母岩在风化过程中，不同元素或化合物的化学性质及其稳定性是不同的，故不同元素或化合物从母岩中风化转移的相对能力是不同的。波雷诺夫在对比岩浆岩的平均化学成分和流经该岩石分布地区的河流流水溶解物质的平均化学成分以后，得出十分重要的数据，制定出母岩的元素或化合物在风化作用过程中的转移顺序及其数量级别（表2-2）。当然，这个转移顺序及其数量级别只是一般性的概括，在不同的母岩地区和不同的风化作用条件下，情况将会有一些变化。

表2-2 母岩的元素或化合物在风化作用中的转移顺序及其数量级别

（据 Боренов，1948；转引自 Перлман，1953）

转移顺序	元素或化合物	数量级别
1. 最易转移的	Cl,(Br,I),S	$n \cdot 10$
2. 易转移的	Ca,Na,Mg,K	n

续表

转移顺序	元素或化合物	数量级别
3. 可转移的	SiO_2（硅酸盐）,P,Mn	$n \cdot 10^{-1}$
4. 略可转移的	Fe,Al,Ti	$n \cdot 10^{-2}$
5. 基本上不转移的	SiO_2（石英）	$n \cdot 10^{-\infty}$

由于母岩的各种化学成分在风化作用中转移性质的差异，因此母岩的风化作用过程就呈现出了阶段性。波雷诺夫（Боренов，1948）将玄武岩的风化过程分为四个阶段：

（1）机械破碎阶段：该阶段以物理风化为主，形成岩石或矿物的碎屑。

（2）饱和硅铝阶段：该阶段玄武岩岩石中的氯化物和硫酸盐全部被溶解。首先带出 Cl^- 和 SO_4^{2-}，然后在 CO_2 和 H_2O 的共同作用下，铝硅酸盐和硅酸盐矿物开始分解，游离出碱金属和碱土金属（K^+、Na^+、Ca^{2+}、Mg^{2+}）盐基，其中 Ca 和 Na 的流失比 K 和 Mg 要快些。这些析出的阳离子组成弱酸盐，使溶液呈碱性或中性，并使一部分 SiO_2 转入溶液。此阶段主要形成胶体黏土矿物——蒙脱石、水云母、拜来石、绿脱石等。同时，溶解性较差的碳酸钙开始沉积。

（3）酸性硅铝阶段：该阶段几乎全部盐基继续被溶滤掉，SiO_2 进一步游离出来。因此，碱性条件逐渐被酸性条件所代替。Mg^{2+} 和 K^+ 的再次带出使得饱和硅铝阶段所形成的矿物（蒙脱石、水云母）又被破坏，形成在酸性条件下稳定且不含 K、Na、Ca、Mg 盐基的黏土矿物——高岭石、变埃洛石等。通常，将达到此阶段的风化作用称为黏土型风化作用。

（4）铝铁土阶段：这是风化作用的最后阶段。在此阶段，硅酸盐矿物被彻底分解，可移动元素全部被带走，主要剩下铁和铝的氧化物及部分二氧化硅。它们呈胶体状态在酸性介质中聚集起来，在原地形成水铝矿、褐铁矿及蛋白石的堆积。由于它是一种红色疏松的铁质或铝质土壤，所以也称为红土。达到此阶段的风化作用，通常称为红土型风化作用。

上述四个阶段是一个完整的风化过程。但是，母岩风化不一定都经历上述四个完整阶段。风化作用所处的阶段常受母岩岩性、气候、地形、构造活动等因素所控制。

玄武岩和安山岩在大陆上出露很广，在海底分布也很广。从风化产物这个角度来看，玄武岩与花岗岩之间有重要不同。花岗岩风化主要形成不同粒级的岩屑和矿物碎屑。玄武岩的风化通常直接形成黏土矿物、氧化铝和富钛氧化铁。正如前面已经说过的，钛、铝和铁的氧化物是化学风化最稳定的残余物。

五、母岩风化产物的类型

地壳表层岩石的风化作用是一个十分复杂的地质作用，岩石风化的结果可形成三种不同性质的风化产物。

（一）碎屑残留物质

碎屑残留物质主要是指母岩的岩石碎屑或矿物碎屑。在风化作用的机械破碎阶段，这种碎屑残留物质最发育；到风化作用的铝铁土阶段，这种物质就很少了，只有那些风化稳定性最高、极难风化的石英才可能被保留下来。在风化初始阶段，碎屑物质大都残留在母岩区，后来就可能被各种地质营力搬运到沉积区。碎屑残留物质是碎屑沉积岩的主要原始物质成分。

（二）新生成的矿物

新生成的矿物主要是指在风化作用晚期新生成的一些矿物，如水云母、高岭石、蒙脱石、蛋白石、铝土矿、褐铁矿等。这些物质在风化初始阶段也大都存在于母岩的风化带中，所以也常称作化学残余物质或化学风化矿物。后来，它们也将被各种地质营力搬运走，构成黏土岩以及其他沉积岩的主要原始物质成分。

碎屑残留物质和化学风化矿物可合称为碎屑物质或陆源碎屑物质，它们的搬运和沉积作用主要受沉积水动力学定律支配。这些物质被各种地质营力搬运以后，在一定的条件下发生沉积，再经过成岩作用就形成了碎屑岩及黏土岩。

（三）溶解物质

溶解物质主要是指母岩在化学风化作用过程中晚期被溶解的那些成分，如 Cl、S、Ca、Na、Mg、K、Si、Fe、Al、P 等。这些物质大都呈真溶液或胶体溶液状态顺水流走，转移到远离母岩区的湖泊或海洋中去。

溶解物质的搬运和沉积作用主要受化学定律支配。这些溶解物质转移到海洋或湖泊后，在一定的物理和化学条件（首先是各种化学条件，有时生物作用条件和水动力作用条件也很重要）下沉积下来，再经过成岩作用就形成了各种类型的化学岩、生物化学岩或生物岩。

由此可知，从母岩风化作用开始，其物质成分分异作用就开始了，多种不同性质的风化产物开始形成，即一些最主要的沉积岩物质成分就开始形成了。

风化彻底的岩石所提供的沉积物是成熟的沉积物，这类物质几乎全由风化最终产物组成，即主要是黏土矿物和稳定的矿物碎屑和岩石碎屑。这些物质在搬运过程中进一步分选，成为分别由黏土矿物或碎屑物质组成的成分单一的沉积物；相反，风化不彻底的岩石所提供的沉积物质则形成不成熟的沉积物。风化不彻底是指在风化过程中不仅母岩所含的稳定矿物没有风化分解，稳定性较差的矿物也未发生风化或略发生风化。因而所提供的沉积物成分复杂，稳定和不稳定的矿物碎屑都有，还有较多的各种岩石碎屑和重矿物，经搬运、堆积形成成分复杂的、成熟度较低的沉积物。由此可见，陆源沉积岩的成分除了反映沉积物在搬运过程中所发生的变化外，在一定程度上也能反映母岩的性质和风化程度。

六、风化壳

地壳表层岩石风化的结果，可在原地形成由风化残余物质组成的地表岩石的表层部分。这种已风化了的地表岩石的表层部分，就称为风化壳或风化带。

风化壳的厚度决定于气候、地形、构造、母岩性质等许多因素。一般说来，在气候潮湿、地形平坦、构造活动比较稳定的地区，风化作用较强，剥蚀作用较弱，风化残余物质易于保存，故风化壳厚度较大。在相反的条件下，风化壳厚度就较小，甚至为零。

风化壳中岩石的风化程度是因深度而不同的。表层风化程度较强，深处风化程度较弱，以至逐渐过渡到未风化的母岩。

风化壳分现代的和古代的，二者常以新近系为划分界限。由于保存条件的限制，古风化壳大都已残缺不全了。另外，古风化壳由于已经经历了成岩作用及后生作用的变化，它们已与现代的风化壳有很大的不同了。古风化壳有很大的地质意义和经济意义，因为它是地壳上升、海平面下降、沉积间断、不整合的重要标志，是分析古气候、古地理和海平面升降变化的重要依据，其中常蕴藏着一些重要的金属和非金属矿床（如高岭石矿、铝土矿、铁矿、镍矿等）。在古风化壳中还可以形成油气藏。

按岩石大类，风化壳可分为碎屑岩风化壳、碳酸盐岩风化壳、火山岩风化壳，其中以碳酸盐岩风化壳分布最广泛，形成的油气藏也最有工业价值。例如我国北方发育奥陶系顶部碳酸盐岩风化壳，主要是由于加里东构造运动使得奥陶纪地层抬升到地表，并遭受长期风化淋滤所致。

风化壳研究在地层学、层序地层学、地球化学、矿物学、岩石学、矿床学、石油地质学、土壤学、农业科学以及水利建设上，都有很大的意义。风化壳可以作为油气运移通道，形成的岩溶储层储集油气形成大—中型高产油气田。

七、沉积物的其他来源

（1）生物成因的沉积物：生物通过其生命活动可营造起生物体，生物死亡后遗体可在原地堆积，也可搬运到沉积盆地中沉积下来，成为沉积岩的一部分。生物遗体包括两部分，一是以无机成分为主的生物残骸，即藻类、动物的外壳和骨骼、植物的钙化遗体，属生物的硬体部分，常保存为化石或生物碎片，其成分多为碳酸盐、磷酸盐和硅质；另一部分是有机生物残体，即植物体和动物的软体部分，主要是 C、H、O、S、N、P 等元素组成的碳氢化合物，一般称为有机质，它们除部分转化为石油、天然气、油页岩、煤等之外，大量呈分散状态存在于沉积岩中。

（2）深部来源的沉积物：由火山爆发作用带到地表或水下的火山碎屑物可直接堆积成火山碎屑岩，也可以混入正常碎屑沉积岩中；沿深断裂流出地表或注入地下的热卤水、温泉、热气液等，数量也是可观的，它们对形成某些岩石（如盐岩、硅岩和铁锰岩等）和矿床（如铅、锌等的矿床）也有较大的意义。

（3）宇宙来源的沉积物：从宇宙空间落到地球上的陨石及其尘埃，大小悬殊，从几十克到数千克（1976 年吉林陨石雨中最大的陨石重 1770kg）以至数十吨或更大，小者至微粒、尘埃。每年降落的较大陨石的数量有数千吨，小的尘埃无法统计。陨石也可构成沉积物和沉积岩的物质成分。

第二节　碎屑物质的搬运和沉积作用

在流动环境和蓄水环境中，分别存在最基本单向流（如河流）、振荡流（如波浪）和双向流（如潮汐）等沉积流体。

碎屑物质（主要是母岩风化产物中的碎屑物质）在流体的作用下，将进入搬运状态向他处转移；在一定条件下，还会从搬运状态转变为沉积状态。沉积下来的沉积物可长期固定下来不再移动；也可由于地壳上升、侵蚀基准面下降，使得已沉积下来的碎屑物质重新遭受剥蚀而被搬运。

搬运和沉积碎屑物质的流体主要是流水、波浪、等深流、重力流等，高寒地区的冰川和干旱地区的风也是搬运和沉积碎屑物质的重要地质营力。

作为碎屑物质搬运和沉积的流体，自然界存在两种基本类型，即牵引流和沉积物重力流。过去主要是研究牵引流或牵引流载荷的搬运和沉积作用，沉积物重力流的研究始于 20 世纪 50 年代。显然，正确识别和判定古代牵引流沉积物和重力流沉积物，不仅有利于恢复沉积过程和沉积环境，而且对于勘查沉积矿产也具有实际意义。

一、流体的一些基本知识和概念

(一)牛顿流体和非牛顿流体

实际流体均为黏性流体。基于流体力学,当流体流动时,流体质点之间存在着相对运动,并会产生内摩擦力反抗它们之间的相对运动,流体的这种性质称为黏滞性,这种质点之间的内摩擦力也称为黏滞力。相邻流层之间内摩擦力的大小服从牛顿内摩擦力定律:在温度不变的情况下,当流体内部的流层之间存在相对运动时,相邻流层间的内摩擦力(τ)的大小与流速梯度和接触面面积成正比,与液体的性质(即黏滞性)有关,而与接触面上的压力无关。

凡服从牛顿内摩擦定律的流体称为牛顿流体,否则称为非牛顿流体。

牛顿内摩擦定律是指流体黏滞切应力或内摩擦力(τ)与切变速度之间呈正比线性关系,可用公式表示为

$$\tau = \frac{\mathrm{d}u}{\mathrm{d}y}$$

式中,τ为单位面积上的内摩擦力,u为流体流速,y为流体内两滑动面之间的距离(从底部开始计算)。因此$\mathrm{d}u/\mathrm{d}y$称作流速梯度(或称剪切变形率),它是反映流体黏滞性大小的一个系数,称为动力黏度。

以惯性质量力主控的牵引流属于牛顿流体。在温度不变的条件下,随着$\frac{\mathrm{d}u}{\mathrm{d}y}$的变化,流体流速$u$值始终保持为常数,服从内摩擦定律。典型的牵引流包括河流、波浪、等深流、潮流、内波流以及可能的低密度(经典)浊流等典型的单向流、双向流和振荡流。

以重力(质量力)主控的沉积物重力流属于非牛顿流体。在温度不变的条件下,流体流速u值随$\mathrm{d}u/\mathrm{d}y$变化而变化,即不服从内摩擦定律。常见的重力流有蠕动、滑动、滑塌、碎屑流(宾汉流体)、高密度浊流等。

由重力和惯性力共同作用的流体可称为过渡性流体。当悬浮物浓度达到一定程度,过渡流向重力流转化。

从牵引流向过渡流和重力流的转化源于牵引流对底床的剥蚀,而从重力流向过渡流和牵引流的转化则源于悬浮于流体中的沉积物颗粒的减少。当牵引流作用越来越强,底床上的颗粒开始悬浮于流体中,流体作用中的重力成分逐渐增加,流体向过渡流转化。随着流体中悬浮物浓度的增加,重力作用逐渐增强,惯性力作用逐渐减弱,当悬浮物浓度达到一定程度,过渡流向重力流转化。

显然,牛顿流体和非牛顿流体对碎屑物质搬运和沉积作用的机制是不同的。

(二)层流、紊流与雷诺数

自然界的任何流体按其流动特点,可划分为层流和紊流(或称湍流)两种流动形态。层流是一种缓慢流动的流体,流体质点做有条不紊的、平行的线状运动,彼此不相掺混。紊流是一种充满了漩涡的、急速流动的流体,流体质点的运动轨迹极不规则,其流速大小和流动方向随时变化,彼此互相掺混(图2-2)。

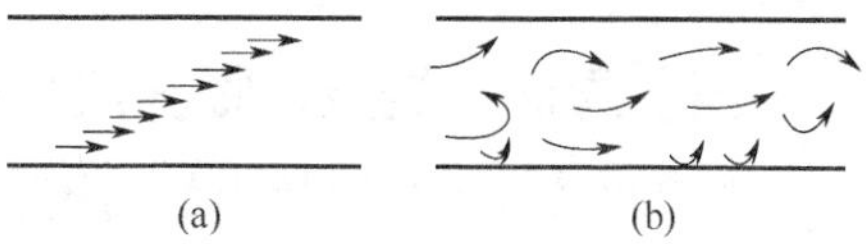

英国学者雷诺(Reynolds,1851)首先从实验

图2-2 层流(a)和紊流(b)的流动特点

室中观察到这一物理现象,他曾用不同管径的管道和不同流体进行实验,获得了一个判别层流与紊流的参数,通称雷诺数(Reynolds number,简称 Re),表示为

$$Re = \frac{惯性力}{黏滞力} = \frac{v^2 d^2 \rho}{v d \mu} = \frac{v d \rho}{\mu}$$

在流体力学中,雷诺数是表示惯性力与黏滞力之间关系的一个数值,为一无量纲数。流水作用于碎屑颗粒上的惯性力可认为是与流体的质量 $d^2\rho$ 以及流体碰撞到颗粒时所产生的减速度 v 成正比。作用于颗粒上的黏滞力可认为是与黏度 μ、表面的速度梯度 v/d 以及表面积 d^2 成正比。其中 v 是水的流速,d 是颗粒直径,ρ 是水的密度。实验证明,当流体通过一个正在沉降的球形颗粒时,当 Re 为 1 左右时,流动呈层流型,即在颗粒的背后不产生旋涡状的水迹(背流尾迹);当 Re 为 1~40 时,在颗粒的背后就会出现背流尾迹,开始尾迹具有规则的几何形状,但随着 Re 的增大,背流尾迹就越来越不规则;当 Re 大于 40 时,则出现"卡门涡街",这时的流动称为紊流(图 2-3)。

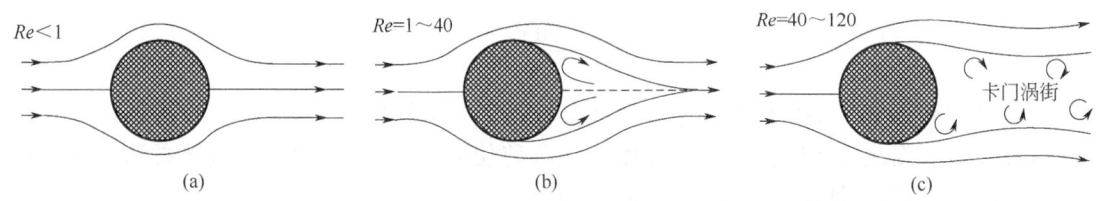

图 2-3 雷诺数与水流流动状态关系图(据 Blatt 等,1972)

雷诺数较小时,黏滞力对流场的影响大于惯性力,流场中流速的扰动会因黏滞力而衰减,流体流动稳定,为层流;反之,若雷诺数较大时,惯性力对流场的影响大于黏滞力,流体流动较不稳定,流速的微小变化容易发展、增强,形成紊乱、不规则的紊流流场。层流与紊流的流体力学性质特点还有:层流只有黏滞切应力;而紊流不仅具黏滞切应力,而且还有流体质点的紊乱流动面引起的附加切应力(或称惯性切应力)。因此紊流的搬运能力要强于层流。并且,紊流还有漩涡扬举作用,这是可使沉积物呈悬浮搬运的主要因素。

从沉积物沉积时遭受的阻力来说,紊流兼有黏滞阻力和惯性阻力,而层流只有黏滞阻力,因此沉积物不易从紊流中沉积下来,而在层流中则类似在静水中一样很容易沉积下来。

自然界绝大多数水体呈紊流运动状态,但并不是整个流体都是紊流。实际上,任何紊流

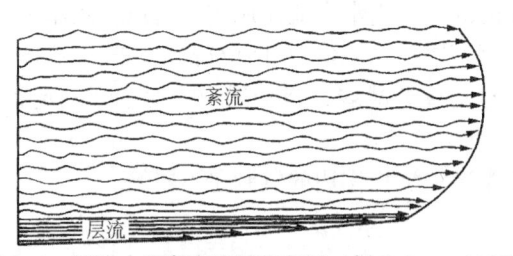

图 2-4 河流中的紊流及层流底层(据 Rubey,1938)
流线长度代表流速大小

的水体在与固体边界接触处(如河道底和两壁),由于固体边界影响,流速梯度很大,因此黏滞力仍起主导作用,流体运动形态仍属层流,称作层流底层,或称为黏性底层(图 2-4)。层流底层的厚度是随雷诺数的增加而减小的。层流底层的存在对沉积物的搬运和沉积起着重要控制作用,使得沉积物与流体之间界面上不断发生着沉积和搬运的交替作用。

(三)急流、缓流、临界流与弗劳德数

在明渠水流(类似自然界的河流、海湖浅水环境中的牵引流水流)中,可用弗劳德数(Fr)确定由于不同流动强度形成的急流、缓流和临界流三种流态,或按弗劳德数可将沉积

流体分为超临界流、临界流和次临界流。

弗劳德数（Froude number，简写为 Fr）是表示惯性力与重力之间关系的一个数值。对于流速为 v 的单位流体质量来说，惯性力等于使质点在距离 L 内减速到停止状态所需的力。故惯性力与 $v/t=v^2/L$ 成正比（$t=L/v$，t 为所需的时间）。作用于单位质量上的重力为 g，所以弗劳德数（Fr）为

$$Fr = \frac{惯性力}{重力} = \frac{v^2/L}{g} = \frac{v^2}{gL}$$

但明渠研究中，大多数工程技术人员却把这一数值的平方根当作弗劳德数（Fr），即

$$Fr = \frac{v}{\sqrt{gL}}$$

在明渠的流水中，当水深为 D 时，则

$$Fr = \frac{v}{\sqrt{gD}}$$

式中，v 为流水的平均流速。可以证明，当重力波的波长等于水深 D 时，则重力波的速度等于 v，此时 $Fr=1$。这就提出了弗劳德数（Fr）的重要含义：如果 $Fr>1$，这表示向下游的流速大于向上游传播的波速，此时不可能有向上游移动的波，因此在 $Fr>1$ 时，流水的性质为急流或超临界的流动，超临界流中惯性力起主导作用，流体能量以动能为主，这往往表示水浅流急的情况，沉积与剥蚀由速度主导；在 $Fr<1$ 时，流水性质为静流、缓流或临界以下的流动，这往往表示水深流缓的情况。在次临界流中重力起主导作用，流体能量以势能为主，流体的单位能量随流体深度的增加而增大，即沉积与剥蚀由深度主导。

弗劳德数（Fr）是一个无量纲数，可普遍用于解释碎屑物质以床沙载荷方式搬运和沉积作用的过程。

现今，人们关注水跃（hydraulic jump）作用，是指明渠中由急流过渡为缓流时，发生的水流局部突变现象。比如，从水闸下泄的急流受到下游渠道缓流的顶托便发生水流突变现象。水跃区的水流可以分为两部分：上部不断翻腾旋滚，因掺入空气而呈白色；下部是主流，是流速急剧变化的区域。这两部分交界面处流速梯度很大，紊动混掺强烈，液体质点不断地穿越交界面进行交换。由于水跃内部水体的强烈摩擦混掺而消耗大量机械能，因此通常把水跃作为消能的有效方式之一（水跃消能）。

随着水流强度变化，在床沙表面可出现各种类型床沙形体。床沙形体不是固定不动的，而是通过组成床沙的砂砾颗粒的滚动、滑动或跳跃移动而使床沙形体发生顺流或逆流移动，这种现象在水力学中称为沙波运动。

明渠水流随着流动强度的加大，会在床沙表面依次出现下列床沙形体：无颗粒运动的平坦床沙→沙纹→沙浪→沙丘→过渡型（或低角度）沙丘→平坦床沙→逆行沙丘→流槽和凹坑。由于床沙形体与层理之间成因关系密切，故在第五章中将介绍床沙形体特征与弗劳德数之间的关系。

（四）牵引流和沉积物重力流及其搬运和沉积作用方式

实验室模拟和自然实际情况，都证实牵引流（牛顿流体）和沉积物重力流（非牛顿流体）是两种不同性质的流体，在两种流体中碎屑物质显现出不同的搬运方式和沉积机理。牵引搬运或牵引作用一词是指能使碎屑物质作底负载移动的各种作用的总称。研究碎屑物质在河流、海湖浅水和风力搬运、沉积的过程最容易使人们理解牵引的原理。牵引流的搬运力

表现在两方面,一方面是流体作用于碎屑颗粒上的推力(即牵引力),推力的大小主要取决于流体的流速,推力越大则能搬运的碎屑颗粒越大;另一方面是载荷力(或负荷力),负荷力大小取决于流体流量。负荷力越大则能搬运的沉积物数量就越多。推力大不一定负荷力就大,反之亦然。例如山区河流,特别是发洪水时,可以搬运重达几十吨的巨石;而浩瀚的长江,尽管每年能搬运近 10 亿吨物质,却不能推动一块大砾石。山区急流的负荷力虽不大而推力却很大;长江、黄河推力不大而负荷力却很大。

一般来说,牵引流搬运颗粒的动力主要是推力(或牵引力),多半是从高处往低处搬运,但有时也往高处搬运,如海湖滨岸地区的冲流,风力也可以把细粒沉积物搬运到高处。牵引流搬运方式应包括溶解载荷、悬移载荷、推移载荷(或床沙载荷)。当牵引流流体不能再搬运或负载更多的沉积物时,称为满载。随着流速的降低,流量减小,流体的推力和载荷力就会减弱,这时被流体负载的沉积物就会由粗到细依次发生沉积,称为超载。

沉积物重力流是一种密度流,密度可达 1.5~2.0g/cm^3,是由大小不一的碎屑物质与水混合形成的高密度流体,流体中碎屑物质含量越高其密度越大,其主要是以悬移载荷方式搬运。重力流搬运的驱动力主要是重力,因此沉积物重力流的搬运是沿斜坡向下移动的,当坡度变缓,流速降低,沉积物重力流会发生骤然卸载,故在沉积盆地的斜坡根部常常形成各种类型的重力流沉积物,一部分低密度沉积物重力流可沿盆地底部扩展到深水平原的广大地区。

以下将分别阐述碎屑物质在不同介质中的搬运和沉积作用,而碎屑物质在重力流中的搬运和沉积作用,即沉积物重力流的搬运和沉积作用,将在本书第二十四章重力流沉积中专门论述。

二、碎屑物质在流水中的搬运和沉积作用

碎屑颗粒在流水中的搬运和沉积,主要与水的流动状态和碎屑物质的本身特点密切相关。水流是层流还是紊流,是急流还是缓流,碎屑物质的大小、密度、形状等都影响碎屑颗粒在流水中的搬运和沉积。由雷诺数和弗劳德数定义可见,流水在搬运碎屑物质过程中水流状态的变换,在很大程度上取决于流速,其次与水的密度、黏度、水深、水量、边界条件等因素有关。可见碎屑物质在流水中的搬运和沉积作用受多种因素的影响和制约。

(一)碎屑搬运方式

流水搬运碎屑物质的方式,即碎屑载荷的形式,主要有两种,即推移搬运(或滚动搬运)和悬浮搬运(或悬移搬运)。前者也可称为推移载荷,后者也可称为悬浮载荷。至于跳跃搬运,它基本上属于推移(或滚动)搬运。

较粗的碎屑,如砂和砾石,大都是沿流水的底部移动,呈滚动或跳跃方式搬运。

较细的碎屑,如粉砂和黏土,在流水中常呈悬浮状态搬运。实验证明,当沉降速度小于流速的 8% 时,即流速至少是沉降速度的 12 倍时,颗粒才能呈悬浮状态。较细的颗粒碎屑之所以常呈悬浮状态,主要与它们的沉降速度低有关(视频 2-2,视频 2-3)。

视频 2-2　底床沉积物搬运　　视频 2-3　碎屑颗粒搬运方式

（二）机械沉积作用

在一定的沉积条件下，主要是当流水的动力不足以克服碎屑的重力时，已处于搬运状态的碎屑物质就会沉积下来。悬浮的粉砂或黏土在流速减小到一定限度（小于沉降速度的12倍）时，就会下沉（视频2-4）。

视频2-4 碎屑物质在流水中搬运沉积

静水中碎屑物质的下沉可用斯托克斯（G. Stokes, 1850）实验公式表示：

$$v = \frac{2}{9} \frac{d_1 - d_2}{\mu} g r^2$$

式中　　v——颗粒沉降速度，cm/s；

　　　　d_1——颗粒密度，g/cm³；

　　　　d_2——水介质密度，为1g/cm³；

　　　　μ——水介质黏度（20℃时为0.01cP，1cP=0.001Pa·s）；

　　　　g——重力加速度，为980cm/s²；

　　　　r——颗粒半径，cm。

由此公式可以看出，碎屑颗粒在静水中的沉降速度与颗粒半径的平方成正比。但是，这一关系只适用于粒径小于0.1mm的颗粒，即只适用粉砂以下的碎屑颗粒。对于较粗的颗粒来说，其沉降速度与其半径的平方根成正比。因为当颗粒增大时，介质的黏度对沉降速度的影响逐渐减小，而水介质浮力的影响将逐渐增大。

关于细颗粒的沉降速度，鲁比（Rubey, 1933）的实验数据（表2-3）表明了不同粒级沉降物的沉降速度。这就是说，极细砂下沉30m约需2h，而细黏土则约需1年；如要下沉3000~4000m，极细砂约需10天，细黏土则约需100年。

表2-3　细碎屑颗粒在清洁净水中的沉降速度　　　　　　　　　　单位：mm/s

砂岩粒级	沉降速度	砂岩粒级	沉降速度
极细砂	>3.84	极细粉砂	0.06~0.015
粗粉砂	3.84~0.96	粗黏土	0.015~0.00375
中粉砂	0.96~0.24	中黏土	0.00375~0.0009375
细粉砂	0.24~0.06	细黏土	<0.0009375

从斯托克公式还可看出，碎屑颗粒在静水中的沉降速度与颗粒密度d_1与水介质密度d_2的差（d_1-d_2）成正比，即颗粒与水介质相对密度越大，其沉降速度也越大。因此，在碎屑沉积岩中，可见大而轻的颗粒与小而重的颗粒沉积在一起。斯托克公式是在假定颗粒为球形的情况下求得的，假如颗粒不是球形，其沉降速度当然会有所不同。实验证明，假定球形颗粒的沉降速度为100cm/s，则椭球形颗粒的沉降速度为84~61cm/s，立方体为74cm/s，长柱体为50cm/s，片状颗粒为80~38cm/s。由此可见，球形颗粒沉降速度最大，片状颗粒沉降速度最小，所以片状矿物（如白云母）常被搬运得很远，常与较细的颗粒（粉砂和黏土）在一起沉积。

此外，斯托克公式对水温、颗粒密度、颗粒表面状况等都有所要求，因此，与实际情况也均有所出入。还应指出，斯托克公式只有在静水或层流的条件下才适用；在旋涡发育的紊流中应另作别论。

尽管如此，斯托克公式在探讨碎屑颗粒的机械沉积作用的机理上，还是很有用处的。

碎屑物质在流水中的搬运和沉积，与流速和颗粒大小之间的关系最为关键。

流水把处于静止状态的碎屑物质开始搬运走所需要的流速称为开始搬运流速。开始搬运流速要大于继续搬运已处于搬运状态的碎屑物质所需的流速，即继续搬运流速。在流水搬运中，碎屑物质受流速、流量、坡度、碎屑粒度等多种因素影响。图2-5表明了碎屑物质在流水中侵蚀、搬运、沉积与流速的关系，说明如下：

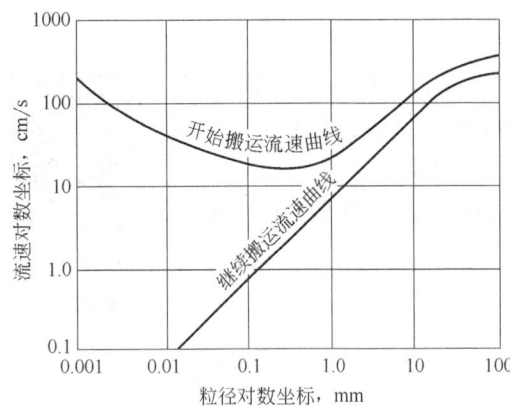

图2-5 碎屑物质在流水中侵蚀、搬运、沉积与流速的关系（据Hjulström，1936）

（1）颗粒开始搬运的水流速度要比继续搬运所需的流速大，这是因为开始搬运流速不仅要克服颗粒本身的重力，还要克服颗粒间的吸附力，颗粒才能发生移动。

（2）直径0.05~2mm的颗粒所需的开始搬运流速最小，而且开始搬运流速与沉积临界流速相差也不大。这说明砂粒质点在被流水搬运时很活跃，容易搬运，也容易沉积，故常呈跳跃式前进。

（3）直径大于2mm的颗粒其搬运与沉积的两个流速曲线更接近，但两者的流速值也都是随着粒径的增大而增加。故砾石不能长距离被搬运，并多沿河底呈滚动方式前进。

（4）直径小于0.05mm的颗粒，开始搬运的水流速度与继续搬运所需的流速相差很大，因而粉砂（0.05~0.005mm）和黏土（<0.005mm）物质一经流水搬运，就长期悬浮于水体之中不易沉积下来。而且它们沉积之后又不易呈分散质点再搬运，即使流速发生急剧改变，也只是冲刷成粉砂质或泥质碎块继续搬运，故在海洋和湖泊的波浪带的沉积物中，冲刷的"泥砾"是常见的。

后来，森德伯格（Stindberg，1956）修改了尤尔斯特隆图解（Hjulström，1936），见图2-6。森德伯格图解不仅表示了碎屑物质在流水中侵蚀、搬运、沉积与流速的关系，而且表示了启动流速与碎屑大小之间的关系（图2-6）。

沃克（Walker，1975）也对碎屑物质在流水中侵蚀、搬运、沉积进行了研究，建立了流水不同流动强度与所能滚动和悬浮的最大粒径之间的关系（图2-7）。该图解可解释某些分选性差、粗细混杂的碎屑沉积物（岩）的搬运沉积过程，说明如下：

（1）当流动强度为P时，它所能滚动的砾石最大粒径为8cm，同时所能悬浮的最大砂粒为2.2mm。

（2）当流动强度略小于P时，可使粒径为8cm的砾石和2.2mm的砂粒同时沉积，从而可能形成粒度分布双众数的、分选差的砂砾岩。

（3）当流动强度在P附近反复变动时，即

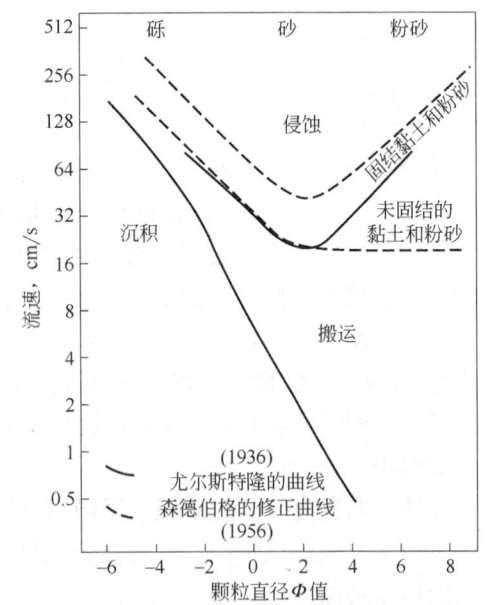

图2-6 经森德伯格修改的尤尔斯特隆图解

属持续水流时,则可能形成砂质沉积与砾石质沉积的互层,其平均粒度应分别为 2.2mm 与 8cm 左右。

(4) 如果流动强度急剧减小,则可能造成分选极差的、粒度分布多众数的砾、砂、粉砂和泥的混合沉积物。

(5) 如图 2-7 中虚线所示,沉积 1mm 砂粒所需的流动强度要比沉积 7cm 砾石所需强度小得多。因此,在平均粒度为 7cm 的砾石沉积的孔隙中所充填的 1mm 砂粒,不可能是同时沉积物,后者应是在水流强度减小后的孔隙渗滤充填物。例如,冲积扇筛状沉积物中的充填物就属于这种情况。

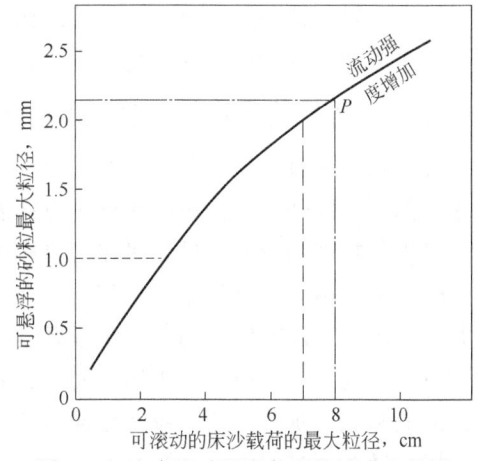

图 2-7 流水流动强度与所能滚动和悬浮的最大粒径之间的关系(据 Walker,1975)

(三)碎屑物质在流水搬运过程中的变化

碎屑物质在流水搬运过程中,还将发生许多重大的变化。

首先是成分上的变化。作为母岩风化产物的碎屑物质,它们风化稳定性的差别是很大的。在母岩的风化作用过程中,尚未彻底风化的那些不稳定成分,在流水的搬运作用过程中还要继续遭受风化、破坏,或者转变为更稳定的新矿物。引起这种变化的主要因素是流水以及流水中各种酸的溶蚀作用。因此,随着碎屑物质被流水搬运的时间和距离的增长,其中的不稳定成分就逐渐减少,稳定成分则相应增多,成分成熟度得到提高。

其次在流水搬运过程中,碎屑的粒度也逐渐变小(图 2-8)。引起碎屑颗粒粒度变小的主要外在因素是碎屑在流水的搬运过程中,碎屑与碎屑之间,碎屑与河床、河岸之间的相互撞击和摩擦作用造成碎屑发生破碎和受到磨蚀,因此粒度变小。但是,不同性质的碎屑,其被撞碎和被磨蚀的难易程度是不同的。例如粗粒结构、裂隙及解理发育、硬度小、脆性大的碎屑,就较易于破碎和受到磨蚀。因此,在相同的搬运条件下,不同成分的碎屑,其粒度变小的速度是不同的,但总的趋势仍是由大变小。

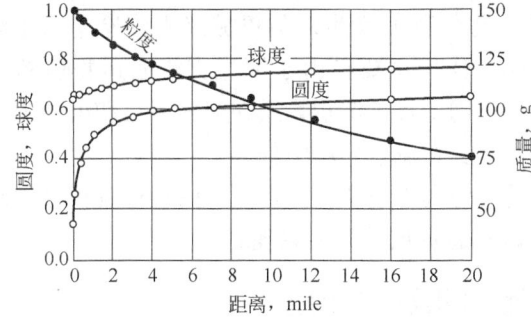

图 2-8 在流水搬运过程中石灰岩碎屑粒度、圆度、球度的变化
(据 Krumbein,1941;转引自 Pettijohn,1975)
粒度以 g 为单位;圆度 $P = \frac{\sum r}{nR}$;r 为碎屑棱角的内接圆半径;n 为棱角数目;R 为整个碎屑的内接圆半径;球度 $\phi = \sqrt[3]{\frac{C^2}{AB}}$,$A$、$B$、$C$ 分别为碎屑的长轴、中轴、短轴长度

再次在流水搬运过程中,碎屑的圆度也逐渐变好(图 2-8)。碎屑颗粒圆度变好的主要外在因素是磨蚀作用。当然,在相同的搬运条件下,不同性质的碎屑,其圆度增高的速度是不同的,例如硬度较小的碎屑就易于被磨圆。另外,脆性大的碎屑在其被搬运的过程中更容易破碎,这反而使碎屑的圆度变坏,但总的趋势仍是圆度逐渐变好。与此同时,碎屑的球度也有所增高,但这一变化常不够明显(图 2-8)。

总之,碎屑物质在流水搬运过程中,其不稳定成分逐渐变少,粒度逐渐变小,圆度逐渐变好,这些是变化的总趋势。搬运的时间及距离越长,这些变化就越明显。碎屑物质在流水搬运过程中的这些变化,都会在碎屑沉积物及碎屑沉积岩的岩性特征上反映出来。

(四)碎屑物质在流水搬运和沉积作用过程中的机械沉积分异作用

碎屑物质在流水搬运和沉积作用过程中,除了在成分、粒度、圆度、球度等方面发生一些重大的变化以外,它们还将在许多方面发生机械沉积分异作用。

首先是粒度的分异。母岩风化产物中的或其他来源的碎屑物质,在粒度上都是大小混杂的。但在流水搬运及沉积作用过程中,在前述的流速、流量等各种因素的作用下,在粒度上就开始分异了,即粒度大的颗粒难以搬运,而当其处于搬运状态时,流速稍有减小,颗粒就会下沉;粒度小的颗粒易于搬运,而当其处于搬运状态时,也较粒度大的颗粒难以沉积。搬运的时间和距离越长,这种粒度分异现象越明显。因此,原来大小混杂的原始碎屑物质,在流水搬运及沉积过程中,就按粒度的大小分别集中,从上游到下游,即粒度从大到小、分选由差到好的顺序分布,即砾(岩)、砂(岩)、粉砂(岩)、黏土(岩)的顺序分布。

其次,密度也发生了分异,即密度大的颗粒难以搬运和易于沉积,密度小的颗粒易于搬运和难以沉积。这样,就出现了从上游到下游,碎屑物质按密度大小依次沉积的现象,即出现了从上游到下游,密度大的碎屑的含量逐渐减少、密度小的碎屑含量逐渐增多的现象。

再次,碎屑物质在形状上也发生了分异,粒状碎屑搬运距离相对短,片状碎屑搬运距离相对远。

最后,碎屑的成分也发生了分异。因为不同成分的碎屑,在粒度、密度、形状上都是有所不同的,粒度、密度、形状上的分异必然会反映在成分上的分异,随着搬运距离的增加,成分稳定的颗粒含量相对增加。

上述各种机械沉积分异作用,当然是同时出现的,但是在一般情况下,这些分异作用都很难进行得很彻底。通常是某一种分异作用(如粒度分异作用)表现得较为明显,其他的分异作用常被该种分异所掩盖。

碎屑物质在流水搬运及沉积过程中的分异作用,几乎总是与碎屑物质在这一搬运及沉积过程中所发生的变化(成分、粒度、形状上的变化)同时发生。与机械沉积分异作用相对立的是掺和作用(或混合作用、混杂作用)。掺和作用主要是由于河流支流搬运物质的注入、沿岸物质的注入以及其他因素引起的。掺和作用干扰了沉积物质在流水搬运和沉积中的分异作用,但总的来看,分异作用还是主要的,至少在流水环境中如此。

尽管事件沉积作用逐渐为人们所认识和接受,但属于正常沉积作用中的机械沉积分异作用和化学沉积分异作用(见本章第三节)仍是沉积岩形成的重要原理之一。

三、碎屑物质在海、湖水体中的搬运和沉积作用

陆地表面流水搬运的碎屑物质,大部分都注入海洋,其次是湖泊。海、湖是流水搬运碎屑物质的最终沉积场所。海、湖中的碎屑物质,除流水搬运来的以外,还有岸边及水底的破碎物质,有时还有由于风携、冰携以及海、湖水底火山喷发提供的、非正常成因的碎屑物质等。当然,流水搬运来的碎屑物质是主要的,这些碎屑物质在其处于最终的稳定位置以前,还要发生移动,即被海、湖水体搬运和再沉积。

引起海洋中碎屑物质搬运和沉积的营力主要是波浪、潮汐和海流。引起湖泊中碎屑物质

搬运和沉积的营力主要是湖浪和湖流。

（一）碎屑物质在海水中的搬运和沉积作用

波浪主要由风引起，因此波浪的大小主要取决于风力的大小以及风的吹程。波浪作用所能影响的最大深度称为浪底，也称为波基面。一般波浪的浪底为几十米，因此，波浪的作用主要限于滨浅海地区。波浪可以分垂直海岸的（横向）运动和平行海岸的（纵向）运动，大部分波浪运动属于过渡类型。

先假定波浪运动的方向（即波浪法线的方向）是垂直海岸的，而海底又位于浪底之上，在理想的情况下，波浪只能使海底的碎屑颗粒做一定幅度的往返运动。当一个周期以后，颗粒又回到原来的位置，但实际情况并不如此简单。海底常有一定的坡度，当海底碎屑颗粒受波浪作用做往返运动时，还不可避免地受颗粒重力的影响而向海底较低的地方移动。因此，海底的碎屑既做往返运动，也有沿着倾斜的海底向下移动的趋势。

在近岸方向的较浅水地区，波浪开始变得不对称了，这就有可能使波浪向岸方向的分力等于回返的分力和重力之和。这时，海底碎屑在经过一个周期的运动之后，又回到原来的位置，不再有向海方向的移动（图2-9）。

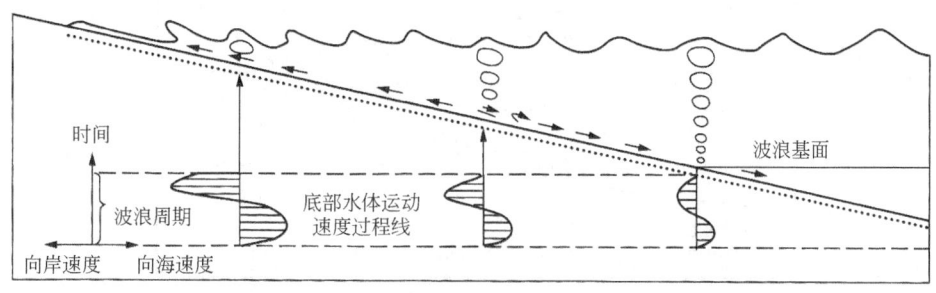

图2-9 海岸带波浪底部水体运动、粗细物质分布及其与坡降的关系（据任明达，1985）

在更近岸的更浅水地区，波浪变得更不对称，其向岸方向的分力将超过回返的分力与重力之和，这就会使海底碎屑在做往返运动的同时，会向岸的方向移动。

因此，在平坦倾斜的海底上，海底碎屑物质在波浪作用下出现了三种状态：在远岸的较深水地区，碎屑物质既做往返运动，也做向海方向的运动；在近岸的浅水地区，碎屑物质既做往返运动，也做向岸方向的运动；在两者之间，只做往返运动，这就是所谓的"中立带"（图2-9）。

当然，上述情况只是在很理想的情况下才如此。假如波浪不垂直海岸，而与海岸斜交，则海底碎屑物质运动的路线就不再是简单的直线式往返或移动，而是呈更加复杂的"之"字形运动。其最大特点是波浪作用力方向与重力沿岸分力作用的方向不一致，而使物质沿着二者之间的合力方向移动（图2-10）。当波浪前进方向与海岸交角小于45°时，波浪回流和物质重力的合力大于向岸的波浪作用力，造成碎屑物质偏向岸坡下部呈"之"字形运动［图2-10(a)］；当波浪前进方向与海岸交角成45°左右时，波浪回流和物质重力的合力几乎等于向岸的波浪作用力，沉积物质平行

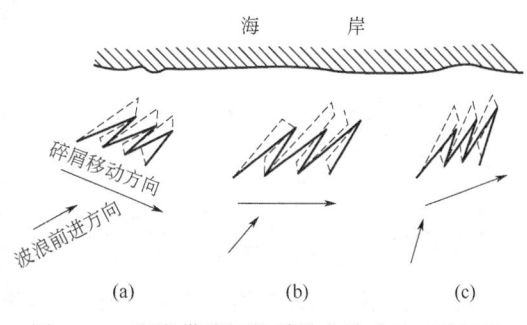

图2-10 海岸带碎屑物质纵向移动的三种情况

岸线呈"之"字形运动[图2-10(b)];当波浪前进方向与海岸交角大于45°时,波浪回流和物质重力的合力小于向岸的波浪作用力,碎屑物质则偏向岸坡上部呈"之"字形运动[图2-10(c)]。

在碎屑物质纵向运动过程中,若是海岸发生转折,使交角发生复杂变化;或是遇到河口、海湾海水加深处,流速骤减;或是外侧有岬角、岛屿等掩蔽体造成波速减低等,都会使纵向搬运的碎屑物质沉积下来,形成各种形状的海滩、沙嘴、连岛沙坝等沉积体。

除正常天气情况下碎屑物质在横向和纵向波浪作用下的搬运和沉积作用外,还有阵发性的风暴浪将浅海沉积物卷起而重新搬离或搬向海岸,形成风暴沉积物。风暴浪可构成比正常浪基面(图2-11)更深的风暴浪基面,其深度可达200m。由于风暴浪基面深度增加,原正常浪基面附近的沉积物被冲刷,形成侵蚀面,并有粗碎屑充填。风暴回流将所携带的大量碎屑物质(具有密度流或重力流的性质),从正常浪基面向下流动几十千米甚至上百千米,形成风暴、浊流沉积。风暴沉积位于正常浪基面和风暴浪基面之间,以碎屑沉积为主,具有牵引流和重力流两种流体机制的沉积特征。风暴浪平息后,又转入了正常的细粒悬浮物质沉积作用。

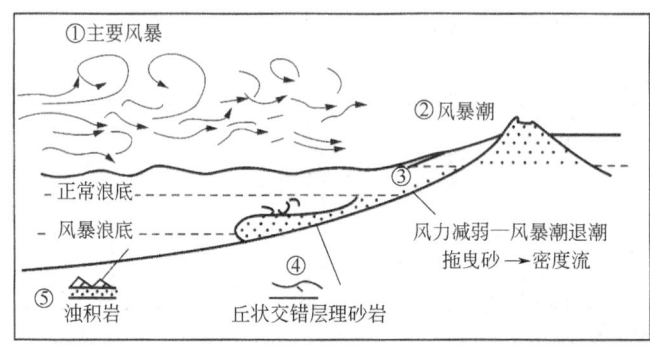

图2-11 风暴浪与风暴潮的形成及其沉积作用图解(据Norward和Nelson,1983)

潮汐作用对滨岸地区的碎屑物质影响很大。在潮汐作用带,水体做大规模的涨潮和落潮运动,因此也使水底的碎屑物质做相应的往返运动。其不同于波浪的是,在涨潮转落潮和落潮转涨潮时期,海平面处于暂时平衡状态时(即平潮和停潮),潮流流速接近或等于零,称为憩流期,这时大部分悬浮物质发生沉淀,在河口海湾或平坦开阔海岸地区形成大面积泥质沉积物。开始涨潮或落潮时流速很小,此后流速渐增,也冲刷部分海底沉积物向岸或向海搬运,形成潮坪、潮道、潮汐三角洲、滨外线状坝等潮汐沉积物。

由于潮流流速的波动性、潮流流向的双向性和多向性,以及涨、落潮流的强度和历时不等,潮流对海岸带的作用很复杂。因此,以潮汐作用为主的海岸,其水动力条件、沉积作用、地貌形态与以波浪作用为主的海岸有较大差别。

近岸地带的海流通常称为近岸流,包括与岸线平行的沿岸流和近岸的循环流。沿岸流主要是由斜交岸线运动的波浪引起的。当波峰线与岸线斜交时,破浪后会产生一种与岸线平行流动的沿岸流(图2-12),其持续时间的长短取决于波浪运动方向和持续时间。这种沿岸流,如能保持相当长的时间,则对滨岸带碎屑

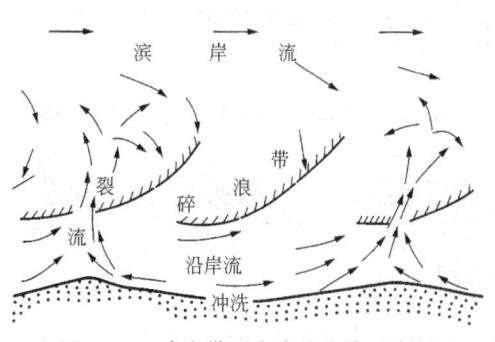

图2-12 滨岸带近岸水流系统示意图
(据Reinecke,1973)

物质的搬运和沉积作用以及岸线变动都有较大的影响。沿岸流沿平行岸线的凹槽流动一段距离，就转为一股穿越碎浪带的离岸流，在落潮时沿着一定坡度流向海，称为裂流。平坦海岸裂流发育，对碎屑物质有一定搬运和沉积能力。

海洋中的碎屑物质在波浪、潮汐等长期作用下，长时期地做往返运动和其他运动。在这一运动过程中，碎屑颗粒之间的相互碰撞和磨蚀、碎屑颗粒与海底或海岸之间的相互碰撞和磨蚀，以及海水对碎屑颗粒的溶蚀作用等，将使这些碎屑物质发生多种变化，即不稳定成分逐渐减少、粒度逐渐变小、圆度逐渐变好；与此同时，各种分异现象，如粒度、密度、形状以及成分上的分异，也在进一步地进行。因此，在海洋环境中沉积的陆源碎屑物（岩）的成熟度，就远比大陆环境中沉积的碎屑物（岩）高得多。在特殊情况下，如在陡岸的深水地区，海岸岩石的破碎产物经滑塌和洪水作用，可很快进入浪底以下的深水地带，波浪或潮汐对海底的碎屑物质已很难触及，因此这里堆积的碎屑物质的成熟度就很低。

（二）碎屑物质在湖水中的搬运和沉积作用

与海洋相比，湖泊面积小，因此缺乏潮汐作用或潮汐作用不明显，但对大型湖泊来说就要作具体分析。湖浪和湖流是湖泊中搬运和沉积碎屑物质的主要动力。湖泊波浪作用相对较小，比如我国青海湖（面积 $4450km^2$）、鄱阳湖（面积 $5160km^2$）的最大波高 1.5m，波长 15m。湖泊的正常浪基面一般不超过 20m。因此，湖浪对碎屑物质的搬运和沉积作用主要表现在滨岸浅水地带，细的悬浮物质可被搬运到深湖区。由于湖浪的搬运和沉积作用，使得湖泊中碎屑物质的机械沉积分异作用更明显。

由于湖泊面积小，更易受台风和飓风影响，产生大的风暴浪，重新将滨岸沉积物冲刷扰动起来，以回流形式将碎屑物质搬向正常浪基面以下发生沉积。风成湖流和低气压引起湖水表面的大规模波浪状振荡，称为湖震，它可引起湖水沿长轴方向产生大规模的波浪运动，形成复杂的水流体系，造成碎屑物质较长距离的搬运沉积。

在湖泊里，湖流系统是很复杂的，通常是由于风的拖曳力、大气压不平衡、河水注入时产生的惯性以及定向水流从这一端流向另一端所引起的。现代青海湖提供了一个复杂湖流体系的模式以及与此相对应的湖底沉积物再搬运和沉积作用的模式。

此外，还应该注意在海、湖边缘河口部位发生的异重流作用。

视频2-5 碎屑物质在空气中搬运

四、碎屑物质在空气中的搬运和沉积作用

风是碎屑物质在空气中搬运及沉积的主要营力。在干旱地区，这种搬运及沉积作用是明显的。风只能搬运碎屑物质，而不能搬运溶解物质。与流水的搬运及沉积作用相比，风的搬运及沉积作用有以下一些特点（视频2-5、视频2-6、视频2-7）：

视频2-6 风成沙丘

（1）由于空气的密度比水小得多，故风的搬运能力也远比水小；在同样的速度下，风的搬运能力约为流水的1/300。因此，在一般情况下，风只能搬运较细粒的碎屑物质，如砂以下的碎屑；只有在特大的风暴时，才能搬运砂和砾石。

（2）由于风的搬运能力有限，所以它对搬运物质的选择性就比较强。

视频2-7 伊拉克沙尘暴

因此，风成沉积物的粒度分选性较好。

（3）碎屑物质在风搬运的过程中，相互之间的碰撞和磨蚀，以及它们与地表之间的相互碰撞和磨蚀都比较强，所以较粗的风成沉积物（如砂、砾石等）的圆度都比较好，而且常具强烈摩擦所致的"霜状"颗粒表面，有时还具特殊的棱面（如风成棱石）。

常见的风成沉积是各种沙丘，如沙漠沙丘、滨海沙丘、滨湖沙丘、河漫沙丘和黄土等。

在正常地面风力条件下，沉积物可有三种搬运方式：跳跃搬运（占70%~80%），其次为滚动搬运（<20%），而悬浮搬运很少（<10%）。随着风速的变化，三种搬运方式可相互转化，但据现代沙漠沉积观察发现，在一般情况下搬运方式与粒度之间关系相当恒定。跳跃搬运颗粒粒径一般小于0.5mm，尤其细砂（0.2~0.25mm）跳动得最为活跃；滚动搬运颗粒粒径都在0.5~2mm之间，更大的颗粒一般就留在原地不动；粒径小于0.2mm的颗粒可悬浮搬运（图2-13）。风力搬运的最大特点是碎屑呈弓形弹道轨迹跳跃前进，风速越大，碎屑弹跳得就越高。

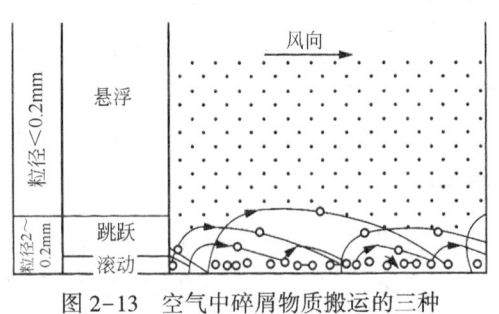

图2-13 空气中碎屑物质搬运的三种基本形式（据任明达，1985）

当跳跃搬运颗粒撞击在较粗砂粒上时，可使较粗砂粒徐徐向前滚动。在低风速时，滚动距离只有几毫米，风速增加，滚动距离就加大，且有更多的砂粒滚动；在高风速时，可见到地表有一层砂粒都在缓慢向前滚动。高速跳跃的砂粒可冲击推动直径是其6倍或重量是其200多倍的砂粒发生移动，故一般滚动颗粒直径要大于跳跃颗粒，且重矿物也可在滚动中富集。但滚动速度（一般不到2.5cm/s）要小于跳跃速度（一般可达每秒数十厘米到数百厘米），这也正是风成砂分选良好的原因之一。

空气中的悬浮载荷可作长距离搬运，在距来源地很远的大陆或海洋中沉积下来；滚动载荷则多半在来源地（沙漠或海滩）附近堆积下来，其最主要的堆积形式是沙丘。

有多种原因可引起风携物质发生沉积。常见的是由于风速降低，使得推移力降低或沉积物有效重力超过风的垂直上举力而使碎屑沉积。当风沙流运行遇到障碍物（陡崖、植被、大砾石等）时，因遇阻而减速使碎屑堆积下来，称为障碍堆积。但世界上多数沙丘所在的平坦大沙漠中没有什么障碍物，依靠超载荷的颗粒降落堆积聚集成彼此分散的沙堆。沙堆形成后就起障碍作用可逐步加高增大发展成沙丘。当砂的供给很充足，迎风坡和背风波均有沉积，如供应不充足，迎风坡被侵蚀而背风坡沉积，沙丘就不断向前移动（图2-14）。沙漠和海滩地带，由于风力大小、地形、地物和障碍条件的不同，致使沙丘形态多样。

尘暴可以使小于0.05mm的粉砂与黏土像尘埃一样弥漫，在空气里作长距离搬运。当尘埃物质只被短距离搬运仍沉积在沙漠中时，则可被下次风暴再次搬运；如被带到沙漠区以外沉积下来，就有可能得以保存。我国西北广布的黄

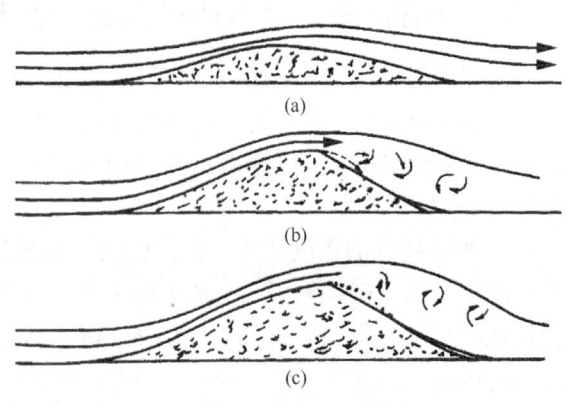

图2-14 风成沙丘的形成（据曾允孚，1987）

土就是属于这种成因。尘埃物质还可搬运到海中与远洋物质混合沉积在深海盆地中。

五、碎屑物质在冰川中的搬运和沉积作用

在寒冷的两极地区和高寒山区，冰川的搬运及沉积作用是明显的。

（一）冰川的搬运与堆积

冰川在运动过程中，不仅具有强大的侵蚀力，而且还能携带冰蚀作用产生的许多岩屑物质，同时接受周围山地因冰融风化、雪崩、泥石流等作用形成的坠落堆积物并不加分选地随着冰川的运动而发生位移，这些大小不等的碎屑物质，统称为冰碛（qì）物。冰碛物中的巨大石块称为漂砾。

运动中的冰碛物，按照它们在冰川中分布部位的差异，可有不同的命名。出露在冰川表面的冰碛物称为表碛，具有向下游增多的趋势；位于冰川两侧的冰碛物称为侧碛，当两条或数条冰川相互汇合时，相邻冰川的侧碛就合二为一；分布于冰川中部向下延伸的冰碛物，称为中碛；携带在冰川底部的冰碛，称为底碛；位于冰川边缘前端、冰舌末端的冰碛物，称为前碛或终碛。

冰川具有巨大的搬运能力，成千上万吨的巨大漂砾皆能随冰块流动而运移，但搬运距离差别很大。一般冰川的堆积物，尤其是底碛搬运距离小，往往形成就地附近堆积的石块；而规模巨大的冰川，则可将侵蚀力强的巨大漂砾搬得很远。例如，欧洲第四纪大陆冰川曾把斯堪的纳维亚半岛上的冰川巨砾搬运到千里之外的英国东部、德国、波兰北部和东欧等其他地区。同时，冰川还有逆坡搬运的能力，把冰碛物从低处搬到高处，如我国西藏东南部一些大型山谷冰川，曾把花岗岩漂砾抬举高达200m。在大陆冰川作用区，冰川运动不受下伏地貌的控制，冰碛物的逆坡运移现象更为普遍。

随着冰川的衰退，冰川携带的冰碛物就相应地堆积下来。当冰川的冰雪积累与消融处于相对平衡阶段时，冰川边缘比较稳定，冰川源源不断地将上游的表碛、中碛等各类冰碛物向下游运送，直至冰川末端堆积；部分底碛还沿冰川前缘剪切滑动面上移并暴露在冰面，当冰体消融后，也堆积于冰川边缘地带；若冰川迅速消退，冰体大量融化后，各种冰碛物就地坠落，即运动冰碛转化为消融堆积冰碛，从而形成了各类冰碛沉积物和地貌特征（图2-15、视频2-8、视频2-9）。

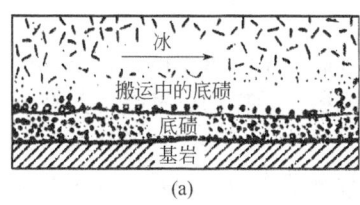 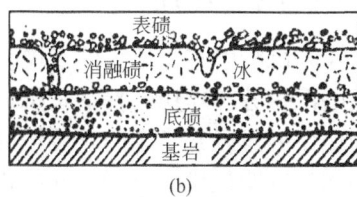 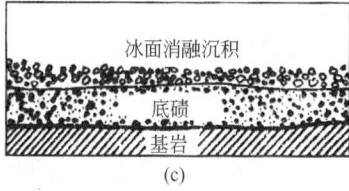
(a) (b) (c)

图2-15 冰川沉积物（据Reinecke，1979）

(a) 搬运中的底碛；(b) 层状底碛；(c) 非层状底碛

视频2-8 碎屑物质在冰川中搬运沉积　　　　视频2-9 冰川融化与沉积

（二）冰碛物的基本特征

冰碛物是一种由砾、砂、粉砂和黏土组成的混杂堆积，结构疏松，粒度差别很大，由几微米到几米，分选性比泥石流、冲积扇沉积还差。在大陆冰川作用区，强大的冰川磨蚀作用，形成了较多的细粒冰碛物；而在山岳冰川作用区，冰碛物多为砂砾，黏土很少。对于同一冰川而言，底碛中含细粒物质的比例最高。

冰碛物中的砾石磨圆度较差，颗粒形态多呈棱角状和半棱角状。在冰川搬运过程中，因砾石与基岩的相互摩擦；或相邻砾石之间的挤压，故使砾石的尖锐棱角多数已消失，形如熨斗状或圆盘状。在砾石表面还经常留下磨光面、钉头形擦痕、压坑和压裂等冰蚀作用痕迹。在扫描电镜下，可见冰碛物中石英砂粒表面具有明显的贝壳状断口、平行阶面和小型刻痕。由于冰雪融水的作用，在冰碛物中常有一定分选性和磨圆度的颗粒沉积。

冰碛物一般缺乏层理构造，砾石排列有时略具定向性，漂砾长轴与冰川流向基本一致。

冰水河流流出冰川前端后，地势展宽、变缓，冰水携带的碎屑物质大量沉积，形成了顶端厚、向外变薄的扇形冰水堆积体，称为冰水扇，它由分选中等的砂砾层组成，含少量漂砾，向下游粒径明显变小，磨圆度显著变好。冲刷充填构造发育，可交替出现板状、槽状交错层理与水平层理。

当冰水河流进入冰水湖泊时，坡降减小，水流展宽，流速骤降，容易形成冰水湖和三角洲沉积（图2-16）。三角洲垂向层序的三层结构发育良好，顶积层由砾质砂组成，具有河流成因的大型交错层理；前积层倾角可达30°，多为波状层理；底积层为细砂和粉砂，以水平层理为主，夹有波状层理。

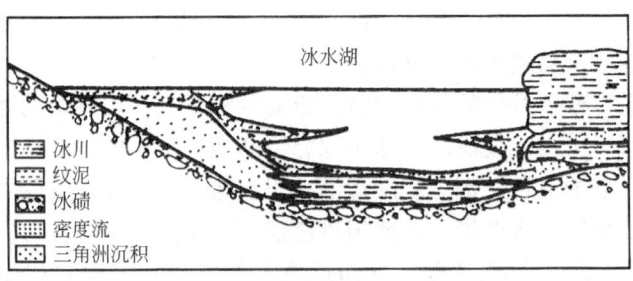

图 2-16 冰川湖泊沉积物（据严钦尚，1985）

六、正常沉积作用和事件沉积作用

特别值得指出的是，近几十年来沉积学有了巨大的发展，人们越来越重视区分正常沉积作用和事件沉积作用。上面所述的沉积分异作用，特别是机械沉积分异作用，都指的是在正常情况下发生的作用。正常沉积作用的过程是稳定的、缓慢的、均变的，并存在明显的机械沉积分异作用。河流、湖泊和海洋具有明显机械沉积分异的正常沉积作用，但是，通过对现代沉积作用的大量考察证实和比较沉积学研究，无论古代沉积作用，还是现代沉积作用，不仅存在正常沉积作用这种演化模式，同时还广泛存在着事件性的、阵发性的或灾变性的搬运和沉积作用，称为事件沉积作用。事件沉积作用的发生和发展可不遵循正常沉积作用原理，可能是瞬间的、短暂的，但其作用过程是快速的，所形成的沉积物有时是巨厚的，其所挟带的大量砂、砾、泥等碎屑物质一旦在稳定环境中沉积下来，一般就不再被搬运了。例如，由于地震、海啸、火山喷发、洪水作用、陨石雨降落等形成的泥石流、碎屑流、浊流、异重流、风暴流等，以及目前人们尚不了解的一些原因所引起的突发性搬运和沉积都属于事件性沉积作用。与正常沉积作用及其产物相比，事件沉积作用具有明显的等时性，这种作用也可称为幕式沉积作用。

正常沉积作用的沉积速率较为缓慢，持续时间长，沉积物成熟度较高，一般可与相序递变规律和沉积分异原理相吻合；事件沉积作用可频繁发生，但每次持续时间短促，在地质历史中甚至可忽略不计，但其沉积厚度、速率可远远高于正常沉积，其沉积物成熟度一般偏低，难以用正常沉积分异作用原理去解释。

正常沉积作用和事件沉积作用可发生于同一沉积环境，二者可交替进行，即当有事件沉积作用来临时，正常的沉积作用停止，事件沉积过后又恢复为正常沉积。在垂向剖面上，可存在互层的正常沉积物和事件沉积物。

第三节 溶解物质的搬运和沉积作用

母岩风化产物中的溶解物质，主要为 Cl、S、Ca、Na、K、Mg、P、Si、Al、Fe 等元素的溶解物质。前面的物质溶解度较大，多呈真溶液；后面的物质溶解度较小，多呈胶体溶液（图 2-17）。它们均呈溶解状态，通过河水或地下水，向湖泊和海洋中转移。在河流中，这些物质是很少沉淀的，在地下水中沉淀的也不多；它们主要沉淀在内陆的盐湖及海洋中，尤其是在海洋中。海洋是这些溶解物质沉淀的最主要场所。

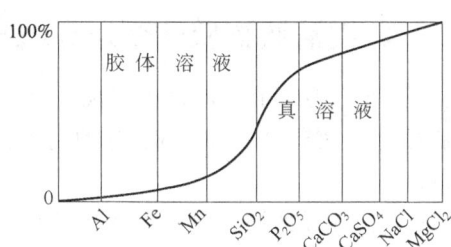

图 2-17 自然界中胶体溶液与真溶液的分布示意图

海水的平均含盐量为 3.5%。海水的含盐总量约为 5×10^{16} t。如果这些盐类全部沉淀下来，将铺满海底 60m 厚。河水的平均含盐量远小于海水，但河水每年向海洋中输入的盐类物质数量还是可观的。据统计，陆地上所有河流每年带到海洋中的溶解物质的总量可达（250～700）$\times10^8$ t。显然，海洋中的盐分主体都是由河流注入的。

一、胶体溶液物质的搬运和沉积作用

胶体溶液是指带有电荷、大小介于 1～100μm 之间、多呈分子状态的胶质质点。胶体溶液的性质既不同于粗分散系统的碎屑物质，也不同于真溶液。

胶体质点带正电荷者为正胶体，如铁、铝等的含水氧化物胶体；带负电荷者为负胶体，如硅、锰等的含水氧化物胶体。自然界常见正胶体如 $Al(OH)_3$、$Fe(OH)_3$、$Cr(OH)_3$、$Ti(OH)_4$、$Ce(OH)_4$、$Cd(OH)_2$、$CuCO_3$、$MgCO_3$、CaF_2；负胶体如 PbS、CuS、CdS、As_2S_3、Sb_2S 等硫化物，S、Au、Ag、Pt，黏土质胶体，腐殖质胶体，SiO_2、SnO_2、MnO_2、V_2O_5。

引起胶体质点搬运的主要因素是同种电荷的胶体质点之间的相互排斥力，这是胶体质点仅在重力的影响下难以沉淀的根本原因。假如胶体质点的电荷在某些因素的影响下被中和了，它们之间的相互排斥力就消失了，则它们就会相互凝聚为大的质点，并在重力的作用下下沉，成为胶体沉积物。显然，胶体质点电荷的中和是胶体溶液物质沉淀的根本原因。

不同电解质的加入，也可造成胶体质点的电荷中和，从而可使胶体质点发生凝聚而下沉。河流所搬运的胶体物质如铁、锰、硅、铝等，之所以在它们一进入海洋就大部分在近岸地区迅速下沉，就是因为海水中的各种电解质中和了它们的电荷所致。这是自然界胶体溶解

物质沉淀的主要原因和方式。

不同名胶体的相互作用可使它们的电荷中和,从而使胶体发生沉淀。二氧化硅的胶体(负胶体)与氧化铝的胶体(正胶体)相遇,就会相互作用,使电荷中和,形成一些黏土矿物(如高岭石等),这也是自然界胶体质点沉积的重要原因。

其他一些因素也影响胶体溶液物质的搬运和沉积作用。例如水介质中如果含有一定量的腐殖酸,将大大增加某些胶体质点的稳定性,使其易于转移而不发生沉淀,这称为护胶作用。这种护胶作用对铁胶体物质的搬运尤为重要。介质的 pH 值和 Eh 值对胶体沉积作用的影响也很大,因为不同的胶体在沉淀时介质都要有一定的 pH 值和 Eh 值,否则就不能沉淀。例如高价铁的氧化物在 pH=2~5 的氧化环境中沉淀,铁的硅酸盐在 pH=2~7 的氧化环境中沉淀,铁的碳酸盐和硫化物则在 pH>7 的还原环境中沉淀。另外,生物作用、蒸发作用等对胶体的搬运和沉积也有一定影响。

胶体沉积物常呈钟乳状、肾状、豆状、胶冻状等,常具贝壳状断口;多为含水矿物,且含水量很不固定;其化学成分也不够固定;常具离子交换性及吸附性;也常失水干裂老化或重结晶。

二、真溶液物质的搬运和沉积作用

真溶液物质是指在溶液中呈离子状态存在的化学物质。母岩风化产物中的真溶液物质主要是 Cl、S、Ca、Na、K、Mg 等的离子;P、Si、Al、Fe、Mn 等的离子也可部分地呈溶液状态。

真溶液物质的搬运及沉积作用的根本控制因素是它们的溶解度,溶解度越大,越易搬运,越难沉积;反之,溶解度越小,则越易沉积,越难搬运。

Fe、Mn、Si、Al 等的离子溶解物质的溶解度较小,易于沉淀。在它们的搬运和沉积作用中,水介质的各种物理化学条件的影响十分重要。

Fe^{3+} 只有在强酸性 (pH<3) 的水介质中才稳定,才能作长距离的搬运;当 pH>3 时,Fe^{3+} 就开始沉淀。Fe^{2+} 则不同,它在 pH=5.5~7 时才开始沉淀。因此,Fe^{2+} 远较 Fe^{3+} 易于搬运。另外,Fe^{3+} 和 Fe^{2+} 沉淀时所要求的 Eh 值也是不同的。Mn 的情况与 Fe 类似(图 2-18)。

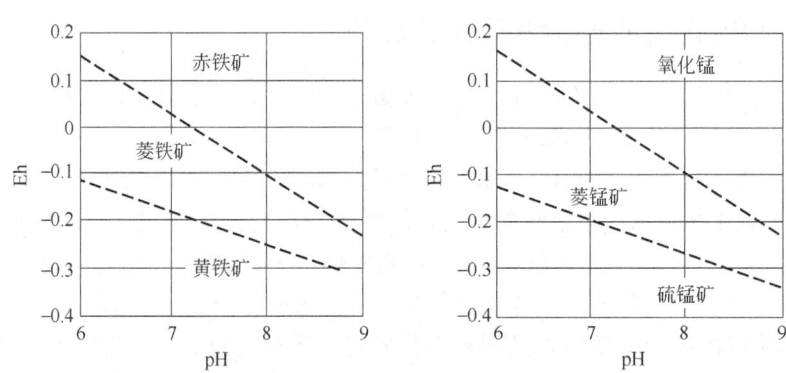

图 2-18 各种铁、锰矿物生成时所需要的 pH 及 Eh 值(据 Krumbein,1952)

SiO_2 的沉淀需要弱酸性条件;而 $CaCO_3$ 的沉淀则相反,它需要弱碱性条件(图 2-19)。Al_2O_3 属于两性化合物,沉淀条件较为特殊。可溶于强酸(如硫酸)、强碱(如氢氧化钠);在弱碱(pH 值为 7~10.5,图 2-20 右侧点画线)、部分弱酸(pH 值为 4~7,图 2-20 左侧实线)条件下可发生沉淀。

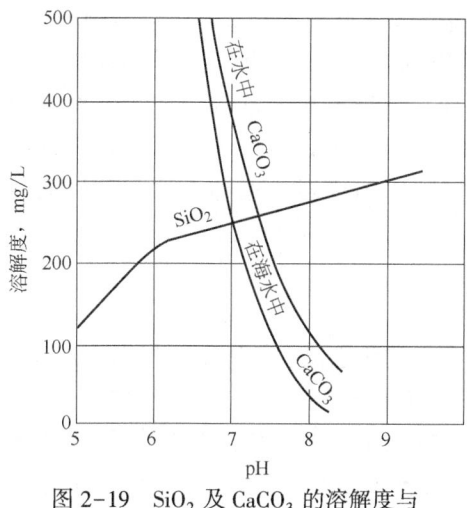 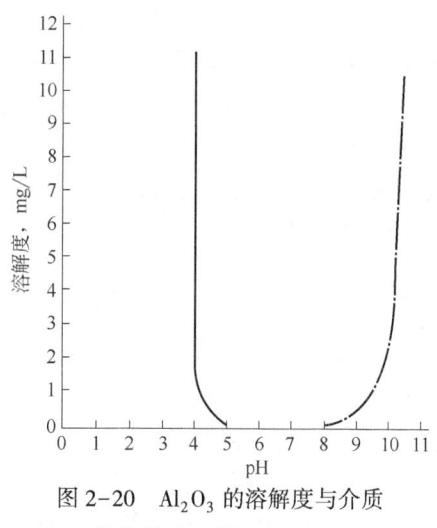

图 2-19　SiO_2 及 $CaCO_3$ 的溶解度与介质 pH 值的关系（据 Рухин，1958）　　　图 2-20　Al_2O_3 的溶解度与介质 pH 值的关系（据 Рухин，1958）

$CaCO_3$ 的沉淀，除了一定的 pH 和 Eh 条件外，对水介质的温度、压力和 SiO_2 含量等也有一定的要求。水介质温度升高或压力降低时，CO_2 在水中的溶解度就减小，水中的 CO_2 就向大气中逸出，这就促使溶解的 $Ca(HCO_3)_2$ 转变为 $CaCO_3$ 而沉淀。相反，如果温度降低或压力增加，反应就会向相反的方向进行，$CaCO_3$ 不易发生沉淀。因此，$CaCO_3$ 沉积多见于热带、亚热带地区。

因此，在研究 Fe、Mn、Si、Al、Ca 等溶解物质的搬运及沉积作用时，应充分重视水介质条件的影响。

对于溶解度大的物质（如 Cl、S、Na、K、Mg 等）的搬运和沉积作用，水介质条件的影响是不大的。只有在干热的气候条件下，在封闭或半封闭的盆地中，或者在水循环受限制的潮上地带，即在蒸发条件下，溶解度大的物质才能沉积下来。石膏、硬石膏、钠盐、钾盐、镁盐就是这样形成的。

三、生物的搬运和沉积作用

生物在母岩风化产物的搬运和沉积过程中起着不可忽视的作用，特别是在生物的沉积作用中起到了重要作用。不少沉积岩和沉积矿产的形成都与生物作用有关，或直接由生物沉积作用而形成，例如碳酸盐、硅酸盐、磷酸盐、沉积铁矿、硅藻土、白垩、煤、油页岩和石油等。

在各类生物中尤以藻类和细菌等微生物在沉积岩和沉积矿产形成作用中的意义大。不仅由于这类生物繁殖快、分布广、数量多、适应性强，而且在地质历史中出现很早，被认为是最早的生命记录。32 亿年前南非的无花果群中的生物遗迹，属于保存在硅质沉积物（岩）中的蓝绿藻类。在泥晶碳酸盐岩、泥晶硅岩和泥晶磷块岩中普遍见到超微化石组分。前寒武纪地层中广泛分布的叠层石的形成也与藻类有关，早在 25 亿年前的太古代末期就已有叠层石出现，进一步说明很早以前生物就参与了沉积岩的形成作用。

生物的搬运和沉积作用有两种方式。一种是生物通过新陈代谢作用，在其生活的过程中不断地从周围介质中吸取一定物质成分，从而把一些元素富集起来。在生物的机体中，大量地集中了如 C、O、N、S、P、K、F 等元素，在动物的骨骼或介壳中，特别富集了 Ca、Mg、Si 等元素，当生物死亡后，其遗体的堆积物就可以形成特定的有机岩或有机矿产。另一种是由于生物作用而引起周围介质条件的改变，从而影响某些物质的搬运和沉积。例如由生物作用排出的 CO_2，对碳酸盐的溶解和沉积有很大的影响；原生沉积物包含大量细菌，而细菌的生命活动改变着沉积物中介质的物理化学条件。细菌的生命活动首先引起沉积物中的水里剩余的 NH_3、CO_2、H_2S 以及在有机体分解时产生的其他气体，所以，有人提出"微生物的生命活动制约着沉积成岩作用"，把这种特殊的成岩作用称为"沉积物转变的生物成因阶段"。

四、化学沉积分异作用

根据溶解物质（包括胶体溶液物质和真溶液物质）的化学性质，即主要根据它们在溶液中的化学活泼性或溶解度的变化，溶解物质从溶液中沉淀出来是有一定先后顺序的。这样，原来共存于溶液中的各种成分，在其搬运和沉积作用的过程中由于物理化学条件的变化就逐渐地发生分离和沉积作用，这就是溶解物质在其搬运及沉积作用过程中的化学沉积分异作用。

化学沉积分异现象早就被人们注意到了。苏联学者普斯托瓦洛夫（Л. В. Пустовапов，1940）首先把它作为一个重要的沉积作用原理完整系统地提出来，阐明了不同溶解物质发生化学沉积的先后顺序：化学活泼性或溶解度较低的溶解物质先沉淀，化学活泼性或溶解度较高的溶解物质后沉淀（图2-21）。

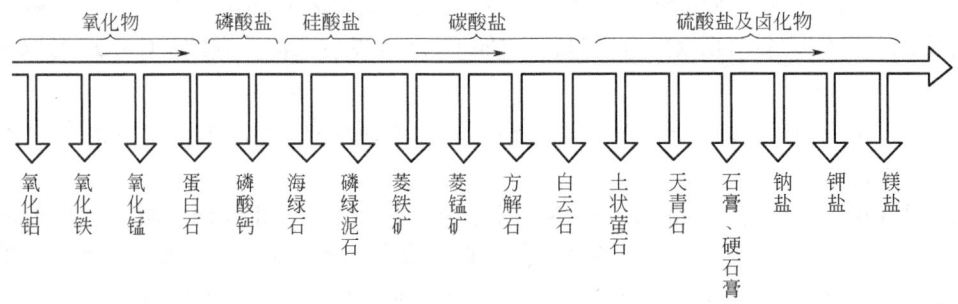

图2-21 化学沉积分异作用图解

普斯托瓦洛夫的化学沉积分异理论提出以后，受到沉积岩石学界的极大重视，但同时也出现了不少的质疑和分歧。争论的主要问题有两个：第一，是关于化学沉积分异作用受外部多种因素的控制或影响问题，如水介质物理化学条件、气候条件、构造条件、生物作用等；第二，是个别元素的溶解物质沉淀的先后顺序以及图解的表现形式问题。这两方面的问题随着科学技术的发展，逐步得到了补充和完善。也就是说，任何自然界的规律，都是在一定的条件下存在的，化学沉积分异作用也是如此。作为一种沉积作用原理，化学沉积分异作用有其重要理论意义和科学价值。

五、机械沉积分异作用与化学沉积分异作用的关系及其地质意义

机械沉积分异作用与化学沉积分异作用是自然界中两种既有区别而又并存的沉积分异作用，是沉积物（岩）形成和分布的基本原理。一般来说，机械沉积分异作用进行得较早，化学沉积分异作用进行较晚；砂和粉砂发生机械沉积分异作用的阶段，大致与铁的氧化物形成阶段（化学沉积分异作用的开始阶段）相当；机械沉积分异作用的最后阶段即黏土沉积阶段，大致与化学沉积分异作用的碳酸盐沉积阶段相当；待化学沉积分异作用进行到硫酸盐及卤化物阶段时，机械沉积分异作用已基本结束了，故蒸发岩中很少有碎屑混入物。

这两种沉积分异作用的结果，就是形成了各种类型的碎屑沉积岩、化学沉积岩以及相应的各种沉积矿产，分异作用进行得越彻底，各种类型的沉积岩成分和结构成熟度就越高，从而就越易形成各种沉积矿产。相反，如由于各种因素的干扰，沉积分异作用进行得不够彻底，就会大量出现各种类型的混合沉积岩或过渡类型的沉积岩，这对沉积矿产的生成是不利的。

所以说，机械沉积分异作用和化学沉积分异作用是沉积物（岩）及沉积矿产形成的重要机理之一，至今仍有重要的科学和现实意义。

第四节　沉积后作用及其阶段的划分

母岩风化产物以及其他来源的物质成分，在经过搬运和沉积作用之后，就变成了沉积物，这个阶段称为沉积物的形成阶段。沉积物转变为沉积岩所发生的一系列变化称为沉积物的成岩作用。沉积岩形成以后，遭受风化作用或变质作用以前的变化称为沉积岩的后生作用，或简称后生作用。本书所用的沉积后作用是泛指沉积物形成以后到沉积岩的风化作用和变质作用以前这一演化阶段的所有变化或作用，包括成岩作用和后生作用，其上限为沉积物表面或潜水面（沉积水体—沉积物界面或风化带以下），下限为变质带顶（一般温度小于220℃，压力小于100MPa）。

成岩作用类型是多种多样的，也是非常复杂的。出于对沉积岩成岩作用研究目的和采用的成岩阶段划分依据不同，人们提出了多种成岩阶段的划分方案。遗憾的是，至今也没有一个公认的、统一的成岩阶段划分方案，成岩阶段名称、成岩阶段划分标准都不太一致，甚至相互抵触。

下面按不同的划分依据或成岩作用标志简单介绍成岩阶段划分方案，重点介绍中国石油工业常用的成岩阶段划分方案及所采用的划分标志。

一、根据黏土矿物类型及其变化划分

（一）塞根札柯的划分方案

塞根札柯（Segonzac，1970）将沉积后阶段划分为四个阶段。
（1）早成岩阶段：所有黏土矿物都是稳定的，可以生成蒙脱石。
（2）中成岩阶段：沉积物变得致密，所有黏土矿物尚稳定，但见高岭石的迪开石化及蒙脱石的伊利石化。
（3）晚成岩阶段：温度大于100℃，蒙脱石和不规则混层黏土矿物消失。
（4）近变质阶段：温度约200℃，以伊利石和绿泥石为主。
该方案适用于研究黏土岩的成岩作用阶段划分。

（二）福斯科洛斯的划分方案

福斯科洛斯（Foscolos，1976）根据黏土矿物及地球化学指标，将成岩作用划分为三个阶段。
（1）早成岩阶段：以含大量分散状的膨胀性黏土矿物为特征，有机质未成熟。
（2）中成岩阶段：以蒙脱石大量向伊利石转化为特征，早期为黏土矿物脱水的第一阶段，有机质成熟，晚期为黏土矿物脱水的第二阶段，有机质已过成熟。
（3）晚成岩阶段：在混层黏土矿物中，伊利石层含量大于75%，有机质生烃能力趋于枯竭。
此划分方案的优点是把黏土矿物的转化与有机质的成熟度联系在一起，对于油气生成运移和储层次生孔隙形成的研究具有重大意义。

二、根据煤岩学煤阶及其变化划分

温度和埋藏深度对于煤的热变质起着控制作用，反过来，煤的牌号或煤阶（rank）可以指示成岩作用的程度和阶段。前苏联学者在这方面做的工作较多，如瓦索那维奇等（1963，1968）对沉积后阶段的划分如下：

（1）成岩作用阶段（泥炭阶段）。

（2）后生作用阶段，包括三个时期：早后生（褐煤阶段）、中后生（煤化阶段）、晚后生（成煤阶段）。

（3）近变质作用阶段。

这种划分方案适用于煤盆地或煤系地层的成岩作用研究。目前，在石油工业中广泛采用的镜质组反射率（R_o）就是从煤岩学基础上发展起来的，它可以定量地反映有机质成熟度和成岩作用程度。

三、根据沉积物埋藏深度划分

吕正谋、周自立（1985）根据对渤海湾盆地东营凹陷古近—新近系成岩作用的研究，发现成岩作用随埋深的增加有一定的变化规律，即分带性。自上而下分为四个带：

（1）浅成岩带，埋深<1700m，温度<75℃，镜质组反射率R_o<0.4%，成岩作用以机械压实作用为主，砂岩固结度差，储集层物性好；

（2）中成岩带，埋深1700~2100m，温度75~90℃，R_o=0.39~0.43%，蒙脱石开始向伊利石转化，已进入液态烃生成的"窗口"，砂岩为中固结状态，以原生孔隙为主，砂岩储集层物性好；

（3）深成岩带，埋深2100~3200m，温度90~130℃，R_o=0.43%~0.78%，泥岩中以混层黏土矿物为主，出现蒙脱石—绿泥石混层黏土矿物，阶状石榴子石和石英次生加大是该带的特征标志，有机质已大量向石油转化，储层物性较好，储集空间包括原生和次生孔隙；

（4）超深成岩带，埋深>3200m，温度>130℃，R_o>0.78%，黏土矿物以伊利石和绿泥石为主，储层物性主要取决于碳酸盐矿物含量和溶解作用程度。

四、根据综合指标进行沉积后阶段划分

（一）施密特和麦克唐纳的划分方案

施密特和麦克唐纳（Schmidt and McDonald，1979）把成岩作用分为早期成岩、中期成岩和晚期成岩三个阶段；其中根据有机质变化程度将中期成岩作用分为未成熟、半成熟、成熟A、成熟B等四个阶段。这一分类方案在20世纪80年代以来的油气储集层评价中得到认可和广泛应用。

（二）中华人民共和国石油天然气行业标准碎屑岩成岩阶段划分方案

碎屑岩成岩阶段指碎屑沉积物沉积后经各种成岩作用改造直至变质作用之前所经历的不同地质历史演化阶段。如表2-4所示，综合自生矿物、黏土矿物、有机质成熟度、岩石结构和物性等把成岩作用划分为同生成岩阶段（Syndiagenetic stage）、早成岩阶段（Early diagenetic stage）、中成岩阶段（Middle diagenetic stage）、晚成岩阶段（Late diagenetic stage）和表生成岩阶段（Epidiagenetic stage）。

表2-4 淡水—半咸水介质碎屑岩成岩阶段划分标志（SY/T 5477—2003）

成岩阶段	阶段期	古温度 ℃	有机质 R_o %	T_{max} ℃	孢粉颜色 TAI	成熟阶段	烃类演化	泥岩 I/S中S%	I/S混层分带	砂岩固结程度	蒙皂石脱石	I/S混层	C/S混层	高岭石	伊利石	绿泥石	石英加大级别	方解石	铁白云石	长石加大	钠长石化	方沸石	片沸石	浊沸石	榍石	硬石膏	长石及岩屑	碳酸盐类	沸石类	颗粒接触类型	孔隙类型
同生成岩阶段		古常温																													原生孔隙为主
早成岩阶段	A	古常温~65	<0.35	<430	淡黄 <2.0	未成熟	生物气	>70	蒙皂石带	弱固结—半固结				呈书页状或蠕虫状	呈针状、丝发状	粒表	泥晶											点状	原生孔隙及少量次生孔隙
	B	>65~85	>0.5~1.3	>430~435	深黄 2.0~2.5	半成熟		70~50	无序混层带	半固结—固结							I	泥晶											点—线状	
中成岩阶段	A	>85~140	>0.5~1.3	>435~460	橘黄—棕 2.5~3.7	低成熟—成熟	原油为主	<50~15	有序混层带	固结						呈绒球状	II	亮晶		呈钠长石小晶体								点—线状	可保留原生孔隙，次生孔隙发育
	B	>140~175	>1.3~2.0	>460~490	棕黑 >3.7~4.0	高成熟	凝析油湿气	<15	起点阵有序混层带	固结						呈叶片状	III	含铁亮晶										线—缝合状	孔隙减少，并出现裂缝
晚成岩阶段		>175~200	>2.0~4.0	>490	黑 >4.0	过成熟	干气	消失	伊利石带	固结						片状	IV	铁										缝合状	裂缝发育
表生成岩阶段		古常温或常温																												

①海绿石、鲕绿泥石的形成；②同生结核的形成；③平行层里面分布的菱铁矿"微晶及鲕块状泥晶；④分布于粒间和颗粒表面的泥晶碳酸盐；⑤烃类未成熟。

①含低价铁的矿物（如黄铁矿、菱铁矿、铁白云石、云母、铁方解石、绿泥石、海绿石等）的褐铁矿化；②褐铁矿的浸染现象；③碎屑颗粒表面的高价铁的氧化膜；④新月形碳酸盐胶结物及重力胶结；⑤渗流充填物；⑥表生硅质核；⑦硬石膏的石膏化；⑧表生高岭石；⑨溶解孔、洞；⑩烃类氧化降解。

注：1. 因地壳构造运动，在地质历史过程中有可能在早成岩阶段、中成岩阶段或晚成岩阶段的任何时期出现表生成岩阶段，也可能不出现表生成岩阶段，各地区视具体情况而定。
2. "- - - -"表示少量或可能出现的成岩标志。

思考实习题

1. 简述母岩的主要类型及其可能经历的风化作用。
2. 简述钾长石在风化过程中元素流失的顺序是什么？其阶段性产物有哪些？
3. 母岩风化经历哪几个阶段？每个阶段具有什么特征？
4. 简述机械风化与化学风化的区别。
5. 简述常见的正常沉积和事件沉积现象。正常沉积作用与事件沉积作用的区别是什么？
6. 了解层流、紊流、牛顿流体、非牛顿流体的含义。
7. 简述机械搬运作用影响因素以及机械沉积分异作用。
8. 溶解物质在流水中搬运后是如何发生沉淀的（包括胶体溶液与真溶液）？受何种因素影响？与机械搬运有什么区别？
9. 什么是沉积后作用？试列举常见的沉积后作用。
10. 通过阅读文献，简述常见的沉积后作用的划分方案及依据。
11. 观察现代河流沉积物的粒度空间分布特征，解释造成粒度差异分布的原因。
12. 在实验室制作不同种类的胶体溶液，并与其他真溶液进行混合，观察哪些发生沉淀、哪些不发生沉淀，试解释其原因。

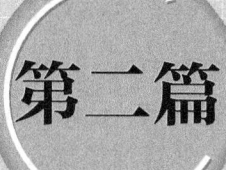

第二篇 碎屑岩及火山碎屑岩

第三章 碎屑岩的成分

导读

本章核心知识点包括碎屑岩的组成成分，岩屑、杂基、胶结物的含义，成分成熟度的概念等。学习本章，应明确一些基本概念，如矿物碎屑、岩屑、填隙物、杂基、胶结物等，了解碎屑岩的基本组成部分及各部分之间的关系，重点掌握碎屑颗粒、填隙物（杂基和胶结物）的成分特征。注意区分矿物碎屑和岩屑、杂基和胶结物的不同以及碎屑岩成分与沉积环境的关系。

第一节 碎屑成分

碎屑岩由碎屑成分和填隙物成分（包括杂基和胶结物）组成，其中碎屑成分占50%以上。碎屑岩的性质主要是由碎屑组分的性质决定的。

碎屑岩的碎屑成分包括各种陆源矿物碎屑和岩石碎屑（简称岩屑），后者是以矿物集合体的形式出现的，其成分可反映母岩的岩石类型。

一、碎屑矿物

目前已经发现的碎屑矿物约有160种，最常见的约有20种。但在一种碎屑岩中，其主要碎屑矿物通常为3~5种。

碎屑矿物按密度大小可分为轻矿物和重矿物两类。前者密度小于$2.86g/cm^3$，主要为石英、长石；后者密度大于$2.86g/cm^3$，主要为岩浆岩中的副矿物（如榍石、锆石）、部分铁镁矿物（如辉石、角闪石），以及变质岩中的变质矿物（如石榴子石、红柱石）。此外，重矿物还包括沉积和成岩过程中形成的密度较大的自生矿物（如黄铁矿、重晶石），但它们属于化学成因物质范畴。

（一）石英

石英抗风化能力很强，既抗磨又难分解，同时在大部分岩浆岩和变质岩中石英含量又高，因此石英是碎屑岩中分布最广的一种碎屑矿物。它主要出现在砂岩及粉砂岩中（平均含量达66.8%），在砾岩中含量较少，在黏土岩中则更少。

不同来源的石英具有不同特点，根据石英中所含包裹体及波状消光现象，结合颗粒大小及颗粒形状等特征，有助于判断石英的来源。

1. 来自深成岩浆岩的石英

来自中酸性深成岩浆岩的石英，常含有细小的液体和气体包裹体，或含锆石、磷灰石、电气石、独居石等岩浆岩副矿物包裹体（图3-1）。矿物包裹体颗粒细小，自形程度高，排列无一定方位。尘状气、液包裹体使石英颗粒呈云雾状。

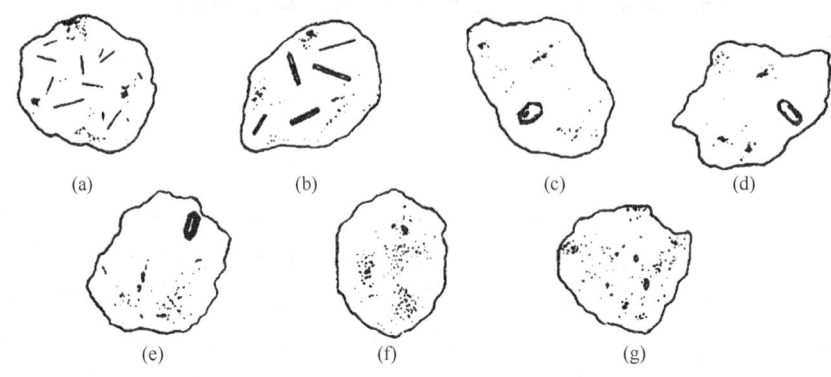

图3-1 岩浆岩中石英颗粒的包裹体

（a）、(b) 电气石包裹体；(c)、(d) 磷灰石包裹体；(e) 锆石包裹体；(f)、(g) 气、液包裹体

过去常认为岩浆岩中的石英很少见到波状消光，但更多的观察证明，只有火山岩中的石英才不具波状消光；在深成岩中，特别是在时代较老的岩石中，石英因受应力变形作用，常表现出明显的波状消光。

2. 来自变质岩的石英

片麻岩和片岩风化崩解后，会产生大量的单晶及多晶石英。一般这些变质岩中分离出来的单晶石英比来自深成岩的单晶石英颗粒细小，其平均粒径多为 $1\Phi \sim 2.2\Phi$。

变质石英表面常见裂纹，不含液体包裹体，却可见有特征的电气石、硅线石、蓝晶石等变质矿物的针状、长柱状包裹体。大多数的石英晶粒都具有波状消光。

来源于区域变质岩及动力变质岩的石英常见明显的带状消光。在正交偏光镜下，颗粒碎裂成几个亚颗粒条带，各亚颗粒的消光位不同。这是由于石英受应力作用后，其光轴方向发生形变而引起的。

来自接触变质岩的石英可具有云状的波状消光。在正交偏光镜下，石英被分成几个外形极不规则的颗粒，粒间界线曲折，轮廓不清楚，消光极不一致。

3. 来自喷出岩及热液岩石的石英

喷出岩中的石英为（高温）β-石英。岩石冷却至573℃以下时，β-石英不稳定，会转变为（低温）α-石英，但这种α-石英仍保留着石英的六方晶系外形。因此，具有β-石英外形是碎屑石英颗粒来源于喷出岩的证据。另外，颗粒具有破裂纹、港湾状熔蚀边缘等也都是喷出岩石英的特征（图 3-2）。

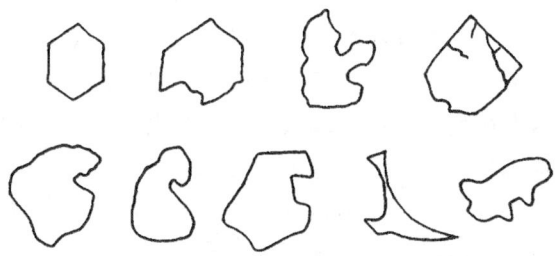

图 3-2　来自喷出岩的石英颗粒

喷出岩中的石英多为单晶，不具波状消光，不含包裹体，表面光洁如水。

来自热液脉的石英常包含很多气、液包裹体，有时含有电气石、金红石等矿物包裹体或绿色蠕虫状绿泥石包裹体，可显微弱波状消光。

4. 再旋回石英

呈浑圆状或带自生加大边是再旋回石英的特征。再旋回石英具自生加大边，可以是单晶石英，也见有多晶石英。另外，在碎屑颗粒中所有圆滑程度很高的颗粒，应看作是再旋回的产物（图 3-3）。例如，塔里木盆地东河砂岩主要由石英砂岩组成，除石英次生加大胶结作用外，还在碎屑颗粒中普见浑圆状并残有加大边的石英颗粒。

由于多晶石英的晶间界线相对比较软弱，具波状消光石英的稳定性又较差，因此它们在再旋回作用中将陆续被淘汰。最终，再旋回石英应以单晶的、非波状消光石英为主。

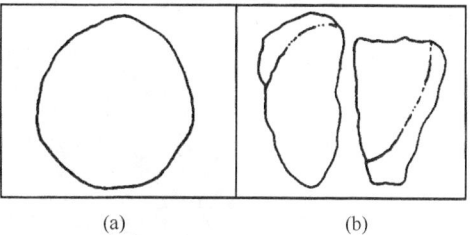

图 3-3　东濮凹陷再旋回沉积石英颗粒
(a) 浑圆状再旋回石英；(b) 具次生加大边的再旋回石英

（二）长石

据统计，在碎屑岩中，长石平均含量为 10%～15%，远比石英含量为少（陆相盆地砂岩长石含量可高于石英含量），而在岩浆岩中长石的平均含量则为石英的几倍。这种截然相反的变化，是由于长石的风化稳定性低于石英。从物理性质上看，长石的解理和双晶都很发育，易破碎；从化学性质来看，长石较容易水解。因此，在风化和搬运的过程中，长石逐渐地被淘汰。当然，事物并不是绝对的，在有些砂岩中长石的含量可以相当高。例如，在我国某些陆相碎屑岩的储油岩层中，长石的含量可达到 50%。

地壳运动比较剧烈、地形高差大、气候干燥、物理风化作用为主、搬运距离近以及堆积迅速等条件，是长石大量出现的有利因素。

长石主要来源于花岗岩和花岗片麻岩。一般认为，在碎屑岩中钾长石多于斜长石，在钾长石中正长石略多于微斜长石，在斜长石中钠长石远远超过钙长石。造成长石相对丰度差异的原因，一方面与母岩成分有关，地表普遍存在的酸性岩浆岩为钾长石、钠长石的大量出现创造了先决条件；另一方面又与不同长石在地表环境的相对稳定度有关，各种长石稳定度的顺序是：钾长石最稳定，钠长石较不稳定，钙长石最不稳定。

在长石中，最新鲜的是微斜长石，颗粒表面极光洁，网格双晶清晰可见，常呈圆粒状。正长石常见高岭石化，使表面呈云雾状，颗粒轮廓模糊不清。酸性斜长石常有清晰的钠长石双晶，然而来自变质岩的光洁的钠长石和更长石经常没有双晶，这时要特别注意与石英相区别。斜长石常被绢云母或碳酸盐矿物所交代，这些作用多发生于成岩后生阶段。强烈的蚀变作用会使斜长石表面呈云雾状，轮廓模糊，甚至形成斜长石假象。

不同类型长石的成因分布不同。透长石只生成于高温接触变质岩及火山岩中；而微斜长石广泛分布于深成岩浆岩及深变质岩中，却从不出现在火山岩中。由此可见，在碎屑岩研究中，长石是重要的物源标志。

再旋回长石的特征是微斜长石、正长石或斜长石具有自生加大边。这种碎屑的自生加大边可较混浊或较干净，与原长石碎屑的光性方位常有差别，故多不同时消光。这是由内外两部分成分上的差异引起的（图3-4）。

图3-4 常见碎屑长石镜下特征

(a) 来自花岗片麻岩的微斜长石；(b) 具卡钠复合双晶的斜长石；(c) 双晶纹很细的中酸性斜长石；
(d) 绢云母化长石；(e) 再旋回微斜长石；(f) 再旋回斜长石

长石主要分布于粗粒砂岩中，在砾岩和粉砂岩中长石矿物碎屑含量较少。

（三）重矿物

碎屑岩中的重矿物含量很少，一般不超过1%，其分布的粒级受重矿物的晶形大小、密度及硬度的控制。如石榴子石晶粒较粗，多分布于0.1mm粒级以上的碎屑中；锆石较细，主要分布于粒级小于0.1mm的碎屑中。总的来说，在0.05~0.25mm的粒级范围内，重矿物含量相对最高。

重矿物的种类很多。根据风化稳定性，可将重矿物划分为稳定和不稳定的两类重矿物（表3-1）。前者抗风化能力强，分布广泛，在远离母岩区的沉积岩中其含量相对增高；后者抗风化能力弱，分布不广，离母岩越远其相对含量越少。

表3-1 最常见的稳定及不稳定重矿物

稳定的重矿物	不稳定的重矿物
石榴子石、锆石、刚玉、电气石、锡石、金红石、白钛矿、板钛矿、磁铁矿、榍石、十字石、蓝晶石、独居石	重晶石、磷灰石、绿帘石、黝帘石、阳起石、符山石、红柱石、硅线石、黄铁矿、透闪石、普通角闪石、透辉石、普通辉石、斜方辉石、橄榄石、黑云母

当然，这样对重矿物稳定性的两级划分是比较粗略的，在实际工作中常需要更细致的划分。如在稳定重矿物中，锆石、金红石最稳定；而在不稳定的重矿物中，橄榄石最不稳定。

从砂岩成分来看，在成分纯、分选好的石英砂岩中重矿物含量少，而且其中只含有那些风化稳定度高的重矿物组分（如锆石、电气石、金红石等）；在成分复杂、分选差的岩屑砂岩中，重矿物含量高，稳定与不稳定的重矿物（如辉石、角闪石、绿帘石等）均可出现。

不同类型的母岩其矿物组分不同，经风化破坏后会产生不同的重矿物组合。因此，可利用重矿物组合解释判断母岩类型（表3-2）。从表中不难看出，同种重矿物可以来自不同母岩。例如，电气石均可出现在酸性岩浆岩、伟晶岩及变质岩中。因此，在推断母岩类型时，要应用矿物组合，而不是只利用单个矿物。当然，如果能结合轻矿物组合来判断母岩，可能会得到更加可靠的结果（表3-3）。

表3-2 不同类型母岩的重矿物组合

母岩	重矿物组合
酸性岩浆岩	磷灰石、普通角闪石、独居石、金红石、榍石、锆石、电气石（粉红色变种）、锡石、黑云母
伟晶岩	锡石、萤石、白云母、黄玉、电气石（蓝色变种）、黑钨矿
中性及基性岩浆岩	普通辉石、紫苏辉石、普通角闪石、透辉石、磁铁矿、钛铁矿
变质岩	红柱石、石榴子石、硬绿泥石、蓝闪石、蓝晶石、硅线石、十字石、绿帘石、黝帘石、镁电气石（黄、褐色变种）、黑云母、白云母、硅灰石、堇青石
沉积岩	锆石（圆）、电气石（圆）、金红石

表3-3 常见母岩类型的轻矿物和重矿物组合

母岩		矿物组合（包括部分岩屑）
花岗岩和花岗闪长岩	重矿物	锆石、榍石、磷灰石、黑云母
	轻矿物	石英、正长石、微斜长石、酸性斜长石
安山岩和玄武岩	重矿物	辉石、角闪石
	轻矿物	安山岩或玄武岩岩屑、中性和基性斜长石
橄榄岩和辉长岩	重矿物	尖晶石、铬铁矿、橄榄石、紫苏辉石
	轻矿物	基性岩岩屑、基性斜长石、蛇纹石
变质岩	重矿物	蓝晶石、十字石、硅线石、石榴子石
	轻矿物	具波状消光和镶嵌结构的石英
沉积岩	重矿物	锆石（圆）、金红石、石榴子石、电气石（较圆）
	轻矿物	颗粒圆滑或具次生加大边的石英

黑云母和白云母也是砂岩中常见的重矿物组分。云母是片状矿物，因此在搬运过程中表现着较低的沉降速度，常与细砂级甚至粉砂级的石英、长石共生。黑云母的风化稳定性较差，主要见于距母岩较近的砾岩或杂砂岩中，经风化及成岩作用常分解为绿泥石和磁铁矿，经海底风化还可分解为海绿石。白云母的抗风化能力要比黑云母强得多，密度也略小，常见其呈鳞片状分布于细砂岩、粉砂岩的层面上，有时会富集成层，如鄂尔多斯盆地二叠系"油毛毡"砂岩。

不同重矿物的颜色、形状、包裹体、风化程度等也有不同，它们常能反映母岩特征以及重矿物在风化、搬运过程中的变化。研究证明，锆石的颜色是放射性成因的，其浓度或强度随时间而增加。因此，只有古老的太古代片麻岩或花岗岩中的锆石为紫色、粉红色至玫瑰红色；而较新时代的锆石则色淡，且一般为无色。从形状方面看，岩浆岩中大多数锆石是自形的，只有副片岩和副片麻岩中的锆石趋于圆形，这是沉积锆石保存在中级变质岩中的磨圆形态。另外，矿物的类质同象及痕量元素的含量等都可作为判断其来源的依据。可见，在重矿物鉴定中必须认真记录其标型特征，这对于沉积岩成因研究是有重要意义的。

虽然，重矿物在碎屑岩中所含总量甚少，但因其在机械沉积过程中主要是按相对密度分异的，故在适当的条件下可以富集成有经济价值的重砂矿床。

二、岩屑

岩屑是母岩岩石的碎块，是保持着母岩成分结构的矿物集合体。因此，岩屑是提供沉积物来源区岩石类型的直接标志。但由于各类岩石成分、结构、风化稳定性等存在着显著差别，所以在风化、搬运过程中，各类岩屑含量变化极大，实际上并不是各类母岩都能形成岩屑。

分析资料表明，岩屑含量决定于粒度、母岩成分及成熟度等因素。首先，岩屑含量明显取决于粒级，即岩屑的含量随碎屑粒级的增大而增加。砾岩中岩屑含量最多，砂岩中只存在有细粒结构及隐晶结构的岩屑。粗结构的岩石碎块，如果其单晶颗粒比砂的粒度还大，当然就不会作为岩屑出现在砂岩中。另外，各类岩屑的丰度还取决于母岩的性质。细粒或隐晶结构的岩石，如燧石岩、中酸性喷出岩等岩石的岩屑分布最广；而易受化学分解的石灰岩，除非在母岩区附近有快速堆积和埋藏的条件，否则很难形成岩屑。同时，岩屑的含量还是碎屑成熟度的函数，结构上成熟的砂或砂岩，其碎屑的圆度和分选都较好，岩屑含量一般较低；而岩屑砂岩则常表现出很差的结构成熟度。

在砂岩的碎屑中，岩屑的平均含量为10%~15%，有时也可高达50%左右。常见的岩屑类型有各类侵入岩岩屑、喷出岩岩屑、变质岩岩屑，以及硅岩、黏土岩、碳酸盐岩的岩屑。识别和鉴定各种类型岩石碎屑，需要有良好的矿物学和岩石学基础。有不少岩石在搬运、沉积、成岩等不同阶段发生风化和蚀变，鉴定岩屑时要综合考虑岩屑的微观特征（图3-5）。

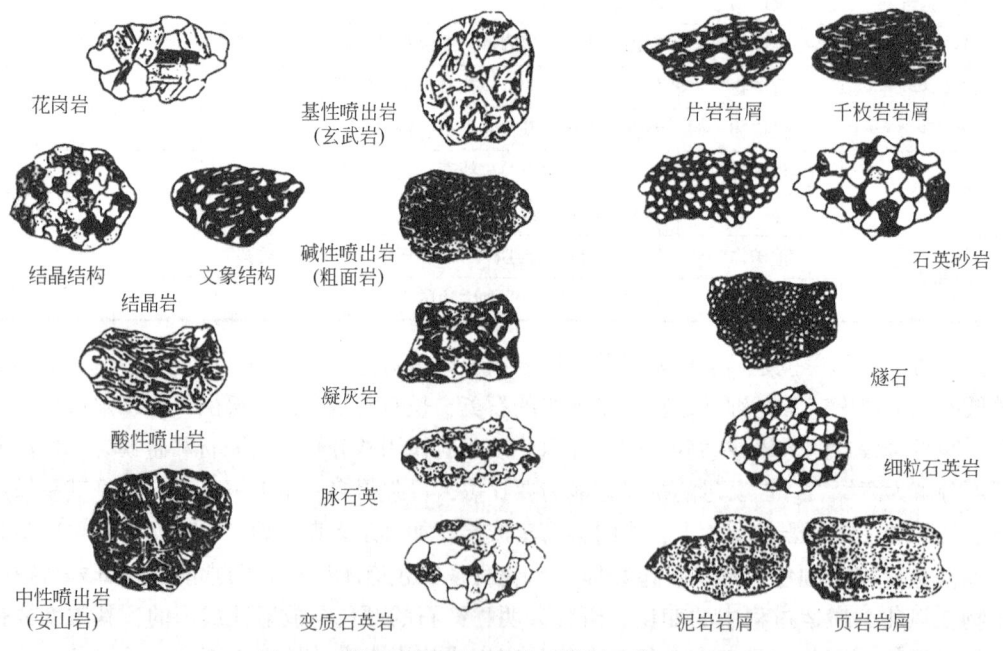

图3-5 陆源岩石碎屑特征（据刘孟慧，1982）

我国中、新生代陆相碎屑岩中经常含少量盆内碎屑（或称内源碎屑），主要是碳酸盐鲕粒、球粒、内碎屑和化石碎屑（图3-6），其次是泥质内碎屑。有时随着碳酸盐颗粒的增加也可过渡为含陆源碎屑的颗粒碳酸盐岩（石灰岩或白云岩）。

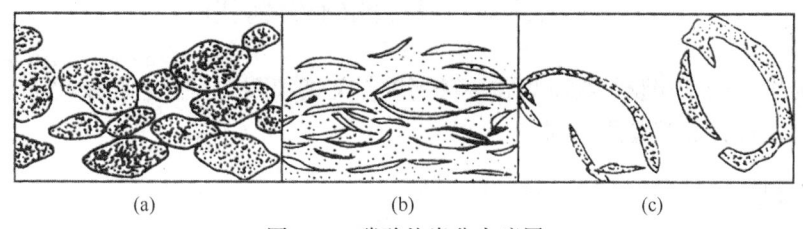

图 3-6 碳酸盐岩盆内碎屑
（a）泥晶碳酸盐内碎屑；（b）具定向组构介屑；（c）无序组构介屑，有时见示顶底构造

在碎屑岩中，碎屑物质的成分与粒度分布是有一定关系的。某种成分的颗粒常常只出现在某一定粒级范围内（图3-7）。

岩屑在粗砂以上（粗于1Φ）的粒级中发育；随着粒度的减小，岩屑的含量迅速减少。多晶石英的含量变化规律与多矿物的岩屑一致。在中砂以下至粉砂粒级中，主要矿物碎屑为石英和长石，其中石英不仅在含量上显著地多于长石，而且粒度分布范围广，甚至在黏土粒级中也含有一定数量的石英。云母和黏土矿物几乎只分布于粉砂及黏土粒级中（图3-7）。

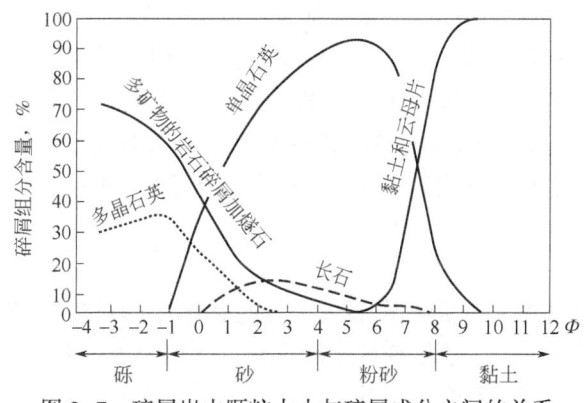

图 3-7 碎屑岩中颗粒大小与碎屑成分之间的关系

碎屑岩中不同的碎屑组分风化稳定性不同。有的组分，如页岩岩屑，化学性质很稳定但机械稳定性差，经受不住长距离的搬运。而另一些组分，如玄武岩岩屑，它致密、坚硬，能够抵抗机械的破坏力，但化学性质很不稳定，在潮湿气候条件下即使不离开母岩也会被彻底分解破坏。

三、成分成熟度

成分成熟度是指以碎屑岩中最稳定组分的相对含量来标志其成分成熟程度的一个参数。在轻组分中，单晶非波状消光石英是最稳定的，它的相对含量是碎屑岩成熟程度的重要标志。在砂岩的研究中，常用石英加燧石与长石加其他岩屑的比率作为成分成熟度的衡量标志。在重矿物中，锆石（zircon）、电气石（tourmaline）、金红石（rutile）是最稳定的，这三种矿物在透明重矿物中所占比例称"ZTR"指数，也是判别成分成熟度的标志，其值越大，表明成分成熟度越高。碎屑岩的成分成熟度反映了碎屑组分所经历的地质作用的时间、距离和强度,它们在很大程度上受气候和大地构造条件的制约。在构造较为稳定的、气候较为湿润的沉积区,碎屑岩的成分成熟度一般是较高的。

第二节 填隙物成分

在碎屑岩中,杂基和胶结物都可作为碎屑颗粒间的填隙物,但它们在性质、成因以及对岩石所起的作用等方面都有所不同。

一、杂基

杂基是碎屑岩中充填碎屑颗粒之间的、细小的机械成因组分,其粒级多以泥为主,可包括一些细粉砂。最常见的杂基成分是高岭石、水云母、蒙脱石等黏土矿物,有时可见有灰泥和云泥。各种细粉砂级碎屑,如绢云母、绿泥石、石英、长石及隐晶结构的岩石碎屑等,也属于杂基范围。它们是悬浮载荷经卸载后形成的、充填颗粒之间的产物,常常与短距离搬运、快速沉积等地质因素相关。

在不同碎屑岩中,杂基含量变化较大。有的杂基含量甚高,而有的却完全不含杂基。碎屑岩中保留大量杂基,表明沉积环境中簸选作用不强,沉积物没有经过充分的分异再改造作用,从而不同粒度的泥和砂混杂快速堆积。在快速堆积的发育递变层理和块状层理的洪积及深水重力流成因的砂砾岩中,都混有大量杂基,这也是不成熟砂砾岩的特征。

不能仅仅依据矿物成分识别杂基,应该说结构是最重要的鉴别杂基的标志。例如,碎屑岩中最重要的杂基成分是黏土矿物,但碎屑岩中的黏土矿物并非都是杂基(因为有些并不是碎屑成因的),有的黏土矿物是近岸地区的胶体沉积。有时在砂岩粒间孔隙中见有蠕虫状的高岭石晶体集合体,它们是以化学沉淀方式由孔隙水中析出的自生矿物,属于胶结物。

二、胶结物

胶结物是碎屑岩中以化学沉淀方式形成于粒间孔隙中的自生矿物。它们有的形成于沉积—同生期,但大多数是成岩—后生期的沉淀产物。碎屑岩中主要胶结物是硅质、碳酸盐及一部分铁质。此外,硬石膏、石膏、黄铁矿以及高岭石、水云母、蒙脱石、海绿石、绿泥石等自生黏土矿物都可以作为碎屑岩的胶结物。

(一)硅质胶结物

硅质常作为胶结物出现在砂岩里,其出现的形式是多种多样的,主要有非晶质的蛋白石、隐晶质的玉髓和结晶质的石英。

蛋白石可以围绕砂粒沉淀,形成自生环边;也可以大量充填孔隙,从而胶结砂岩颗粒。

由蛋白石胶结的砂岩只形成在埋藏较浅的地层中。因为非晶质二氧化硅的溶解度随温度的升高而显著增加,故埋藏较深,成岩温度较高时难以形成蛋白石,并出现石英沉淀物。

在砂岩中,特别是古老的石英砂岩中,常见自生加大石英。碎屑石英颗粒被光性与之连续的石英增生体所包围,从而使石英颗粒长成自形轮廓或各晶粒间紧密镶嵌接触(图3-8)。

自生加大石英的碎屑部分与加大部分具有结晶上的连续性,因此整个颗粒光性方位是一致的。在碎屑部分的边缘常有一个不洁净的外膜,其成分可以是氧化铁、黏土矿物或其他污物。这个外膜的存在是自生加大的证据。但是,有些石英砂在自生加大前已被冲得很干净,因此在偏光显微镜下找不到加大边与原碎屑的界线。这时，有可能把沉积石英岩误认为变质石英岩，如能应用阴极发光显微镜观察，则能更清楚地将石英砂粒与硅质胶结物区分开，从而对石英岩的成因类型作出正确判断（图3-9）。

 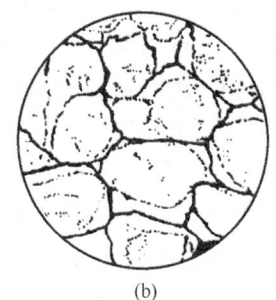 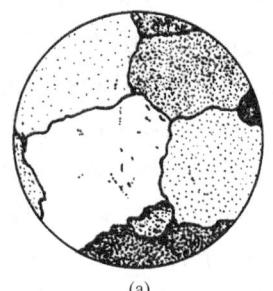 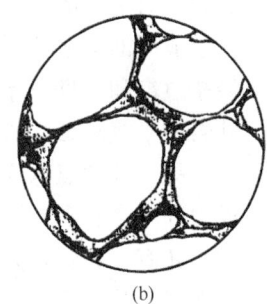

图3-8 石英颗粒显微照片
(a) 砂岩中因自生加大而具自形特征的石英颗粒，东濮凹陷，文22井，古近系，单偏光，×200；
(b) 海绿石石英砂岩中的自生加大石英，河北唐山，中、上元古界龙山组，单偏光，×65

图3-9 北京昌平中、上元古界常州沟组沉积石英岩显微照片
(a) 在正交偏光镜下可见颗粒缝合接触；
(b) 在阴极发光下可见碎屑颗粒的形状及广泛发育的石英自生加大现象

硅质胶结物是在砂岩过饱和孔隙水中沉淀出来的，孔隙水中溶解的二氧化硅可以有不同的来源。海相沉积物孔隙水中的二氧化硅，大部分是由硅藻、放射虫、硅质海绵以及其他非晶质氧化硅骨骼的溶解提供的。循环的自流地下水携带着这些生物成因的氧化硅溶解物质至沉积物孔隙中，便可再沉淀为蛋白石或自生石英。这里强调，孔隙水必须在砂层中作有效的循环（开放环境），因为只有这样才能为硅质沉淀不断提供新的溶解物质。

在强大的压力作用下，碎屑沉积物中相邻的石英颗粒接触处会发生局部溶解，这部分溶解的二氧化硅也会进入孔隙水，这是形成硅质胶结的又一物质来源。薄片中常会见到在石英颗粒间呈凹凸状接触，或在两颗粒的接触处见有碎屑晶形的损失，这都是压溶作用的证据。

长石、黏土等硅酸盐矿物以及火山玻璃等物质，在风化带经大气水和地下水渗滤作用，将会陆续分解。有相当数量的二氧化硅就是这类分解作用的直接产物，例如大量火山碎屑物质经去玻璃化形成蒙脱石黏土或沸石类矿物，同时剩余下来的二氧化硅便进入地下水。这些二氧化硅溶解物质，可能会在不太远的地方就以砂岩胶结物的形式沉淀出来。

随着时间的延长，很不稳定的非晶质体蛋白石会转变为玉髓，进一步重结晶则变为石英。这是因为从热力学观点看，粗粒晶体的内能最小，是更稳定的状态。从地层剖面上看，时代较老的地层中难以见到蛋白石胶结物，这是重结晶转变的直接后果。

（二）碳酸盐胶结物

方解石是砂岩中最常见的碳酸盐胶结物，它在砂岩中大量分布。在现代沉积物中经常可见与方解石为同质多象体的文石，但由于其性质不稳定，易逐渐转变为方解石。因此，在古代砂岩中一般见不到文石胶结物。但是，能够找到以白云石、铁白云石、菱铁矿等碳酸盐矿物作胶结物的砂岩实例。

由方解石胶结的砂岩，常形成嵌晶结构。有时方解石胶结物也呈细小粒状充填于碎屑颗粒之间。松辽盆地陆相白垩系钙质砂岩就是由方解石呈嵌晶式胶结的。燕山地区中、新元古界中见有这种胶结类型的石英砂岩。

方解石沿长石、石英等碎屑颗粒的边缘或裂隙进行交代，会使碎屑变得形状不规则，这种溶蚀现象是常见的。

关于碳酸盐胶结物的来源和成因，存在有多种观点。一种观点认为碳酸盐胶结物是与碎屑岩同时沉积的原始沉积物。这是由于碎屑物质被搬运到了碳酸盐沉积的环境里，碎屑砂与化学成因的碳酸盐同时沉积。这种同生沉积作用，只有当海水（或湖水）较长时期处于碳酸盐过饱和条件时才能发生，这类环境在过去的海洋中可能是广泛分布的。但是，要在古代砂岩中寻找碳酸盐胶结物原始沉积成因的证据却是很困难的。

另一种观点认为，碳酸盐物质是在碎屑沉积物埋藏后才进入孔隙并形成胶结物的。如果成岩环境为有利的开放环境，在海相成因砂的孔隙水中，碳酸盐物质可达到过饱和而发生沉淀。还有，碳酸盐介壳溶于孔隙水中会造成大量胶结物沉淀。存在于砂岩孔隙中的微生物群在数量上是很可观的，据估计 1L 沉积物中其个体数可超过 6000 个。这些微小生物的呼吸作用产生 CO_2，生物腐烂后主要的产物也是 CO_2。CO_2 能促使碳酸盐溶解度增大，因而造成碳酸盐介壳大量溶解。如果 CO_2 向上扩散并逸失于上覆海水中，那么孔隙溶液里来自介壳的溶解物质会因 CO_2 压力的降低而发生沉淀。

另外，压力溶解作用对于碳酸盐物质比对石英肯定会产生更大的效果。沉积物埋藏后由于承受压力作用，沉积体内的碳酸盐物质会发生溶解，经重新分布后再沉淀成胶结物。

现代沉积研究证明，在干热的潮上带环境，由于水的蒸发量很大，较浓的蒸发盐水向上渗透，在沉积物的粒间孔隙中可以产生大量的石膏和白云石沉淀。

菱铁矿是二价铁的碳酸盐矿物，它的形成受 Eh 值的控制。菱铁矿的原生沉积只能形成于还原环境中，并常与其他二价铁矿物，如黄铁矿、白铁矿等共生。在砂岩中以菱铁矿作为胶结物的情况是比较少见的。

总的来看，在砂岩胶结物中，硅质胶结物含量和分布均比碳酸盐胶结物相对多广。从时代上看，较老的砂岩以硅质胶结为主，而较新的砂岩中碳酸盐胶结物较多。这可能是由硅质和碳酸盐的溶解度上的差别造成的。碳酸盐容易溶解，在漫长的地质历史中由于未饱和地下水的不断溶蚀作用会使其相对丰度逐渐减小；而硅质属于难溶的稳定物质，因而得以长期保存。

（三）铁质胶结物

在碎屑岩中，氧化铁也是一种较为常见的非碎屑成分，并常作为砂岩的胶结物。如河北张家堡中、上元古界串岭沟组的铁质石英砂岩，其胶结物成分是赤铁矿。

砂岩中的氧化铁物质，一部分是与碎屑颗粒同时从溶液中沉淀出来的原始孔隙充填物。原始的沉积状态为非晶质的三氧化二铁，经脱水作用而转变为针铁矿、纤铁矿或赤铁矿。另一部分铁质是含铁矿物的分解产物，如来源于火成岩或变质岩的角闪石、绿泥石、黑云母、钛铁矿、磁铁矿等均为含铁矿物。普通角闪石平均含铁 15%，钛铁矿则含铁 46%。在成岩作用过程中，它们会不断被孔隙水分解，从而将氧化铁释放出来。

三、其他类型填隙物

石膏和硬石膏也可以作为砂岩的胶结物。它们形成于沉积盆地蒸发环境，由超盐度孔隙水沉淀而成。

在碎屑岩中出现的磷灰石、沸石、海绿石及有机质等化学成因矿物，可作为孤立的自生矿物存在，也可以作为碎屑岩的胶结物。

另外，石英、长石、重晶石、天青石、高岭石、水云母、蒙脱石、绿泥石、萤石、岩盐、钾盐、黄铁矿等均可在碎屑岩中呈孤立星散状或结核状分布。它们常表现得成分较单纯、结晶颗粒较小，但晶形完好。在碎屑岩中，这类矿物一般只含很少的数量，但它们的出现对于分析碎屑岩的沉积环境和解释成岩、后生作用都是很有地质意义的。例如，在东濮凹陷古近系就见有硬石膏胶结的砂岩；在松辽盆地白垩系和鄂尔多斯盆地中生界都发现了沸石胶结的砂岩，因沸石成岩溶解而出现的次生孔隙可以成为油气的重要储集空间。

有时，当某些化学成因矿物的数量达到工业经济开采要求时，可以成为有用的沉积矿床。

第三节　化学成分

碎屑岩的成分可以用其所含的矿物成分表示，也可用化学成分表示。

化学成分对岩浆岩、变质岩的研究十分重要。如岩浆岩，它实际上是以岩石化学成分及其含量为分类基础的。但是对于碎屑岩来说，化学成分的研究长期以来并没有给予足够的重视。这一方面是由于在过去化学分析成本比较高；另一方面，化学分析给出的只是岩石笼统的成分面貌，不能将碎屑岩组分和胶结物质区分开。在薄片中，不仅能分辨出碎屑和胶结物，而且在识别成分的同时能够观察到岩石的结构特征，这对于沉积岩工作者来讲更为便利。

但是，当前碎屑岩化学成分分析在大地构造环境研究中的应用日趋广泛。碎屑岩中很多重要元素，特别是一些重要微量元素的研究，单纯用薄片分析不能得到解决，而这些资料的获得对于岩石成因分析又是十分重要的。可见化学成分分析对于碎屑岩研究又是一个必要的研究领域。

碎屑岩的化学成分有如下特点。

一、岩石的矿物成分决定其化学成分

（1）Si 的丰度与硅酸盐矿物和非硅酸盐矿物的比值有关，与石英和燧石的含量密切相关。胶结物主要为碳酸盐、硫酸盐或氧化物的砂岩，其 Si 的含量偏低。

（2）Al 的含量与砂岩中的长石、云母和黏土矿物的丰度有关。一般杂砂岩的含铝量较高，因为此类岩石的黏土和长石均很丰富。

（3）Ca 主要存在于钙长石和碳酸盐胶结物中，Mg 主要来自云母族矿物。大部分砂岩 Ca 比 Mg 更丰富，这反映了方解石的丰度一般要比云母丰度大；在杂砂岩中，由于基质中含有大量的绿泥石质黏土，因此 Ca 与 Mg 的含量接近。

（4）在泥质砂岩中，Na 和 K 主要是存在于伊利石和蒙脱石等黏土矿物内。一般砂岩中，K 含量超过 Na 含量，这是因为砂岩中含 K 的矿物多，且黏土矿物易于吸附 K，而 Na 的溶解度较大，易于被溶解带走。杂砂岩含 Na 丰富，主要是富含钠长石的原因。

（5）Fe^{2+} 和 Fe^{3+} 作为许多矿物的组分存在于砂岩中，Fe^{2+} 可存在于绿泥石、蒙脱石、伊利石、菱铁矿等中；Fe^{3+} 主要存在氧化物中，如赤铁矿、针铁矿、海绿石等。

二、不同类型砂岩化学成分差异明显

具不同碎屑组分的砂岩其化学成分特点亦不相同。这是因为岩石的化学成分与其碎屑组分在很大程度上表现出一致性（表3-4）。

表 3-4 主要类型砂岩的平均化学组分（据 Pettijohn，1963） 单位：%

化学成分 \ 砂岩类型	石英砂岩	长石砂岩	岩屑砂岩	杂砂岩
SiO_2	95.4	77.1	66.1	66.7
Al_2O_3	1.1	8.7	8.1	13.5
Fe_2O_3	0.4	0.5	2.8	1.6
FeO	0.2	0.7	1.4	3.5
MgO	0.1	0.5	1.4	2.1
CaO	1.6	2.7	6.2	2.5
Na_2O	0.1	0.5	0.9	2.9
K_2O	0.2	0.8	0.3	2.0
CO_2	0.1	0.0	5.0	1.2

注：石英砂岩 26 个分析样品，长石砂岩 32 个分析样品，岩屑砂岩 20 个分析样品。

石英砂岩是富含 SiO_2 的。石英砂岩中出现的 Al_2O_3 是由于其中含黏土，出现 CaO 是由于岩石中含碳酸盐胶结物。

长石砂岩因含有大量的长石，故 Al_2O_3、K_2O 和 Na_2O 的含量较高，而 Fe、Mg 的含量则较低。很显然，长石砂岩在化学成分上的特点与其主要矿物成分——长石的化学成分相一致。

岩屑砂岩中岩石碎屑含量大于 25%。在化学成分上除 Al_2O_3 含量较高以外，Fe、Mg 等化学组分的含量也都比较高。这是由于在大多数岩屑砂岩中常含有富 Fe、Mg 的不稳定岩屑，以及一些碎屑的 Fe、Mg 矿物。

杂基含量较高的杂砂岩中 SiO_2 含量比大多数砂岩要低，但 Al_2O_3 含量较高，Na_2O 含量大于 K_2O 含量。这与杂砂岩中石英含量相对较少，而黏土矿物含量相对较多相一致。

实际上，由于砂岩成因地质条件的过渡性，常常会形成一些过渡类型砂岩，它们在化学成分上也会变得不够典型。

在黏土和页岩中，SiO_2 都是主要成分（表 3-5）。它是作为复杂黏土矿物的一部分而存在的，即作为未分解的碎屑硅酸盐，以及作为游离氧化硅，包括碎屑岩石英和生物化学作用沉淀的 SiO_2。Al_2O_3 是黏土矿物复杂体的基本组分和未风化的碎屑硅酸盐——主要是长石的成分。页岩中的铁是作为一种氧化物的染色物而存在的，其异常产物如黄铁矿、白铁矿、菱铁矿或铁硅酸盐等。铁的氧化状态极大地影响了页岩的颜色。MgO 为绿泥石或白云石的成分，CaO 来自母岩的风化或碳酸盐岩的溶解等。

表 3-5 典型黏土岩的化学成分（据 Pettijohn，1975） 单位：%

组分	A	B	C	D	E	组分	A	B	C	D	E
SiO_2	59.20	50.33	52.00	62.74	66.87	Na_2O	3.82	1.78	2.76	6.07	1.21
TiO_2	1.20	1.13	—	—	0.47	K_2O	1.97	4.03	1.74		6.60
Al_2O_3	16.14	19.17	16.11	16.94	15.36	H_2O^+	1.16	4.87	—	3.20	1.35
Fe_2O_3	4.36	6.50	4.65	5.07	2.81	H_2O^-	1.15	3.74	9.64	0.36	—
FeO	3.24	2.52		1.59	1.89	P_2O_5	0.17	0.14	—	—	0.23

续表

组分	A	B	C	D	E	组分	A	B	C	D	E
MnO	0.09	0.13	—	—	0.05	CO_2	—	—	—	—	0.28
MgO	3.14	3.77	4.10	3.05	2.40	SO_3	—	—	0.09	—	—
CO	2.52	1.43	8.26	1.39	0.34	C	1.94	0.41	—	—	0.04

注：A—夏季粉砂，芬兰，晚期冰川沉积；B—冬季黏土，芬兰，晚期冰川沉积；C—纹泥黏土，加拿大蒂米士开明湖；D—泥板岩，加拿大安大略省，前寒武纪；E—泥板岩，美国密歇根州，前寒武纪。

三、化学成分与粒度之间存在明显关系

碎屑岩化学成分与粒度之间存在明显关系。因为不同粒级碎屑岩的矿物成分不同，所以化学成分存在明显差异。由于较细粒沉积物石英含量较少而黏土矿物较丰富，所以与较粗粒沉积物在化学成分上存在明显差异（表3-6）。

表3-6 常见粒级碎屑岩的化学成分（据Pettijohn，1975） 单位：%

组分	细砂	粉砂	粗黏土	细黏土
SiO_2	71.15	61.24	48.07	40.61
TiO_2	0.50	0.85	0.89	0.79
Al_2O_3	10.16	13.30	18.83	18.97
FeO	3.72	3.94	6.91	7.42
MgO	1.66	3.31	3.56	3.19
CaO	3.65	5.11	4.96	6.24
Na_2O	0.86	1.32	1.17	1.19
K_2O	2.20	2.33	2.57	2.62

四、沉积物中某些微量元素与古地理环境关系密切

沉积物中的微量元素对辅助判断古水深、古盐度、古气候等沉积环境研究越来越受到沉积学者的关注。常用作指示相标志的主要是黏土沉积物中的微量元素，如Mn、B、Br、Cl、Na、Sr、P、Ni、Co、V、Cr、U、Cu、As、Zn、Ga等。在沉积作用过程中，沉积物与介质之间存在着复杂的地球化学平衡，如沉积物与介质之间的物质交换，沉积物对某些元素的吸附等。这种交换或吸附作用除与元素本身性质有关外，还受到各种环境的一系列物理化学条件的影响。因此，在不同环境中，元素分散与聚集规律也不相同。例如，沉积物中的B除来源于陆源碎屑（电气石）外，主要是从海水中吸取而来。现代海水中B含量为4.7mg/L，而淡水中一般不含B，内陆盐湖中具有很高的B含量。

 思考实习题

1. 简述碎屑岩的物质组成、主要类型和特征。
2. 简述碎屑岩中不同来源的石英碎屑类型及其特征。
3. 简述碎屑岩中重矿物的概念和研究重矿物的意义。
4. 简述岩屑的概念。碎屑岩中岩屑的含量与哪些因素有关？图示碎屑岩常见岩屑的显微特征。

5. 简述碎屑岩成分成熟度的概念。如何表示？有何研究意义？

6. 碎屑岩中填隙物的成分有哪些？其形成机理有何不同？

7. 何谓杂基？类型有哪些？识别标志是什么？碎屑岩中保留大量杂基的原因是什么？何种杂基才能反映沉积时流体的黏度和密度？

8. 何谓胶结物？碎屑岩中常见的胶结物类型和特征有哪些？

9. 简述不同类型砂岩的化学成分具有什么特点。

10. 简述碎屑岩的化学成分与粒度之间的关系。

11. 观察描述实验室碎屑岩手标本及薄片，了解碎屑岩的物质组成，了解显微镜下填隙物有哪些识别标志。

12. 描述识别实验室岩屑砂岩薄片中多种岩屑类型，并完成下表。

岩屑名称	单偏光镜下的特征	正交偏光镜下的特征	鉴定特征（与其他岩屑的区别）	岩屑素描图

第四章 碎屑岩的结构及粒度分析

> **导读**
>
> 本章核心知识点包括碎屑岩结构及其相关参数的概念、碎屑岩的胶结类型和支撑类型、碎屑岩结构成熟度、粒度曲线的编制及其沉积学解释。建议掌握碎屑岩的结构组分特征及其相互关系、胶结类型及碎屑支撑类型、碎屑岩结构成熟度的含义,能够结合沉积构造并应用碎屑岩粒度参数和相关图件开展沉积环境分析。

第一节 碎屑颗粒及填隙物的结构

碎屑岩的结构是指构成碎屑岩的矿物和岩石碎屑的大小、形状、填隙物的结构以及不同组分的空间组合关系。碎屑岩的结构总称为碎屑结构。具体地说,碎屑结构包括碎屑颗粒的结构、杂基和胶结物的结构、孔隙的结构以及碎屑颗粒与杂基和胶结物之间的关系。

碎屑岩的结构组分包括碎屑颗粒、杂基(或称为基质)、胶结物和孔隙。

碎屑颗粒的结构特征一般包括粒度、球度、形状、圆度以及颗粒的表面结构。

一、碎屑颗粒的粒度

(一)粒度的概念

碎屑颗粒的粒度(大小)是碎屑颗粒最主要的结构特征。碎屑颗粒的大小不仅在不同的碎屑岩(如砾岩、砂岩、粉砂岩等)中相差很大,而且在同一种碎屑岩中也有差别。碎屑颗粒的大小直接决定着岩石的类型和性质,因此它是碎屑岩分类命名的重要依据。粒度和颗粒的分选性是搬运营力能力和效率的度量标志之一。

碎屑颗粒的外形常极不规则,可用体积值和线性值来表示颗粒粒度或大小。

体积值可用标准直径 d_n 表示,它代表着与颗粒同体积的球体直径。

线性值是直观度量出来的。由于颗粒形状大都极不规则,因此通常要测量颗粒最大、中间和最小三个直径。这三个直径可按下述步骤测量:

(1)确定颗粒的最大投影面;

(2)对最大投影面作外切矩形(图 4-1),矩形的长边为颗粒的最大直径 d_L,短边为中间直径 d_I;

(3)作垂直于最大投影面并垂直颗粒最大直径 d_L 的最长截线,就是颗粒的最小直径 d_S。

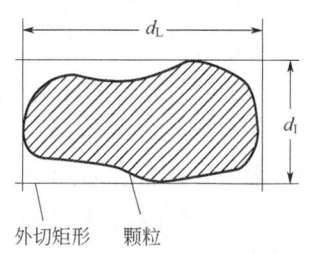

图 4-1 颗粒最大投影面的外切矩形

（二）粒级的划分

关于碎屑颗粒的粒度分级，目前存在多种划分方案。由于研究目的不同，对碎屑颗粒大小的分级标准也不一样。

从颗粒成分和碎屑颗粒大小的关系来看，一般是岩屑多见于大于2mm的粒级中，粒径小于2mm者多为矿物碎屑。如石英、长石碎屑在2～0.005mm粒级内最为集中，小于0.005mm的颗粒则以黏土矿物为主。

在国际上广泛应用的粒级划分是伍登—温特华斯（Udden-Wentworth，1922）提出的2的几何级数制方案（表4-1）。它是以颗粒直径1mm为中心，乘以2或除以2来进行分级，比如卵石颗粒直径为2～4mm。

我国科研和生产实际中广泛应用十进制进行颗粒粒级划分（表4-1）。

表4-1 常用的碎屑颗粒粒度分级表

十进制			2的几何级数制	
颗粒直径，mm	粒级划分			颗粒直径，mm
大于1000 1000～100 100～10 10～2	巨砾 粗砾 中砾 细砾	砾	巨砾 中砾 砾石 卵石	大于256 256～64 64～4 4～2
2～1 1～0.5 0.5～0.25 0.25～0.1	巨砂 粗砂 中砂 细砂	砂	极粗砂 粗砂 中砂 细砂 极细砂	2～1 1～0.5 0.5～0.25 0.25～0.125 0.125～0.0625
0.1～0.05 0.05～0.005	粗粉砂 细粉砂	粉砂	粗粉砂 中粉砂 细粉砂 极细粉砂	0.0625～0.0312 0.0312～0.0156 0.0156～0.0078 0.0078～0.0039
小于0.005	黏土（泥）			小于0.0039

在沉积学中为了表明碎屑颗粒大小与水动力条件之间的关系，提出了自然粒级划分标准，将碎屑颗粒大小与颗粒成分及其水动力学行为联系起来。

据水力学研究，直径大于2mm的碎屑颗粒一般是以滚动方式沿床沙底部搬运；粒径在2～0.05mm的碎屑颗粒在搬运过程中非常活跃，以跳跃方式进行搬运；而粒径小于0.05mm的碎屑颗粒多为悬浮方式搬运，其沉降速度已不符合斯托克斯公式；至于小于0.005mm的碎屑颗粒已有明显的凝聚现象，甚至可以有布朗运动发生。

从水力学性质来看，砾砂转折点在2mm处，故砂与砾石的粒径划分界限为2mm。

关于砂与粉砂的界限，2的几何级数制的倡导者认为0.0625～0.125mm的颗粒性质仍近似于砂；而0.0625mm以下的颗粒则肉眼难以分辨，黏土矿物大量增加，性质也近于泥质，因此主张以0.0625mm作为砂和粉砂的界限（国际上将小于0.0625mm的碎屑岩称为细粒沉积岩）。十进制的倡导者则把砂与粉砂的界限放在0.1mm，主要考虑到便于野外地质和油气储层的研究，因为良好的油气储层粒径多在砂级以上。

粉砂与黏土的界限，十进制为0.005mm，即把黏土矿物开始出现的粒度上限作为划分界限；2的几何级数制为0.0039(1/256)mm，这种划分方案认为黏土矿物一般颗粒较细，大多数是在0.004mm或0.005mm以下。

我国石油和地质行业多采用十进制进行粒级划分，这一分类方法便于记忆，用于定名也比较简单，同时基本上符合油气储层研究的要求。砾与砂的界限习惯上定在2mm，把2~1mm的碎屑颗粒称为巨砂。

2的几何级数制所划分的粒度级别较多，造成在肉眼描述中应用困难。但是应该看到，粒级划分的细致正好又是2的几何级数制的优点。由于它在各个粒级间构成了2的几何级数的等间距，因此在室内分析中，对于详细划分粒级、进行数理统计、参数计算以及作图等方面都很方便。目前在非常规储层研究中，也将0.0625mm作为细粒沉积的上限。

1934年克鲁宾（Krumbein）将伍登—温特华斯的2的几何级数粒级划分转化为Φ值标度，其转换公式为

$$\Phi = -\log_2 D$$

式中　D——颗粒的直径，mm。

因为$D=2^n$，$\log_2 D=n$，所以$\Phi=-n$。表4-2说明了D与Φ的换算关系。

表4-2　D与Φ的换算关系

D, mm		$D=2^n$	Φ值	D, mm		$D=2^n$	Φ值
小数式	分数式			小数式	分数式		
8	8	$8=2^3$	-3	0.5	1/2	$1/2=2^{-1}$	1
4	4	$4=2^2$	-2	0.25	1/4	$1/4=2^{-2}$	2
2	2	$2=2^1$	-1	0.125	1/8	$1/8=2^{-3}$	3
1	1	$1=2^0$	0	0.0625	1/16	$1/16=2^{-4}$	4

Φ值分级标准的特点是粒度越大粒级间隔也越大，粒度越小粒级间隔也越小。该方案提出后受到广泛重视和推广应用。这是由于它具备以下的优点：

（1）将碎屑颗粒直径用毫米表示的分数（或小数）变成了整数；
（2）大量出现的粗砂以下的较小碎屑颗粒的粒度均表现为正数；
（3）在编制粒度参数图件时，可不用对数坐标，直接采用算术等间距坐标；
（4）能更精确地刻画碎屑岩中的细粒部分，对沉积环境分析有重要意义。

碎屑岩很少是由一种粒级的碎屑（即粒级成分）组成，因而一般所谓的岩石粒度，其相应的粒级成分应大于50%。碎屑岩中颗粒大小均匀的程度称为分选性或分选程度，可粗略地划分为好、中、差三级。

当相同粒级颗粒含量或主要粒级成分含量占碎屑颗粒总量的75%以上时，称为岩石颗粒分选性好；当相同粒级颗粒含量或主要粒级成分含量为50%~75%时，称为岩石颗粒分选性中等；当相同粒级颗粒含量小于50%时，或颗粒大小相差很悬殊时，则称为分选性差。

（三）碎屑岩的粒度分类及命名

碎屑岩的粒度特征是碎屑岩分类和命名的基础，其他的分类命名（如成分、成因分类）常是在这一基础上进行的。由于碎屑岩中碎屑颗粒分选的差异，常采用三级命名法对碎屑岩进行粒度分类。

（1）三级命名法。以含量大于50%的粒级定岩石的主名，即基本名；含量介于50%~

25%的粒级以形容词"××质"的形式写在基本名之前；含量在25%~10%的粒级作次要形容词，以"含××"的形式写在最前面；含量小于10%的粒级一般不反映在岩石的名称中。

（2）假如碎屑岩的粒度分选较差，所含粒级较多，没有一个粒级的含量大于50%，而含量在50%~25%的粒级又不止一个，这时则以含量为50%~25%的粒级进行复合命名，以"××—××岩"的形式表示，含量较多的写在后面。其他含量少的粒级按第一条规则处理。

（3）若碎屑岩的粒度分选更差，不但没有含量大于50%的粒级，而且含量为50%~25%的粒级也没有或者只有一个，则应将此岩石的全部粒度组分分别合并为砾、砂和粉砂三大级，然后再按前两条规则命名。

二、碎屑颗粒的球度和形状

（一）碎屑颗粒的球度

球度是用来度量一个颗粒近于球体程度的一个定量参数。斯尼德和福克（Sneed and Folk，1958）在评论了过去测量球度的方法以后，提出了最大投影球度法，用以确定球度参数数值。它是用与颗粒体积相同的球体的横切面积与该颗粒的最大投影面积的比值求得的。其数学定义为

$$球度 = \sqrt[3]{\frac{C^2}{AB}}$$

式中，A、B、C分别表示颗粒投影面的（长、中、短）三轴长度。实际应用证明，最大投影球度法比过去其他方法更有利于研究颗粒在流体介质中的动态。由上式可以看出，颗粒的三个轴越接近相等，其球度就越高；相反，颗粒的三个轴相差很大（如片状和柱状颗粒），则球度很低。在搬运过程中，不同球度的颗粒表现不同。如在悬浮搬运组分中，球度小的片状颗粒最容易漂走，因此在细砂和粉砂中常聚集有较大片的云母碎屑。在滚动和跳跃搬运中，只有球度大的颗粒才最易于沿床底滚动或跳跃。

在碎屑颗粒搬运过程中，球状颗粒不仅比其他形状的颗粒更容易滚动，而且它的单位体积表面积最小，所以它比其他形状的颗粒沉降得更快。

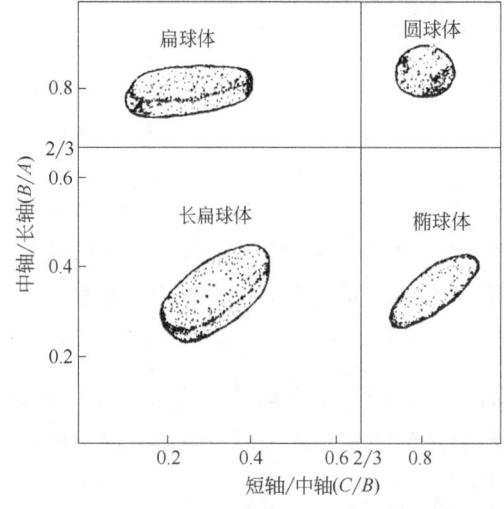

图4-2 颗粒形状分类

（二）碎屑颗粒的形状

颗粒的形状是由颗粒中A、B、C 3个轴的相对大小决定的。上述颗粒球度的定义并不能表明这一特性，即使是理想的椭球体，也难以用球度表示其独特的形状。辛格（Zingg，1953）根据颗粒A、B、C三个轴的长度比例，将颗粒分为以下四种形状（图4-2）：

(1) 圆球体：$B/A>2/3$，$C/B>2/3$；
(2) 椭球体：$B/A<2/3$，$C/B>2/3$；
(3) 扁球体：$B/A>2/3$，$C/B<2/3$；
(4) 长扁球体：$B/A<2/3$，$C/B<2/3$。

圆球体的球度最高，而不同形状的扁球体和椭球体却可以有相同的球度。在碎屑

物质的搬运过程中，上述不同形状颗粒表现着不同的性质，例如椭球状颗粒一定会比扁球状颗粒易于滚动或跳跃搬运。由此可见，除对颗粒球度的描述外，颗粒形状研究也是必要的。

砾石颗粒形状研究具有特殊作用。因为砾石形状常与其成因环境有着密切的联系，所以可根据砾石形状去分析沉积环境。例如，海滩砾石的球度比相同大小的河流砾石的球度要低一些，这在低能海岸砾石中表现得更为明显。另外像风成三棱石、冰成的熨斗石等都是以其形状作为成因标志的。

在碎屑岩薄片观察中，一般只对那些特殊形状的（如长条形等）颗粒进行描述，同时应当记录其颗粒的排列方式和延伸方向。

三、碎屑颗粒的圆度和表面结构

（一）碎屑颗粒的圆度

圆度是指碎屑颗粒的原始棱角被磨圆的程度，它是碎屑颗粒的重要结构特征。它与颗粒的形状无关，只是棱角尖锐程度的函数。圆度在几何上反映了颗粒最大投影面影像中的隅角曲率，韦尔德（Verdet，1932）提出下列圆度计算公式：

$$圆度 = \frac{\sum r}{nR}$$

式中　r——隅角的内切圆半径；

n——隅角数；

R——颗粒的最大内切圆半径。

上式表明，圆度为角的平均曲率半径与颗粒最大内切圆半径之比（图4-3）。圆度的数值变化在 0~1 之间。圆度的数值越大，颗粒圆度越高。

裴蒂庄（Pettijohn，1949）按圆度数值将颗粒圆度分为：棱角状（0~0.15）、次棱角状（0.15~0.25）、次圆状（0.25~0.40）、极圆状（0.40~0.60）。

在实际工作中主要用估计方法确定颗粒圆度。鲍尔斯（Powers，1953）曾作了一组图（图4-4），用来表示从尖棱角状至滚圆状各级圆度的特征，并规定了各圆度级别的描述名称。

为了便于统计，福克（Folk，1955）提出了圆度标度，称之为ρ。ρ值范围在 0（尖棱角状）~6（滚圆状），他所规定的圆度级别与鲍尔斯的圆度标准一致（图4-4）。

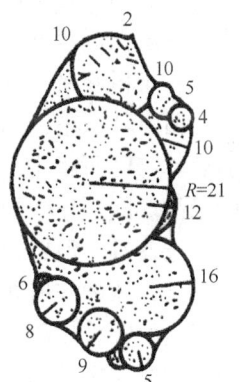

图4-3　颗粒最大投影面上圆度的测量

要注意将球度和圆度这两个概念区别开。从图4-4中可以看出，不同球度的颗粒可以具有同一圆度级别，而球度类似的颗粒又可表现完全不同的圆度。球度高的颗粒，圆度不一定好，反之亦然。如晶形极好的石榴子石或磁铁矿颗粒，其球度极高而圆度很差；又如云母片的圆度可以很好但球度却始终不高。

在手标本的观察描述中，通常把碎屑的圆度划分为如下四个级别：

（1）棱角状：碎屑的原始棱角无磨蚀痕迹或只受到轻微磨蚀，其原始形状无变化或变化不大；

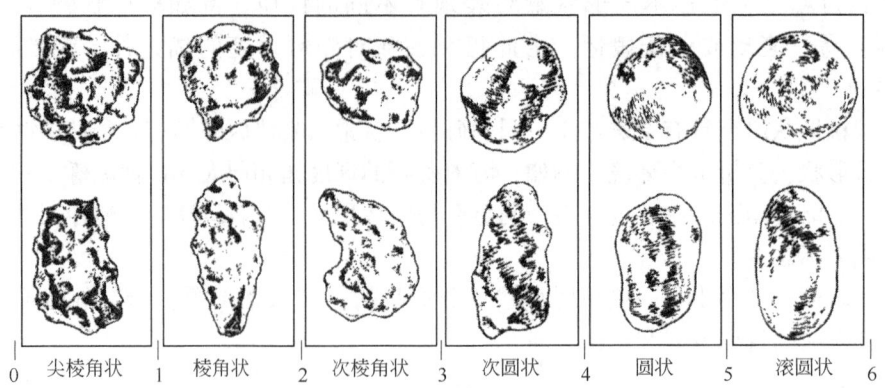

图 4-4　圆度的形状和分级（据 Powers，1953）
同一方框的颗粒圆度相似，但球度不同

（2）次棱角状：碎屑的原始棱角已普遍受到磨蚀，但磨蚀程度不大，颗粒原始形状明显可见；

（3）次圆状：碎屑的原始棱角已受到较大的磨损，其原始形状已有了较大的变化，但仍然可以辨认；

（4）圆状：碎屑的棱角已基本或完全磨损，其原始形状已难以辨认，甚至无法辨认，碎屑颗粒大都呈球状、椭球状。

碎屑颗粒的圆度一方面取决于它在搬运过程中所受磨蚀作用的强度，另一方面也取决于碎屑颗粒本身的物理化学性质、搬运条件以及它的原始形状、粒度等。

碎屑的圆度总是随着其搬运距离和搬运时间的增加而增高，这是碎屑颗粒圆度变化的总趋势。碎屑在搬运过程中受到的磨蚀作用越强，其原始棱角被磨蚀得越显著，圆度也就越好。这对于粗碎屑，特别是对滚动搬运的砾石来讲表现得更为明显。

在河流环境中，砾石的磨圆度随着粒度的增大而增高，大砾石比小砾石的机械磨蚀表现得显著。与砾石相比，砂级碎屑的圆化速度要慢得多，这是由于砂粒多呈跳跃和悬浮状态搬运的缘故。同理，砂的粒级越细，其在搬运中遭受的磨损越小。多处于悬浮状态搬运的粉砂尽管分选良好，但棱角明显，研究其圆度的意义不大。

总之，软的碎屑颗粒比硬的易磨圆，解理发育的矿物则易破碎而难以获得高的圆度。呈滚动搬运的颗粒比悬移搬运的颗粒易磨圆，滨海沉积的颗粒比河流沉积的颗粒磨得更圆，冰川搬运的颗粒则基本上不能磨圆。

（二）碎屑颗粒的表面结构

表面结构是碎屑颗粒表面的形态特征，一般是指颗粒表面的磨光程度及表面刻蚀痕迹。在碎屑颗粒的表面常有各种磨光面、毛玻璃化和显微刻蚀痕迹等，其成因主要与机械磨蚀作用、化学溶蚀作用、沉淀作用有关。常见的颗粒表面结构有毛玻璃表面（又称霜面）、磨光面、沙漠漆、刻蚀痕迹、冰川擦痕和撞击痕等。

霜面似毛玻璃状，在反射光下看表面模糊并且不透明。一般认为霜面是沙丘石英砂粒的特征，因为它在风力搬运的沙漠沙丘石英砂粒表面表现得最为明显。由此认为古代砂岩中颗粒表面的毛玻璃化是风成的成因标志。但也有人提出，引起毛玻璃化的主要因素是化学作用，在沙漠环境中溶解作用与沉淀作用交替进行从而形成了霜面，在这里风力仅起着次要作用。库南和珀多克（Kuenen and Perdok，1962）则认为粗霜面（表面起伏大于 2μm）是磨蚀造成的；细霜面（表面起伏小于 2μm）则是化学作用造成的，和雨露、蒸发的干湿交替及其所造成的溶蚀、沉淀作用有关。除砂粒外，沙漠卵石也是以具有霜面为其重要特征。

磨光面则是大量细粒物质如细粉砂和泥的浑浊水流或风对石英等坚硬的碎屑进行磨蚀作用的结果。河流石英砂和海滩石英砂均具有这种外貌。

沙漠漆在干旱气候带最为常见，是在颗粒表面沉淀的一层玻璃状或釉状的薄膜，属于化学成因，其成分常为硅质、氧化铁或氧化锰。

刻蚀痕迹是由碰撞作用造成的，在冰川环境可以形成擦痕砾石，这是在搬运过程中砾石被冰或坚硬的冰床基岩刻划造成的。性质较软的岩石，如石灰岩砾石上常发育有清晰的擦痕。

冰川擦痕的形态较复杂，典型的是窄而直或近乎平直的刻痕，而且痕迹清晰；其次是钉子形擦痕，形态是一端宽而深，向另一端则变得浅而窄；第三种是撞击痕，冰川作用的撞击痕显得很粗糙而且形态上是短而宽，还常呈雁行排列。这些痕迹组合起来可以是彼此平行的、近平行的、格子状的，或者是杂乱无章的，其中近平行的和杂乱无章的擦痕组合在冰川砾石中尤为常见。

在高速水流中，碎屑颗粒间的相互碰撞可以形成新月形撞击痕。撞击作用也能在颗粒表面造成麻点，这种麻点的周围常伴有微细的裂纹。在海滩带及海的近岸高能带，石英砂粒表面具有机械成因的 V 形坑，并可见到不同形状的槽沟及贝壳状断口。但在沙丘砂及港湾砂中，由于有化学作用的参加，常使机械坑痕被削弱，从而表现出机械作用与化学作用叠加的表面特征。

当前，利用电子显微镜不仅可以研究颗粒表面结构，而且能够辅助判别沉积环境，比如滨海环境、风成环境和冰川环境。但在颗粒表面结构研究中还存在一些难以解决的问题，如在相同沉积环境中常常出现不同来源砂粒混淆的现象，特别对河流沉积样品很难判别其特征。古代砂岩常因成岩、后生作用使沉积物的原始表面结构受到改造，因而造成环境分析的困难。上述问题都需要在今后的研究工作中继续解决。

四、填隙物的结构

碎屑岩的填隙物包括杂基（基质）和胶结物。由于它们的成因不同，因此在结构上也表现着各自的特点。

（一）杂基

杂基是碎屑岩中与粗碎屑同时以机械方式沉积（非化学沉淀）下来的、起填隙作用的细粒组分。杂基的粒径是随碎屑岩粒级变化而变化的。对于砂岩来说，杂基粒度一般小于 0.03mm（或大于 5Φ）；对于更粗的碎屑岩，如砾岩，杂基粒径也相对变粗，除泥以外可以包括粉砂甚至砂级颗粒。

如杂基含量很高（常大于 15%），造成颗粒之间相互不接触并悬浮在杂基之中，则形成杂基支撑结构；相反，杂基含量不高（常小于 15%），造成颗粒相互接触，杂基充填在颗粒之间，则形成颗粒支撑结构。

杂基的含量和性质可以反映搬运介质的流动特性及碎屑组分的分选性，因而也是碎屑岩结构成熟度的重要标志，这正是认识杂基重要性的意义所在。

杂基含量是重要的水动力强度和沉积速率的标志。在高能量牵引流沉积环境中，水流簸选能力强，黏土会被移去，沉积速率相对低，形成干净的砂质沉积物；相反，在低能量牵引流沉积环境中，沉积速率相对快，砂岩中杂基含量高，则表明分选能力差，这是结构成熟度低的表现。

杂基含量和支撑结构可反映流体性质。比如，沉积物重力流多悬浮搬运、快速沉积，含有大量杂基，多以杂基支撑结构为特征；而牵引流中主要搬运床沙载荷，搬运时间较长、沉积相对较慢，形成的砂质沉积物以颗粒支撑结构为特征，杂基含量很少，粒间可由化学沉淀胶结物充填。

从成分上看，杂基常为黏土矿物，有时为碳酸盐灰泥、云泥及一些细粉砂碎屑颗粒。由于杂基类型和含量在碎屑岩沉积环境研究中有着这样重要的成因意义，因而识别它就显得十分重要。但是实际上，不是任何时候都能区分开填隙物中的杂基和胶结物，特别是因成岩作用使沉积标志遭受改造后，更增加了识别上的困难。

大多数杂基是同生期杂基，实际上只有同生期杂基才具有上述沉积成因意义。

代表原始沉积状态的杂基称原杂基，主要是未重结晶的黏土质点，可含有碳酸盐泥及石英、长石等矿物的细碎屑。原杂基与碎屑颗粒的界线清楚，两者间无交代现象。在杂基支撑结构的砂岩中，原杂基含量可高于30%，同时碎屑颗粒常表现较差的分选性［图4-5(a)］。

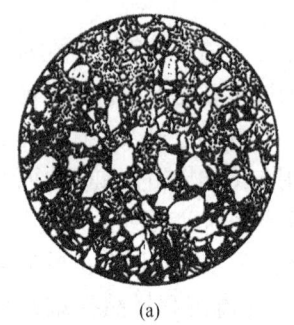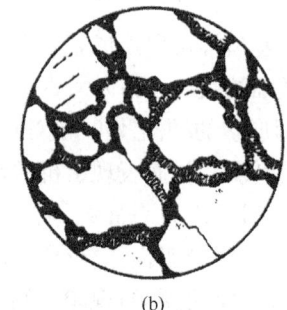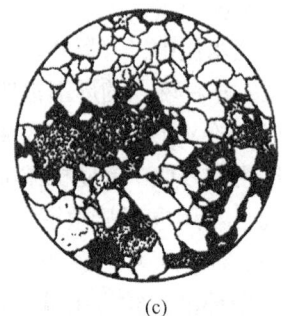

(a)   (b)   (c)

图4-5 原杂基、淀杂基和假杂基

(a) 杂基支撑砂岩，杂基成分为黏土及灰泥，东濮凹陷濮深3井，沙四段，单偏光，×60；
(b) 淀杂基，柴达木盆地冷湖3井，井深630m，单偏光，×60；(c) 压扁和压碎的假杂基，东濮凹陷卫城20井，2776.5m，单偏光，×100

原杂基经明显重结晶成岩作用后可转变为正杂基。正杂基在含量和分布上继承了原杂基的特点。因发生了重结晶作用，黏土物质表现为显微鳞片结构。当晶粒较粗时，在偏光显微镜下常可分辨矿物的种类，可鉴别其为高岭石质、水云母质、绿泥石质、蒙脱石质或方解石质。在正杂基与碎屑颗粒间常见交代现象。有时由于重结晶作用发育不均匀，局部仍可见残余的原杂基结构。

原杂基和正杂基都可以作为沉积环境的标志。但在碎屑岩中还可见到一些与杂基极为相似，而并非原始机械成因的细粒组分，称为"似杂基"。似杂基不能反映沉积介质的流动特点。常见的似杂基有淀杂基、外杂基和假杂基。

1. 淀杂基

淀杂基是在成岩作用过程中，通过化学作用在孔隙水中析出的黏土矿物胶结物。虽然成分上是黏土（层状硅酸盐）矿物，在这一点上像杂基，但在结构上表现的是化学胶结物产状，它们是单矿物质的，晶体干净，透明度好，常见书页状、鳞片状或蠕虫状自生晶体集合体。在碎屑颗粒周围可呈栉壳状［图4-5(b)］或薄膜状分布。不同成岩时期形成的淀杂基可构成有层次的世代结构。

2. 外杂基

外杂基是指碎屑沉积物堆积后,在成岩后生期或表生期,通过机械作用充填于粒间孔隙中的外来细粉砂和黏土物质。外杂基分布常不均匀,不受层理控制,是多矿物质的,常表现出污浊、透明度差的特点。外杂基主要出现在碎屑颗粒分选较好、原生粒间孔隙发育的部位,这一特点是与原杂基、正杂基的重要区别。

3. 假杂基

假杂基是软碎屑经机械压实碎裂形成的类似杂基的填隙物。黏土岩屑、灰质岩屑,特别是具类似成分的盆内碎屑性质都很软弱,在压实作用下会被压扁、压断、压裂甚至压碎,从而形成假杂基。在碎屑岩中,假杂基以不均匀的斑块状产出为特征[图4-5(c)]。常能同时见到局部被压碎的软颗粒,这是识别假杂基的直接证据。

(二)胶结物及其结构

胶结物是化学沉淀成因物质,它具有与化学岩类似的结构,其主要特点包括晶粒大小、晶体生长方式及重结晶程度等。在碎屑岩中,胶结物主要为硅质、碳酸盐以及石膏等,其含量小于50%。实际上胶结物所表现的是孔隙充填结构,常见的类型有如下几种(图4-6)。

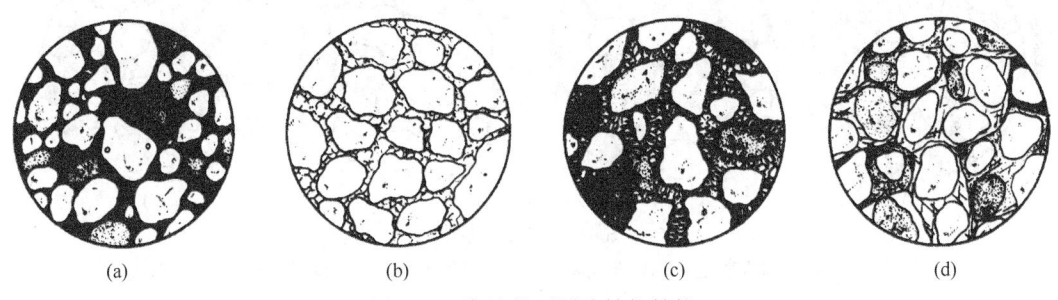

图4-6 常见的不同胶结物结构
(a)隐晶质结构;(b)粒状结构;(c)栉状结构;(d)嵌晶结构

1. 非晶质及隐晶质结构

蛋白石及磷酸盐矿物常形成非晶质胶结物,它们在偏光显微镜下表现为均质体性质。用肉眼不能分辨隐晶质结构晶粒,但在偏光显微镜下能见到微弱的晶体光性,如玉髓、隐晶质磷酸盐、碳酸盐等。

2. 显晶粒状结构

胶结物呈结晶粒状分布于碎屑颗粒之间,因晶粒较大,在手标本上可以分辨,碳酸盐胶结物常具有这种结构。显晶粒状胶结物可以呈粒状或纤维状分散于碎屑颗粒之间,也可以围绕碎屑颗粒呈薄膜状或放射状生长,从而构成薄膜胶结或栉状胶结。方解石、文石、玉髓易形成栉状结构,其特征是晶体长轴垂直颗粒边缘生长。

3. 嵌晶结构

胶结物的结晶颗粒较粗大,每一个晶粒中都可以包含多个碎屑颗粒,构成镶嵌结构。方解石、石膏、沸石等化学胶结物容易形成此种胶结。胶结物的粗大晶体是经成岩、后生阶段的重结晶作用形成的。

4. 自生加大结构和栉状结构

自生加大结构多见于硅质胶结的石英砂岩中。在不同成岩阶段,硅质胶结物围绕碎屑石英颗粒生长，两者成分相同，而且表现出完全一致的光性方位。在偏光显微镜正交光下，可见碎屑颗粒与其自生加大胶结物同时消光；在单偏光下，借助于原碎屑颗粒边缘的黏土薄膜可以辨别出碎屑的轮廓。有时在长石和方解石周围也可以发生自生加大现象。

栉状结构往往是多期胶结物（如方解石）生长形成的，向孔隙中央方向，胶结物晶粒加大形成栉状结构。必须指出，在碎屑岩中常存在有过渡的或混合的胶结物结构。

第二节 支撑结构和胶结类型

在碎屑岩中，胶结物或填隙物的分布状况及其与碎屑颗粒的关系称为支撑结构或胶结类型。它首先和碎屑颗粒与胶结物或填隙物的相对数量有关，其次和碎屑颗粒之间的接触关系有关。按碎屑和杂基的相对含量，可以分为杂基支撑和颗粒支撑两大类；又可按颗粒和填隙物的相对含量细分为基底胶结、孔隙胶结、接触胶结和镶嵌胶结（图4-7）。一般来讲，基底胶结属杂基支撑类型，孔隙胶结、接触胶结以及镶嵌胶结属颗粒支撑类型。

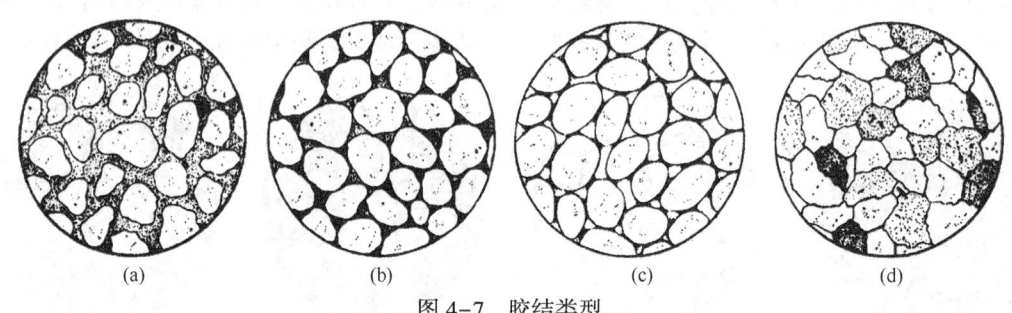

图4-7 胶结类型
(a) 基底胶结；(b) 孔隙胶结；(c) 接触胶结；(d) 镶嵌胶结

一、支撑结构

碎屑结构的支撑类型可划分为两类，即杂基支撑结构和颗粒支撑结构。在杂基支撑结构中，杂基含量高（常大于15%），颗粒在杂基中呈漂浮状。在颗粒支撑结构中，杂基含量较少（常小于15%），颗粒之间可有点接触、线接触、凹凸接触和缝合接触等多种接触方式。这种接触方式的变化不仅是胶结形式上的差别，从成因上看，上述顺序即从点接触至缝合接触，反映了沉积物在埋藏成岩过程中经受压固、压溶等成岩作用的强度和进程，颗粒间缝合接触是成岩程度很深的特征。这种缝合状的接触以及其间存在的黏土物质，恰恰证明了是受压溶作用的影响，黏土物质会使溶液介质具有碱性，从而导致石英颗粒的溶蚀和再沉淀作用，最后形成这种特殊的缝合状接触。可见，认识碎屑岩的胶结类型和颗粒间接触的性质，不仅对沉积环境分析有意义，还可为碎屑岩的成岩阶段和成岩环境分析提供依据。

二、胶结类型

（一）基底胶结

填隙物含量较多，造成碎屑颗粒在其中互不接触呈漂浮状胶结，起胶结作用的填隙物主要为原杂基（或由之转变成的正杂基）。由于该胶结类型一般代表着高密度流快速堆积、分选较差的沉积特征，加之杂基含量高，所以储层质量较差。基底胶结实际上可称为杂基支撑结构，它形成于沉积同生期，为不同粒级和不同磨圆的沉积物同时快速沉积而成[图4-7(a)]。在个别情况下可以见到化学胶结物构成的基底胶结，如我国青海小柴旦盐湖（硼酸盐型）的现代湖滩岩，即为柱状硼镁石胶结物构成基底胶结的细粒长石岩屑砂岩。

（二）孔隙胶结

孔隙胶结是最常见的一种颗粒支撑结构。碎屑颗粒构成支架状，颗粒之间多呈点状接触。胶结物含量少，仅仅充填在碎屑颗粒之间的孔隙中，它们是成岩阶段化学沉淀产物。由于该胶结类型反映了稳定水流沉积作用和波浪淘洗作用，加之成岩阶段形成的胶结物含量较少，所以储层质量较好[图4-7(b)]。

（三）接触胶结

颗粒之间呈点接触或线接触，胶结物含量很少，是具有颗粒支撑结构的一种胶结类型。胶结物仅分布于碎屑颗粒相互接触的地方。这种胶结方式只在比较特殊的条件下才能产生。它可能是干旱气候带的砂层，因毛细管作用，溶液沿颗粒间细缝流动并发生沉淀作用形成的；或者是原来的孔隙式胶结物经地下水淋滤改造作用而形成的，具有良好的储层质量[图4-7(c)]。

（四）镶嵌胶结

在杂基含量较少的碎屑岩中，通过强烈的压实作用和压溶作用，砂质沉积物中的碎屑颗粒会更紧密地接触。颗粒之间由点接触发展为线接触、凹凸接触，甚至形成缝合状接触。这种颗粒直接接触构成的镶嵌式胶结，有时不能将碎屑与其硅质胶结物区分开，看起来像是没有胶结物，因此有人称之为无胶结物式胶结，储层质量较差[图4-7(d)]。

在冲洗干净的、石英自生加大边非常发育的、以石英碎屑颗粒为主的碎屑岩中，在偏光显微镜下难以区分碎屑颗粒和胶结物，容易将其误认为是镶嵌式胶结，产生错误的认识。这种情况要借助于阴极发光显微镜进行区分。在阴极射线照射下，自生加大边不发光，从而能观察到碎屑颗粒之间的真正接触关系，往往表现为点接触，甚至表现为漂浮状。

第三节　孔隙结构和结构成熟度

一、孔隙结构

孔隙是碎屑岩的重要结构组成部分之一，其间可以充填大量的气体或液体（如氦、二氧化碳、烃类气体、水、石油、矿液等）。

根据沉积成岩形成阶段的不同，孔隙可以分为原生孔隙和次生孔隙两类。

原生孔隙主要是粒间孔隙，即碎屑颗粒原始格架间的孔隙。原生的孔隙度和渗透率与碎屑颗粒的粒度、形状、分选性、球度、圆度和填集性质有关。沉积水动力较强的、分选好的砂岩比分选差的杂砂岩的孔隙度和渗透率都要高。此外，颗粒的方向也有很大的影响。如在河床砂岩中，由于砂粒定向、平行于砂体的长轴方向排列，使此方向的渗透性变好。

次生孔隙绝大多数都是形成于成岩中期之后及后生期，一般都是岩石组分发生溶解作用的结果。不仅酸性成岩环境可形成次生孔隙，碱性成岩环境也可形成次生孔隙。另外，岩石因破碎或收缩作用可形成具有储集性能的裂缝。

研究碎屑岩的孔隙结构，除了要明确孔隙的成因类型以外，还要认识孔隙大小、形状、喉道以及孔隙分布与砂体、埋深之间关系等特点。碎屑岩的孔隙空间实际上多是由细小喉道连通着的一些显微孔洞，压汞试验可以提供有关的孔隙结构数据。

二、结构成熟度

结构成熟度是指碎屑岩沉积物在风化、搬运和沉积作用的改造下接近终极结构特征的程度（Folk，1954）。从理论上讲，碎屑沉积物的理想终极结构应该具有分选磨圆好、碎屑为等大球体、颗粒支撑结构和化学胶结填隙物等特征，即结构成熟度的高低应反映在碎屑的分选性、磨圆度以及杂基含量上。一般可将结构成熟度分为三个等级：

（1）结构成熟度高：颗粒分选磨圆好，具明显的颗粒支撑结构和较多化学胶结填隙物，杂基含量一般小于5%。

（2）结构成熟度中等：颗粒分选磨圆中等，具颗粒支撑结构和一定量的化学胶结填隙物，杂基含量5%~15%。

（3）结构成熟度低：颗粒分选磨圆较差，具明显的杂基支撑结构和少有的化学胶结填隙物，杂基含量一般大于15%。

由于结构成熟度最终受着复杂的搬运和沉积环境所控制，因此还可出现更为复杂的情况。如风暴流作用可使得颗粒圆度高、分选好的浅海陆棚砂和由较深水环境带来的大量黏土杂基相混合，致使浅海砂的结构成熟度降低。此外，生物的扰动也可以产生这种混合作用，这种现象称为结构蜕变。

此外，碎屑岩在经过成岩后生变化后，其结构成熟度可以得到提高（如黏土杂基被化学胶结物交代）或者降低（如碎屑因溶蚀作用、交代作用而降低圆度或生成了似杂基，增加了"杂基"含量），因此，在作结构成熟度分析时要注意剔除这些成岩影响。

成分成熟度和结构成熟度可以一致，也可以不一致。如粉砂的成分成熟度较高，但颗粒的分选较好、磨圆较差。

第四节 粒度分析

粒度分析的目的是研究碎屑岩的粒度大小和粒度分布特征。碎屑岩的粒度分布及分选性是衡量沉积介质能量的度量参数，是判别自然沉积环境及其水动力条件的良好标志。碎屑岩的粒度及其空间展布也影响了储层的物性。在成岩作用不明显改变颗粒大小或其他性质的前提下，粒度分析不仅有利于分析沉积水动力条件，而且对于沉积储层评价也有重要意义。

粒度分析的方法因碎屑颗粒的大小和岩石致密程度而异。对于砾石可以直接测量其线性值，也可以用量筒测其体积；砂或胶结疏松的砂岩多采用筛析法或激光沉降法；强烈胶结的砂岩多采用薄片分析法；粉砂和黏土可采用沉速法进行分析。

一、粒度资料图解

采用粒度筛析分析方法或类似粒度分析方法，可以获得某个样品或系列样品碎屑岩不同粒级的质量百分比及累积质量百分比等粒度分析结果（表4-3）。为了更好地利用这些性资料，常需要将这些数据编绘成能够为沉积环境分析和求取粒度参数提供依据的直方图、频率曲线图、累积曲线、概率值累积曲线等图件。

表 4-3　筛析记录表

颗粒直径		质量	质量百分比	累积质量百分比
mm	Φ	g	%	%
>1	<0	2.12	0.53	0.53
0.75~1	0~0.4	7.72	1.93	2.46
0.60~0.75	0.4~0.72	61.18	15.29 ⎱ 29.51	17.75
0.50~0.60	0.72~1.0	49.18	12.29 ⎰	30.04
0.43~0.50	1.0~1.2	35.52	8.88 ⎱	38.92
0.40~0.43	1.2~1.3	40.72	10.18 ⎬ 43.25	49.10
0.30~0.40	1.3~1.75	83.02	20.75 ⎪	69.85
0.25~0.30	1.75~2.0	13.75	3.44 ⎰	73.29
0.20~0.25	2.0~2.32	79.18	19.79 ⎱	93.08
0.15~0.20	2.32~2.72	23.73	5.93 ⎬ 26.24	99.01
0.12~0.15	2.72~3.0	2.10	0.52 ⎰	99.53
0.10~0.12	3.0~3.3	0.58	0.15 ⎱	99.68
0.09~0.10	3.3~3.5	0.24	0.06 ⎬ 0.36	99.74
0.075~0.09	3.5~3.75	0.30	0.08 ⎪	99.82
0.06~0.075	3.75~4.0	0.80	0.07 ⎰	99.89
<0.06	>4	0.82	0.21	100.10

（一）直方图和频率曲线图

直方图是最常用的粒度组分图件，横坐标代表颗粒直径，纵坐标为反映某个样品质量百分比的算术坐标。它由一系列相邻的长方块构成，各长方块的底边等长（或变长代表粒度区间），长方块的高度代表每种粒度区间的质量百分比或频数。应用表 4-3 的数据可以得到如图 4-8 所示的直方图。这种图的优点是能一目了然地表现出某个样品的粒度变化和各粒级碎屑的百分含量分布。

频率曲线是指将直方图上各长方块的顶边中点连接起来，绘制成的一条圆滑曲线（图 4-8）。与直方图类似，频率曲线也表示了样品的粒度分布。因频率曲线图形简单、直观，应用得更广。

通常把直方图中突出于周围长方块之上的最高长方块或频率曲线中的高点称为峰（也称众数）。如果样品中只有一个峰，称为单峰；若有两个或两个以上的峰，则称为双峰或多峰。不同成因沉积物的直方图具有不同的峰数特征。海岸卵石粒度分布范围最窄，具有很突出的单峰，这是沉积物粒度分选极好的特征；河流沉积物的粒度分布较宽，具粒级

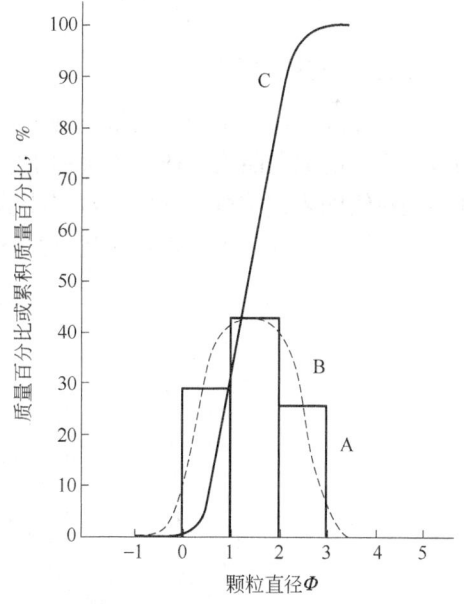

图 4-8　青岛海滩某砂样的粒度曲线
A—直方图；B—频率曲线；C—累积曲线

质量百分比不高的双峰，反映颗粒分选性不好；冰川沉积和雨水冲刷斜坡上的堆积物，粒度分布范围更广，其中砾石与泥、砂混杂，具有多峰特点，说明分选性更差（图 4-9）。

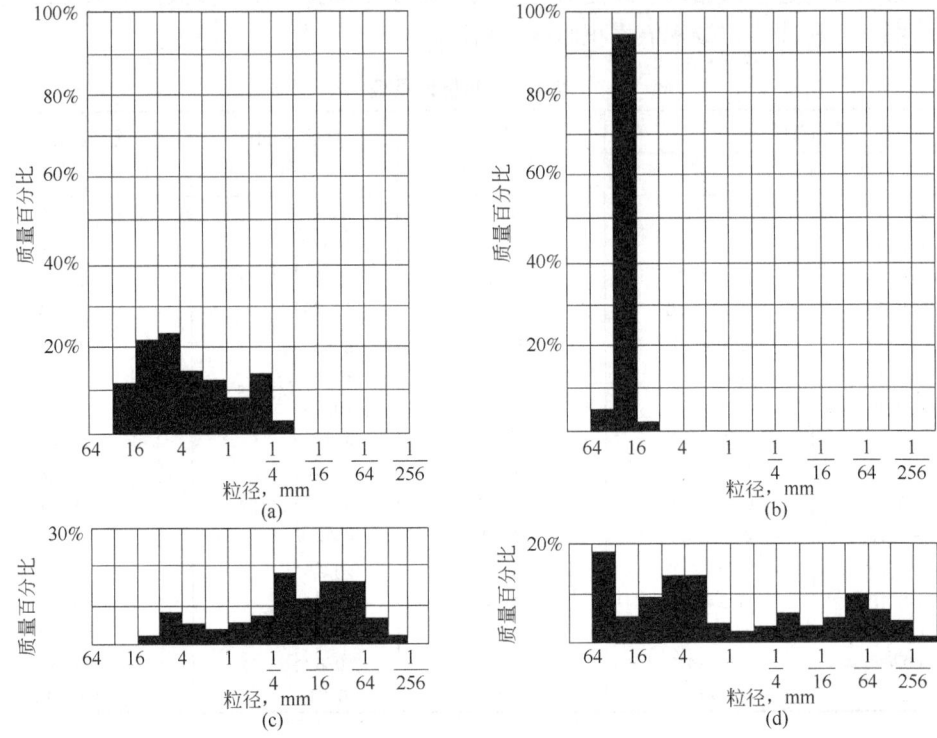

图 4-9 不同成因碎屑沉积物的粒度组分直方图（据 Х. Б. Вассоевич，1958）
（a）砂质卵石砾石，克拉代克（美国）的河流冲积；（b）海岸细卵石层，朗格比格（美国）；
（c）含碎石的冰川砂，依利诺斯（美国）；（d）雨水冲刷斜坡上的堆积物，梅格兰达（爱尔兰）

（二）累积曲线

累积曲线是用粒度分析成果中的累积质量百分比数作成的图，不同沉积环境形成的沉积物具有不同的累积曲线特征（图 4-10）。应用表 4-3 的数据，从粗粒到细粒，分别累加统计不同粒级的累积质量百分比，可以得到图 4-8 中的累积曲线。横坐标仍然表示粒径，而纵坐标表示的是各粒级的累积质量百分比（表 4-3）。

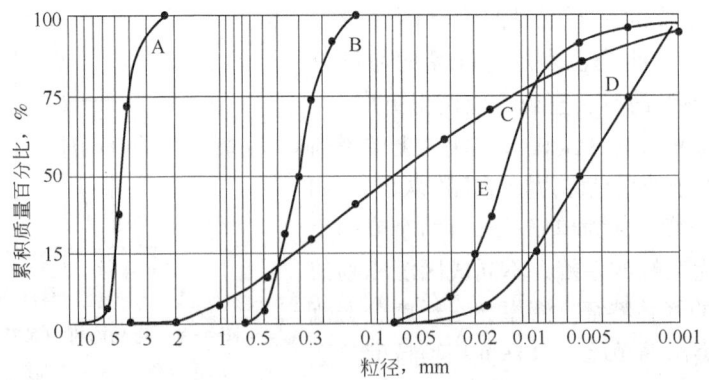

图 4-10 不同成因碎屑沉积的累积曲线
A—海滨砾石；B—海滨砂；C—冰川沉积物；D—页岩；E—黄土

（三）概率值累积曲线

概率值累积曲线横坐标仍为粒径（Φ 值），而纵坐标改用概率百分比标度编绘的累积曲线便为概率值累积曲线图（图 4-11）。与算术坐标不同，概率百分比坐标是以 50% 为对称中心的非等间距坐标，它是按单峰正态曲线分布规律刻画的，在实际应用中，要注意使用标准坐标。

如果粒度分布符合通常所说的对数正态分布的话，那么概率值累积曲线便为一条直线。但一般碎屑沉积物的概率值累积曲线总是表现为相交的几个直线段，这反映了在沉积物中包含着几个正态次总体。利用此图的这种表征，便于识别不同沉积物的搬运和沉积作用。与 S 形累积曲线相比，概率值累积曲线是将碎屑组分中含量较少的粗、细尾部的特点放大了，这方便于沉积物的沉积成因分析。

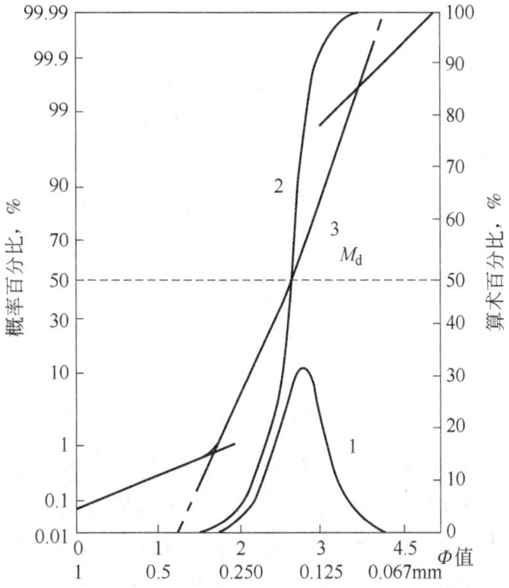

图 4-11　常用的三种粒度曲线
1—频率曲线；2—累积曲线；3—频率值累积曲线

二、粒度参数

粒度参数是指从上述粒度曲线和采用数学方法计算获得的参数。比如，在前述的累积曲线上获得某些累积质量百分比处的颗粒直径，进而计算诸如平均粒径 M_Z、标准偏差 σ_1、偏度 SK_1 和峰度 K_G 等参数。过去多用特拉斯克（Trask，1934）公式计算，当前应用更广的是用福克和沃德（Folk and Ward，1966）公式来计算相关粒度参数（表 4-4）。

表 4-4　常用的粒度参数

名称	特拉斯克	福克和沃德
中值	$M_d = P_{50}$	$M_d\phi = \phi_{50}$
平均粒径	$M_Z = \dfrac{P_{25}+P_{75}}{2}$	$M_Z = \dfrac{\phi_{16}+\phi_{50}+\phi_{84}}{3}$
分选	$S_0 = \dfrac{P_{25}}{P_{75}}$	$\sigma_1 = \dfrac{\phi_{84}-\phi_{16}}{4} + \dfrac{\phi_{95}-\phi_5}{6.6}$
偏度	$SK = \dfrac{P_{25} \cdot P_{75}}{M_d^2}$	$SK_1 = \dfrac{\phi_{16}+\phi_{84}-2\phi_{50}}{2(\phi_{84}-\phi_{16})} + \dfrac{\phi_5+\phi_{95}-2\phi_{50}}{2(\phi_{95}-\phi_5)}$
峰度	$K_G = \dfrac{P_{75}-P_{25}}{2(P_{90}-P_{10})}$	$K_G = \dfrac{\phi_{95}-\phi_5}{2.44(\phi_{75}-\phi_{25})}$

每一个粒度参数都以一定的数值定量地表示碎屑物质的粒度特征。在充分考虑成岩作用影响的前提下，单个粒度参数及其组合特征可作为判别沉积水动力条件及沉积环境的参考依据。

（一）平均粒径和中值

平均粒径和中值表示粒度分布的集中趋势。碎屑物质的粒度分布一般是趋向于围绕着一个平均的数值，即中值或平均粒径。这些数值受两个因素的控制，一是沉积介质的平均动力能（速度），二是来源物质的原始大小。

中值 M_d 是指累积曲线上颗粒累积含量50%处对应的粒径（以 mm 或 Φ 值表示粒径）。中值的意义是指它在粒度上居于沉积物的中央，有一半颗粒的质量大于它，另有一半小于它。

中值很容易求得，但其代表性较差，因为它不能表示粗、细两侧的粒度变化。为此，近年来有人主张不用中值，而改用平均粒径。对于平均粒径目前也有着不同的定义。根据福克和沃德定义，平均粒径为

$$M_Z = \frac{\phi_{16}+\phi_{50}+\phi_{84}}{3}$$

这里粗略地把粒度分成三段。ϕ_{50} 是指累积曲线颗粒累积含量50%处对应的粒径，代表曲线中间段的平均大小；ϕ_{84} 是指累积曲线颗粒累积含量84%处对应的粒径，代表曲线较细段的平均大小；ϕ_{16} 是指累积曲线颗粒累积含量16%处对应的粒径，代表曲线较粗段的平均大小。可见平均粒径比中值更能正确地反映碎屑颗粒的集中分布趋势。

平均粒径或中值是沉积物最主要的粒度特征之一，可用该参数编制沉积韵律剖面图或平面等值线图，用以表示沉积物质在纵向上或平面上的粒度变化规律。

（二）标准偏差和分选系数

标准偏差和分选系数是表示沉积物分选程度的参数，表示颗粒大小的均匀程度，或者说是表现沉积物围绕集中趋势的离差。

过去多用分选系数说明分选性。分选系数可表示为

$$S_0 = \frac{P_{25}}{P_{75}}$$

式中，P_{25} 和 P_{75} 分别代表累积曲线上颗粒累积含量25%和75%处所对应的颗粒直径。当颗粒的分选性很好时，P_{25} 与 P_{75} 两值很靠近，所以 S_0 值很小（趋于1）；相反，S_0 值大则说明离散度大，即分选性差。根据 S_0 的大小可以划分分选等级：$S_0 = 1\sim 2.5$，分选好；$S_0 = 2.5\sim 4.0$，分选中等；$S_0 > 4.0$，分选差。

分选系数应用很广，但上述公式存在着缺欠，因为它没能包括粗、细尾端的分选特点。故福克和沃德（1966）提出了反映沉积物分选的标准偏差参数，其计算公式为

$$\sigma_1 = \frac{\phi_{84}-\phi_{16}}{4} + \frac{\phi_{95}-\phi_5}{6.6}$$

式中，除包含了粒级分布的中央部分（颗粒累积含量16%~84%）外，也包括了对水动力条件反应最灵敏的粗、细尾部（颗粒累积含量95%和5%）的分选情况。因此，该公式被认为更全面和更富有成因意义。

前人曾分析了大量样品，确定了用标准偏差 σ_1 确定沉积物分选级别的标准：$\sigma_1 < 0.35$，分选极好；$\sigma_1 = 0.35\sim 0.50$，分选好；$\sigma_1 = 0.50\sim 0.71$，分选较好；$\sigma_1 = 0.71\sim 1.00$，分选中等；$\sigma_1 = 1.00\sim 2.00$，分选较差；$\sigma_1 = 2.00\sim 4.00$，分选差；$\sigma_1 > 4.00$，分选极差。

碎屑物质的分选程度与沉积环境的水动力条件和自然地理条件有着密切的关系。总的看来，风成沙丘砂的分选最好，海（湖）滩砂次之，河砂更差，分选最坏的是冲积扇沉积和冰川沉积。

风成沙丘沉积的分选好，是由于风的速度变化范围小，其所能携带的砂的粒级范围也窄，一般是以细砂为主，含少量中砂和粉砂。海（湖）浪往复运动使沉积物经受多次搬运和分选，从而也造成沉积物良好分选。而河流则不然，它流速变化范围大而且变化频繁，造成沉积物分选性很差，分选系数或标准偏差数值表现得很不稳定。冰川沉积具极差的分选性，因为冰川搬运是把沿途遇到的沉积物全部冻结在冰里，冰融解时沉积物则堆积下来，缺少分选作用。

从河流的上游至下游，碎屑物质的粒度中值或平均粒径具有明显的递减现象，即上游的沉积物粗，下游沉积物较细。但是，分选程度与搬运距离却不是简单的直线关系。从上游至下游，分选系数或标准偏差数值常是呈波浪式变化的。这主要是受物源的影响，多物源供应，特别是当河流中有支流加入时，由于新物源区物质的混入，会使沉积物的分选性明显变差。

不同粒度参数间常存在着一定的统计关系。许多研究表明，在平均粒径与分选性之间可以明显地看到，分选性最好的沉积物，其平均粒径一般为细砂级。

（三）偏度

偏度 SK_1 被用来判别粒度分布的不对称程度。福克和沃德的偏度计算公式为

$$SK_1 = \frac{\phi_{16}+\phi_{84}-2\phi_{50}}{2(\phi_{84}-\phi_{16})} + \frac{\phi_5+\phi_{95}-2\phi_{50}}{2(\phi_{95}-\phi_5)}$$

式中，ϕ_n 是指累积曲线颗粒累积含量 $n\%$ 处对应的粒径（n 为 5，16，50，84，95）。从频率曲线上看，对数正态分布是左右对称的，同时中值、平均粒径和众数一致，即表现为一个数值。用偏度公式计算，正态粒度分布的 SK_1 应等于零。

但一般碎屑沉积物的频率曲线常常不完全对称，曲线的峰发生偏斜（图 4-12），这时中值、平均粒径和众数三者也发生偏离。根据峰的偏斜方向可分出：

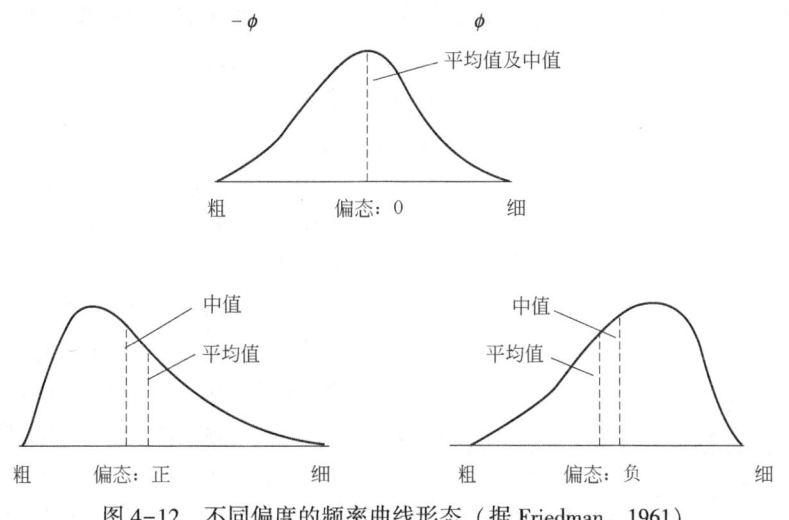

图 4-12 不同偏度的频率曲线形态（据 Friedman，1961）

(1) 正偏态：SK_1 应为正值，峰偏向粗粒度一侧，说明沉积物以粗组分为主，细粒一侧表现为含量低的尾部。

(2) 负偏态：SK_1 应为负值，峰偏向细粒度一侧，沉积物以细组分为主，粗粒一侧有含量较低的尾部。

不对称的频率曲线可以是单峰曲线，也可以是双峰曲线，表现为在含量较少的尾部有一个低的次峰（图 4-13）。

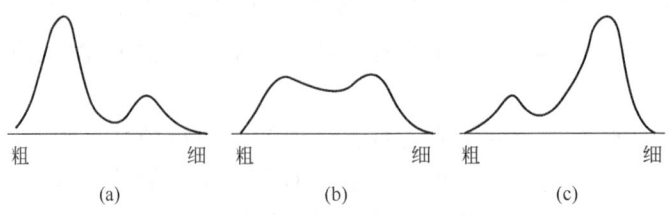

图 4-13 双峰态频率曲线

福克（1966）按偏度值 SK_1 将偏度分为五级：$SK_1 = -1 \sim -0.3$，很负偏态；$SK_1 = -0.3 \sim -0.1$，负偏态；$SK_1 = -0.1 \sim +0.1$，近于对称；$SK_1 = +0.1 \sim +0.3$，正偏态；$SK_1 = +0.3 \sim +1$，很正偏态。

偏态的研究对于了解沉积物的成因有一定的意义。分选很好的纯砂或纯砾等沉积物，其频率曲线常为单峰正态对称曲线。但当有另外的组分加入时，常使分选变差，频率曲线相应地变为不对称。如果加入的是粗组分，则构成正偏度；若加入的是细组分，则构成负偏度。当有明显不同的两个粒度总体混合沉积时，如果两者含量相等，那么会表现为最差的分选，频率曲线呈平坦的马鞍形双峰曲线，由于图形仍为左右对称（图 4-13），所以偏度的数值趋于零。

由此可见，偏度值趋于零有两种完全不同的含义。一种是指单峰正态曲线，分选最好；另一种是表示马鞍形双峰曲线，两种粒度总体等量混合，分选较差。前者一般见于海滩沉积，后者多属河流沉积，在开展沉积成因分析时要注意区别。

（四）峰度（尖度）

峰度是用来衡量粒度频率曲线尖锐程度的粒度参数，也就是度量粒度分布的中部与两尾端的展形之比（图 4-14）。福克和沃德提出的峰度计算公式为

$$K_G = \frac{\phi_{95} - \phi_5}{2.44(\phi_{75} - \phi_{25})}$$

式中，ϕ_5、ϕ_{25}、ϕ_{75}、ϕ_{95} 分别是指累积曲线中颗粒累积含量 5%、25%、75% 和 95% 处对应的粒径。

在对称正态曲线中，ϕ_{95} 与 ϕ_5 之间粒度间距是 ϕ_{75} 与 ϕ_{25} 之间粒度间距的 2.44 倍，因此正态粒度分布的 $K_G = 1$。

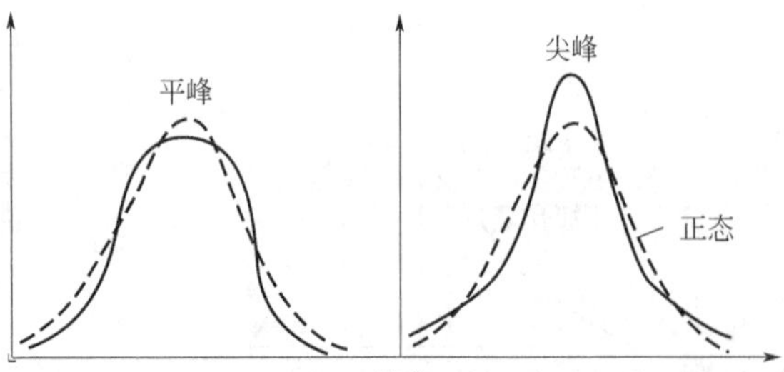

福克等用 K_G 值确定了峰值的等级界限：$K_G < 0.67$，粒度频率曲线很平坦；$K_G = 0.67 \sim 0.9$，平坦；$K_G = 0.90 \sim 1.11$，

图 4-14 不同峰度的频率曲线形态

中等（正态）；$K_G=1.11\sim1.56$，尖锐；$K_G=1.56\sim3.00$，很尖锐；$K_G>3.00$，非常尖锐。

由于K_G值的分布不规则，作图时不方便，所以福克和沃德又建议在作图时将K_G值转换为K'_G值，其换算公式为

$$K'_G=\frac{K_G}{K_G+1}$$

K'_G值的变化范围在$0.33\sim0.90$，正态曲线的K'_G值等于0.5。

峰度和偏度都能反映沉积物频率曲线的双峰性质及其尾部变化，因此在判断沉积环境时都很有意义。正常的海滩沉积砂的频率曲线为单峰对称的正态曲线，其偏度值近于零，峰度值近于1。多物源沉积物的偏度和峰度值具双峰或多峰性。极端（极高或极低）的峰度是两组沉积物混合沉积造成的，这在河流沉积中最常见。在反映沉积成因性质时，偏度和峰度值常比频率曲线表现得更灵敏。

可以利用粒度参数组合开展沉积环境分析（表4-5）。海滩砂的主要特点是频率曲线呈单峰对称形，分选好，主要由中、细砂组成，多为负偏态。沙丘砂和风成坪地砂都呈正偏态，但它们的峰度表现不同，沙丘砂中等峰度，风成坪地砂峰度尖锐。上述三类沉积的粒度平均值、标准偏差都差别不大，一般不能用作区别标志。

表4-5 几种常用沉积类型的粒度特点

沉积类型	特点				
	频率曲线形态	偏度	峰度	分选	粒度
河砂	常见双峰或多峰不对称曲线	变化大，正偏为主	数值多低	差—中	粗↓细
海滩砂	单峰对称正态曲线为主	多对称，偶有负偏态	中等至微尖	好	
沙丘砂	单峰曲线，微不对称	正偏态	中等	极好	
风成坪地砂	双峰曲线，不对称	正偏态	尖锐	好	

三、粒度分析在区分沉积环境中的应用

沉积岩的粒度受到成分组成、搬运介质、搬运方式及沉积环境水动力等多个地质因素控制，这些控制因素成因特点必然会在沉积岩的粒度性质中得到反映，这正是应用粒度资料确定沉积环境的依据。但是，对于古代的碎屑岩来说，因在埋藏过程中经受了复杂的成岩变化，原始沉积物的粒度会因石英次生加大或溶解等成岩作用而变大或变小，所以若上述相关成岩作用非常强烈时，就难以采用现今碎屑岩的粒度分析资料去分析判断古代沉积水动力条件和沉积环境。因此，在利用粒度资料研究沉积环境时应注意：

（1）按沉积成因单元正确合理取样；
（2）采用同一体系的计算公式计算粒度参数并作图；
（3）研究碎屑岩成岩演化历史，了解碎屑颗粒是否比原始颗粒发生了粒径增大或缩小的作用，以及这些作用对颗粒大小的影响程度；
（4）注意采用不同纵横坐标编制相关粒度参数图件；采用标准粒度坐标（Visher，

1965）作累积概率曲线图，以便采用统一标准进行对比和沉积环境研究；

（5）在统计分析不同类型累积概率曲线图的基础上，结合沉积岩性、沉积构造、沉积背景、沉积序列特征研究，考察粒度参数及图形在垂向上的变化规律；

（6）注意采用多种粒度参数综合研究分析沉积水动力条件。

下面是常用的沉积环境粒度分析方法。

（一）粒度判别函数及成因图解

萨胡（Sahu，1964）在碎屑沉积物研究中应用了数学判别分析。他从世界各地采集大量碎屑沉积物样品，其中有砾石、砂以及粉砂，但没有包括黏土，因为太细的颗粒难以测定。采样的沉积环境类型有河道、泛滥平原、三角洲、海滩、风坪、风成沙丘、浅海以及浊流。多数样品取自现代沉积物，只有浊流是采用的岩石样品。在对这些样品进行分析研究的基础上，求得了各类沉积环境间的判别函数（表4-6）。由于萨胡粒度判别函数是根据有限的现代沉积物样本做出的，故对碎屑岩环境分析存在局限性。

表 4-6　鉴别沉积环境的萨胡判别函数

鉴别沉积环境	判别公式	鉴别值	函数平均值
风成沙丘与海滩	$Y_{风成:海滩} = -3.568M_Z + 3.7016\sigma_1^2 - 2.0766SK_1 + 3.11535K_G$	风成 $Y<-2.7411$ 海滩 $Y>-2.7411$	$\bar{Y}_{风成} = -3.0973$ $\bar{Y}_{海滩} = -1.7824$
海滩与浅海	$Y_{海滩:浅海} = 15.6543M_Z + 65.7091\sigma_1^2 + 18.1071SK_1 + 18.5043K_G$	海滩 $Y<65.3650$ 浅海 $Y>65.3650$	$\bar{Y}_{海滩} = 51.9536$ $\bar{Y}_{浅海} = 104.7536$
浅海与河流（三角洲）	$Y_{浅海:河流} = 0.2852M_Z - 8.7604\sigma_1^2 - 4.8932SK_1 + 0.0482K_G$	浅海 $Y>-7.4190$ 河流 $Y<-7.4190$	$\bar{Y}_{浅海} = -5.3167$ $\bar{Y}_{河流} = -10.4418$
河流（三角洲）与浊流	$Y_{河流:浊流} = 0.7215M_Z - 0.4030\sigma_1^2 + 6.7322SK_1 + 5.2927K_G$	河流 $Y>9.8433$ 浊流 $Y<9.8433$	$\bar{Y}_{河流} = 10.7115$ $\bar{Y}_{浊流} = 7.9791$

萨胡又以 $\sqrt{\sigma_1^2}$ 对 $\dfrac{S_{K_G}}{S_{M_Z}} \cdot S(\sigma_1^2)$ 在对数坐标纸上作图（图4-15）。在图中，不同沉积环境间有明显的分界，同时图上还表示了能量及流动性下降的方向。应用这一图解可大致区分浊流、三角洲、浅海、海滩及风成环境的沉积物。

对于具有粒度参数资料的每个样品都可运用判别函数（表4-6）作沉积环境鉴别。但如果应用沉积环境鉴别图解（图4-15）开展沉积环境分析，则每一沉积环境需要两个以上的一组样品。

在沉积环境鉴别图解中（图4-15），纵坐标 $\sqrt{\sigma_1^2}$ 为某一沉积环境中一组沉积物的标准偏差平方和取平均值后开方的数值；横坐标 $\dfrac{S_{K_G}}{S_{M_Z}} \cdot S(\sigma_1^2)$ 为该组沉积物的峰度方根差与平均粒径方根差的比乘以标准偏差平方的方根差，式中 S 为方根差的代号。方根差是用于表现样品间离散性质的，其一般式为

$$S = \sqrt{\overline{x^2} - \bar{x}^2}$$

那么峰度方根差应为 $S_{K_G} = \sqrt{\overline{K_G^2} - \overline{K_G}^2}$，依此类推。

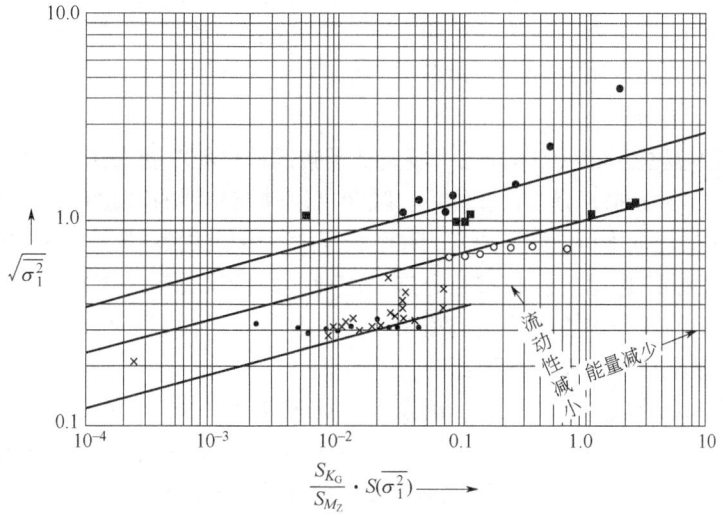

图 4-15　区别不同沉积环境的 $\sqrt{\sigma_1^2}$ 与 $\dfrac{S_{K_G}}{S_{M_Z}} \cdot S(\overline{\sigma_1^2})$ 关系图解

■ 三角洲（河流）；● 风；● 浊流；○ 浅海；× 滨海

对于某沉积环境，一组沉积物求得 $\sqrt{\sigma_1^2}$ 和 $\dfrac{S_{K_G}}{S_{M_Z}} \cdot S(\overline{\sigma_1^2})$ 两个数据后，可在关系图解上投点，根据点所落的位置来判断沉积成因环境。

由于风成坪地与风成沙丘环境、三角洲与河流沉积环境差别不大，故在上述判别方程及成因图解中都将其各划归一类。

（二）利用概率值累积曲线区分沉积环境

维谢尔（Visher，1965，1969）最早提出：不同沉积环境具有不同水动力作用方式，所以不同沉积环境具有典型的粒度概率值累积曲线图。

不同沉积环境的沉积物粒度多表现为非单一的对数正态分布，因此其概率图总是由几个相交的直线段构成（图 4-16）。

沉积物搬运往往存在着悬浮、跳跃和滚动三种方式。这三种搬运方式可以在粒度概率曲线上产生响应。一般来说，一个理想的粒度概率曲线包含三个次总体，它们分别代表着样品中的悬浮搬运组分、跳跃搬运组分和滚动搬运组分（图 4-16）。

（1）悬浮搬运组分。

在水流中，小于 0.1mm 的细小颗粒多呈悬浮搬运，但这个数据不是固定的，它取决于搬运介质的搅动程度，或者说悬浮的最大粒度

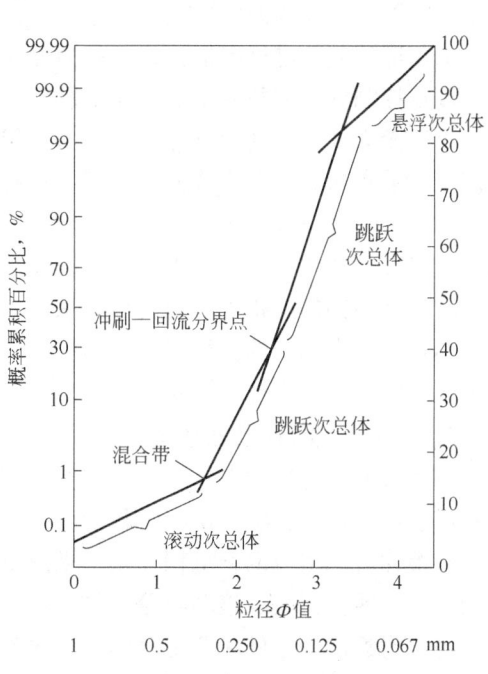

图 4-16　粒度概率图及粒度次总体

是水流搅动强度的标志。在悬浮负载与底负载之间总存在一定数量的交替。

大多数沉积物中都包含一些从悬浮状态沉积下来的细粒组分，它们在粒度概率图中形成一个独立的悬浮搬运次总体（即细粒尾部），居于粒度概率图的右上方。

(2) 跳跃搬运组分。

跳跃搬运的颗粒粒径多为0.1~1mm。最大跳跃搬运颗粒粒度受水体的流速、水深以及底层性质等因素的控制。跳跃搬运是指沉积物一边跳跃（滚动与悬浮的过渡）、一边向前搬运。颗粒跳跃的高度从水体底面向上可达数十厘米。在跳跃层中，最粗的颗粒集中于水体底部。

动荡流水易对跳跃搬运的颗粒进行分选。因此，跳跃次总体是沉积样品中分选最好的组分，它往往作为主要部分构成沉积物的格架。在几种常见的河成、海成沉积物中都是以跳跃次总体为主，悬浮次总体只作为次要组分。

在一般沉积环境的粒度概率图上，跳跃次总体表现为一个直线段居于图的中央，因常占最大的百分含量，所以线段最长，但在一些特殊环境（如在海滩砂、三角洲前缘）中，由于波浪冲刷回流作用，跳跃次总体可以发育为两个跳跃粒度次总体，表现为两个相交的线段，两者在中值和分选上略有差别。

(3) 滚动（或称牵引、推移）搬运组分。

滚动搬运组分是最粗粒的沉积物组分（常是粗砂以上颗粒），相对含量较少，它只能沿底面滑动、滚动、拖曳前进。在陡坡处滚动颗粒较多，而在坡度较缓的地方，滚动颗粒明显减少。

在粒度概率图上，滚动次总体居于图左下方，是与上述两个次总体在中值和分选上均不相同的粗粒次总体。

多数砂质沉积物都包括上述三种搬运方式所形成的组分。因此，多数概率图包括三个直线段。直线段的斜率代表着分选性，线段越陡说明分选程度越好。由图4-16可见，每一个直线段有一定的粒度区间和一定的斜率，表明了沉积物中每一个粒度次总体都具有一定的平均粒径和标准偏差。各直线段的交点称为交切点或截点。有的样品在两个粒度次总体间有混合带，在图上表现为两线段圆滑接触。

为保证编制粒度概率值曲线图的精度，要求粒度分析的粒度区间要小，要保证至少有四个粒度点控制并构成每一个次总体线段。

由于搬运介质水动力条件的不同，沉积时流体的性质以及自然地理条件的不同，造成砂质沉积物被搬运和沉积方式上的差别，这些差别在粒度概率图上都会有所反映，具体表现为直线段数目、线段分布区间、含量百分比、线段坡度、混合度、线段间交切点以及粗细尾端切割点位置上的差异。需要指出的是，由于粒度特征是沉积水动力条件的沉积响应，不同沉积环境具有不同的沉积水动力特征，从而具有不同的粒度特征；但是，不同沉积环境的某些亚环境可能具有相同的沉积水动力条件，从而会有相同的粒度特征。因此，仔细分析概率图的形态，结合沉积岩性和沉积构造的综合分析，对于判断沉积环境是很有必要的。

1. 海滩和浅海粒度概率图

海滩砂的粒度概率图由三个或四个粒度次总体构成。跳跃总体被分为两个直线段，两者斜率稍有差别但均较陡，说明沉积物分选性很好。这种跳跃组分的分段特点，是由于其中包含了波浪冲流和回流两种沉积作用。悬浮组分和滚动组分含量都很少，相应地在概率图上线段很短，有些甚至缺少滚动组分（图4-17）。

海滩附近的沙丘砂跳跃组分的含量比海滩砂更高（一般占98%），分选更好，在概率图上表现为一个很陡的直线段。滚动组分含量很少，这是因为风的携带能力有限，很粗的砂粒

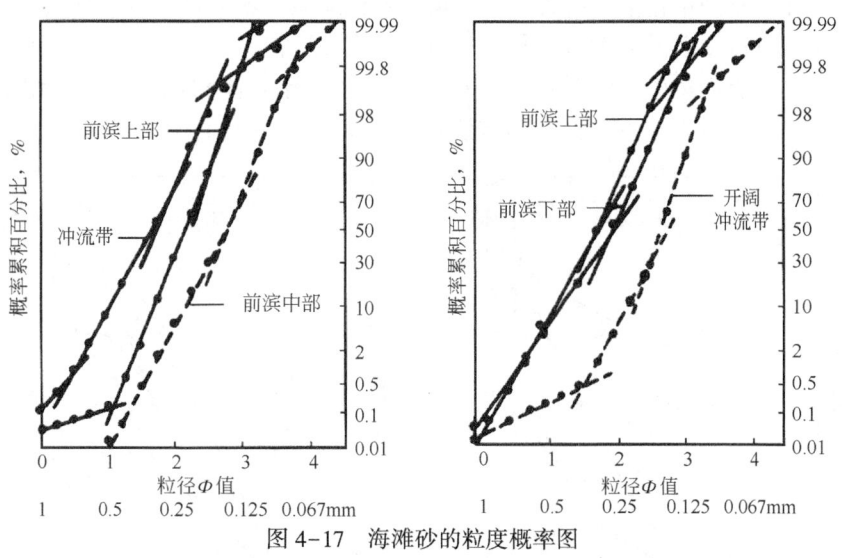

图 4-17 海滩砂的粒度概率图

不能搬至沙丘。悬浮组分的含量也少，形成细的尾部[图 4-18(a)]。

波浪带滨浅海砂样品取自低潮线至水深约 5.2m 处，全部采样地区的沉积物表面都具有波痕。粒度概率图以跳跃总体为主要成分，分选很好。这是波浪多次往返搬运、簸选的结果，其粒度区间在 (2.0~3.5)Φ 之间。悬浮组分含量不多，其数量多少可能与物源性质有关。由于缺乏强水流，滚动组分常表现很差的分选性[图 4-18(b)、(c)]。

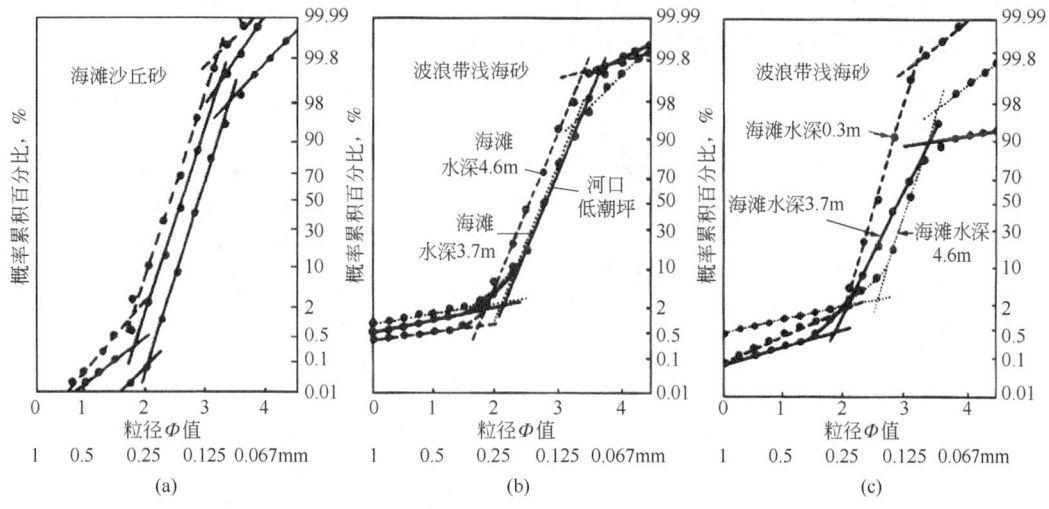

图 4-18 海滩沙丘砂和波浪带浅海砂的粒度概率图

2. 三角洲和河口坝粒度概率图

三角洲是一个复杂的过渡环境，它位于河流入海（湖）处，是由海与陆交替作用而形成的沉积复合体。从粒度概率图上看，其图形介于河流沉积与滨浅海沉积之间。但是由于物源性质的不同、砂质沉积的具体位置不同以及水流强度上的差别等，使得三角洲不同亚微环境砂的概率图复杂多样，很难用一种模式概括。

实际上,在三角洲中包括了各种亚微环境,不同亚微环境的粒度分布特点也不一样。例如,前缘分流河口沙坝砂的粒度分布与滨浅海波浪带砂类似,但因靠近河口,有时悬浮物质含量较多。又如分流河道砂,它是由两个粒度总体(悬浮总体和跳跃总体)组成的,悬浮组分含量可达20%,其概率图形式与河流沉积相近似(图4-19)。

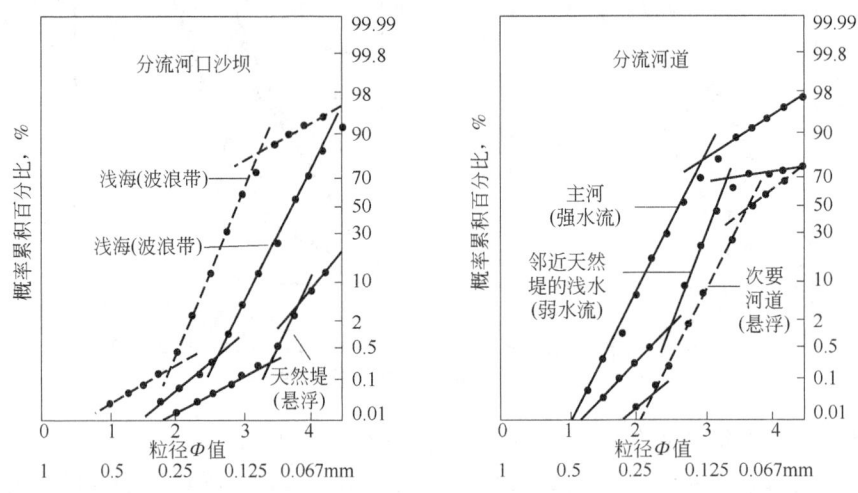

图4-19 分流河口沙坝及分流河道砂的粒度概率图(密西西比河三角洲)

3. 河道粒度概率图

河流沉积物粒度概率图的主要特点是悬浮总体比较发育,其含量可达10%以上。悬浮总体与跳跃总体之间的细截点较细,在(2.75~3.50)Φ区间内。跳跃总体含量较高,分选较好,其斜率多大于60°,少见滚动组分(图4-20)。

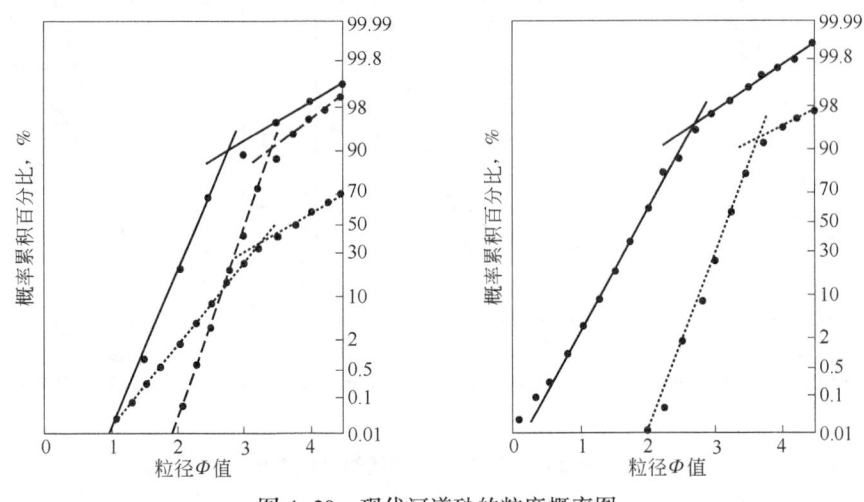

图4-20 现代河道砂的粒度概率图

4. 浊流沉积粒度概率图

浊流沉积的粒度概率图特点很突出。由于重力流沉积物呈悬浮整体搬运,沉积物分选很差,悬浮总体含量大,斜率低,常构成由悬浮次总体构成的单段式。可见少量跳跃次总体,悬浮总体与跳跃总体的交截点可在1Φ以下,属分选较好的跳跃搬运的粗组分(图4-21)。

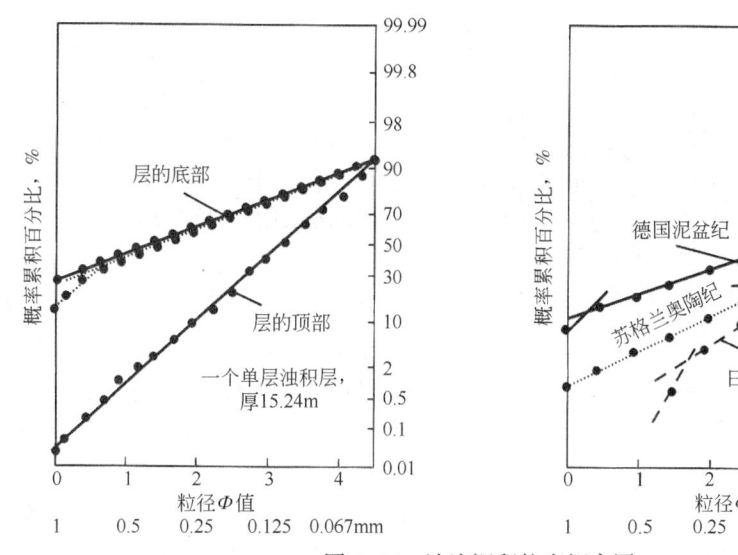

图 4-21 浊流沉积粒度概率图

（三）C—M 图解

C—M 图是应用每个样品的 C 值和 M 值绘成的图形。C 值是指粒度累积曲线上颗粒含量 1%处对应的粒径，M 值是指累积曲线上 50%处对应的粒径。C 值与样品中最粗颗粒的粒径相当，代表了水动力搅动开始搬运沉积物的最大能量；M 值是中值，代表了水动力的平均能量。

对于每一个样品，都可以用其 C 值和 M 值，在以 C 值为纵坐标、以 M 值为横坐标的双对数坐标纸上投得一个点。为研究地层的沉积成因，需从该地层成因单元取得几十个（通常要达到 20~30 个以上）样品，这些样品必须属于同一沉积环境的产物。对不同岩性要分别取样，而且样品要包括该单元由粗至细的全部粒度结构类型。几十个样品各按其 C 值、M 值在图纸上投得一群点。按点群的分布绘出相应的图形，这就是 C—M 图。根据所得图形的形态、分布范围以及图形与 C=M 基线的关系等特点，与已知沉积环境的典型 C—M 图进行对比，再结合岩性、沉积构造以及其他特征，从而可以对该层沉积岩的沉积环境做出判断。

C—M 图是由帕塞加（Passega，1957，1964）提出的。帕塞加将搬运沉积物的底流分为牵引流和浊流两种形式。

牵引流：河流、海（湖）流、触及海（湖）底的波浪都属于牵引流，它以滚动、跳跃或悬浮方式搬运沉积物。在悬浮搬运中还包括递变悬浮、均匀悬浮和远洋悬浮。

浊流：一种流速很快的高密度流或重力流，它主要以悬浮方式搬运沉积物。由于有大量泥、砂，甚至卵石悬浮其中，故水流十分浑浊。

浊流沉积与牵引流沉积在 C—M 图上有较明显的区别。在 C—M 图中，将 C=M 的点连成一条线，构成 C=M 基线。浊流沉积的图形以平行于 C=M 基线为特征；而牵引流沉积的图形则只有较短的一部分平行 C=M 基线，或者完全不与 C=M 基线平行。

1. 牵引流沉积的 C—M 图

在 C—M 图中，牵引流沉积的典型图形可划分为 N-O-P-Q-R-S 各段（图 4-22）。图中弯曲的 S 形图形是以河流沉积为例的完整 C—M 图，图中 1 表示牵引流沉积，2 表示浊流沉积，3表示静水悬浮沉积。Ⅰ、Ⅱ、Ⅲ、Ⅸ段表示 $C>1000\mu m$，Ⅳ、Ⅴ、Ⅵ、Ⅶ、Ⅷ段表示 $C<1000\mu m$。

（1）NO段基本上由滚动颗粒组成，C值一般大于1mm（1000μm），常构成河流的砂坝砾石堆积物。

（2）OP段以滚动搬运为主，滚动组分与悬浮组分相混合。C值一般大于800μm，但由于滚动组分中有悬浮物质的参加，从而使 M 值有明显的变化。

（3）PQ段仍以悬浮搬运为主，但含有少量滚动搬运组分。由上游至下游 C 值变化而 M 值不变，说明随着地质营力的减弱，越向下游滚动组分的颗粒越小。但由于滚动颗粒的数量并不多，因

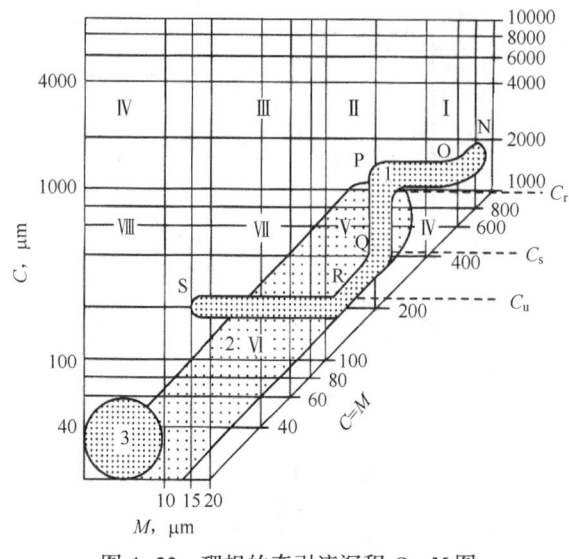

图4-22 理想的牵引流沉积 $C—M$ 图

此 M 值基本不变。PQ段P点附近的 C 值以 C_r 表示，它代表着最易作滚动搬运的颗粒直径。

（4）QR段代表递变悬浮沉积。递变悬浮搬运是指在流体中悬浮物质由下向上粒度逐渐变细、密度逐渐变低的一种搬运方式。它一般位于水流底部，常是由于发育涡流造成的。当涡流流速降低时，沉积物迅速发生滚动。递变悬浮沉积物的一个最大特点是 C 与 M 成比例地增加，即 C 值与 M 值相应变化，从而使这段图形与 $C=M$ 基线平行。在牵引流沉积中，QR段 C 的最大值以 C_s 表示，一般认为 C_s 是表示底部的最大搅动指数，而这段的最小值 C_u 则表示底部的最小搅动指数。

（5）RS段为均匀悬浮沉积。这是粒径和密度不随深度变化的完全悬浮沉积。均匀悬浮常是递变悬浮之上的上层水流搬运方式。在弱水流中可能不存在递变悬浮，而是由均匀悬浮直接与底床接触。均匀悬浮的物质主要为粉砂和泥的混合物，最粗粒度为细砂。由于均匀悬浮搬运常不受底流分选，在河流中从上游至下游沉积物的粒度成分变化不大，只是粗粒级含量相对减少。因此在RS段中 C 值往往基本不变，而 M 值向S端减小。RS段的最大 C 值即 C_u，它表示均匀悬浮搬运的最大粒级。

具体到某一地层成因单位来看，由于沉积水动力组合特征差异，其 $C—M$ 图常常不是包含上述所有的段，而是只有少数几个段，各段的位置和大小也不尽相同。如能抓住这些特点并结合沉积岩性、沉积构造序列分析，将其与典型的 $C—M$ 图形进行对比，便可作出沉积成因解释。

除河流沉积外，还有一些其他类型的牵引流沉积。

在海滩地带，由于环境动荡，细粒悬浮物质难以沉积，因此海滩沉积物中滚动组分很多。海滩沉积物的 $C—M$ 图表现为分散的图形，一般 $C>200\mu m$，$M>100\mu m$，样品点在Ⅰ、Ⅱ、Ⅳ、Ⅴ区中散布。远洋区集中了最细的悬浮沉积物，其颗粒均十分细小，在 $C—M$ 图上构成了3个区。除深海外，深湖、潟湖、海湾、礁湖等静水盆地沉积也属于这一类型。

2. 浊流沉积的 $C—M$ 图

浊流沉积的 $C—M$ 图是典型的平行于 $C=M$ 基线的图形（图4-23）。

浊流的流速很快，当流速降低时，悬浮物质移向底部，使底部密度不断增加，最终形成整体的沉降作用，并形成分选性差的沉积物。浊流沉积所特有的递变层理，正是递变悬浮和整体沉降作用的反映。

浊流为整体悬浮搬运的高密度流，沉积作用进行很快，颗粒沉积后随即被埋藏，因而组分中缺乏滚动颗粒。在 C—M 图上，浊流沉积物的 C 值与 M 值密切对应变化，形成与 $C=M$ 基线平行的图形。这一特点与牵引流的递变悬浮沉积（QR 段）相似。但 C 值与 M 值的变化幅度均较大，这一点却是浊流沉积 C—M 图的独有特征。

如在浊流沉积 C—M 图点群中画一条平均线（图4-23），平均线与 $C=M$ 基线的水平距离 I_m 能代表浊流沉积的分选性。I_m 值越小，说明沉积物的分选性越好。因为，在一般情况下，C 值与 M 值靠近是分选好的标志。这一道理在牵引流递变悬浮沉积物的分选性分析中也适用。

由于沉积物点群在 C—M 图上的位置取决于沉积物的搬运沉积方式。因此，利用 C—M 图可对碎屑物质的搬运沉积条件作出判断。另外，各沉积环境都有其特征的 C—M 图模式，所以用 C—M 图也能为沉积环境解释提供参考依据。

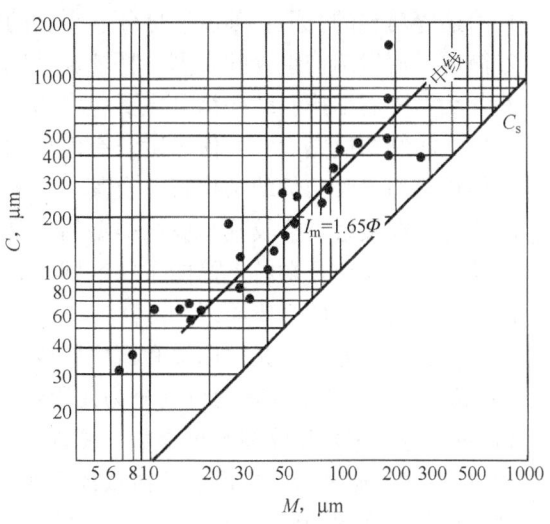

图4-23　浊流沉积 C—M 图

（四）结构参数散点图解

前人应用已知环境的现代沉积物粒度参数作散点图，在图上划分出不同的环境范围，并以此来推断古代沉积物的沉积环境，取得了不少成果。

梅森和福克（Mason and Folk，1958）研究认为，不同沉积环境具有不同的水动力作用方式和粒度参数，比如利用偏度和峰度散点图可有效区分海滩、海岸沙丘和风坪等沉积。

费里德曼（Friedman，1961，1967）利用矩法标准偏差和矩法偏度所作的散点图（图4-24），能明显地将河砂、海滩砂、湖滩砂区别开来。河砂的特点是多为正偏度，并且分选性差。

粒度分析可以提供沉积环境方面，特别是水动力条件方面的资料，但粒度分析方法并不一定总能得到理想的结果，这是因为粒度分布是环境流体动力因素的产物。总的来说，不同的沉积环境具有不同的水动力条件，但是类似的水动力条件可以出现在不同环境的次级环境中，加上物源供应、构造条件等各种因素上的差别，情况

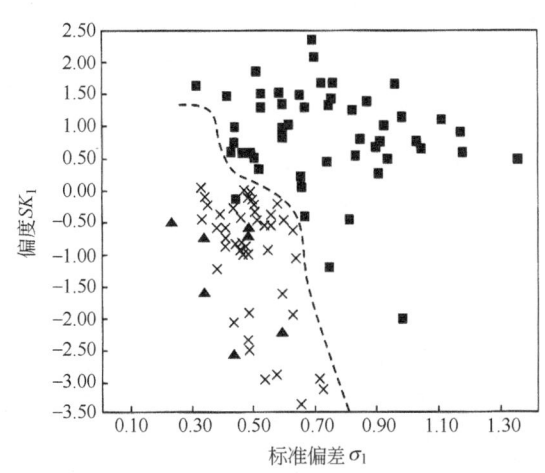

图4-24　偏度与标准偏差结构参数散点图
■ 河砂；× 海滩砂；▲ 湖滩沙

常常十分复杂。因此，只有将粒度分析资料与沉积物的颜色、成分、沉积构造特征、沉积韵律特征、生物特征、地质背景等结合起来共同作为环境标志才是可靠的。

思考实习题

1. 简述碎屑岩的粒度、圆度、球度、形状的概念和多种参数之间关系及沉积学意义。
2. 简述碎屑岩结构组分的类型、特征及其成因。
3. 什么是碎屑结构？结构组分主要包含哪些方面？
4. 什么叫结构成熟度？如何表示？有何沉积意义？与成分成熟度的关系如何？
5. 简述碎屑岩胶结物的结构特点及其与胶结类型的关系。
6. 简述颗粒接触类型及其与胶结类型的关系，并解释胶结类型与油气储集性能的关系。
7. 简述杂基支撑及颗粒支撑的主要区别及其形成作用和沉积环境意义。
8. 简述粒度分析的主要原理和方法。
9. 粒度分布直方图、频率曲线和概率曲线的坐标分别是什么？
10. 牵引流及浊流 C—M 图可划分为几段？与搬运方式之间的关系是什么？
11. 粒度分析中常用哪些粒度参数、图件和判别公式？解释沉积环境时应注意哪些事项？
12. 在现代河流上游、中游、下游或海岸等不同位置取沉积物样本，用筛析法分析其粒度，尝试绘制概率累积曲线图，并计算平均粒径、中值、标准偏差、分选系数等参数判断沉积环境。

第五章 碎屑岩的构造和颜色

导 读

本章核心知识点包括沉积构造的概念与分类，水体流动机制和底床形态，机械成因构造、化学成因构造和生物成因构造的形成条件和沉积环境意义。建议了解不同成因沉积构造的水动力条件和沉积环境意义，并能够分析岩性和沉积构造组合特征，确定沉积环境。

第一节 沉积构造的分类

沉积岩的沉积构造是指沉积岩的各个组成部分之间的空间分布和排列方式。它是沉积物在沉积期或沉积后通过物理作用、化学作用和生物作用形成的。其中沉积期形成的构造称为原生构造，如层理、波痕等水流流动（振荡）成因构造。沉积后形成的构造，有的是在沉积物固结成岩之前形成的，如负荷构造、包卷层理等同生变形构造；有的是沉积物固结成岩以后产生的，如缝合线、结核、叠锥等化学成因构造。

沉积构造特征是沉积时占优势的沉积物质与沉积介质能量条件、化学与生物条件的综合响应。沉积岩的沉积构造主要是沉积岩的宏观特征，也可以是利用相关实验仪器可识别的微观特征，是最重要的确定沉积环境的相标志。

露头和岩心是研究沉积岩宏观沉积构造的主要对象，显微镜下可以观察到沉积构造的微观特征。

通过现代沉积以及物理模拟或数值模拟的研究，可对沉积构造沉积特征和形成机理作出定性和定量的解释。利用原生沉积构造及其组合可有助于恢复古水流的水深、流速、流动方向、物源方向和砂体展布等古沉积环境及岩相古地理条件。

沉积岩的构造种类繁多，可按形态、成因、形成阶段等进行分类。本书按成因将沉积构造分为机械成因构造（流动成因构造、同生变形构造）、生物成因构造、化学成因构造和其他成因构造等类型（表5-1），然后按形态标志细分。

在第十一章中将介绍碳酸盐岩沉积构造。

表 5-1 沉积构造的分类

成因类型	构造类型
流动成因构造	层理：水平层理、平行层理、交错层理、上攀砂纹层理、波状层理、压扁层理、透镜状层理、递变层理、韵律层理、块状层理等； 波痕：流水波痕、浪成波痕、风成波痕、干涉波痕与改造波痕、孤立波痕、皱痕； 流动侵蚀痕：槽模、沟模、刻蚀、冲刷—充填构造、叠覆递变构造等

续表

成因类型	构造类型
同生变形构造	层面变形构造：干裂和脱水收缩裂隙、撞击坑、雨痕及冰雹痕等； 层内变形构造：负荷构造、砂球和砂枕构造、包卷层理、滑塌构造、泄水管和碟状构造、碎屑岩脉等
生物成因构造	生物活动痕迹：停息迹、爬行迹、觅食迹、搜索迹、层位迹等； 生物扰动构造：弱扰动、中等扰动、强扰动、极强扰动构造等； 生长痕迹：叠层构造、植物根迹等
化学成因构造	结核、缝合线、叠锥构造等
其他沉积构造	鸟眼构造、示顶底构造等

第二节　层理

层理是碎屑岩最典型、最重要的沉积构造特征之一。它是沉积物沉积时水动力和其他沉积介质条件的直接反映，也是确定沉积环境的重要标志之一。

一、基本术语

层理是岩石性质在层内沿垂向变化的一种层状构造。它可以通过矿物成分、结构、颜色的突变或渐变而显现出来。

为了便于层理的描述和研究，首先要了解与层理有关的一些基本术语。

纹层：也可称为细层，是在一定沉积条件下，具有相同岩石性质的沉积物同时沉积的结果。纹层是组成层理最基本的单位。纹层之内没有任何肉眼可见的呈规则或不规则层状的颜色、成分、结构等沉积特征的变化。细粒沉积纹层厚度一般为数毫米，粗粒沉积物（比如砾岩）纹层厚度可至数厘米。

层系：由许多在颜色、成分、结构、厚度和产状上近似的同类型纹层组合而成，形成于相同的沉积条件下，是一段时间内沉积动力条件相对稳定的产物。

根据层系的沉积厚度，可对层理的规模进行划分。层系厚度小于3cm的称为小型层理，层系厚度3~10cm的称为中型层理，层系厚度10~30cm的称为大型层理，层系厚度大于30cm的称为巨型层理。

一般来说，由一系列倾斜纹层组合而成的层系是容易被确定的，而水平层理、平行层理或波状纹层的组合，由于缺乏明显的层系标志，划分层系比较困难。

层系组：也称层组，由两个或两个以上岩性（成分、结构等）基本一致的相似层系或性质不同但成因上有联系的层系叠覆组成，其间没有明显间断。

层：组成沉积地层的基本单位，由成分基本一致的岩石组成。它是在较大区域内，在基本稳定的自然条件下沉积而成的，可以根据它在成分和结构上的不连续性与相邻地层区分开。一个层可以包括一个或若干个纹层、层系或层系组。层没有限定的厚度，其厚度变化范围很大，可自数毫米至数十米，但通常是数厘米至数十厘米。按沉积层厚度可将层划分为块状层（>1m）、厚层（1.0~0.5m）、中层（0.5~0.1m）、薄层（0.1~0.01m）、微细层或页状层（<0.01m）。

二、层理分类及主要类型

在描述沉积层理时，可按照层内组分和结构的性质把层理划分为四种类型：非均质层理、均质层理、递变层理、韵律层理。其次，在非均质层理中再按照几何形态进一步细分为水平层理、波状层理、交错层理以及压扁层理、透镜状层理等。非均质层理是由于层内成分和结构等的非均质性而显现出各种形态纹层所形成的层理，显然它包括了分类表（表5-1）中层理类型的大部分。

下面介绍常见的层理类型及其沉积特征、沉积环境意义。

（一）水平层理和平行层理

水平层理的特点是纹层呈直线状互相平行，并平行于层面（图5-1中的1），多发育在细粒的泥质沉积物中。一般认为水平层理是在比较稳定的水动力条件下，悬浮物质以比较慢的沉积速率沉积形成的。层理的显现是由于进入沉积物中的物质发生变化所致，如颜色和粒度变化、不透明矿物的分布、云母片和碳质碎片的顺层排列等。水平层理分布广泛，常见于较深海、较深湖、闭塞海湾、潟湖、沼泽以及牛轭湖等沉积环境中（视频5-1）。

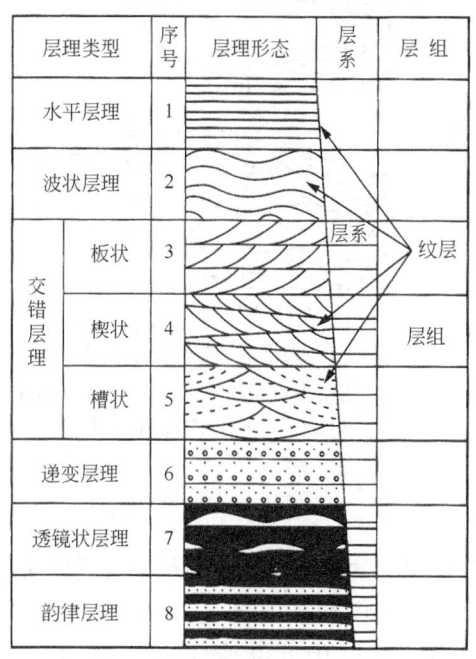

视频 5-1 水平层理形成过程

图 5-1 层理类型示意图

平行层理与水平层理外貌相似。在实际工作中，正确区分平行层理与水平层理具有重要科学意义和实际意义。

平行层理主要是由平行而又几乎水平的纹层状砂和粉砂组成的，纹层厚度为毫米级至厘米级，它是在较强水动力条件下，在平坦床砂上沉积而成的。平行层理主要发育在砂岩中，其纹层主要是由颗粒大小变化、含有不同重矿物或顺层富集炭屑而显现的，常与强水动力形成大型交错层理伴生。由于它是在平坦底床上连续滚动的砂粒产生粗细分离而显现的平行纹层，故沿纹层面易于剥开。在适当光线下观察，这种剥开面上可显出一种低脊组构，脊高只有几个砂级颗粒,通称为剥离线理构造。剥离线理构造中的长形颗粒平行水流方向分布,可指出古水流的方向。

平行层理一般出现在急流及高能量环境中,如河道、海(湖)岸和海滩等沉积环境中,常与大型交错层理或冲洗层理共生,平行层理砂岩常具良好含油气性(图5-2)。

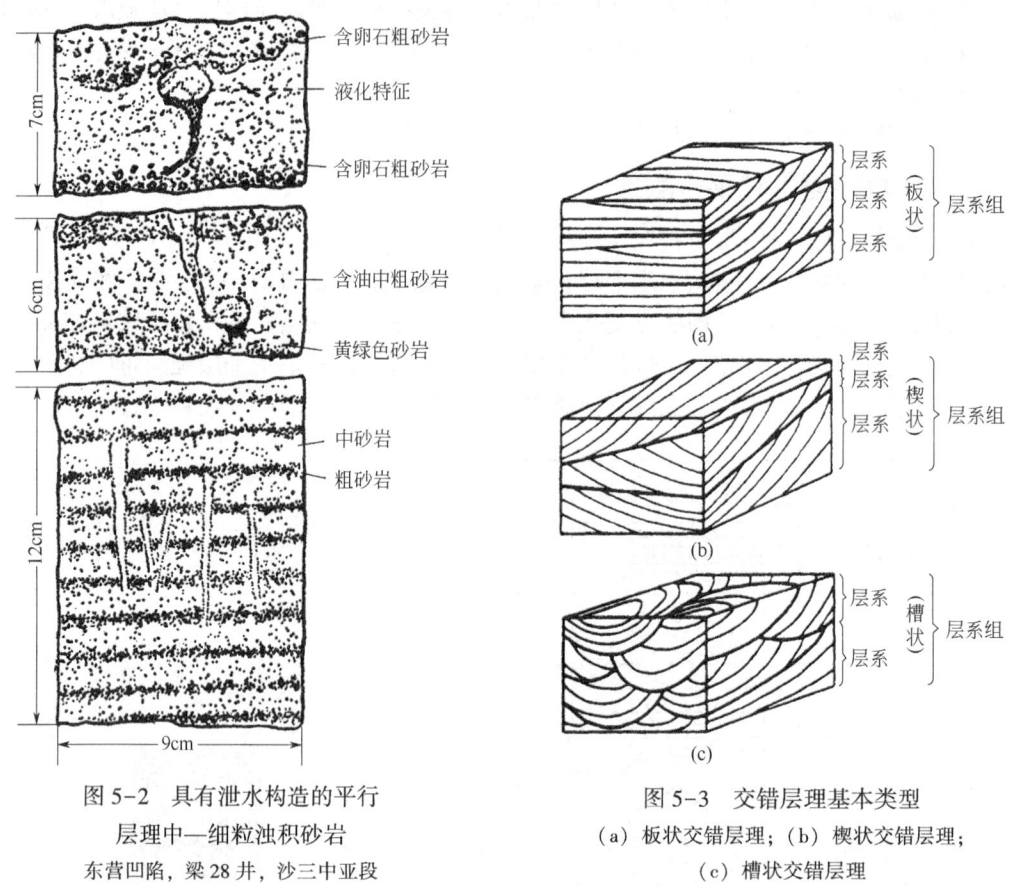

图5-2 具有泄水构造的平行
层理中—细粒浊积砂岩
东营凹陷,梁28井,沙三中亚段

图5-3 交错层理基本类型
(a)板状交错层理;(b)楔状交错层理;
(c)槽状交错层理

(二)交错层理

交错层理是由一系列斜交于层系界面的纹层组成的层理,或纹层斜交层系界面形成的层理,层系可以彼此呈重叠、交错、切割的组合方式(图5-1中的3、4、5)。

交错层理是沉积物在流动的沉积介质(水流及风)中沉积形成的。当沉积介质具有一定流速时,底床上可以产生一系列的沙波。这些沙波顺流或逆流移动,常在陡坡加积作用一侧形成由一系列纹层组成的层系。纹层倾向表示介质流动方向。层系互相平行或彼此切割构成了不同形态的交错层理。

根据纹层形状、纹层与层系界面的组合关系,通常将交错层理分为板状交错层理、楔状交错层理、槽状交错层理、波状交错层理以及其他类型交错层理(图5-3)。

1. 板状交错层理

板状交错层理是指纹层斜交于层系界面、层系顶底界面为平面而且彼此平行的交错层理。板状交错层理常是直线型水流波痕迁移形成的,层系厚度多为几厘米到几十厘米。前积纹层平行于水流流动方向,其倾角随沉积环境发生变化,比如,滨岸环境形成的板状交错层理前积纹层倾角常小于10°，沙漠风成板状交错层理前积纹层倾角可达40°。在河流沉积中，大型板状交错层理最为典型，常具如下特征：顺水流方向纹层倾斜，垂直水流方向纹层呈平行状；纹层形态多样，有的纹层向下收敛，呈切线状；纹层内常呈下粗上细的粒度变化；板状交错层理砂岩底界常有冲刷面［图5-3(a)、视频5-2、视频5-3］。

视频5-2　板状交错层理形成1　　　　　视频5-3　板状交错层理形成2

2. 楔状交错层理

楔状交错层理是指纹层斜交于层系界面，层系顶底界面为平面，但彼此不平行，层系厚度变化明显呈楔形的交错层理。常由不等高的（近）直线型水流波痕迁移形成的，层系厚度多为几厘米到几十厘米。在垂直水流或平行水流方向层系间常彼此切割，纹层的倾向及倾角变化不定。常见于海、湖浅水地带和三角洲沉积区［图5-3(b)、视频5-4］。

3. 槽状交错层理

槽状交错层理是指纹层斜交于层系界面，层系底界为槽形冲刷面，纹层在顶部被新层系切割的交错层理。其常由新月形、舌形等水流波痕迁移而成，层系厚度多为几厘米到几米。在垂直水流的横切面上，层系界面和纹层均呈槽状；在顺水流的纵剖面上，层系界面呈弧状，纹层向下倾方向收敛并与之斜交。大型槽状交错层理层系底界冲刷面明显，底部常有泥砾，多见于河流环境中［图5-3(c)、视频5-5］。

视频5-4　楔状交错层理形成　　　　　视频5-5　槽状交错层理形成

4. 波状交错层理

波状交错层理是指纹层斜交于层系界面、层系界面呈平行或不平行的波状起伏的曲面。纹层在顶部可被新层系切割，其常由较小规模的非直线形水流波痕迁移而成，层系厚度较薄，多为几厘米到几十厘米，反映较弱水动力沉积环境，比如浅海（湖）砂、三角洲前缘席状砂等沉积。

5. 其他流水型交错层理

（1）爬升波纹交错层理。爬升波纹交错层理又称上叠波纹交错层理，是沙波迁移的产物。不同的是，在沙波向前迁移的同时，有大量沉积物特别是悬浮物充分供给，沙波依顺流方向沿其迎水面向上爬升增长，使后一层系爬叠在前一层系之上，形成具有爬升或上攀特点的交错层理（图5-4、视频5-6）。这种层理的形成反映了悬浮载荷与底载荷的比例关系。如悬浮载荷大于底载荷时，则沙波的迎水坡不被侵蚀，它虽稍有迁移，但能完整地被埋藏和保存下来，这时形成同相位或异相位的波状层理。如果悬浮载荷与底载荷比率近于相等，则沙波的迎水坡逐渐被侵蚀，在迁移同时向上增长，只保存下来爬叠的

视频5-6　爬升波纹交错层理形成过程

前积纹层，这时形成爬升交错层理（图5-4）。如果底载荷大于悬浮载荷，砂波只有向前迁移而没有向上增长，仅保存前积纹层，形成纹层斜交于层系界面、纹层和层系界面均呈波状起伏的波状交错层理。不难看出，爬升波纹交错层理与波状层理、波状交错层理之间存在多种过渡类型。沉积物周期性地快速堆积和流速相对减慢，有利于爬升交错层理的形成。所以，它通常出现在河流边滩上部及堤岸沉积、洪泛平原等决口沉积环境中。

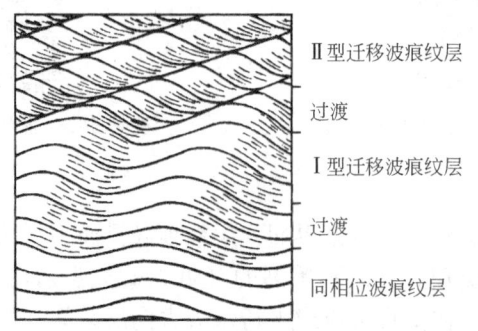

图 5-4　爬升层理及其过渡类型（据 Reinecke，1979）
Ⅰ型和过渡型—同相位或近于同相位；Ⅱ型—相差 1/4 相位

（2）羽状交错层理。羽状交错层理或青鱼骨状交错层理是一种特殊类型的交错层理，其特点是纹层平直或微向上弯曲，相邻层系的纹层倾斜方向相反，延伸至层系界面，彼此呈锐角相交，呈羽毛状或青鱼骨状镜像关系（图5-5）。这种层理是在有正、反双向水流存在的条件下形成的，常见于河流入湖、海的三角洲，潮坪沉积地带。有时在海洋潮汐环境中，可见两个倾向相反的层系之间隔以毫米级薄层泥岩，这是潮汐差异作用的结果。

彩图 5-5

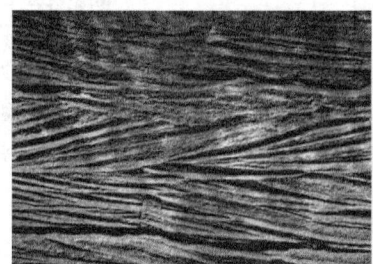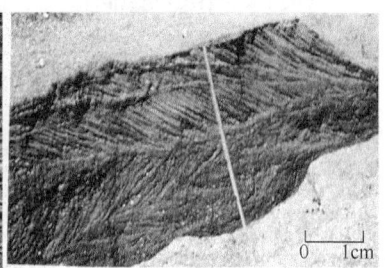

图 5-5　羽状交错层理

总之，流水型交错层理类型多种多样，交错层理在不同方向的剖面中可显示不同特征。如在顺水流方向的剖面中，纹层虽都是单向倾斜，但在垂直水流方向的剖面中则可能表现为平直的、波状的，甚至是交错的。所以，在野外研究交错层理时，应尽可能开展层理三维观察研究。在野外剖面中，最有用的可能是平行水流流向的沉积层理研究，即可观察到反映水流流向、水动力条件的纹层陡缓、层系厚薄、形态和产状等参数变化。

6. 其他波浪型交错层理

（1）浪成波纹交错层理：由浪成沙波迁移形成。它与水流沙波形成的层理不同之处在于，浪成波纹交错层理上部层系由倾向相反、相互超覆的前积纹层组成特征的人字形构造或呈收敛束状排列，底部层系呈不规则波状。由于滨岸波浪往返运动速度差异，有时前积纹层呈现出单向倾斜，层系界面呈缓波状，其上有泥质纹层覆盖。这类层理主要出现在海湖滨岸、陆棚、潟湖等环境中（图5-6）。

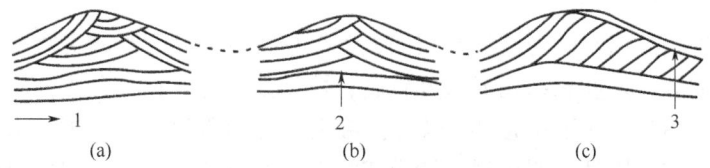

图5-6 浪成波纹交错层理
（a）束状上部层理；（b）人字形上部层理；（c）单向交错纹理
1—内部纹层呈形态不整合；2—底部层系界面呈不规则波状；3—叠覆前积层的纹层

（2）冲洗交错层理：又称冲洗层理，它是由波浪向滨岸往返传播时，在滨岸波浪冲洗作用下形成的低角度楔状交错层理。其层系界面和纹层平直，延伸范围广（可达数十米），层系以楔状低角度相交，一般为2°~10°，向海和向陆两个方向倾斜，层系顶部被切蚀而底部完整，纹层内粒度分选好，可有粒序变化，主要出现在海岸后滨—前滨带滩、沙坝等沉积环境（图5-7）。在湖泊缓岸滩坝沉积环境也可见到类似的冲洗交错层理。

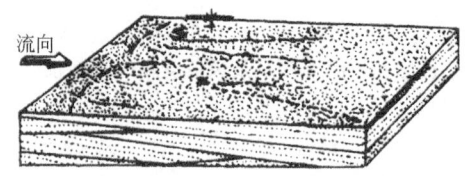

图5-7 海滩环境冲洗交错层理（据Khames，1975）

（3）丘状交错层理：又称风暴成因的交错层理，由一些大型宽缓波状层系组成，外形上像隆起的圆丘状，向四周缓倾斜。层系上部可被侵蚀，纹层与层系底界近乎平行，而中部呈发散—收敛状，纹层倾角小（一般小于15°）、变化大，层系呈宽缓波状。丘状交错层理一般丘高为20~50cm，宽为1~5m，底部与下伏泥质层呈侵蚀接触，顶面有时可见到小型的浪成对称波痕。研究认为，丘状交错层理是在正常的浪基面与风暴浪基面之间的陆棚或较深湖环境，由风暴浪振荡作用形成的一种重要的原生沉积构造，主要出现在粉砂岩和细砂岩中，常有大量云母和炭屑顺层富集（图5-8）。湖泊环境也可能形成规模略小的风暴成因的丘状交错层理。

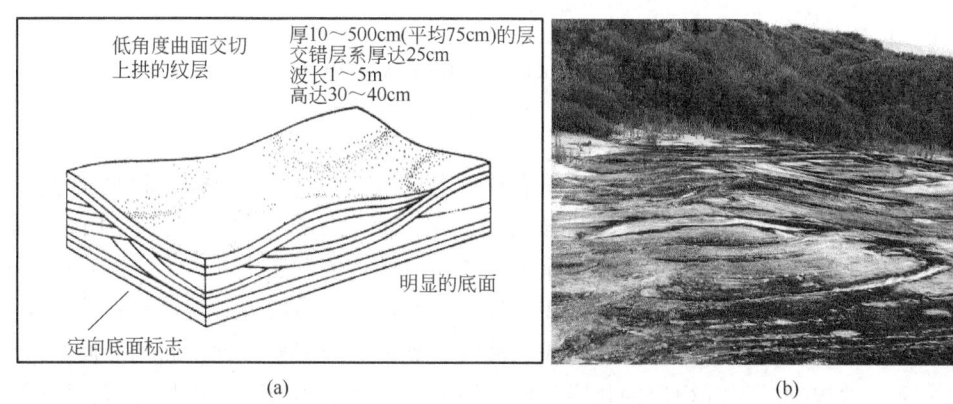

图5-8 海洋丘状交错层理
（a）丘状交错层理示意图（据Walker，1979）；（b）澳大利亚悉尼盆地二叠系丘状交错层理

与丘状交错层理伴生的还有风暴浪振荡作用形成的洼状交错层理。

7. 风成交错层理

风成交错层理是由风成沙丘迁移形成的，其沉积特点不同于水成交错层理。风成交错层理砂岩颗粒细、成分成熟度和结构成熟度较高，可见重矿物，不含泥质；前积纹层高角度倾斜，倾角多在25°~34°，甚至可达40°以上；层系厚度通常巨大，一般厚几十厘米到数米，甚至厚达数十米。这类层理主要出现在沙漠或海滩的风成沙丘带中。如我国渤海海岸沙丘中普见大型风成交错层理（图5-9）。

图5-9 海岸沙丘及风成交错层理特征

（三）过渡性层理

过渡性层理是在砂、泥沉积中的一种复合型层理，它由脉状层理（又称压扁层理）、波状层理、透镜状层理组合而成（图5-10）。

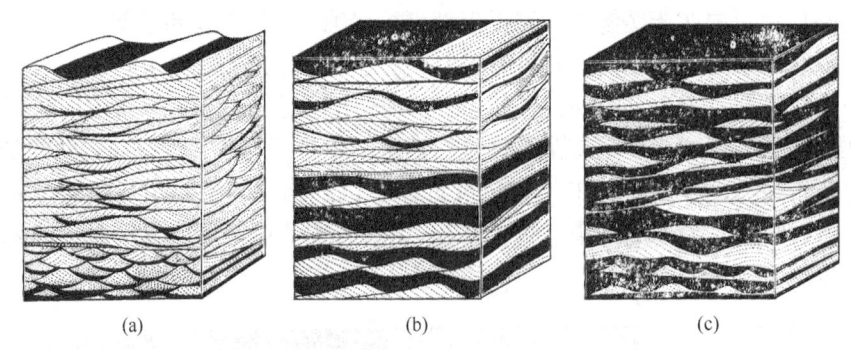

图5-10 过渡性层理（据Reinecke，1979）
(a) 压扁层理；(b) 波状层理；(c) 透镜状层理

这种复合型层理的形成，说明沉积环境有砂、泥供应，而且水流活动期和水流停滞期交替周期出现。水流活动时期，砂呈沙波状被搬运沉积，而泥保持悬浮状态；水流停滞时期，水动力条件较弱，悬浮物质沉积于波谷或全面覆盖波状起伏的砂层之上。下一沉积旋回开始时，波脊被蚀去，新的砂质以沙波形式沉积、掩埋，并保存有波谷夹有泥质压扁体的先前的砂层。有时，水动力条件较弱时，前期沉积的波纹受到部分或轻微侵蚀，新的砂质则沉积在薄的泥层之上。故根据砂泥沉积层的相对比例、厚度、形态和连续性，可将过渡性层理划分为脉状层理、波状层理和透镜状层理。

由此可见，当水流或波浪作用较强，而停滞水作用相对次要时，砂质的沉积和保存比泥质有利，则形成脉状层理［图5-10(a)］。泥质沉积物呈不规则脉状分布在发育前积纹层的砂质沉积物中。

当水流和波浪作用影响较弱，而停滞水作用的影响时期较长时，砂质供应不足，泥质的沉积和保存比砂质有利，则形成透镜状层理［图5-10(b)］。发育前积纹层的砂质沉积物呈不规则透镜状被包裹在泥质沉积物中。

在脉状层理和透镜状层理之间的过渡类型为砂、泥波状交互的波状层理［图5-10(c)］。这种层理的特点是砂泥间互、纹层呈对称或不对称的波状，但其延伸方向平行于层面（图5-1中的2）。它主要是沉积介质的波浪振荡运动造成的，其次是单向水流运动造成的。前者主要形成对称形态的波状层理，后者形成不对称的波状层理。

过渡性层理大部分发育在粉砂岩、泥质粉砂岩与泥岩、粉砂质泥岩互层的地层中。这三种层理经常相互伴生，主要形成于潮间带及其附近。在潮汐环境中，它的形成与潮汐韵律（潮流期与静水期交替出现）有关。另外，过渡性层理在海相或湖相三角洲前缘远端中也有发现。

（四）递变层理

递变层理是指沉积物粒度发生垂向递变的一种特殊层理，又称粒序层理。这种层理除了粒度变化以外，没有任何内部纹层（图5-11）。

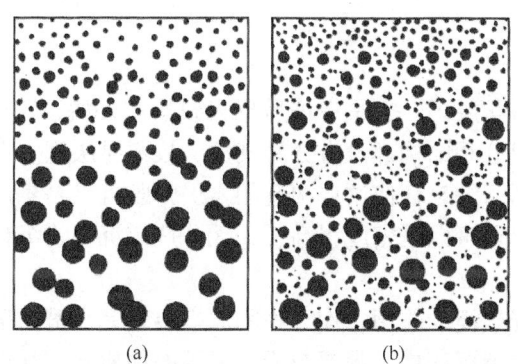

图5-11 递变层理的两种基本类型（据Reinecke，1979）
(a) 粗尾递变；(b) 均匀递变

根据递变层的内部构造特征，赖内克将其划分两种基本类型。第一类是颗粒向上逐渐变细，但下部不含细粒物质的粗尾递变，它可能是由于水流速度或强度逐渐降低而沉积的结果［图5-11(a)］。第二类是细粒物质全层均有分布，即以细粒物质作为基质，粗粒物质向上逐渐减少和变细的均匀递变，它可能是由于悬浮体含有各种大小不等的颗粒，在流速降低时因重力分异而整体堆积的结果［图5-11(b)］。典型递变层理主要由砂—粉砂和泥质组成，多是重力流沉积形成的。一般来说，沉积物质越粗，递变层厚度越大，侧向延伸也越远。在整个层系中递变单层的厚度通常从数厘米至数十厘米，个别可达1m以上，有时偶见递变序列中部颗粒粗、上下颗粒细的双向递变和下细上粗的反向递变层理。

砂质递变层理主要由浊流形成，但在其他环境中也能偶尔见到，如携带有大量悬浮物的河流、海流、潮汐流沉积，以及冰川季节性融化的冰湖沉积，甚至生物扰动作用也可形成递变层理，不过它们一般是孤立的和零星分布的，决不会构成厚的层系，其单层厚度仅几毫米到数厘米，而构成的层序也很少超过20cm。

（五）韵律层理

韵律层理是指成分、结构与颜色等性质不同的薄层做有规律地重复出现而组成的层理。狭义的韵律层理以纹层厚度通常小于 3mm 有别于一般的韵律层理（图 5-1 中的 8）。

这种韵律性重复是物质搬运或产生方式有规律地发生交替变化造成的。这种变化可以是短期的，例如在海洋潮汐带中亚环境变化形成的潮汐韵律；或者是长期的，例如在湖泊环境泥质沉积物（岩）中由气候季节变化形成的季节性韵律纹层。

潮汐环境中形成的韵律层理，实质上是一种砂、泥薄层相间的交替纹层，其砂层是在涨潮和落潮的水流活动时期沉积的，泥层是在高潮和低潮的滞流阶段沉积的，二者交替变化构成韵律。这种韵律在潮间滩地和河口湾相当普遍，在开阔的陆棚环境很稀少。

季节变化所产生的韵律层理，实质上是由暗色层和淡色层交替组成的。构成韵律的各个单层，其物质组成都是很细的粉砂和泥质颗粒以及生物碎屑，也可以是由泥质与碳酸盐矿物构成韵律层理。

冰川纹泥是季节韵律层理的一个特殊类型。纹泥是冰融水在冰川湖中沉积的，每一套韵律层由颗粒较粗（粗至细粉砂）的淡色层与颗粒较细（细粉砂和黏土）的暗色层组成。淡色层以清晰界面开始，向上递变为暗色层。夏季冰迅速溶融，释放出大量碎屑物质，形成淡色层；冬季没有新的陆源物质来源，悬浮细粒物质在冬季沉积下来，形成暗色层。这种层序每年重复，构成韵律。

（六）均质层理

均质层理通常称为块状层理。它是一种呈现大致均质外貌、不具任何纹层构造的层理，内部物质较均匀，无论组分和结构都没有分异现象，故不显层理。在细粒与粗粒沉积中都有块状层理出现。业已证明，缺乏任何纹层构造的岩层，既可以是悬浮物质非常快速地沉积而成，如常见的洪水沉积；也可以是密度很高、毫无分选的沉积物沉积而成，如某些沉积物重力流沉积。

有时，由于生物的强烈搅动作用，使沉积物原生层理完全遭受破坏，成为均质层理，这种现象常见于浅海和三角洲沉积中，需要与原生成因的均质层理加以区分。

这里应该强调的是，肉眼观察确定的块状层理沉积物，不一定是真正均质块状的，有时可采用薄片和 X 射线照相技术发现内部纹层。

三、流动体制、底床形态及其与层理形成的关系

众所周知，松散沉积物在流体中开始搬运（比如冲积河道），底床上的沉积物质就会形成多种形态，即底床形态（也称床沙形体），例如波纹、沙丘以及冲槽与冲坑等。实验证明，它们的出现并不是杂乱无章的，而是有一定的规律性。各种特定的底床形态或其组合，对应一定范围的水力学条件或流动体制。当水力学条件变化时，它们彼此按一定的顺序出现。

西蒙斯和理查德森（Simons and Richardson，1961）根据水槽实验成果确定了流动体制（也称流态）的概念，把冲积河道中的流动划分为两个强度范围，即下部流动体制（弗劳德数 $Fr<1$，常对应水深流缓的低流态）和上部流动体制（弗劳德数 $Fr>1$，常对应水浅流急的高流态）。前者指底床形态主要受底部水流控制，后者指底床形态主要受水体自由表面控制。另外，介于两个强度范围之间的称过渡流动体制。

随着水流强度（或流量）的增加，底床形态由无沉积物运动的平坦底床开始，发育顺序依次为：（1）典型的不对称波纹；（2）有波纹叠加的沙丘；（3）沙丘；（4）冲蚀沙丘（沙丘和平坦底床的过渡型）；（5）具沉积物运动的平坦底床；（6）逆行沙丘；（7）逆行沙丘破浪；（8）冲槽与冲坑。其中（1）至（4），即从典型波纹到冲蚀的沙丘，都属于下部流动体制的产物，弗劳德数小于 1；而（5）至（8）即从运动的平坦底床到逆行沙丘系列则形成于上部流动体制，弗劳德数等于 1 或大于 1（图 5-12、视频 5-7、视频 5-8、视频 5-9、视频 5-10）。

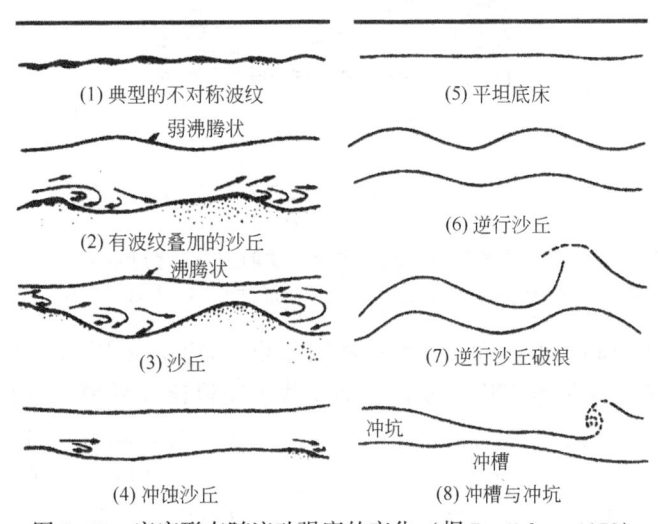

图 5-12 底床形态随流动强度的变化（据 Pettijohn, 1972）

视频 5-7 底床形态的演变（水槽实验） 　视频 5-8 沙波和交错层理形成过程 　视频 5-9 逆行沙丘形成过程 1 　视频 5-10 逆行沙丘形成过程 2

综上所述，流动体制可决定底床形态的性质，每一种底床形态都与特定的水力学条件和沉积作用的现象相共生。底床形态的移动导致层理的形成。因此，可以把层理看作是被保存下来的底床形态。层理等沉积构造是良好的古水动力条件成因分析的标志。利用底床形态和流动体制的关系可恢复层理所反映的流动条件。

西蒙斯和理查德森的实验证明，随着水流强度的增加，各种底床形态都有一定的稳态范围，他们用河流功率（平均流速 v 与底床上的剪应力 τ_0 的乘积）的增大来表示水流强度的增加（图 5-13）。当河流功率下降时，底床形态可以按下列顺序依次出现：逆行沙丘、平坦底床、沙丘和波纹。因此，在垂向剖面中，由强烈水流衰减所沉降的砂，则可能出现与底床形态相应的沉积构造序列，如逆行沙丘交错层理（一般较少保存下来）、平行层理、大型交错层理和小型交错层理。在实际工作中已观察到许多这样的沉积序列，而且也都用流动体制的概念进行了沉积学解释。

因为河流功率在很大程度上取决于水深和流速，所以底床形态的发展与水深、流速和粒

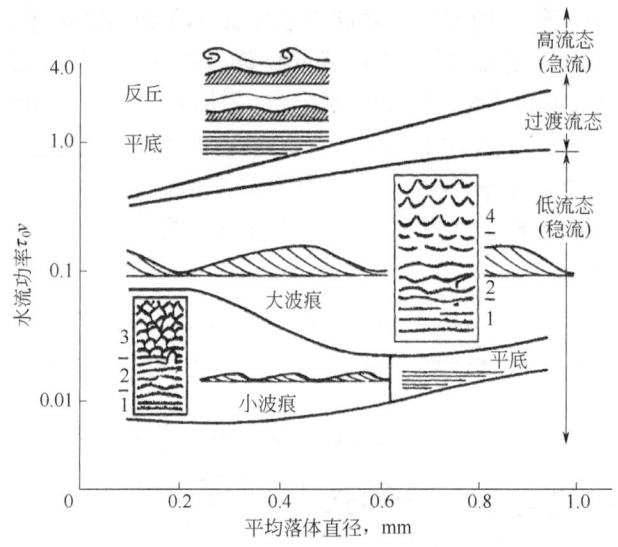

图 5-13 底床形态及其与河流功率及粒度的关系（据 Reinecke，1979）
1—直脊波痕；2—波曲波痕；3—舌形波痕；4—新月形波痕

度等密切相关（图 5-14）。波纹和沙丘的形成明显受水流速度的影响，当达到一定的水流速度以后，水深可以在一定深度范围内变化，即曲线表现得比较平缓。随着水流速度的增加，

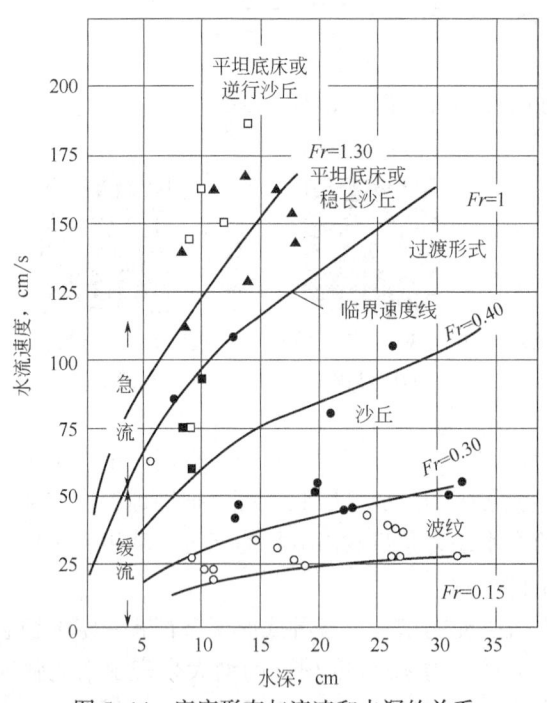

图 5-14 底床形态与流速和水深的关系
（据 Reinecke，1973）

水深的影响有所加大。但是，上部流动体制（$Fr \geq 1$）的底床形态，其曲线具有完全不同于前者的趋势，它们的曲线相当陡。这就是说，随着水深的增加，要形成相同的底床形态，就要求水流速度也相应增加。由此可以得出结论：在水流速度超过临界值以后，缓流区的底床形态大致与水深无关；然而，急流区的底床形态则强烈地受水深的影响。从图 5-14 可以看出，弗劳德数（Fr）是确定水流的水动力条件的一个相当有用而简便的定量标志。当 $Fr<1$ 时，水流方式为缓流，在其范围内，下部流动体制的底床形态稳定，多形成水平层理、波纹层理和交错层理；当 $Fr>1$ 时，水流方式是急流，在其范围内，上部流动体制的底床形态稳定，多形成平行层理、逆行沙波层理、冲刷和充填构造等。

四、交错层理的影响因素

不同类型交错层理的形成受多种因素影响，其中最重要最直接的影响因素是沙波的大小和形态。水流体制控制沙波的形态和规模。沙波的大小直接影响交错层理的发育规模。当水

流速度极慢或静止时，底床水平状，形成水平层理；当水流速度较慢时，波纹底床迁移导致形成中小型交错层理；当水流速度较快时，沙丘底床迁移导致形成大型交错层理；如果水流速度很快（$Fr>1$），对应形成平行层理、逆行沙波层理、冲刷和充填构造等。

沙波的几何形状直接影响交错层理的形态特征。如直线状或轻微弯曲状的沙波底床迁移多形成板状交错层理；舌状或新月状沙波底床迁移（前者波脊线向前弯曲闭合，后者向后弯曲闭合）多形成槽状和楔状交错层理。

但是，沙波的形成条件是复杂的，它的形态通常随着水流条件、粒度大小和沉积物供给而变化。因此，这些因素又共同影响着交错层理的类型（图5-15）。当沉积水流速度加大时，先形成砂的流水波痕。如沉积物粒度减小（粉砂级），在高速和低速单向水流作用下，形成不同纹层形态的波状交错层理；如在单向水流以及高速和低速加积条件下，形成上攀交错层理和波状层理；如在复合水流作用下，则形成浪成波纹交错层理和槽状交错层理。

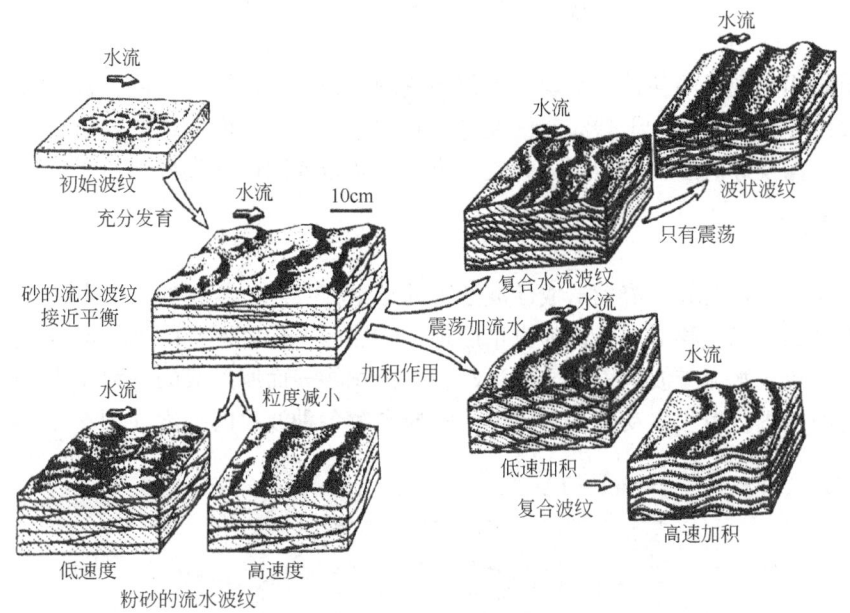

图5-15 交错层理与水流条件、粒度大小与加积速率的关系（据Khames，1975）

五、研究层理的意义及其方法

层理是沉积岩层最重要的沉积特征，正确识别层理类型有很大理论和实际意义。

第一，有助于正确划分和对比地层，恢复地层的正常产状；

第二，交错层理是最有价值的指向构造，可以确定古水流系统；

第三，根据层理类型及其组合可以分析沉积环境和恢复岩相古地理条件。

应该充分利用露头和岩心资料以及成像测井资料开展层理描述研究。对肉眼难以观察的沉积构造，可采用薄片分析和X光照像技术。研究层理应注意下列问题：

（1）详细描述层理的内部特征。首先确定构成层理的沉积物粒度，再确定包括形状、厚度、层系间界面的形状以及有无侵蚀现象等。然后描述纹层的性质，尤其对前积纹层特征要倍加注意，包括形状（直线形、切线形、上凹曲线形）、倾角、倾向、纹层的清晰程度以及有无粒度的变化等。

（2）确定层理的类型、规模、不同层理的空间组合关系，建立层理组合与沉积岩性组合之间的对应关系。对交错层理研究时要多观察几个不同方向的剖面，以便能根据三维立体形态确定层理类型。

（3）查明层理显现的原因。指出层理的显示是由沉积物的物质成分、粒度和颜色变化所引起的，还是由生物化石、结核的分布所引起的。

（4）进行交错层理的定向测量。测量结果可以通过箭头图解及玫瑰图解等各种方式进行资料处理。对有过构造变动的岩层，要同时测定前积层面倾向和岩层倾向，在采用吴氏网法对岩层的倾向作过校正之后，才能确定出顺流的方位角。

（5）研究不同岩性的层理类型及其组合方式，特别是垂向序列，建立不同沉积环境的沉积相序列或模式。

第三节　层面构造

在岩层表面呈现出的各种不平坦的沉积构造的痕迹，统称层面构造。有的保存在岩石顶面上，如波痕、剥离线理、干裂纹、雨痕等；有的在岩层的底面上，特别是砂岩底面铸模构造，如槽模、沟模等。层面构造可分为流动成因和暴露成因两种类型。

一、波痕

波痕与交错层理是介质流动造成沙波迁移的结果，是同一事物的两个表现方面。在层内剖面保留下来的底床迁移形态，即为交错层理；在层面上保留下来的沉积构造，即为波痕。

波痕是由风、水流或波浪等介质的运动，在沉积物表面所形成的一种波状起伏的层面构造。为了对波痕进行沉积水动力恢复研究，需要了解各种波痕的要素（图5-16）。

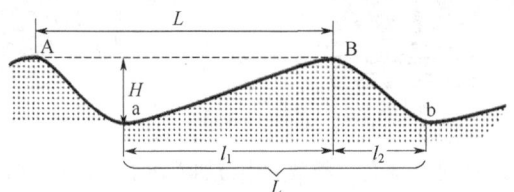

图5-16　组成波痕要素及流动方式示意图
A,B—波峰；a,b—波谷；H—波高；L—波长；l_1,l_2—分别为缓坡和陡坡的水平投影距离

波长（L）：相邻波峰或波谷间的水平距离；
波高（H）：波峰与波谷之间垂直高差；
波痕指数 L/H：波长与波高的比值，表示波痕相对高度及起伏情况；
不对称度（$RSI=l_1/l_2$）：缓坡水平投影距离（l_1）与陡坡水平投影距离（l_2）的比值，表示波痕的不对称程度。

古老岩石中波痕的大小（包括波痕指数）会受到埋藏压实作用的影响，所以，有人认为可使用波痕不对称度等参数恢复古介质条件。

波痕的形状、大小差别很大，种类繁多，按成因可大致分为三种类型：浪成波痕、流水波痕和风成波痕（图5-17）。按照不对称度可分为对称波痕（$RSI≈1$）和不对称波痕（$RSI>1$）。流水波痕和风成波痕多为不对称的，浪成波痕有对称和不对称的。

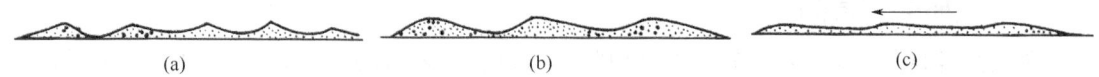

图 5-17 不同成因类型波痕剖面示意图
(a) 浪成波痕；(b) 流水波痕；(c) 风成波痕

（一）浪成波痕

浪成波痕一般由产生波浪的动荡水流形成，常见于海、湖浅水地带（图 5-18、视频 5-11）。其特点是波峰尖锐，波谷圆滑，形状对称，波脊较为平直，不对称度近于 1，波痕指数一般为 4~13，多数为 6~7。拍岸浪的波痕指数可达 20，并可呈不对称状，其陡坡朝向岸的一方。

视频 5-11 浪成波痕的形成

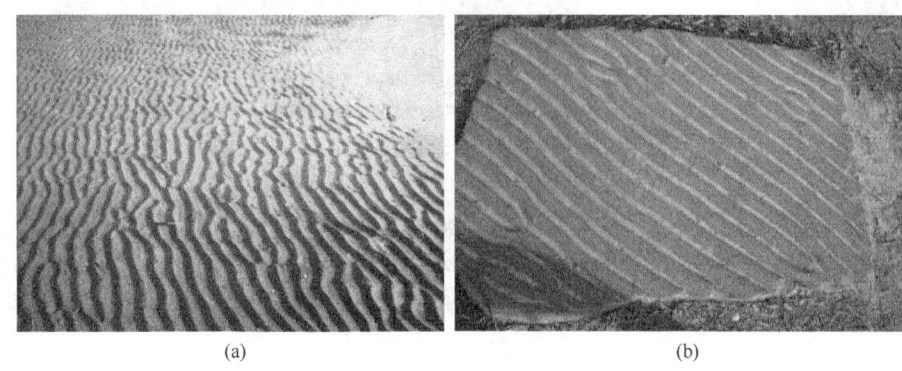

图 5-18 浪成波痕

（二）流水波痕

流水波痕由定向流动的水流形成，见于河流和存在底流的海、湖近岸地带。其特点是波峰、波谷均较圆滑，波脊呈波状、舌状等，呈不对称状，不对称度大于 2（或 2.5），波痕指数大于 5，大都为 8~15。可根据波痕高度和长度对波痕进行分级。对于波长大于 60cm 的大型流水波浪，波痕指数一般大于 15，波痕陡坡倾向指示水流下游方向。在海、湖滨岸，波峰走向大致平行滨岸的延伸方向，陡坡朝向陆地。

（三）风成波痕

风成波痕由定向风形成，常见于沙漠及海、湖滨岸的沙丘沉积中。其特点是沉积物粒度细、波痕规模大、波脊弯曲状、极不对称。不对称度比流水波浪更大，波痕指数也高，变化范围 10~70，一般在 15~20 以上，个别可达 50，甚至更大。波峰、波谷都较圆滑开阔，但常常谷宽峰窄，陡坡倾向与风向一致。

（四）其他波痕

除简单的波痕形态外，还常见到两组或两组以上的复合形态波痕（图 5-19）。有的可见到两组波痕成一定角度相互交叉，呈蜂巢状或多角状；有的可在较大型波痕背景上叠覆有次级波痕。另外，可见波痕被切蚀使其波峰部分或全部受到破坏。所以这些干涉波痕、叠覆波痕和削顶波痕都取决于当时水位、浪基面、介质运动方向和强度的变化。

（五）研究波痕的意义

研究波痕的意义在于：(1) 根据波痕类型可以了解岩石的形成条件；(2) 不对称波痕能指示介质的流动方向；(3) 浪成波痕可指示地层的顶底；(4) 海、湖波痕在平面上的分布有平行滨线的趋势，这种趋势具有古地理意义。

彩图 5-19

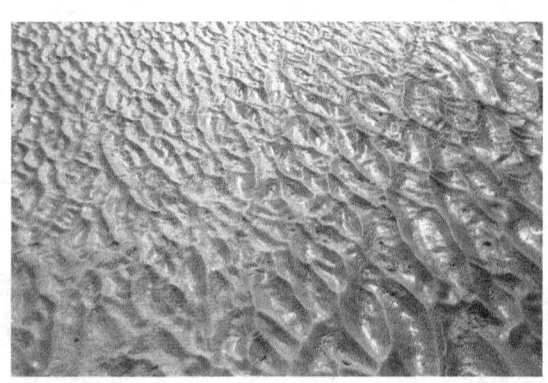

图 5-19 干涉波痕（山东东营，黄河三角洲平原）

在野外研究波痕时，应测量其波峰走向、陡坡倾向和倾角、波长、波高及不对称度；观察波痕在平面上的形态和分布，并注意其内部构造特征。根据一个区域内系统测定的波峰走向和陡坡倾向的大量数据，可绘制玫瑰图，以帮助判断古水流方向和古海湖岸线的延展方向。

二、剥离线理构造

剥离线理是一种原生流水线理构造，主要出现在具有平行层理的砂岩中，沿层面剥开出现大致平行的毫米级线状沟或脊，镜下可见长形颗粒定向排列，常代表古流向，故人们将其定为原生沉积构造。因为该构造是在层理剥开面上比较清楚，故称为剥离线理构造。它是由砂粒在平坦底床上作连续迁移时所留下的痕迹，所以常与平行层理共生（图5-20）。

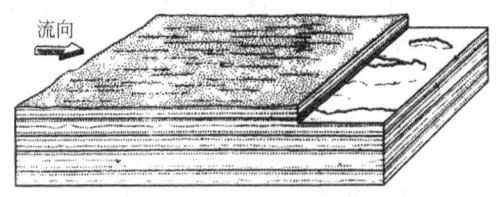

图 5-20 剥离线理构造和平行层理

三、泥裂

泥裂也称干裂或龟裂纹，它是沉积物露出水面时因曝晒干涸所发生的收缩裂缝。泥裂常见于黏土岩和泥晶碳酸盐岩中，非黏性的砂不会形成泥裂，但某些覆盖在泥裂表面的砂层底面可以有泥裂铸模。

在平面上，泥裂的典型发育形式呈网格状龟裂纹，把岩石切割成多角形。泥裂的断裂面形状常呈 V 字形，但也有的呈 U 字形，以及压实变形而呈肠状。泥裂的规模不一，裂缝上部宽度一般小于 2~3cm，深度自几毫米到几十厘米，个别可达 1m。

在极其干燥的情况下，泥质层碎裂成小片，边部向上翘起，这种泥片经过搬运磨蚀即成扁饼状泥砾，通称片状砾。

泥裂最常见于海湖滨岸、干涸池塘、废弃河道、泛滥平原以及潮间带的沉积物表面，并通常和雨痕、冰雹痕等伴生。这些构造的同时出现是沉积界面间断暴露于地表的最好标志，具有重要的指相意义。此外，利用泥裂的尖端方向可指示地层顶底。

四、雨痕和冰雹痕

雨痕是指雨滴降落在松软泥质沉积物表面时所形成的小型撞击凹穴，规模多为毫米级到厘米级。如果雨滴垂直降落则凹穴为圆形，倾斜降落则凹穴略呈椭圆形。凹穴边沿耸起，略高于地面，而且粗糙（图5-21）。

彩图 5-21

图 5-21　雨痕

降雨多时，凹穴形状多不规则；在偶有降雨的地方，雨痕易于保存。所以，雨痕主要见于干燥与半干燥气候条件下的大陆沉积。

冰雹痕形似雨痕，区别在于冰雹痕较大（厘米级）、较深，且不规则，其边沿比雨痕更为参差不齐。

五、底层面构造——底模

（一）槽模

在涡流状流体作用所产生的各种底面构造中，常见的沉积相标志是槽模。槽模是分布在砂岩底面上的一种半圆锥形或舌形、不连续的突起构造（图5-22），是定向的浊流在尚未固结的软泥表面侵蚀冲刷的凹槽被砂质充填而成，形态特点是呈略对称、伸长状勺形或舌形，起伏明显，向上游一端舌形突起陡高，向下游一端则呈倾伏状渐趋层面而消失。

槽模的规模和形状是有变化的，但在同一群中则多少有些相似。槽模的长度多为几厘米到几十厘米，有些纵长而狭窄，而另一些则呈较宽的似三角形状或舌形；有些两侧对称，另一些则形状较不规则。

槽模的出现说明当时的古沉积环境中有强烈的底流及其冲刷作用。槽模长轴平行于强水流流动方向，突起一端指向上游，故其形状是确定古流向的可靠标志。虽然槽模不是浊流沉积的独有产物，但是，它们总是判断浊流沉积的重要标志。

图 5-22 砂岩底面槽模—沟模构造

（二）沟模

沟模是砂质岩层底面上平行水流方向排列的、间隔紧密的、一些稍微突起的直线形的平行脊与沟相互交替的构造。脊的起伏通常为毫米级，但可延长较远，且较平直，偶尔合并。它是由下伏泥质岩层面上的细沟被砂质物充填而成的。

沟模很少单独出现，一般都是成组出现，在同一组内几乎没有方位偏差。有时可出现两组以上的沟模，据其切割关系可以确定其形成的先后顺序。在少数情况下，根据沟模一端存在的介壳、卵石等物体，可以判断其开端和终端，因为原始的沟就是这些物体被拖曳时刻压形成的。这一观点通常可以根据其他标志所指出的古流向得以证明。沟模与槽模可以伴生（图 5-22），它们在浊流砂岩的底部最多，是指示古水流方向的可靠标志之一。

（三）棱模、刷模、锥模

棱模、刷模、锥模常与沟模共生，同属于刻压类型的底模构造，它们的共同特点是由间断性接触底板的物体（砂粒、介壳等）在泥质沉积物表面运动时刻蚀而成，多出现在浊流沉积环境中。

（1）棱模，或称跳模，是砂质层底面上以较规则的间距分布的呈近似棱形的短小脊状体。它是由某些跳动搬运的物体在沿流向前进过程中，间断地撞击底床所造成。不过，单独根据它的形态很难判断水流方向。

（2）刷模是砂质层底面上呈新月形的短小脊状体，其成因略同于棱模，不同之处在于水流携带的物体只是偶然地不规则地重复冲撞底板，形成扁长的泥坑，使前进的物体堆成新月形泥脊，然后被砂质充填，形成突出端指向水流下游方向的新月形印模。

（3）锥模是砂质底面上呈扁长的半圆锥形或三角形的短小脊状体。其成因是由于被水流拖运的物体（如木棍之类）撞击并插入底部沉积中，而后因水流作用又向前翻转、抬升以致拔出并被砂质充填而成。锥模的上游端低而尖，下游端陡而宽。

第四节 变形构造

变形构造也称同生变形构造，是指在沉积作用的同时或在沉积物固结成岩之前处于塑性状态时发生变形所形成的各种构造。变形构造的形成主要受控于岩性、砂泥岩组合方式、差异压实、沉积物液化以及地形坡度等多个地质因素。

一、负载构造

负载构造也称负荷构造、重荷模等，是指覆盖在泥质岩之上的砂层底面上的瘤状突起（图5-23）。它是由于下伏的含水塑性软泥承受了不均匀的负载，使上覆砂质物压陷进入下伏泥质物中而产生。负载构造形状很不规则，形态多变，排列杂乱，大小不一，从几毫米到几十厘米。但同一层面上出现的负载构造的大小基本上接近一致。

图5-23 负载构造

负载构造与槽模的区别在于其大小不一、形状极不规则，并缺少明显的定向排列。

当下伏饱和水的塑性软泥承受上覆不均匀砂质层负载作用时，泥质沉积物常被向上挤入砂层并夹于下垂的负载构造之间，呈舌形或火焰状，形成火焰状构造。

负载构造多出现在快速沉积的互层砂泥岩中，比如浊流沉积形成的砂泥岩。

二、球枕构造

球枕构造是指上覆砂岩层断裂并陷入泥岩中形成的许多紧密或稀疏排列的椭球状或枕状块体（图5-24），其成分与上覆砂岩相同。这些砂岩球或砂岩枕的大小可从直径几厘米至几米。它们一般不具内部构造。如果砂岩具有纹层，则多已变形，常随砂球或砂枕外形向下弯曲而呈槽状。这种构造多发育在砂层底部，向上过渡为未受搅动的正常砂岩。下伏泥岩层往往变形强烈，甚至被挤压成舌状向上伸入砂层中。

根据现代沉积的观察，多数人认为，球枕构造是砂层断裂或震动产生垂直位移，然后陷入下伏泥质岩中形成的，这种形成机理已被库南（Kuenen，1968）的模拟实验所证实。

球枕构造可出现在多种沉积环境中，它的存在可间接地表明其沉积环境具有快速沉积作用和不稳定特点。

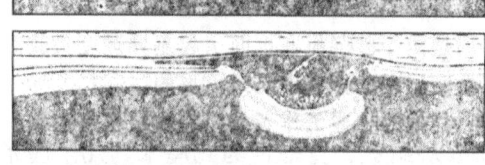
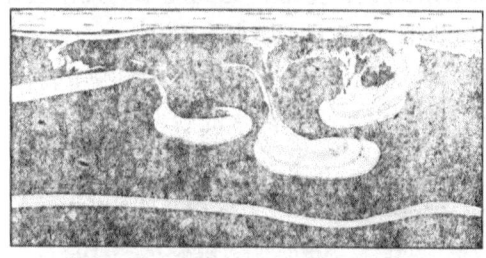
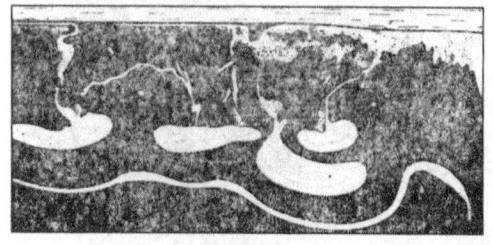

图5-24 球状和枕状构造（据Reinecke，1979）

三、包卷层理

包卷层理也称卷曲层理、揉皱层理或扭曲层理，是指在一个岩层内所发生的沉积纹层盘回和扭曲现象（图5-25）。主要出现在软薄层

图 5-25 包卷层理和滑塌构造

（2~25cm）粗粉砂层或细粉砂层中，也可出现在硅质或碳酸盐质层中。

包卷层理常被限于一个层内连续分布，并显示出小型开阔向斜和紧密背斜的复杂现象，向岩层顶部或底部渐趋消失。这些褶曲常常是顺水流方向倒转，且褶曲轴大致平行，但从不伴随断裂和角砾化现象。

包卷层理的成因有多种解释，沉积物的液化作用即液化层的层间流动引起原生层理的弯曲，无疑是非常重要的因素。

包卷层理在浊流沉积中较为常见，如小型包卷层理常出现在鲍马序列的"C"段（包卷层理段）。但在潮间滩地、河流泛滥平原及点沙坝中也很丰富。

四、滑塌构造

滑塌构造是指斜坡上未固结的软沉积物在重力作用下发生滑动和滑塌而形成的变形构造。各种类型的不规则的扭曲层理也属于滑塌构造（图 5-25）。

沉积物顺坡滑塌滑动，使沉积层内发生变形、揉皱，还常伴随有小型断裂，甚至使岩石破碎、岩性混杂，呈角砾状外貌。这些小型断裂、岩石碎块、岩性搅混、层理变形等特征常可作为识别滑塌构造的证据。这类构造常局限于一定层位中，顶部常遭受冲刷。多见于粉砂岩、粉砂质泥岩和细砂岩中，也见于石灰岩中，其分布范围可以是局部的，也可以延伸数百米，甚至数千米以上。

滑塌构造一般伴随快速沉积而产生，它是水下滑坡的良好标志，多分布在三角洲前缘以及海底峡谷前缘等沉积环境和重力流沉积物中。

五、碟状构造

碟状构造是指由模糊的、形如碟状的上凹泥质纹层组成，直径常为几厘米到几十厘米，它们在横向上断续分布，垂向上互相重叠，其下部可见泄水通道或泄水管构造。

一般认为，碟状构造的形成与快速堆积的沉积物中孔隙水的向上泄出引起颗粒重新排列有关，因而又称泄水构造。这类构造主要出现在迅速沉积并饱含孔隙水的砂岩中，尤其是重力流沉积环境（图 5-26）。

图 5-26 重力流块状砂岩中的碟状构造

第五节 化学成因构造

化学成因构造是指在沉积时期和成岩作用过程中，由溶解、沉淀、结晶等化学作用所形成的构造。常见的化学成因构造有碎屑岩中的晶体印痕和结核等以及碳酸盐岩中的缝合线、叠锥构造等。

一、晶体印痕

在适宜的沉积条件下，在松软泥质沉积物表面上可形成具良好晶形的盐类和冰等物质的结晶体（图5-27），这些晶体后来可遭受溶融、溶解作用等而消失，从而在层面上留下特殊的晶体印痕。这些晶体可被后来其他物质交代，或晶体印痕被其他沉积物充填，从而形成与新矿物晶形不同的晶体假象（假晶）。

常见呈立方体的石盐假晶和呈板状、燕尾状的石膏假晶，它们多出现在盐度增高、气候干热、周期性干化的内陆盐湖、盐沼、潮坪等海陆环境，比如我国华北下寒武统馒头组的紫红色页岩中常见石盐晶体假象（图5-27）。

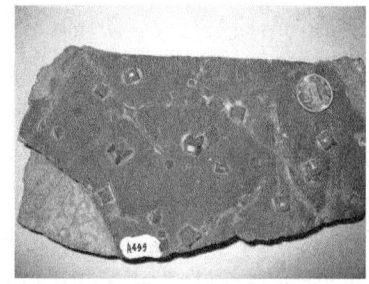

图5-27　石盐晶体印痕

冰晶印痕通常呈针状，它主要形成于气候温和与寒冷地带的湖岸、河漫滩及潮间滩地。

二、结核

结核是指岩石中自生矿物的不规则集合体。这种矿物集合体表现为在成分、结构、颜色等方面与围岩有显著差别。它主要是由在未固结的沉积物中呈溶液状态的分散物质重新分配和集中并逐渐增长而成。

结核的形状通常为球状、椭球状、饼状或不规则状，有时也常见管状。这种管状结核是树干、树根等被交代而成的植物假象。结核的大小通常为几毫米到数十厘米。

结核的成分常见的有碳酸盐（菱铁矿、铁白云石、白云石和方解石等）、硫化铁（黄铁矿、白铁矿）、硫酸盐（石膏、重晶石等）、硅质（蛋白石、玉髓等）、磷酸盐及锰质等。结核成分常与一定的岩性和形成条件有关，如陆源岩石中常见碳酸盐结核，碳酸盐岩中常见硅质结核，煤系地层中常见黄铁矿和菱铁矿结核。

结核的内部构造很不相同，可以是均质的、同心圆状或放射状等；有时还可见围岩层理的残留构造。结核因干燥脱水收缩，可产生网状裂缝，裂缝通常从里往外，由宽变窄，后被其他矿物充填，形成龟背石构造。

结核在围岩中可以单独存在，也可呈串珠状成群产出，甚至平行层面分布。它们与围岩的界限一般是清楚的，但也有逐渐过渡，不甚清晰的。

查明结核与围岩层理之间的关系可阐明结核的成因和形成时期，按其成因和形成时期可把结核分为同生结核、成岩结核和后生结核（图5-28）。

同生结核是指与沉积作用同时形成的，可以是胶体物质围绕某些质点凝聚，或呈凝块状析出，比如现代海底的铁锰结核。其重要特征是层理绕过结核呈弯曲状而不切穿层理。

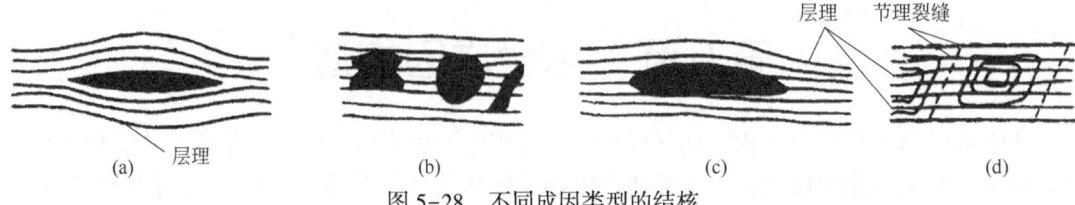

图 5-28 不同成因类型的结核
(a) 同生结核；(b) 后生结核；(c) 成岩结核；(d) 假结核（"风化环"）

成岩结核形成于成岩阶段，是成岩阶段物质发生重新分配、来源于沉积物内部的化学物质围绕某些质点凝聚、沉淀的产物。它既可以切穿层理，又可见层理围绕结核弯曲分布。后者可能是因结核与围岩压实程度不同所致。有时结核内还保留残余的围岩层理。这些现象都说明成岩结核是在成岩阶段比较松软的沉积物中形成的，绝大部分结核都属于此类，比如泥岩中钙质结核。

后生结核形成于沉积物固结成岩以后的后生阶段，常是沿裂隙或层面进入已经成岩的岩石的溶液发生沉淀或交代而成，故多沿裂隙带和层理分布，切穿层理而无层理弯曲现象。

结核的地质意义在于：首先，结核可作为对比标志，用于划分对比地层；其次，结核可作为地球化学相的标志，用以判断地球化学沉积和成岩环境；第三，结核本身是矿石聚集的基本形态，可以作为直接找矿的标志。

在野外研究结核时，应当遵守下列准则：鉴定结核成分；描述结核状态（包括形状、大小、表面结构和内部构造）；查明结核产状的原生性和次生性；确定结核与围岩层理的关系以及结核在岩层中的分布规律和丰度。

第六节　生物成因构造

除了由于生物的死亡、埋藏和保存，留下它们的遗体形成化石之外，生物在沉积物内部或表层活动时，常把原来的沉积构造加以破坏或变形，而留下它们活动的痕迹，这些构造称为生物成因构造。生物成因构造包括生物遗迹构造、生物扰动构造及植物根茎痕迹等。

一、生物遗迹构造

生物遗迹构造是指由生物活动而产生于沉积物表面或内部并具有一定形态的各种痕迹，包括生物生存期间的运动、居住、觅食和摄食等行为遗留下的痕迹，因而，又称痕迹化石或遗迹化石。从某种意义上讲，痕迹化石是生物行为习性适应环境的物质表现。由于它们能够反映当时的生活环境，分布范围又比较狭窄，特别是在硬体化石极为稀少的地层中，它们分布普遍且保存良好，有助于古生态研究和岩相分析。

痕迹化石的形态主要受动物习性的控制。塞拉克（Seilacher，1964）根据动物习性和形态特征把痕迹化石划分为5个主要组合：停息痕迹、爬行痕迹、觅食痕迹、摄食痕迹、穴居痕迹（图5-29）。

（1）停息痕迹构造是生物活动过程中，在停息时留在沉积物表面的躯体印痕，形态与生物足面或腹面形态一致。

（2）爬行痕迹构造是生物在沉积物表面移动时的轨迹，形态呈直线型或简单花纹曲线型。

（3）觅食痕迹构造又称搜索痕迹构造，是指在较深水平静环境中，生物为了觅食在沉积物表面吞食沉积物时造成的痕迹。形态通常有方向性，不分枝，呈规则的旋卷弯曲排列。

(4) 摄食痕迹构造是指浅水生物为了摄食在沉积物内部挖掘形成的通道。通常呈分枝状及辐射状排列，方向变化规则。

(5) 穴居痕迹构造是滨岸地带生物为了捕食悬浮生物和避免水浪冲击而挖掘的管状潜穴，通常呈直管形、分岔形和U字形等。这是动物适应沉积作用和侵蚀作用而向上、向下运动形成的。当某些造穴动物被迅速掩埋时，为了重新回到沉积物与水界面的相对位置上，它们要向上移动，这样便形成逃逸构造。其特征是管状潜穴无分枝，几乎成垂直状，周围纹层向下弯，呈特殊的V字形条纹痕迹。

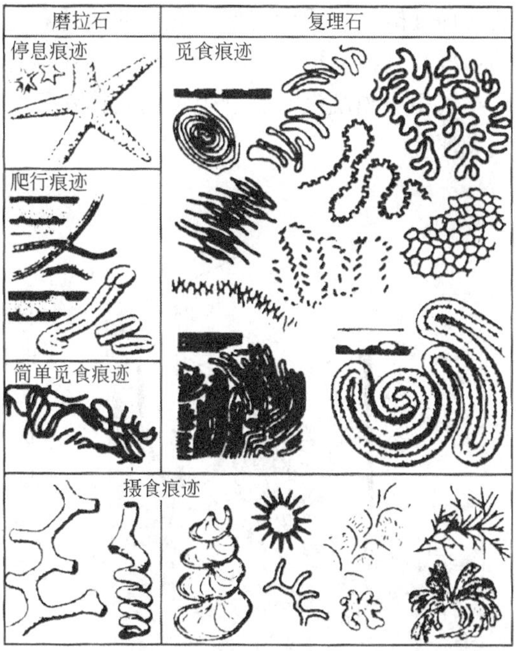

生物遗迹构造都是原地形成的，不会被搬运转移，并随沉积物固结成岩而保存下来，所以是判断环境的良好标志。它们能在水深、盐度、能量等级、沉积速度以及底层性质和气体状况等方面，提供环境解释的重要资料。

图 5-29 遗迹化石的基本类型（据 Pettijohn, 1972）

痕迹化石在判断沉积环境中很有用途。它可以确定海洋的相对深度，如直立潜穴深度较大者（可达 30cm），常见于滨海带，这是因为生物在沉积物中寻求一种位置，以免浅水湿度、盐度巨大变化的影响；在滨外区海水变动不那么强烈，沉积物所特有的潜穴一般较浅，多呈歪斜或水平的；在很深的水中，生物不需潜穴保护，钻孔主要为的是进食，故潜穴方向杂乱，蜿蜒曲折，其中以常见的食泥生物的水平痕迹为主（图 5-30）。痕迹化石还可以反映沉积作用的相对速度。沉积作用缓慢时，动物有足够时间进行挖掘，岩层被强烈地搅动，原

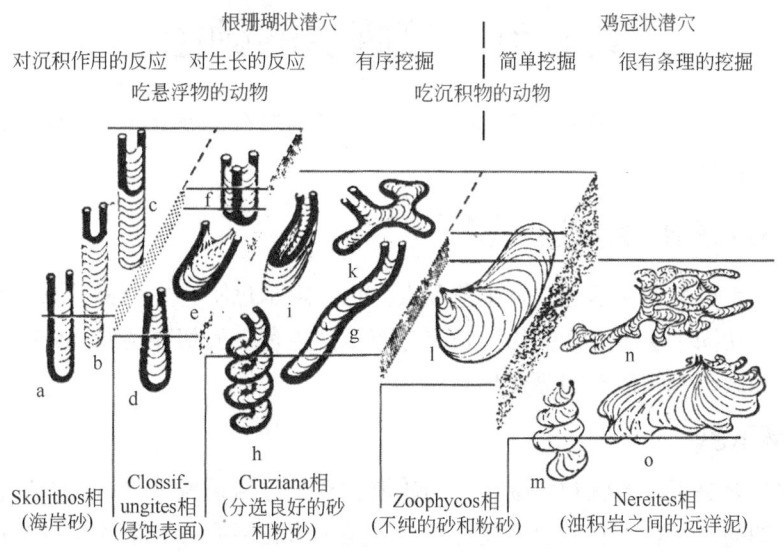

图 5-30 遗迹化石的水深分带（据 Seilacher, 1967）

始纹层均被破坏，或含有保存完好的摄食和觅食构造以及层面钻孔；相反，快速沉积作用促使动物群及其搅动密度减少，形成纹层极好的砂层，具有逃逸构造和具横蹼的 U 形管穴。如果在沉积层内既没有底栖生物的实体化石，又非常缺乏痕迹化石时，可确认当时水底底层是缺氧环境。

二、生物扰动构造

生物扰动构造是指底栖生物的活动造成沉积物层理遭到破坏，同时产生新的具生物活动特征的构造面貌（图 5-31）。

生物扰动构造常对其他原生沉积构造产生破坏，其中斑点构造是生物扰动的良好标志。这些标志在不同的岩类和沉积环境中的分布是不均衡的。当生物扰动强烈时，可使无机沉积的原始构造（层理）全部破坏，形成生物扰动岩。

三、植物根茎痕

植物根呈炭化残余或枝叉状矿化痕迹出现在陆相地层中，它们在煤系中特别常见，是陆相的可靠标志。在煤系地层中，植物根常被铁和钙的碳酸盐所交代，形成各种形状的结核——植物根假象。

直立根系层的存在可说明植物就地生长，并反映滨岸和沼泽等沉积环境；而经历搬运再聚集的植物碎屑，如茎、叶和枝叉，只能反映所在沉积物的沉积水动力条件。

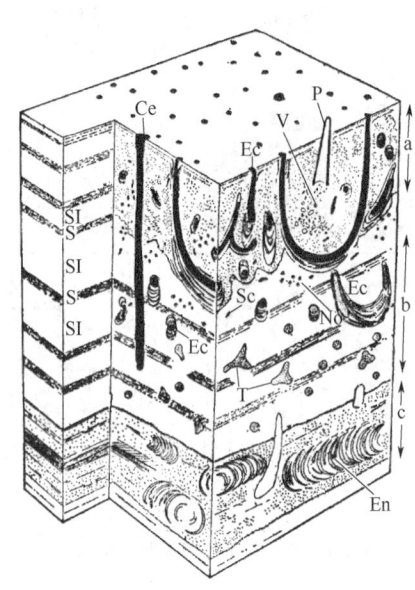

图 5-31　生物扰动构造立体示意图
（据 Reinecke，1979）
a—Echinus 形成的生物扰动构造；b—扰动程度较低的海生迹潜穴；c—具有 Echinocardium cordatum 生物扰动构造厚砂层；Ce、Ec、En、No、P、Sc、V—其他生物扰动构造；S、SI—层号

第七节　碎屑岩的颜色

碎屑岩的颜色是碎屑岩最醒目的沉积标志，是鉴别岩石、划分和对比地层、分析判断古地理条件的重要依据之一。

一、碎屑岩颜色的成因类型

碎屑岩的颜色可分为继承色、自生色和次生色。继承色和自生色都是原生色，原生色与地层界线一致，在同一层内沿走向均匀稳定分布。次生色一般切穿层面，分布不均，常呈斑点状，沿缝洞和破碎带颜色有明显变化。

（一）继承色

继承色主要取决于碎屑颗粒的颜色，而碎屑颗粒是母岩机械风化的产物，故碎屑岩的颜色继承了母岩的颜色。如长石砂岩多呈红色，这是因为花岗质母岩中的长石颗粒是红色的缘故。同样，纯石英砂岩因为碎屑石英无色透明而呈灰白色。

（二）自生色

自生色取决于沉积物堆积过程及其早期成岩过程中自生矿物的颜色。比如，含海绿石或鲕绿泥石的岩石常呈绿色和黄绿色；红色软泥是因为其中含脱水氧化铁矿物（赤铁矿）。

（三）次生色

次生色是在成岩后生作用阶段或风化过程中，原生组分发生次生变化，由新生成的次生矿物所造成的颜色。这种颜色多半是由氧化作用或还原作用等引起的，比如在有些情况下，含黄铁矿岩层的露头呈现红褐色，这是由于黄铁矿分解形成红色的褐铁矿所致；而在另一种情况下，同样是这样的露头，由于低价铁和高价铁硫酸盐的渗出而呈现浅绿—黄色。

岩石颜色的原生性（继承色和自生色）和次生性都可作为找矿标志。例如，由于油气的影响，可使原生的黄红色、紫红色还原为灰色、灰绿色，根据这种次生色的发育情况，有助于寻找储油构造；尤其是在局部构造的顶部，裂隙往往比较发育，油气运移较多，这种找矿标志更为明显。

二、碎屑岩颜色的成因

碎屑岩的颜色主要取决于岩石的成分，即取决于岩石中所含的染色物质——色素。色素含量极少，但控制影响了岩石的颜色。换句话说，碎屑岩的颜色多半是由含铁质化合物（绿、红、褐、黄色）或含游离碳（灰、黑色）等染色物质即色素造成的。

（一）灰色和黑色

因为存在有机质（炭质、沥青质）或分散状硫化铁（黄铁矿、白铁矿）造成岩石呈灰色和黑色。岩石的颜色随着有机碳含量的增加而变深，表明岩石形成于还原或强还原环境。

（二）红、棕、黄色

红、棕、黄色通常是由于岩石中含有铁的氧化物或氢氧化物（赤铁矿、褐铁矿等）染色的结果。若为自生色，则表示沉积时为氧化或强氧化环境。大陆沉积物多为红黄色，然而，海洋沉积物有时也呈红色，这多半是由于海底火山喷发物质的影响或海底沉积物氧化所致；也有红色岩层是由于大陆形成的红色沉积物被搬运入海，处于近岸氧化环境或是迅速埋藏造成的，故通常所谓的红层不一定都是陆相沉积。

在红色地层中，有时发现绿色的椭圆斑点，或者在露头上较大范围内呈现出红、黄、绿、灰等色掺杂现象，这多半是氧化铁在局部地方发生还原的缘故。有时，沿着红层的节理发育有绿色边缘，这种现象可能与地下水的次生还原作用有关。

（三）绿色

岩石的绿色多数是由于其中含有低价铁的矿物，如海绿石、鲕绿泥石等所致；少数是由于含铜的化合物所致，如含孔雀石而呈鲜艳的绿色。若为自生色，绿色一般反映弱氧化或弱还原环境。

除自生矿物外，碎屑岩的绿色有时由于含有绿色的碎屑矿物，如角闪石、阳起石、绿泥石、绿帘石等所致；泥岩的绿色还常因含伊利石所致。

假如，在岩石中同时存在高价铁的氧化物和低价铁的氧化物，那么，它的颜色与含铁量则无明显关系，而是取决于这两种组分比值（Fe^{3+}/Fe^{2+}）的变化。在红色和紫色的板岩中，

Fe^{3+}/Fe^{2+} 比值大于 1，而在绿色和黑色板岩中这种比值小于 1。这表明了岩石的颜色随着低价铁作用的加大而由红色到绿色甚至到黑色的变化。

影响颜色的因素是多方面的，除了岩石成分和风化程度外，岩石颗粒大小、干湿程度、向阳背阳等对颜色都有很大影响。粒度越细、越湿、越阴暗时，色调越深；反之色浅。因此，在观察颜色时，必须看到新鲜面并需说明它们是在怎样的岩石状态下测定的。

在进行野外露头和岩心研究中，应逐层描述沉积岩的原生颜色，确定次生斑点颜色的分布，并查明颜色的原生性或次生性及其成因性质。颜色的描述方法应以表示主要颜色为主，必要时在主要颜色之前附以补充色，并以深浅表示色调，例如，深紫红色或浅黄灰色。其中红、灰是主要颜色，放在后面；紫、黄是次要颜色，放在主色前面作为形容词。

思考实习题

1. 试述碎屑岩沉积构造的分类依据和主要类型。
2. 简述层理、纹层、层系、层系组、层的概念，并图示说明主要交错层理的基本特征。
3. 图示说明与河流、海浪、潮汐、风力、浊流等作用有关的层理类型及其特征。
4. 图示说明常见层理类型、形态特点、成因及环境意义。
5. 图示说明流动体系、底床形态和层理类型之间的关系。
6. 图示说明底形变化与水流速度和水深之间的关系。
7. 图示说明流水型交错层理和浪成交错层理的形成机理和主要控制因素。
8. 试述影响交错层理规模和形态的因素、层理的研究意义及研究方法。
9. 何谓层面构造？常见层面构造的类型有哪些？
10. 图示波痕要素，并说明波痕指数和对称指数的含义。
11. 试述波痕的主要成因类型及其特征，波脊（或波峰脊线）形态变化的原因是什么？
12. 试对比不同成因类型（浪成的、流水的、风成的）波痕的特点及波痕指数变化范围。
13. 试述主要底面印模构造的类型及其形成机理，它们主要出现在什么环境？
14. 何谓变形构造？有哪些主要类型？它们主要出现在什么环境？
15. 试述结核的主要成因类型、形成机理及其与层理关系。
16. 何谓痕迹化石？指明复理石和磨拉石沉积环境中的主要痕迹化石类型。
17. 试述浅水与深水环境中痕迹化石和潜穴构造（虫管、虫孔构造）的分布特点。
18. 试比较痕迹化石和实体化石在相分析中有哪些优缺点。
19. 什么是原生色、次生色、自生色、继承色？试述碎屑岩颜色的成因类型及环境意义。
20. 引起碎屑岩颜色的原因有哪些？研究碎屑岩颜色的意义是什么？

第六章 砾 岩

> **导 读**
>
> 本章核心知识点包括砾岩的基本沉积特征，基于砾石圆度、大小、成分以及发育位置的砾岩类型划分；山前、河流、滨岸、滑塌等多种沉积环境中形成砾岩的基本特征，根据砾岩的岩石学、沉积构造等多种标志恢复砾岩的沉积环境。

第一节 砾岩的一般特征

考虑到砾石搬运过程的复杂特点，将砾岩定义为由粒径大于2mm、含量大于30%、粗大的碎屑颗粒组成的粗碎屑岩。

砾岩中的碎屑颗粒绝大部分都是岩屑，所以砾岩颗粒成分不仅十分复杂，而且可以很好地反映母岩类型。

与砂岩相比，砾岩颗粒的砾间填隙物质较粗，通常为砂、粉砂和黏土物质，这些杂基与粗粒碎屑同时或大致同时沉积下来。砾岩中的胶结物常是从真溶液或胶体溶液中沉淀出的一些化学物质，如方解石、绿泥石、二氧化硅、氢氧化铁等。

砾岩中的沉积构造常见有大型斜层理和递变层理。有时由于层理不明显而呈均匀块状，在这种情况下，层面往往极难分辩，甚至需要借助与其互层的其他岩石才能确定。另外，砾石排列常有较强的规律性，扁形砾石尤为明显，其最大扁平面常向源倾斜，彼此叠覆，呈叠瓦构造。因为在强烈水流冲击下，砾石只有呈叠瓦状排列才最为稳定。

沉积成因的砾岩种类很多，但它们具有一个共同的特点，即它们都是其他早期岩石遭受破坏的最初产物，在原地或其后的机械沉积分异作用过程中堆积形成的。这些产物除了少数例外，大都形成一系列具有一定成因的过渡类型的岩石，即从原地的或搬运较近的由棱角状的碎屑组成的角砾岩到搬运较远的磨圆较好的碎屑组成的砾岩。

粗粒碎屑的性质主要取决于母岩的性质，比如花岗岩母岩形成的砾石多为刚性的，板岩母岩形成的砾石多为塑性的，碳酸盐岩母岩形成的砾石化学稳定性较低。一般来说，砾石碎屑保留了母岩的原始成分和结构、搬运距离不远，故研究砾岩的成分结构有助于追溯物源，结合砾石沉积构造，可以推断陆源区的位置和性质，为盆地构造—沉积演化提供最可靠的直接依据。

第二节 砾岩的分类

砾岩的分类方案较多，可以根据砾石的圆度、砾石的大小、砾石的成分、砾岩在地层剖面中的位置以及砾岩的沉积成因对砾岩进行分类。

一、根据砾石圆度的分类

根据砾石的圆度，把砾岩划分为两个基本大类：
（1）砾岩：圆状和次圆状砾石含量大于50%的砾岩；
（2）角砾岩：棱角状和次棱角状砾石含量大于50%的砾岩。

砾岩一般都是沉积作用形成的；而角砾岩除了沉积成因的以外，还可以由构造作用（如断层角砾岩）、火山作用（如火山角砾岩）或化学作用（如洞穴角砾岩和岩溶角砾岩）生成。在地质分布上，砾岩比角砾岩更为常见，而且可以呈巨厚层状出现；角砾岩厚度不大，但具有更明显的成因意义。砾岩和角砾岩之间存在着过渡的岩石类型，可称砾岩—角砾岩。

二、根据砾石大小的分类

根据砾石的大小，可把砾岩分为以下四类：
（1）细砾岩：砾石直径为2~10mm；
（2）中砾岩：砾石直径为10~100mm；
（3）粗砾岩：砾石直径为100~1000mm；
（4）巨砾岩：砾石直径大于1000mm。

在实际工作中，还可以对粗砾岩、巨砾岩等多种较为粗粒的砾岩进行细分。对粗碎屑岩颗粒粒度大小的研究，应准确地确定出砾石的粒度大小和组分，这是因为它除了可以用以分类命名外，还可以根据其分布频率的特征，较简便地判断砾岩的成因。

砾岩和角砾岩中常含有或多或少的泥砂杂基，为了在命名中较详细地反映出来，福克（Folk，1954）把砾石或角砾大于30%，泥砂杂基小于70%的岩石称砾岩或角砾岩，而砾石（或角砾）含量为5%~30%的岩石称砾质砂岩或砾质泥岩，但它们已不属于粗碎屑岩类。

三、根据砾石成分的分类

根据砾石的成分，可以把砾岩划分为单成分砾岩和角砾岩与复成分砾岩和角砾岩。

（一）单成分砾岩和角砾岩

砾石成分较单一，同种成分的砾石含量占75%以上，砾石多半是稳定性较高的岩屑或矿物碎屑，如石英岩和燧石等。单成分砾岩一般分布于远离母岩区的、地形平缓的滨岸地带。在这里，砾石经过长距离的搬运，并受波浪反复地冲刷磨蚀，不稳定组分消失殆尽，只剩下磨圆度好及稳定性高的组分，故多为石英岩质砾岩。在有些特殊情况下，侵蚀区不坚固的岩石（如石灰岩）遭受破碎，就地堆积或短距离搬运快速堆积，也可形成单成分砾岩。如由石灰岩碎屑组成的在高山坡脚下的堆积产物、近岸陡崖堆积及生物礁旁的堆积产物，以及岩溶洞穴垮塌皆可形成成分单一的石灰岩质角砾岩。

（二）复成分砾岩和角砾岩

砾石成分复杂，有时在一种砾岩中可含十几种不同成分的砾石，各种类型的砾石含量都不超过50%，这主要取决于母岩区汇水范围、母岩成分及其风化、搬运及沉积的条件。这些砾石的抵抗风化能力大都不强，通常分选不好，磨圆度不高，层理不明显。它们多沿山区呈带状分布，厚度变化大，为母岩迅速破坏和堆积的产物。

这种砾岩成因类型很多，以造山期后的河成砾岩及山麓洪积砾岩分布最广。

砾石成分的简单和复杂，在一定程度上可以反映其生成条件。如洪积和河成砾岩的砾石成分大都比较复杂，海湖滨岸砾岩的砾石成分大都比较简单。除此之外，它还取决于来源区的母岩性质。

四、根据砾岩在剖面中的位置的分类

砾岩在地层剖面中的位置，即砾岩与相邻岩层尤其是下伏岩层的接触关系，具有很重要的地质意义。根据这种关系可以把砾岩分为底砾岩和层间砾岩等。

（一）底砾岩

底砾岩常常位于海侵层位的最底部，分布于侵蚀面或不整合面之上，与下伏地层呈假整合或不整合接触，为海进开始阶段的产物。海进，即海平面上升，随着海平面的上升一些细粒沉积物，如砂、粉砂、泥等物质受到海水改造作用，向陆地方向或沿岸方向搬运，一些不稳定岩屑和矿物被风化，滞留下一些粒度较大、磨圆好、分选好的砾石堆积在地形平缓的滨线附近，形成底砾岩。

这种砾岩的成分一般比较简单，多为稳定性高、磨圆度高、分选性好的坚硬砾石；砾岩中杂基含量少，主要是砂质—粉砂质成分，这表示它们经历了长距离的搬运改造。通常分布范围广，如山东汶南、蒙阴一带，上侏罗统汶南亚组与下伏寒武系、奥陶系、石炭系、二叠系呈超覆不整合接触。在不整合面上，汶南亚组底部有底砾岩，砾径 $1\sim5cm$，砾石成分以石英岩为主（占 $80\%\sim90\%$），其次为石灰岩和少量火成岩，磨圆度好，多为钙质胶结，厚 $5\sim6m$，分布普遍。

（二）层间砾岩

层间砾岩的特点是整合地夹于其他沉积岩层之间，它的存在并不代表有侵蚀间断，与下伏和上覆地层是连续沉积的。砾石成分多为不稳定的岩屑，如石灰岩、黏土岩及弱胶结的粉砂岩等岩屑；磨圆度差，杂基成分复杂。这些砾石可来源于母岩的风化搬运，也可以是当地岩石边冲刷、边沉积的破坏产物。如北京西山黑龙潭、郝家坊一带在下二叠统上杨家屯煤系中，有 7 层燧石中砾岩，它与砂岩、黏土岩组合成 7 个正旋回，岩性自下而上由粗变细，呈规律性重复出现，为层间砾岩。

如果砾岩位于沉积旋回的底部并与下伏地层整合接触，可将该砾岩称为底部砾岩。

第三节　砾岩主要成因类型

砾岩和角砾岩的成因类型很多。可以根据砾岩支撑类型、砾石分选性、组构、层理和粒序性对砾岩成因类型进行划分。常见的几种类型有滨岸砾岩、河成砾岩、洪积砾岩、冰川角砾岩、滑塌角砾岩、岩溶角砾岩等（图6-1）。

一、滨岸砾岩

滨岸砾岩主要形成于海或湖的滨岸地带，由河流搬运来的砾石或波浪、沿岸流改造的砾石沿海（湖）岸，经海（湖）浪作用长期改造而成，其特点是砾石成分较单一，以稳定组

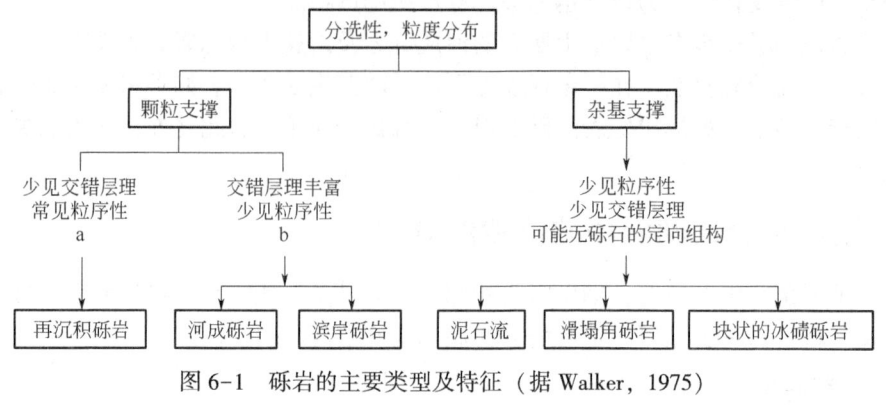

图 6-1　砾岩的主要类型及特征（据 Walker，1975）
a—代表砾石长轴平行水流方向，并呈叠瓦状排列；
b—代表砾石长轴垂直水流方向，中轴呈叠瓦状排列

分为主，如石英岩、燧石岩屑及石英等；分选性好，往往以一个粒级占绝对优势，在粒度直方图上显示为一个突出的主峰；磨圆度极好；常见扁平对称的砾石，粗砾很少。砾石最大扁平面向着深水方向倾斜，倾角不大，一般 7°~8°，不超过 13°。砾石长轴（即 A 轴）大致与海（湖）岸线平行（图 6-2）。滨海砾岩中有时含滨海的生物化石碎片，但很少含有完整化石。在海侵过程中，这种砾岩常是底砾岩的开始部分。

滨岸砾岩体成层性好，横向分布稳定，呈席状或条带状延伸。

彩图 6-2

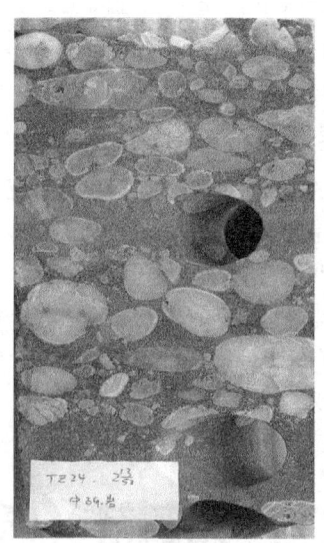

图 6-2　塔里木盆地泥盆系滨岸砾岩

二、河成砾岩

河成砾岩常见于山区河流，多位于河床沉积的底部。由于搬运不远，故不稳定组分仍然存在，砾石成分复杂，常可出现由各种岩石成分组成的砾石。杂基中具大量石英、长石、暗色矿物等砂级碎屑和泥质混入物（图 6-3）。分选和对称性较差。砾石最大扁平面向源倾斜，呈叠瓦状排列，倾角较大，一般 15°~30°。长轴大部分与水流方向垂直，但近岸处多与

岸边平行。河床砾岩中少见化石，可有较大的硅化木或植物碎屑。河成砾岩多呈透镜体出现，其底部可见冲刷现象，强水流侵蚀切割下伏岩层形成不平坦的冲刷面。

(a) (b)

图 6-3 现代（a）和古代（b）河成砾岩

应当指出，上述的河成砾石排列定向性只是限于一般的稳定河流中。在湍急的山间河流中，砾石定向方式则有所不同，其特点是砾石长轴平行水流分布，最大扁平面向源倾斜或者与水流方向一致。至于在洪水期密度很大的混浊河流中，则完全不出现叠瓦状构造，砾石多以直立状排列为特征。

河成砾岩常与近源的滨岸砾岩呈逐渐过渡关系，但两者之间沉积特征差别明显。海成砾岩远比河成砾岩的成分成熟度高、磨圆度好、扁度大、杂基含量低，最大扁平面对层面的倾角较小；具叠瓦状的海成砾石倾向盆地中央方向，而河成砾石倾向河流上游；滨岸砾岩粒度分布特征呈单众数，河成砾岩呈双众数；滨岸砾岩成层性好，横向分布较稳定，呈席状或宽带状延伸，而河成砾岩常呈透镜状产出。

河成砾岩多为复成分的岩屑砾岩，其中混有多种砾石成分，但在许多情况下是某种成分的砾石占优势，构成单成分的岩屑砾岩，如石灰岩砾岩、花岗岩砾岩。单成分砾岩的存在反映了特定的地质条件，如近物源、供给区缺少砂、泥物质，强烈的构造活动以及快速侵蚀和沉积等。

三、洪积砾岩

洪积砾岩是由山区洪流（包括暂时河流和经常河流）在流出山间峡谷进入平原时，水流向四周撒开、流速骤减，致使带出的粗碎屑物质在山麓处快速堆积而成（图 6-4）。这种砾岩沿山麓分布，厚度巨大，有时可达几千米，其形成与毗邻山区持续上升遭受剧烈剥蚀有关，它与砂、泥岩一起构成磨拉石建造。其特点为砾石较粗大，含较多中砾级甚至粗砾级砾石，砾石粒级变化大、分选很差，粒度直方图上少见特征峰值；砾石磨圆度也低；杂基成分常与砾石成分相似，并多具泥质；胶结物多为钙质、铁质。岩体多呈楔状或透镜状，在靠近山麓的岩体一侧，常见切割—充填构造。在顺流方向，由于水流性质改变，砾石成分、结构和沉积构造发生有规律的变化。

洪积砾岩在许多地区表现为具有磨拉石沉积特征的巨厚的岩屑砾岩。

山东蒙阴、泗水一带古近系官庄组官上段为巨厚砾岩沉积，其特征为灰红色厚层—块状细—中砾岩。砾径较粗，个别大于 1m；砾石成分单一，为次棱角状，分选性差；基质多为砂级碎屑和泥质，胶结物为钙质和铁质，其中夹少量粉砂岩透镜体。该砾岩沉积厚度巨大，逾 1000m。砾石成分沿剖面向上发生规律变化，这是由于盆地边界断层一侧物源区强烈隆升，导致母岩剥蚀，受洪水作用在山前迅速堆积，形成与毗邻剥蚀区古生界岩性有明显倒序现象的官庄组洪积砾岩。

彩图 6-4　　　　　　　图 6-4　新西兰现代冲积扇洪积砾岩（据吴胜和，2015）

四、冰川角砾岩

冰川角砾岩即通称的冰碛岩，其特点是成分复杂，常见新鲜的不稳定组分；分选极不好，大的砾石和泥砂混杂，粒度直方图上呈现多峰；有时砂泥含量甚多，砾石含量不超过 50%，与滨海（湖）砾岩相比，具有较多细粒填隙物；砾石多呈棱角状，有些碎屑常见几个磨平面，从而使角砾岩形状极为特征，如常见的所谓多面体砾石和熨斗状砾石，砾石表面常有丁字形擦痕；层理不清，常呈块状；砾石排列极为紊乱，最大扁平面的倾角很大，甚至直立。

我国三峡地区震旦系南陀组发育灰绿色冰碛砾岩。砾石成分复杂，有石英岩、石灰岩、片岩、片麻岩、花岗岩、砂岩和砾岩等。杂基成分主要是黏土、粉砂和砂，砾径一般 5~25cm，个别可达 1m，分选性差。砾石大都呈棱角到次棱角状，砾石表面可见冰川擦痕和冰蚀凹坑。该砾岩无层理，沉积厚度 90~150m。

五、滑塌角砾岩

在地形陡峻地区的边界地带或地形坡度明显变化的地带，常由某种地质营力作用（构造活动、地震、洪水、重力等作用）发生崩塌，或沿斜坡发生滑动、滑塌，形成具有明显滑塌成因构造的角砾岩。这种角砾岩可以出现在陆上或水下。滑动和滑塌过程受控于斜坡构造、地形变化和重力作用以及岩性，特别是某些亲水性黏土矿物的存在，为上覆地层的运动提供了润滑剂。

此类砾岩的特点是棱角状砾石和磨圆砾石可同时存在，这是由于陡崖崩落下来的已固结的岩屑多呈角砾状，而当发生水下滑动时携带来的半固结底部沉积物很容易成为磨圆砾石。此种角砾岩分选性很差，砾石大小极不一致，大者直径可达几米，厚度变化大，常呈透镜状岩体产出。

重力流也可在水下形成具有明显滑动、滑塌构造的砾岩和角砾岩。

虽然滑塌角砾岩分布局限，但有特殊的地质意义，往往反映滑动的构造作用和突发沉积事件。例如，我国西藏南部雅鲁藏布地缝合线南侧的上白垩统提供了滑塌角砾岩的实例。该区滑塌角砾岩所含角砾均系不同岩性的外来岩块，分选极差，大者直径可达数十米，小者仅数厘米，杂乱堆积，发育规模大，并与深水沉积的灰黑色泥页岩、粉砂岩伴生，反映了重力流沉积作用。

六、岩溶角砾岩

岩溶角砾岩或称洞穴角砾岩，它的形成与下伏物质（如膏盐层）被溶解以及上覆地层的坍塌作用有关，尤其是石灰岩的坍塌。因此，在地下水活动的石灰岩发育区常可见到由溶洞顶壁垮塌堆积形成的角砾岩。它的特点是成分单一、角砾通常为板状碎片及各种大小的石灰岩块，杂基仍是碳酸盐质的或是风化的红土物质（图6-5）。角砾呈高度棱角状，毫无分选。岩溶角砾岩一般因有大量碳酸盐岩细粒杂基而导致碎屑与杂基之间的区分不清楚。这种角砾岩层厚度变化很大，由几厘米到10m或者更厚。角砾岩层顶、底界，特别是底界很明显。

图6-5 辽东湾盆地古近系岩溶角砾岩

另外，要注意将岩溶角砾岩与由于断裂作用形成的成分单一、分选极差、可有部分砾石定向排列的断层角砾岩区分开来。

思考实习题

1. 可依据哪些地质参数对砾岩进行分类？常见的砾岩分类方案有哪几类？
2. 底砾岩与层间砾岩（底部砾岩）定义以及它们之间的成因区别是什么？
3. 单成分砾岩、复成分砾岩与底砾岩、层间砾岩、洞穴角砾岩之间有什么对应关系？
4. 砾岩中的杂基与砂岩中的杂基在成分、结构和分布方面有何不同？
5. 试述砾岩和角砾岩的主要成因类型及其特征。归纳滨岸砾岩、河成砾岩、洪积砾岩、冰川角砾岩、滑塌角砾岩、岩溶角砾岩的主要沉积特征或识别标志。
6. 选择野外露头或现代沉积剖面，观察描述不同类型砾岩的成分、结构、沉积构造、沉积序列以及与上下地层的接触关系，分析砾岩成因和恢复古地理背景。

第七章 砂岩及粉砂岩

> **导 读**
>
> 本章核心知识点包括砂岩的基本沉积特征,砂岩的分类原则、依据和主要方案,国内外砂岩分类方案的异同;石英砂岩、长石砂岩、岩屑砂岩、杂砂岩以及粉砂岩的沉积特征及成因,砂岩的油气储集性能等。

第一节 砂岩的一般特征

砂岩是最为常见的沉积岩,其分布远较砾岩广泛,约占沉积岩的1/3左右(仅次于黏土岩),它是最主要的储集油气的岩石之一。

砂岩是指由含量大于50%、粒径0.1~2mm的陆源碎屑颗粒组成的碎屑岩。砂岩的碎屑成分较为复杂,通常砂级碎屑组分包括石英、长石及各种岩屑,有时含云母和绿泥石等碎屑矿物。从结构上看,砂岩由砂粒碎屑、基质和胶结物三部分组成。基质和胶结物对砂岩均起胶结作用,但成因不同,基质多为黏土级细粒的机械成因组分。基质含量的多少反映岩石分选的好坏,是介质流体性质(水动力强弱、密度和黏度)的一种标志。胶结物是指直接从溶液中沉淀出来的化学沉淀物,主要反映形成阶段(常为成岩阶段)的物理化学条件。

不同砂岩的化学成分不同,这取决于碎屑组分和胶结物(基质)的成分。与岩浆岩的平均化学成分相比较,砂岩中的 SiO_2 含量很高,而 Al_2O_3 含量则大为减少,这是因为砂岩是机械沉积作用的产物,不稳定组分如长石和岩屑多被大量破坏淘汰,而稳定组分石英却相对富集所致。砂岩的矿物成分越复杂,其化学成分越近于岩浆岩,如岩屑砂岩和杂砂岩。由于砂岩中存在成分变化很大的胶结物,如钙质、铁质、石膏质等胶结物的加入,自然就增加了 CaO、Fe_2O_3 的含量。

砂岩成熟度包括成分成熟度和结构成熟度,它是指砂岩中碎屑成分与结构在风化、搬运、沉积作用的改造下接近最稳定的终极产物的程度。

成分成熟度常以碎屑岩中最稳定组分的相对含量来标志其成分的成熟程度,通常用稳定组分和不稳定组分含量或其比值来表示。

结构成熟度中涉及的接近终极结构特征的程度是指分选、磨圆都极好的、无基质的一种状态,应该是等大球体碎屑构成的颗粒支撑类型和化学胶结物填隙。显然,结构成熟度的高低应反映在来自物源区的碎屑颗粒的分选性与磨圆度上,以及黏土(或杂基)含量上。

成熟度大小常受风化、搬运、沉积等多种地质作用强弱和作用时间控制。一般来说,成熟度低的砂岩是靠近物源区堆积的,含有很多不稳定碎屑,如岩屑、长石和铁镁矿物,分选磨圆差;成熟度高的砂岩是经过长距离或多次搬运,遭受充分改造的产物,多由稳定矿物石英组成,颗粒分选性好、磨圆度高及砂岩基质含量低。

第二节 砂岩的分类

一、砂岩的分类现状

最早的砂岩分类是1904年由葛利普（Grabau）提出的，然而为现代分类方案奠定基础的却是克里宁（Krynine, 1948）的砂岩分类。

目前有50余种砂岩分类方案，三角形图解是国内外砂岩分类中普遍采用的表达形式，但也有用表格形式的。就分类依据的组分而言，概括起来，可大致分为三组分和四组分两种分类体系。国际上砂岩成分分类的典型代表有克里宁（Krynine, 1941, 1948）、福克（Folk, 1954, 1968）、裴蒂庄（Pettijohn, 1975）、加尔齐（Garzanti, 2016）等提出的砂岩成分分类方案。

三组分分类体系主要是根据砂岩的三种砂级碎屑组分，如石英、长石及岩屑，对砂岩进行分类，如克里宁（1941, 1948）、福克（1954, 1968）的砂岩分类，我国过去采用的分类多属此种类型。1948年克里宁提出了一个三角图解的砂岩分类方案，也是当今国际沉积学教材广泛使用的砂岩分类方案（图7-1）。他以来源区和构造变动为分类准则，确定三个端元组分：（1）石英+硅质岩屑，代表岩石成熟度，即该组分含量越大，岩石成熟度越高，则其搬运历史越长；（2）长石+高岭石，代表母岩的性质；（3）云母+绿泥石，表示构造变动的强度，当构造变动大时，母岩风化剥蚀得快，碎屑物质快速掩埋，因此其中的不稳定组分如云母、绿泥石等保存较多。

对于采用三角图解的砂岩分类，不同作者对端元组分和分类界线的选择各不相同。福克（1954）的早期砂岩分类强调来源区的母岩类型，他确定的三端元组分为：（1）石英+硅质岩（Q），表示沉积来源；（2）长石+火成岩屑（F），表示火成来源；（3）云母+变质岩屑（M），表示变质来源[图7-1（a）]。1968年他提出的分类则偏重于母岩类型和矿物成熟度两个因素，端元组分的选择、分类界限和岩石名称的确定都有较大变动[图7-1（b）]。福克将砂岩分类的端元组分界线放在25%，形成了现今国际上广泛使用的7类基本砂岩类型。

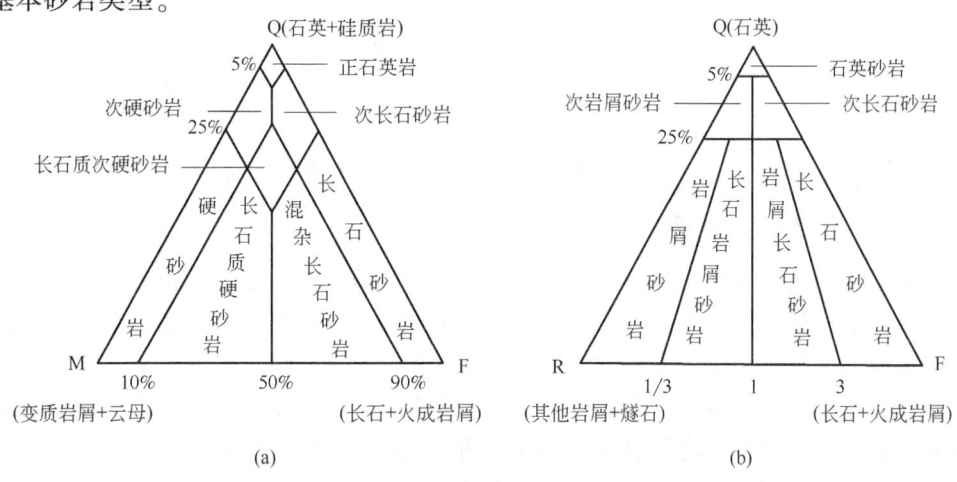

图7-1 福克的砂岩分类
（a）1954年的分类；（b）1968年的分类

在石英、长石、岩屑三组分相对含量划分砂岩的基础上，裴蒂庄（Pettijohn，1949，1954，1975）提出将杂基作为一个分类组分引入到砂岩分类中来，形成现行的四组分体系。裴蒂庄把反映成因的来源区、矿物成熟度及流体性质等因素（介质的密度和黏度）作为砂岩分类的准则。首先以基质含量15%为界限把砂岩分为两大类：砂屑岩和杂砂岩，然后，再以砂岩的主要碎屑组分石英、长石和岩屑为端元，进一步对砂岩进行分类和命名。因此，他的分类可以反映砂岩的重要成因特征，也是目前国际上比较通用的砂岩分类方案（图7-2）。

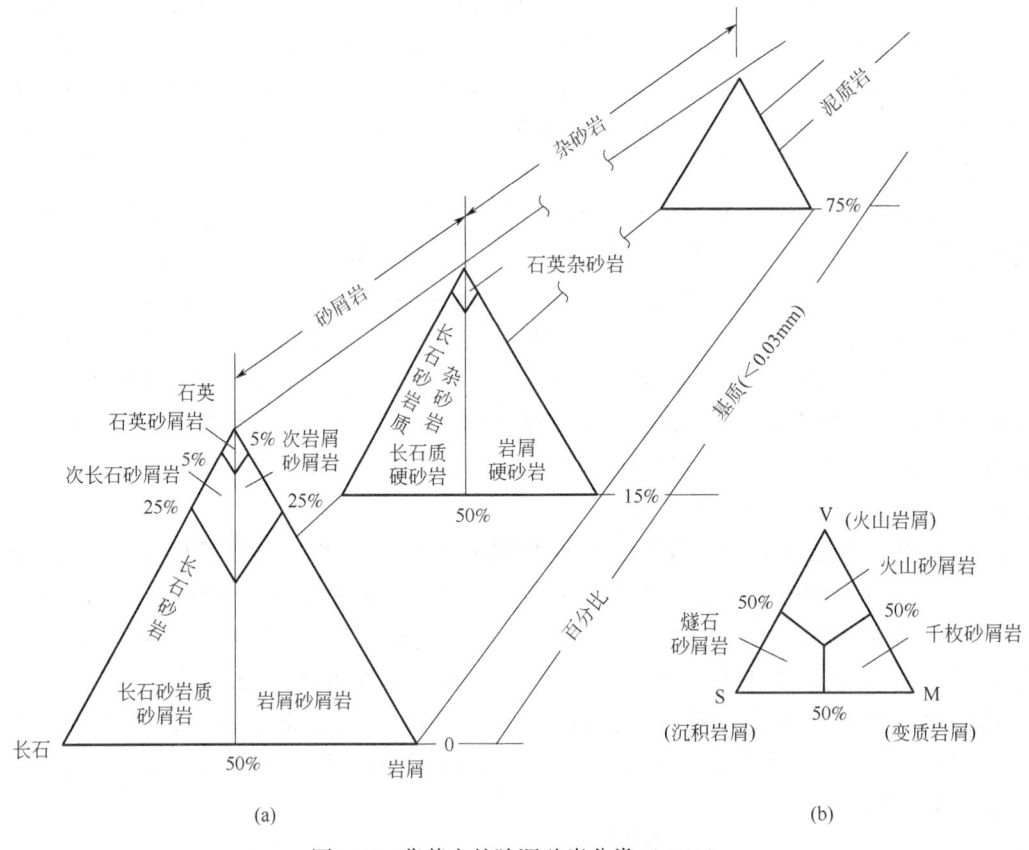

图7-2 裴蒂庄的陆源砂岩分类（1975）
(a) 基本分类（据Dott，1964）；(b) 岩屑砂岩的次级分类（据Folk，1968）

综上所述，从砂岩分类现状中所表现的主要趋向，可以概括出以下几个问题。

（一）黏土基质的处理

关于基质争论的中心问题是把黏土基质作为分类组分之一、还是不介入分类只当作泥质胶结物。一种观点认为，砂岩分类应当只考虑砂级颗粒本身的特点，而基质不是砂岩主要组分的粒级成分，故在分类中不予考虑；或者强调基质的存在取决于多种因素，并非都是陆源的，而且难于鉴别和估计数量，因而主张不介入分类。但多数学者认为砂岩中的基质能够反映砂质颗粒沉积时介质的密度和黏度，是砂岩的主要成因特征。它对砂岩形成条件和沉积环境的解释很有意义，因此把基质作为砂岩分类的组分之一，但所定基质的含量界限不相同，常采用的有10%、15%和20%三种。

（二）端元组分的组合方式

砂岩通常是多种成因地质因素相互作用的结果，如来源区的母岩性质、搬运改造历史、分选磨圆程度（矿物成熟度和结构成熟度）、流体性质和搬运沉积方式及构造背景等。不同作者在反映岩石成因上所侧重考虑的因素不同，采用的端元组分的组合方式也各异。

目前，在三角图解中普遍采用的三端元基本组分为石英、长石和岩屑，其中石英端元常用来代表最稳定组分以表示矿物成熟度；但对其组合方式争论较多，不少作者把燧石和其他硅质岩屑均放入石英端元，其理由是它们与石英具有同样的稳定性和耐磨性。但越来越多的实际资料表明，燧石和石英岩的稳定性和耐磨性都比石英差，并且它们在某些岩屑砂岩中常与不稳定岩屑共生。因此，有人认为燧石等硅质岩屑和其他岩屑一样，可直接反映来源区母岩性质，把它们放在岩屑一端较为合适。

最近，意大利 Eduardo Garzanti（2016，2019）从砂岩分类的起源和原理出发，评述了当今主要砂岩分类方案，强调砂岩分类图解的 QFL 三端元的含义：石英端元 Q 只包括单晶石英+多晶石英，长石端元 F 则只包括斜长石+钾长石，岩屑端元 L 包括沉积岩岩屑+变质岩岩屑+火成岩岩屑。需特别指出的是，硅质岩岩屑和以前可能被忽略的碳酸盐岩岩屑计入岩屑端元 L 中。

（三）三角图解的形式及其划分

三角图解是砂岩成分分类的基本形式，为三组分分类体系者普遍采用。然而，在四组分分类体系被倡导以来，在一个三角图内无法容纳 4 种组分，于是出现了其他的表达方式，其中采用较多的是通过各种方式将两个三角图并列起来，如裴蒂庄（1975）等。

至于三角图解内的分类界限如何划分，意见分歧就更大了。不过近年来似乎部分作者倾向于简化三角图解分区，如岗田博有（1971，1972）认为，把三角图分区划得过多既不利工作，又无多大意义。他基本上分出 3 种砂岩类型：以石英为主的石英砂屑岩（杂砂岩）和石英质砂屑岩（杂砂岩），以长石为主的长石砂屑岩（杂砂岩）和以岩屑为主的岩屑砂屑岩（杂砂岩）。

意大利 Eduardo Garzanti（2016，2019）利用三角图解将砂岩划分为 15 种基本类型，端元组分含量分别是 90%、50% 和 10%。

（四）辅助三角图的采用

采用辅助的小三角图形是柯索夫斯卡娅（Косовская，1959，1962）提出的，她的合理部分已为有些人所采纳。一般认为，对富含长石特别是富含岩屑（含量一般大于 75%）的砂岩，为了更深入了解砂岩成分地质成因特征和来源区性质，利用辅助三角图是必要的。辅助小三角图形的三个端元组分可灵活选择，可以根据各类长石（如钾长石、酸性斜长石和基性斜长石或各种岩屑如沉积岩屑、变质岩屑和火成岩屑）对富含长石或富含岩屑砂岩进一步细分和命名。

二、本教材倡导的砂岩分类

（一）分类原则和依据

常见的砂岩分类包括基于成分描述性分类和基于成分的成因性分类。描述性分类是基础，成因性分类是目标。理想的砂岩分类应当兼顾描述和成因两个方面。

砂岩分类的原则首先是选择在客观上能够鉴定而又最能联系岩石成因的特征作为分类的依据；其次，砂岩分类方案既适用于野外工作，又适用于室内研究；还有砂岩分类要简洁明了、易于操作和广泛应用。野外工作是沉积地质学研究的基础，室内成分结构分析可增加岩石描述的精确性，而不应造成分类命名的重大改变。

基于上述分类原则，就成因观点而言，砂岩分类应当反映岩石生成的三个主要问题：(1) 源区的母岩性质；(2) 搬运和磨蚀历史，即岩石成熟度；(3) 沉积时介质的物理条件，即流动因素。从具体标志来说，应选择砂岩中的石英、长石、岩屑和黏土基质四种组分作为分类依据。因为这些组分容易鉴别，又具有成因意义，它们彼此间的数量关系可以反映砂岩的成因特征。

不稳定碎屑组分以及稳定碎屑组分可以反映物质来源。岩屑可直接反映母岩的性质，比如岩浆岩、变质岩和沉积岩。长石多来源于花岗质母岩，长石和岩屑的比值（即 F/L，称为来源指数）可以反映出来源区母岩组合的基本特征。至于单晶石英碎屑颗粒，它的来源是多方面的，既可以来源于富含石英的石英岩、花岗岩、片麻岩等岩石，也可以是经历多次沉积旋回的产物。因此，石英与长石、岩屑不同，需通过形态和岩矿特征仔细分析来源区的母岩性质。

搬运和磨蚀的历史可以通过稳定组分和不稳定组分的相对含量比值 Q/(F+R)（称成分成熟度）来表示。在一般情况下，成分成熟度越高，磨蚀条件越好，搬运历史也越长。砂岩中分布最普遍的稳定组分是石英，在本教材中燧石和其他硅质岩屑不归入石英端元，因为它们的稳定性不如石英，又能反映一定的母岩性质，故将其放入岩屑组分之中。介质的物理条件（流速、密度和黏度）是影响碎屑物质机械沉积的重要因素，砂岩中黏土基质的有无和数量多少，是机械分异作用彻底程度的具体指标，介质的这种性质可以用碎屑与基质含量比值（即 C/M，称为流动指数）来表示。C/M 比值可以直接反映砂泥混杂的程度，即岩石分选性的好坏。如果 C/M 比值很小，则砂泥混杂、分选性很差，说明簸选不彻底，沉积物堆积速度很快或堆积时间较短。

（二）倡导的砂岩分类

本教材倡导的砂岩分类属于四组分砂岩分类体系。

首先按基质含量（15%）将砂岩分为净砂岩和杂砂岩两大类：前者为基质含量小于15%的、分选性较好的纯净砂岩；后者为基质含量大于15%的、分选性较差的混杂砂岩。从油气储层地质学研究结果来看，规定黏土基质含量15%为划分两类砂岩的界线，理由是基质含量大于15%的砂岩分选性差，砂岩的孔隙度和渗透率显著变坏，一般难以成为较好的储集油气的砂岩。当基质含量大于50%时，则过渡为泥质岩类。

其次，在砂岩和杂砂岩中，按照三角图解中三个端元组分石英（Q）、长石（F）及岩屑（R）的相对含量划分砂岩类型（图7-3）。先考虑长石和岩屑的相对含量确定砂岩类型，如长石含量大于25%、岩屑含量小于25%的砂岩为长石砂岩（杂砂岩）类；岩屑含量大于25%、长石含量小于25%的砂岩为岩屑砂岩（杂砂岩）类；长石、岩屑含量均大于25%的砂岩为长石岩屑砂岩或岩屑长石砂岩（杂砂岩）类；长石和岩屑含量都小于25%的为石英砂岩（杂砂岩）类。

最后，如长石或岩屑含量为10%~25%，则将砂岩细分为"长石质或岩屑质××砂岩"，颗粒含量小于10%的组分不参加定名（表7-1）。

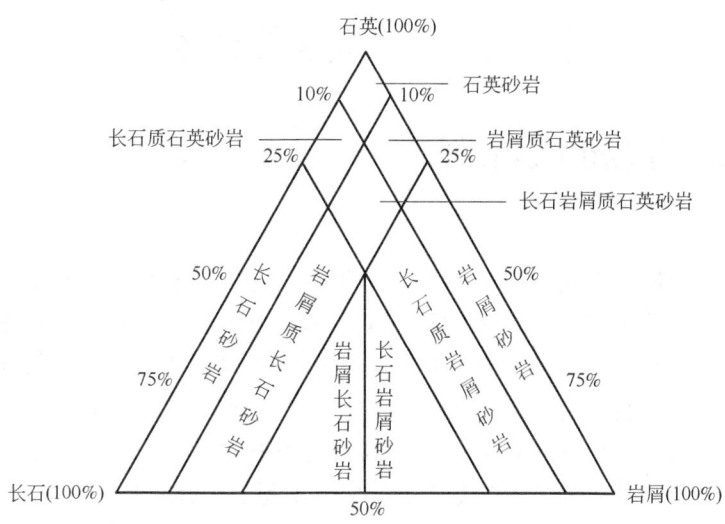

图 7-3 本教材倡导的砂岩成分/成因分类

以黏土基质含量15%为界，分别命名为砂岩和杂砂岩

表 7-1 本教材倡导的砂岩成分/成因分类表

岩类名称	岩石名称	主要碎屑颗粒含量,%			备注
		石英	长石	岩屑	
石英砂岩	石英砂岩	>80	<10	<10	
	长石质石英砂岩	65~90	10~25	<10	
	岩屑质石英砂岩	65~90	<10	10~25	
	长石岩屑质石英砂岩	50~80	10~25	10~25	
长石砂岩	长石砂岩	<75	>25	<10	
	岩屑质长石砂岩	<65	>25	10~25	长石>岩屑
	岩屑长石砂岩	<50	>25	>25	
岩屑砂岩	岩屑砂岩	<75	<10	>25	
	长石质岩屑砂岩	<65	10~25	>25	
	长石岩屑砂岩	<50	>25	>25	岩屑>长石

注：当基质含量>15%时，岩石名称分别定为石英杂砂岩、长石杂砂岩和岩屑杂砂岩。

这一分类的特点既能很好反映砂岩成因特征，即来源区母岩性质和搬运磨蚀历史，又保留了传统做法，以长石或岩屑含量大于25%作为长石砂岩类或岩屑砂岩类的分界，便于野外鉴定。本教材倡导的砂岩分类三个端元的含义分别是：石英端元 Q 只包括单晶石英+多晶石英，长石端元 F 只包括斜长石+钾长石；岩屑端元 L 包括沉积岩岩屑+变质岩岩屑+火成岩岩屑。

对于富含长石和富含岩屑的砂岩（一般指长石或岩屑含量大于50%），可以采用辅助三角图解进一步细分砂岩类型。辅助三角图的三个端元组分可根据具体情况灵活选择。例如，岩屑可细分为沉积岩屑、火成岩屑及变质岩屑三端元；长石可细分为钾长石、钠长石和更长石三端元等。按照岩屑成分或长石性质可将岩屑砂岩或长石砂岩进一步详细划分和命名。

本教材主要根据陆源碎屑组分划分砂岩（杂砂岩）的基本类型，没有考虑次要矿物和特殊矿物，当砂岩中含有较多这些矿物时，可采用附加定名，如海绿石石英砂岩等。

第三节　石英砂岩类

一、石英砂岩类组分及特征

（一）石英

碎屑石英是这类砂岩中最主要的成分，其含量限定为大于50%，同时长石和岩屑的含量均小于25%。在这类砂岩中最典型的是石英砂岩，其次是长石质石英砂岩和岩屑质石英砂岩。至于石英含量小于75%的长石岩屑质石英砂岩乃是界于长石砂岩和岩屑砂岩之间的过渡类型，其本身性质与石英砂岩的一般特征比较，已有相当的差别。

石英砂岩类最突出特征是石英碎屑含量高，可占90%以上，含有少量长石和燧石等岩屑，即狭义石英砂岩，其中重矿物含量极少，往往不超过千分之几，且多为稳定组分，常由极圆的锆石、电气石、金红石等组成，有时有钛铁矿及其衍生的白钛石。

石英大都为单晶石英，至于多晶石英和波状消光石英似乎都比单晶石英稳定性差，它们所占比例趋于减少。大部分石英碎屑常磨得很圆，表面光泽暗淡呈雾状，大小均一，分选良好，缺少泥质。这些砂岩的高成分成熟度和结构成熟度均表明，它接近理论上砂岩演化的终极产物。

石英颗粒还有一些典型的镜下特征，比如，石英颗粒内的球状和尘状包裹体通常沿着大致平行的线或面成行排列或富集成环带。火成岩形成的石英中常见针状包裹体和不透明的尘状斑点。受到挤压的、具波状消光的石英往往来源于片麻岩等变质岩石。

（二）长石和岩屑

石英砂岩类中，长石和岩屑颗粒含量均小于25%。

长石主要是微斜长石、正长石和钠长石。随着石英砂岩碎屑颗粒粒度变细，长石含量降低。

岩屑可包括少量磨蚀好的燧石和石英岩岩屑等。这些岩屑虽然含量很少，但其特征可能是沉积物来源区的线索。

（三）胶结物及基质

石英砂岩类的胶结物大多为硅质，其次为钙质、铁质及海绿石等。

在石英砂岩中，二氧化硅是最常见的胶结物。这种硅质胶结物常由石英、蛋白石和玉髓组成。石英作为胶结物多呈石英次生加大形式，它从碎屑颗粒表面向外生长，其光性方位与碎屑石英具有连续性。所有这些次生的外生物质完全透明，并且根据原来碎屑颗粒较为污秽表面的、似尘状杂质形成的包壳（灰尘线），可以圈出碎屑石英的原形轮廓；或者，由于碎屑石英含有大量包裹体，完全呈云雾状而与其透明的次生边缘明显区分开来。正是它们之间的这些差异，才显示出岩石所具有碎屑结构，这种现象在单偏光或正交光下是经常可以见到的。

在少数情况下，硅质胶结物可以是蛋白石或玉髓，或以二者均有的形式出现。蛋白石可在碎屑石英颗粒上形成同心状包壳，并可部分伸入孔隙或全部充填孔隙。玉髓的胶结作用与蛋白石相似，不同的是它可具有微纤维状扇形构造，并且有双折率以及正延性或负延性光性。

常见的碳酸盐胶结物可有以下三种形式：（1）每一个单独的孔隙被一个单晶方解石所充填；（2）方解石的结晶呈大的"嵌晶状"斑块，其中包含着许多碎屑颗粒；（3）方解石在单个的石英颗粒上形成晶簇状包壳。此外，在碳酸盐胶结物中，也常见白云石，其呈小的多面体产出，大小有时与砂粒大致相等。

其他胶结物很少见，如硬石膏、重晶石、天青石以及海绿石等胶结物。相对来说，硬石膏较常见，其特征为具直线形解理，极易识别。它常与其他胶结物共生，而且总是在最后才沉淀出来。

根据胶结物的成分，可将石英砂岩进一步分类和命名，如海绿石石英砂岩、铁质石英砂岩、钙质石英砂岩及硅质石英砂岩等。

在石英砂岩类中，杂质含量一般很少，很少见石英杂砂岩。

（四）石英砂岩类的主要特征

石英砂岩的成分成熟度和结构成熟度较高，其颜色大部分为灰白色，有些略带浅红、浅黄、浅绿等，少数为较深色调。颜色主要取决于颗粒和胶结物的颜色，如胶结物为海绿石，则岩石呈浅绿色调。有时碎屑石英表面包有一层赤铁矿薄膜，虽然它可能只占整个岩石的一部分或更少，但却使岩石呈浅红或浅褐色。

多种波痕和交错层理是石英砂岩的特征沉积构造，多呈层状稳定分布。这类砂岩极为常见。据统计，石英砂岩类约占砂岩总量的1/3，时代分布也广，但多以前寒武纪和早古生代为多，主要产于构造条件相对稳定地区。

随着长石和岩屑含量的增加，石英含量的相对减少，石英砂岩过渡为长石质石英砂岩或岩屑质石英砂岩。这两类砂岩的共同特点是石英含量仍较高，都大于75%，仍可以看作是"净化"较高的砂岩。这类岩石的形成，一方面取决于来源区的母岩性质和构造背景，另一方面还决定于碎屑物质搬运和磨蚀的历史。

长石质石英砂岩中长石的含量多于岩屑，含量为10%~25%，多为钾长石和酸性斜长石，而岩屑含量小于10%。除稳定重矿物组分外，还可见稳定性较差的重矿物组分，如十字石、蓝晶石等。

岩屑质石英砂岩中岩屑的含量多于长石，含量为10%~25%，长石含量小于10%。岩屑多为抗风化能力较强的石英岩、燧石和硅质岩等岩屑，重矿物也相应增加了不稳定组分。

长石岩屑质石英砂岩是向长石砂岩和岩屑砂岩过渡的类型，其中石英含量已显著减少，为50%~75%，长石和岩屑含量有所增加，但均不超过25%，成分较复杂。一般常与长石质石英砂岩和岩屑质石英砂岩共生。

二、实例研究

（一）塔里木盆地东河砂岩段海相石英砂岩

塔里木盆地东河砂岩段海相石英砂岩中，石英含量69%~96%（其中浑圆状石英颗粒较多），长石含量1%~10%，岩屑含量4%~22%，中—细粒为主，分选磨圆较好。黏土杂基含量甚微，硅质胶结明显。硅质胶结物有次生加大、自形自生石英和粒表微晶石英等三种形式，其次是碳酸盐胶结物（图7-4）。东河砂岩段石英砂岩是我国首例大型深埋优质海相碎屑岩储层，主要形成于滨海沉积环境，岩性稳定，沉积砂体分布广，现埋深5000~6000m，物性较好，孔隙度10%~28%，渗透率（1~1540）×$10^{-3} \mu m^2$。由于成岩作用不均一性，物性也有相应变化，既发育原生孔隙，也有次生孔隙（图7-5）。

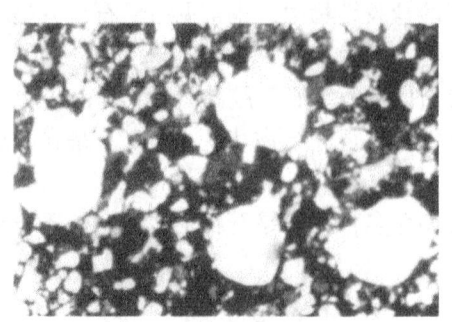 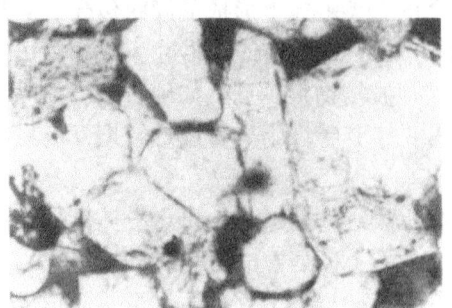

图7-4 塔里木盆地含有浑圆状
石英颗粒的石英砂岩
塔河2井，东河砂岩段，正交光，×40

图7-5 塔里木盆地石英砂岩
发育石英次生加大和粒间孔隙
塔中11井，东河砂岩段，单偏光，×100

（二）河北唐山龙山组海绿石石英砂岩

河北唐山中上元古界龙山组石英砂岩碎屑成分几乎均为石英，偶见石英岩岩屑，有的石英内含大致平行排列的尘状包裹体。胶结物为硅质，并围绕石英颗粒形成次生加大边。含少量已褐铁矿化的自生团粒状海绿石；分选性好，磨圆度高，借助颗粒边缘的黏土包壳可以分辨出颗粒的轮廓，属海绿石石英砂岩（图7-6）。

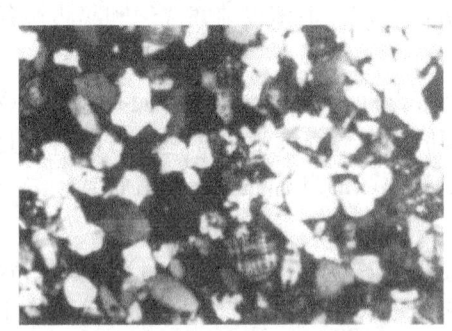

图7-6 河北唐山中上元古界含海绿石
石英砂岩（震旦系龙山组，正交光，×60）

三、成因分析

纯净的石英砂岩具有高成分成熟度和结构成熟度，多为花岗岩、花岗片麻岩母岩彻底风化的产物，多形成于有障壁和无障壁的滨海—浅海砂质海岸沉积环境。在河流或湖泊环境也可形成长石质石英砂岩、岩屑质石英砂岩类。

第四节 长石砂岩类

一、长石砂岩类组分及特征

（一）长石

长石含量较高是此类砂岩的特点，均大于25%，但罕见长石含量高于75%的砂岩。长石中钾长石类或酸性斜长石类均可为主要的长石，但基性斜长石并非这类岩石所特有。钾长石类以正长石为多，也常见具网格双晶的微斜长石和条纹长石，其变化包括由极新鲜的至强烈风化（高岭石化）的各种状况。高岭石化长石表面呈土状或云雾状，新鲜的或微弱风化的长石表面光洁。长石以解理、负突起和稍低的干涉色区别于石英。

（二）云母、岩屑及重矿物

长石砂岩可含有大量的白云母和黑云母碎屑，云母含量可高达10%以上。在细粒砂岩中云母含量较多，一般比其共生的石英和长石颗粒要大些，常沿层面平行排列。云母片因受邻近颗粒的挤压，可产生弯曲甚至裂开，黑云母常见绿泥石化。

岩屑在长石砂岩中通常作为附属成分，其种类会因母岩类型而异，常因具有混合来源，在同一岩石中会有多种岩屑类型。

与石英砂岩类相比，长石砂岩类重矿物含量较高，可达1%以上；成分较复杂，既有稳定重矿物组分，如锆石、金红石、电气石、石榴子石和磁铁矿等，也可见稳定性差的重矿物，如磷灰石、榍石、绿帘石、角闪石等。

（三）杂基和胶结物

此类砂岩黏土基质多是高岭石质的，有时为云母类和绿泥石类矿物，含量变化较大。它总是细而污浊，常被氧化铁和有机物污染。只有当黏土基质重结晶为细粒集合体时，才有可能大致分辨其类别。

胶结物常为钙质，有时为铁质，少见硅质。在较古老的长石砂岩中，可见石英和长石的次生加大现象，而且当次生加大很完善时，可使砂岩很像花岗岩类的岩石。

（四）长石砂岩类的主要特征

长石砂岩类包括长石砂岩和岩屑质长石砂岩以及岩屑长石砂岩（杂砂岩）。

长石砂岩主要由石英和长石颗粒组成，石英含量小于75%，长石含量大于25%，岩屑含量小于25%。石英颗粒分选磨圆度中等—差。因为颗粒较粗，所以有较多的多晶石英存在，同时还有石英和长石并连在一起的颗粒（图7-7）。

长石砂岩的化学成分与其花岗岩质母岩极其相似，富含Al_2O_3及K_2O；与杂砂岩不同，其中K_2O常大于Na_2O，Fe_2O_3大于FeO。在含有碳酸盐胶结物时，砂岩中CaO及CO_2的含量也随之增加。

长石砂岩随着其中岩屑含量的增加，则逐渐向岩屑砂岩以及岩屑长石砂岩过渡（图7-8）。

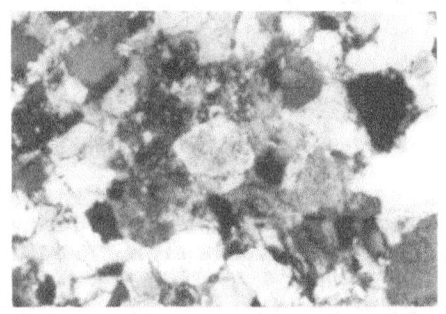

图7-7 松辽盆地白垩系姚家组岩屑质长石砂岩（正交光，×100）

图7-8 河北唐山中上元古界长城系粗粒长石砂岩（正交光，×60）

二、实例研究

（一）松辽盆地白垩系姚家组岩屑质长石砂岩

松辽盆地白垩系姚家组岩屑质长石砂岩的石英含量为28%~40%，一般不超过50%。长石含量一般为 27%~45%，主要是钾长石和中—酸性斜长石类，长石含量高于石英。岩屑含量为 4%~18%，主要是中—酸性喷出岩和浅变质岩。颗粒粗粉砂—细粒级，磨圆和分选中等。杂基包括两类：黏土质杂基（主要是陆源伊利石）和碳酸盐杂基（或灰泥），含量一般为 4%~8%。胶结物有硅质、黏土质、浊沸石和碳酸盐等成分。硅质胶结物主要以次生加大出现，含量一般为 2%~5%；自生黏土矿物含量占 3%~5%，主要是高岭石；浊沸石胶结物一般含量为 2%~8%；碳酸盐胶结物一般含量在 1% 左右。这些砂岩是构成松辽盆地白垩系北部大型河流三角洲砂体的主体部分，与泥质岩呈间互层产出，多位于正旋回下部或复合旋回中部，储层物性好（图 7-7）。

（二）河北唐山中上元古界长城系长石砂岩

河北唐山中上元古界长城系长石砂岩呈肉红色，不整合在太古界之上，是由古老的花岗质岩石风化而来。碎屑成分主要是石英和长石，有少量石英岩屑，偶见白云母。长石含量可高达 50% 以上，主要为具格子双晶的微斜长石和正长石，少量为斜长石。长石较新鲜，黏土质胶结。个别长石颗粒见次生加大现象，从而使长石具有良好晶形。颗粒圆度为次棱角状至次圆状，分选较差（图 7-8）。

三、成因分析

富含长石的母岩如花岗岩、花岗片麻岩等是长石砂岩形成的物质基础。另外，还需要有利于母岩崩解的母岩风化条件，主要是强烈活动的构造条件和干旱的气候条件。

在构造运动比较强烈的地区，形成高差较大的地形起伏，花岗质基底隆起，相邻地带发生沉陷，从而使母岩遭受剧烈侵蚀，快速风化、搬运堆积。由于风化时间短暂，主要是物理风化使其机械破碎，抗风化能力较弱的长石得以保存下来，在邻近母岩的沉降带较短距离搬运形成局部很厚的长石砂岩体。相反，构造活动较弱，地形起伏小，侵蚀速度缓慢，气候较潮湿，搬运距离长，则长石会容易被风化分解，长石砂岩会向石英砂岩转化。

第五节　岩屑砂岩类

一、岩屑砂岩类组分及特征

（一）岩屑

岩屑砂岩中岩屑含量大于 25%，长石含量小于 25%，石英含量在 50%~75% 或以下。

岩屑砂岩中岩屑成分复杂，有时可出现 20 多种岩屑。常见的岩屑可分三类：（1）各种隐晶质的喷出岩屑；（2）板岩、千枚岩及云母片岩等低级变质岩屑；（3）粉砂岩、黏土岩、硅岩及燧石岩屑，甚至还有泥晶石灰岩和白云岩等沉积岩岩屑。

（二）石英和长石

石英也是岩屑砂岩的主要成分，在含有沉积岩屑的砂岩中可能含有大量石英，它们大部分可能来源于先前存在的石英砂岩，其磨圆度通常比长石砂岩中的石英要好些。在富含变质岩岩屑的砂岩中，大部分石英多为具波状消光的石英和多晶石英，呈棱角状至次棱角状。

长石含量一般较少，如在岩屑砂岩中含有较多长石时，常可见到各种斜长石、正长石、条纹长石和微斜长石等，但主要的长石一般为酸性斜长石。有时在同一岩石中可见云雾状的风化长石和表面光洁的新鲜长石并存。

（三）云母和重矿物

在许多岩屑砂岩中，碎屑黑云母和白云母常是值得注意的组分。云母片一般平行层理面富集，常常由于压实作用而发生变形，在相邻石英颗粒之间成弯曲状甚至破裂，这种现象在垂直层理的切片中观察最为清楚，云母片常见于泥质含量少的胶结紧密的砂岩中。

常见的重矿物有锆石、电气石、角闪石、绿帘石、斜黝帘石、榍石和石榴子石等。其他常见的重矿物，如十字石、红柱石、蓝晶石和硅线石来源于变质岩，而辉石则来源于基性火成岩。应当指出，在较为古老地层中，因为稳定性差的矿物在沉积成岩作用过程中常遭破坏，只有更稳定的矿物方可出现。

（四）胶结物

岩屑砂岩颗粒常被碳酸盐和氧化硅以及黏土矿物胶结。当为氧化硅胶结时，碎屑石英可显次生加大现象。然而在压实作用较强的砂岩中，较软的泥质岩屑在石英颗粒间可以发生变形，出现假基质。这种压碎的岩屑与充填孔隙的真正基质极为相似，很难识别，一般可按下列特征大致判断：（1）假基质只充填某些孔隙，并不充填在全部孔隙内；（2）可能显出残留的结构、构造，如层理、页岩和粉砂岩的结构特性等；（3）泥质岩屑虽经压实变形，但在整体上与基质的颜色和结构具有较明显的不均一性。

（五）岩屑砂岩类的主要特征

岩屑砂岩类包括岩屑砂岩和长石质岩屑砂岩以及长石岩屑砂岩。岩屑砂岩中随着长石含量的增加，则逐渐向长石砂岩过渡。当长石含量增加到介于 10%~25%，岩屑含量大于 25%，称作长石质岩屑砂岩；当长石含量和岩屑含量均大于 25%时，称作长石岩屑砂岩。

岩屑砂岩最主要的岩石特征是含有较大量的稳定和不稳定的多种类型的岩屑。岩屑含量的多少取决于母岩区的构造稳定性、搬运过程和气候条件。

岩屑砂岩多呈浅灰色、灰绿色及灰黑色，分选性及磨圆度均不好，一般为中粗粒结构；沉积厚度较大，发育多种类型的交错层理以及其他沉积构造。

岩屑砂岩在化学成分方面的差异，如同矿物成分一样也是很大的。其特征是 Al_2O_3 和 K_2O 含量比较高，这反映了岩屑的泥质性质；Na_2O 和 MgO 含量一般较低，有的 MgO 含量较高是由于存在白云岩碎屑的缘故。在钙质胶结的砂岩中，CaO 及 CO_2 的含量高，有时由于泥晶石灰岩岩屑的大量出现也有同样结果。以燧石为主的岩屑或硅质胶结物的加入，可以显出异常的 SiO_2 含量。

当岩屑含量占砂岩碎屑的大部分时（>50%），可以根据岩屑成分进行亚类分析。

变质岩屑砂岩：岩屑常以板岩、千枚岩和云母片岩为主。

燧石岩屑砂岩：岩屑中燧石碎屑占相当大部分甚至占主要部分。在这种砂岩中，当有去玻化流纹岩碎屑时，不易与燧石区分。

粉泥岩岩屑砂岩：主要由粉砂岩和黏土岩的岩屑组成的砂岩。岩石中大部分碎屑都有较好的磨圆度。

钙质岩屑砂岩：或称灰屑砂岩。岩屑以碳酸盐岩外碎屑为主，即指原先的石灰岩经风化、侵蚀、搬运形成的碎屑，颗粒多呈复晶聚合体。

火山岩屑砂岩：岩屑以喷出岩为主，较常见安山质、玄武质的火山碎屑。在成岩过程中，易蚀变为绿泥石和绿帘石，并以浅绿色纤维状胶结物形式充填于碎屑颗粒间的孔隙中。

二、实例研究

（一）吐哈盆地侏罗系岩屑砂岩

我国石炭—二叠系、侏罗系、古近—新近系含煤地层中普遍分布岩屑砂岩类。吐哈盆地侏罗系岩屑砂岩（图7-9）岩屑含量多在50%以上，最高可达90%。岩屑主要是喷出岩、沉积岩、花岗岩、凝灰岩及变质岩岩屑。石英含量一般小于25%，长石含量一般小于15%。由于压实作用，塑性岩屑变形强烈。胶结物类型多，但数量少，主要有碳酸盐、自生高岭石、石膏、硬石膏和沸石类矿物。由于酸性溶解作用，可发育次生孔隙。

（二）渤海湾盆地古近系沙河街组岩屑砂岩

辽河坳陷西部的古近系浊积岩中发育火山岩屑砂岩，其石英含量40%~60%，长石含量小于25%，岩屑含量为30%~50%。岩屑主要成分是玄武岩岩屑和安山岩岩屑以及少量凝灰岩岩屑（图7-10）。

黄骅坳陷古近系分布有钙质岩屑砂岩，这主要是因为古河流经埕宁隆起的石灰岩发育区，携带了大量不稳定的石灰岩岩屑所致，而其他成分碎屑极少。

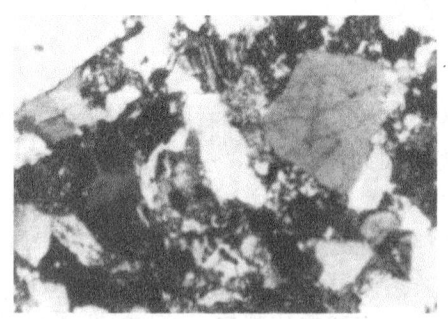

图7-9 吐哈盆地侏罗系中—细粒
长石岩屑砂岩（勒3井，正交光，×60）

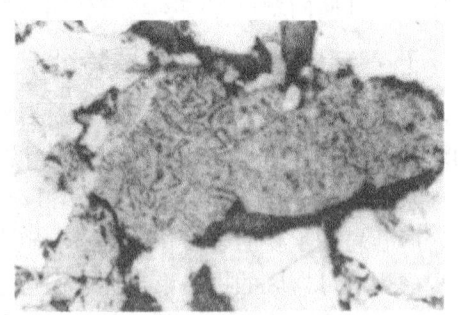

图7-10 辽河坳陷沙河街组沙三段
凝灰岩岩屑砂岩及粒间孔隙
（牛深2井，单偏光，×100）

三、成因分析

岩屑砂岩分布较广泛，分布面积占全部砂岩的1/5~1/4。岩屑砂岩的形成条件与长石砂岩基本类似，需要有利于不稳定物质产生和沉积的条件。只有在这种条件下，强烈的物理风化和近源快速堆积，才可使大量母岩的崩解产物得以保存。随着远离母岩区，不稳定岩屑分解破坏，稳定组分含量相对增加，就常过渡为岩屑石英砂岩。

应当指出，岩屑砂岩的成分在各类砂岩中最为复杂，其形成条件需作具体分析。如石灰岩岩屑和火山岩岩屑，需要在侵蚀时受到不完全风化、近源快速堆积才能保存，这种侵蚀是由高差大的起伏地形或干燥气候条件引起的。然而，燧石岩屑砂岩则相反，它表示构造条件稳定、地形起伏小、长距离搬运及较彻底的风化条件。

岩屑砂岩常含有较多泥质岩屑，这些泥质物的软弱机械特性排除了其长距离搬运的可能，因此，它可作为局部来源区的一种标志。

第六节 杂砂岩类

一、定义

本文将杂砂岩定义为黏土基质含量大于15%的、分选不好的、泥砂混杂的砂岩。它在分类上与纯净砂岩平行定名,它的进一步分类和命名原则与纯净砂岩相同。

二、一般特征

杂砂岩石英含量可达50%以上。石英一般有棱角,常有明显的波状消光。

含有不同比例的长石和岩屑,含少量云母碎屑。

长石主要是斜长石,少见钾长石。在地质时代较年轻的砂岩中,可见混生的酸性斜长石和基性斜长石;但在较古老的岩石中,常见钠长石、奥长石和酸性中长石,偏基性的斜长石因不稳定,极为稀少。某些砂岩中含有浊沸石,推测这种钙质沸石可能是钙长石蚀变后形成的,长石一般是新鲜的,但有些长石颗粒常因有蚀变产物而呈云雾状。

岩屑主要是泥页岩、粉砂岩、板岩、千枚岩和云母片岩,燧石和细粒石英岩及多晶石英也可较丰富。有些砂岩含有具长石微晶的细粒火山岩屑,其中较常见酸性火山岩屑,少见安山岩屑。

常见白云母和黑云母以及绿泥石化的黑云母。

在许多杂砂岩中,还有方解石、铁白云石等碳酸盐矿物,它们一般呈不规则斑点状产出,通常交代基质,又交代某些岩屑和长石颗粒。方解石外形常不规则,而铁白云石等晶体更趋于自形。然而,在杂砂岩中沉淀的胶结物比在纯砂岩中少得多,这可能是由于存在不渗透的黏土基质造成的。因为基质的存在阻碍了溶液流通,且填塞了那些能够发生沉淀作用的绝大部分孔隙。

富含基质是杂砂岩的基本特征。在正常沉积的杂砂岩中,基质含量似乎是砂级大小的函数,即颗粒越细,基质含量越高。杂砂岩就是由这些紧密互生的绿泥石和绢云母以及石英、长石粉砂级细粒基质黏合起来的,而不是像其他砂岩由充填孔隙的沉淀胶结物胶结在一起。

杂砂岩呈暗灰色或黑色,一般是坚硬的、固结良好的砂岩。

重力流成因的杂砂岩常具递变层理和底面印模构造,一般与泥岩呈韵律互层,磨圆度和分选性均不好,颗粒一般具尖锐棱角状,碎屑包括砂或细砾以至细小质点的所有粒级。颗粒之间为黏土基质所填塞,以致较大颗粒被泥质所隔开,因而具有特别低的渗透性。

杂砂岩化学成分特点与长石砂岩很不相同,一般富含 SiO_2、FeO、Fe_2O_3、MgO 和 Na_2O。Na_2O 的含量高反映出长石是钠长石;FeO 含量高与绿泥石基质有关。其中通常 FeO 含量大于 Fe_2O_3,MgO 含量大于 CaO,Na_2O 含量大于 K_2O,这些正是与长石砂岩的不同之处。

三、实例研究

杂砂岩的进一步分类和命名的原则与纯砂岩相同,对于那些富含长石的杂砂岩称为长石杂砂岩和岩屑质长石杂砂岩;而富含岩屑的杂砂岩称为岩屑杂砂岩和长石质岩屑杂砂岩。随着岩石成熟度的增高,可以过渡为富含石英的石英杂砂岩。

（一）辽东湾盆地古近系岩屑质长石杂砂岩

辽东湾盆地古近系沙河街组沙三段长石杂砂岩以碎屑黏土基质含量高为特征，其中石英含量45%、长石含量35%、岩屑含量20%，黏土基质含量可达20%。

该杂砂岩磨圆度和分选性中等，孔隙式胶结，储层物性较差（图7-11）。

（二）北京西山侏罗系岩屑杂砂岩

北京西山侏罗系九龙山组砂岩由分选性差的棱角状碎屑组成，石英含量约20%、长石含量约30%、岩屑含量高达50%。岩屑成分复杂，主要为石英岩和各种硅质岩以及酸性火山岩屑，其次有泥质岩、片岩、千枚岩和花岗岩等。

黏土基质含量为25%~30%，多蚀变为绿泥石和绢云母，有些碎屑颗粒被基质交代，以致颗粒很难与基质相区别（图7-12）。

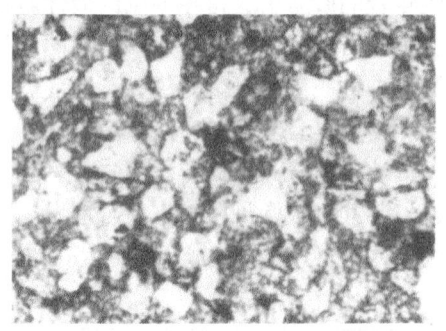 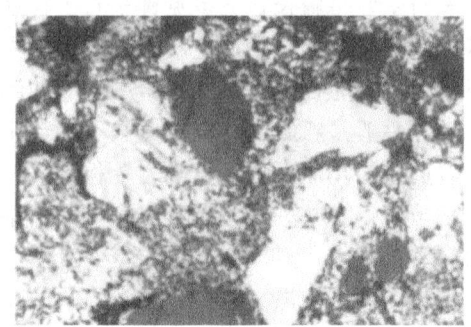

图7-11 辽东湾盆地沙河街组沙三段岩屑质长石杂砂岩及灰泥基质重结晶 锦州20-2-6D井，单偏光，×40

图7-12 北京西山侏罗系九龙山组岩屑杂砂岩及杂基强烈绢云母化（正交光，×100）

四、成因分析

杂砂岩所反映的来源区与长石砂岩不同。长石砂岩反映了花岗质岩石的来源区，而杂砂岩由于含较多的石英和长石，并常混有低级变质岩屑，甚至火山岩屑，表明它比长石砂岩的来源区更富于变化。

杂砂岩的形成条件与长石砂岩类似，即需要快速侵蚀、搬运及沉积作用，这可使母岩物质不发生完全的机械化学风化以及沉积分异作用。杂砂岩可形成于不同的构造背景和气候条件。杂砂岩常形成于构造活动比较强烈、气候比较干旱、短距离搬运、沉积作用比较快速的地区。海相或陆相沉积盆地重力流沉积成因的砂岩往往是典型的杂砂岩。

第七节 粉砂岩类

一、一般特征

主要由含量大于50%的、粒级为0.005~0.1mm的碎屑组成的细粒碎屑岩称为粉砂岩。通常，按颗粒大小又可分为粗粉砂岩和细粉砂岩两种，前者粒级范围是0.05~0.1mm，后者是0.005~0.05mm。

从外貌和性质上看，粗粉砂岩很像砂岩，可以作为油气的储集岩；而细粉砂岩尤其是富含黏土物质的细粉砂岩，都或多或少具有黏土岩特性，可以成为生油层或非常规油气储层。

粉砂岩中稳定组分较多，成分较单纯，常以石英为主；长石较少，多为钾长石；次为酸性斜长石；岩屑极少或不存在，常含较多白云母。

重矿物含量比砂岩多，可达2%~3%，多为稳定性高的重矿物，如锆石、电气石、石榴子石、磁铁矿、钛铁矿等。

黏土基质含量一般较多，常向黏土岩过渡形成粉砂质黏土岩。常见碳酸盐胶结物，少见铁质和硅质胶结物。

与砂岩相比，在相同的搬运条件下，粉砂碎屑具有更低的磨圆度，特别是细粉砂多呈悬浮负载，故几乎总是棱角状的。一般分选性较好，当有较多砂粒混入时可以较差。

粉砂岩常见波状交错层理、波状层理以及水平状纹层。交错层理规模和斜层倾角比相邻的砂岩小得多。粉砂岩饱含水后易于流动，故常见水平滑动所形成的包卷层理等变形构造。

二、分类和主要类型

可根据粒度、碎屑成分和胶结物成分对粉砂岩进一步分类。根据粒度，除一般分为粗粉砂岩和细粉砂岩之外，如果粉砂岩中混有较多的砂和黏土时，也可按二级复合命名原则来命名，如含砂泥质粉砂岩、含泥砂质粉砂岩等。

根据碎屑成分中石英和不稳定组分的含量，可将粉砂岩分为单成分粉砂岩和复成分粉砂岩。前者以石英为主，如四川盆地侏罗系凉高山组粉砂岩，即是以石英为主的单成分粉砂岩；后者除石英外，含较多长石、云母或其他碎屑。

此外，还可根据胶结物的成分对粉砂岩命名，如钙质粉砂岩和铁质粉砂岩等。

中国西北风成成因的黄土为粉砂质沉积的典型代表之一，它是一种半固结泥质粉砂岩。其中粉砂含量超过50%~60%，泥质含量可达30%~40%；再次为砂粒，粒径一般小于0.25mm，含量约10%。碎屑成分以石英、长石为主，重矿物有电气石、锆石、石榴子石等，含量可达5%。黄土中常含有形态奇特的钙质结核，俗称姜石。

三、成因分析

粉砂岩是经过较长距离搬运，在稳定的水动力条件下缓慢沉降形成的。因为长距离搬运不仅能使碎屑物质破碎、磨蚀形成粉砂级颗粒，而且还会使粗细混杂的物质逐渐发生沉积分异，使粉砂颗粒相对集中，这些物质因为颗粒细小故需在稳定、较弱的水动力环境中方可沉降堆积。

粉砂岩的分布极其广泛，几乎在所有的砂—泥质岩系中都有粉砂岩层或夹层。它在横向上的分布也有一定的规律性，一般出现在砂岩向泥岩过渡的水流缓慢地带。多产于浅海、浅湖和三角洲前缘远端等沉积环境。另外，可见于河漫滩、潟湖、沼泽地区。

第八节 砂岩油气储集性能及研究方法

一、砂岩的油气储集性能

砂岩是良好的储集油气的岩石。据统计，在世界上已发现的油气田中，以砂岩作为储层的油田约占半数左右。我国已发现的油气田，大多数储集岩为砂岩类型，其中中—新生代陆相碎屑岩储层主要是长石砂岩、岩屑长石砂岩和岩屑砂岩类；古生代海相碎屑岩储层多为石英砂岩及长石砂岩等。

砂岩是由格架颗粒、填隙的碎屑粉砂和黏土、化学胶结物以及孔隙空间所组成。因为砂岩具有孔隙裂缝，才使得砂岩具有储集和输送地下流体（油、气、水）的能力。基质含量少的净砂岩比杂砂岩储集物性好。

砂岩的孔隙由原生和次生孔隙两部分组成。很多油田的砂岩储层发育次生孔隙。次生孔隙绝大部分形成于成岩演化的中成岩阶段，一般都是易溶岩石组分溶解形成的，如碳酸盐、硫酸盐和氯化物等矿物的溶解。

砂岩的储集性能通常以孔隙度和渗透率两个参数来衡量。优质砂岩储层的孔隙度可高达40%左右，渗透率达数万个毫达西。一般来说，油层的孔隙度下限为6%~8%，气层的孔隙度下限为3%~5%。不同深度和油质变化，会造成储层孔隙度下限变化。中国的中—浅层砂岩以中高孔、中高渗储层为主，中—深层则以低孔低渗储层为主。影响砂岩储层好坏的主要因素是原生沉积环境决定的成分、粒度、分选性，成岩阶段发生的压实、胶结、溶解作用，断裂作用等影响储层物性的沉积、成岩、构造作用。还要注意，在储层孔隙度相当的情况下，渗透率可以变化较大，故还要加强储层裂缝和孔喉结构的研究。

二、砂岩的研究方法

对于砂岩（包括粉砂岩）的研究，不仅要在野外进行岩性、沉积构造和沉积序列的详细观察描述，而且还必须做大量的地质、地球物理资料的综合研究以及室内分析化验工作。

在野外要观察砂岩的颜色、成分、结构、沉积构造和沉积序列，确定岩石大类名称以及沉积环境，研究地层产状以及与其他岩石的关系。此外，还应当注意砂岩和粉砂岩的含油情况，按规定把它们划分出一定等级，如油砂（饱含油）、油浸（不均匀含油）和油斑（斑点状含油）等。

在覆盖区，要充分使用岩心和地球物理资料。在描述岩心时，要详细描述颜色、岩性、结构、沉积构造和沉积序列，以及砂岩与泥岩的组合关系，以确定砂岩的沉积成因类型。还应利用多种测井资料分析砂岩岩性的垂向旋回变化；利用地震剖面反射结构和外形特征以及地震沉积学手段，确定沉积砂体的几何形态和空间分布。

在室内工作中，薄片鉴定是最基本的手段之一，用来详细研究砂岩成分、结构以及成岩后生变化，以便正确地予以命名和进行成因分析。其他常用手段还有机械粒度分析、重矿物分析等。可利用镜煤反射率和包裹体类别及其均一化温度分析成岩阶段和成岩环境。为了确定砂岩的储集性能，可用专门方法测定砂岩的孔隙度和渗透率，利用多种类型扫描电镜、阴极发光及X射线衍射等现代化测试手段，再结合压汞分析和图像分析，可以进一步研究砂岩孔隙结构、胶结物的类型和数量，进而阐明成岩环境的特点及其对储油特性的影响。

野外露头、岩心、地球物理资料和实验室分析化验资料的综合研究是一套行之有效的研究方法，它可为古构造、古气候、层序地层划分和对比、沉积古地理、成岩演化序列、储层物性等方面的研究提供重要的地质依据。

思考实习题

1. 简述砂岩的一般特征和砂岩的分类现状。
2. 简述国内外砂岩分类的主要方案和主要依据。

3. 试绘图并解释本教材建议砂岩分类方案的特点。

4. 试述石英砂岩类的一般特征及其形成条件。

5. 试述长石砂岩类的一般特征及其形成条件。

6. 长石砂岩中常见哪些长石类型？主要的光学识别标志是什么？各类长石次生变化的特点有哪些？

7. 如何根据长石的结构成熟度进行砂岩成因分析？

8. 试述岩屑砂岩类的一般特征及其形成条件。

9. 岩屑砂岩中常具有哪些成因意义的成分和结构特征？

10. 试述杂砂岩的一般特征和成因。

11. 总结对比石英砂岩类、长石砂岩类和岩屑砂岩类在物质成分、结构、构造、沉积环境、形成条件（母岩、气候、大地构造、搬运和沉积作用）等方面的特征及差异性。

12. 简述砂岩的油气储集性能与砂岩类型（粒度）之间的关系。

13. 试述粉砂岩的一般特征及形成的主要控制因素。

14. 比较粉砂岩和砂岩在成分和结构上的异同。

15. 在手标本上如何区分粉砂岩和泥质岩类？

16. 试述砂岩（粉砂岩）的主要研究方法及其作用。

17. 选择典型露头剖面开展踏勘描述，确定砂岩类型、沉积构造和沉积序列特征，取样分析其成分、结构和成岩作用特征，推断砂岩形成的沉积过程和成岩阶段。

18. 查阅文献，分析我国某个中、新生代陆相盆地砂岩储层的岩性和储集物性特征。

第八章 黏 土 岩

> **导 读**
>
> 本章核心知识点包括黏土岩的概念与基本特征，常见黏土矿物高岭石、绿泥石、蒙脱石、绿泥石的化学组成、结构和形态等基本特征，黏土岩的结构、构造和分类，黏土矿物在埋藏后发生的转化作用及其过程。

黏土岩是指黏土矿物含量大于50%的沉积岩。疏松或未固结成岩者称为黏土。

黏土岩的粒度组分大都很细小，这主要是因黏土矿物的粒度细小所致。黏土矿物的粒径一般都在0.005mm或0.0039mm以下，甚至在0.001mm以下。因此，就粒度组分而论，当岩石组分中小于0.005mm或0.0039mm的组分含量大于50%时，这类岩石才称为黏土岩。

黏土岩这一术语的含义和使用，在国际沉积学界仍未有统一的认识。英美学者大都把粒级范围小于1/256mm、含量大于2/3的岩石称为黏土岩，把粒级范围为1/16~1/256mm、含量大于2/3的岩石称为粉砂岩，两者之间的过渡类型称为泥岩，把所有这些岩石总称为泥状岩或泥质岩。前苏联的一些学者则把泥质颗粒（<0.01mm）含量达50%的岩石称为黏土质岩，其中小于0.001mm的颗粒不少于25%。

构成黏土岩主要组分的黏土矿物大多数来自母岩风化的产物，并多以悬浮方式搬运至汇水盆地，以机械方式沉积而成。由汇水盆地中SiO_2和Al_2O_3胶体的凝聚作用形成的自生黏土矿物，以及由火山碎屑物质蚀变形成的黏土矿物，在黏土岩中所占比例较小。因此，就形成机理而言，黏土岩类应归属陆源碎屑沉积岩。

黏土岩是沉积岩中分布最广的一类，约占沉积岩总量的60%。它不仅是重要的烃源岩，同时还是良好的盖层，甚至还可作为非常规油气的储层。因此，黏土岩研究不仅对沉积岩成因、沉积环境分析起重要作用，而且还具有重要石油地质意义。黏土岩常具有一些独特的物理性质（如非渗透性、吸附性、吸水膨胀性、可塑性、耐火性、烧结性、黏结性、干缩性等），有些黑色页岩和碳质页岩还含有一些稀土元素，这就使黏土岩具有更广泛的工业使用价值。

第一节 黏土岩的物质成分

黏土岩的矿物成分以黏土矿物为主，其次为非黏土矿物及有机物质。其化学成分以SiO_2、Al_2O_3和H_2O为主，次为Fe、Mg、Ca、Na、K的氧化物及一些微量元素。

一、黏土岩的矿物成分

（一）黏土矿物

黏土矿物是一种含水的硅酸盐或铝硅酸盐矿物，可分为非晶质和结晶质两类。后者又分为层状和链层状两种结构类型。最常见者为层状结构的黏土矿物。

层状结构的黏土矿物由两种基本结构层组成。一种为硅氧四面体层，另一种为铝氧八面体层或镁氧八面体层。四面体和八面体基本结构层在空间上彼此以一定规律结合就形成了结构单元层。根据结构单元层中各基本结构层相互结合的比例及叠置方式不同，可将层状结构黏土矿物的结构单元层分为以下三种类型（图8-1）。

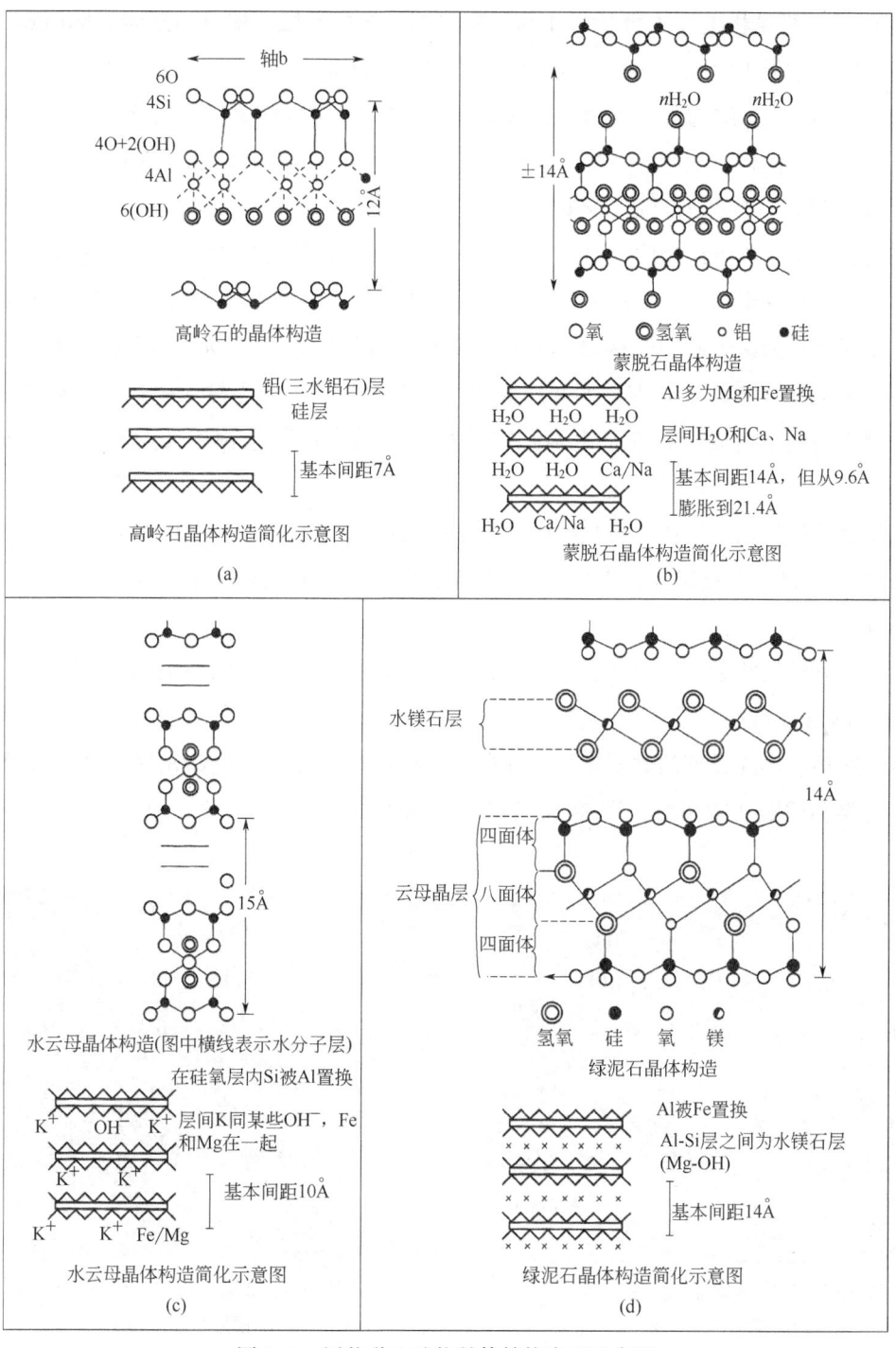

图8-1 层状黏土矿物晶体结构类型示意图
(a) 1∶1型；(b)、(c) 2∶1型；(d) 2∶1∶1型

(1) 1∶1型结构黏土矿物。1∶1型结构黏土矿物是由一层四面体层和一层八面体层叠置并连接在一起而构成的黏土矿物，常见于高岭石族矿物中，故称为高岭石型，属双层型结构单元层。四面体层中不出现Si^{4+}与Al^{3+}的交代，八面体层中Al^{3+}未被Mg^{2+}、Fe^{3+}交代，结构式为$Al_2[Si_2O_5](OH)_4$。

(2) 2∶1型结构黏土矿物。2∶1型属三层型结构单元层，即由两层四面体层夹一层八面体层构成，常见于蒙脱石和水云母族矿物，称蒙脱石型。

(3) 2∶1∶1型结构黏土矿物。2∶1∶1型由2∶1型结构单元层再叠置和连接一个似水镁石八面体层而构成。所叠置的八面体层可视为2∶1型结构单元的层间物，故也可归为2∶1型或三层型，常见于绿泥石族矿物。

在层状结构的黏土矿物中，一种是由同一类型的黏土矿物结构单元层重复叠置而成，称为简单层状结构黏土矿物，如高岭石、蒙脱石、伊利石、绿泥石等。另一种则是由两种或两种以上不同类型的黏土矿物结构单元层叠置而成，称混层黏土矿物。其中又分为有序（规则）混层和无序（不规则）混层两类。前者是由不同结构单元层黏土矿物沿C轴方向规则交替、周期性重复而成；后者是由两种或两种以上黏土矿物结构单元层沿C轴随机叠置而成。

链层状结构的黏土矿物和层状结构的黏土矿物不同，它是由硅氧四面体沿一个方向连接成辉石型的$[SiO_3]^{2-}$链组成，为含水的铝镁硅酸盐，比层状结构黏土矿物少见，如海泡石、坡缕石等。

除层状和链层状黏土矿物外，还有少见的非晶质和半晶质黏土矿物，如水铝英石、伊毛缟石（imogolite）等。

综上所述，不同类型的黏土矿物，其晶体结构不同。因此，可按晶体结构特征对黏土矿物进行分类和识别（图8-2至图8-5，表8-1、表8-2）。

图8-2 准噶尔盆地二叠系高岭石电镜照片（×3000）

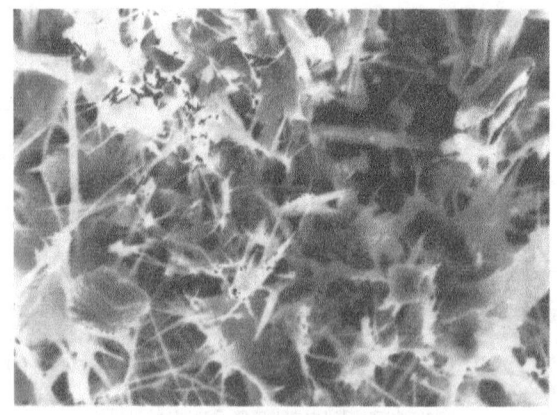

图8-3 准噶尔盆地三叠系伊利石电镜照片（×3000）

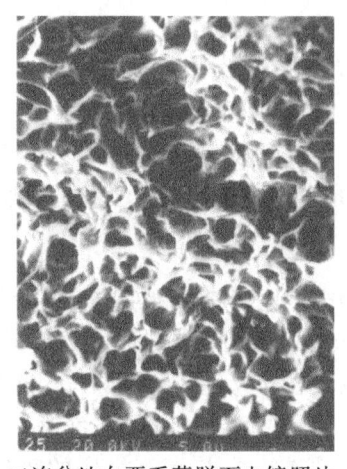 

图8-4 二连盆地白垩系蒙脱石电镜照片（×3000）　图8-5 准噶尔盆地三叠系绿泥石电镜照片（×4000）

表8-1 黏土矿物分类简表

	结构单元层类型		层间物	族	种
晶质	层状	简单层状			
		1:1 $[Si_4O_{10}](OH)_8$	有或无水分子	高岭石	高岭石、地开石、珍珠陶土等
				埃洛石	埃洛石（多水高岭石）、变埃洛石等
		2:1 $[Si_4O_{10}](OH)_2$	阳离子或水化阳离子	蒙脱石	蒙脱石、拜来石、绿脱石、皂石
				水云母	水云母（伊利石）、海绿石
		2:1:1 $[Si_4O_{10}](OH)_2$	氢氧化物	绿泥石	鲕绿泥石、斜绿泥石等
	混层状	有序混层		水云母—蒙脱石组合、绿泥石—蒙脱石组合	
		无序混层		水云母—蒙脱石组合、水云母—绿泥石组合 水云母—蒙脱石—绿泥石组合等	
	链状	2:1	水化阳离子	海泡石	海泡石、坡缕石（凹凸棒石）
半晶质和非晶质				伊毛缟石、水铝英石等	

表8-2 主要黏土矿物结构和形态特征

黏土矿物	化学式	结构单元层	形状及特征
高岭石	$Al_4[Si_4O_{10}](OH)_8$	1:1	六边形鳞片状晶体，重结晶后呈蠕虫状和手风琴状集合体
蒙脱石	$(Al_2,Mg_3)[Si_4O_{10}](OH)_2 \cdot nH_2O$	2:1	偏光显微镜下呈细鳞片状，电子显微镜下呈细鳞片状、鹅毛状、绒状
伊利石	$K_{<1}Al_2[(Al,Si)Si_3O_{10}](OH)_2 \cdot nH_2O$	2:1	显微镜下是弯曲的叶片状轮廓，电子显微镜下呈细鳞片状或带有尖角和直边的片状
绿泥石	正绿泥石$(Mg,Fe)_p[(Al,Fe)_pSi_{4-p}O_{10}][OH]_8$ 鳞绿泥石$(Fe,Mg)_{n-p}(Fe,Al)_p[(Fe,Al_p)Si_{4-p}O_{10}][OH]_{2(n-2)} \cdot xH_2O$	2:1:1	细鳞片状集合体或叶片状集合体

（二）非黏土矿物

非黏土矿物包括陆源碎屑矿物和化学沉淀的某些自生矿物。

陆源碎屑矿物中有石英、长石、云母、各种副矿物，其中最主要的还是石英，呈单晶出现，磨圆度差，边缘模糊。

化学沉淀的自生矿物主要有铁、锰、铝的氧化物和氢氧化物（如赤铁矿、褐铁矿、水针铁矿、水铝石）、含水氧化硅（如蛋白石）、碳酸盐（如方解石、白云石、菱铁矿）、硫酸盐（如石膏、硬石膏）、磷酸盐（如磷灰石）、氯化物（如石盐等）。它们都是在黏土岩形成过程中生成的，其含量一般不超过5%，是黏土岩形成环境及成岩后生变化的重要标志。

（三）有机物质

黏土岩中常有数量不等的有机物质，而有机物质的丰度以岩石中剩余有机碳含量、氨基酸的总量以及氨基酸总量与剩余有机碳的比值作衡量标准。如剩余有机碳和氨基酸含量高、氨基酸与剩余有机碳比值低，则有机质丰度高，此类黏土岩即为良好的烃源岩。这类黏土岩常呈深灰、灰黑色，质地纯，多形成于低能还原环境，如潟湖、海湾、深水盆地。这种环境对硫化铁的生成也是有利的，因此硫化铁矿物（如黄铁矿）常与富有机质的暗色黏土岩共生。

二、黏土岩的化学成分

黏土岩的化学成分主要为 SiO_2、Al_2O_3 及 H_2O，在一般黏土岩中，三者总量可达 80% 以上；其次为 Fe_2O_3、FeO、MgO、CaO、Na_2O、K_2O 等。不同黏土岩，化学成分变化较大，这主要取决于它的矿物成分、混入物、吸附的阳离子类型及含量。如高岭石黏土岩富含 Al_2O_3，水云母黏土岩富含 K_2O，海泡石黏土岩富含 MgO，陆源混入物含量较多的粉砂质黏土岩 SiO_2 含量高。

黏土矿物常具有吸附各种离子的特性，常吸附的阴离子有 PO_4^{3-}、SO_4^{2-}、Cl^-、NO_3^-，阳离子有 Ca^{2+}、Mg^{2+}、Na^+、K^+、H^+ 及 Cu^{2+}、Pb^{2+}、Zn^{2+}、B^{3+}、Au^+、Ag^+、Hg^{2+}、As^{3+}、Tn^{4+}、U^{4+} 等。它们是使黏土岩化学成分多变的原因之一。

黏土岩的化学成分与沉积环境有一定关系。有人认为，淡水黏土中高岭石含量较高，故 MgO、K_2O 含量低于海相或潟湖相黏土；硼和某些放射性元素的含量在海相和非海相黏土中差异较大。因此，可以利用微量元素类型、含量、比值等来研究黏土岩的沉积环境。

第二节　黏土岩的结构、构造和颜色

一、黏土岩的结构

根据黏土矿物颗粒及粉砂、砂等碎屑物质的相对含量，可划分出以下三种结构类型（表 8-3）。

表 8-3　按黏土质点和粉砂（砂）相对含量划分的黏土岩结构类型

结构类型	黏土及粉砂（砂）含量,%	
	黏土	粉砂（砂）
黏土结构	>90	<10
含粉砂（砂）黏土结构	75~90	25~10
粉砂（砂）质黏土结构	50~75	50~25

黏土结构又称为泥质结构，几乎全由黏土质点组成，砂或粉砂级碎屑含量小于10%，以手触摸有滑腻感，用小刀切刮时，切面光滑，常呈现鱼鳞状或贝壳状断口。

含粉砂黏土结构和粉砂质黏土结构也可分别称为含粉砂泥质结构和粉砂泥质结构。这两种结构的岩石用手触摸具粗糙感，刀切面不平整，断口粗糙。

含砂黏土结构及砂质黏土结构也可分别称为含砂泥质结构和砂质泥质结构。这两种结构的岩石用手触摸具有明显的颗粒感觉，肉眼可见砂粒，断口呈参差状。

按黏土矿物的结晶程度及晶体形态可划分出非晶质结构、隐晶质结构和显晶质结构。其他还有鲕粒及豆粒结构、内碎屑结构及残余结构等。

二、黏土岩的构造

黏土岩的构造可划分为宏观构造和显微构造两种类型。

（一）宏观构造

黏土岩的大型宏观沉积构造包括多种层理构造（如水平层理、块状层理、小型交错层理、递变层理等）、多种层面构造（如干裂、雨痕、虫迹、结核、晶体印痕）、水底滑动构造、搅混构造等变形构造。

具水平层理构造的黏土岩，其水平细层的厚度小于1cm者，称为页状层理或页理，水平细层的厚度小于1mm者称为纹理。

（二）显微构造

黏土岩常见的显微构造有以下几种。

（1）显微鳞片构造：由极细小的、排列方向不规则的黏土矿物组成，常见于泥岩中（图8-2）。

（2）显微毡状构造：由极细小的鳞片状、纤维状黏土矿物错综交织杂乱排列而成。在正交光下，纤体交错消光（图8-3）。

（3）显微定向构造：由极细小的鳞片状或纤维状黏土矿物沿层面定向排列而成，正交光下同时消光。常形成于无粗粒物质的缓慢沉积的较安静环境中。

（4）递变层理构造：主要有粉砂和黏土矿物组成，具有自下而上、沉积物粒度变细的沉积韵律，该沉积构造的形成常与重力流成因相关。

三、黏土岩的颜色

黏土岩常见的颜色有红、紫、褐黄、灰绿、灰黑、黑色等，颜色的差异与黏土岩所含的有机碳、铁离子的氧化状态等因素有关。

黏土岩的红色、紫红色是因黏土颗粒间或颗粒表面存在有分散状的高价氧化铁（赤铁矿、褐铁矿）薄膜，是强氧化条件下形成的。颜色的不同与含铁总量无关，而和Fe^{3+}与Fe^{2+}的比值有关。

绿色或灰绿色是因黏土岩中的绿泥石存在或因伊利石晶格中含有Fe^{2+}所致，或因含海绿石所引起，是弱氧化—弱还原环境下形成的。

黏土岩的灰色、灰黑、黑色大多是岩石中富含有机质（含量变化差异可较大）和分散状低价铁的硫化物（如黄铁矿）所致，为还原或强还原环境中形成的。因为这种环境中有机质不易被氧化而得以保存，高价铁也易被还原而形成硫化铁。这种环境常出现于海湾、潟湖、滨外陆棚、深海以及内陆湖泊的深湖、半深湖区。在这种环境中形成的、富有机质的暗色黏土岩是良好的烃源岩。

第三节 黏土岩的分类和沉积后变化

一、黏土岩的分类

目前黏土岩的分类尚无统一的分类方案。原因是黏土岩的成分和成因较复杂，组成黏土岩的颗粒又极细小，精确鉴定和含量统计都较困难，成岩作用中又极易变化。现有的分类，一般先按黏土岩在成岩作用中的变化，如按固结程度及沉积构造划分大类，进一步按黏土岩的结构、矿物成分及混入成分再细分次级类型（表8-4）。

表8-4 黏土岩的综合分类

结构及成分		固结程度			
		未—弱固结（未重结晶）	固结（未—中等重结晶）		强固结（重结晶矿物>50%）
			无页理	有页理	
结构（粉砂或砂含量）	<10%	黏土	泥岩	页岩	泥板岩
	10%~25%	含粉砂（砂）黏土	含粉砂（砂）泥岩	含粉砂（砂）页岩	
	25%~50%	粉砂（砂）质黏土	粉砂（砂）质泥岩	粉砂（砂）质页岩	
黏土矿物成分	高岭石	高岭石黏土（高岭土）	高岭石泥岩	高岭石页岩	
	蒙脱石	蒙脱石黏土（膨润土）	蒙脱石泥岩	蒙脱石页岩	
	伊利石	伊利石黏土	伊利石泥岩	伊利石页岩	
	海泡石	海泡石黏土	海泡石泥岩	海泡石页岩	
	高岭石、蒙脱石	高岭石—蒙脱石黏土	高岭石—蒙脱石泥岩	高岭石—蒙脱石页岩	
	高岭石、伊利石	高岭石—伊利石黏土	高岭石—伊利石泥岩	高岭石—伊利石页岩	
	蒙脱石、伊利石	蒙脱石—伊利石黏土	蒙脱石—伊利石泥岩	蒙脱石—伊利石页岩	
混入物成分	钙质	—	钙质泥岩	钙质页岩	
	铁质		铁质泥岩	铁质页岩	
	硅质		硅质泥岩	硅质页岩	
	有机质		碳质泥岩、暗（黑）色泥岩	碳质页岩、黑色页岩、油页岩	

在黏土岩矿物成分分类中，按黏土矿物的类型和含量还可分为单矿物黏土岩和复矿物黏土岩。前者以一种黏土矿物为主，其含量大于50%，如高岭石黏土岩、蒙脱石黏土岩等。后者由两种或两种以上黏土矿物组成，采用复合命名，如高岭石—蒙脱石黏土岩等。每类黏土岩又可按其固结程度和构造分为黏土、页岩和泥岩，如高岭石黏土、高岭石泥岩、高岭石页岩等。

泥板岩类因固结和重结晶作用较强，已是向变质岩过渡的类型，一般不再细分。

二、黏土沉积物的沉积后变化

黏土沉积物的沉积后变化主要表现为压实作用、黏土矿物的转化作用和脱水作用。

(一)压实作用

黏土物质沉积后,处于软泥状态,其原始孔隙度可高达70%~90%,孔隙中饱含着自由水。随埋藏深度的增加,在上覆水体和沉积物负荷的重压下,黏土质点将重新排列、压紧、变形或破裂,孔隙水不断排出,原始黏土沉积物孔隙度大大降低、体积缩小,最后被压实固结成为黏土岩。

在压实成岩过程中,黏土沉积物孔隙度的减小与埋深的增加并非直线关系(图8-6)。在浅埋藏阶段(埋深<1000m),黏土物质中所饱含的孔隙水很容易排出,孔隙度急剧降低;在深埋藏阶段(埋深>1000m),孔隙度降低明显变慢。原因是大量孔隙水排出后,孔隙度再继续降低就要靠排出与黏土物质结合紧密的层间水和结构水来实现,随着深度的增加,层间水和结构水的排出将越来越困难。当然,不同类型黏土矿物组成的黏土岩的孔隙度减小与埋深增加的关系是有变化的(图8-6)。

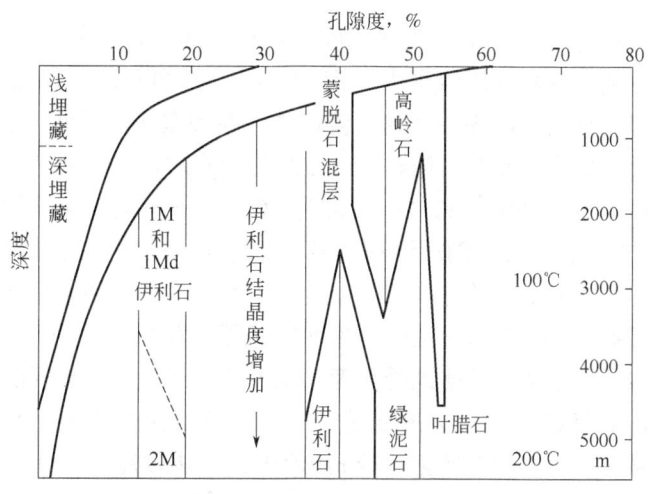

图 8-6 黏土沉积物埋深压实变化(据 Fuchtbauer,1978)
1M、1Md、2M 指不同结构的伊利石

在压实过程中,随着埋深的加大,黏土沉积物若处在一个较封闭的系统中,上覆沉积负荷在黏土岩中产生超孔隙压力,孔隙中的流体支撑了大部分以至全部上覆压力,骨架颗粒承受的压力则大大地降低。形成塑性的可流动的所谓欠压实泥岩。欠压实泥岩可对油气运聚起到隔挡作用,可有利于下伏砂岩孔隙的保存。当上覆沉积负荷出现压力的不均衡时,欠压实泥岩则向压力低的方向流动,在上覆层压力较小或具有裂隙的部位形成泥岩的刺穿或底辟。

(二)黏土矿物的转化作用

在压实作用进行的同时,随着埋深的加大,压力和地温的增高,以及黏土矿物层间水的释放和层间阳离子的移出,黏土矿物之间将发生转化作用(图8-7)。在浅埋藏条件下,黏土矿物主要为高岭石和蒙脱石;在深埋藏条件下,这些矿物消失而转化成伊利石和绿泥石。

黏土矿物类型及其分布随地质时代的新老而异。地质时代越老,高岭石和蒙脱石含量减少,伊利石和绿泥石含量增加。地质时代的新老在一定程度上反映了埋深和成岩作用的强弱,因而也就反映了黏土矿物在埋藏和成岩过程中的变化趋势。

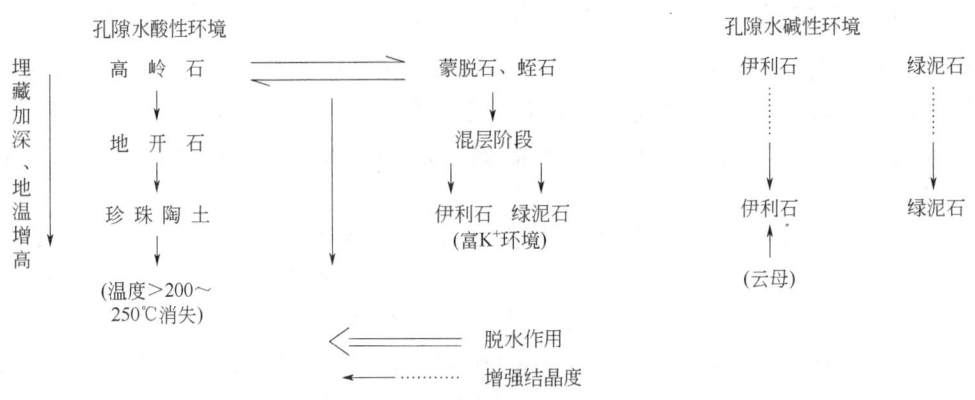

图 8-7 各类黏土矿物在埋藏成岩过程中的转化综合示意图

1. 高岭石的转化

高岭石类的黏土矿物（图 8-2）在埋藏成岩过程中的转化趋势是转变为蒙脱石、伊利石或绿泥石。这种转化，主要受埋藏深度（温度、压力）和介质的地球化学环境（pH 值、离子浓度）的控制，而且还会出现一系列过渡产物。在埋藏成岩过程中，随着埋深的增加、温度升高、压力增大，高岭石即向结构有序度较高的同族矿物——地开石转化。一般认为高岭石消失的最大温度区间为 80～140℃；通常为 90～110℃，地开石形成所需要的温度为 110～160℃。从理论上讲，高岭石随埋深和地温增加可向同族矿物的珍珠陶土转化。由于高岭石往往受转化温度范围和介质条件改变等因素的影响，常在这种转化之前已经消失。

深部钻探资料表明，高岭石转化消失的深度区间可从数百米至数千米，温度区间变化较大。这说明高岭石的稳定性并非严格地受温度和压力的控制，而更重要的是与介质的地球化学环境，即 pH 值及离子浓度有关。在酸性介质中，高岭石保持稳定，即使是温度升高、压力增大，也难以向蒙脱石、伊利石转化。若 pH 值增大，从酸性介质到碱性介质，高岭石的稳定性减小，若有 K^+ 存在，则转化为伊利石；若有 Ca^{2+}、Mg^{2+}、Na^+ 存在，则转化为蒙脱石或绿泥石。一般情况下，随着埋深和介质 pH 值增加，溶液由酸性变为碱性，层间溶液浓缩，离子浓度加大，高岭石变得不稳定而发生转化。但是，埋藏深度与 pH 值的增大并无绝对的正比关系，深埋藏也仍然可以出现酸性介质。因此，高岭石的稳定性有一定的深度范围。

2. 蒙脱石的转化

据世界不同地区不同深度钻孔对蒙脱石、伊利石相对丰度变化的研究，证实随埋藏深度的增加，蒙脱石即向伊利石转化（图 8-3、图 8-4）。实验研究也证明，温度在 100～130℃、K^+ 与 H^+ 比率接近正常海水时，蒙脱石失去层间水而向伊利石转化。但蒙脱石不能简单地通过离子交换转变成伊利石。因为蒙脱石是一种典型的、以水合阳离子及水分子作为层间物的 3:1 型黏土矿物，随着埋深的增加，温度的升高，压力的加大，蒙脱石将有一部分层间水脱出，造成了某些层间塌陷，导致了晶格的重新排列和碱性阳离子的吸附，先形成蒙脱石—伊利石混层矿物，进而转变为伊利石。一般认为蒙脱石向蒙脱石—伊利石混层矿物转化的深度范围应在 1200～3500m 之间。

在蒙脱石转化过程中，如果有 Fe^{2+}、Mg^{2+} 存在，则首先转化为蒙脱石—绿泥石混层，进而再转化为绿泥石。

必须指出，蒙脱石向伊利石或绿泥石转化的重要条件是孔隙水为碱性介质。如果孔隙水为酸性，蒙脱石则将向高岭石转化。

3. 伊利石和绿泥石的转化

在埋藏成岩过程中，若孔隙水保持碱性，伊利石和绿泥石可保持稳定而不发生转化。随着埋深的增加和地温增高，二者结晶程度增加。因此，它们可以作为埋藏成岩过程中重结晶作用强度的指示剂。若孔隙水呈酸性，伊利石和绿泥石均不稳定，并且可以转化为高岭石。伊利石和绿泥石的这种逆向转化是一种退变作用，常出现于表生成岩环境（图8-5）。

4. 混层黏土矿物的转化

混层矿物为大多数黏土矿物转化的中间产物，常起着黏土矿物转化（成岩阶段划分）的指示剂作用。在埋藏成岩过程中，混层黏土矿物显示为进变作用过程，这种作用的实质就是层间溶液中某些阳离子组合和晶格的重新排列，首先形成不规则（无序）混层，进而转化为规则（有序）混层。蒙脱石转化为伊利石或绿泥石都要经过不规则混层和规则混层这两个阶段。在表生成岩环境中，若出现有混层黏土矿物，表示黏土矿物逆向转化为退变作用过程。

各类黏土矿物在埋藏成岩过程中的转化可概括为图8-7。

（三）黏土矿物的脱水作用

黏土沉积物中通常存在以下四种水：

（1）孔隙水：存在于黏土沉积物颗粒间的孔隙中，可以自由流动，又称为粒间水或自由水；

（2）吸附水：由黏土颗粒表面的吸附作用而形成在颗粒表面的水化薄膜，又称为薄膜水；

（3）层间水：以水分子形式存在于黏土矿物晶体结构单元层之间的水，也称为结晶水；

（4）结构水：以OH^-的形式出现于黏土矿物晶体结构内部，也称为化合水。

黏土沉积物沉积后，水可占沉积物总体积的70%~80%，其中以孔隙水占绝对优势。黏土沉积物被埋藏后，在上覆沉积负荷的重压下，首先排出孔隙水。随着埋深的不断加大，可以排出吸附水、层间水及结构水。孔隙水和吸附水的排出，对黏土矿物的晶体结构并无影响，而层间水和结构水的排出，却会使晶体结构发生变化，转化为混层黏土，进而转化为在深层稳定的非混层黏土矿物，如伊利石、绿泥石等。层间水的排出是由于静电引力解吸作用的结果。从层间排出的水分子，转移到孔隙中而成为自由水。

现以蒙脱石为例，来说明随埋深的增加黏土矿物转化过程中的脱水作用。根据伯斯特（Borst，1969）的研究，蒙脱石转化过程中的脱水作用可划分为三个阶段。

第一阶段：脱水作用主要由压实作用引起，埋藏深度为1000~1500m以内，所脱去的为孔隙水和过量的层间水。黏土中的含水量减至30%，其中20%~25%为层间水，5%~10%为残留孔隙水。这是黏土矿物脱水速度最快的阶段。

第二阶段：是原生孔隙水脱出后最主要的一次脱水作用，其埋藏深度大于1500m，地温60~130℃，主要是热力作用脱去残留层间水而转化为混层黏土矿物。随埋深加大，在蒙脱石—伊利石混层矿物中，蒙脱石层的比例逐渐减少。这一阶段所失去的水量为被压实体积的10%~15%。

第三阶段：埋深大于2700m，这一阶段因埋深继续增加和地温的继续升高，蒙脱石脱去最后一层残余层间水，最终转变为非混层的伊利石。这一阶段的地温常大于130℃，甚至大于170℃。

综上所述，黏土矿物的脱水过程，既是黏土矿物孔隙水、吸附水和层间水含量逐渐减少的过程，也是黏土矿物向混层黏土矿物转化，最后又转变为在深层较为稳定的非混层黏土矿物的过程。另外，在黏土矿物脱水转化过程中，随埋深的增加，其阳离子交换总量、钠与钾的比值不断减小，而钾和交换总量的比值明显增加。

思考实习题

1. 何谓黏土岩？试述黏土岩的一般特征及其主要物理性质。
2. 试述伊利石黏土岩、高岭石黏土岩、蒙脱石黏土岩的一般特征及成因。
3. 何谓自生色、继承色、次生色？试以黏土岩为例，说明各种自生色的产生原因。说明自生色在岩相古地理研究中的重要意义。
4. 如何利用黏土岩的颜色判断氧化还原环境？并解释其原理。
5. 常见的黏土矿物类型有哪些？其特征如何？
6. 试归纳黏土矿物沉积后的转化规律，并以蒙脱石为例说明黏土矿物的脱水过程。
7. 简述黏土岩与油气成藏要素之间的关系。
8. 在实验室利用球棍模型模拟说明各种类型黏土矿物的空间结构。

第九章 碎屑沉积物的沉积后作用

> **导读**
>
> 本章核心知识点包括碎屑沉积物沉积后的常见成岩作用的概念、基本特征及其作用机理，成岩阶段划分标志，早期、中期和晚期成岩阶段的成岩特征，砂岩孔隙成因类型，原生孔隙和次生孔隙演化特征及其与成岩阶段关系，次生孔隙的主要识别标志。

碎屑沉积物的沉积后作用或广义的碎屑岩成岩作用是指碎屑沉积物沉积后转变为沉积岩直至变质作用以前或因构造运动重新抬升到地表遭受风化剥蚀以前所发生的一切物理化学作用及生物作用，其所经历的整个地质时期称为沉积后作用期，它又可进一步细分出若干个亚时期或亚阶段。

沉积后作用时期，碎屑沉积物（岩）所处的物理化学环境中诸因素（如温度、压力、细菌、有机质的转化、孔隙水介质的 pH 值和 Eh 值、孔隙水的运动等流体性质）都将不断地发生变化。沉积物为了与所处环境之间建立起新的地球化学平衡，也将不断地改变其本身的性质，或者通过与水介质的反应形成新矿物或某些结构构造来适应改变了的物理化学环境。随着成岩环境变化，原有的矿物组合和结构构造或将不再稳定，可出现另一类矿物组合和结构构造。这些特定的矿物组合和结构构造类型，可以作为沉积期后亚时期或阶段的划分标志。

碎屑沉积物的成岩作用极大地影响到岩石的孔隙度和渗透率，对碎屑岩油气藏的形成和开发有着密切的关系。国内外油气勘探实践证明，一些大油气田储层物性较好的原因之一就是沉积期后发育了相当数量的次生孔隙。

狭义的碎屑岩成岩作用主要有压实和压溶作用、胶结作用、交代作用、重结晶作用、溶解作用、矿物多形转变作用等。这些作用都是相互联系和影响的，其综合效应影响和控制着碎屑沉积物（岩）的岩矿和孔隙发育历史，其中对碎屑岩储层物性有重要影响的是压实作用、压溶作用、胶结作用、交代作用、重结晶作用、溶解作用。

第一节 压实作用和压溶作用

一、压实作用

压实作用或物理成岩作用指沉积物沉积后在其上覆沉积层和水体的重荷作用下，或在构造形变应力的作用下，发生水分排出、孔隙度降低、体积缩小的作用。在沉积物内部可以发生颗粒的滑动、转动、位移、变形、破裂，进而导致颗粒的重新排列和某些结构构造的改变（图 9-1、视频 9-1）。

视频 9-1 碎屑颗粒压实过程

压实作用在沉积物浅埋藏的早期阶段表现得比较明显。

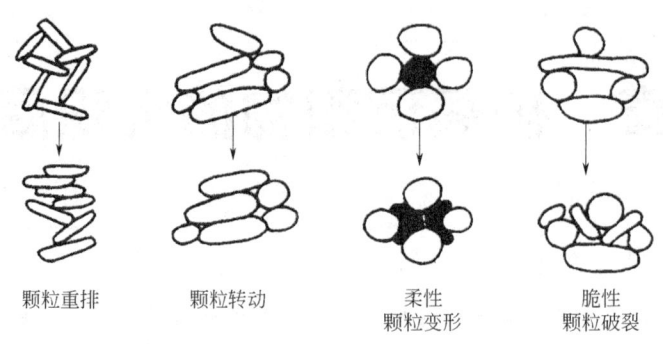

颗粒重排　　颗粒转动　　柔性　　　脆性
　　　　　　　　　　　颗粒变形　颗粒破裂

图9-1　机械压实造成颗粒位移改变示意图

从理论上讲，分选好的纯净砂岩的原始孔隙度为42%左右，在3000m深处其孔隙度降至10%~30%。在正常压实作用下，埋深每增加1000m，孔隙度将下降4%~8%。在压实过程中，一般的砂岩可排出$0.7 \times 10^3 L/m^3$的水。碎屑沉积物在埋深300m深度时，75%以上的水已被排出，所排出的水是孔隙流体的主要来源之一。孔隙流体中的Si^{4+}、K^+、Na^+、Mg^{2+}、Fe^{2+}、Ca^{2+}等，是后期化学成岩作用的物质基础。

沉积物的压实作用受多种因素控制，总体上可分为与沉积物本身有关的内因和与沉积物无关的外因两大类。

与沉积物有关的因素如颗粒的成分、粒度、形状、圆度、粗糙度、分选性等对压实作用的效应都有影响。比如石英颗粒含量较高而岩屑含量较低的沉积物，在埋藏过程中由于石英颗粒骨架抗压难于压实。颗粒的形状、圆度、粗糙度、分选性对压实作用的效应都有影响。颗粒的圆度越高，分选性越好，等大球形的砂级颗粒随机堆积的孔隙度越高（理论值可达42%左右）；而圆度和分选较差的砂级颗粒填积越紧密，杂基含量越高，孔隙度越低。以条板状颗粒为主的沉积物原始孔隙度变化较大。当沉积水流紊动时，条板状颗粒可以互相支撑或呈"桥"式堆积，原始孔隙度较高；相反，沉积物在缓慢平静的水体中沉积时，条板状颗粒顺层堆积，原始孔隙较低。天然砂中常有各种形态的颗粒，杂基含量亦不同，原始孔隙度可以变化较大，它们的机械压实效应也可出现较大差别。

颗粒的粗糙程度对沉积物的最终压实程度不太起重要作用，但影响压实作用的进程。粗糙颗粒具有较大的摩擦力，粗糙颗粒的表面相互连结也比圆滑颗粒的连接力强，将减轻高度压实物质的强度。

由于砾石支撑抗压作用，砾岩的压实效应较砂岩弱。除某些泥石流类型的砾岩具有杂基支撑结构外，大多数砾岩中的砾石呈碎屑支撑结构，其在压实作用过程中相应地发生一定程度的转动，以至扭曲变形或破裂。

与沉积物自身无关的外在因素如沉积物的埋藏深度、埋藏过程、胶结类型及程度、溶解作用、异常高压、构造挤压等对沉积物的压实作用也有很大影响。早期快速深埋、胶结弱或溶蚀强、不存在异常高压、存在构造挤压作用时，则有利于压实作用。

二、压溶作用

压溶作用是一种物理化学成岩作用。沉积物随埋藏深度的增加，碎屑颗粒接触点上所承受的来自上覆层的压力或来自构造作用的侧向应力超过正常孔隙流体压力时（达2~2.5倍），颗粒接触处的溶解度增高，将发生晶格变形和溶解作用。随着颗粒所受应力的不断增加和地质时间的推移，颗粒受压处的形态将依次由点接触演化到线接触、凹凸接触和缝合接触（图9-2）。在砾岩中，常见砾石呈凹凸状接触，形成压入坑构造；在砂岩中，常见相邻石英颗粒呈缝合状接触（图9-3）。这都是压溶作用的结果。

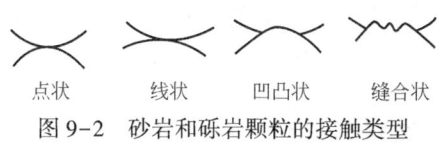

图9-2 砂岩和砾岩颗粒的接触类型

图9-3 石英颗粒压溶呈缝合线接触
吐哈盆地勒3井，侏罗系，正交光，×100

在正常地温梯度条件下，石英在500~6000m深处发生压实、压溶和次生加大生长现象。据此推测，压溶作用应是地下深埋藏成岩作用的特征，其强度随埋深的增加而增加，但在不同构造背景下会存在差异。

在石英颗粒表面若存在有水膜，尤其是在颗粒之间存在有黏土薄膜，能促进石英颗粒接触处优先溶解和溶解物质的扩散。

（一）水膜对石英颗粒压溶作用的影响

在石英颗粒外围包有一层水膜，其厚度仅几个分子厚，由于石英颗粒表面对水膜的吸引力，使得水膜具有一定的"刚性"，因而不会被压实作用所破坏。石英颗粒接触处为应力集中点，在水的参与下，颗粒接触处发生溶解，溶解的 SiO_2 水化为 H_4SiO_4 分子，并以水膜为通道向周围孔隙运移。由于周围孔隙的流体压力小于压溶部位的压力，SiO_2 又可以硅质胶结或石英次生加大的形式沉淀出来。

（二）黏土膜对砂粒压溶作用的影响

砂粒周围常有黏土薄膜，它可以是绿泥石、蒙脱石、伊利石等，其中以伊利石较为常见。黏土薄膜的存在有助于压溶 SiO_2 的扩散作用。黏土薄膜是由许多黏土小片与水膜聚集而成的。如果一个黏土小片与水膜聚集组成的膜厚为20Å，那么两个石英颗粒之间厚为 $10\mu m$ 的黏土膜将含有5000个水膜。与纯石英颗粒间仅有几个水膜的情况相比，黏土膜极大地扩大了压溶物质的扩散与渗滤通道，使压溶部位的压溶物质能很快通过水膜被带走，压溶作用能继续进行下去。另一方面，伊利石膜在压力和富含 CO_2 孔隙水的作用下，能游离出 K_2CO_3，从而构成局部碱性微环境，使得 SiO_2 的溶解度增加。压溶过程中进入溶液的 SiO_2 扩散到附近流体压力较低且不存在碱性微环境的孔隙内时，SiO_2 溶解度随之降低，以胶结物形式析出（图9-4）。

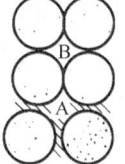 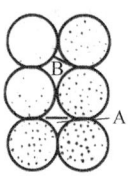 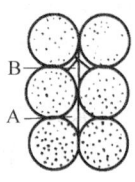

\\\\\\ 黏土薄膜

(a)　　　　(b)　　　　(c)

图9-4 石英砂岩中石英颗粒的压溶现象
(a) 孔隙A周围的石英颗粒间有黏土，孔隙B周围没有黏土；(b) 压溶作用发生后，孔隙A的体积缩小；(c) 溶解的 SiO_2 在B周围的石英颗粒上形成次生加大

除石英外，长石压溶后重新析出新的胶结物的现象也是常见的。朱国华（1985）曾研究过鄂尔多斯盆地陕北三叠系延长组长石砂岩的浊沸石胶结物，他认为浊沸石是斜长石被压溶的组分与孔隙水反应并沉淀于孔隙内的产物，反应过程中还能沉淀出钠长石，其反应式为：

$$2CaAl_2Si_2O_8 + 2Na^+ + 12H_2O + 6SiO_2 \longrightarrow 2NaAlSi_3O_8 + CaAl_2Si_4O_{12} \cdot 12H_2O + Ca^{2+}$$
　（钙长石）　　　　　　　　　　　　　　　　　（钠长石）　　　（浊沸石）

压溶作用为硅质胶结物提供了一定量氧化硅，是石英、长石等矿物次生加大生长并造成颗粒之间相互穿插接触的主要因素。此外，在压溶过程中，随着矿物的溶解，尚有 Al^{3+}、Na^+、K^+、Ca^{2+} 等元素进入孔隙水，从而引起岩石中各物质的重新分配。

第二节　胶结作用

胶结作用是指从孔隙溶液中沉淀出新矿物（胶结物），将松散的沉积物固结起来形成岩石的作用。胶结作用是沉积物转变成沉积岩的重要作用，也是使沉积层中孔隙度和渗透率降低的主要原因之一。胶结作用可以发生在沉积物浅埋阶段，也可发生在深埋阶段，但胶结物质类型可发生变化。

根据孔隙溶液中沉淀出的矿物质类型可以把碎屑岩的胶结类型分为钙质胶结、硅质胶结、泥质（黏土矿物）胶结、铁质（如氧化铁、黄铁矿和白铁矿）胶结以及硫酸盐（如石膏和硬石膏、重晶石）胶结等多种类型，其中以前三者为主。

胶结物类型常与砂岩颗粒成分有关，如石英砂岩大部分是二氧化硅和碳酸盐胶结，特别是古老的海相石英砂岩多呈二氧化硅胶结；而一些岩屑砂岩、杂砂岩和火山碎屑质砂岩的胶结物主要是蚀变了的杂基和化学沉淀物的混合物，其成分有黏土矿物、沸石矿物和其他硅酸盐矿物。碳酸盐胶结物分布最广泛，可出现在海相和陆相、浅埋和深埋阶段，并呈现方解石、含铁方解石、白云石和含铁白云石等不同的演化系列（图9-5）。黏土胶结物同样也随埋深变化而出现演化系列。氧化铁、硫酸盐胶结物也常在一些砂岩类型中出现。但基本的条件是孔隙中沉淀大量胶结物，要求孔隙流体系统是不封闭的，有饱和流体不断补给。随着沉淀作用的进行，孔隙空间减少，渗透性降低，矿物

图9-5　方解石嵌晶式胶结的钙质岩屑砂岩
二连盆地，哈4井，下白垩统，正交光，×40

沉淀的速度也就减缓下来。砂岩原始孔隙度和渗透率的降低速率是颗粒大小的函数，即细粒砂岩的胶结作用比粗粒砂岩进行的更快、更强烈，随着胶结作用的进行，物质沉淀速率一般呈指数递减。因此，使砂岩完全胶结所需要的时间是很漫长的。

胶结作用的类型包括黏土矿物胶结作用、二氧化硅胶结作用、碳酸盐胶结作用、长石胶结作用、沸石胶结作用、硫酸盐胶结作用，分述如下。

一、黏土矿物胶结作用

黏土矿物是砂岩中一种较重要的填隙物，常见的黏土矿物有高岭石、伊利石、蒙脱石、绿泥石，它们有自生的和他生的两种。他生的黏土矿物系来源于源区的母岩风化产物，自生

的黏土矿物来源于孔隙中沉淀生成或再生的黏土矿物，后者才是真正的胶结物，但数量上比前者要少。

（一）高岭石

高岭石在薄片和扫描电镜下较易辨认，一般呈假六边形晶片，集合体呈书页状或蠕虫状，以孔隙充填或交代其他矿物或以其他自生矿物的包体产出。在一些分选较好和粒度较粗的石英砂岩和长石砂岩中，常见晶形发育良好的自形高岭石（图8-2）。

自生高岭石除在有足够的 SiO_2 和 Al^{3+} 的循环孔隙水中析出外，也可由其他黏土矿物如绿泥石、伊利石或蒙脱石转变而来，或者是砂岩内部火山玻璃及长石蚀变的产物，其中尤以长石的蚀变产物更为常见和具有重要意义。

（二）伊利石

伊利石常呈不规则的细小晶片产出，其集合体通常呈颗粒包膜或孔隙衬边形式出现，有时呈网状分布于孔隙中（图8-3）。伊利石可分布于各种类型砂岩中，其结晶程度随埋藏深度的增加而变好，最后转化成绢云母。伊利石可以是在成岩过程中由其他黏土矿物（如蒙脱石或混层黏土矿物）或长石（如钾长石和钠长石）蚀变而来。

（三）绿泥石

自生绿泥石在砂岩中多呈颗粒包膜或孔隙衬边形式产出（图8-5）。自生绿泥石分布于各种类型砂岩中，除可从孔隙水中直接沉淀外，也可以由其他黏土矿物转变而来。当埋深增加，温度升高，早期形成的高岭石、蒙脱石和伊利石会变得不稳定，在石英砂岩中可转化为白云母；当黏土含量较多时，在有 Fe^{2+} 和 Mg^{2+} 存在的还原条件下，伊利石转变成绿泥石和黑云母组合。

（四）蒙脱石

在一些含火山物质较丰富的砂岩中，自生蒙脱石含量较多。随着成岩作用的加强，蒙脱石将转变为其他种类的黏土矿物，如伊利石—蒙脱石混层矿物或绿泥石—蒙脱石混层矿物，最终可转变为伊利石或绿泥石。蒙脱石也多呈孔隙充填产状产出（图8-4）。

（五）混层黏土矿物

混层黏土矿物可分为伊利石—蒙脱石混层矿物（简称伊蒙混层矿物）和绿泥石—蒙脱石混层矿物（简称绿蒙混层矿物）。伊蒙混层矿物在形态上介于伊利石和蒙脱石之间，如混层晶格中富含伊利石层，其形态近似于伊利石，呈不规则晶片状；如混层晶格中富含蒙脱石层，则呈类似于蒙脱石的皱纹状。绿蒙混层矿物也具有类似的特征。混层黏土矿物是最常见的一类自生黏土矿物。

自生黏土矿物在砂岩中都起着缩小砂岩孔隙空间的作用，但在长石的高岭石化过程中，由于钾离子和二氧化硅被移去，体积缩小，因而能产生一定量的孔隙空间。钾长石彻底高岭石化后体积减小53.6%，因而能增加一定量的孔隙空间。自生黏土矿物对砂岩渗透率的破坏作用远大于对孔隙度的破坏，而且视不同的黏土矿物而异，伊利石、绿泥石、蒙脱石和伊蒙混层黏土大多变成颗粒包膜和孔隙衬边的形式产出，易于堵塞砂岩的孔隙喉道，对砂岩的渗透率有显著的破坏作用。自生高岭石粒度较粗，结晶较好，都以充填孔隙形式产出，对孔隙度影响较大，但高岭石粒间仍可保留一些微孔隙，因而对渗透率的影响相对较小。

二、二氧化硅胶结作用

（一）二氧化硅胶结物的类型及分布

在碎屑岩中，二氧化硅胶结物可呈非晶质和晶质两种矿物形态的产出形式。非晶质二氧化硅胶结物为蛋白石（蛋白石-A，蛋白石-CT），晶质二氧化硅有玉髓和石英。

蛋白石胶结物主要出现在距地表较近的火山碎屑砂岩中，或与硅质生物溶解或充填有关，也可以交代古近—新近纪以后的方解石介壳。

玉髓实质上是隐晶石英，呈纤维状、球粒状或半球粒状或微晶。

石英是碎屑岩中最常见的硅质胶结物，它可以呈微粒状、细粒状充填于孔隙中，但更常见的是以碎屑石英自生加大边胶结物出现。根据热力学原理，微粒、细粒石英比面积较单晶石英大，总自由能也大于单晶石英，因而 SiO_2 沉淀成石英的自生加大边比在孔隙中重新成核生长更容易，也更稳定。

燧石是蛋白石、玉髓和微晶石英的集合体，在古老的砂岩中则是玉髓和微晶石英的集合体。在岩屑砂岩中，燧石很少作为胶结物出现；但是在杂砂岩中，燧石和单晶石英胶结物一样丰富。燧石胶结物主要呈两种形态出现：一是作为石英颗粒上的外延生长胶结物，二是在黏土基质中以微小的斑块状交生晶出现。

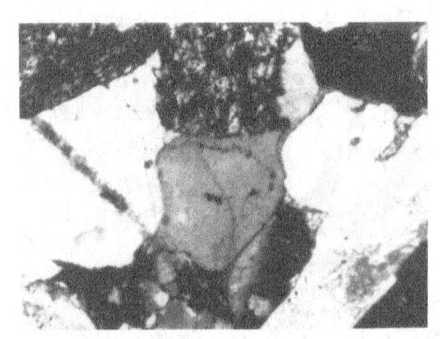

图9-6 石英次生加大和长石次生加大胶结的岩屑质长石石英砂岩

二连盆地，阿23井，下白垩统，正交光，×100

一般来讲，非晶质蛋白石胶结物出现在较年轻的、埋藏深度较浅的碎屑岩中，在古近—新近纪以前的古老的砂岩中很难见到。而结晶质的玉髓和石英却在地质时代较老、埋深较大的碎屑岩中存在，在井深较大的岩心中，一般只能见到石英胶结物，并多呈石英次生加大胶结方式出现（图9-6）。

在时代较新的砂岩中，有时能见到蛋白石—玉髓—微晶石英渐变过渡的现象。也可见到砂岩中的方解石质介壳被蛋白石交代，局部蛋白石转变为纤维状玉髓，靠近玉髓的外侧又有微晶石英。这种现象说明，许多原来为蛋白石的胶结物，随着地质时代的变老而转变为玉髓，甚至形成微晶石英。从蛋白石转变为玉髓—石英是单向的，在稳定的物理条件下是不可逆的。

（二）二氧化硅胶结物的来源

第一，来源于地表水和地下水。不论在哪种水中，二氧化硅的溶解度均高于石英的溶解度（6mg/L），又低于非晶质 SiO_2 的溶解度（120mg/L）。这可能是较浅处石英自生加大胶结物的主要来源，不过只有保持孔隙水的长期循环，而且有二氧化硅的不断补给，才能形成大量的石英胶结物。

第二，来源于硅质生物骨壳的溶解。碎屑沉积物中的硅藻、放射虫、硅质海绵骨针以及其他分泌二氧化硅的生物骨壳，在沉积后的碱性成岩环境中将很快被溶解，该溶解作用一直进行到孔隙水中非晶质二氧化硅饱和为止。

第三，来源于碎屑石英压溶作用。溶出的二氧化硅，往往在受压溶颗粒附近的孔隙中沉淀成石英的次生加大边。

第四，来源于黏土矿物的成岩转化。在互层的页岩与砂岩地层中，页岩中的黏土矿物在成岩转化过程中析出 SiO_2，并进入邻近砂体的边部成胶结物沉淀下来。蒙脱石或伊蒙混层黏土向伊利石转化时，可析出可观的 SiO_2。

第五，来源于硅酸盐矿物的不一致溶解，尤以长石最为重要。以钾长石为例：

$$4KAlSi_3O_8+2CO_2+4H_2O \longrightarrow Al_4(Si_4O_{10})(OH)_8+8SiO_2+2KCO_3$$
（钾长石）　　　　　　　　　　（高岭石）

第六，来源于火山玻璃的去玻化和蚀变作用。火山玻璃去玻化和蚀变成黏土矿物或沸石类矿物时会析出 SiO_2。去玻化作用常发生在近地表浅处，所以常产生非晶质蛋白石胶结物。

第七，来源于直接提供大量二氧化硅的海底火山喷发。

此外，深埋的沉积物随构造的抬升，温度和压力减小，孔隙水中 SiO_2 变得过饱和，也可析出 SiO_2。

三、碳酸盐胶结作用

（一）碳酸盐胶结物的类型及分布

碳酸盐胶结物包括方解石、文石、白云石、菱铁矿、菱镁矿等。其中分布最广和最常见的是方解石，其次是白云石。文石出现于现代砂岩中，在较老的砂岩中均转变为稳定的方解石。

砂岩中碳酸盐胶结物常以粒状、镶嵌状或栉壳状的结构形式出现。白云石常呈菱形自形晶体，沿碎屑周围呈薄膜状斑晶或分散充填于孔隙中。

在许多砂岩中，碳酸盐胶结物是早期沉淀的，其证据是碳酸盐矿物直接围绕着碎屑颗粒的边缘分布，而其他胶结物在其外缘生长。在另外一些砂岩中，碳酸盐胶结物可在其他胶结物如石英次生加大边的外缘或之间生长，这说明碳酸盐是后期形成的。因此，根据不同胶结矿物的沉淀充填顺序可以研究成岩演化历史。

（二）碳酸盐胶结物的来源

海水和流动的孔隙水为碳酸盐胶结物的主要来源。孔隙水溶解碎屑沉积物中的介壳和碳酸盐颗粒，溶解的物质又作为成岩期的胶结物沉淀下来。

砂岩中碳酸盐颗粒的压溶以及砂岩层上下碳酸盐岩地层的压溶也可提供大量的碳酸盐胶结物。这是较深处碳酸盐胶结物的主要来源之一。

深部页岩层的半渗透膜（网状）效应，可使深处的碳酸盐增多。孔隙水中的溶解物质是以离子形式存在的。那些带电少和离子半径小的阳离子（如 K^+ 和 Na^+），可通过黏土层的半渗透膜作用（即盐类的过滤作用）向上逸出；而大量的阴离子和离子半径大的阳离子（如 Ca^{2+}）则残留在黏土层半渗透膜之下。虽然深部压力的增加可以稍微提高那些离子的溶度积，但前者的半渗透膜效应是主要的。所以当砂岩深埋时，往往有铁方解石或者（铁）白云石沉淀于孔隙之中，甚至交代碎屑和其他组分（图9-7）。

图9-7　粒间充填自形白云石的深层岩屑砂岩
东濮凹陷，濮120井，沙三段，扫描电镜，×1000

四、长石胶结作用

自生长石是碎屑岩中常见的一种自生矿物,但在各类砂岩中的丰度一般都很低。它可以呈碎屑长石的自生加大边,也可以在基质中呈微小的自形晶体产出。它既可以出现在石英砂岩中,也可以出现在杂砂岩中。

自生长石的成分为钾长石和钠长石,至今尚未发现过自生钙长石。

有利于形成自生长石的条件是孔隙溶液中有足够的 SiO_2、Al_2O_3,Na^+/H^+ 和 K^+/H^+ 的活度比高,以及较高的地层温度。

五、沸石胶结作用

碎屑岩中常见的沸石类胶结物有方沸石、片沸石、浊沸石及斜沸石等,呈晶粒状、板状、纤维状、针状及束状产出,可形成于成岩作用的各个阶段。沸石成分与长石相似,化学式为 $A_m X_p O_{2p} \cdot nH_2O$,其中 A 代表 Ca、Na、K、Be 和 Sr;X 代表 Si 和 Al。沸石常见于富含火山碎屑和长石的砂岩中,它常是火山碎屑和长石与地下水相互作用的产物。有利于形成沸石的介质条件是较高的 pH 值和富含 SiO_2 及 Ca、Na、K 离子,即高矿化度的孔隙水和适当的二氧化碳分压。如:

$$CaAl_2Si_2O_8 + 2SiO_2 + 4H_2O \rightleftharpoons CaAl_2Si_4O_{12} \cdot 4H_2O$$
(钙长石) (浊沸石)

松辽盆地下白垩统、准噶尔盆地上二叠统乌尔禾组、鄂尔多斯盆地三叠系延长组等砂岩储层中,沸石是常见的自生矿物。鄂尔多斯盆地延长组的浊沸石多数呈孔隙充填物(朱国华,1984,1985),少量交代长石或火山碎屑,埋藏深度小于 2500m,镜质组反射率为 0.6%~0.8%,估算形成温度为 50~80℃,属低温成因。松辽盆地浊沸石出现在埋深 1900~2200m 以下,推算地温为 120~140℃。准噶尔盆地上二叠统乌尔禾组为一套火山碎屑砂砾岩和长石砂岩,有方沸石、片沸石、橘红色沸石等,呈良好的三八面体和板状或柱状自形晶充填于孔隙中,或呈马牙状围绕碎屑呈衬边生长。方沸石分布井深为 2600~3100m,形成温度为 70~80℃。

六、硫酸盐胶结作用

碎屑岩中最常见的硫酸盐胶结物是石膏和硬石膏,此外还有重晶石和天青石。

石膏和硬石膏常呈连晶状充填于孔隙中,也可交代其他矿物,可形成于沉积期及成岩作用的各个阶段。形成于沉积期和早成岩期的硫酸盐胶结物往往与强烈蒸发作用有关,形成于晚成岩期的往往与早期石膏的溶解和再沉淀作用有关。地层水与沉积物的作用或不同地层水的混合也可析出石膏与硬石膏。

砂岩中亦常可见到少量重晶石,个别情况下为重晶石—天青石。它们常呈晶粒状、板条状或连晶斑块充填在孔隙中或交代其他碎屑颗粒。钾长石的高岭石化和溶蚀过程可提供形成重晶石所需要的钡离子。

第三节 交代作用和重结晶作用

一、常见交代作用的特征

交代作用是指一种矿物代替另一种矿物的化学过程。交代作用可以发生于成岩作用的各个阶段乃至表生期。交代矿物可以交代颗粒的边缘,将颗粒溶蚀交代成锯齿状或鸡冠状的不规则边缘,也可以完全交代碎屑颗粒,从而成为它的假象。后来的胶结物还可以交代早成的胶结物。交代彻底时,甚至可以使被交代的矿物影迹完全消失,沉积物面目全非,岩石的结构也发生变化,与此同时,岩石的孔隙度和渗透率也会发生相应的变化。

交代作用的实质是体系的化学平衡及平衡转移问题。当体系内的物理化学条件(温度、压力、浓度、流体成分、pH 值、Eh 值等)发生改变时,原来稳定的矿物或矿物组合将变得不稳定,发生溶解、迁移或原地转化,形成在新的物理化学条件下稳定存在的新矿物或矿物组合。

(一)二氧化硅与方解石相互交代

砂岩中方解石交代二氧化硅或二氧化硅交代方解石的现象都是常见的。有时在同一块标本中既能见到方解石交代二氧化硅,也能见到二氧化硅交代方解石。这两种交代作用发生的时间有早有晚,也可以几乎同时发生。

二氧化硅与方解石之间的相互交代作用除与物质本身的性质有关外,主要受体系内的物理化学条件的制约,其中主要与 pH 值和温度有关,其次是压力。

图 9-8 表明了二氧化硅和方解石的相互交代作用与 pH 值之间的关系。

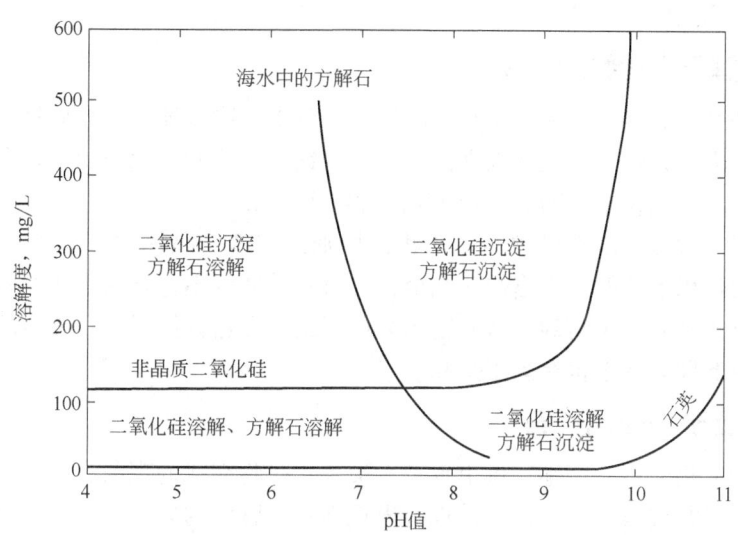

图 9-8　pH 值与方解石、非晶质二氧化硅和石英的溶解度关系图

SiO_2 和 $CaCO_3$ 的平衡条件是 pH 值为 9.9,温度为 25℃。当 pH 值大于 9.8 后,即发生氧化硅的溶解和方解石的沉淀,出现方解石交代石英和石英颗粒被溶蚀的现象。在 pH=8~9 时,则二氧化硅和方解石均可沉淀。如前面所述,在同一个标本上就可同时出现方解石和石英互相交代沉淀的现象(图9-8)。但是,自然界中成岩孔隙水的 pH 值大于 9 的情况是极为罕见的。因此,温度成为控制石英和方解石溶解与沉淀的重要因素,其次也受压力的影响。

尽管非晶质二氧化硅和石英的溶解度差别很大,但都随温度的增高而增加。温度的增高将使孔隙水中的碳酸离解为 CO_2 和 H_2O(或 HCO_3^- 和 H^+),并促使 CO_2 气体的逸失,二氧化碳分压(p_{CO_2})降低,引起碳酸钙的溶解度下降和方解石的沉淀。

在埋藏成岩过程中,方解石的溶解度随温度、压力、pH 值的增加而降低,随二氧化碳分压（p_{CO_2}）的增加而增加。相反，二氧化硅的溶解度则随温度、压力和 pH 值的增加而增加。所以，在浅埋藏时，由于温度和压力较低，方解石溶解，二氧化硅沉淀，即石英（也可以是蛋白石或玉髓）交代方解石；在深埋处，多见方解石交代石英。当处于上述两种作用过渡位置时，两者的交代关系主要决定于孔隙水的 pH 值，当 pH 值大于 8 时，方解石交代二氧化硅；当 pH 值小于 9 时，二氧化硅交代方解石。当孔隙水的 pH 值位于 8~9 之间时，则方解石和二氧化硅均可沉淀（图 9-8）。

（二）方解石交代长石

常见方解石或其他碳酸盐矿物交代钾长石，也可见到方解石交代斜长石的现象。方解石常呈不规则的形状交代长石边缘或晶体内部，亦常见到方解石沿长石解理或双晶方向进行交代，因为这些方向是长石晶体构造上的弱带。关于方解石交代长石的机理目前尚不清楚。这两种矿物在 pH 值高时均增加其稳定性，pH 值低时则易于溶解，也许由于长石的溶解度随温度的增高而增加，而碳酸盐的溶解度则降低，也可能是富含 Ca^{2+} 和 CO_3^{2-} 的溶液有溶解长石晶格的能力。

方解石交代长石的现象常出现在有大量方解石胶结物的砂岩中，即与大量方解石的沉淀联系在一起，这种现象在鄂尔多斯盆地三叠系延长组、四川盆地侏罗系、泌阳凹陷古近系核桃园组砂岩中，都能见到。

（三）方解石交代黏土矿物

在含黏土杂基的砂岩中，特别是在杂砂岩中，黏土矿物常被碳酸盐矿物交代。

碳酸盐矿物常是方解石，也可以是白云石和菱铁矿。这种交代作用主要发生在成岩中晚期，有利于方解石交代黏土矿物的 pH 值为接近或大于 8。

在显微镜下，常常可以看到碳酸盐矿物，特别是方解石晶体内有黏土残留物包体的现象，这表明交代作用不够彻底。当交代完全，方解石晶体内不包含黏土残留物时，易于被误认为原岩不含黏土基质，仅为碳酸盐矿物的简单胶结。在这种情况下，砂岩的组构及方解石的性质有助于判断原岩是否含有黏土杂基。

（四）黏土矿物交代长石

由于长石类矿物的不稳定性，可出现长石被黏土矿物交代的现象，通常是钾长石高岭石化。这一过程既可在成岩过程中发生，也可出现在长石颗粒的风化和搬运过程的水解作用和高岭石化作用。

对于保留下来的斜长石，有可能在埋藏深度不太大、CO_2 分压较高和 pH 值较低（约为 5）的酸性环境中被黏土矿物交代，即发生高岭石化。

在斜长石埋藏较深时，有可能与来自富含有机质的泥质层产出的酸性孔隙水接触，变得不稳定，发生高岭石化。这一反应在 90~110℃ 时（埋深 2400~3000m）进行得最快，一般首先沿解理面进行。这个反应对碎屑岩次生孔隙的形成具有重要意义。

碎屑岩中更常见的是钾长石，因而研究钾长石的黏土矿物交代作用具有更重要的意义。

（五）黏土矿物相互交代

自然界中的黏土矿物或者构成泥质岩，或者作为碎屑岩的杂基出现。常见多种混合型黏土，少见单成分黏土。随着埋深加大和成岩作用的进行，黏土矿物之间会出现有规律的变化。研究黏土矿物，特别是填隙黏土杂基的成分和结晶度，就可以反推成岩过程中岩石所经历的最大埋深和最高温度。

随着埋深的增加，在 $K^+/H^+>6$（近正常海水），$\lg[H_4SiO_4]<10^{-4}$ 的偏碱性环境中，当温度为 100~130℃时，蒙脱石可以转化为伊利石。

$$蒙脱石+Al^{3+}+K^+ \longrightarrow 伊利石+Si^{4+}+nH_2O$$

该交代成岩反应一般发生在 3000m 以下深度，Al^{3+} 和 K^+ 可由长石分解时提供。但是，当环境富 Fe^{2+} 和 Mg^{2+} 时，蒙脱石在同样温度下不是转变成伊利石，而是被绿泥石所交代。由蒙脱石向伊利石或绿泥石转变的过程中，还要经历一个中间混合层阶段。除上述条件外，黏土矿物转化还要有一定的压力。这也说明了上述转化过程多发生在 3000m 以下的原因。

在酸性孔隙水中高岭石是稳定的，但当埋深增加，温度达 165~210℃时，如果环境变得偏碱性并富 Mg^{2+}，则高岭石转化为绿泥石。

在相同条件下，如果孔隙水富含 K^+，则高岭石生成伊利石。高岭石向绿泥石和伊利石的转化一般发生在 3500~4000m 深处。

二、交代作用的标志

除混层黏土的转化、石膏和硬石膏的转化以及彻底的去白云石化等作用外，大部分交代作用都有明显的标志，根据这些标志可以确定矿物的生成顺序。

交代作用的主要标志有以下5个：

（1）矿物假象：交代矿物具有被交代矿物的假象，矿物的原生成分虽已被交代，但其结晶习性得到完好的保存。

（2）幻影构造：岩石受到强烈的交代作用，原生颗粒只留下模糊的轮廓，称为幻影，如硅化鲕粒、强白云化岩石中的生物骨壳等，甚至其内部结构的边缘已消失，但因其内部有包裹体存在，故显示出颗粒幻影。

（3）交叉切割现象：矿物或颗粒被自形晶体或镶嵌结构的晶体切割或溶（侵）蚀。岩石中发生了多期矿物交代作用时，主要根据矿物间的切割和侵蚀以及包裹现象来判断其生成顺序。

（4）残留的矿物包体：残留的矿物包体表示外面矿物是交代矿物，被包矿物是被交代矿物。

（5）交代矿物边缘港湾状：当一种矿物不完全交代另一种矿物时，被交代矿物除保留其颗粒形态外，颗粒的边缘呈港湾状或锯齿状。

三、重结晶作用和矿物的多形转变

重结晶现象和矿物的多形转变是一种物理变化，主要发生在碎屑岩的胶结物中。

碳酸盐胶结物的重结晶作用，可使砂岩的胶结物形成特征的连晶或嵌晶结构。当碳酸盐矿物受应力影响发生重结晶时，常出现晶格弯曲和波状消光及弱的二轴晶性质。在重结晶过程中，包裹物或残留物一般仍保留在重结晶体内，它们是识别重结晶的重要标志。

矿物的多形转变是一种较复杂的广义的重结晶作用。在一般情况下，当一种矿物转变为另一种更稳定的矿物时，只发生晶格、形状及大小的变化，而不发生矿物化学成分的变化。在碎屑沉积岩中最有意义的矿物多形转变是文石胶结物向方解石的转化及非晶质二氧化硅蛋白石向玉髓及石英的转化。

隐晶质的胶磷矿转变为显晶质的磷灰石，隐晶质的高岭石转变为鳞片状或蠕虫状的结晶高岭石，高镁方解石转变为低镁方解石也是常见的矿物多形转变现象。

第四节　溶解作用与次生孔隙

砂岩中的任何碎屑颗粒、杂基、胶结物和交代矿物（后两者统称为自生矿物），包括最稳定的石英和硅质胶结物，在一定的成岩环境中都可以发生不同程度的溶解作用。

溶解作用的结果形成了砂岩中的次生孔隙。次生孔隙可成为主要的油气储集空间。国内外许多含油气盆地油气储层多与次生孔隙有关。3000m 以下深层次生孔隙储层的发现，扩大了油气资源的勘探领域。

砂岩溶解作用和次生孔隙形成机制研究已成为当今砂岩成岩作用研究的一个重要热点领域。

较为系统地对溶解作用和次生孔隙的研究可以追溯到 20 世纪 70 年代，当时以 V. Schmidt 和 D. A. McDonald（1979）为代表的一批学者首次在砂岩中发现存在许多由溶蚀作用形成的次生孔隙，并建立了一整套有关砂岩次生孔隙的识别标志，指出了砂岩次生孔隙的地质分布和成因，建立了几种不同类型石英砂岩的成岩演化模式。到了 20 世纪 80 年代，以 R. C. Surdam 和 D. A. McDonald（1984，1989）等为代表的一批学者在砂岩成岩作用与孔隙演化研究方面，已由原来单纯地研究砂岩成岩作用转向研究岩石与流体及其相互作用，强调把烃源岩、储层以及包含在其中的流体作为一个统一的系统来研究，突破了有机与无机作用之间的障壁，强调有机地化过程（如有机质成熟史）与无机地化过程（如矿物的溶解、沉淀、蚀变过程）之间的成因联系和统一性。Surdam（1984，1989）等人首次提出了砂岩次生孔隙的有机成因理论，指出干酪根热成熟过程中生成的有机酸和酚类对砂岩次生孔隙的形成有直接关系，在 80~120℃ 温度范围内，有机酸控制了地层水的 pH 值，可造成碳酸盐胶结物和长石颗粒的溶解。实验也证实了有机质在成熟过程中产生的有机酸对铝硅酸盐和碳酸盐的溶解作用。L. T. Crossey（1986）认为，蒙脱石向伊利石转化过程中释放的 Fe^{3+} 促使干酪根释放外围二元羧酸基团，从而形成具有高度溶解能力的二元羧酸和酚。二元羧酸和酚能络合铝，因而有效地提高了铝硅酸盐的溶解度。

如果碎屑颗粒与自生矿物被溶解或部分溶解，则所形成的次生孔隙结构与原生孔隙有很大的差别。如果溶解作用仅仅是砂岩中的原生胶结物被全部溶解掉，那么所形成的次生孔隙的结构特征与原生孔隙完全一致。早期形成的次生孔隙，可被后来的胶结物充填。在埋藏成岩作用过程中，由于构造抬升和重新埋藏、成岩环境的变化，可交互发生胶结作用和溶解作用，从而使砂岩的孔隙发生复杂变化。

酸性和碱性成岩环境均可发生砂岩颗粒和胶结物的溶蚀作用，常见的溶蚀对象为铝硅酸盐溶蚀、碳酸盐溶蚀以及二氧化硅的溶蚀（朱筱敏，2002）。从产生溶蚀的原因可分为有机酸溶蚀和碳酸溶蚀。在开放的成岩环境中，有机酸对铝硅酸盐、碳酸盐和二氧化硅均可产生溶蚀作用，对铝硅酸盐的溶蚀主要通过羧酸阴离子对铝的络合，对二氧化硅的溶蚀主要通过对硅的络合，对碳酸盐的溶蚀主要是通过形成具有一定溶解度的羧酸钙。碳酸主要对碳酸盐产生溶蚀作用。有机酸的溶蚀能力是碳酸溶蚀能力的几倍到几十倍甚至上百倍。

一、砂岩孔隙的成因类型

砂岩孔隙可分为原生孔隙和次生孔隙两种基本成因类型,它们的形成与沉积、成岩和构造作用密切相关。

原生孔隙是指形成砂岩的砂质沉积物在沉积时就已形成并一直保存至今的孔隙。这些孔隙只是在埋藏成岩过程中由于压实作用而有所减小。它们大多形成于颗粒与颗粒之间,故又称为原生粒间孔。另一部分可能分布于杂基与杂基小颗粒之间,这类孔隙就是人们常说的微孔隙(表9-1)。

表9-1 砂岩孔隙成因类型及其结构特征

孔隙分类	孔隙成因	被作用对象		孔隙成因结构类型
原生孔隙	沉积作用	沉积物(颗粒+杂基)		粒间孔或微孔隙
次生孔隙	溶蚀作用	颗粒	边缘部分溶蚀	粒缘溶孔
			内部部分溶蚀	粒内溶孔
			全部溶蚀	溶模孔
		杂基溶蚀		粒间溶孔
		胶结物溶蚀		粒间溶孔
		颗粒+杂基(或胶结物)		超大孔
		交代物(或胶结物)		粒间溶孔或粒内溶孔
	脱水收缩	岩石		粒间孔
	破裂作用	岩石		裂缝
混合孔隙	多种作用	岩石		混合孔隙

次生孔隙是指砂岩在埋藏过程中由于多种成岩作用(如溶蚀、收缩、破裂、重结晶等)而新产生的孔隙,其中溶蚀作用是形成次生孔隙的主要作用。根据被溶蚀对象的不同和溶蚀的程度差异又将溶蚀孔隙分为若干小类,如粒间溶孔、粒内溶孔、铸模孔、超大孔等。

实际上,大多数储层的孔隙往往是混合成因的,要真正区分开原生和次生孔隙有时是非常困难的。比如一个分布于颗粒与颗粒之间的孔隙,可认为是原生的,也可认为是次生的。认为是原生的理由是孔隙分布于颗粒与颗粒之间,岩石无任何溶蚀痕迹,是沉积物沉积时就形成的;认为是次生的理由是沉积物在沉积时颗粒间充填有胶结物,后来胶结物被完全溶掉了,而且没有任何残留(即溶蚀未涉及颗粒),因此孔隙形态看起来酷似原生的而实际上却是次生的。

二、砂岩孔隙的演化

在成岩作用过程中,经压实、胶结、压溶以及构造挤压等作用,原生孔隙将逐渐减少;与此同时,可溶性碎屑颗粒和易溶胶结物随着埋深的增加会发生溶解和交代作用,从而可促成碎屑岩中次生孔隙的发育,不同成岩阶段孔隙的消长情况是不同的。一般来说,次生孔隙的发育往往与有机质的成熟排酸溶蚀等密切相关。

我国东部中、新生代陆相盆地碎屑岩储层孔隙在纵向上具有一定的演化规律,以济阳坳陷东营凹陷为例，在浅于1650m的深度范围基本上以原生孔隙为主，其中浅于800m的井段以压实收缩的原生粒间孔为主；超过800m以后开始出现碳酸盐胶结、石英次生加大以及少量黏土矿物胶结，于是在800~1650m深度范围形成压实—胶结剩余粒间孔。当超过1650m后开始出现溶蚀作用，其中1650~1900m的溶蚀作用相对较弱，形成溶蚀孔与原生孔并存的混合孔隙段。超过1900m后，因岩石受早期的胶结作用变得具有一定的抗压能力难以压实，此时泥岩内有机质开始成熟形成有机酸，溶蚀作用基本上占了主导地位。因此，在1900m以下的井段次生孔隙占主要地位（钟大康等，2003）。在1650~2500m埋藏深度，主要为有机质成熟产生的有机酸溶蚀早期形成的粒间方解石胶结物，为次生孔隙最发育的井段；埋深大于2500m以下为有机酸脱羧和有机质裂解产生的CO_2形成的碳酸溶蚀晚期的含铁方解石，次生孔隙发育程度略差（图9-9）。

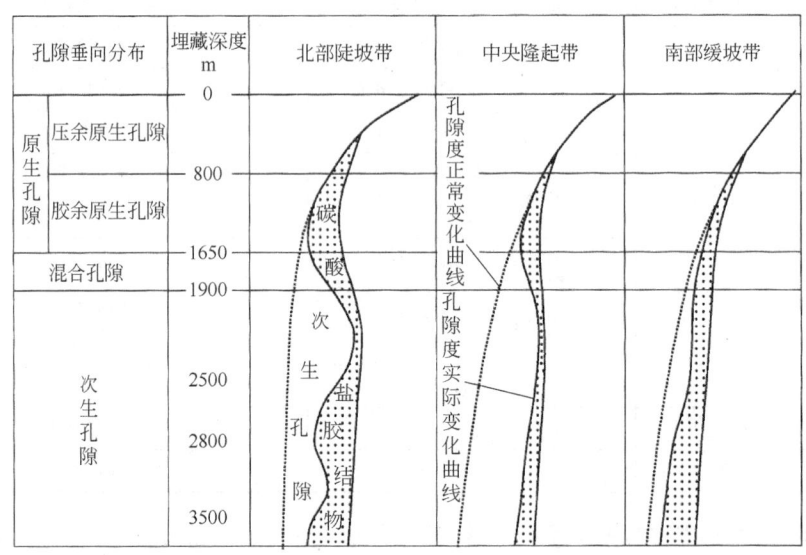

图9-9　东营凹陷古近系砂岩孔隙演化模式（据钟大康等，2003）

中国其他含油气盆地孔隙演化基本上也遵循上述规律，但是在不同盆地次生孔隙发育的深度界限和程度、次生孔隙形成的成岩环境和发育成因机制存在差异。次生孔隙可发育在多个深度段，可形成于酸性或碱性成岩环境（潘荣，2015）。现代研究表明，在埋藏过程中，微生物的存活会改变成岩环境，参与成岩作用及其过程。

中国含油气沉积盆地发育了多种类别的常规和非常规储层，也发育了主要由单一物质成分组成的碎屑岩、碳酸盐岩储层，或由陆源碎屑、碳酸盐矿物和火山碎屑混合沉积形成的储层以及细粒沉积储层。不同类别储层岩性复杂，储层发育特征、分布规律、有利储层差异发育的主控因素及孔隙成因机理和评价标准均存在特殊性，在实际有利储层（甜点）形成机理和分布预测过程中，要综合分析沉积、成岩、构造等多要素（成岩相），利用地质和地球物理以及化验资料，充分考虑有利于优质储层的形成条件：水动力较强的沉积环境、较强的多期溶蚀作用、早期长期浅埋晚期短期快速深埋、超压低温、低密度上覆层（比如石膏）、早期烃类充注、构造运动改造（裂缝）（Wei，2016；朱筱敏，2018），有效预测储层孔隙发育的层段和范围。

目前，人们关注多种成岩作用的盆地动力学背景、不同尺度时空成岩系统、层序格架与成岩作用，成岩环境与次生孔隙发育、储层地球化学与流岩作用、成岩作用主控因素与次生孔隙预测、构造应变与储层质量、成岩相定量表征和分布预测、成岩圈闭及其描述、多尺度储层孔喉表征、多资料综合预测有利储层分布，将沉积作用—流岩作用—构造作用作为一个整体开展综合研究（图9-10）。

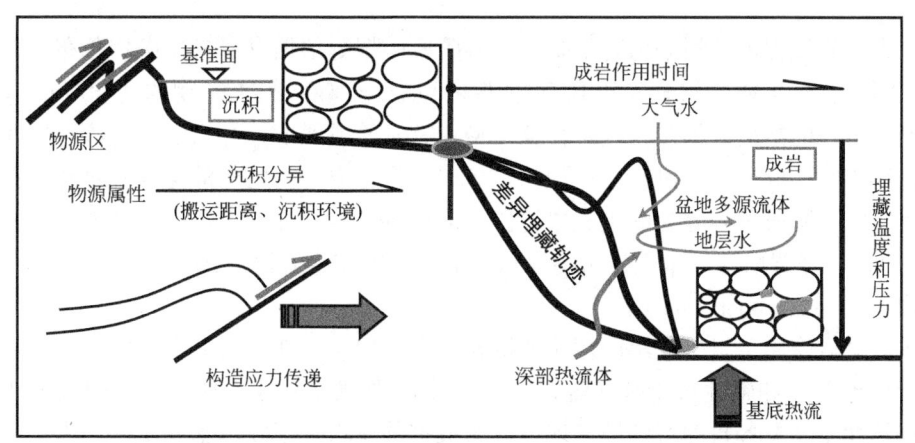

图9-10 塔里木盆地库车坳陷构造—流体叠加改造与有效储层形成演化机制（据李忠，2009）

三、次生孔隙的类型及识别标志

碎屑岩次生孔隙按成因可分为溶解孔隙、收缩孔隙和破裂孔隙，其中溶解作用形成的次生孔隙是其主体。根据溶蚀发生的部位和规模不同又细分为粒间溶孔、粒内溶孔、超大孔等类型（表9-1）。溶解对象可分别为碎屑颗粒、杂基、自生胶结物或自生交代矿物。

次生孔隙的微观识别标志有胶结物部分溶解、印模、颗粒的不均一排列、特大（超粒）孔隙、漂浮颗粒、伸长状（贴粒）孔隙、颗粒部分溶解、晶内孔隙、粒内溶孔以及颗粒和岩石中的破裂缝（图9-11）。另外，可以通过分析电测孔隙度或岩石实测孔隙度发现次生孔隙发育带。

在碎屑岩孔隙演化研究中，孔隙结构也是一个重要内容。孔隙结构是指岩石所具有的孔隙和喉道的几何形状、大小、分布及其连通状况。砂岩孔隙结构研究在油气开发过程中具有重要意义。这是由于具有相同孔隙度和渗透率的砂岩油气层有时具有不同的油气产能和采收率，因为油气的产出能力除了受孔隙度和渗透率两个参数控制外，在很大程度上还受砂岩的孔隙结构的影响。

孔隙结构的研究主要借助于孔隙铸体、图像分析以及压汞毛管压力曲线分析技术。孔隙铸体图像分析主要研究砂岩孔隙的大小、形态、分布、面孔率以及孔隙与喉道之间的配位数；从压汞过程中得到的毛管压力曲线可以求取岩石的排驱压力、喉道平均半径、喉道中值半径、喉道分选系数、退

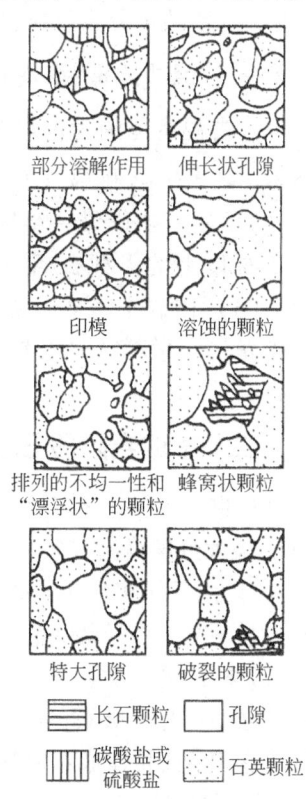

图9-11 砂岩次生孔隙的识别标志（据Schmidt和McDonald，1979）

出效率等参数。根据这些参数便可研究喉道的大小、分布以及孔隙与喉道的连通状况。随着非常规油气勘探开发的深入发展，可应用多种方法技术多尺度全面研究岩石的孔隙结构。

第五节　碎屑岩成岩阶段划分及其主要标志

碎屑岩成岩过程可以划分为若干阶段，各阶段的划分依据有：自生矿物分布、多种成岩作用形成顺序；黏土矿物组合、伊利石/蒙脱石（I/S）混层黏土矿物的转化程度以及伊利石结晶度；岩石的结构、构造特点及孔隙类型；有机质成熟度；古温度—流体包裹体均一温度，或自生矿物形成温度；伊利石/蒙脱石（I/S）混层黏土矿物的演化等物理化学指标。

碎屑岩成岩阶段可划分为同生成岩阶段（syndiagenetic stage）、早成岩阶段（early diagenetic stage）、中成岩阶段（middle diagenetic stage）、晚成岩阶段（late diagenetic stage）和表生成岩阶段（epidiagenetic stage）。

碎屑岩成岩作用可发生在不同性质的沉积水介质中，比如淡水—半咸水水介质、酸性水介质（含煤地层）和碱性水介质（盐湖）。在不同性质的沉积水介质中发生的成岩作用及其特征既有共性，又有各自的特殊性。现以分布最多的淡水—半咸水水介质盆地为例，说明早成岩阶段、中成岩阶段、晚成岩阶段划分及其岩石矿物学、古地温、有机质成熟度等标志（表2-4）。

一、早成岩阶段

早成岩阶段可分为早成岩阶段A、B两期。

（一）早成岩阶段A期

（1）古温度范围为古常温至65℃；（2）有机质未成熟，其镜质组反射率（R_o）小于0.35%，最大热解峰温（T_{max}）小于430℃，孢粉颜色为淡黄色，热变指数（TAI）小于2.0；（3）岩石弱固结—半固结，原生粒间孔发育；（4）泥岩中富含蒙脱石，及蒙脱石层占70%以上的伊利石/蒙脱石（I/S）无序混层黏土矿物（有序度$R=0$），统称蒙脱石带；（5）砂岩中一般未见石英加大，长石溶解较少，可见早期碳酸盐胶结（呈纤维状、栉壳状、微粒状）及绿泥石环边，黏土矿物可见蒙脱石、无序混层矿物及少量自生高岭石。

（二）早成岩阶段B期

（1）古温度范围为65~85℃；（2）有机质半成熟，镜质组反射率（R_o）为0.35%~0.5%，最大热解峰温（T_{max}）为430~435℃，孢粉颜色为深黄色，热变指数（TAI）为2.0~2.5；（3）由于压实作用及碳酸盐类等矿物的胶结作用，岩石由半固结到固结，孔隙类型以原生孔隙为主，并可见少量次生孔隙；（4）泥岩中蒙脱石明显向伊利石/蒙脱石（I/S）混层黏土矿物转化，蒙脱石层占70%~50%，属无序混层（有序度$R=0$），称无序混层带；（5）砂岩中可见I级石英次生加大，加大边窄或有自形晶面，扫描电子显微镜下可见石英微晶，呈零星或相连成不完整晶面，书页状自生高岭石较普遍，有的砂岩受火山碎屑颗粒的影响，仍可见蒙脱石；（6）在有的砂岩基质中有云雾状燧石；（7）可见一些矿物交代和转化现象。

二、中成岩阶段

中成岩阶段也可细分为 A、B 两期。

(一) 中成岩阶段 A 期

(1) 古温度范围为 85~140℃；(2) 有机质低成熟—成熟，镜质组反射率（R_o）为 0.5%~1.3%，最大热解峰温（T_{max}）435~460℃，孢粉颜色为橘黄—棕色，热变指数（TAI）2.5~3.7；(3) 泥岩中的伊利石/蒙脱石（I/S）混层黏土矿物，蒙脱石层占 50%~15%，其中混层黏土矿物含量为 50%~35% 时属部分有序混层（$R=0/R=1$），含量为 35%~15% 时属有序混层（$R=1$），在某些有火成岩侵入的地层中或富含火山碎屑物质的岩石中，蒙脱石和伊利石/蒙脱石（I/S）混层黏土矿物的转化和分布有时出现异常，应综合其他指标进行成岩阶段划分；(4) 砂岩中可见晚期含铁碳酸盐类胶结物，特别是铁白云石，常呈粉晶—细晶，以交代、加大或胶结形式出现，还可见其他自生矿物如钠长石、浊沸石、片沸石、方沸石等；(5) 石英次生加大属 II 级，大部分石英颗粒和部分长石颗粒具次生加大，自形晶面发育，可见石英小晶体。在扫描电子显微镜下，多数石英颗粒表面被较完整的自形晶面包裹，有的石英自生晶体向孔隙空间生长，交错相接，堵塞孔隙；(6) 砂岩中黏土矿物，可见自生高岭石、伊利石/蒙脱石（I/S）混层黏土矿物、呈丝发状自生伊利石、叶片状或绒球状自生绿泥石、绿泥石/蒙脱石（C/S）混层黏土矿物等，蒙脱石基本上消失；(7) 长石、岩屑等碎屑颗粒及碳酸盐胶结物常被溶解，孔隙类型除部分保留的原生孔隙外，以次生孔隙为主。

根据泥岩中伊利石/蒙脱石（I/S）混层黏土矿物演化和有机质热演化特征，以蒙脱石层占 35%、镜质组反射率（R_o）为 0.7% 或最大热解峰温（T_{max}）为 440℃ 为界，还可将中成岩阶段 A 期细分为 A_1、A_2 两个亚期。A_1 亚期有机质相对低成熟，有机酸产量高，为次生孔隙产生带。A_2 亚期有机质成熟，进入生油高峰，有机酸浓度降低，并由于胶结作用的出现，使物性较 A_1 亚期略差。

(二) 中成岩阶段 B 期

(1) 古温度范围为 140~175℃；(2) 有机质处于高成熟阶段，镜质组反射率（R_o）1.3%~2.0%，最大热解峰温（T_{max}）为 460~490℃，孢粉颜色为棕黑色，热变指数（TAI）为 3.7~4.0；(3) 泥岩中发育伊利石及伊利石/蒙脱石（I/S）混层黏土矿物，蒙脱石层含量小于 15%，称超点阵或卡尔克博格有序混层（有序度 $R \geq 3$），属超点阵有序混层带；(4) 砂岩中石英次生加大为 III 级，特别是富含石英的岩石几乎所有石英和长石具有加大且边宽，多呈镶嵌状，高岭石明显减少或缺失，有的可见含铁碳酸盐类矿物、浊沸石和钠长石化；(5) 扫描电子显微镜下，颗粒间石英自形晶体相互连接，岩石致密，有裂缝发育。

三、晚成岩阶段

(1) 古温度范围为 175~200℃；(2) 有机质处于过成熟阶段，镜质组反射率（R_o）2.0%~4.0%，最大热解峰温（T_{max}）大于 490℃，孢粉颜色为黑色，热变指数（TAI）大于 4.0；(3) 岩石已极致密，颗粒呈缝合接触或有缝合线出现，孔隙极少，有裂缝发育；(4) 砂岩中可见晚期碳酸盐类矿物以及钠长石、榍石等自生矿物，石英加大属 IV 级，颗粒间呈缝合状接触，自形晶面消失；（5）砂岩和泥岩中代表性黏土矿物为伊利石和绿泥石，并有绢云母、黑云母，混层已基本消失。

思考实习题

1. 解释并理解下列基本概念：沉积后作用、成岩作用、压实作用、压溶作用、交代作用、重结晶作用、溶解作用、矿物多形转变作用、原生孔隙、次生孔隙、孔隙结构、幻影构造。
2. 解释压实作用和压溶作用的一般特征及产生原因，缝合线接触及次生加大的关系。
3. 何谓胶结作用？其主要形成阶段及机制如何？
4. 试述二氧化硅和碳酸盐胶结物的胶结作用及其物质来源。
5. 何谓交代作用和溶蚀作用？图示说明石英和方解石矿物的相互交代作用。
6. 简述次生孔隙的成因类型和主要识别标志。
7. 简述次生孔隙的形成过程及其主要控制因素。
8. 试述沉积后成岩阶段划分的主要标志和早期、中期、晚期成岩阶段的主要成岩特征。
9. 试通过某个沉积盆地系列砂岩薄片镜下观察，阐明砂岩经历哪些成岩作用，不同成岩作用的特征和标志有哪些？目前处于哪个成岩阶段？

第十章　火山碎屑岩

> **导读**
>
> 本章核心知识点包括火山碎屑岩的概念、岩屑、玻屑与晶屑等成分组成及其各自特征，火山碎屑岩常见的颜色、结构以及构造；火山碎屑岩的分类和命名，火山碎屑熔岩类、熔结火山碎屑岩类、火山碎屑岩类、沉火山碎屑岩类、火山碎屑沉积岩类的主要特征，常见火山碎屑岩的成因类型及其标志。

火山碎屑岩是指由含量大于50%的火山碎屑物质组成的岩石。火山碎屑岩是介于火山岩与沉积岩之间的岩石类型，兼有二者的特点，又与二者相互过渡。在沉积岩系中它属于碎屑沉积岩中的一种特殊类型。

与火山碎屑岩相伴生的还有熔岩、次火山岩（或超浅层侵入岩）和正常沉积岩类。在自然界，火山碎屑岩分布十分广泛，从前寒武纪至第四纪均有分布。

近年来，人们越来越重视火山岩系的基础地质和石油地质研究。火山岩和火山碎屑岩除了易于形成各种矿产之外，还可作为重要油气储集岩。国内外均发现了许多火山（碎屑）岩油气藏，如国外的日本、美国、古巴、墨西哥、阿根廷、加纳等国的含油气盆地均有火山岩油气藏发现，国内在渤海湾盆地、准噶尔盆地、二连盆地、松辽盆地、苏北盆地等地均发现有火山岩油气藏分布。

第一节　火山碎屑岩的成分

火山碎屑岩主要是由火山碎屑物质组成的岩石。火山碎屑物质按其组成及结晶状况分为岩屑（岩石碎屑）、晶屑（晶体碎屑）和玻屑（玻璃碎屑）三种类型。此外火山碎屑岩中还有一些其他的物质成分，如正常沉积物、熔岩物质等。

一、岩屑

岩屑形状多样，大小不一，可由微细粒至数米的巨块。依其物态可分为刚性及塑性两种。刚性岩屑是已凝固的熔岩，或火山基底及管道的围岩，在火山爆发时被冲碎而成。塑性岩屑又称塑性玻璃岩屑、浆屑或火焰石等，是由塑性、半塑性熔浆在喷出后经塑变而成，具玻璃质结构，断面呈火焰状、撕裂状、树枝状、纺锤状、透镜状、条带状等（图10-1）。火山弹是由于塑性熔浆团在空中旋转而成，形如纺锤、椭球、麻花、陀螺、梨状等，表面具旋扭纹理和裂隙，并具一层淬火边（图10-2），大者可达数米。

二、晶屑

晶屑多为早期析出的斑晶随熔浆炸碎而成。大小一般不超过 2~3mm，常呈棱角状，有时也保持原来的部分晶形，常见的晶屑多为石英、长石、黑云母、角闪石、辉石等。石英晶屑表面极为光洁，具不规则裂纹及港湾状溶蚀外形（图10-3）。长石晶屑主要为透长石、酸性至基性斜长石，有较高自形程度，可见沿解理破裂及明显的裂纹（图10-4），扫描电镜下更为清晰。黑云母和角闪石晶屑常具弯曲、断裂及暗化现象。辉石主要出现在偏基性的火山碎屑岩中。

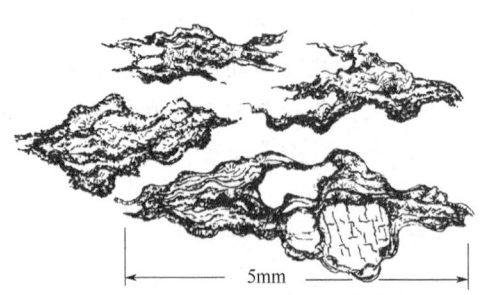

图10-1　具流纹构造的塑性浆屑，去玻化后显雏晶和球粒结构（河北下花园，白垩系）

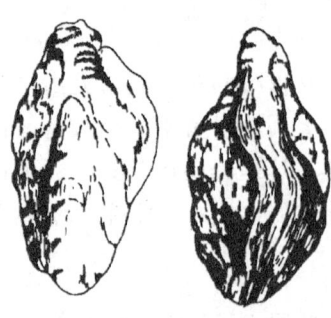

图10-2　火山弹（山西大同）

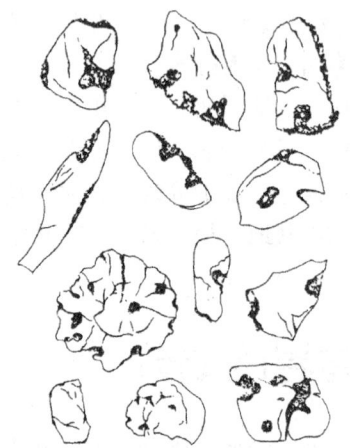

图10-3　石英晶屑（河北张家口宣化，中生代凝灰岩）

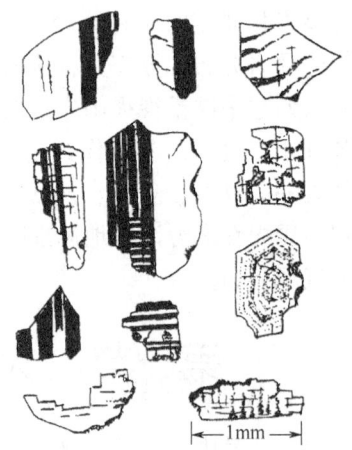

图10-4　长石晶屑（河北张家口宣化，中生代凝灰岩）

三、玻屑

玻屑大小通常在0.1~0.01mm之间，很少超过2mm；大小在2~0.01mm者称火山灰，小于0.01mm者称火山尘。酸性和中酸性熔浆生成的玻屑折光率在1.48~1.51之间。刚性玻屑有弧面棱角状和浮石状两种。弧面棱角状刚性玻屑出现普遍，形状多样，镜下可呈弓形、弧形、镰刀形、月牙形、鸡骨状、管状、海绵骨针状、不规则尖角状等（图10-5），常由一些不完整的气孔壁和贝壳状断口等组成。浮石状刚性玻屑不太常见，是没有彻底炸碎的弧面棱面状玻屑，内部保留较多的气孔，状如浮石，在中基性火山碎屑岩中出现较多。

塑性玻屑是炽热的玻屑在上覆火山碎屑物质的重压下，彼此压扁拉长叠置并定向排列，且相互粘连熔结在一起而成。强烈塑变玻屑显流纹状，通称假流纹构造。

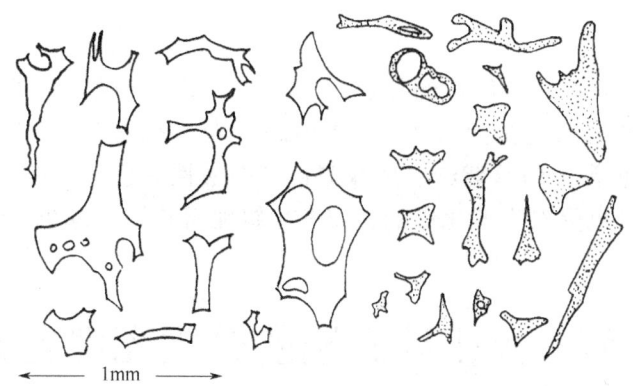

图 10-5 弧面棱角状刚性玻屑（具暗影者示轻微磨蚀现象，河北张家口宣化，中生代凝灰岩）

第二节 火山碎屑岩的结构、构造及颜色

一、结构

按火山碎屑的粒级，可将火山碎屑岩的结构划分为火山集块结构（>100mm）、火山角砾结构（100~2mm）、火山灰结构（2~0.01mm）和火山尘结构（<0.01mm）。

专属性的火山碎屑结构有，集块结构（火山集块含量>50%）、火山角砾结构（火山角砾含量>75%）、凝灰结构（火山灰含量>75%）。按碎屑形态特点，可将火山碎屑岩结构划分为塑变碎屑结构（主要由塑变碎屑组成）、碎屑熔岩结构（基质为熔岩结构）、沉凝灰结构（指混入正常沉积物而言），以及凝灰砂状、凝灰粉砂状、凝灰泥状等过渡类型结构等。

火山碎屑物的分选及圆度都很差，这是由于未经长距离搬运或就地快速堆积所致。

二、构造

在火山碎屑岩中，常见构造如下所述。

层理构造：在水携或风携的火山碎屑沉积中，可见多种规模的交错层理以及平行层理。在陆上或水下沉积物重力流成因的火山碎屑岩中，火山碎屑以悬浮和递变悬浮方式搬运和沉积形成正递变层理、反递变层理以及叠覆递变层理。

斑杂构造：由于火山碎屑物的颜色、成分、粒度分布不均，且无定向排列而表现出来的一种杂乱构造。

平行构造：泛指由伸长形的火山碎屑物，如透镜体、饼状体、熔岩团块和条带等定向排列所组成的构造。它的连续性与平行性不及假流纹构造。

假流纹构造：主要出现在流纹质熔结凝灰岩中，可见塑性玻屑燕尾状分叉。在刚性碎屑边部可见塑变不强的弧面棱角状外形，假流纹延伸不远，一般无气孔及杏仁体等而有别于流纹构造。

除上述多种成因的构造外，有时还可见气孔、杏仁构造、火山泥球及豆石构造等，甚至在某些火山碎屑岩中还见有生物搅动构造及实体化石。

三、颜色

火山碎屑岩常具有特殊且鲜艳的颜色,如浅红、紫红、嫩绿、浅黄、灰绿等色,它是野外鉴别火山碎屑岩的重要标志之一。火山碎屑岩的颜色主要取决于矿物物质成分。中基性火山碎屑岩色深,为暗紫红、墨绿等色;中酸性者色浅,常为粉红、浅黄等色。另外,火山碎屑岩颜色受次生变化影响,如发生绿泥石化则显绿色,蒙脱石化则显灰白或浅红色。

第三节 火山碎屑岩的分类和命名原则

根据研究目的,前人提出了多种火山碎屑岩分类及命名方案。广义的火山碎屑岩类的分类和命名原则是:

(1) 首先根据物质来源和生成方式,划分为火山碎屑岩类型、向熔岩过渡类型和向沉积岩过渡类型三种成因类型。

(2) 再根据碎屑物质相对含量和固结成岩方式,可进一步划分为火山碎屑熔岩、熔结火山碎屑岩、火山碎屑岩、沉火山碎屑岩和火山碎屑沉积岩等五种岩类。

(3) 再根据碎屑粒度和各粒级组分的相对含量,划分为三个基本种属,即集块岩(火山集块含量>50%)、火山角砾岩(火山角砾含量>75%)和凝灰岩(火山灰含量>75%),之间的过渡型为凝灰角砾岩、角砾凝灰岩等。

(4) 最后再以碎屑物态、成分、构造等依次作为形容词,对岩石进行命名,如晶屑凝灰岩、流纹质晶屑凝灰岩、含火山球流纹质玻屑凝灰岩等。次生变化也常作为命名的形容词,如硅化凝灰岩、蒙脱石化凝灰岩、沸石化凝灰岩和变质流纹质晶屑凝灰岩等(表10-1)。

表10-1 火山碎屑岩的分类(据浙江省地质局,1976,略有修改)

类型	向熔岩过渡类型	火山碎屑岩类型*		向沉积岩过渡类型	
岩类	火山碎屑熔岩类	熔结火山碎屑岩类	火山碎屑岩类	沉火山碎屑岩类	火山碎屑沉积岩
碎屑相对含量	熔岩基质中分布有10%~90%的火山碎屑物质	火山碎屑物质大于90%,其中以塑变碎屑为主	火山碎屑物质大于90%,无或很少塑变碎屑	火山碎屑物质占50%~90%,其他为正常沉积物质	火山碎屑物质占10%~50%,其他为正常沉积物质
成岩方式	熔浆粘结	熔结和压结	压积	压积和水化学物胶结	
不同碎屑粒度的岩石名称	主要粒级>100mm	集块熔岩	熔结集块岩	集块岩	沉集块岩	凝灰质砾岩
	主要粒级100~2mm	角砾熔岩	熔结角砾岩	火山角砾岩	沉火山角砾岩	凝灰质砂岩
	主要粒级<2mm	凝灰熔岩	熔结凝灰岩	凝灰岩	沉凝灰岩	2~0.1mm 凝灰质砂岩;0.1~0.01mm 凝灰质粉砂岩;<0.01mm 凝灰质泥岩

* 指狭义的火山碎屑岩类。

第四节　火山碎屑岩的主要岩类及其特征

一、火山碎屑熔岩类

火山碎屑熔岩是火山碎屑岩向熔岩过渡的一个类型，熔岩基质中可含10%～90%的火山碎屑物质，具碎屑熔岩结构，块状构造。熔岩基质中可含数量不定的斑晶，具斑状结构或气孔杏仁构造。火山碎屑主要是晶屑及部分岩屑，少见玻屑。当成分相近时，往往不易区分岩屑与熔岩基质，而将岩屑误认为熔岩。按主要碎屑粒级划分为集块熔岩、角砾熔岩和凝灰熔岩。

二、熔结火山碎屑岩类

熔结火山碎屑岩是以熔结方式形成的一类火山碎屑岩。火山碎屑物质含量达90%以上，其中以塑变火山碎屑为主。主要产于火山颈、破火山口、火山构造洼地和巨大的火山碎屑流与侵入状的熔结凝灰岩体中，构成近火山口相。其中少见较粗粒的熔结集块岩和熔结角砾岩。

细粒的熔结凝灰岩分布很广，可组成厚度大的火山碎屑岩层，此类岩石的中外文名称较多，如火山灰流（ash flow）、火山碎屑流（pyroclastic flow）等，国内较通用的译名为熔结凝灰岩或火山灰流凝灰岩，更多的趋于使用熔结凝灰岩（ignimbrite）。它主要由小于2mm的塑性玻屑和岩屑组成，也有一定数量晶屑，具熔结凝灰结构、假流纹构造（图10-6），碎屑以相互熔结压紧成岩。

图10-6　流纹质凝灰岩
（a）流纹质玻屑凝灰岩（河北宣化，白垩系，单偏光，×40）；
（b）流纹质晶屑—玻屑凝灰岩（河北张家口，白垩系，晶屑为石英、长石和黑云母，单偏光，×50）

三、火山碎屑岩类

火山碎屑岩类中火山碎屑占90%以上，经压积或压实作用成岩，为狭义的火山碎屑岩类，按火山碎屑粒度大小分为集块岩、火山角砾岩和凝灰岩。

（一）集块岩

集块岩由火山弹及熔岩碎块堆积而成，也常混入一些火山管道的围岩碎屑，一般未经过搬运而呈棱角状，具集块结构，由细粒级角砾、岩屑、晶屑及火山灰充填压实胶结成岩。集块岩多分布于火山通道附近构成火山锥，或充填于火山通道之中。

（二）火山角砾岩

火山角砾岩主要由大小不等的熔岩角砾组成，分选差，不具层理，通常被火山灰充填，并经压实胶结成岩。火山角砾岩多分布在火山口附近，如北京昌平侏罗系火山角砾岩（图10-7）。

彩图 10-7

图 10-7　火山角砾岩（朱世发拍摄，2011）
北京昌平侏罗系髫髻山组

（三）凝灰岩

凝灰岩具有凝灰结构，是指由含量大于75%的、小于2mm的火山碎屑组成的结构。按碎屑粒级，进一步分为粗（1~2mm）、细（0.1~1mm）、粉（0.01~0.1mm）和微（<0.01mm）四种凝灰岩。碎屑成分主要是火山灰，按其物态及相对含量，分单屑凝灰岩（玻屑凝灰岩、晶屑凝灰岩或岩屑凝灰岩）、双屑凝灰岩（两种物态碎屑含量均在25%以上）和多屑凝灰岩（三种物态碎屑均在20%以上）。最常见玻屑凝灰岩、晶屑—玻屑凝灰岩，具典型凝灰结构，熔岩成分多为流纹质，次为英安质。河北宣化白垩系陆相地层中有较为新鲜的流纹质玻屑凝灰岩［图10-6(a)］。河北张家口附近的白垩系普遍见流纹质晶屑—玻屑凝灰岩［图10-6(b)］。

岩屑凝灰岩主要由熔岩碎屑组成，较少见，有时易与岩屑砂岩相混，需视有无搬运磨圆、有无玻屑存在加以区分。

四、沉火山碎屑岩类

沉火山碎屑岩是火山碎屑岩与正常沉积岩之间的过渡类型，火山碎屑物质含量占50%~90%，其他为正常沉积物质，经压积和化学胶结成岩。常显层理，故有时也称层火山碎屑岩类。正常沉积物除具有陆源砂泥外，还可含有化学及生物化学组分，以及生物碎屑等，而沉火山碎屑岩颜色新鲜、颗粒棱角明显、无明显磨蚀边缘及风化边缘（图10-8）。

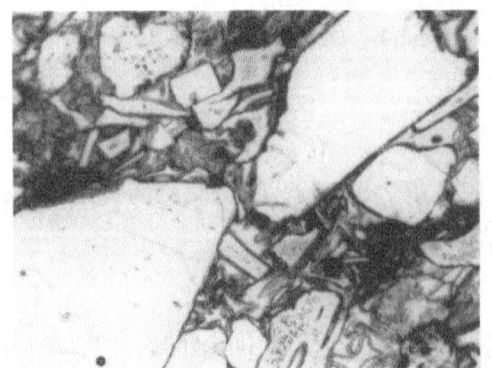

图 10-8　沸石化沉凝灰岩（河北宣化，白垩系，单偏光，×40）

五、火山碎屑沉积岩类

火山碎屑沉积岩以正常沉积物为主，火山碎屑物质含量占10%~50%，岩性特征基本同正常沉积岩。当其主要由陆源碎屑砂组成时，称为凝灰质砂岩；主要为泥时，称为凝灰质泥岩；主要为碳酸盐沉积物时称为凝灰质石灰岩或凝灰质白云岩等。

第五节　火山碎屑岩的成因类型及其标志

火山可以在陆上喷发，也可以在水下喷发，其搬运和沉积方式也不尽相同，因此可以划分出不同成因类型的火山碎屑岩（表10-2）。

表10-2　火山碎屑岩的成因类型（据松田，中村，1966）

喷发环境	搬运介质	沉积环境	成因类型
陆上（A）	空气（A）	陆上（A）	AAA 型
陆上（A）	空气（A）	水下（W）	AAW 型
水下（W）	空气（A）	陆上（A）	WAA 型
水下（W）	空气（A）	水下（W）	WAW 型
水下（W）	水（W）	水下（W）	WWW 型

一、海相与陆相火山碎屑岩系的区别标志

研究火山碎屑岩的成因时，首先应注重的是区分海底喷发的海相和陆上喷发的陆相两大成因类型，其特点如下。

（一）海相火山碎屑岩系

海相火山碎屑岩系的最主要代表是细碧—角斑岩系。特点是广泛的钠长石化作用，火山玻璃分解为含水的硅酸盐。由于绿帘石化和绿泥石化，岩石呈现绿色，枕状构造十分发育。因属海水中喷发—沉积的特殊环境，常具有：

(1) 韵律性层理，即不同粒级的火山碎屑物互层产出，主要为下粗上细的正韵律；
(2) 各个夹层的厚度及粒度一般较稳定；
(3) 往往可见到凝灰岩向沉凝灰岩和凝灰质砂岩（或泥岩）过渡的现象。

另一特征是火山岩系与下伏海相沉积岩层多呈整合接触，或其中有海相夹层，如常含有孔虫、放射虫和硅藻等海相动植物化石的海相石灰岩、碧玉岩及岩屑砂岩等。

（二）陆相火山碎屑岩系

由于熔浆流出地表时易于氧化，因而常呈现红褐色—黑色，火山岩系与下伏岩层多呈不整合或假整合接触。分布于其中的火山碎屑岩系的特点是：

(1) 岩相及厚度变化大；
(2) 含梨形、椭圆形、纺锤形、球形等特征的火山弹；
(3) 存在泥石流角砾岩；
(4) 比较发育熔结火山碎屑岩类；
(5) 凝灰岩多半较疏松；
(6) 有时有陆相砂砾岩和页岩夹层，并常见植物化石和湖相动物化石。

二、不同搬运沉积方式形成的火山碎屑岩系及其特点

依据搬运和沉积方式，可将火山碎屑岩系划分为三种成因类型（视频10-1、视频10-2）。

视频 10-1　火山喷发　　　　视频 10-2　火山喷发过程和形成火山物质

（一）重力流型火山碎屑沉积

重力流型火山碎屑沉积按其沉积环境可分为陆上和水下两种沉积类型。

陆上火山碎屑流沉积是熔结火山碎屑岩类的主要形成方式。高黏度、富含挥发分的酸性、中酸性熔浆，上升到地表浅处，由于压力骤降，气体大大膨胀，以强烈爆发形式喷出火山口并将熔岩柱炸碎。其中一部分粉碎的火山碎屑物，呈火山灰、玻屑、晶屑等碎屑物，被抛入高空后，呈空降火山碎屑物而堆积。大部分或全部喷出火山口的熔岩碎屑物，没有被抛入高空，而呈白热状态的悬浮物混杂于火山气体之中，在一定坡度下，在重力驱动下沿地面向四周扩散，构成由熔岩碎屑和气体所组成的特殊岩流——火山碎屑流。其搬运和沉积方法类似深海重力流沉积。火山碎屑物堆积后，由于上覆堆积物的静压力和由于保持其自身的高温，使玻屑变形、扁平化、气孔大部分消失，从而使碎屑压聚熔结成岩。以这种方式形成的熔结凝灰岩分布面积广，可达数百平方千米，厚度可达数百米，可见柱状节理和大量定向排列的"火焰石"。斑晶和碎屑物呈不均匀分布，具明显的不同于熔岩的熔结性，也不同于降落火山碎屑堆积而成的火山碎屑岩类。

水下火山碎屑流沉积即重力型火山碎屑沉积，主要是由火山喷发碎屑物组成的高密度底流，在水下流动时，由于流速降低而形成沉积。这种沉积类型的特点为成层性较好，粒序构造明显；分选性较好，熔结性差，具明显的基质支撑结构；浮石和火山渣气孔少；在剖面上粒序层之上为流动层，可见交错层理、波痕、叠瓦构造及颗粒定向排列等明显的水携沉积特点。

粒序构造是水下火山碎屑沉积物重力流沉积的主要构造标志。其形成机理是当火山水下喷发时，由于熔浆与水之间的密度差比空气小，熔浆的表面张力相对增大。故熔浆在水中固结时，易形成球体形态；又因水的黏度较空气大，颗粒在水中的沉降速度比空气中要慢，经重力驱动、悬浮搬运而形成粒序沉积构造。

（二）降落型火山碎屑沉积

降落型火山碎屑沉积通常又称降落灰沉积，主要是指火山喷发物在大气中经风力分异而形成的产物。其形成机理是当火山物质顺风搬运时，颗粒依降落速度不同而分离。粒度和密度是控制降落速度的主要因素，而风向、风速、扰动性以及碎屑物的喷射高度是控制散落形态的重要因素，其形态可大致呈对称或略显不对称。降落灰厚度向下风方向减薄，粒度相应减小。在理想情况下，成分、粒度及厚度在顺风方向上均作相关的系统变化。典型的降落灰沉积以好至极好的分选性为标志，并发育水平层理。

虽然火山灰流和降落灰一般都是在一个主要喷发时期中产出的，但由于它们的搬运和沉积条件不同，所以有显著的区别。大量火山灰可以在空中作长距离搬运，然后降落在陆上或水中。现代沉积研究表明，在取自不同的深海区域的样品中，火山玻璃碎屑是十分普遍的，而且集中在一定层位中。火山灰大部分是被风带到深海区中的，距离喷发中心可达数百千米,降落在水中的火山灰物质,还可被水流继续搬运很远距离,尤其是很细的火山尘,质轻多孔,可像浮石般漂流很远距离。

陆上喷发、风力搬运,后来在海洋中降落沉积的较好实例,是川滇桂黔一带的中三叠统"绿豆岩"。它是一种钾质的晶屑—玻屑凝灰岩,是一种典型的降落灰沉积作用产物。其生成机制是在中三叠世早期,离川滇桂黔海盆较远的大陆上,东南沿海一带存在频繁而剧烈的酸性熔浆的喷发活动,喷发物经长距离大气搬运而降落在海盆中,在碱性或弱碱性水介质条件下,在成岩过程中经蒙脱石化而转变为"绿豆岩",因其具或多或少的鲜艳翠绿色和石英质"豆粒"而得名。石英"豆粒"是岩石在沉积及成岩过程中由硅胶凝聚发育而成的结核体,不同于一般"豆粒"成因。"绿豆岩"大面积稳定分布,是西南地区三叠系中的主要标志层。

(三) 水携型火山碎屑沉积

水携型火山碎屑沉积具明显的水携沉积特点。火山喷发物质经过流水搬运可沉积在海岸平原、海滩或浅海陆棚上,甚至被重力带到深水盆地中去。火山碎屑一般是以床砂载荷形式进行搬运的。随着搬运距离加大,远离火山口,正常沉积物质也随之增多。因此,其外貌类似岩屑砂岩或长石砂岩,也常具有正常碎屑沉积岩的各种构造,如大型交错层理、波痕、砾石叠瓦构造、间断韵律等。所以要把这类岩石同侵蚀成因的火山陆源岩石区分开,往往存在困难。区分标志是水携型火山碎屑岩的成分是受同期火山作用控制的,碎屑的成熟度很低,可见到玻屑、暗化的黑云母和角闪石等;还可见到新鲜的、具环状构造的斜长石,以及熔岩碎屑中仍保存着玻基斑状结构、交织结构或玻璃质结构;分选、磨圆度都很差等。而火山陆源碎屑岩,其成分主要来自早期形成的火山岩系,是经过剥蚀、搬运、再沉积的产物,具一切正常碎屑岩的特点,虽然火山碎屑物质含量较高,但一般少见玻屑,熔岩碎屑的基质往往也有不同程度的重结晶现象。这类岩石在中生代或更年轻的环太平洋盆地内普遍分布。

1. 简述火山碎屑岩主要成分特征,比较火山碎屑岩与正常沉积的碎屑岩在成分上的异同。
2. 试述火山碎屑岩的集块结构、火山角砾结构、凝灰结构的基本特点。
3. 分别说明集块岩、火山角砾岩、凝灰岩的一般特征及其形成条件。
4. 分别说明火山碎屑岩常见构造及其形成过程。
5. 简述狭义的火山碎屑岩类的岩石类型及其特征。
6. 简述海相与陆相火山碎屑岩系特征差异。
7. 试述三种不同成因火山碎屑岩(重力流型、降落型、水携型)的形成机制及其特征。
8. 观察野外露头火山碎屑岩,判断主要发育的火山碎屑岩类型,分析火山碎屑岩与周边地层的接触关系。

第三篇 碳酸盐岩

> **导 读**
>
> 本章核心知识点包括主要由方解石和白云石等碳酸盐矿物组成的碳酸盐岩的国内外研究现状，碳酸盐岩的成分、颜色，常见碳酸盐岩颗粒、泥、胶结物、生物格架、晶粒等五类结构组分特点及其成因机制，碳酸盐岩沉积构造特征及其形成环境等。

第十一章 碳酸盐岩概述

第一节 碳酸盐岩的研究现状及发展趋势

碳酸盐岩是主要由方解石和白云石等碳酸盐矿物组成的沉积岩，属于化学岩及生物化学岩类。石灰岩和白云岩是碳酸盐岩中最主要的岩石类型。碳酸盐岩岩石学的任务是全面研究碳酸盐岩的成分、结构、构造和成因。

碳酸盐岩是重要的烃源岩和储集岩，在当前国内外的大油气田中，碳酸盐岩储层占比略超50%。碳酸盐岩还是主要的冶金熔剂、化工原料、耐火工业原料以及提炼金属镁的原料，也是主要的地下水的储集岩。在碳酸盐岩中还蕴藏着丰富的金属和非金属矿产，如铁、铜、铅、锌、汞、磷等；许多以前被认为是中、低温热液成因的矿床，现在被证明是受沉积相带的严格控制。"沉积成矿""成岩作用成矿""层控矿床"等新的学说或观点促进了一些金属和非金属资源增储上产。因此，加强碳酸盐岩的岩石学和岩相古地理学的基础理论研究并以此指导油、气、地下水以及各种金属与非金属矿产或工业原料的勘探与开发，具有重要的理论及实际意义。

一、碳酸盐岩岩石学研究现状

（一）国外碳酸盐岩岩石学研究现状

一个多世纪前，碳酸盐岩岩石学就作为一门独立的地质科学分支出现了。英国地质学家索比（Sorby）是碳酸盐岩岩石学的主要奠基人。早在1879年，索比在他的名著《石灰岩的构造和成因》中就指出，绝大多数的石灰岩都是由四种机械搬运的颗粒（化石碎屑、鲕粒、较老的碳酸盐碎屑以及无构造的球粒）组成的。但是，索比的先进思想和科研成果却没有得到重视和发展。

在第二次世界大战以后，西亚地区的碳酸盐岩中大油田的发现，加速了人们对碳酸盐岩进行全面深入的研究。Ginsburg（1957）研究美国佛罗里达和巴哈马台地现代碳酸盐沉积及其成岩作用，推进了全球碳酸盐岩沉积学研究和建立沉积模式的发展。基于将今论古、古今对比的比较沉积学思想，使古代碳酸盐岩的研究也获得了显著进展。概括起来，主要表现在以下八个方面。

第一，碳酸盐岩的结构成因分类观点。美国地质学家福克（Folk，1959）首次提出的结构成因观点引发了碳酸盐岩岩石学领域的一次革命。从此，改变了碳酸盐岩是一种单成因的"化学岩"以及碳酸盐岩形成条件、形成环境的传统观点。由于各种结构组分能反映沉积环境中的水动力条件及其他特征，因此碳酸盐岩的结构—成因分类的各种岩石类型就必然反映其沉积相特征和水动力条件。这样，碳酸盐岩岩类学和岩相古地理学就建立了十分密切的联系。现在，福克分类的观点已经被应用到了铁、锰、铝、磷等沉积矿产的岩石学和矿床学理论的分类体系中。

第二，碳酸盐岩能量观点的定量标志。普拉姆利等（Plumley，1962）首次定量表征了沉积环境水动力能量大小。在露头剖面或钻井剖面上，利用能量指数划分有定量数据的高能量或低能量的层段，也可以在区域上划分出有定量数据的高能量或低能量的地区。能量指数标志的引入为碳酸盐岩的分类及沉积相分析提供了全新的、重要的定量依据。

第三，全新的系列白云岩成因观点或学说，如潮上盐坪的毛细管浓缩白云石化作用或蒸发泵白云石化作用、回流渗透白云石化作用、海水与淡水的混合白云石化作用、埋藏白云石化作用以及热液白云石化作用等。这些观点和学说大都是在现代碳酸盐沉积研究的基础上提出来的。

第四，碳酸盐岩沉积环境和沉积相模式。通过对现代碳酸盐沉积环境的研究，提出了包括礁等一系列全新的碳酸盐沉积相的概念、术语系统以及分析研究方法，明确碳酸盐沉积物可以出现在寒冷和深水环境，出现了新的碳酸盐岩的岩相古地理学。在这一方面，肖（Shaw，1964）、欧文（Irwin，1965）、拉波特（Laporte，1967，1969）、杨（Young et al.，1972）、阿姆斯特朗（Armstrong，1974）、威尔逊（Wilson，1975）、詹姆斯（James，2014）等的著作起了重要的开拓作用。

第五，碳酸盐岩化石岩石学。美国学者 Scholle 总结了碳酸盐岩组分、结构和构造特点，出版了专著 *A color guide to the petrography of carbonate rock: Grains, textures, porosity, diagenesis*（2003），为重建碳酸盐岩沉积古地理和预测有利碳酸盐岩储层提供了岩石学基础。马耶夫斯基（Majewske，1969）和霍洛维兹（Horowitz，1971）等提出了一门专门研究和鉴别碳酸盐岩中的生物化石碎片的交叉科学，或称"化石碎片岩类学"或"碳酸盐岩化石碎片岩类学"。这为碳酸盐岩沉积相分析和古地理重建提供了十分有用的手段。

第六，碳酸盐岩成岩作用机理。在碳酸盐岩成岩作用类型、形成机制和成岩阶段以及控制因素等方面取得了明显进展，岩石地球化学在碳酸盐岩沉积环境和成岩作用研究中发挥了主要作用，提出了一些关于碳酸盐岩胶结作用和溶蚀作用机理的新观点，指出溶蚀作用和白云石化作用是形成碳酸盐岩次生孔隙的主要机制，（微）生物活动参与了碳酸盐岩成岩作用和孔隙改造过程，层序地层学、地球物理储层反演（地震沉积学）和储层建模推进了预测碳酸盐岩有利储层和表征储层非均质性的方法革新。

第七，深水海洋碳酸盐沉积。库克（Cook, 1977）主编的《深水碳酸盐环境》是这一方面的代表作。大量研究成果表明，在现代碳酸盐沉积物和古代碳酸盐沉积岩中有广泛的沉积物重力流、风暴流和等深流沉积。

第八，碳酸盐岩的研究方法。许多全新的、先进的研究手段，如多类别扫描电镜、稳定同位素分析、微量元素分析等，已被引进碳酸盐岩岩石学中，推动了碳酸盐岩岩石学和岩相古地理学的飞速发展。

（二）中国的碳酸盐岩岩石学研究现状

20世纪70年代，国外碳酸盐岩岩石学的新理论及方法被引入和广泛传播以后，我国的碳酸盐岩岩石学和古地理学得到快速发展。近几十年来，中国碳酸盐岩岩石学及其古地理学在下列方面得到关注。

第一，特色的碳酸盐岩分类方案。基于福克（Folk, 1962）及邓哈姆（Dunham, 1962）等先进的碳酸盐岩结构分类方案，提出了多个具有中国区域地质特色的分类方案，如冯增昭等提出了具有区域特色的结构分类方案等。新分类方案是以结构分类为主，结合定量标志和粒级界限，将碳酸盐岩分为颗粒—灰泥碳酸盐岩、晶粒碳酸盐岩、生物格架碳酸盐岩等。

第二，化石岩石学或化石碎片岩石学。基于生物化石碎片的简单描述，确定碳酸盐岩沉积水动力背景，恢复沉积环境。逐渐形成发展了化石岩石学，主要表现在反映中国碳酸盐岩中的化石碎片的图版、图册、教材、专著等已陆续公开出版，一些高等学校还专门开设了"化石岩石学"课程。

第三，现代碳酸盐沉积环境研究。通过对中国南海，特别是海南岛、西沙群岛等现代生物礁和其他碳酸盐沉积考察和部分钻孔的研究，明确了碳酸盐沉积物的岩石学特征、沉积序列和沉积环境的深时演化，开拓了中国海洋碳酸盐沉积物及成岩作用研究的新领域。

第四，古代碳酸盐岩的沉积环境及沉积相的研究。随着碳酸盐岩岩类学及现代碳酸盐沉积研究的深入，人们在陆表海、小型克拉通盆地碳酸盐岩岩石学、沉积亚微相以及沉积环境分析、沉积相模式等方面取得了系列进展，表明碳酸盐岩岩石学已从岩类学发展到了岩相学和沉积学阶段。

第五，碳酸盐岩岩相古地理学研究。在碳酸盐岩层序地层学、岩石学及岩相学研究的基础上，考虑构造地质背景，建立了具有中国特色的碳酸盐岩沉积模式，开展了不同比例尺的岩相古地理综合研究，多信息、多尺度、多用途的碳酸盐岩古地理理论和图件层出不穷。特别是不同比例尺（1∶5万、1∶10万、1∶50万、1∶250万、1∶500万）的定量化岩相古地理图的出现为沉积矿产高效勘探开发发挥了积极作用。

第六，碳酸盐岩成岩作用和有利储层预测研究。根据层序地层学理论，指出海平面和气候变化以及旋回周期控制了碳酸盐岩成岩作用和孔隙改造。白云石化作用机制研究一直是热点，混合水白云石化作用受到质疑。中国学者在南海西沙群岛、海南岛的现代碳酸盐沉积物的沉积后作用的研究，华北地台、四川盆地和鄂尔多斯盆地古生代碳酸盐岩成岩作用的研究以及硅化作用、去白云石化作用、石膏化作用研究等方面均取得了可喜的重要成果。储层地球化学和地震储层预测以及三维可视化技术在储层机制研究和有利储层预测方面将发挥重要作用。

第七，现代和古代碳酸盐岩岩溶研究。加强了现代和近代碳酸盐岩沉积环境和成岩作用类比研究，建立了大量沉积环境和（早期）成岩作用模式，为古代碳酸盐岩沉积环境和古岩溶研究提供了基础。中国是碳酸盐岩岩溶最发育的国家，通过现代岩溶研究解决水土流失和水源问题，通过古岩溶研究解决古潜山、碳酸盐岩有利储层等油气勘探问题，为油气水勘探提供了新的理论依据，促进了国民经济的发展。

第八，其他沉积矿产高效应用。碳酸盐岩理论在金属与非金属矿产勘探中日益受到重视，以前被认为的"中、低温热液矿床"的矿体富集竟与碳酸盐岩的沉积相带关系密切。煤炭勘探中采用碳酸盐岩岩石学和岩相学的新观点，研究中国北方及南方的煤系地层的沉积特征及沉积环境，也取得了有益的成果。基于碳酸盐岩的化学成分、物理性能研究，有效指导了建材开发及化工材料高效利用。

二、碳酸盐岩岩石学研究发展趋势

纵观国内外尤其是国内碳酸盐岩岩石学发展的历史及现状，可以看出以下几个方向将是碳酸盐岩石学及沉积学研究的热点和趋势：

（1）海相碳酸盐岩等时地层研究。结合多种层序地层学理论和实践，深化我国海相层序地层学基础理论研究，按照不同大地构造单元和地层叠置样式，建立多类型层序地层模式，为古地理和沉积环境研究提供等时格架。

（2）海相碳酸盐岩石学的基础研究。利用岩石学和地球化学以及多种方法技术识别现代碳酸盐沉积物和古代碳酸盐岩的成分、结构、构造的微观和沉积组合，建立更加切合我国海相碳酸盐岩的分类命名体系。

（3）碳酸盐岩成岩作用研究。加强实验研究，完善白云岩形成机理及演化模式，建立具有区域特色的白云岩成因模式，为碳酸盐岩的岩相古地理恢复提供更贴近实际的理论依据。

（4）碳酸盐岩成因室内模拟实验研究。依据将今论古、古今对比的原则，在加强现代沉积环境碳酸盐沉积作用模式研究的同时，开展碳酸盐矿物形成、多因素影响的碳酸盐岩形成过程的物理和数值模拟。

（5）古岩溶形成机理和预测研究。碳酸盐岩油气储层具有较强的非均质性，复杂的构造运动、古岩溶和白云石化作用是重要控制因素，特别是古岩溶形成机制、形态规模、地质与地球物理综合预测均是需要加强的研究领域。

（6）中国古老碳酸盐岩沉积盆地基础地质研究。中国扬子地台、华北地台和塔里木盆地等广泛分布碳酸盐岩地层，具有烃源岩时代老、生油层系多、储集岩厚度大、分布广、类型多、生储盖组合多、圈闭类型多样、构造运动频繁、暴露多且时间长、热演化程度高、保存条件差以及晚期成藏等地质特征，海相碳酸盐岩找油仍待突破。

（7）微生物岩的基础地质研究。微生物岩广泛分布在中国古老地层中，被认为是油气勘探的重要后备领域，需要加强微生物岩成分、结构和沉积构造、分类、微生物作用和形成机制以及相关的石油地质要素研究。

（8）综合应用多尺度碳酸盐岩测试技术，提高分析化验精度。充分利用野外露头、盆地岩心和岩石薄片等传统方法开展碳酸盐岩岩石学分析，不断利用先进的多类型扫描电镜、能谱等技术，精细表征矿物学、岩石学特征，为碳酸盐岩综合研究提供矿物岩石学基础。

第二节 碳酸盐岩的成分及颜色

一、碳酸盐岩的矿物成分

碳酸盐岩主要由方解石和白云石两种碳酸盐矿物组成,以方解石为主的称为石灰岩,以白云石为主的称为白云岩,这是碳酸盐岩的两个最基本的岩石类型。

方解石($CaCO_3$)属于三方晶系矿物,其晶体结构见图11-1,图中三角形代表$[CO_3]^{2-}$阴离子,圆球代表Ca^{2+}阳离子。方解石常见的晶形有菱面体、复三方偏三角面体(图11-2),三组菱面体解理完全,硬度为3,相对密度为2.71,活度积常数在25℃时为$10^{-8.52}$。

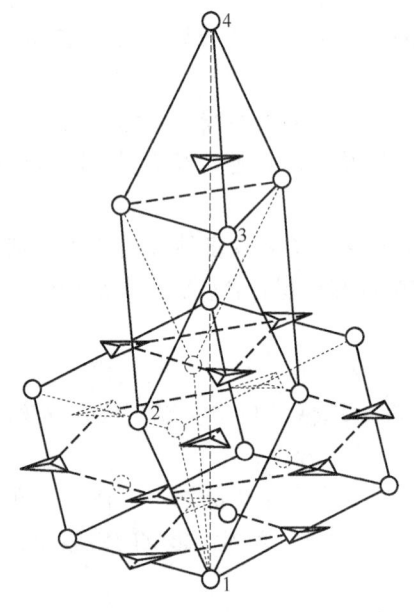

图11-1 方解石的晶体结构及原始晶胞形状(据刘孟慧,1991)

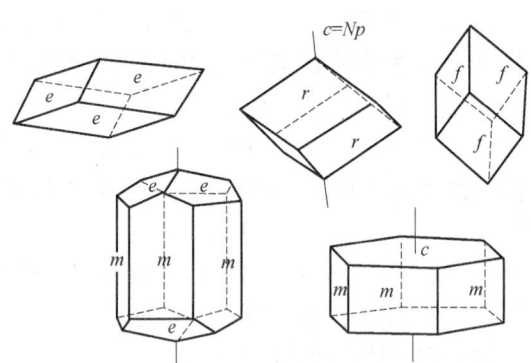

图11-2 方解石晶形及光性方位(据刘孟慧,1991)

在方解石矿物体系中,有低镁方解石、高镁方解石和文石等矿物。低镁方解石,即通常所称的方解石,其$MgCO_3$含量一般小于4%。高镁方解石,也叫镁方解石,其$MgCO_3$含量一般大于10%(摩尔分数),有时可达30%(摩尔分数),其镁含量虽高,但方解石的晶格并未被破坏。文石,又叫霰石,是方解石的同质异象变体,属斜方晶系,活度积常数在25℃时为$10^{-8.15}$。在现代沉积中常呈针状,有时也呈泥状。

在这3种碳酸盐矿物中,高镁方解石最不稳定,文石次之,低镁方解石较稳定。因此,高镁方解石和文石都要转变为低镁方解石。所以,高镁方解石和文石主要出现在现代碳酸盐沉积物中,在古代的碳酸盐岩中一般不存在高镁方解石和文石。

白云石($CaMg[CO_3]_2$)也属于三方晶系矿物,常见的晶形为菱面体(图11-3),菱形晶面常弯曲,硬度为3.5~4,相对密度为2.87,活度积常数在25℃时为$10^{-17.6}$。

在白云石矿物体系中,除白云石外,还有原白云石。

白云石理想化学式是$CaMg[CO_3]_2$。在理想的白云石矿物的晶体构造中,Ca^{2+}、Mg^{2+}、

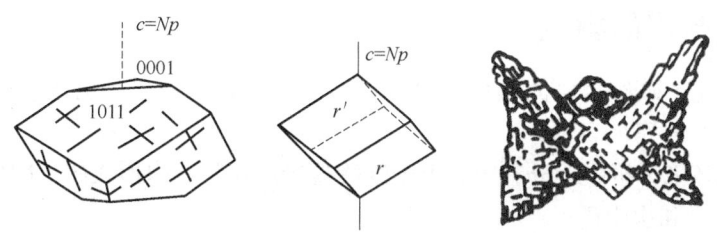

图 11-3　白云石的光性方位图及由弯曲晶面构成的马鞍形晶体（据刘孟慧，1991）

CO_3^{2-} 都有其特定的位置。它们都具各自的离子面，在垂直 C 轴的方向上相互交替叠积，处于有序的晶体状态。

但是，在自然界中，上述理想的白云石是很少见的。碳酸盐岩中的白云石通常都是富钙的，现代碳酸盐沉积物中的白云石更是如此。这种富钙的白云石，其化学式大体变化于 $CaMg(CO_3)_2$ 和 $Ca(Mg_{0.84}Ca_{0.16})[CO_3]_2$ 之间，当然其晶体构造也就不是最理想有序的了。这种富钙的白云石在自然界中是欠稳定的，它们都有向更稳定的（更加符合化学计量关系的或更加有序的）白云石转化的趋势。一般说来，白云石形成的时间越长，即其时代越老，它们就越接近理想的白云石晶体构造和化学式。这种富钙的白云石就是所谓的原白云石。

在碳酸盐岩中，除含有上述方解石和白云石体系的矿物外，还常有菱铁矿、菱镁矿等碳酸盐矿物。还常有一些非碳酸盐的自生矿物，即在沉积环境中生成的非碳酸盐矿物，如石膏、硬石膏、天青石、重晶石、萤石、石盐、钾石盐、玉髓、自生石英、黄铁矿、赤铁矿、海绿石、胶磷矿等。另外，还常含一些陆源矿物，如黏土矿物、石英、长石、云母、绿泥石以及一些重矿物和一些有机质。

这些矿物成分在判断碳酸盐岩的成因及沉积环境上，都是很有用处的。

二、碳酸盐岩的化学成分

纯石灰岩（纯方解石）的理论化学成分为 CaO(56%) 和 CO_2(44%)；纯白云岩（纯白云石）的理论化学成分为 CaO(30.4%)、MgO(21.7%)、CO_2(47.9%)。但是，实际上自然界中的碳酸盐岩总是或多或少地含有其他的化学成分。

碳酸盐岩的化学成分可以反映它的矿物成分。通常根据某一种化学成分的含量，乘上一定的常数，即可换算成其相应的矿物成分的含量。如某一岩石中 MgO 含量为 10%，乘上常数 4.6，即得白云石含量为 46%。

碳酸盐岩的化学成分对碳酸盐岩的各种工业用途来说是很重要的。例如水泥用的石灰岩，MgO 的含量需小于 3%，K_2O+Na_2O 的含量需小于 1%，SO_3 含量需小于 3%，SiO_2 含量需小于 3%；冶金熔剂用的白云岩，MgO 需大于 16%，SiO_2 需小于 7%；耐火材料用的白云岩、其他工业用的碳酸盐岩也都有一定的要求。

在碳酸盐岩中，还常含有一些微量元素或痕量元素，如 Sr、Ba、Mn、Co、Ni、Pb、Zn、Cu、Cr、Ga、Ti、B 等。这些元素在地层划分对比以及沉积环境分析上均有作用。例如硼（B），开阔海石灰岩的硼含量约为 0.05%，局限海石灰岩的硼含量约为 0.14%，潮上云坪准同生白云岩的硼含量约为 0.24%。这说明碳酸盐岩中的硼含量随其沉积环境的水体含盐度的增高而增高。因此，碳酸盐岩中的硼含量就可作为古沉积环境水体含盐度的良好标志。因此，开展碳酸盐岩中微量及痕量元素的研究是有意义的。

三、碳酸盐岩的颜色

与碎屑岩相比，碳酸盐岩的颜色相对单调些，以灰色、灰黑色为主，也有白色、灰绿色、黄褐色、紫红色等。

颜色在沉积环境分析中十分有用。由于碳酸盐岩主要是盆内形成的，因此其颜色主要是自生色（原生色）和次生色。

自生色是碳酸盐沉积物在沉积环境中以及早期成岩过程中形成的颜色，与沉积环境密切相关。不含杂质的纯碳酸盐岩通常是白色的。灰色和灰黑色主要是因为存在有机质，代表水下还原环境，通常有机质含量越高，颜色越暗，反映环境还原性越强，水体能量越低。水体循环较好的开阔台地环境属于弱还原环境，其沉积通常呈灰色。水体深的斜坡、盆地环境以及水体基本停滞的局限台地环境，属于强还原环境，其沉积通常呈灰黑色。低能还原环境沉积的碳酸盐岩中含有黏土时，其颜色通常为灰绿色。高能颗粒滩或生物礁属于弱氧化环境，其沉积通常呈灰白色、白色，有机质含量很低。潮坪环境属于强氧化环境，其沉积呈灰白色，有机质含量很低；当含黏土时，由于高价铁的存在，常呈黄褐色或红褐色。

次生色是在后生作用阶段或风化过程中，原生组分发生次生变化，由新生成的次生矿物所造成的颜色。这种颜色通常是由氧化作用引起的。当碳酸盐矿物或岩石中的黏土矿物含有Fe^{2+}时，遭受氧化后Fe^{2+}转变为Fe^{3+}，形成铁的氧化物或氢氧化物（赤铁矿、褐铁矿等），使岩石的颜色变为黄褐色或紫红色。云斑石灰岩或豹斑石灰岩中的云斑在风化面上呈黄褐色，黄褐色就是白云石晶格中的Fe^{2+}氧化后转变为Fe^{3+}析出并形成铁的氧化物或氢氧化物的缘故。

原生色与次生色比较容易区分。原生色与层面、层理界线一致，在同一层内均匀稳定顺层分布。次生色一般切穿层面或层理面，常呈斑点状不均匀分布，且多限于岩石风化表面，新鲜面上呈现原生色。

第三节 碳酸盐岩的结构组分

碳酸盐岩主要由颗粒、泥、胶结物、晶粒、生物格架等五类结构组分组成。此外，还有一些次要的结构组分，如陆源物质、其他化学沉淀物质、有机质等；也还有一些派生的结构组分，如孔隙等。这些次要的和派生的组分对岩石性质会有一定的影响，对岩石的成因及沉积环境分析也有重要的意义，而孔隙对油、气、水的运移和储集就更为重要了。但就组成岩石的基本组分来说，还仍然是上述的五类。故本节就着重讲述这五种主要的或基本的结构组分。

一、颗粒

碳酸盐岩中的颗粒，按其是否在沉积盆地中形成，可分为内颗粒（盆内颗粒）和外颗粒（盆外颗粒）两类。内颗粒是主要的，外颗粒是次要的。

外颗粒指来自沉积地区以外的、较老的陆源碳酸盐岩碎屑颗粒。这种陆源的碳酸盐岩碎屑，与在沉积盆地中形成的碳酸盐岩内碎屑，在成分上虽然相同，即都是碳酸盐成分，但形成机理却是根本不同的。外颗粒主要是由陆源的石灰岩或白云岩碎屑颗粒（通常都为砾石级）组成的，应属碎屑岩的范畴。由于物理和化学稳定性较低，外颗粒一般离母岩区较近的地区发生沉积，分选磨圆中等—较差。如何把陆源的碳酸盐岩碎屑颗粒与内碎屑区分开，却并不是在任何情况下都能做到或很容易就能做到的，这要根据沉积地区及其外围地区的区域地质（地层、岩石、古生物、大地构造等）特征，进行综合分析判断。

内颗粒指在沉积盆地或沉积环境内形成的碳酸盐颗粒。这种颗粒可以是化学沉积作用形成的，还可以是机械破碎作用形成的，还可以是生物作用形成的，或者是这些作用的综合产物。福克（Folk，1959，1962）称其为异化颗粒或异化组分，即福克所说的异常化学作用所形成的颗粒或组分。碳酸盐岩中的颗粒主要就是这种内颗粒。因此，在碳酸盐岩中，凡提到颗粒，只要不特别注明是陆源的，均是指内颗粒。

内颗粒的类型多种多样，下面就讲述常见几种内颗粒的特征和成因。

（一）内碎屑

内碎屑主要是沉积盆地中沉积不久的、半固结或固结的各种碳酸盐沉积物，受波浪、潮汐水流、风暴流、重力流等地质作用，破碎、搬运、磨蚀、再沉积而成的。内碎屑常具有复杂的内部结构，可含有化石、鲕粒、球粒以及早先形成的内碎屑等，其磨蚀的边缘常切割它所包含的化石、鲕粒等颗粒。

根据颗粒大小，可把内碎屑划分为砾屑、砂屑和粉屑，砂屑和粉屑还可进一步细分。

关于内碎屑的粒级划分和命名，也和碎屑岩碎屑颗粒的粒级划分和命名一样，在国内外都存在着不少分歧。表11-1是本书拟定的一个方案。

表11-1　碳酸盐岩颗粒的粒级划分及命名

粒径，mm	碎屑岩中的碎屑		碳酸盐岩中的内碎屑		碳酸盐岩中的晶粒	
>2.0	砾（石）		砾屑		砾晶	
2.0~1.0	极粗砂	砂	极粗砂屑	砂屑	极粗晶	砂晶
1.0~0.5	粗砂		粗砂屑		粗晶	
0.5~0.25	中砂		中砂屑		中晶	
0.25~0.1	细砂		细砂屑		细晶	
0.1~0.05	粗粉砂	粉砂	粗粉屑	粉屑	粗粉晶	粉晶
0.05~0.005	细粉砂		细粉屑		细粉晶	
<0.005	泥（黏土）		泥屑		泥晶	

关于表11-1还有以下几点需要说明：

第一，在这里把碎屑岩中的碎屑颗粒、碳酸盐岩中的颗粒（主要是内碎屑）、碳酸盐岩中的晶粒三者的粒级界限和术语命名进行了统一。主要是以碎屑岩碎屑颗粒的粒级划分和命名为基础，把三者统一起来。

第二，主要的粒级界限都与温特华斯粒级（Φ值）一致或很接近，这既照顾了我国过去的习惯和当前的现状，也便于粒度作图和对比工作。

第三，有些界限，如砾和砂的界限、粉砂和泥的界限，在国内外是有不同观点的。

砾石级的内碎屑即砾屑，早就被人们认识了。我国北方寒武系及奥陶系中广泛分布的竹叶状砾屑，就是最好的一个实例。早在1927年，李学清就正确地阐明了这种竹叶状砾屑的成因。这种砾屑多呈扁饼状，圆度好，分选也常较好，其截面常呈长条状，似竹叶，故常称其为竹叶状砾屑，也可简称其为"竹叶"。其扁平面多与层面平行，但也有与层面斜交甚至垂直的，也有呈叠瓦状排列或漩涡状排列的；其磨圆度通常相当好，分选好到中等。有的竹叶状砾屑的表面或表层还常为红褐色，即所说的氧化圈。砾屑之间多为灰泥基质，少见亮晶胶结物［图11-4(a)、(b)］。所有这些特征都表明，这种竹叶状砾屑是在浅水海洋环境中，半固结或已固结的薄层碳酸盐岩，经强大的水流、潮汐或风暴作用，发生破碎、磨蚀、搬运并堆积而成。与层面斜交或垂直以及呈叠瓦状或漩涡状排列的竹叶，更反映了强大的（风暴等）水动力条件。近来，有些学者把竹叶状砾屑视作风暴的产物，也有人把它的分布与地震作用联系起来。

在碳酸盐岩中，非竹叶状的砾屑也很常见。

砂级的内碎屑即砂屑，近来人们逐渐认识到它比砾屑的分布还要广泛。这种砂屑在显微镜下极易观察。砂屑多为泥晶石灰岩的碎屑，圆度及分选一般都较好，也有形状不规则和分选差的砂屑［图11-4(c)］。

粉砂级的内碎屑即粉屑也广泛存在，其特征基本上同砂屑，仅粒级较小［图11-4(d)］。

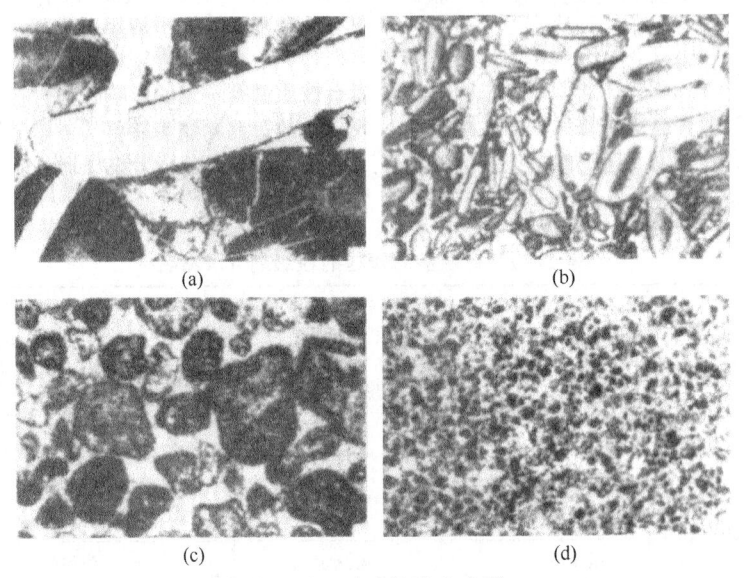

图11-4　碳酸盐岩内碎屑

（a）砾屑，竹叶状砾屑石灰岩，砾屑呈竹叶状，圆度好，具氧化铁边缘，有的整体为红褐色，竹叶间为灰泥，部分为后期充填物，江苏徐州贾汪，上寒武统凤山组，放大机直拍，×4；（b）砾屑，竹叶状砾石灰岩，砾屑呈竹叶状，圆度较好，分选一般，具氧化铁边缘，山东新汶，上寒武统，光面直拍，×25；（c）砂屑，砂屑石灰岩，砂屑为细—粗砂级，磨圆较好，分选一般，砂屑由粉晶方解石组成，亮晶胶结，安徽宿县夹沟，下寒武统毛庄组，单偏光，×34；（d）粉屑，粉屑石灰岩，粉屑磨圆、分选一般，粉屑间为灰泥和亮晶，江苏徐州贾汪，下寒武统馒头组，单偏光，×41

（二）鲕粒

鲕粒是具有核心和同心层结构的球状颗粒，很像鱼子（即鲕），故得名。鲕粒大都为极粗砂级到中砂级的颗粒（0.25~2mm），常见的鲕粒为粗砂级（0.5~1mm），大于2mm和小于0.25mm的鲕粒较少见。

鲕粒通常由两部分组成，即核心和同心层。核心可以是内碎屑、化石（完整或破碎的）、球粒、陆源碎屑颗粒或空气等；同心层主要由泥晶方解石组成。现代海洋环境中的鲕粒主要由文石组成。有的鲕粒具有放射状结构，此放射结构有的可以穿过整个同心层，有的则只限于几个同心层中。

根据鲕粒的结构和形态特征，可把鲕粒划分为以下类型：

（1）正常鲕：其同心层厚度大于核心的直径，且呈球形。一般所说的鲕粒都是指这种正常鲕［图11-5(a)］。

（2）表皮鲕（或表鲕）：其同心层厚度小于核心直径。有的表皮鲕甚至只有一层同心层即一层皮壳［图11-5(b)］。

（3）复鲕：在一个大鲕粒中，包含两个或多个小的鲕粒。

（4）椭球形鲕：正常的鲕大都呈球形，但也有些鲕呈椭球形，这主要是由其核心的形状决定的。核心为长条形的鲕常呈椭球形［图11-5(c)］。

（5）放射鲕：即具有放射结构的鲕粒［图11-5(d)］。这种放射结构多是后来碳酸盐矿物重结晶作用的产物，而且其原始矿物通常为针状文石。

（6）单晶鲕和多晶鲕：整个鲕粒基本上由一个球形的外壳和其中的一个方解石晶体或若干个方解石晶体构成，其同心层已不复存在了。这种鲕粒多是刚形成的鲕粒在成岩

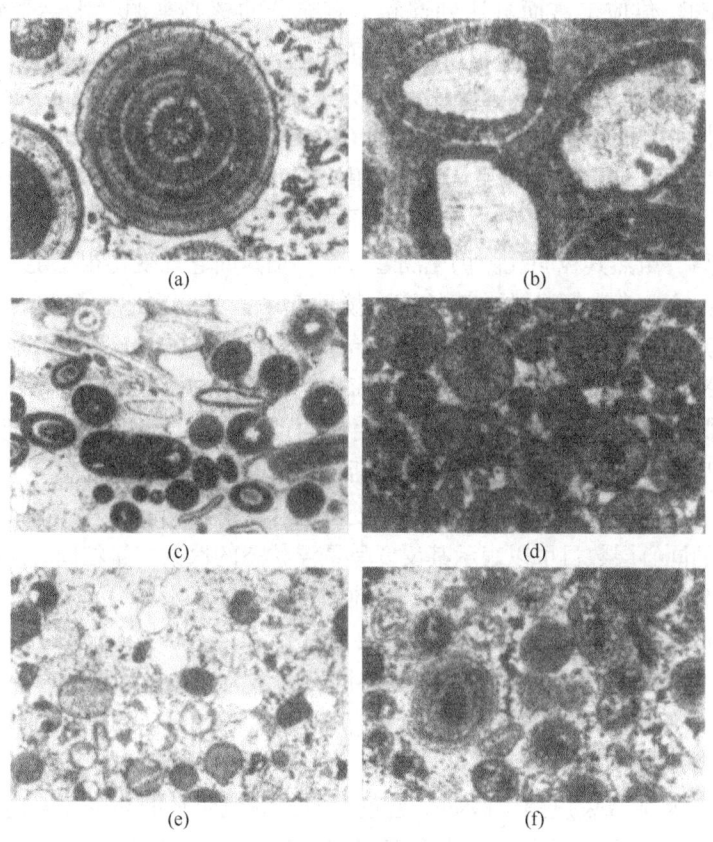

图11-5 碳酸盐岩鲕粒

(a) 正常鲕，鲕粒石灰岩，鲕核为砂屑，同心层多而密，具放射结构，放射纹切穿同心层，北京十三陵，下寒武统馒头组，单偏光，×25；(b) 表皮鲕，表鲕石灰岩，核心为海百合茎碎片，核心直径大于同心层厚度，鲕粒间为灰泥充填，安徽宿县夹沟，下寒武统毛庄组，单偏光，×41；(c) 椭球形鲕，鲕粒石灰岩，形态受核心形态的影响，鲕粒间为灰泥和亮晶胶结物，山东崮山，寒武系，×5；(d) 放射鲕，放射鲕石灰岩，鲕核为砂屑，同心层不显，放射结构清楚，亮晶胶结，安徽宿县夹沟，下寒武统馒头组，单偏光，×41；(e) 单晶鲕和多晶鲕，鲕粒石灰岩，大多数鲕粒由一个单晶组成，有的则为几个大晶粒组成，四川长寿，下三叠统飞仙关组，正交光，×25；(f) 负鲕，负鲕石灰岩，鲕粒内部多被溶蚀而发育粒内孔，亮晶胶结，四川大竹，下三叠统飞仙关组，正交光，×25

作用早期遭受淡水淋滤作用，其核心及同心层边溶解边沉淀而形成，其原始矿物通常为文石［图 11-5(e)］。

(7) 负鲕：即核心及同心层的大部或全部已被溶蚀的鲕粒，基本上只剩一个外壳层，故又称为空心鲕。实际上，这是一种鲕粒内的溶蚀孔隙［图 11-5(f)］。

关于鲕粒的成因，有许多学说和观点。但归纳起来，不外乎两种，即生物说和无机说。

早在 19 世纪末，就有人发现鲕粒中有藻类存在。后来又有人把鲕粒放在酸中溶解，也发现有藻的残余。这就使他们提出鲕粒是藻成因的学说。开始，这一学说受到很多学者的赞同，但不久就受到了抨击。反对者认为，鲕粒中的藻（常是藻管）并不一定是在鲕粒形成时就存在的，而是在鲕粒形成后由于藻的穿孔作用形成的，即是在沉积以后才进去的；另外，在洞穴中和锅炉中，以及在实验室中，都可以形成鲕粒，这就很难说是藻在起决定的作用了。因此，现在支持这一学说的人已不多了。

无机沉淀学说把鲕粒的生成与它的结构特征（有核心和同心层）及其生成环境（水动力条件较强的地区）联系起来，因此说服力较强。卡耶（Cayeux, 1935）曾提出鲕生长的必要条件是：$CaCO_3$ 供应丰富而且达到饱和，有充分的核心来源，水要受到搅动。他还认为，鲕粒那种完美的同心层结构，用藻管或藻的残余体是不可能解释的。

韦尔（Weyl, 1967）在巴哈马地区进行了实验观察，说明了鲕粒同心层结构的生成过程。韦尔注意到，当把碳酸盐颗粒浸入温暖的饱和 $CaCO_3$ 的表层海水中，围绕这种颗粒表面的沉淀作用立刻就发生了，但几分钟以后，沉淀作用的速度就突然变慢了。这时，颗粒的表层沉淀物（即新生成的一个同心层）似乎与海水处于平衡状态。当这一新生的鲕粒（这时当然是表皮鲕）沉在海底后，虽然其粒间孔隙仍充满着海水，但这时它已变得很稳定，不再与海水发生什么作用了。假如这一表皮鲕又被动荡的海水搅动起来，又一次地悬浮在饱和 $CaCO_3$ 的表层海水中，则围绕其表面的沉淀作用马上就又开始了。同样，在前几分钟内，沉淀作用的速度也是很快的，但后来也变慢了。当它再一次沉到海底时，它又与海水处于平衡状态。就这样，悬浮一次，长一个同心层。当该地区的水动力条件不再能把它们搅动起来时，鲕粒就形成了并长期沉积在海底。显然，波浪和潮汐作用较强烈活动地区是形成鲕粒的理想环境。因为在这种环境中，往返的强大波浪和水流可使颗粒多次地处于悬浮状态，从而使它们形成多层的同心层外壳。因此，鲕粒的同心层数目可以表示其反复呈悬浮状态的次数，鲕粒同心层的厚度可以指示其处于上述反复悬浮沉积过程的时间长短，鲕粒的直径反映了水动力强弱。

卡罗兹（Carozzi, 1960）认为，除了表层海水饱和 $CaCO_3$ 外，鲕粒的形成主要受两个因素的控制：一个是搬运水流的强度，即能够把可以作为鲕粒核心的颗粒搬运到成鲕环境中去的水流强度。另一个是成鲕环境中的水动荡程度，它又有三种情况。第一种情况是成鲕环境中的水动荡强度大于搬运水流的强度。这时，成鲕环境中的所有颗粒都处于反复的运动状态，都可以形成正常鲕或表皮鲕。假如全是正常鲕，则说明水的动荡强度远大于搬运水流的强度；假如有表皮鲕，则说明水的动荡强度仅略大于搬运水流的强度，这时，鲕粒（多为表皮鲕）的最大核心可以标志搬运水流强度，最大的鲕粒（正常鲕和表鲕均一样）可以标志成鲕环境的水动荡程度。一般来说，较大的核心多形成表皮鲕。第二种情况是成鲕环境的水动荡强度小于最大颗粒的搬运水流强度，而又大于最小颗粒的搬运水流强度。这样，环境中的颗粒既有鲕粒也有非鲕粒，鲕粒多为表皮鲕，最大的非鲕粒颗粒标志搬运水流强度，最大的鲕粒标志成鲕环境的水动荡强度。第三种情况是成鲕环境的水动荡强度小于最小颗粒的搬运水流强度，这时，就没有鲕粒形成。

（三）藻粒

藻粒，即与藻类有成因联系的颗粒，包括藻鲕、藻灰结核以及藻团块。

（1）藻鲕：是在藻（主要是蓝藻）参与下形成的鲕粒，其同心层是通过藻丝体粘结灰泥形成的，形成机制类似叠层石。这种鲕的直径一般为1~2mm，其中心常有所偏离。藻鲕与正常化学沉淀的鲕粒的区别在于藻鲕的同心层多呈波状或梅花状，厚度变化大［图11-6(a)、(b)］，而鲕粒的同心层厚度均匀且平滑。

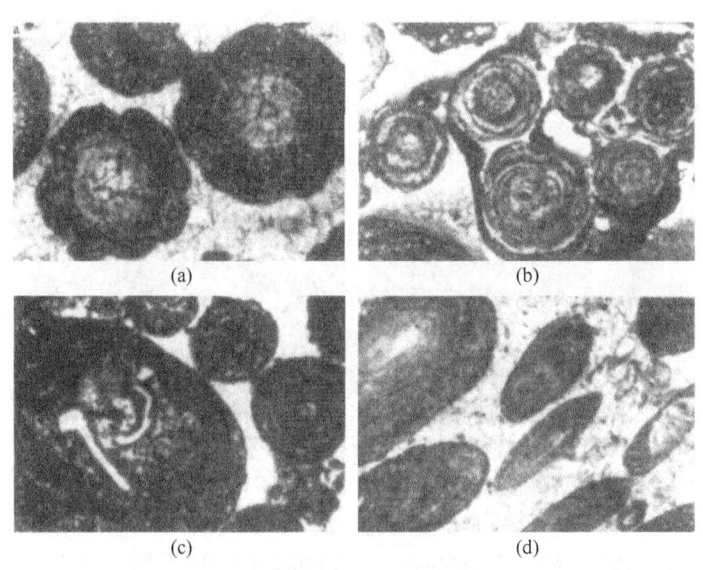

图11-6 碳酸盐岩藻鲕及藻灰结核

(a) 藻鲕，藻鲕石灰岩，鲕粒色暗，形如梅花，同心层明暗相间，呈波状起伏，亮晶胶结，江苏徐州贾汪，下寒武统毛庄组，单偏光，×41；(b) 复藻鲕，五个藻鲕被粘结在一起，具同心结构，但不甚规则，安徽宿县夹沟，下寒武统毛庄组，放大机直拍，×11；(c) 藻灰结核、藻鲕，藻灰结核（左）核心为生屑与藻灰泥的粘结物，同心层可辨，但不甚规则且厚薄不均，亮晶胶结，安徽宿县夹沟，下寒武统毛庄组，放大机直拍，×12；(d) 藻灰结核，藻灰结核石灰岩，同心层明显但不规则，核心为生屑或砂屑，中心偏离，填隙物为生屑、亮晶和灰泥，湖北石柱，下奥陶统，放大机直拍，×3

（2）藻灰结核（或称核形石）：也是通过蓝绿藻黏液捕捉碳酸盐沉积物而形成的具有同心层的颗粒，成因与藻鲕相同，但颗粒较大、同心层不规则。与藻鲕相比，核形石较大，其直径大于2mm，一般为10~20mm，同心层粘结物较多、较模糊而且厚度变化更明显。在生长过程中，核形石处于静止状态时，同心层在其与海底接触的部分基本停止生长而面向上的部分则可继续生长，核形石受水动力作用而间歇性滚动，形成不规则的同心增长层［图11-6(c)、(d)］。

鲕粒、藻鲕粒、藻灰结核等具有同心层的颗粒也可统称为"包粒"（coated grain）。

（3）藻团块：也是藻类粘结增长而成的颗粒，但它不具同心层结构（图11-7）。

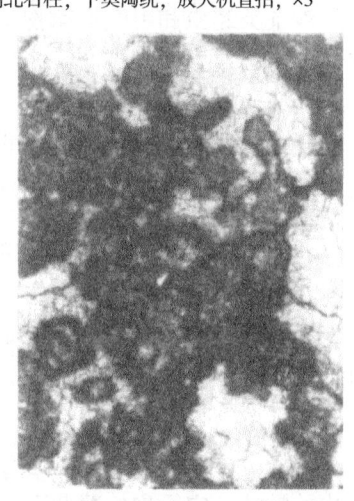

图11-7 碳酸盐岩藻团块
暗色藻团块石灰岩，亮晶胶结，云南东部石炭系，单偏光，×63

（四）球粒与粪球粒

通常，把较细粒的（粗粉砂级或砂级）、由灰泥组成的、不具特殊内部结构的、球形或卵形的、分选较好的颗粒，称为球粒（peloid）[图 11-8(a)]。

球粒的成因主要有两种。一种是机械成因，即是一些分选和磨圆都较好的粉砂级或砂级的内碎屑。另一种是生物成因，即是由一些生物排泄的粒状粪便形成的，这种成因的球粒也称粪球粒（fecal pellet）。在古代和现代沉积中，绝大部分球粒是粪球粒。

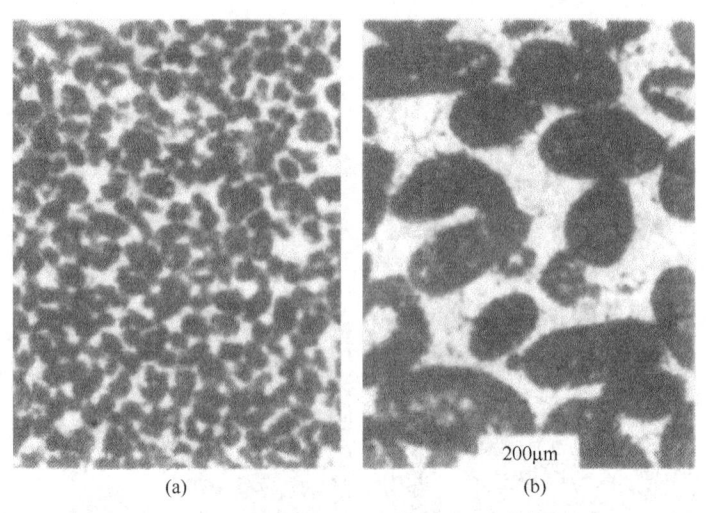

图 11-8　碳酸盐岩球粒与粪球粒
（a）球粒，球粒石灰岩，填隙物为亮晶，北京西山，下奥陶统冶里组，单偏光，×25；
（b）粪球粒，粪球粒石灰岩，方解石胶结，英格兰威斯特摩兰，石炭系（据 Bathurst，1971）

粪球粒呈卵形或椭球形，分选甚好，有机质含量一般较高，在薄片中呈暗色[图 11-8(b)]，这是鉴别粪球粒的重要特征。形成粪球粒的生物有多种，如一些蠕虫类、腹足类、甲壳类动物等。美洲巴哈马台地上的粪球粒主要是软体动物和甲壳类产生的；佛罗里达湾的粪球粒主要是沙蚕类蠕虫和甲壳类动物（特别是美人虾 *Callianasa*）产生的；中东波斯湾地区的粪球粒主要是腹足类蟹守螺产生的。

粪球粒可形成于多种环境，如潮坪、潮下带、深水盆地等，但由于粪球粒刚形成时是松软的，极容易破碎或压实，因此只有在石化较快且能量低的环境中才能保存下来，而在能量较高的环境中，少见粪球粒。

（五）葡萄石、团块、豆粒

在巴哈马台地现代沉积中，可见沉积于海底的几个或多个相互接触的颗粒（鲕粒、球粒、生物颗粒等）胶结在一起形成一个复合颗粒（图 11-9）。由于这种颗粒外形像葡萄串，Illing（1954）称其为"葡萄石"（grapestone），也有人称这种颗粒为复合颗粒（complex grain）或集合粒。

团块（lump）是指通过胶结、凝聚或蓝藻黏液黏结碳酸盐沉积物而形成的无特殊内部结构的颗粒，它既包括葡萄石、藻团块，也包括灰泥相互粘结凝聚形成的颗粒。与内碎屑不同，团块并不是早期固结的石灰岩层被波浪或水流破碎而成的，而是通过胶结或粘结作用原地形成的，后期可以经过搬运、磨蚀、再沉积。因此，许多团块实际上是胶结成岩作用的产

 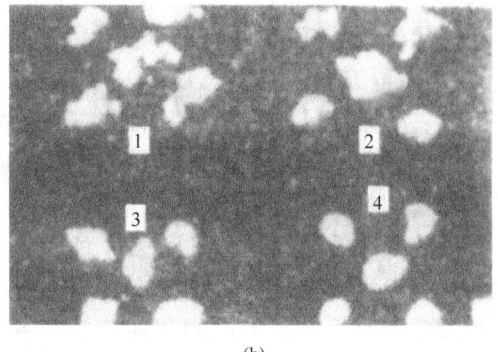

(a) (b)

图 11-9 巴哈马地区的现代"葡萄石"

(a) 形态不规则的"葡萄石",尚未经磨蚀,×10;(b) 图中的 1、2、3、4 代表其形成的各个阶段(从开始阶段到最后阶段)的形态特征,在开始阶段,形状不规则,似葡萄,故名"葡萄石",后来,经过磨蚀,逐渐变成圆度很好的颗粒,×10(据 Illing, 1954)

物,其形成不需要高能水流。与内碎屑相比,其边缘一般不切割所含的颗粒(如鲕粒、球粒等)。在古代碳酸盐岩中,团块很少见。

豆粒是指直径大于 2mm 的包粒,其同心层通常不规则。豆粒成因可有多种。有些豆粒是在高盐度海水中沉淀形成的(Pray 和 Ebstaban, 1977),有些豆粒就是藻灰结核,还有一些豆粒是作为一些土壤渗流带钙结壳(caliche)的一部分形成的(Dunham, 1969),是成岩作用的产物。在古代碳酸盐岩中,豆粒不多见。

(六)生物颗粒

生物颗粒(skeletal grain)是指生物骨骼及其碎屑,也可称生屑、生粒、骨粒、骨屑等,其类型包括腕足类、棘皮类、腹足类、头足类、瓣鳃类、三叶虫、介形虫、有孔虫、层孔虫、海绵、珊瑚、红藻、绿藻、轮藻等各种钙质生物化石。

生物颗粒是碳酸盐岩重要的组成部分,其鉴定主要靠形态、结构(如晶粒结构、纤状结构、片状结构、柱状结构等)、成分等多种标志。"化石岩石学"这门学科详细介绍了各种生物颗粒的鉴定特征。

生物化石具有重要的指相意义。藻类由于需要阳光进行光合作用,其生活的水深不超过 100m,一般在十几米以内,尤其是蓝藻。腕足类、有孔虫、棘皮类、三叶虫、海绵类、珊瑚、苔藓虫、层孔虫等是狭盐性生物,通常生活于盐度正常的浅海环境,其中海绵类、珊瑚、苔藓虫、层孔虫是造礁生物,对水深、盐度、温度、水体清洁度、水体能量等要求都很严格。但应记住,只有原地堆积的生物颗粒有指相意义。原地堆积的生物化石一般保存较完好,杂乱排列,其宿岩无层理构造,颗粒之间为灰泥;异地沉积的生物化石破碎程度大,而且多定向排列,其宿岩常具层理构造,颗粒之间为亮晶胶结物或灰泥。

二、泥

泥是与颗粒相对应的另一种碳酸盐岩结构组分,是指泥级的碳酸盐质点,它与黏土泥是相当的。微晶碳酸盐泥、微晶、泥晶、泥屑是它的同义词。根据具体成分,可分为灰泥和云泥。灰泥是方解石成分的泥,也称微晶方解石泥;云泥是白云石成分的泥,也称微晶白云石泥。

关于泥与颗粒的界限，一般以 0.005mm 为界。

在现代碳酸盐沉积物中，灰泥大都由针状文石组成，这种针状文石晶体的平均长度接近 0.003mm，宽度约为长度的 1/10；在古代石灰岩中，泥晶方解石粒径通常小于 0.005mm。受重结晶作用而变粗的晶粒属于晶粒的范畴了。因此，用 0.005mm 作为灰泥的上界，比较合适，而且也与碎屑岩黏土泥的粒度上限一致，便于碳酸盐岩和陆源岩石的粒度对比。

碳酸盐灰泥的成因有三种。第一种是化学沉淀作用生成的灰泥。现代海洋沉积物中的针状文石泥大都是这样生成的，这种文石泥大都生成于热带的高盐度海水中。第二种是机械破碎、磨蚀作用生成的灰泥。第三种是生物作用生成的灰泥。在现代海洋活的钙质藻类中，如在仙掌藻和笔藻中，含有大量的针状文石。总之，自然界存在三种成因的灰泥，但如何把它们区分开，却并不是在任何情况下都可做到的。

关于云泥的成因，看来比灰泥的成因还要复杂，关键问题是有无原生沉淀的云泥，因为现代的泥晶—粉晶白云石沉积物大都是准同生交代成因的，还没有一个过硬的原生实例。

三、胶结物

胶结物主要是指沉淀于颗粒之间的化学沉淀的结晶方解石或其他矿物，它与砂岩中的胶结物成因相似。这种方解石胶结物的晶粒一般都比灰泥的晶粒粗大，通常都大于 0.005mm 或大于 0.01mm。由于方解石胶结物晶体一般较清洁明亮，故常称作亮晶方解石、亮晶方解石胶结物。但也有泥晶级的胶结物，只是较少见。

亮晶方解石胶结物是在颗粒沉积以后，由颗粒之间的粒间水以化学沉淀的方式生成的，所以又常称为淀晶方解石、淀晶方解石胶结物。

正因为它是粒间水化学沉淀成的，所以这种方解石晶体常围绕颗粒表面呈栉壳状或马牙状分布，这就是通常所说的第一世代的胶结物。第一世代的栉壳状胶结物一般都很难把粒间孔隙充填满。第一世代胶结物未充填满的残余粒间孔隙，可被第二世代的嵌晶粒状亮晶方解石胶结物充填，大大减小了碳酸盐岩粒间孔隙（图 11-10）。

亮晶方解石胶结物与粒间灰泥的区别在于：（1）亮晶晶粒较大，灰泥则较小；（2）亮晶较清洁明亮，灰泥则较污浊；（3）亮晶胶结物常呈栉壳状、粒状分布，灰泥则呈微小星点状（图 11-10）。

当岩石发生重结晶作用时，灰泥常变为较大晶体，亮晶方解石胶结物也将发生变化。这时，要把重结晶后的灰泥方解石晶体与亮晶方解石区分开，就有一定困难。

在重结晶作用还不太强烈时，可用以下特征区别：（1）亮晶方解石胶结物的栉壳状、粒状结构仍可隐约看出，晶形较好，晶体边缘较平直，晶体较明亮；（2）重结晶后的灰泥方解石晶体常呈粒状的似花岗变晶结构，晶面弯曲并互呈镶嵌状，晶体的明亮程度较差，而且还可看到灰泥的残余，不呈现栉壳状结构等。

当岩石的重结晶作用较强烈时，就不可能把两者区分开了。这时，只好笼统地把这两种非颗粒组分称作填隙物。

灰泥和胶结物的成因是根本不同的。灰泥是在安静环境中沉积的，而胶结物则是颗粒沉积以后，粒间水的化学沉淀产物。在沉积过程中，如果沉积水动力条件较强，灰泥被冲洗淘尽，沉积颗粒之间的孔隙容易充填胶结物；如果沉积水动力条件较弱，颗粒与灰泥同时沉

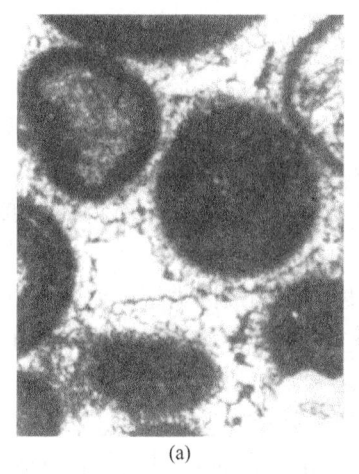 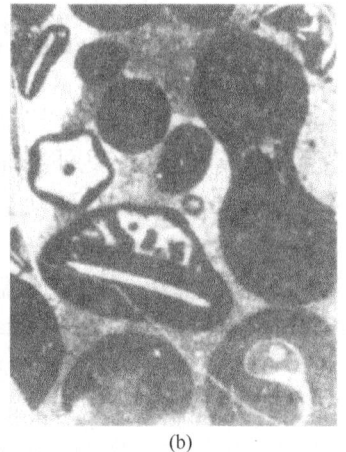

图 11-10 碳酸盐岩胶结物和泥

（a）胶结物。鲕粒石灰岩。胶结物有两个世代，第一世代为纤状和刃状方解石，围绕鲕粒生长；第二世代为粒状方解石，充填于残余粒间孔隙中。四川大竹汉王井，蒲 R22B，下三叠统飞仙关组，单偏光，×70。（b）灰泥和胶结物。鲕粒石灰岩。鲕粒间主要为灰泥（暗色），胶结物（白色）少见。四川安县，中三叠统雷口坡组，单偏光，×25

积，粒间孔隙基本上被灰泥充填，此时难以生成胶结物。

在碳酸盐岩中，胶结物的矿物成分，除方解石外，还常有白云石、石膏等。关于这些矿物的成因，应具体分析。

在碳酸盐岩中，常见的胶结类型，除上述的栉壳状胶结外，还有晶粒胶结或嵌晶胶结（也称似花岗胶结）、连晶胶结等。晶粒胶结常是重结晶作用的产物。另外，在现代和古代的潮上带沙堤和浅滩沉积中，胶结物常具淡水胶结结构和新月型重力胶结的特征。

四、晶粒

晶粒是晶粒碳酸盐岩（也称结晶碳酸盐岩）的主要结构组分。

晶粒可首先根据其粒度划分为砾晶、砂晶、粉晶、泥晶等，砂晶还可再细分为极粗晶、粗晶、中晶、细晶及极细晶，粉晶还可再细分为粗粉晶和细粉晶（表 11-1）。

泥晶和细粉晶的方解石和白云石，主要是原生或准同生的；粗粉晶以上的方解石和白云石，主要是次生的，即重结晶或交代作用的产物。

在这里，没有采用隐晶（相当泥晶）、微晶（相当粉晶）等术语，主要是为了术语的统一和更为明确。

晶粒也可以根据其形状特征划分为自形晶、半自形晶、他形晶；也可以按其相对大小划分出斑晶（对于周围的晶粒来说，其晶形较粗大）和包含晶（大晶体中包含的小晶体）。

五、生物格架

生物格架主要是指原地生长的群体生物如珊瑚、苔藓、海绵、层孔虫等，以其坚硬的钙质骨骼所形成的骨骼格架。

另外，一些藻类，如蓝藻和红藻，其黏液可以黏结其他碳酸盐组分，如灰泥、颗粒、生物碎屑等，从而形成粘结格架，如各种叠层石以及其他粘结格架。

骨骼格架及粘结格架都是生物格架，它们是礁碳酸盐岩必不可少的组分。

第四节 碳酸盐岩的构造

碳酸盐岩具有丰富多彩的构造特征。按成因可划分为水流成因构造、重力成因构造、生物成因构造、溶解—渗滤成因构造，此外还有叠加成因的构造。

按碳酸盐岩层中的产出部位，碳酸盐岩构造可划分为底面构造、顶面构造和内部构造。

丰富多彩的碳酸盐岩构造，可反映碳酸盐岩的不同成因类型。如水流成因构造类型的形成机理，是碳酸盐岩机械作用成因的重要证据。可以按碎屑岩层理构造、层面/底面构造的研究方法和分类命名；重力—变形成因构造与陆源碎屑岩的构造十分类似，主要是滑动、滑塌和同生变形构造，可参照陆源碎屑岩有关章节进行描述鉴定。但应该指出的是，碳酸盐岩的成岩固结较早、较快，因而重力滑动变形构造出现许多特殊性。如形成特有的菊花状构造，这在陆源碎屑岩层内是罕见的。

生物成因构造、溶解、渗滤以及暴露过程所形成的一系列化学成因构造类型，则是碳酸盐岩所特有的。因此本章只介绍一些碳酸盐岩中特有的构造类型，至于在其他沉积岩中也常见的一些构造，可参见碎屑岩沉积构造章节（第五章），这里就不再重复了。

一、叠层石

叠层石构造也称叠层构造或叠层藻构造，简称叠层石。

叠层石由两种基本层组成：（1）富藻纹层，又称暗层，藻类组分含量多、有机质含量高，碳酸盐沉积物少，故色暗；（2）富碳酸盐纹层，又称亮层，藻类组分含量少，有机质含量少，故色浅。这两种基本层交互出现，即成叠层石构造。

叠层石中的藻组分主要是丝状或球状的蓝绿藻。根据现代碳酸盐沉积物中蓝绿藻席的观察研究得知，这种藻席主要生活在潮间浅水地带，营光合作用生长，分泌大量的可以捕集碳酸盐颗粒和泥的黏液。一般来说，在风暴期或高潮期，被风暴水流或潮汐水流带来的碳酸盐颗粒和泥，将大量地被这种富含黏液的藻席捕获，从而形成富碳酸盐的纹层。相反，在非风暴期，则主要形成富藻的纹层。另有观察表明，在白天，藻类光合作用兴旺，主要形成富藻纹层；在夜间，则主要形成贫藻的纹层。

叠层石的形态多样（图11-11至图11-13），但基本形态只有两种，即层状的（包括波状的等）和柱状的（包括锥状的等），其他形态都是这两种基本形态的过渡或组合。一般说来，层状形态叠层石生成环境的水动力条件

图11-11 叠层石的形态类型（据 Walter, 1976）

较弱，多属潮间带上部的产物；柱状形态叠层石生成环境的水动力条件较强，多为潮间带下部及潮下带上部的产物（图 11-12）。

彩图 11-12

图 11-12　澳大利亚西部鲨鱼湾现代潮间带的柱状叠层石

彩图 11-13

图 11-13　华北震旦系叠层石

二、鸟眼构造

在泥晶或粉晶的石灰岩中，常见一种毫米级大小的、多被方解石或硬石膏充填的孔隙，因其形似鸟眼，故称鸟眼构造；又因其形似窗格，故也称窗格构造；又因这样充填或半充填的孔隙呈白色，似雪花，故也称雪花构造（图 11-14）。

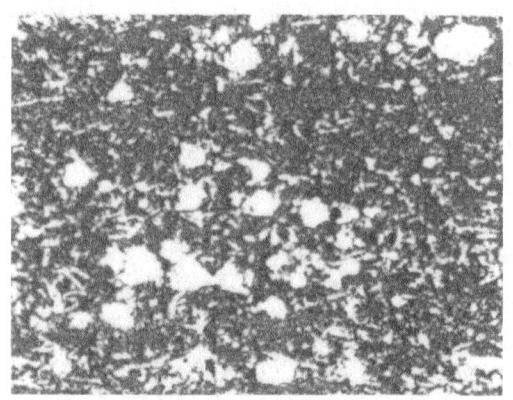

图 11-14　碳酸盐岩鸟眼构造

准同生白云岩中的鸟眼构造，白色圆形的为鸟眼构造，毫米级大小，已经被方解石充填，白色纤维状者为石膏假晶，山东汶南，奥陶系，单偏光，×34

希恩（Shinn，1968）认为鸟眼构造主要是潮上带的碳酸盐沉积物因干燥收缩形成孔隙并被充填而成,或者是沉积物中的生物(植物、动物或藻类)腐烂所产生的气泡逸出形成孔隙并被充填而成。这种构造多出现在潮上带,是良好的沉积环境标志。

三、示顶底构造

在碳酸盐岩的孔隙中,如鸟眼孔隙、生物体腔孔隙以及其他孔隙中,常见两种不同特征的充填物。在孔隙底部或下部主要充填色暗泥晶或粉晶方解石,在孔隙顶部或上部充填色浅亮晶方解石,二者界面平直,且同一岩层中的各个孔隙的类似界面都相互平行(图11-15)。

彩图 11-15

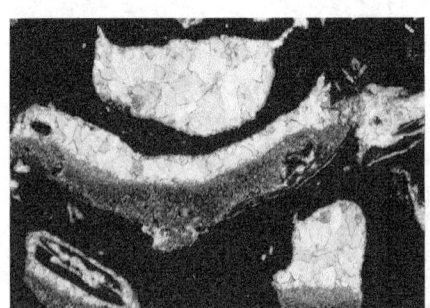 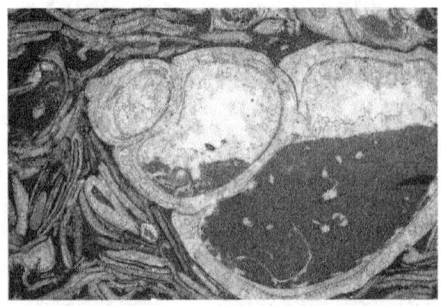

图 11-15 碳酸盐岩示顶底构造

这两种不同的孔隙充填物代表两个不同时期的充填作用。底部或下部的泥粉晶充填物形成很早,是孔隙形成不久后由上覆水体中呈悬浮状态的灰泥沉积形成的。上部或顶部的亮晶方解石则是后期充填的。二者之间的平直界面与水平面或层面是平行的。因此,根据这一充填孔隙构造,可以判断岩层的顶底,故称示顶底构造,也可简称示底构造。

四、虫迹构造

虫迹构造(或称遗迹化石)是个概括性的术语,它包括生物钻孔、生物潜穴(或生物掘穴、虫穴)、生物爬行痕迹等,这里所说的生物主要是蠕虫动物或软体动物等。

生物钻孔是指生物在固结或半固结的岩石或生物组分中,通过钻孔方式所形成的一种孔状或管状构造。生物潜穴是指在尚未固结的沉积物中,由于生物的生活活动所造成的一种洞穴、孔穴、管穴构造。在水动力条件较强的沉积环境中,虫孔多垂直沉积表面。生物爬行痕迹是指生物在尚未固结的沉积物表面上爬行的痕迹(图11-16)。

虫迹构造是原地形成的,不能像遗体化石那样被搬运,可指示生物特征及其活动情况,是很有用的沉积环境分析标志。

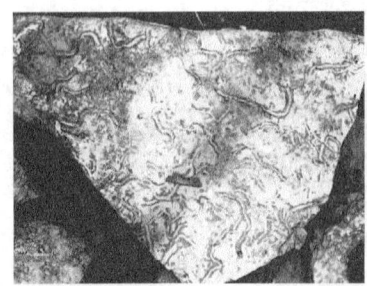 

彩图 11-16

图 11-16 中国华南碳酸盐岩生物爬行痕迹和虫孔构造(据龚一鸣,2008)

五、缝合线构造

缝合线构造是碳酸盐岩中常见的一种裂缝构造。在岩层的剖面上，它呈现为锯齿状的曲线，此即称缝合线；在平面上，即在沿此裂缝破裂面上，它呈现为参差不平、凹凸起伏的面，此即缝合面；从立体上看，这些下凹或凸起的大小不等的柱体，称为缝合柱。在这三种表现形式中，以缝合线最常见。

缝合线构造的大小差别甚大。大者，其凹凸幅度可达十几厘米甚至更大；小者，其凹凸幅度小于1mm，仅在显微镜下才能看出（图11-17）。

 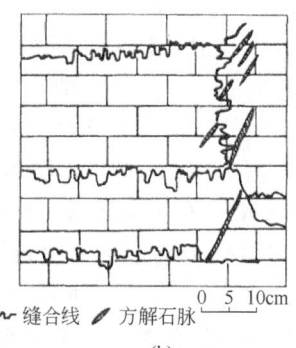

图 11-17 碳酸盐岩缝合线构造
(a) 缝合线构造；(b) 缝合线切割方解石脉

缝合线构造的形态差别也很大，有的参差起伏十分明显尖锐，有的则较平坦以至逐渐与层面一致而消失。

缝合线构造有的与层面平行，有的则与层面交叉。

关于缝合线的成因，已争论很久了。概括起来，有原生论及次生论两大观点。

原生论者认为缝合线是在沉积作用过程中生成的，其论据有：缝合线被构造裂缝或方解石脉切割缝合面平行层面，或者缝合面就是层面或沉积间断面等。

尽管存在原生的缝合线构造，但是大多数的缝合线构造还是次生的，即在成岩作用或后生作用阶段生成的。

次生论者的论据更多，如缝合线的形成受构造裂缝控制、缝合线切割构造裂缝或方解石脉 [图11-17(b)]、缝合线切割化石及鲕粒等。所谓次生，主要是指缝合线是在成岩和后生作用阶段，由压溶作用形成的。

缝合线构造是一种裂缝构造。因此，它可成为油、气、水运移的通道。已有许多证据证明，缝合线在油气运聚方面起到了积极的作用。

思考实习题

1. 简述国内外碳酸盐岩岩石学研究现状。
2. 简述碳酸盐岩岩石学今后研究的要点。
3. 何谓碳酸盐岩？简述碳酸盐岩沉积物及碳酸盐岩中的主要矿物成分及它们之间的关系。
4. 碳酸盐岩的主要化学成分及其组合特征是什么？

5. 简述碳酸盐岩的成分分类、命名原则和方法。

6. 何谓碳酸盐的结构组分？有哪几种类型？各有哪些主要特点？它们的主要形成机制是什么？

7. 试说明盆内颗粒、盆外颗粒、异化颗粒、内碎屑、胶结物、亮晶、填隙物、泥晶、基质等结构组分的基本概念及其与水动力条件之间关系。

8. 试说明各种内碎屑的主要特征及其形成环境。

9. 鲕粒有哪些类型？试绘图表示常见类型的鲕粒并说明各自形成的沉积条件。

10. 简述碳酸盐灰泥的形成及沉积后阶段的变化。

11. 何谓碳酸盐岩亮晶胶结物？试说明其形成作用。

12. 如何鉴别重结晶后的泥晶方解石（亮微晶）与亮晶胶结物？试列表对比其鉴别特征。

13. 有哪几种碳酸盐岩晶粒类型？它们是怎么形成的？

14. 常见的碳酸盐岩构造有哪些类型？试分别说明其成因、特征及地质意义。同时要加深理解：(1) 叠层石的基本特征、类型及其形成作用，有何用途？(2) 何谓鸟眼构造？它主要形成于什么环境？有何实际意义？(3) 何谓示底构造？其形成条件及地质意义是什么？(4) 何谓虫孔（潜穴）？潮上带、潮间带、潮下带的虫孔各有什么特征？(5) 何谓缝合线构造？形成条件和阶段，及其与油气的关系分别是什么？

15. 碳酸盐岩的颜色有哪几种主要类型？其影响因素是什么？与沉积环境有何关系？

16. 观察实验室碳酸盐岩手标本及镜下薄片，了解识别碳酸盐岩的主要矿物成分、结构组分和沉积构造特征，并分析可能的沉积水动力条件。

17. 野外碳酸盐岩研究应从哪几个方面入手？室内研究主要技术方法有哪些？

第十二章 石 灰 岩

> **导 读**
>
> 本章核心知识点包括碳酸盐岩成分分类、福克和邓哈姆石灰岩结构分类依据和分类方案，冯增昭和本教材倡导的石灰岩结构分类方案和命名原则等，石灰岩结构组分与沉积水动力强弱之间的关系，常见石灰岩类型、特征及沉积环境意义。

第一节 石灰岩的成分分类

为了研究碳酸盐岩的沉积特征，应先研究碳酸盐岩的类型。碳酸盐岩的分类包括成分分类和结构分类，均属于岩类学研究范畴。

成分分类是碳酸盐岩的基本分类，涉及石灰岩与白云岩及其过渡类型的划分，以及碳酸盐岩与黏土岩及砂岩过渡类型及划分（表12-1，表12-2，表12-3）。这种分类方案是以室内的矿物鉴定和化学分析为依据的，以某物质的相对含量"5%~25%"定岩石名称的次要形容词，以"含××"表示；以某物质的相对含量"25%~50%"定岩石名称的主要形容词，以"××质"表示；以某物质的相对含量大于50%定岩石名称，称为"××岩"。例如，某碳酸盐岩中方解石含量为65%，白云石含量为28%，黏土含量为7%，则该岩石定名为含泥的白云质石灰岩。

表12-1 根据方解石和白云石的相对含量划分的岩石类型

岩石类型		方解石,%	白云石,%	CaO∶MgO
石灰岩类	纯石灰岩	95~100	0~5	>50.1
	含白云的石灰岩	75~95	5~25	9.1~50.1
	白云质石灰岩	50~75	25~50	4.0~9.1
白云岩类	灰质白云岩	25~50	50~75	2.2~4.0
	含灰的白云岩	5~25	75~95	1.5~2.2
	纯白云岩	0~5	95~100	1.4~1.5

表12-2 石灰岩—黏土岩系列的岩石类型

岩石类型			方解石,%		黏土矿物,%	
石灰岩	纯石灰岩		100~95		0~5	
	含泥*的石灰岩	微含泥*的石灰岩	75~95	90~95	5~25	5~10
		含泥*的石灰岩		75~90		10~25
	泥*质石灰岩		50~75		25~50	

续表

	岩石类型	方解石,%	黏土矿物,%
黏土岩	灰质黏土岩	25~50	50~75
	含灰的黏土岩	5~25	75~95
	纯黏土岩	0~5	95~100

*这里的"泥"是黏土成分的泥，图 12-1 中也如此，也可用"黏土"代替"泥"。

表 12-3　碳酸盐岩与砂岩（粉砂岩）的成分分类

岩石类型	方解石（或白云石）含量,%	砂（或粉砂）含量,%
纯石灰岩（或白云岩）	95~100	0~5
含砂（或粉砂）的石灰岩（或白云岩）	75~95	5~25
砂质（或粉砂质）石灰岩（或白云岩）	50~75	25~50
灰质（或白云质）砂岩（或粉砂岩）	25~50	50~75
含灰（或白云）的砂岩（或粉砂岩）	5~25	75~95
砂岩（或粉砂岩）	0~5	95~100

相对而言，目前碳酸盐岩成分分类使用较少，而较多使用反映碳酸盐沉积成因的石灰岩的结构分类。本章将介绍石灰岩结构分类的依据、有代表性的分类方案、分类和命名的原则等，然后再简要介绍几种主要类型的石灰岩。

第二节　石灰岩的结构分类

20 世纪 50 年代末及 60 年代初，在石灰岩以至整个碳酸盐岩的岩类学中出现了一系列的全新的岩石分类方案。这些分类将碎屑岩的结构观点引入到碳酸盐岩研究中，并提出了碳酸盐岩的结构分类方案，其中最具代表性的分类方案是由福克（Folk，1959，1962）和邓哈姆（Dunham，1962）提出的。碳酸盐岩结构分类方案是碳酸盐岩岩石学研究领域中的里程碑事件，是现今碳酸盐岩岩石学及岩相古地理学的基础，从此，碳酸盐岩岩石学进入了新的历史发展阶段。

一、福克的石灰岩分类方案

福克（Folk，1959，1962）提出的石灰岩结构分类首先根据沉积物的成因将石灰岩划分成异常化学岩、正常化学岩和原地礁岩。对于正常化学岩和异常化学岩提出一个三端元分类方案。这三个端元分别是：（1）异化颗粒，相当于通常称的颗粒；（2）微晶方解石泥或简称微晶，相当于灰泥或泥晶；（3）亮晶方解石胶结物或简称亮晶。福克以这三种主要结构组分当作三角形图解的三个端点，把石灰岩划分为三个主要类型，即亮晶异化石灰岩、微晶异化石灰岩、微晶石灰岩（图 12-1）。

亮晶异化石灰岩主要由异化颗粒组成，其粒间孔隙主要为亮晶方解石充填，或者为孔隙，仅含很少量的微晶方解石泥。这种石灰岩是在水动力条件很强的沉积环境中形成的。强大的和持续的水流或波浪作用使异化颗粒得到很好淘洗，并把微晶方解石泥从沉积环境中冲洗走，因此沉积下来的主要是分洗很好的异化颗粒。在异化颗粒沉积以后，从粒间水中沉淀出亮晶方解石，就成了颗粒间的胶结物。这样，就形成了亮晶异化石灰岩。这种石灰岩的形成过程和水动力环境与碎屑岩中黏土含量很少的砂岩成因相似。

微晶异化石灰岩主要由异化颗粒和微晶方解石泥组成，不含或很少含亮晶方解石胶结物。形成该石灰岩的水动力条件比亮晶异化石灰岩弱得多，因此微晶方解石泥很难被冲洗走，所以异化颗粒和微晶方解石泥同期沉积下来，形成与碎屑岩中黏土质砂岩成因很相似的石灰岩。

微晶石灰岩几乎全由微晶方解石泥组成，其沉积水动力特点与碎屑岩中黏土岩相似。

福克把亮晶异化石灰岩和微晶异化石灰岩称为异常化学岩；把微晶石灰岩称为正常化学岩。这表明石灰岩沉积除了受环境化学特点影响外，还受沉积水动力条件的影响。

此外，还有由生物格架所组成的礁石灰岩，福克把它称为生物岩。这是福克分类中的第Ⅳ类石灰岩。

在这四种主要石灰岩类型划分的基础上，福克又根据异化颗粒的类型及其他特征，进一步将石灰岩细分为 11 个类型（图 12-2）。

此外，福克还根据异化颗粒的粒度特征、各种异化颗粒的相对含量以及其他成因特点，又制定了一个综合性的碳酸盐岩分类表，将碳酸盐岩划分成异常化学岩、微晶石灰岩、礁石灰岩和交代白云岩等（表 12-4）。

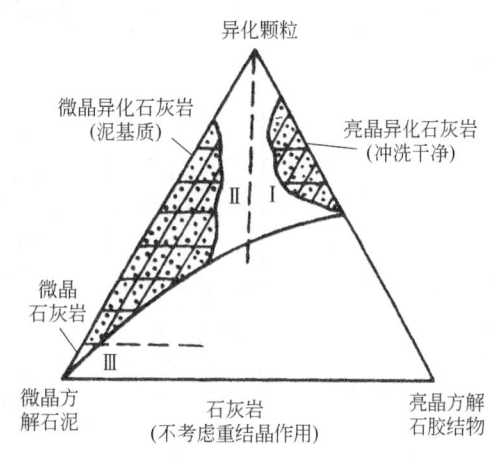

图 12-1　石灰岩的结构分类（据 Folk，1962）

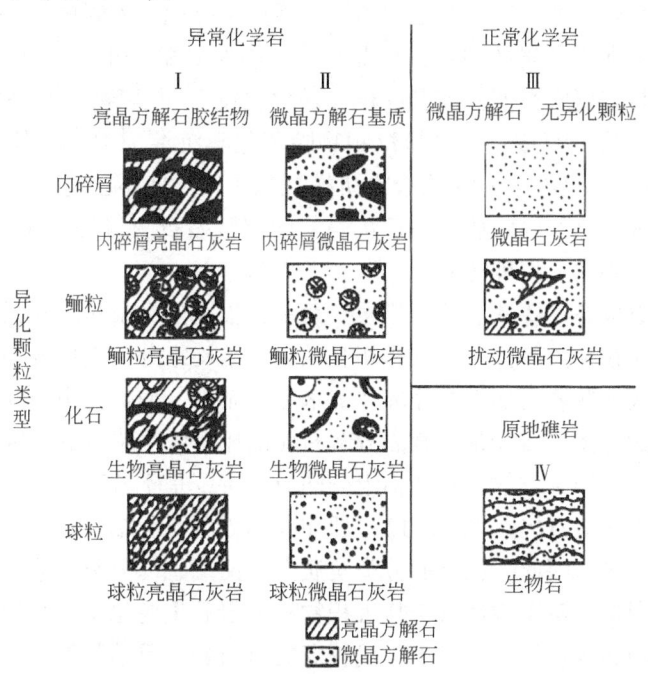

图 12-2　石灰岩的结构分类（据 Folk，1962）

表 12-4 碳酸盐岩的分类（据 Folk，1962）

颗粒类型和含量 \ 碳酸盐岩类型	石灰岩、部分白云石化石灰岩及原生白云岩				未受搅动的礁石灰岩（Ⅳ）	交代白云岩（Ⅴ）	
	异化颗粒大于10% 异常化学岩（Ⅰ和Ⅱ）		异化颗粒小于10% 微晶石灰岩（Ⅲ）			有异化颗粒痕迹	无异化颗粒痕迹
	亮晶方解石胶结物	微晶方解石胶结物	异化颗粒 1%~10%	异化颗粒小于1%			
	亮晶异常化学岩	微晶异常化学岩					
异化颗粒的体积含量 / 内碎屑大于25%	内碎屑亮晶砾屑石灰岩 内碎屑亮晶石灰岩	*内碎屑微晶砾屑石灰岩 *内碎屑微晶石灰岩	内碎屑 *含内碎屑的微晶石灰岩	假如为原生白云岩，则称微晶白云岩；假如受过搅动，则称搅动微晶石灰岩	生物岩	细晶内碎屑白云岩	中晶白云岩
异化颗粒的体积含量 / 内碎屑小于25% / 鲕粒大于25%	鲕粒亮晶砾屑石灰岩 鲕粒亮晶石灰岩	*鲕粒微晶砾屑石灰岩 *鲕粒微晶石灰岩	鲕粒 *含鲕粒的微晶石灰岩			粗晶鲕粒白云岩	
异化颗粒的体积含量 / 内碎屑小于25% / 鲕粒小于25% / 化石与球粒的体积比 大于3:1	生物亮晶砾屑石灰岩 生物亮晶石灰岩	生物微晶砾屑石灰岩 生物微晶石灰岩	化石 含化石的微晶石灰岩			隐晶生物白云岩	细晶白云岩
异化颗粒的体积含量 / 内碎屑小于25% / 鲕粒小于25% / 化石与球粒的体积比 3:1~1:3	生物球粒微晶石灰岩	生物球粒微晶石灰岩	球粒 含球粒的微晶石灰岩		异化颗粒明显	极细晶球粒白云岩	
异化颗粒的体积含量 / 内碎屑小于25% / 鲕粒小于25% / 化石与球粒的体积比 小于1:3	球粒亮晶石灰岩	球粒微晶石灰岩					

* 表示不常见的岩石类型。

福克分类的核心就是把碎屑岩的结构和能量观点系统地引入碳酸盐岩分类方案中。他首先提出异化颗粒和异常化学岩的观点，从此打破了石灰岩的陈旧的、传统的"化学岩"的概念。异常化学岩与碎屑岩类似，也由颗粒（异化颗粒）、充填物（微晶方解石泥）和胶结物（亮晶方解石胶结物）组成。碳酸盐沉积物除了化学沉淀成因的以外，同时还受水动力学条件的控制；所谓"异常"，就是指存在机械沉积作用。他还创建了一整套全新的石灰岩结构分类和术语系统，比如内碎屑亮晶石灰岩、球粒微晶石灰岩等。在碳酸盐岩岩石学中，福克的分类具有很重要的里程碑意义。

但是，福克分类也有一些缺点甚至错误。第一，福克分类虽是三端元分类，但在这三个端元中，只有异化颗粒和微晶方解石泥是相互独立的结构组分，它们的相对含量决定石灰岩的岩石类型，并反映这些岩石的沉积环境及其水动力条件。而作为由粒间水化学沉淀的亮晶方解石胶结物，它的有无和多少是由微晶方解石泥的相对含量决定的。因此，把亮晶这一非独立的结构组分与另两个主要的独立结构组分同等对待，是不合理的。这一点，从福克的三角形分类图中也可明显地看出（图12-1），即在亮晶方解石胶结物这一端元附近，难以进行石灰岩类型划分和命名。因此，福克的分类实质上是两端元的分类。第二，福克分类方案未考虑重结晶作用的影响。对于现代碳酸盐沉积物和成岩后生变化不显著的石灰岩来说，可以不考虑重结晶作用的影响；但是，对于年代较老的石灰岩，重结晶作用可能会改变碳酸盐岩的结构特征，比如微晶方解石的重结晶作用会造成异化颗粒含量增加或灰泥含量的减少。第三，福克分类中的岩石类型划分界限难记并不利于使用（表12-4）。例如，异化颗粒的相对含量就采用了许多数量标准。第四，在福克结构分类中，用"正常化学岩"和"异常化学岩"来描述石灰岩成因，有时并不恰当，甚至还有错误。例如，微晶石灰岩并不完全是正常化学沉积的，因为微晶方解石泥的成因可是化学沉淀的、机械破碎的和生物成因的。

二、邓哈姆的石灰岩分类方案

邓哈姆（Dunham，1962）提出的石灰岩分类方案在国外也很流行，影响也很大。

对于颗粒-灰泥石灰岩来说，邓哈姆的石灰岩结构分类实际上是两端元组分的分类。这两个端元分别是颗粒和灰泥（简称泥）。根据颗粒和灰泥的相对含量，把常见的颗粒-灰泥石灰岩分为四类，即颗粒岩、泥质颗粒岩、颗粒质泥岩、泥岩（图12-3）。

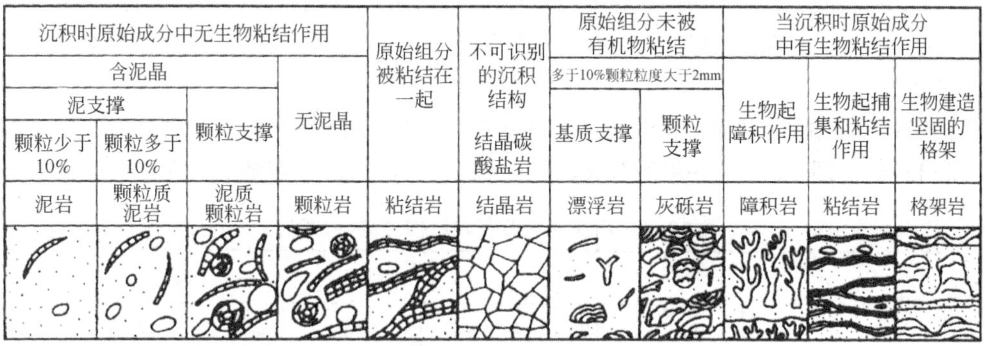

沉积时原始成分中无生物粘结作用				原始组分被粘结在一起	不可识别的沉积结构	原始组分未被有机物粘结		当沉积时原始成分中有生物粘结作用		
含泥晶			无泥晶			多于10%颗粒度大于2mm		生物起障积作用	生物起捕集和粘结作用	生物建造坚固的格架
泥支撑		颗粒支撑				基质支撑	颗粒支撑			
颗粒少于10%	颗粒多于10%									
泥岩	颗粒质泥岩	泥质颗粒岩	颗粒岩	粘结岩	结晶灰岩	漂浮岩	灰砾岩	障积岩	粘结岩	格架岩

图12-3 石灰岩的结构分类图（据Dunham，1962）

颗粒岩几乎全由碳酸盐颗粒组成，不含泥或含泥很少；泥质颗粒岩主要由颗粒组成，颗粒与颗粒是相互接触的，其粒间孔隙充填着泥。这两种颗粒岩都是颗粒支撑的，即颗粒是岩石的主体，构成岩石的基本格架。颗粒质泥岩主要由灰泥组成，还含有少量颗粒，这些颗粒分散于泥中，互不相接。泥岩几乎全由灰泥组成。这两种岩石都是泥质支撑的。

颗粒岩是高能沉积环境的产物，泥岩是低能沉积环境的产物，颗粒质泥岩和泥质颗粒岩则介于前两者之间。

此外，邓哈姆还分出两类特殊的石灰岩类型，即粘结岩和结晶碳酸盐岩（表12-5）。

表12-5 碳酸盐岩的结构分类（据Dunham，1962）

沉积结构能辨认					沉积结构不能辨认（本类岩石还可根据结构和成岩特征作进一步的划分）结晶碳酸盐岩
在沉积作用过程中原始组分未被粘结				在沉积作用过程中，原始组分被粘结在一起，其标志有连生的骨骼物质，与重力作用相反的纹理、沉积底盘的孔洞等粘结岩	
有泥（黏土和粉砂大小的质点）			无泥 颗粒支架的 颗粒岩		
泥支架的		颗粒支架的 泥质颗粒岩			
颗粒<10%	颗粒>10%				
泥岩	颗粒质泥岩				

邓哈姆的分类简明扼要，有高度的概括性。他把亮晶方解石胶结物这一非独立的结构组分排除在外，在颗粒—灰泥石灰岩大类中，仅仅根据颗粒和泥含量，把石灰岩划分为四类，这是很恰当的。邓哈姆提出的颗粒岩、泥质颗粒岩、颗粒质泥岩、泥岩，与福克分类中的亮晶异化石灰岩、微晶异化石灰岩、微晶石灰岩实质上是一致的，但邓哈姆确定的岩石类型却比福克分类简明多了。邓哈姆分类中的粘结岩与福克分类中的生物岩或礁石灰岩相当。另

外,邓哈姆增加了一类结晶碳酸盐岩也非常恰当。这样,邓哈姆分类的三分性(即把石灰岩以至整个的碳酸盐岩划分为颗粒—泥岩、粘结岩、结晶岩三类)就十分明显了。这个三分性就是石灰岩以至碳酸盐岩分类的"纲"。抓住了这个纲,次一级的岩石类型(即"目")自然就清楚了。这是邓哈姆分类最基本的优点。这一分类在沉积环境及岩相古地理研究中,尤为适用。

在邓哈姆的分类定名中,应该将"泥岩"改为"灰泥岩";在颗粒—泥岩岩石定名中,应该增加定量划分标志,完善定名术语系统。

三、冯增昭的石灰岩分类方案

近几十年来,在国内也出现了一些较有代表性的石灰岩分类方案,如业治铮(1964)的分类、四川石油管理局(1973,1977)的分类、成都地质学院(1980)的分类、孟祥化(1985)的分类、冯增昭(1984,1994)的分类等。限于篇幅,这里只对冯增昭的石灰岩分类简述如下。

在福克的和邓哈姆的石灰岩分类方案等的基础上,冯增昭首先把石灰岩划分为三个大的结构类型(表12-6),即:Ⅰ. 颗粒—灰泥石灰岩;Ⅱ. 晶粒石灰岩;Ⅲ. 生物格架—礁石灰岩。

表12-6 冯增昭的石灰岩结构分类(1984)

分类名称			灰泥 %	颗粒 %	颗粒					晶粒	生物格架
					内碎屑	生物颗粒	鲕粒	球粒	藻粒		
Ⅰ 颗粒—灰泥石灰岩	Ⅰ(1) 颗粒石灰岩	Ⅰ(2) 颗粒石灰岩	10	90	内碎屑石灰岩	生粒石灰岩	鲕粒石灰岩	球粒石灰岩	藻粒石灰岩	Ⅱ 晶粒石灰岩	Ⅲ 生物格架—礁石灰岩
		含灰泥颗粒石灰岩	25	75	含灰泥内碎屑石灰岩	含灰泥生粒石灰岩	含灰泥鲕粒石灰岩	含灰泥球粒石灰岩	含灰泥藻粒石灰岩		
		灰泥质颗粒石灰岩	50	50	灰泥质内碎屑石灰岩	灰泥质生粒石灰岩	灰泥质鲕粒石灰岩	灰泥质球粒石灰岩	灰泥质藻粒石灰岩		
	颗粒质石灰岩	颗粒质灰泥石灰岩	75	25	内碎屑质灰泥石灰岩	生粒质灰泥石灰岩	鲕粒质灰泥石灰岩	球粒质灰泥石灰岩	藻粒质灰泥石灰岩		
	含颗粒石灰岩	含颗粒灰泥石灰岩	90	10	含内碎屑灰泥石灰岩	含生粒灰泥石灰岩	含鲕粒灰泥石灰岩	含球粒灰泥石灰岩	含藻粒灰泥石灰岩		
	无颗粒石灰岩	灰泥石灰岩			灰泥石灰岩	灰泥石灰岩	灰泥石灰岩	灰泥石灰岩	灰泥石灰岩		

第Ⅰ大类颗粒—灰泥石灰岩分布最广,它的分类是两端元的。这两个端元组分即颗粒与灰泥。颗粒与灰泥的相对百分含量,定量地反映沉积环境的水动力条件和能量,因此,从灰泥石灰岩到颗粒石灰岩,颗粒含量增加,反映水能量逐渐增强,即从静水逐步变为强动荡水(表12-6)。因此,这一定量标志有重要的成因意义。

在第Ⅰ大类颗粒—灰泥石灰岩中,还可根据颗粒、灰泥的相对含量,以颗粒含量90%(灰泥含量10%)、颗粒含量75%(灰泥含量25%)、颗粒含量50%(灰泥含量50%)、颗粒含量25%(灰泥含量75%)、颗粒含量10%(灰泥含量90%)为界限,再把颗粒—灰泥石灰岩细分6个岩石类型。在颗粒—灰泥石灰岩类型中,还可根据颗粒类型,再进行细分。在这些颗粒—灰泥石灰岩类型划分中，没有使用亮晶方解石胶结物这一结构组分，因为它不是独立的结构组分，与沉积环境和水动力无关。第Ⅱ大类晶粒石灰岩和第Ⅲ大类生物格架—礁石灰岩类型划分基本上沿用了邓哈姆的石灰岩分类方案中的相应岩石类型的方案。

第Ⅱ大类晶粒石灰岩，基本上全由晶粒组成，几乎不含其他结构组分。它又可根据晶粒的粗细，再细分为粗晶石灰岩、中晶石灰岩、粉晶石灰岩、泥晶石灰岩等。此处的泥晶石灰岩与颗粒—灰泥石灰岩中的灰泥石灰岩是同一种岩石。除泥晶石灰岩外，其他较粗的晶粒石灰岩大都是次生变化，即重结晶作用或交代作用的产物。

第Ⅲ大类生物格架—礁石灰岩，是一个独特类型的石灰岩，其特征是含有原地的生物格架组分，可根据造礁生物类型进行细分定名。

冯增昭的分类方案具有两个较显著的特点：第一，首先把石灰岩划分为三大类，突出了石灰岩的成因特点；第二，在颗粒—灰泥石灰岩中，采用了定量标准来划分次级类型，易于使用。另外，该方案认为颗粒和灰泥这两个端元含量之和为100%，实际上还有充填颗粒孔隙的胶结物。礁石灰岩很重要，应该细分礁石灰岩类型。

四、本教材倡导的石灰岩分类方案

前面，对具有代表性的三个分类方案作了简要的评介。再结合国内外其他一些有代表性的碳酸盐岩结构分类方案，可以从中看出石灰岩结构分类的一些重要的原则：

第一，碳酸盐岩结构分类引入了碎屑岩结构能量观点；

第二，碳酸盐岩结构分类是描述性的，应该反映可计量的主要碳酸盐岩结构组分；

第三，分类具有定量的标志，能够反映沉积环境水动力条件；

第四，分类应有较广泛的实用性，能适用于野外露头、岩心和岩屑描述、实验室鉴定等；

第五，分类简明扼要，易于确定主要的岩石类型。

鉴于前人的石灰岩分类方案和分类原则，金振奎（2014）提出了本教材倡导的石灰岩的结构分类方案（表12-7）。

表12-7 金振奎的石灰岩分类方案（2014）

划分标准	生物格架<30%					生物格架≥30%			
						原地生物格架为主		异地生物格架为主	
	颗粒<50%（或灰泥基质支撑）			颗粒≥50%（或颗粒支撑）		灰泥>亮晶	灰泥<亮晶	灰泥>亮晶	灰泥<亮晶
	<10%	10%~25%	25%~50%	灰泥>亮晶	灰泥<亮晶				
类型	灰泥石灰岩	含颗粒灰泥石灰岩	颗粒质灰泥石灰岩	灰泥颗粒石灰岩	亮晶颗粒石灰岩	灰泥礁石灰岩	亮晶礁石灰岩	灰泥礁砾屑石灰岩	亮晶礁砾屑石灰岩
	灰泥石灰岩类			颗粒石灰岩类		礁石灰岩类		礁砾屑石灰岩类	
备注	可用具体的优势颗粒名称替代命名中的"颗粒"，如含砂屑灰泥石灰岩、亮晶鲕粒石灰岩等					可在"礁石灰岩"前加上具体造礁生物名称，如亮晶海绵礁石灰岩		可在"礁"前加上具体造礁生物名称，如亮晶海绵礁砾屑石灰岩	

该结构分类方案选用了4个分类参数：颗粒含量、填隙物类型、生物格架含量、支撑类型。

（一）颗粒含量

颗粒的含量在一定程度上反映水体动荡程度，颗粒含量越高，水体动荡越频繁。但需要注意如下两点：

第一，当颗粒为生粒时，只有经过搬运的异地生粒能反映水体能量，原地埋藏的生粒，无论其含量高低，都不反映水体能量。

第二，当颗粒含量小于50%（或为基质支撑）时，其高低反映能量高低，颗粒含量越高，总体能量越大；颗粒含量大于或等于50%（或为颗粒支撑）时，则其高低只与分选和颗粒形状有关，不再反映水体能量，也就是说，颗粒含量80%不一定比60%代表更高的水体能量。

（二）填隙物类型

石灰岩填隙物类型包括亮晶胶结物和灰泥基质，其类型及其含量能够反映水深和水体动荡程度。

亮晶胶结物是高能的沉积标志。当填隙物为亮晶胶结物时，通常反映石灰岩沉积于水深在正常浪基面之上、水体持续动荡的浅水高能环境。因为这种环境中，波浪把颗粒淘洗得很干净，使胶结物有空间沉淀出来。

灰泥是低能的沉积标志。当填隙物为灰泥时，通常反映石灰岩沉积于间歇动荡环境。动荡时沉积颗粒，安静时沉积灰泥。水深在正常浪基面之下、风暴浪基面之上的环境，是最常见的间歇动荡环境，风暴期间，水底动荡，把颗粒从浅水区搬运到较深水区；风暴过后，水底恢复平静，悬浮于水中的灰泥沉积下来，充填到颗粒之间。潮间带也是常见的间歇动荡环境，涨潮和退潮期，潮汐水流搬运颗粒；平潮期，悬浮于水中的灰泥沉积下来。此外，泥石流、浊流可以同时把颗粒和灰泥搬运到深水区沉积下来。

多数石灰岩的填隙物要么是胶结物，要么是灰泥，但部分石灰岩的填隙物中，既有胶结物又有灰泥，反映沉积环境虽然是间歇动荡，但动荡持续时间与安静持续时间的比例不同。灰泥越多，安静时间占比越高。如果灰泥含量大于胶结物含量，以水体安静为主，动荡为辅；如果灰泥含量小于胶结物含量，以水体动荡为主，安静为辅。

（三）生物格架含量

为什么选择生物格架？生物格架是用来区分礁石灰岩和非礁石灰岩的。地层中的生物礁虽然较少见，但由于生物礁能够反映沉积环境的水深、盐度、温度、清澈度等多种指标，而且是很好的油气储集体，因此地质意义重要，需要将礁石灰岩单独划分出来。

方案中用生物格架含量30%作为界限，而不是50%，是因为根据现代生物礁观察，造礁生物块头大，其含量超过30%就可以形成生物礁。

当生物格架含量不小于30%时，再考虑生物格架的保存状态，即是原地的还是异地搬运的。只有以原地的生物格架为主时，才是生物礁（生态礁），才能定为礁石灰岩。"原地"指处于原地生长状态。

如果以异地的生物格架为主，则称礁砾屑石灰岩。礁砾屑是被风浪打碎并搬运到礁以外的区域沉积下来的造礁生物格架，实际上就是一类异地沉积的生物碎屑颗粒，但由于它们与礁密切伴生且个体大，多为几厘米到几十厘米，故单独将其划分出来。礁砾屑石灰岩虽然不是生物礁，但总是与礁伴生，可指示附近有礁存在。

（四）支撑类型

石灰岩是颗粒支撑还是基质支撑，是划分石灰岩类型的重要标准，用来区分颗粒石灰岩类与灰泥石灰岩类。

一般说来，对于形状较规则的颗粒来说，支撑类型与颗粒含量50%这两个标准是等同的，即颗粒支撑时，颗粒含量不小于50%；基质支撑时，颗粒含量小于50%，反之亦然。只有当颗粒主要为形状不规则的生物碎屑颗粒时，才可能出现支撑类型与颗粒含量50%不匹配的情况，即颗粒含量小于50%时，也有可能是颗粒支撑。在古代地层中，这种情况很少见。

根据上述划分标准，将石灰岩分为四大类：灰泥石灰岩类、颗粒石灰岩类、礁石灰岩类、礁砾屑石灰岩类，每一大类又进行了细分（表12-7）。

第三节　石灰岩的主要类型

一、灰泥石灰岩

灰泥石灰岩类（limemudstone group）指以灰泥为主的（>50%）、颗粒含量小于50%的石灰岩，总体上形成于低能的环境。根据颗粒含量，这类石灰岩又可进一步分为灰泥石灰岩、含颗粒灰泥石灰岩和颗粒质灰泥石灰岩。

（一）灰泥石灰岩

灰泥石灰岩（limemudstone）指以灰泥为主的（>50%）、颗粒含量小于10%的石灰岩。灰泥石灰岩代表的沉积水动力能量最低，其沉积环境基本一直处于安静低能状态，而且环境条件恶劣，不利于底栖生物生存，要么水体深（如盆地），处于缺氧还原状态，要么频繁暴露地表（如潮坪）。

（二）含颗粒灰泥石灰岩和颗粒质灰泥石灰岩

含颗粒灰泥石灰岩（graineous limemudstone）指以灰泥为主的（>50%）的、颗粒含量为10%~25%的石灰岩。

颗粒质灰泥石灰岩（grainic limemudstone）指以灰泥为主的（>50%）的、颗粒含量为25%~50%的石灰岩。

如果以一种颗粒为主，可用颗粒名称代替上述命名中的"颗粒"二字，例如，含生粒灰泥石灰岩、鲕粒质灰泥石灰岩等。

上述两类石灰岩的形成过程和环境解释可能有以下3种，这取决于颗粒的类型：

第一，如果颗粒是异地搬运来的，则代表间歇动荡环境。安静时沉积灰泥，动荡时沉积颗粒，颗粒含量越高，动荡的程度和频率越高。这些石灰岩代表颗粒石灰岩与灰泥石灰岩之间的过渡，是动荡的浅滩区与安静低能的灰泥沉积区之间的过渡，如潮间带或正常浪基面与风暴浪基面之间的开阔台地或局限台地。

第二，如果颗粒是原地埋藏的底栖生物化石，则代表低能但富氧的水下环境，水体循环较好。石灰岩内部通常无层理，具块状构造。

第三，如果颗粒是浮游生物化石，则可为深水缺氧环境，石灰岩具水平层理。

二、颗粒石灰岩

颗粒石灰岩（grainlimestone group）指颗粒含量不小于50%或颗粒支撑的石灰岩。再根据填隙物的类型，将颗粒石灰岩划分为灰泥颗粒石灰岩、亮晶颗粒石灰岩。

如果以一种颗粒为主，可用颗粒名称代替上述命名中的"颗粒"二字，例如，灰泥鲕粒石灰岩、亮晶生粒石灰岩等。

（一）灰泥颗粒石灰岩

灰泥颗粒石灰岩（limemuddy grainlimestone）指填隙物中灰泥含量比胶结物含量高的颗粒石灰岩。如果石灰岩中尚有较多原生粒间孔未被灰泥充填，则灰泥含量需比胶结物含量与原生粒间孔含量之和高。

灰泥颗粒石灰岩通常呈灰色、深灰色，可能是浅水间歇动荡环境沉积或深水重力流沉积。

浅水间歇动荡环境包括潮坪和位于正常浪基面与风暴浪基面之间的间歇动荡环境。

在潮坪上，潮汐流或风暴流等将颗粒搬运到潮坪上，平潮期，海水暂时安静，悬浮于水中的灰泥沉积下来，充填于颗粒之间，形成灰泥颗粒石灰岩。这类石灰岩通常夹于其他潮坪沉积中。

位于正常浪基面与风暴浪基面之间的水下环境，风暴或海啸等可将一些颗粒从浅滩搬运到这里，风暴过后，水体恢复平静，悬浮于水中的灰泥在颗粒之间沉积下来，形成灰泥颗粒石灰岩。这类石灰岩通常夹于厚层灰泥石灰岩类之中，可发育正递变层理、丘状层理、丘状波痕等风暴沉积的标志。

在深水盆地和斜坡中，重力流可将颗粒和灰泥一起沉积下来，形成灰泥颗粒石灰岩。这种成因的灰泥颗粒石灰岩常发育递变层理，不具浅水构造，与深水沉积的暗色薄层灰泥石灰岩互层共生。

（二）亮晶颗粒石灰岩

亮晶颗粒石灰岩（sparry grainlimestone）指填隙物中胶结物含量比灰泥含量高的颗粒石灰岩（图12-4）。如果石灰岩中尚有较多原生粒间孔未被充填，则胶结物含量与原生粒间孔含量之和应比灰泥含量高。

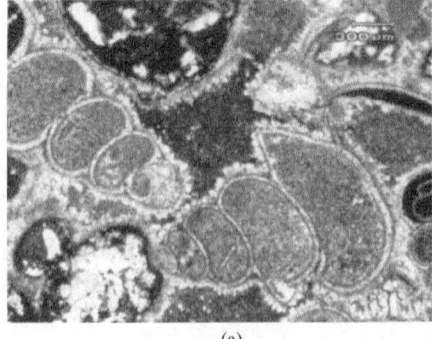
(a)

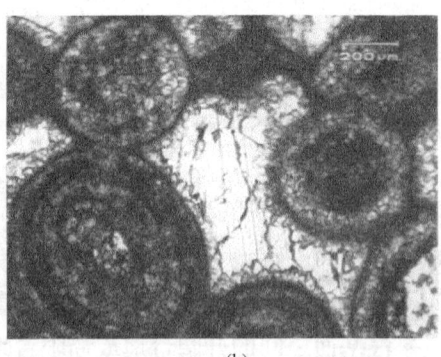
(b)

图12-4 亮晶颗粒石灰岩（据方少仙，2013）
(a) 亮晶腹足类石灰岩，亮晶方解石胶结，重庆北碚三叠系嘉陵江组，单偏光，×40；
(b) 亮晶鲕粒石灰岩，亮晶方解石胶结，四川江油三叠系飞仙关组，单偏光，×40

碳酸盐颗粒可以是生物碎屑、鲕粒等多种类型的颗粒。沉积亮晶颗粒石灰岩的浅水持续动荡环境主要是指水深在正常浪基面之上、持续动荡的高能浅滩环境，此外还可以是潮汐水道。这种成因的亮晶颗粒石灰岩常发育波痕、交错层理、冲洗交错层理或羽状交错层理等构造，并与其他浅水沉积互层共生。

三、礁石灰岩

礁石灰岩类（reeflimestone group）指造礁生物格架含量不小于30%且以原地埋藏为主的石灰岩。生物格架间可充填颗粒、胶结物或灰泥基质。

前人根据造礁生物的类型和作用，将礁石灰岩划分为障积岩、格架岩、粘结岩等。实际上，造礁生物形态与水动力之间的关系并不密切，在很多生物礁中，混生多种形态的造礁生物。

其实，反映水体能量最直接、最准确的仍是填隙物的类型。如果填隙物主要是亮晶方解石胶结物，则反映礁体水深在正常浪基面之上，处于持续动荡的高能环境。如果填隙物主要是灰泥基质，则反映礁体水深在正常浪基面之下，处于间歇动荡环境。

因此，根据填隙物的类型，礁石灰岩类可分为两类：灰泥礁石灰岩和亮晶礁石灰岩（图12-5）。每类礁石灰岩的定义和环境意义与相应的颗粒石灰岩相似。一般说来，从生物礁礁顶到礁脚，岩石类型从亮晶礁石灰岩过渡为灰泥礁石灰岩。

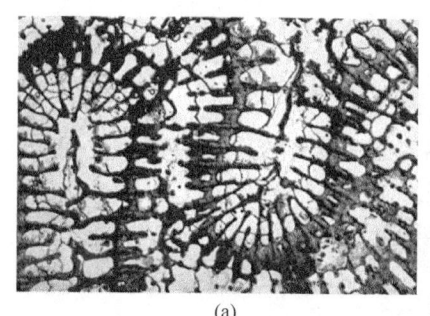 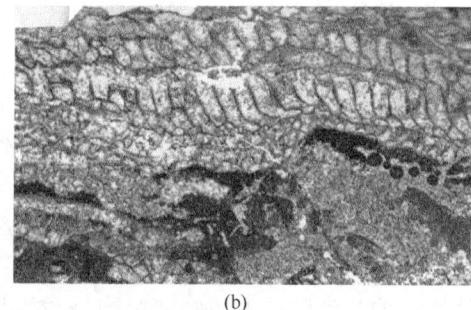 

彩图 12-5

(a) (b)

图 12-5　生物礁石灰岩（据 Scholle，2003）
（a）美国佛罗里达更新统六射珊瑚礁石灰岩；（b）加拿大奥陶系苔藓虫礁石灰岩

如果确定了造礁生物门类，可加入命名，如亮晶海绵礁石灰岩、亮晶珊瑚礁石灰岩、亮晶苔藓虫礁石灰岩等。

四、礁砾屑石灰岩

礁砾屑石灰岩（reef-clast limestone group）指造礁生物格架含量大于或等于30%且以异地沉积为主的石灰岩。

造礁生物经常遭受风浪冲击而破碎，形成砾石级大小的造礁生物碎屑，即礁砾屑。波浪水流将这些礁砾屑搬运到礁体侧方沉积下来，就形成了礁砾屑石灰岩。礁砾屑石灰岩不再属于生物礁，理论上，这类石灰岩应属于生粒石灰岩，但其形成与礁密切相关，分布在礁体附近，能指示生物礁的存在，因此将其单独划分出来。

另外，还有重结晶或交代作用形成的方解石晶粒组成的石灰岩，可以采用阴极发光等方法手段来识别石灰岩的原始沉积结构和沉积构造。

五、晶粒石灰岩

晶粒石灰岩是一类特殊的石灰岩，主要由方解石晶粒组成，其中较为粗粒的晶粒石灰岩往往是重结晶作用或交代作用的产物（图12-6）。阴极发光等多种实验方法是识别晶粒石灰岩原始结构和构造的有效方法。

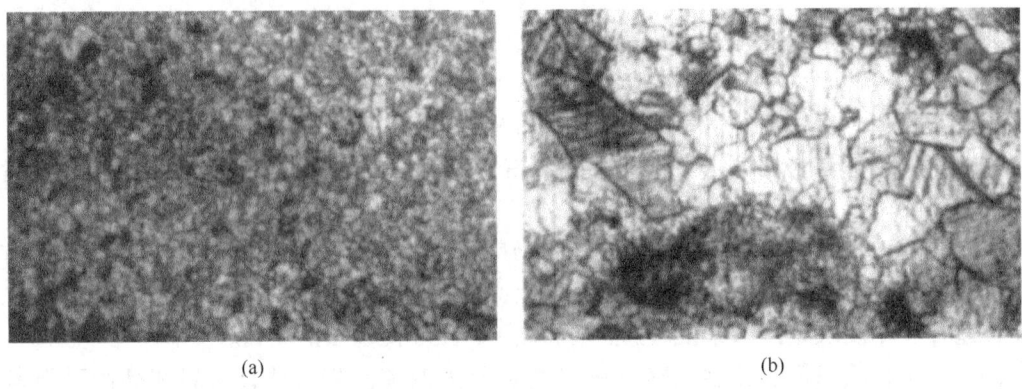

图 12-6　安徽宿县奥陶系马家沟组晶粒石灰岩
(a) 细晶石灰岩，单偏光，×40；(b) 中晶石灰岩，单偏光，×40

思考实习题

1. 碳酸盐岩有哪些分类方法？试述福克、邓哈姆等学者的分类基本特点，有何异同？
2. 颗粒、亮晶、碳酸盐泥在结构成因分类和成因解释中有何沉积意义？
3. 邓哈姆提出的颗粒—灰泥石灰岩的分类方案有什么优点？
4. 试从三端元组分、主要岩石类型、形成的水动力条件，对比砂岩和石灰岩的三端元分类。
5. 简述碳酸盐岩结构分类的基本原则和结构分类的共性。
6. 冯增昭和本教材倡导的石灰岩分类基本特点是什么？其岩石命名的方法如何？
7. 石灰岩有哪几种基本类型？试分别说明内碎屑灰岩（砾屑、砂屑、粉屑）、鲕粒灰岩、生物碎屑灰岩、球粒灰岩、泥晶灰岩、生物格架灰岩的主要特征，并说明它们形成于何种环境？根据是什么？
8. 观察描述实验室手标本及镜下薄片，鉴定石灰岩的成分和结构，确定岩石类型和主要岩矿特征。
9. 选择经典颗粒石灰岩或礁灰岩野外露头，确定颗粒石灰岩或礁灰岩的野外形态和产状，鉴定主要物质组分，确定岩石类型，推断沉积环境和水动力特征。

第十三章 白 云 岩

> **导 读**
>
> 本章核心知识点包括白云岩岩类学特征、白云岩的生成机理[原生沉淀作用、毛细管浓缩作用（准同生白云石化作用）、回流渗透白云石化作用、混合白云石化作用、埋藏白云石化作用、其他白云石化机理]、白云石结晶主要控制因素以及根据白云石形成机理的成因划分。

第一节 白云石晶体和白云岩岩类学

一、白云石晶体

白云石是一种由碳酸根阴离子与钙、镁阳离子层相互交替形成的菱面体（三角晶系）矿物。"理想"的白云石镁离子与钙离子的数量相等，它们隔层排立在 CO_3^{2-} 之间，碳酸根阴离子呈三角排立。这种层状结构的方向垂直于白云石晶体的 C 轴方向，属于三角晶系。

很多天然白云石并不是理想配比的，并不具有 $CaCO_3/MgCO_3$ 的理想摩尔比（50∶50，$Ca_{0.5}Mg_{0.5}CO_3$）。通常情况下，Mg^{2+} 的含量是过量的，Ca/Mg 比例达到48∶52；少见 Ca^{2+} 的含量是过量的（$Ca_{0.52}Mg_{0.48}CO_3$）。由于 Ca^{2+} 比 Mg^{2+} 大，前者替换后者会扩大晶格间距。

总的来说，非理想配比的白云石有序度低于"理想"白云石，这是由于一些 Ca^{2+} 出现在 Mg^{2+} 晶格中（反之亦然）。在高温（超过100℃）条件下，无序白云石数量会增加；在1200℃以上，可能存在完全无序的白云石。

白云石晶体具有复合结构，晶格中常存在缺陷。这些微观结构的大小为1Å 到几百埃，可表现为点、线、面缺陷。微观结构是在其今生长、变形、相位变换过程中形成的，所以对它们开展研究可以阐明白云石晶体的成因（胶结作用或交代作用）及演化史。相对于有序度更高的理想配比的白云石，现代白云石的高缺陷密度会降低它的稳定性。

福克和兰德（Folk and Land，1962）在对各种环境中的白云石结晶作用进行研究之后，提出控制白云石结晶作用的主要控制因素为溶液的 Mg/Ca 比率、盐度和结晶速度。

白云石是一种很难形成的矿物，其晶格是 Ca^{2+}、Mg^{2+}、CO_3^{2-} 离子层相互交替而成。由于 Ca^{2+} 和 Mg^{2+} 的性质相似，在自然界结晶作用过程中，很难使它们严格地分离，这就是自然界中难以形成符合化学计量关系的白云石的根本原因。

但是，如果溶液很稀即溶液的盐度很低，缺乏干扰离子，而且结晶速度很慢，那么 Mg^{2+} 和 Ca^{2+} 就有可能较好地分离，形成各自的离子层，从而有可能形成符合化学计量关系的白云石。相反，如果溶液盐度较高，干扰或竞争离子较多，结晶速度也较快，那么晶格难以形成理想的白云石。

例如，在蒸发条件下，虽然有高浓度的 Ca^{2+}、Mg^{2+}、CO_3^{2-}，但要结晶形成理想晶格构造的白云石却是困难的，因为消耗的能量较多；而形成晶格构造较简单的方解石则相当容易，因为消耗的能量较少。只有在盐度很高的溶液中，Mg/Ca 比率也很高，才有可能形成有序性较差的富钙的原白云石。

在大气水环境中，由于离子浓度很低，晶体生长几乎不受杂质的干扰。当结晶速度很缓慢时，矿物与其周围的溶液将处于理论上的平衡状态。这时，即使 Mg/Ca 比率很低甚至接近于 1，也可以形成有序的符合化学计量关系的白云石。

在变盐度的环境中（如在被洪水淹没的潮上盐坪或被洪水注入的海湾），在淡水和海水混合带中，以及在其他淡化或淡水作用的环境中（如大气水作用下的碳酸盐岩的孔隙、洞穴或裂缝中等），溶液的 Mg/Ca 比率只要近于 1∶1，即可形成"淡水白云石"。淡水白云石的特征是成分较纯，几乎不含杂质、清洁、透明、晶形良好、晶面平整而光滑、抗酸蚀能力强。这些特征都与其结晶速度慢、干扰杂质少、组成离子排列高度有序、晶格发育良好有关。

综合自然界中白云石生成的各种环境，福克和兰德还认为，在低盐度区和结晶速度缓慢的情况下，Mg/Ca 比率甚至在 1∶1 时，也可形成白云石；但在盐度和结晶速度都增大时，只有在 Mg/Ca 比率高达 5∶1 或 10∶1，甚至更高时，例如在潮上盐坪（萨布哈）环境中，白云石才能形成。

二、白云岩岩类学

白云岩，自法国博物学家 Deodat de Dolomieu（1791）首次描述以来，一直是众多地质学家研究的热点问题。这不仅是由于白云岩形成机理的复杂性，而且是因为白云岩中储集了大量的油气和其他沉积矿产。

与石灰岩不同，白云岩除了有沉积成因的，更多的是次生交代成因的。因此白云岩的分类命名与石灰岩存在差异。

对于沉积成因的白云岩，其结构分类系统和命名原则与石灰岩的基本相同，因为这些白云岩也主要由颗粒、泥、胶结物等结构组分组成；所不同的仅在成分方面，即石灰岩的成分主要是方解石，而白云岩的成分主要是白云石。因此，只要把石灰岩结构分类表中的石灰岩改为白云岩、灰泥改作云泥即可。如颗粒白云岩就是指其颗粒是由盆地内较早形成的白云岩层或沉积物破碎、搬运、再沉积形成的（图 13-1）。

彩图 13-1

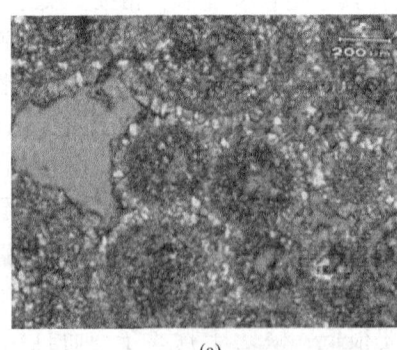
(a)

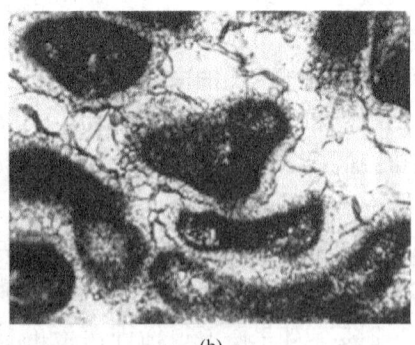
(b)

图 13-1　颗粒白云岩（据方少仙，2013）

(a) 亮晶鲕粒白云岩，两个世代白云石胶结，四川川中龙岗 21 井，三叠系飞仙关组，单偏光，×40；
(b) 亮晶生物屑砂屑白云岩，生物屑发生泥晶化，广西田林，中二叠统，单偏光，×40

对于次生交代成因的白云岩，通常按照晶粒大小对其分类命名，如泥晶白云岩、粉晶白云岩、细晶白云岩、中晶白云岩、粗晶白云岩等（图13-2），其中细晶白云岩、中晶白云岩、粗晶白云岩等表面常呈砂糖状，故又称砂糖状白云岩。

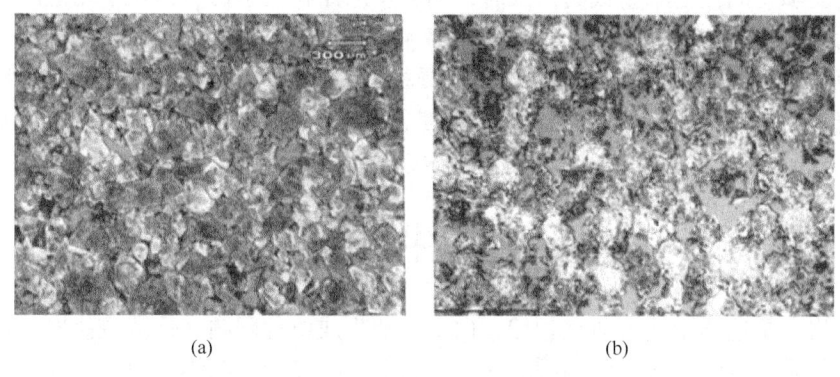

图13-2　晶粒白云岩（据方少仙，2013）　　彩图13-2

(a) 细晶白云岩，晶体中见有颗粒（生物碎屑）幻影，四川川中，三叠系飞仙关组，单偏光；
(b) 具鲕粒残余结构的细晶白云岩，四川川东北罗家寨，三叠系飞仙关组，单偏光

白云岩的晶粒划分界限参照了石灰岩的。按照晶粒大小分类是纯描述性的，不仅适用于次生白云岩，也适用于沉积成因的白云岩。

在次生白云岩中，常见他形镶嵌、自形镶嵌和半自形镶嵌等交代结构，如晶粒较粗的白云石菱形体交代各种颗粒及化石等；晶形较好具环带或污浊核心的白云石菱形体、部分白云石化的石灰岩中的云斑，以及白云岩中的石灰岩残余体等，都是交代作用所致（图13-3）。

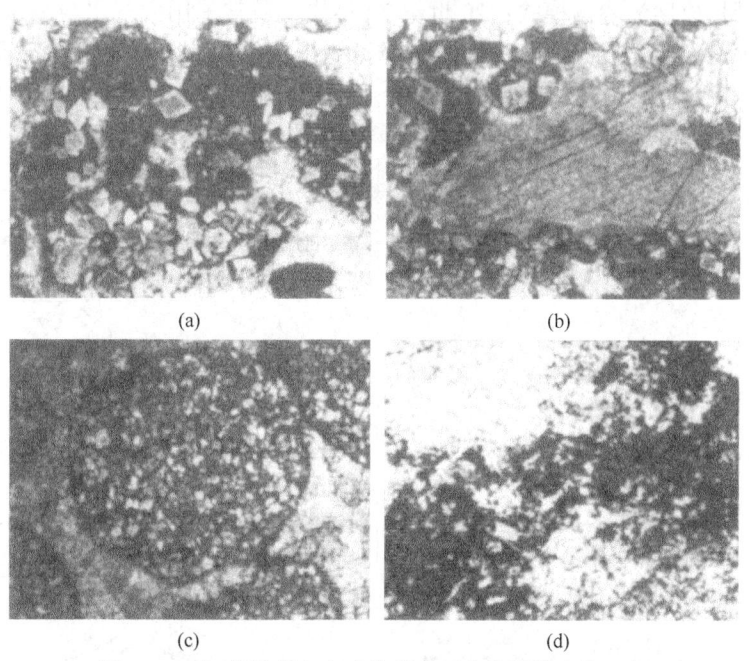

图13-3　江苏徐州上寒武统白云石化作用的交代现象

(a) 白云石交代砾屑和砂屑，单偏光，×34；(b) 白云石交代棘皮动物碎屑，单偏光，×34；(c) 白云石交代鲕粒，鲕粒已被白云石全部取代，但鲕间未被白云石化，单偏光，×34；(d) 云斑，白云石交代泥晶石灰岩，白云石呈斑状富集，即呈所谓的"豹皮状"，放大机直拍，×12

另外，与交代结构相伴生的，还常有一些交代构造现象，如在部分白云石化的石灰岩中，白云石菱形体常沿缝合线或裂隙发育；沿岩层走向追索，常见白云岩与石灰岩的界限突然变化，有时这一界限还常切穿层理等。对有些见不到明显的交代结构或沉积结构、成因不明的白云岩，主要是由泥晶和粉晶白云石组成的白云岩，仍可按照晶粒大小命名，如华北地区广泛分布的中元古界的泥—粉晶白云岩等。

有些白云岩是由颗粒石灰岩白云石化形成的，但颗粒（鲕粒、内碎屑等）轮廓仍清晰可见。对这些白云岩不应称颗粒白云岩，因为它们不是沉积成因的，而应按照晶粒大小命名，或者加上"残余"修饰语，如残余鲕粒白云岩、残余砂屑白云岩等。

第二节　白云岩的生成机理

白云石和白云质岩石是地质学热点研究领域，白云岩的生成机理问题，是碳酸盐岩岩石学中最复杂、争论时间最久、最难解决的问题之一。白云石具有复杂的晶体结构，成因和地质时代分布均是多变的。前寒武系白云石发育多于石灰岩，从古生界到中生界、新生界白云岩丰度有所减少。现代白云石主要出现在潮上—潮间蒸发环境，在正常海洋中没有发生广泛沉淀，也不清楚白云石沉淀的化学控制因素。目前，尚不能在实验室利用天然水，在沉积温度下合成白云石。20世纪五六十年代以来，人们通过对巴哈马台地、波斯湾地区及其他一些地区现代白云岩的研究和对多地古代白云岩的成因研究，结合白云石合成实验研究，相继提出了一系列白云石化学说（主要是交代成因学说），从不同角度建立白云石化模式和探讨白云岩成因机理（图13-4）。20世纪60年代，流传至今的蒸发和萨布哈白云石化模式，将很多古代白云岩解释为潮上带成因，并进一步发展为富 Mg^{2+}、高 Mg/Ca 比超盐度流体下渗到潮间—潮下带构成回流渗透模式；20世纪70年代，通常采用大气水与海水混合模式来解释与蒸发岩无关的白云岩成因，认为海水稀释可克服白云石沉淀的动力学障碍；20世纪80

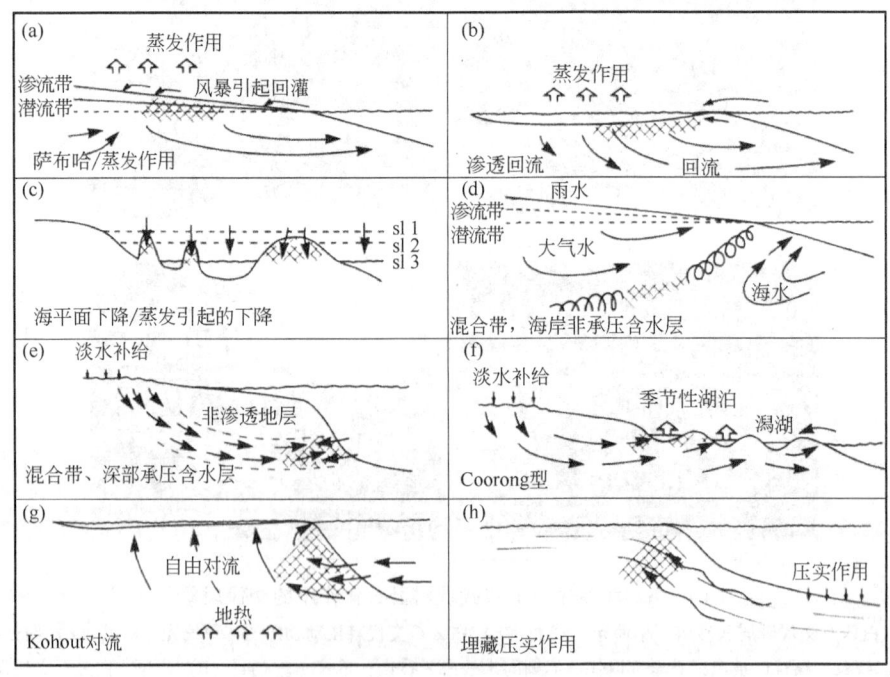

图13-4　主要白云石化作用模式图（据Tucker，1990）

年代以后，出现了埋藏白云石化作用、热液白云石化作用、调整白云石化以及火山（碎屑）岩的白云石化作用等多种模式共存、利用不同白云石化模式解释古代白云岩的局面。

一、原生沉淀作用

关于白云岩的成因问题，人们最关心的是在近代碳酸盐沉积物中，是否存在真正的原生白云石，即是否真正存在以化学沉淀的方式从水体中直接沉淀出来的白云石。以前，在常温常压、无微生物参与的条件下，在实验室中尚未合成出真正的、化学计量的白云石。这使很多研究者对原生白云石的存在持怀疑态度。

在已发现的现代白云石的实例中，最"过硬"的原生白云石的实例，要算澳大利亚南部考龙潟湖和美国加利福尼亚深泉湖中的白云石了。

澳大利亚南部考龙潟湖是一个现代海滩障壁后的季节性碱性湖泊，由海水和陆地地下水补给。该潟湖中的白云石是在水很咸、pH值很高、植物很茂盛的条件下形成的。通过光合作用，植物从水中吸取CO_2，从而使水的pH值增高（pH值为8~10）、Mg/Ca比值为1~20，这就促使白云石呈酸乳酪状粪球粒灰泥沉淀。奥尔德曼和斯金纳（Alderman and Skinner, 1957）曾注意到，由于慢慢下沉的细而白的沉淀物的影响，湖水有时竟然变白了。这种白色的悬浮物是很细的高镁方解石和富钙白云石的混合物，但大都不符合化学计量关系。方解石的成分范围为$Ca_{77}Mg_{23}$到$Ca_{93}Mg_7$，白云石的成分范围为$Ca_{50}Mg_{50}$（化学计量的白云石）到$Ca_{56}Mg_{44}$（原白云石）。根据^{14}C及其他定年方法的测定，这里的白云石的堆积速度为0.2~0.5mm/a。

美国加利福尼亚州深泉湖面积约$13km^2$。这个盐湖在冬季和春季，湖水深30cm；在干热的夏季和秋季，只有少量的盐水；常年的浓盐水约占湖面积的2/3。在此湖的底部沉积物中，广泛分布着晶体大都小于$1\mu m$的白云石。与其共生的矿物有方解石、文石、无水芒硝、石盐、单斜钠钙石、钾芒硝、天然碱、钾镁盐、钠镁矾等，它们呈环带状从湖边缘到中心分布。白云石的^{14}C年龄测定表明，这些白云石的生长速度为$0.05~0.09\mu m/ka$。这一速度与其他大多数的盐类矿物的生长速度相比，显然是太慢了。这些白云石晶体的X-射线衍射数据表明，其内部是化学计量的白云石，但外部则是富钙的。这些资料都表明，这里的白云石很可能并不是从水体中以化学沉淀方式直接沉淀出来的，而是在沉积物—水界面处，通过交代作用生成的。这一交代作用所需要的时间为几十年或几百年，可称作同生交代作用或同生白云石化作用。

考龙潟湖和深泉湖的白云石是现代的所谓"原生"白云石沉积最典型的实例，但是，这两个实例本身都存在着令人质疑的问题。从理论上讲，直接化学沉淀的原生白云石应该是存在的，但是，到目前为止，还没有找到一个过硬的、没有争议的实例，来证明这种具有地层学意义的原生白云石的确存在。当然，也有人主张把同生交代白云石化作用、甚至准同生交代白云石化作用生成的白云石，当作原生的白云石。假如可以这么"当作"的话，那么原生白云石的实例就绝不限于考龙潟湖和深泉湖，这种原生白云石还多得很。但是，从形成机理本身来讲，这种"当作"还是欠正确的。

但近些年的研究表明，在有微生物的参与下，在现代干旱潮坪（盐坪）环境或在实验室可以沉淀出原生白云石。

无论是有氧呼吸、硫酸盐还原还是甲烷生成和甲烷厌氧氧化过程，有机质的降解都需要微生物的参与。目前培养实验已经证实的、可以促进白云石沉淀的微生物有喜盐性需氧微生物、硫酸盐还原菌和产甲烷菌，而在所有加入死亡菌种或不加菌种的对照实验中并未发现白云石的沉淀。但这并不表示上述3种类型微生物的所有属种都能促进白云石的形成。在相似的条件下，有些硫酸盐还原菌在培养实验中可以促进白云石的沉淀，但另外一些硫酸盐还原菌只能促进方解石的沉淀。

细菌培养实验证实：在产甲烷菌繁盛之后，培养液对白云石的饱和度由最初的 19.40mL/m³ 增加到 2330.77mL/m³。这是因为微生物降解有机质产生了大量的 HCO_3^-，而细胞壁和胞外聚合物质对金属阳离子的吸附作用使得 Mg^{2+}、Ca^{2+} 聚集，所以在细菌周围产生了一个对白云石高度过饱和的微环境。另外，利用扫描电镜观察细菌培养沉淀白云石的实验过程发现，白云石的成核通常位于微生物细胞表面或排泄到细胞外的聚合物质上，说明微生物能为白云石提供成核质点，这对于白云石的形成是至关重要的。

二、毛细管浓缩作用——准同生白云石化作用

现代大多数白云石均形成于蒸发潮坪环境，如巴哈马安德鲁斯岛、佛罗里达海岸沙礁等。在现代热带地区的潮上带，例如在波斯湾南岸的潮上带，在其表层的碳酸盐沉积物中，现在正在进行着准同生的白云石化交代作用。

这些在潮上带刚沉积不久的表层沉积物主要是疏松堆积的文石，在开始阶段其粒间充满着正常海水。由于该地区气候干热，蒸发作用强烈，这些粒间水就不断地向空中散发。与此同时，海水又通过毛细管作用，源源不断地补充到这些疏松沉积物的文石颗粒之间。久而久之，这些文石粒间水的含盐度就变大了，正常的海水就变成了盐水。这种潮上带经常是干的，但在低凹地区也可积水成为盐水沼泽。阿拉伯语"萨布哈"就是指这种潮上带的盐沼地。

在波斯湾南岸阿布扎比的广大潮上地带，从这种文石粒间盐水中首先沉淀出来的是十分发育的石膏，也可能有一些其他盐类矿物。石膏的沉淀使粒间水或表层积水的 Mg/Ca 比率大大提高。正常海水的 Mg/Ca 比率约为 3:1 到 4:1，而干热地区潮上地带表层沉积物的粒间水或表层积水，其 Mg/Ca 比率可达 20:1，甚至更高。这种高镁的粒间盐水或表层水与文石颗粒相接触，使文石转变为白云石，即文石被交代（白云石化）。这种潮上带表层碳酸钙沉积物的粒间白云石化作用也称为准同生交代作用。所谓准同生，就是指刚沉积不久、尚未脱离沉积环境就被交代的意思。费里德曼和桑德斯（Friedman and Sanders，1957）把这种交代作用称为毛细管浓缩作用，许靖华和西根撒勒（Hsu and Siegenthaler，1969）称为蒸发泵作用。

强烈蒸发作用的潮上带和潮间带毛细管浓缩作用或蒸发泵作用形成的白云石通常晶粒细小（泥、粉晶），具有半自形—他形粒状镶嵌结构，富钙贫铁，有序度低，常与石膏、硬石膏等盐类矿物以及陆源碎屑砂泥共生。白云石在阴极射线下不发光或呈均匀的暗红色，不破坏原始沉积物组构，常见鸟眼、干裂、帐篷构造等，薄层—中层状。

在加勒比海巴哈马群岛安德鲁斯岛西岸的潮上带（包括棕榈小丘），也发育着年龄不超过2200年的白云石壳（图13-5）。潮上带白云石结壳形成是由于海水蒸发作用导致文石和石膏的沉淀，孔隙水具有较高的 Mg/Ca 比值，促进地表沉积物层发生白云石化作用。它是现代潮上带蒸发泵白云石化作用的产物。但在这个潮上带中，目前没有发现石膏，很可能是由于这里气候潮湿，沉淀出的石膏又被溶解掉了。

古代蒸发泵白云石化作用形成的白云岩十分常见，如华北地台古生界、塔里木盆地奥陶系，美国、加拿大西部的寒武系、泥盆系等。

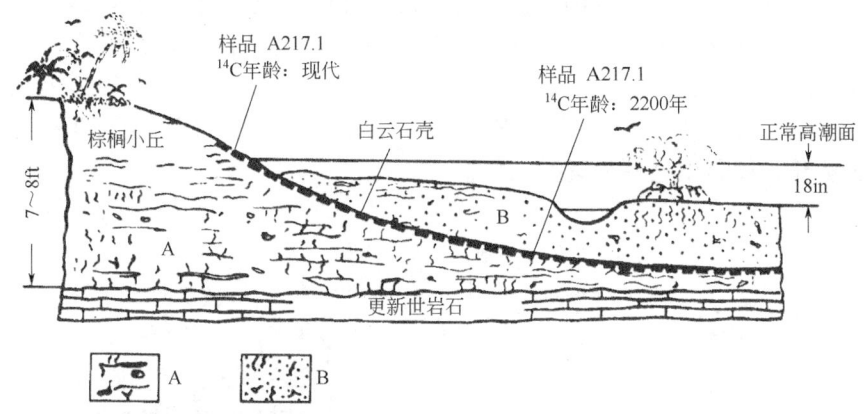

图 13-5　巴哈马群岛安德鲁斯岛西部一个棕榈树小丘附近的白云石壳（据 Shinn 等，1965）
A—黑灰色球粒泥，含根、陆地蜗牛、干缩纹理以及少量的有孔虫和海洋腹足类；B—浅棕黄灰色球粒沉积物，含很多海洋腹足类、有孔虫以及红色红树根，此白云石壳是连续的，出露在正常高潮面以上的部分，其^{14}C 年龄为现代，埋在现在的正常高潮面以下 4ft 处的部分，其^{14}C 年龄为 2200 年，这就是说，在 2200 年前该处为当时潮上带，显然，这一白云石壳是在海进的过程中形成的，与此白云石壳以下的沉积物特征不同。1ft=0.3048m，1in=25.4mm

三、回流渗透白云石化作用

在潮上地带，由于毛细管浓缩作用或蒸发泵作用所产生的高 Mg/Ca 比率的粒间盐水，所引起的表层碳酸钙沉积物的准同生白云石化作用，只是白云石化作用的一个方面，即高镁盐水"向上"运动的一个方面。另外，还有其"向下"运动的一个方面。

在潮上地带形成的高镁粒间盐水，在其对表层沉积物白云石化的同时，剩余的蒸发潟湖中富镁盐水，由于其密度较大，在重力作用下必然会向下回流渗透向海底流动。这种向下回流渗透的高镁盐水，在其穿过下伏的碳酸钙沉积物或石灰岩时，必然会使它们白云石化，从而形成白云岩或部分白云石化的石灰岩，这就是回流渗透白云石化作用。显然，回流渗透白云岩形成陆棚潟湖蒸发环境，这与毛细管浓缩作用或蒸发泵作用形成白云岩是不同的。

回流渗透白云石化作用形成的白云石多为粉晶—细晶，自形—半自形，常具雾心亮边。该白云石可交代内碎屑、鲕粒和基质等。交代作用不太强烈时，白云石菱面体可切割颗粒边缘或保留残余颗粒结构。白云岩中可有硬石膏晶体或假晶生成。华北地区和扬子地区寒武系、奥陶系、二叠系和三叠系均发育回流渗透白云石化作用形成的白云岩。

戴菲斯等（Deffeyes，1965）曾以安的列斯群岛博内尔岛的潮上地区及潟湖为例，对这一作用进行了详细的论述（图 13-6）。在博内尔岛的南部沿岸，由于风暴波浪作用，珊瑚碎屑构成的滩脊把岛的南端与海水分开，形成一些高盐分的浅水湖泊。佩克米尔湖是其中最大的一个。在这些湖泊的向陆方向，出露的碳酸钙沉积物大都已白云石化了，其^{14}C 年龄测定为 2195 年或更为年轻，这些白云石是前述的毛细管浓缩作用形成的。在佩克米尔湖中，现在正在沉淀石膏。湖水的 Mg/Ca 比率已达 20∶1 以上。由于该湖水面低于海平面，所以海水就以渗流泉水的方式，通过珊瑚脊流入湖中。湖水在地表是没有出口的，尽管海水不断地以泉水方式流入，蒸发作用不断进行，但湖水的含盐度却长期地停留在沉淀石膏的浓度，仍未到过沉淀石盐的浓度。为什么湖水的含盐度总不增高呢？通过对此湖的水文学的全面研究，只能有一个解释，即这个潟湖是漏潟湖，即其高 Mg/Ca 比率的湖水向湖底的下伏沉积物和岩石中渗流走了。这种向下渗流的高镁盐水，必然引起其穿过的碳酸钙沉积物或石灰岩发生白云石化。戴菲斯等（Deffeyes 等，1965）认为，此岛北部的上新世—更新世的石灰岩的白云石化，就是由这一机理生成的。

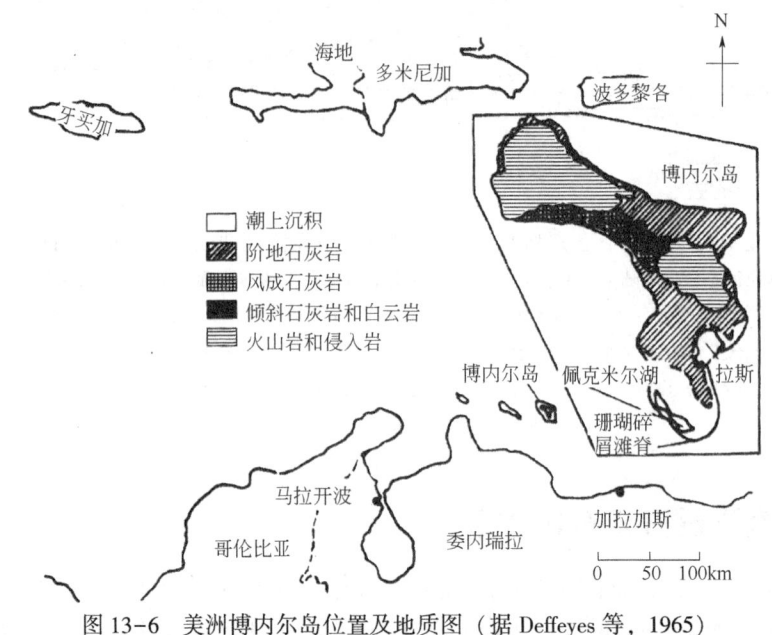

图 13-6　美洲博内尔岛位置及地质图（据 Deffeyes 等，1965）

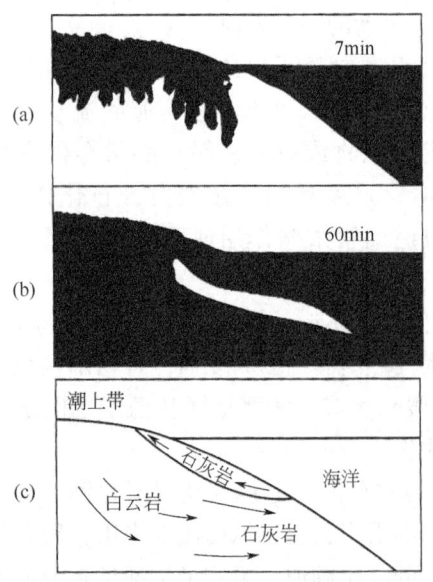

图 13-7　毛细管作用和回流渗透作用的模拟实验（据 Deffeyes 等，1965）
(a) 实验开始 7min 以后的情况；(b) 实验开始 60min 以后的情况；(c) 向上流动的毛细管作用和向下流动的回流作用的模拟图解

这里特别值得提出的是，他们作了一个很令人信服的、精心设计的模拟实验，证明他们的观点是正确的（图 13-7）。模拟实验指出在现代的热带地区的潮上地带，确实存在着两种白云石化作用：一种是向上运动的高镁粒间水引起的表层碳酸钙沉积物的白云石化作用，一种是向下运动的高镁水引起的下伏碳酸钙沉积物或石灰岩的白云石化作用。第一种白云石化作用的时间为准同生的，生成的白云岩多为泥晶或粉晶的，具潮上带沉积环境的特征；第二种白云石化作用的时间要晚些或晚很多，一般是成岩期的，甚至是成岩期以后的，生成的白云岩晶粒一般较粗，多为粉晶以上的，砂糖状白云岩多为这一作用形成。这两种白云石化作用，其驱动原理、运动方向、白云石化的时间、所生成的白云岩的岩性特征等，虽各不相同，但都离不开高 Mg/Ca 比率的盐水，高 Mg/Ca 比率的盐水是这两种白云石化作用的共同基础。

回流渗透白云石化作用缺少现代类比实例，但它是一个流行的、与蒸发岩相伴生的、被用于解释古代白云岩的白云石化机制，在潮上—潮间带和潟湖下方通过毛细管作用和回流渗透作用形成白云岩储层（图13-8）。

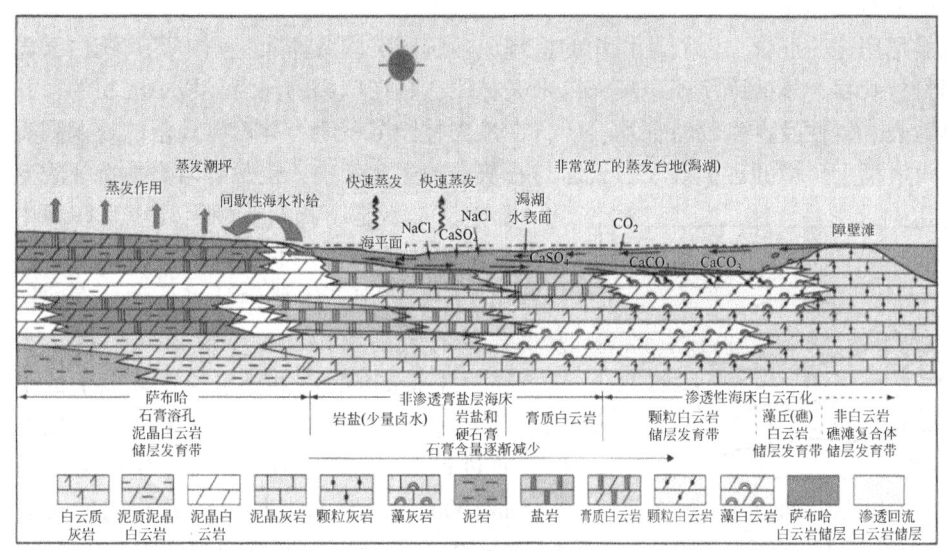

彩图 13-8

图 13-8　毛细管和回流渗透作用形成白云岩储层分布发育模式（转引沈安江，2016）

四、混合白云石化作用

前述3种白云岩生成机理，都有一个共同点，即都需要干热的气候和高 Mg/Ca 比率的盐水，都把白云石当作一种蒸发矿物看待。将今论古，古代的白云岩，也应当是这些机理生成的，即也应当是与高 Mg/Ca 比率的盐水有成因关系，古代的白云岩也应当是一种蒸发沉积岩。这就是在现代及更新世白云石形成机理研究基础上，在上述各种机理的基础上总结概括出来的一种观点，即高 Mg/Ca 比率盐水沉积交代的观点或蒸发沉积的观点。用这种观点确实可以相当好地解释许多现代的与古代的白云石及白云岩的成因问题。

但是，这仅仅是白云石及白云岩成因问题的一个方面。还有一些白云岩，例如广泛分布的与陆表海陆棚或构造高地共生的白云岩，并未伴生蒸发岩，也缺乏潮上环境的成因标志。对于这种白云岩，高 Mg/Ca 比率的超盐度卤水的白云石化作用模式就不适用了。

针对这一问题，巴迪奥札曼尼（Badiozamani，1973）提出了一个新的白云石化作用机理，即大气水（淡水）与海水混合的白云石化作用的机理。这个白云石化机理，不需要蒸发作用，也不需要高 Mg/Ca 比率的盐水，就可以圆满地解释与陆表海陆棚或正向单元共生的白云岩的成因问题。

哈迪（Hardie，1987）用实验方法证明大气水与正常海水的混合液对方解石和白云石的饱和程度的影响（图13-9）。实验表明，5%的正常海水与95%的地下水混合时，白云石已经饱和，但方解石不饱和。在30%的正常海水与70%的地下水混合时，白云石早就过饱和了，但方解石仍然不饱和。因此，在

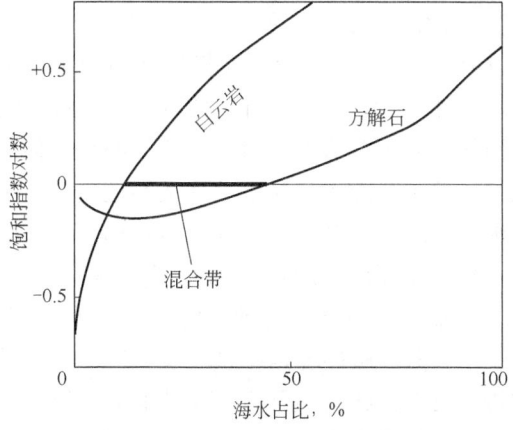

图 13-9　混合白云石化热动力学图解
（据 Hardie，1987，有修改）

海水含量为5%~30%（甚至为50%）的与地下水混合的液体中，将发生方解石被白云石交代的作用，即白云石化作用。

巴迪奥扎曼尼用这一混合白云石化作用的机理成功解释美国威斯康星州中奥陶统白云岩的成因。根据野外观察，威斯康星州中奥陶统米夫林段，是在广阔的浅海环境中沉积的，并周期性地暴露地表。岩性及古生物特征均表明，在米夫林段沉积时，并没有局限的或潟湖类型的环境，也没有潮上环境的证据。在白云岩与石灰岩的过渡带中，也没有岩类学特征的变化。显然，是不能用潟湖或潮上环境来解释中奥陶统米夫林段白云岩的成因的。而用混合白云石化作用的机理来解释则是可信的。在威斯康星背斜的较高部位，由于海退和暴露于大气，在大气水成因的地下淡水透镜体以下的半咸水带中（图13-10），就会发生白云石化作用。通过计算，米夫林段的白云石化速度为0.85m/1000a。假定米夫林段白云石化的时间为$600×10^3$年，则白云石化作用可达500m。当然100%的有效白云石化和30%的海水加入，都是理想的条件。现今中奥陶统米夫林段及其下伏层段的白云岩平均厚度约11m，因此，以混合白云石化作用的机理，完全可以形成这一广泛分布的陆架白云岩。

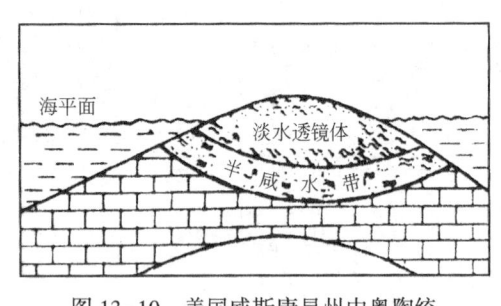

图13-10 美国威斯康星州中奥陶统米夫林段的白云石化作用示意图
（据Badiozamani，1973）

加勒比海巴哈马地区广泛分布的上新统—更新统白云岩、牙买加上新统白云岩被认为是混合水成因的。牙买加上新统混合水成因的白云岩中白云石交代灰泥并保留了珊瑚藻颗粒的原始结构，许多珊瑚和软体动物的空腔被粗粒的亮晶白云石充填。

由于混合白云石化作用不需要强烈的蒸发作用和高Mg/Ca的盐水，因此该作用并不限于形成在低纬度的干旱地区。

由于缺少现代混合水白云石沉淀的理想实例，其形成机理还受到质疑。

五、埋藏白云石化作用

在常温常压和无微生物参与的条件下，迄今还不能在实验室里从水中沉淀出白云石，但当温度在100℃以上时就可以了，这说明温度升高有利于白云石的形成。在地下较深处，温度较高，可以形成白云石，并常作为明亮的裂缝充填物或砂岩的胶结物出现，这已经是不争的事实。

在许多白云石质岩石中均可发现埋藏期间形成白云石的证据。埋藏白云石化主要机制是盆地泥岩的压实脱水作用以及富Mg^{2+}流体排驱进入相邻的陆棚边缘和台地碳酸盐岩中。Mg^{2+}来源于孔隙水和黏土矿物的转化。在埋藏过程中，绿泥石的形成和白云石的沉淀会造成地层水的Mg/Ca比值（0.04~1.8）比海水（5.2）要低。

随着埋藏深度的加深和温度升高，黏土矿物发生转化时会释放出Mg^{2+}、Fe^{2+}、Ca^{2+}、Si^{4+}和Na^+。其中Ca^{2+}、Si^{4+}会先释放出来，形成方解石和石英胶结物；Mg^{2+}、Fe^{2+}释放较晚，由于深埋藏环境是还原环境，Fe以Fe^{2+}的形式出现，容易形成铁白云石。但这种机理能否形成大量的白云石却一直是争论的焦点。一般认为，生成大量白云石所需的镁离子来自页岩。随埋藏深度加大，压实作用使Mg^{2+}运移到石灰岩中从而导致白云石化（Mattes，1980；冯增昭，1998）。但是，黏土矿物转化能否释放出足够的Mg^{2+}以及孔隙流体能否长距离运移到邻近的石灰岩中发生白云石化作用是值得讨论的问题。美国密歇根盆地来自黏土的 Mg^{2+} 仅仅形成了薄层白云岩，说明黏土矿物难以提供足够的 Mg^{2+}。

但是，白云石化在埋藏过程中容易发生，因为高温能够克服白云石沉淀的一些动力学障碍，会提高白云石沉淀速率。

埋藏早期形成的白云石呈零星状散布于石灰岩中，白云石可沿缝合线呈斑块状分布至连续层状分布。随埋深加大，埋藏作用形成的白云石晶粒变粗（可达几毫米）、不含铁，具有波状消光特点，他形镶嵌结构并可见残余缝合线，白云石缝包围毫米—分米级石灰岩斑块形成网状结构。埋藏白云石化作用具有组构选择性，高能沉积相带颗粒灰岩容易充分发生埋藏白云石化作用。原岩为颗粒灰岩的埋藏白云岩储层发育晶间孔和晶间溶孔，储层质量好。

可用这种机理解释一些既无浓缩海水标志也无混合水标志的、分布范围不太广的白云岩。

六、玄武岩淡水淋滤白云石化

玄武岩淡水淋滤白云石化指大气淡水淋滤玄武岩而产生的富 Mg^{2+} 水使下伏石灰岩发生的白云石化，滇东—川西地区二叠系石灰岩白云石化是其实例（金振奎等，1999）。

滇东—川西地区二叠系自下而上发育铜矿溪组、栖霞组、茅口组、峨眉山玄武岩组和宣威组。铜矿溪组、栖霞组和茅口组与峨眉山玄武岩组和宣威组之间为平行不整合接触，与下伏中石炭统之间为平行不整合接触（图13-11）。

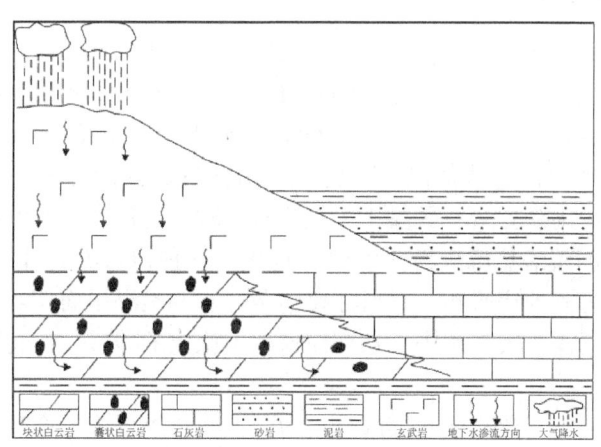

图13-11　滇东—川西地区下二叠统玄武岩淋滤白云石化模式（据金振奎等，1999）

峨眉山玄武岩组是茅口组沉积之后大规模火山喷溢形成的，柱状节理发育，仅分布在扬子地台西部，厚0~3000多米，向东迅速变薄尖灭。

栖霞组和茅口组的石灰岩普遍发生了不同程度的白云石化。茅口组的石灰岩白云石化后形成了较大的白云石斑块，其直径多为几厘米到二十几厘米。斑块的含量一般为40%~60%，主要为细晶—中晶白云岩，仅顶部为云斑石灰岩。

该地区的白云石化是玄武岩遭受大气淡水淋滤，释放出大量 Mg^{2+}，形成富 Mg^{2+} 的水交代下伏石灰岩形成的。这种水沿玄武岩柱状节理向下渗流，使下伏栖霞组和茅口组的石灰岩发生白云石化。证据如下：

（1）白云石斑块大都在垂向上拉长，总体与岩层中的裂缝平行，反映白云石化水是沿石灰岩中的裂缝向下渗流的；局部平行层面拉长，说明层面附近白云石化水可局部水平流动。

（2）栖霞组几乎全部白云石化，白云石化程度比茅口组严重，这是因为向下渗流的白云石化水在遇到铜矿溪组的页岩隔水层后，便在栖霞组汇聚起来，并由垂向渗流转为水平流动，导致栖霞组白云石化严重。白云岩中沿层面拉长的溶蚀孔洞发育，说明地层水在此的确是水平流动的。

（3）白云石斑与白云岩均由细晶、中晶白云石组成，晶粒较粗。其$\delta^{18}O$为$-6.4‰$~$-9.1‰$，说明两者是同一种水溶液引起的白云石化。

（4）白云石阴极发光呈暗红色，Fe^{2+}含量较高，说明白云石是在地下较深处的还原环境中形成的。

（5）白云岩分布与玄武岩分布密切相关。玄武岩自西向东逐渐变薄，至贵州六盘水一带尖灭。茅口组和栖霞组的白云石化程度也是从西向东逐渐变弱，至贵州六盘水一带基本消失。这说明白云石化与玄武岩是有成因联系的。

（6）实验表明，当温度超过100℃时，在室内可以人工合成白云石，说明高温有利于白云石形成。玄武岩本身就数千米厚，其下的地层温度较高，因此只要有富含Mg^{2+}的水，就可发生白云石化作用。

综上所述，这个地区的白云岩形成与玄武岩淋滤有关。

七、其他白云石化机理

除上述主要的白云石化机理外，还有一些其他白云石化机理，如调整白云石化、深水回流准同生白云石化、正常海水白云石化、热液白云石化以及火山碎屑岩的白云石化作用等。

古德尔和加曼（Goodell and Garman，1969）研究巴哈马安德罗斯岛的一口深探井（苏必利尔井）岩石学和地球化学特征以后，提出了调整白云石化机理。其基本原理是：当海平面下降使沉积物中的高镁方解石暴露于大气淡水中时，高镁方解石就会发生溶解，释放出Mg^{2+}，使该处或下伏的碳酸盐沉积物发生白云石化。这种白云石化作用所需要的镁就来自沉积物本身，不需要另外的镁来源。它所需要的条件主要是海平面相对下降，使原生沉淀的不稳定的碳酸盐矿物暴露于大气水中，从而使这些不稳定的碳酸盐矿物发生溶解作用和调整白云石化作用。

深水回流准同生白云石化指浅水碳酸盐台地上蒸发浓缩形成的高盐度海水，由于密度较大，会以底流形式通过斜坡流入邻近的深水盆地，使盆地中的灰泥发生白云石化而形成泥粉晶白云岩（金振奎，2012）。塔里木盆地东部的寒武系泥粉晶白云岩夹于深水盆地的黑色页岩之中，盆地西侧为塔里木碳酸盐岩台地，其上蒸发岩和白云岩发育。碳酸盐台地上蒸发浓缩形成的高盐度海水，回流到深水盆地使松软的灰泥发生白云石化而形成泥粉晶白云岩。

正常海水白云石化的提出主要是根据现代深海沉积物中发现了一些白云石。显然这种白云石既不可能是蒸发浓缩海水白云石化的产物，也不会是混合水或深埋藏白云石化形成的，由此认为是正常海水白云石化所致。Kastner（1984）主张只要海水中SO_4^{2-}含量低和CO_3^{2-}含量高，就可发生白云石化，即海水能够作为白云石化流体。比如，巴哈马台地周边夏季蒸发，海水盐度可到4.2%~4.5%，超盐度海水会向下回流交代早期方解石形成白云石。然而，由于大量处于正常海环境的碳酸盐沉积物没有白云石化，这种机理的可行性值得怀疑。

热液白云石化是在埋藏成岩环境由热液作用交代早期石灰岩形成白云岩的过程。受深部热源控制的富镁热液（盐水）常沿着断层或不整合向上运移，与早期渗透性较好的颗粒灰岩中残余孔隙水混合发生白云石化作用，甚至发生重结晶作用。热液白云岩晶粒较粗，为粗晶—细晶和不等粒，具有自形—半自形粒状镶嵌结构，发育雾心亮边及环带构造。该类白云岩呈与断层相关的斑块状或与不整合相关的准层状断续分布（图13-12），常与云灰岩、灰云岩、石灰岩、白云岩互层。

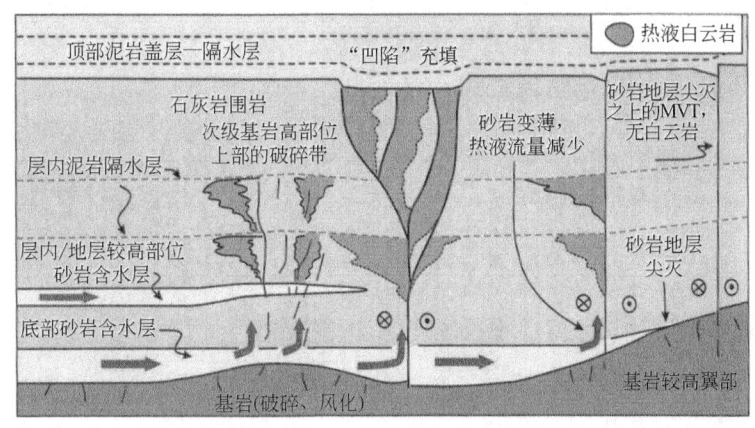

图13-12　热液白云石化成因模式，断裂和孔隙型地层控制热液白云岩分布
（据Graham，2006）

在岩浆期后溶液或深成地下水的热水溶液中，通过热液作用可以形成分布范围局限的白云石，而且这些白云石还常和一些金属矿床或非金属矿床密切共生。

陆相沉积盆地充填的火山碎屑，特别是火山灰在湖盆水体中沉降时发生强烈水解作用，析出大量K^+、Na^+、Ca^{2+}和Mg^{2+}等阳离子，当Mg^{2+}和Ca^{2+}与碱性水中的CO_3^{2-}达到一定比例时，便结晶或交代长石形成白云石。这种成因白云石的碳氧同位素组成可能受产甲烷菌影响（Zhu Shifa，2019）。

综上所述，现存在多种白云石和白云岩的生成机理或成因学说，但到底哪一种学说或观点是正确的呢？实际上，这些学说或观点都有其特定的适用范围，都有其可信的地方，但都不是放之四海而皆准的，必须针对具体地质情况加以具体分析。

第三节　白云岩的成因分类

根据白云岩的生成机理，可把白云岩划分为原生白云岩和次生白云岩两大类（图13-13）。

(1) 原生白云岩：指由以化学沉淀方式从水体中直接沉淀出化学计量的白云石所组成的白云岩。由地下水的沉淀作用所形成的白云石，也是原生白云石，但是这种原生白云石并不具地层学意义，即它们不能形成一定的等时地层单位。

(2) 次生白云岩：指一切非原生沉淀作用生成的白云岩，即指一切由交代作用或白云石化作用生成的白云岩。由此可知次生白云岩是一个相当大范畴的术语，它还可再分为同生白云岩、准同生白云岩、成岩白云岩、后生白云岩、准同生后白云岩等成因类型。

① 同生白云岩：指刚沉积的碳酸钙沉积物或者是原生白云石沉积物，在沉积环境中，而且仍然在沉积水体的影响下，在沉积物—水界面处，通过交代作用或白云石化作用所生成的白云岩。许多潟湖和内陆盐湖的白云石很可能是这样生成的。假如是这样的话，那么所谓

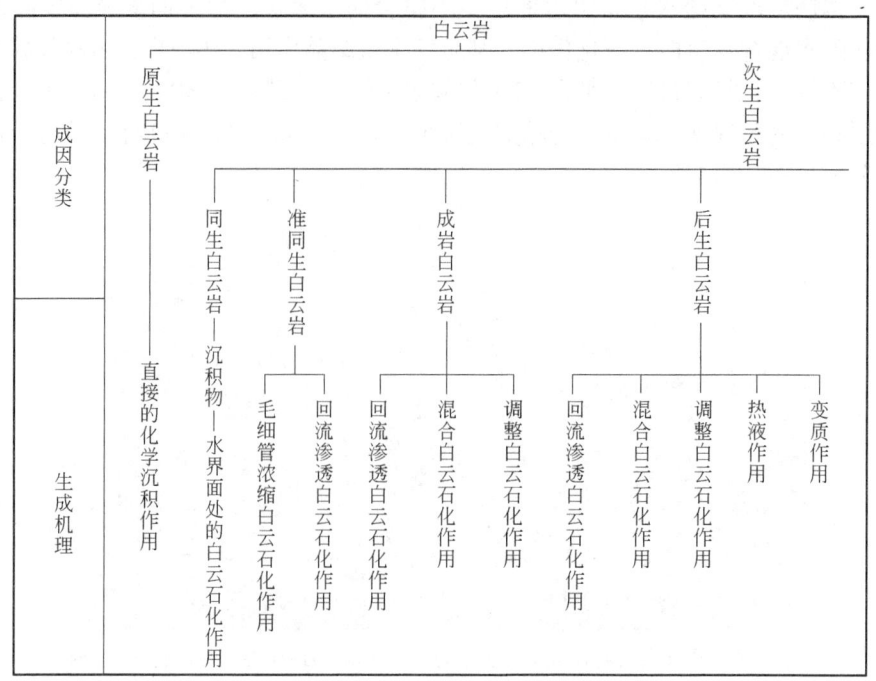

图 13-13 白云岩的成因分类及其相应的生成机理

的原生白云石或原生白云岩就更少了。同生白云岩可以算作沉积期生成的白云岩,但却不是化学沉淀作用直接生成的原生白云岩。

② 准同生白云岩:指沉积不久的碳酸钙沉积物,虽然其沉积环境的条件并未变化,但它已基本上脱离了沉积水体,不再受其沉积水体的影响,通过交代作用或白云石化作用而生成的白云岩。潮上带毛细管浓缩作用或蒸发泵作用所形成的白云岩,就是典型的准同生白云岩。这种白云岩岩性特征很明显,晶粒较细,常为泥晶或泥粉晶,常含黏土等陆源物质,多呈浅黄色薄层或页状层,层理甚至纹理发育,常含层状或波状叠层石,有时也有短柱状叠层石,常具鸟眼构造,常含石膏或硬石膏夹层等。

③ 成岩白云岩:指碳酸钙沉积物在其成岩作用过程中由交代作用或白云石化作用所生成的白云岩。回流渗透白云石化作用、混合白云石化作用以及调整白云石化作用可形成此类白云岩。

④ 后生白云岩:指在石灰岩形成以后,由交代作用或白云石化作用生成的白云岩。回流渗透白云石化作用、混合白云石化作用、埋藏白云石化作用、玄武岩淋滤白云石化作用以及调整白云石化作用等可形成后生白云岩。

⑤ 准同生后白云岩:泛指准同生期以后生成的白云岩,包括成岩白云岩及后生白云岩等。其岩性特征与准同生白云岩大不相同。其晶粒一般较粗,主要呈细晶或中晶,甚至粗晶,如"砂糖状白云岩"。它常呈中层或中厚层,常有各种交代残余结构或残余构造。这种白云岩当然是次生的,是原来的石灰岩经过较强烈的白云石化作用而形成的,也可以是原来的准同生白云岩再经过重结晶作用而成。假如其白云石化程度过高,已看不出其残余结构或残余构造时,就很难恢复其白云石化作用前的原岩了,因而也就难以恢复其沉积环境了。

1. 试说明白云岩的基本特征、分类和命名方法。
2. 简述白云岩原生沉淀作用形成机理和主要识别标志。
3. 简述毛细管浓缩白云石化作用（蒸发泵）、回流渗透白云石化作用形成机理和主要识别标志。
4. 简述混合白云石化、淡水白云石化作用的形成机理和主要识别标志。
5. 简述埋藏白云石化作用、热液白云石化作用的形成机理和主要识别标志。
6. 简述玄武岩淡水淋滤白云石化等其他白云石化作用形成机理和主要识别标志。
7. 试述原生白云岩、同生白云岩、准同生白云岩、成岩白云岩、后生白云岩等的基本概念和主要识别标志。
8. 在实验室显微镜镜下和野外如何辨别准同生（同生）、成岩及后生白云岩？
9. 通过文献调研，阐明目前关于白云岩形成机理都有哪些主要观点。
10. 选择典型野外碳酸盐岩露头，说明白云岩产状、主要组分、沉积结构和构造以及沉积组合特征，分析白云岩成因和形成过程。

第十四章 碳酸盐沉积物的沉积后作用

> **导 读**
>
> 本章核心知识点包括碳酸盐沉积物沉积后作用的海水、近地表大气淡水和埋藏成岩环境及特征,碳酸盐沉积物沉积后作用主要类型(碳酸盐矿物的转化、压实和压溶作用、胶结作用、溶蚀作用、交代作用、重结晶作用等),碳酸盐沉积物沉积后的成岩序列和成岩阶段(早期、中期和晚期)划分及特征。

碳酸盐沉积物的沉积后作用或广义的碳酸盐岩的成岩作用,是在沉积作用阶段之后直到温度压力升高引起的初始变质之前,碳酸盐沉积物及碳酸盐岩所发生的一系列物理的、化学的、物理化学的和生物(含埋藏过程微生物作用)的作用,以及这些作用所引起的碳酸盐沉积物(碳酸盐岩)成分、结构、构造以及物理的和化学的性质的变化。

大部分现代和古代碳酸盐沉积物(岩)最初是由文石、高镁方解石和低镁方解石混合而成的。文石、高镁方解石是亚稳定的,它们会在石灰岩形成过程中通过不同方式转化成稳定的低镁方解石。除非发生白云石化,古代石灰岩均由低镁方解石组成。因此,可以通过岩石学、阴极发光、扫描电镜、同位素和微量元素特征研究来识别原始矿物成分、孔隙流体化学成分、成岩作用、成岩序列与成岩环境等。

通常,随着埋深增加孔隙度降低,但溶蚀作用和裂缝可以改善储层物性。根据石灰岩成岩作用研究建立的成岩模型可以预测石灰岩和白云岩的储层品质。

碳酸盐岩成岩环境主要包括海水环境、近地表大气淡水环境和埋藏环境。在不同成岩环境中发生的碳酸盐沉积物的成岩作用与碎屑岩相比有较大差异,具有成岩早、压实弱、胶结强、后期改造多、明显受控于沉积和成岩环境、储层质量变化大的特点。

(1)碳酸盐沉积物的成岩过程快、成岩早,有的甚至在地表就已经固结成岩。

(2)由于其固结成岩早,碳酸盐沉积物在埋藏过程中受到的压实作用不如碎屑岩明显。

(3)埋藏过程中后期改造强烈,容易发生胶结作用、溶解作用和破裂作用。

(4)受沉积和成岩环境控制明显,不同沉积(成岩)环境形成的碳酸盐沉积物其成岩作用有很大差异。

(5)受沉积成岩环境控制,碳酸盐岩储层质量变化大。原来具有优质储层物性的颗粒碳酸盐岩或礁灰岩,受胶结作用改造后,可能储层物性差于受溶蚀和破裂改造后的泥晶灰岩。

上述差异是由化学性质较为活泼的碳酸盐沉积物的化学成分碳酸钙(镁)自身性质所决定的。

我国海(陆)相碳酸盐岩分布广泛,海相碳酸盐岩主要分布在叠合盆地中深层的古生界和中生界中下部,经历了多旋回构造运动的叠加改造,具有沉积类型多样、年代古老、时间跨度大、埋藏深度大、成岩演化历史漫长复杂的特点，与之有联系的铁、锰、铜、铅、锌、铀等层控矿床、多种非金属矿产以及流体矿产如石油天然气资源均十分丰富。碳酸盐沉积物的成岩作用与上述矿产的形成和分布以及储量产量有着密切的联系。因此，研究碳酸盐沉积物的成岩环境、成岩作用及其机理、成岩序列和成岩阶段等具有重要的理论和实践意义。

第一节　碳酸盐沉积物沉积后作用的环境及特征

碳酸盐沉积物沉积后不再受上覆水体影响后、变质作用发生前所发生的一切物理、化学、生物化学等作用称为成岩作用，发生成岩作用的环境称为成岩环境。成岩环境的物理性质（温度、压力、孔隙水运动方式等）、化学性质（孔隙水溶液成分、pH 值、Eh 值等）和生物化学、物理化学等均与沉积环境显著不同。随着沉积物被埋藏或早期短暂暴露后再埋藏或埋藏后因构造作用抬升地表再暴露，成岩环境及其控制因素均发生了变化，孔隙流体性质及其与岩石之间相互作用也随之发生变化。

与碳酸盐沉积物或岩石接触的成岩流体（水）主要有海水、大气淡水和埋藏状态的孔隙水。每种流体均以特殊的方式与碳酸盐沉积物或岩石发生流岩反应，形成独特的成岩矿物组合、成岩组构及地球化学标志。根据流体性质以及埋藏抬升构造背景，碳酸盐沉积后作用环境或称碳酸盐成岩环境可划分为五种基本类型：（1）海水成岩环境，又分为海水潜流和渗流两个亚环境；（2）大气淡水成岩环境，又分为淡水渗流和潜流两个亚环境；（3）海水—大气淡水成岩环境；（4）埋藏成岩环境，又分为浅—中埋藏、中—深埋藏和深埋藏三种亚环境；（5）表生成岩环境（图 14-1，表 14-1）。

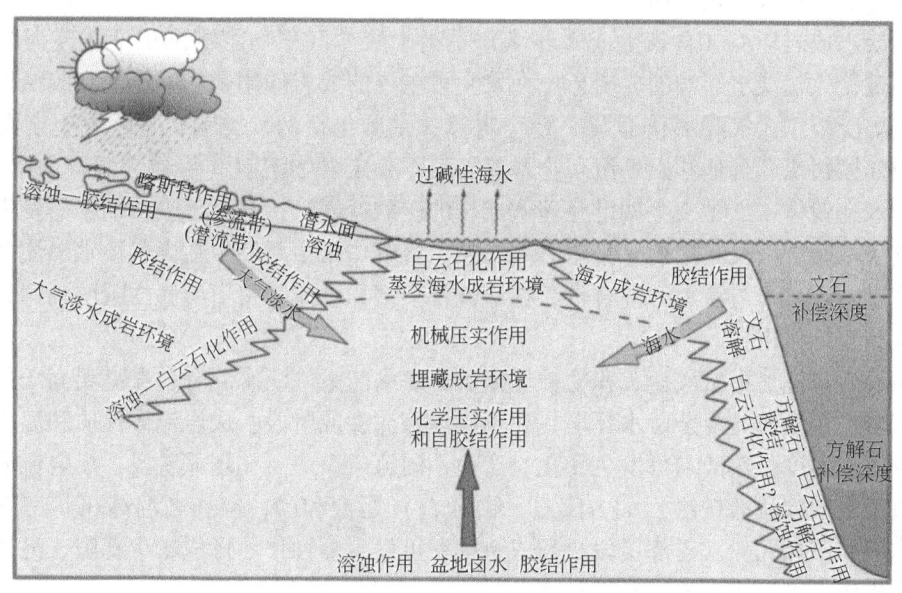

图 14-1　常见碳酸盐岩成岩环境（据 Moore，2001）

碳酸盐沉积物（岩）成岩环境类型多样，归纳起来主要是海水成岩环境、大气淡水成岩环境和表生成岩环境。不同成岩环境的孔隙流体性质不同，对应发生了不同的流岩反应。

表 14-1 碳酸盐岩成岩环境类型表（据方少仙，2013）

成岩环境	成岩亚环境
海水成岩环境	海水渗流成岩亚环境
	海水潜流成岩亚环境
大气淡水成岩环境	淡水渗流成岩亚环境
	淡水潜流成岩亚环境
海水—大气淡水（混合水）成岩环境	未细分
埋藏成岩环境	浅—中埋藏成岩亚环境
	中—深埋藏成岩亚环境
	深埋藏成岩亚环境
表生成岩环境	表层岩溶（带）成岩亚环境
	垂直水流（带）成岩亚环境
	季节变动（带）成岩亚环境
	水平流动（饱水带）成岩亚环境
	深部缓流（带）成岩亚环境

海水成岩环境对应的海水成岩作用发生在海底和紧靠海床之下以及潮坪、海滩。海水成岩环境是碳酸盐沉积、胶结和交代的主要场所，其孔隙流体为正常海水和改造过的海水，对绝大多数碳酸盐矿物都是过饱和的，造成碳酸盐矿物沉淀、胶结和交代。海水碳酸盐矿物沉淀、胶结和交代作用主要受控于沉积环境、流体性质、流速以及气候。比如在沉积水动力较强的、沉积物孔渗性质较好的陆棚边缘礁滩容易发生胶结作用，在萨布哈和障壁岛—蒸发潟湖环境容易发生白云石化作用。

大气淡水成岩环境（含表生成岩环境）是指碳酸盐沉积物刚刚沉积不久或埋藏后抬升出露地表遭受大气淡水影响的成岩环境，发生最主要的成岩作用是溶解作用和胶结作用。溶解作用主要受控于大气降水和土壤中 CO_2 含量，主要包括两种类型：一是同生期海平面短暂下降或陆棚边缘、台地和礁岛沉积物暴露导致不稳定矿物溶解（可包含混合水作用），形成大气淡水透镜体；二是表生期已经埋藏成岩的碳酸盐岩又抬升至地表长期暴露发生的岩溶作用，其受不整合面及其地貌、暴露时间影响。溶解作用主要发生在大气淡水渗流带、潜流带以及滨岸附近海水与淡水的混合带，在潜流带下部和渗流带由于溶解的碳酸钙达到饱和可发生沉淀和胶结作用。

埋藏成岩环境是指碳酸盐沉积物被埋藏后，海水与大气淡水混合并在高温高压条件下经历长期流岩作用形成的复杂卤水环境。在不同埋藏深度或阶段，成岩流体性质和温度、压力以及有机质成熟度、热液均可发生变化，产生不同流岩反应。在埋藏阶段，成岩流体相对于绝大多数稳定的碳酸盐矿物（如方解石、白云石）是饱和的，但在高温高压状态下，可发生压溶作用并破坏孔隙。局部层段烃类成熟排酸可发生溶蚀作用形成次生孔隙。另外，埋藏白云石化作用也可形成白云石晶间孔。

在（深）埋藏成岩作用阶段，由于成岩流体流动相对缓慢，使得绝大多数埋藏成岩作用进展迟缓。然而，由于所经历地质时间跨度长，埋藏成岩作用可彻底改造岩石。

上述成岩环境常常时空彼此相邻。碳酸盐沉积物可能因沉积与埋藏、海平面升降和构造运动等地质条件改变而从一种成岩环境进入另一种成岩环境。例如，在海平面下降期，沉积物成岩环境会从海水潜流带、混合带演变成大气淡水潜流带以及大气淡水渗流带变化。又如，埋藏后的碳酸盐岩受构造抬升暴露地表后，原来的埋藏成岩环境演变为表生成岩环境并遭受相关改造。显然，成岩环境分布是有规律的，是可预测的。

不同成岩环境可出现在不同成岩阶段，对应形成不同成岩作用。海洋碳酸盐沉积物沉积后经历的环境演化视埋藏条件或暴露条件的不同，表现为不同的演化系列，主要是由海水环境到埋藏环境的演化系列（由于埋藏变深）、由埋藏环境到表生环境的演化系列（由于构造抬升）以及由海水环境到淡水环境的演化系列（由于埋藏变浅）。

王英华等（1994）根据我国碳酸盐岩成岩作用的特点和研究现状，总结了常见碳酸盐岩成岩环境、成岩作用及其主要识别标志（表14-2，图14-2）。

表14-2 成岩环境及成岩作用特征

环境		成岩介质的性质	成岩作用特征	成岩作用标志
近地表成岩环境	大气淡水成岩环境 淡水渗流带	大气淡水充于粒间，土壤中CO_2助溶，动力条件好，成岩介质垂直分布，pH值低，Eh≥0	溶解、去膏化、去白云石化、硅化、褐铁矿化、角砾溶角砾岩化、渗滤砂、重力、新月和等轴粒状方解石胶结，洞缝高岭石、淡水白云石充填，白云石高价铁环边，阴极发光弱，低Sr、B、Na、Mn，$\delta^{13}C$和$\delta^{18}O$呈负值	新月形胶结、重力型胶结
	大气淡水成岩环境 淡水潜流带	成岩介质流动不畅，$CaCO_3$饱和，沉淀和交代作用快，pH=7左右，Eh≤0	水平溶孔，去膏化、去白云石化、硅化，等厚刃状、粒状方解石胶结，共轴增生、连晶胶结，孔隙中心晶粒变粗，晶粒铸模、残缺颗粒晶粒继补，铁方解石、淡水白云石充填洞缝，阴极发光强度不等，Sr、B、Na偏低，$\delta^{13}C$和$\delta^{18}O$呈负值	细柱环边、连晶胶结，共轴增生
	混合水成岩环境	介于海水渗流与淡水潜流环境之间，介质性质介于两者之间	混合白云石化，溶解与沉淀、刃片状胶结、叶片状胶结，阴极发光多环带，发光强，$\delta^{13}C$呈低负值	刃状胶结，叶片状胶结
	海水成岩环境 海水渗流带	成岩介质为海水和空气，CO_2逸出速度快，沉淀速度快，介质流动性良好	单向纤状、细柱状胶结、新月胶结、泥晶化、准同生白云石化、膏化，阴极发光弱，Sr、B、Na近于海水，$\delta^{13}C$多具低正值	单向纤状、纤柱状胶结
	海水成岩环境 海水潜流带	粒间充满海水，流动性质，微生物作用明显	泥晶化、纤维状、柱状等厚环边胶结，胶结物具世代，准同生后白云石化、膏化，自生海绿石、石英，弱阴极发光，$\delta^{13}C$具正值，$\delta^{18}O$中—负值	泥晶套、纤状、柱状等厚环边胶结
深埋藏成岩环境		埋深较大，埋温高，静压大，排烃作用强	应变重结晶，缝合线构造，压力影、破碎、变形、深部溶解与充填、异形白云石、自生石英、长石、伊利石，多环带强发光，$\delta^{13}C$呈正值，$\delta^{18}O$具高负值，Fe^{2+}、Mn^{2+}含量高	中—粗晶或巨晶胶结

成岩作用	鉴别标志	成岩特征	淡水渗流带	淡水潜水带	海水潜流带	海水渗流带	咸淡水混合带	深埋藏带	表生作用带
胶结作用	胶结方式	颗粒(G) 孔洞(P)	垂直或新月形渗流砂	共轴增生等轴细粒	纤状、柱状等厚、泥晶套	单向纤状、纤柱状	叶片、马牙、刀状、粒状	中—粗晶或巨晶	—
压实或压溶作用				颗粒紧密排列，凹凸或缝合接触		颗粒裂断、鲕壳破开、塑变、错裂			去载形成破裂节理，造成大规模的裂隙和孔隙
白云石化或去白云石化作用	产状		去白云石化						去白云石化
	形成机理		去膏化		准同生白云石化	成岩白云石化	混合白云石化	埋藏白云石化	
	结构特征		方解石呈白云石假象，干净明亮		泥粉晶或残余颗粒	细晶及残余	胶结物式的细晶	有环带自形好	
	伴生沉积构造		方解石呈胶状、斑块状、条带状连晶		鸟眼、干裂、藻纹层	厚度大，向石灰岩指状过滤	常见世代胶结生长	—	
	微量元素值		—		Fe、Mn、Ba低，Sr高	Fe、Mn高，Sr低		Fe、Ba、Sr高，Zn低	
	氧、碳同位素值		—		$\delta^{13}C$低正值或近零负值，$\delta^{18}O$多为高负值	$\delta^{13}C$低负值 $\delta^{18}O$高负值	$\delta^{13}C$低负值 $\delta^{18}O$低负值	$\delta^{13}C$低正值 $\delta^{18}O$高负值	
膏化或去膏化作用	产状或产况		去膏化				硬石膏化	硬石膏化	去膏化
	形成机理		细菌分解使石膏，硬石膏析出SO_4^{2-}		高盐潟湖，薄层状、条带状	盐坪、萨布哈，星散、团块、结核	高盐度卤水作用	高盐度卤水作用	表水的溶解作用
孔隙	类型		铸模孔隙、膏模孔隙、粒间孔、粒内孔、鸟眼孔、早期裂隙	—	粒间孔、晶间孔、鸟眼孔或窗格孔、干裂孔、微裂隙	遮蔽孔、窗格孔、微晶间孔、裂隙	—	缝合线孔隙、晶间孔裂隙、裂隙	裂隙、孔洞、洞穴、溶蚀角砾
	形成机理		淡水的溶解作用		原生的或非溶的	原生的或非溶的		非溶解作用	裂溶作用、盐溶垮塌
氧、碳同位素测值									—
发光性质					昏暗均匀或不发光	暗红或蓝紫	棕红暗紫橙边	浅紫、浅紫红浅紫红有环带	—

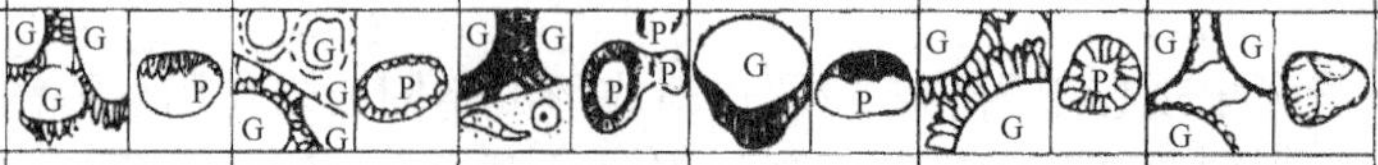

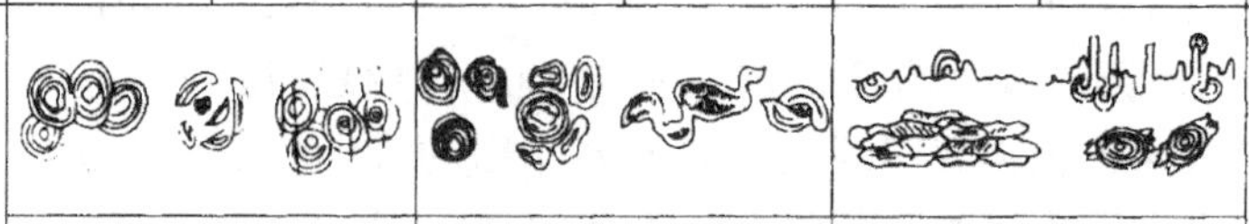

图例：■ 昏暗不发光　□ 发光　▦ 发光有环带

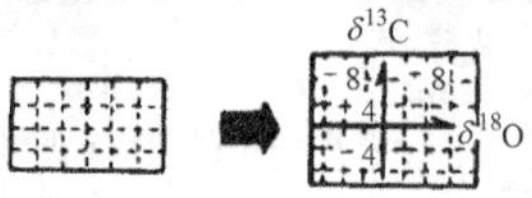

横、纵线实线代表石灰岩(方解石)的测定值，点虚线代表白云岩(白云石)的测定值。纵坐标为$\delta^{13}C$值，以4为界标，分为高负(<-4)、低负(-4～0)、低正(0～4)、高正(>4)；横坐标为$\delta^{18}O$值，以5和8为界标，分为高负(<-8)、中负(-8～-5)、低负(-5～0)、低正(0～5)、中正(5～8)、高正(>8)。

图14-2　碳酸盐岩不同成岩环境和主要成岩作用（据王英华，1994）

第二节 碳酸盐沉积物沉积后作用的主要类型

碳酸盐沉积物沉积后作用中的狭义成岩作用类型很多，主要有碳酸钙矿物的转化作用、胶结作用、溶解作用、交代作用、压实作用和压溶作用、重结晶作用以及白云石化作用等。白云石化作用大概影响30%~40%的石灰岩（Tucker，1990）。成岩作用类型和方式在不同石灰岩地层中可能变化很大。碳酸盐沉积后作用主要发生在海相环境、近地表大气水环境和埋藏环境。成岩作用主要受控于碳酸盐沉积物组成和矿物成分、孔隙流体的化学性质和流动速率、沉积物埋藏或抬升、海平面升降变化等方面的地质历史，现分述如下。

一、碳酸钙矿物的转化作用

碳酸钙矿物的转化作用或方解石化作用包括两种情况：一种是矿物的同质多象转化，这种转化仅发生晶格和晶形的变化，并不发生化学成分的变化，如文石转变为低镁方解石即属这种类型；另一种变化有离子的带出，即有化学成分的变化，但不发生晶格和晶形的变化，如高镁方解石转化为低镁方解石时有镁离子的带出，但无晶格和晶形的变化。

现代滨浅海（台地）碳酸钙沉积物是由文石、高镁方解石和低镁方解石组成的，但在相应环境中形成的古代石灰岩却都由低镁方解石组成。这一现象说明，文石和高镁方解石在成岩过程中已转变为低镁方解石。由于转变的最终产物是稳定的低镁方解石，所以又称为方解石化作用。根据大量的现代沉积研究资料，碳酸钙矿物的转化是在常温常压下进行的湿态转变。

文石向方解石转化是通过晶体间的溶液薄膜进行的，它包括湿态的同质多象转变和湿态的重结晶作用。该转化过程可能是通过文石在极小范围内的溶解和立即沉淀，析出方解石而完成的。实质上相当于一种就地的交代作用。在这一转化过程中还发生了微量元素锶的丢失，此种情况有助于说明文石向方解石的转化是一种湿态的过程，并且还伴随有重结晶作用。

文石质生物骨骼或文石胶结物经方解石（白云石）化后，可见残存的原始壳层构造或组构（图14-3）。

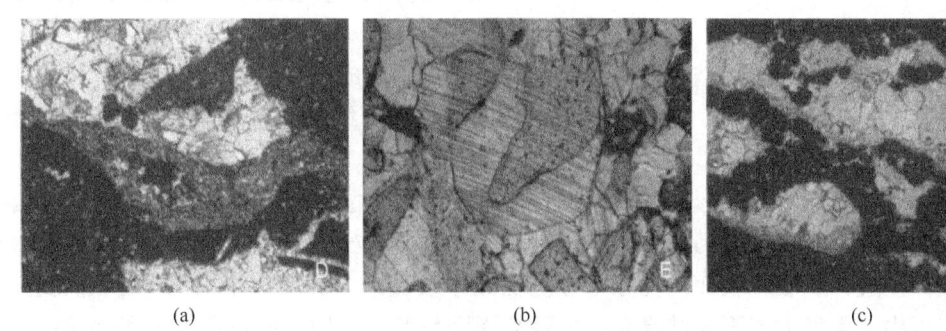

(a) (b) (c)

图14-3 碳酸钙矿物转化（据沈安江，2016）

(a) 亮晶鲕粒灰岩，纤状文石胶结物（现为方解石）自鲕粒周缘向粒间生长，四川旺苍下寒武统；
(b) 苔藓虫体腔孔中纤状文石胶结物（现为方解石），塔里木盆地塔中84井，上奥陶统良里塔格组；
(c) 藻丘白云岩，藻格架孔周缘充填文石质葡萄石（现白云石化），塔里木盆地牙哈5井，上寒武统

二、胶结作用

胶结作用是一种发生在粒间孔隙水中的物理化学和生物化学的沉淀作用，作用的结果是在粒间孔隙中发生晶体沉淀生长，这类晶体就是胶结物，它能把碳酸盐颗粒或矿物粘结起来变成固结的岩石。研究胶结物的意义在于胶结物反映了沉积作用以后的成岩环境变化和特征，组成碳酸盐岩胶结物的矿物很多，但最主要的是碳酸盐类矿物。

（一）碳酸盐胶结物的矿物成分和结晶形态

现代海洋碳酸盐胶结物的矿物成分主要为方解石（即低镁方解石）、文石、高镁方解石和白云石。碳酸盐胶结物主要有3种结晶形态，即泥晶、纤维晶和较粗的粒状晶体。任何一种碳酸盐矿物都可以构成泥晶胶结物；纤维状及针状是文石特有的形态；高镁方解石有时也呈纤维状；粒状是白云石和方解石胶结物的特征形态，可呈自形与半自形菱面体、叶片状或他形。影响碳酸盐胶结物具体形状和大小的因素主要包括溶解离子类型、晶体结晶速度以及底质类型。

沉淀于埋藏成岩环境的胶结物多为干净的、粗粒的、具镶嵌结构的方解石：石灰岩中常见晶簇状等轴方解石、嵌晶方解石、等粒晶体镶嵌的等轴方解石、共轴亮晶方解石等。图14-4为埋藏成岩环境形成的亮晶方解石。需要注意的是，近地表大气水环境中形成的亮晶方解石胶结物也可具有镶嵌结构。

溶解离子对碳酸盐胶结物晶体和形态的影响：在地质环境中，控制$CaCO_3$结晶和形态的离子主要是镁离子和钠离子、次要的有锶离子和硫酸根离子等，含不同溶解离子的孔隙水沉淀出的胶结物具有不同的晶形和晶体粒度。

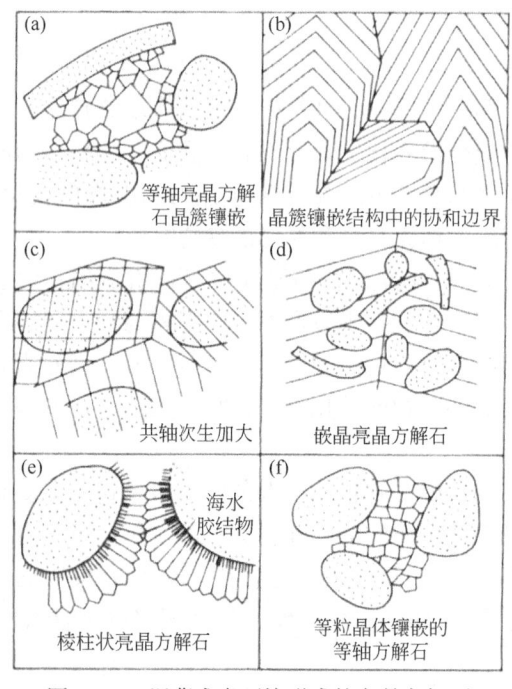

图14-4 埋藏成岩环境形成的亮晶方解石
（据Tucker，1990）

结晶速度对碳酸盐胶结物结晶形态的影响：结晶作用和成核作用速度缓慢，有利于排除镁离子的毒害，使晶体"清洁"地生长，形成较大晶体如纤维状和粒状晶体。结晶速度快，往往形成泥晶结构。

底质对碳酸盐胶结物结晶形态的影响：在干净的微粒多晶矿物底质上，胶结物与底质共轴生长形成微粒镶嵌结构，后因竞争生长产生优选生长方位，表现为C轴或最长的晶轴与底质原始表面垂直，从底质表面向孔隙中心呈现晶体数量减少和个体增大的孔隙充填组构。在古代石灰岩中，常见方解石胶结物在一般颗粒周围呈粒状结构。但在有孔虫和介形虫的内部，常形成纤维状和粒状的两个世代的充填。

（二）碳酸盐胶结物的世代

充填孔隙的胶结物往往包含两个或两个以上期次（世代），有时随着期次（世代）的不同,其组构和微量元素的组成也随之发生变化。在古代石灰岩中,早期胶结物一般在颗粒周围组成薄边胶结,常为纤维状或马牙状无铁方解石;后期胶结物多为粒状含铁方解石,有时按含铁量递增或递减的顺序还可组成多期胶结。根据林霍尔姆(Lindholm,1974)的研究,早期方解石胶结物可能为海水成因的文石或高镁方解石经成岩变化而成,后期的方解石胶结物可能为淡水成因或深埋地下孔隙水或原生水沉淀形成(图14-5)。

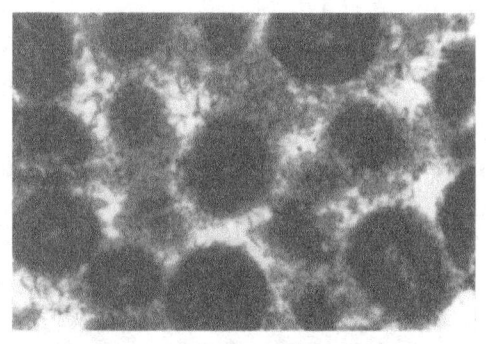

图 14-5 多期颗粒碳酸盐胶结作用
鄂尔多斯盆地,陕 37 井,奥陶系,单偏光,×100

利用电子探针、阴极发光以及碳氧同位素分析可以研究碳酸盐胶结物的世代关系,确定其胶结的先后顺序。

(三)亮晶方解石胶结物与新生变形方解石的区别

在碳酸盐岩中广泛发育着新生变形方解石晶体,它们在光学显微镜下与亮晶方解石胶结物的特征有许多相似之处。二者的主要区别如下:

(1)亮晶方解石胶结物呈充填孔隙或皮壳状形式出现;新生变形方解石晶体大小不一,常呈斑块状或不规则状分布。

(2)亮晶方解石胶结物具充填组构,其长轴常垂直孔隙壁生长,向孔隙中心晶体增大,个数减少;新生变形方解石晶体的似球状斑块中心为微亮晶,外部为放射状排列的较大的长形晶体。

(3)亮晶方解石胶结物不破坏颗粒边界,常具与孔隙充填组构类似的两个以上世代,不同世代晶体的成分和组构可以不同;新生变形方解石晶体可破坏颗粒边界,但常保存其残余组构。

(4)亮晶方解石胶结物干净透明,不含原岩残余物;新生变形方解石晶体因常含上述杂质而显得较浑浊,当有机质多时,还会使晶体显淡褐色或略具多色性。

(5)亮晶方解石胶结物晶间界面较平直,三个晶体接合时合成一个180°角的贴面,接合率高达30%~73%;新生变形方解石晶体晶间界面一般为弯曲状。

(6)亮晶方解石胶结物的共轴环边与邻近的胶结物或颗粒分界清楚,无切割;生物骨骼的重结晶共轴环边(交代环边)切割邻近的基质或颗粒。

三、溶解作用

碳酸盐沉积物(岩)最大的特征是具易变性和易溶性。当碳酸盐沉积物或碳酸盐岩中孔隙水的性质(成岩环境)发生变化时便可引起碳酸盐矿物或其他成分发生溶解作用。溶解作用可以发生在碳酸盐岩的各个成岩阶段,这些溶解作用可以分为选择性溶解和非选择性溶解。

在同生期和成岩早期的溶解作用常具选择性的特点。这是由于海洋沉积物内的不稳定组分,如文石和高镁方解石的生物骨骼以及文石质的鲕粒和晶体比方解石易受溶解而造成的。这类颗粒溶解后常常形成特征的溶模孔隙。古代碳酸盐岩中能完好地保存溶模孔隙,可能是由于颗粒选择性溶解而基质未受溶解所致,也可能是由于颗粒最外层的泥晶皮或泥晶套的保护作用的结果（图 14-6）。

在成岩作用中期、晚期阶段，由于不稳定组分已经转变为低镁方解石，其溶解作用多不具选择性，称非选择性溶解，这是水溶液沿节理、裂缝和原生孔隙流动并将它们扩大的一种溶解作用，常形成溶孔、溶缝、溶沟和溶洞（图 14-7）。成岩作用中期、晚期阶段非选择性溶解的直接证据是缝合线周围的溶孔或缝合线的局部溶蚀扩大并见有沥青充填痕迹。

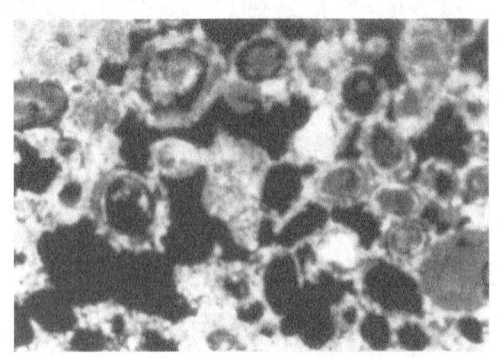

图 14-6 鲕粒海滩岩的选择性溶解作用
美国迈阿密，更新世，正交光，×40

图 14-7 现代海滩岩的非选择性溶解作用
珊瑚屑海滩岩，海南三亚湾

通过对地层条件下碳酸盐岩中不同矿物的溶解模拟实验研究表明（黄思静等，2001）：在近地表的温度与压力条件（40℃，常压）的开放成岩体系中，以碳酸作为溶解介质时，碳酸盐岩中方解石含量越高其溶解速率越快，即方解石的溶解速率大于白云石。

在 70℃、20MPa 的埋藏温压条件的封闭成岩体系中，以有机酸作为溶解介质时，碳酸盐的溶解过程与岩石中方解石和白云石的相对含量已无明显关系，方解石与白云石的溶解速率近于相等；随着温度和压力的增加，方解石溶解速率比白云石降低得慢，两者之间溶解速率的差值越来越大。换句话说，当温度和压力按地层增温和增压的条件同时增加时，白云石溶解速率的增加速度大于方解石。碳酸盐岩中白云石含量越高，其溶解速率越快。

上述实验的地质意义在于，在近地表的浅埋藏成岩作用中，因构造抬升或海平面下降造成的不整合面之下的石灰岩（它们经历过近地表的表生成岩作用）中由溶解作用形成的次生孔隙应比白云岩更为发育，石灰岩的孔渗性相对较好；但在相对高温高压的深埋藏地层中，白云岩中由溶解作用形成的次生孔隙应比石灰岩更为发育，白云岩的孔渗性应比石灰岩更好。同时白云岩中在近地表条件下形成的孔隙在深埋藏条件下也更容易保存。这是在深埋藏地层中，白云岩油气储层大大多于石灰岩的重要原因。

CO_2 的分压对白云岩和石灰岩的溶解性具有重要影响。在 CO_2 分压较低时，白云岩的初始溶解速率比石灰岩低，且 CO_2 分压越低，两者的差异越大（刘再华，2001）。

在碳酸盐岩成岩过程中，可发生多次溶解作用。多期次的溶解作用对碳酸盐岩储层性质的影响不尽相同。因此，研究和区别不同期次的溶解作用及其孔隙特征有很重要的实际意义。

四、交代作用

在碳酸盐沉积物或碳酸盐岩中，原来的矿物和组分被新矿物取代的物理化学作用称为交代作用。碳酸盐岩中常见的交代作用有白云石化、去白云石化、石膏化和硬石膏化、去石膏化、菱铁矿化和黄铁矿化等。白云石化和硅化在第十三章中已有论述，这里只介绍如下几种作用。

（一）去白云石化作用

方解石交代白云石的作用称为去白云石化作用，交代完全时可形成交代石灰岩。去白云石化过程主要是在富含硫酸盐的地下水作用下进行的，硫酸盐离子能从白云石中吸取镁形成硫酸镁和方解石。其反应式如下：

$$CaMg(CO_3)_2 + CaSO_4 \cdot 2H_2O \longrightarrow 2CaCO_3 + MgSO_4 + 2H_2O$$

去白云石化作用形成的次生方解石粗大、多呈不规则状，有时可见白云石菱面体的假晶。常因交代不完全，可见次生方解石中残留有白云石粉末质点。岩石中如果有生物屑和鲕粒遭受去白云石化时，它们常常被次生方解石切割。

去白云石化作用形成的石灰岩称为次生石灰岩，一般具有中、粗粒结构，常呈透镜状和树枝状出现于白云岩中。有时次生石灰岩中残留有白云岩的团块，去白云石化作用比较局限。

（二）石膏化和硬石膏化作用

石膏和硬石膏交代碳酸盐矿物或组分的现象称为石膏化和硬石膏化。这是硫酸盐化作用中最常见的类型。其发生可能与含硫酸盐的孔隙水活动有关。在地下，石膏将被硬石膏交代。交代成因的石膏和硬石膏，一般都具有被交代矿物或颗粒的假象。交代不完全时，晶体中保留有残余颗粒的包体，这种包体在反射光下常呈褐色、混浊状。

自生石膏和硬石膏常为板状晶体，或为纤维状、长柱状或粒状，分散或放射状分布于碳酸盐岩中，也常成层分布或呈结核状或"鸡雏"状结构产出。后者溶蚀后常使围岩显现为特征的"鸡笼铁丝"状的格架构造。

（三）去石膏化作用

硬石膏和石膏的晶体被碳酸盐矿物交代的作用称为去石膏化作用。去石膏化常与地表淡水和细菌作用有关。在地下，还原硫细菌与硫酸盐产生下列反应：

$$6CaSO_4 + 4H_2O + 6CO_2 \longrightarrow 6CaCO_3 + 4H_2S + 11O_2 + 2S$$

上式表示硫酸盐被细菌还原，产生硫化氢和硫，同时还伴生有方解石交代石膏的作用。硫或被水带走，或留下富集成自然硫矿床。

前已述及，地表淡水去白云石化作用可同时伴生去石膏化作用。

四川盆地三叠系石膏质石灰岩常见的去石膏化的特征是：粒状方解石或舌状、束状及放射状方解石或白云石具有石膏晶体的假象或石膏结核的假象。

五、压实作用和压溶作用

（一）压实作用

碳酸盐沉积物上覆负载应力不断增加就开始了机械压实作用，形成多种压实结构和组构，并伴随着脱水作用、颗粒重新排列和密集堆积（图14-8）。这种压实作用在富泥的沉积物中更加明显。早期发育的胶结作用或白云石化作用，极大地妨碍了碳酸盐沉积物压实作用的进行，但在某些颗粒碳酸盐岩中，压实作用仍是重要的成岩作用。

颗粒碳酸盐岩中常见的压实现象有：颗粒点接触频率高；颗粒间线状接触或曲面接触；

颗粒定向和变形；颗粒压平；颗粒断裂或破裂；颗粒错断或分离；颗粒表皮撕裂；颗粒表部揉皱；颗粒内部构造形变；颗粒在应力作用下发生粉碎性碎裂；有机质破碎变形为不规则细脉（图14-8）。

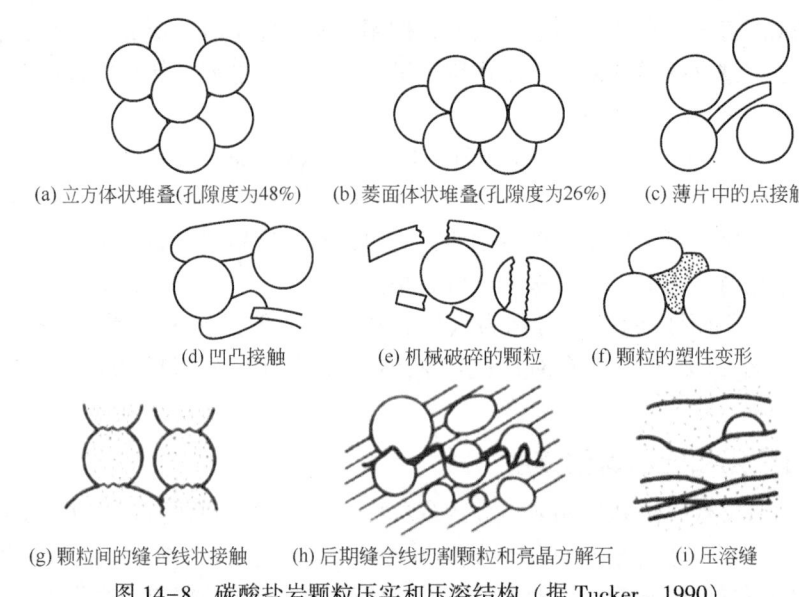

图14-8 碳酸盐岩颗粒压实和压溶结构（据Tucker, 1990）

（二）压溶作用

压溶作用是在较大上覆沉积物负荷或构造应力作用下（埋深大于数百米），碳酸盐岩颗粒、晶体与岩层之间受到最大应力和弹性应变作用，化学势能不断增加，提高了应变矿物的溶解度，导致接触处矿物发生局部溶解。压溶处存有薄水膜，使得溶解的离子运移到石灰岩孔隙中，在饱和$CaCO_3$的地方沉积形成胶结物。石灰岩的溶解会导致黏土矿物、氧化铁或氢氧化铁和有机质等不溶残余物局部聚集。

主要的压溶构造有：

（1）缝合线，是石灰岩显著的压溶特征性构造，是两种岩石团块之间锯齿状界面，横截面具有缝合线状形态。缝合线可横切岩石组构、无选择性切穿颗粒、胶结物和基质（图14-8，图14-9）。

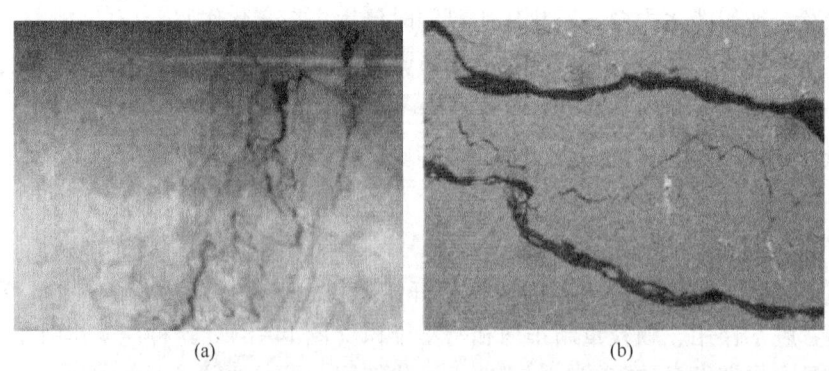

图14-9 碳酸盐岩压溶作用形成的缝合线（据沈安江，2016）
（a）成岩缝合线构造，四川盆地龙岗3井岩心照片，三叠系飞仙关组；
（b）泥晶灰岩中压溶缝合线，塔里木盆地塔参1井，奥陶系，单偏光

（2）颗粒间的微缝合线或称为压溶缝，常位于颗粒周边或粒间呈网状交织，不切穿颗粒。

（3）在黏土和石英粉砂含量高（>10%）或有机质较丰富的石灰岩和晶粒较细的白云岩中密细缝组合，与缝合线构造的溶解作用的效应相似。

（三）影响压实、压溶作用的因素

(1) 主控因素有碳酸盐沉积物的成分、颗粒结构、形状、排列填积方式；
(2) 地温梯度较低、颗粒表面亲水以及贫镁雨水的渗入，均有利于压溶作用的发生；
(3) 连续持久的深埋藏，将引起压实总效应的增加；
(4) 较强的构造应力利于发生压溶作用；
(5) 早期的胶结和白云石化作用，可增加碳酸盐沉积物的强度，阻碍压溶作用发育。

六、重结晶作用

单纯的重结晶作用是指在成岩过程中，矿物的晶体形状和大小发生变化而主要矿物成分不改变的成岩作用。一般情况下趋向于出现晶体长大的现象，福克（1974）称之为进变新生变形作用。特殊情况下也可能发生晶体的缩小，或称为退变新生变形作用。这里主要讨论分别属于两种重结晶类型的微亮晶和微泥晶。

（一）微亮晶的形成作用

古代泥晶石灰岩中泥晶粒径一般为 5~10μm，福克（1974）称其为微亮晶。它是在成岩过程中通过与镁离子的迁移有关的重结晶作用形成的。由文石或高镁方解石组成的海相碳酸盐泥，在埋藏条件下发生渐进成岩作用，即通过矿物的转化和重结晶作用，转变为低镁方解石，使晶体增长至 5~10μm 大小的微亮晶。

（二）微泥晶的形成作用

古代石灰岩中常见某些有孔虫、珊瑚藻类和粪球粒，它们都是由粒径仅 1μm 左右的泥晶方解石组成，不透明，在反射光下略带白色，福克（1974）称其为微泥晶。微泥晶的原始成分可能也是镁方解石，在成岩作用过程中，由于富镁孔隙水产生的镁离子的毒害效应，阻碍了晶体的重结晶长大，最终只能形成极小的微泥晶结构。这可能就是罕见的一种镁离子排出造成的晶体缩小的重结晶现象，即退变新生变形作用（图14-10）。

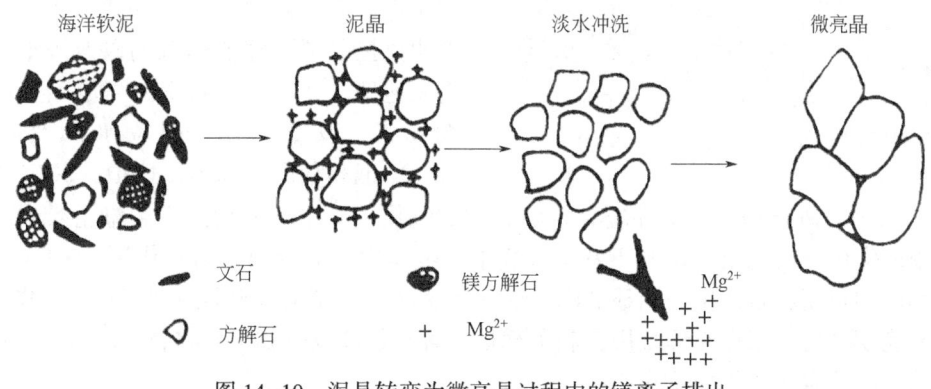

图 14-10　泥晶转变为微亮晶过程中的镁离子排出
（据 Folk，1974）

第三节 成岩序列和成岩阶段

任何碳酸盐岩成岩地质体都是多种成岩作用的综合产物。不同成岩作用随成岩环境的变迁而不断改变，同类成岩作用也可以形成于不同成岩阶段。因此在不断演化的成岩环境控制下，每一个成岩地质体都有其特定的成岩序列和成岩阶段。

一、成岩序列

成岩序列是指在同一成岩体中多种成岩作用发育和演化的序次。由于成岩作用直接受成岩环境的控制，并与沉积作用的性质和沉积物的结构特征密切相关，因此，不同的沉积体在不同构造背景下、不同的气候条件影响下具有不同的成岩序列。

碳酸盐岩地层中成岩作用样式多样，但是存在可以识别成岩组构的有规律性的成岩序列。它们可以用来建立类似于相模式的成岩模式，其在研究新地层成岩作用时可提供整体信息和发挥预测作用。图14-11为四端元早期成岩模式。在模式A和B中，早期成岩作用发生在海洋孔隙流体中，模式A发生颗粒的泥晶化作用，模式B发生海底或海底之下胶结作用；在模式C和D中，早期成岩作用发生在大气水环境，高镁方解石转化成低镁方解石，模式C更多溶解作用，模式D更多胶结作用；在中晚期埋藏成岩作用阶段，受早期胶结作用影响发生不同程度的压实和压溶作用。上述成岩模式简单展示了碳酸钙的沉淀、溶解和蚀变，实际上，也会发生白云石化作用。孔隙流体及其流动速率影响了上述成岩过程。随着埋深增加，孔隙流体逐渐从氧化变到还原，进而造成亮晶方解石胶结物阴极发光响应为不发光—明亮—暗淡的样式。

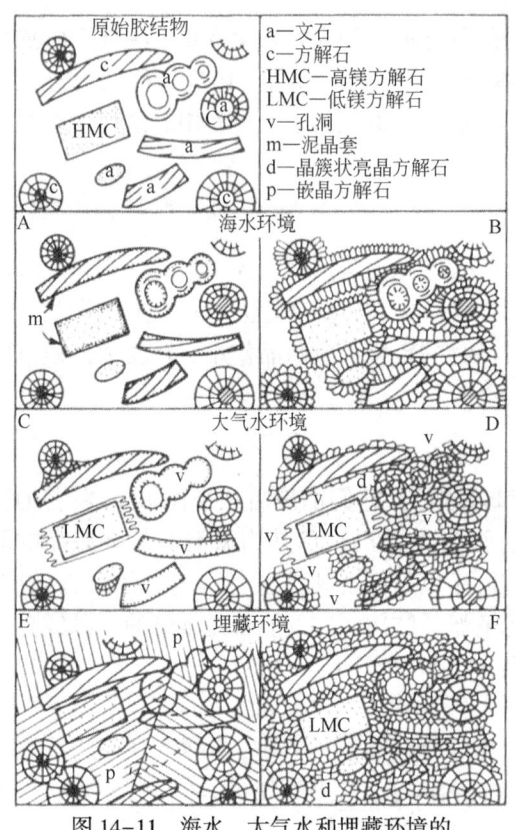

图14-11 海水、大气水和埋藏环境的端元成岩模式（据Tucker，1990）

碳酸盐岩成岩序列取决于多种因素。（1）沉积物矿物成分、颗粒大小和结构，它们决定了沉积物的渗透率和成岩潜力。渗透率明显控制了孔隙流体流动以及胶结或溶蚀作用速率。（2）孔隙流体性质，包括海水、大气水、或混合水、超咸水以及它们对$CaCO_3$饱和程度、Mg/Ca比值、SO_4^{2-}含量等的影响。（3）对海洋和大气水环境有重要影响的气候。干旱气候促进发生潮上带白云石化和海底胶结作用，而潮湿气候利于发生大气水溶解作用和混合白云石化作用。（4）影响晚期成岩作用的早期成岩作用。明显的海洋或大气淡水胶结作用会阻碍后期埋藏压实作用。碳酸盐岩的晚期成岩作用也受埋藏历史和负载量、破裂程度以及黏土矿物脱水的影响。烃类注入会导致碳酸盐岩成岩作用停止。

在埋藏过程中，海进和海退碳酸盐沉积序列可发生不同成岩作用，构成一定的成岩序列，如图 14-12 所示。

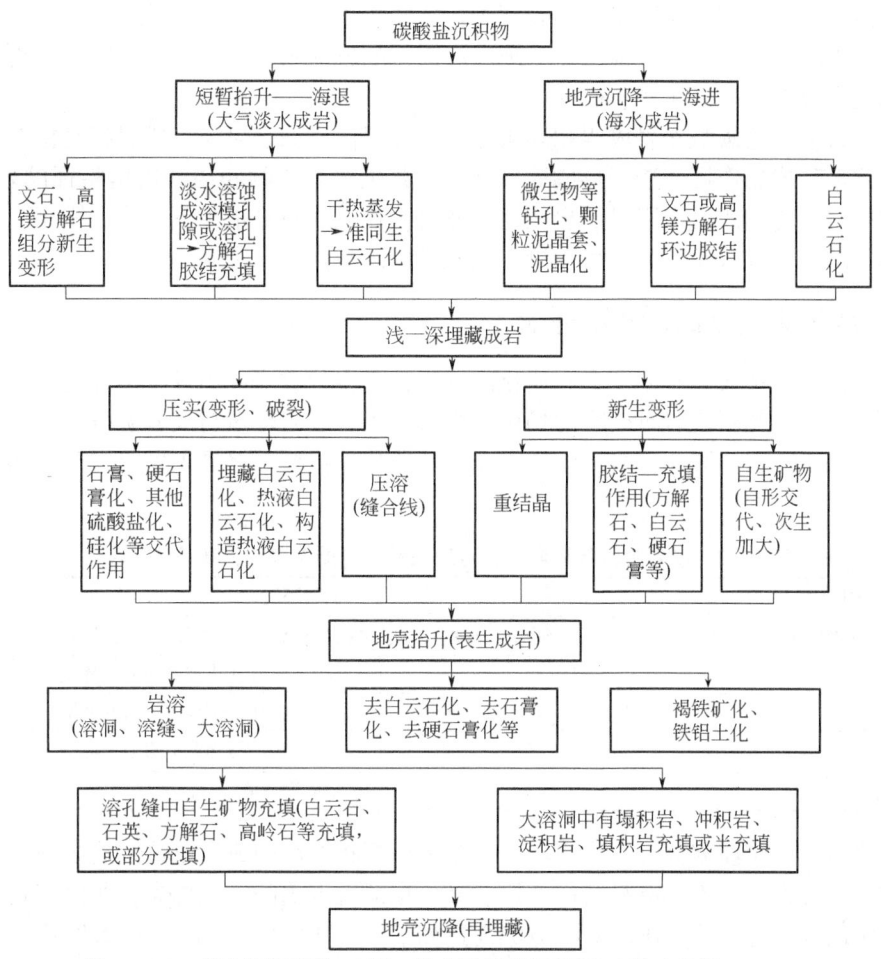

图 14-12 碳酸盐沉积物（岩）的成岩序列框架图（据王英华，1994）

海进层序中的碳酸盐沉积常具有较完整的成岩序列，先期沉积的碳酸盐颗粒可普遍具有不同程度的泥晶化、白云石化，并为世代环边胶结物所胶结。在深埋藏环境中，经压实、变形作用可发生压溶、埋藏白云石化或重结晶作用。沉积物的原始结构可随埋藏成岩作用的加强而消失或明显改变。

因海退而使浅水沉积物早期暴露、遭受大气淡水淋溶、淡水胶结或因气候干旱、蒸发作用强烈，沉积物在形成后、固结前即发生白云石化的现象也较常见。在构造作用控制下，具此类成岩组构的岩石多数有各种埋藏成岩作用叠加。抬升后的地表成岩作用可在碳酸盐岩中形成溶孔、溶洞和垮塌角砾岩，去白云石化强烈时可形成次生石灰岩。我国各时代的海退型礁、滩沉积物多具较为复杂的成岩系列，但许多低能沉积区的沉积物如直接进入埋藏环境时，其成岩序列较为简单，并以生物泥晶化、压溶、埋藏白云石化或重结晶成岩作用为主（图 14-12）。

我国碳酸盐岩沉积类型较为复杂，不同沉积相的成岩序列也各不相同。常见有五种基本序列：渐进埋藏成岩环境序列（海进型）、短暂暴露后再进入渐进埋藏成岩环境序列、有表生成岩环境叠加的渐进埋藏成岩环境序列、短暂暴露后再进入渐进埋藏成岩—表生成岩环境序列、渐进暴露型成岩环境序列（海退型）。

扬子地区古生界、华北地区下古生界台地、塔里木盆地古生界沉积的碳酸盐岩，常不同程度地具有近地表海水成岩特征，其后因抬升而遭受大气淡水成岩作用，并使成岩序列复杂化；如直接演化为深埋成岩环境，则表现为浅—深埋藏的成岩序列。湘西黔东的中寒武统、南盘江和川南地区二叠系以及鄂尔多斯地区奥陶系的较深水和深水沉积，因沉积物缺乏早期大气淡水成岩改造，故以压实、破碎、变形、压溶、重结晶等简单成岩序列为主。

目前，人们关注碳酸盐岩成岩相和碳酸盐岩成岩储层综合研究。成岩相是指在一定成岩环境中受到多种成岩作用改造后形成的具有一定共生成岩矿物和成岩组构特征的岩类组合，常常考虑成岩环境和成岩作用对成岩相进行命名。在成岩模式指导下，将沉积相、成岩相研究与地球物理预测方法相结合，可预测不同规模的碳酸盐岩有利储层。

二、成岩阶段及其划分标志

成岩阶段是多种成岩作用发育和演化的过程，是多种成岩作用发生早晚的顺序。成岩环境是成岩作用发生和引起岩石改变的场所。成岩作用、成岩环境与成岩阶段之间存在良好的内在联系（表14-3）。因此，岩石学特征以及地球化学指标等将是识别成岩环境和划分成岩阶段的主要标志。

表14-3 成岩阶段与成岩环境对应关系表（据方少仙，2013，略改）

成岩阶段	成岩环境	
同生成岩阶段	海水（潮坪、海底）成岩环境，湖水（河水）成岩环境	
早成岩阶段	埋藏成岩环境	浅—中埋藏成岩亚环境
中成岩阶段		中—深埋藏成岩亚环境
晚成岩阶段		深埋藏成岩亚环境
表生成岩阶段	表生成岩环境	

碳酸盐岩成岩阶段划分方案繁简不一，考虑到沉积期后的成岩改造是连续的地质作用过程，过细的划分方案并不具有显著的实用意义，也缺乏准确的区分标志，所以其划分日趋简化。现将国内外常见的成岩阶段划分方案简述如下（表14-4，表14-5；参见碎屑岩成岩阶段划分表2-4）。

表14-4 国内外成岩作用阶段划分与对比

	鲁欣(1956)		叶连俊(1973)		冯增昭(1982)		弗尔布里奇(1983)		沙庆安(1983)		王英华(1988)	中国石油(2019)
石化作用	同生作用	成岩作用	海解作用（陆解作用）	成岩作用	同生作用 准同生作用	同生作用	初始阶段	同生成岩作用		早成岩阶段	同生成岩阶段
	成岩作用		早期成岩作用		成岩作用		早埋阶段		再生成岩作用			早成岩阶段 中成岩阶段
	进后生作用		晚期成岩作用		后生作用	深层后生作用	后生成岩作用				中期成岩阶段	晚成岩阶段
	退后生作用		表生再造作用			表层后生作用	表生成岩作用		早晚期表生成岩	复生成岩作用	晚期成岩阶段	表生成岩阶段

中华人民共和国石油天然气行业标准（SY/T 5478—2019）将碳酸盐岩成岩演化阶段划分为同生成岩阶段、早成岩阶段、中成岩阶段、晚成岩阶段和表生成岩阶段（表14-5）。每个成岩阶段与一定的成岩环境相对应。同生成岩阶段可与大气淡水环境、海底环境以及混合水环境对应；早成岩阶段可与浅埋藏成岩环境对应；中、晚成岩阶段，可与深埋藏成岩环境对应；表生成岩阶段，可与表生成岩环境对应。

表 14-5 碳酸盐岩成岩阶段划分及主要标志（SY/T 5478—2019）

注1：因地壳构造运动，在地质历史过程中有可能在早成岩阶段、中成岩阶段或晚成岩阶段的任何时期出现表生成岩阶段，也可能不出现表生成岩阶段。
注2："――――"表示少量或可能出现的成岩标志。
注3："━━▶"表示会出现的成岩标志，线条粗细示意程度强弱。

（一）同生成岩阶段

同生成岩阶段是指沉积物刚刚脱离原始沉积环境并受原来海水或大气水影响发生多种成岩作用的阶段，其所处的成岩环境可为大气淡水环境、海水环境或混合水成岩环境，最主要的成岩标志是文石、高镁方解石沉淀，并向低镁方解石转化以及发生胶结、溶解作用，还可在潮坪或潟湖环境发生蒸发、回流渗透、混合水白云石化作用。另外，还可见硬石膏交代作用、硅质交代作用和生物成岩作用等。发生在大气淡水、海水成岩环境中的胶结作用、溶解作用和白云石化作用可快速改造孔隙体积。

（二）早成岩阶段

早成岩阶段指沉积物脱离沉积介质后，沉积物浅埋藏、海水和大气淡水影响消失、有机质处于低成熟并发生多种成岩作用的阶段。早成岩阶段的沉积物（岩）在矿物相上通常是不稳定的，或处于矿物稳定化进程中。在这一阶段中发生的成岩作用复杂多样，许多成岩矿物和成岩组构均是渐进式发生变化，方解石、白云石、硬石膏等矿物会发生压实、胶结、溶解以及交代作用。

（三）中成岩阶段

中成岩阶段指沉积物被埋藏，有机质处于成熟阶段（表14-5）。随着埋深增加，碳酸盐沉积物已经成岩。沉积物典型成岩标志为压实、破碎、变形、嵌入、应变重结晶、压溶、调整白云石化、异形白云石、黄铁矿化、硅化等。方解石胶结物晶体明亮、粗大，具有镶嵌结构。处于埋藏成岩环境的中成岩阶段对孔隙改造有所变慢，但可经历较长地质时间改造完成。

（四）晚成岩阶段

晚成岩阶段是指碳酸盐岩埋藏较深、有机质处于过成熟状态（表14-5）或构造抬升导致岩石出露地表或处于近地表大气淡水成岩环境中发生多种成岩作用的阶段。由于早、中成岩阶段发生胶结作用、白云石化作用和重结晶作用，机械压实作用明显减弱，化学压溶作用加强，形成平行层理层面的缝合线。还可发生重结晶作用、埋藏和热液白云石化作用以及由于H_2S溶于水形成深埋溶蚀作用。

（五）表生成岩阶段

表生成岩阶段是指碳酸盐沉积物经过埋藏、矿物稳定化成为碳酸盐岩后，受构造作用或海平面升降变化控制，使得碳酸盐沉积物（岩石）暴露地表在表生成岩环境下发生成岩作用的阶段。在富含CO_2的地表和地下水中，碳酸盐岩发生侵蚀、淋滤溶解、运移和再沉淀，形成残存的多种岩溶印迹（古岩溶）。受重力驱动的岩溶水具有水动力的分带性，在垂向剖面上形成地表岩溶带、垂直渗流岩溶带、水平潜流岩溶带、深部缓流岩溶带。受潮湿气候影响的具有不同地貌形态的石灰岩，上述古岩溶分带和发育程度存在差异。

总之，不同成岩阶段处于不同的成岩环境，所以沉积物成分和组构将随成岩阶段不同而发生变化，岩石中的有机成分和矿化物质也随之转化、迁移或富集。

目前碳酸盐岩成岩作用的研究已超越了成岩阶段划分和讨论成岩控制因素的阶段，而逐步深入到各类成岩作用机理的研究与成岩阶段的识别和分析阶段。

岩溶作用可形成由众多溶孔、溶洞和溶缝构成的孔隙网络系统，聚集形成数十种"岩溶型"矿产。特别是碳酸盐沉积后作用与油气的储集性能的关系十分密切，因为碳酸盐岩的孔隙、溶洞、裂缝是油气富集高产的储集空间。这些孔隙、溶洞、裂缝的形成、增大、减小甚至消失的整个演化历史，除受沉积作用及沉积环境的控制外，更受碳酸盐沉积物的各种沉积后作用、成岩环境、地层埋藏过程、有机质演化历史、构造作用等多因素综合控制。因此，石油地质工作者对碳酸盐沉积后作用与油气储集性能的关系问题一向十分关心和重视。

思考实习题

1. 碳酸盐沉积物沉积后作用有哪几种主要类型？各种类型的含义是什么？
2. 碳酸盐沉积物（岩）溶解作用产生原因和持续进行的条件是什么？出现于何种成岩环境？溶解作用在何种地质条件下具有选择性？
3. 转化作用（方解石化作用）、重结晶作用、新生变形作用的含义是什么？
4. 何谓胶结作用？碳酸盐胶结物有哪几种成分和形态？
5. 不同期次（世代）的胶结物有何特征？碳酸盐胶结物的来源是什么？
6. 有哪些常见的碳酸盐交代作用？何谓去白云石化作用？机理是什么？去白云石化需要何种条件？去白云石化野外和室内的鉴定标志是什么？去白云石化对储层孔隙的影响如何？
7. 试用物理作用、化学作用、物理—化学作用阐述碳酸盐沉积物沉积后的六种主要作用及它们之间的关系。
8. 试从水介质条件、温度、压力、地壳升降、埋藏过程等方面论述碳酸盐沉积物的几种主要成岩作用。
9. 简述常用的碳酸盐岩成岩阶段的划分及其标志。
10. 含油气盆地碳酸盐岩储层存在哪些储集空间？古侵蚀面对形成风化壳（古岩溶）储层的地质意义是什么？
11. 通过实验室手标本及镜下薄片观察，了解碳酸盐沉积物沉积后作用的主要类型及特征。
12. 选择典型碳酸盐岩野外露头并采取样品，分析岩性组合、可能发生的成岩作用类型以及成岩序列，指出哪种成岩作用有利于优质储层的形成。

第四篇

其他沉积岩及矿产

第十五章 其他沉积岩及矿产

> **导 读**
>
> 本章核心知识点包括了蒸发岩、硅岩、铁沉积岩、锰沉积岩、铝土岩、沉积磷酸盐岩、铜沉积岩、煤及油页岩的概念、矿物组成、沉积结构和沉积机制,岩石类型及其特征,以及与沉积矿产之间的关系。

地壳中分布最广的沉积岩是陆源碎屑岩和碳酸盐岩,但尚有一些重要的沉积组分,如二氧化硅矿物、铁、锰、铝的氧化物和氢氧化物,磷酸盐矿物,盐类矿物,它们既可作为次要成分产于上述岩石中,也可富集成岩,形成蒸发岩、硅岩、铁质岩、锰质岩、铝质岩等。碳质、沥青质、液态烃类等有机物主要构成煤、石油、天然气等可燃有机岩,也可作为次要组分出现在主要类型沉积岩中。上述岩类大部分具有重要的经济价值,有的还能反映一定的沉积环境,有助于恢复古地理环境。

第一节 其他沉积岩

一、蒸发岩

沉积盆地水体遭受蒸发,其盐分逐渐浓缩以至发生沉淀,这样形成的化学成因的岩石称为蒸发岩。它包括氯化物岩、碘酸盐岩、硫酸盐岩、碳酸盐岩和硼酸盐岩等。因为它们的主要组分都是盐类矿物,所以又称为盐岩,其中以氯化物岩和硫酸盐岩分布较广。蒸发岩是重要的化工、生活、医用和建筑原料,也可作为优质的油气盖层。

我国盐类矿产资源丰富,成盐时代遍及震旦纪至第四纪各个地质时代,除了广泛的海成盐类矿床外,还有丰富的内陆盐湖矿床,在柴达木盆地已发现了世界上第一个现代内陆钾盐矿床。

(一)蒸发矿物及其形成

蒸发岩的主要矿物成分是钾、钠、钙、镁的氯化物、硫酸盐、碳酸盐,其中尤以石膏

（$CaSO_4 \cdot 2H_2O$）、硬石膏（$CaSO_4$）和石盐（$NaCl$）最重要。较常见的蒸发矿物如下：

(1) 氯化物类：石盐（$NaCl$）、钾石盐（KCl）、水氯镁石（$MgCl_2 \cdot 6H_2O$）、光卤石（$KCl \cdot MgCl_2 \cdot 6H_2O$）。

(2) 硫酸盐类：硬石膏（$CaSO_4$）、石膏（$CaSO_4 \cdot 2H_2O$）、无水芒硝（Na_2SO_4）、芒硝（$Na_2SO_4 \cdot 10H_2O$）、泻利盐（$MgSO_4 \cdot 7H_2O$）。

(3) 碳酸盐类：水碱（即苏打，$Na_2CO_3 \cdot 10H_2O$）和天然碱（$Na_2CO_3 \cdot NaHCO_3 \cdot 2H_2O$）。

(4) 硝酸盐类：钾硝石（KNO_3）和智利硝石（$NaNO_3$）。

(5) 硼酸盐类：硼砂（$Na_2B_4O_7 \cdot 10H_2O$）、钠硼解石（$NaCaB_5O_9 \cdot 8H_2O$）、硬硼钙石（$Ca_2B_6O_{11} \cdot 15H_2O$）和柱硼镁石（$MgB_2O_4 \cdot 3H_2O$）。

黏土是蒸发岩中常见的混入物，含量多时，可使蒸发岩逐渐过渡为盐质黏土岩或盐质泥灰岩。混入的碎屑物质常见的有绿泥石、云母、长石、石英和副矿物等，有时还有稀有元素矿物以及有机物等混入物。此外，某些混入物还可以使蒸发岩呈各种鲜艳的颜色，如石盐受放射性元素的影响呈蓝色，含赤铁矿混入物的钾盐呈橙黄色或肉红色。

绝大部分蒸发岩类矿物有两种形成方式。一种为含盐度较高的溶液或卤水的直接蒸发形成；另一种是孔隙卤水沉淀或交代早先形成的沉积物。两种方式形成的沉积盐类物质在产状、沉积结构构造上往往有着重大的差别。

盐类矿物结晶顺序取决于自身的溶解度或卤水当时的浓度，新结晶的矿物能否沉积保存下来，就取决于它本身和周围的卤水浓度及其他因素是否平衡。盐类矿物蒸发结晶一般经历6个阶段（表15-1）：（1）碳酸盐、石膏沉积阶段；（2）石盐沉积阶段；（3）石盐、硫酸钠、镁盐沉积阶段；（4）钾、镁盐沉积阶段；（5）光卤石沉积阶段；（6）水氯镁石沉积阶段。这些析出的盐类矿物在蒸发岩剖面中，按结晶的先后顺序呈层状堆积并由下而上相应地划分出6个沉积带。

表15-1　海洋蒸发岩蒸发矿物特征及其伴生的成岩矿物

沉积带	析出形态	成岩作用产物
水氯镁石带	水氯镁石、共结硼酸盐、光卤石、六水泻盐—四水化物、石盐、石膏、碱式碳酸镁	硫酸镁、菱镁矿、硬石膏
光卤石带	光卤石、六水泻盐（和其他水化物至四水化物）、石盐、石膏（杂卤石）、碱式碳酸镁	硫镁矾（钾盐镁矾）、硬石膏、菱镁矿
钾石盐带	钾石盐、六水泻盐（泻利盐）、杂卤石、石盐、碱式碳酸镁	钾盐镁矾、无水钾镁矾、硫镁矾、菱镁矿
硫酸钠、镁岩带	泻利盐（六水泻盐）、（白钠镁矾）、（杂卤石）、石盐、石膏、碱式碳酸镁	硫镁矾、硬石膏、菱镁矿
石盐带	石盐、石膏、方解石、碱式碳酸镁	硬石膏、白云石、菱镁矿
碳酸盐、石膏带	石膏、方解石（文石）	硬石膏、白云石、方解石

（二）蒸发岩的结构和构造

由于盐类矿物易于溶解和沉淀，使得原始沉积物的结构、构造在成岩—后生作用中发生显著改变，特别是地层中的蒸发岩原始的矿物学特征和结构特征几乎完全消失了。常常见到的是一些次生结构，主要有斑状变晶结构、粒状变晶结构、纤维状结构、柱状结构、放射状结构，其次还有经过机械搬运的碎屑结构、构造应力作用而成的矿物塑性变形等。

蒸发岩的构造常见的有均匀块状构造、层理构造、条带状构造、角砾状构造、变形构造，反映了蒸发岩在沉积、成岩后生阶段复杂的变化。蒸发岩中常见块状层理构造、薄层的及纹层状构造。蒸发岩的层理常是白云岩、石膏（硬石膏）岩及石盐岩间互而成的，有时它们也可以单独由颜色显示，以及夹有纹层状的黏土质、沥青膜而成层，某些纹层厚度小于1mm。

（三）主要蒸发岩类型

一般根据主要矿物命名蒸发岩，如石膏岩、石盐岩。蒸发岩主要可分为三大类。

1. 石膏和硬石膏岩

由单矿物组成的硬石膏岩、石膏岩广泛产于蒸发岩层系中。它们有各种颜色，如白、灰、淡黄、淡绿、红、黑和淡蓝色。常以层状、透镜状产出。石膏岩同硬石膏岩关系密切，主要见于地表附近。常表现为硬石膏经过水化和重结晶作用而成石膏的形式，例如石膏岩内常有硬石膏团块、硬石膏的假象，或者石膏岩层在地下深处的地方就是硬石膏岩。虽然硬石膏岩是成岩—后生作用或变质作用所形成的产物，当其上升到地表后就转变成石膏岩。

肉眼观察，硬石膏岩和石膏岩为层状和块状岩石，具有参差状断口、粒状断口。硬石膏岩一般具有微粒到中粒结构，少见粗粒者，相对石膏岩要致密些。石膏岩常有巨粒或粗粒结构及斑状结构，脉状产出的石膏岩还有平行纤状结构，此外硬石膏岩中柱状结构、放射状结构及扇状结构也很发育。层状硬石膏岩、石膏岩多为纹层状，它们常与白云岩、泥质岩互层，纹层中往往是褐色富含沥青质的薄膜。

硬石膏岩和石膏岩常见的混入物有黏土、氧化铁、砂质、白云石、石盐、天青石、黄铁矿和多种的硅质矿物，可以和碳酸盐岩、石盐岩等呈过渡型岩类，在石膏质、硬石膏质的岩层中有时也夹有不具工业价值的薄层钾盐层。

2. 盐岩或石盐岩

盐岩主要矿物为石盐，并含少量其他盐类矿物，常可作为矿产开采。盐岩非常纯净时无色，当含有混入物或液体等包体时呈黑色、灰色、褐色、红色、白色等，而蓝色的是含有金属钠的缘故。盐岩中常见的混入物有白云母、黄铁矿、赤铁矿、黏土质、有机质等。结构以粗粒的结晶结构或变晶结构为主。岩盐呈层状、条带状、不规则透镜状及各种形式的盐丘产出。层状的也可以见到纹层构造及石膏、硬石膏和泥质夹层，通常为块状构造，盐丘中发育变形层理构造。

在蒸发岩系中，石盐岩常位于石膏和硬石膏岩的上部，也产于含有红色页岩的其他沉积岩中及砂岩、碳酸盐岩中。石盐岩中还含有钾镁质岩类的沉积，也可与其他岩类如石灰岩、泥质岩等形成过渡型的岩类。

3. 钾镁质盐岩

钾镁质盐类的主要矿物为钾石盐、光卤石、钾盐镁矾、杂卤石等，通常含有大量的石盐，并与石盐岩共生。其结构构造很复杂，根据不同成分可以分成以下几种岩石类型：

（1）钾石盐岩：钾石盐（含量15%~40%）、石盐（25%~60%）以及少量的硬石膏、黏土矿物和其他矿物，岩层厚度不大，常和石盐、黏土质、石膏间互成层，层理清楚。

（2）光卤石岩：由光卤石（含量40%~80%）和石盐（18%~50%）以及少量硬石膏、黏土矿物等组成，与钾石盐、钾盐镁矾等共生。

（3）钾盐镁矾矿：主要由钾盐镁矾（含量40%~70%）、石盐（30%~50%）及杂卤石组成，可见硬石膏。

（4）硬盐岩：指钾石盐与硬石膏、硫镁矾或杂卤石的结合体，形成于成岩—后生变化阶段。

在蒸发岩系中，随着蒸发作用加强，由下而上通常的沉积序列是：(1) 黏土或石灰岩；(2) 白云岩；(3) 硬石膏岩；(4) 石盐岩；(5) 钾盐岩等。

（四）蒸发岩的成因环境及与油气的关系

在长期干旱少雨的地带，水分的蒸发要大于水分的补给。根据这样一个原则，人们最早把蒸发岩的沉积地区划归为大陆盐湖、滨海潟湖等环境。奥克西努斯（Ochsnius，1877）研究了潟湖沉积特征，提出了"沙坝理论"（沙洲成盐说）。他认为强烈的蒸发作用可以使潟湖中的卤水达到较高浓度，而潟湖与广海之间的半封闭式通道可以使广海的海水与潟湖中的卤水时通时隔。当隔绝时潟湖卤水蒸发浓缩，盐类沉淀；相通时海水注入，盐类得到补充，如此使盐类不断的沉积（图15-1）。

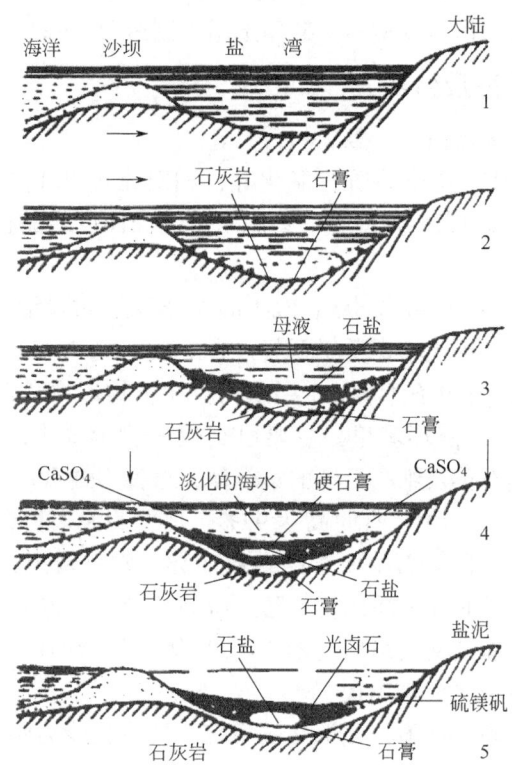

图15-1 沙坝成盐说的成盐过程（据袁见齐，1977，略有修改）
1—沙洲及海湾；2—盐湾中有碳酸盐及石膏沉积；3—进一步蒸发有石盐沉积，上有母液；
4—海水渗入，母液淡化，在石盐上又有硬石膏沉积；5—沙坝出露海面，盐湾变为潟湖，
逐渐沉积硫镁矾、光卤石等钾盐矿物，其上被盐泥层覆盖

蒸发岩尤其是盐岩与油气富集关系密切。根据统计，在油、盐共生的墨西哥湾、中东、中国四川和渤海湾等沉积盆地中，有46%的盆地油气层产于盐系地层之下，41%的盆地油气层产于盐系地层之上，13%的盆地油气层产于盐系地层之间。这表明油气产于盐系地层的下

部或上部是主要的。在盆地发展过程中，如果出现干湿交替的气候，将会形成含油气沉积和含盐沉积的交替，在剖面上将会形成含盐岩系和含油气岩系的旋回沉积。四川盆地下二叠统嘉陵江组与中三叠统雷口坡组即为含气的碳酸盐岩与石膏、硬石膏岩、盐岩的旋回沉积。位于油气层之上的石膏层是理想的油气盖层，它与其下的含油气岩系组成良好的生、储、盖组合。

总之，在油、盐共生的沉积盆地中，无论是海洋成因或者湖泊成因的盆地，沉积岩的平面分布常有明显的分带性。在碳酸盐岩—蒸发岩盆地中，从边缘向盆地中心依次分布石灰岩、白云岩、石膏或硬石膏岩、石盐及钾镁盐岩等岩相带。从碎屑岩—蒸发岩盆地边缘向中心，依次沉积砾岩、砂岩、泥岩、泥灰岩以及各类蒸发盐岩，油气主要聚集在碳酸盐岩和砂岩分布地带。

二、硅岩

硅岩是指由70%~90%自生硅质矿物所组成的沉积岩，但不包括富含二氧化硅他生成因的岩石，如石英砂岩和沉积石英岩。硅岩在地壳中的分布仅次于碳酸盐岩，居第三位。硅岩工业用途广泛，如燧石可用作研磨材料，硅藻土用于制造业、炼油工业和净水工业等。

（一）硅岩基本特征及分类

硅岩的主要矿物成分为蛋白石、玉髓和石英。

蛋白石（$SiO_2 \cdot nH_2O$）是非晶质二氧化硅，相对密度2.1，易溶于KOH，折光率为1.06~1.46，随含水率和热力条件而变化。易脱水重结晶而成隐晶状玉髓，仅见于中、新生代的硅岩中。

玉髓（或石髓）是一种隐—微晶状（<0.1mm）石英，常显细小粒状、纤维状及放射球粒状。因含孔隙水和杂质，折光率稍低于石英，为1.53~1.54。负延性玉髓一般多形成于高浓度（SiO_2浓度）、低pH值的条件下，主要以孔隙充填物形式存在；正延性玉髓则形成于高浓度（SiO_2浓度）、高pH值环境里，主要以交代矿物形式出现。玉髓脱水重结晶变为微—细晶石英、隐—微晶石英及细晶石英的集合体，通称为燧石。

硅岩的化学成分以SiO_2为主，有时高达99%，常见的混入物有Al_2O_3、Fe_2O_3、CaO和MgO。硅岩颜色多姿，且随岩石中所含的杂质而异。常见灰黑色、灰白色，有时可见灰绿色、红色等色调。硅岩具有非晶质结构、隐—微晶结构、生物结构、纤维状结构、碎屑结构、鲕状结构、隐藻结构以及交代结构（图15-2）等。硅岩的产出形态多种多样，常见层状、透镜状、结核状、条带状和团块状。

总体上，硅岩致密坚硬且性脆，化学性质稳定，抗风化能力强。当与其他岩类共生时，常突出于岩层风化面之上。

综合硅岩的成因和结构特征，硅岩大致有如下类型：

（1）生物成因的硅岩（硅藻岩、海绵岩、放射虫岩、藻细胞硅岩）；

（2）化学及生物化学成因的硅岩（藻叠层硅岩、藻粒硅岩等）；

（3）机械成因的硅岩（鲕粒硅岩、球粒硅岩、内碎屑硅岩等）；

（4）纯化学成因的硅岩（碧玉岩、硅质板岩、硅华等）；

（5）交代成因的硅岩（主要为交代碳酸盐岩产生的，常部分保留原岩结构，如硅化鲕粒石灰岩或白云岩、硅化藻叠层石灰岩或白云岩等）。

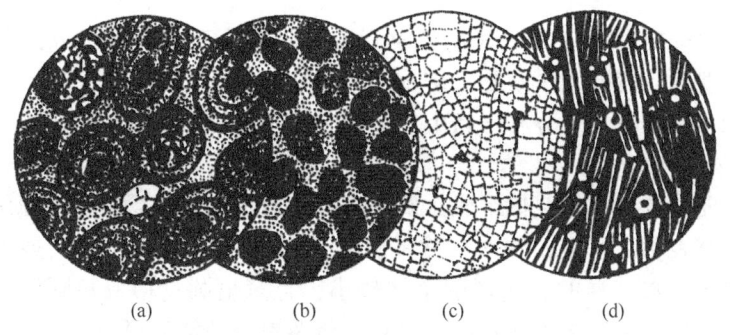

图 15-2　硅岩的结构类型（引自何起祥，1978）
(a) 鲕状结构，×60；(b) 碎屑结构，×60；(c) 生物（硅藻）结构，×260；
(d) 生物（海绵骨针）结构，×90

（二）主要硅岩类型

1. 生物成因的硅岩

1) 硅藻岩（硅藻土）

硅藻岩主要由硅藻的壳体组成，矿物成分主要为蛋白石，化学成分中 SiO_2 含量一般在 70% 以上，常混入数量不等的黏土矿物、铁质矿物和碳酸盐矿物等。

硅藻是一种微体化石，一般小于 50μm，中—高倍镜下才能分辨其形状。辐射硅藻（Centrales）通常呈圆盘形、球形、圆柱形、三角形等；羽纹属硅藻（Pennatae）一般为长形（针形、楔形、矩形、纺锤形等）。扫描电镜下可见典型的生物结构及完整外形（图 15-3），主要由硅藻壳体堆积而成。

硅藻岩呈白色或浅黄色，质软疏松多孔。相对密度为 0.4~0.9。孔隙度极大，可高达 90% 以上。吸水性强、粘舌，外貌似土状。纹层状页理十分发育，薄如纸页。

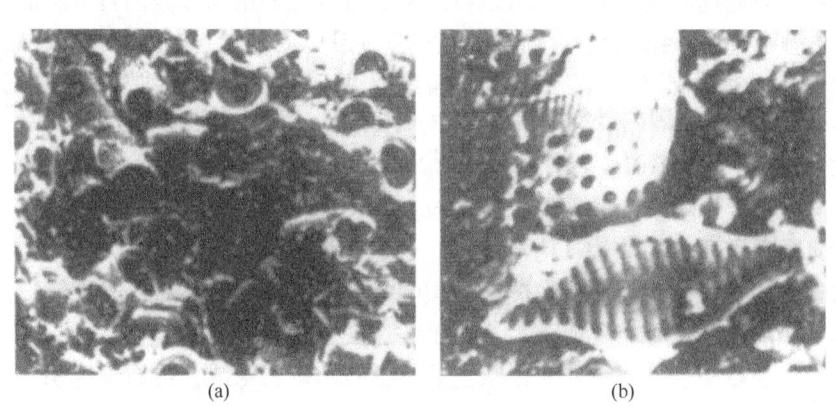

图 15-3　扫描电镜下硅藻岩的微结构，自然断面（据吕正谋等，1977）
(a) 直链属硅藻全貌，×1200；(b) 羽纹属硅藻，自形，山东临朐，中新统

大部分硅藻土产于古近纪—新近纪以来的海相或湖相地层中，少数分布于白垩纪的地层中，多与黏土岩、泥灰岩共生，有时与火山岩共生。现代硅藻主要分布在两极及中纬度的海洋中，年代较老地层中的硅藻土一般均转变为板状硅藻土或蛋白土，最终渐变至燧石岩。

2) 海绵岩

海绵岩主要由硅质海绵骨针（其主要成分为蛋白石及玉髓）所组成，有时含有少量放射虫及钙质生物遗体，可混入少量黏土矿物、碳酸盐矿物及海绿石等矿物。海绵岩外貌为细粒状，呈淡灰绿色或黑色，多分布于新生代地层中。

3) 放射虫岩

放射虫岩主要由放射虫的壳体组成，矿物成分为蛋白石，常含硅藻、海绵骨针，少见钙质生物遗骸。研究表明，习惯于深水（冷的）生活的放射虫个体较大，多为球形，其囊壁厚而简单；习惯于表水（温的）生活的个体较小，且多呈圆盘形或长圆形，便于浮游，其囊壁薄而且多层。放射虫岩多为深灰色，也有红色及黑色，常为薄层状、致密坚硬。较老地层中的矿物成分（蛋白石、玉髓）多已重结晶为微晶石英。

2. 化学及生物化学成因的硅岩

1) 藻叠层硅岩（层状藻叠层燧石岩）

藻叠层硅岩类似碳酸盐岩中的叠层石，宏观呈层状、柱状和锥状等，形态多样、大小不一。基本层分别由暗色硅质层和浅色硅质层组成。矿物成分主要为玉髓，具藻遗迹微构造。暗层主要由低等藻类通过生物化学作用形成，亮层则主要由化学作用而成。我国北方震旦系中常见呈层状分布的硅质叠层石。

2) 藻粒硅岩（藻粒燧石岩）

藻粒硅岩主要由藻粒（藻鲕、核形石）组成。由核形石组成的藻粒呈圆形或椭圆形，单个或连生状，大小 2~10mm。内部结构具亮暗同心层，矿物成分为玉髓，含有机质。与碳酸盐矿物共生时，可分别组成亮色层或暗色层，是生物化学和机械两种作用的产物，呈层状产出。

3. 机械成因的硅岩

1) 鲕粒硅岩（鲕粒燧石岩）

鲕粒结构，有时同心层不明显，为球粒结构。鲕粒主要由隐—微晶石英组成，或主要由玉髓组成，常显放射球粒结构，具核心及同心层。胶结物为微—细晶石英或玉髓，并呈栉壳状围绕鲕粒生长。常见交错层理。鲕粒燧石岩广泛见于华北中、上元古界燧石—碳酸盐岩岩系中，云南昭通下石炭统的煤系地层中也有此种岩石。

2) 内碎屑硅岩（内碎屑燧石岩）

内碎屑硅岩主要由硅质内碎屑组成，视粒度大小划分为砾屑、砂屑和粉屑。矿物的主要成分是玉髓，常保留原岩的结构、构造特征。分选和圆度均较差，基质成分复杂，为玉髓、方解石或白云石，常含一些泥质。在燧石—碳酸盐岩岩系中，常分布于岩性韵律的底部，是水下冲刷再沉积的产物。有时见有重力流成因的递变层理。

太行山中—北段中、上元古界龙山组主要由燧石角砾岩组成，燧石角砾系下伏雾迷山组的产物。

4. 化学成因的硅岩

纯化学成因的硅岩，如碧玉岩、硅质板岩及硅华等。碧玉岩和硅质板岩主要由自生石英和玉髓组成，还可有方解石、菱锰矿、黄铁矿、绿泥石、氧化铁、黏土矿物、云母、有机质等混入物。

碧玉岩常为隐晶或胶状结构，色多变，有红、绿、灰黄、灰黑等色，有时呈斑块状。致密坚硬，贝壳状断口。多与火山岩系共生，形成巨厚碧玉岩建造。与大规模铁矿伴生的含铁石英岩建造也有碧玉岩产生。部分碧玉岩可能由板状硅藻岩和蛋白石岩变质而来。

硅质板岩与碧玉岩的区别是含有较多的黏土矿物，并常常有很薄的层理。

硅华是另一种典型化学成因的硅岩，形成于火山作用后期温泉溢出处。色浅，多孔，SiO_2含量不定，常有各种混入物。

（三）硅岩成因及演化

1. 二氧化硅的来源问题

赫西（Hesse，1988）认为二氧化硅有三种来源：（1）生物硅质介壳和骨骼；（2）大陆母岩风化产物；（3）海底火山喷发及深层热液物质。现代海洋生物（如硅藻、放射虫、硅鞭毛虫或硅质海绵）产生的二氧化硅总量约 2.5×10^{16} g/a，其中，河流提供了 4.3×10^{14} g/a，海解作用提供了 0.8×10^{14} g/a，海底火山活动提供了 0.05×10^{14} g/a，热液注入海水提供 1.9×10^{14} g/a 等。海洋中的二氧化硅再循环主要涉及硅质介壳溶解和溶解态二氧化硅的上涌，硅质介壳的溶解作用从洋面下沉持续到洋底，最终转变为硅质沉积物。埋藏期间还继续有溶解及再沉淀作用，直到经过成岩作用才使部分二氧化硅固定下来。洋底硅质软泥和钙质软泥的分布各受其补偿—溶解深度控制，二氧化硅补偿深度大于碳酸钙补偿深度。

2. 硅岩的形成机理

1）生物和生物化学作用方式

近年来随着测试手段及电镜的广泛应用，在前寒武纪，甚至在30亿年以前的岩石中，不断发现了生命的遗迹。如在北美、南非和澳大利亚等地的寒武系燧石条带和碧玉岩中，都发现类菌藻类的丝状体、杯状体及球状体等化石遗迹。这些低等的菌、藻类通过光合作用，能分泌一种黏液鞘物质，并以捕获或黏集水体中的SiO_2胶体质点的方式形成硅质沉积物，前寒武纪一些硅质叠层石的形成与这种作用有关。

已经证实，硅质生物（硅藻、放射虫、硅质海绵等）具有直接从海水中吸取硅质、以组成它们自身躯壳的机理。某些硅藻可以通过对悬浮在水体中低浓度的铝硅酸盐质点进行腐蚀和分解，从中吸取SiO_2。

硅质生物在繁殖过程中往往受水体环境的控制，如海水的温度、盐度、深度等因素，并可随季节性的变化而发生周期性的盛衰。统计表明，在广海的富硅质生物的表层水中，二氧化硅的含量季节性地在 0.5~2.0mg/L 之间波动。硅质生物的蛋白石躯壳往往很难溶解，因此常可完整地保存在沉积物中。大西洋和太平洋的深海钻探已经发现在白垩纪和古近纪—新近纪的与浊积岩共生的层状燧石中，含有硅藻、放射虫及其他硅质生物。

关于硅质岩形成的生物化学方式也是值得注意的。彼得森和范德博奇在澳大利亚发现一些强碱性湖泊中有硅质矿物的沉淀，这是由于藻类光合作用使湖水pH值季节性地超过10，溶蚀了碎屑石英和黏土矿物，使湖水过饱和二氧化硅。当pH值和湖水的体积都减小时，二氧化硅就从湖水中沉淀出来，形成含有方英石的"非晶质"凝胶。

2）化学作用方式

如何使水溶液中的SiO_2在沉积盆地中以化学作用方式沉淀下来，其控制因素是什么？这些问题尚存在不同的解释。

根据地球的发展演变规律性推断，在古代海洋中的二氧化硅浓度很可能超过非晶质二氧化硅的溶解度，所以就会发生无机的二氧化硅沉淀。这种沉淀主要通过蒸发作用使海水中的二氧化硅浓缩，达到或高于饱和度时发生凝聚而沉淀下来。有人认为只要水介质中存在大量的电解质，那么水介质中的硅质便可吸附及沉淀在胶体和悬浮的无机质点上。这样，可溶的质点就可以（与无机质点一起）进行搬运，并在合适的条件下沉积于海底。

尤斯特尔（Eugter，1967）认为咸水湖水中的二氧化硅浓度可高达2700mg/L，由于蒸发作用使非晶质二氧化硅先形成硅酸钠凝胶 $[NaSi_7O_{13}(OH)_3 \cdot 3H_2O]$ 的沉积，再经长期脱水、脱钠而转变成燧石，比如在东非的马加迪湖底的更新世沉积中，已发现有大量燧石及结核层。

另外，海底火山喷发物经海解作用而分解出大量的二氧化硅，可使局部地区海底达到或高于二氧化硅饱和度（100~120mg/L）而发生沉淀。该机理可用于解释构造活动地区的碧玉岩和硅岩层的成因。

控制 SiO_2 溶解、沉淀的主要因素为温度、pH值。实验分析证明，在21~22℃的平衡条件下（图15-4），溶液中二氧化硅含量连续70天保持在100~150mg/L；随温度升高，溶解度加大，在150℃时超过600mg/L。当pH值小于8时其溶解度低或基本保持不变，pH值大于8以后，其溶解度及溶解速度都迅速增高。

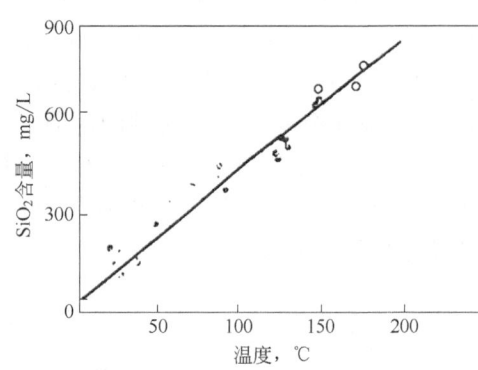

图15-4 二氧化硅溶解度与温度关系（据Alexander等，1954）

北美的硅铁岩建造及我国元古界燧石—碳酸盐岩建造研究表明，有些层状燧石岩具明显浅水动荡沉积标志，如鲕粒结构、交错层理及波痕等。这些标志多分布在层位稳定、交代不明显的层状燧石中。所以，前寒武系燧石岩除深水沉积外，有一部分（尤其是与硅质叠层石密切共生的颗粒燧石岩）可能属机械成因的，代表一个浅水动荡的沉积环境。

3）交代成因方式

在碳酸盐岩中，常见经硅化作用而形成的交代硅质岩。

硅化主要是在交代作用过程中进行的，它发生在同生、成岩、后生的各个作用阶段，经常与之发生交代的矿物为方解石、白云石、石膏、硬石膏等。自然界中常见硅质矿物与碳酸盐矿物相互交代。其反应式为：

$$CaCO_3+H_2O+CO_2+H_4SiO_3 \Longrightarrow SiO_2+Ca^{2+}+2HCO_3^-+2H_2O$$

交代硅质岩往往继承原岩的许多特征，如交代硅质岩的颜色和结构，一般与原岩一致。二氧化硅的交代又具有明显的选择性，一般总是优先交代生物遗体或富含有机质及孔隙度高的部分，如粒屑灰岩胶结物常先被交代。有机质分解过程产生有机酸，在其周围形成弱酸性环境，有利于二氧化硅沉淀与交代。碳酸盐岩中的燧石结核多数是交代作用的产物。

3. 二氧化硅的演化

硅岩在前寒武纪分布极广，均属化学沉积物，并与硅铁岩建造有密切关系；寒武纪以后，硅质沉积与有机物才逐步建立密切关系；中生代以后，二氧化硅主要以生物方式沉积，并完全取代了化学沉积方式（图15-5）。

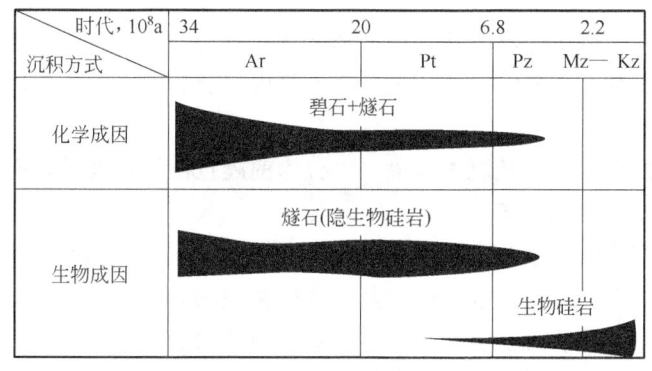

图 15-5　地球历史中的二氧化硅演化模式（据闵育顺等，1978）

三、铁沉积岩及沉积铁矿

（一）一般特征

可把铁矿物含量大于 50% 的沉积岩称作铁沉积岩；铁矿物含量 25%~50% 的沉积岩，可称作铁质沉积岩；铁矿物含量小于 25% 的沉积岩，可称作含铁沉积岩。

有经济价值的铁沉积岩、铁质沉积岩、含铁沉积岩均称作沉积铁矿。沉积铁矿是极重要的铁矿类型，沉积及沉积变质的铁矿约占世界铁矿总储量的 90%，所以铁沉积岩及沉积铁矿的经济意义很大。

在铁沉积岩及沉积铁矿中，常见的铁矿物有：氧化铁矿物（如磁铁矿、赤铁矿、褐铁矿）、碳酸铁矿物（如菱铁矿）、硅酸铁矿物（如鲕绿泥石、海绿石、铁蛇纹石）、硫化铁矿物（如黄铁矿、白铁矿）等。

在沉积铁矿的化学成分中，主要组分为 Fe；有益组分为 Mn、V、Ni、Co、Cr 等；有害组分为 P、S、As 等；成渣组分为 SiO_2、Al_2O_3、CaO、MgO 等；挥发组分为 CO_2、H_2O 等。

铁沉积岩及沉积铁矿的结构与碳酸盐岩颇为相似，常见的结构类型有内碎屑结构、鲕粒结构和豆粒结构、球粒结构、泥结构等。

铁沉积岩及沉积铁矿的构造也很多样，其中常见的有肾状构造，实际上是一种叠层石构造，还有层理、波痕及泥裂构造等。

（二）主要岩石类型

根据沉积铁矿的矿石成分，将其划分为四种类型：

(1) 氧化铁类型：主要由赤铁矿及褐铁矿（常为针铁矿）组成，常呈鲕粒结构或豆粒结构，色红或褐红。

(2) 碳酸铁类型：主要由菱铁矿组成，常与燧石共生，构成燧石碳酸铁矿。另外，菱铁矿也可在石灰岩中呈鲕粒或其他形式产出，也可呈结核在碎屑岩中产出，也可以基质形式出现并还常交代其周围的颗粒如鲕粒或生物碎屑等。

(3) 硅酸铁类型：主要由鲕粒泥石组成，常有赤铁矿或菱铁矿混入物，呈鲕粒结构，色暗灰或灰绿。

(4) 硫化铁类型：主要由黄铁矿及白铁矿组成。黄铁矿一般常呈颗粒、鲕粒、结核产出。

根据矿石的结构,可仿照碳酸盐岩中的邓哈姆结构分类的原则,进行类型划分。当然,这里的颗粒和泥都是铁质成分的。颗粒也可再分为内碎屑、鲕粒等,内碎屑也可以再分为砾屑、砂屑、粉屑等。

根据沉积铁矿的形成时代及沉积环境,可分为前震旦纪沉积变质铁矿、后震旦纪海洋沉积铁矿、后震旦纪湖泊沉积铁矿。

前震旦纪沉积变质铁矿主要为磁铁矿石英岩类型。我国的"鞍山式"铁矿即属此类型。这是最重要的铁矿类型,其储量远远超过其他铁矿类型的总和。这一铁矿类型是在一个很长的地质历史时期中,多种铁沉积岩或沉积铁矿的变质产物。

后震旦纪海洋沉积铁矿是仅次于前震旦纪沉积变质铁矿的重要铁矿类型。常见的是近岸浅海的赤铁矿类型。我国著名的"宣龙式"铁矿及"宁乡式"铁矿属此类型。

后震旦纪湖沼沉积铁矿规模一般不大,又称"沼铁矿"。矿石主要为褐铁矿(针铁矿)、菱铁矿,有时也为铁的磷酸盐蓝铁矿。矿石多呈鲕粒、结核、土状等,矿体多呈透镜状,常与煤系地层共生。我国石炭纪、二叠纪、侏罗纪、白垩纪、古近纪—新近纪均有此类铁矿。

四、锰沉积岩及沉积锰矿

(一)一般特征

可把锰矿物含量大于50%的沉积岩称作锰沉积岩;锰矿物含量25%~50%的沉积岩,可称作锰质沉积岩;锰矿物含量小于25%的沉积岩,可称作含锰沉积岩。有经济价值的锰沉积岩、锰质沉积岩、含锰沉积岩均称作沉积锰矿。沉积锰矿是最重要的锰矿类型,世界上的锰矿主要来自沉积锰矿。

在锰沉积岩及沉积锰矿中,常见的锰矿物如下:

(1) 氧化锰矿物:如软锰矿(MnO_2)、硬锰矿($mMnO \cdot MnO_2 \cdot nH_2O$)、水锰矿($Mn_2O_3 \cdot H_2O$)、褐锰矿($Mn_2O_3$)等。

(2) 碳酸锰矿物:如菱锰矿($MnCO_3$)、锰方解石[$(Ca,Mn)CO_3$]、锰菱铁矿[$(Mn,Fe)CO_3$]等。

此外,还有少量磷酸锰矿物、硼酸锰矿物等。硅酸锰矿物及硫化锰矿物很少出现。

除了锰矿物以外,锰沉积岩还常含陆源碎屑矿物、黏土矿物、碳酸盐矿物、蛋白石等。在锰沉积岩中,常见鲕粒结构、豆粒结构、泥状结构、胶状结构,也有交代结构。

(二)主要岩石类型

根据与锰沉积岩及沉积锰矿共生的岩石类型,可把它分为碎屑岩型、黏土岩型、碳酸盐岩型、硅岩型等。其中,碎屑岩型及碳酸盐岩型是主要的。

根据锰沉积岩及沉积锰矿的形成环境,可把它分为海洋的及湖泊的。海洋锰沉积岩及沉积锰矿是主要的。

我国辽宁瓦房子锰矿属海洋碳酸盐岩型。矿层位于震旦系上部,矿石多呈结核状及透镜状,大小多在0.5m×5m以下,呈"矿饼群"出现。原生锰矿石主要由铁菱锰矿、菱锰矿组成。成矿的海盆水体深度较大,以碳酸锰为主;在近岸地带,有少量原生氧化锰矿石。

湖泊沉积锰矿的规模较小,质量较差,工业价值不大。

（三）成因

沉积锰矿的成因与沉积铁矿颇为相似。但是锰在地壳中的含量远少于铁，而且又多呈分散状态。据统计，岩石中的 Fe/Mn 比率约为 40~60。因此，要形成沉积锰矿就需要更为有利的地质条件。

锰的来源包括母岩的风化产物、火山物质、海解作用产物。母岩风化产物应是主要的。锰的化学活性比铁大，可长距离搬运。沉积锰矿的古地理环境与沉积铁矿相似，也沉积于古陆边缘水流受一定局限的浅水地带，但水体的深度比铁矿大，即离岸较远。

锰沉积时的物理化学条件也与铁相似，在近岸地区主要以氧化锰形式沉积，在远岸地区主要以碳酸锰形式沉积。因此，沉积锰矿也常具有分带性。

（四）现代海洋中的沉积锰结核

近 100 年来，发现了现代海洋沉积物中呈结核存在的锰矿，即沉积锰结核。结核主要由锰的氧化物及氢氧化物组成，大小不一，大者可达几十厘米至 1m，小者仅毫米级。结核形态不规则，也有呈饼状或球状的。结核具有明显的同心构造，核心多为火山岩碎屑及生物碎屑（如颗心藻）；同心层各含各种混入物，如黏土、介壳碳酸钙、火山物质等。锰结核分布水深多为 3600~4000m，个别达 10000m。海洋锰结核的生长速度不一，如加利福尼亚沿海的海军炮弹碎片，现在已经有几英寸厚的锰质外壳了；深海锰结核的生长速度相当慢，一般为几百万年生长 1mm。这种深海中的锰结核的储量很大，估计可达 17000×10^8 t；其中锰可达 4000×10^8 t，镍可达 164×10^8 t，铜可达 88×10^8 t，这确实是一个巨大的资源。

现在认为，这些海洋结核中的锰至少有两种来源：（1）陆地岩石的风化产物；（2）海底火山物质的海解产物，许多锰结核与海底火山碎屑共生可作为旁证。由于锰主要呈氧化物存在，因此这种锰结核的生成还应发生在富氧的海水中。

五、铝土岩及铝土矿

（一）一般特征

富含氢氧化铝矿物的沉积岩称铝土岩；如果铝土岩的 Al_2O_3 含量大于 40%，Al_2O_3 含量与 SiO_2 含量之比大于 2∶1，则称为铝土矿。

铝土岩或铝土矿的矿物成分主要为铝的氢氧化物，即三水铝石、一水软铝石、一水硬铝石；其次为各种黏土矿物、陆源碎屑矿物（如石英）、化学沉淀矿物（如方解石、赤铁矿等）。

(1) 三水铝石 [$Al(OH)_3$]，又称三水铝矿，单斜晶系，常以极细小的颗粒与鲕绿泥石、氧化铁、氧化硅等构成混合物，呈结核状、鲕状、豆状产出，也可呈凝胶状及隐晶质产出。

(2) 一水软铝石 [$AlO(OH)$]，又称勃姆铝石、勃姆铝矿、勃姆石、薄水铝矿等。斜方晶系，常呈隐晶块体或胶状体与其他矿物组成混合体。

(3) 一水硬铝石（$HAlO_2$），又称一水硬铝矿、水铝石等，斜方晶系。

在这三种铝矿物中，三水铝石最不稳定，一水软铝石次之，一水硬铝石最稳定。因此，在其成岩后生作用过程中，它们将按下列顺序转化：三水铝石→一水软铝石→一水硬铝石→刚玉。所以，三水铝石型铝土矿多见于新生代及中生代地层中，一水硬铝石、一水软铝石型铝土矿多见于古生代及中生代地层中，刚玉则见于变质的铝土矿中。

铝土岩及铝土矿的结构与黏土岩甚为相似，常见的有泥结构、粉砂泥结构、鲕粒及豆粒结构、内碎屑结构等。

具内碎屑结构及鲕粒结构的铝土岩和铝土矿，可仿照碳酸盐岩的类似结构类型进行分类和命名，其成因解释也可类比。

（二）主要岩石类型及其成因

通常把铝土岩或铝土矿划分为风化残余型和沉积型两大类。

风化残余型的铝土矿主要是在湿热气候条件下，铝硅酸盐岩石化学风化作用的产物。母岩中的铝硅酸盐矿物（主要是长石），在长期化学风化作用下，将最终形成铝土矿物。

由于与风化残余型的铝土矿物共生的还常有褐铁矿，故常使铝土矿呈红色，所以这一风化残余型的铝土矿也常称为红土型铝土矿。

碳酸盐岩遭受长期的化学风化作用后，也可形成红土型的铝土矿。这种铝土矿较富钙，故也称为钙红土型铝土矿。

其他岩石如基性火山岩等，遭受长期化学风化作用后，也可形成红土型铝土矿。

世界上有许多著名的铝土矿，如美国阿肯色州的铝土矿属霞石正长岩风化残余型的，牙买加的铝土矿属碳酸盐岩风化残余型的，印度德干高原的铝土矿属玄武岩风化残余型的。我国福建漳浦的铝土矿属玄武岩风化残余型的，具明显分带性，地表富含三水铝石的红土（1~2m厚），含少量三水铝石及少量风化玄武岩残余体的红土（1~2m厚），下部为风化的玄武岩。

风化残余成因的铝矿物是沉积铝土矿的主要物质来源。这些物质的化学活性很小，在一般的地表水中是很难溶解的，所以很难以真溶液方式被搬运。它们大都呈碎屑或胶体溶液方式进行搬运，转移到沉积盆地后沉积下来，就成为沉积型的铝土矿了。

沉积型铝土矿又可按其形成的环境，分为海洋沉积的和湖泊沉积的。海洋沉积铝土矿是最主要的。

我国许多铝土矿床多属海洋沉积，大都产于石炭纪、二叠纪地层中，而尤以中—上石炭统的"G"层铝土矿最为重要。这一重要的铝土矿层有以下特点：（1）均位于下古生界碳酸盐岩的古风化剥蚀面上；（2）均位于中—上石炭统海侵岩系的下部；（3）均位于古陆边缘的凹陷地区，即水流汇聚的地区。下古生界碳酸盐岩以及其邻近古陆上的其他岩石的长期风化，为这一铝土矿层提供了丰富的物质来源。中—晚石炭世时，在这个久经风化剥蚀的古准平原化的地表上，海侵开始了；在靠近古陆边缘水流汇聚的凹陷中，呈胶体溶液状态的铝发生沉淀，形成了巨大的铝土矿。

湖泊沉积的铝土矿规模一般较小，矿体质量变化较大。在我国北方石炭纪、二叠纪的含煤岩系中，有许多这种类型的铝土矿，山东淄博地区的"A"及"B"层铝土矿即属此类型。

我国不同成因类型铝土矿的相对丰度与国外有很大不同。例如新生代的红土型铝土矿，在国外约占铝土矿总储量的84%；我国占铝土矿总储量的2%。又如，碳酸盐岩不整合面上的岩溶型的、海相（海湾相、潟湖相等）的铝土矿（如华北的"G"层铝土矿），在国外只占其总储量的15%左右，而我国占铝土矿总储量的90%左右。又如，堆积型的铝土矿（原来的岩溶型铝土矿经过破碎、风化、淋滤而成的碎屑堆积型铝土矿，如广西平果铝土矿），在国外几乎微不足道,而在我国却占其总储量的10%以上。

刘长龄(1992)把我国铝土矿的成因概括为"多源、多态、多相、多变"等特点。多源,即其物质来源多样,既有铝硅酸盐岩的风化产物和碳酸盐岩的风化产物和其他物源。多态,即其物源的搬运和沉积方式或状态是多样的,既有碎屑物质的搬运和沉积,也有胶体溶液物质和真溶液物质的搬运和沉积。多相,即其沉积环境和沉积相是多样的,既有海相(海湾、潟湖等),也有陆相(湖泊、沼泽等)。多变,即沉积后的变化较多、较大。

六、沉积磷酸盐岩及沉积磷矿

(一)一般特征

可把磷酸盐矿物(主要是磷灰石)含量大于50%(相当于P_2O_5含量大于19%)的沉积岩,称作沉积磷酸盐岩,也可称作磷酸盐岩、磷灰岩、磷沉积岩、沉积磷岩、磷岩等;可把磷酸盐矿物含量为25%~50%(P_2O_5含量10%~19%)的沉积岩称作磷酸盐质沉积岩;可把磷酸盐矿物含量小于25%(P_2O_5含量小于10%)的沉积岩称作含磷酸盐沉积岩。

有经济价值的含磷沉积岩、磷质沉积岩、磷沉积岩,称作沉积磷矿。沉积磷矿是最重要的磷矿类型,它是农业磷肥的主要原料。另外,其中还常含有可综合利用的U、V、Ni、Mo、Cr、Sr、Ba以及稀土元素。

在沉积磷酸盐岩中,常见的磷酸盐矿物有:

氟磷灰石$Ca_5(PO_4)_3F$;氯磷灰石$Ca_5(PO_4)_3Cl$;氢氧磷灰石$Ca_5(PO_4)_3OH$。其中的PO_4可为VO_4、As_2O_4、SO_3、SO_4、CO_3代换;F、Cl、OH也可互相代换;Ca可为Mg、Mn、Sr、Pb、Na、U、Ce以及其他稀土元素代换。

除上述磷酸盐矿物以外,还常有黏土矿物、各种碎屑矿物以及各种化学沉淀矿物等。

沉积磷酸盐岩的结构与碳酸盐岩的结构极为相似,常见的有各种内碎屑结构、鲕粒结构、生物碎屑结构、泥晶结构、胶状结构以及交代结构等。因此,也可仿照碳酸盐岩的结构分类,对沉积磷酸盐岩进行分类。

沉积磷酸盐岩的构造因结构而异。具颗粒结构的磷酸盐岩,水动力标志明显,常见波状层理、交错层理,有时还见波痕、泥裂等层面构造。具泥晶结构、胶状结构的磷酸盐岩,常呈层状构造、块状构造等,也有叠层构造。

存在多种沉积磷酸盐岩的分类。有按产状划分的,如层状磷酸盐岩、结核状磷酸盐岩等;有按生成环境划分的,如海洋磷酸盐岩、大陆磷酸盐岩(如鸟粪磷酸盐岩)等;有按生成机理划分的,如原生磷酸盐岩、次生交代磷酸盐岩等;有按大地构造划分的,如地台型磷酸盐岩、地槽型磷酸盐岩等;有依据磷酸盐岩的结构分类原则划分岩石类型的,如颗粒磷酸盐岩、泥晶磷酸盐岩等。

在这些类型中,以海洋的、层状的、颗粒—泥晶磷酸盐岩类型的规模最大,最有工业价值。

我国南方的震旦纪及寒武纪的磷矿规模较大,属海洋层状的类型。我国磷矿资源的分布很不均衡,存在南富北贫现象。

(二)成因

磷在地壳中的平均含量为0.12%(换算为P_2O_5为0.28%),这一数字是相当低的,沉积磷酸盐岩是磷高度富集的结果。那么,是什么原因使磷富集形成这种沉积岩呢?

开始，人们发现的磷矿多是鸟粪层和生物介壳磷酸盐岩，所以大都把沉积磷酸盐岩或沉积磷矿的成因归于生物。

后来，许多类型的沉积磷酸盐岩相继发现，人们逐渐认识到许多现象（如许多磷酸盐岩中很少有生物化石）是无法用生物成因学说解释的。

卡查柯夫（Казаков，1937）认为，P_2O_5 在海水中的含量是因深度变化的。0~50m 的表层水为浮游生物光合作用带，生物繁盛，水中的磷大都为生物所吸收，所以水中 P_2O_5 的浓度很低，一般不超过 $10~50mg/m^3$。50~300m 或 400m 的水层为生物遗体通过带，此带的 P_2O_5 浓度虽有所增加，但仍然不高，一般为 $100mg/m^3$ 左右。400~1000m 或 1500m 的水层，为生物遗体分解带，生物遗体中所含的磷大量分解出来，致使 P_2O_5 浓度达到 $200~300mg/m^3$ 以上。在 1000 或 1500m 以下，由于生物遗体难以到达，所以 P_2O_5 浓度又低了。此外，P_2O_5 的浓度分带还与 CO_2 浓度有关，即随着深度的增加，CO_2 含量也增加，这有利于磷呈溶解状态。

叶连俊先生（1989）等对我国的沉积磷矿有深入的研究，他指出：（1）我国的磷矿资源很丰富，其中海相磷矿约占总储量的 85%。我国重要的工业磷矿床的成矿时代是震旦纪、寒武纪和泥盆纪。所有磷矿床分别形成于扬子成矿域、华北成矿域和天山成矿域等三大成矿域。（2）沉积磷矿的形成与展布不是成矿物质与单一成矿作用的产物，而是多因素、多阶段的复杂过程的产物。（3）沉积磷矿床均形成于海侵岩系的下部或底部。（4）沉积磷矿床不是从海水中直接沉淀出来的。沉积磷矿的成矿过程是多阶段的，主要有磷质汲取阶段、地球化学富集阶段、物理富集阶段。它们是在海平面的不断振荡、水动力较强、富氧的浅海条件下形成的。

第二节 煤及其形成演化

煤及油页岩属可燃生物岩。由于其经济价值很大，所以也常称作可燃生物矿产。我国煤炭资源非常丰富，是世界产煤大国。用煤可以制取冶金焦炭、人造石油及成千上万种化工产品，还可以提取锗、镓、钒、铀等半导体工业及核工业所需的重要元素。如果对煤加以合理的综合利用，则其价值将会比单纯地当作燃料使用要高出很多倍。

一、煤岩组分及其特征

（一）煤的分类和煤岩组分

根据煤的形成作用、形成环境，可将煤划分成腐殖煤类和腐泥煤类（表 15-2）；又可根据煤的变质程度，将煤划分成褐煤、烟煤、无烟煤（表 15-3）。

表 15-2 煤的成因分类

成因类型		原始物质	形成环境	形成作用
腐殖煤类	腐殖煤	高等植物的木质素和纤维素为主	滞留沼泽	泥炭化作用
	残殖煤	高等植物的稳定组分为主	活水沼泽	残殖化作用

续表

成因类型		原始物质	形成环境	形成作用
腐泥煤类	腐泥煤	低等植物为主,原有结构保存	较深水沼泽,湖泊,浅海	腐泥化作用
	胶泥煤	低等植物为主,原有结构消失		

表 15-3 按变质程度划分的煤类型

变质程度	类型	
未变质煤	褐煤	
低变质煤	长焰煤 气煤	烟煤
中变质煤	肥煤 焦煤	
高变质煤	瘦煤 贫煤	
	无烟煤	

煤岩组分包括镜煤、丝炭、亮煤、暗煤。镜煤和丝炭均只有一种显微成分组分,可与无机岩石中的造岩矿物相当;亮煤和暗煤则由两种或两种以上的显微成分组成,可与无机岩中的岩屑相当。这四种煤岩组分的鉴别特征如下。

(1) 镜煤:黑色,光泽强,均一,性脆,贝壳状断口,在煤层中常呈透镜状或条带状产出,大多厚几毫米到几厘米,有时呈线理状夹在亮煤或暗煤中。

(2) 丝炭:灰黑色,外观似木炭,具明显的纤维结构和丝绢光泽,疏松多孔,性脆,染手,常呈扁平透镜体沿煤的层面分布,大多厚几毫米。

(3) 亮煤:是最常见的煤岩类型,其光泽仅次于镜煤,似均一程度不如镜煤,表面隐约可见微细纹理。亮煤的许多性质介于镜煤与暗煤之间。

(4) 暗煤:灰黑色,光泽暗淡,致密,坚硬而具韧性。在煤层中,可以由暗煤为主形成较厚的分层,甚至单独成层。

(二)煤的物理性质

煤的物理性质是鉴别各种煤类型尤其是各种变质煤类型的重要依据,简述如下。

(1) 颜色:褐煤呈褐黑色或暗黑色;低变质烟煤呈蓝黑色;中变质和高变质烟煤呈黑色;无烟煤呈钢灰色;腐泥煤颜色多变,有深灰、浅黄、褐、灰绿、黑色不等,但通常为黑色。

(2) 条痕色:褐煤为褐色;低变质烟煤和中变质烟煤为深褐到褐黑色;高变质烟煤为黑色,微带褐色;无烟煤为深黑、深灰色;腐泥煤有时为黄色,有时为褐色。

(3) 光泽:烟煤变质程度越高,光泽则越强。低变质烟煤往往具暗淡的沥青状光泽或弱玻璃光泽;中变质烟煤呈玻璃光泽;高变质烟煤呈强玻璃光泽;无烟煤具金属光泽或似金属光泽;褐煤一般无光泽或呈蜡状光泽;腐泥煤一般也无光泽或光泽暗淡。

(4) 密度:煤的密度变化很大,这与煤的类型、杂质含量等因素有关。褐煤相对密度一般小于 1.3;烟煤多为 1.3~1.4;无烟煤多为 1.4~1.9;腐泥煤相对密度最小,一般仅为

1.1。所以有时根据密度，也可以大体把腐泥煤与腐殖煤区分开。

（5）硬度：泥炭和褐煤的硬度最小，为2~2.5；无烟煤的硬度最大，接近4。

（6）断口：腐泥煤和无烟煤常呈贝壳状断口；其他烟煤多呈不平坦状、阶梯状、棱角状断口等。

（7）裂隙：裂隙分内生裂隙及外生裂隙两种。内生裂隙往往与煤的层理垂直，裂隙面平坦，光亮型煤的内生裂隙最发育。外生裂隙是由于外力引起的，裂隙面不规则，常有擦痕伴生，裂隙常与层理斜交。

根据上述煤的各种物理性质，可以在野外工作阶段，用肉眼鉴定方法，把煤的一些主要类型大致鉴别出来。

（三）煤的化学性质

随着煤化程度的加深，煤中的氢、氧含量降低，碳含量则升高。煤中的硫、氯、砷、磷往往是工业利用中的有害元素，煤中的锗、镓、铀、钒等伴生元素往往可以富集成为工业矿床。

煤的灰分是指煤完全燃烧后剩下来的残渣，它主要是由煤中的各种矿物质组成的。灰分当然是影响煤质量的不利成分，对炼焦及化工用煤都很不利。

挥发分是指把煤放在与空气隔绝的条件下加热，从煤中分解出来的焦油蒸汽和气体，如氮、氢、甲烷、二氧化碳、硫化氢以及其他有机化合物。

煤的粘结性是指煤在密闭条件下加热到一定温度后，能够熔融、粘结在一起形成焦块的性质。

煤的发热量是指单位质量的煤完全燃烧时放出的热量，又称热值，通常以 J/kg 表示。

在灰分一定的情况下，随着煤的变质程度的加深，煤中固定碳的含量也相应地增高，其水分含量和挥发分含量则相应地降低。在各种煤类型中，以焦煤的发热量最高。

二、煤的沉积环境及演化

（一）成煤环境

成煤的物质基础是泥炭，而这需要一定的条件，首先需要大量植物的持续繁殖，其次是植物遗体不被全部氧化分解，能够保存下来并转化为泥炭，具备这样条件的场所往往是沼泽等沉积环境。

按照水介质的含盐度，可将沼泽分为淡水的、半咸水和咸水的，前者一般是内陆型的，后两者则都与滨海海水有关。

按照水分的补给来源，沼泽可划分为三种类型：（1）低位沼泽，由地下水补给，潜水面较高，其地下水面的高度几乎与沼泽表面相等，高等植物繁盛，易形成森林沼泽；（2）高位沼泽，主要以大气降水为补给来源，其地下水面经常低于沼泽表面，常常只有苔藓植物分布；（3）中位沼泽或过渡型沼泽，具有混生的植物群落。

从地史的观点来看，湖沼的生命是很短暂的。由于植物遗体及泥砂的堆积，或由于地下水面的下降等原因，湖沼将会逐渐缩小以至消失。湖沼的堆积作用的发展过程，大致可分为四个阶段。第一阶段水体较深，在开阔的、较安静的湖泊中央，漂浮着藻类及浮游生物。这些生物死亡以后沉于水底，形成腐泥；与此同时，湖泊边缘的浅水地带及沼泽地带的高等植物，沉积形成泥炭。到了第二阶段，位于湖泊中央部分的腐泥堆积逐渐增厚，湖水也随之日益变浅；同时，湖泊边缘地带的沼泽植物和泥炭层也逐渐向湖泊中央推进，因此湖泊面积就逐渐缩小。第三阶段，湖泊变得更浅、更小，沼泽的高等植物大量繁殖，泥炭分布面积日益扩大，以致和湖泊中央的腐泥相接触，甚至二者相互交错地堆积。最后第四阶段，由于植物大量繁殖和堆积，原来是湖泊的地方都变成了沼泽甚至陆地，因此就只有高等植物生长和泥炭的形成（图15-6）。当然，在地质历史中，常难以看到这四个完整的阶段，大都是只演化到第一、二阶段就结束了。

（二）煤的形成演化

成煤的原始物质主要是高等植物和低等植物。高等植物的构造比较复杂，是成煤的主体，有根、茎、叶之分，主要由木质素和纤维素组成，还有树脂、角质层、果壳、孢子、花粉等稳定组分，多生长在陆地上或浅

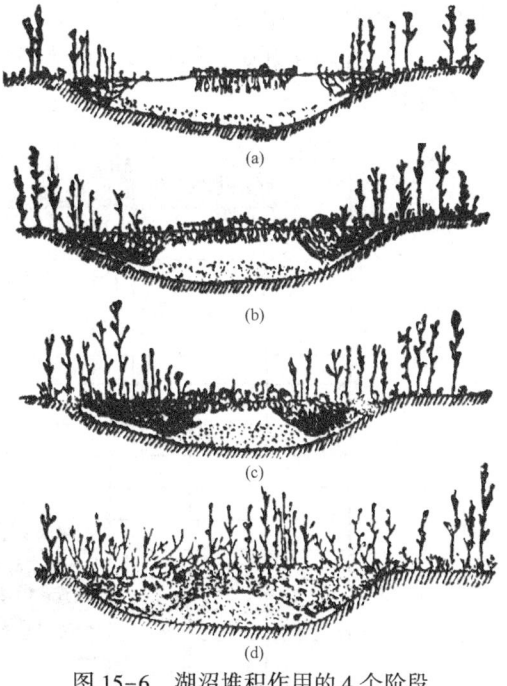

图15-6　湖沼堆积作用的4个阶段
（据朱熙人，1958）

水沼泽地带。低等植物主要是各种藻类，构造简单，主要由脂肪及蛋白质组成，多繁殖于沼泽、湖泊以及浅海环境中。

虽然成煤原始物质不同，但是成煤作用过程是相同的，大致可以分为以下三个阶段：
（1）成煤的原始物质、成煤环境及成煤作用的第一阶段为泥炭化作用；
（2）成煤作用的第二阶段为泥炭的成岩作用阶段；
（3）成煤作用的第三阶段为变质作用阶段。

三、主要聚煤期及煤系

如前所述，植物的大量繁殖是成煤的先决条件。因此，煤在地质历史中的分布也首先取决于植物在地史中的发展、演化与富集。

元古代到早古生代，是菌藻植物时代。以藻类等低等植物遗体为原始物质的古老煤，在我国称为"石煤"。石煤一般属高灰分的腐泥煤类，在我国的上元古界到下古生界均有分布。

从志留纪末期到早、中泥盆世，以裸蕨植物为主，这是目前所知的世界上最古老的陆生植物群。植物从水域扩大到陆地上。裸蕨植物还比较原始，还没有真正的根和叶。我国泥盆纪的煤见于云南禄劝、广东台山、秦岭西段等地。

从晚泥盆世到晚二叠世，是蕨类、种子蕨类植物时代，像鳞木、封印木、芦木、科达树等已达全盛时期。这些植物可高达几十米，在广大的森林沼泽地区十分繁茂。这就为石炭—二叠纪时期的造煤作用提供了丰富的物质基础。

从晚二叠世到中生代早期，气候变得较为干旱，石炭—二叠纪的植物群开始衰退，适应能力更强的苏铁纲、银杏纲、松柏纲的植物繁盛，于是进入裸子植物时代，侏罗纪和早白垩

世的煤就主要是这些植物形成的。

从早白垩世晚期开始，植物进入被子植物时代，古近纪—新近纪的煤主要是这种植物造成的（图15-7）。

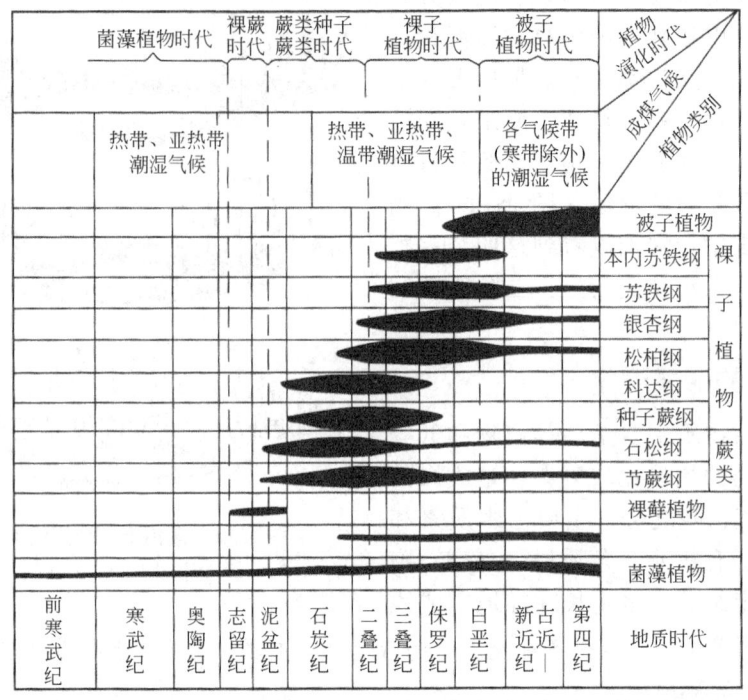

图15-7 地质历史中主要成煤植物群分布略图（据田宝林，1979）

由上所述，可以看出地质历史中的植物演化对煤的形成和聚集有着十分重要的控制作用。只有在植物大量繁殖时，才能大规模地成煤；而新的聚煤时期的出现，又总是以新的植物群的出现为前提。

图15-7还表明，石炭纪以前的煤主要形成于热带和亚热带；二叠纪至白垩纪的煤形成于热带、亚热带和温带；在古近纪—新近纪及第四纪，除寒带外，均可成煤。这说明成煤植物对气候的适应能力是越来越强的。

含煤岩系是指一套连续沉积的含有煤或煤层的沉积岩层或地层，简称为煤系，其主要地质特征如下：

(1) 主要由碎屑岩及黏土岩组成，有时也含有石灰岩、火山碎屑岩、铝土岩、油页岩等，旋回性及韵律性明显；含有煤层，但不一定都具有工业价值。

(2) 整个岩系多呈灰色、灰黑色；植物化石丰富。

(3) 沼泽沉积发育，还常伴有河流相、湖泊相、海陆过渡相以及海相沉积等。

按含煤岩系形成时的古地理条件，可将煤系分为三种类型：

(1) 近海型含煤岩系：形成于海岸带附近，煤系中可以有海陆过渡相地层，也可以有陆相及浅海相地层。煤层层数多，厚度常较小，岩性岩相侧向上较为稳定。

(2) 浅海型含煤岩系：形成于浅海陆架环境，不发育陆相及海陆过渡相地层，仅含腐泥煤层，岩性岩相侧向稳定。

(3) 内陆型含煤岩系：形成于古陆内部，与海洋完全隔绝，在煤系中无海相及海陆过渡相地层。煤层层数较少，煤层厚度变化大，分叉变薄及尖灭现象普遍，但往往有厚煤层发育，岩性岩相侧向变化大。

我国主要的煤系如下：

(1) 石炭纪—二叠纪煤系：主要分布于华北地区，如著名的山西大同煤田、冀东开滦煤田、豫北焦作煤田、山东淄博煤田及兖州煤田、豫西平顶山煤田、安徽淮南煤田等，均属此煤系。

(2) 晚二叠世煤系：主要分布于华南地区，如江西乐平煤田、湖南郴水煤田、涟邵煤田以及贵州六盘山煤田等，其煤系均为近海型煤系。

(3) 早—中侏罗世煤系：主要分布在华北及西北地区，例如新疆准噶尔煤盆地、甘肃窑街煤盆地、华北鄂尔多斯煤盆地、山西大同煤盆地、北京京西煤盆地、辽西北票煤盆地，其煤系均为内陆型煤系。在我国南方也有近海型的早侏罗世煤系发育，但含煤性很差。

(4) 晚侏罗世—早白垩世煤系：主要分布在内蒙古东部及东北地区，绝大部分为内陆型煤系，在黑龙江东部有近海型煤系发育。著名的煤盆地有内蒙古东部的霍林河煤盆地、胜利煤盆地、元宝山煤盆地和伊敏煤盆地、辽西北的阜新煤盆地、黑龙江东北部的鸡西煤田和双鸭山煤田等。

(5) 古近纪—新近纪煤系：主要分布于东北和西南地区，如辽宁抚顺煤盆地、吉林梅河煤盆地、广西南宁煤盆地和百色煤盆地、云南小龙潭煤盆地和昭通煤盆地等，我国台湾的煤系也属古近纪—新近纪煤系。

第三节　油页岩

油页岩是指主要由藻类及一部分低等生物的遗体经腐泥化作用和煤化作用而形成的一种高灰分的、低变质的腐泥质沉积岩。油页岩含有一定的沥青物质，通过加热（干馏）可从中提取原油。油页岩不仅是一种石油资源，也是一种化工原料，从中可以提取硫酸铵、吡啶等多种化工产品。

油页岩的有机成分有碳、氢、氧、氮、硫等。与煤不同的是它的碳氢比低（<10），含油率高，氮、硫含量也较高。油页岩的无机成分一般为黏土和粉砂，有时也出现碳酸盐矿物和黄铁矿等。评价油页岩最重要的工艺指标是含油率和发热量，一般工业要求含油率要大于4%。

油页岩颜色多样，有暗褐、黄褐、褐黑、灰黑、深绿、黑色等。一般是含油率越高，其颜色越暗。条痕有褐至黑色不等。相对密度为1.4~2.3，比一般的页岩轻，干燥的油页岩相对密度更小。油页岩大都坚韧不易破碎，常具有弹性；含油率高者，用小刀刮起的薄片可发生卷曲。含油率4%~20%不等，高的可达30%。具有可燃性，含油率高的，用火柴即可点燃。

油页岩发育页状层理，甚至呈极薄的纸状层理；有时，外表看起来也呈块状，但一经风化，其页理就呈现出来了。

油页岩的生成环境与腐泥煤的生成环境近似。内陆淡水湖泊、时有海水注入的半咸水湖泊、潟湖，甚至海湾，都是形成油页岩的良好环境。正常海洋环境也可生成油页岩，如俄罗斯伏尔加地区侏罗系油页岩和我国塔里木盆地寒武系—奥陶系萨尔干组黑色油页岩均是海洋环境生成的。

我国油页岩分布很广，北自黑龙江，南至广州湾，几乎各省都有。含油率在5%以上者，有山西的浑源（含油率18.2%），吉林的桦甸（15.5%），湖南的邵阳（12%），四川的屏山（10%），广东的茂名（8.67%），陕西的延安、横山、子长一带（7.35%），辽宁的抚顺（5.5%）等地。

我国油页岩发育的主要地质时代为：

(1) 石炭纪：石炭纪的油页岩为目前我国已知的时代最老的油页岩，如广西桂林附近的油页岩。

(2) 二叠纪：二叠纪的油页岩见于新疆乌鲁木齐、山西浑源、江西安远、湖南邵阳等地。

(3) 侏罗纪：侏罗纪为我国油页岩最发育的时期之一，油页岩多位于含煤岩系中，分布极广，如陕西的延安、横山、子长、永寿，甘肃的永登、华亭，吉林的桦甸，四川的乐山、犍为、资中等地的油页岩。

(4) 白垩纪：如吉林的和龙，四川的屏山，甘肃的隆德等地的油页岩。

(5) 古近纪—新近纪：古近纪—新近纪油页岩是我国目前最有经济价值的油页岩，如辽宁的抚顺，广东的茂名、电白，广西的宁明、田阳，湖南的湘潭、武岗等地的油页岩。

辽宁抚顺的油页岩是内陆淡水湖泊沉积的。它生于古近纪—新近纪煤系地层中，位于煤层之上；厚度100～180m，平均厚度达135m；分布面积很广，储量很大；平均含油率为5.5%，挥发分为17%，灰分为63%。

广东茂名的油页岩是滨海潟湖沉积的，时代亦属古近纪—新近纪，常见海生化石。黄褐色，平均厚度15～20m，厚者可达30m。分布面积广，含油率平均8.67%。这是我国南方最重要的油页岩矿产之一。

积极勘探和合理开发我国的油页岩资源，是有很大经济意义的。

思考实习题

1. 何谓蒸发岩？常见的蒸发矿物有哪些？钾石盐、光卤石、水氯镁石、石膏、芒硝、泻利岩、钙芒硝、杂卤石、苏打、天然碱、钾硝石、硼砂属于哪一类蒸发矿物？它们有何地质意义？
2. 蒸发矿物形成于何种环境？何谓蒸发序列？完整的蒸发序列由哪些蒸发矿物组成？为什么在地层剖面中很难见到完整的蒸发序列？
3. 内陆湖泊沉积中常有哪几种蒸发矿物组合？
4. 蒸发岩的形成有哪几种假说或观点，其要点是什么？
5. 常见的主要蒸发岩形成于何种环境？蒸发岩与油气有何关系？
6. 何谓硅岩？硅岩的研究有何意义？硅岩常含有哪几种硅质矿物成分？硅岩有哪几种主要类型？各形成于何种环境？
7. 简述古代硅质沉积作用的演化与类型、层状燧石岩的成因及其模式。
8. 铁、锰、铝、磷沉积岩是如何形成的？各有几种成因类型？研究它们有何意义？
9. 煤系概念是什么？简述煤的成因类型和按变质程度划分的煤类型。
10. 简述湖泊—沼泽环境的成煤作用和演化阶段。
11. 简要说明我国地质历史中的主要造煤期及煤系类型。
12. 何谓油页岩？油页岩形成于何种环境？说明油页岩与石油及天然气的关系。
13. 通过文献调研，了解我国油页岩等沉积岩矿产形成特征及分布规律。

第五篇 碎屑岩和碳酸盐岩沉积相

> **导读**
>
> 本章核心知识点包括沉积环境与相的基本要素（地理、气候、构造、介质等）和概念，沃尔索相序定律，沉积模式概念和基本作用，沉积相序研究方法，沉积相（组）划分现状和倡导方案。

第十六章 沉积相及其综合分类

第一节 沉积相概述

一、沉积相概念及相序定律

（一）沉积相的概念

相这一概念最早由丹麦地质学家斯丹诺（Steno，1669）引入地质文献，并认为相是在一定地质时期内地表某一部分的全貌，但是，真正在沉积学领域赋予沉积相概念的还是瑞士地质学家格列斯利（Gressly，1838）。他认为："相是沉积物变化的总和，它表现为这种或那种岩性的、地质的或古生物的差异。"自此以后，相的概念逐渐为地质界所接受和引用，同时，也成为重要的争论议题。

自20世纪初以来，相的概念随着沉积岩石学、古地理学的发展而广为流行，对相的概念的理解也随之形成了不同的观点和学派。一种观点认为相是地层的概念，把相简单地看作"地层的横向变化"；另一种观点把相理解为环境的同义语，认为相即环境；还有一种观点认为相是岩石特征和古生物特征的总和。

鲁欣（1953）将相定义为"相就是能表明沉积条件的岩性特征和古生物特征的有规律综合"。塞利（Selly，1970）提出，应该从沉积岩体几何形态、岩石学特征、古生物特征、沉积物构造特征和古流向特征来限定相或沉积相。因此，相是沉积物形成条件的物质表现。里丁（Reading，1996）认为，相是指在一定沉积条件下形成的、反映特定沉积过程和沉环境的岩石。显然，他们均强调相是沉积环境的物质表现。

油气田勘探及其他沉积矿产勘探事业的飞速发展促进了相的研究，使人们对相这一概念的认识更加深入。目前较为普遍的看法是，相的概念中应包含沉积环境和沉积特征这两个方面的内容，而不应当把相简单地理解为环境，更不应当把它与地层概念相混淆。

鉴于上述原因，本教材把相定义为沉积环境及在该环境中形成的沉积岩（物）特征的综合。这里所指的沉积环境由下述一系列环境条件（要素）所组成：（1）自然地理条件，包括海、陆、河、湖、沼泽、冰川、沙漠等的分布及地势的高低；（2）气候条件，包括气候的冷、热、干旱、潮湿；（3）构造条件，包括大地构造背景及沉积盆地的隆起与坳陷；（4）沉积介质的物理条件，包括介质的性质（如水、风、冰川、清水、浑水、浊流）、运动方式和能量大小以及水介质的温度和深度；（5）介质的地球化学条件，包括介质的氧化还原电位（Eh）、酸碱度（pH）以及介质的含盐度。上述条件的综合即为沉积环境。

我们所指的沉积岩特征包括岩性特征（如岩石的颜色、物质成分、结构、构造、岩石类型及其组合）、古生物特征（如生物的种属和生态）以及地球化学和地球物理特征。沉积岩特征的这些要素是相应各种环境条件的沉积响应和物质记录，通常也称为相标志。

综上所述，沉积环境是形成沉积岩特征的决定因素，沉积岩特征则是沉积环境的物质表现。换句话说，前者是形成后者的基本原因，后者乃是前者发展变化的必然结果，这就是相的概念中沉积环境和沉积岩特征的辩证关系。

与相的概念同时存在的还有沉积相、岩相等这些流行的术语。在沉积学中，相就是沉积相，二者是同义语。岩相是一定沉积环境中形成的岩石或岩石组合，它是沉积相的主要组成部分。岩相和沉积相是从属关系而不是同义关系，为了突出沉积环境中的古地理条件和沉积物特征中的岩性特征，通常把岩相和古地理这两个术语联系在一起，以表示沉积相中最重要和最本质的内容。

（二）相序定律

相序是指从一种相逐渐、连续过渡到另外一种相的一系列相的关系或相的有序组合。相序定律，也称为沃尔索相律（Walther，1894），是指"只有那些没有间断的，现在能看到的相互邻接的相和相区，才能重叠在一起"。换句话说，只有在横向上成因相近且紧密相邻而连续发育着的相，才能在垂向上无间断依次叠覆出现（图16-1）。这个相序定律指出，在整

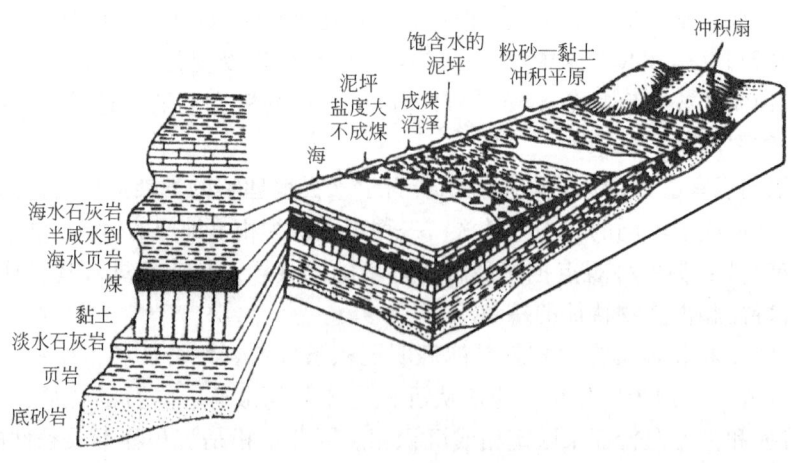

图16-1 沃尔索相律示意图

个垂向沉积层序中产出的多种类型的相，是在横向相邻的沉积环境中形成的。同时，垂向接触的连续的相必须是地理上相邻沉积环境的产物，并且垂向序列中没有明显的间断。显然，相序定律为人们利用现代沉积环境特征去研究古代沉积物垂向序列提供了良好的比较沉积学基本原理和预测方法。

以相序递变规律为基础，以现代沉积环境和沉积物特征的研究为依据，从大量的研究实例中，对沉积相的发育和演化加以高度的概括，归纳出带有普遍意义的沉积相的空间组合形式，称为相模式。相标志和相模式是恢复和再现古代沉积环境的两个重要方面和钥匙。

沉积模式或相模式就是根据现代沉积环境及古代沉积相研究，对古代沉积作用机理所作出的一种成因解释模型。沃克（Walker，1976）认为，沉积模式就是"删去其地方性的细节，而保留其纯粹本质的东西"。所以，沉积模式就是对沉积环境及其沉积产物、沉积过程的高度概括，它应具有广泛的概括性和代表性。沃克（Walker，1976）认为，标准相模式应起到以下四个方面的作用：

（1）从比较的目的来说，它必须起到一个标准的作用；
（2）对于进一步观察来说，它必须起到提纲和指南的作用；
（3）对于新区研究来说，它必须起到预测的作用；
（4）对于所代表的环境或系统的水力学解释来说，它必须起到解释基础的作用。

沉积相模式的表示方法和类别主要包括以下几种（Reading，1978）：

（1）直观模式（visual models）：以简化的二维或三维图式直观地表现出沉积环境、沉积作用过程和最终沉积产物之间的复杂关系。

（2）实际模式（actual models）：以现代具有代表性的地区或古代沉积岩层的相序为基础而建立的模式。

（3）动态模式（dynamic models）：能表示形成特征沉积体的沉积作用全过程的沉积模式，例如曲流河点沙坝向上变细序列模式。

（4）静态模式（static models）：表示在一个特定时间的沉积层内沉积环境特征和沉积物的相变规律，用该模式能预测物源区位置和古沉积环境。

（5）比拟实验模式（scaled experimental models）：以模拟实验获得的沉积特征研究成果为基础而制作的沉积模式。

（6）数学模式（mathematical models）：以数学方法模拟复杂的沉积地质作用过程的模式。

二、沉积相序研究方法

通过研究岩性、沉积构造和沉积序列及其他相标志，将复杂地层序列简化为能够反映沉积物沉积规律的简单形式，即沉积相模式，这对于沉积环境分析和古地理恢复均有十分重要的意义。通常，建立沉积相模式的方法是对地层剖面中的各种沉积相标志及其组合进行归纳总结，逻辑性归纳确定出一种简化的沉积序列。然而，由于不同学者思维方式和观察侧重点的差异，有时对同一个地层剖面会归纳出不同的沉积相序。为了更好地发挥沉积相模式在沉积相研究中的作用，人们已认识到应该使用定量化的科学方法来确定沉积相序。统计地质学方法为确定沉积相序开辟了一条新路，它特别适用于建立具丰富沉积标志的韵律性地层剖面的沉积相序。里丁和沃克（Reading，Walker，1965）较早使用了统计学方法来确定不同沉积相的组合关系，后来许多学者发展了统计学在沉积相序研究中的应用，将概率统计学的马尔可夫链法用于沉积相序研究。下面扼要介绍马尔可夫链法在建立沉积相序中的应用。

首先仔细分析所观察的地层剖面或岩心剖面，依据各种相标志，确定出具不同沉积特征的相（或岩相等）及其相互转换关系，建立相变关系图（图16-2），说明相变规律。

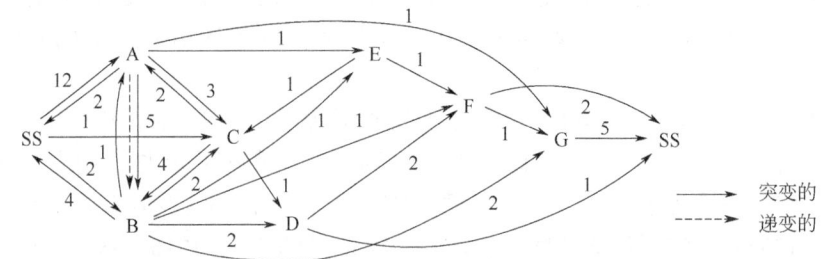

图16-2　观察的相变关系图（据 Cant 和 Walker，1976）

SS—冲刷面；A—很不清楚的槽状交错层理卵石质粗砂岩；B—很清楚的槽状交错层理粗砂岩；C—大型板状交错层理厚层砂岩；D—小型板状交错层理薄层砂岩；E—孤立冲刷的交错层砂岩；F—槽形交错纹层细砂岩；G—低角度层理砂岩

第二步是统计出相变总数及某种相（岩相）变为另一种相（岩相）的次数，建立相变数矩阵。根据马尔可夫链键矩阵定义，i 相转变为 j 相的概率 p_{ij} 为

$$p_{ij} = \frac{n_{ij}/N}{\sum_{j=1}^{M} n_{ij}} \tag{16-1}$$

式中　N——相变总数；

n_{ij}——i 相转变为 j 相的次数；

M——i 相转变为 j，$j+1$，$j+2$，…相的总次数。

然后根据式（16-1）求出实际观察的相变概率（表16-1）。

表16-1　相变关系及相变概率表

	SS	A	B	C	D	E	F	G
（一）观察到的相变数							
SS		12	2	1				
A	2		6	3		1		1
B	4	1		2	2	1	1	2
C		2	4		1			
D	1						2	
E			1				1	
F	2							1
G	5							
（二）观察到的转移概率							
SS		0.800	0.133	0.067				
A	0.154		0.462	0.231		0.077		0.077
B	0.308	0.077		0.154	0.154	0.077	0.077	0.154

续表

			(二)观察到的转移概率					
	SS	A	B	C	D	E	F	G
C		0.286	0.571		0.143			
D	0.333						0.667	
E				0.500			0.500	
F	0.667							0.333
G	1.000							
			(三)随机层序的转移概率					
	SS	A	B	C	D	E	F	G
SS		0.320	0.245	0.151	0.075	0.038	0.075	0.094
A	0.280		0.260	0.160	0.080	0.040	0.080	0.100
B	0.259	0.315		0.148	0.074	0.037	0.074	0.093
C	0.273	0.288	0.220		0.068	0.034	0.068	0.085
D	0.222	0.270	0.206	0.217		0.032	0.063	0.079
E	0.215	0.262	0.200	0.123	0.062		0.062	0.077
F	0.222	0.270	0.206	0.127	0.063	0.032		0.079
G	0.226	0.274	0.210	0.129	0.065	0.032	0.065	
			(四)观察到的和随机的转移概率之差					
	SS	A	B	C	D	E	F	G
SS		+0.048	−0.112	−0.084	−0.075	−0.038	−0.075	−0.094
A	−0.126		+0.202	+0.071	−0.080	+0.037	−0.080	−0.023
B	+0.049	−0.238		+0.006	+0.080	+0.040	+0.003	+0.061
C	−0.237	−0.002	+0.351		+0.075	−0.034	−0.068	−0.085
D	+0.111	−0.270	−0.206	−0.127		−0.032	+0.604	−0.079
E	−0.215	−0.262	−0.200	+0.377	−0.062		+0.438	−0.077
F	+0.445	−0.270	−0.206	−0.127	−0.063	−0.032		+0.254
G	+0.774	−0.274	−0.210	−0.129	−0.063	−0.032	−0.065	

第三步是根据所有相变均是随机的假设，求出随机序列的相变概率 r_{ij}（表16-1），即

$$r_{ij} = \frac{n_j}{N - n_i} \tag{16-2}$$

式中　n_i, n_j——i、j 相出现的次数；

　　　N——相变总数。

公式（16-2）既适用于连续相序，又适用于含有断层以及被掩盖部分层段的相序。

第四步是求出观察相变概率与随机相变概率的差矩阵，即 $p_{ij}-r_{ij}$（表16-1）。显然，此差值可能范围是−1~1。若差值为正值，意味着观察到的相变比随机相变常见；差值为负值，意味着观察到的相变比随机相变少见。

第五步是选取观察相变概率与随机相变概率差值为正值的某一个数作为门槛值，舍去差值小于门槛值的实际观察相变，做出差值大于门槛值的简化相序图（图16-3）。

最后根据第五步作出的简化相序图中表

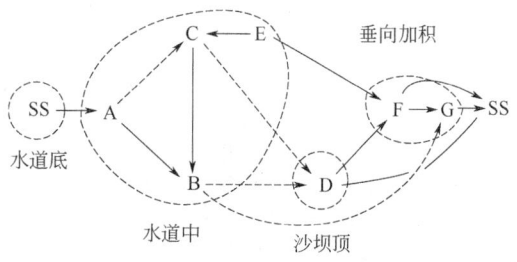

图16-3　对应图16-2的简化相变关系图

示的相变次序以及相之间接触关系，考虑地层厚度，即可做出反映地层剖面沉积规律的二维沉积序列或三维沉积模型。

第二节　沉积相综合分类

一、分类现状和原则

1950年以后，沉积学和岩相古地理学研究进入了现代研究阶段，人们不但研究沉积相标志，而且研究不同相标志的沉积成因和形成过程。重要的是，开展了大规模的现代沉积研究，这为人们采用比较沉积学方法、"将今论古、古今对比"的现实主义原则去研究古代沉积相类型以及进行沉积相划分提供了良好基础。关于沉积相分类和归属界定，人们主要依据对现代沉积环境的划分和理解，根据沉积岩原始物质的不同，分为碎屑岩沉积相和碳酸盐岩沉积相。前者以砾、砂、粉砂、黏土等盆外陆源碎屑物质为主，沉积介质以浑水为特征，发育碎屑岩特有的沉积构造；后者以盆内形成的内碎屑、化学溶解沉淀物质（尤以碳酸盐物质）等为主，介质以清水为特征，发育碳酸盐岩特有的沉积构造。人们也考虑沉积环境，将沉积相划分为陆相、海陆过渡相和海相。近年来，随着碳酸盐岩油气田和非常规油气田的不断发现，碳酸盐岩（细粒沉积物）沉积相的研究也日趋重要，研究成果和资料也日趋丰富。因此本书把碎屑岩与碳酸盐岩两类沉积相分开叙述。本章重点介绍碎屑岩沉积相，碳酸盐岩沉积相将在第二十五章专门论述。

沉积相类别界定和划分的基本原则应该依据自然地理条件或地貌特征、沉积物综合特征，遵循简单易行、便于记忆和理解等对沉积相进行划分。目前，尽管不同学者（教材）对沉积相（特别是障壁岛、潮坪的归属）划分还存在着分歧意见，但人们总是先将沉积相划分成三个相组，即陆相组、海相组和海陆过渡相组。然后依据陆相、海相和海陆交互相中的次级环境及沉积物特征，确定沉积相类型（表16-2），如河流相、三角洲相、滨海相、浅海相等。进而，还可根据各相类型中亚环境、微环境及相应沉积物特征确定出对应的沉积亚相和微相，如三角洲前缘亚相、三角洲前缘河口沙坝微相等。

二、分类方案

本书依据前述沉积相划分原则，首先将沉积相划分成陆相组、海相组和海陆过渡相组（图16-4，表16-2），然后再作相关沉积相（亚相、微相）的划分。

表16-2　沉积相的分类

相组	陆相组	海相组	海陆过渡相组
相	(1)残积相 (2)坡积—坠积相 (3)山麓—洪积相 (4)河流相 (5)湖泊相 (6)沼泽相 (7)沙漠相 (8)冰川相	(1)滨岸相 (2)浅海陆棚相 (3)半深海相 (4)深海相	(1)三角洲相 (2)障壁岛相 (3)潟湖相 (4)潮坪相 (5)河口湾相

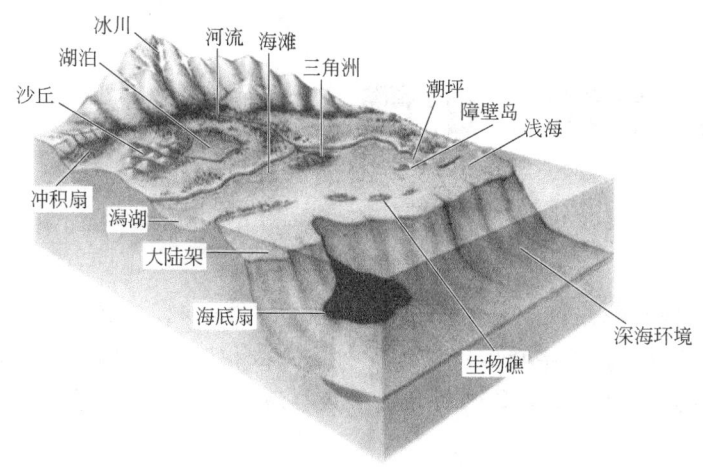

彩图16-4

图 16-4 常见沉积相类型分布图

目前,对海陆过渡地带沉积相的划分,尚无统一方案。有人将潟湖相、障壁岛相、潮坪相作为有障壁的海岸相归于海相组,也有人将滨岸相和潟湖相、障壁岛相、潮坪相一起归于海陆过渡相组。本教材依据沉积环境及其地貌特征、水动力类型及其作用方式、沉积岩性和构造特征、古生物组合及其生态特征等方面的差异,将滨岸相归于海相组,将潟湖相、障壁岛相、潮坪相以及河口湾相归于海陆过渡相组。

沉积相研究的直接目的是恢复沉积环境、古地理面貌和预测有利油气生储盖组合及其勘探开发目标。欲达此目的,就需用"将今论古、古今对比"的现实主义原则和比较沉积学方法,即以现代自然地理面貌等沉积环境条件和沉积特征(沉积序列)作借鉴,进行比较和推断。诚然,古今自然地理及其他沉积环境条件可能不尽相同,不能生搬硬套"将今论古、古今对比"原则,但古今沉积环境的整体轮廓和整体特征毕竟有许多共同之处,故现实主义原则和比较沉积学方法仍不失为一个有效的方法(应了解古今沉积环境差异)。鉴于此,在以后各章节论述沉积相的类型时,将根据"今为古用"的原则,引用一些现代沉积的资料。

沉积相的类型繁多,由于教材的篇幅所限,不能一一介绍,本教材将重点论述与油气勘探开发关系密切的沉积相类型及其相关沉积特征。

 思考实习题

1. 简述沉积相的基本概念及其含义。
2. 简述沃尔索相序递变概念以及如何在沉积学研究中发挥预测/判断作用。
3. 沉积相模式的概念是什么?并说明标准沉积相模式的四种作用。
4. 查阅文献,简述沉积相的分类现状、分类原则、主要相(相组)及相类型。
5. 在了解沉积相主要研究方法的基础上,根据实际沉积相组合数据,采用地质统计学方法(马尔可夫链法)建立沉积相序。

第十七章 山麓—洪积相

> **导 读**
>
> 本章核心知识点包括冲积扇沉积过程和沉积类型（河道沉积、漫流沉积、筛状沉积、泥石流/碎屑流沉积），干旱型和湿润型冲积扇亚微相划分及其沉积模式，冲积扇发育的主要控制因素，冲积扇主要识别标志及其与油气勘探开发关系。

第一节 山麓—洪积相沉积过程及沉积类型

一、沉积过程

山麓—洪积相出现于大陆地区的山前带，常环绕山脉沿山麓大面积分布。它是由大大小小的冲积扇和充填其间的山麓坡积、坠积物组合而成，属大陆相组的一个组成部分。

在干热气候条件下，地壳升降运动较强烈地区（地貌陡），风化、剥蚀作用剧烈，其形成的产物被山区的暂时性水流（雨水或洪水）或山区河流带走。当水流流出山口，地形坡度急剧由陡变缓，水流向四方散开，流速骤减，水流携带的碎屑物质大量沉积，形成洪积锥或洪积扇的锥状或扇状堆积体。它具有山区河流冲积成因的特点，故又称为冲积扇。随着冲积扇的沉积发育，其范围逐渐扩大，山前的冲积扇彼此逐渐联结起来，形成了环绕山脉的山麓—洪积相。

山麓—洪积相的形成和发展受自然地理（地貌）、母岩类型、气候条件和地壳升降运动（断裂作用及其组合）、基准面旋回等因素的制约。造山作用越强、地形高差越大、气候越干旱，山麓—洪积相就越发育。

冲积扇最早由德鲁（Drew，1873）提出，是指在空间上沿山口向外伸展的变尺度锥形沉积体，锥体顶端指向山口，锥底向着平原，其延伸长度变化较大，可为数百米至百余千米。在纵向剖面上，冲积扇沉积物的厚度变化范围可从几米至近万米，呈下凹透镜状或呈楔形，横剖面上呈上凸形，其表面坡度在近山口的扇根处可达 $5°\sim10°$，远离山口变缓，为 $2°\sim6°$。冲积扇可以单个出现，但大多数情况下也可由多个冲积扇沿着山麓在横向上彼此连结，形成冲积扇复合体系，其延伸可达数千米至数百千米。冲积扇沉积主要受汇水盆地大小、气候、构造活动、母岩类型和地形等多种因素的控制。一般来说，汇水面积越大、气候越湿润、构造活动越强烈、母岩越易风化、地形越平缓，则冲积扇沉积面积越大。当然，造山运动是形成巨厚的大型冲积扇的重要条件。山脉的形成导致了母岩区剥蚀作用的增强和河流势能的提高，碎屑物质以碎屑流或牵引流方式搬运造成了大型冲积扇的形成。尤其当地壳升降运动速度超过山区主河床下切速度时，更有利于巨厚层冲积扇的形成。

根据气候条件，可将冲积扇划分为湿润型和干旱型两种类型（图17-1，表17-1）。湿润型冲积扇单个扇体大，表面积为干旱型冲积扇的数百倍，最大面积可达16000km²，扇体中河流作用较明显，发育河流作用产生的沉积结构和构造。湿润型冲积扇分布区年降雨量为1500~2500mm，沉积速率可高达5~7.5m/a。干旱型冲积扇呈面积较小的锥形体，扇体面积常小于100km²。山根处沉积厚度大，向扇缘处沉积厚度快速减薄。干旱型冲积扇地处降雨量少的干热气候带，季节性暴风或高山积雪融化形成间歇性河流，这些河流携带大量沉积物，主要以泥石流（碎屑流）形式在山口处大量堆积形成冲积扇。

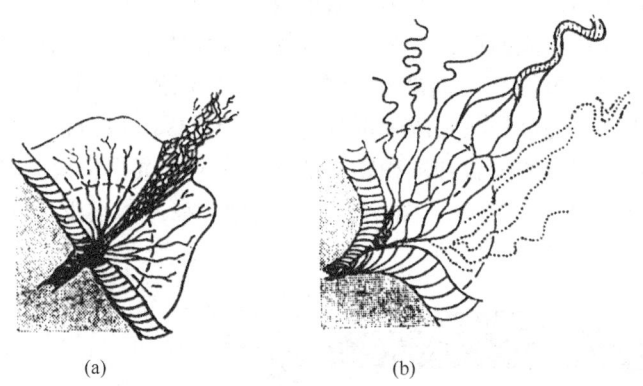

图17-1 干旱型和湿润型冲积扇平面分布特征（据Galloway，1983）
(a) 干旱型冲积扇；(b) 湿润型冲积扇

表17-1 干旱型和湿润型冲积扇特征对比

类型	干旱型冲积扇	湿润型冲积扇
河流性质	间歇性河流	常年河流
扇体半径和沉积厚度	一般1.5~8km，最大可达25km，沉积面积小；沉积厚度大，可达8000m	50~140km，沉积面积较大，可达几百平方千米；沉积厚度较小，几米到几百米
坡度	较陡，一般3°~10°	平缓，小于1°
河床分布格局	变化频繁紊乱	河流往往定向迁移、决口改道具有突发性
沉积物分布	自扇顶向前缘沉积物逐渐变细，发育较多泥石流沉积	自扇上部至前缘沉积物逐渐变细，但在冲积扇中部和前缘的河槽内分布砾质沉积，发育河道沉积
垂直层序	整个冲积扇层序自下而上逐渐变粗，但单个沉积旋回主要为向上变细的河流层序	整个冲积扇及单个旋回均为向上变细的层序

注：此表根据S. A. Schumm（1977）、G. M. Friedman（1978）、C. V. Gole（1966）资料整理。

根据沉积物搬运机制和沉积物粒度，可将冲积扇划分为泥石流（碎屑流）搬运的粗粒冲积扇和牵引流搬运的细粒冲积扇。粗粒冲积扇源区母岩性质多以变质岩、火山岩为主，扇根发育厚层碎屑流成因、厚度较大且分布较广的砂砾岩体，扇中以高流态砂砾质辫流水道中—细砾岩、中—粗砂岩为主，扇缘径流相带多细砂沉积。扇根坡度较大（可达3°~10°），由扇根至扇缘坡度快速变缓。细粒冲积扇源区母岩性质多以碎屑沉积岩为主，扇根则以高流态牵引流（少见碎屑流）为特征，扇中以低流态辫状水道为主，岩性以中—细砂岩、粉砂岩为主，坡度总体较小，由扇根到扇缘坡度变化不大（视频17-1）。

需要指出的，山麓—洪积相中的坡积扇受到了沉积学家关注，它是由碎屑流沉积控制的一种特殊扇体，由山体风化垮塌，在山坡发生就地或极短距离沉积而形成，几乎不发育牵引流水道沉积。坡积扇面积较小，而坡

视频17-1 泥石流（碎屑流）

度较大（可达5°~10°），顺源方向上由厚变薄，呈楔状，切物源方向则呈顶凸底平状。沉积物成分成熟度和结构成熟度极低，巨砾、粗砾等粗粒沉积物与泥、粉砂等细粒沉积物混杂堆积。多厚层块状沉积构造，少见牵引流成因的交错层理（吴胜和，2016）。

二、沉积类型

冲积扇上可能出现两种类型的搬运和沉积作用：一种是起因于较常年性或短暂性水流形成的牵引流搬运沉积作用，其特点是在山口的扇根部分发育主河道，向扇端方向形成以放射状散开且逐渐变浅的辫状分流河道，较常年性或短暂性流水携带沉积物沿河道或漫溢出河道而堆积；另一种则起因于事件性（间歇性）作用形成的泥流、泥石流、碎屑流等陆上重力流作用。因此，冲积扇上的沉积物按成因可分为牵引流成因沉积物和重力流成因沉积物两种类型。前者可进一步按沉积的位置和沉积物特征划分为河道沉积、漫流沉积和筛状沉积；后者为泥石流或碎屑流沉积（图17-2，图17-3）。当然，在冲积扇形成过程中，牵引流与重力流作用往往交替过渡或混合发生的。

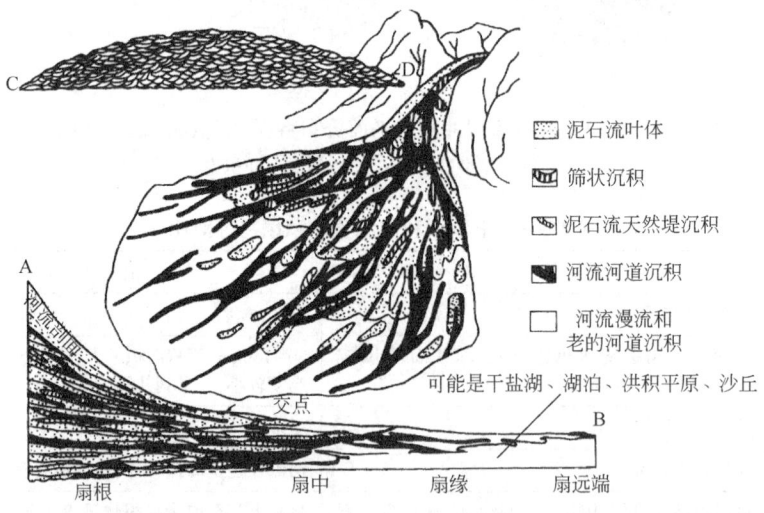

图17-2　理想冲积扇沉积类型及剖面形态（据D. R. Spearing，1974）
AB—纵剖面；CD—横剖面

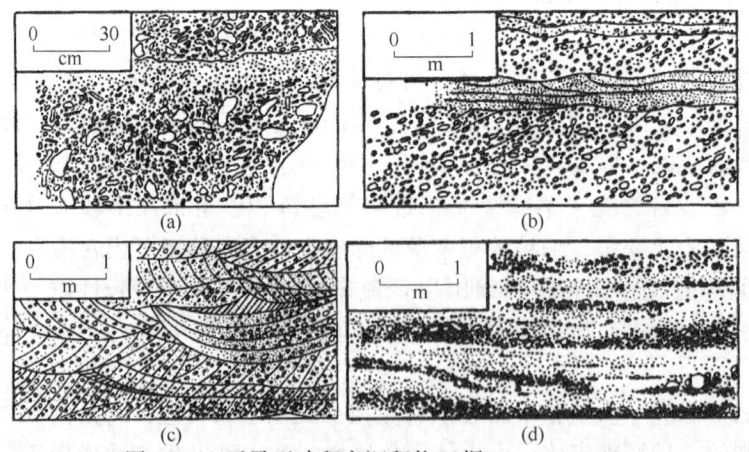

图17-3　干旱型冲积扇沉积物（据Bluck，1967）
(a) 泥石流沉积；(b) 漫流沉积；(c)、(d) 河道沉积

（一）河道沉积

河道沉积又称为河床充填沉积，也有人称为槽流沉积。冲积扇常被具有牵引流性质的间歇性（或较常年性）河流切割，当洪水来临或再次到来时，所携带的沉积物在这些暂时性河床中沉积下来，就形成了冲积扇上的河道沉积。

河道沉积（河床充填沉积）主要由砾、砂沉积物组成，粒度粗，分选差。一般从扇顶至扇缘方向粒度逐渐变细，沉积物成层性不好，下游方向可见交错层理，各单层的成层厚度一般为 5~60cm。常具明显的洪水或强水流成因的切割—充填构造，并且常因这种洪水作用使粗粒物质位于扇体的中部或扇缘（图 17-3）。

（二）漫流沉积

携带沉积物的具有牵引流性质的流水从冲积扇河床末端（或侧缘）漫出，水流向四周散开、流速骤减，沉积物向四周漫溢，呈席状或片状沉积下来，形成席状砂岩、泥岩以及砾岩堆积体，称为漫流沉积。有人也称之为漫洪沉积或片流沉积。

漫流沉积物主要由砂级碎屑组成，可含有黏土、粉砂。常呈块状，也可出现交错层理或细粒纹层。一系列漫流沉积的透镜体组合，形成席状或片状沉积体，通常构成冲积扇的主体（图 17-3）。

（三）筛状沉积

当源区快速强水流供给冲积扇的陆源物质主要为成分稳定的砾石而无或极少有其他细粒级的物质时，在冲积扇的表层便堆积了舌状砾石层。由于沉积物粒度粗，砂质之类细碎屑的充填物较少，故渗滤性极好，在洪水尚未流到扇缘之前，就沿着像滤水筛子一样通过砾石间缝隙渗滤到砾石层底部并顺扇体底层向前流动。因此不能形成地表水流，从而阻止了粗粒物质的继续向前搬运。扇体表层的砾石层就称为筛状沉积。它虽较为少见，但它是冲积扇上最富特色的沉积。

筛状沉积主要由成分成熟度较高的、粗大的、分选较好、次棱角状的砾石组成（如石英岩），其间充填较少的、分选好的砂级碎屑，无明显的成层界线，常形成块状沉积层。

筛状沉积的形成要求独特的源区条件，即母岩区须是节理发育的石英岩之类的岩石、较陡地貌以及强水流间歇性作用等。

（四）泥石流沉积

当水流携带的砾石和泥砂沉积物达到足够量时，就形成了密度大、黏度高、呈可塑性状态的流体，称为泥石流（碎屑流）。大量碎屑物质在泥石流中呈块状整体悬浮搬运，在扇体上堆积形成泥石流沉积。

泥石流经常发育在扇体的根部和中部，其最大特点是砾、砂、泥混杂，分选极差，大者为可达数吨的漂砾，小至粉砂、黏土，但总体是以后者占优势，不发育交错层理（图 17-3）。黏度大的泥石流，其粗粒碎屑分布均匀或杂乱分布，甚至直立状，多呈块状层理构造；黏度不大者可具粒序层理，扁平状砾石可呈水平或叠瓦状排列。在形态上，泥石流呈舌状或叶瓣状，具有沉积表面地貌坡度较大、厚度变化大、沉积体边缘清晰的特点。

主要由砾、砂、粉砂及部分泥质（含量小于 15%）组成的碎屑流岩性较粗，整体表现为少杂基的、成分成熟度和结构成熟度均低的砂砾岩，块状构造，其中粗粒的砾石杂乱分布，可呈直立状。

主要由砂、粉砂、泥质（含量大于15%或更多）组成的泥石流称为泥流，即粗粒级沉积物含量较少，一般不含2mm以上的、分选很差的粗粒沉积物。粗粒物质完全悬浮在泥质中，泥流沉积表面可发育龟裂等出露地表的、干旱气候条件下形成的沉积矿物和沉积构造。

泥石流的形成与源区母岩性质关系密切。在源区母岩为泥质岩且植被不发育、地形坡度较陡的情况下，因暴雨而造成短期内水量骤增（洪水），以致侵蚀作用增强，大量泥砂被携带而形成泥石流。

冲积扇可以由某种单一的沉积类型组成，如为漫流或泥石流（碎屑流）的单一沉积。但大多数冲积扇是由上述几种沉积类型共同组合而成。总体来说，以泥石流、河床充填和漫流沉积为主，筛状沉积出现较少。

第二节　冲积扇沉积模式

依据现代冲积扇地貌特征和露头沉积特征，可将冲积扇相进一步划分为扇根、扇中和扇缘三个亚相或称为近端扇、中扇和远端扇（图17-2）。

张纪易（1985）根据准噶尔盆地西北缘三叠系洪积扇（冲积扇）的沉积特征研究，提出将冲积扇相划分为扇顶（包含主槽、侧缘槽、槽滩、漫洪带）、扇中（辫流线、辫流沙岛、漫流带）、扇缘（细粒泛滥沉积、次生扇）（图17-4）。扇顶（扇根）主要沉积具有洪积层理的厚层混杂砂砾岩和含砾泥岩，扇中沉积具有交错层理的砂砾岩和砂质泥岩，扇缘沉积具有波纹层理、植物根的细粒沉积及少量砂砾岩。

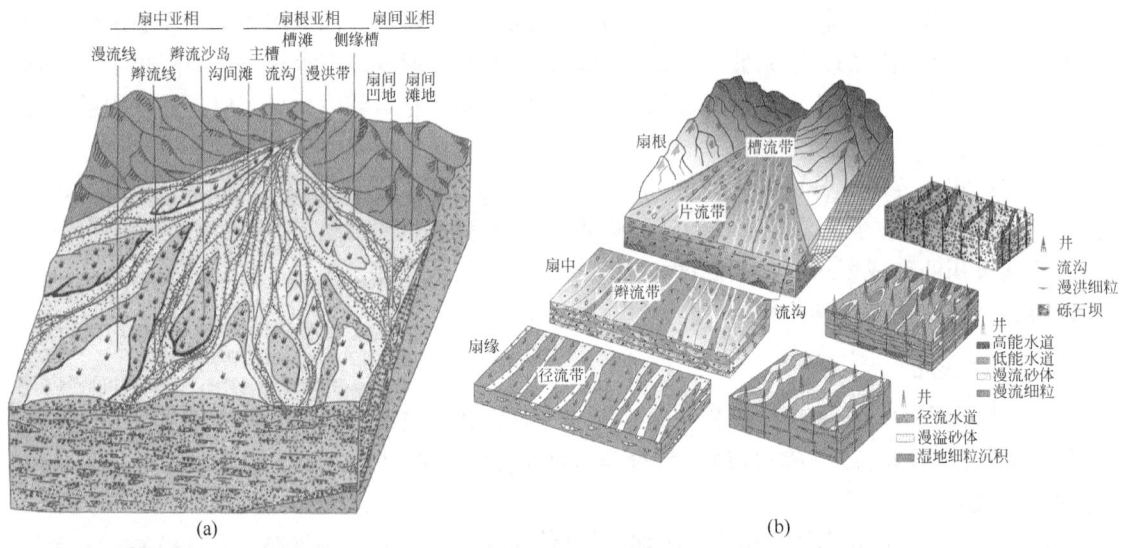

图17-4　准噶尔盆地西北缘三叠系粗粒冲积扇沉积模式
(a) 据张纪易，1985；(b) 据吴胜和，2012

彩图17-4

Stanistreet（1993）曾将碎屑流沉积、辫状水道沉积和曲流水道沉积作为三端元，划分了三类冲积扇，即碎屑流主控型、辫状水道主控型和曲流水道主控型冲积扇。实际上，冲积扇类型往往受到气候影响，是前述三个端元的不同比例的组合。在干旱气候环境，多发育碎屑流主控型和辫状水道主控型冲积扇以及混合体；在潮湿气候环境，多发育曲流水道主控型冲积扇。

自 20 世纪 90 年代开始，国际上主要将冲积扇区分为两大类，即泥石流型冲积扇（debris flow fan）和河流型冲积扇（fluvial fan）（Harvey，2011；Ielpi，Ghinassi，2016）。两大类扇体本质区别在于扇体建造过程是阵发性还是连续性（Stanistreet，McCarthy，1993；Clarke，2015）。一般而言，泥石流型扇体往往受控于阵发性洪水作用，而传统的河流型冲积扇往往与连续的河流作用密切相关，因此其沉积特征也以不同类型的河道化沉积为主，而洪水过程多表现为洪泛细粒沉积（Allen，1981；Cain，Mountney，2009），并缺少阵发性洪水间歇期发育的各类扇面二次改造再沉积作用。而早期河流型冲积扇又可进一步区分为辫状河流型冲积扇及曲流河/低弯度河流型冲积扇两个亚类。

扇根亚相包含槽流带、片流带、漫洪带微相等；扇中亚相包含辫流带、漫流带等；扇缘亚相包含径流带、漫流带等。

随着冲积扇沉积观察和露头研究不断深入，在构造强烈活动的沉积盆地（如前陆盆地）冲积扇扇缘末端或前端可发育小规模扇体（即末端扇或分流河道扇）。该末端扇一般发育于干旱—半干旱气候条件下，在强烈构造活动或洪水作用下，由冲积扇扇缘多条主干水道供源，向前延伸撒开沉积形成小规模扇体，受强烈蒸发作用影响，末端扇上水流在分散过程中发生蒸发消失。

根据冲积扇所处气候带不同，下面详细叙述一下干旱型和湿润型冲积扇沉积特征。

一、干旱型冲积扇

在干旱气候环境和相对强烈构造活动背景的冲积扇形成过程中，碎屑流和牵引流作用占据可变的比重，形成碎屑流和河流（牵引流）共同控制的冲积扇。干旱型冲积扇常不发育植被，主要由泥石流、筛滤、漫流、辫状河道沉积组成，这些沉积物所占扇的比例是因地而异的。在近山口扇根处，冲积扇以泥石流（碎屑流）沉积为主，沉积厚度大；在远山口扇中、扇缘处，碎屑流转化为牵引流，形成辫状水道和径流水道，沉积厚度急剧减薄、砾石级粗碎屑含量降低，但黏土含量相对较高。泥石流（碎屑流）沉积以成分杂、基质支撑、砾石悬浮直立状、碎屑棱角状为特征（图 17-3）。筛滤沉积面积占冲积扇的比例是较小的，但在砾石丰富、粉砂与黏土很少的地方，扇体可主要由筛滤沉积组成。主要位于扇中的砂砾质的辫状水道沉积具不太清晰的板状和槽状交错层理及波纹层，洪泛下切河道的快速充填产生了向上变细的垂向层序。扇缘处的漫流沉积由平行纹层、波状纹层砂、泥组成，其沉积构造常被化学沉淀、矿物生长、植物根、掘穴等破坏。下面分别介绍扇根、扇中、扇缘 3 个亚相沉积特征。

（一）扇根

扇根亚相位于冲积扇的根部，往往只有 1~2 条河道，沉积宽度较小，沉积坡度较陡。主要沉积物为泥石流（碎屑流）沉积和河道充填沉积，其岩石类型为成分复杂、分选差、无组构的混杂砾岩、具叠瓦状构造的砾岩和砂砾岩，具有块状构造和明显的冲刷面，可见砾石直立或大角度斜列，砾石中间充填黏土以及砂级杂基，无化石。有时，可见具有不明显平行层理、交错层理的砂砾岩（图 17-5）。

扇根可划分为扇根内带（包括槽流带和漫洪带）和扇根外带（即片流带）。扇根内带主要受控于沟谷限制的地形而形成厚层宽条状砂砾岩体，系由多期洪水事件携带的砾石级粗粒沉积物垂向叠加而成。单期槽流砾石体一般呈不太明显的正韵律。扇根外带则是碎屑流冲出沟槽地形后撒开并快速沉积形成的扇形连片砂砾岩体，其由多个单一片流朵体（一次洪水

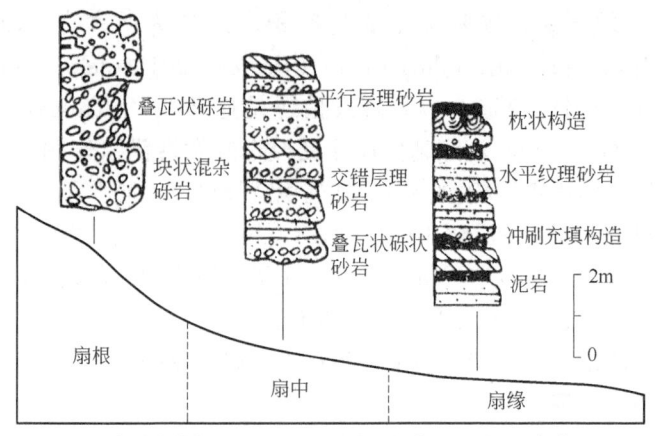

图 17-5 冲积扇各亚相沉积特征和沉积序列（据孙永传，1986）

事件形成朵状或舌状）侧向、垂向复合而成，片流带平面呈扇状，规模较大，顶部在间洪期沉积披覆泥岩（吴胜和，2016）。

（二）扇中

扇中亚相常构成冲积扇的主体，具有较为明显的牵引流沉积作用，发育辫状河道和漫流沉积。根据水动力强度的不同，可将扇中辫流水道分为洪水水道和间洪水道两类。洪水水道形成于洪水期，水动力强，沉积物粒度较粗，主要沉积物为成分复杂、分选较差的砂岩、砾质砂岩和砾岩。洪水水道砂岩和砾质砂岩中的砾石结构混杂或具有叠瓦状构造，扁平面倾向扇根方向，水道规模较大，主要分布于近扇根片流相带前方；间洪水道形成于间洪期，水动力相对较弱，沉积物粒度较细，水道规模较小，砂岩和砾质砂岩可具有不明显的平行层理和交错层理，常位于具有叠瓦状构造的砾岩之上，构成向上变细的沉积韵律（图 17-5）。扇中辫状河道之间发育漫流沉积，主要由砂岩和泥岩构成，砂岩具有交错层理；泥岩具有暴露构造，如干裂和雨痕等。

（三）扇缘

扇缘亚相位于冲积扇的周边，由小规模径流水道和大片漫流带组成，河流冲刷作用降低或消失，沉积坡度变缓，沉积范围扩大。扇缘径流水道呈孤立状分布于泥岩中，主要沉积物为砂岩及粉砂岩，砂岩分选相对变好，具有平行层理和交错层理，沉积厚度较扇中河道沉积薄、宽度大。漫流沉积由粉砂岩和泥岩以及膏盐沉积组成，泥岩及其粉砂岩具有波状层理、变形层理、块状构造和陆上暴露标志（图 17-5）。

二、湿润型冲积扇

在湿润气候环境和相对稳定构造活动背景的冲积扇形成过程中，湿润型冲积扇不仅发育植被，还具有明显的牵引流（河流）作用，形成多河流体系，因此又称为河流扇（fluvial fan）。湿润型冲积扇主要由河流迁移摆动沉积而成，扇体面积大（可达数千平方千米）。自扇根到扇缘方向，沉积亚相特征具有较明显的变化，即河流能量降低、河道深度变浅、碎屑粒径变小、沙坝类型由席状沙坝经过渡带变化为远端的纵向沙坝、格架砾岩的体积迅速减小而交错层状含砾砂岩的体积则相应增加、交错层规模向远端减小，由板状层组过渡为槽状层组（图17-6，图17-7）。

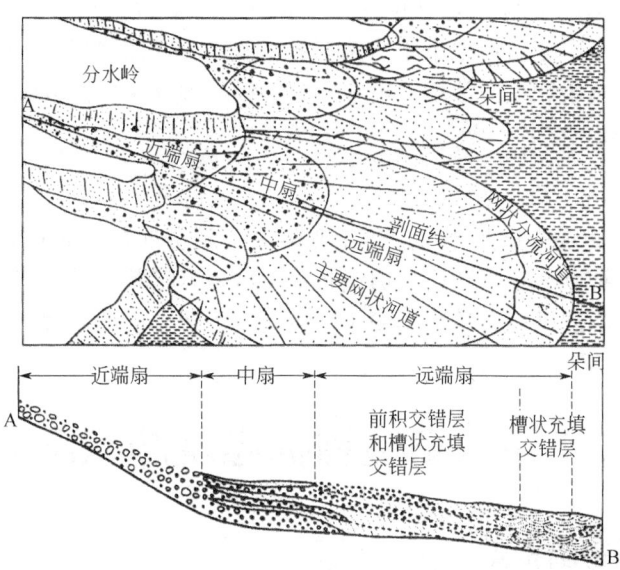

图17-6　得克萨斯范霍恩湿润型冲积扇亚相划分和沉积特征（据McGowen等，1971）

湿润型冲积扇的3个亚相（扇根、扇中和扇缘）是逐渐过渡的（图17-6，图17-7）。

（一）扇根

扇根（近端扇）亚相位于近出山口部位，主要由若干单元的厚层宽带状砾质辫流水道（宽15~20km）构成，主要岩性为砂质砾岩和砾质砂岩，分选磨圆中等—差，发育具有冲刷面的多层叠置的间断正韵律。在平行水流方向，这些砾质坝复合体呈长条状，并过渡为互层的、具交错层理的砂质—砾质坝。在垂直于水流方向，这些砾质坝复合体呈底平上凸透镜状。扇根亚相砾岩粒级和厚度受控于洪水泄水量，常见粗粒砾石磨圆良好，呈叠瓦状，细砾层与粗砾层间互接触，其间被后期的较细粒沉积物充填。

（二）扇中

扇中（中扇）亚相（图17-6）由多条宽带状辫流水道带构成，沉

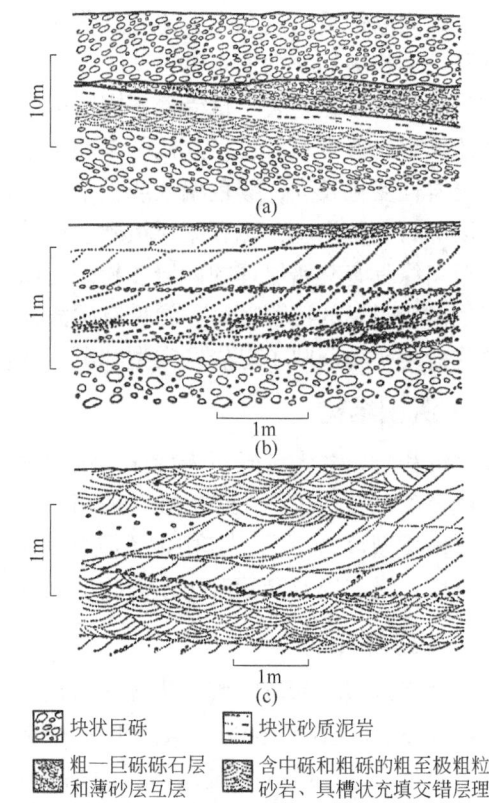

图17-7　得克萨斯范霍恩湿润型冲积扇不同亚相沉积岩性和构造特征（据McGowen等，1971）

(a) 扇根，砾石为主要成分，粒径可达1m；(b) 扇中，互层的砾岩和交错层理含砾砂岩；(c) 扇缘，具板状和槽状交错层理的砂岩

积物以砂质为主，分选磨圆中等，杂基含量相对低，底部发育冲刷面，偶见洪水成因的砾石层。在扇中亚相中可确定出两种类型的沙坝。扇中上方多为厚几米的粗砾斜长方形心滩沙坝，靠近扇根方向，砾石变粗；扇中下方为具槽状交错层理的辫状（网状）窄浅分流水道和具板状交错层理的透镜状纵向沙坝，扇中下方的纵向沙坝主要由较细的砾石组成并被由洪泛形成的河道分隔开。

（三）扇缘

扇缘（远端扇）由堤岸化曲流水道粉细砂岩和广泛分布的水道间泥岩构成，分选磨圆较好，曲流水道往往孤立分布。薄层、透镜状水道砂岩具槽状交错层理、板状交错层理，在纹层面上可有分散状顺层砾石。沙坝类型包括纵向、舌形和横向形式，常见板状交错层理和波纹层理等沉积构造。

第三节　古代冲积扇鉴别标志及冲积扇与油气关系

一、冲积扇鉴别标志

（一）沉积岩性

冲积扇是间歇性重力流和牵引流相互作用堆积的产物。沉积岩性粗，泥石流（碎屑流）和筛状沉积是冲积扇的典型识别标志。

沉积物质经常暴露地表，遭受着不同程度的氧化作用，故缺少还原性的暗色沉积物，泥质沉积物的颜色一般带有红色，这是干旱和半干旱地区冲积扇的重要特征。

冲积扇岩性变化较大，颜色偏红或呈杂色，这主要与母岩区类型和沉积环境有关。大多数冲积扇以砾石沉积为主，砾石间充填砂、粉砂和黏土级的碎屑。扇根以混杂结构的砾、砂岩为主，至扇缘具有交错层理的砂岩、粉砂岩以及黏土含量增多。沉积物暴露地表的冲积扇多形成于气候较干旱的沉积环境，常见有碳酸盐、硫酸盐等蒸发矿物，如方解石、石膏、盐岩等。这些盐类矿物反映了母岩区类型和沉积环境。

（二）沉积结构

冲积扇沉积物以含大量砾石为特征。沉积物粒度粗、成分和结构成熟度低。砾石磨圆较差，较大粒径的砾石与较小粒径的砂、泥相互混杂接触。然而，不同沉积过程形成的沉积物分选性和支撑类型可有不同，其中泥石流沉积物常显基质支撑结构、粒度变化大、分选最差；河床充填、漫流以及筛状沉积多为碎屑支撑结构、粒度变化小、分选磨圆中等。

（三）粒度特征

冲积扇砂质沉积物的粒度概率曲线常为悬浮组分含量高的三段式。滚动组分含量 $1\%\sim30\%$，跳跃组分含量 $50\%\sim60\%$，悬浮组分含量 $10\%\sim20\%$。从扇根向扇缘方向，滚动和跳跃组分含量降低，悬浮组分含量增高。冲积扇中不同类型沉积物具有不同特征的 C—M 图（图 17-8）。漫流沉积与河床充填沉积在 C—M 图上为一弯曲图形，与帕塞加牵引流标准 C—M 图相比，缺少 RS 段，而只有 P—Q—R 段图形，说明均匀悬浮沉积对发育漫流沉积与河床充填沉积的冲积扇来说不是特征的。图形 PQ 段代表冲积扇河床充填沉积；QR 段大致与 $C=M$ 线平行，代表了递变悬浮搬运的漫流沉积。泥流（泥石流、碎屑流）沉积是一个近

于与 $C=M$ 线平行的长条状图形，与帕塞加的浊流沉积 $C—M$ 图接近。所不同者，浊流 $C—M$ 图中线上的样品点，C 是 M 值的 2.3~4.2 倍，而泥流 $C—M$ 图中线上各点，C 是 M 值的 40~80 倍，这说明泥流比浊流在分选上要差得多，黏度和密度也大得多（图 17-8）。

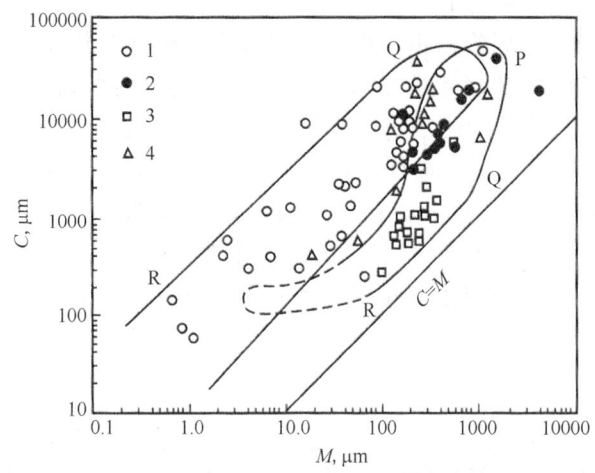

图 17-8　加利福尼亚弗雷斯诺郡西部冲积扇各沉积类型的 $C—M$ 图（据 Bull，1964）
1—泥流沉积；2—河床沉积；3—漫流沉积；4—泥流和牵引流过渡沉积

（四）生物化石

冲积扇中几乎不含动物化石，在扇缘少见植物化石，也很少含有机质。

（五）沉积构造

沉积构造是水动力作用的直接产物，它能反映当时的沉积环境特征。冲积扇沉积形成于泥石流和牵引流相互作用，故形成不同类型的沉积构造。泥石流沉积显示块状层理或不显层理，其中的砾石杂乱分布；河道充填粗粒碎屑沉积可有不太明显和不太规则的交错层理，纹层倾向扇缘，倾角为 10°~15°；漫流细粒泥质沉积物可见薄层波状层理、水平层理（图 17-3，图 17-5，图 17-6）。

冲积扇的粗碎屑沉积中常见冲刷—充填构造，主要发育在扇根和扇中附近。砂质沉积局部可见水流波痕。砾石若有定向排列，则呈向源倾斜，倾角 30°~40°。泥质表层可发育泥裂、雨痕等。

（六）垂向层序及沉积相组合

冲积扇在形成和发育过程中，受构造作用、物源供给、基准面变化等控制可发生进积或退积作用，形成有明显不同序列特征的沉积层序。当冲积扇向源区退积，则形成下粗上细的退积正旋回层序，否则相反。在扇体的不同部位，其沉积层序组合和沉积厚度也不相同（图 17-5，图 17-7）。

在横向上，冲积扇向源区方向与残积、坡积相邻接，向沉积区常与冲积平原组合或风成—干盐湖相相接。与河流或湖泊、沼泽沉积呈超覆或舌状交错接触。有时也可直接与滨海（湖）平原共生。甚至有些扇体可以直接进入湖泊或海盆的安静水体，形成部分位于水下的扇三角洲或完全位于水下的水下扇。

二、冲积扇与油气关系

冲积扇在我国现代大陆沉积中及地史时期的古代沉积中都不乏其例，特别是在构造活动强烈、地势高差大和气候干旱的地区。

准噶尔盆地西北缘克拉玛依油田二叠系—三叠系砂砾岩沉积体是古代冲积扇的典型实例。三叠系冲积扇杂色砾岩厚度可达2500m，它由7个冲积扇组成，沿老山山前古盆地边缘断裂带分布，彼此连接构成冲积裙带（图17-9）。岩性以杂色中—细砾岩为主，夹大量砾质砂岩及中—粗砂岩。砾岩占沉积总厚度的60%~90%，90%的砾石为来自相邻母岩区的变质碎屑物质，粒径1~6mm，大者达60mm，分选磨圆差，结构混杂，见洪积层理及冲刷面，无生物化石。在每个扇体的扇中部分发育砂砾岩体，厚度较大，向扇体两侧减薄；扇中砂砾岩粒度适中，分选稍好，胶结疏松，孔隙性和渗透性好，加之断裂发育，可储集油气形成油田。

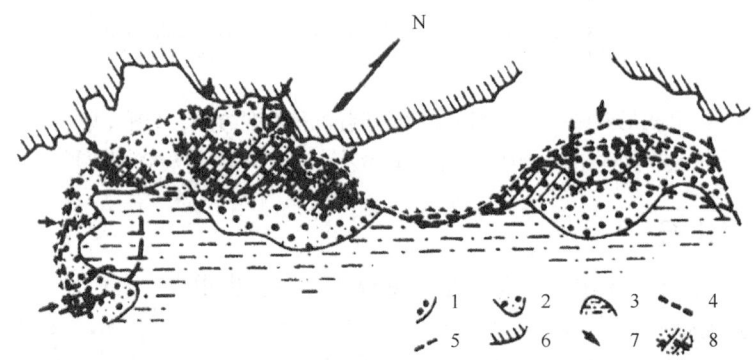

图17-9 新疆克拉玛依油田冲积扇及含油情况示意图
1—冲积扇顶部；2—冲积扇中部；3—冲积扇前缘；4—断裂；5—地层尖灭线；
6—老山边界；7—陆源方向；8—含油良好地带

思考实习题

1. 如何理解山麓—洪积相、冲积扇、泥石流、河道充填、漫流沉积、筛状沉积的概念。
2. 简述山麓—洪积相的基本特征和发育背景。
3. 简述冲积扇的重力流和牵引流沉积过程以及相关沉积类型特征。
4. 简述冲积扇亚相划分现状和主要亚相、微相类型。
5. 总结干旱型冲积扇三个亚相的沉积岩性、沉积构造特征和形成过程。
6. 总结湿润型冲积扇三个亚相的沉积岩性、沉积构造特征和形成过程。
7. 试对比总结干旱型冲积扇和湿润型冲积扇沉积特征，并说明形成过程。
8. 试绘图表示冲积扇的平面、剖面相模式并简述古代冲积扇的鉴别标志。
9. 阅读文献，了解我国准噶尔盆地西北缘克拉玛依油田二叠系—三叠系砂砾岩沉积体，分析其沉积特征及其与油气关系。
10. 开展野外露头或现代沉积研究，总结冲积扇三个亚相的沉积特征，建立沉积模式。

第十八章　河流相

> **导读**
>
> 本章核心知识点包括河流水流流动状态及其水动力参数、河流水流流动沉积过程，河流类型划分依据（参数定义）和划分方案，平直河、曲流河、辫状河和网状河基本特征和沉积亚相（河道、堤岸、河漫、牛轭湖）特征，不同类型河流发育的主要控制因素，不同类型河流的沉积序列和沉积模式，河流主要识别标志及其与油气勘探开发关系。

第一节　河流沉积过程及沉积类型

一、沉积过程

河流水质点由高势区向低势区方向流动，总体不具备循环性和周期性。河流是流水由陆地流向湖泊和海洋的重要通道，也是把沉积物由陆地搬运到海洋和湖泊中去的主要地质营力。

河流搬运（溶解作用）过程伴随有沉积作用，形成广泛的河流沉积，在构造条件适宜的情况下，沉积厚度可达千米以上。河流沉积过程主要受地形坡度、沉积物类型和输砂量、河水流量和流态以及植被等多种因素的影响。若其他控制因素相对不变，那么水流流态会影响沉积物的搬运和沉积方式。常见的水流流态（水质点运动方式）有层流、紊流和横向环流等三种类型。

（一）层流和紊流

层流是水质点运动方向彼此平行、规则的成层流动的水流。紊流是水质点运动方向和速度各不相同、水体内有强烈侧向混合作用，且水层之间发生扰动的水流（详见第二章）。河流的水流流态实际上都属于质点运动轨迹很不规则的紊流（河流底层可能存在过渡层流）。水体运动可分解成平行底面和垂直底面的两种运动。当垂直向上的分力大于泥砂之间的阻力或重力时，泥砂就发生搬运，否则发生沉积。

（二）横向环流

横向环流是由表流和底流构成的连续的、螺旋形向前移动的水流。在平直河段，水流形成两个对称的横向环流（双向环流），主流线沿河床中心分布［图 18-1(a)］。在弯曲河道中，受水体惯性力作用，主流线沿河床弯曲，在河流凹岸产生壅水现象，形成水面的横比降。在横断面上，水体两侧受到不等的压力作用，使得底部水流由凹岸流向凸岸，它与由凸岸流向凹岸的河面水流一起构成连续螺旋形前进的单支环向环流［图 18-1(b)］。表流是辐聚水流，在凹岸处产生强烈的下降水流，是冲刷凹岸的主要因素。底流是辐散水流，将凹岸的泥砂搬运到凸岸发生堆积。

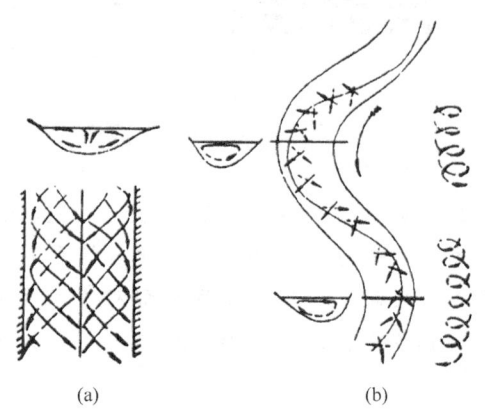

图 18-1　平直河与曲流河的横向环流水流结构
(a) 平直河；(b) 曲流河

（三）流水作用

河流作为沉积物搬运的重要地质营力，可使沉积物发生侵蚀、搬运和堆积作用，称为流水作用。

1. 侵蚀作用

流水冲刷河床物质，产生垂直沉积表面的下切侵蚀，使河床加深，或产生向着河岸方向的侧方侵蚀，使河谷展宽；或使河流不断侵蚀弯曲，在强水流作用下，在凹岸处发生决口造成河流改道。

2. 搬运作用

河流中沉积物可按悬移、跃移和推移方式进行搬运。悬移搬运物质粒径一般小于 0.1mm，这些细小颗粒一旦被水流掀起后就不易沉降。跃移搬运物质是在近底部水流不稳定漩涡所具有的向上垂直分力与迎面压力同时作用下产生的移动，其粒径一般为 0.1~0.25mm。当向上垂直分力大于颗粒重力时，颗粒呈跳跃式前进。推移搬运物质是指沿底面滚动或滑动的较粗砂砾物质。另外，化学溶解物质也可处于搬运状态。

3. 堆积作用

河流碎屑物质的堆积作用有侧向加积和垂向加积两种类型。侧向加积使弯曲河道侧向迁移，横向环流中底流搬运的推移质和跃移质不断地在凸岸沉积，形成边滩，并使凸岸向凹岸方向增长。侧向加积作用形成河床沉积或底积层，并构成河流沉积剖面的下部旋回。垂向加积是河道中水流能量降低或洪水期河水溢出河床，推移质和悬移质在河道底部或在岸外形成的沉积。由于沉积物在垂向上不断增厚，形成河道底部沉积、天然堤、决口扇和泛滥平原堆积等漫岸沉积，构成河流沉积剖面的上部旋回。

二、沉积类型

（一）河流的分类

目前，存有几十种河流分类方案。不同类型的河流，在河道的平面几何形态、横截面特征、坡降大小、流量、沉积负载和粒度、地理位置、发育阶段、构造和气候背景等方面都存在着差别，这些因素通常作为河流类型划分的依据。

按照地形及坡降，可将河流分为山区河流和平原河流。前者地形高差和坡降大，向源侵蚀作用强烈，河岸陡而河谷深，河道直而支流少，水流急而沉积物粗；后者地形高差及坡降小，向源侵蚀停止，侧向侵蚀和加积强烈，河道弯曲而支流多，故平原河流多为弯曲河流。

按河流发育阶段，又可将河流分为幼年期、壮年期、老年期河流。幼年期河流属河流发育的初期阶段，山区河流多属此类型；壮年或老年期河流多属平原河流。同一河系，上游可属幼年期，中游属壮年期，下游则属老年期。河系上游的幼年期河流由许多支流汇成主流，以侵蚀作用为主；至中游发育成壮年期，形成泛滥平原；至下游的海、湖岸边发育成老年期，呈弯曲状或网状分汊，其与幼年期支流汇集河网的情况相反，产生很多分流和分泄，最后汇集于湖泊和海洋。从沉积角度看，大量的沉积作用发育在河流的壮年期和老年期。

根据河道分汊和弯曲情况，拉斯特（Rust，1978）依据河道分汊参数和弯度指数对河流进行了新的分类。所谓河道分汊参数，是指在每个平均蛇曲波长中河道沙坝的数目。这些河道沙坝是被河流中线所围绕和限制的河道砂体。河道分汊参数的临界值为1，等于1和小于1者表明河道为单河道，大于1者为多河道（图18-2）。河道弯度指数是指河道长度与河谷长度之比，其临界值为1.5，等于1.5和小于1.5者为低弯度河，大于1.5者称为高弯度河。根据上述两个参数，拉斯特（1978）将河流分为平直河、蛇曲河、辫状河和网状河四种类型（表18-1）。在自然界，蛇曲河和辫状河分布最广，网状河次之，平直河较少见（图18-3，图18-4）。

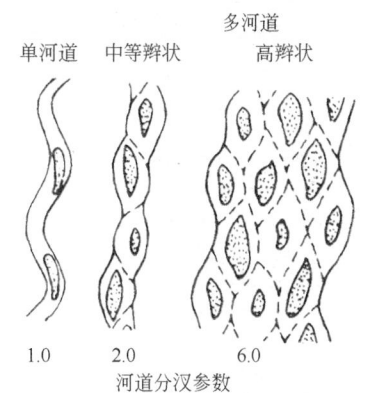

图18-2 单河道和多河道（中等和高辫状）河流示意图（据Rust，1978）

表18-1 河流分类（据Rust，1978）

河流类型	河道弯度指数	河道分汊参数
平直河	弯度指数≤1.5，低弯度	河道分汊参数≤1，单河道
曲流河（蛇曲河）	弯度指数>1.5，高弯度	河道分汊参数≤1，单河道
辫状河	弯度指数≤1.5，低弯度	河道分汊参数>1，多河道
网状河	弯度指数>1.5，高弯度	河道分汊参数>1，多河道

还有多种河流分类方案，比如根据河流地貌形态，可将河流划分为顺直河（Straight river）、曲流河（Meandering river）、辫状河（Braided river）和网状河（Anastomosing river）。根据河流沉积物质搬运沉积方式，将河流划分为推移质河流、悬移质河流和混合型河流。根据河流形态和沉积稳定性，将河流划分为顺直型、弯曲型、分汊型和游荡型河流（钱宁，1985）。还可根据河流沉积物的粗细，将河流划分为砂质和砾质河流；根据气候和位置划分常年性河流、季节性河流以及从某个端点向不同方向发散的分支河流等。最近也有人将顺直河、曲流河、辫状河归为单河道系统，网状河归为多河道系统。

目前，河流分类体系不断走向科学系统，体现在从单要素到多要素、从定性到定量、从结构到过程、从单尺度线状河流到多尺度等级系统（张昌民，2017）。

（二）不同类型河流的主要特征

1. 平直河

单河道的平直河流弯度小、弯度指数小于1.5，通常仅出现在山区、大型河流某一河段的较短距离内，或属于小型河流。河道内凹岸为冲坑（深槽），沿此发生侵蚀作用，凸岸因加积作用形成沙坝[图18-4(a)]，从而可产生侧向迁移而逐渐向曲流河发展。

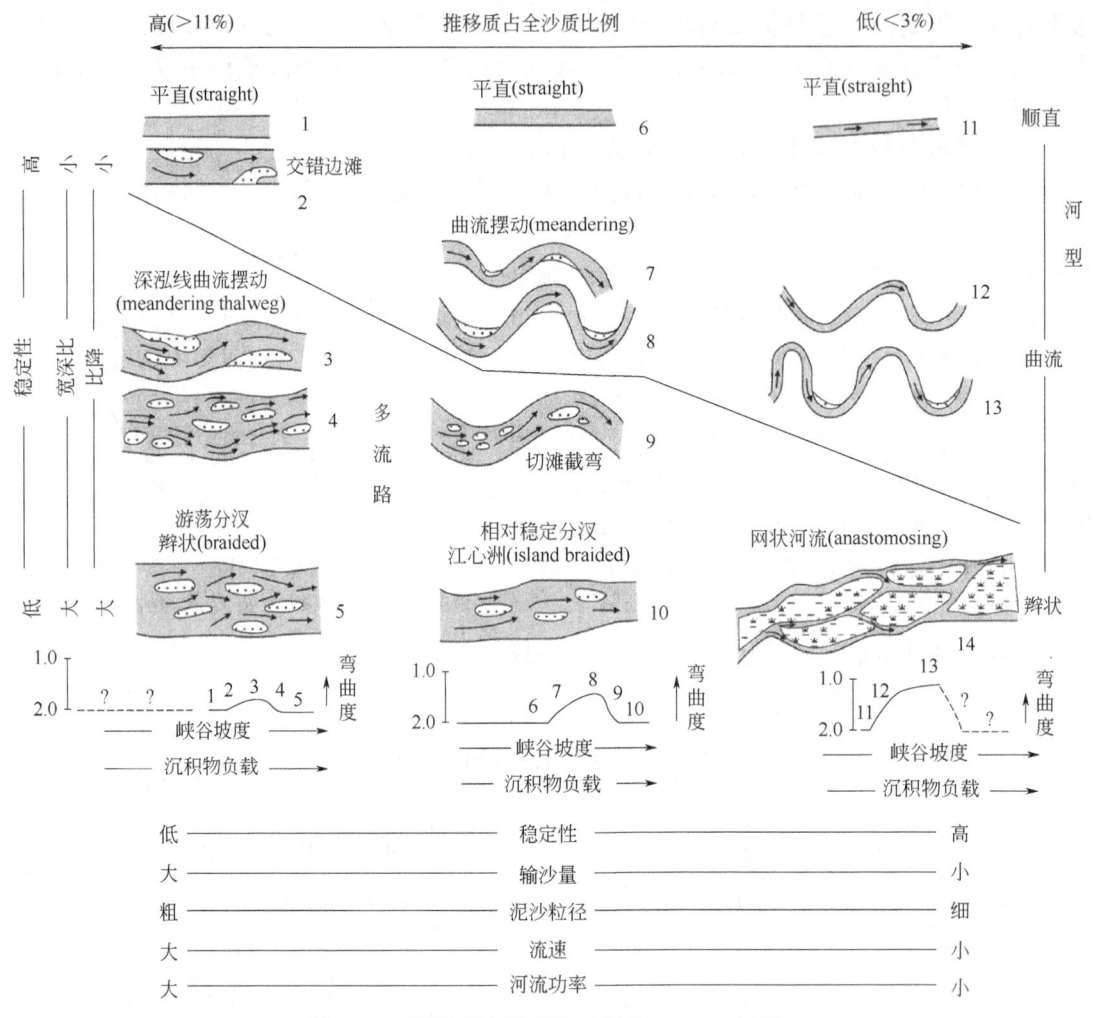

图 18-3 河流类型示意图（据 Schumm，1977）

2. 曲流河

曲流河又称蛇曲河，为单河道，其弯度指数大于 1.5，河道较稳定，宽深比低，一般小于 40，具有"水深流缓"的特点。河水侧向侵蚀作用使河床向凹岸迁移，侧向加积作用在凸岸形成点沙坝[图 18-4(b)、视频 18-1]。由于河道的不断弯曲，常发生河道截弯取直作用，形成牛轭湖和泛滥平原沉积（视频 18-2）。曲流河河道坡度较缓，流量稳定，泥、砂沉积物的搬运形式多以悬浮负载和混合负载为主，它主要分布于河流的中、下游地区。世界上一些著名大河的中下游，如密西西比河和长江，都具有曲流河的特征。

3. 辫状河

辫状河过去也有人译为"网状河"，实际上两者沉积特征有所不同，因此应将它们区别开来。辫状河为多河道，而且多次分汊和汇聚，在河道中央形成河道沙坝（心滩），构成辫状[图 18-4(c)、视频 18-3]。河道弯曲度小，弯度指数小于 1.5，河道宽而浅，宽深比值大于 40，具有"水浅流急"的特点。河流坡降大，河道不固定，迁移迅速，故又称"游荡性河"。丰水期与枯水期河道充水程度变化较大。辫状河流经常改道，河道沙坝位置不固定，不发育天然堤和河漫滩。由于坡降大，沉积物搬运量大，以底负载搬运形式为主。这种河流多发育在山区或河流上游河段以及冲积扇上。

视频 18-1 河流边滩形成

视频 18-2 曲流河截弯取直和牛轭湖的形成

视频 18-3 辫状河形成过程

4. 网状河

网状河是指具高弯度、多河道的特征，河道稳定窄深、快速填积、顺流向下呈网结状的河流[图 18-4(d)]。单河道具有曲流河道特征（弯度指数大于 1.5），多河道分汊和汇聚形成网状。河流水流速度偏慢，河道沉积物多以悬浮负载方式搬运，沉积厚度与河道宽度成比例变化。河道间被半永久性的冲积岛和泛滥平原或湿地所分开。冲积岛和泛滥平原或湿地主要由细粒物质和泥炭组成，其位置和规模较稳定，与狭窄的河道相比，它们占据了约 60%~90% 的河流沉积地区。网状河多发育在河流的中、下游地区，故根据网状河发育位置和水网特征，还可将网状河细分为平原网状河流、山谷网状河流、入湖三角洲平原网状河流和入海三角洲平原网状河流四大类型，它们具有不同的沉积特征和沉积模式。

图 18-4 现代沉积的平直河（a）、曲流河（b）、辫状河（c）和网状河（d）

在自然界，同一条河流不同河段的河型是不同的，相同地段不同时代的河流类型也可发生转换。或者说，在同一河流的不同河段或同一河段河流发育的不同演化时期，其河道类型可以发生变化。甚至在同一时期的同一河段，因海平面的水位不同，河型亦有变化。如高水位时表现为网状河，低水位时表现为辫状河。

河流类型的演变主要受控于构造背景和地貌形态、源区母岩性质、流域气候和范围、基准面升降、河道长度和比降、河谷形态、河流流量变幅和负载方式、支流汇入、床沙来量和河岸抗冲性能、季节性洪水和植被等因素的控制。

第二节 河流沉积模式

一、平直河和曲流河沉积特征及沉积模式

在自然界平直河是不常见的，其沉积特征与曲流河具有一定的相似性。曲流河不论是在现代还是在古代都是最常见和最重要的河流类型，也是目前研究程度最高、最详细的一种河流类型。前人根据现代河流发育的地貌特征，提出了曲流河沉积环境立体模型，并根据微地貌划分出各类次级环境（图18-5），总结了曲流河不同亚相和微相的沉积特征（表18-2）。

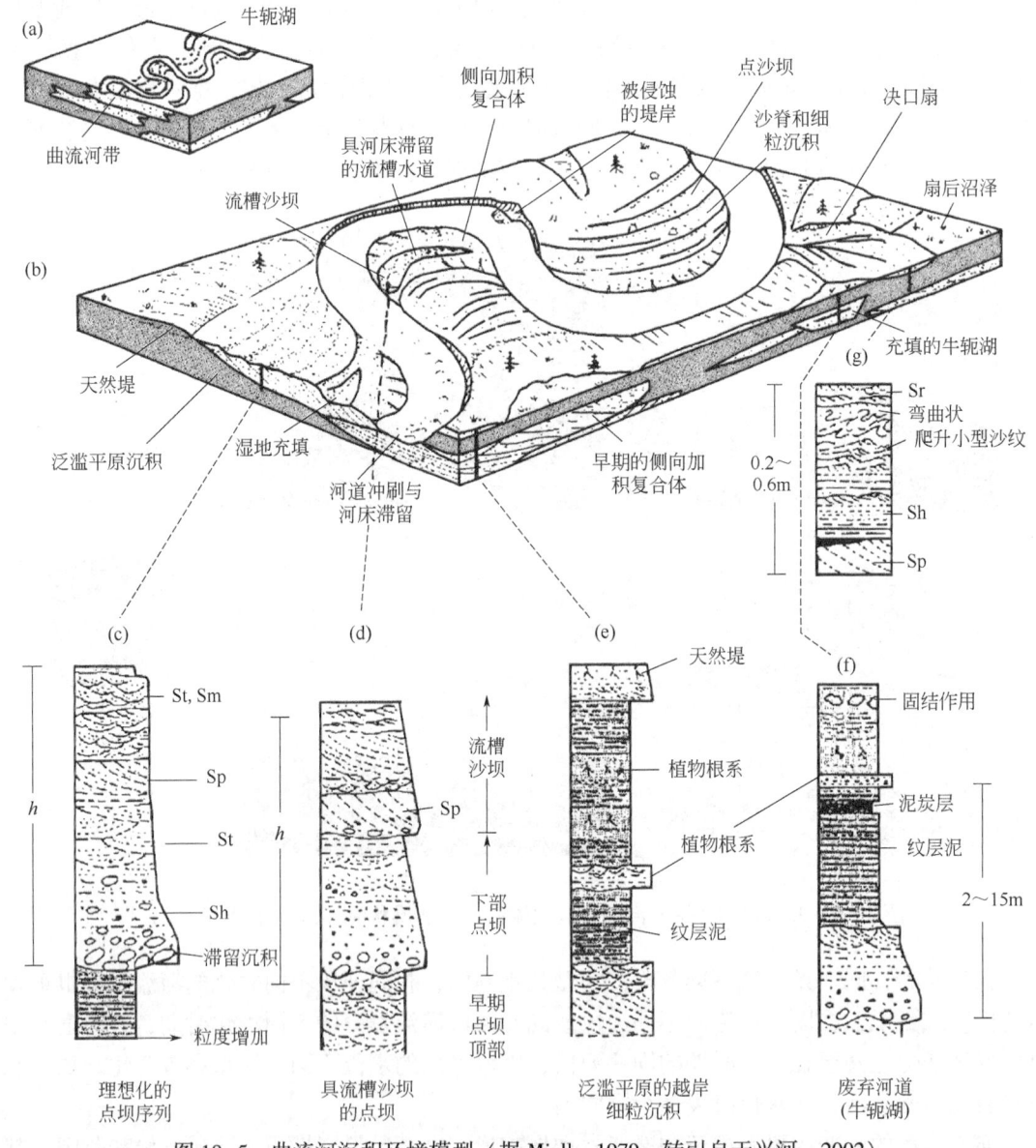

图 18-5　曲流河沉积环境模型（据 Miall，1979；转引自于兴河，2002）
h—厚度；St、Sp、Sm 等—岩相类型

表 18-2 曲流河不同沉积亚环境沉积特征（据于兴河，2002）

环境类型		主要岩性与粒度	沉积构造特征	垂向层序特征	形态特征
河床	滞留沉积	以粗砾岩和含砾粗砂岩为主，中、细粒砂岩较少	砾石定向排列，可呈叠瓦状，最大扁平面倾向上游；底部具冲刷面；下部常为块状，中、上部可发育大型槽状、板状交错层理	具不太明显的正韵律结构；向上过渡为边滩或牛轭湖充填沉积	剖面上常呈透镜状；平面上呈条带状
	边滩	粒度变化范围大；主要由砾、砂及粉砂等组成；可分为粗粒边滩和细粒边滩	下部具大型槽状或板状交错层理，中上部为小型槽状交错层理或爬升波痕纹理，顶部有时出现水平层理；常见再作用面	典型的正韵律结构；底部为河床滞留沉积，顶部过渡为天然堤	剖面上为板状砂体；平面上为椭圆形或弧形
天然堤		主要为薄层粉砂岩和泥岩，两者常呈薄互层状	发育小型流水砂纹交错层理或爬升波痕层理和水平层理；上部泥岩中可见植物和生物扰动构造	砂、泥薄互层；底部与边滩过渡接触，顶面与漫滩细粒沉积突变接触	剖面上为楔形；平面上呈条带状
牛轭湖		主要为细粒的粉砂岩和泥岩	发育水平层理，泥岩中常具块状构造	一般无韵律结构；底部与河床滞留沉积呈快速过渡接触	剖面上被边滩砂所包围；平面上呈弧形、半圆形
决口扇		以细砂岩、粉砂岩为主，在决口水道底部可见薄层中、粗砂岩	主要为小型交错层理，局部发育中型交错层理；常见冲刷、充填构造	常见反韵律；局部冲刷比较明显，侧向延伸有限	舌状、透镜状
河漫滩		主要为粉砂岩和泥岩	发育水平层理，常具块状构造，具生物扰动构造	一般无韵律结构	板状

根据环境和沉积物特征可将曲流河相进一步划分为河床、堤岸、河漫、牛轭湖四个亚相。

（一）河床亚相

河床是指河谷中经常流水的河道部分，即平水期水流所占的河道最低部分。其横剖面呈槽形，上游较窄，下游较宽，流水的冲刷使河床底部显示明显的冲刷界面，构成河流沉积单元的底部。河床亚相又称河道亚相，其岩石类型以砂岩为主，次为砾岩，碎屑粒度是河流相中最粗的。发育多种类型层理构造，缺少动物化石，可见破碎的植物枝、干等残体，岩体形态多具透镜状，底部具明显的冲刷界面。

河床亚相可进一步划分为河床滞留沉积和边滩沉积两个微相（图18-5，表18-2）。

1. 河床滞留沉积

由于河床中流水的选择性搬运，将呈悬浮搬运的细粒物质带走，而将上游搬来的或就近侧向侵蚀河岸形成的砾石等粗碎屑物质滞留在河床底部，集中堆积成不连续的、厚度较薄的河床滞留沉积。其特点是以砾石等粗碎屑物质为主，极少砂和粉砂。砾石成分复杂，源区砾石居多，亦有河床下伏基岩砾石或河道侧方垮塌砾石。砾石形态多样、分选和磨圆较差，且常具叠瓦状定向排列构造；砾石扁平面倾向河流上游方向，河道中央砾石长轴常垂直水流流向。滞留沉积砾岩厚度多为十几到几十厘米，一般呈透镜状断续分布于河床最底部或低洼处，向上或侧向过渡为边滩沉积。

2. 边滩沉积

边滩又称为点沙坝，是曲流河中主要的沉积单元，是河床侧向迁移和沉积物侧向加积的结果（图18-1）。

由于曲流河河床中水流对沉积物的搬运以底负载搬运（滚动和跳跃）方式为主，故边滩沉积的岩性以砂岩为主，其矿物成分复杂，成熟度低，不稳定组分多，长石含量高，粒度概率曲线中具有明显的跳跃和悬浮总体，如鄂尔多斯盆地侏罗系河床亚相砂岩，长石含量可高达 49% 以上。颗粒多为砂质沉积物，分选和磨圆中等。垂向上，自下而上常出现由粗至细的粒度或岩性正韵律。层理类型主要为水流波痕成因的大、中型槽状或板状交错层理，间或出现平行层理（图 18-6，图 18-7）。

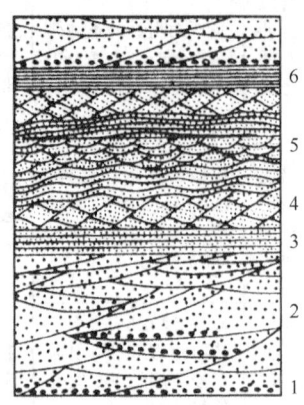

图 18-6　边滩沉积的层理垂向序列（据 Reinecke，1973）
1—河底滞留沉积；2—大型交错层理；3—平行纹理；
4—叠覆波痕状纹理；5—小型波状交错层理；6—泥层

边滩的规模和形态随着河流的规模和河流弯曲度发生变化。在较小规模的河流中，边滩位于河曲凸岸并平缓倾向河道。在较大规模的河流中，边滩发育相对复杂，可由不同时期形成的不同规模的边滩构成复合体。在洪水期，部分水流流经边滩顶部，形成流槽和流槽沙坝，该沙坝代表了一次洪水事件（图 18-7）。

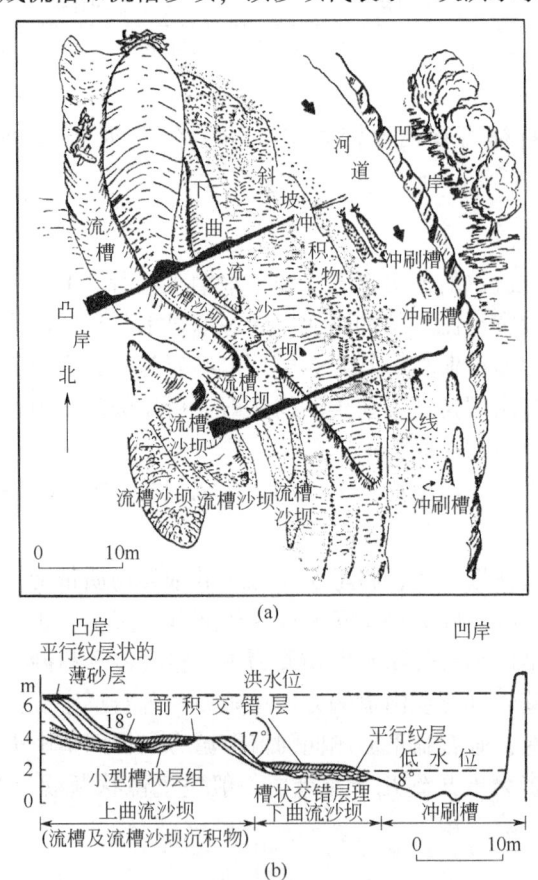

图 18-7　曲流河边滩地形特征和内部构造（据 McGowen，1970）
(a) 平面图；(b) 剖面图

边滩的沉积厚度近似于河床深度,并随着河流规模增大而增厚。常见边滩厚度为几米,厚者可达数十米;边滩的沉积宽度决定于河流规模、弯曲度以及发育时间。河道宽、弯曲度大、发育时间长,边滩的宽度就大(图18-6,图18-7)。

Leeder(1973)指出,当河流弯曲度大于1.7时,满岸河道宽度(w)与满岸河道深度(h)之间的关系为

$$w = 6.8h^{1.54}$$

这就给出了根据岩石记录容易确定的河道深度来估算宽度的方法。

(二)堤岸亚相

在平面上,堤岸亚相发育在河床沉积的侧方,平行河流方向延伸。在垂向上,由于河道迁移,堤岸沉积常发育在河床沉积的上部,相对河床亚相而言,属顶层沉积。与河床沉积相比,其岩石类型简单,粒度较细,发育上攀交错层理等多种小型交错层理。

堤岸亚相可进一步分为天然堤和决口扇两个沉积微相(图18-5,表18-2)。

1. 天然堤

在洪水期河流水位较高,河水携带的细砂、粉砂级物质溢出河道沿河床两岸堆积,形成平行河床的沙堤,称天然堤。它高于河床,并把河床与河漫滩分隔开来。天然堤两侧不对称,向河床一侧坡度较陡,向泛滥平原一侧较缓。每次随洪水上涨,天然堤不断加高,其高度范围与河流大小及洪水强度成正比,最大高度代表最高水位。弯曲河流的凹岸天然堤一般发育较好,凸岸天然堤逐渐叠加在边滩之上。在较小河流中,天然堤和边滩上部交互出现,很难分开。美国密西西比河发育天然堤,高出洪泛盆地5~6m,宽度可达1.5km。

天然堤主要由细砂岩、粉砂岩、泥岩组成,粒度较边滩沉积的细,比河漫滩沉积粗,垂向上突出的特点是砂、泥岩组成薄互层,厚度几十厘米到几米。层理构造以上攀交错层理、小型波状交错层理、小型槽状交错层理为特征,其垂向序列是下部砂质岩发育交错层理,上部泥质岩则发育水平纹层(图18-8)。平水期天然堤出露水面,故常有钙质结核的发育,泥岩中可见干裂、雨痕、虫迹以及植物根等。岩体形态沿河床两侧呈弯曲的沙垄。随着河床迁移,天然堤随边滩不断扩大、增长,

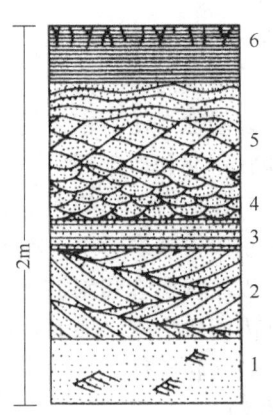

图18-8 天然堤层理构造垂向序列
(据Coleman,1969)
1—无内部构造的砂和粉砂,分选差,偶有波状层理;
2—大型交错层理;3—水平层理;4—小型波状交错层理;
5—上攀交错层理;6—具虫孔和水平层理的粉砂质黏土

形成覆盖边滩之上的盖层,故古代天然堤岩体呈不规则长条状分布。

2. 决口扇

如果天然堤不被破坏,河床随沉积物迅速增厚而升高,最后反而高出旁侧的河漫滩,洪水期河水冲决天然堤,部分水流常在凹岸决口流向河漫滩,砂、泥物质在决口处由于流速降低堆积成扇形沉积体,称为决口扇。它附属于河床凹岸一侧,与天然堤共生。

决口扇沉积主要由细砂岩、粉砂岩组成,粒度比天然堤沉积物稍粗,具块状层理(递

变层理）、小型交错层理、波状交错层理及水平层理，常见冲蚀与充填构造和河水带来的植物化石碎片。单次决口扇沉积厚度多为几十厘米到几米，岩体形态呈舌状，向河漫平原方向变薄、尖灭，剖面上呈透镜状。

（三）河漫亚相

河漫亚相是河流沉积事件记录最为齐全的部位，对河漫滩和天然堤、溢岸沉积和泛滥平原沉积层序的研究能够揭示更多古河流沉积过程和古环境、古气候和古生物方面的信息。

河漫亚相主要出现在平原河流中，位于天然堤外侧，这里地势低洼而平坦，洪水泛滥期间，水流漫溢天然堤，流速降低，使河流悬浮沉积物在河道侧方大量堆积。由于它是洪水泛滥期间沉积物垂向加积的结果，故又称为泛滥盆地沉积或泛滥平原沉积，是曲流河中分布面积最广的部分（图18-5，表18-2）。

河漫亚相沉积主要以洪水期粗细交替的沉积物为特点，沉积类型简单，主要为粉砂岩和黏土岩，其沉积物粒度是河流沉积中最细的。层理类型单调，常见的河漫滩沉积构造为水平层理、波状层理以及上攀交错层理，也发育暴露成因构造、生物遗迹构造等，这些构造特征常常作为划分洪水单元的重要标志。

河漫亚相平面上位于堤岸亚相外侧，分布面积广泛，垂向上位于河床或堤岸亚相之上，属河流顶层沉积组合。根据环境和沉积特征，可将河漫亚相进一步划分为河漫滩、河漫湖泊和河漫沼泽三个沉积微相。

1. 河漫滩

河漫滩是河床外侧河谷底部较平坦的部分。平水期无水，洪水期水漫溢出河床，淹没平坦的河谷谷底，形成河漫滩沉积。河漫滩的发育与河谷的发育阶段有关。河谷发育初期，即河流幼年期，以侵蚀下切为主，河谷较窄，呈V字形，且主要为河床所占据；河谷发育的中、后期，即壮年期和老年期，河流以侧向侵蚀为主，河谷加宽，河床在河谷中仅局限于较窄的部分，只有在这时，河漫滩才能较好地发育。

河漫滩沉积以粉砂岩为主，亦有黏土岩。平面上距河床越远粒度越细，垂向上亦有向上变细的趋势，以波状层理和斜波状层理（洪水层理）为主，亦见水平层理，可见不对称波痕。河漫滩常因间歇出露水面而在泥岩中保留干裂和雨痕。可见植物化石碎片，岩体形态常沿河流方向呈条板状延伸。

2. 河漫湖泊

在平原区的弯曲河流中，当河床因天然堤的围限和本身的沉积作用而逐渐抬高时，河床往往在一个比河岸两侧地形较高的"冲脊"上流动，如中国的黄河，洪水可漫溢至河道两侧河漫滩上，洪水期后，河漫滩低洼地区就会积水，加上冲积脊上河床水平面高于两侧低地，构成低地积水区的地下水的源泉。因此，长期积水的低洼地带就形成了河漫湖泊。

河漫湖泊面积小、沉积水动力弱，岩性以黏土岩沉积为主，可有粉砂岩出现，是河流相中最细的沉积类型。层理一般发育不好，有时可见到薄的水平纹层。在干旱气候条件下，地下水面下降，表面急速蒸发，常形成泥裂、干缩裂缝、钙质及铁质结核，随着蒸发量增大，河漫湖泊可发展成盐湖，形成盐类沉积。在潮湿气候区的河漫湖泊中，生物繁茂，可形成丰富的有机质沉积，并可保存较完整的动植物化石。可见决口扇进入河漫湖泊，形成小型决口三角洲。

3. 河漫沼泽

河漫沼泽是在潮湿气候条件下，河漫滩上低洼积水地带植物生长繁茂并逐渐淤积而成，或是由潮湿气候区河漫湖泊萎缩发展而来。主要岩性为夹有薄煤层的泥岩及粉砂岩，夹有较多植物根等典型沼泽沉积构造。

在河流迅速侧向迁移的情况下，天然堤发育不良，洪水泛滥可形成广阔平坦的河漫沉积区，沉积物不仅有泥质，而且有大量砂质沉积，这时堤岸亚相与河漫亚相已无区别，故统称为泛滥平原沉积。

（四）牛轭湖亚相

在曲流河凹岸侵蚀、凸岸加积，河道不断弯曲和洪水发生，会导致河流截弯取直作用，造成被截掉的弯曲河道废弃，形成形似农具"牛轭"状的牛轭湖。截弯取直作用可有两种情况：其一是随着河流的弯度越来越大，形成很窄的"地峡"，这时可由一次特大洪水作用冲掉"地峡"，使河道取直，称为"颈项截直"；其二是沿着边滩冲沟冲刷出一个新河床，使河道取直，称"冲沟取直"，有人也称"串沟截直"（图18-9，表18-2）。

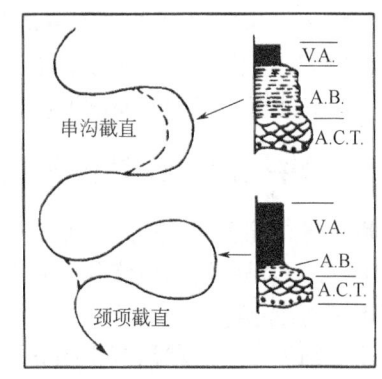

图 18-9 "颈项截直"和"串沟截直"作用及其沉积层序（据Walker，1976）

V.A.—垂向加积；A.B.—河道废弃期沉积；A.C.T.—活动河道沉积

牛轭湖主要发育砂岩及黏土岩沉积，下部砂岩可见滞留砾石和交错层理，上部黏土岩中发育水平层理及波状层理。沉积序列取决于河流截弯取直的方式。"颈项截直"表明了河流的突然废弃，牛轭湖沉积序列为下部砂薄上部泥厚；而"串沟截直"表明了河流的逐渐废弃，牛轭湖沉积序列为下部砂厚上部泥薄。牛轭湖沉积常含有淡水软体动物化石和植物残骸，岩体呈透镜状，最大延伸可达数十千米，厚可达数十米。

山洪暴发、火山作用以及地震作用等均可使得粗粒沉积物截断河道，形成特殊类型的牛轭湖。

（五）曲流河沉积的垂向模式

曲流河沉积研究是相对成熟完善的，沃克（Walker，1976）等人提出建立曲流河沉积的典型垂向模式。这个标准垂向模式（二元结构）由下至上可划分为4个沉积单元（图18-10，表18-2）。

第一沉积单元为薄层块状含砾砂岩或砾岩，属河床底部滞留沉积，与下伏层呈冲刷侵蚀接触，底部具明显的冲刷面和砾石叠瓦状构造，粗砂岩中可含泥砾，可见有不清晰的大型槽状交错层理。

第二沉积单元为具大型槽状交错层理的中、细砂岩，层理规模向上逐渐变小，中间夹有具平行层理的粉细砂岩，沿层面可发育剥离线理，为相对厚层点沙坝（边滩）沉积。

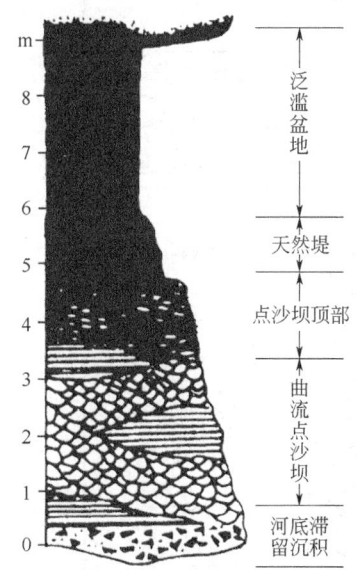

图 18-10 曲流河沉积的标准垂向模式（据Walker，1976）

第三沉积单元由粉细砂岩组成，发育有小型槽状交错层理和上攀交错层理，为点沙坝（边滩）顶部沉积。

第四沉积单元主要由断续波状交错层理的粉砂岩、水平纹理的粉砂质泥岩及块状泥岩组成,块状泥岩中常发育有泥裂、钙质结核或直立植物根,属天然堤和泛滥盆地沉积。

上述曲流河沉积的理想垂向层序由下至上,沉积物粒度由粗变细,层理规模由大变小,层理类型由大型槽状交错层理变为小型交错层理、上攀交错层理和水平层理,底部具冲刷面,从而构成了一个典型的间断性正韵律或正旋回。韵律的下段由河床亚相的底部滞留沉积和点沙坝沉积组成,是由于河道迁移而引起的沉积物侧向加积的结果,构成了河流沉积剖面下部层序故称为底层沉积。韵律的上段由堤岸亚相和河漫亚相(泛滥盆地)组成,属泛滥平原沉积,主要是大量细粒悬浮物质在洪泛期垂向加积的结果,构成了河流沉积剖面的上部层序,故又称为顶层沉积。底层沉积和顶层沉积的垂向叠置,构成了曲流河沉积的所谓"二元结构"。顶层沉积和底层沉积厚度近于相等或前者大于后者,它是曲流河沉积的重要特征。曲流河沉积序列的厚度取决于河流规模和沉积作用,一般为10m左右。

二、辫状河沉积特征及沉积模式

辫状河指弯度指数小于或等于1.5、河道分汊参数大于1的低弯度、多河道河流(图18-11)。辫状河水浅流急,具有水位变化较大、多河道、河床坡降大、宽而浅、侧向迁移迅速等特点。按河流的微地貌特征,威廉斯(Williams,1969)和沃克(Walker,1979)分别提出了辫状河沉积的立体模型(图18-11)。威廉斯的辫状河模型强调辫状河河

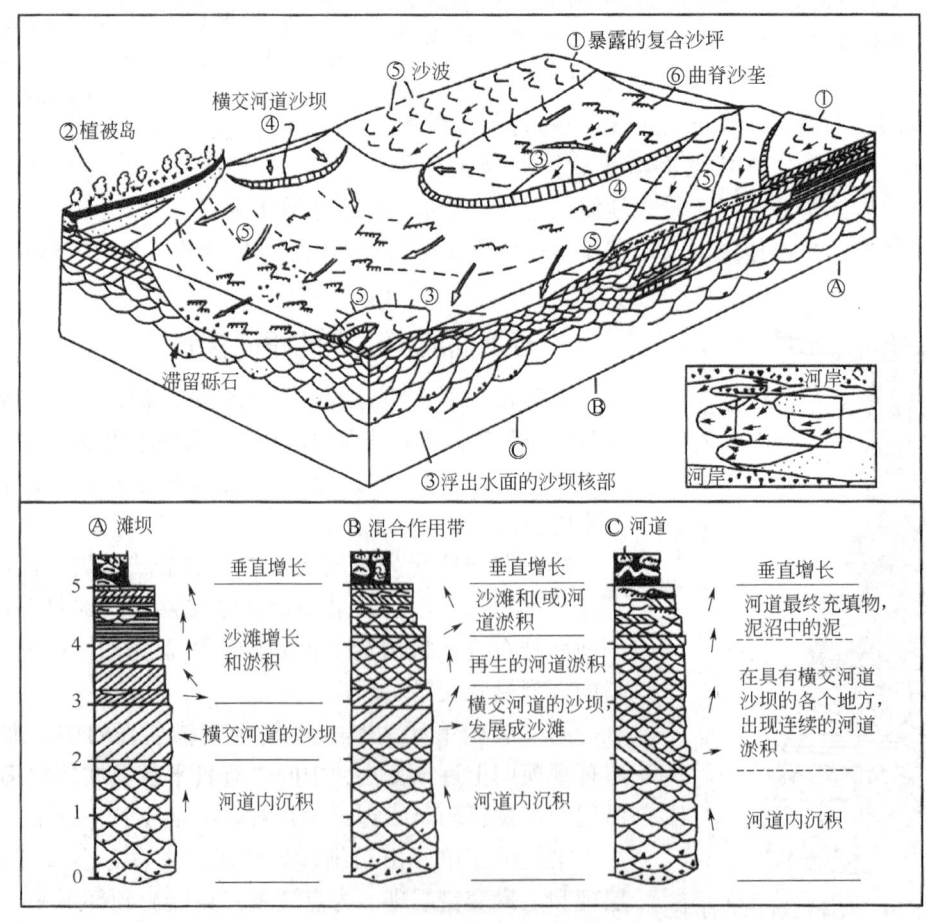

图18-11 辫状河沉积环境立体模型和沉积序列(据Walker,1979)

道和相邻沉积的整体特征，沃克的辫状河模型突出地反映了辫状河发育心滩，或称河道沙坝，不发育类似于曲流河的边滩沉积，这是与曲流河沉积的重要区别。

辫状河河床宽浅，河道反复分叉合并，受不稳定水流作用，河道易废弃改道，所以，辫状河沉积主要发育河床和泛滥平原沉积亚相，与曲流河相比，不发育堤岸和牛轭湖沉积亚相。

在河床亚相中，心滩的形成与河流的水动力结构有一定关系。因辫状河弯曲度较低，在短距离内河床近似于顺直河道。在这种河道中，沿主流线两侧形成两个螺旋式前进的对称环流（图18-1），这种环流是由表流和底流构成的、连续的、螺旋形前进的横向环形水流，表流为发散水流，由中部向两岸流动，并冲刷侵蚀两岸，底流由两岸向河流中心辐聚，并携带沉积物在河床中部堆积下来形成心滩。在河流的洪水季节，这种堆积作用尤为显著。

面向河流上游方向的心滩沉积界面较陡，沉积物较粗，并遭受一定侵蚀作用，而向心滩下游方向较平缓，主要发生相对细粒的沉积作用。上游的不断侵蚀和下游的不断沉积，导致了心滩不断向下游迁移。故有人将其称为活动性河道沙坝。由于沉积物的快速堆积，心滩在低水位时期可出露水面，并有植被的生长和发育，形成了相对固定的河心冲积岛，或称江（河）心洲，有人将其称为非活动性河道沙坝。

心滩沉积物一般成分复杂，成分和结构成熟度低，粒度较粗且变化范围宽，粒度概率曲线常由三个次总体构成。对称的螺旋形横向环流亦导致心滩发生侧向加积作用。由此形成的巨波痕、大波痕等各种底形经过不断迁移，可形成各种类型的交错层理，如巨型或大型槽状交错层理，可见大型楔状交错层理或板状交错层理，在低水位时期也发生细粒物质的垂向加积作用（图18-12）。

根据辫状河心滩的形态、发育规模、发育程度和稳定性以及与水流流向关系，可将心滩划分为纵向沙坝、横向沙坝、侧向沙坝和江（河）心洲，不同类型的沙坝具有不同的沉积作用过程和沉积特征（表18-3）。

表18-3 辫状河砂坝类型和沉积特征

沙坝类型	形成作用	主要岩性和沉积构造	分布位置和形态特征
纵向沙坝	与河道延伸方向一致。沙坝上端遭受侵蚀和冲刷作用，下端接受沉积	粗粒的砂砾质沉积物，高角度下切型板状交错层理，上部可见平行层理。向上具有不太明显的变细粒序	沙坝长轴平行河道方向分布，位于辫状河的上端，底平顶凸的外部形态
横向沙坝	常形成于河道变宽或深度突然增加而引起的流线发散地区。首先由砂砾沉积物发生加积，然后顺流生长	粗粒的砂砾质沉积物，发育下切型板状交错层理，上部发育槽状交错层理	沙坝长轴垂直河道方向分布，底平顶凸的外部形态，呈舌形或弯曲状，孤立或雁行状展布
侧向沙坝（斜列沙坝）	主河道弯曲、水流流量不对称产生的	大型单组或多组低角度板状交错层理和平行层理，上部发育槽状交错层理	沙坝长轴斜交河道方向分布，底凸顶平的透镜状和楔状砂体
江(河)心洲	早期非活动性河道沙坝出露水面	中下部多为具板状、槽状交错层理沙坝的早期残余物，上部具有植物根和生物扰动的泛滥平原细粒沉积	位置较固定，多为有植被生长的河间冲积岛屿，多呈菱形分布

辫状河除发育心滩外，在河道沉积中也发育与曲流河相同的河床滞留沉积，出现在河床底部，以砂砾沉积为主，其上发育心滩。

辫状河河道迁移迅速，稳定性差，加之枯水期部分河道无水，无水河道具有良好的泄洪作用，所以难以发育天然堤、决口扇和泛滥平原沉积。辫状河河道相对较直，一般不易发生决口形成牛轭湖，这也是辫状河与曲流河沉积的重要区别。

现今，常以加拿大魁北克省泥盆系巴特里角辫状河垂向序列作为辫状河沉积模式的代表（图18-13）。该沉积层序的最底部为河床滞留沉积，以含泥砾的粗砂岩和砾质砂岩为主，与下伏层呈侵蚀冲刷接触（SS）。其上为砾石顺层分布的、不清晰的大型槽状交错层理含砾粗砂岩（A）和规模变小的具清楚槽状交错层理的粗砂岩（B）以及板状交错层理砂岩（C）。再向上主要由小型板状交错层理砂岩（D）组成，偶见大型水道冲刷充填交错层理砂岩（E）。顶部由垂向加积沉积的波状交错层理粉砂岩和泥岩互层（F）及一些具模糊不清的、角度平缓的交错层理的砂岩（G）组成。由SS至E为河床滞留沉积和心滩或河道沙坝沉积，构成了辫状河的河床亚相，F代表了垂向加积的、沉积厚度较薄的泛滥平原沉积。

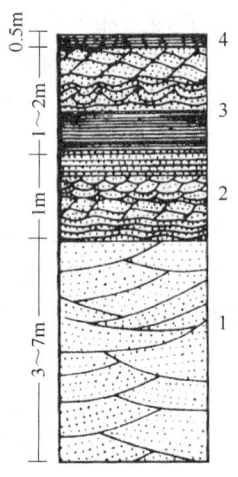

图18-12 亚洲布拉马普特拉河心滩垂向序列
（据Coleman，1969）

1—主要为大型交错层理；2—主要是叠瓦状波状层理和
小型波状层理，间或有水平层理；3,4—粉砂质黏土
和粉砂，主要为水平层理，有时有包卷层理

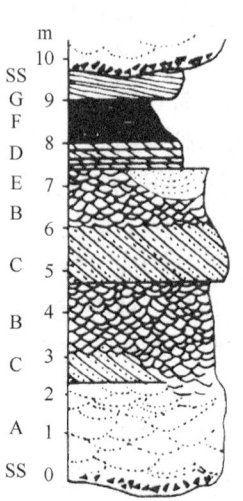

图18-13 加拿大魁北克省泥盆纪
巴特里角辫状河垂向沉积层序
（据Cant and Walker，1976）

从上述可以看出，与曲流河相比，辫状河在垂向层序上有以下特点：

第一，底层沉积的粒度粗，成分成熟度和结构成熟度较低，发育砂砾岩；

第二，发育由河道（心滩）迁移形成的多种类型层理，如不明显的平行层理、大型槽状交错层理、板状交错层理等；

第三，河流二元结构的厚度仅10m，底层粗粒沉积发育良好、厚度较大，而顶层细粒沉积厚度较小，不发育泛滥平原细粒沉积物。

三、网状河沉积特征及沉积模式

因为现代沉积中少见网状河，古代网状河沉积又难以识别，故网状河沉积研究近期才得到人们的重视。网状河是由窄而深及顺直到弯曲的、相互连接的低坡度网状稳定河道形成的交织河网系统。它通常由河道、天然堤、决口扇、湿地、湖泊和沼泽等地貌单元组成，在沉积记录中表现出细粒溢岸沉积物为主的特点（图18-14）。

网状河主要发育于坡度平缓、气候湿润、植被发育的河流中、下游或入海（湖）地区，

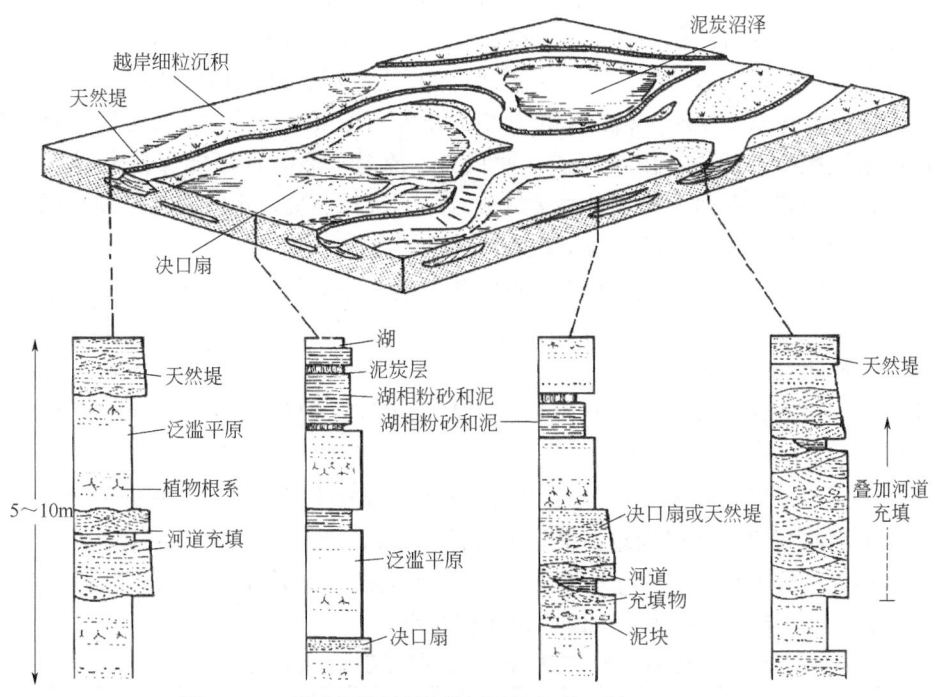

图 18-14 网状河沉积模型和沉积序列（据 Miall，1985）

它是由几条弯度多变的、相互连通的、宽深比值较小的、分汊系数较高的河道组成的低能复合体，沉积环境较为稳定。

网状河发育河道、堤岸、湿地等三个亚相。河道亚相包括主河道、季节性河道、废弃河道、边滩（心滩）等微相；堤岸亚相主要包括天然堤和决口扇；湿地亚相包括河漫滩、湖泊、沼泽、池塘、植被岛及风成沙丘等次级沉积环境。河流搬运方式以悬浮负载为主，沉积作用多以垂向加积为主，典型沉积亚微相类型为河道、天然堤、泛滥平原（图 18-14，表 18-4）。特别是在堤岸、河间湿地和泛滥平原上覆盖大量植被，使得河道堤岸更加稳固。

河道亚相中的主河道具有河道稳定、弯曲和河道分汊合并（多河道）的沉积特征。河道对两岸的侵蚀能力较弱，河道的侧向稳定性较好，以发育垂向加积为特征。河道沉积与其他类型河流的河道沉积物类似，以砂岩为主，具槽状交错层理，底部可出现砾岩沉积，具良好植被的堤岸和泛滥平原的发育使河道侧向迁移受到限制，甚至很少发生侧向迁移。因此，在垂向层序上，河道沉积厚度较大，可达数十米，呈现出向上沉积物变细的"墙式砂体"的特点。在平面上河道沉积呈鞋带状。

表 18-4 网状河典型沉积亚微相特征（据于兴河，2002，有改动）

亚微相类型	主要岩性及粒度特征	沉积构造特征	形态特征
河道	多种粒径的砂岩，底部可见细砾岩	下部多发育大型槽状交错层理，中上部发育小型槽状交错层理及水平层理	平面上为弯曲的鞋带状，剖面上为窄厚的墙式砂体，并与两侧细粒漫滩沉积物垂直接触
天然堤	粉砂岩、泥岩夹薄层细砂岩	发育小型沙纹层理和水平层理	平面上呈条带状，剖面上为楔形或三角形
泛滥平原	泥岩、砂质泥岩、粉砂岩和泥炭层	发育水平层理	被条带状河道砂体围限的区块

堤岸亚相中的天然堤发育于河道两侧，沉积物以粉砂岩与泛滥平原沉积呈过渡关系。网状河的河道间大量发育着冲积岛和泛滥平原沉积，其特征与曲流河的河漫沉积相类似，是由河漫沼泽、泥炭沼泽、河漫湖泊组成，又称河道间"湿地"，沉积物质主要为富含泥炭的粉砂和黏土，广泛发育水平层理，侧向上可相变为粗粒河道沉积，垂向上可与因洪水漫溢作用形成的决口扇沉积交互成层。由于河道、冲积岛、泛滥平原等环境能保持长时期的相对稳定，致使各种沉积相在垂向上增生，并叠加成较厚的沉积。决口扇沉积为不规则的扇形或席状，它们都被较厚的泛滥平原的细粒沉积物所包围。

湿地亚相是网状河沉积的最大特点，也是与其他河流类型的主要区别。泛滥平原分布极为广泛，几乎占河流全部沉积面积的60%~90%。因此，厚度巨大的富含泥炭的粉砂和黏土是网状河流占优势的沉积物。

网状河的沉积背景、沉积作用和沉积特征与曲流河、辫状河还存在着较为明显的区别（图18-15，表18-5）。网状河大多出现在潮湿气候环境中，或潮湿气候环境中出现的网状河频率要远远高于干旱气候环境。在不同气候环境下形成的网状河沉积特征有异。潮湿气候环境中形成的网状河河道沉积物较细，多为悬浮搬运沉积的产物，"墙式砂体"厚度较大、湿地分布面积大；较干旱气候环境形成的网状河河道沉积物较粗，多为推移搬运沉积的产物，"墙式砂体"厚度相对较薄、湿地分布面积较小。

表18-5 网状河与曲流河、辫状河沉积特征对比

河型	地貌单元	坡降	曲率	宽深比	沉积速率	水流及能量	沉积作用	沉积物粒度	沉积构造	粒度特征	泥炭	岩性序列	砂体形态	分汊系数
网状河	河道、决口扇、天然堤、湖泊、沼泽、泥炭沼泽	低，多小于1‰	低，但可变	8~15	高，大于2mm/a	水深流缓	垂向加积作用为主，河道稳定	可粗可细，多砂泥	水平层理和槽状交错层理	两段式概率图，C—M图以QRS段为主	发育	"泥包砂"正旋回沉积	剖面墙状，平面交织鞋带状	高，分汊多
曲流河	河道及边滩、决口扇、天然堤、河泛平原	较低	高	小于40	低，0.5mm/a	水深流缓	侧向加积作用明显，发育边滩	细，多为砂泥	多种多样，槽状和板状交错层理	两段式概率图，C—M图以QRS段为主	较少	"泥包砂"或砂泥间互正旋回沉积	剖面透镜状，平面弯曲条带状	低，无分汊
辫状河	河道及心滩、河泛平原	较高，多大于1‰	低	远大于50	高，2mm/a	水浅流急	垂向及侧向加积作用，发育心滩	粗，多为砾砂	槽状交错层理及冲刷构造	三段式概率图，C—M图以PQR段为主	几乎没有	"砂包泥"正旋回沉积	剖面板状，平面直或弯曲带状	高，分汊多

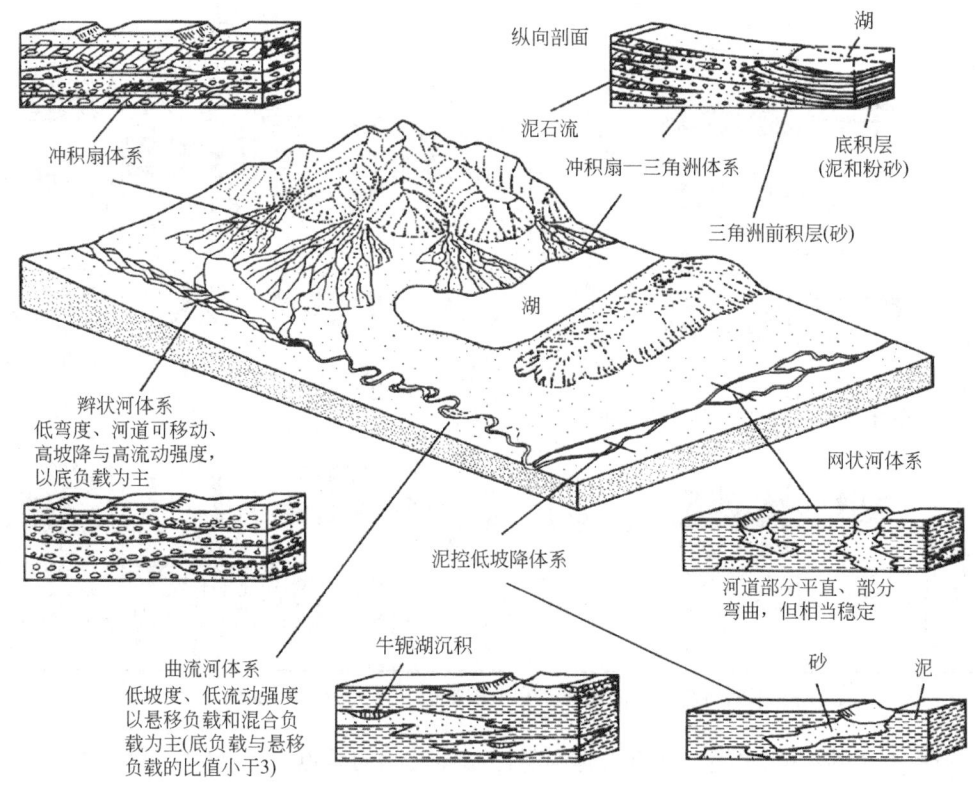

图 18-15 河流体系的主要类型、分布和沉积特征（据 Miall, 1999）

第三节 古代河流鉴别标志及河流与油气关系

一、河流鉴别标志

河流沉积类型多样，沉积作用机理存在差异，不同沉积类型河流具有不同的沉积特征（图 18-16，表 18-5），要依据不同类型河流沉积模式鉴别古代河流沉积。

（一）矿物成分复杂，成分成熟度低

河流沉积岩石类型以碎屑岩为主，次为黏土岩，较少出现碳酸盐岩。在碎屑岩中，又以砂岩和粉砂岩为主，砾岩多出现在山区河流和平原河流的河床沉积中。碎屑岩的物质成分复杂，它与源区以及河流流域的基岩成分有关。一般不稳定组分高，成分成熟度低。砾岩多为复成分，砂岩以长石砂岩、岩屑砂岩为主，个别也出现石英砂岩，酸性环境下形成的泥质胶结者居多，间或有钙质、铁质胶结者。

大多数河流的水介质是弱氧化的，并且几乎是中性至弱酸性的，故河流相沉积中，黏土矿物以高岭石居多，伊利石较少，不常见菱铁矿等二价铁矿物，不出现海绿石。

（二）粒度资料反映了特征的牵引流性质

河流碎屑沉积物以砂、粉砂为主，分选差至中等，分选系数一般大于 1.2。粒度频率曲线常为双峰。粒度概率曲线显示明显的两段型（图 18-17），且以发育跳跃总体为特征，其

河道类型	河道充填物成分	河道几何形态			内部构造		侧向
		横剖面	平面形态	砂岩等岩性图	沉积组构	垂向层序	
底负载型河道	以砂为主	宽深比大，底部冲刷面起伏小到中等	顺直到微弯曲	宽的连续带	河床加积控制沉积物充填	SP岩性 不规则，向上变细，发育差	多侧河道充填物在体积上通常超过漫滩沉积
混合负载型河道	砂、粉砂和泥混合物	宽深比中等；底部冲刷面起伏大	弯曲	复杂的、典型为"串珠状"的带	充填沉积物中既有河岸沉积，又有河床加积	SP岩性 各种向上变细的剖面，发育好	多层河道充填物一般少于周围的漫滩沉积
悬浮负载型河道	以粉砂和泥为主	宽深比小到很小，冲刷面起伏大，有陡岸。某些河段有多条深泓线	高弯曲到网状	鞋带状或扁豆状	河岸加积（对称的或不对称的）控制沉积充填	SP岩性 细粒物质为主的层序，因而垂向变化可能不清楚	多层河道充填物被大量的漫滩泥和黏土所包围

图 18-16　不同河流类型河道形态和沉积特征（序列）（据 Galloway, 1983）

分布范围在 $1.75\Phi \sim 3\Phi$ 之间，跳跃总体与悬浮总体之间的截点在 $2.75\Phi \sim 3.5\Phi$ 之间，悬浮总体的含量为 $2\% \sim 30\%$。

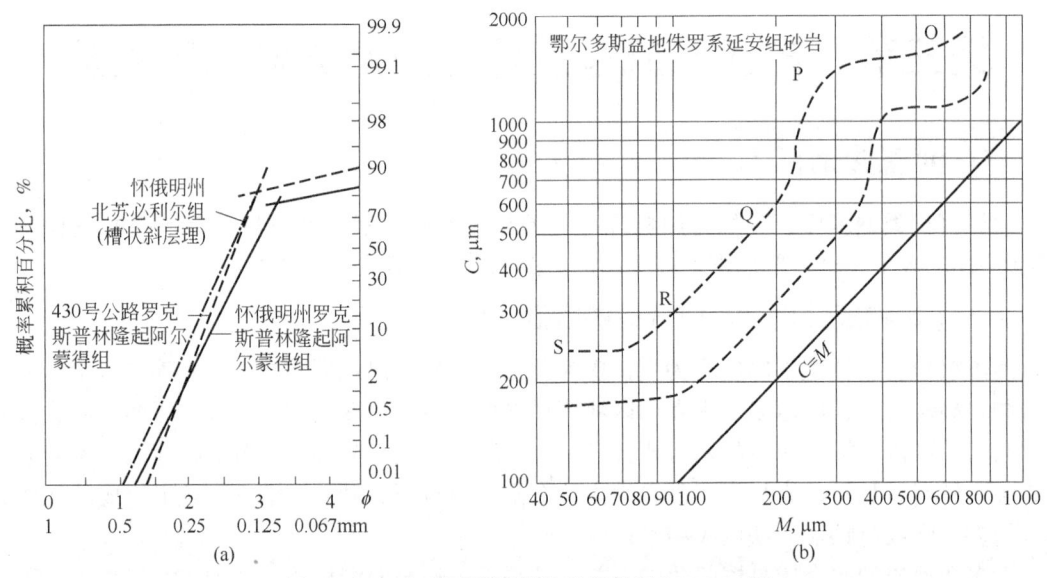

图 18-17　典型河流沉积粒度概率图和 $C-M$ 图

河流的水流属牵引流，故河流沉积在 $C-M$ 图上呈反映牵引流搬运沉积的 S 形，它有较发育的 PQ、QR 和 RS 段。图 18-17 是鄂尔多斯盆地侏罗系延安组砂岩的 $C-M$ 图，样品点几乎全部落在 PQ 和 QR 区内，相当于河道和沙坝区，显示为河流相特征。

（三）沉积构造丰富，发育大型交错层理，具特征的"二元结构"序列

河流相层理发育，类型繁多，但以大型板状和槽状交错层理为特征。细层倾斜方向指向砂体延伸方向，倾角15°~30°，由下至上层系及细层的厚度变薄、粒度变细，细层具粒度正韵律，层系厚度很少超过1m，一般为30cm或更薄。在河流沉积序列中，大型板状、槽状交错层理发育在下部，小型者发育在上部，波状层理发育在顶部（图18-18）。

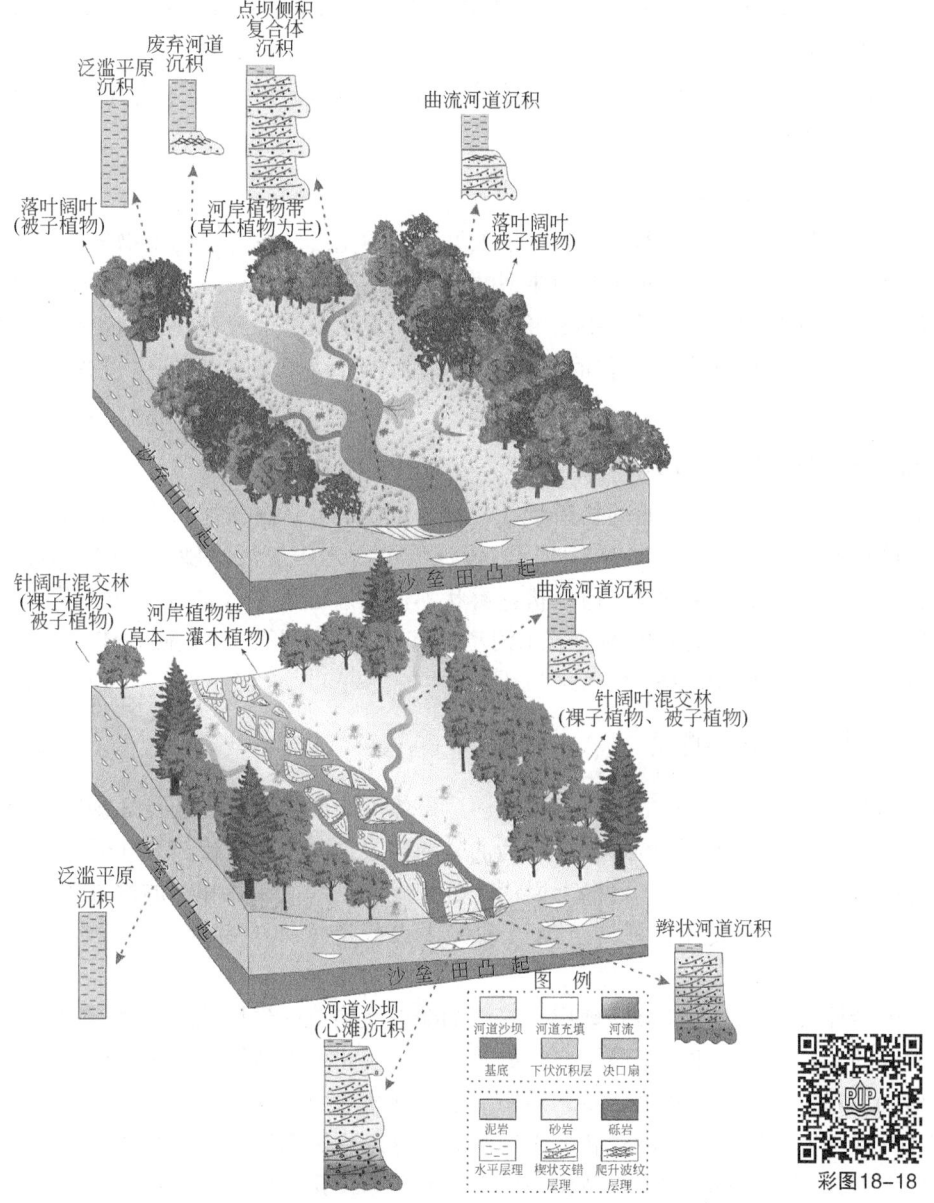

图 18-18 渤海湾盆地沙垒田地区新近系河流沉积综合发育模式图
（据谈明轩，2019）

河流沉积中常见流水不对称波痕，也可见河道滞留砾石的叠瓦状排列，扁平面向上游倾斜，倾角约为10°~30°。

河流沉积的最底部常具明显的侵蚀、切割及冲刷构造，并常含源区母岩砾石、堤岸及下伏层的砾石。

在沉积剖面上，自下而上表现为下粗上细的间断性正韵律或正旋回，每个旋回底部发育有明显的底冲刷现象、叠瓦状排列的砾石，下部为具大型板状、槽状交错层理及平行层理的砂岩，上部为具小型交错层理、波状层理、上攀交错层理的粉砂岩及泥质粉砂岩，顶部常具暴露大气的标志，如植物根，或钙质结核、泥裂等。曲流河垂向序列"二元结构"上、下部地层沉积厚度近于相等（图18-10），而辫状河和网状河下部粗粒沉积物厚度明显大于上部细粒沉积物厚度（图18-13，图18-14）。

河流沉积"二元结构"沉积序列在测井曲线上多呈钟形和箱形，在地震剖面上可具有充填特征和透镜状特征。

（四）生物化石稀少

河流相生物化石一般保存不好，通常较难见到动物化石及较完整的植物化石，所见者常是破碎的植物枝、干、叶等。河床亚相典型的指相化石为硅化木，它是植物的干或茎在开放系统条件下硅化而成。河漫沼泽沉积中可见植物根、炭化植物屑或茎叶植物化石，它们多是在封闭缺氧条件下保存下来的。在时代较新的河流相（牛轭湖）地层中可见到脊椎动物化石。

（五）特征的砂体形态

河流砂体在平面上多呈弯曲的长条状、带状、树枝状等。在横切河流的剖面上，呈上平下凸的透镜状或板状或"墙式"嵌于四周河漫泥质沉积之中。河流砂体结构随河流类型发生变化，曲流河剖面砂体多呈孤立透镜状；辫状河河道、心滩砂体总是呈透镜状成群出现，交错叠置，四周为泥质沉积所包围，显示河道的多次往复迁移；网状河砂体多呈墙状分布（图18-2，图18-4，图18-16）。

二、河流与油气关系

河流相沉积难以构成良好的烃源岩，但河道砂体可构成油气储集的良好场所。如果古河流砂体接近油源或有油源断层沟通，可成为油气的储层。由于河流砂体岩性变化快，其内部储油物性的非均质性较为明显。垂向上以河流沉积旋回下部河床亚相中的边滩或心滩砂岩储油物性最好，向上逐渐变差；横向上河道砂体中央或透镜体中部储油物性较好，向两侧变差。

古河流砂体可形成岩性油藏、地层—岩性油藏以及构造—岩性油藏。目前这类油藏在世界上已发现的油田中所占比例不断增多。如美国怀俄明州下白垩统砂岩中凯奥蒂溪油田、米勒溪油田，加拿大阿尔伯达省贝尔希尔油田分别属于河流相的岩性油藏和地层—岩性油藏，我国陕北马岭侏罗系油田亦属河流相成因。渤海湾盆地新近系馆陶组相继发现了河流相砂体为储层的大型油气田。如胜利油田范围内的孤岛和孤东油田，即新近系馆陶组不同类型河流沉积砂体作为储层的大型高产油气田。

 思考实习题

1. 准确理解下列基本概念：河流相、层流、紊流、单向和横向环流、侧向加积、垂向加积、弯度指数、分汊参数、曲流河、辫状河、网状河、牛轭湖、二元结构。
2. 简述曲流河和辫状河的侧向加积、垂向加积的沉积过程。
3. 列表说明 Rust 的河流分类方案，并说明不同河流类型的主要特征。
4. 对比不同河流类型的亚相和微相组成。
5. 表述并图示曲流河沉积特征和沉积序列。
6. 表述并图示辫状河的沉积特征和沉积序列。
7. 表述并图示网状河的沉积特征和沉积序列。
8. 以曲流河的沉积层序为例，说明侧向加积作用和垂向加积作用过程。
9. 试（列表）对比辫状河与曲流河、网状河的沉积特征、沉积层序及砂体类型。
10. 简述古代河流的主要地质鉴别标志。
11. 阅读文献，并举例说明河流沉积与油气成藏要素之间的关系。
12. 开展野外露头或现代沉积研究，总结曲流河或辫状河不同亚相的沉积特征，建立沉积模式。

第十九章 湖泊相

> **导　读**
>
> 本章核心知识点包括湖泊的水动力特征、物理和化学及生物环境特点、湖泊亚相划分及其沉积作用、亚相沉积特征与沉积模式、滩坝成因类型和沉积模式、古代湖泊鉴别标志及湖泊与油气的关系。

第一节　湖泊沉积环境、分类及沉积作用

湖泊是大陆上地形相对低洼和流水汇集的地区，拦截了由河流搬运而来的大量沉积物，是沉积物堆积的重要场所。现代湖泊约占大陆面积的1.8%。湖泊的规模相差悬殊，最大可达数十万平方千米，小的不到$1km^2$，少见古代大型湖泊超过$25×10^4 km^2$。相对海洋来说，湖泊不仅规模小，而且明显受气候影响，寿命较短。湖泊的形状也是多样的，如圆形、椭圆形、三角形、不规则状等。大型湖泊的环境特点与海洋既有某些相似之处（河流供源、波浪和重力流作用等），也有明显的区别，比如受气候及其变化影响大、化学性质差别较大、生物组合不同、水体分层明显。湖泊成因类型多种多样，构造活动和气候变化常是湖泊生成、发展的最主要控制因素，尤其是古代封闭湖泊沉积物是古气候的重要敏感标志。

视频19-1　湖泊沉积

现代陆地上发育着许多不同大小和类型的湖泊，是研究古代湖相与河流、波浪、沿岸流和重力流等多种沉积的天然实验室和最好借鉴。在地质历史记录中，中、新生代分布有许多湖相沉积，中、新生代湖泊是中国最主要的油气聚集场所。湖泊沉积物具有重要的经济价值，除了富含油气资源外，也是油页岩、蒸发矿物以及铁矿的沉积场所（视频19-1）。

一、沉积环境特点和湖泊分类

（一）沉积环境特点

1. 湖泊的水动力特征

湖泊的水动力作用与海洋有些近似，主要表现为波浪和岸流、重力流作用。但湖泊缺乏潮汐作用，这是与海洋的重要区别之一。在特别大的湖泊（里海）中可能出现潮汐作用，但难以产生较明显的湖流。

在风力的直接作用下，湖泊的水面可形成较强的波浪，称湖浪。它所引起的水体波动的振幅随水体深度的增加而减小，当到达湖浪1/2波长的水深时，水体质点运动几乎等于零，故通常把相当于湖浪1/2波长的水深界面称为波浪基准面，简称浪基面或浪底。浪基面以下湖水不受湖浪的干扰，成为静水环境。波浪的大小取决于风的吹程、强度和持续时间。一般

来说，湖泊面积比海洋小，风的吹程和持续时间相对较短，波浪的规模也小于海洋，浪基面的深度也就小得多，常常不超过20m。风成波浪是湖泊动力的一个主要因素，在大面积浅湖中，波浪运动会影响整个湖底，形成滩坝沉积。

湖浪作为一种侵蚀和搬运沉积物的动力在滨浅湖地区表现得较为明显。当湖浪的推进方向与湖岸斜交时，可形成沿岸流。湖浪和沿岸流的冲刷和搬运作用可形成各种侵蚀地形和沉积砂体，如浪蚀湖岸以及沙滩、沙坝、沙嘴、堤岛等。

河流是搬运沉积物进入湖泊的最主要动力，当然在特殊情况下，还会存在冰川、火山等多种作用。湖泊四周紧邻陆地，常有众多的地表河流以及地下水注入，以牵引流或重力流（异重流）方式搬运大量碎屑物质进入湖盆，形成三角洲、滩坝和重力流砂体等，从而改变了砂体的分布状况，因此对有些湖泊来说河流的影响往往超过湖浪和岸流的作用。

在湖泊沉积过程中，常常存在重力流（异重流）沉积作用。在较深湖地区，重力流是搬运和沉积沉积物的主要水动力类型。

2. 湖泊的物理化学条件

湖泊对大气的温度变化较为敏感，在相同湖泊不同季节或不同湖泊中，水温差别较大。湖水的温度在表层变化较大，在水深大于100m深处，水体温度变化不太明显。由于水的密度在4℃时最大，气温的变化使处于此温度的水体沉降至湖底，冬夏季节湖水易出现温度分层现象（图19-1），造成了表层水与底层水的地球化学条件的差异。表层水富氧，利于生物大量繁育生长，底层水处于还原环境，利于死亡后沉降生物的保存。风暴作用可以造成湖水运动形式复杂化。湖泊温度分层的稳定性随气候变化而变化，会造成湖水含氧量和盐类物质的重新分配，也会影响水体密度与河流供源物质密度差异和沉积物的搬运沉积方式（图19-2）。

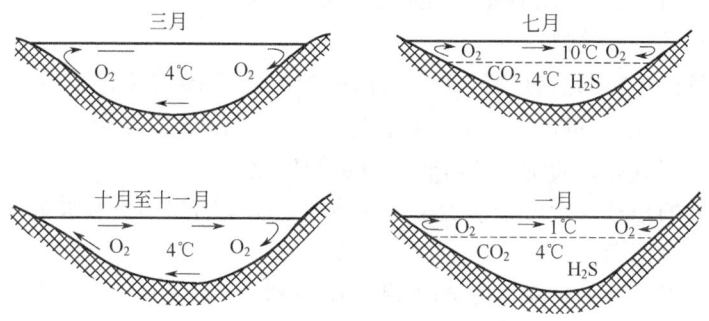

图19-1 温带湖泊水文季节变化和温度分层

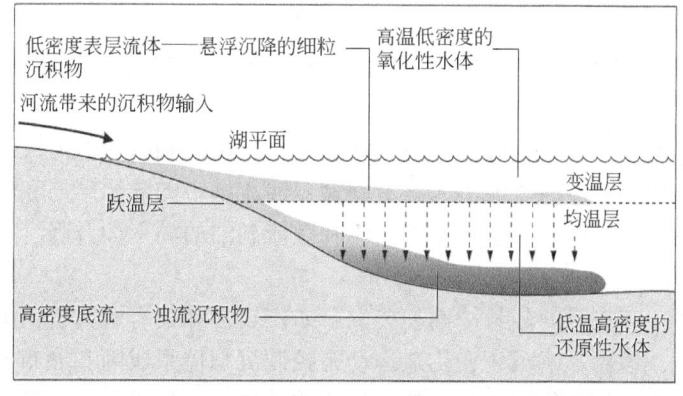

图19-2 淡水湖泊水体温度分层和沉积作用（据Nichols，2009）

湖水水位多在几米到几十米的范围内变化，构造拉伸作用形成的宽浅湖泊水位变化较大，构造裂谷作用形成的窄深湖泊水位变化较小。短期湖水变化受控于河流流量、降雨和蒸发量，长期湖水变化受控于构造和气候作用。湖水水位变化可造成湖泊面积发生较大变化。

湖水的含盐度变化较大，由小于1%至大于25%，这与含盐度一般在3.5%的海水具有明显的不同。此外，湖泊汇集了来自不同源区河流的流水及其溶解物质，故受源区影响的湖水化学成分变化也较大，湖泊的地球化学特点在一定程度上反映了源区母岩、汇水面积和盆地气候条件的变化。除盐度外，湖泊中的稳定同位素、稀有元素等与海洋也有一定差别。如湖泊中$^{18}O/^{16}O$、$^{13}C/^{12}C$的比值比海相中的低，而海相碳氢化合物的硫同位素$^{34}S/^{32}S$的比值较为稳定，湖相中变化大。微量元素B、Li、F、Sr在淡水湖泊中含量较海洋中少，Sr/Ba比值在淡水湖泊沉积中常小于1。

3. 湖泊的生物学特征

湖泊环境中常有发育良好的淡水生物群，如淡水的腹足类、瓣鳃类等底栖生物，以及介形虫、叶肢介、鱼类等浮游和游泳生物，此外还常发育大量的轮藻、蓝藻等低等植物。

（二）湖泊的分类

湖泊可从湖水的含盐度、沉积物特点、自然地理位置与条件、气候、成因等方面进行分类。

按照含盐度可将湖泊分为淡水湖泊和咸水湖泊，并以正常海水的含盐度3.5%作为它们的分界线，进一步以含盐度0.1%作为淡水湖和微咸水湖的界线，以含盐度1%作为微（半）咸水湖和咸水湖的界限，以含盐度3.5%作为咸水湖和盐湖的界限（吴萍、杨振强等，1979）。淡水湖泊往往河流作用明显、蒸发作用较弱；咸水湖泊往往河流作用较弱或携带的溶解物质较多、蒸发作用较强。

按照沉积物特征可将湖泊分为碎屑（火山碎屑）沉积湖泊和化学沉积湖泊。前者以陆源碎屑（火山碎屑）沉积为主，后者以碳酸盐、盐岩等化学盐类沉积为主。二者之间也常有许多过渡类型。就其分布而论，前者较后者更为广泛。

按照湖泊所处的地理位置可分为受海水影响的近海湖泊和不受海水影响的内陆湖泊，按地貌分为高原湖、平原湖。

按照湖泊成因可分为构造湖（如断陷湖、坳陷湖）、河成湖（如鄱阳湖、洞庭湖）、火山湖（如长白山的天池）、岩溶湖和冰川湖等。

按气候环境，可将湖泊划分为干热气候湖泊与温湿气候湖泊，后者主要分布在南纬、北纬25°到极地之间。

按沉积物充填与构造沉降关系，将湖泊划分为过补偿盆地、平衡补偿盆地和欠补偿盆地。

按河流进入和流出湖盆，划分出仅仅有河流流入、没有湖水通过河流流出的闭流湖泊和既有河流流入又有湖水通过河流流出的敞流湖盆。河流携带的陆源碎屑和溶解物质、河流注入和流出水量以及蒸发作用等因素控制着闭流和敞流湖泊的湖平面升降、湖盆水体物理、化学和生物性质。

在地质历史中，存在时间较长、面积较大、矿产较多和最有研究价值的是构造成因的湖泊。构造控制地貌，地貌影响沉积，构造运动是控制沉积体系成因和展布的基本因素。较大规模的湖泊形成往往与构造作用有关，比如拉伸坳陷作用、裂谷作用以及走滑作用。拉伸坳陷作用常形成持续时间较长的宽浅湖泊，沉积物分布范围广、厚度相对薄（几百米至几千米）；裂谷作用以及走滑作用形成的湖泊边界常是断层，水深可达几百米，物源供给充足，可充填数千米厚（甚至万米）的沉积物。就张性盆地而言，按湖泊所在区域的构造运动特点，可将湖泊分为断陷型、坳陷型和断陷—坳陷过渡型三大类湖泊（表19-1）。中国石油工作者最常采用的湖泊分类方案是综合考虑构造作用、气候和地理位置及含盐度所划分的湖泊类型，例如近海断陷淡水湖、内陆坳陷盐湖等（吴崇筠，1993）。油气勘探实践表明，近海微咸水断陷和坳陷湖盆油气资源更加富集。

表 19-1　中国东部中、新生代湖泊类型（据吴崇筠，1993）

湖泊盐度	构造和地理位置					
	断陷湖泊		坳陷湖泊		断陷—坳陷过渡型湖泊	
	近海湖泊	内陆湖泊	近海湖泊	内陆湖泊	近海湖泊	内陆湖泊
淡水湖泊	近海淡水断陷湖泊	内陆淡水断陷湖泊	近海淡水坳陷湖泊	内陆淡水坳陷湖泊	近海淡水断陷—坳陷过渡型湖泊	内陆淡水断陷—坳陷过渡型湖泊
盐水湖泊	近海盐水断陷湖泊	内陆盐水断陷湖泊	近海盐水坳陷湖泊	内陆盐水坳陷湖泊	近海盐水断陷—坳陷过渡型湖泊	内陆盐水断陷—坳陷过渡型湖泊

湖泊的沉积类型主要取决于气候条件和物质来源，尤其是气候条件对湖泊的沉积起着控制作用。因此，库卡尔（Kukal，1971）等根据气候干旱程度、地理环境、沉积物类型及其供应的充分程度，首先划分出永久性（稳定性）湖泊和暂时性（间歇性）湖泊。永久性湖泊进一步划分为陆源碎屑沉积型、化学沉积型、生物沉积型、湖沼沉积型等四种湖泊类型。暂时性湖泊又可进一步划分为干盐湖沉积型和盐沼沉积型两类（图19-3）。

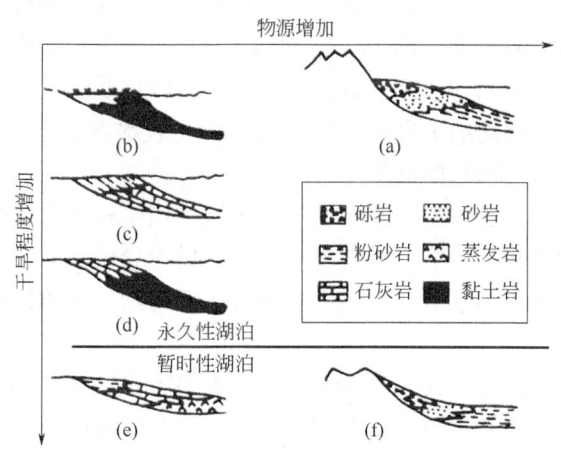

图 19-3　湖泊沉积分类及沉积模式（据 Visher，1965；Kukal，1971）
(a) 陆源碎屑沉积型湖泊；(b) 化学沉积型湖泊；(c) 生物沉积型湖泊；(d) 湖沼沉积型湖泊；
(e) 干盐湖沉积型湖泊；(f) 盐湖沼沉积型湖泊

二、碎屑沉积作用

（一）浅水沉积作用

湖泊浅水沉积作用主要发生在湖泊边缘的河口地区。河口的沉积作用取决于悬浮负载和底负载的相对重要性，以及河水与湖水的密度关系。

在具有河水溢流和沉积物以悬浮负载为主时，由于湖盆的能量比较低，会形成河流控制的不同粒度的三角洲。当河水中以底负载为主时，沉积物便迅速在河口堆积，可能使三角洲前缘沉积斜坡发生倾斜，形成吉尔伯特型的三角洲。在地形起伏大的地方，冲积扇可直接入湖，形成沉积物粒度较粗的扇三角洲。因此，扇三角洲沉积层序就可能是一个由冲积扇沉积覆盖的、具有陡的前积层的吉尔伯特型的三角洲层序。假如这种斜坡很陡并伸入深水，那么沉积物质就很难在湖岸堆积成三角洲，并且较粗的碎屑可能由滑动和其他块体流机制带到深水发生沉积。

在湖泊非河口浅水部位，主要是湖浪作用形成湖滩、沙嘴及障壁。波浪的作用取决于沉积地形坡度、湖泊规模和风作用强度。通常较低的波浪能量和常常发生的水面涨落所形成的沉积物较细，成分成熟度较低、分选性不好，但分布较广；较强波浪和沿岸流作用可形成簸选改造的、分选较好的滩坝。在缺少物源供给、植被发育的低能滨岸地区，可形成具有煤层的沼泽沉积。

在没有明显陆源碎屑供给的浅水湖泊，特别是在含盐度较高的、生物生长发育明显的浅水地区，会沉积碳酸盐矿物以及鲕粒，随着蒸发作用加强，整个湖泊面积变小，会沉淀硫酸盐矿物和盐岩。

（二）深水沉积作用

湖泊深水沉积作用主要包括悬浮物质的垂向沉积作用和重力流（异重流）事件快速沉积作用。湖泊深水沉积类型往往受到气候（水体分层）、陆源碎屑供给、生物作用和溶解物质含量等多种因素的影响。

湖盆深部的碎屑沉积作用几乎都是以悬浮方式进行的。这种分布的特殊性质取决于湖水的密度分层和河流补给物的密度（图19-1，图19-2）。携带陆源碎屑的河水密度如果低于湖水密度，则河水入湖后向四周散开，负载中较粗粒级的物质优先沉积下来，而极细粒级的沉积物会远离河口，搬运到湖泊中央发生缓慢沉积。在咸水湖泊里，像在海洋环境中一样，黏土的絮凝作用可以加速沉积物的沉降。

一年四季的气候变化，会在深水湖底形成毫米级的明暗相间或成分变化的纹层。亮色或浅色纹层常形成于气候温暖的季节，特别是在溶解物质含量较高时，会沉积方解石；暗色或深色纹层常形成于气候寒冷的季节，往往由富含有机质的黏土物质组成。故这些韵律纹层被称为"季候纹层"。

携带陆源碎屑的河水密度如果大于湖水密度，较粗的沉积物以潜流（重力流）的方式进入湖泊，在整个湖底散开，形成具有水道、天然堤及朵体的扇形重力流沉积。由于河控三角洲不断前积或快速沉积，其前缘沉积界面坡度角会不断加大并超过沉积物的休止角，此时前缘沉积物会发生滑动、滑塌，以重力流方式进入湖泊深水地区发生沉积。

底层水体的性质影响沉积物类型及其性质。在底部呈还原状态的湖泊中，沉积物可以保存有较高的有机质含量。由于硫化物还原细菌的作用可沉淀像黄铁矿一样的硫化物矿物。含氧的底层水体可以使底栖的动物群生存，沉积物的纹理可能受到掘穴生物的扰动破坏。

三、化学和生物沉积作用

由化学活动和生物活动沉淀和沉积的沉积物性质取决于湖水的化学状态、水系类型及气候条件等。所以说，不同气候条件下的湖泊发生了不同的化学与生物沉积作用。

（一）高纬度地区的湖泊

高纬度的北极或亚北极区的湖泊受严寒气候影响，难以发生或较慢发生有效的化学与生物沉积作用。但在湖泊边缘沼泽地区，特别是紧靠河流注入的河口部位，可堆积由细菌活动参与沉积的褐铁矿，并向湖中心逐渐减少。

在某些北极的湖泊里，硅藻可构成重要的湖相沉积物。

（二）温带地区的湖泊

温带地区的湖泊具有适宜生物生长的气候条件，并能够接受较多的溶解物质，常发生生物沉积作用及化学沉积作用。

在湖泊边缘，由于生长了大量植物，死亡后的植物被埋藏在还原沼泽环境形成煤层。植物的叶和茎进入湖盆后，可沉淀出由低镁方解石组成的表层包壳。

在缺少陆源碎屑供给的湖泊浅水地区，可生长大量的生物。死亡后的动物骨骼可形成生物碎屑，造礁藻类（如中华枝管藻）可形成藻礁的骨架。在动荡的相对清水环境，可形成多为表鲕的鲕粒。

在较深的湖底，碳酸盐可沉淀形成泥灰岩层，与富含有机质层组成层纹状韵律层。这些季节性发育的富含有机质的薄纹层往往是由于浮游植物季节性死亡沉淀的结果，特别是在湖水垂向分层—底层水静止并产生还原环境的地方。在温带的湖泊里，已经发现了厘米级大小的、与砂砾底质相伴生的铁锰结核（Calvert 和 Price，1977）。

在湖泊汇水面积里存在大量的藻类活动。比如，蓝藻可包壳生长在先存碎屑颗粒外面，形成颗粒的外壳。随着时间的推移，这些包有外壳的颗粒又可进一步发育成核形石。这些核形石受波浪作用改造，大致上呈球形。核形石生长得越大，形成越稳定的盘形。

（三）干旱地区的湖泊

干旱地区内陆水系的湖泊往往处于低纬度地区，气候炎热干旱，通常是大量化学沉积物的沉淀场所。长年（几百年到几千年，甚至更长）不干涸的盐湖可能是较浅的，例如美国犹他州的大盐湖（水深约12m）；也可能是较深的，例如死海（水深约400m）。如果气候发生变化，较浅的盐湖也可能很快变成干盐湖。

内陆湖泊十分敏感于气候的极小变化，特别是表现在化学沉淀作用的程度上。浅的内陆湖泊容易完全干涸，形成互层的多年湖泊化学沉积物与干盐湖成因的沉积物。

在长年盐湖里，蒸发作用能导致表层的卤水浓缩及表层水里盐类矿物的成核作用。这种浓缩的卤水和盐类矿物受重力作用向下沉到湖底，而密度低、浓度小的湖水流到卤水之上，继续发生蒸发，可能产生如下多种化学沉积序列（Hardie，Smoot，Eugster，1978）。

(1) 石盐+少量石膏+痕量碳酸盐；
(2) 石膏+少量碳酸盐（例如现在的死海）；
(3) 碱性土碳酸盐；
(4) 淡水相的生物化石（或许含有边缘咸水湖相的生物化石）和相关砂泥岩。

在硫酸盐浓度高的湖泊里，硫酸钠可能在湖底和边缘沉淀。犹他州的大盐湖，在低温条件下芒硝（$Na_2SO_4 \cdot 10H_2O$）的可溶性比石盐小，在冬天芒硝在石盐之前沉淀；在夏天干热的环境中，芒硝脱水变成无水芒硝（Na_2SO_4）。

第二节 湖泊沉积模式

根据沉积岩的颜色、成分、结构、沉积构造、厚度等沉积标志以及洪水面、枯水面、浪基面的位置，考虑气候背景，将湖泊相划分为深湖、半深湖、浅湖、滨湖等亚相类型（图19-4）。位于氧化还原界面之下的沉积环境称为深湖，位于正常浪基面至氧化还原界面之间的沉积环境称为半深湖，介于正常浪基面与湖泊枯水面之间的沉积环境称为浅湖，介于湖泊枯水面与洪水面之间的沉积环境称为滨湖。在特殊的干旱气候环境下，也有人将位于浪基面之下的沉积环境称为深湖和半深湖，介于浪基面与枯水面之间的沉积环境称为滨浅湖，介于枯水面与洪水面之间的沉积环境称为扩张湖（图19-4）。关于湖泊沉积亚相的划分要充分考虑古气候、古地形坡度、古构造背景和沉积物整体特征。

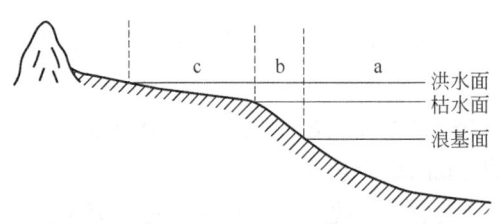

图19-4 湖泊亚相划分示意图（据吴崇筠，1992）
a—深湖和半深湖；b—滨浅湖；c—扩张湖

一个理想的陆源碎屑湖泊（特别是坳陷型湖泊）的沉积模式具有沉积物围绕湖盆呈环带状分布的特点，即从湖岸至湖盆中央大致依次出现砂砾岩、砂岩、粉砂岩、泥岩。然而，实际情况要比理想的湖泊沉积模式复杂得多，这是因为湖泊沉积物的发育往往受湖盆结构、湖盆大小、湖底地形、湖岸陡缓、距源区远近、陆源物质供应的充分程度、气候条件以及构造背景等因素的控制（图19-5）。例如，湖盆面积小、靠近物源、碎屑物质供应充分，湖盆中央也可被砂质充满；若定向风盛行，湖滨砂砾沉积仅可见于湖泊的一侧；若湖岸陡，滨浅湖沉积范围窄或不发育；如果湖泊中有重力流作用，在深湖地区也可发育粗粒沉积物质；在缺少陆源碎屑供给的地区可见鲕粒和生物碎屑沉积。

我国青海湖就是一个以碎屑沉积为主的微咸水湖泊，沉积物质具明显的分带性。砾石沉积仅在湖的南北有零星分布，砂从滨湖至水深12m的浅湖区呈环带状分布，水深12~29m的湖底均为各种淤泥沉积，东侧砂岛一带有鲕粒砂和风成砂（图19-6）。

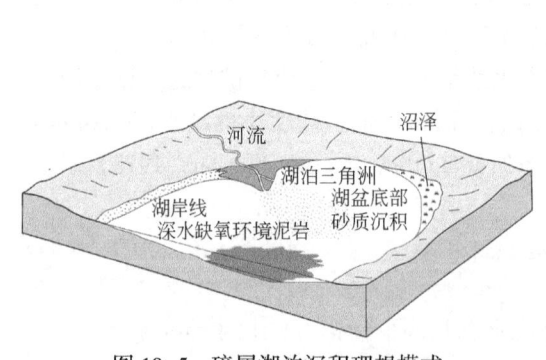

图19-5 碎屑湖泊沉积理想模式
（据Nichols，2009）

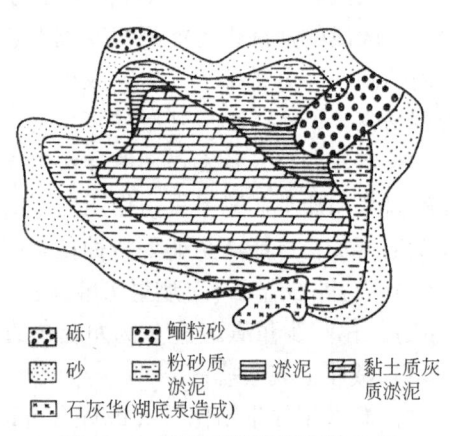

图19-6 现代青海湖沉积物分布
（据中国科学院兰州地质研究所，1979）

一、半深湖和深湖沉积

在实际工作中,由于难以区分深湖和半深湖亚相,常将两者放到一起描述。深湖和半深湖位于正常浪基面以下的、水体较深部位,为主体缺氧的还原环境。岩性以灰黑、深灰、灰褐色泥页岩为特征,常见油页岩、薄层泥灰岩或白云岩夹层。发育水平层理、波状层理以及受风暴、重力流影响的丘状交错层理、递变层理、块状层理等。在丰富的化石中,浮游生物占主体,保存较好,底栖生物不发育,也缺少生物扰动构造。可见菱铁矿和黄铁矿等还原环境形成的自生矿物。岩性横向分布稳定,垂向上常具连续沉积的完整韵律,沉积厚度大。

长期稳定持续下沉、沉积中心与沉降中心吻合的大型湖盆中深湖—半深湖亚相沉积厚度大、分布广,有的厚逾千米,面积超过整个湖盆的60%。但有些气候干旱、面积小的内陆湖盆中,不发育甚至缺少深湖亚相。在实际工作中,半深湖与深湖亚相常难以区分,相对来说半深湖亚相泥岩颜色的暗度和岩性纯度稍次,可见少量底栖生物和少量粉砂夹层。通常将两者合并起来,称为深湖和半深湖亚相或深水亚相。

半深湖亚相或深湖亚相形成的巨厚富含有机质的细粒沉积可作为烃源岩和非常规油气储层,也常发育具有特殊岩性和沉积构造的、可构成岩性圈闭的风暴流和重力流(异重流)沉积砂体。

二、浅湖、滨湖、扩张湖和滩坝沉积

(一)浅湖沉积

浅湖沉积位于湖泊枯水面至正常浪基面之间地带,水体较滨湖区深,正常气候条件下均位于水下,沉积物受波浪和湖流作用的影响较强。

岩石类型以浅灰色、灰绿色细砂岩、粉砂岩和黏土岩为主,可夹有少量薄层或透镜体状化学岩。陆源碎屑供应充分时可出现较多的细砂岩,砂岩胶结物以泥质、钙质为主,分选和磨圆度较好。层理类型多以小型交错层理、波状层理、透镜状层理、水平层理为主(图19-7)。有时层面可见对称浪成波痕和较为丰富的生物扰动构造。

水生生物繁茂,生物化石丰富,保存完好,以薄壳的腹足、瓣鳃类等底栖生物为主,也出现介形虫和鱼类等化石,少见菱铁矿、鲕绿泥石等弱还原条件下的自生矿物。

若湖底地形平缓,砂质供应充分,在宽阔的浅湖地带可形成具席状、条带状展布的砂质浅滩或局部砂质堆积加厚的沙坝沉积。它们常出现于湖成三角洲的侧方,多是由于波浪和湖流对三角洲前缘沉积物进行改造,使碎屑物质沿岸再分配形成的,构成三角洲—滩坝沉积体系。滩、坝沉积也可是波浪

图19-7 松辽盆地白垩系浅湖亚相灰色粉砂质泥岩中透镜状层理

作用的产物,分布于平缓浅湖、水下隆起和岛屿的周围。在沉积层序上常呈现为下细上粗的反旋回沉积。

若湖底地形坡度较陡,浅湖沉积范围较窄,则岩性变化明显。若湖底地形坡度较缓,浅湖沉积范围较宽,岩性相对单一,浅湖亚相可占主体。

浅湖亚相处于弱氧化—弱还原环境，形成的滩坝可作为油气储层，泥岩可具有生油能力。

（二）滨湖沉积

滨湖沉积位于湖盆边缘，湖泊枯水面向陆地一侧，其沉积环境特点是：（1）距岸最近，接受来自湖岸的粗碎屑物质；（2）水动力条件复杂，击岸浪和回流的冲刷、淘洗对沉积物的改造作用强烈；（3）水体较浅，沉积物接近水面，有时出露水面，氧化作用强烈；（4）沉积物类型受物源供给、水动力强度和地形坡度的影响较大而表现出多种特点。

地形坡度决定了滨湖沉积宽度，若地形陡，则宽度窄、相变快。由于滨湖地带沉积环境复杂和波浪强弱的变化，因此沉积物类型表现出多样性，可有高能的粗粒砾岩沉积，也可有低能的黏土沉积。在气候湿润、湖岸开阔的滨湖区，若陆源碎屑物质供应充分，在河口侧方可形成砂质湖滩沉积。击岸浪的冲刷、簸选和淘洗，使碎屑物质成熟度增高，分选、圆度好，由岸边向湖心方向粒度由粗变细，沿湖岸附近常出现重矿物富集带，湖滩砂岩中可出现由击岸浪和回流作用形成的倾角平缓、向湖倾斜的中小型交错层理。在湖滩上经常出现由湖浪从浅水地带搬运来的底栖生物化石碎片，有时可集中形成生物介壳滩。在气候干旱的滨湖区，可见鲕粒灰岩或生物碎屑灰岩沉积。

当湖岸较陡、滨湖水动力作用较强，击岸浪对湖岸的侵蚀产生粗碎屑，或近物源河流有粗碎屑物质的充分供应，滨湖地区也可形成分布范围较窄的砾质湖滩沉积。

若湖滨地形平缓，水动力较弱，波浪作用不能波及岸边，物质供应以泥质为主，则可形成滨湖泥滩或滨湖沼泽。其沉积以泥岩和粉砂岩为主，常发育水平层理、季节性韵律层理和块状层理。随其后变化，可见有泥裂、雨痕、垂直潜穴、生物扰动构造、煤层以及植物的根、叶、枝干等化石碎片。

在湖泊演化的晚期，整个湖泊可被沼泽化，发育泥炭沉积，形成煤层。

在研究古代湖相沉积时，由于浅湖和滨湖往往缺乏明显的亚相鉴别标志而难以区分，故通常也可笼统地称为滨浅湖亚相。

（三）扩张湖和湖湾沉积

扩张湖或称为洪水漫湖亚相是指干旱气候条件下，枯水期湖面与洪水期湖面之间的宽缓的沉积地带。干旱气候容易造成湖平面明显升降变化。扩张湖沉积物主要在洪水期发生堆积，此时河水能量大，输入大量泥砂沉积物。当湖水逐渐收缩至枯水位，河流规模变小甚至断流，洪水扩张期沉积的相对粗粒沉积物逐渐暴露于地表，低洼处残留水体沉积泥滩，后来受到暴晒形成大量泥裂并氧化成红色。因此，在地层剖面上表现为下部为洪水砂砾岩，上部为分布稳定的滨湖相杂色泥岩、泥灰岩的频繁互层。大面积扩张湖沉积物多形成于气候干旱、沉降缓慢、地形平缓、面积较大的坳陷型盆地，断陷湖泊不易发育扩张湖沉积。

湖湾是指湖泊近岸地区因受某种阻隔而与湖内广大湖区的湖水交流不畅而呈半封闭水体的地带。湖湾的形成常是因为近岸沙坝、沙嘴的生长，三角洲砂体向前延伸、水下隆起遮挡等作用造成的。湖湾内水体浅而安静，沉积物主要为暗色粉砂质泥页岩，中夹薄层白云岩或油页岩。气候温湿时，水生植物生长繁盛，可发育成泥炭沼泽，形成炭质页岩和薄煤层，富含黄铁矿晶体。沉积物发育水平层理和季节性韵律层理，有时见块状层理、泥裂、雨痕、生物潜穴。气候干旱时，湖湾可进一步向咸化潟湖方向发展，沉积钙质页岩、白云岩以及膏盐层，泥岩呈红色。湖湾暗色泥岩中可见少量的特殊浅水生物，如渤海湾盆地古近纪湖湾沉积中出现有拟田螺、土星介、轮藻等化石。在气候干旱地区，湖湾中可发育膏盐和白云岩沉积。在物源为碳酸盐岩的湖湾地区，可发育泥灰岩、鲕状灰岩、生物灰岩及白云岩。

实际上，在湖泊中还发育三角洲、重力流、滩坝等多种沉积类型。由于这些沉积类型的特殊性，故将有专门章节加以论述。

（四）滩坝沉积

湖盆中的滩坝沉积包括了滩和坝两类沉积体。滩是指湖盆滨浅湖处受波浪冲洗与改造形成的分布范围较广、沉积厚度较薄（<2m）的砂（砾）沉积体；坝用于表述那些厚度较大（2~5m）、细长的脊、堤和隆起物，主要由砂、砾或其他未固结的物质组成，由波浪或水流作用建造而成，经常发育在河口处和湖湾处，也常出现在滩沉积体的附近或与滩沉积共生。实际研究中，因难以区分频繁叠置、沉积特征相似的滩与坝，常将滩坝一起描述。当然，自然界存在有滩无坝和有坝无滩的现象。

滩坝类型的划分依据多样。可根据沉积盆地演化阶段，将滩坝划分为断陷期、断坳期和坳陷期滩坝；根据滩坝沉积物组成，将它们划分为碎屑砂砾质滩坝、碳酸盐质滩坝和混积滩坝；可根据滩坝成因，划分为浪成滩坝、风成滩坝、沿岸流和混合成因滩坝。根据盆地结构与地貌背景可将断陷湖盆滩坝分为开阔湖盆缓坡型滩坝、水下潜山台地型滩坝和潜山凸起周缘型滩坝3种成因模式（邓宏文，2010）；等等。

滩坝的主要沉积微相包括滩主体、滩外缘、滩内缘、滩间，坝主体、坝侧缘、坝间等多种微相类型。

滩坝是"风（风浪）—源（物源）—盆（盆地演化）"系统内综合作用下的产物。波浪是滩坝形成的动力，物源是滩坝形成的物质基础，盆地层序—构造演化过程中古地貌与古水深决定了滩坝的发育位置与范围（姜在兴，2015）。实际上，滩坝的形成演化受控于盆地构造演化、古地貌及其坡度（坡折带）、风浪作用强度和方向、物源供给类型和多少、湖平面升降变化幅度和频率、水体深度和湖泊亚相宽度等多种地质因素。

本教材根据物源供给条件、古地理位置以及形成滩坝的水动力条件，可把陆相湖盆中发育的滩坝划分成4种成因类型，即位于湖岸线拐弯处的砂质滩坝及生物滩、鲕粒滩，如东营凹陷沙三段和辽东湾盆地东营组的滩坝沉积；水下古隆起处的生物滩、鲕粒滩及砂质滩坝，如东濮凹陷沙一段的生物滩、鲕粒滩；三角洲侧缘的砂质滩坝，如惠民凹陷沙三段夏口地区的滩坝；浅湖地区的砂质滩坝及生物滩、鲕粒滩，如东濮凹陷沙二段和廊固凹陷沙三段中的滩坝。下文将考虑湖盆的发展演化特点，对上述4种成因类型滩坝的形成条件、沉积特征及其沉积模式进行分析（朱筱敏，1994）。

1. 湖岸线拐弯处滩坝沉积模式

在坳陷湖盆缓坡和断陷湖盆发展的早期及晚期，湖盆周缘母岩区与湖泊水体之间的湖盆边缘参差不齐，形成部分湖岸线拐弯的湖湾。当湖浪和沿岸流侵蚀、搬运大量碎屑物质流经上述湖湾地区时，由于湖岸线的拐弯变化，造成沿岸流和湖浪扩散、能量消耗，使得经过淘洗的砂粒或生物碎屑沉积下来，形成平行岸线伸展的长条状湖岸沙嘴，并逐步发展为条带状滩坝。这些滩坝沉积物由成分和结构成熟度均高的砂岩和粉砂岩组成，常显示下细上粗的反韵律。韵律下部为滩坝外缘沉积，由粉砂岩和砂质泥岩不等厚互层组成，具水平纹理和波状交错层理；中部为滩坝主体，由分选磨圆好的中细砂岩组成，具大型低角度交错层理；上部为滩坝内缘沉积，由互层粉砂岩和灰绿色泥岩构成，具水平纹理、生物钻孔以及植物根等沉积构造（图 19-8、视频 19-2）。

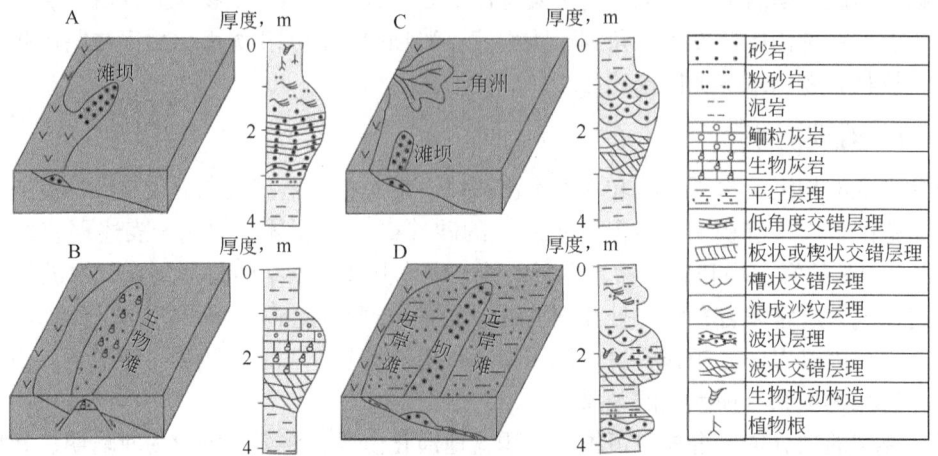

图 19-8　陆相湖盆滩坝成因类型和沉积模式（据朱筱敏，1994）

视频 19-2　岸线滩坝形成过程

2. 水下古隆起处滩坝沉积模式

陆相湖盆水下古隆起的成因主要包括以下三种类型，即构造活动造成的古隆起、火山喷发形成的古隆起以及持续性古地形隆起。一般来说，这些古隆起位于湖泊中央、相对远离陆源碎屑供给区，多受湖浪以及岸流的综合作用，从而使得水下古隆起的顶部或周缘局部发育砂岩或鲕粒灰岩和生物灰岩，构成砂质滩坝或鲕粒滩坝和生物碎屑滩坝。砂质滩坝的成分和结构成熟度较高，具有较大规模的交错层理；鲕粒滩坝主要由呈块状的鲕粒灰岩组成，其中的正常鲕和表鲕的核心多为陆源碎屑，发育浪成交错层理；生物碎屑滩坝含有大量的螺化石和介形虫化石，含量可高达 95%，生物碎屑灰岩呈中厚层，可见波状层理和交错层理。在垂向上，水下古隆起处的滩坝多下伏浅灰色粉砂岩，上覆灰色泥岩，整体构成湖进序列（图 19-8）。

3. 三角洲侧缘滩坝沉积模式

在陆相湖盆的缓坡，由于陆源碎屑供源相对较弱，常发育小型的短轴三角洲。这种三角洲的河流作用不十分强烈，携带的沉积物沿盆地短轴方向进入湖盆后，易受到湖浪和岸流的重新改造，使沉积物沿湖岸线方向发生侧向移动，从而在三角洲侧缘形成滩坝沉积（图 19-8）。这种滩坝多由灰绿色泥岩和粉、细砂岩构成。粉、细砂岩成分和结构成熟度均较高，常含有鲕粒，发育波状交错层理和小型槽状交错层理。粒度概率图为跳跃总体含量达 70% 以上的两段式。这种滩坝的垂向序列整体显示下细上粗的反韵律，其中砂岩厚度可占整个韵律厚度的 70%~80%。自然电位曲线多为齿化漏斗形和宽幅对称指形，在地震剖面上多响应丘形反射。

4. 开阔浅湖滩坝沉积模式

开阔浅湖滩坝位于平均枯水面与浪底之间的浅湖环境。当垂直岸线或斜交湖岸的波浪由湖盆中央向湖岸运动时，波浪触及浪底，形成升浪，并继续向岸方向运动形成碎浪，波浪能量消耗较大，使得较粗粒碎屑沉积下来，形成开阔浅湖滩坝。此类滩坝由浅灰色粉、细砂岩或生物碎屑灰岩、鲕粒灰岩构成。砂岩颗粒分选和磨圆均较好，有时可见一些鲕粒。根据这类滩坝的沉积特征，可进一步划分出近岸滩、坝主体、远岸滩等三个次级单元（图 19-8）。近岸滩临近湖岸线，薄层砂岩中发育浪成交错层理，在垂向上与棕褐色泥岩薄层间互，构成薄层反韵律。坝主体砂岩以发育厚层槽状交错层理、平行层理为特征，在垂向上常与灰绿色块状泥岩构成下泥上砂的厚层反韵律。远岸滩靠近浪基面分布，发育波状层理、透镜状层理、砂泥间互层理及丰富的生物扰动构造，在垂向上与灰色、灰绿色泥岩互层，构成反韵律。在湖退序列中，开阔浅湖滩坝自下而上总体显示泥岩颜色由灰色变为棕褐色、粒度由细变粗再变细、砂岩厚度由薄变厚再变薄的复合反韵律（图19-8）。

三、湖泊沉积序列

湖泊是陆地上流水汇集的低洼地带，在平面上它总是与河流相沉积共生，并为河流沉积所包围，中国松辽盆地白垩系淡水陆源碎屑湖泊沉积就是一例。从盆地边缘至湖盆中央，沉积相序的组合大致是依次出现冲积扇、河流—湖成三角洲、滨湖和浅湖—半深湖—深湖和重力流沉积，但由于湖盆的构造背景、湖底地形、陆源物质供应的充分程度等多种因素的影响，往往不可能出现如此完整的相序,. 这在结构不对称的断陷湖盆中表现得尤为明显。

在断陷湖盆缓坡一侧，或沿湖盆长轴，从陆上至湖盆，地形较平缓，滨湖和浅湖沉积相带较宽，河流、湖成三角洲较发育，在三角洲前缘深湖方向还可能形成深水浊积扇，从而构成河流三角洲—深水浊积扇沉积体系。在广阔的滨浅湖地带，沿三角洲侧缘或平行湖岸可发育滩坝沉积，形成三角洲—滩坝沉积体系。在断陷湖盆陡坡一侧或沿湖盆短轴，陆上和水下地形坡度大，近物源，滨浅湖相带较窄，不出现三角洲和滩坝沉积，河流相缺失或很少，有时冲积扇直接入湖形成扇三角洲或形成完全位于水下的近岸浊积扇。

湖泊沉积物垂向沉积序列复杂多变，主要受地壳升降运动、物源供给、气候变化或相对湖平面变化等因素的控制，形成单旋回和多旋回的幕式沉积序列。从发育历史来看，能保存地史记录的湖相沉积多半是在构造盆地的背景上发育起来的。然而，任何湖泊不论其发育的背景如何，其发展的总趋势在多数情况下都是以萎缩、充填而告终。因此，湖泊相的垂向组合，往往是以滨浅湖亚相开始，向上演化为湖盆鼎盛沉积较深湖或深湖亚相，再向上演变为滨湖和河流相沉积，构成上下粗、中间细的复合旋回垂向层序；或自下而上出现河流相—湖泊相—河流相这样完整旋回的垂向组合。但不论是哪种情况，其总的趋势是以滨湖和河流沉积作为旋回的结束（图19-9）。

湖盆一般经历早期裂陷、中期深陷扩张、晚期坳陷消亡的发育过程，在每个湖盆演化阶段还可细分次级断坳旋回。在湖盆发展演化的早期裂陷阶段，湖盆面积较小，常见滨浅湖和扇三角洲沉积，可形成多种类型储层；在湖盆深陷扩张期，半深湖、深湖亚相及重力流沉积最为发育，形成烃源岩和储层；在湖盆发展演化的坳陷消亡阶段，即湖盆抬升收缩期，滨浅湖、三角洲及滩坝沉积发育，形成多种类型有效储层。在一个地质时期内，湖盆多次地沉降和抬升，构成了湖泊相发育的多旋回性，而且在每个一级旋回的背景上还可发育多个次级旋回，从而构成了利于油气生成、储集、封堵的生储盖组合。

由于湖泊四周常为陆源碎屑物源区，提供丰富的陆源碎屑物质，在湖泊中形成多种成因类型的、可储集油气的砂体。中国中、新生代油气田大部分储层都形成于湖泊三角洲、重力流等多种沉积成因的砂体。考虑到这些砂体的特殊性，将有专门章节介绍这些砂体的成因和沉积特征，这里先总结一下它们的整体特征（表19-2）。

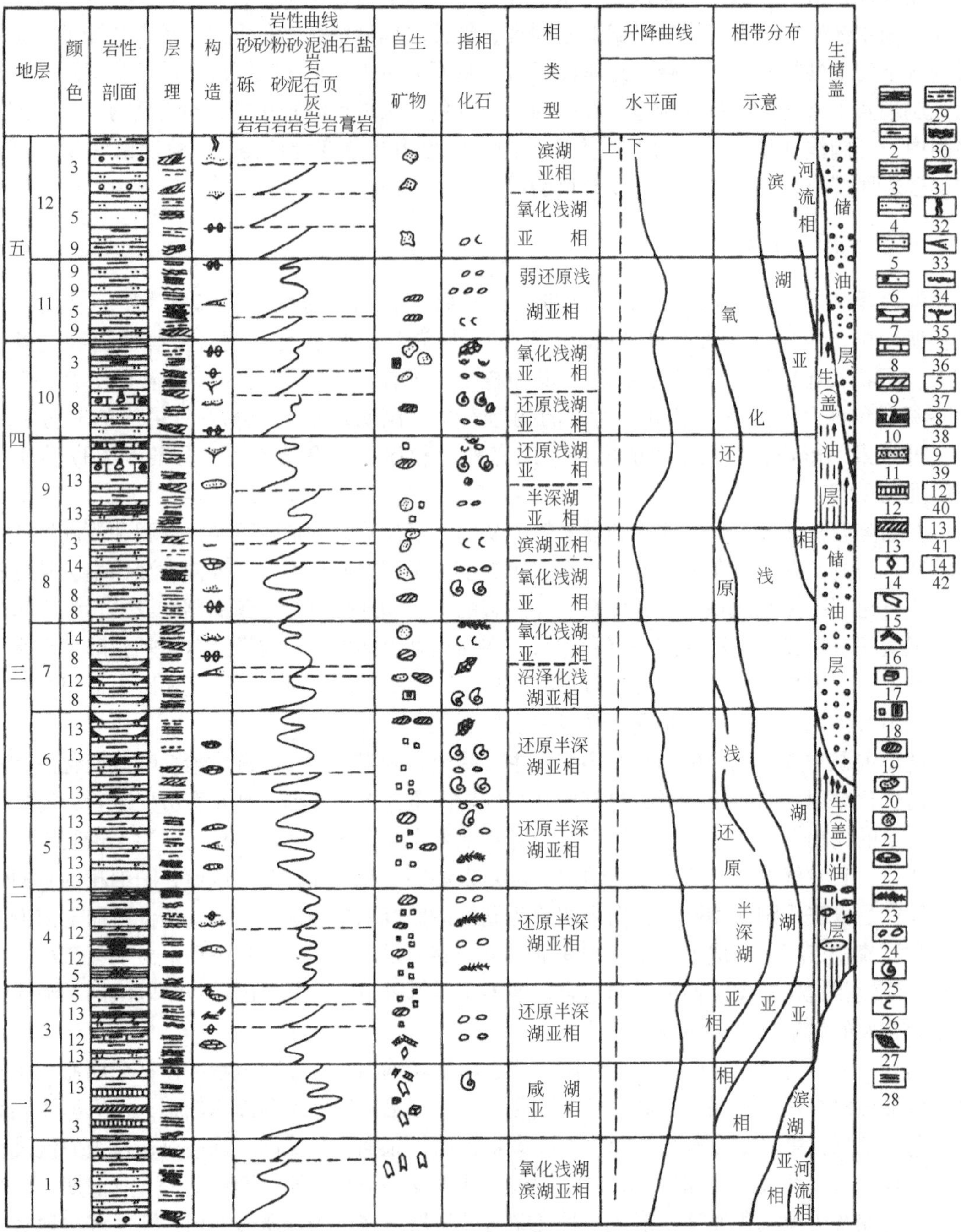

图 19-9 中国东部东营凹陷古近系沉积相综合图

1—油页岩；2—泥岩；3—粉砂质泥岩；4—粉砂岩；5—砂岩；6—砂砾岩；7—碳质页岩；8—石灰岩；9—白云岩；10—生物鲕粒灰岩；11—针孔灰岩；12—石膏层；13—石盐层；14—重晶石；15—石膏晶体；16—石膏脉；17—石盐晶体；18—黄铁矿；19—菱铁矿结核；20—赤、褐铁矿；21—鲕绿泥石；22—钙质团块；23—鱼化石；24—介形虫；25—底栖动物；26—化石碎片；27—植物化石；28—水平层理；29—不规则水平层理；30—波状层理；31—斜层理；32—干裂；33—砂条；34—水下冲刷；35—水下岩脉；36—紫红；37—灰黄；38—灰绿；39—褐；40—黑；41—灰；42—白

表 19-2 中国中、新生代主要砂体类型和基本沉积特征

砂体类型	冲积扇	河流(曲流河、辫状河、网状河)	曲流河三角洲	扇三角洲和辫状河三角洲	滩坝	近岸水下扇	湖底扇风暴砂
沉积环境和位置	盆地边缘山麓干旱环境	盆地边缘平原干旱或潮湿环境	盆地缓坡边缘潮湿环境	盆地陡坡边缘干旱或潮湿环境	盆地缓坡边缘浅水潮湿环境	盆地陡坡边缘水下潮湿环境	盆地中央深水潮湿环境
主要沉积作用	明显的河流和泥石流作用	明显的牵引流作用	明显的牵引流作用	明显的牵引流作用	明显的牵引流作用	明显的重力流作用	明显的重力流作用
主要岩性	杂色、混杂结构砂砾岩	杂色、浅灰色砂砾岩	浅灰色砂岩	浅灰色砂岩、砂砾岩	浅灰色砂岩	浅灰色砂岩、砂砾岩	浅灰色砂岩、砂砾岩
伴生泥岩特征	红色、质杂泥岩,基本无化石	红色、灰绿色、质杂泥岩,见植物化石	灰绿色、灰色质较纯泥岩,见植物化石和浅水化石	灰绿色、灰色、质纯泥岩,见植物化石和浅水化石	灰绿色、灰色质较纯泥岩,见植物化石和浅水化石	灰色质纯泥岩,见深水化石	灰色质纯泥岩,见深水化石
砂体特征	平面扇形,剖面透镜状、不规则层状	平面鞋带状,剖面透镜状、不规则层状和墙状	平面条带状、鸟足状,剖面透镜状	平面舌状、扇形,剖面透镜状、楔状	平面条带状、席状,剖面板状、透镜状	平面舌状、扇形,剖面透镜状、楔状	平面扇形,剖面透镜状、楔状
湖盆演化阶段	盆地演化早期	盆地演化早期和晚期	盆地演化中、晚期	盆地演化早、中期	盆地演化中期	盆地演化中期	盆地演化中期
典型实例	准噶尔盆地西北缘三叠系	鄂尔多斯盆地长庆侏罗系,济阳坳陷孤岛新近系	松辽盆地长垣白垩系,济阳坳陷胜坨古近系	辽河坳陷西斜坡古近系,准噶尔盆地腹部侏罗系	东营凹陷南斜坡古近系	东营凹陷北部陡坡古近系	东营凹陷中央古近系

第三节 古代湖泊鉴别标志及湖泊与油气关系

一、湖泊鉴别标志

(一)岩石类型较单一,缺少碳酸盐岩沉积

自生矿物及其组合明显不同于海水形成的组合。岩石类型以黏土岩、砂岩和粉砂岩为主。砾岩仅分布于滨湖局部地区,多是由击岸浪的剥蚀作用所致。砂岩成因类型多样,与河流相相比,成分成熟度高,石英含量可达70%以上。在我国东部中、新生代湖相沉积砂岩中,长石砂岩、长石质石英砂岩和岩屑质长石砂岩分布最为普遍。砂岩的粒度比河流相更细,分选也较好,因而与海相较难区分,其粒度概率曲线也与海相成因者近似。

黏土岩在碎屑湖泊沉积中广泛分布,且由湖岸向中心增多。形成于较深水还原环境的湖相黏土岩常含丰富的有机质,成为良好的烃源岩系和非常规油气储层,我国油气田的烃源岩大多为湖相成因的黏土岩。

碎屑湖泊沉积中也可出现类型多样的化学岩和生物化学岩,如陆相生物碎屑石灰岩、泥灰岩、硅藻土、油页岩、蒸发岩等,其沉积厚度及分布范围较为局限。

（二）沉积构造多样，多见弱水动力沉积构造

层理类型多样，但弱水动力沉积构造更为发育。由于湖泊的范围有限，风的吹程和持续时间较短，浪基面深度浅，湖泊广大地区多处于浪基面以下，故在较深水区沉积的黏土岩多发育水平层理、韵律层理，有时也为块状层理。在近岸浅水地区可见中小型交错层理、斜波状层理等。

湖泊沉积可发育振荡波浪形成的对称波痕和波浪与流水共同作用形成的不对称波痕。无论是对称还是不对称波痕，其波峰的走向绝大多数与滨岸岸线平行，不对称波痕的陡坡向岸方向倾斜。在干旱的滨岸地区，可见泥裂、雨痕、膏盐假晶、搅混构造等。

由于湖泊水体的分层作用，在较浅的湖泊表层水体中，常见生物成因的扰动构造；在较深水的湖泊底层水体中，缺少生物扰动沉积构造。

（三）生物化石丰富

低分异度（种属较少但数量大）的陆相生物化石丰富是碎屑湖泊沉积的重要特征。常见的生物种类如介形虫、瓣鳃类、腹足类等，没有海相生物化石。

藻类也是湖泊中较常发育的生物。轮藻为淡水环境所特有，蓝绿藻、硅藻和部分绿藻也是常见的类型，其中湖泊蓝绿藻与海相呈叠层状构造的蓝绿藻不同，常呈树枝状或分离的结核团块状构造，红藻在湖相中未曾见到过。此外，陆生植物的根、茎、叶、孢子花粉等大量出现也是湖相的重要特征，尽管海相也出现植物化石，但以其种属和数量远离滨岸越来越少这种梯度变化来加以鉴别。受海侵影响，可见海相化石与分异度较低的湖相化石群伴生。

（四）垂向层序多呈复合韵律

由于受气候多变影响，湖平面频繁升降，滨岸地区沉积物迁移变化快、沉积厚度较薄。受湖泊构造演化阶段控制，碎屑湖泊沉积多出现由滨海至深湖，再至滨湖的复合韵律，以此区别于下粗上细的间断性正旋回的河流相沉积（图19-9）。与海相沉积层序不同的是，富含陆相生物化石的湖泊沉积层序常与河流沉积、风成沉积等伴生。

（五）分布范围及沉积厚度变化多，深水沉积范围大

湖泊沉积厚度和分布范围依赖于湖泊规模和发育时间。一般来说，湖泊沉积相变明显、分布范围比河流相大，比海相小。在坳陷型湖盆中，相带、岩性和厚度大致呈环带状分布；在断陷型湖盆中，相带、岩性和厚度呈不对称分布。湖相沉积取决于湖泊成因类型。一般来说，断陷湖泊沉积厚度大，坳陷湖泊沉积厚度相对薄。湖相沉积岩性和厚度横向变化比河流相稳定，但稳定程度远比海相差。

在陆相湖泊中，特别是在坳陷型湖泊中，由于风的吹程和持续作用时间较短，深水沉积范围大，可占整个盆地面积的60%~90%。在盆地基底持续稳定沉降背景下，可形成数百米至数千米厚的半深湖—深湖细粒沉积。

二、湖泊与油气关系

基于湖泊的构造演化和沉积演化的旋回性，碎屑湖泊相常具有油气生成和储集的良好条件，目前我国发现的绝大多数中、新生代油气田，诸如大庆、长庆、渤海、胜利等油田都分布在碎屑湖泊相沉积中。就生油条件而论，深湖和半深湖亚相水体深，地处还原或弱还原环境，适于有机质的保存和向石油的转化，是良好的生油环境。当湖泊长期持续稳定下陷，而

且其沉降得以补偿时,半深湖—深湖区可形成巨厚的暗色泥岩,可成为良好的烃源岩系。如我国的松辽盆地、鄂尔多斯盆地、渤海湾盆地的烃源岩系就分别是白垩系、三叠系、古近系半深湖—深湖亚相的暗色泥岩,其厚度可达百米至千米以上。碎屑湖泊沉积中发育各种成因类型的砂体,如三角洲砂体、深水浊积扇砂体、滨浅湖滩坝砂体、近岸水下扇等,它们常因分布广、厚度大、近油源、粒度适中、生储盖组合配套等特点而成为油气储集的良好场所(图19-10)。

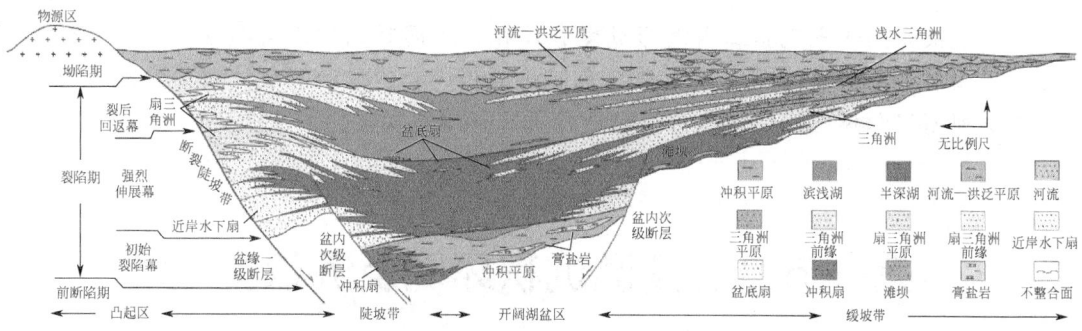

图 19-10 中国中新生代断陷湖盆沉积充填模式

从湖泊的发育和演化来看,湖泊断陷和坳陷扩张期,湖盆大幅度持续稳定下沉,有利于深湖、半深湖亚相的发育,即有利于富含有机质的、以黏土岩为主的烃源岩系及盖层的形成以及重力流成因砂体的发育;湖盆的抬升和收缩,有利于三角洲、滨浅湖滩坝等储油砂体的形成。若湖泊的发育具有多旋回性,在垂向剖面上可出现多个生储盖组合,而且第一个组合的盖层可为上覆第二个组合的生油层,从而造成生储盖组合的垂向叠合(图19-9,图19-10)。

彩图 19-10

油气勘探实践表明,潮湿气候区多旋回近海断陷、坳陷微咸水湖盆的中部旋回生储盖组合往往油气资源最为丰富。

思考实习题

1. 从湖泊水动力特征、物理化学条件、生物学特征等方面简述湖泊的沉积环境特点。
2. 简述湖泊碎屑沉积作用。
3. 简述湖泊化学和生物沉积作用。
4. 简述湖泊的分类依据和主要分类方案。
5. 简述湖泊亚相划分依据和主要亚相沉积特征。
6. 说明湖泊滩坝的划分依据、主要类型的沉积特征和沉积模式。
7. 简述湖泊环境的主要沉积体系类型和分布特征。
8. 总结并简述古代湖泊的鉴别标志。
9. 查阅文献,阐明陆相湖盆中滩坝沉积发育模式以及亚微相沉积特征。
10. 查阅文献,总结我国中、新生代湖泊沉积学的新进展,及其在油气勘探与开发中的理论和实际意义。

第二十章 三角洲相

> **导 读**
>
> 本章核心知识点包括三角洲形成发育过程，不同时期的三角洲分类原则和分类方案，细粒和粗粒等多种不同类型三角洲亚微相沉积特征和形成过程，常见不同三角洲类型的沉积模式，古代三角洲识别标志及与油气富集的关系。

第一节 三角洲沉积环境及沉积类型

一、三角洲沉积环境及发育过程

（一）三角洲概念和沉积环境

三角洲概念是地质学中最古老的概念之一。公元前400年，古希腊人赫罗多特斯看到了尼罗河口冲积平原同希腊字母"Δ"形状相似，于是三角洲这个词就产生了。古代沉积序列中三角洲的研究始于Gilbert（1885，1990）对美国邦维尔湖更新世湖相三角洲的研究，并指出三角洲具有三褶构造（three-fold structure）。后来，巴雷尔（Barrell，1912）根据Gilbert对三角洲的描述，研究了美国阿巴拉契亚盆地泥盆系三角洲，提出了顶积层、前积层、底积层等术语来描述三角洲沉积特征。Gilbert和Barrell提出的三角洲沉积模式一直影响着人们对三角洲的认识，并将三角洲前积层作为识别三角洲的重要标志。20世纪初到中叶，人们不仅研究了现代和古代三角洲的沉积特征，而且发现世界上许多大型油气田和煤田等矿产都与三角洲沉积密切相关，如科威特布尔干油田、委内瑞拉马拉开波盆地玻利瓦尔沿岸油田、墨西哥湾盆地白垩系和古近系油田、中国大庆油田、长庆油田均与三角洲沉积相关，从而三角洲沉积学研究得到了高度重视，并取得了巨大成就。

三角洲的现代定义是由巴雷尔（Barrell，1912）提出的，他认为"三角洲是河流在一个稳定的水体中或紧靠水体处形成的、部分露出水面的一种沉积物"。至今，这个定义仍得到广泛的应用。尽管三角洲的形成发育受控于多个地质因素，但三角洲的定义包含以下四方面含义：第一，三角洲沉积物来源于一个或几个可确定的点物源；第二，三角洲以进积结构为特征；第三，尽管三角洲能最终充填盆地，但它们都发育于盆地周缘；第四，因河流提供了进入盆地的物源，所以三角洲沉积位置受控于河流入盆位置。

三角洲沉积环境包括陆上和水下两部分沉积区，平面上大致为三角形。依水体性质不同，三角洲可形成于湖泊和海洋浅水沉积环境，存在湖泊型三角洲和浅海型三角洲。三角洲的发育受多种因素控制。稳定的构造、较为湿润的气候、明显的河流作用和物源供给、宽浅的陆棚、曲折的岸线、较细粒的沉积物、较高的水体盐度等都有利于大型三角洲的发育。

（二）三角洲发育过程

1. 河口沙坝和河道分汊的形成

在河流入海（湖）的河口区，河水水流展宽扩散和盆地水体的顶托作用使河水流速骤减，河流底负载下沉而堆积成水下浅滩。随着多期次河流入盆作用，浅滩不断淤高、增大、露出水面，形成新月型河口沙坝。水流从沙坝侧顶端分成两股，形成两个分流河道，并向外侧扩展。分流河道向前发展，在新河口处又会出现新的次一级河口沙坝（图 20-1，视频 20-1）。这一过程的不断重复，就形成了一个向海延伸的喇叭形多叉道河网系统，随之形成三角洲的雏形。

视频 20-1　河口沙坝形成过程

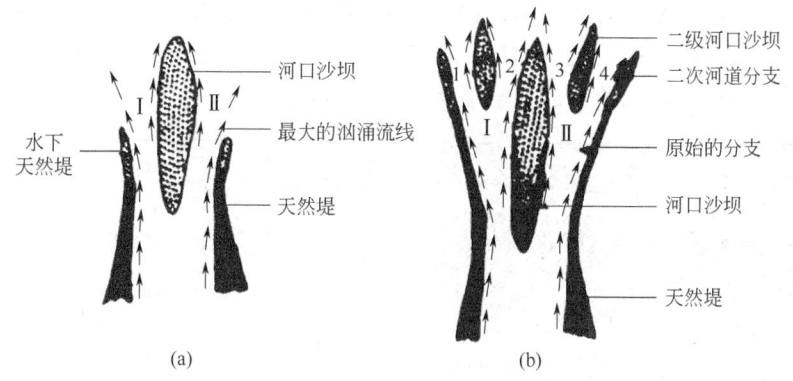

图 20-1　三角洲发育过程（据 Russell，1967）
（a）早期河道分汊；（b）晚期河道分汊

2. 决口扇的形成与三角洲的延伸

河流的分流河道不断向海延伸，河床坡度减小，流速减缓，河床淤高。当河床坡度减小至一定程度，泄流不畅，洪水季节洪流会冲决天然堤，呈散流倾泻于滨海平原或叉道间海湾，流速骤减，沉积物逐渐淤积而成决口扇滩，从而使三角洲在横向上逐渐扩大。

河水冲决天然堤后，取道于较大坡度的新河床入海。旧河道淤塞，泥砂供应断绝，加之海浪的改造和侵蚀，使原来的三角洲废弃，而在其旁侧新河道入海处，开始形成发育新的三角洲。随着时间的推移，三角洲的废弃和发育相互转化，交替出现，结果各三角洲彼此连接和部分叠合，形成向盆地中央方向推进的三角洲复合体。如美国现代密西西比河三角洲就是由 7 个三角洲朵叶连接叠合而成，黄河河口现代三角洲就是由 9 期亚三角洲依次叠置而成。

三角洲的增长和向盆地中央的推进的距离（速度）受构造和气候背景、河流供源及其类型、地形坡度、盆地水动力类型和作用强度等多种因素的影响。有的三角洲生长速度较快，向盆地中央方向推进距离较长，例如，黄河三角洲每年平均径流量为 $106 \times 10^8 \mathrm{m}^3$，年均输沙量为 $3.65 \times 10^8 \mathrm{t}$，每年推进距离为 $300 \sim 400 \mathrm{m}$；美国密西西比河三角洲平均径流量为 $5800 \times 10^8 \mathrm{m}^3$，年均输沙量为 $4.95 \times 10^8 \mathrm{t}$。

三角洲的形成受多种因素的控制，归纳起来，主要有下列几方面。

（1）河流作用：河流的径流量和输砂量是形成三角洲的物质基础，抗风化剥蚀的源区汇水面积越大，径流量和输砂量越大，最大流量和最小流量的比值越高，越有利于泥砂在河口的堆积，即有利于三角洲的形成。河流输入碎屑物质的粒径对三角洲的形成也有一定影响，粗粒砂容易形成较陡的底坡和较小的砂体面积，使盆地波浪直通海岸，改造河口堆积体，不利于大型三角洲的形成。

（2）蓄水体（海、湖水体）密度与河水密度的差异：贝茨（Bates，1953）将三角洲河口比拟为水力学的一个喷嘴。他认为河流流入蓄水体，可以形成轴状喷流和平面喷流两种自由喷流类型。前者为两种水体三维空间的立体混合，流速下降快，混合迅速；后者为两种水体二维空间的平面混合，流速下降及混合作用都相对较缓慢。

按河流进入蓄水体两者之间的密度差异，可出现下述三种流动类型。

第一种类型，河水密度大于蓄水体密度，为高密度流动，沿底部呈平面喷流形式向盆地中央流动扩散（图20-2）。大陆坡海底峡谷中的高密度浊流在深海底形成海底扇即属此类型。现今，将河水密度超过海水密度构成的高密度流，即直接从河口进入海盆的流体称为异重流。

第二种类型，河水密度等于蓄水体密度，为等密度流动，属轴状喷流（图20-3）。河流进入淡水湖泊或含盐度较低的沉积盆地，河流携带的碎屑物质在三维空间发生混合扩散，沉积物大量堆积，形成湖泊三角洲或低盐度水体的三角洲。

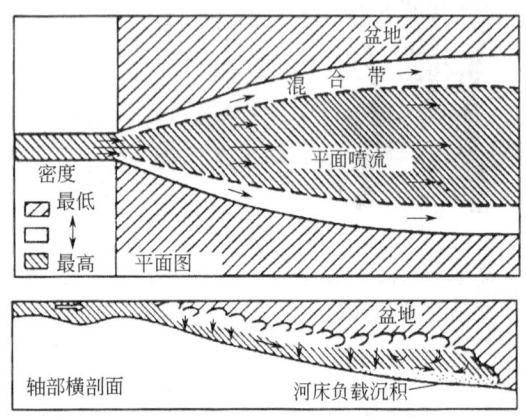

图 20-2　河水密度大于蓄水体密度形成海底扇
（据 Bates，1953；Fisher，1969）

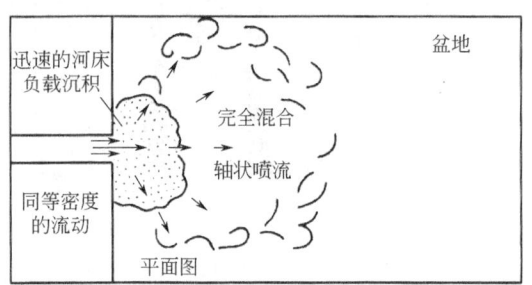

图 20-3　河水密度等于蓄水体密度形成湖泊三角洲
（据 Bates，1953；Fisher，1969）

第三种类型，河水密度小于蓄水体密度，为低密度流动，属严格的以浮力支撑的平面喷流类型（图20-4）。该类型通常发生在河流入海处，形成以河流作用为主的海成三角洲，比如美国现代密西西比河三角洲。当然，这种三角洲还会受到河水惯性作用和多种水体摩擦作用的影响。

（3）蓄水体水动力作用强度：波浪、潮汐、海流可对河流输入的泥砂进行改造和再分配，影响或阻止三角洲向海方向的推进，改变着三角洲发育的形状和沉积表面地貌。当海洋水动力作用远远超过河流作用时，就不可能形成三角洲，或者使原有的三角洲遭受明显破坏。如我国杭州钱塘江口，潮汐作用极强，河流作用微弱，故不发育三角洲，而形成

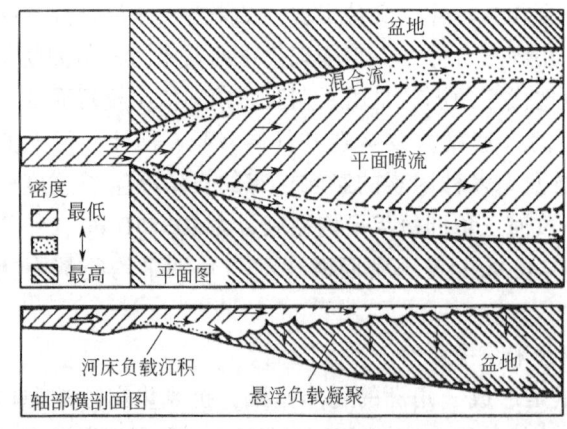

图 20-4　河水密度小于蓄水体密度形成海成三角洲
（据 Bates，1953；Fisher，1969）

向海扩展的漏斗状河口湾。

（4）河口区海底地形：河口区海底坡度小、水体浅，有利于泥砂堆积，波浪作用不易直通海岸，波能消耗快，有利于三角洲的形成和保存；否则相反。如非洲刚果河河口不发育三角洲，河口附近坡度陡就是原因之一。有人认为，三角洲发育的临界坡度为3°，低于这个坡度利于三角洲的发育。

（5）蓄水盆地构造和气候特征：主要是蓄水盆地的稳定性、沉降速度和气候状态。一般来说，沉积区气候温暖潮湿，蓄水盆地相对稳定，或沉降缓慢，沉降速度小于或略等于沉积速度，有利于三角洲的形成和保存。

二、三角洲的主要类型

三角洲是河流与海洋（湖泊）相互作用的结果，由于二者的作用强度不同以及沉积物粒度粗细的差异，因而形成了不同类型的三角洲。

三角洲的分类得益于20世纪对现代三角洲沉积的综合研究。菲斯克（Fisk，1955）根据沉积盆地水深将三角洲划分为浅水与深水三角洲。斯考特和费希尔等（Scott和Fisher，1969）曾根据河流、潮汐、波浪作用强弱将三角洲分为建设性和破坏性两种类型。建设性三角洲是在以河流作用为主、泥砂在河口区堆积的速度远大于波浪所能改造的速度的条件下形成的。其特点是增长速度快、沉积厚、面积大、向海突出、砂泥比低。大型河流入海多形成此类三角洲。当海洋作用增强并且超过河流作用时，波浪、潮汐、海流的能量等于或大于输入泥砂的河流能量，河口区形成的泥砂堆积会经海洋波浪、潮汐等多种水动力的改造、迁移和破坏，就形成了破坏性三角洲。这类三角洲形成时间短、分布面积小，多为中、小型河流入海所形成。

由于河流、波浪、潮汐对三角洲的形成起直接控制作用，故很多学者主张按这三者的相对强度来划分三角洲的成因类型。美国学者W. G. Galloway（1976）根据上述三种作用的相对关系，分析了世界上一些代表性三角洲，提出了三角洲的三端元分类（图20-5）。三角形三个端元分别代表了以河流、波浪、潮汐作用为主的三角洲类型，分别称为河控三角洲、浪控三角洲和潮控三角洲。前者属于建设性三角洲，后两者属于破坏性三角洲。

后来，人们不仅考虑河流、波浪、潮汐三种能量作用的关系，而且考虑三角洲沉积区与物源区的关系、三角洲平原河流类型以及三角洲沉积物的粗细，将三角洲划分成扇三角洲、辫状河三角洲和正常三角洲（薛良清，1991）。扇三角洲、辫状河三角洲为近源粗粒三角洲，正常三角洲或曲流河三角洲为远源细粒三角洲。然后再在扇三角洲、辫状河三角洲和正常三角洲中进一步确定出河控、浪控和潮控三角洲等沉积类型（图20-5，图20-6）。

Postma（1990）在Fisk（1955）划分浅水与深水三角洲的基础上，强调河流进入沉积盆地的水深、沉积物的沉积速率/厚度、砂体成因类型和分布特征，将三角洲划分为浅水三角洲和深水三角洲（图20-7）。邹才能（2008）将浅水三角洲细分为浅水扇三角洲、浅水辫状河三角洲、浅水曲流河三角洲，朱筱敏（2013，2015，2017）将浅水三角洲细分为浅水扇三角洲、浅水辫状河三角洲、浅水曲流河三角洲、浅水网状河三角洲。

浅水三角洲沉积水体较浅、沉积速率快、波浪作用较为明显，三角洲前缘河道水深与盆地水深比值小、前缘分流河道砂体多、前缘沉积物厚度较薄、分布范围较广、沉积界面坡度小，重力流沉积发育潜能相对小，缺少典型的三角洲顶积层、前积层和底积层三层结构，这类三角洲往往发育在浅水陆架和湖盆缓坡。

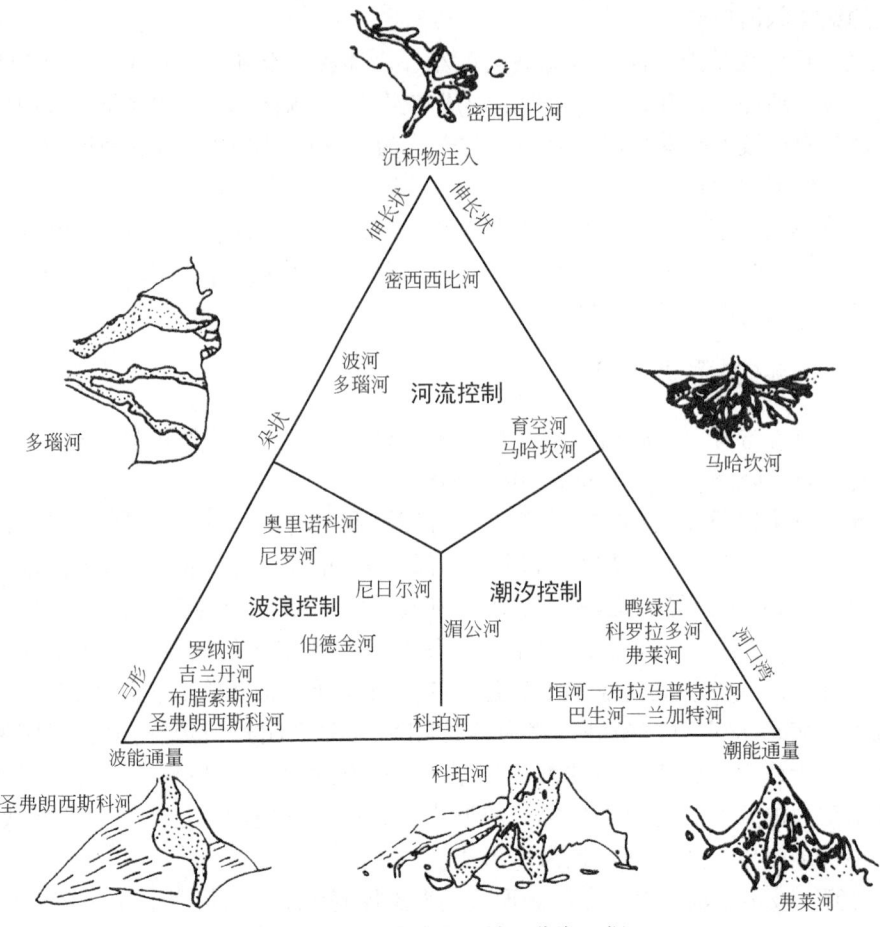

图 20-5 建设性和破坏性三角洲类型三端元分类（据 Galloway，1976）

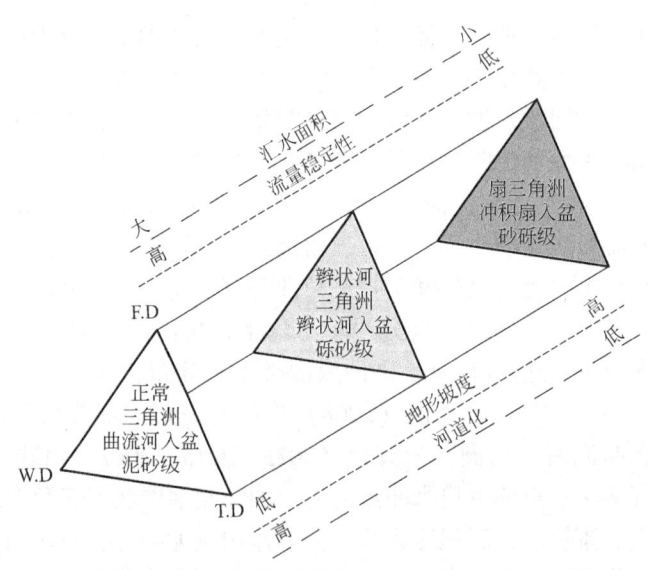

图 20-6 扇三角洲、辫状河三角洲与正常三角洲分类谱系图
F.D—河控三角洲；W.D—浪控三角洲；T.D—潮控三角洲

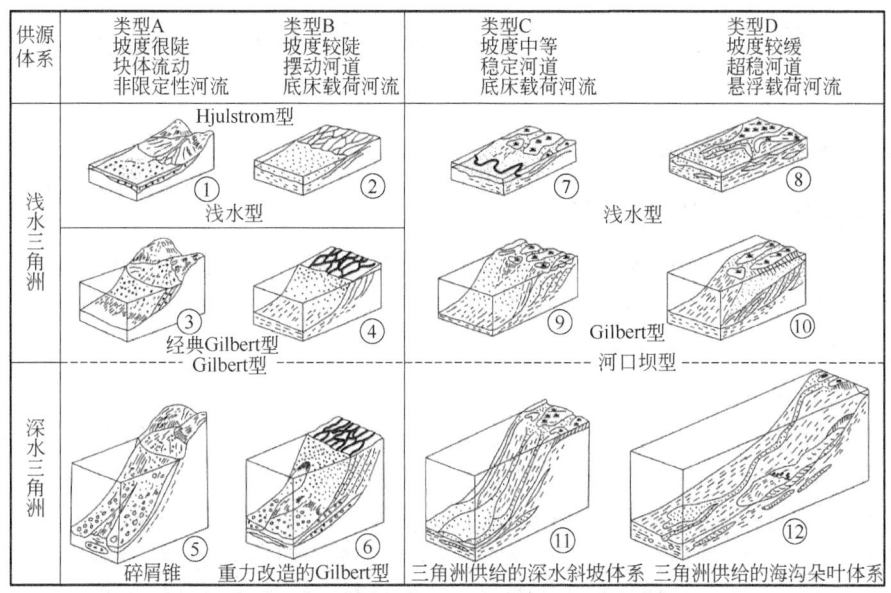

图 20-7　浅水与深水三角洲体系分类谱系图（据 Postma，1990）

深水三角洲沉积水体较深、沉积速率慢、波浪作用在河口浅水部位较明显，三角洲前缘河道水深与盆地水深比值相对较大、前缘分流河道砂体较少、前缘沉积物沉积厚度较大、分布范围较小、沉积界面坡度相对较大，重力流沉积潜能相对大，具有典型的三角洲顶积层、前积层和底积层三层结构，这类三角洲往往发育在具有大陆斜坡的陆架边缘和具有断裂坡折带的湖盆缓坡和陡坡。

尽管三角洲的沉积物粒度可粗可细，三角洲中河流、波浪和潮汐相互作用的能量不同，但总的来说，一个三角洲可以根据其沉积环境和沉积相特征，被划分成三角洲平原、三角洲前缘（可细分为内前缘和外前缘）和前三角洲三个亚相及多个微相（表20-1）。另外，有人将三角洲划分成上三角洲平原、下三角洲平原、三角洲前缘和前三角洲等四个亚相。

表 20-1　不同类型三角洲亚相和微相划分

三角洲类型	亚相	微相
扇三角洲	扇三角洲平原	分流河道、漫滩沼泽
	扇三角洲前缘	水下分流河道、水下分流河道间、河口坝、前缘席状砂
	前扇三角洲	前三角洲、碎屑流沉积
辫状河三角洲	辫状河三角洲平原	辫状河道、越岸沉积
	辫状河三角洲前缘	水下分流河道、水下分流河道间、河口坝、远沙坝
	前辫状河三角洲	前三角洲、碎屑流沉积
正常三角洲	三角洲平原	分流河道、天然堤、决口扇、沼泽、淡水湖泊
	三角洲前缘（内前缘、外前缘）	水下分流河道、水下天然堤、支流间湾、河口坝、远沙坝、席状砂
	前三角洲	前三角洲泥、滑塌浊积扇

第二节 三角洲沉积特征和沉积模式

一、河控三角洲沉积特征

（一）河控三角洲形态特征

河控三角洲是在河流输入泥砂量大，波浪、潮汐作用微弱，河流的建设作用远远超过波浪、潮汐破坏作用的条件下形成的。按照三角洲的形态进一步可分为鸟足状三角洲和朵状三角洲两种类型。

1. 鸟足状三角洲

鸟足状三角洲又称舌形或长形三角洲，是以单向河流作用为主的极端类型，是最典型的高建设性三角洲。其特点是河流输入的泥砂量大、悬浮负载多，砂泥比值低，有较发育的天然堤和较固定的分流河道，并沉积巨厚的前三角洲泥，向海推进快、延伸远，分流河道和指状砂体长短不一地向海延伸，平面形似鸟爪，如美国密西西比河三角洲（图20-8）。

此类三角洲发育的地貌特征是海岸曲折，呈锯齿状，有广阔的三角洲平原和较发育的滨海沼泽。

2. 朵状三角洲

朵状三角洲形态呈向海突出的半圆状或朵状（图20-9）。与鸟足状三角洲相比，此类三角洲在形成时泥砂输入量相对减少，砂泥比值较高，波浪改造作用有所增强，但河流输入沉积物的数量仍高于波浪和潮汐作用改造的能力。三角洲前缘伸向海洋的指状砂体受到海水的冲刷、改造和再分配而形成席状砂层，使三角洲前缘变得较为圆滑而近似于半圆形。我国的黄河、滦河，欧洲的多瑙河，非洲的尼日尔河等形成的三角洲属此类型。

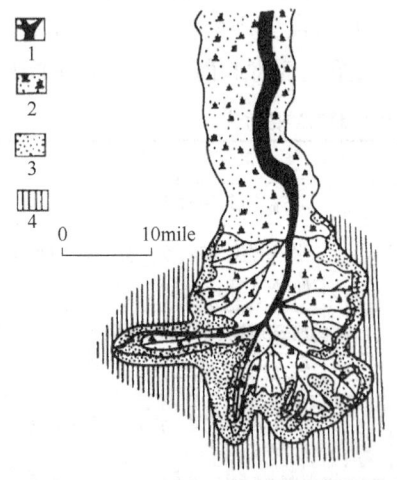

图20-8 密西西比河鸟足状三角洲
（据 Scott，1969）
1—分流河道、天然堤、决口扇；2—三角洲平原（沼泽、湖泊）；3—三角洲前缘（河口沙坝、席状砂）；4—前三角洲

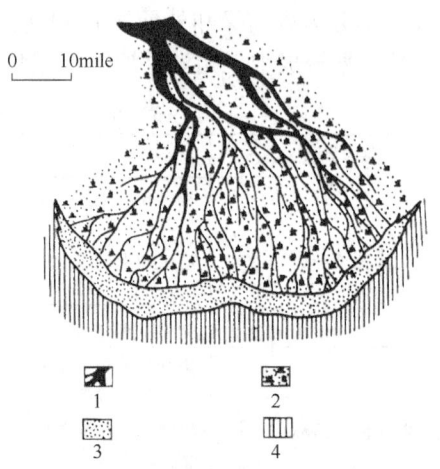

图20-9 密西西比河全新世朵状三角洲
（据 Scott，1969）
1—分流河道、天然堤、决口扇；2—三角洲平原（沼泽、湖泊）；3—三角洲前缘（河口沙坝、席状砂）；4—前三角洲

（二）河控三角洲亚微相沉积特征

根据沉积环境和沉积特征，通常将三角洲相分为三角洲平原、三角洲前缘和前三角洲3个亚相（图20-10）。

1. 三角洲平原亚相

三角洲平原亚相为三角洲沉积的陆上部分，其范围包括从河流开始大量分叉位置至平均海平面以上的广大河口区，是与河流有关的沉积体系在海滨区的延伸。

三角洲平原的沉积环境和沉积特征与河流相具有较多的共同之处，在一定程度上为河流相的缩

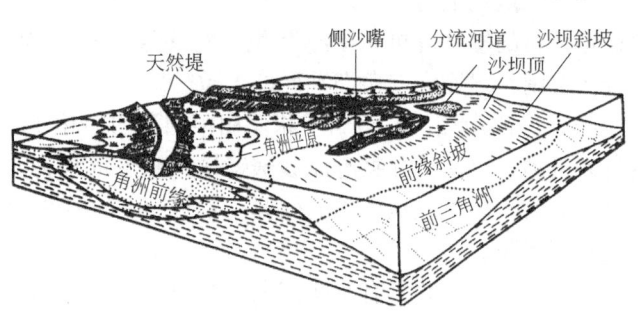

图20-10 河控三角洲的立体模型

影。三角洲平原河流可为曲流河、网状河等，其岩性主要为砂岩、粉砂岩、泥岩（包括泥炭、褐煤等）。砂质沉积与大面积分布的泥炭、褐煤共生是该亚相的重要特征。受源区母岩和搬运过程影响，砂质碎屑的成分成熟度和结构成熟度变化较大，粒度概率曲线与河流相近似。层理构造复杂，多见较大规模的多种交错层理。见有雨痕、干裂、生物足迹等层面构造。生物多为淡水动物化石和植物残体。河道砂体呈透镜状，横向变化大。分流河道和沼泽沉积构成该亚相的主体，这是与一般河流的重要区别。

河控三角洲平原形成于低坡度的滨岸地区，分支河流容易改道和废弃，可造成三角洲前缘朵叶迁移摆动和叠置。河控三角洲平原分流河道和河漫沉积（泥炭和煤层）构成广泛分布的三角洲顶积层。

三角洲平原亚相可进一步划分为分流河道、陆上天然堤、决口扇、沼泽、湖泊等多个沉积微相。

（1）分流河道微相：分流河道又称为分流河床，其沉积特征与河流（多为曲流河、网状河）体系的河床沉积基本相同，河床中可发育边滩或心滩，它构成了三角洲平原亚相沉积的骨架。分流河道以砂质沉积为主，河床底部可见滞留砾石，砂砾分选变化较大。常发育板状、槽状交错层理，具不对称波痕、冲刷—充填构造以及堤岸垮塌变形构造，垂向上构成下粗上细的间断性正韵律。少见动物化石，可见植物化石碎片。河道砂体横剖面呈顶平底凸透镜状，沿河床方向呈长条状。由于滨岸平原地势平缓，河道常发生迁移改道和废弃作用。

（2）陆上天然堤微相：发育在分流河道两侧，以细砂和粉砂沉积为主，远离河床沉积物变细、泥质增多，常见上攀交错层理、波状层理及流水波痕，可见铁质结核、碳酸盐结核以及直立植物根。

（3）决口扇微相：河流水位变化、洪水漫溢河床冲破天然堤形成决口扇，主要岩性比河床沉积细，为粉细砂岩和泥岩。粉细砂岩具有块状层理（递变层理）和小型交错层理，泥岩具有块状层理和水平层理以及暴露标志。受平原河流规模和地形坡度影响，决口扇可呈扇形或较大面积的席状。平原决口扇也可进入淡水湖泊形成小型三角洲。

（4）沼泽微相：位于三角洲平原分流河道间的低洼地区，其表面接近平均高潮线。随潮汐涨落和河流水位变化，沼泽被水淹没的范围和水深发生改变。沼泽中植物繁茂，排水不畅，为一停滞的还原环境。其沉积为低水动力能量下形成的深色有机质黏土、泥炭、褐煤，

夹有洪水成因的纹层状粉砂。富含保存完好的植物碎片，并含有丰富的黄铁矿、蓝铁矿等自生矿物，可见昆虫、藻类、介形虫、腹足类等化石。三角洲平原最大沉积特征是沼泽沉积分布广，特别是在地势平缓的滨岸平原，可占三角洲全部沉积面积的90%，故有人把分流河道沉积形象地比喻为三角洲平原的"骨架"，把沼泽沉积比喻为三角洲平原的"肉"。广泛而稳定分布的层状有机质沼泽沉积（泥炭层）可作为三角洲平原地层对比的标志层，根据其分布范围，可圈定三角洲平原的大致轮廓。

（5）湖泊微相：三角洲平原亚相中的湖泊面积小，水体浅，通常3~4m，沉积物主要为暗色有机黏土物质，并夹有泥砂透镜体。黏土沉积物显示极好的纹理。可见黄铁矿、蓝铁矿等自身矿物。多见原地生长的软体动物贝壳，虫孔发育。河流流流注入时，可形成小型的湖成三角洲沉积。

三角洲平原往往具有与曲流河（网状河）相似的、厚4~10m的下砂上泥间断正韵律，泥沙韵律层厚度的变化取决于滨岸平原地势、河流的弯曲程度、稳定性等。随着海洋作用加强，也可见到被海洋波浪和潮汐改造的平原河道和广盐性海相化石。

2. 三角洲前缘亚相

三角洲前缘亚相位于三角洲平原外侧的向海（湖）方向，处于平均海平面以下，为河流和海水的剧烈交锋带，是三角洲沉积作用最为活跃的地带，是三角洲主要砂体发育部位。三角洲前缘亚相可进一步划分出水下分流河道、水下天然堤、分流间湾、河口沙坝、远沙坝、前缘席状砂等6个沉积微相，现分述如下：

（1）水下分流河道微相：受陆上河道惯性力作用，陆上分流河道在盆地水体中的自然延伸可形成水下分流河道，也称水下分流河床。受海平面升降影响，多期次水下分流河道可延伸较远。在向海延伸过程中，河道不断加宽变浅，分叉增多，流速减缓，沉积物粒度变细。受河水以及波浪和潮汐综合作用，沉积物淘洗较为干净，以砂、粉砂为主，泥质极少。常发育多种交错层理、波状层理及冲刷—充填构造，并见有层内变形构造和水生化石。在垂直流向剖面上，分流河道呈顶平底凸透镜状，侧向则变为细粒沉积物。

（2）水下天然堤微相：水下天然堤是陆上天然堤的水下延伸部分，为水下分流河道两侧的砂脊，退潮时可部分出露水面成为砂坪。沉积物为极细砂和粉砂。粒度概率曲线为悬浮总体含量较高的单段或两段型，也可由单一的悬浮总体组成，常具少量的黏土夹层。多见流水形成的波状层理，局部出现流水与波浪共同作用形成的复杂交错层理。可见虫孔、泥球、包卷层理和植物碎片等。

（3）支流间湾微相：支流间湾为水下分流河道之间或三角洲朵叶之间相对低洼的海湾地区，与海相通，但水动力较弱。当三角洲向前推进时，在分流河道间形成一系列尖端指向陆地的楔形泥质沉积体，称为"泥楔"。故支流间湾以黏土沉积为主，含少量粉砂和细砂。砂质沉积多是洪水季节河床漫溢沉积的结果，常呈薄夹层或薄透镜状。支流间湾沉积具水平层理和透镜状层理，可见浪成波痕、生物介壳和植物残体等，发育虫孔及生物搅动构造。在垂向沉积层序上，下部为三角洲前缘砂、前三角洲黏土沉积，向上变为富含有机质的沼泽沉积。

（4）河口沙坝微相：河口沙坝也称分流河口沙坝，位于水面或水下分流河道的河口处，是河水与海水交锋最强烈的地区，河水受海水顶托作用，能量消耗多、沉积速率最高。海水的冲刷和簸选作用，使泥质沉积物被带走，砂质沉积物被保存下来，故河口沙坝沉积物主要由分选好、质纯的中细砂和粉砂组成，具较发育的槽状交错层理，成层厚度中—厚层，可见水流波痕和浪成波痕。河口沙坝随三角洲向海推进而覆盖于远沙坝、前三角洲黏土沉积之上，黏土中有机质产生的气体冲上来可形成气鼓构造，也称气胀构造。如果下面泥质层很厚，也可产生泥火山或底辟构造。可见混生的生物化石碎片。三角洲废弃时，沙坝顶部可出现虫孔以及河流和海洋搬运来的生物碎片。河口沙坝以及远沙坝沉积物可向前滑塌再次搬运到前三角洲或盆地深水地区形成重力流沉积。

（5）远沙坝微相：远沙坝位于河口沙坝前方较远部位，又称末端沙坝。多为阵发性较强河流作用输送沉积物至河口沙坝前方发生沉积，其沉积物较河口沙坝细，主要为粉砂以及少量黏土和细砂。可发育有中小型槽状交错层理、包卷层理、水流波痕和浪成波痕，以及由粉砂和黏土组成的结构纹层和由植物炭屑构成的颜色纹层，向河口方向结构纹层增加，颜色纹层减少，向海方向则相反。远沙坝化石不多，仅见零星的生物介壳，可见虫孔。在进积垂向沉积层序上，远沙坝位于河口沙坝之下、前三角洲黏土沉积之上，与河口沙坝构成下细上粗的垂向层序，这是与河流沉积层序的重要区别。

（6）前缘席状砂微相：在河流作用相对较弱或间隙海洋作用较强的河口区，河口沙坝及远沙坝砂受波浪和岸流的淘洗和簸选，并发生侧向迁移，使之呈席状或带状广泛分布于三角洲前缘，形成三角洲前缘席状砂体。席状砂质纯、分选好。沉积构造与河口沙坝相同，广泛发育交错层理，生物化石稀少。砂体向岸方向加厚，向海方向减薄。三角洲前缘席状砂是建设性三角洲向破坏性三角洲转化的沉积微相类型，在高建设性三角洲相中不太发育。

三角洲前缘是河控三角洲沉积最为活跃、砂体最为发育的地区，主要由淘洗干净的砂与粉砂组成，发育冲刷充填构造、多种交错层理以及波痕，是陆相与海相生物化石碎片混生之处，随着三角洲不断前积，形成几十米至几百米厚的下泥上砂反韵律。当前积作用明显、前缘沉积界面坡度角大于沉积物安定角时会发生滑塌，在其前方形成重力流沉积（图20-11）。

3. 前三角洲亚相

前三角洲亚相位于三角洲前缘的前方，是河控三角洲沉积最厚的地区。沉积物大部分是在正常波基面以下深度范围内形成的，主要由暗色黏土和粉砂质黏土组成，可含少量细砂，有时可见海绿石等自生矿物。常发育水平层理及块状层理，并常见有广盐性的生物化石，如介形虫、瓣鳃类等。随着向海洋方向过渡，正常海相化石增多，生物潜穴及生物扰动构造发育。前三角洲暗色泥岩富有机质，可作为良好的烃源岩。

在某些地质因素作用下，具有较陡沉积界面的三角洲前缘砂可向前滑塌，在前三角洲或其前方形成沉积物分选较好的滑塌型浊积扇（图20-11）。美国得克萨斯

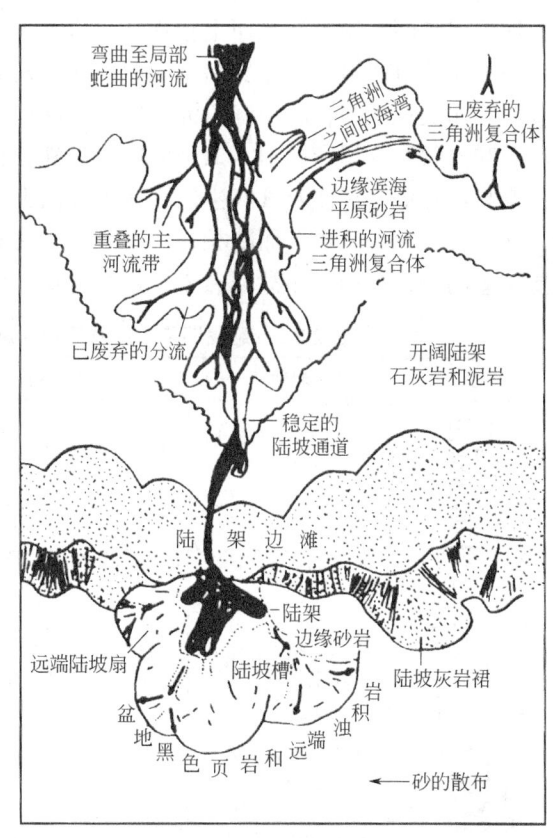

图20-11 美国得克萨斯州石炭系西斯科群
河流—三角洲—重力流沉积体系
（据Galloway，1973）

州东部石炭系和东营凹陷古近系沙河街组牛庄三角洲前缘滑塌形成了富集油气的滑塌型浊积扇，构成了岩性油气藏。

（三）河控三角洲平面相组合及垂向层序

三角洲平面相组合由陆向海依次为三角洲平原、三角洲前缘、前三角洲（图20-10）。这些亚相在三角洲沉积中处于同一时期的同一沉积界面上。随着三角洲向海推进前积，早先的沉积界面就成了三角洲前积层的等时线或等时面（图20-12），这也是等时地层对比的界限。每两个等时线间所限制的前积层都包含了同一时期形成的、具有不同沉积物特征的三角洲平原、三角洲前缘、前三角洲3个不同的亚相，这种现象被称为"同期异相"。在一个较大规模的三角洲沉积中，同一亚相（如三角洲前缘）可形成于不同沉积时期，这些不同时期形成的沉积亚相具有相似的沉积特征，这种现象被称为"同相异期"。"同相异期"界面常被人们用于岩性地层对比。

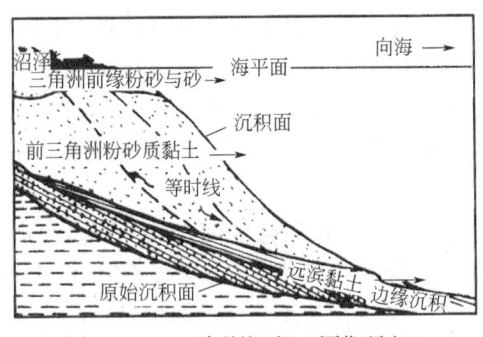

图20-12 三角洲沉积"同期异相"和"同相异期"（据Scruton, 1960）

三角洲在平面上依次邻接连续出现的亚相，在垂向上也可依次递变叠加。对不断向前进积的河控三角洲来说，自下而上依次为：前三角洲泥（重力流砂）、三角洲前缘砂和粉砂、三角洲平原分流河道砂和泥炭沼泽沉积，整体构成下细中粗上细的、沉积厚度达几百米的复合旋回垂向沉积层序，其中三角洲平原分流河道发育下粗上细的间断性正旋回，顶部出现碳质泥岩和薄煤层的沼泽沉积（表20-2）。另外，在河控三角洲垂向层序中，由下至上砂泥比由低变高再降低，波痕及其产生的交错层理向上减少，流水波浪及其产生的交错层理向上增多；向上海相化石减少，而陆相化石尤其植物化石增多，以至顶部出现碳质泥岩或薄煤层。需要注意的是，在前三角洲泥岩中，可发育重力流沉积成因砂体及其相关沉积构造。

表20-2 惠民凹陷古近系三角洲沉积序列（据朱筱敏，1995）

剖面	岩性	沉积构造	古生物	环境	
	杂色泥岩,夹碳质页岩、粉砂岩	块状层理,水平层理	植物根、叶,沼泽拟星介	三角洲平原	分流间漫滩沼泽
	粉砂岩,泥质较多	波状层理,上攀层理	植物叶、干、碎片,螺		天然堤
	粉—细砂岩,常具冲刷面,泥砾	波状交错层理,板状及槽状交错层理,平行层理	植物叶、干、碎片,螺		分流河道
	粉—细砂岩,偶为中砂岩,泥质少	波状交错层理,平行层理,变形层理	少量螺、蚌碎片	三角洲前缘	河口沙坝、远沙坝
	薄砂、泥岩互层	透镜状层理,脉状层理	介形虫		
	暗色泥、页岩	块状层理或水平纹理	华北介丰富,见鱼鳞、骨化石	前三角洲	

二、浪控和潮控三角洲沉积特征

（一）浪控三角洲沉积特征

浪控三角洲主要形成在波浪作用较强、潮汐作用较弱的内海，三角洲前缘的波浪（特别是风暴浪）能够使得沉积物发生再次搬运沉积，以较平直的尖头或弧形海滩岸线为特征。分流河口附近出现的局部突出部分是由低矮的河口沙坝组成的。在河口部位，斜交岸线或斜交河流延伸方向的海洋波浪作用大于河流的作用，明显改造河口部位沉积物，使得河口沉积物发生沿岸搬运沉积，形成平面形态呈鸟嘴状的三角洲。浪控三角洲的形成特点是只有一条或两条主河道入海，分流河道少而小。河流输入泥砂量不多，而且被波浪作用改造、再分配，在河口两侧形成一系列平行于海岸的海滩、沙嘴、沙坝，并在它们的向陆一侧形成半封闭的潟湖和沼泽，仅只在主河口区才有较多的砂质堆积，形成突出于河口的鸟嘴状形态。突出部分由低矮的河口沙坝组成，其侧翼为海滩脊复合体。法国的罗纳河、埃及的尼罗河、意大利的波河形成的三角洲以及巴西圣弗兰西斯科河三角洲（图20-13）都属此类型。

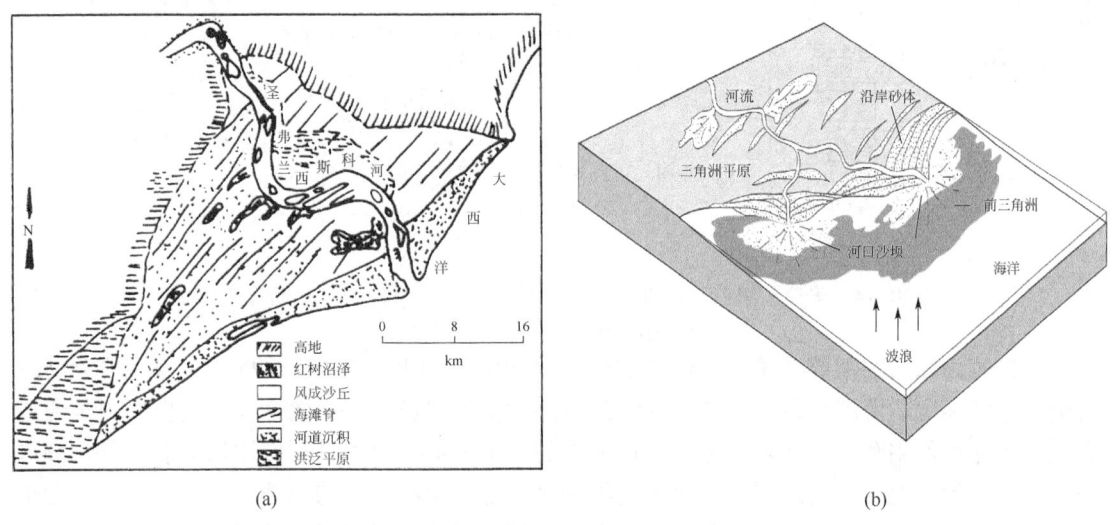

图20-13 波浪控制的鸟嘴状三角洲
(a) 巴西圣弗兰西斯科鸟嘴状三角洲（据Wright，1973）；(b) 浪控三角洲模型（据Nichols，2009）

若波浪作用以及单向沿岸流作用增强，将会影响河流作用而导致河口偏移，甚至与海岸平行，建造成遮挡河口的直线型障壁沙坝，形成掩闭型鸟嘴状三角洲，非洲西海岸的塞内加尔三角洲即属此类型。

浪控三角洲也可划分成三个沉积亚相。浪控三角洲平原的沉积特征类似于河控三角洲平原，中小规模的分流河道砂岩与大面积分布的沼泽、泛滥平原泥岩、煤层构成间断正旋回；与河控三角洲不同，在浪控三角洲前缘中，波浪作用使得沉积物分选变好，并能使大多数供给三角洲前缘的沉积物发生再分配在河口侧方形成沿岸沙脊，水下天然堤不太发育，河口沙坝的形成受到阻碍，三角洲前缘斜坡较陡，主要沉积受波浪改造的、具有临滨沉积特征的砂质沉积物，分选好并可发育波痕、平行层理以及多方向的槽状交错层理，具有平行岸线的线状和席状砂体特征。受波浪改造作用，河流提供的底床沉积物形成新的河口沙坝和沿岸沙脊，前缘进积作用沿整个三角洲前缘发生，而不是集中在一个点上进行，它的进积作用比河控三角洲前缘进积要慢。前三角洲沉积厚度较薄，主要为具有生物碎片和生物扰动的泥质沉积物。

目前，对浪控三角洲的沉积亚相和微相沉积特征还缺乏系统深入研究。一般来说，浪控三角洲的垂向层序通常仍为下细上粗再变细的复合旋回层序，但以具有浪蚀海滩脊序列为特征，而且层序顶部一般都出现具有间断正旋回沉积特征的三角洲平原沼泽和分流河道沉积 [图20-14(a)]，以此区别于海岸沉积的海滩脊层序。浪控三角洲层序底部是含生物扰动的前三角洲泥质沉积物，向上过渡为互层的泥、粉砂和砂的沉积，具有波浪作用产生的冲刷构造和交错层理，最后演变成具低角度交错层理的、分选好的高能海滩砂以及三角洲平原分流河道砂和沼泽泥炭沉积 [图20-14(a)]。

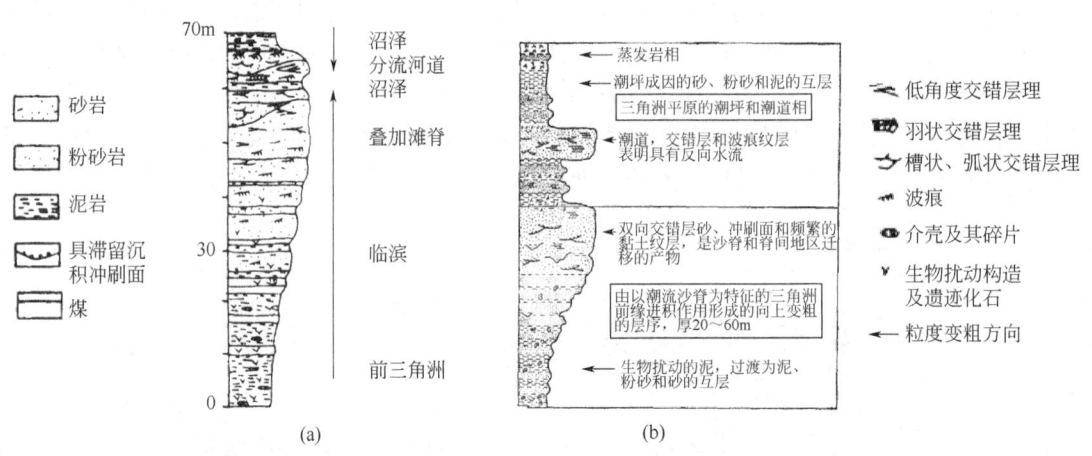

图20-14　浪控和潮控三角洲垂向层序（据 Walker，1978；Reading，1985）
(a) 浪控三角洲；(b) 潮控三角洲

研究较为深入的浪控三角洲实例是法国的罗纳河三角洲（Kruit，1955）。该三角洲前缘由侧向范围很宽的海滩脊组成，脊的前缘是较陡的滨外斜坡（倾角为2°）。进积作用是通过海滩脊的加积作用和河口沙坝的进积作用完成的，主分流河道处进积作用最显著。三角洲进积构成典型的向上变粗的层序。三角洲前缘层序下部为生物扰动的滨外黏土，向上过渡为细纹层粉砂岩、波纹层粉细砂岩、分选好的具有交错层理和平行层理的砂岩。

（二）潮控三角洲沉积特征

河流流入三角港或喇叭状的港湾，由于潮汐作用远大于河流作用，在港湾中堆积的泥砂受潮汐作用的强烈破坏和改造，形成小型潮控三角洲。其外形受港湾控制，故又称港湾型三角洲，属于破坏性三角洲的一种类型。这类三角洲在河口区或其前缘向海方向，常发育因潮汐作用而形成的呈裂指状散射且断续分布的潮汐沙坝。这一特征是区别于其他类型三角洲的重要标志。巴布亚湾三角洲就是这类三角洲的典型例子（图20-15）。此外，我国的钱塘江、越南的湄公河、缅甸的伊洛瓦底江三角洲也属此类型（视频20-2）。

视频20-2　钱塘江大潮

在具有大潮差（>4m）的情况下，潮流搬运底床和悬浮沉积物，海岸带和分流河口地区是一个满布潮流脊、潮道和岛屿的、界限不确定的、错综复杂的地区。这类三角洲前缘的主要特征是具有从分流河口成放射状分布的、长达几千米到几十千米的潮流沙坝，沙脊之间的潮道中有许多浅滩和河心岛。

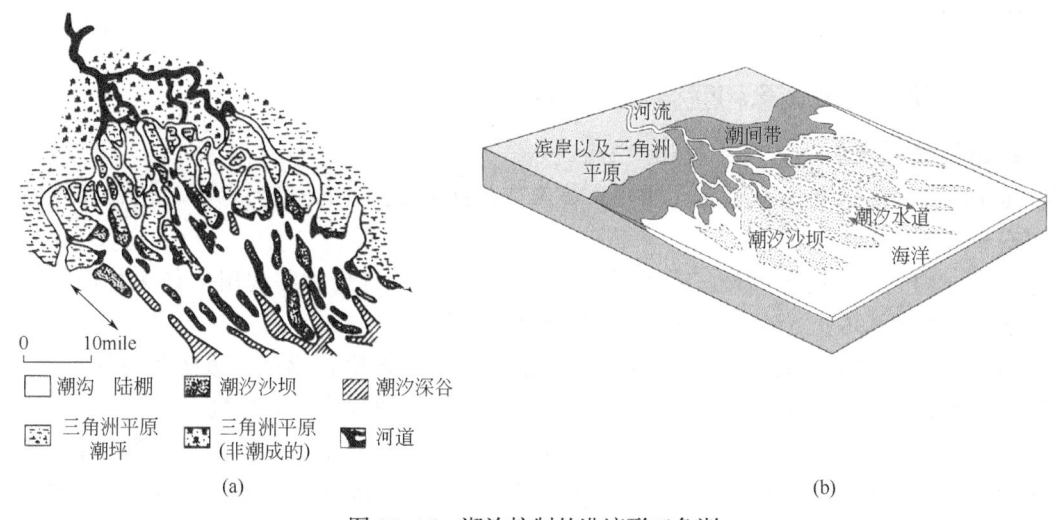

图 20-15 潮汐控制的港湾形三角洲
(a) 巴布亚湾（据 Fisher，1969）；(b) 潮控三角洲模型（据 Nichols，2009）

潮控三角洲一般发育于中高潮差（>2m）、低波浪能量、低沿岸流的盆地狭窄地区。指状河道砂向滨外过渡为长条状潮流脊状砂。在具有中高潮差的地区，潮流在涨潮时侵入平原分流河道，溢漫河岸，淹没附近的河道间地区。在潮汐平静时期，这些潮水就暂时积蓄起来，然后在退潮时退出去。因此，在潮控三角洲平原分流河道的下游以潮流作用为主，而在分流河道间地区具有潮间坪沉积特征。潮汐影响的分流河道具有低弯曲度、高宽深比和漏斗状形态。在此河道中主要底形是沙丘，在分流河道下游主要底形是平行于河道走向或垂直海岸线排列的长条状线状沙脊。一般来说，该沙脊长数千米、宽数百米、高几十米，反映了潮流对河流体系所供沉积物的搬运改造作用（图20-15）。

受潮汐影响的三角洲平原分流河道的沉积层序自下而上为含海相动物碎片的粗粒滞留沉积、槽状交错层理和受潮汐改造的具有羽状交错层理河道砂岩沉积、多生物扰动的泥炭沼泽沉积或潮坪、海岸障壁砂沉积。潮控三角洲平原分流河道间地区包括潟湖、小型潮沟和潮间坪沉积。在潮汐升降旋回期间，整个分流河道间地区先被淹没，然后出露水面。在潮湿气候地区，河道间地区多为被潮汐分流河道和弯曲潮沟所切割的沼泽；在较干旱地区，河道间地区为干燥的泥坪和沙坪沉积。因此，潮控三角洲平原是由受潮汐影响（双向水流及其交错层理）的分流河道序列和潮坪组成的［图20-14(b)］。

在潮控三角洲前缘斜坡沉积区，存在着许多从分流河口呈放射性分布的、长几千米至几十千米的潮流沙脊，沙脊之间的潮道里有许多浅滩和河心岛。受潮汐作用的强烈影响，潮控三角洲前缘沉积具有双向交错层理、泥岩披覆层、波痕等沉积构造，形成了一个具有潮坪沉积特征的垂向层序。前缘层序下部主要为具有双向槽状交错层理和生物碎片的潮汐沙脊沉积，向上变为粒度较细的浅滩/潮坪沉积，其间夹有具羽状交错层理的潮道砂岩沉积，再向上变为受潮汐影响的三角洲平原的河道和沼泽沉积。潮控三角洲平原发育的沼泽和分流河道沉积是区别潮坪和河口湾沉积的主要标志；双向水流构造、泥岩披覆层和垂直岸线延伸的潮道是区分河控和浪控三角洲的主要标志；进积的向上变粗的序列是区分河口湾沉积的主要标志［图20-14(b)］。

三、扇三角洲沉积特征

（一）扇三角洲概念和亚微相沉积特征

1. 扇三角洲概念

Holmes（1965）和 McGowen（1970）将扇三角洲（fan-delta）定义为："由相邻高地进积到安静水体中的冲积扇。"

Nemec（1988）认为，"扇三角洲是由冲积扇（包括旱地扇和湿地扇）作为物源，在活动的扇体与稳定水体交界地带沉积的沿岸沉积体系"。

实际上，扇三角洲就是以冲积扇为物源在盆地边缘快速堆积形成的近源砂砾质三角洲，它的沉积特征能够反映源区性质、构造作用、气候变化、地貌特征以及盆地水动力状态。

扇三角洲主要形成于构造活动较强烈的地区，例如活动大陆边缘、岛弧体系边缘、断陷湖盆陡坡边缘。在这些地区，坡陡流短的洪水和山区河流从附近的物源区流出，携带大量的粗粒沉积物在海（湖）盆边缘快速堆积形成扇三角洲。根据扇三角洲的影响因素，将它划分为湖泊扇三角洲、海洋波浪改造的扇三角洲和海洋潮汐改造的扇三角洲；也可将扇三角洲划分为陆架/缓坡型扇三角洲、斜坡/陡坡型扇三角洲和吉尔伯特型扇三角洲；也可根据扇三角洲的发育规模划分为大型和小型扇三角洲。

受物源性质、构造作用、气候以及沉积物供给等多因素影响的、不同类型的扇三角洲的平面分布、砂体类型及形态都各具特征。

扇三角洲由扇三角洲平原、扇三角洲前缘和前扇三角洲组成（表20-1）。扇三角洲平原与正常三角洲平原差别较大，实际上扇三角洲的陆上部分属于近山口的冲积扇环境，与冲积扇沉积特征相同；扇三角洲前缘和前扇三角洲沉积位于水下，具有牵引流和重力流的沉积特征。扇三角洲三个亚相在岩性、沉积物结构、沉积构造、垂向组合、化石等方面各具特征。

2. 扇三角洲形成条件

扇三角洲的沉积过程包括冲积扇经历的所有过程（牵引流和重力流）、盆地波浪和潮汐改造作用（牵引流）。扇三角洲物源供给受季节性流量控制，具有不连续、多变性的特点，河口地貌限定性或稳定性较差，在扇三角洲前缘存在多种流体的相互作用，特别是在洪水作用间歇期，波浪和潮汐改造作用较为明显。

扇三角洲形成的重要条件是母岩区与海（湖）岸地形高差较大、构造活动强烈、气候较为干旱、物源供源充足。如沉积盆地临近山区，并且地形高差较大、地形坡度较陡、洪水作用明显，这利于扇三角洲的发育。

扇三角洲常呈扇形，多发育于构造活动的地区，常与同沉积大型断层伴生。从大地构造背景来看，沿大陆碰撞海岸、岛弧碰撞海岸以及克拉通内部的裂谷盆地或其他类型断陷盆地的陡坡均利于扇三角洲的发育。例如，美国阿拉斯加 Copper 河扇三角洲（大陆碰撞海岸型）、牙买加 Yallahs 扇三角洲（岛弧碰撞海岸型）、死海西岸扇三角洲（裂谷型）和中国东部中、新生代断陷盆地发育的扇三角洲。物源供给、构造活动的强度和周期性会影响扇三角洲的规模与形态，强烈的、频繁的构造活动利于扇三角洲的发育。一般来说，由于发生近源快速堆积作用，单期扇三角洲的沉积厚度较大、分布范围较小。在特定的构造、气候、地形条件下，可形成大面积扇三角洲。

冲积扇可形成于干旱气候和潮湿气候环境中，因此不同气候条件均可发育扇三角洲。气候将通过气温、降水和风等因素影响植被的发育、母岩风化类型和强度、地表水温情况以及洪水作用强度、频率、沉积物的供给速度等，这些因素均不同程度影响扇三角洲发育。一般情况下，较为干旱的气候、明显的洪水作用、快速的沉积物供给有利于小规模坡陡的扇三角洲发育；较为潮湿的气候、持续的辫状河流作用、长期的沉积物供给有利于大规模坡缓的扇三角洲发育。

（二）扇三角洲亚微相沉积特征

扇三角洲常发育于地形高差较大的、紧邻高山的盆地边缘，部分位于水上，部分位于水下。水上部分称为扇三角洲平原、水下部分称为扇三角洲前缘和前扇三角洲（图20-16）。扇三角洲平原与前缘沉积范围和分布特征取决于物源供给、洪水作用、地形坡度、海平面位置以及盆地波浪、潮汐改造作用等多个地质因素。湖泊水动力较弱，波浪和水流对扇三角洲的影响较小，河流作用较为明显。

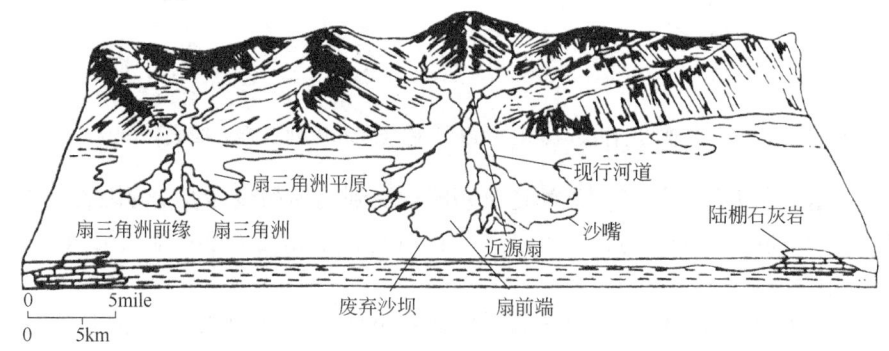

图20-16 扇三角洲分布位置及亚相划分（据 Handford，1980）

由于临近物源区、坡降大、流程短、风化产物分异不够彻底，扇三角洲沉积物粒度较粗，多为砾石质，分选磨圆差，成分和结构成熟度较低，发育牵引流形成的大型交错层理和重力流成因的混杂沉积构造，多发育向上变粗的反韵律。单个扇三角洲的沉积厚度一般为几十米，累计厚度可达几百米至几千米，向盆地延伸几千米至几十千米。扇三角洲沉积面积一般为几平方千米至几十平方千米，大者几百平方千米，如美国阿拉斯加东南海岸扇三角洲面积为446km^2；小者不足1km^2，如云南洱海现代扇三角洲沉积面积为0.5~0.9km^2。中国中、新生代断陷盆地陡坡发育的扇三角洲面积多为几平方千米至几十平方千米。扇三角洲可单独出现，也可成群分布，平面呈扇形，剖面呈楔形。

1. 扇三角洲平原沉积特征

扇三角洲平原是扇三角洲的陆上部分，具有独特的构造、气候和地理背景以及牵引流与重力流共同作用的冲积扇沉积特征，通常呈向盆地方向倾斜并散开，平原形态受沉积物供给、洪水作用强度和频率、盆地岸线形状以及盆地波浪和潮汐作用强度等多种因素的综合影响。

扇三角洲平原亚相可划分为辫状分流河道和漫滩沼泽两个沉积微相，沉积特征类似于陆上冲积扇沉积，可包括泥石流（碎屑流）、河道充填、漫流沉积和筛状沉积。

1）辫状分流河道

辫状分流河道沉积于扇三角洲平原的上部，具有一般辫状河流的沉积特征。主要岩性为厚层碎屑支撑的砾岩、砾状砂岩，成熟度低，岩屑含量可达45%，分选差至中等，最粗的砾石常分布在河道中部，砾石次棱角至次圆状。岩石由泥质胶结，但在临近滨岸的地区，岩性变细，为含砾砂岩与粗砂岩，成熟度相对提高。分流河道底部具冲刷面和滞留砾石、泥砾沉积，砾石可呈叠瓦状排列，也可见块状混杂分布；向上粒度变细，相应出现大型交错层理、平行层理、小型交错层理、波状层理、包卷层理，化石少见。充填分流河道的沉积物具有下粗上细的粒度正韵律，自然电位曲线显示微齿化的钟形（图20-17）。

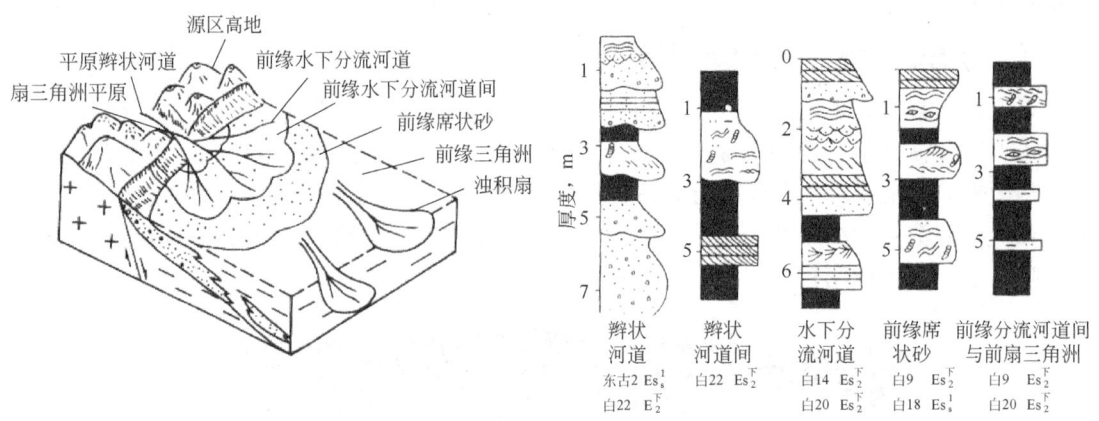

图20-17　东濮凹陷古近系扇三角洲沉积模式和序列（据朱筱敏，1994）

实际上，扇三角洲平原辫状分流河道沉积特征受到气候和地形坡度等因素控制，在干旱气候和较大地形坡度背景下，可出现混杂或块状构造的泥石流（碎屑流）沉积。

2）漫滩沼泽

在扇三角洲平原地区，除了发育砾石质的辫状分流河道沉积之外，还可发育漫流沉积、沼泽和小湖泊等泛滥平原沉积。漫流沉积位于辫状河道的侧方，由于洪水作用溢出河道形成具有块状层理、中小型交错层理的砂岩和粉砂岩沉积。平面呈小规模朵状，剖面呈砂岩透镜体。漫滩沼泽位于分流河道间或单个扇体之间的低洼地区。由于扇三角洲主要发育于气候干燥的地区，因而漫滩沼泽发育面积较小，沉积物较细，一般为薄互层的粉细砂岩和黏土岩，这些薄互层砂泥岩往往呈块状或水平纹层状，夹少量交错纹理和干裂构造，个别地方见有石膏、盐类沉积。在气候相对湿润的、可发育湿润型冲积扇的地区，扇三角洲平原可出现分布范围较小的泥炭沼泽沉积。常见植物根系和生物扰动构造。

2. 扇三角洲前缘沉积特征

扇三角洲前缘（有人称过渡带）常位于岸线至正常浪基面之间的较浅水区，是大陆水流与波浪、潮汐相互作用的地带，波浪、潮汐与河流相互作用可形成河流作用为主的、波浪作用改造的、潮汐作用改造的扇三角洲前缘。河流作用为主的扇三角洲前缘具有湖泊扇三角洲的沉积特点，主要沉积发育交错层理的砾质砂岩和砂质砾岩；波浪作用改造的和潮汐作用改造的扇三角洲前缘常伴生发育具有交错层理的系列沙坝。

扇三角洲前缘具有复杂的水动力作用方式，间歇性洪水供源以及水流性质的变化，造成粗粒沉积物快速沉积，发育大中型交错层理等牵引流沉积构造。间洪期，扇三角洲平原供源减弱，海洋波浪和潮汐作用相对加强，可改造洪水期形成的、较陡的扇三角洲前缘前积沉积物。扇三角洲前缘可细分为水下分流河道、水下分流河道间沉积、河口沙坝和前缘席状砂等沉积微相。

1）水下分流河道

在整个扇三角洲前缘沉积中，水下分流河道占有相当重要的地位，其多由砾质砂岩构成，分选中等。垂向层序结构特征与陆上分流河道相似，发育中小型交错层理，在其顶部可受后期水流和波浪、潮汐的改造，有时出现脉状层理及波状层理。粒度概率图由悬浮、跳跃、滚动3个次总体组成。跳跃总体发育，分选中等。C—M图也反映了牵引流的特征，由PQ、QR、RS段组成。该微相中化石较少，主要是浅水介形虫及淡水轮藻。自然电位曲线呈顶底突变的箱形及钟形（图20-17）。整个砂体垂直岸线呈长条状分布，横向剖面呈透镜状且很快尖灭。

2) 水下分流河道间沉积

水下分流河道间位于水下分流河道的两侧或扇三角洲朵叶体之间，由互层的浅灰色细砂、粉砂及灰绿色泥岩组成。发育小型交错层理、波状层理、透镜状层理、压扁层理、包卷层理和水平层理等。此微相的重要特征是生物扰动程度较高，有较多的生物潜穴。同时，受波浪或潮汐的改造作用较明显，粒度概率图中跳跃总体常由两个斜率不同的次总体组成，可见有鲕粒，主要是表鲕。在反韵律的单层中，由下而上分选变好，表鲕含量增加，螺类壳体化石较丰富。

3) 河口沙坝

由于扇三角洲暂时性水流作用和盆地波浪、潮汐的改造作用，河口沙坝不像正常三角洲那样发育。与正常三角洲河口沙坝相比，扇三角洲河口沙坝的沉积范围和规模较小，位于水下分流河道的前方，并继续顺其方向向湖盆中央发展。河口沙坝砂岩沉积受多种水流作用，含砂量高、分选较好，沉积粒序主要显示反韵律。由于受洪水季节性影响，间洪期常形成泥质夹层。沉积构造主要有平行层理、槽状交错层理、波状交错层理、透镜状层理，偶见板状交错层理。在较细的粉砂质泥岩中，可见滑动作用形成的变形层理、生物扰动形成的扰动构造。粒度概率图反映了河流和盆地水体的多重作用，跳跃总体由两个斜率不同的次总体构成。自然电位曲线反映了粒度反韵律特征，显示漏斗形、顶底渐变的箱形（图20-17）。河口沙坝整体呈底平顶凸或双凸的透镜状。

4) 前缘席状砂

前缘席状砂是扇三角洲沉积的重要标志，位于河口沙坝的侧方或前方，紧临前三角洲。在气候相对干旱的地区，洪水期与间洪期水流流量差异较大，特别是在间洪期，当波浪和沿岸流作用加强时，使得水下分流河道或河口沙坝受到改造并重新分布。沉积物经过反复淘洗、簸选，分选变好，在扇三角洲前缘地带形成分布广、厚度薄的席状砂体。在海相沉积盆地中，可伴生发育障壁岛—潟湖沉积体系。前缘席状砂成分和结构成熟度较高，可见浪成交错层理、波状交错层理、变形层理以及生物扰动构造，由于三角洲前积作用，整体显示砂泥间互层的反韵律沉积序列。粒度概率图中的跳跃总体含量高达80%～90%，多是由两个斜率不同的跳跃次总体组成，分选好，滚动组分含量少（图20-18）。

3. 前扇三角洲沉积特征

前扇三角洲处于浪基面以下的较深水地区，与陆架泥岩或较深湖泥岩过渡，缺少明显的岩性界限。前扇三角洲主要岩性为互层的灰绿色、灰黑色泥岩、泥质粉砂岩、钙质页岩、油页岩。发育水平层理，粒级和颜色的变化可形成季节性纹层，常见粉砂质透镜体夹层。含较丰富的较深水化石。自然电位曲线平直，前扇三角洲沉积分布较窄，与较深水暗色泥岩较难区分。

需要注意的是，在前扇三角洲以及在深水暗色泥岩中可见较粗粒的砂体。研究表明，在扇三角洲沉积过程中，由于扇三角洲前缘沉积物的快速侧向沉积，沉积物表面倾角不断增加，使沉积物在自身重力作用下，加之地震、断裂活动等多种诱发因素影响，发生滑塌、液化作用形成重力流，向前运动并在低洼区沉积下来，形成扇形或舌形砂体。在扇三角洲的前方还可存在由洪水携带大量陆源物堆积而成的、分布较广的异重流扇体。

沉积相		岩性剖面	层理类型	颜色	岩性特征	层理	冲刷面	生物扰动	泥砾	炭屑根迹	化石	概率累积曲线	电性 曲线	电性 形态	韵律特征	砂体几何形态	接触关系
三角洲平原	分流河道	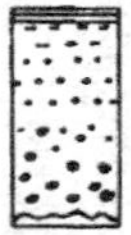	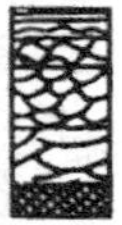	棕、黄褐色	砾岩、含砾砂岩，上部有粉砂岩，顶部偶见薄层泥岩	大型交错层理 小型交错层理 波状层理 包卷层理 爬升层理 水平层理	有		有		无化石，偶见植物茎	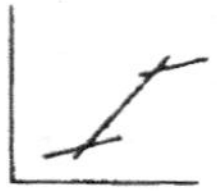	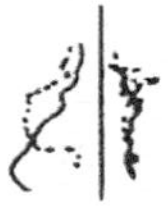	桶　形 正梯形	正韵律	顶平底凸或双凸透镜体	突变
三角洲平原	扇间沼泽	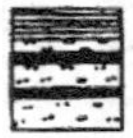		黄褐、灰黑色	粉砂岩、泥岩交互，含薄层碳质夹层	水平层理 块状层理		扰动		较多	见虫孔遗迹						
三角洲前缘	水下分流河道	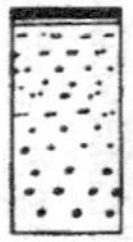	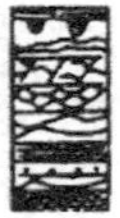	黄褐、灰色	含砾砂岩、中细砂岩，上部有粉砂岩，但泥岩少见	水平层理 波状层理 爬升层理 交错层理 平行层理 块状层理	有		有		介形虫，淡水藻类	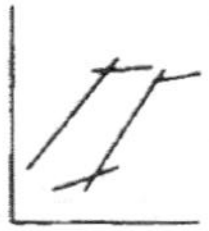	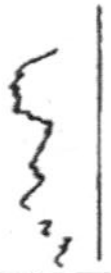	梯形 正梯形	正韵律亦见复合韵律	顶平底凸透镜体	突变
三角洲前缘	水下分流河道间	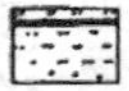	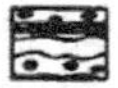	灰黄色	细砂岩、粉砂岩夹泥岩	水平层理 压扁层理 透镜层理 波状层理		扰动	有(少)	有	螺、鱼化石						渐变
三角洲前缘	河口沙坝	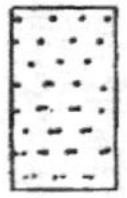	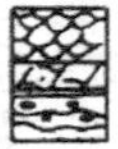	灰白、灰黄色	砂岩、粉砂岩，前缘夹薄层泥岩	小型交错层理 水平层理 压扁层理 透镜层理 变形层理					螺，介形虫	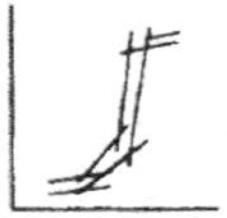	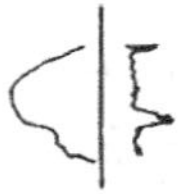	反梯形 反三角形	以反韵律为主亦见正韵律	底平上凸透镜体	渐变
三角洲前缘	前缘席状砂	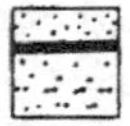	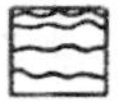	灰黄、灰白色	细砂岩、粉砂岩和泥岩互层，常见浊流沉积夹层	小型交错层理 波状层理									正反韵律	薄层平面分布	渐变
前扇三角洲		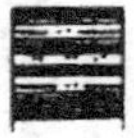		暗灰色	粉砂质泥岩和泥岩	水平层理 揉皱构造											渐变

图 20-18　扇三角洲沉积特征（据顾家裕，1984）

通常，一个完整的建设性扇三角洲的垂向沉积层序自下而上为前扇三角洲泥岩—扇三角洲前缘末端粉细砂岩—扇三角洲前缘河道砂岩、砾质砂岩—扇三角洲平原砂砾岩（图20-17，图20-18）。在陆相断陷湖盆的陡坡以及缓坡，发育有吉尔伯特型湖泊扇三角洲，具有三角洲顶积层、前积层和底积层三层结构。顶积层由冲积扇的辫状河道（泥石流）迁移所形成，发育结构混杂的或显交错层理的砂砾岩；前积层是大量推移质载荷在河口地区快速堆积，形成的粗粒陡倾前积层（可达35°）；细粒沉积物以悬浮载荷方式被水流继续向盆地深水区搬运，形成细粒底积层。由于三角洲前积层坡陡，前积层沉积物常发生重力滑塌，在底积层中形成重力流沉积夹层（图20-19）。吉尔伯特型湖泊扇三角洲平面呈扇形，垂向上具有明显的向上变粗的沉积序列特征。中国东部中、新生代和西部中生代陆相盆地发育了典型的湖泊扇三角洲。

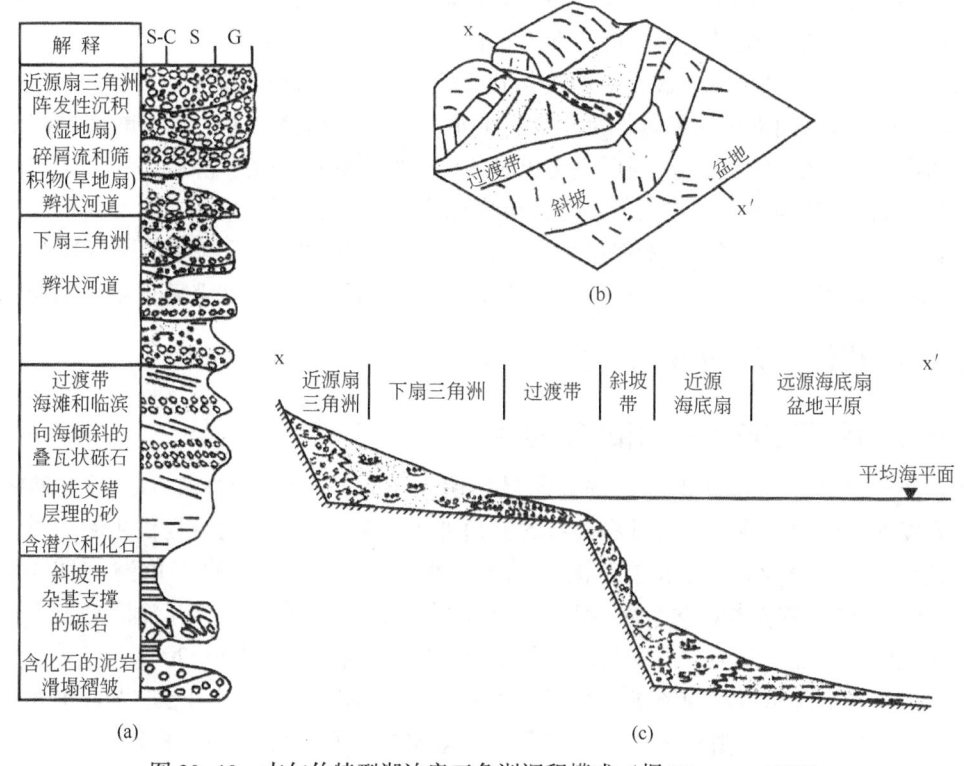

图20-19 吉尔伯特型湖泊扇三角洲沉积模式（据Wescott，1990）
(a) 垂向沉积层序；(b) 立体模型；(c) 顶积层、前积层和底积层剖面分布

总之，湖泊扇三角洲由于受季节性洪水影响较大，受湖泊改造作用较小，从而显示粒度粗、分选差的特征；扇三角洲的推进沉积层序自下而上水动力变强，粒度由细变粗，表现为反韵律特征（图20-19）。沉积构造也发生相应的变化，化石含量少，由于沉积作用速度快，使沉积物无足够时间进行重力分异，故扇三角洲在地震剖面上显示楔形、透镜状反射外形，其内部具有不清晰的前积反射结构。在前扇三角洲或扇三角洲的前方还有浊积扇的丘形、小型透镜状的地震反射响应。

湖泊扇三角洲平原与前缘分布面积大小可随冲积扇发育状态及其进入盆地状态、盆地波浪、潮汐改造作用而发生变化。

对于海洋扇三角洲，韦斯科特（Wescott，1990）等总结出12种判别标志，可供参考。

(1) 海洋扇三角洲常分布于构造活跃的岛弧或大陆碰撞海岸地区;

(2) 海洋扇三角洲陆上平原的指相特征表明该带沉积物来自一个点物源;

(3) 海洋扇三角洲向陆一侧的边缘可能是断层,陆上扇三角洲平原沉积物可不整合地覆盖在基岩之上;

(4) 海洋扇三角洲成分和结构成熟度低,反映了它紧邻基岩物源区;

(5) 海洋扇三角洲陆上部分基本上是冲积扇,可用冲积扇的模式进行对照描述;

(6) 海洋扇三角洲进积沉积层序向上变粗,砾石百分比和最大碎屑的粒级向上增大,泥质含量向上减小;

(7) 海洋扇三角洲向陆架进积充分,自陆上平原沉积向水下前缘沉积方向,由块状、层状砂砾岩演变为交错层理砂岩;

(8) 海洋扇三角洲陆上平原占优势的河道沉积物与前缘过渡带(海岸带)占优势的海洋沉积物呈渐变和指状交错关系,可依据砾石特征区分河流和海滩沉积;

(9) 海洋扇三角洲前缘过渡带沉积物指状交错于前扇三角洲的水下沉积物;

(10) 海洋扇三角洲中端和远端沉积物可上覆于海洋沉积物之上,也可能被海洋或非海洋沉积物覆盖,这取决于扇三角洲形成终止时的构造背景和海平面升降状态;

(11) 海洋扇三角洲沉积物几何形态为扇形或粗碎屑的棱柱体;

(12) 海洋扇三角洲沉积物的厚度取决于山前隆起、沉积物供给、盆地下沉以及波浪潮汐的复杂相互作用,进入水下斜坡的扇三角洲沉积厚度可能大于陆架上扇三角洲沉积厚度。

四、辫状河三角洲沉积特征

(一)辫状河三角洲概念和形成条件

辫状河三角洲(braided delta)的概念最早由 McPherson(1987)提出,指由辫状河体系前积到停滞水体中形成的富含砂和砾石的三角洲,由多条底负载河流提供粗粒物质。它是介于粗粒扇三角洲与细粒正常三角洲之间的一种具有独特属性的三角洲(图20-6)。McPherson(1987)根据物源区、辫状河及其与冲积扇之间的关系,又将辫状河三角洲细分为远离物源区的、冲积扇前方的和与冰川平原有关的三种类型(图20-20)。

辫状河三角洲是由辫状河流进入海湖形成的粗粒三角洲,三角洲的形成发育主要受控于构造背景、气候、地貌、辫状河作用和沉积盆地水体能量等。在构造活动较为强烈、降雨量和泥沙输入量季节性变化、地形坡度较陡、母岩区临近沉积区的沉积背景下,辫状河三角洲的发育受季节性湍急洪水作用的控制。冲积扇末端辫状河或由山区发育的与冲积扇毗邻的冲积平原辫状河经较短距离(通常几十千米)搬运粗粒沉积物,在盆地长轴或短轴部位地形较陡的部位形成三角洲。辫状河流虽是季节性的,但辫状河三角洲具有限定性河口,能够使得河流搬运沉积物入海(湖)并与盆地水体发生较长时间的持续作用。需要注意的是,在构造演化的不同阶段或在盆地相同部位,辫状河三角洲可转化为扇三角洲,或扇三角洲可转化为辫状河三角洲。

辫状河三角洲可以是河控三角洲,也可以是浪控、潮控三角洲。虽然辫状河三角洲以高含量的粗碎屑沉积供给为特征,具有较为明显的前积作用,但在盆地演化不同构造阶段,由于母岩类型、汇水面积、河流搬运能力以及盆地水体的能量变化,辫状河三角洲可形成毯状(席状)、朵状(坨状)和枝状(鸟足状)等多种形态。

（二）辫状河三角洲亚微相沉积特征

粗粒的、相对近源的辫状河三角洲相可细分为三个次级亚相，即辫状河三角洲平原、辫状河三角洲前缘和前辫状河三角洲（图20-21）。

1. 辫状河三角洲平原沉积特征

辫状河三角洲平原主要由众多的辫状河道或辫状河平原所组成，在气候较为潮湿的地区，可以发育河漫沼泽沉积。辫状河三角洲沉积时期，距物源区相对较近、河道宽深比较大，辫状河特征明显、沉积物相对较粗，主要岩性为砂质砾岩、砾质砂岩以及泥炭层，发育浅水水流沉积构造和沉积韵律。底部冲刷面具有比较平缓的特征，表现为低角度的地形起伏。河道充填层序主要由砂砾岩所组成。辫状河道内可发育不同分布形态的交错层理的心滩，比如横向沙坝、纵向沙坝。与冲积扇相比，辫状河沉积物以河流体系的高河道化，发育牵引流沉积构造，更深、更持续的水流和很好的侧向连续性为特征。

1）辫状河道沉积

辫状河道沉积以河道沙坝侧向迁移加积而形成的沉积物为主，也可见部分废弃河道充填沉积。河道沙坝岩性较粗，为杂色砾岩、砾质砂岩和砂岩，成分和结构成熟度较低，发育侧积交错层及冲刷面构造，见平行层理，大、中型板状和槽状交错层理。辫状河道沉积具有较大的宽厚比，它们组成若干个向上变细的、相互叠置的间断正韵律，正韵律厚度取决于辫状河道稳定性，多为0.2~5m。

辫状河中不同河道在洪水期和间洪期的水流充注状况是不同的。辫状河的主河道在洪水期和间洪期均具有水浅流急的特征，砂砾岩沉积底部见起伏不大的冲刷面，向上层理规模从大、中型交错层理，平行层理到小型交错层理。辫状河的次要河道在洪水期具有水浅流急的特征，在间洪期往往没有水流流动，因此次要河道充填物主要是洪水期沉积形成的粗粒砂砾岩，沉积厚度相对薄，叠覆冲刷接触，顶部可见薄层水平层理泥岩。

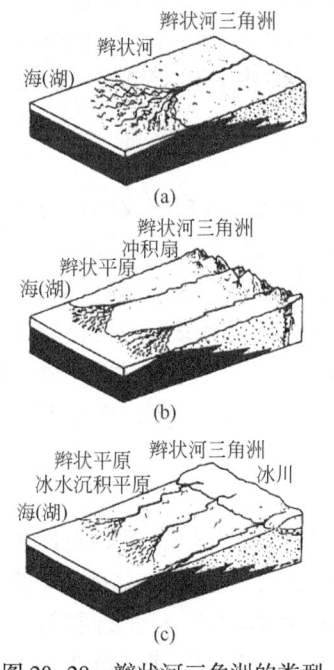

图20-20 辫状河三角洲的类型
（据McPherson，1987）

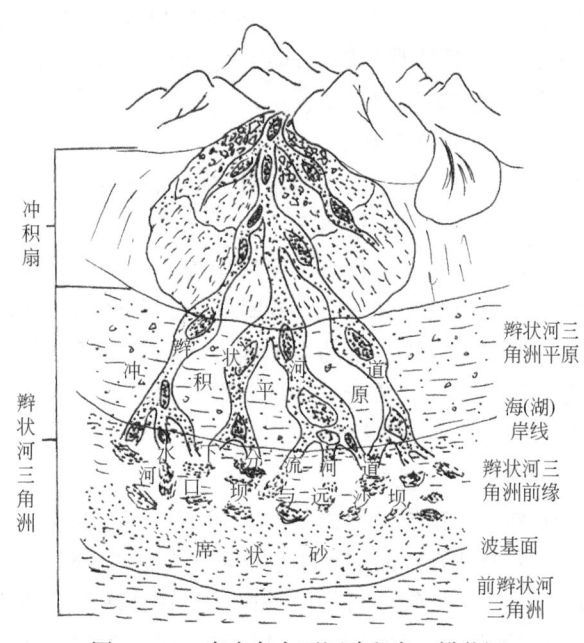

图20-21 秦皇岛大石河冲积扇—辫状河三角洲沉积体系（据赵澄林，2001）

河道剖面形态呈顶平底凸的透镜状或组合成板状。

2) 越岸沉积

受辫状河道的稳定性或迁移摆动的影响，越岸沉积厚度和宽度变化较大。辫状河道洪水作用越强、河道迁移摆动越明显，越岸沉积的厚度和宽度越小。河北秦皇岛大石河辫状河三角洲冲积平原宽度可达5~6km。在洪水期，水体漫越河道，在河道两侧形成一些积水洼地，其内部接受粉砂岩、泥岩等细粒沉积物质。部分洪水期越岸形成的积水洼地可逐渐被植被覆盖，发展为沼泽环境，沉积碳质页岩，并可形成具有一定开采价值的煤层。这种环境下形成的煤层厚度变化大，分布不稳定，多呈透镜状展布（或藕节状断续出现），且先期形成的煤层一般会受到河道迁移的破坏，使其分布更加不规则，局部越岸沼泽中含有暂时性小型水道砂岩透镜体。

2. 辫状河三角洲前缘沉积特征

辫状河三角洲前缘像正常三角洲一样，由于较强的辫状河河流作用常具有限定性的河口沙坝。辫状河三角洲前缘主要岩性为互层的中细砂岩与泥质粉砂岩。常见冲刷面，发育平行层理、槽状交错层理、波状交错层理以及滑塌变形构造，具植物碎片化石和虫孔构造。它由水下分流河道、分流河道间、河口沙坝及远沙坝组成，其中水下分流河道特别活跃，其沉积物在前缘亚相中往往占总量的90%以上，如塔里木盆地库车河地区下侏罗统阿合组。

1) 水下分流河道沉积

水下分流河道形成于坡浅流急的沉积背景下，是辫状河三角洲前缘沉积的主体和最为重要的沉积单元，是平原亚相中辫状河道入海（湖）后在水下的延续部分，其沉积特征类似于辫状河道砂体，沉积物粒度较粗，由砂砾岩组成，沉积构造常发育冲刷面、砾石叠瓦构造、平行层理、板状交错层理、槽状交错层理及变形层理，可含泥砾等滞留沉积。砂砾岩中泥质杂基含量极少，多在5%以下，呈颗粒支撑。向上沉积物粒度变细，单砂体沉积厚度变薄。砂体总体呈层状，分布稳定，内部往往由若干个下粗上细的砂层相互叠置而成，单河道砂层从下向上常为细砾岩—含砾中、粗粒砂岩—中砂岩，上部见细砂岩，沉积厚度多为0.5~5m，横向延伸数米即变薄尖灭。由于河道的频繁迁移，砂体中侧积交错层极发育，为其主要的沉积构造类型。

2) 分流河道间沉积

分流河道间沉积或称为前缘分流间湾沉积，是水下分流河道之间沉积的较细粒的沉积物质，为沉积水动力相对较弱的沉积环境，其颜色较深，为灰色及灰绿色；岩性较细，常为粉砂岩与泥岩，粉砂岩中具波状交错层理、小型槽状交错层理以及垂直虫孔，泥岩具水平层理或块状层理、植物叶片化石，在垂向上，总体构成泥厚、砂薄的反旋回沉积序列，反映了分流间湾为水体不太深、水动力不太强、粗粒沉积物供给较少的、相对安静的沉积环境。因水下分流河道改道特别活跃，迁移频繁，河道间沉积物往往遭到侵蚀破坏，多以大小不等的透镜状形式出现在河道砂体中。

3) 河口沙坝沉积

由于辫状河较强水动力作用，形成限定性的位于水下分流河道的末端及侧缘的河口沙坝。岩性为分选好、质纯的中、细粒砂岩，局部为含砾砂岩，由于三角洲前缘的前积作用，从下向上多显示由细变粗的反韵律，受较强水动力作用，泥质含量较少，见平行层理及中型槽状交错层理。在气候较为干旱的辫状河三角洲前缘沉积地区，由于辫状河三角洲受洪水或山区河流控制，水动力条件强，砂质供应充分，水下分流河道迁移明显，加之受波浪、岸流和潮汐作用的影响，河口沙坝常受到改造破坏，难以形成像正常三角洲那样规模较大的前缘河口沙坝。

4）远沙坝和席状砂沉积

远沙坝为辫状河三角洲前缘边部的末端沉积，由粉砂岩和细砂岩组成，横向延伸远，分布范围广，但纵向上沉积厚度薄，内部见小型沙纹层理，往往同前三角洲泥质沉积物呈薄互层状频繁交互，由粉砂和黏土组成的结构纹层和由植物炭屑构成的颜色纹层为其典型特征。同样，在气候较为干旱的辫状河三角洲前缘沉积地区，河口沉积物受波浪、岸流和潮汐作用的影响，远沙坝常受到改造破坏，形成分布广、成分和结构成熟度较高的、砂泥间互的席状砂沉积。

三角洲前缘席状砂是先期形成的水下分流河道和河口沙坝、远沙坝被波浪、潮汐、沿岸流改造，发生横向迁移并连接成片形成的砂体。岩性为粉细砂岩、分选较好，与泥岩互层，多见波状层理、透镜状层理以及包卷层理。随着三角洲前缘前积，与河口沙坝等在垂向上形成下细上粗的反韵律。

3. 前辫状河三角洲沉积特征

前辫状河三角洲与各类三角洲的前三角洲亚相相似，沉积水体较为安静，均以悬浮沉积的泥质沉积物为主。岩性主要为含较深水化石的暗色泥岩，见水平层理。由于辫状河三角洲（也包括扇三角洲）前缘亚相沉积物堆积迅速，前缘界面坡度较陡，较粗粒沉积体不稳定，很易形成重力流沿前缘斜坡运动到前三角洲泥质沉积物中堆积下来，常见的有碎屑流、液化流及浊流沉积。如塔里木盆地库车坳陷卡普沙良地区的下侏罗统阳霞组前辫状河三角洲深灰色页岩中夹碎屑流和液化流沉积。

碎屑流沉积为厚数十厘米的砂质砾岩、含砾泥岩及泥质砾岩，砾石直径可达数厘米，具微弱的逆粒序，大的砾石可在层面上出现或位于块状砂砾岩的上部，底部见冲刷面或岩性突变接触，岩石中泥质基质含量较高。由于辫状河三角洲前缘沉积物快速堆积，沉积物很不稳定，沉积物在重力作用下沿前缘斜坡向下运动，运动过程中会把前缘砂砾与前三角洲泥混合起来，形成碎屑流沉积。

进积的辫状河三角洲沉积层序具有复合沉积序列特征，三角洲平原以下粗上细正韵律沉积为主，前缘多发育下细上粗的反韵律，前三角洲沉积区发育暗色质纯泥岩。在辫状河三角洲不同亚相中，可发育块状砾岩相（Gm）、块状砂岩相（Sm）、平行层理砂岩相（Sh）、波状、断续波状交错层理粉细砂岩相（Fr）、块状粉砂岩相（Fm）以及块状层理泥岩相（M）；不太发育叠瓦状砾岩相（Gi）、板状交错层理砂砾岩相（Sp）、槽状交错层理砂岩相（St）和浪成沙纹层理砂岩相（Sw）（图20-22）。

实际上，辫状河三角洲的沉积特征介于正常三角洲、扇三角洲沉积特征之间，在沉积成因、沉积序列等方面既存在联系，又存在差异（表20-3）。

表20-3 扇三角洲、辫状河三角洲与正常三角洲沉积特征对比

沉积特征 \ 沉积类型	扇三角洲	辫状河三角洲	正常三角洲
沉积位置	紧邻物源区的、地形较陡的盆地边缘	距物源区较近的、地形较陡的盆地边缘	远离物源区的、地形较缓的盆地边缘

续表

沉积特征 \ 沉积类型	扇三角洲	辫状河三角洲	正常三角洲
形成三角洲的河流类型,水流性质	冲积扇直接进入盆地,牵引流和泥石流	较近源的辫状河进入盆地,牵引流	源远流长的曲流河进入盆地,牵引流
沉积岩性和杂基	砂砾岩及杂色泥岩,杂基含量高,不稳定成分多	砂砾岩及灰绿色泥岩,杂基含量高,不稳定成分多	砂岩和暗色泥岩,杂基含量低,稳定成分多
沉积结构	粗粒,混杂结构,分选磨圆差	粗粒,分选磨圆中等	细粒,分选磨圆较好
沉积构造	冲刷面、块状构造不清楚,见交错层理,干裂、雨痕	冲刷面、大型槽状和板状交错层理	多种交错层理、平行层理、波状层理、上攀层理、植物根
平原沼泽特征	不发育沼泽	局部发育沼泽	发育沼泽
河口沙坝	不发育河口沙坝	不太发育河口沙坝	发育河口沙坝
沉积旋回特征	发育多个间断正韵律	发育多个间断正韵律	发育反韵律、复合韵律
地震相	较为杂乱的楔形	具前积反射的楔形	典型前积反射
砂体形态	平面扇形,规模小;剖面楔形,向盆地中央延伸距离较短(几千米)	发育辫状河道,平面扇形或舌形,向盆地中央延伸几千米;剖面板状、楔形	平面鸟足状或条带状,规模大,向盆地中央延伸几十千米;剖面楔形、透镜状

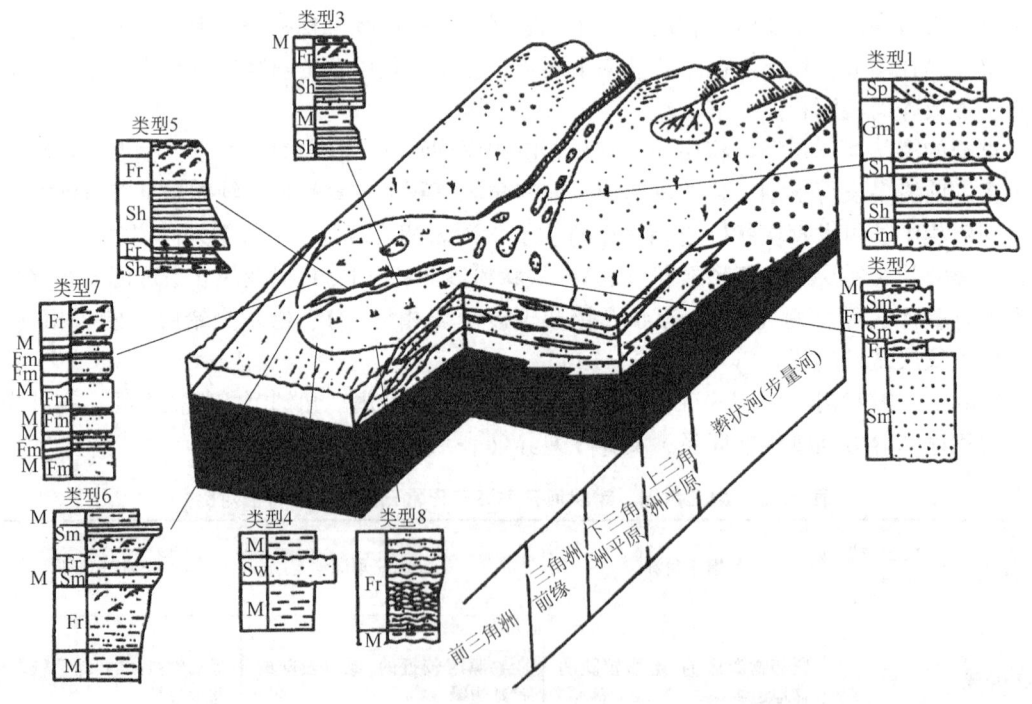

图 20-22　内蒙古元子沟辫状河三角洲沉积模式（据于兴河,1995）

五、浅水三角洲沉积特征

（一）浅水三角洲概念

浅水三角洲指在构造稳定、地形平缓、水体较浅的盆地边缘由限定性河流（曲流河和限定性辫状河）形成的、分流河道分叉改道明显的一类三角洲。

菲斯克（Fisk，1954）将河控三角洲分为深水型三角洲和浅水型三角洲，并提出了浅水三角洲的概念。波斯特马（Postma，1990）将低能盆地中三角洲分为浅水三角洲和深水三角洲两大类，将数十米水深内发育的三角洲称为浅水三角洲（图20-7）。

科尔内尔（Cornel，2006）在研究美国墨西哥湾Booch三角洲时指出，该浅水三角洲形成于水体较浅、地形平缓、构造缓慢沉降的条件下，分流河道发育并且频繁分叉、改道，不发育河口坝。在剖面上，三角洲沉积不能划分出倾角变化的顶积、前积和底积三层构造。

关于浅水三角洲类型的划分，不同学者提出了不同分类方案。有人根据河流、波浪和潮汐作用能量相对强度，将浅水三角洲划分为河控浅水三角洲、浪控浅水三角洲和潮控浅水三角洲。有人根据气候变化，将浅水三角洲划分为较干旱气候形成的三角洲和较潮湿气候形成的三角洲。有人根据三角洲前缘砂体形态，将浅水三角洲划分为席状、坨状、枝状三角洲，其中，席状浅水三角洲受波浪的改造作用最强，枝状浅水三角洲受波浪的改造作用较弱。也有人根据三角洲平原与前缘分布面积大小，将浅水三角洲划分为"小平原大前缘"和"大平原小前缘"三角洲等。

（二）浅水三角洲形成条件

通常认为，浅水三角洲形成于地形平缓、水体较浅、河流作用明显、构造稳定的地台、陆表海环境和陆相湖盆缓坡。总的来说，浅水三角洲主要形成于盆广坡缓古地形、干旱炎热古气候、频繁多变湖平面、动荡极浅古水深、大河充足古物源等有利地质背景。

1. 盆地构造稳定沉降，盆广坡缓，沉积水体浅

与正常的三角洲沉积背景相比，浅水三角洲的构造背景为稳定沉降、盆底地形平缓、坡度较小，坡度甚至可小于1°。盆地构造条件对沉积物的沉积过程和样式具有明显控制作用。稳定的盆地构造背景有利于盆地保持较为平缓的古地形。盆地地形的坡度直接影响水体摩擦力的大小、波浪、潮汐能量对河口沉积物的改造程度。湖底地形坡度越缓，盆地波浪作用能量损耗越明显，对三角洲前缘分流河道的改造较少。

蓄水盆地的水深对三角洲的沉积作用具有至关重要的影响，水深是决定水下三角洲沉积厚度和三角洲向前生长速度的主控因素。在浅水条件下，可容空间较小，前缘水下分流河道容易分叉改道，三角洲沉积薄、推进快；在深水条件下，可容空间较大，前缘水下分流河道相对稳定，三角洲沉积厚、推进慢。由于不同盆地的差异性，目前尚无对浅水三角洲水体深度的定量规定。通常以波浪波长的1/2作为浅水区的下限深度，由于湖泊面积比海洋小，风的吹程相对短，湖盆浪基面对应水深较浅。例如：美国密执安湖最大波浪的波长约为30m，中国青海湖及鄱阳湖波浪波长一般为15m，即通常陆相湖盆浅水三角洲沉积水深不超过15m，通常为几米。比如美国现代阿查法拉亚三角洲（Atchafalaya Delta）形成于水体较浅、地形平缓、构造缓慢沉降的条件下，沉积水深只有3m，三角洲前缘分流主河道坡度小于1°，分流河道发育并且频繁分叉、改道，不发育河口坝。在剖面上，三角洲沉积不能划分出倾角突变的顶积、前积和底积三层构造。

2. 河流能量强，物源供给充分，供源作用明显

母岩区汇水面积大、高流速、高载荷的强能量河流是形成浅水三角洲的重要水动力条件。在构造稳定、地形平缓、水体浅、可容空间较小的沉积背景下，携带大量陆源碎屑物质的高流速河流进入沉积盆地后能够保持较强的河流能量，利于形成向盆地中央延伸的水下分流河道，携带沉积物向盆地方向长距离搬运（累加距离达数千米至数百千米），在浅水沉积背景下形成河道沉积为主体的、薄而展布广的三角洲朵叶体。

由于河流能量较大、物源供给充分、供源作用明显，通过盆地水体顶托作用形成的河口坝砂体规模较小，在河流的侵蚀作用与频繁改道过程中，河流对河口坝强烈冲蚀改造，造成河道分叉改道，使得浅水三角洲中河口坝、远沙坝沉积微相不太发育。

3. 气候适宜，海（湖）平面频繁升降旋回变化

气候的变化可以控制母岩风化、可容空间、水体流量、沉积物的性质（成分、颜色、结构等）和海（湖）平面升降变化。一般来说，周期性变化剧烈的气候，可导致母岩区物理风化作用加强，在大型河流作用下，碎屑物质长距离搬运，为浅水三角洲的形成提供了丰富的碎屑物质基础。

在不同气候下，古地理环境不同，形成的浅水三角洲沉积特征各不相同，特别是三角洲前缘分流河道的组合形态和三角洲前缘的面积可发生较大变化。

海（湖）平面的升降旋回变化造成岸线明显迁移，改变了三角洲不同亚相的沉积位置，控制了三角洲沉积充填的空间展布形式，具体表现为：海（湖）平面下降时期，受洪水或强水流作用影响的河流（河道）可频繁改道，冲刷早期河口沙坝，以决口等方式改道形成新的三角洲朵叶并快速向盆地中心推进。海（湖）平面上升期，分流河道沉积位置向物源区方向后退，三角洲平原可被水体淹没形成岸后沼泽，大部分分流河道位于水下，形成水下分流河道。海（湖）平面频繁升降旋回变化，造成多期三角洲砂体叠置并向盆地中央长距离延伸。现今江西鄱阳湖赣江三角洲便是典型的湖盆浅水三角洲，受气候变化影响，湖平面发生明显变化，三角洲前缘水下分流河道可以向盆地中央方向推进数十千米。

总之，众多的地质因素耦合为浅水三角洲的发育形成提供了有利条件。构造、地形、气候、物源、水深等因素对浅水三角洲的发育形成和沉积特征起着控制作用。

（三）浅水三角洲亚微相沉积特征和沉积模式

根据浅水三角洲水动力类型和作用方式以及不同亚环境沉积砂体的形态和分布特点，可将浅水三角洲相划分为三角洲平原亚相、三角洲前缘亚相和前三角洲亚相。三角洲平原亚相位于平均高潮线（洪水面）之上的平原环境；三角洲前缘亚相分为三角洲内前缘和外前缘，三角洲内前缘位于平均高潮线（洪水面）与低潮线（枯水面）之间水位频繁变化的环境，三角洲外前缘位于低潮线（枯水面）与正常浪基面之间长期受多种水流作用的环境；前三角洲亚相位于正常浪基面之下的较深水环境（图20-23）。

1. 浅水三角洲平原

浅水三角洲平原主要沉积微相类型为易于分叉、改道、不稳定的分流河道以及三角洲泛滥平原沼泽、分流河道间沉积。

浅水三角洲常由限制性的曲流河、辫状河以及网状河进入浅水沉积盆地形成，通过填积和频繁的分叉改道，向盆地中央方向长距离推进。因此三角洲平原沉积特征因入盆河流发生变化。

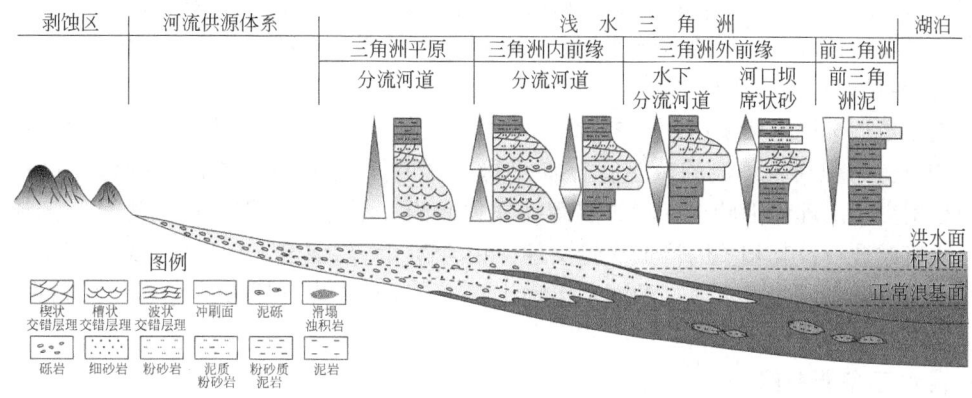

图 20-23 浅水三角洲亚相及其沉积序列剖面模式图

1) 稳定性曲流型三角洲平原

该类三角洲平原格架多由距离物源区较远的稳定性曲流河构成，平原分流河道是由曲流河成因单元组成的向上变细的沉积序列，自下而上为冲刷面（含泥砾的滞留沉积）—大型槽状、楔状交错层理中、细砂岩—小型交错层理粉砂岩或水平层理粉砂岩—波纹层理粉砂岩，垂向上叠置形成有泥岩间隔的正韵律（图 20-24），反映河道相对稳定和能量渐弱的沉积过程。依气候变化，泛滥平原可为发育泥炭层或煤层的、广泛分布的平原沼泽沉积；也可为由紫色、杂色块状层理的或见钙质团块的泥岩构成的泛滥平原沉积。

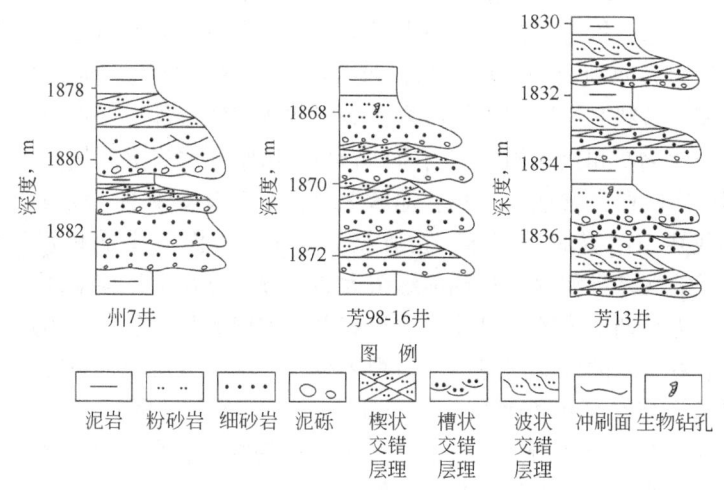

图 20-24 松辽盆地三肇凹陷白垩系泉头组浅水三角洲间断正韵律（据朱筱敏，2012）

2) 游荡性辫状型三角洲平原

该类三角洲平原格架多由距离物源区较近的游荡性辫状河构成，河道宽深比较大，辫状河特征明显，沉积物相对较粗，发育浅水沉积构造和沉积韵律。在浅水三角洲向盆地推进过程中，受物源供给和水体顶托作用影响，平原辫状河道不稳定性增加，导致河道的反复决口、改道、分叉，逐渐衍变成更多条分流河道。该类分流河道自下而上由具有冲刷面和滞留沉积的砾质砂岩—大型槽状交错层理、楔状交错层理和平行层理的中、细砂岩—小型交错层理粉砂岩构成，厚度通常较薄，反映出间歇性多期次、迁移的较强水流作用，垂向上叠置形成无泥岩间隔的正韵律（图 20-24）。河道砂砾岩沉积可上覆薄层（小于1m）煤层或煤线，或红褐色块状层理、波状层理泥岩、泥质粉砂岩。三角洲平原游荡性辫状河进入沉积盆地后容易受到盆地水体改造，形成"小平原、大前缘"的浅水辫状河三角洲沉积体系。

3）渐弱性改造型三角洲平原

该类三角洲平原格架多由距离物源区相对较近的、水动力能量相对较弱的曲流河（辫状河）构成，可受到风暴浪的改造。该类平原河道自下而上为具冲刷面的含泥砾中细砂岩—中小型交错层理粉细砂岩—沙纹层理泥质粉砂岩，上部沉积物可被风暴浪（潮流）改造，形成浪成波痕及其相关的浪成交错层理，在河道间薄层泥岩、粉砂质泥岩中，可见强烈生物扰动，或含有海相咸水或湖泊淡水生物化石。上述沉积序列反映了河流作用的间歇性与盆地水体作用的持续性。

2. 浅水三角洲前缘

浅水三角洲前缘位于平均高潮线（洪水面）与正常浪基面之间，平原河流长期与盆地水体波浪、潮汐发生相互作用，由于坡缓水浅，河流作用更加明显，波浪以及潮汐作用相对较弱。浅水三角洲前缘亚相主要包括三角洲内前缘连续分布的分流河道及河口坝、三角洲外前缘不太连续分布的水下分流河道及远沙坝、分流间湾。

三角洲前缘是河流与盆地营力在河流入盆口相互作用的产物，其沉积和保存状况主要取决于河道与盆地水体深度比、河流能量强弱、河水与盆地水体的密度差、河口地形坡度、河流载荷类型等。一般来说，盆地沉积坡度越缓，前缘相带越宽阔，水下分流河道砂体越发育，可伴生棕色等氧化色细粒沉积物。

分流河道是三角洲前缘中最为重要的沉积单元，水下分流河道砂体相互切割、叠加，向盆地中央方向延伸较远，构成了浅水三角洲骨架砂体。水下分流河道垂向上表现为几米厚的间断正韵律，底部为具冲刷面的含砾砂岩，可含泥砾等滞留沉积，向上为中厚层状平行层理、槽状交错层理、板状交错层理中细砂岩，薄层波状交错层理、变形层理的粉砂岩和粉砂质泥岩，具植物碎片化石和虫孔构造。河道砂岩与下伏暗色泥岩突变接触。

浅水三角洲形成阶段，盆地水体浅、地形平缓、地貌坡度较小、波浪能量较弱、对河流沉积物改造作用较弱、河流能量较强、物源充足，在海（湖）平面频繁升降变化过程中，入盆河水携带大量的泥砂沉积物进积到前缘很远的地方。分流河道向盆地方向进积并不断分叉，分叉河道中间为早期形成的、可能受波浪或潮汐改造的河口沙坝，组成向盆地中央延伸可达数十千米至数百千米的分流河道—河口坝多级分叉水下分流河道系统。河流能量强，砂体往往表现出明显的方向性和条带性。单一分流河道平面上呈带状，横剖面呈顶平底凸形态。分流河道向海（湖）不断分叉，并随着分流级次的增加，分流河道规模（宽度、深度、延伸长度）也不断减小，在外前缘可呈不连续带状。

三角洲前缘河口坝的发育主要是由于波浪冲刷和簸选作用，泥质沉积物被带走，砂质沉积物被保存下来。由于河流能量较强和波浪改造作用，三角洲前积速率较快，导致早期沉积的河口坝砂体被后期的水下分流河道冲刷侵蚀，浅水三角洲前缘河口坝和远沙坝不太发育，以浅灰色中细砂岩、粉砂岩为主，砂粒分选好，发育平行层理、槽状交错层理、透镜状层理以及包卷层理。垂向上，由三角洲前积造成下细上粗的反韵律。

三角洲前缘席状砂是先期形成的频繁分叉的分流河道和河口沙坝沉积物被波浪改造，发生横向迁移并连接成片形成的砂体。岩性为粉细砂岩，分选较好，与泥岩互层，多发育波状交错层理、脉状层理和生物扰动构造。浅水三角洲前缘席状砂单砂体较薄（可小于1m），复合砂体厚，分布面积广。

三角洲前缘分流间湾岩性为灰黑色粉砂质泥岩、泥质粉砂岩、泥岩。泥岩中发育植物叶片化石以及盆地水生化石。粉砂岩中发育沙纹层理，具炭屑，多见垂直虫孔。由于分流河道的改道，造成分流间湾不太发育。

3. 浅水前三角洲

浅水前三角洲以悬浮沉积为主，沉积水体较为安静，岩性主要为含较深水化石的暗色泥岩，见水平层理或块状层理。

浅水三角洲前缘沉积地形坡度缓，沉积体较为稳定，因此在前三角洲中较少发育较大规模的重力流沉积。浅水三角洲平原与三角洲前缘、前三角洲平缓时空相接，没有明显地形坡度转折，因此不具备传统三角洲的顶积层、前积层和底积层三层结构特征。

4. 浅水三角洲沉积模式

由于研究侧重点不同，人们根据层序格架、气候变化、物源供给、沉积旋回、沉积水深等地质因素建立了三角洲的沉积模式。总的来说，浅水三角洲具有以下明显沉积特征：

（1）河流作用明显，沉积水动力强，粒度概率曲线反映牵引流特征，砂岩中发育强水动力沉积构造；

（2）受河流和盆地水体综合改造，沉积砂岩成分和结构成熟度中等；

（3）受明显河流作用和地形坡度较缓影响，发育分叉多、多级次、延伸远的分流河道骨架砂体，受分流河道改道影响，河口沙坝不太发育；

（4）分流河道沉积发育交错层理和间断正韵律，表明了盆地水体升降期间的较强河流冲刷作用，由于盆地岸线迁移明显，可造成河道沉积砂岩与大面积展布的泥炭沼泽或紫红色泥岩伴生，具有强烈的生物扰动；

（5）三角洲前缘相带宽广，单砂体厚度较薄，复合砂体分布广，厚度大；

（6）由于沉积坡度较缓，浅水三角洲三个亚相沉积坡度变化不明显，缺少特征的三角洲顶积层、前积层和底积层三层结构，具有叠瓦状前积反射地震相，少见 S 形前积反射地震相。

考虑到气候明显影响湖泊浅水三角洲沉积特征，故本教材根据气候变化，探讨较干旱气候和较潮湿气候条件下形成的浅水三角洲沉积模式。

对于在浅水缓坡沉积环境形成的湖泊浅水三角洲而言，湖平面变化控制分流河道的形态与分布，气候变化对湖平面的升降产生重要影响，可引起三角洲沉积相带在平面上发生明显迁移和沉积特征的变化。因此，气候是浅水三角洲形成发育和展布形态的主要控制因素。

在干旱气候条件下，降水量减少，湖泊蒸发量大，湖盆发生收缩，河流沉积作用大范围发生，携带碎屑物质长距离搬运，在平缓地形上形成枝状三角洲（图20-25）。该类三角洲具有以下沉积特点：三角洲平原亚相面积宽广，三角洲前缘亚相相对较窄；进积的分流河道宽而浅，分流河道分叉相对较少，呈枝状展布，河道分布相对稳定，易于横向对比；分流河道间沉积物为紫红色或杂色块状泥岩、泥质粉砂岩，伴有石膏团块、钙质结核等。整体构成"大平原、小前缘"浅水三角洲体系。

在湿润气候条件下，降水量增加，湖盆发生扩张，沉积中心距物源区相对较近。河流由于受到湖水上涨的阻碍作用，流速迅速降低，前缘分流河道不断改道、分叉，向前延伸相对短，形成网状三角洲沉积（图20-25）。该类三角洲前缘相带宽广，可将三角洲前缘划分为内前缘与外前缘；水下分流河道以垂向加积为主，河道相对窄而深，且频繁分叉、改道，呈网状展布，难以横向对比；分流河道间泥岩沉积物以灰绿色、灰色泥岩为主，夹有薄层浅灰色粉砂岩、泥质粉砂岩，具有虫孔、波痕以及黄铁矿等。整体构成"小平原、大前缘"浅水三角洲体系。

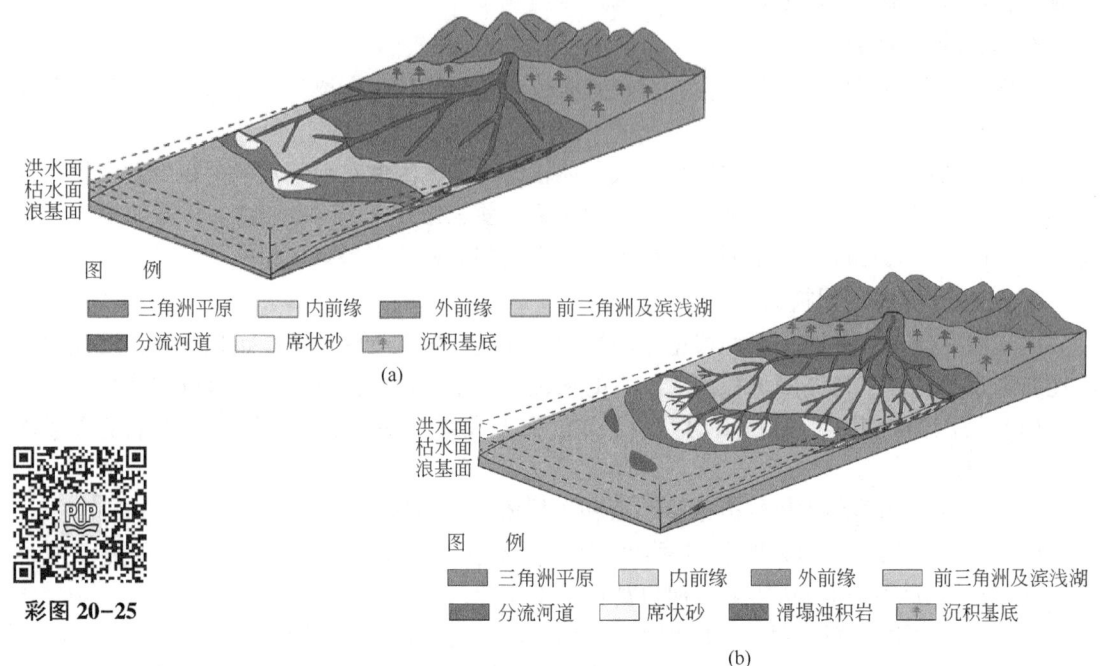

图 20-25　不同气候条件下浅水三角洲发育模式（据朱筱敏，2012，2017）
（a）干旱气候条件下浅水三角洲沉积模式；（b）湿润气候条件下浅水三角洲沉积模式

第三节　古代三角洲鉴别标志及三角洲与油气关系

一、三角洲鉴别标志

（一）岩石类型单一，发育砂泥岩和煤层

正常三角洲沉积以砂岩、粉砂岩、黏土岩等陆源碎屑为主，碎屑沉积物的成分成熟度和结构成熟度较河流相高，其中前缘沉积物成分和结构成熟度较高。在三角洲平原沉积中常见有暗色有机质沉积，如泥炭或薄煤层；前三角洲发育富含有机质的细粒沉积等。在特殊情况下，可见由火山碎屑组分构成的三角洲；在较干旱气候、物源供给较少的情况下，三角洲前缘可见碳酸盐内碎屑沉积。

扇三角洲和辫状河三角洲发育成分和结构成熟度较低的砂砾岩，特别是扇三角洲平原具有泥石流（碎屑流）混杂粗粒沉积，缺少大面积分布的煤层（表 20-3）。

陆相与海相沉积岩性的空间组合是识别三角洲的重要标志。三角洲改道和废弃的系列特征也可间接说明三角洲成因类型（扇三角洲、辫状河三角洲、正常三角洲、浅水三角洲）。

（二）粒度分布特征反映了河流与波浪的相互作用

由陆向海方向，三角洲砂岩具有碎屑粒度变细和分选变好的趋势。在粒度概率图上，河口沙坝沉积发育跳跃与悬浮总体之间的过渡带，其中以跳跃总体为主，其粒度区间为 2Φ~

3.5Φ，分选好（图20-26），反映了河流与波浪的相互作用。远沙坝沉积的粒度分布主要由细粒的悬浮总体组成。在 C—M 图上，三角洲前缘发育 QR 和 RS 段，其中以 RS 段最为发育，反映以悬浮搬运为主，滚动搬运较少。

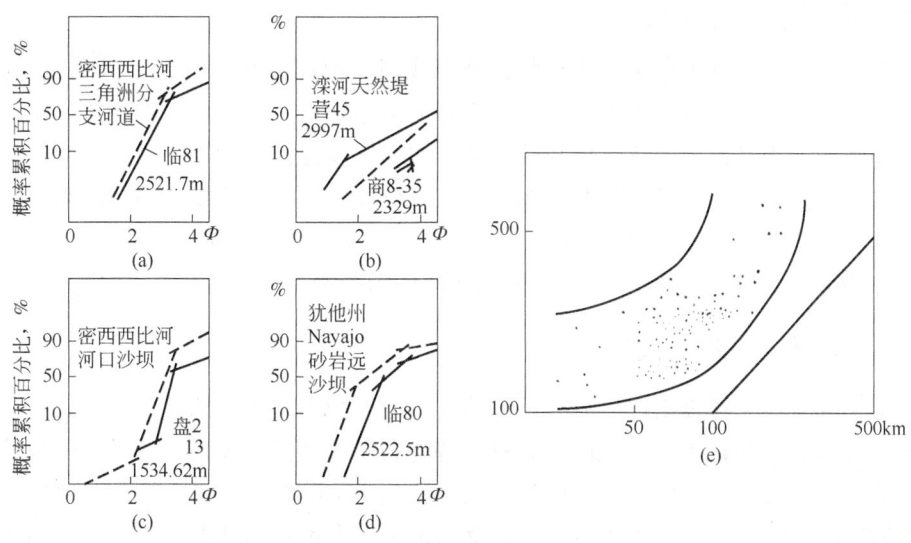

图 20-26　密西西比河等和惠民凹陷三角洲沉积粒度特征（据朱筱敏，1995）

（三）发育河流与波浪形成的多种沉积构造

层理类型复杂多样，河流中沉积作用和海洋波浪潮汐作用形成的各种构造同时发育。如砂岩和粉砂岩中见平行层理、板状和槽状交错层理、流水波痕、浪成波痕等，泥岩中发育水平层理。此外还发育有波状层理、透镜状层理、包卷层理、块状层理、递变层理、冲刷—充填构造、变形构造、生物扰动构造等。扇三角洲和辫状河三角洲平原砂砾岩发育大型槽状和板状交错层理以及混杂块状构造（表20-3）。

（四）海陆相生物化石混生

海生和陆生生物化石的混生现象是三角洲沉积的又一重要标志，这表明三角洲形成时正常盐度、半咸水和淡水环境皆有发育。但在三角洲形成过程中，由于咸、淡水混合，盐度变化大，水体混浊度高，狭盐性生物不易生长繁殖，因此能堆积埋藏并保存为化石的原地生长的生物主要为广盐性生物，如瓣鳃类、腹足类、介形虫等；异地搬运埋藏的主要为河流带来的陆生动植物碎片。在一个完整的三角洲垂向沉积层序中，海生生物化石多出现于三角洲前积层序的中下部，向上逐渐减少，但陆生生物化石向上增多，甚至在顶部出现沼泽植物堆积而成的泥炭或煤层。

（五）复合旋回的沉积层序

由于河流入海（湖）和进积作用，三角洲沉积在垂向上多出现下细上粗再变细、海陆相沉积岩性混生的复合旋回。在旋回的下部为具有海（湖）相化石的低能细粒前三角洲沉积（可存在重力流沉积），下伏层为海相页岩沉积；中部为水动力较强的、可被波浪/潮汐改造的交错层状前缘水下分流河道、河口沙坝以及远沙坝沉积；上部为三角洲平原分流河道下粗上细的正旋回沉积以及泛滥平原泥炭层细粒沉积，并可被河流沉积覆盖。这反映了三角洲的向海（湖）中央方向的进积作用和横向上的连续相变。这与河流相沉积的间断性正旋回有显著的不同，但扇三角洲和辫状河三角洲等粗粒三角洲更发育较多的间断正韵律（图20-18）。实际上，在三角洲沉积序列中，三角洲前缘沉积序列性质是判断三角洲沉积类型的重要标志。

（六）朵叶状砂体形态

在平面上，三角洲砂体呈朵状或指状，垂直或斜交海岸分布，剖面上呈发散的扫帚状，向前三角洲方向插入泥质沉积之中，与前三角洲泥呈指状交叉。河口沙坝砂体形态取决于河流、波浪和潮汐的相互作用。建设性河控三角洲河口常发育指状沙坝，其延长方向与岸线垂直。高破坏性浪控或潮控三角洲的前缘则发育与岸线平行的沙坝或垂直岸线的潮汐沙坝（图20-8，图20-9，图20-15）。扇三角洲和辫状河三角洲具有扇形特征（图20-16，图20-20）。因此，砂岩等厚图有助于判别三角洲成因类型。

二、三角洲与油气关系

近几十年油气田勘探表明，世界上许多油气田与三角洲沉积密切有关。在三角洲沉积体系中发现了许多大型和特大型油气田。如科威特的布尔干油田、委内瑞拉马拉开波盆地玻利瓦尔沿岸油田，可采储量分别为 $94\times10^8 t$ 和 $42\times10^8 t$，为世界第二和第三特大型油田，它们都属三角洲沉积类型。其他如美国墨西哥湾盆地油田，印度尼西亚的阿塔卡海上油田，非洲尼日尔河口古近系—新近系油田，加拿大的阿萨巴斯沥青矿（储量约 $1000\times10^8 t$），中国的大庆、长庆和胜利油田等，也都属湖泊三角洲沉积。三角洲相之所以有如此丰富的油气，是因为它具备良好的生、储、盖组合及圈闭条件。

在三角洲相中，前三角洲亚相是具有良好生油条件的相带。因为前三角洲以黏土岩沉积为主，厚度大，分布广，堆积速度快，富含河流带来的和原地堆积的有机物质，加之水体较深较安静，埋藏速度快，处于还原环境，有利于有机质的赋存。如中国鄂尔多斯盆地三叠系延长组湖相前三角洲泥质沉积物的平均有机质丰度可达6%以上。

三角洲前缘亚相分布有水下分流河道、河口沙坝、远沙坝和席状砂体，多种水动力相互强烈作用，淘洗前缘沉积物，砂质纯净，分选好，具良好的储油物性，特别是浅水三角洲水下分流河道砂体可以进积到盆地深水区，叠覆在富含有机质的前三角洲烃源岩之上，对油气的聚集处于"近水楼台"的优越地位，构成储集条件和储盖组合有利的相带。

三角洲向海进积形成的陆上平原沼泽沉积可作为良好的封闭性好的盖层。三角洲向陆退积、被波浪和潮汐改造的三角洲前缘砂层具有较好的储集条件，超覆在三角洲前缘砂体之上的海相黏土岩，可作为良好的区域性盖层。

在大多数情况下，河流供源作用明显，输送大量陆源碎屑进入沉积盆地，使得三角洲不断向前进积，构成前三角洲烃源岩在下、三角洲前缘砂居中、三角洲平原泥岩在上的良好生储盖组合，下伏前三角洲生成的油气进入三角洲前缘储层，并被三角洲平原泥岩和泥炭覆盖。

中国大庆长垣白垩系曲流河三角洲、长庆陇东地区三叠系浅水三角洲、准噶尔盆地西北缘三叠系扇三角洲和中部侏罗系辫状河三角洲都是发现丰富油气资源的不同类型三角洲。

因河流供源作用明显，三角洲前缘前积速度快、沉积厚，沉积界面不断向海倾斜，沉积物重力作用加大，易产生重力滑动滑塌，在前三角洲形成重力流砂体并被泥岩包裹形成利于油气富集的岩性圈闭，如中国渤海湾盆地东营凹陷古近系沙三段三角洲前方的浊流透镜体油气藏。

在三角洲前缘沉积区，由于合适的砂泥岩组合和明显的重力作用，常形成走向大致平行海岸的同生沉积断层，或称生长断层。在断层下降盘常伴生有长轴平行于断层走向的狭长背斜，称滚动背斜，它提供了油气聚集的有利条件，如非洲尼日尔河三角洲中已发现的许多油田，大都与滚动背斜富集油气有关。

由于三角洲快速的进积作用，造成沉积物快速沉积和埋藏，在压力不均衡条件下，易流动的可塑性沉积物，如盐岩（泥岩）等可沿上覆岩层的低压区移动，并刺穿上覆岩层，形成刺穿盐丘构造。盐丘构造可形成多种类型圈闭，是油气聚集的良好场所。如墨西哥湾盆地三角洲沉积发育有400多个盐丘构造，其中有280个盐丘构造是高产油气的。

思考实习题

1. 简述三角洲的概念和含义，三角洲形成、发育和消亡过程。
2. 简述不同时段三角洲的分类依据和主要方案。
3. 简述不同类型三角洲形成的主要控制因素。
4. 简述不同类型三角洲相的基本沉积特征。
5. 简述河控三角洲亚微相沉积特征、沉积相序列、砂体形态与油气的关系。
6. 说明浪控三角洲和潮控三角洲的形成作用及亚相沉积特征、沉积序列特征。
7. 简述扇三角洲亚微相沉积特征、沉积相序列及其与油气的关系。
8. 简述辫状河三角洲亚微相沉积特征、沉积相序列及其与油气的关系。
9. 说明浅水三角洲概念、有利的形成条件和亚微相沉积特征。
10. 总结古代扇三角洲、辫状河三角洲与正常三角洲的主要鉴别标志。
11. 通过文献调研，详细了解我国大庆油田白垩系或长庆油田三叠系三角洲沉积特征。
12. 通过野外观察或水槽实验，说明三角洲形成过程和沉积亚相特征。

第二十一章 障壁岛、潟湖、潮坪和河口湾相

> **导读**
>
> 本章核心知识点包括海陆过渡相组的障壁岛、潟湖、潮坪和河口湾的沉积环境特点、沉积过程、沉积特征和沉积模式。在海陆过渡地带，由于海岸地貌非常复杂、受海洋波浪、潮汐作用，在较强波浪和较弱潮汐作用下形成障壁岛、潟湖、潮坪，在特定地形和较强潮汐作用下形成河口湾。

第一节 堡岛体系沉积环境和沉积作用

一、沉积环境

障壁岛、潟湖、潮坪和河口湾（堡岛体系）位于海陆过渡区，与三角洲一样，属于海陆过渡相组（图21-1、视频21-1、视频21-2）。但在沉积环境和沉积特征方面，又与无障壁海岸相有某些共同之处。因此，也常有人将它们归属于海相组障壁型海岸沉积体系。

视频21-1 障壁岛沉积环境1

视频21-2 障壁岛沉积环境2

堡岛体系是一个综合的沉积体系，其关键环境是障壁岛。障壁岛是指"由海浪造成的狭长低矮、平行岸线的沙岛"。这个定义的实质是障壁岛沉积体系中有3种主要沉积环境：（1）与海岸近于平行的一系列的障壁岛（堡岛链）；（2）障壁岛后的潮坪和潟湖；（3）潮汐水道系统，它连接着岛后潟湖、潮坪与广海，其中包括进潮口、潮汐三角洲和潮道（图21-1）。堡岛体系平面延伸范围及其产状都取决于潮差以及潮流作用与海浪作用的相对重要性。

堡岛体系可发育于不同的沉积背景中，可由海岸沙洲向上堆积、沿岸海滩沙脊沉没和沙嘴平行海岸向前推进形成，当今岸线约10%~13%发育有海陆过渡区堡岛体系。

有利于堡岛体系形成的条件主要包括：

（1）滨岸有稳定充足的砂质沉积物供给，这些砂可由河流直接带入或由沿岸流的迁移作用带来。

（2）以低—中波浪能量、小—中潮差为特征的水动力条件。小潮差（潮差小于2m）堡岛体系呈线条状，连接广海与潟湖的潮道少，发育障壁岛和大范围的风暴海浪漫溢冲积洲；中潮差（2~4m）堡岛体系短矮，其特点是具有较多的进潮口和潮汐三角洲以及较广的障壁

岛后潮坪。随着潮差加大，潮流作用明显，堡岛体系不断变得短矮直至消失。

（3）中等稳定的、低坡度的海岸平原以及适合堡岛体系形成发育的相对海平面升降变化（多为缓慢的海平面上升）。

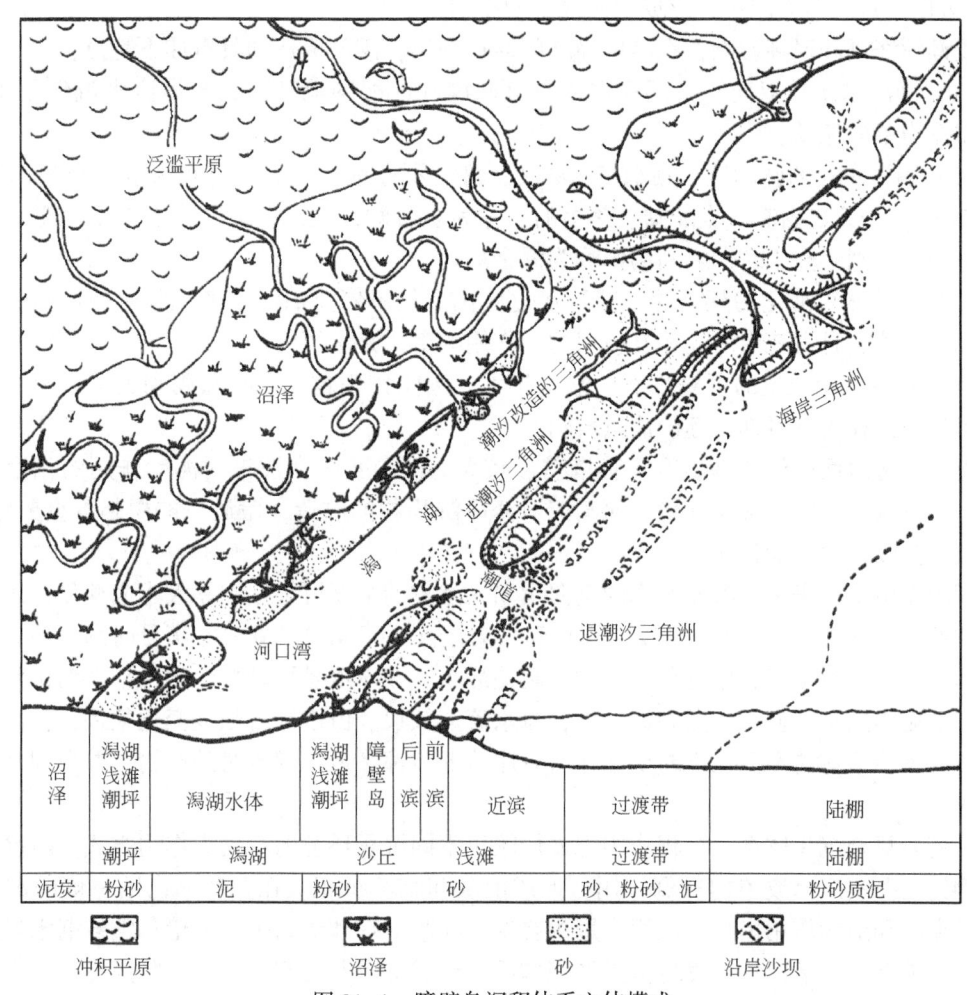

图 21-1 障壁岛沉积体系立体模式

二、沉积作用

障壁型海岸的海水处于局限流通状态，水动力作用方式也比较特殊，例如波浪作用较弱至中等，潮汐作用不是十分明显，水动力能量总体不太强。同时，由于障壁岛的存在，导致障壁岛向陆一侧海水局限流通，水的盐度或者变咸或者变淡。

波浪是形成障壁岛体系重要的、不可缺少的水动力类型，其搬运和沉积海岸沉积物的机制将在第二十二章说明。当然，堡岛体系的形成发育与潮汐作用也密切相关。

海水在月球及太阳的引潮力作用下引起的海平面周期性的升降、涨落与进退，称为海洋潮汐。习惯上把海面垂直方向涨落称为潮汐，而海水在水平方向的流动称为潮流。海洋潮汐是沿海地区的一种自然现象，古代称白天的潮汐为"潮"，晚上的潮汐称为"汐"，合称为"潮汐"，它的发生和太阳、月球都有关系。

因月球距地球比太阳近得多，月球与太阳引潮力之比为 11：5，对海洋而言，地球表面的潮汐现象以月球的引力为主。如果同时考虑太阳与月球的作用，则因太阳、月亮与地球的位置不同产生不同的潮汐现象。当太阳、月亮和地球处在一条直线上的时候（朔望月时），太阳、月亮引力叠加，形成潮差最大的大潮；当它们处于直角三角形的角顶时（上下弦月时），太阳、月亮引力减小，形成潮差最小的小潮。

受潮汐涨潮和退潮影响，在障壁岛之间通过潮道，潮汐流运动具有如下特点：

（1）潮汐水流的双向性：潮汐水流具有向岸和向海的流动，它与河流水流作用不同，河流水流为单向流动。

（2）潮汐水流的脉动性：潮水按照涨潮、落潮不停地运动着，一般来说，其周期为24小时50分，一天之内有一次涨潮、落潮的，称为全日潮；如果一天之内有两次涨潮、落潮的，称为半日潮；介于它们之间的则称为混合潮。

（3）潮汐水位变化的频繁性：潮汐水位变化是从不停止的，或者说是永恒的，这是由于太阳、地球、月亮三者之间相互吸引这一作用的变化是永恒的。

（4）潮汐作用能量的不对称性：潮差越大，潮汐作用越强。在涨潮和退潮过程中，潮汐能量较强；在平潮时期，潮汐能量较弱。

潮汐引起海面水位的垂直升降称潮差。较大的潮差会扩大波浪对海岸作用的宽度和范围，形成较宽的潮间带沉积环境；而潮流对海底沉积物的改造、搬运、堆积起着重要作用，尤以近岸滨浅海地区最为显著。

潮汐作用主要表现为海面升降的垂向运动，潮汐的强度可根据潮差大小来衡量。潮差分为小潮差（小于2m）、中潮差（2~4m）和大潮差（大于4m）。新月和满月时潮差最大，而当月球和太阳与地球三者成直角关系时，潮差最小。潮汐流是波动变化的，在高潮位和低潮位时，潮流作用不明显；涨潮和退潮时，海水流速较快。由于潮流强度变化很快，方向也有变化，故床沙形体的类型也不断变化，所有床沙形体都是最大潮流时的产物，并受到潮流减速的影响。

障壁岛复合沉积体系的沉积作用主要依赖于不同沉积环境的水动力作用方式。障壁岛向海一侧，主要受广海波浪的冲刷作用，形成前滨和临滨沉积。在障壁岛向陆一侧的潟湖地区，受涨潮和退潮作用影响，沉积作用主要发生在潮下带和潮间带。障壁岛常被潮水切割成数段，在进潮和退潮口处，发生侧向加积作用，形成涨潮及退潮三角洲。障壁岛自身由于出露水面，常受到风的改造，形成风成沙丘沉积（图21-1）。

第二节　障壁岛、潟湖和潮坪沉积特征

一、障壁岛沉积特征

障壁岛位于滨岸地区，可由一排或多排平行岸线的、高出水面的沙岛组成。障壁岛形态呈与海岸平行的狭长带状，笔直或微弯曲，甚至具有微弱分支。据现代障壁岛调查，其长度一般几千米至几十千米，宽数百米至数千米，厚数米至数十米（规模取决于波浪大小），剖面上呈底平顶凸的透镜状。障壁岛阻碍了广海水体与其向陆一侧潟湖水体的连通，其向海一侧的海岸体系明显受波浪作用，其沉积亚环境与无障壁海岸（第二十二章将详细说明）相似，发育包括位于平均低潮线与正常浪基面之间的临滨、位于平均高潮线与平均低潮线之间的前滨以及平均高潮线之上的后滨沙丘以及越过障壁岛的漫冲积坪（洲）（图21-2）。在有障壁的滨岸沉积中，临滨下部由细砂、粉砂组成，面状的纹层常被生物扰动破坏；临滨中部和上部由较纯净的中细砂及介壳组成，发育低角度楔状和槽状交错层理。前滨由冲洗干净的、分选良好的砂岩或砂砾岩构成，发育冲洗层理。后滨和海岸沙丘沉积物多为细粒砂岩，发育风成的高角度纹层的槽状交错层理以及植物根构造，重矿物富集。在障壁岛向潟湖一侧，可存在由风暴浪越过障壁岛形成的漫冲积洲沉积物，它由中细砂组成，发育向陆倾斜的前积斜层理和水平层理，并呈薄层舌状或席状延伸到潟湖之中。

当海平面相对稳定或下降、沉积物连续供给并且下沉速度适当的时候，障壁岛向海方向推进（图21-2，图21-3），形成下细上粗的反韵律沉积，沉积层理的规模向上增大，砂岩沉积厚度具有减小的趋势。再向上，可相变为潮坪相或潟湖相。

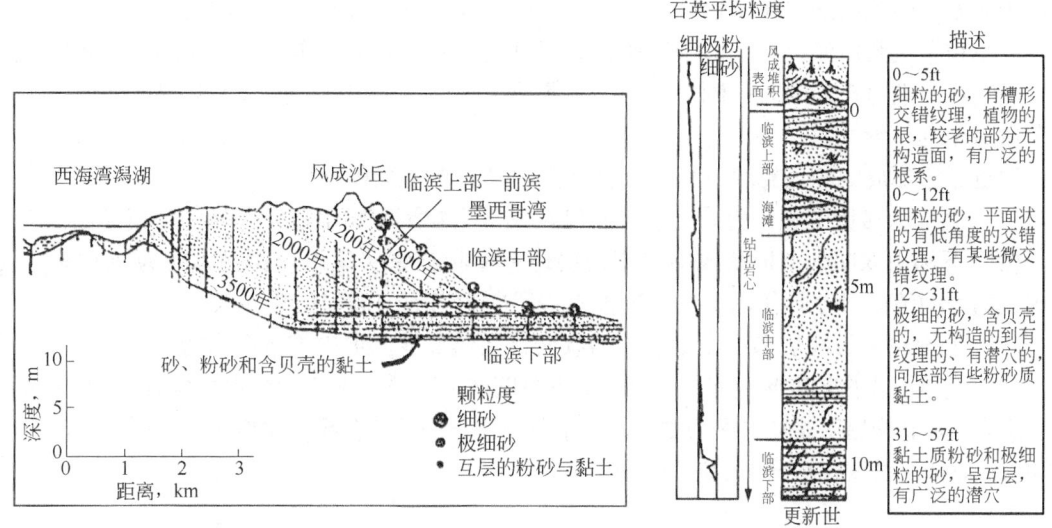

图21-2 美国加尔沃顿岛横剖面和垂向序列（据Davies，1971）

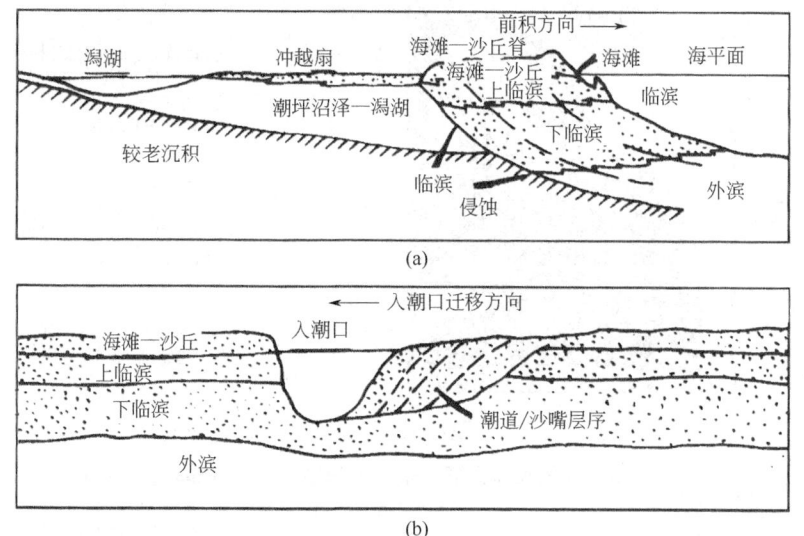

图21-3 潮道侧向迁移剖面图（据McCubbin，1965）
(a) 垂交岸线剖面；(b) 平行岸线剖面

二、潮道、潮汐三角洲和冲溢（越）扇沉积特征

（一）潮道

在障壁岛之间，潮道是联系障壁岛后潟湖和海洋的通道，在垂直和斜交障壁岛的潮流作用影响下，形成了潮道和潮汐三角洲沉积物（图21-1）。涨潮三角洲和潮道沉积很少受海浪和风力的影响，而退潮三角洲受沿岸流和海浪的影响较大。潮道的发育程度取决于潮差，潮差小则很少形成潮道。它们的宽度可从几百米到几千米，深度一般为4.5m到40m不等，这主要取决于潮汐强度和持续时间。

潮道属潮下高能环境，由于潮流运动方向斜交障壁岛延伸方向，故潮道沉积物主要是由类似于曲流河的侧向迁移作用形成的（图21-3）。进潮口迁移的方向和速度受沿岸沉积物补给量大小和潮流强弱的控制。由于沙嘴在进潮口迁移方向的堆积作用，从而使障壁岛横向延伸，同时背向潮道迁移的另一侧发生相应的侵蚀。潮道的沉积厚度如果不被侵蚀破坏，将与进潮口的深度相等。

潮道迁移形成的潮道充填沉积物，自下而上具有下列沉积特征：

（1）底部为滞留沉积，由介壳、砾石以及其他粗粒沉积物组成，底界面为侵蚀面。

（2）下部由双向大型板状或羽状交错层理和槽状交错层理组成深潮道粗粒沉积物，受涨潮流和退潮流能量差异作用影响，这种交错层向大海方向倾斜的略多。

（3）上部由平行纹层和中小型双向槽状交错层组成浅潮道中细粒沉积物。

（4）整体沉积物粒度向上变细，交错层系厚度向上变薄并见广盐性生物化石（图21-4）。一般认为，板状交错层是在退潮为主的潮道水流作用下的沙波沉积，而槽状交错层则是潮流较强和水流方向交替变化情况下的波痕沉积。

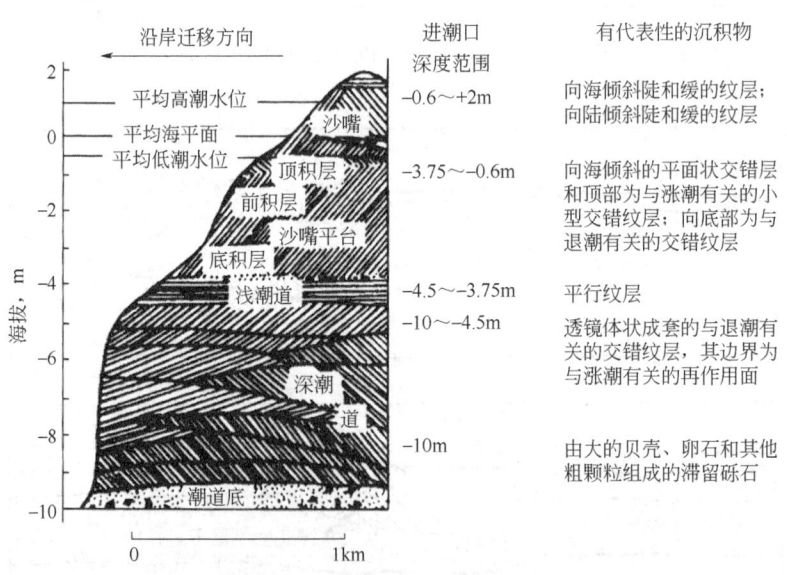

图21-4　美国纽约长岛进潮口垂向沉积序列（据Kumar，1974）

（二）潮汐三角洲

潮汐三角洲和潮汐通道密切共生，它是由于沿潮道出现的进潮流和退潮流在障壁岛之间

的潮汐通道口内侧和外侧发生沉积作用而形成的（视频21-3）。潮汐三角洲的形态是不太规则的，这主要取决于潮差、潮流、风浪强度和沉积物补给的情况，但像图21-1所描绘的基本地貌形式是清楚的。潮汐三角洲可进一步细分为涨潮和退潮三角洲。在入潮口向陆一侧（内侧）由涨潮流形成者称为涨潮三角洲，在退潮口向海一侧（外侧）由退潮流形成者称退潮三角洲。退潮三角洲由于受潮流、波浪、沿岸流、沉积物供给等多种因素的综合影响，主体发育由潮汐作用形成的具有多方向纹层的板状交错层理以及受波浪改造形成的槽状交错层理，并与广海的滨岸沉积伴生。

视频21-3 障壁岛与潮汐三角洲

涨潮三角洲主要受潮汐流影响，以发育双向纹层的板状交错层理和槽状交错层理为特征。它的沉积序列自下而上是：

（1）下部与涨潮有关的板状交错层砂岩，可见介壳碎屑。

（2）中部为互层的、面向大海的槽状交错层和面向陆地的板状交错层砂岩，代表了退潮屏障发育之前的沉积作用。

（3）上部多为纹层向陆方向倾斜的槽状交错层理砂岩。

（4）整体沉积物多由砂质构成，向上粒度变小、交错层系厚度变薄，序列的厚度大约为10m。

（5）涨潮三角洲与潟湖、潮坪沉积伴生。

由上述可见，涨潮三角洲与潮道充填沉积物的垂向序列具有一定的相似性，这给识别古代涨潮三角洲和潮道沉积砂体带来了困难。为此，应重点考虑它们的几何形态以及它们与周围岩相的组合关系。

（三）冲溢（越）扇

冲溢（越）扇常是热带风暴作用促使海平面快速上升数米，并侵蚀破坏早期广海滨岸和障壁岛沉积物，将其搬运到障壁岛向陆潟湖一侧形成的扇状沉积体。在某些情况下，携带沉积物的水呈席状流超越障壁岛顶部，在局部地方冲蚀出冲溢沟。每次冲溢水流越过障壁岛后，流速降低，在潮坪以及潟湖中形成向四周撒开的扇形或席状薄层砂体，底部为不平坦的侵蚀面。冲溢扇的主要沉积构造为平行层理，但在其边缘部分可出现向陆倾斜的中型前积层，沉积物可以遭受生物扰动。其中最易保存下来的部分是与潮坪、沼泽和潟湖沉积物呈指状交错的远端部分。冲溢（越）扇的物质组成取决于广海滨岸早期沉积，常见单个冲溢扇的沉积单元自下而上有如下沉积序列：冲刷面—含混合生物介壳的基底层—具递变层理、平行层理、前积沙纹层理的砂质沉积以及遭受生物扰动的砂泥质和褐色泥岩沉积，单期次形成的冲溢（越）扇厚度一般不超过2m，沉积宽度几百米，面积小于$10km^2$。

三、潟湖沉积特征

潟湖是为海岸所限制、被障壁岛所遮拦的浅水盆地。它以潮道与广海相通或与广海呈半隔绝状态。现今海岸的13%属于障壁型海岸，在障壁岛的向陆一侧一般均有潟湖。

潟湖面积较小、水体较浅（多为几米）、波浪作用较弱，其环境相应地变得安静、低能，沉积物以细粒陆源物质和化学沉积物质为主。由于受障壁岛遮拦、潟湖水体蒸发、淡水注入、海平面升降等地质因素影响，潟湖水体的含盐度或高于或低于正常海水。盐度的变化可以引起生物群的变异，与正常盐度的海洋相比，潟湖中生物群的种属和数量都急剧减少，且个体小、壳体薄,以广盐性生物最发育,这是潟湖沉积的重要特点。

(一)淡化潟湖相

在潮湿气候区,注入潟湖的淡水(河流注入或大气降水)大大超过潟湖蒸发量,潟湖水面就变得比海水平面高,引起潟湖上部水体经入潮(出潮)口进入海洋。如此长期外流,潟湖水体又不断有淡水补给,逐渐发生淡化作用,形成淡化潟湖。

潟湖淡化作用从表层开始,逐渐向深处发展。当潟湖水体较浅时,可以发生完全淡化。当潟湖深度和入潮口深度较大时,淡化作用发展到一定深度,海洋与潟湖中的水体因密度的差异产生从海洋向潟湖方向的反向底流,从而使底部保持密度较大的咸水。

潟湖水体淡化发育到一定程度,出现上部水体轻而淡,下部水体重而咸的双层结构,致使水体的垂向循环减弱以至停止,下部逐渐缺氧,厌氧细菌大量繁殖并使硫酸盐还原而产生H_2S,使下部形成还原环境。

淡化潟湖相的沉积特征可归纳为以下几点。

1. 岩石类型

淡化潟湖相多为低能沉积形成的钙质粉砂岩、粉砂质黏土岩、黏土岩,可见在较大潟湖中呈夹层出现、多由强烈风暴带入潟湖的砂质粗粒沉积。当潟湖底部出现还原环境时,可形成黄铁矿、菱铁矿等自生矿物。岩石常因分散状黄铁矿的浸染而呈现暗色或黑色。潟湖若为碳酸盐沉积时,则以泥晶、微晶石灰岩及白云岩、含泥石灰岩为主,较少见高能环境下形成的颗粒石灰岩。

2. 沉积构造

因潟湖是安静的低能环境,故不太发育反映较强水动力作用的交错层理。若有波浪作用,可发育中小型波状层理、水平波状层理及对称或不对称波痕,少见虫孔,偶见干裂。

3. 生物化石

与海相沉积相比,生物化石种类单调,适应淡化水体的广盐性生物,如腹足类、瓣鳃类、苔藓类、藻类等数量大为增多。正常海相生物在淡化潟湖中常发生畸变,如出现个体变小、壳体变薄、具特殊纹饰等反常现象。当潟湖底部有H_2S存在时,往往使生物群绝迹;特别是当大的底栖生物全部灭绝时,则可作为古代潟湖被H_2S污染的有力证据。

滨海平原区的淡化潟湖,在潮湿多雨的气候条件下,因河流的注入、沉积物的淤积、植物的繁殖而逐渐沼泽化,形成沼泽化潟湖。它是潟湖向沼泽演化的过渡类型,也有人称之为滨海沼泽。其沉积特征与淡化潟湖基本相同,所不同者是它常含有煤层,可形成储量巨大的近海煤田,如我国华北晚石炭世—早二叠世就发育有潟湖相沉积,岩性为灰色、灰黑色泥岩、砂质泥岩,含有植物化石碎片和少量动物化石,化石的种属比较单调,个体较小,以 *Lingula sp.* 最为常见。见有动藻迹、蠕虫迹、垂直—水平潜穴等生物扰动构造。潟湖相常演化为滨海沼泽相或泥炭坪相,从而形成厚度较大、分布广泛的煤层。

(二)咸化潟湖相

在炎热干旱的气候条件下,潟湖缺乏大量淡水注入,水体的蒸发量大大超过注入量,使潟湖水面低于海洋水面,海水不断向潟湖流动,并不断蒸发和浓缩,含盐度逐渐提高而变成咸化潟湖。

潟湖水的咸化首先从表层开始。表层水因蒸发量大而浓缩咸化,密度逐渐增大。由于白天温度高、蒸发量大,可在表面保持较浓的咸水;到夜晚,尤其在冬季的夜晚,温度下降，盐度高的表层水因密度大而下沉至底部，盐度低而密度小的水上升至表层。如此天长日久，就形成了上部水体咸而重，下部水体更咸、更重的双层结构。潟湖水体的垂向循环也因此而减弱以至终止，造成底部的缺氧条件，厌氧细菌分解硫酸盐而产生H_2S，形成还原环境。在入潮口深度较大的情况下，也可产生潟湖下部重而咸的水体向海洋流动的反向底流。

咸化潟湖相的沉积特征可归纳为以下几点。

1. 岩石类型

岩石类型以粉砂岩、粉砂质泥岩为主，并可夹有盐渍化和石膏化的砂质黏土岩，几乎无粗碎屑岩沉积，后期可出现石膏、盐岩沉积。膏盐类沉积是咸化潟湖的重要特征之一。在缺少陆源碎屑供给的情况下，潟湖主要沉积石灰岩、白云岩、石膏及盐岩层，可出现天青石、硬石膏、黄铁矿等自生矿物。

2. 沉积构造

潟湖环境安静，一般多出现水平层理及塑性变形层理，少见交错层理。可见盐类假晶及泥裂。

3. 生物化石

生物种属单调，以广盐性生物最发育，特别是腹足类、瓣鳃类、介形虫等，数量大为增加。适应正常盐度的生物，如珊瑚、棘皮类、头足类、大多数腕足类、苔藓虫等全部绝迹。当盐度增高至一定限度时（一般不超过5%~5.5%），大部分生物即行灭绝。

四、潮坪沉积特征及识别标志

潮坪是指受明显周期性潮汐作用、坡度极为平缓的海岸地带，沉积常常与障壁岛伴生，但在延伸很远、极浅水的平缓陆棚，尽管没有障壁岛的存在，也可以形成潮汐作用明显的、波浪作用微弱的无障蔽岛潮坪沉积（视频21-4）。

潮坪又称为潮滩，发育在波浪能量低的、具明显潮汐周期（大中潮差）的平缓倾斜的海岸地区，或形成于潟湖周缘、河口湾和受潮汐影响的三角洲沉积地区。一般来说，潮坪是由被潮道和潮沟所切割的平原组成的，它可分为潮上带、潮间带和潮下带。然而构成潮坪的主要部分是潮间带，也称为潮间坪。因为潮坪区地形坡度极为平缓，潮坪上潮汐水位升降的幅度（即潮差）一般为2~3m，最大可达10~15m，故在平面上可出现相当宽阔的潮间带。如德国北海潮坪的潮差为2.4~4m，其潮间带可达7km。在高潮线附近及其以上的潮上带，是一个低能环境，以泥质沉积为主，称为泥坪或高潮坪；在平均低潮线附近及其以下环境，能量高，多形成床沙载荷的砂质沉积，称为砂坪或低潮坪；两者之间的过渡地带（平均高潮线与平均低潮线之间），能量中等，具砂泥质沉积，称为混合坪（图21-5，图21-6）。潮坪的潮上部分称为潮上坪，可发育沼泽和盐坪。潮坪的潮下部分主要被潮汐水道、水下沙坝和沙滩所占据。潮坪的潮间部分由于潮汐水位的周期性升降而形成潮流。潮流的运动和冲刷使潮坪出现大量的潮渠和潮沟，它们向陆地出现分叉，形如树枝状。潮流的流速一般为30~50cm/s，在潮渠或潮汐水道内流速可达1.5m/s，这是潮坪环境中能量最高的地区。潮流的运动和冲刷作用是潮坪上层理、波痕等各种沉积构造形成的重要原因。

视频21-4 潮坪沉积

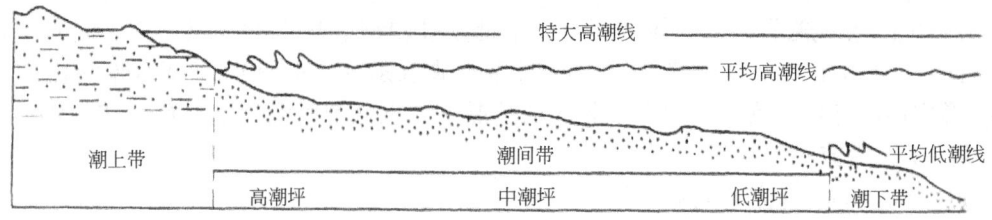

图 21-5 江苏琼港现代潮坪沉积相带划分示意图（据张国栋，1984）

（一）沉积特征

潮坪沉积也可分为浑水和清水两种沉积类型。前者以陆源碎屑沉积为主，后者以碳酸盐沉积为主（将在碳酸盐沉积相中介绍）。潮坪沉积会因潮差大小改变沉积特点，但总体具有以下特征。

1. 岩石类型

浑水潮坪以黏土岩、粉砂岩、细砂岩为主，极少见砾岩。在平面上，由海向陆，沉积物粒度呈由粗变细的带状分布。在潮下带的潮汐通道内，因潮流作用强、能量高，沉积物以砂为主，形成水下沙坝、沙滩，并常富含生物介壳和泥砾。在潮间坪，从海向陆，由较纯的砂质沉积过渡为泥质沉积，从而形成了砂泥混合坪。在潮上坪，若发育有沼泽，可有泥炭沉积；干旱气候带的潮上坪可形成盐沼、盐坪，有石膏等蒸发盐类沉积（图21-5，图21-6）。潮坪沉积的这种平面分布特点，有助于把潮坪沉积与湖泊及正常海相沉积区分开来。

2. 沉积构造

层理类型多样，潮上带泥坪多见水平纹层或水平波状纹层；潮间带混合坪多具有脉状、波状、透镜状层理，是由涨落潮时形成的沙波与平潮期的泥质沉积组合而成；潮下带沙坪常出现由多次涨潮造成的羽状或人字形交错层理，这是潮坪沉积的重要标志之一；在潮下带，潮汐与波浪共同作用可形成中—大型交错层理等。

在潮坪上，尤其在砂坪和混合坪上常出现流水波痕和浪成波痕，以及由水流和波浪同时或先后作用而成的叠加类型的波痕。泥坪和混合坪可发育有波状层理、透镜状层理、压扁层理、干裂、雨痕、冰雹痕、鸟眼构造、足迹、爬痕、虫孔等。干燥气候条件下的泥坪上可见石膏及盐类晶体。

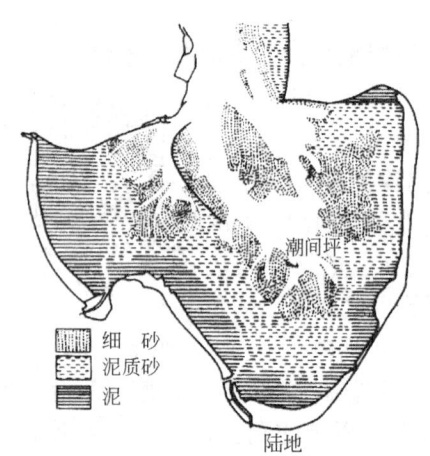

图 21-6 德国北海亚德湾潮坪沉积分布（据 Gadow，1970）

再作用面也是潮坪沉积的重要沉积构造标志，尽管它也可出现于非潮汐环境，但仍是潮汐环境较为特征的构造标志。

3. 粒度特征

潮坪沉积物粒度偏细、分选较好。沙坪沉积的粒度概率图特征明显，跳跃和悬浮次总体含量高，二者之间的截点偏细，曲线斜率高，两个次总体之间没有混合现象。这都是由于潮坪环境能量低、水介质的流动与停滞状况周期性交替的结果。

4. 生物化石

潮坪生物群以种类少而数量多、海相和陆相生物化石混生为特征，而且半咸水生物或广盐性生物大量发育，分异度低。常被植物所覆盖，藻类生物较发育，如藻叠层及藻席等。潮间坪上生物较多，扰动现象强烈；潮下坪偶尔可见生物粪粒聚集成层。

（二）潮坪沉积的识别标志和剖面序列

潮坪沉积在古代沉积层中十分常见，其突出的沉积特征可以归纳为以下几点：

（1）具有与流水方向截然相反的人字形交错层理和再作用面。

（2）压扁层理、波状层理及透镜状层理发育，反映流水强、弱的周期性交替出现。

（3）具有干裂、雨痕、植物根迹、动物足迹、蒸发岩、泥炭和薄煤层等反映间歇性陆上暴露的标志。

（4）具水道冲刷、泥质碎片和簸选的砂质透镜体等暴露与沉积交替出现的标志。

（5）多发育海退型的进积沉积序列，自下而上随着沉积水动力减弱，沉积物粒度变细，沉积构造规模变小，多见广盐性生物化石（图21-7）。

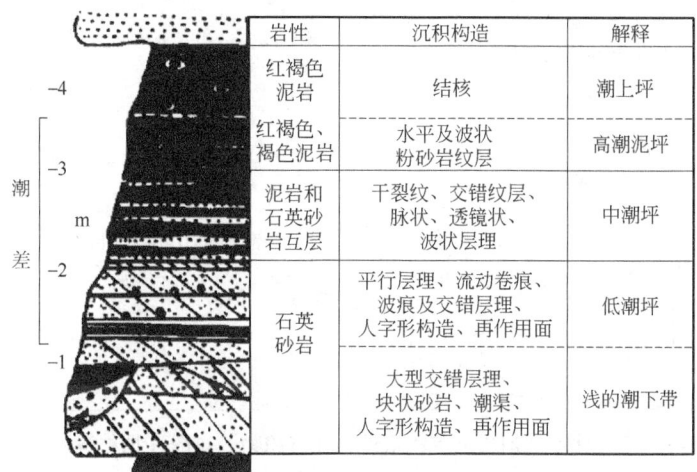

图21-7　潮坪沉积的理想层序（据Tankard，1977）

潮坪沉积多是一个向上变细的沉积序列（图21-7）。底部为潮下带的潮道沉积，通常为块状砂岩，具滞留沉积和人字形交错层。下部为沙坪沉积，具人字形交错层和再作用面等双向流水构造以及反映水位变化和间歇暴露的标志。中部为粉砂岩和泥岩组成的混合坪沉积，发育潮汐层理。上部泥坪沉积发育干裂，有时顶部还可出现潮上湖沼或盐沼沉积。

潮坪的沉积厚度依赖于潮差大小。随着潮差加大，潮坪沉积厚度增加。

第三节　河口湾沉积特征

一、环境特征

河口湾是指河口或下切河道被海水淹没的半封闭海岸环境，常受到河流、潮汐、波浪作用的共同影响。河口湾发育于潮汐作用以及波浪作用强烈的海岸河口地区。当海水大规模入侵时，海岸下沉、河流下游的河谷沉溺于海平面之下，在海岸河口区形成了向海扩展的漏斗状或喇叭状的狭长海湾，就称为河口湾或三角港。

河口湾的发育与潮汐作用、波浪作用、河流作用的强弱有密切关系，故有人将河口湾划分为潮控型和浪控型河口湾，前者较为常见（Dalrymple，1992）。在强潮汐河口区，其潮差一般大于4m，如果河流规模小，泥砂供应不足，此时的潮汐作用远大于河流作用，有利于常见的潮控型河口湾的形成。如我国浙江钱塘江口属于强潮汐河口，因此发育典型的河口湾（图21-8）。当中等潮汐河口（潮差为2~4m，如上海长江口）和弱潮汐河口（潮差<2m，如广东珠江口）的河流作用大于潮汐作用，就不形成河口湾而发育成为三角洲。

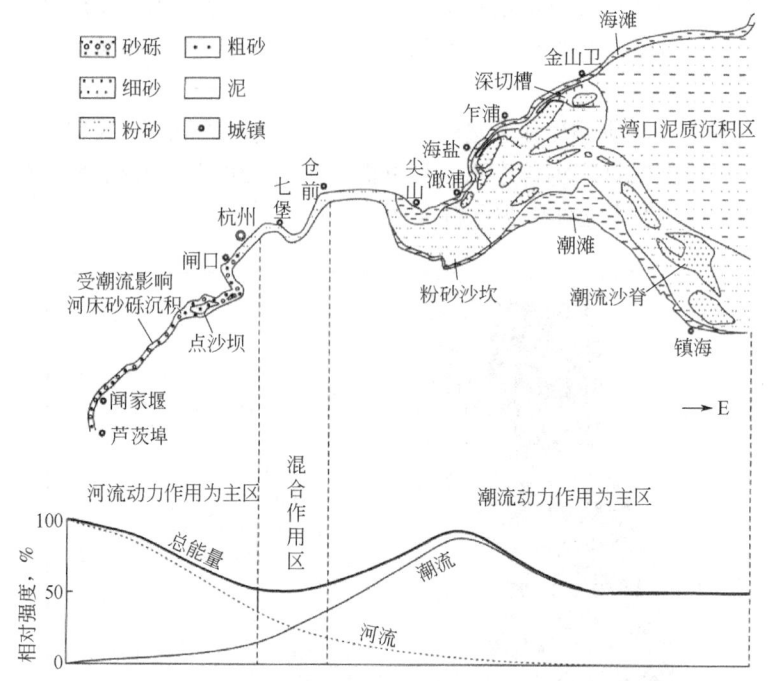

图 21-8　现代钱塘江河口湾沉积水动力和沉积物分布图（据林春明，2019）

常见的潮控型河口湾环境是河流水流与潮汐水流强烈交锋和汇合处（图21-8，图21-9）。由于河水和海水的密度不同，密度大的海水沿底部楔形侵入河口。河流和潮汐的流量关系决定了水体的分层和混合特性。潮汐作用弱、河流流量占优势时，低密度的淡水位于盐水楔之上，水体呈明显的层状，随着潮汐作用逐渐增强和河流流量减弱，咸淡水垂向的梯度变化逐渐减小，直至最后咸淡水完全混合而呈现均匀状态，使河口湾地区形成了海陆过渡、咸淡混合的半咸水环境。

在平面上，潮控型河口湾河流作用强度自陆向海由强变弱，而潮汐作用逐渐加强，在河口部位是河流与潮汐相互作用地带（图21-8）。河口湾地区的潮流是往返的双向流。涨潮时，潮水顺河口溯河而上并向陆地方向分叉，形成河流壅水现象；退潮时，潮流汇集在潮沟中并强烈地冲刷河床，引起河口湾的加深和展宽，其结果更有利于潮汐以及波浪大规模入侵，使河口湾两岸产生沉积物流，形成河口湾浅滩或潮坪。河口湾的沉积及其规模依赖于海岸地貌、物源供给、多种水动力作用和海平面升降变化。一般来说，河口湾长几千米到几十千米，宽几百米到几千米，沉积厚度为几十米。

由于科里奥利力的影响，河口地区涨、落潮流的路线常常不一致，它们往往沿着相距很近但又分离的路线各自流动,故在涨、落潮之间的河口区形成了顺流向展布的冲刷沟(涨、落潮河谷)和狭长形的线状潮汐沙脊(图21-9),较大规模的沙脊高达10~22m,宽300m,长达2000m左右。

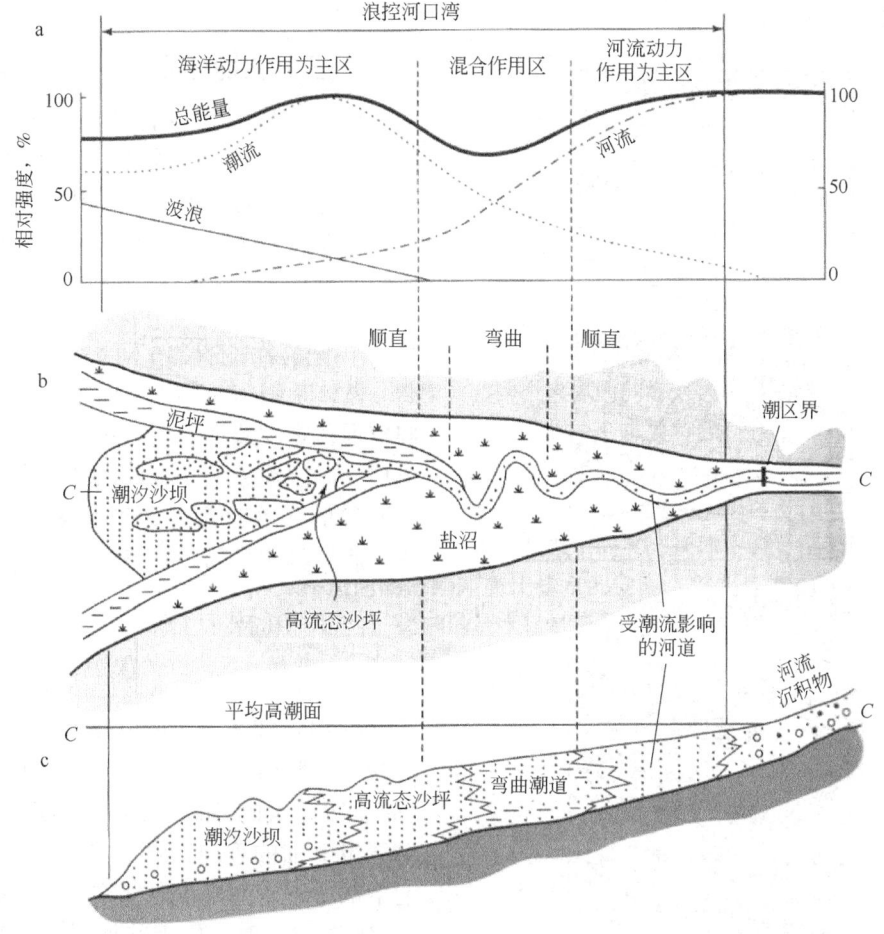

图21-9 潮控河口湾沉积水动力和亚相分布(据 Dalrymple, 1992)
a—河口湾纵向沉积动力类型和分布;b—河口湾平面沉积亚相分布;c—河口湾剖面沉积亚相分布

二、沉积特征

(一)岩性特征

河口湾沉积的岩性特征以分选、圆度较好的细砂和泥质沉积为主。砂、泥比例取决于潮汐和河流作用的强度以及泥砂的供应状况。在潮汐河口的砂质沉积物中常夹有泥质薄层,这种夹层是由于强潮流强烈扰动而呈悬浮状态搬运的沉积物,在高、低潮或平潮和停潮时期流速最小时发生沉积所致,它是判别潮汐河口环境沉积的重要标志之一。

(二)沉积构造

河口湾沉积中常发育着各种复杂多样的层理构造。它既有潮汐环境中常见的透镜状层理、脉状层理、波状层理、羽状交错层理,也可见到因河流作用而形成的板状交错层理、槽状交错层理等。由于河口湾环境复杂的水文状况,常形成各种类型的波痕,如削顶的、双脊的、单峰的、对称和不对称的、小型和巨型的波痕等。波痕的走向受到干扰的现象极为普遍（图21-10）。

生物扰动构造较为发育，由陆向海数量和类型增多，尤其在泥质沉积物中，生物潜穴和寄居构造较为普遍。

（三）生物化石

河口湾环境中以含有较多的、受限制的、半咸水动物群为特征，常见的有介形虫、腹足类、瓣鳃类等广盐性生物。生物个体由陆向海变多变大，并可见树干和植物碎片等。

（四）砂体形态

砂体长轴与河口湾轴向平行，且纵向延伸较远，宽度数十米至数百米。垂向剖面上出现细分层现象，并有旋回性。由于河口湾中河谷的多次迁移，可产生多层透镜状砂体，底界具明显的冲刷特征。

三、沉积层序

河口湾沉积单元主要包括潮道、潮流沙脊（沙坝）和潮坪。河口湾充填沉积在垂向上为向上变细的沉积层序，有点类似于潮道沉积序列，如荷兰的马斯河口湾就发育了一套下粗上细的垂向层序（图21-10）。层序的下部单元由大型单向交错层理组成，单个层系可达1m厚，层理特征说明古流向是单向的。层序的中部单元由大型及小型双向交错层理构成，流向显双向性，说明当时受到潮汐流的影响；向上部层系厚度明显减小，表明流速明显减缓。上部单元发育了脉状、波状、透镜状层理及小型槽状交错层理。

在潮控型河口湾沉积中，随着海平面升降变化，潮道发生进退和侧向迁移，形成海侵型和海退型沉积序列（图21-11）。比如，在海侵型河口湾沉积序列中，底部多为海侵侵蚀面和滞留沉积，向上为具有泥岩披覆层

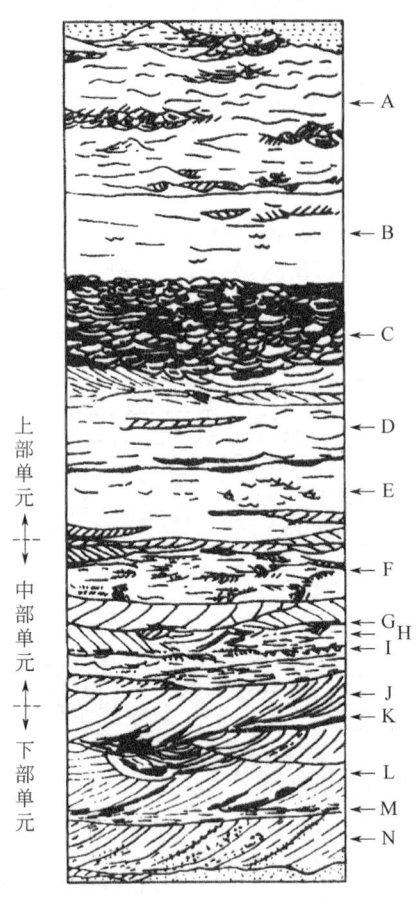

图21-10 荷兰马斯河口湾沉积构造及沉积层序
（据Van Beek和Koster，1972）
A—小型交错层理（偶含粉砂和黏土透镜体）；B—水平层理和单个脉状层理；C—透镜层理；D—水平波状层理；E—小型凹面向上泥岩透镜体，表示一种小型交错层理；F—小型双向层理；G—黏土和粉砂透镜体；H—大型双向交错层理；I—具有滞留沉积（砾石和贝壳碎屑）的侵蚀面；J—规则削顶前积层理；K—黏土透镜体和再沉积的泥炭层；L—泥层和特征的回流纹层互层；M—相对较厚的底积层；N—夹有砾石层的粗砂层，下部单元均为大型单向交错层理

的双向交错层理潮道、潮流沙坝，平行层理的沙坪，再向上为富含有机质的泥坪或盐沼沉积，整体形成向上变细的沉积序列。当然，在河口湾不同位置，由于河流与潮汐作用存在差异，可形成不同叠置样式的沉积序列（图21-11）。

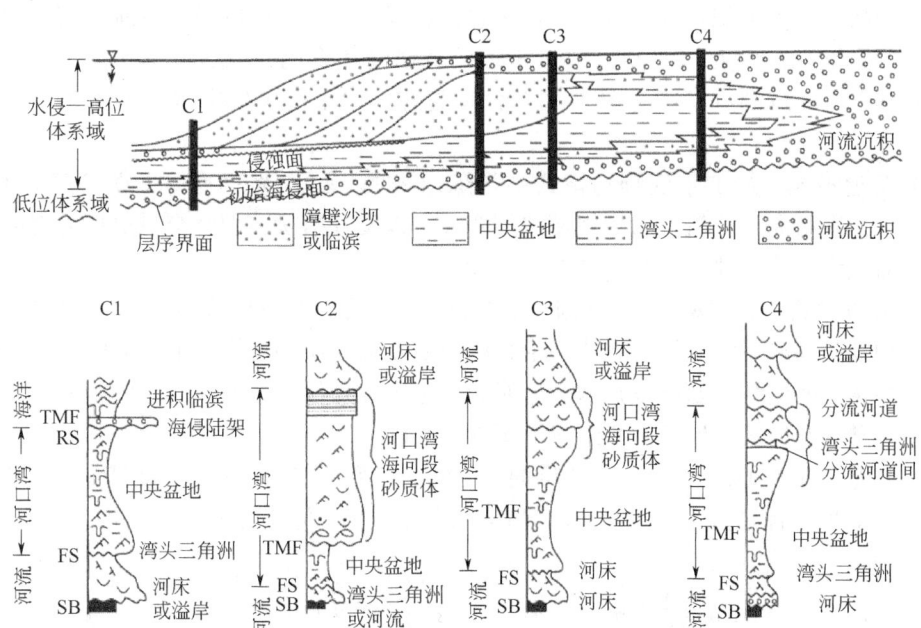

图 21-11 潮控型河口湾沉积剖面和不同部位沉积序列图（据林春明，2019）

第四节 古代障壁岛、潟湖、潮坪和河口湾鉴别标志及障壁体系与油气关系

一、鉴别标志

障壁岛沉积体系由于包含多种沉积类型，所以必须从沉积岩性、沉积相组合和沉积序列等方面来综合识别古代障壁岛、潟湖、潮坪、河口湾等沉积环境。

（一）沉积岩性

障壁岛沉积物具有较高的成分和结构成熟度、受波浪改造的低角度交错层理以及广海生物化石碎片，砂体呈平行岸线的伸长状；潮坪中潮道和沙坪多由砂岩组成，可见砾石级和泥级沉积物，成分变化较大，分选磨圆较好，发育双向交错层理；潮坪中泥坪多由泥质沉积物及粉砂组成，发育透镜状、波状、脉状层理以及干裂构造，成薄层状较广泛分布，有较多的广盐性动物化石和盐沼植被。

（二）沉积相组合

潟湖、障壁岛、潮坪相地处海陆过渡地带，平面上向海方向以障壁岛与滨岸相（或三角洲相）相衔接，向陆方向以潟湖或潮坪与大陆沉积相组的沼泽相或冲积相相毗邻（图 21-1）。因此，横向上，在海陆过渡地带构成了障壁岛—潟湖—潮坪组成的有障壁海岸沉积体系或沉积相组合。

（三）沉积序列

20 世纪 70 年代之前，人们仅用一种堡岛模式（海岸向海推进的加尔沃顿岛模式）来解释古代障壁岛—潮坪沉积体系。显然，仅用它来解释堡岛体系中的堡堤海滩、潟湖和潮道—三角洲是不全面的。因此，人们总结出3种代表堡岛体系的"端元"模式，即海退模式、海进模式和堡堤—进潮口模式（图21-12）。堡岛体系的垂向序列常常是上述3个端元序列的混合。

（1）海退模式：从加尔沃顿岛模式中提炼出来的，可作为解释海退堡岛序列的标准。其底部夷平，颗粒向上变粗，层理规模向上变大，以发育槽状、羽状交错层理为特征，主要为临滨、前滨和后滨—沙丘沉积［图21-12(a)］。

（2）海进模式：在岩相、岩性彼此互层和交替方面比海退模式更加复杂。它的特征是具有潮下和潮间的堡后相。尽管总体显示粒度向上变粗、层理规模向上变大的序列，但不甚明显。某些相之间的接触面可以是截然分明的，也可以是侵蚀式的。它主要由潟湖、漫冲积洲、潮道、潮坪和后滨—沙丘沉积组成［图21-12(b)］。

（3）堡堤—进潮口模式：是一个粒度向上变细的序列，交错层理的厚度具有向上变薄的趋势，发育槽状和平面状交错层理，主要由潮道和迁移的沙嘴、海滩沉积组成［图21-12(c)］。

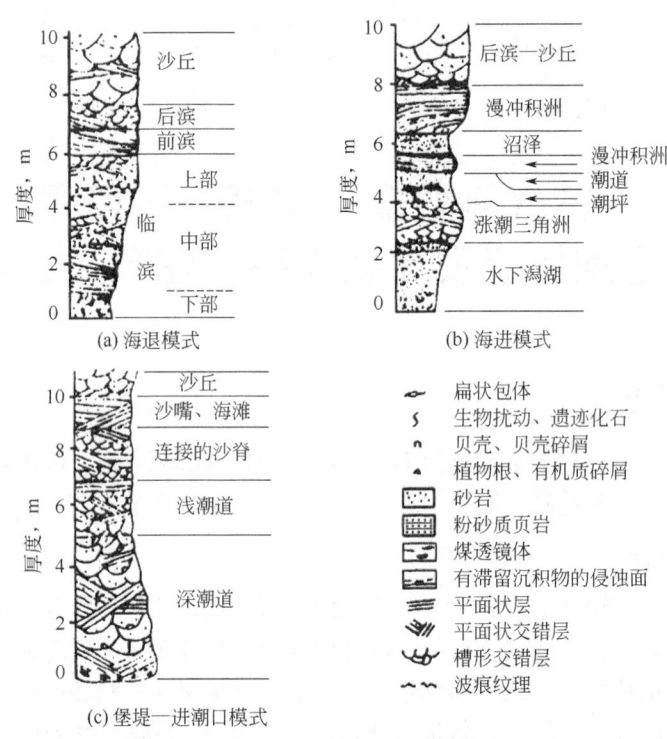

图21-12 障壁岛沉积体系沉积序列（据Reinson，1979）

二、障壁岛、潟湖、潮坪、河口湾与油气关系

障壁岛、潟湖、潮坪的沉积环境和沉积特征决定了它们具有良好的生、储、盖条件。在潟湖环境中，生物种类单调但数量多，水体安静，有利于有机质的堆积，潟湖底部常形成富含H_2S的还原环境，有利于有机质的保存和向石油的转化，故潟湖相是良好的生油相带。

障壁岛、潮坪、潮道、涨潮三角洲、河口湾相都发育临近烃源岩、有利于油气储集的砂体。尤其是障壁岛砂体，砂质碎屑的粒度适中、分选好、岩性均一，横向上与潟湖、浅海等有利生油的相带相邻，并易被广海暗色泥岩和潟湖泥岩覆盖，利于油气聚焦。

潟湖、潮坪、沼泽以及广海沉积盆地广泛发育泥质岩类以及膏盐沉积，可以构成良好的盖层。

由于海侵和海退的交替变化，使潟湖、潮坪、潮道、潮汐三角洲、障壁岛相在垂向上作有规律地迁移叠置，有利于形成完整的生、储、盖组合，利于油气的富集保存，比如中国新疆塔里木盆地泥盆系潮坪砂体和美国哈德利油田障壁岛砂体中均发现了油气资源。

思考实习题

1. 简述障壁岛—潟湖—潮坪沉积体系的概念和基本组成单元。
2. 简述障壁岛—潟湖—潮坪沉积体系的有利形成条件。
3. 简单说明障壁岛—潟湖—潮坪沉积体系中不同部位的水动力类型和作用特点。
4. 简述障壁岛的主要成因类型或方式。
5. 图示说明障壁岛向海一侧沉积亚相划分和主要沉积标志。
6. 简述并图示潮道和潮汐三角洲的沉积特征和序列。
7. 简述淡化潟湖和咸化潟湖的一般沉积特征和主要区别。
8. 图示并简述潮坪的亚相划分和主要沉积特征。
9. 简单说明河口湾的概念、形成过程和主要沉积特征。
10. 总结对比古代障壁岛、潟湖、潮坪和河口湾的主要沉积特征和鉴别标志。
11. 图示对比障壁岛、潟湖、潮坪、潮道、河口湾的沉积序列。
12. 查阅文献，表述障壁岛—潮坪沉积体系与油气关系。
13. 通过露头勘查或文献调研，了解障壁型海岸的沉积作用、沉积特征及沉积模式。

第二十二章 海相组沉积相

> **导读**
>
> 本章核心知识点包括海洋沉积环境特征、海洋水动力环境、海洋沉积作用、滨岸沉积特征、浅海陆棚沉积特征以及半深海—深海沉积特征，海相碎屑岩沉积模式、海相组沉积主要识别标识，以及海相组沉积与油气的关系。

第一节 海洋沉积环境与沉积特征

一、海洋沉积环境

海洋是指被大面积海水淹没的地区，具有硅镁层薄层地壳。海洋总面积约为 $3.6×10^8 km^2$，占地球总面积的 70.8%。海洋总体积约为 $13.7×10^8 km^3$，占地球总水量的 97%。海洋是沉积物堆积的重要场所，与大陆环境有着明显的不同，诸如在物理条件、化学条件、生物条件、地貌特征等方面，都有其自身的特点。

（一）海底地形与海水深度

海洋环境明显不同于大陆环境，除了物理化学条件存在明显差异外，水底地形也存在明显不同。海底地形可细分为大陆架（陆棚）、大陆坡、陆隆和大洋盆地等地貌单元（图22-1）。

大陆架（陆棚）是指围绕大陆边缘的、平坦的、浅水沉积台地，平均坡度为 0.1°，宽度为几十至几百千米，平均宽度为 74km，水深为 20~550m，绝大部分陆棚水深在 200m 以内，平均为 133m。现代海洋陆棚面积约 $2×10^7 km^2$，占海洋总面积的 7.5%，是海洋沉积最集中和最活跃的地区。

大陆坡是大陆架边缘（陆棚坡折带）向大洋倾斜的部分，坡面崎岖不平，坡度为 2°~7°，最大可达 20°以上，宽度为 20~90km，深度为 200~2450m，平均水深为 1270m。陆坡上常具有洼地、阶梯状地形、孤立山或被大量的海底峡谷所切穿。

陆坡下部为陆隆，它是陆坡与深海盆地间的平缓过渡区，坡度为 0.01°~0.07°，宽达 300~400km，水深约 1400~3700m，常是浊流或陆坡滑坍的碎屑堆积于深海平原边部而成，通常也称大陆隆起。

陆棚、陆坡、陆隆合称为大陆边缘，是大陆的水下延伸部分，为大陆与深海盆地间的过渡区。

大洋盆地面积广阔、深度巨大、地貌形态多样，占全部海洋面积的 2/3，它包括深海盆地、海岭、海峰、海沟、火山脊等，其中主要部分为水深达 4~5km 的深海盆地，太平洋马里亚纳海沟水深大约 11000m。深海平原又是深海盆地中最平坦的部分，坡度一般为 1/1000，甚至 1/10000。

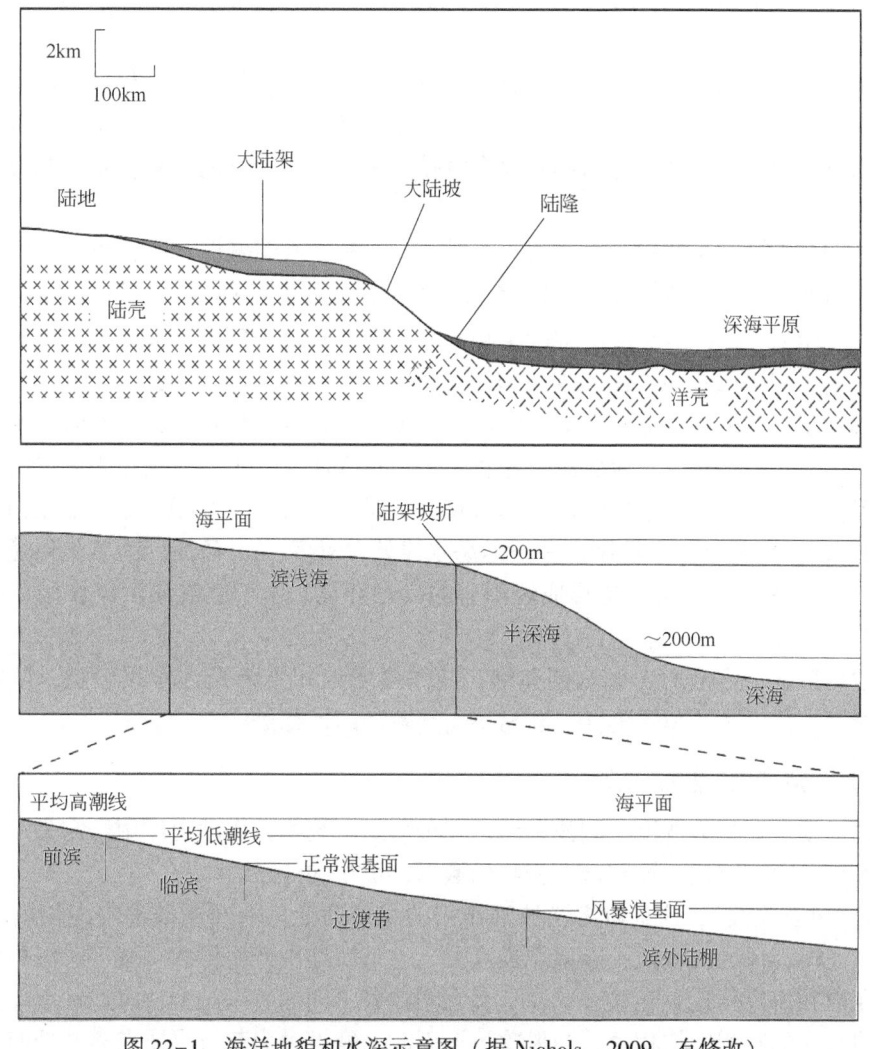

图 22-1 海洋地貌和水深示意图（据 Nichols，2009，有修改）

大陆坡和大洋盆地沉积作用较为缓慢，沉积物数量较少。

（二）海水的物理化学条件

现代海洋表面温度变化范围为 $-18\sim28℃$，比大陆温度变化范围（$-60\sim80℃$）小，大洋深处的水温不超过 $2\sim3℃$。海水的温度受纬度、深度和海流等因素的影响，故不同海域有所不同。从赤道到两极，表层海水温度逐层递减。赤道平均表层温度大于 $26℃$，而极地温度低至 $-1\sim-2℃$。

海水是热的不良导体，水中的热传递较慢。从表面水层向下至 100m 水深，受大气环境、波浪及海流的影响，水温变化不明显，这个深度的水层称为均匀混合层。$100\sim1000$m 水深的水温变化明显，称为温跃层。深海水温变化不大，一般为 $0\sim4℃$。

海水的压力变化范围较大，从海水表面的 1atm（1atm=101.325kPa），到深达 10km 的海底，其压力可增至 1000atm。

海水的平均含盐度为 3.5%，其中溶解了约 80 多种元素所组成的盐类，主要为氯化物，其次为硫酸盐和少量碳酸盐及其他盐类。在海岸地带，因河水注入、大量生物活动和化学沉积作用的影响，海水盐度变化明显。影响海水盐度变化的主要因素有大气降水、河流注入、蒸发作用、结冰和融冰等。

海水温度、压力和含盐度的变化，直接影响着生物群落的发育和沉积物的性质。

海水的密度（平均密度 $1.025g/cm^3$）高于大陆水体。海水密度直接影响着物质的搬运和沉积，如三角洲的形成就与海水的密度有直接关系。海水密度的变化也是引起海水运动的因素。

海水的 pH 值介于 7.26~8.40 之间，一般为 8 左右，属弱碱性介质；而大陆水体，除咸水湖泊和盐湖外，一般为酸性介质。海水 pH 值的变化主要与 HCO_3^- 和 CO_3^{2-} 含量以及生物的活动有关。HCO_3^- 对 $CaCO_3$ 的溶解度影响明显。随着水深和压力增大，$CaCO_3$ 的溶解度也随之增加，造成深层海水中 $CaCO_3$ 处于不饱和状态（$CaCO_3$ 补偿深度）。pH 值的高低直接影响着化学物质的溶解和沉淀。比如，铁的溶解度在 pH=6 时比在 pH=8.5 时大十万倍，故在弱酸性的大陆水体中铁呈溶解状态，这种水一旦进入海洋，大部分铁在入海口附近的弱碱性海水中沉淀下来，现代海水中铁的平均含量大大低于河水中铁的含量，其原因就在于此。海水中的 Eh 值主要受含氧量控制。一般是海水浅处含氧多，Eh 值高，为氧化环境；深处含氧少，Eh 值低，为还原环境，是形成烃源岩的良好环境。由于底流或浊流作用，在深海中也能造成有氧环境。

海水中可溶解一定量的二氧化碳和氧，随深度增加和生物光合作用影响，溶解的 CO_2 和 HCO_3^- 增多，氧减少，深水海洋不断演变为缺氧的酸性环境。

（三）海洋的水动力状况

海水的运动可概括为波浪、潮汐和海流三种形式，统称为水动力作用。它是海洋中发生一切沉积作用的决定因素，控制着沉积物的搬运、沉积和分布。

"大海无风三尺浪"，这是对海洋波浪作用的最好写照。海洋的波浪与湖泊的不同就在于海洋水域辽阔，风的吹程长，波浪规模巨大。它是海洋中产生侵蚀、搬运、沉积作用的主要动力，尤以在海岸附近最为显著。在这里它塑造着不同的海岸类型，改造和重新分配着沉积物。波浪与风的吹程密切相关。当风吹过海面时，摩擦力引起海水质点离开平衡位置做圆周运动。随着水深增加，做圆周运动水质点半径（波动振幅）按等比级数减小，波浪的能量也随之减小并不能触及海底。波浪触及海底的位置称为浪底（水深为 1/2 波长处）。浪底对应的水深受天气影响明显。正常天气对应的浪底称为晴天浪底，对应的水深多为 5~20m；非常天气对应的浪底称为风暴浪底，对应的水深多为 50~200m。在大于浪底的较深水地区，波浪作用不明显。

海洋有潮汐作用，这是与大陆水体的重要区别。潮汐引起海面水位的垂直升降称潮位（潮差），引起海水的水平移动称为潮流。潮位的升降扩大了波浪对海岸作用的宽度和范围，形成潮间带沉积环境；而潮流对海底沉积物的改造、搬运、堆积起着重要作用，尤以近岸浅海地区最为显著。潮汐作用是永恒的。潮汐水流具有向海和向岸的双向特点，潮汐水位脉动变化，可有全日潮和半日潮。潮位小于 2m 的地区，称为小潮差地区；潮位 2~4m 的地区，称为中潮差地区；潮位大于 6m 的地区，称为大潮差地区。现今加拿大芬迪湾潮差可达 15m 以上。

由地球重力场或海水温度、盐度分布不均产生密度梯度而引起的海水流动，称为海流。受科里奥利力的影响，北半球海流多向右运动，南半球海流多向左运动。海流是缓慢的，但搬运作用要比波浪、潮汐大得多,尤其对黏土等细粒沉积物来说,可进行长达数百至数千千米的长途搬运,只是由于黏土物质的絮凝作用和有机物质的粘结作用,它们才在近岸陆棚区沉积下来,否则黏土物质在经过长距离搬运后,就可能全部沉积于深海中去了。

大洋深处还存在着沿大陆斜坡底部平行等深线流动的等深流以及重力驱动的重力流等多种底流。

(四)海洋沉积环境及海相组划分

根据海底地形和海水深度,以及陆棚区地形、水深和潮汐、波浪作用的特点,可将海洋沉积环境细分为滨海、浅海、半深海和深海 4 种环境(图 22-1,表 22-1)。

表 22-1 海洋沉积相划分

环境	相	水体深度
陆棚上部滨岸地区	滨海相	最大风暴潮线至正常浪基面之间
陆棚下部浅海地区	浅海相	正常浪基面至陆棚边缘(水深200m)
大陆斜坡	半深海相	水深 200~2000m
大洋盆地	深海相	水深超过 2000m

滨岸环境(正常浪基面之上)又称为海岸或海滩,波浪和潮汐作用明显,包括海岸沙丘、后滨、前滨、临滨等几个次级环境。浅海陆棚相(正常浪基面至陆架边缘)位于正常波基面以下的陆棚区,生物繁茂,向陆方向与滨岸相衔接,向海与半深海相毗邻。半深海环境对应大陆斜坡,水深多为 200~2000m。深海环境对应深海平原,水深多大于 2000m。

根据海洋沉积物组分的性质,又可将海相划分为浑水型沉积和清水型沉积。前者以陆源碎屑沉积为主,本节将重点介绍;后者以碳酸盐沉积为主,将在碳酸盐岩沉积相中叙述。

二、海相组整体沉积特征

(一)岩石类型

海相组岩石类型极为丰富,如砾岩、砂岩、粉砂岩、黏土岩、碳酸盐岩等在海相组中广为分布,尽管它们在陆相组中都有出现,但其发育特征仍有不同。一般来说,海相组碎屑岩的成分和结构成熟度高,各类岩石的岩性稳定、厚度大、分布广。

(二)沉积构造

海相组沉积中发育有各种类型的层理、波痕、雨痕、泥裂及其他沉积构造,由于各类沉积构造在判断沉积环境时的多解性,就很难确定哪种构造在海相组中是最具特征的。然而某些构造的组合可能在海相组或海相组的某些部分发育是较为特征的。例如在滨岸地区,可发育冲洗层理、槽状交错层理、波痕以及雨痕、泥裂、盐类假晶等;在水深大于正常浪基面的较深水环境中,发育水平层理、粒度韵律层理、槽状印模、丘状交错层理、滑动以及流动变形构造等。

海相组沉积中常发育有生物遗迹或遗迹化石等生物活动形成的构造。事实证明,生活在相同环境的不同生物,一般对环境有相似的行为反应(如不同底栖生物的钻孔、爬行),从而留下了大致相似的遗迹,它们也可以为环境的鉴别提供线索。例如在滨岸浅水区常发育垂直沉积表面的生物潜穴(虫孔)和各种动物的足迹,在浅海陆棚区常发育倾斜的或水平的生物潜穴，在深水地区多为水平爬迹。

（三）自生矿物

海绿石是海相组中常见的特征自生矿物，常与碎屑岩、颗粒石灰岩共生，纯泥岩和蒸发岩中罕见。海绿石多形成于海洋生物粪粒、硅酸盐矿物蚀变和直接沉淀。一般认为它在弱碱性（pH=7~8）、弱还原、盐度正常的海水中缓慢形成，强氧化、强还原环境和快速沉积作用对其形成不利。海绿石形成的深度范围为20~2000m，而以30~200m浅海最多；其形成所要求的水温一般为15~20℃。在我国东海现代分选良好的细—中砂沉积物中，海绿石形成环境为水深大于100m、水温为17~18℃、盐度为3.4%、水体偏碱性（pH=8）。

有利于形成自生黄铁矿的强还原环境不利于海绿石的形成（陈丽蓉等，1978）。

鲕绿泥石也是浅海特征自生矿物，多形成于水温高于20℃的较温暖的浅海中，分布局限于水深60m以内的热带浅海，深达150m者罕见。多与碎屑物质、褐铁矿、菱铁矿共生。

自生磷灰石也是海相组中常出现的自生矿物，其形成深度范围一般在30~300m。大陆相组也可出现自生磷灰石，但数量少，且主要是由脊椎动物的骨骼组成的，故可与海相成因者分开。

（四）生物化石

不同种类的生物，对水体含盐度的适应能力不同。耐盐度有限的生物称狭盐性生物，属于典型的海相狭盐性生物有：红藻、绿藻、放射虫、球石藻、有孔虫、钙质及硅质海绵、珊瑚、腕足类、棘皮类、苔藓类、头足类，以及现代已灭绝的生物，如古杯类、层孔虫、软舌螺、三叶虫、锥石、竹节石、牙形石、笔石等，这些生物的化石为海相组所特有。

耐盐度广泛的生物称广盐性生物，如瓣鳃类、腹足类、介形虫、硅藻、蓝绿藻等，它们也可在海相组中出现，但并非海相组所特有。

海洋中生物的分布与海水的深度有密切关系（图22-2）。海洋生物按其生活方式分为浮游生物、游泳生物、底栖生物三类。浮游生物包括浮游植物（如硅藻、球石藻、马尾藻）和浮游动物，它们生活在广海水深50~100m的表层水中，在远离海岸的远海或远洋区数量较多，死亡后在深海区堆积而成化石。游泳生物是指能在海洋中自由游动的各种动物，它们常生活于水深小于100m的水体中，死亡后遗体沉降于不同深度的海底，并保存为化石。底栖生物的生活范围可从高潮线至深海海底，但以100m以上的海底最为集中。随着水深增加，光合作用减弱，植物和底栖生物越来越少。一般认为，光线透射最大水深为80m，80~600m为弱透光带，水深大于600m为无光带即无植物生长，但在水深大于600m的半深海和深海环境，可见游泳生物和底栖生物。

三、海洋沉积过程和沉积作用

（一）海岸水动力和沉积物搬运沉积特征

缺少河流供源的、无障壁的海岸环境是海洋水动力最强烈和最复杂的地区，波浪、潮汐和沿岸流强烈的冲刷、搬运、沉积海岸沉积物质，其作用强度要大于河流水流作用强度100倍以上。控制海岸沉积发育和变化的主要因素是波浪能量，在海岸地带形成侵蚀型和沉积型海岸。在水动力强烈、复杂的沉积型滨岸地区，波浪以及潮汐、沿岸流强烈综合作用，使海岸沉积物发生搬运和沉积，形成不同的沉积序列。

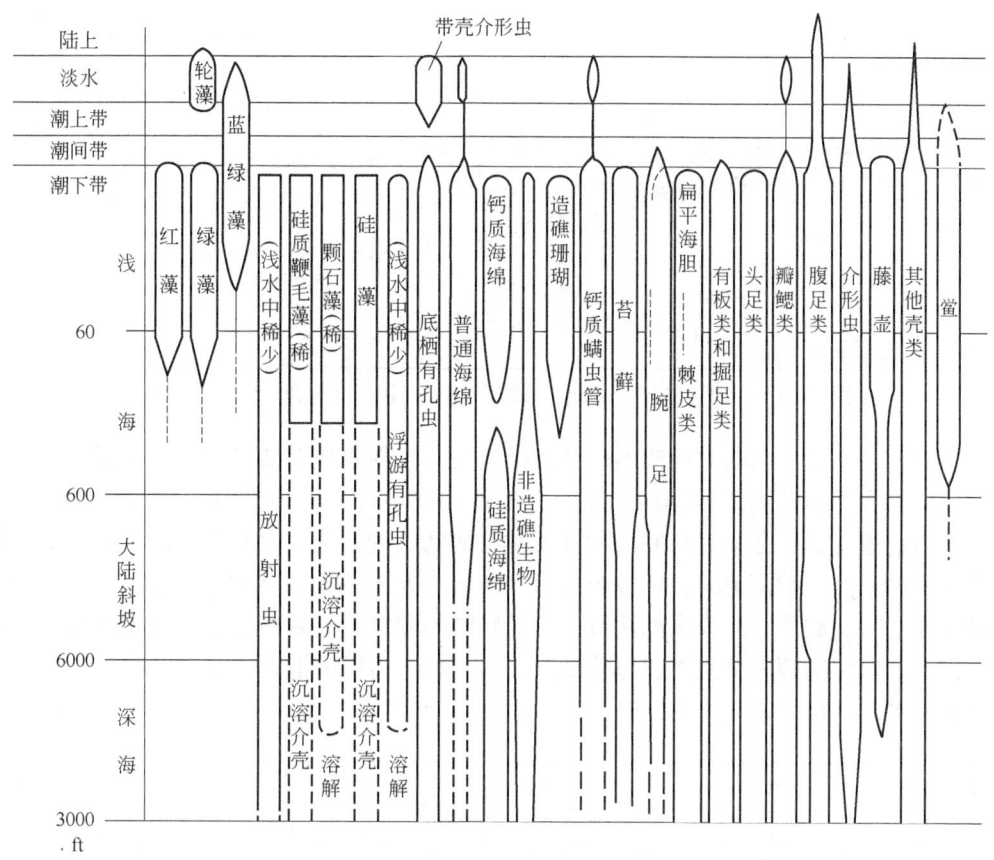

图 22-2　与水深有关并能成为化石的无脊椎动物和植物的现代分布
（据 Heckel，1972）

海洋因风的吹程大，故其波浪的波长较大，一般为 10～40m。波浪作用随水深加大而急剧减小，大致在 1/2 波长的水体深度，波浪作用已接近于零。因此，海洋波浪基准面大致在 5～20m。除了晴天形成的持续的振荡波浪作用外，还有风暴和海啸形成的、波长可达 400m 的事件性巨浪。故一般认为 200m 水深是波基面的最大理论深度，也是划分浅海下限深度的根据之一。

从深水区到滨岸浅水地区，波浪触及海底，水体质点运动的圆形轨迹变为椭圆形，越接近海底，椭圆半径越小，并且椭圆的垂直半径小于水平半径，直到海底，水体质点仅发生往返运动。水体越浅，水体质点向岸运动速度大于向海运动的速度。这种速度不对称特征越明显，波浪变形作用越强烈（图 22-3）。

在海岸带不同亚环境和不同水体深度处，波浪运动特征及其对沉积物搬运、沉积作用的影响不同。在风吹形成的波浪从海洋中央生成向海岸传播过程中，波谱随着水深发生规律性变化，即波长变小、波高增大的变化。在滨外陆棚带，由风等因素引起的波浪称为涨浪，它因不能触及海底面，故对海底沉积物影响较少。至临滨带，海底处于浪基面以上，波浪因触及海底而使波能增加，波高增大，波形变陡，称为升浪。这时水体向岸运动速度虽略大于向海速度，但波浪向岸方向运动携带泥砂要克服重力作用，向海运动携带泥砂还另加有泥砂重力作用，且后者的力量大于前者，结果细粒泥砂向海运动，形成不对称沙纹，波脊可是直的

水深小于波高
水深小于1/2波长
水深大于1/2波长
波浪中水质点作圆
形轨迹运动
时间
浪基面
波浪周期
底部水体运动
速度过程线
向岸速度 向海速度

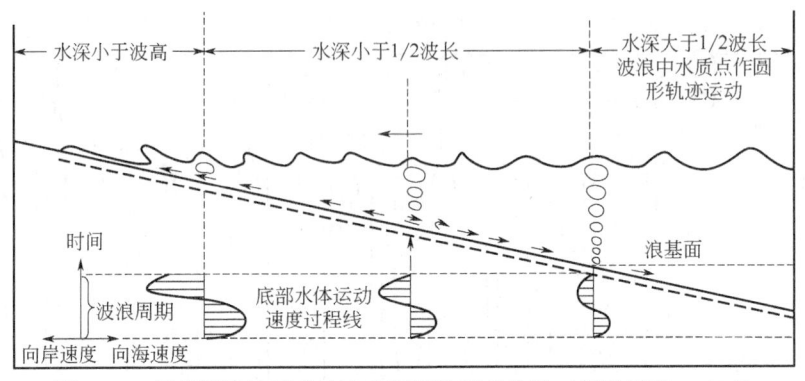

图 22-3 海岸带波浪运动轨迹和沉积物移动状况（据冯增昭，1994）

或新月形的，从而形成向陆方向倾斜较陡的交错层理。随着波浪向岸传播，水深渐浅，波高逐渐增大，当水深为波高的两倍时，波浪开始倒卷和破碎，称为破浪，此地带也称为破浪带，此带内波浪变形厉害，对海底的冲刷及对碎屑物质的簸选、淘洗强烈，波浪向岸的推动力克服沉积物重力和摩擦阻力，使较粗的碎屑向海岸方向运动，堆积成沿岸（远岸）沙坝。破浪带为高能带，破浪时形成大的涡流，使粗颗粒沿着椭圆轨迹平行于滨线呈跳跃式底载荷移动，而细的沉积物暂时呈悬浮状态移动（图 22-4），所以破浪带能量高，沉积物粗，可产生新月形和平坦床沙形态（图 22-5）。

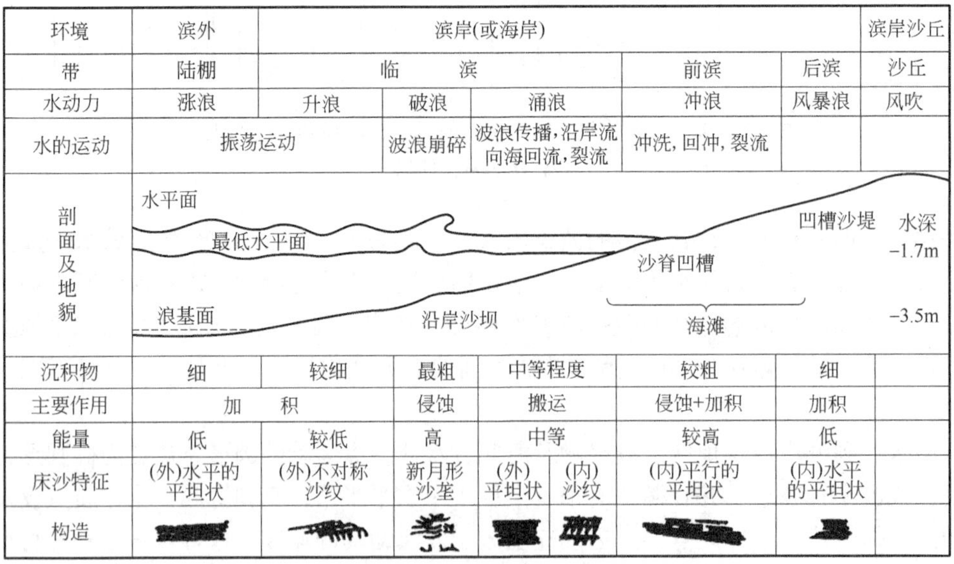

环境
滨外
滨岸(或海岸)
滨岸沙丘
带
陆棚
临 滨
前滨
后滨
沙丘
水动力
涨浪
升浪
破浪
涌浪
冲浪
风暴浪
风吹
水的运动
振荡运动
波浪崩碎
波浪传播，沿岸流
向海回流，裂流
冲洗，回冲，裂流
剖面及地貌
水平面
最低水平面
凹槽沙堤
水深
-1.7m
沙脊凹槽
浪基面
沿岸沙坝
海滩
-3.5m
沉积物
细
较细
最粗
中等程度
较粗
细
主要作用
加 积
侵蚀
搬运
侵蚀+加积
加积
能量
低
较低
高
中等
较高
低
床沙特征
(外)水平的
平坦状
(外)不对称
沙纹
新月形
沙垄
(外)
平坦状
(内)
沙纹
(内)平行的
平坦状
(内)水平
的平坦状
构造

图 22-4 滨岸带不同沉积环境水动力状况及沉积物搬运沉积特点
（据刘宝珺，1980）

从破浪带再向岸方向，当水深相当于一个波高，波峰发生完全倒转和破碎，称为碎浪或涌浪，此带也称碎浪带或涌浪带（图 22-4）。碎浪带的存在与否及其宽窄程度，主要受海滩坡度和潮汐状况的控制。海底坡陡，难以形成碎浪带，破浪发生在岸边，形成拍岸浪；海底坡度平缓，可形成较宽的碎浪带；中等坡度的海底，除高潮时无碎浪带外，其他时间都有碎浪带存在（图 22-6）。碎浪作用使波浪能量消失达 80% 以上，所以波浪破碎以后，除破浪向海岸产生的一种涌浪搬运较粗粒沉积物外，其他沉积物的运动是很少的（图22-4）。当碎浪进入前滨带后，海水借惯性力冲向海岸，形成冲浪，称为冲浪带或冲流带，它包括惯性力作用下的进浪和重力作用下减速回返海中的退浪或回流。冲流带波浪反复地冲刷、淘洗，形成了成分成熟度和结构成熟度都较高的、发育低角度交错层理的砂质海滩堆积。风暴浪时期，海水携带碎屑物质进入后滨带，在海滩外侧形成平行于海岸的、连续的线状沙脊，称为滩脊。

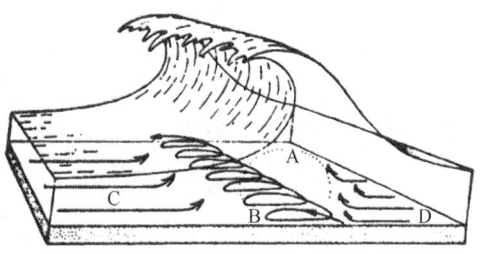

图 22-5　滨岸破浪带沉积物搬运示意图
（据 Ingle，1966）
粗粒沉积物沿椭圆轨迹平行海岸运动，细粒沉积物呈悬浮方式搬运；A、B、C、D—沉积物在破浪带的运动轨迹

在多数情况下，波浪斜交岸线运动，进而产生两个方向的水流分量。一是在海岸坡度平

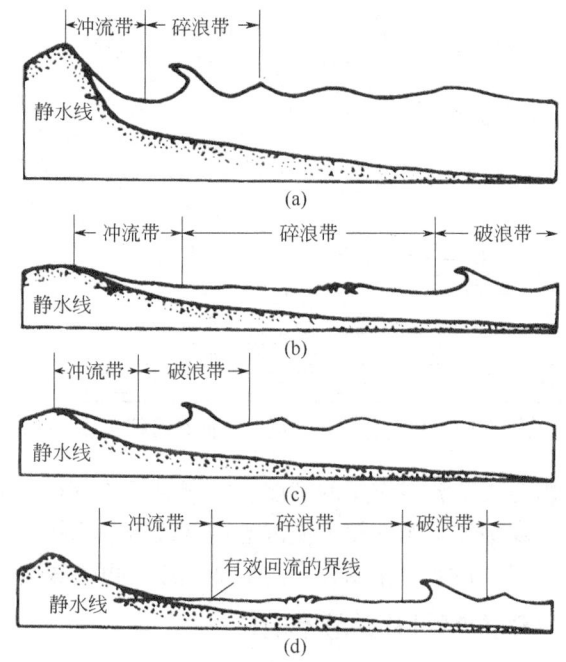

图 22-6　海滩坡度和潮汐状况对碎浪带的形成和宽度的影响（据 Ingle，1966）
(a) 陡坡海岸不形成碎浪带；(b) 缓坡海岸有较宽的碎浪；(c) 中等坡度海岸在高潮时不形成碎浪带；(d) 中等坡度海岸在低潮时有碎浪带

缓的碎浪带，将产生与海岸几乎平行的沿岸流，使沉积物沿着沿岸沙坝及海滩脊间的沟槽系统流动，形成沿岸沙坝或沙嘴。波浪作用越强、运动方向与岸线夹角越小，沿岸流作用越明显。二是沿岸流流动数米或数十米后，至沟槽末端则改变方向，近乎垂直地向海方向流去，形成裂流或离岸流并将细粒沉积物向大海中央方向搬运至波浪破碎带的临滨环境（图2-12）。沿岸流和裂流在海滩和沟槽中可形成各种形状和大小的波痕。

斜交海岸的波浪可使碎屑物质沿波浪作用力和重力这二者的合力方向移动，其移动的路径呈"之"字形。当波浪运动与海岸呈45°交角时，碎屑物质的搬运几乎平行海岸进行（图2-10）。波浪在纵向运动过程中，遇海岸发生转折或海湾水体加深，流速骤减，碎屑物质可形成各种形状的沙嘴。

滨岸环境中，波浪作用对碎屑物质的搬运方式和粒度分布也起着明显的控制作用。从海岸沙丘向海岸方向的各种沉积都具有特征的粒度曲线，粒度概率曲线中的跳跃总体含量和段式均发生规律性变化（图22-7）。

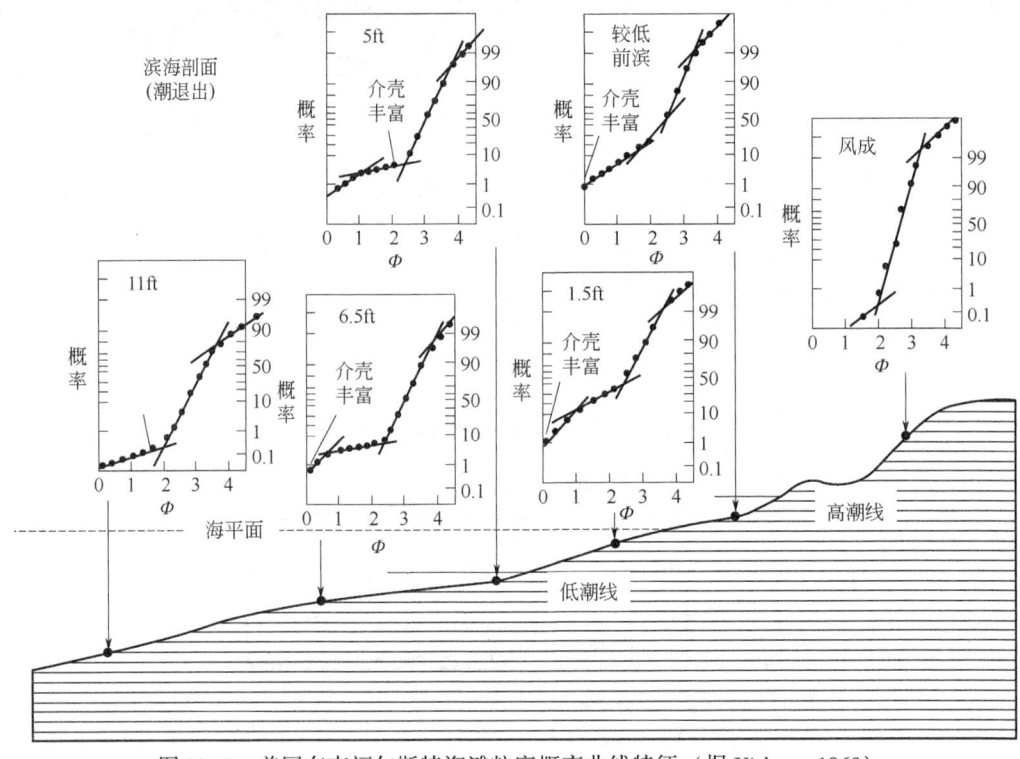

图 22-7　美国东南福尔斯特海滩粒度概率曲线特征（据 Visher，1969）

不同潮差的潮汐作用会改变波浪作用的宽度、沉积亚相的分布、沉积砂体的形态以及沉积序列结构等特征。受潮汐叠加影响的较大波浪会淘洗改造沉积物，形成成分和结构成熟度均高的高能砂砾质滨岸沉积；在波浪作用较小的低能滨岸，可形成泥质沉积物。

（二）浅海陆架水动力特征和沉积作用

浅海陆架地区水动力性质和作用强度变化都非常大。在滨岸带，波浪和沿岸流以及潮汐是活跃的地质营力，而在浅海陆架地区，却存在流向和强度都变化很大的潮汐、潮流、风暴流等多种水动力作用方式。总体而言，随着水深增加，水动力作用强度减弱。

在许多浅海陆架地区，水流速度是很慢的，以致对沉积物表面没有产生任何重大影响，许多瓣鳃类介面凹面朝上的优势方位就说明了这一点。在狭窄海和海峡的陆架中，可以出现很强的海流，这些地区的潮流、密度流或其他气象海流的流速可以达到150cm/s或更大，从而形成移动的大波浪和巨波浪，如马六甲海峡、英吉利海峡和琼州海峡。

浅海风暴流是由季节性台风或飓风（风速可超过100km/h，飓风常形成于海底地震、海底滑塌和火山活动，波长可达上千米）引起的风暴潮所产生的。这种风暴潮及其形成的风暴浪的强大动力冲刷着沿岸和近岸沉积，在风力减退时，风暴退潮流携带大量呈悬浮状态的滨岸沉积物向海方向搬运几百甚至几千千米，形成一个向海流动的、重力驱动的密度底流。在正常浪基面（晴天浪底）和风暴浪基面（风暴浪底）之间，发生受风暴浪影响的再沉积作用，形成富含滨岸碎屑和化石、以丘状交错层理砂岩为特征的风暴沉积物。若密度流进入风暴浪底以下，可形成具鲍马层序的正常浅海浊积岩。艾格（Ager，1973）把由风暴流作用形成的一套沉积物组合称为"风暴岩"（tempestites），属于事件性沉积类型（图2-11）。

因在浅海陆架地区水动力作用方式不同，可形成潮汐控制的陆棚沉积、海流控制的陆棚沉积、风暴控制的陆棚沉积。

（三）半深海和深海水动力特征和沉积作用

半深海和深海沉积区是盆地中水动力作用强度最弱、水体最为安静的地区，主要的沉积作用就是由河流、波浪、海流等地质营力将细粒沉积物搬运到半深海和深海的悬浮沉积物的沉积。但是，在半深海和深海沉积环境中还存在较强水动力作用方式的内波、内潮汐、等深流、重力流等多种洋流。

等深流（Contour current）是指沿大陆斜坡海底等深线水平流动的底流，是由于地球旋转而形成的温盐循环底流，该底流平行海底等深线作稳定低速流动（5~20cm/s）。大量的海洋调查发现，等深流是海底中一种非常重要而又十分特殊的地质营力，它不仅可以对洋底产生侵蚀作用，而且可以搬运沉积物，形成特殊的等深流沉积。等深流沉积物主要来源有陆源碎屑物质、生物成因的物质、重新悬浮的海底沉积物和火山物质等。它主要出现在水深2000m以下的大陆坡和陆隆等深水区，流速慢，沉积速率也很慢（1~20cm/ka），沉积了厚10~100cm、不同于浊积岩沉积特征的、由一个向上变粗的逆递变段和一个向上变细的正递变段构成的对称递变层序的等深流沉积（第二十三章将有详述）。

不同密度的重力流（浊流）的沉积和搬运作用也是半深海、深海地区主要的事件沉积作用，将在第二十四章加以详述。

在半深海、深海沉积区，大型重力滑塌作用也能将巨量的沉积物从浅水区搬运到深水区沉积下来。

第二节　海相碎屑岩沉积模式

一、滨岸沉积特征

（一）滨岸沉积环境划分

滨岸相位于晴天浪基面及最高涨潮线之间。根据海岸环境特征，可划分为障壁型和无障壁型两类。第二十一章介绍过海陆过渡相组的障壁型滨岸环境及其发育的障壁岛、潟湖、潮坪和潮道等沉积特征，本章重点介绍无障壁滨岸相。

无障壁滨岸相的沉积环境是无障壁岛遮挡、海水循环良好的开阔海岸带。进一步按照海岸水动力状况和沉积物类型分为砂质或砾质高能海岸及粉砂淤泥质低能海岸两种类型。它们的宽度随海岸带地形的陡缓而定。在陡岸处宽度仅数米，平缓海岸其宽度可达10km以上。古代海岸因岸线不断迁移，可形成宽而厚的砂质海岸沉积，成为油气储集的良好场所。

高能海岸环境以砂质类型者居多，砾质者少见。按海岸地貌特征可划分为海岸沙丘、后滨、前滨、临滨等几个次级环境（图22-4，图22-8）。

砂质高能海岸的海岸沙丘位于潮上带的向陆一侧，即特大风暴时潮水所能到达的最高水位，是海岸沙丘的下界。后滨属潮上带，位于海岸沙丘下界与平均高潮线之间，平时暴露地

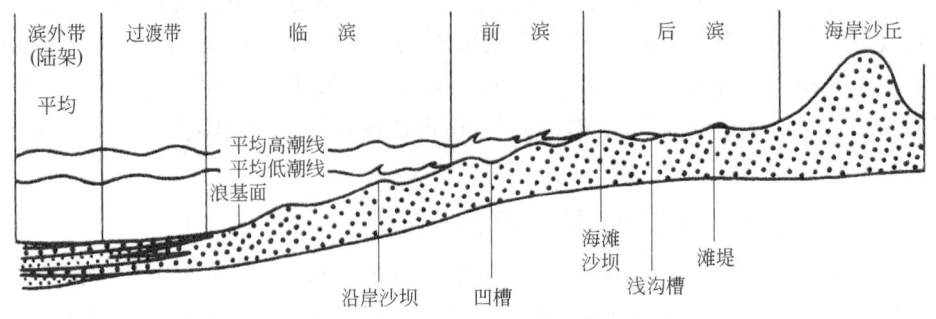

图 22-8　碎屑海岸沉积环境划分示意图

表经受风化作用，只有在特大高潮和风暴浪时才能被海水淹没。前滨位于平均高潮线与平均低潮线之间，属潮间带。临滨也称近滨或滨面，位于平均低潮线和正常浪基面之间，属于潮下带。陆棚过渡带位于正常浪基面至风暴浪基面之间，地形坡度明显变缓，沉积物以粉砂为主，风暴期间沉积砂岩，过渡带的外侧为滨外陆棚泥岩沉积环境。在海岸环境中，从海岸沙丘至临滨及至过渡带，其能量条件总体由强到弱变化。

在低能海岸带，波浪作用不强，以潮流作用为主，为粉砂淤泥质海岸。海岸坡度平缓，具有较宽阔的潮间带（潮滩），缺失后滨带。

实际上，在海岸地带可沉积反映不同水动力条件的砾岩、砂岩或泥岩等沉积物。

（二）滨岸亚相类型及沉积特征

按照地貌特点、水动力状况、沉积物特征，可将滨岸相划分为海岸沙丘、后滨、前滨、临滨 4 个亚相（图 22-4，图 22-8）。

1. 海岸沙丘亚相

海岸沙丘亚相位于潮上带的向陆一侧，即特大风暴时潮水所到达的最高水位，它包括海岸沙丘、海滩脊、沙岗等沉积单元。在干冷环境，风作用明显，海岸沙丘常呈长脊状或新月形，规模较大，高达数米至数十米，宽可达数千米；在湿热环境，风作用较弱，植物繁盛，海岸沙丘规模较小。

海岸沙丘是由波浪作用从临滨搬运至前滨和后滨而处于海平面之上的海岸砂，再经风的吹扬改造而成。其沉积物细—中粒，成熟度高，圆度和分选好，颗粒表面呈毛玻璃状，重矿物富集。具大型高角度槽状交错层理（图 22-9），细层倾角陡，可达 30°~40°，层系厚数十厘米，也常出现层系界限为上凸形的前积交错层理及小型变形构造、生物碎壳。

在最大高潮线附近出现的线状沙丘称为海滩砂脊或海滩脊（被植被覆盖的、低矮狭长的海滩脊又称为千尼尔沙岗），是在高于平均高潮线的高潮时期和暴风潮时期由波浪堆积起来的，可高达数米，宽数十米，长达数百米至数十千米。它可呈平行海岸的单脊或成组出现，常由较粗的砂、砾石和介壳碎片组成，底部具冲刷面和平行层理，上部具交错层理，细层倾角 7°~28°，多双向倾斜，较陡者倾向大陆，较缓者倾向海洋。

强烈风暴时（如飓风），海水携带滨岸砂冲越海岸沙

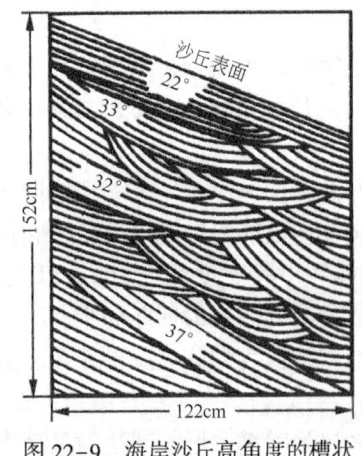

图 22-9　海岸沙丘高角度的槽状交错层理（据 Mckee，1957）

丘，在其背后的陆地或盐沼内形成砂质扇形堆积体，它可延伸数千米，厚数十厘米至数米。其砂质层富海洋生物介壳，显平行层理，与下伏沉积物呈侵蚀接触。沙丘之间或边缘常有植物生长，可形成植物根构造和泥炭层。

2. 后滨亚相

后滨亚相位于海岸沙丘与平均高潮线之间，平时暴露地表经受风的作用，只有在特大高潮或风暴浪时才被海水淹没并受到波浪、潮流作用，属潮上带。有水时，沉积水动力较强；无水时，受风的改造，沉积动力较弱。

后滨亚相沉积物为具平行层理的砂，粒度较沙丘带粗，圆度及分选较好。主要发育风暴浪形成的平行层理以及正常天气风作用形成的交错层理砂岩。当后滨中有较浅的洼地并被充填时，可形成低角度的交错层理。坑洼表面因风吹走了细粒物质而遗留和堆积了大量生物介壳，其凸面向上。坑洼边缘可形成小型逆行沙波层理。浅水洼地内可见藻席，并发育虫孔和生物搅动构造。强风暴常改变后滨形态，在后滨与海岸沙丘交界附近因水的分选可使重矿物在后滨向陆一侧集中而成砂矿。

3. 前滨亚相

前滨亚相位于平均高潮线与平均低潮线之间的潮间带，地形平坦，起伏较少，并逐渐向海倾斜。在宽缓地形和一定潮差的潮间带，由于波浪（拍岸浪）和潮汐往返运动，形成低矮的平行岸线的沙脊和浅宽冲沟以及辫状小溪。前滨亚相沉积物以中砂为主，分选较好。层系平直，低角度（小于8°）相交的交错层理—冲洗层理发育（图22-10）。其纹层可平行海岸延伸达30m，垂直岸线可达10m，纹层倾角取决于颗粒粗细，颗粒越粗，海滩坡度越大，倾角越陡。可大量出现对称、不对称波痕和菱形波痕以及波长大、波高小的逆行沙丘纹层。也常见到极浅水的其他标志，如冲刷痕、流痕、变形波痕、流水波痕、生物搅动构造、垂直生物钻孔等。

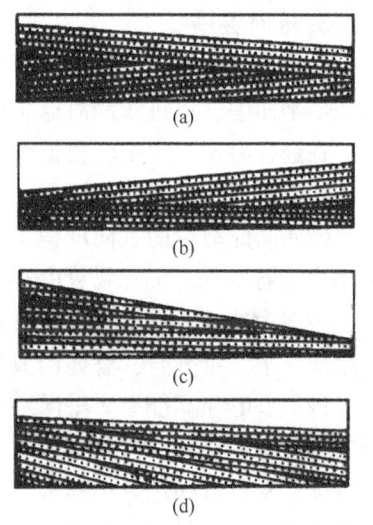

图22-10　前滨沉积4种低角度交错层理（据冯增昭，1994）

前滨可发育一个或多个不对称的宽缓的沿岸沙坝，向海缓倾（4°~6°）处发育低角度交错层理，向陆陡倾（10°~30°）处发育大型板状和槽状交错层理。

前滨可见有砾石沉积。砾石长轴平行岸线方向、扁平面倾向大海中央方向。前滨下部沉积物分选比上部差，并含有大量贝壳碎片和云母、重矿物等，贝壳凸面朝上排列。属于不同生态环境的贝壳大量聚集，也可以作为鉴别古代海滩砂体的标志。

4. 临滨亚相

临滨亚相位于平均低潮线至正常波基面之间的潮下带。临滨亚相常发育沿岸沙坝。地形越陡、波能越弱，沿岸沙坝越少，在低能海岸区，仅有一条沿岸沙坝发育于低潮线附近。在高能沉积地区，可发育多排沿岸沙坝。强风暴潮可夷平沿岸沙坝。在其向陆一侧伴有凹槽，其中发育浪成波痕和小型流水波痕。临滨上部水浅、坡度相对较陡，受波浪（碎浪）和离岸流作用，发育有较大规模交错层理的砂质沉积物；临滨下部水较深、坡度相对较缓，受波浪（破浪和升浪）和离岸流作用，沉积物粒度变细，越向海的深水部位交错层理越少，而生物搅动构造增多，可出现水平纹层。

临滨沉积完全位于水下,不断受到浅水波浪和海流作用。根据波浪作用特点和不同地貌单元的沉积特征,可将临滨沉积细分为上临滨、中临滨、下临滨三个沉积微相。

上临滨紧邻前滨并在涌浪带及碎浪带发生沉积(图22-4)。该处受波浪、潮汐作用影响较为明显,沉积了成分和结构成熟度均高的石英砂砾岩,具有大型槽状交错层理、双向交错层理、平行层理和冲洗层理。因上临滨与前滨沉积呈过渡关系,有时不易区分两者的边界。

中临滨处于水深较浅的、地形坡度起伏的破浪带(图22-4),水动力能量强,沉积物较粗。受波浪破碎作用影响,在中临滨可发育一排或多排平行岸线的沿岸沙坝及沙坝之间的凹槽。沿岸沙坝的数目多少与地形坡度陡缓相关。地形坡度越缓,波浪作用越强,沙坝数目越多,可达10排以上,沙坝间隔为数十米至数百米。通常,发育长几千米到几十千米的、2~5排、斜交岸线分布的沙坝。随着离岸距离增大,沙坝的沉积水深增加。陡倾的海滩常不发育临滨沙坝。中临滨沉积物主要由较纯净的中细砂岩组成,可夹有少量粉砂层和介壳层,常见较大规模的与波浪作用有关的交错层理。

下临滨临近正常浪基面,是临滨沉积环境水体较深的沉积部位,对应升浪地带,沉积水动力能量较弱,但又常受到风暴流的影响。该带主要发育具有小型交错层理和水平层理的粉砂岩和细砂岩,底栖生物多,生物扰动(斜交潜穴)明显。

5. 垂向层序

随着海进、海退的发生,可形成进积型和退积型的海岸垂向沉积层序。一般来说,在古代地层剖面中,以进积型海退垂向层序最常见(图22-11)。

在进积海岸层序中,根据海岸能量和沉积物组成的不同,可划分为砂质高能海岸、砾质高能海岸及泥质低能海岸沉积层序,其中常见进积砂质高能海岸(图22-11)。

砂质高能海岸的垂向沉积层序特点是自下而上,随着沉积环境的变化,水体由深变浅、水动力由弱变强,沉积物粒度和沉积构造均发生相应变化。下部为浪成交错层理临滨中细砂岩,中部为冲洗层理前滨砂岩及砾岩,上部为平行层理后滨砂岩,顶部为风成槽状交错层理海岸沙丘中、细砂岩,整体构成反旋回沉积序列(图22-11)。

进积型砾质高能海岸垂向层序和砂质海岸类似,不同的是粒度稍粗,在临滨和前滨出现砾岩或含砾粗砂岩。进积型泥质低能海岸沉积是在海岸地形较为平缓的低能条件下形成的,其特征是发育红褐色具植物根(泥裂)的泥坪沉积和灰绿色海相化石的页岩沉积,次为薄层含海相化石的粉细砂沉积。

二、浅海陆棚沉积特征

(一)浅海陆棚一般沉积特征

浅海陆棚位于正常波基面与陆架边缘之间,水体深度一般20~200m,宽度由数千米至数百千米不等。浅海有两种主要类型,即边缘海或陆缘海,如现代陆棚;陆表海,是延伸到大陆内形成的浅海盆地,如波罗的海、北海等。

陆棚浅水区阳光充足,氧气充分,底栖生物大量繁殖。向陆架边缘深水区方向,因阳光和氧气不足,底栖生物大为减少,藻类生物几乎绝迹。埃默里(Emery,1968)认为现代陆架沉积物有6种主要类型,即碎屑沉积物、生物成因的沉积物、原地基岩风化产物、自生沉积物、火山沉积物和较早期沉积环境形成的残留物。

影响现代浅海陆棚硅质碎屑沉积性质的主要因素有以下6种:(1)直接由大陆向毗邻

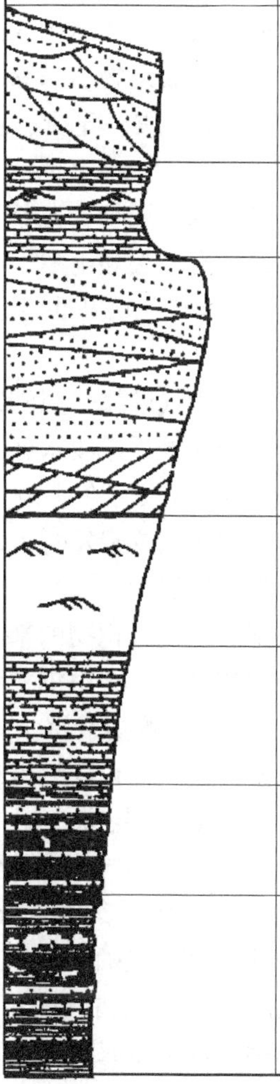

段	代表性的原生沉积构造	共生的沉积构造	一般岩性	环境解释
7	风成槽状交错层理	植物根痕，变形构造	中、细砂岩	海岸沙丘
6	水平纹理	小波痕层理，低角度交错层理，细流痕，黏附波痕，气泡砂构造	砂岩	后滨
5	冲洗交错层理	水流波痕，浪成波痕，逆行沙丘，干涉波痕，改造波痕，水流和浪成波痕层理，平行层理，递变层理，冲蚀构造，冲流痕，细流痕，黏附波痕，剥离线理，潜穴	中、细砂岩	前滨
4	水流波痕层理	削顶浪成波痕，弱生物扰动构造	细砂岩	临滨
3	水平纹理	对称浪成波痕，大水流波痕，大波痕层理，中等—强生物扰动构造	细砂岩	
2	砂泥互层层理和生物扰动构造	强—完全生物扰动，均匀层理	互层状泥岩、粉砂岩和砂岩	过渡带
1	水平纹理	中等—强生物扰动构造，遗迹化石，均匀层理，递变层理	粉砂质泥岩、泥质粉砂岩夹细砂岩	陆棚

图 22-11 无障壁砂质高能海岸向上变粗的进积沉积层序
（据《沉积构造与环境解释》编著组，1984）

陆棚地区供给沉积物的类型和速度；（2）陆棚水动力状态类型和强度；（3）决定水深的海平面波动；（4）影响可供搬运沉积物类型的气候；（5）生物作用与沉积物物理化学相互作用；（6）影响浅海陆棚沉积物的化学因素。

古代浅海陆棚相与现代不尽相同。前者有长期的沉积发育史，沉积厚度大，由于海岸线的迁移，沉积物分布面积广泛；后者发育历史短暂，沉积薄而不广，且大部分为残留沉积物所占据。

浅海陆棚的水动力条件复杂而多样，其中包括流向和强度多变的海流、正常的和风暴引起的波浪、潮汐流以及密度流等。它们对沉积作用的影响常随深度而变化。在陆棚浅水区，潮汐作用的影响虽已微弱，但海流和波浪作用尚有一定影响，仍可形成一定规模的波痕和交错层理。强风暴形成的巨波浪强烈地影响海底，可使沉积物呈悬浮状态向海洋搬运，形成风暴砂层。哈得利（Hadley，1964）指出，欧洲凯尔特海受强风暴影响，水深183m处沉积物表面最大振荡速度达到50cm/s。在陆棚较深水区，仅在风暴浪时，海底沉积物才会受到影响，少见波痕、交错层理。

古代滨外浅海陆棚沉积主要为黏土岩、粉砂岩、细砂岩，并有大量化学岩及生物化学岩，如碳酸盐岩，部分铁、锰、铝、磷沉积岩等。碎屑矿物成分成熟度和结构成熟度高，不稳定成分少，圆度及分选较好，但比滨岸相稍差，填隙物多为化学胶结物。海绿石、鲕绿泥石、胶磷矿是常见的自生矿物。黏土岩可含有砂质、铝质、海绿石质、硅质、灰质、沥青质、黄铁矿等。

陆棚可发育对称或不对称波痕及交错层理，水体较深处发育水平层理，尤其黏土岩中发育薄而清晰的水平层理。常见生物搅动构造、虫孔和虫迹，但没有干裂和雨痕。在较浅水的滨外陆棚区，发育着种类和数量众多的生物，如珊瑚、海绵、苔藓、层孔虫、藻类、腹足类、瓣鳃类、腕足类、棘皮类、有孔虫、头足类等。

古代陆棚沉积多属水体较浅、海底地形平缓的陆表海沉积，现代陆棚多属陆缘海性质。

现代陆棚沉积物主要是粉砂质黏土或黏土质粉砂。在滨外陆棚的近岸浅水区，泥质沉积中常夹有粗粉砂或细砂的夹层，为强烈风暴期形成的风暴砂层，常发育在距海岸数十千米处，并能向海岸追索。可见对称或不对称波痕及交错层理，生物扰动构造发育。现今研究表明，陆棚地区可存在大面积分布的、具有较大规模层理构造的砂质沉积。

当今滨外陆棚沉积可分为现代的和残留的两种沉积物类型。现代沉积物的来源，一是河流携带的陆源物质越过滨岸带沉积而成；二是原地生成，如生物沉积、火山沉积和自生沉积（主要是磷灰石、海绿石等）。残留沉积物是古代地史时期中较老沉积物残留下来的，它是在最后一次冰期之后，因冰川融化造成的世界性范围海侵，使古代大面积滨海砂在现今滨外陆棚区得以残存。据估计，现今滨外陆棚沉积的70%为残留沉积物所覆盖。据中国科学院海洋研究所的研究，我国现代东海大陆棚的沉积物可分成粒度、成因不同的内陆棚和外陆棚两个沉积带。内陆棚接近海岸，沉积物为粉砂、粉砂质泥、软泥等，其分布水深为50～60m，主要由长江及沿岸诸小河流供给的陆源物质组成。外陆棚沉积物由砾石、粗砂、中砂、细砂等组成，以细砂分布最广，其分布水深为10～100m，它们都是古代残留沉积物。

考虑到浅海地区潮汐流、风暴流、海流以及密度流的作用，可将浅海陆棚沉积划分为潮汐控制的陆棚、海流控制的陆棚和风暴控制的陆棚（Swift，1971；Walker，1976）。

（二）潮汐控制的陆棚沉积

潮汐是由月球以及太阳对地球表面水的引力产生的，在大潮差、强潮流半封闭海湾或海峡地区，流速可达到每秒几十厘米，造成大量泥砂沉积物被搬运。流速较大的优势潮流控制了沉积物的搬运和沉积方向。在优势潮流上游部位多沉积砂砾岩，在下游部位多沉积泥岩。按砂砾岩沉积体的沉积形状和规模，可将由优势潮流形成的大型纵向沉积底形称为沙垄和潮汐沙脊，形成的中小型横向沉积底形称为沙波和沙纹。沙垄、潮汐沙脊和沙波是较为重要的砂砾质沉积（图22-12）。

现代潮控的沙垄、潮汐沙脊和沙波多是第四纪砂砾物质原地被改造的产物，也有人认为部分物质来自滨岸地区。双向潮流形成的羽状交错层理、泥岩披覆层是其典型沉积构造。

沙垄为平行最大潮流方向的线状砂体，常由长15km、宽200m、厚小于1m的沙垄和沙带组成，主要发育在水深20～100m、砂级沉积物供给不足的、潮流较大（流速>100cm/s）的陆棚地区。受物源供给的影响，沙垄形态和数量可发生变化（图22-12）。

沙波形成于物源供给丰富的潮控砂质浅海，是一种较大规模的横向坝形体，是现代潮汐

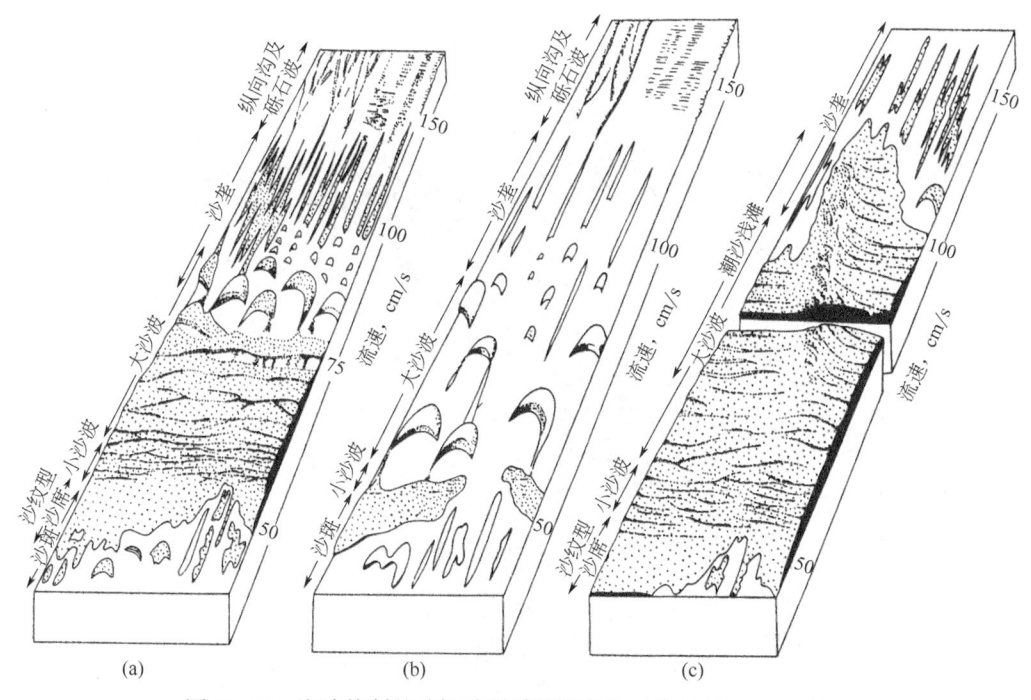

图 22-12 潮汐控制的陆棚砂砾质沉积底形（据 Belderson，1982）
(a) 沉积底形类型；(b) 物源较少的沉积底形；(c) 物源较多的沉积底形

陆棚特征的沉积底形。沙波延伸方向垂直涨潮与落潮方向，可发育层系厚度达 1m、低角度的交错层理。波长为几十到几百米，波高几米到十几米，形态可以对称，也可以不对称，这主要取决于双向潮流的作用强度和流向。

潮汐沙脊主要形成于物源供给充足的、表层潮流速度大于 50cm/s 的浅海陆棚地区，呈平行或近于平行最大潮流方向的线性、放射状分布的水下沙坝。潮汐沙脊高几十米，宽几百到几千米，长达几十千米，长宽比大于 40∶1。

潮汐沙脊常成群出现，脊间距离为几百米到几千米。由于潮流速度的变化，脊线可平直或弯曲。

潮汐沙脊常由分选良好的中细砂岩组成，底部冲刷面之上可见砾石或粗粒生物碎片。潮汐沙脊的横向迁移产生一系列倾向相同或不同的多向交错层理，垂向上为显示向上粒度变细的沉积序列，顶为薄层黏土。

（三）海流控制的陆棚沉积

海流对临近较深海的外陆棚碎屑沉积也存在影响。规模较大的海流主要与洋流的入侵相关，洋流的速度可达到 2m/s，它们搬运沉积物形成沙波。Flemming（1980）研究了非洲东南部陆棚边缘沉积，发现了较强海流作用形成的沙波（图 22-13）。该处沉积水深约 100m，面向印度洋。大陆架外缘海流表层流速可达 150~250cm/s，受其强劲海流影响在陆棚形成了不同的沉积底形（图 22-13），包括位于内陆棚的、水深小于 40m 的近岸浪控沉积带（图 22-13 中的 A 带）；位于中陆棚的、水深 40~60m 的、一系列纵向分布的、由骨屑砂组成的大沙波（图 22-13 中的 B 带）；位于外陆棚的、水深 60~100m 的、由骨屑砂和残留沉积砾石组成的沙脊（图 22-13 中的 C 带）。

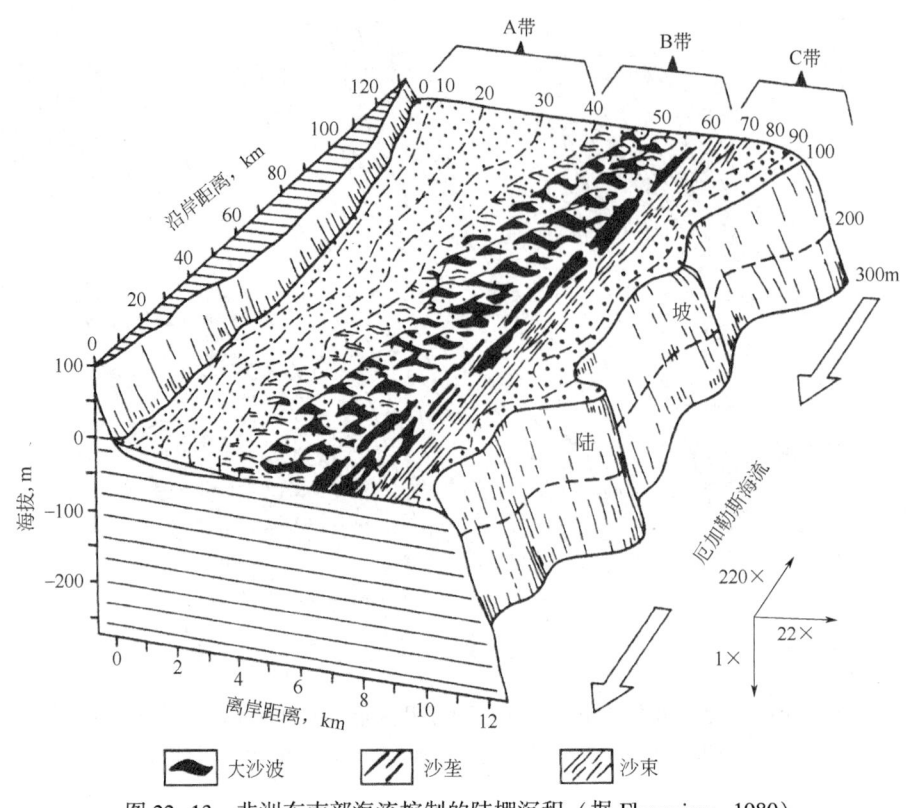

图 22-13 非洲东南部海流控制的陆棚沉积（据 Flemming，1980）

（四）风暴控制的陆棚沉积

现代风暴控制的浅海陆棚主要为潮差较小、潮流流速较慢的陆缘海以及盛行西风的陆棚。晴天波浪对浅海陆棚沉积作用影响很小。风暴流沉积的形成与风暴掀起的巨浪密切相关。风暴巨浪强烈冲刷海岸沉积物并使其呈悬浮状态，风暴回流将这些呈悬浮状态的海岸沉积物带回海中，形成向海流动、砂泥含量很高的密度流。这些密度流流速快、可横穿陆架几十至几百千米。随着密度流流速降低和能量减弱，会在浅海陆棚发生沉积。当在风暴浪底与晴天浪底之间发生沉积时，由于触及海底的巨浪运动无固定方向，从而形成了具丘状交错层理的风暴沉积；当在风暴浪基面之下的安静水体中沉积时，便形成具鲍马序列的浊流沉积物（图 22-8，图 22-14，图 22-15）。

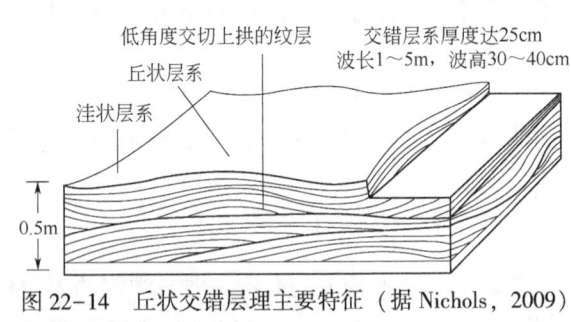

图 22-14 丘状交错层理主要特征（据 Nichols，2009）

20 世纪 80 年代，人们不断深入研究了风暴流沉积，完善建立了风暴沉积模式。风暴控制的陆棚沉积主要为发育生物扰动的泥岩沉积。一次风暴形成的风暴沉积层厚度约几十厘米，由底至顶，沉积物粒度变细，发育丘状交错层理和平行层理等沉积构造。主要由四个部分组成：（1）具有侵蚀底界面的粒序层或滞留沉积段；（2）平行层理砂岩段；（3）丘状/洼状交错层理或浪成交错层理砂岩段；（4）泥岩或页岩段（图 22-15，图 22-16）。

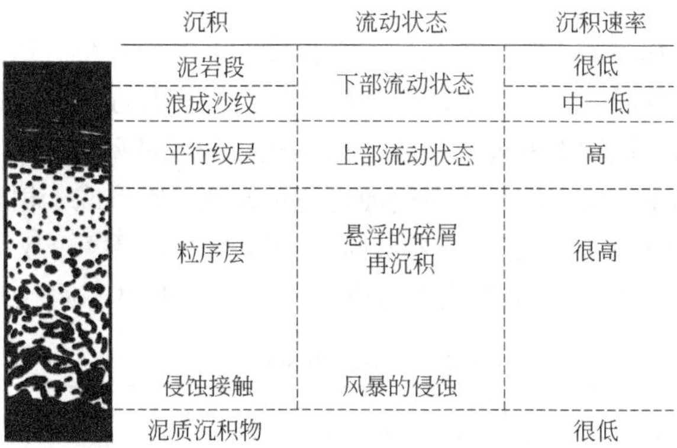

图 22-15 类似鲍马层序的理想风暴岩垂向层序（据 Aigner, 1982）

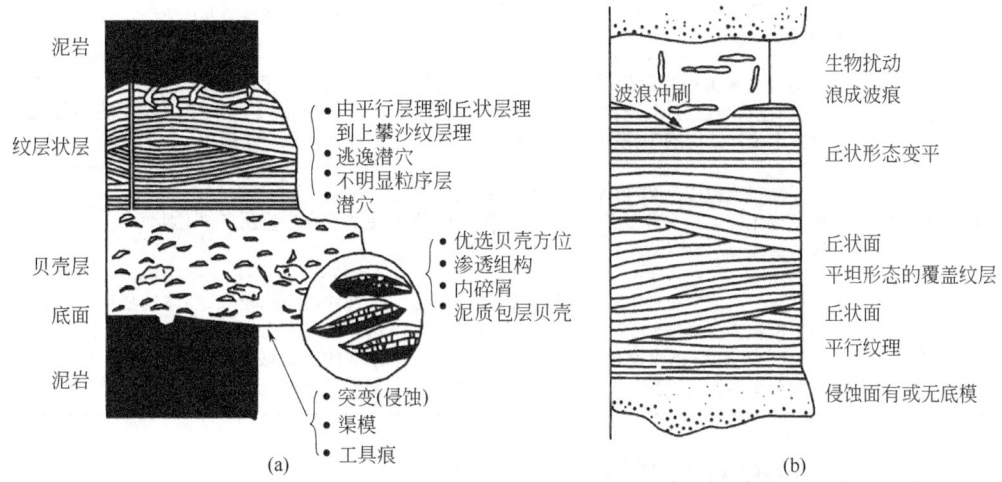

图 22-16 风暴岩理想垂向层序[（a）据 Kreisa, 1982；（b）据 Brenchey, 1985]

上述垂向层序与风暴作用的过程有着紧密的成因联系。风暴活动通常分为高峰期和衰退期两个阶段。不同阶段风暴作用形成的沉积特征各不相同。

风暴高峰期风暴浪引起的涡流及风暴退潮流强烈地冲刷海底，形成明显的冲刷面，并出现工具痕和扁长状的侵蚀充填构造，称为渠模（gutter cast）。由于风暴搅动所造成的差异悬浮作用，较细的物质被簸选并悬浮起来，风暴减弱时，沉积物按粒级粗细先后依次沉积，形成向上变细的粒序层。经风暴簸扬粗碎屑沉积于最下部，形成滞留沉积，粒序层的上部为细粒悬浮沉积。当粗粒部分有丰富生物碎屑时，可形成贝壳层，常具定向排列。

风暴衰退期是在风暴高峰期之后，风暴减弱，细粒沉积物迅速地从悬浮状态沉积下来，可在贝壳层中形成渗滤组构，如遮蔽孔隙、贝壳或内碎屑层内的遮蔽沉积等。同时，形成了细砂与粉砂组成的纹层段。随着风暴强度的减弱，纹层段内出现不同类型的层理，由下至上依次为平行层理、丘状/洼状交错层理、浪成沙纹层理或浪成上攀沙纹层理。平行层理和丘状交错层理是风暴流最具特征的层理类型，分别是由底部强烈的剪切和浪生振荡水流形成的。

细砂和粉砂组成的纹层段沉积之后，便是风暴过后的风暴悬浮最细粒沉积物和非风暴期悬浮沉积物的堆积，形成了细粉砂和泥互层或富含有机质的泥岩段或页岩段。常发育生物潜穴和生物逃逸痕迹。

在一个沉积剖面上，风暴岩垂向层序往往发育不全，而平行层理和丘状/洼状交错层理是典型的风暴沉积构造。

风暴流沉积受水体深度的影响,风暴作用随深度的增加而减小。从内陆棚至外陆棚,风暴及风暴退潮流的影响逐渐减小。因此,风暴岩像浊积岩一样有近源和远源之分。近源性风暴岩相对较厚,粒粗,底部侵蚀构造发育,形成于水体相对较浅的陆棚区;远源性风暴岩则相反,厚度小,以细粒沉积为主,底界明显,但侵蚀构造不发育,常形成于相对水深的陆棚区。

风暴流和浊流都是密度流,都具有类似向上变细的垂向层序,故风暴岩和浊积岩容易混淆。但二者在成因、形成环境、沉积构造等许多方面都有明显不同(表 22-2)。

表 22-2 风暴岩和浊积岩的区别

特征	风暴岩	浊积岩
形成作用	风暴浪作用及风暴退潮流作用形成的	不同密度的密度流流动作用形成的
形成环境	主要出现在正常浪基面至风暴浪基面之间的陆棚环境	主要出现于风暴浪基面之下的深水环境
层理特征	主要由风暴浪作用及潮汐流动成因形成的层理,如丘状交错层理、洼状交错层理、平行层理、浪成上攀沙纹层理等,缺少递变层理	只有具重力流流动成因的层理,如递变层理、平行层理,缺少波浪作用形成的层理,如缺少丘状或洼状交错层理
其他沉积构造	具侵蚀充填构造,如渠模及工具痕,工具痕的方向是变化的甚至是相反的,并具有渗滤组构及逃逸潜穴,缺少槽模	主要发育槽模及多种工具痕
垂向层序和分布特征	岩性相似于滨岸早期沉积,多为分选好的砂岩,向上沉积物粒度变细,但下部粒序层厚度不均匀,粒序层与交错纹层段间的粒度是突变的。侧向分布不稳定,可变薄、变厚或呈透镜状	岩性粒度变化较大,整体构成向上变细序列,粒序层厚度均匀,粒序层与平行层段间粒度是递变的。侧向延伸远,平面扇形或舌形。剖面楔形或透镜状

三、半深海及深海沉积特征

(一)半深海相

1. 一般特点

半深海及深海沉积构成了海洋中最重要的沉积,目前正在不断加强对其沉积特征的研究。

半深海对应大陆坡沉积环境。陆棚边缘坡折带沉积水深一般为 90~180m,大陆坡底水深一般为 2000m,深者达 3700m(图 22-1)。

半深海相沉积主要由泥质、浮游生物和碎屑三部分沉积物组成。其来源主要是被洋流搬运的陆源物质和海洋浮游生物,其次为冰川和海底火山喷发物。沉积速率大于深海沉积,可达 0.01~1mm/a。泥质沉积物多具水平纹层,也可遭受生物扰动不显层理。风暴事件可改造破坏陆架沉积物,通过洋流和重力流将其搬运到半深海发生沉积。

陆坡地带地势较陡,存在较大的重力势梯度,易造成早期沉积物滑坡形成重力流沉积。海底洋流(等深流)可搬运大量粉砂级沉积物并在陆坡上堆积下来。风、河流、潮汐和波浪搬运的细粒悬浮物质在较深水区也可发生大量沉积。所以,重力流、等深流和悬浮沉积(还有内波沉积)是半深海的主要沉积成因类型。

在半深海相中,泥质沉积物所占比重最大。研究认为洋流是搬运陆源泥质物在半深海沉积的主要因素。风暴浪对海底的扰动或重力滑动可使沉积于陆棚上的陆源粉砂沿海底以低密度流的形式搬运，并沉积于半深海而成为半深海相碎屑沉积物。海底洋流或顺陆坡等深线流动的等深流也可搬运粉砂物质并在陆坡或陆隆上堆积成透镜状粉砂质砂体。

半深海区阳光可传播到400~500m深度，但光合作用最需要的红光和黄光传播深度却很小，故此环境无植物发育，生物多为浮游、游泳方式生存，主要的生物群为腹足类以及瓣鳃类、腕足类、放射虫、有孔虫等。

2. 沉积类型

古代半深海相沉积主要是质纯色暗的、广泛分布的泥岩。现代半深海相沉积可归纳为下述几种类型。

(1) 蓝色软泥：现代半深海相中分布最广的类型，成分以陆源粉砂质黏土为主，夹有大洋产物，钙质含量小于35%，颜色为天蓝、灰绿、铅灰或青灰色，故又称为青泥，含H_2S，为还原环境下形成，可形成含有机质的蓝色页岩。

(2) 红色和黄色软泥：蓝色软泥的变种，以粉砂质黏土为主，含有碳酸盐矿物，主要分布于热带和亚热带半深海或浅海陆棚区。

(3) 绿色软泥：因含海绿石而呈绿色，其成分为黏土、硅质生物、少量钙质及碎屑物质（主要为海绿石，次为石英、长石、云母），如英国白垩系发育的绿色页岩即为半深海相绿色软泥成岩的产物。

(4) 碳酸盐软泥和砂：碳酸钙含量可达18%~90%，浮游生物含量高，砂粒为细砂和粉砂。以含钙高区别于青泥，以含粗粒物质多而区别于深海相钙质软泥。

(5) 珊瑚泥和珊瑚砂：在珊瑚礁形成的岛屿周围的陆坡上，堆积了因礁体的破坏而形成的钙质碎屑和钙质软泥，称珊瑚砂和珊瑚泥。珊瑚砂中常伴有软体类、棘皮类、有孔虫类碎屑，主要分布于半深海相的上部。

(6) 火山泥：系火山爆发形成的火山灰堆积于半深海区而成。常为暗灰、棕或灰黑色，粒度比青泥稍粗，成分主要为火山玻璃、黑云母、透长石等，碳酸盐含量低于28%。

(7) 冰川海洋沉积：邻近冰川发育区的半深海中可见冰川沉积物，成分主要为黏土和分选很差的砂、砾，多发育在两极附近的半深海中。

3. 等深流沉积

等深流是发生在半深海地区沿大陆坡坡脚等深线流动的远洋底流，等深流沉积主要出现在陆隆区。这个概念最早是由赫森（Heezen，1966）研究北大西洋时提出的。现代深海调查表明，起因于深水地转流的等深流是常见的底流类型，从水深超过5000m的深海平原到水深500~700m的较深水台地都存在等深流沉积，构成厚几十至几百米、面积几十万至几百万平方千米的细粒泥质和粉砂质席状或伸长状沉积（Stow，1998）。等深流形成于南北两极与赤道地区海水温度、盐度差异造成的密度梯度力，并通过地球旋转产生的科里奥利力影响流体的运动方向。现代海洋中等深流的流速一般为5~20cm/s，最大流速可达180~250cm/s。流速较快的等深流具有较强的侵蚀作用形成规模较大的海渠。等深流为连续沉积过程，沉积类型依赖于物源供给和流速变化，常见沉积物主要包括泥级、粉砂级、砂级的陆源碎屑、生物碎屑、火山碎屑以及侵蚀产物，主要沉积构造有小型交错层理、波状层理、生物碎屑定向排列以及侵蚀痕迹。福格瑞斯（Faugeres，1984）在研究北大西洋东缘现代等深流沉积时，发现等深流沉积垂向序列有一定规律性，即自下而上依次为泥质等深岩、斑状粉砂质和泥质等深岩、具粉砂岩层的斑状等深岩、粉砂质—砂质等深岩、具粉砂岩层的斑状等深岩、斑状粉砂质和泥质等深岩、泥质等深岩，沉积序列厚度10~100cm（第二十三章将有详细介绍)。

(二)深海相

1. 一般特点

深海相发育于大洋盆地,水深在2000m以下,平均深度为4000m(图22-1),主要由悬浮物质沉降和重力流作用等形成。

深海沉积物质主要包括风搬运的陆源灰尘、火山灰、钙质和硅质生物碎屑、黏土矿物等。现代深海沉积物主要为各种软泥,其中大部分属远洋沉积物,即多半是繁殖于大洋上层的微小浮游生物的钙质和硅质骨骼下沉堆积而成的软泥,另一部分为底流活动、冰山搬运、浊流、滑坡作用形成的陆源沉积物,以及局部地区各种矿物的化学和生物化学沉淀作用形成的锰、铁、磷等沉积物。此外尚有少量风吹尘、宇宙物质等。

深海沉积速率缓慢,陆源黏土级物质沉积速率为 0.001~0.005mm/a,形成黏土;钙质软泥沉积速率为 0.003~0.05mm/a,形成灰泥;硅质软泥沉积速率为 0.002~0.01mm/a,形成燧石(Aizelles,2000)。深海沉积物的类型和沉积过程受控于表层海水密度、水深、水温、与大陆的距离、钙质和硅质生物产率、碳酸钙补偿深度(CCD)、大洋底流和重力流、火山作用、冰川活动等。

随着水压增加、水温降低,碳酸钙溶解能力不断提高。碳酸钙完全溶解对应的水深(3000~4000m)称为碳酸钙补偿深度(CCD)。钙质有机质或钙质沉积物在大于碳酸钙补偿深度(CCD)水深时处于溶解状态,但可有硅质生物碎屑和黏土矿物发生沉积(图22-17)。需要注意的是,碳酸钙补偿深度(CCD)随着水温、水压、水的循环以及钙质生物产率等发生时空变化。另外,二氧化硅补偿深度(SCD)深于碳酸钙补偿深度(CCD),约在6000m左右。

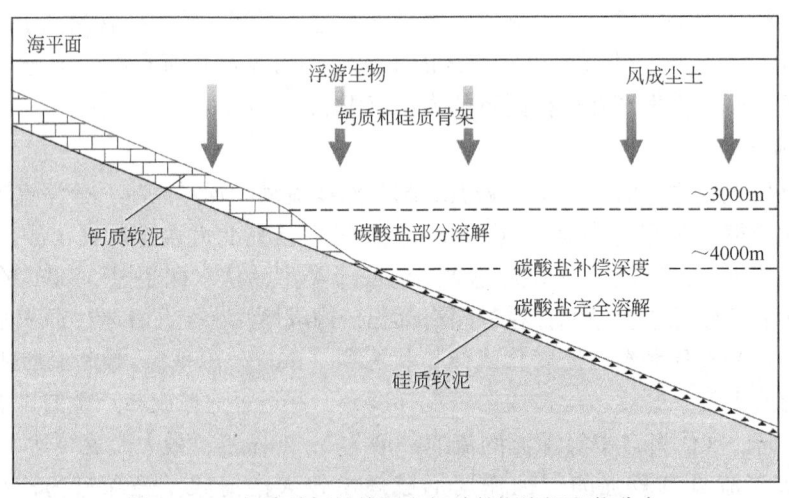

图22-17 与碳酸钙补偿深度相关的深海沉积物分布

现代深海的许多地区存在着流速达 4~40cm/s 的强烈底流,它可引起沉积物的搬运,并在沉积物表面形成波痕、冲刷痕、水流线理、交错层理等。深海沉积物的波痕可以是对称的、舌形的、新月形的,波长从十厘米至数米,波高可达20cm或更高。

深海底层温度一般稳定在1℃左右。深海底阳光已不能到达,氧气不足,底栖生物稀少,种类单调,故不能形成底栖生物的显著堆积。

现代深海海底存在着由75%~90%黏土矿物组成的深红褐色"红层"和广泛分布的锰结核。

2. 沉积类型

深海沉积物的主要类型有陆源黏土、生物软泥、火山碎屑物质、冰川沉积等。Shepard（1963）曾对现代深海沉积物进行过分类，主要沉积类型和特征如下。

（1）棕色黏土（红色黏土）：约占深海沉积的38.1%，大多数深海底大面积覆盖着红色或棕色黏土。它主要为粒径小于2mm的黏土矿物和其他陆源稳定矿物的残余，以及火山灰、宇宙尘等，常含放射虫及少量有孔虫，碳酸盐含量小于30%。

（2）抱球虫软泥：与红色软泥共同构成深海最主要的沉积物，主要由各种浮游有孔虫，特别是抱球虫的介壳组成。此外颗石藻类的碎片、放射虫介壳、硅藻和翼足虫也是大量的，非生物组分含量少，碳酸盐含量大于30%。

（3）翼足虫软泥：主要由翼足虫（抱球虫的变种）的文石壳及大量的浮游有孔虫组成，碳酸钙含量平均约79.25%，常呈白色至浅褐色。主要分布在热带和亚热带海底隆起和礁上，分布水深为1500~3000m。因为深度大时，翼足虫介壳易溶解。古代翼足虫石灰岩在寒武纪以后各地质时期均有产出，但厚度不大；现代翼足虫软泥主要分布于大西洋中脊斜坡、巴哈马、百慕大等台地斜坡。

抱球虫、翼足虫软泥都属于钙质软泥。随深度增加，碳酸盐溶解作用加强，导致它们的含量减少，当水深大于5500~6000m则含量接近于零，并为硅质软泥和黏土所代替。

（4）放射虫软泥：放射虫壳含量常大于50%，呈红色。放射虫抗溶解作用强，故可分布在很深处。现代放射虫软泥在横穿赤道的太平洋中水深4600m、宽200km的地带分布最广。

（5）硅藻软泥：由50%或更多的硅藻组成，非生物成分约20%，主要由粉砂级颗粒组成，呈黄色。海洋中的硅藻分布在温度较低的地区，沿太平洋的南纬60°线，硅藻软泥呈宽1500km的带状分布；在北太平洋呈斑点状存在，少数也产于热带海洋。

（6）锰结核：深海沉积中分布最广的自生沉积物，它具有明显的同心层，表明其沉积是间歇性的。锰结核在深海底分布广、数量多、局部集中，其经济价值已受到人们的重视。

（7）浊流沉积：在深海相中常发育有重力作用形成的浊流沉积，它可形成较大的厚度和较广的面积，而且现在所见到的古代深海沉积也主要是浊流沉积（第二十四章将有详细介绍）。

第三节 海相组鉴别标志及海相与油气关系

一、海相组鉴别标志

（一）滨岸相主要鉴别标志

（1）岩矿特征：一般说海岸沉积的砂质较纯，石英等稳定组分含量高，重矿物相对较富集，圆度、分选较好，成分成熟度和结构成熟度较高。

（2）粒度分布特征：海岸砂的粒度分布特征较均一，粒度概率图上显示跳跃总体发育，斜率大、分选好，有时明显地存在着多个跳跃次总体，这是由于波浪的冲刷与回流作用造成的（图22-9）。

（3）沉积构造特征：前滨带发育有大型海滩冲洗交错层理，沿层理面见有水流线理或剥离线理，沿层面还常发育有各种浪成波痕、菱形波痕、细流痕以及其他层面构造。其中尤以大型冲洗交错层理是海岸沉积最典型的标志。临滨带发育槽状和板状交错层理，临滨下部可见水平层理及生物潜穴（图22-10，图22-11）。

（4）生物学特征：海岸沉积中常含有数量不等的各门类海相生物及其碎片，有时在滨线一带可形成薄的介壳层，它们多属于不同生态环境的生物所构成的生物组合，生物介壳一般都具有破碎、磨损和圆化现象。

（5）垂向沉积层序：多为进积型下细上粗的反旋回沉积序列。

（6）砂体形态：平行岸线的、成排的线状分布砂体。剖面上常呈下平上凸的透镜状或席状。

（二）浅海相主要鉴别标志

除了沉积结构、构造、砂体形态等沉积相标志外，识别古代浅海沉积物最可靠的标志是受海水盐度和深度控制的海相化石和地球化学参数特征。

受盐度和盐度变化控制的无脊椎动物化石是区分古海洋环境和非海洋环境最可靠的手段（图22-2）。浅海环境多生活狭盐性生物种属，且生物种的分异度低。

遗迹化石是推断没有遗体化石浅海环境的重要标志。陆棚环境特有的遗迹化石主要是记录从悬浮物中摄食的动物活动遗迹。

浅海陆棚沉积物具有较高的成分和结构成熟度。最特征的自生矿物是海绿石、鲕绿泥石等铁硅酸盐类和一些磷酸盐类矿物。

浅海陆棚除了发育低能水动力形成的波状层理和水平层理外，还可发育风暴流沉积、丘状和洼状交错层理及其沉积序列是判别浅海陆棚的重要标志。

潮汐控制的和海流控制的陆棚砂体形态和沉积层序也是判别浅海陆棚的标志。

（三）半深湖和深海相主要鉴别标志

半深海和深海沉积以颜色暗、质地纯、厚度大、分布广，富含有机质的泥岩、硅岩以及碳酸盐岩为特征。

浊流沉积也是判别较深海沉积的重要标志。

二、海相组与油气关系

目前在海相矿产资源中，石油和天然气仍居首要地位。现已探明的海上油气田，绝大多数都分布在广阔的大陆架上。据世界大陆架油田开发资料统计，现今大陆架总面积的75%为沉积盆地所占据，而它们的绝大多数是中、新生代开始沉降和发育的年轻沉积盆地（如中国珠江口盆地等），沉积厚度巨大，有的可达万米以上。大陆架地区适合有机物的大量堆积和埋藏，发育多种成因类型的储集岩以及广泛分布的盖层，从而为油气的生成和聚集提供了良好的地质条件。

在碎屑滨岸相中，发育各种类型的、分选磨圆好的、储层质量高的砂体，是油气储集的良好场所，如中国西部塔里木盆地泥盆系东河砂岩便是滨岸成因的产油砂岩。现今，人们对浅海陆棚不同成因类型的砂体也给予了高度重视。半深海和深海暗色泥岩和浊流砂岩沉积具有油气生成和聚集的组合条件，可形成岩性油气藏，如美国洛杉矶盆地古近系—新近系深海浊流成因油气田。

思考实习题

1. 简述海洋沉积环境的特点及海相组的划分。
2. 简述海岸水动力和沉积物搬运、沉积作用。
3. 图示并说明滨岸环境波浪作用方式及其亚相划分。
4. 简述滨岸相后滨、前滨、临滨沉积水动力条件及沉积特征。
5. 简述浅海陆架水动力特征和潮控、浪控陆棚的沉积作用。
6. 试述风暴沉积过程和风暴沉积特征,图示沉积层序。
7. 列表说明风暴岩与浊积岩的区别。
8. 简述半深海、深海水动力特征和主要沉积作用。
9. 简述等深流形成机制和主要沉积特征。
10. 论述滨岸相、浅海相主要鉴别标志。
11. 试通过文献调研,说明海洋沉积与油气富集之间的关系。
12. 通过实际露头踏勘,总结海相滨岸带不同亚相沉积岩性、构造和沉积序列特点。

第二十三章　深水牵引流沉积

> **导读**
>
> 　　本章核心知识点包括海洋深水牵引流两种主要沉积类型（等深流沉积、内波和内潮汐沉积），等深流概念及沉积特征，内波、内潮汐的概念及沉积特征，深水牵引流沉积与浊流沉积及深水原地沉积特征的异同，深水牵引流沉积储层为油气勘探新领域。

　　随着对浊流和其他深水重力流沉积研究的深入，发现在深海和半深海环境中，存在着规模可观的由牵引流形成的碎屑沉积，这些深水牵引流沉积是一种潜在良好的油气储层。砂级的深水牵引流沉积与深水细粒沉积互层，可构成良好的生储盖组合。目前已发现的深水牵引流沉积主要有两种类型：一类是等深流沉积；另一类是内波和内潮汐沉积。随着深海调查技术的进步和完善，特别是深海钻探计划（DSDP）和大洋钻探计划（ODP）的完成，以大量的资料和雄辩的事实证实了深海等深流、内波、内潮汐的活动以及等深流沉积、内波和内潮汐沉积的存在，极大地促进了对各大洋的现代深水牵引流沉积的研究。同时，还识别出并系统地研究了不少地层记录中的深水牵引流沉积。

第一节　等深流沉积

一、等深流的概念

　　最先注意到深海底流及其沉积作用的是德国海洋物理学家 G. Wust（1936，1955，1958）和美国沉积学家 B. Heezen（1954，1959）。1966 年，Heezen 等人在对北大西洋陆隆沉积物研究之后，首先提出了等深流这一术语。他们认为，等深流是由于地球旋转而形成的温盐环流（thermohaline circulation），这种环流平行于海底等深线作稳定低速流动（5~20cm/s），主要出现在陆隆区。

　　现代深海调查表明，起因于深水地转流的等深流是最常见的底流类型之一。从水深超过 5000m 的深海平原到水深为 500~700m 的较深水台地都存在这类等深流沉积。它们既出现于被动大陆边缘（尤其是在北大西洋中），也出现于活动大陆边缘。Faugeres 等人（1993）将这种在相对较深水环境中由地球旋转而产生的温盐环流称为狭义的、真正的等深流。

　　海洋学调查发现，现代海洋中的等深流的流速一般为 5~20cm/s，局部可达 50cm/s 甚至更高。因此，等深流是海底中一种非常重要而又十分特殊的地质营力，它不仅可以对海底产生侵蚀作用，而且还可以搬运沉积物，形成一类特殊的沉积——等深流沉积或等深积岩。

　　等深流的沉积作用一般是比较缓慢的，沉积速率比较低，而且变化也比较大。大西洋中部现代等深流沉积速率 0.6~20cm/ka，一般为 2~12cm/ka。等深流的沉积速率与等深流的流速、物源供给、海底地貌、气候变化及海平面变化等诸多因素有关。

二、等深流的沉积特征

（一）岩性

对现代海底等深流沉积物的研究表明，等深流沉积物的主要来源有陆源碎屑物质、生物成因的物质、海底沉积物的重新浮悬和火山物质等。因此，等深流沉积物的成分主要为陆源碎屑物质和生物物质或碳酸盐物质，也有少量火山物质。

由于等深流沉积本身分异度低、生物活动改造强烈，一般将等深积岩分为 4 种基本类型，即泥质等深积岩、斑块粉砂质等深积岩、砂质等深积岩和砾质等深积岩以及若干过渡类型。由于等深积岩的成分除陆源碎屑物质外，还有生物成因的物质、化学成因的物质以及火山碎屑物质等，因此，又可按粒级将等深积岩划分为泥级等深积岩、粉砂级等深积岩、砂级等深积岩、砾级等深积岩等类型，每一类型按成分再进一步细分（图 23-1）。

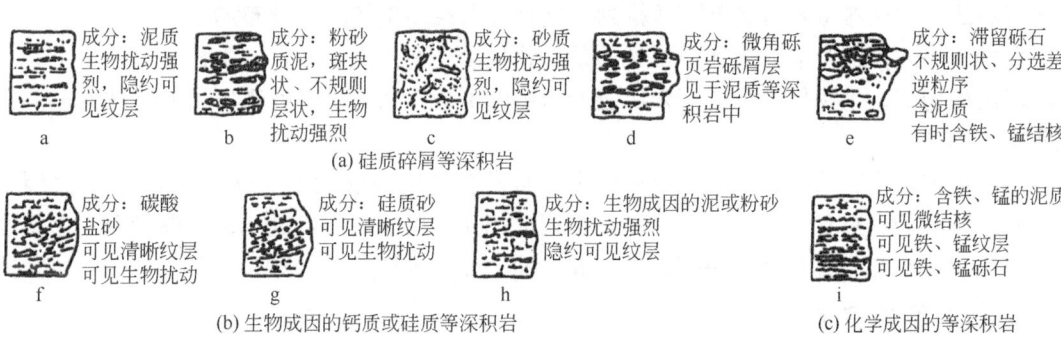

图 23-1 等深积岩的主要岩性类型（据 Stow，2002）

泥级等深积岩是各类等深积岩中粒度最细的、数量最丰富的，它是现代等深流沉积的主体，其中生物扰动构造发育。

砂级等深积岩粒度较粗，分选较好，特征明显。粉砂级等深积岩为泥级等深积岩与砂级等深积岩之间的过渡类型，多与它们交互成层或混杂出现，其数量也很丰富。

砾级等深积岩粒度最粗，为数甚少，但反映沉积作用特征有一定的意义。一般认为它是由流速高、能量大的等深流侵蚀和改造细粒沉积物而形成的一种砾石滞留沉积。这种等深积岩单层薄且不规则，分选差，颗粒表面常具有铁镁质包壳。

生物屑等深积岩成分独特，数量也很少，多为等深流改造重力流沉积的石灰岩而成。与砾级等深积岩类似，对反映沉积作用有一定的意义。

（二）结构

现代等深流沉积物的结构组分包括泥级组分、粉砂组级分、砂级组分和细砾级组分。其中泥级组分是最主要的，其次是粉砂级组分，砂级组分较少，细砾级组分极少。这是由于等深流的流速一般为 5~20cm/s，决定了其所携带的颗粒大小一般为泥级至细砂级。但是很少见由单一的或以细砂级为主要粒级所组成的现代等深流沉积物。

等深流沉积的分选性与其沉积时等深流的流速、持续时间、物源及生物活动等因素相关。Heezen(1966) 和 Bouma(1972) 等人最初认为经典的等深流沉积物（单层厚度<5cm）的分选性为好—很好，分选取系数小于 0.75（Folk 值）。但是，目前大洋中广为分布的等深

流沉积物分选性为中等至较好，局部为好至很好。在正态概率曲线上，一般有 2~3 个沉积总体，其中跳跃总体斜率较大。

（三）沉积构造

等深流沉积物主要发育生物成因构造、小型交错层理、黏性沉积物大型交错层理、侵蚀构造和定向构造等机械成因构造。

侵蚀构造的发育是等深流沉积的重要特征。这些侵蚀构造包括侵蚀面、刻蚀痕、底渠（海底沟渠）和截切面等。尤其是侵蚀面，在各种等深流沉积中均十分发育。频繁的侵蚀界面可能反映了等深流的脉动性。底渠的发育则指示了主流线的存在以及短暂时期内流速曾突然加强。在海隆等正地貌单元之上，由于等深流流速大及持续稳定，则可出现由侵蚀面向底渠发展，最后发育成水道。

定向构造主要由生物屑、碎屑颗粒的定向排列表现出来。另外，刻蚀痕、障积痕等流动痕迹可作为定向构造，这些定向排列的物质其长轴方向平行于等深流流动方向。在流速较高的水道底部，常见滞留砾石呈叠瓦状排列，这种砾石层厚度较小，分布局限。

生物成因的构造中最普遍和最常见的是生物扰动构造及生物潜穴。生物扰动几乎贯穿于等深流沉积物中。生物扰动形成毫米级至厘米级的不规则状斑块，使得原始的层理构造部分或完全遭到破坏。

生物潜穴及生物遗迹在等深流沉积中也非常发育。这些潜穴及遗迹形态呈孤立的囊状、条带状、延长的扁豆状、管状，有时密集排列成相交的网状，厚度毫米级至厘米级。生物潜穴或其他遗迹常与生物扰动斑块混杂在一起，使之变得模糊不清，难以辨认。

（四）垂向层序

Faugeres（1984，1993）在研究北大西洋东缘现代等深岩丘时，发现等深流沉积组合具有一定的垂向排列规律性，其完整的沉积层序如图 23-2(a) 所示。这一沉积层序是由一个向上变粗的逆递变段和一个向上变细的正递变段构成的对称递变层序，厚 10~100cm。沉积层序的厚度和完整性、对称性变化很大。段太忠等在研究湘北九溪下奥陶统等深积岩时也发现了与 Faugeres 等描述的层序类似的层序 [图 23-2(b)]，层序厚度为 10~200cm。

除上述典型沉积层序外，还有一些其他特殊类型的层序，如由单一的砂屑等深积岩组成的层序。这类层序主要由中层到厚层的砂屑等深积岩叠置组成，其中每个单层砂屑等深积岩均具有典型的下细中粗上细的粒度变化特征，而整个层序在总体上又呈现为细—粗—细旋回，实际上这是一种复合层序。

上述层序特征与浊积岩或风暴岩迥然不同（表 22-2），当然其代表的水力学意义也是不同的。浊积岩和风暴岩的层序代表的是一次短暂事件沉积作用，而等深积岩沉积层序则反映了等深流流动强度的长周期变化，即一个细—粗—细的垂向层序反映了等深流活动由弱到强再到弱的一个活动周期。

三、等深岩丘的发现与研究

海洋钻探、物探和综合研究还表明，在现代海洋大陆坡和陆隆上，不仅广泛分布着等深流沉积物，而且广泛发育着由等深流沉积物构成的巨大的堆积体，这种堆积体的规模可与由浊流沉积形成的海底扇相比拟。Stow（2002）根据等深流沉积形态和形成环境，将其划分为 6 种类型：（1）席状等深积岩体；（2）伸长状等深积岩体；（3）水道型等深积岩体；

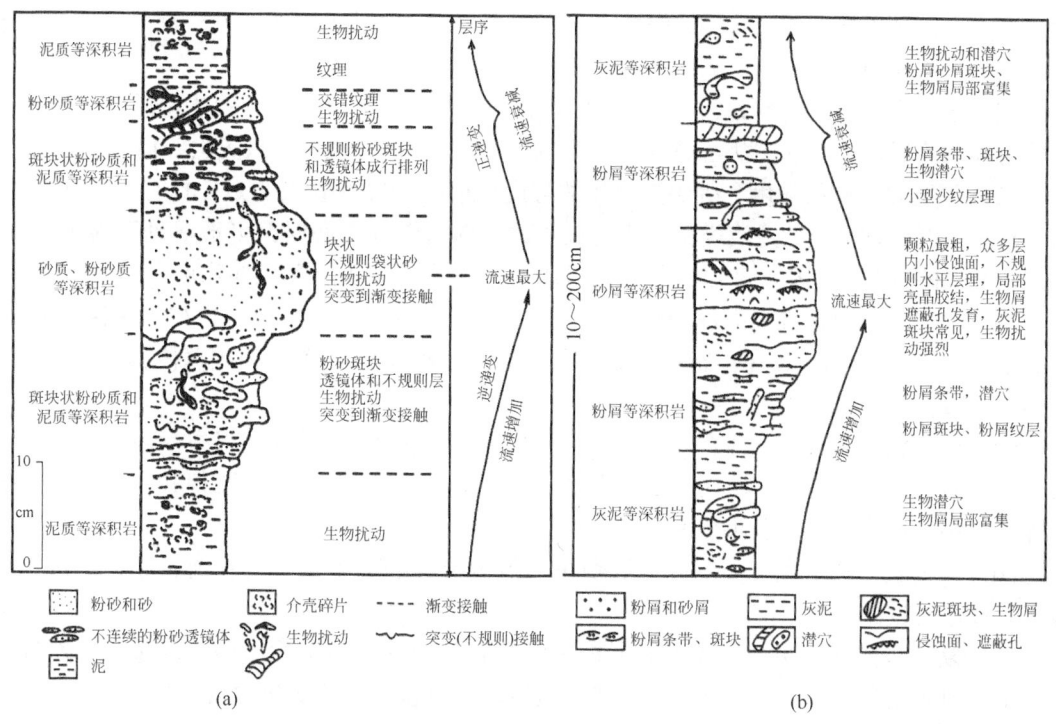

图 23-2 等深流沉积的层序[（a）据 Faugeres 等，1984；（b）据段太忠等，1990]

（4）狭长的等深积岩体；（5）浊流沉积体系被改造的等深积岩体；（6）充填等深积岩体（图 23-3）。其中，伸长状的等深积岩丘状体（简称等深岩丘）是一种最重要的类型，它呈长条形或伸长状，横剖面上呈丘状，长度一般为数十至数百千米，宽可达数十千米，高出周围海底 0.1km 到 1km 以上，其堆积厚度局部可达 2km。如佛罗里达海峡北部的碳酸盐等深岩丘长达 100km，宽达 60km，丘体厚度达 600m，总面积达 3000km^2。到目前为止，已在北大西洋中发现和详细研究了 16 个大型的现代等深岩丘。

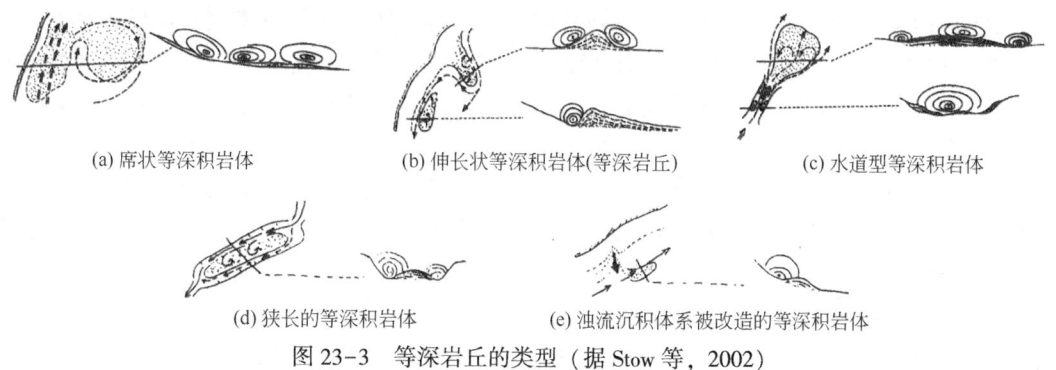

图 23-3 等深岩丘的类型（据 Stow 等，2002）

四、等深流沉积的鉴别标志

等深流沉积的鉴别是等深流沉积研究中的一个关键。结合现有的研究成果，将等深流沉积的鉴别标志归纳为以下几个方面。

（1）不规则薄层状、透镜状产状。等深流沉积与深水原地沉积伴生且夹于深水原地沉积层系之中，呈不规则薄层状、透镜状产状，单层厚度一般为几厘米至几十厘米，多分布于陆隆或深水盆地中。

（2）多类别成分。等深流沉积的成分既有硅质碎屑物质，也有碳酸盐物质，沉积类型主要为陆源碎屑岩类和碳酸盐岩类（包括生物屑等深积岩），也有少量火山碎屑岩类。

（3）泥级和粉砂级粒度。等深流沉积的粒度可以是泥级到砂级的，且具有一系列由砂、粉砂和黏土混合物组成的过渡类型。当有极强的等深流剥蚀海底时，可形成砾石滞留沉积。目前所发现的等深流沉积一般以泥级和粉砂级为主，砂级次之，偶见细砾级。

（4）中等—好分选性。等深流沉积的分选一般中等—好，局部分选极好。标准偏差 σ_1 一般小于0.8（Folk值）。在正态粒度概率曲线上，一般有2~3个沉积次总体，其中跳跃次总体斜率大。

（5）牵引流沉积构造。等深流是一种深水牵引流，因此等深流沉积中一般具有牵引流沉积作用的特征，如水流冲刷而形成的侵蚀面、流水层理（小型交错层理和大型纵向交错层理等）和组构优选（如长形颗粒的定向排列）等。

（6）生物扰动构造发育。等深流沉积中一般具有强烈的生物扰动构造，原始的沉积构造不易很好地被保存下来。

（7）复合垂向沉积层序。等深流沉积一般具有独特的垂向沉积层序，即垂向上粒度呈细—粗—细的复合递变组合，这是由于等深流流动强度呈周期性变化的结果。

（8）多形成于海平面上升时期。等深流沉积主要发育于海平面上升时期。随着海平面上升，物源区逐渐远离沉积盆地，粗碎屑物质注入减少，重力流活动减弱，底层环流活动明显。因此，等深流沉积可作为海侵体系域较为特征的沉积类型。

第二节　内波和内潮汐沉积

一、内波和内潮汐的概念

内波是指存在于较深水环境两个不同密度的水层界面附近或具有密度梯度的水体之内的水下波。只要存在水体密度跃层，并有扰动源存在，内波就会产生。由于内波的能量比相应的表面波小得多，只需小小的扰动就能引起内波的形成，且这种扰动是普遍存在的，尚未发现大洋内部存在平静的地方。此外，在大多数海湾和湖泊中都可能存在内波。

内波的振幅、周期、传播速度、深度的变化范围都很大。内波的高度大者可超过百米，小的仅为厘米级。通常在深水处振幅大，而在浅水带振幅小。但内波振幅随深度的分布还受密度分布的影响，因为较低的能量只能使密度差小的界面发生位移，而不能移动密度差大的界面。内波的波长变化也很大，小的远小于1m，大者则可超过数千米。由于内波的波长和振幅均可以很大，能引起质点在纵向和横向上长距离转移，故内波是海水混合和搬运的重要因素。内波周期的变化范围从不足1min到长达数日或更长。在美国西海岸加利福尼亚的米申（Mission）海滨水深18m处，记录的1061个内波频率分布为2~20min，其周期中值为7.3min。Shepard（1973）对加利福尼亚San Lucas海底峡谷水深137m、215m和328m三处的海底双向流周期的测定结果依次为0.9h、1.5h和2.8h。各地的频率分布情况不同，但总的趋势是清楚的，随深度增加周期平均值增大。

由于内波的存在，在界面上下水质点运动的方向相反，在界面处发生最大速度剪切，可形成速度高达 1.5m/s 以上的内波流，犹如锐利的剪刀，破坏力极大。

内波与表面波浪虽都是液体波动，但有极大的差别。内波波速比表面波小得多，但内波的振幅通常比表面波大得多，有的甚至达百米以上，波长可达数百米甚至数千米。

由于内波发生在海洋内部，可通过测定水体流速、温度、盐度等随时间的变化来研究内波。深海调查发现，在海底峡谷和大陆边缘沟谷中，几乎普遍存在着沿沟谷轴线向上和向下的、几乎是连续进行的交替流动，它们是由内波引起的（图 23-4）。

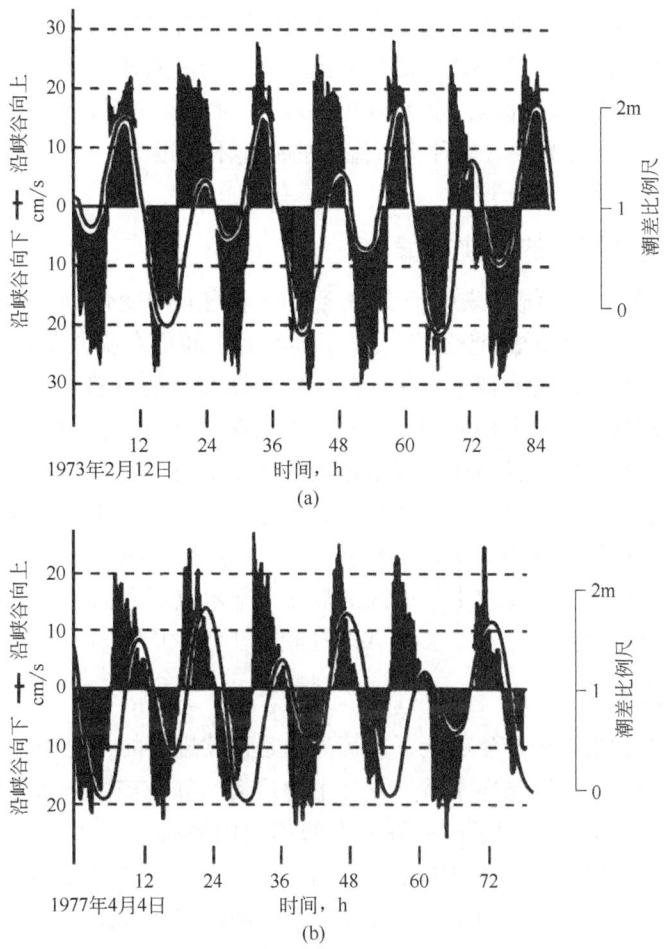

图 23-4 海底峡谷中沿峡谷轴线上下交替流动的时间—流速曲线（据 Shepard，1979）
（a）胡埃那米（Hueneme）海底峡谷 28 号测站，水深 448m，距谷底 3m；（b）圣克里门蒂（San Clemente）裂谷 123 号测站，水深 1646m，距谷底 3m
连续曲线表示表面潮汐的周期与潮差，右侧线段为表面潮汐的潮差比例尺

海底峡谷上下交替流动的时间—流速曲线（图 23-4）表明，内波的周期与海面潮汐的周期几乎完全相同。实际上，这只是内波的一种特殊而又非常重要的类型，其特殊性就在于其周期等于半日潮或日潮的周期。这种具有潮汐周期的低频内波可称作内潮汐（internal tide）。内潮汐的产生主要与表面潮、层化的海水和跃变的地形有关。通常在潮差较大的地区，在峡谷深度超过 250m 时，这种上下交替流动的平均周期趋近半日潮或日潮；而在潮差较小的地区，则需要更大的深度才能趋近于表面潮汐的周期。

二、海底峡谷中的交替流动

横切大陆坡和陆架边缘的海底峡谷及其他类型海底沟谷是沉积物大量搬运至深海的主要通道。Shepard 等（1979）调查研究表明，这些海底沟谷中普遍存在沿沟谷轴线向上方和向下方的、归因于内波作用的交替流动。故海底峡谷和其他沟谷是观察研究内波的良好场所。

（一）流动速度

Shepard 等对 25 个海底峡谷测量站进行了长时间观测，测量的深度范围为 39~4206m。大量数据表明，这种向上、下交替流动的最大流速和平均流速各地不同。向沟谷上方流动的最大流速的变化范围为 3~48cm/s，以 15~30cm/s 者为主；向下方最大流速的变化范围为 4~68cm/s，以 15~40cm/s 为主。这种交替流动的流速不是很大，但已可搬运砂级以下的沉积物。

（二）交替流动周期的变化规律

25 条海底沟谷测量记录统计表明，交替流动的平均周期变化范围很大，从小于 1h 至 20h 不等，同一沟谷的不同测站变化也很大，不同沟谷之间更有明显差别。但交替流动周期的变化是有规律的，它与深度和潮差有关。其平均周期变化的总趋势是随深度增加而增加，多数沟谷在达到一定深度后其平均周期趋近于潮汐周期（半日潮）。但是，不同沟谷中趋近于潮汐周期的深度差别很大，其主要原因是各地的潮差不同。潮差较大的地区，趋近于潮汐周期的深度小；反之则大。潮差较大的几个海底沟谷，在深度达到 250~400m 时，交替流动的周期即趋近于潮汐周期，潮差最大的弗雷泽（Fraser）海底峡谷（潮差达 4.6m）在深度 60m 处已接近潮汐周期。而潮差较小的地区则常需上千米或更大深度才趋近于潮汐周期。如 Rio Balsas 海底峡谷潮差为 0.6m，在水深 1905m 趋近于潮汐周期。

（三）单向优势流动

一般来说，内波和内潮汐产生的上下交替流动是连续进行的，但是有些情况下会出现以指向水道上方为主的流动或以指向水道下方为主的流动。如在美国东海岸哈德逊（Hudson）海底峡谷水深约 3000m 处，发现了向峡谷下方的单向优势流动。该单向流动包含有潮汐作用的成分，具潮汐周期的波动，这可能是长周期内波叠加于内潮汐之上的结果。因长周期内波可引起长时间的沿峡谷向上或向下的流动，当长时间的向下方流动叠加于这里能量较弱的内潮汐之上时，即可形成具有潮汐周期波动的向下方的单向流动。研究表明，在正常天气和风暴天气情况下，双向交替流动搬运沉积物的总趋势是向峡谷下方为主，上下交替流动搬运沉积物的总趋势与指向峡谷下方的重力方向是一致的。

三、海盆中的内波和内潮汐作用

对海洋盆地中内波、内潮汐作用的研究，远不如对海底峡谷中的内波、内潮汐作用研究的那样详细。但现有资料已经表明，在大洋底部同样广泛存在内波、内潮汐作用。

Lonsdale 等（1972）研究报道了太平洋夏威夷附近的霍赖曾（Horizon）海底平顶山一带水深 2000m 处的底流速度和流动方向频谱具有潮汐流特征。流动反向次数每月近 60 次，具半日潮周期，最强的流动出现在春季，其峰值流速接近 30cm/s。并在霍赖曾平顶海山的盖层上，广泛发育由有孔虫砂组成的流水波痕和小型沙丘。

在太平洋东部巴拿马盆地也观察到类似的水流活动。那里的潮流速度频谱表现出流动方向反向和速度不对称。这种内潮汐作用抑制并改造沉积物，在2300m深处形成深海大型新月形沙丘、沙波和流水波痕。

四、内波和内潮汐沉积特征

海洋学调查表明，在深水区内波和内潮汐是一种对深水沉积作用有重要影响的地质营力。高振中和K. A. Eriksson(1996)在对北美阿巴拉契亚山脉中段奥陶系进行研究时，首次在地层记录中鉴别出内潮汐沉积，阐明了其沉积特征和形成机理。其后，我国沉积学工作者一直在该领域进行不懈的研究，先后在浙江桐庐上奥陶统、新疆塔里木盆地中—上奥陶统、西秦岭泥盆系至三叠系、江西修水中元古界等地层发现了内波、内潮汐沉积，整体沉积特征如下。

（一）成分

内潮汐和内波沉积通常是改造其他类型深水沉积的产物，如重力流沉积、深水原地沉积等。内波、内潮汐沉积的物质成分决定于它所改造的沉积物的成分，故既有陆源的，又有内源的，还可有火山碎屑物质。迄今所见者，以陆源组分为多。

陆源组分主要来源于浊流或其他重力流搬运至深水盆地的砂泥质和垂直降落沉积的黏土和粉砂质。砂级内波、内潮汐沉积的成分，与其伴生的浊积岩非常类似。如美国弗吉尼亚州芬卡斯尔地区中奥陶统贝斯组浊积砂岩样品的岩屑平均含量为23.1%，而与其伴生的内潮汐沉积砂岩的岩屑平均含量为19.7%。

在内波、内潮汐沉积中，细粒陆源碎屑物质也是一种重要组分，即使在砂质为主的沉积中，也不乏黏土基质，构成杂砂岩。究其原因，一方面砂质沉积物多由浊流搬运而来，其中含有大量黏土物质；另一方面，潮汐流搬运沉积作用的特点就是床沙载荷和悬浮载荷交替沉积。

内源沉积物以碳酸盐矿物为主，次为硅质和其他物质。

（二）结构

内波、内潮汐沉积的粒度为砂级至泥级。对于海底峡谷和其他沟谷中的内波、内潮汐沉积，以砂级为主；而对于平坦、开阔的非水道环境中的内波、内潮汐沉积，既有砂级和粉砂级的，也有泥级的沉积物。这是由其环境条件和沉积作用特征决定的。对于砂级内潮汐沉积，颗粒形状以次棱角状至次圆状为主，分选中等至较好。

以内源物质为主要成分的内波、内潮汐沉积，生物颗粒常为其重要的或主要的结构组分，比如夏威夷附近平顶海山上经内潮汐改造形成的有孔虫软泥。这些生物组分的粒度、圆度和分选，既与生物本身特征有关，也与其搬运和沉积过程有关。

（三）沉积构造

内波、内潮汐沉积常发育各种层理构造、波痕等沉积构造，较少发育生物扰动构造。

交错层理是内波、内潮汐沉积最为重要的一种层理类型。交错层理中纹层多为双向的（图23-5），这与内波、内潮汐所引起的双向水流密切相关。双向交错层理层系间普遍相互切割，因而使层系呈楔状、透镜状。层系厚度多为0.5~2cm。也可见向水道上方或下方向倾斜的交错纹理，这是水道内波和内潮汐沉积的典型特征。

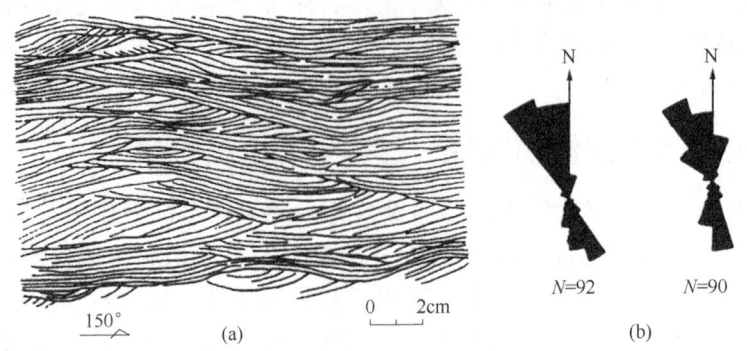

图 23-5 内潮汐沉积中的双向交错层理（a）及交错层前积纹层倾向玫瑰图（b）
（据高振中等，1996，略修改）

脉状层理、波状层理和透镜状层理也是内波、内潮汐沉积的一种常见的沉积构造。床沙载荷与悬浮载荷的频繁交互沉积形成了砂、泥岩的薄互层。这组特征的沉积构造与潮坪环境所见比较相似，但内波、内潮汐沉积处于深水还原环境，其沉积物颜色、指相矿物与潮坪沉积迥然不同，更无暴露标志。

尚未在内波和内潮汐沉积中发现生物扰动构造。原因可能是内波和内潮汐作用引起的海底流动为双向往复流动，不但流速变化较大，而且水流反复倒向，加之水深较大，不利于底栖生物生存；同时这种双向往复流动造成近海底水流浑浊度高，也对底栖生物的生态不利。

（四）沉积层序

在内波、内潮汐作用控制下形成的沉积层序反映了沉积水动力特点及其周期性变化。内波、内潮汐沉积主要有四种基本沉积层序，分别是向上变粗再变细层序（双向递变层序）、向上变细层序（单向递变层序）、砂泥岩对偶层向上变粗再变细层序（对偶层双向递变层序）、泥岩—鲕粒灰岩—泥岩层序（图23-6）。

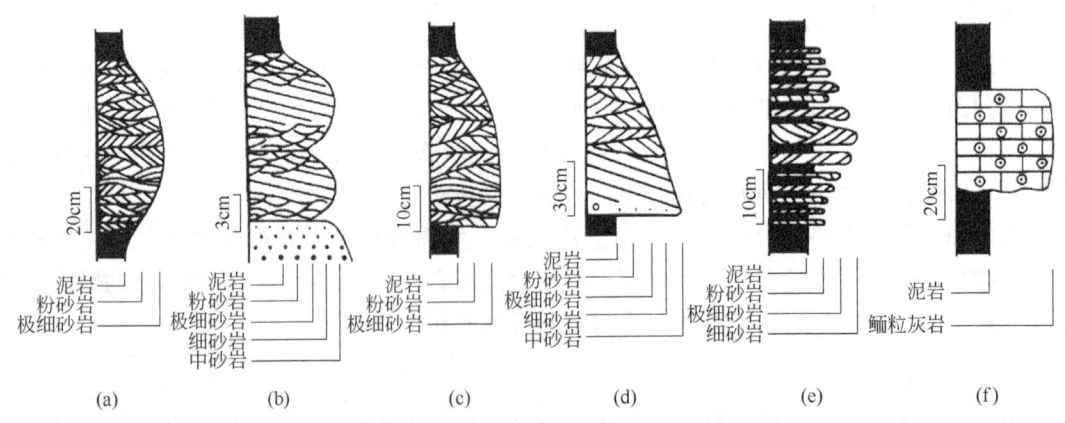

图 23-6 内波、内潮汐沉积层序（据何幼斌等，2004）
(a) 由交错纹理砂岩构成的向上变粗再变细层序；(b) 由中型交错层和小型交错纹理构成的向上变粗再变细层序；(c) 由交错纹理砂岩构成的向上变细层序；(d) 由中型交错层和双向交错纹理砂岩构成的向上变细层序；(e) 砂泥岩对偶层构成的向上变粗再变细层序；(f) 泥岩—鲕粒灰岩—泥岩层序

向上变粗再变细层序的基本特征是层序中部粒度最粗，向上、向下均逐渐变细，反映水动力条件的弱—强—弱变化，即最大流速的周期性变化。其主要由砂级沉积物组成，按照沉积构造特点可进一步分为两种亚类［图23-6(a)、(b)］。

向上变细层序的特征是层序下部粒度最粗，向上逐渐变细，与上覆泥质沉积物呈逐渐过渡；底部与下伏泥岩突变接触，界线分明。其主要由砂级沉积物组成，按照沉积构造特点也可分为两种亚类［图23-6(c)、(d)］。

砂泥岩对偶层向上变粗再变细层序由砂岩、泥岩薄互层组成。砂、泥岩比率在纵向上呈韵律性的变化［图23-6(e)］。

泥岩—鲕粒灰岩—泥岩层序主要发现于塔里木盆地奥陶系碎屑岩段中，由鲕粒灰岩或砂质鲕粒灰岩组成，鲕粒灰岩上下均与暗色泥岩直接接触，多为突变接触，其顶界也可以呈渐变过渡［图23-6(f)］。

根据上述沉积层序，可以确定由内波、内潮汐作用形成的典型岩相类型：双向交错纹理砂岩岩相、单向交错纹理砂岩岩相、韵律性砂泥岩薄互层岩相、鲕粒灰岩（或砂质鲕粒灰岩）岩相和脉状、波状、透镜状层理有孔虫灰岩岩相等类型。

（五）沉积模式

目前已建立了三种内波、内潮汐沉积模式，分别是水道型内波、内潮汐沉积模式，陆坡非水道环境内波、内潮汐沉积模式和海台内波、内潮汐沉积模式（图23-7）。

在水道发育的斜坡环境中，低海平面时期，以发育粗碎屑重力流沉积为特征，此时内波和内潮汐作用的能量不足以改造砂砾级碎屑重力流沉积。随海平面上升，物源区逐渐远离沉积区，粗碎屑的注入受到抑制，这时内波和内潮汐得以改造重力流沉积物，形成上述第一种和第二种微相类型。

在不发育海底水道的陆坡环境条件下，内潮汐流通常不像水道环境中那样强，而是流速较低，产生床沙载荷和悬浮载荷的交替沉积，即形成砂岩（或颗粒灰岩）与泥岩的薄互层。该环境的沉积以上述第三种和第四种微相类型为主，如我国浙江桐庐上奥陶统和塔里木盆地中、上奥陶统的内潮汐沉积。

深海、半深海中广阔的海底平台上也是内潮汐发育的较有利场所。由于海台上地形平坦，阻力较小，内潮汐流可在较大范围内保持一定的流速，从而可搬运细粒沉积物并形成内潮汐沉积。由于海台上缺乏陆源碎屑物质，通常以碳酸盐沉积为主，也可有硅质沉积物和火山碎屑沉积。该环境常形成上述第五种微相类型（图23-7）。

五、大型沉积物波分析

深海调查发现，在世界各大洋盆地中2000~4500m深海底广泛发育一种大面积分布的大型沉积物波，包括沙波和泥波，特别是泥波更为普遍。其波长0.3~20km，以1~10km为主；波高1~140m，以10~100m居多；地形坡度均很小，绝大部分在0.5°以下，最大不超过1°。其内部结构有的呈近正弦曲线形，有的呈上攀叠瓦状，表现出向上坡迁移的特点。

这些大型沉积物波的成因说法不一，主要包括浊流成因、等深流成因或底流改造、滑塌成因以及内波成因，并且内波成因逐渐被人们认为是主要机制。现代深海大型沉积物波的波形、内部结构、迁移方向等特征为研究其成因提供了有力证据。这些大型沉积物波大多是不对称的，迁移方向既有向下坡迁移的，也有向上坡迁移的。显然，难以采用等深流、重力流

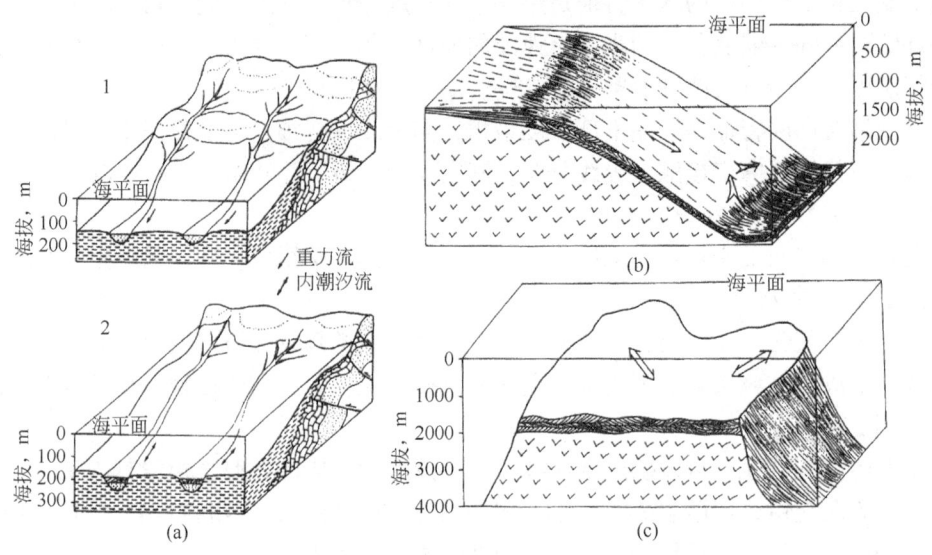

图 23-7　内波、内潮汐沉积模式（据高振中等，1996）

(a) 水道型内波、内潮汐沉积模式：1—低海平面时期，粗碎屑重力流沉积为主，2—海平面上升，内潮汐沉积发育；(b) 陆坡非水道环境内波、内潮汐沉积模式；(c) 海台内波、内潮汐沉积模式

单向流动成因机制进行解释。前已述及，内波既可向上坡方向传播，也可向下坡传播。向上坡传播的内波可引起沉积物向下迁移，向下传播的可引起沉积物向上坡迁移。

基于现代深海大型沉积物波的内波成因新认识，在沉积盆地古代沉积岩中也发现了大型沉积物波。比如，塔里木盆地中部中、上奥陶统大型沉积物波，其在地震剖面上具有典型的丘状地震反射。相信未来将有许多内波、内潮汐沉积及其形成的古代大型沉积物波被识别出来。

第三节　深水牵引流与浊流沉积的主要区别及其与油气关系

内波和内潮汐沉积与浊流沉积、等深流沉积一样都形成于较深水至深水环境，而且多形成于斜坡及陆隆环境。由于内波和内潮汐沉积常为细粒浊流沉积经内波和内潮汐改造的产物，因此，其碎屑成分相似。内波和内潮汐沉积的砂岩（或颗粒灰岩）与细粒浊积岩和砂级等深流沉积的粒径也相差不大。但是，内波和内潮汐沉积、等深流沉积与浊流沉积之间，特别在沉积构造方面还是存在明显差异（表 23-1）。

(1) 成因机制不同、沉积构造差异。等深流沉积的指向沉积构造多为平行斜坡坡脚等深线方向；内波和内潮汐沉积构造类型繁多，表现出牵引流沉积的典型特征，具有双向指向沉积构造（如双向交错层理）、指向斜坡上方的交错层理和脉状、波状、透镜状层理；浊积沉积中发育指向斜坡下方的指向沉积构造。

(2) 等深流沉积中生物扰动构造十分发育，而内波和内潮汐沉积缺乏生物扰动构造，浊流沉积层序的顶部可见生物扰动构造。

(3) 形成过程差异，沉积层序不同。目前已识别出的内波和内潮汐沉积层序有双向递变层序、单向递变层序和对偶层双向递变层序等，这些层序明显不同于浊积岩的鲍马层序和其他重力流沉积层序，也与等深流沉积层序有别，等深流沉积不可能存在对偶层双向递变层序。

表 23-1 深水牵引流沉积与浊流沉积及深水原地沉积的特征比较

特征 \ 沉积类型	浊流沉积	等深流沉积	内波、内潮汐沉积	半深海及深海原地降落沉积
岩性	陆源碎屑岩类，碳酸盐岩类，火山碎屑岩类	陆源碎屑岩类，碳酸盐岩类，少量火山碎屑岩类	陆源碎屑岩类，碳酸盐岩类，少量火山碎屑岩类	黏土岩类，远洋碳酸盐岩类
粒度	从泥级到砂级，少量砾级	以泥级和粉砂级为主，砂级次之，极少量砾级，有时以砂级为主	泥级—砂级，水道环境中以砂级为主	泥级为主，少量粉砂级
颗粒分选	差—中等	中等—好，局部极好	中等—较好	
粒度曲线	概率曲线图上只有一个总体，斜率小；在 C—M 图上呈平行 $C=M$ 基线的图形	在正态概率曲线图上有 2~3 个沉积总体，跳跃总体斜率大	在正态概率曲线图上有 2~3 个沉积总体，跳跃总体斜率大	
颗粒组构	颗粒很少具有或没有优选方位	颗粒普遍具有特征的优选方位	无	无
颗粒岩中的杂基	10%~30%	0~5%	10%~30%，较浊积岩少	
垂向沉积层序	完整或不完整的鲍马层序	基本对称的正粒序与逆粒序组合	双向递变或正递变层序	无
单个层序厚度	一般为 5~30cm	一般 10~100cm，复合层序厚度更大	10~130cm	
顶底面接触界线	底突变，顶渐变	渐变或突变均有	顶渐变，底突变或渐变	渐变
原生沉积构造 — 粒序	普遍存在正粒序，底部接触清楚，向上接触不清楚	正粒序及逆粒序，顶底接触多比较清楚	正粒序及逆粒序，有时逆粒序不明显	无
原生沉积构造 — 交错层理	普遍发育，由细碎（粒）屑集中而显示出	普遍发育，由重矿物集中而显示出	发育双向或单向交错纹理和交错层理	无
原生沉积构造 — 水平纹层	仅见于层上部	普遍发育	无	无
原生沉积构造 — 其他层理	常见块状层理，特别是在层序底部	生物扰动强烈时可形成块状层理	可见脉状、波状、透镜状层理	无
生物扰动	无或顶部有	发育	缺乏	发育
遗迹化石	多见于层序的顶部	整个层序中均较发育	少见	发育
微体化石	少，保存较完整	较少，磨损或破碎	少见	较多，保存完整
形成环境	陆坡、深海盆地以及深潮区	主要在陆隆区，深海其他地区也可出现	深水斜坡、峡谷、海台及盆地	深海、半深海

深水浊流沉积已被国内外勘探实践证实蕴藏有丰富的油气矿藏，而深水牵引流沉积与浊积岩相似，形成于深水环境，并与深水泥质岩呈互层产出，可构成良好的生储盖组合。深水牵引流沉积也可形成与海底扇类似的沉积体，如等深沉积丘、大型沉积物波。由于受等深流和深水潮汐、波浪的反复淘洗，其结构成熟度较浊积岩高，原生孔隙发育，油气储集性能相对好。因此，深水牵引流沉积应为深水沉积中颇具勘探前景的潜在油气储层。

有机质的沉积和保存要求深水海底无强底流并处于还原环境。众所周知，海洋强底流是局部和短暂的现象，并具有输送细粒沉积物的能力。海洋盆地可发育较厚、分布范围广的细粒等深流沉积，它们不仅可以形成良好的盖层或隔挡层，而且和生油层聚积有关。此外，等深流通常与天然气水合物聚积有关，在沿着大西洋边缘的等深流沉积底部已经发现大量天然气水合物聚积。布莱克海台是在西太平洋海中的一个大型、富含黏土的等深岩丘，包含 $(30\sim40)\times10^6$ t 储存在甲烷水合物和游离沼气中的碳。

在相对较长的地质时间内（>1Ma），富砂等深沉积体系可被保存。储集性能高的粗粒等深积岩具有典型的地震和测井特征。加的斯海湾阿尔加维盆地早上新世等深流砂岩孔隙度可达 30%，并表现出含气的强地震道振幅和 AVO 特征。

在塔里木盆地塔中地区的中、上奥陶统的内潮汐沉积和内波沉积中，已发现了油气显示，展示了良好的油气勘探前景。

深水牵引流沉积是一个既有巨大油气勘探潜力，又具现实可能性的勘探新领域。我国广大地区发育多时代海相深水沉积，具有发育深水牵引流沉积条件的地区和时代比较广泛。中国西北、西南、中南、华东以及南海等广大地区的震旦系至奥陶系、泥盆系至三叠系、侏罗系、古近系至第四系均有深水牵引流沉积。因此，深水牵引流沉积油气勘探前景十分广阔。

思考实习题

1. 简述等深流的基本概念和等深流沉积（等深积岩）的基本特征。
2. 图示海洋等深积岩的沉积序列并解释说明水动力过程。
3. 简述等深岩丘的特征及鉴别标志。
4. 简述内波、内潮汐的概念及沉积特征。
5. 总结内波和内潮汐的沉积特点以及内潮汐沉积的鉴别标志。
6. 试比较风暴岩、浊积岩、等深积岩及内潮汐沉积之间的异同点。
7. 通过文献调研，阐明并探讨海洋等深流沉积的特征及鉴别标志。
8. 通过文献调研或露头考察，建立风暴流、等深流及内潮汐沉积模式。

第二十四章 重力流沉积

> **导 读**
>
> 本章核心知识点包括重力流概念、重力流形成的基本条件、重力流类型划分依据和主要分类方案、鲍马沉积序列和沃克粗粒浊积岩相模式、重力流扇形和非扇形沉积模式、重力流形成机制以及重力流研究热点问题。

沉积物重力流是指泥、砂、砾与水体混杂的、重力驱动的、悬浮搬运的高密度底流。重力流是阵发性的快速沉积事件产物，类型多样，浊流是其中的一种沉积类型。

Walker（1973）认为，浊流理论的提出是沉积学研究的一场革命。浊流概念的提出始于瑞士学者福雷尔（Forel，1887）对瑞士日内瓦湖的沉积研究，他观察到由冰川溶化的罗纳河携带大量悬浮物质流入日内瓦湖后，因砂泥相对密度大，会沿着湖盆底部直接注入湖盆中心，他将这种密度底流称为高密度流。Daly（1936）应用悬浮沉积物产生密度底流的观点来解释海底峡谷的成因，探讨了海底的侵蚀作用，第一次强调了浊流是一种侵蚀作用很强的水下流。Kuenen（1950）基于野外观察和水槽实验，证明了密度流存在的可能性以及浊流沉积形成递变层理的机理，掀开了浊流研究新篇章。20世纪50年代大洋钻探证明，1929年加拿大南部格兰德滩发生7.2级地震形成的浊流造成浅海海底电缆折断，浊流平均流速可达到20m/s（Heezen，1952）。Kuenen和Bouma（1962）对欧洲阿尔卑斯山、亚平宁山脉复理石沉积进行了研究，概括出了反映浊流沉积特征的鲍马层序（Bouma Sequence），以此作为鉴定古代浊流沉积的重要证据，把递变层理解释为浊流成因，从而认识到在深海（湖）泥岩中沉积的粗碎屑物质是由高密度浊流搬运和堆积的，它是浅水沉积的碎屑物质被搬到深水环境中再沉积的结果。随着浊流沉积研究不断深入，Mutti（1972）和Walker（1978）提出了有（无）水道的扇形模式，Vail（1988）建立了包含浊流沉积的层序地层模式。20世纪90年代至21世纪初，Richard（1998）、Bouma（2000）、Shanmugam（2000）、Talling（2014）等考虑物源、沉积物粒度、形成过程和沉积体形态等要素建立了多种重力流沉积模式。总之，现今重力流研究已经成为沉积地质学界热点，在重力流类型划分、形成机理和沉积过程、沉积模式和指导油气勘探开发等方面均取得了显著进展。

沉积物重力流类型主要包括碎屑流（泥石流）、颗粒流、液化沉积物流和浊流，主要经历洪水、滑动、滑塌、碎屑流和浊流沉积过程。重力流沉积物的成因机制多种多样，在洪水、地震、海啸和强烈构造活动作用下，进积三角洲前缘沉积物和大陆斜坡沉积物可向前滑塌形成重力流，也可以是洪水携带大量陆源碎屑物质直接进入盆地深水地区形成重力流。重力流沉积物可由砂砾岩组成，也可以泥岩沉积为主；重力流可以近源发生沉积，也可远源发生沉积；重力流沉积过程复杂多变，平面形态可为扇形或长条状；可发育水道，也可缺少水道。总之，重力流沉积过程和沉积结果主要受控于构造活动、气候变化、物源供给、流体性质、地形坡度、沉积水深、底流改造等多种地质因素。

深水重力流沉积物与国民经济和油气勘探开发关系密切，是近期人们关注的重要沉积类型。人们不仅关注重力流形成机制和沉积模型，还关注重力流理论模型在沉积矿产中的指导作用。特别是在勘探程度较高的沉积盆地中，将重力流沉积置于层序地层格架中，可有效地预测评价岩性圈闭。显然，重力流综合研究具有十分重要的科学价值和社会经济价值。

第一节 沉积物重力流有利形成条件

一、充沛的物源

充沛的物源是形成沉积物重力流的物质基础和必要条件。无论是大量的洪水注入碎屑物质形成的重力流（异重流），还是三角洲沉积碎屑物质和浅水碳酸盐沉积物质滑动滑塌形成的重力流，或由风暴浪、火山喷发—喷溢物质形成的高密度重力流，当沉积物质来源丰富时，重力流流体密度增加，或促进沉积界面坡度角增大，此时重力流的重力作用会变得更加明显，在重力驱动下向深水地区运动并发生较大规模的沉积。

物源的成分决定重力流沉积物类型。随着物源成分的变化，重力流沉积物类型也呈现有规律的变化，可为碎屑成分构成的重力流、碳酸盐岩组分构成的重力流，也可为火山物质构成的重力流。或者由于物源供给和成分变化，造成重力流流体性质发生变化，形成不同类型重力流沉积，比如由碎屑流和颗粒流沉积而成的块状层理砂岩，浊流沉积而成的具有递变层理的砂岩。在重力流沉积过程中，构成重力流的陆源碎屑物质、碳酸盐物质及其他物质含量、流体性质均可发生规律性变化。

二、一定的坡度

沉积物浓度的差异、盐度和温度差异都可产生密度流。具有大量悬浮物质的重力流是一种密度流，有效的密度差与斜坡、重力作用相结合可启动并驱使重力流沉积物不断向前流动。

足够的坡度角是造成沉积物不稳定和易受触发而作块体运动的必要条件。一般认为，最小坡度角为 3°~5°。但由于重力流流体性质与斜坡坡度之间的联动作用，可使形成重力流沉积的斜坡坡度发生一定变化，比如密西西比河三角洲前缘的滑塌坡度角仅有 0.5°（表 24-1）。我国中、新生代陆相湖盆发育重力流沉积，形成重力流的最小坡度角为 2°~3°，只要重力流与湖水之间有足够密度差，就具备了形成重力流的充分条件。也就是说，重力流的密度对坡度有明显的补偿作用（Lothi，1981）。

表 24-1 世界多地三角洲和斜坡海底滑塌参数一览表（据 Rupke，1978）

地点	坡度，(°)	平均厚度，m	最大厚度，m	体积，$10^8 m^3$
美国密西西比河三角洲	0.5	10	20	0.4
哥伦比亚马格达莱纳河三角洲	2	20	60	3
斐济苏瓦湾	3	30	100	1.5
美国阿拉斯加瓦尔德兹湾	6	—	—	0.75
日本相模湾	11	—	—	700
加拿大格兰德滩	3	350	—	7600
美国斯克里普峡谷	6~8	4	6	0.014

续表

地点	坡度，(°)	平均厚度，m	最大厚度，m	体积，$10^8 m^3$
新西兰基得纳伯斜坡	1~4	2.5	50	80
大西洋罗卡尔上斜坡	2	265	332	3000

三、足够的水深

沉积物重力流是阵发性、短暂性或事件性快速沉积的、含大量悬浮物质的高密度流体，颗粒依赖于杂基和流体支撑，呈整体块状运动，可对斜坡或峡谷产生侵蚀作用（图24-1）。

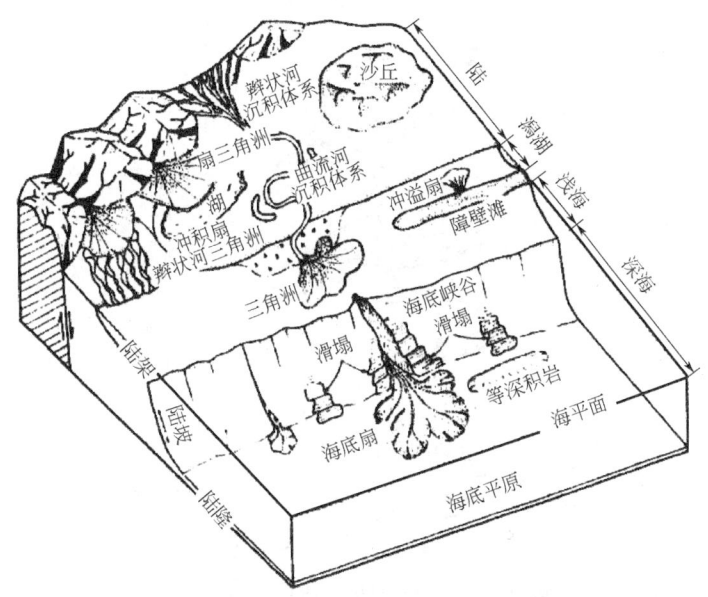

图 24-1 重力流的来源、搬运和沉积模式图（据 Shanmugam，2006）

重力流沉积可以发生在陆上环境，也可发生在水下环境。足够的水深（深于风暴浪基面）是水下重力流沉积物形成后较少受后期底流冲刷破坏的必要条件。重力流可形成于不同的沉积水深，但一般认为，重力流沉积水深多达上千米，现在发现的最小水深可为100m，最大水深是美国加利福尼亚岸蒙特利深海扇，深达8000m。英国学者克林（Klein，1978）则认为，形成重力流的最小水深是80m。盖洛韦（Galloway，1996）认为，重力流沉积主要位于大陆边缘陆棚坡折带的下倾方向深水地区。看来，足够的水深是相对而言的，不同盆地类型重力流沉积水深可以变化较大，比如海相盆地与陆相湖盆存在较大差异。在陆相湖盆中，因风暴浪基面相对较浅，故重力流沉积的水深相对较浅。总之，无论何种沉积环境、水深的大小如何，重力流沉积深度多位于风暴浪基面以下，这才易于重力流沉积后得到保存。

四、触发的机制

重力流沉积物的形成属于事件性沉积作用，其起因于一定的触发诱导机制，诸如在强烈构造活动、洪水、海啸巨浪、风暴潮、地震和火山喷发等阵发性地质因素直接或间接诱发下，会导致洪水携带大量陆源物质直接进入盆地，或先期沉积物整体滑动、滑塌，形成高密度重力流。除洪水密度流（异重流）直接入海或入湖外，大多数斜坡带沉积物必须达到一定的厚度和重量，再经一定滑动、滑塌等触发机制诱导才能形成重力流。比如，在触发机制诱导下，重力的剪切力大于沉积物抗剪强度时，沉积物会顺坡向下滑动，形成一定规模和不同类别的沉积物重力流（图24-2），如三角洲前缘沉积物滑塌形成的浊流沉积，就是由于三角洲前缘沉积坡度角不断增大由重力作用诱导而成的（图20-11）。

研究认为，大陆斜坡处的沉积物常常是不稳定的，在地震、海啸、风暴以及滑动、滑塌作用下，会造成大规模的水下滑坡，形成泥、砂、砾混杂的高密度重力流。

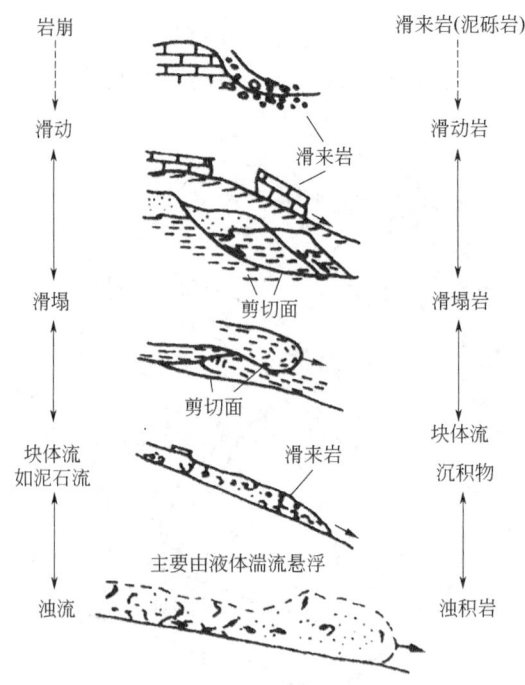

图24-2　重力流形成过程和重力块体搬运类型（据Kruit等，1975）

第二节　沉积物重力流类型和沉积机制

依据不同分类原则和划分依据，可将重力流划分为多种类型，如基于形成环境的重力流分类、基于搬运过程和流变学特征的深水重力流分类、基于流体密度和沉积物支撑机制的重力流分类等。不同成因类型重力流的沉积过程和沉积机制均存在差异。根据不同分类原则可划分如下重力流类型：

(1) 按形成环境划分：海相与陆相沉积物重力流；
(2) 按源汇系统划分：盆内型与盆外型重力流（异重流）；
(3) 按形成机制划分：洪水型、滑塌型、火山喷发型重力流；
(4) 按支撑机理划分：泥石流（碎屑流）、颗粒流、液化沉积物流、浊流；
(5) 按流体性质划分：碎屑流、颗粒流、浊流；
(6) 按沉积类型划分：陆源碎屑型、碳酸盐岩碎屑型、火山碎屑型重力流；
(7) 按碎屑粒度划分：富砾重力流、富砂重力流、富泥重力流；
(8) 按沉积形态划分：扇形、舌形、沟道或槽谷体、层状或带状重力流；
(9) 按沟道发育划分：发育沟道的重力流（低弯度与高弯度沟道重力流）、不发育沟道的重力流；

(10) 按沉积位置划分：盆地陡坡近岸水下扇、湖盆中央深水湖底扇。

还可根据盆地形成演化阶段、储层特征及其含油气性对重力流沉积体进行划分，本章重点介绍根据支撑机理、流体性质划分的重力流沉积特征以及对应的沉积机制。

一、据支撑机理的重力流分类

流变学是指从应力、应变、温度和时间等方面来研究物质变形和（或）流动的物理力学。依据流变学理论，所有流体可分为牛顿流体和非牛顿流体两大类。凡服从内摩擦定理的、存在剪切应力即发生变形的流体称为牛顿流体（在温度不变的情况下，流体内部剪切应力与速度梯度成正比，比例系数为黏度 μ），比如浊流；不服从内摩擦定理的、外力超过物质屈服强度并发生线性变形的流体称为非牛顿流体，包括宾汉型塑性流体、膨胀性流体等，比如碎屑流、颗粒流、液化流等。上述不同流体在搬运沉积过程中，可以发生相互转化。

根据沉积物支撑机理可将重力流划分为四个类型，即泥石流（碎屑流）、颗粒流、液化沉积物流和浊流（Middleton，1973，1976）。Middleton 等认为，泥石流（碎屑流）、颗粒流、液化沉积物流和浊流 4 种类型重力流是处于统一机制下的、重力流不同演化阶段的产物（图 24-3），并且具有不同的沉积特征（图 24-4）。

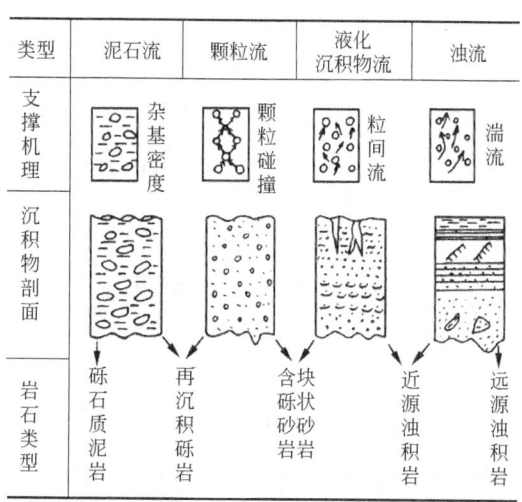

图 24-3 据支撑机理的重力流分类及其沉积特征
（据 Middleton，1976）

（一）泥石流

泥石流（碎屑流）是水流中含有大量弥散黏土杂基和碎屑物质形成的黏稠状的、呈涌浪状前进的块体流，也是具有明显剪切作用的非牛顿流体、高浓度的沉积物分散体，支撑粗粒碎屑的杂基物质具有一定屈服强度和高的黏性，存有浮力作用。非黏滞性沉积物由分散压力支撑。如果该流体中粗碎屑含量较少，黏土和水含量很高，泥土支撑较粗的砂砾，杂基的比重可达 2.5，黏度可达 190Pa·s，砂砾漂浮在杂基之中，则称为泥流（狭义的泥石流）。如果该流体中粗碎屑含量较多，黏土和水含量较少，细砂级物质支撑较粗的砂砾，通过砾石级碎屑碰撞、杂基粘结强度以及流体浮力联合支撑的块体流称为碎屑流。

泥石流（碎屑流）可发育在坡度大于 1° 的山麓处，也可分布在深水地区。泥石流（碎屑流）多呈厚层块状，单个泥石流沉积厚度为几米到几十米，粒级范围变化大，杂基多，颗粒分选磨圆差，砾石直立和悬浮在杂基之中，结构混杂，可见反向粒度递变层理（图 24-4）。

（二）颗粒流

巴格诺尔德（Bagnold，1954）基于实验研究提出了颗粒流概念，发现非黏性的粒状沉积物颗粒相互作用和彼此撞击，由动量变化产生了分散压力。这种分散压力可以支撑砂砾级沉积物，使非黏性的沉积物块体发生流动。显然，颗粒流是含水的砂级颗粒碰撞支撑的块体

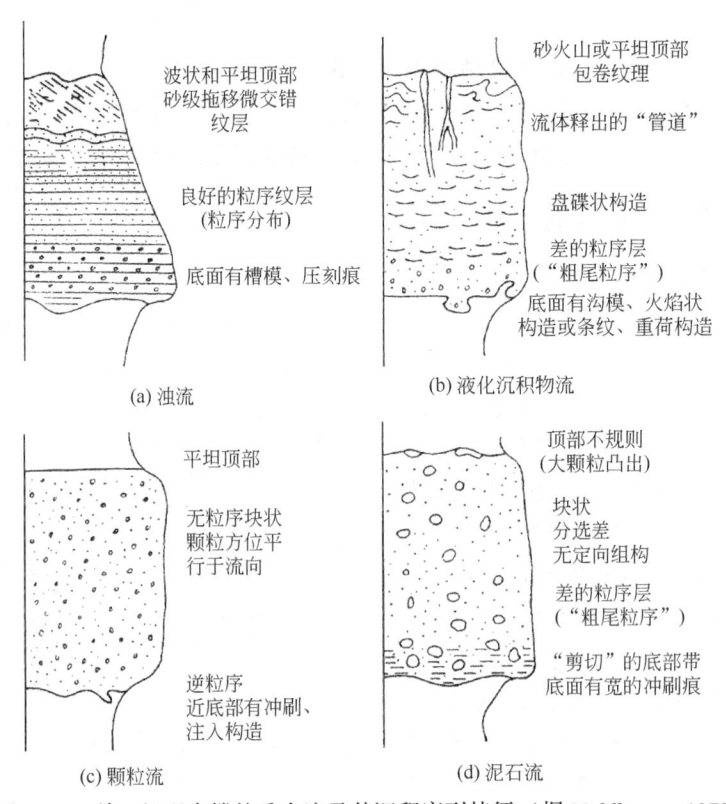

图 24-4 单一机理支撑的重力流及其沉积序列特征（据 Middleton，1973）

流，维持这种颗粒流流动需要的斜坡角较大（18°~28°）。这表明，深水地区颗粒流作用是局限的，但在沙丘、沙垄的背流面以及冲积扇沉积中可存在高浓度的颗粒流。

颗粒流沉积物主要由砂级成分构成，具有块状层理、底模和突变的顶底界面，底部可见反向递变层理，缺少牵引流沉积，厚度多为几厘米至几十厘米（图 24-4）。Middleton（1970）认为，反向递变层理可能是动力筛效应产生的，即在流动时小颗粒在大颗粒中下沉，逐渐表现出大颗粒上升。

（三）液化沉积物流

液化沉积物流是超孔隙压力引起的、向上逃逸的、粒间水流产生的牵引力支撑砂级颗粒的流体流，它可以顺着 2° 或 3° 的平缓斜坡向下流动。颗粒呈悬浮状态，沉积物强度减小到零。保持颗粒悬浮的超孔隙压力、流体压力可能迅速消耗（几分钟到几小时），颗粒支撑的细砂级沉积物质发生沉积。

液化流沉积物沉积过程快速、水分排出较慢，容易产生"液化"，整体呈块状构造，厚度小于 1m。下部多底模构造、稍显正向递变层理、火焰构造、砂火山和包卷层理等，上部可见碟状构造、流体逃逸管构造，顶底界面分明，无牵引流沉积构造。如果液化加速导致紊动，其可向颗粒流或浊流转化（图 24-4）。

（四）浊流

浊流是指位于水体底部的，水、泥、砂等近于均匀混合的、由湍流支撑的混浊流体，也是一种重力驱动的、涌浪状前进的密度流。在浊流沉积物中，支撑颗粒的主要因素有：水流的紊动、水与细粒沉积物混合产生的浮力、粒间绕流（可降低颗粒沉降速度）、颗粒碰撞产生的分散应力等。

根据浊流沉积物的密度和粒度，可将浊流划分为低密度浊流和高密度浊流。

低密度浊流（密度<1.1g/cm³，粉细砂和黏土级，缓慢性），也称为经典浊流，主要由粉细砂级和黏土沉积物组成，由水流紊动支撑，流速相对较慢、持续时间较长，主要发育在一次重力流（浊流）活动的尾部。低密度浊流可能成因于大陆架上风暴浪的搅动、河流洪水进入海洋或湖泊、高密度浊流稀释的尾部。低密度浊流沉积具有典型的沉积构造和沉积序列，可用鲍马序列描述。在现代和古代深水沉积物中，均存在大量的由粉细砂和黏土构成的、具有典型鲍马序列的浊积岩。

高密度浊流（密度>1.1g/cm³，砂砾级，间歇性）主要由砂级沉积物组成，由水流紊动和离散应力支撑，可见砾石级沉积物，与深水泥岩互层。它是间歇性、突发性的，主要发育在一次重力流（浊流）活动的头部。其侵蚀能力强、沉积物粗，形成明显的底模构造、递变层理、平行层理，有时可见交错层理（图24-4）。

Shanmugam（1996）认为高密度浊流就是砂质碎屑流。关于高密度浊流的密度界限和属性还存在讨论或争论。

二、据流体性质的重力流分类

随着深水沉积过程和重力流沉积机制研究的深入，人们考虑据流体性质和沉积动力学过程划分重力流沉积类型。Nardin（1979）认为，无论是陆源碎屑型或内源碳酸盐型沉积物重力流，根据块体搬运作用、力学性质以及沉积物搬运和支撑机理，将沉积物重力流划分为块体流和流体流（表24-2）。

表24-2 根据力学性质划分块体搬运类型（据Nardin，1979，有修改）

块体搬运作用			力学性质	沉积物搬运和支撑机理	沉积物构造
岩崩			弹性	沿较陡的斜坡以单个碎屑自由崩落为主，滚动次之	颗粒支撑的砾石，无组构，杂基含量不等
滑动	黏性滑动			沿不连续剪切面崩塌，内部很少发生形变或转动	层理连续，基本上未变形，底部可见塑性变形
	滑塌			沿不连续剪切面崩塌，伴有转动，很少发生内部形变	具有流动构造，如褶皱、张断层、擦痕、沟模、旋转岩块
			塑性界限		
沉积物重力流	块体流	碎屑流—泥石流	塑性	剪切作用分布在整个沉积物块体中，杂基支撑强度主要来自黏附力，非黏滞性沉积物由分散压力支撑，块体流高浓度时呈惯性，低浓度时呈黏性。一般发育在较陡的坡度	杂基支撑，随机组构，碎屑粒度变化大，杂基含量不等，可有反向粒度递变，流动构造，撕裂构造
		颗粒流			块状，长轴平行流向并有叠瓦构造，近底部具有反向递变层理
			流体界限		
	流体流	液化流	黏性	松散的构造格架被破坏，变为紧密格架，流体向上运动，支撑非黏性沉积物，坡度大于3°	泄水构造，砂岩脉，火焰状—重荷模构造，包卷层理
		流化流		孔隙流体逸出，支撑非黏性沉积物，其厚度薄（小于10cm）、持续时间短	
		浊流		由湍流支撑	鲍马序列等

Lowe（1979）根据流变学理论，将沉积物重力流划分为具流体流变学性质的流体流（含浊流、流体化流、过渡的液体化流）和具塑性流变学性质的岩屑流（含过渡的液化流、颗粒流、黏滞流）。后来，Lowe（1982）还提出高密度浊流和低密度浊流的观点，从而把岩屑流和流体流这两大类型沉积物重力流演化为一个连续的统一体系（图24-5）。

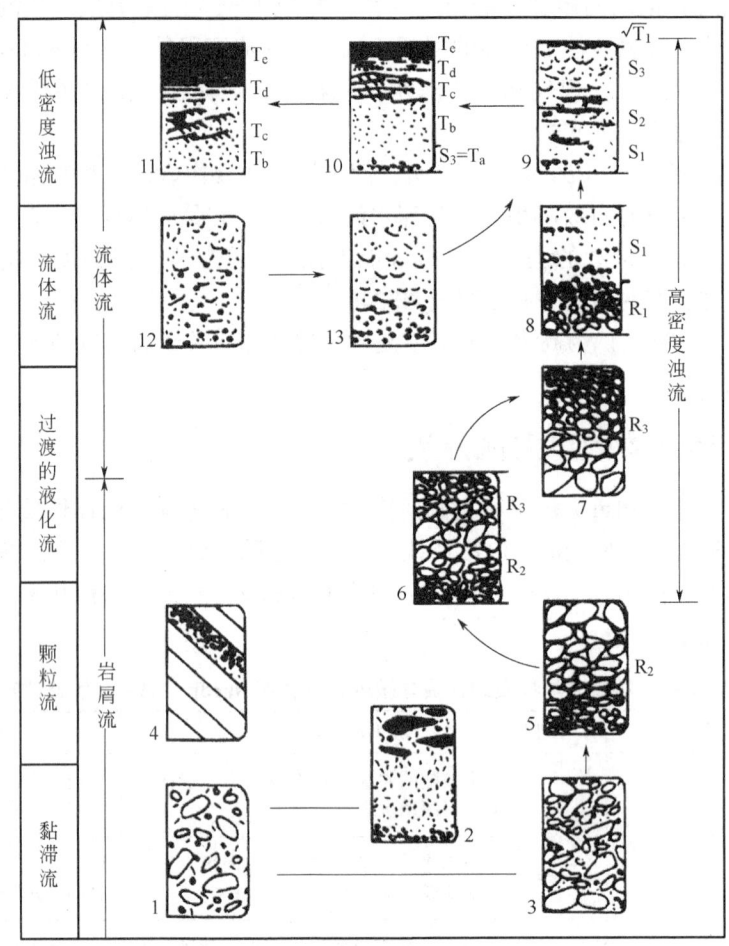

图 24-5　据流变学特征的沉积物重力流演化示意图（据 Lowe，1982）

1—泥石流；2、3—相当于碎屑流；4—颗粒流；5—变密度颗粒流；6、7、8—高密度浊流；9、10、11—低密度浊流；12、13—液化流和流化流；R—泥石流；S—砂级碎屑；R_1、S_1—牵引构造（由牵引作用形成）；R_2、S_2—牵引毯的反向粒序；R_3、S_3—悬浮作用的正向粒序

Shanmugam（1996）根据流体的流变学特征和颗粒支撑机制，将沉积物重力流划分为牛顿流体（浊流）和宾汉塑性流体（砂质碎屑流、泥质碎屑流、颗粒流）（图24-6）。牛顿流体是指在受力后极易变形，且切应力与变形速率成正比的低黏性流体。宾汉塑性流体是一种非牛顿型流体，其剪应力与速度梯度呈线性关系。

Hampton（1975）基于低黏土含量的碎屑流模拟实验最早提出砂质碎屑流概念，后来Postma（1988）将碎屑流从高密度浊流中分离出来，Shanmugam（2000）认为砂质碎屑流是颗粒流与黏滞性碎屑流（泥石流）之间的过渡类型，代表了黏性与非黏性碎屑流之间的连续作用过程，支撑机制包括基质强度、分散压力与浮力，其顶端可能伴随湍流云团。沉积物体积浓度为 25%~90%，可随着颗粒粒度和组分发生变化；泥质含量低到中等（可低至 1%~2%），呈块体搬运，具有整体"冻结式"沉积特征。

Shanmugam（1996）将沉积物重力流划分为浊流、砂质碎屑流、泥质碎屑流、颗粒流，这不仅明确了各自流体性质、流动状态、搬运和沉积机制，而且阐明了不同流体之间关系（图 24-6）。前文已经介绍了颗粒流和浊流的搬运沉积机制，浊流具有低沉积物浓度、非黏滞性特点，紊流支撑，悬浮搬运，表现为沉积颗粒由悬浮状态的顺序沉降；颗粒流中杂基含量低、非黏滞性，颗粒相互碰撞支撑，少见于自然界。砂质碎屑流和泥质碎屑流具有高沉积物浓度、可变的杂基

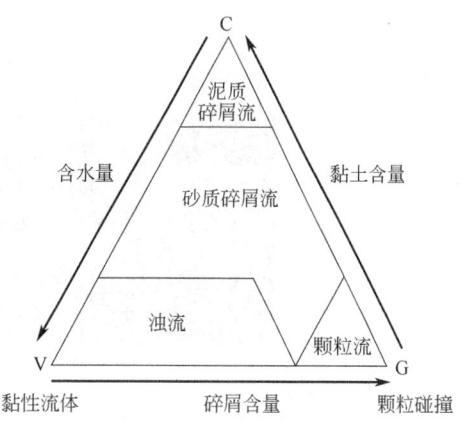

图 24-6　基于流体性质的沉积物重力流分类
（据 Shanmugam，1996）
C—黏土含量；V—黏性流体；G—颗粒含量

含量和黏滞性、塑性流特点，由杂基强度、分散压力和浮力的支撑，表现为沉积物整体冻结式沉积。随着杂基含量增加，砂质碎屑流可向泥质碎屑流转变。

砂质碎屑流形成不需要颗粒流形成所需的坡度，也不强调泥石流所需要的高基质含量。砂质碎屑流可以在小于 1° 的坡度上长距离（几十至几百千米）运动，在向盆地中央方向搬运沉积过程中，不断与水混合稀释，导致流动机制发生变化并向浊流转变。

基于流体性质的重力流分类体系重视了流变学特征及沉积机理差异，使得划分方案更加细致合理，在重力流沉积学研究中得到广泛应用（Talling，2014）。目前，人们基于 Middleton（1973）重力流四分方案和 Shanmugam（1996）三分方案，考虑沉积盆地性质、不同粒度沉积物的搬运沉积机制、泥质含量、常规和非常规油气勘探开发需求，不断提出完善或细化沉积物重力流的分类方案（邹才能，2009；Fan，2018）。

三、重力流形成过程和沉积机制

（一）重力流沉积作用过程

重力流是搬运不同粒级碎屑物质进入深水盆地最为重要的沉积作用过程和沉积机制，它的触发机制和沉积过程主要涉及滑动滑塌再搬运和洪水（异重流）直接搬运沉积过程等（视频 24-1、视频 24-2）。

Shanmugam（2000）认为沉积物从陆架边缘（或三角洲前缘）沿斜坡向下搬运至深海斜坡与盆地平原，可依次分为滑动、滑塌、碎屑流、浊流 4 种重力驱动作用（图 24-7）。

滑动是一个块体或者岩块沿基本平坦的滑移界面向下移动、内部没有发生变形的过程。滑塌是指一个块体或者岩块沿上凹斜面向下滑动，并发生转动引起内部形变的过程。当岩块向斜坡下倾方向滑塌时，随着块体解集作用和沉积物与水混合作用增强，滑塌可以向碎屑流转变，其中，沉积物是作为松散的黏滞状块体经由塑性流、碎屑流搬运。随着碎屑流沿斜坡向下流动，流体内水的含量不断增加，塑性碎屑流可演变成流动性紊流流体即为浊流。浊流是一种沉积物重力流，由流体湍流支

视频 24-1　重力流形成过程模拟 1

视频 24-2　重力流形成过程模拟 2

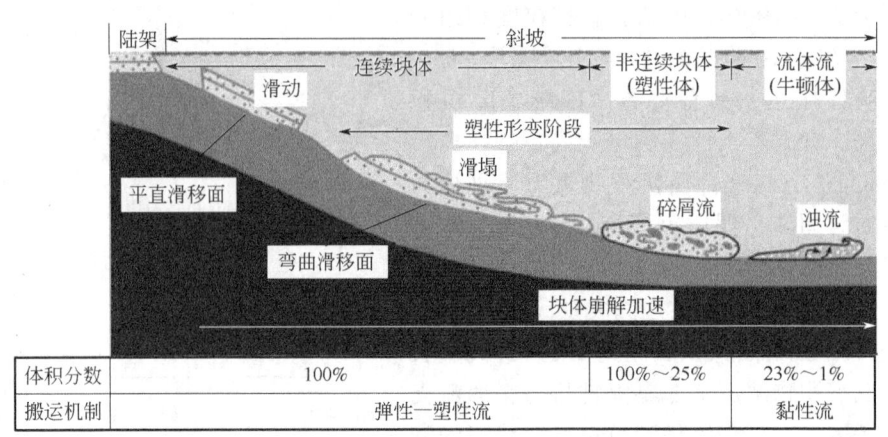

图 24-7 重力流沉积作用过程和阶段划分（据 Shanmugam, 2000）

撑，其内由于流体紊流作用使沉积物呈悬浮状态搬运。

浊流与碎屑流的流变学特征不同，浊流为牛顿流体，碎屑流为非牛顿流体（宾汉塑性体）。

牛顿流体是指流体本身不具有固有的内在强度，它的变形是与所施加的应力呈线性正相关的。当雷诺数大于 2000 时，即可发生紊流。浊流完全呈紊流状，沉积物浓度低，其体积浓度一般小于 30%；物质呈紊流支撑的悬浮搬运状态，沉积颗粒由悬浮状态发生顺序沉降，即粗重颗粒优先发生沉降。

宾汉塑性体具有固有的内在强度，当所施加的力大于沉积物处于稳定状态的临界条件时，会发生变形和层状流动。虽然碎屑流随着水量加入，浓度变小而发展成紊流，但紊流不是碎屑流的典型特征。层状流动才是碎屑流沉积过程的标志，即在层状流动间无流体的混合现象发生。碎屑流沉积物由杂基强度、分散压力和浮力支撑。流体物质浓度较高，一般为 50%~90%，表现为沉积物整体冻结式搬运沉积。

总的来说，浊流作为牛顿流体，流体浓度常小于 30%，表现为紊流支撑的悬浮搬运，沉积物平面多呈有水道的扇形，剖面砂体呈孤立透镜体；碎屑流为宾汉塑性体，流体浓度常大于 50%，多种支撑机制搬运，沉积物平面多呈不规则的舌状体，剖面砂体呈连续块状或者席状。

洪水成因的重力流（异重流）也是一种常见的沉积作用过程和机制。异重流是一种与河口相连、密度大于周围沉积盆地水体、沿盆底递变悬浮搬运的高密度流体，沉积物被湍流支撑（Mulder, 1995）。异重流受持续洪水补给，可在一定时段内（几天或更长）保持流体稳定状态。实际上，洪水流量是变化的，整体具有先增加后衰减的特征，可形成砂质异重流和泥质异重流。

异重流形成的关键是流体与盆地水体之间存在足够的密度差，其常在下列有利地质环境和条件下形成：干热少植被地区的季节性洪水；冰川融化、融雪性洪水；河坝决口，台风诱发的洪水；火山泥石流等特殊地质环境或条件（Mulder, 2011）。

携带大量泥砂的、进入汇水盆地形成的异重流沉积过程受控于洪水作用过程（洪水流速先增大、稳定，后减慢），主要经历"早期沉积、侵蚀过路、晚期沉积"的沉积、沉降过程。当洪水携带的沉积物密度大于形成异重流的临界密度，则发生早期沉积，形成流水成因交错层理；当洪水流速进一步增加并达到侵蚀早期沉积物的临界速度，则发生沉积物过路和侵蚀，形成侵蚀接触面或层内突变界面；后来随着洪水流速递减，发生沉积充填并富集碳质碎屑或植物碎屑。异重流沉积作用包含悬浮载荷和底床载荷，因受到上部浊流剪切力拖曳向前搬运，造成异重流整体呈悬浮搬运状态。异重流下部底床载荷部分可以形成牵引流沉积构造，上部悬浮载荷表现出紊流支撑，可沉积递变层理（Zavala，2006；Talling，2014）。

（二）重力流沉积作用机制

深水重力流沉积主要存在两种机制：一是浅水环境堆积的沉积物受风暴浪、地震、海啸等诱导因素发生垮塌再搬运，随着周围水体的卷入，在地形坡度和自身重力的双重作用下离散混合成为重力流（图24-7）；二是洪水期河流携带的大量沉积物以高密度底流的形式下潜，沿着盆地底部在地形坡度和自身重力的双重作用下持续向深水盆地搬运（异重流）。

此外，近期的深水重力流沉积实际观测表明，风暴作用可促使深浅水区沉积物再悬浮和漂浮在水体表层，沉积物的卸载也是深水重力流沉积形成的重要机制。

由浊流机制主导沉积形成的沉积岩称为浊积岩，也可称其为经典浊积岩。研究表明，浊流是一种牛顿流体，不具屈服强度，当外力消失时，其内部的悬浮颗粒开始发生沉积，满足大颗粒先沉积、小颗粒后沉积的规律，从而形成以正粒序为典型特征的沉积结果，正粒序递变层理是准确鉴别浊积岩的一项重要特征（Shanmugam，2000）。

砂质碎屑流形成的沉积岩称为砂质碎屑岩。砂质碎屑流是一种塑性流体，属于非牛顿流体，以块体状态整体"冻结式"搬运，其中的沉积物主要受到内聚强度、分散压力和浮力作用的影响，当水体稀释作用加强，支撑沉积物的内聚强度、分散压力和浮力作用下降，发生整体快速沉积，形成中上部悬浮粗粒颗粒的块状层理砂岩或砾质砂岩（鲜本忠等，2014）。

泥石流属于非牛顿流体，是高浓度的沉积物分散体，具有较高屈服强度和黏性，以层流方式流动。多数泥石流由含水的杂基和碎屑组成，通过基质的屈服强度和产生的浮力支撑碎屑物质。当重力的顺坡分力小于泥石流块体的剪切强度时，泥石流就会停止前进，发生冻结式沉积，形成杂基支撑的、粗粒碎屑无定向排列的砂砾岩。

异重流沉积而成的岩石可称为异重岩。异重流是洪水成因的、携带大量碎屑物质的高密度底流，依靠湍流支撑碎屑物质，整体沉积过程受控于洪水早期增强、晚期减弱的、连续的动力学过程。从河口开始到异重流沉积远端，在不同部位随着洪水作用加强和减弱，发生沉积和侵蚀或过路作用，使得靠近河口的近端发生多期次叠置的侵蚀沉积充填作用，沉积远端以持续的沉积作用为特征（Zavala，2006）。当然，由于异重流密度不同，低密度和高密度异重流的沉积机制存在差异，形成偏泥质和偏砂质异重岩。

（三）重力流沉积流体转化

重力流沉积过程往往是连续有序的。随着对重力流流体类型认识的加深，越来越多的研究表明不同类型的深水重力流之间存在相互转化。早期研究强调了高浓度的碎屑流在搬运过程中由于环境水体的卷入稀释，向低浓度的浊流转化，这种转化过程也是沉积成因分析的基础。然而，大量的实例研究发现同样存在低浓度的浊流向高浓度的碎屑流转化的情况，这种转化是导致重力流混合事件层在沉积远端广泛发育的主要原因（图24-8）。

碎屑流—砂质碎屑流—流体流的演化主要在于流体中颗粒的大小（粒度）和浓度的变化，而基质的强度变化较小，甚至可忽略。流体性质变化的主控作用力为颗粒的重力和流体的重力。在高密度浊流—低密度浊流—牵引流的演化中，紊流支撑机制不变，变化的是流体的速度和悬浮物的浓度，即流体的惯性力和重力的相对变化问题。流体流—牵引流序列和砂

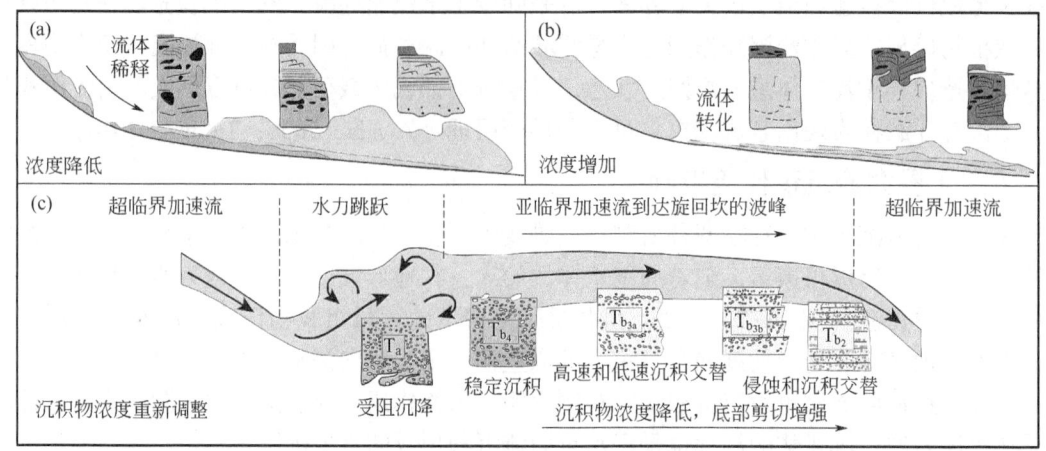

图 24-8 深水重力流流体演化过程和沉积序列（据 Haughton, 2009; Postma, 2014）
(a) 沉积物浓度降低的演化过程；(b) 沉积物浓度增加的演化过程；(c) 超临界流体与亚临界流体之间的转化过程

质碎屑流—低密度浊流序列的演化在于基质的强度，即泥级颗粒的浓度问题，基质浓度较大，使流体呈层流状态时为流体流和砂质碎屑流，反之呈紊流状态时为牵引流和低密度浊流。

在深水沉积物重力流从开始启动、搬运到形成沉积物的整个过程中，可能存在多个流体阶段与流体性质转换，其中最常见的是由碎屑流与浊流之间相互转换而形成的混合重力流体及混合事件层（图24-8）。所谓混合重力流指同一重力流事件中，由于流体性质发生转化而形成的具有多种流变学性质的流体。流体转化指同一重力流事件中不同流体之间（如碎屑流和浊流）相互转化的过程，流体转化方向主要与流体在流动过程中沉积物与颗粒含量变化有关。根据混合事件层组成特征及流体转换可能方式等，将深水沉积物混合事件层划分为下部砂质碎屑流—上部浊流混合事件层、下部浊流—上部泥质碎屑流混合事件层以及泥质碎屑流和浊流频繁互层混合事件层等 3 种类型（Haughton, 2009；Postma, 2014；谈明轩，2016；操应长，2017）。

从牵引流向重力流转化则源于牵引流对底床的侵蚀，从重力流向牵引流的转化则源于悬浮于流体中的沉积物颗粒的减少。底床侵蚀和悬浮降落构成了沉积流体相互转化。

在深水环境中，快速搬运的分层流体极易达到超临界状态（弗劳德数 Fr 大于 1），超临界流体具有很强的侵蚀能力，是深水重力流水道形成的潜在动力；超临界流体与亚临界流体的频繁转化则是深水大型波状沉积底形形成的可能动力机制。水力跳跃作用控制下的超临界浊流向亚临界浊流的转化和湍流抑制作用控制下的浊流向碎屑流的转化，成为目前重力流沉积动力学研究的核心热点问题。

第三节　鲍马序列和粗粒岩相沉积特征

一、经典浊积岩鲍马序列

经典浊积岩是指沉积物粒度较细（常为砂级低密度浊流）、具有不同段数的鲍马层序或序列的浊积岩（Bouma，1962）。一个完整的鲍马序列是一次低密度浊流事件的记录，由 5 个段组成（图24-9，图24-10），自下而上出现的顺序如下。

A 段——底部递变层段：主要由砂岩组成，近底部可含砾石。粒度下粗上细，显正递变层理，反映浊流能量逐渐减弱、较粗悬浮沉积物优先沉积的过程。砂岩底面上常有冲刷—充填构造和多种印模构造，如槽模、沟模等。A 段沉积厚度多为几到几十厘米，较鲍马层序其他段厚度大，代表高流态（$Fr>1$）递变悬浮沉积的产物。

B 段——下平行纹层段：B 段沉积比 A 段沉积物细，多为细砂和中砂，可含泥质，具平行层理，不显粒度递变层理。平行层理除由粒度变化显现外，更多的是由片状炭屑和长形碎屑定向分布所致，沿层面揭开时可见剥离线理。B 段厚度多为几到几十厘米，若叠加在 A 段之上，则两者是连续过渡的；若 B 段作某次浊流沉积的底，则与下伏沉积单元呈突变关系，其间有一

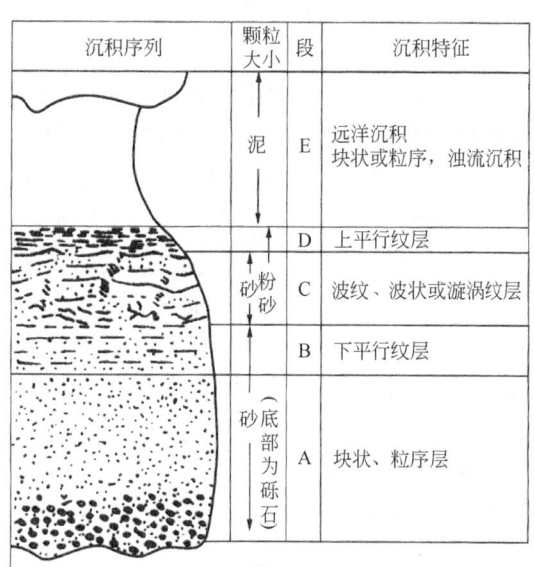

图 24-9　经典浊流沉积的鲍马序列及其解释
（据 Bouma，1962）

冲刷面，这时 B 段底层面可见多种印模构造，反映了高流态（$Fr \geqslant 1$）的沉积水动力条件。

(a)　　　　　　　　　　　　　　　　(b)

图 24-10　典型鲍马序列野外露头剖面和沉积序列
(a) 多期鲍马序列复合的浊流沉积；(b) 一次浊流形成的鲍马序列

C 段——流水波纹层段：以粉砂为主，可见细砂和泥质。呈小型流水型波纹层理和波状层理，常出现包卷层理和滑塌变形层理，这表明流水改造和重力滑动的复合作用。C 段与下伏 B 段和上覆 D 段是连续过渡沉积的；C 段若与下伏沉积单元呈突变接触，则其间可有冲刷面，并有多种小型底面印模构造。关于本段层理成因，有人认为是在 A 段和 B 段沉积后，浊流转变为牵引流水流机制所致。C 段沉积时，水流已由高流态向低流态（$Fr<1$）转化。

D 段——上平行纹层段：该段由泥质粉砂和粉砂质泥组成，具断续水平纹层。D 段沉积厚度不大（多为几厘米），若叠于 C 段之上，二者为连续过渡沉积；但若单独出现，则与下

伏泥质沉积单元之间有清楚的岩性界面。D段沉积时，水流处于低流态（$Fr<1$）状态。

E段——深水泥岩段：为远洋深水沉积的页岩或泥灰岩、生物灰岩层，含深水浮游化石或其他有机质，具微细水平层理或块状层理，是细粒悬浮沉积产物，与上覆层为渐变接触，其沉积厚度变化较大，有赖于浊流发生的频率和强度（图24-9）。

一个完整的鲍马序列沉积厚度往往小于1m，具有向上沉积粒度变细、各段单层厚度减薄、构造规模变小、沉积水动力减弱的特征（图24-10）。

鲍马指出，鲍马序列是根据许多剖面归纳综合形成的理想模式，实际上，完整的鲍马序列是不常见的。一次浊流形成的鲍马沉积序列厚度变化较大，可从数厘米到数米不等。由于受到浊流发生频率和强度的影响以及后期浊流的侵蚀冲刷，浊积岩鲍马序列的完善程度就受到破坏，结果就形成了缺失某些层段的多种序列，如BCDE、CDE、DE以及AE、ABE、CDE等序列。鲍马总结认为，有完整鲍马序列的浊积岩仅占全部浊流沉积的10%~20%。中国中、新生代陆相盆地中发育的、具有ABCDE完整鲍马序列单元的湖相浊积岩也仅占浊流沉积的5%~10%。

鲍马（1978）推断浊积岩的各个层段在平面上呈扇形或舌状展布，较细粒的沉积层段比其下较粗的层段有更大的展布面积（图24-11）。这是因为在沿浊流流动方向上流速和粒径都逐渐减小造成的。靠近物源方向容易沉积相对粗粒的鲍马序列A、B段，远源方向容易沉积鲍马序列C、D、E段。

实验表明，浊流沉积可分解成典型的头部、颈部、身部和尾部（Middleton，1976）。头部快速沉积最粗的、相对厚层的颗粒；颈部和身部浊流作用减弱，沉积相对薄层的细粒物质；尾部流体稀释明显，沉积薄层细粒物质。

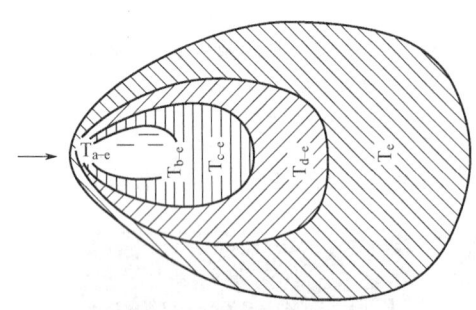

图24-11 一次浊流形成的鲍马序列时空分布示意图（据Bouma，1978）

T_{a-e}、T_{b-e}、T_{c-e}、T_{d-e}、T_e 分别表示A—E、B—E、C—E、D—E、E组段的鲍马序列

二、非典型浊积岩粗粒岩相特征

非典型浊积岩常常是高密度重力流的沉积产物，是指难以用鲍马层序描述的、由Walker（1978）提出的6种粗粒非典型浊流沉积类型，包括块状砂岩、叠覆冲刷粗砂岩、卵石质砂岩、颗粒支撑砾岩、杂基支撑砂砾岩、滑塌岩。

（一）块状砂岩

块状砂岩是指沉积层内结构均一的砂岩或含砾砂岩，沉积厚度较大，其内部有时隐约显示叠覆递变特征。当块状砂岩中出现泄水管和碟状构造时，指示存在液化流沉积作用。块状砂岩常指示重力流水道沉积或碎屑流沉积。

（二）叠覆冲刷粗砂岩

叠覆冲刷粗砂岩常表现为似鲍马层序的"A-A-A"序，此处沉积层段"A"是指一个递变层或一次重力流事件。也可出现似鲍马层序"AB-AB-AB"序，每一个递变层之上均连续沉积有厚薄不等的平行层理砂岩（图24-12）。这种沉积序列表明了频繁的、较强水流的多次重力流作用，后期重力流冲刷了前期重力流沉积物，特别是细粒沉积物，反映重力发生的频率较高、能量较强。

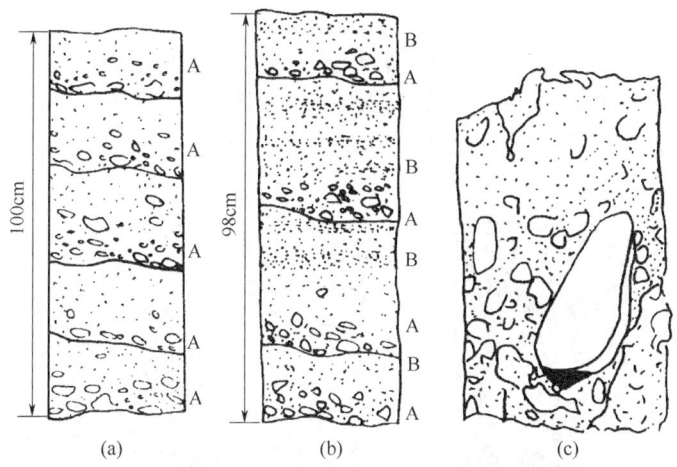

图 24-12　叠覆冲刷粗砂岩和卵石质砂岩（据刘孟慧，1984）
（a）叠覆递变层理含砾粗砂岩，显 A-A-A 序，东营凹陷，纯 47-1 井，2420m；
（b）叠覆递变层理含砾砂岩，显 AB-AB 序，东营凹陷，纯 47-1 井，2418m；
（c）正递变卵石质砂岩，漂浮花岗岩质砾石直径达 12cm，东濮凹陷，胡 7-18 井，3215m

（三）卵石质砂岩

卵石质砂岩实际上是一种厚度较大、显叠覆递变的颗粒支撑砾质砂岩层，每个递变层的下部砾石多，向上逐渐减少，或砾石悬浮沉积在砂岩中部。由于砾石常是再沉积组分，故有一定磨圆度（图 24-12）。砾石多杂乱分布，有时可显优选方位。在以砂为主的序列上部，有时可见交错层理和泄水构造。故这类岩石指示了高密度重力流向液化流和牵引流转化的特征，卵石质砂岩也指示重力流水道沉积或碎屑流沉积环境。

（四）颗粒支撑砾岩

颗粒支撑砾岩以再沉积砾石为主，砂级细粒物质充填砾石之间孔隙，并构成颗粒支撑结构。随向上砂级细粒物质增多，可过渡至卵石质砂岩。按组构特征可划分为紊乱砾岩层、反递变—正递变砾岩层、正递变砾岩层、递变—显层理构造的砾岩层等 4 种颗粒支撑砾岩类型（图 24-13）。4 种再沉积砾岩厚度大，但不稳定，底面清晰。随着向沉积水流下游方向，4 种颗粒支撑砾岩类型作有规律的变化，其主要分布在重力流主沟道或碎屑流沉积中。

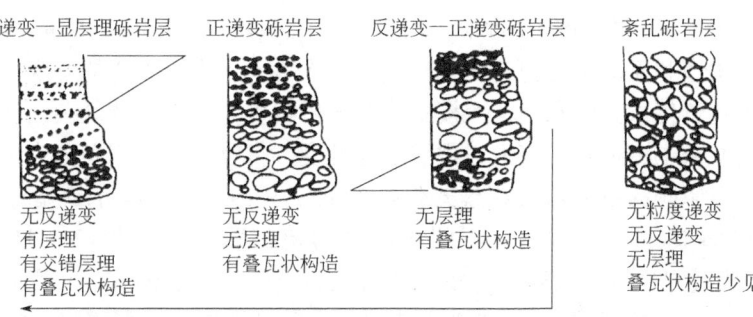

图 24-13　颗粒支撑砾岩层及再沉积砾岩的四种模式（据 Walker，1978）

（五）杂基支撑砂砾岩

杂基支撑砂砾岩的支撑物质为粉砂和黏土，其杂基含量一般为25%左右。根据被支撑颗粒的大小和含量，可将杂基支撑的砂砾岩细分为杂基支撑砾岩、杂基支撑砂砾岩和杂基支撑砂岩等三种类型［图24-14(a)］。杂基支撑的沉积物有时显递变层理，是泥石流（泥质碎屑流）沉积作用所致，常反映近源的重力流水道环境。

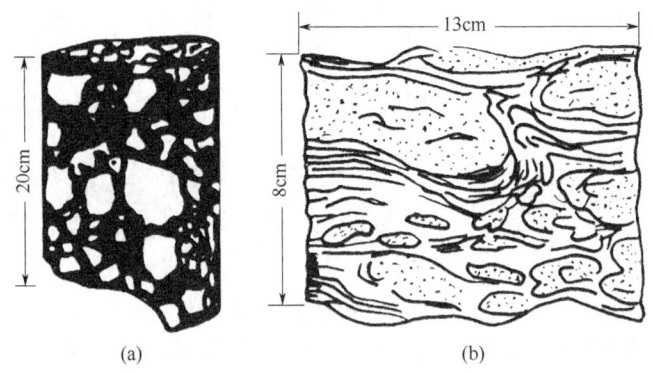

图24-14 杂基支撑砾岩和滑塌岩（据刘孟慧，1984）
(a) 杂基支撑砾岩，砾石漂浮于杂基之中，束鹿凹陷，晋22井，沙三段；
(b) 滑塌岩，砂泥混合，显旋卷及火焰构造，东营凹陷，纯51井，沙三段

（六）滑塌岩

滑塌岩是指泥砂混杂并具有明显同生变形构造的、不同于鲍马层序C段的岩层［图24-14(b)］。随着砂级沉积物的减少，可过渡为具变形层理的泥页岩。滑塌岩是未完全固结的软沉积物，由重力滑动—滑塌作用所致，可保留原来沉积物的构造特点。广泛见于三角洲前缘、大陆斜坡以及重力流沉积体系主沟道沉积。

第四节 重力流沉积相模式

自20世纪50年代Kuenen（1950）启动了重力流理论和实验研究之后，人们采用不同方法开展了重力流沉积类型、沉积特征和沉积模式综合研究。有人考虑重力流沉积形态，将重力流沉积划分为扇形和非扇形（舌形、沟道型）沉积模式；有人考虑重力流沉积是否发育沟道，建立有沟道和无沟道重力流沉积模式；有人考虑重力流水道的弯度，将重力流沉积划分为低弯度和高弯度重力流水道沉积模式；有人依据重力流水道的复杂程度，将重力流沉积划分为简单与复杂水道模式；有人考虑沉积物粒度，将重力流沉积划分为粗粒和细粒重力流沉积等。比较有影响的重力流沉积模式包括Walker（1978）的有水道扇形模式；考虑物源、供源和粒度的Richard（1998）不同粒度重力流沉积模式（图24-15）；Shanmugam（2000）依沉积过程将重力流划分为砂质碎屑流和浊流的沉积模式；Talling（2014）考虑重力流成因，建立的三角洲前缘/大陆斜坡滑塌、风暴浪悬浮浅水沉积物、河口异重流形成的重力流沉积模式。

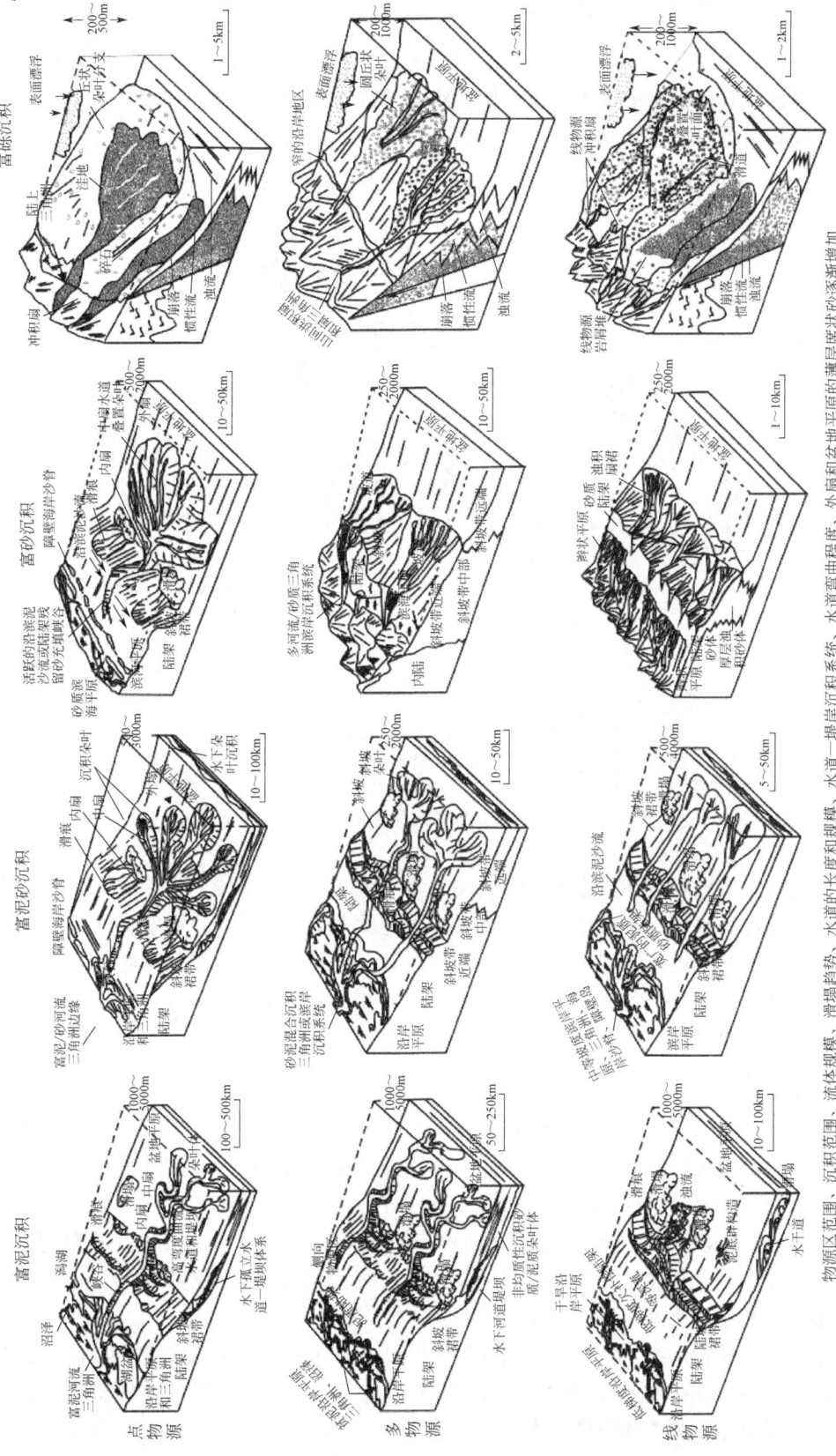

图 24-15 根据沉积物粒度、沉积位置和供源方式建立的重力流模式（据Richard，1998）

一、Walker 海底扇相模式

根据现代海底调查和古代重力流沉积岩相特征综合研究，Walker（1978）综合了鲍马序列和他本人提出的6种粗粒重力流岩相类型，建立了海底扇相模式图（图24-16）。海底扇模式可指导湖底扇沉积特征研究。

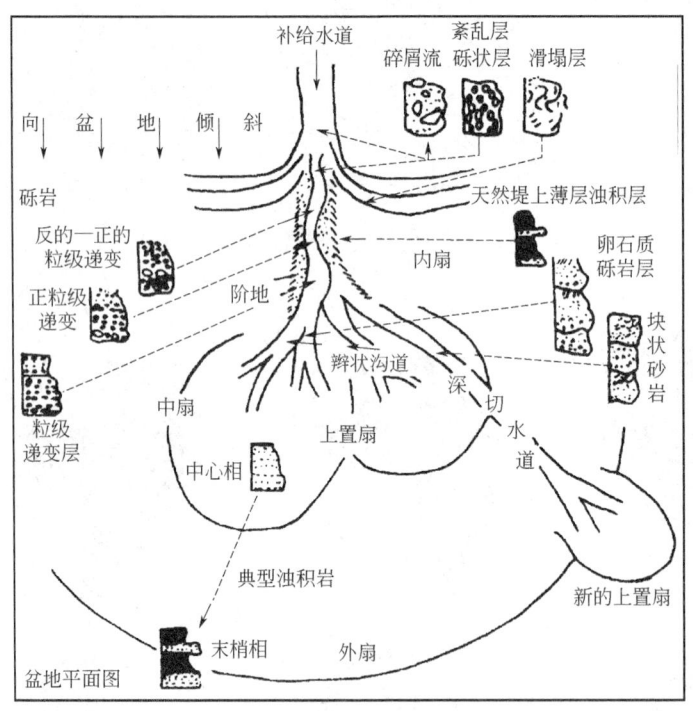

图24-16　反映亚微相沉积特征的海底扇相模式（据 Walker，1978）

海底扇是通过大陆斜坡补给水道或海底峡谷将浅水区泥砂砾组成的重力流沉积物输送到深水环境中，在深海平原沉积形成的具有扇形形态的重力流沉积体。高密度重力流具有侵蚀下切作用，会使补给水道或峡谷扩大加深，不断向海底延伸。一个理想的海底扇可以划分为内扇、中扇和外扇等三个次级沉积单元。内扇临近物源方向，发育主水道；中扇发育辫状水道；外扇不发育水道（图24-16）。

（一）内扇亚相

内扇亚相是由补给水道将浅水区沉积物通过大陆斜坡峡谷搬运到根部出口处形成的粗粒沉积组合，也是海底扇沉积物搬运及沉积的主要通道。在大陆斜坡的坡脚地带，发育滑塌层和紊乱层的泥石流或碎屑流沉积物。内扇亚相可细分为主水道和天然堤阶地微相。在主水道向下延伸方向上，依次出现具有不同沉积岩相特征的泥石流或碎屑流沉积（紊乱砾岩层、反粒序至正粒序砾岩、正粒序砾岩、有层理递变砾岩等）。在水道堤或阶地外缘，由于漫溢作用形成可用鲍马序列CDE、DE描述的典型浊积岩。

海底扇内扇沉积物分布严格受地形的控制，特别是砾岩更严格地受水道的限制。水道宽度和深度因地而异，其深度可达100~150m，宽度有2~3km。由于水道的迁移和加积作用可使砂砾质浊积岩分布的宽度和厚度更大。

(二) 中扇亚相

中扇亚相位于海底扇内扇和外扇之间、主水道开始分叉并发育辫状水道的部位，常呈叠覆舌状体。中扇亚相可细分为辫状水道、辫状水道间和中扇前缘等微相。在辫状水道里，随着沉积水动力的降低，依次沉积发育卵石质砂岩（或含砾砂岩）和块状砂岩等粗粒重力流沉积类型，有时见颗粒流和液化流沉积特征，少见泥岩夹层。在辫状水道间和中扇前缘，多发育鲍马层序A、B段的、不同序次组合的典型浊积岩。由于发育鲍马序列的A、B段，所以又称为近源浊积岩。

辫状水道宽度多为300~400m，深度多不超过10m。由于扇表面辫状水道的迁移和加积作用，可使碎屑流或颗粒流沉积的卵石质砂岩和块状砂岩连续出现，从而形成孔隙度和渗透率均好的优质厚层油气储层。

有时，强浊流水动力作用，可在中扇和外扇部位形成下切沟道，将浊流沉积物搬运到外扇地区沉积下来。由于其包裹在深水暗色泥页岩中，故含油气潜力很大。

(三) 外扇亚相

外扇亚相与中扇无水道部分相接，地形平坦，基本无水道，沉积物分布宽阔而沉积层薄，有的薄粉砂层可以侧向追踪几十至数百千米。典型沉积是发育鲍马层序CDE、DE序列和深水较厚层泥页岩。由于发育鲍马序列的C、D段，所以又称为远源浊积岩（图24-16）。

(四) 海底扇沉积序列

不同沉积时期的海底扇向盆地中央方向不断推进，后期沉积的中扇和内扇就会叠覆在早期沉积的外扇和中扇之上（图24-17），总体构成自下而上沉积物粒度由细变粗再变细、砂岩沉积厚度加大、下部发育典型浊流沉积、上部发育粗粒重力流沉积的沉积推进序列。如果海底扇的补给来源渐趋中断或发生海进，此时有可能出现向上变薄变细沉积层序。

海底扇沉积序列下部为外扇沉积，薄层砂层为远源浊流成因，发育CDE、DE鲍马沉积序列。总体构成向上沉积粒度变粗、砂层厚度加大的反韵律。

海底扇沉积序列中部为中扇沉积，中扇下部表现为向上沉积粒度变粗、砂层厚度加大的反韵律；上部由于辫状水道的迁移，发育多个向上沉积粒度变细、砂层厚度变小的间断正韵律。辫状水道多发育块状层理砂岩、卵石质砂砾岩和递变层理砂砾岩，辫状水道间及其前缘发育近源浊流沉积，以发育鲍马序列的ABE、BE为特征。

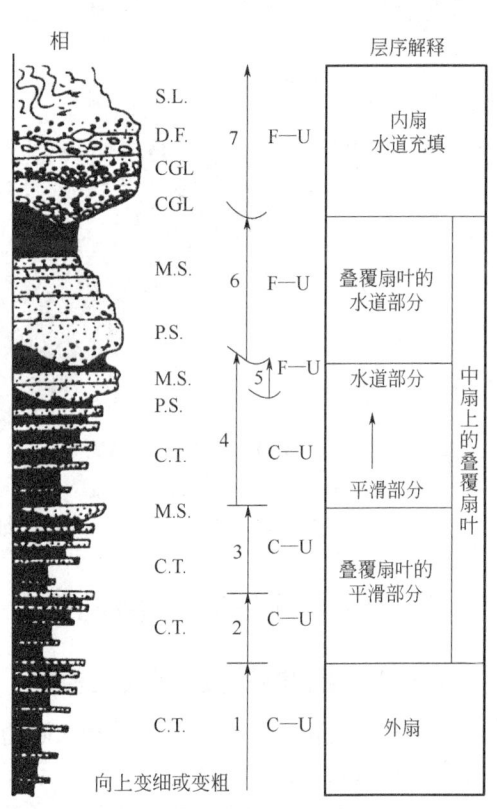

图24-17 海底扇推进式沉积组合序列
（据Walker，1978）

C—U—向上变厚和变粗的层序；F—U—向上变薄变细的层；
C.T.—典型浊积岩；M.S.—块状砂岩；P.S.—含砾砂岩；
CGL—砾岩；D.F.—碎屑流；S.L.—滑塌

海底扇沉积序列上部为沉积最粗的内扇沉积，以发育结构混杂的砂砾岩为特征，在主水道侧方可发育鲍马序列 ABE、CDE 段。整体具有向上沉积粒度变细、砂层厚度减薄的间断正韵律特征（图 24-17）。

二、湖底扇相模式

研究表明，中国中、新生代陆相沉积盆地发育有不同规模的扇形浊积岩，其岩性、岩相特征均可与沃克（1978）的海底扇相模式相对比。在中国东部渤海湾盆地的盆地陡坡，常发育近物源的重力流沉积体——近岸水下扇。湖盆陡坡的近岸水下扇与部分湖盆中央的湖底扇一样，也可用 Walker 的海底扇相模式来描述，其垂向层序多表现为推进式复合叠置的向上变厚变粗层序。湖底扇平面呈扇形，剖面呈楔状或透镜状。

彩图 24-18

在陆相湖盆深水盆底可发育由三角洲前方滑塌形成的或异重流形成的、受坡折带和峡谷控制的水道化浊积扇（图 24-18）。

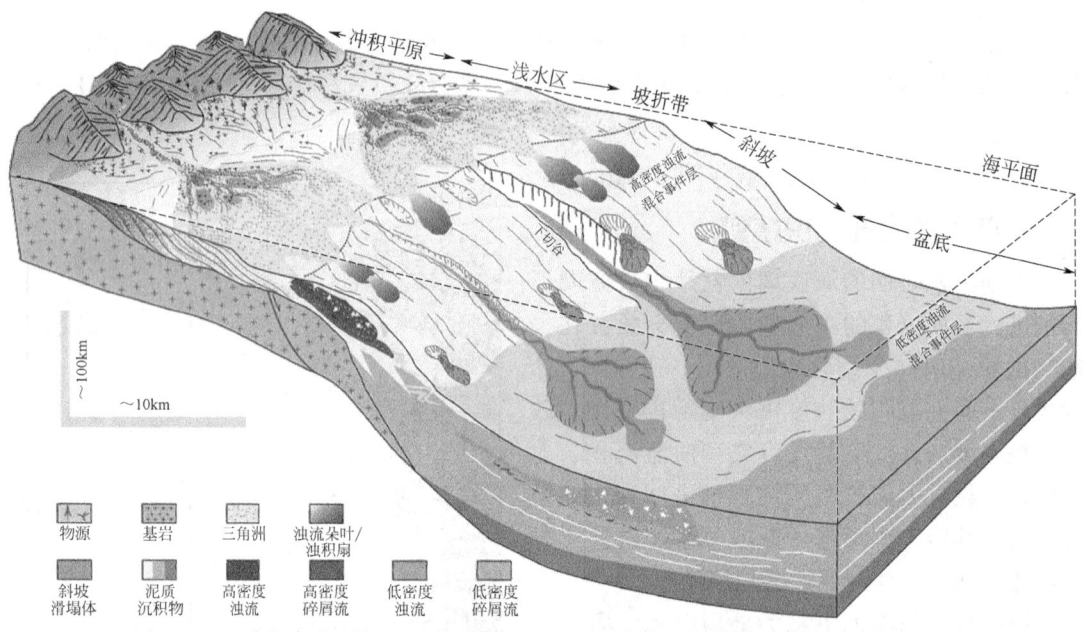

图 24-18　陆相湖盆三角洲—水道化细粒重力流扇体沉积模式（据李顺利，2020）

三、Hein 浊积沟道相模式

（一）海槽浊积沟道沉积相模式

深水重力流沟道往往发育于被动大陆边缘陆坡、陆隆和深海平原等深水环境。重力流沟道为弯曲长条状、延伸距离远（可逾几百千米）、长期搬运和沉积重力流沉积物的通道。该类沟道上游弯度低，向下游方向由于地形变缓，沟道弯度加大，可出现侧向加积、堤岸、决口和废弃沟道沉积，在沟道末端可出现朵叶体。

海槽浊积沟道沉积岩性粗细变化较大，内部结构复杂，可出现多期侵蚀、过路和沉积充填过程。沟道沉积特征受控于海平面升降变化、构造活动、物源供给和气候变化等多种地质因素。

海因和沃克（Hein，Walker，1982）确定的加拿大魁北克寒武系—奥陶系具阶地的辫状海底水道砾质沉积是典型的浊积沟道沉积。它由厚约 270m 的卵石质砂岩和块状砂岩组成，沟道深约 300m、宽约 10km，沿平行大陆斜坡脚的凹槽方向延伸。海槽浊积沟道沉积有 8 种岩相类型：（1）位于沟道中央的粗砾岩；（2）具粒序层理的细砾岩和卵石质砂岩；（3）显粒序的细砾岩和卵石质砂岩；（4）粒序细砾岩、卵石质砂岩和具液体溢出的砂岩；（5）非粒序交错层细砾岩、卵石质砂岩和砂岩；（6）缺少沉积构造的卵石质砂岩和砂岩；（7）砂和粉砂质浊积岩；（8）深水页岩。如浊积水道侧向加积形成叠加的主沟道和次要沟道，则发育具有多个冲刷界面的、由多个间断正韵律组成的向上变薄、变细层序；如浊积水道迁移到阶地上，则形成向上变厚、变粗的层序（图 24-19）。由于构造因素导致水道迁移、充填以致废弃，从而分别形成变厚、变粗和变薄、变细等复杂层序类型。

中国南海的琼东南盆地和莺歌海盆地新近系黄流组发育中央峡谷充填和轴向重力流沟道，主要充填成熟度较高的厚层块状中细砂岩，多期次叠覆充填沉积，延伸长度几十至逾千千米，周边被深海泥岩包裹，已经成为重要的油气勘探领域。

（二）湖盆浊积沟道沉积相模式

自 20 世纪 70 年代以来，先后在中国东部中、新生代断陷湖盆中发现了受同生断层形成的断槽控制的沟槽状浊流沉积，如在古近纪辽河凹陷西斜坡上，在边界大断层附近有一条与之平行但倾向相对的断层，二者构成狭长的断槽，岸上洪水重力流到此后进入断槽，沿断槽南北方向流动，岩性为具递变构造的杂乱砂泥砾混杂沉积（吴崇筠，1986），形成非典型沟道浊积岩相。湖盆浊积沟道沉积的基本特征如下。

1. 岩性和沉积构造标志

暗色质纯泥岩、页岩发育水平层理、韵律层理，单层厚度几米到十几米。它与发育重力流沉积构造的砂岩、含砾砂岩互层。这些重力流成因的沟道型浊积岩包括：（1）递变层理砂岩和含砾砂岩，厚几十厘米，底部具有冲刷面、槽模等重力流构造；（2）平行层理细砂岩，以平行层理清晰、厚度较大（几十厘米到几米）为特征；（3）块状层理砂岩，厚度几十厘米到几米，含有撕裂屑，底部具有冲刷面、槽模等重力流构造；（4）变形层理和交错层理砂岩，常见球枕构造、火焰构造、包卷层理等滑塌变形构造以及小型波状交错层理。

2. 岩矿和古生物特征

沟道型浊积岩成分和结构成熟度较低，多为长石砂岩、岩屑砂岩，岩屑成分复杂，颗粒分选磨圆变化大。可见深、浅水介形虫混生，如中国渤海湾盆地古近系沙三段深水的中国华北介与较浅水的小型拟星介混合共生。暗色泥岩多见深水介形虫化石和古网状迹、网状迹等遗迹化石。

3. 粒度概率图和 $C-M$ 图特征

沟道型浊积岩发育递变层理、平行层理等重力流沉积构造，对应的粒度概率图以粒度分布范围宽、悬浮总体含量较高、跳跃总体分选差为特征。$C-M$ 图表现为平行 $C=M$ 基线的 QR 段，C 值变化大，反映了沉积物递变悬浮搬运的特点。

4. 沉积序列和模式

轴向重力流沟道型沉积可以被划分为沟道和沟道侧缘漫溢沉积亚相。沟道又可以细分为近源和远源沟道浊流沉积微相，沟道侧缘漫溢又可以细分为近源和远源侧缘漫溢微相。

近源沟道相对临近物源，水流作用强度大，以沉积厚度大（米级）、暗色泥砾多而混

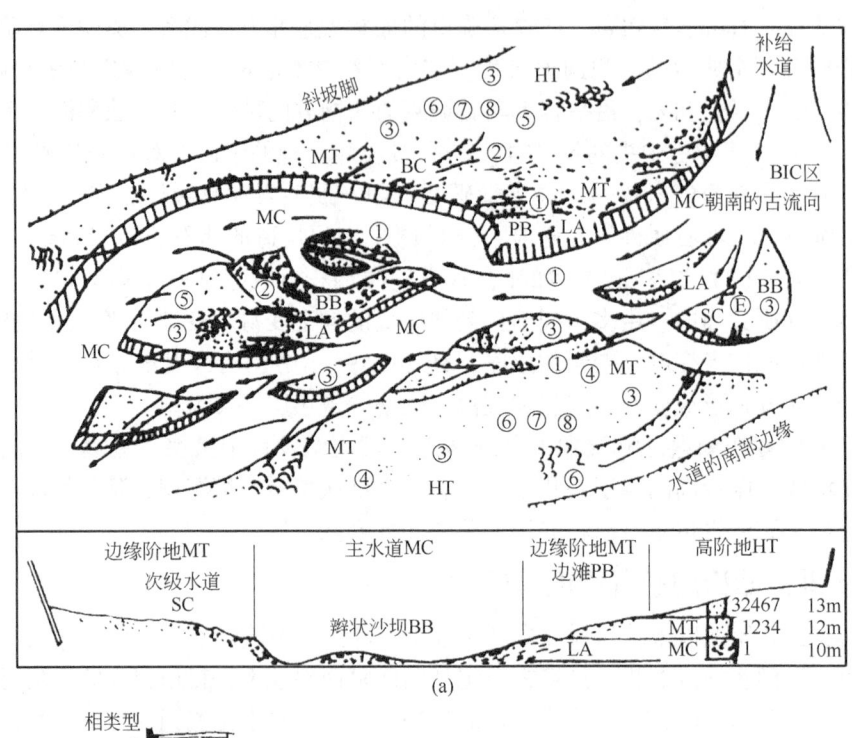
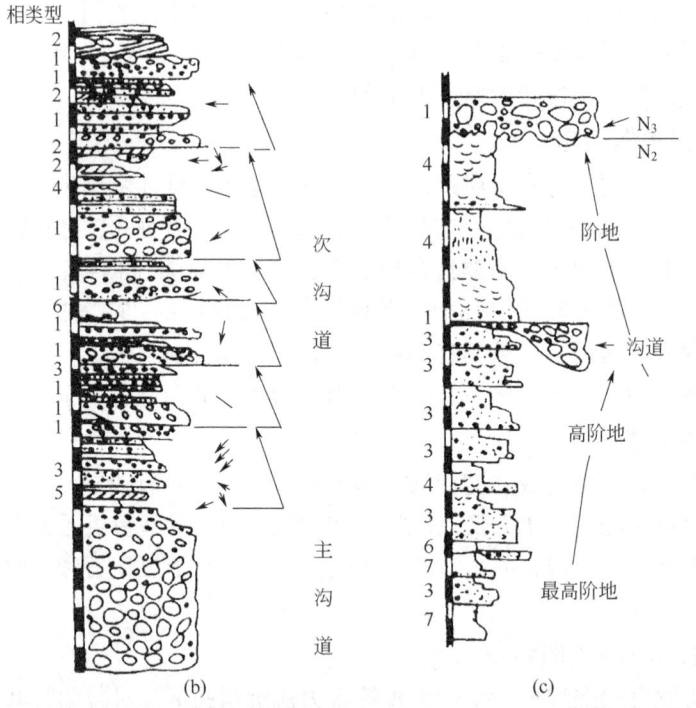

图 24-19　加拿大魁北克寒武—奥陶系海槽浊积沟道型重力流沉积平面分布和沉积序列（据 Hein，Walker，1982）
(a) 平面分布图；(b) 向上变薄、变细沉积序列；(c) 向上变厚、变粗沉积序列
①~⑧—8 个岩相类型；LA—海槽侧向加积；MC—主水道；MT—边缘阶地；HT—高阶地；
SC—次级水道；BB—辫状沙坝；PB—边滩；CC—截断水道

杂、发育冲刷面、槽模以及泥岩厚度薄、砂泥比值较大（大于 0.5）为特征；远源沟道相对远离物源方向，以沉积厚度相对薄（常小于 2m）、暗色泥砾小并且磨圆较好、冲刷面和槽模较少、可见小型波状交错层理以及砂泥比值较小（小于0.5）为特征。

近源和远源侧缘漫溢沉积是高密度重力流在沟道中卸载掉大量粗粒沉积物后在断槽侧翼漫溢形成的低密度浊流沉积，以暗色泥岩沉积厚度较大、砂岩厚度薄且粒度细、砂泥比值小为特征。近源侧缘漫溢沉积多见鲍马序列的A、B段，远源侧缘漫溢沉积多见鲍马序列的C、D段。

轴向重力流沟道型沉积以向上粒度变细、砂岩厚度变薄为特征，反映了重力流沉积能量逐渐降低的过程。

5. 砂体分布特征

轴向重力流沟道型沉积砂体常受同生断裂形成的凹槽走向控制，整体呈条带状或雁列式展布，长达几千米。砂体剖面形态为透镜状或楔状，沉积厚度几十米到几百米，沉积宽度几百米。槽状或沟道型浊积岩体构成的储集体砂泥比值适中、储层质量较好、临近烃源岩、位于油气运移指向，油气易聚集成藏。

四、Shanmugam砂质碎屑流沉积模式

（一）Shanmugam斜坡砂质碎屑流沉积模式

短期事件（地震、海啸、热带风暴等）是三角洲前缘和陆架边缘沉积物滑塌形成重力驱动块体流最重要的诱因和机制。由于具有较高沉积物浓度（体积分数为25%~100%），块体搬运过程（包含滑动、滑塌以及碎屑流）表现为弹性和塑性特征。浊流因具有较低的沉积物浓度（体积分数为1%~23%）表现为黏性流动，不属于块体搬运的范畴。除重力流外，底流（温盐流、风力驱动底流、深海潮汐及斜压流）也是重要的深海搬运沉积方式。

根据流体力学机制，水下沉积物重力流搬运过程大致分为：弹性流（岩崩）；弹性—塑性流（滑动和滑塌）；塑性流（碎屑流）；黏滞性流（浊流）（图24-7，图24-20）。Shanmugam（1996，2000，2013）基于沉积物重力流类型划分、重力流搬运过程和搬运机制以及后期底流改造提出了斜坡砂质碎屑流沉积模式。

基于沉积物浓度分类的核心原则，块体搬运沉积过程包含滑动、滑塌及碎屑流。其中，碎屑流可以是富泥质的泥质碎屑流或富砂质的砂质碎屑流。砂质碎屑流的提出和底流改造交互沉积作用的认识，使得Walker（1978）提出的水道—朵体型扇模式不能满足新的重力流认识体系，进而Shanmugam提出了新的反映复杂深水沉积搬运过程的深水斜坡沉积模式（图24-20）。该模式将砂质碎屑流斜坡重力流沉积划分为非水道体系和水道体系2种类型，其中富砂陆架物源（三角洲前缘）供给条件下的深水碎屑流沉积多以非水道体系为主，富泥陆架物源（三角洲前缘）供给条件下的深水碎屑流沉积则以水道体系为主。与浊流形成的水道、朵叶体沉积不同，受物源性质（富砂或富泥）、洋底斜坡地貌（受限或平缓）和沉积过程（冻结或悬浮沉降）影响，砂质碎屑流沉积在平面上主要形成3种不规则的舌状体——孤立舌状体、叠加舌状体和席状舌状体，相应地在剖面上分别呈孤立透镜状、叠加透镜状和侧向连续的席状（图24-21）。

实际上，砂质碎屑流沉积可以划分为3个沉积单元，近物源方向的以滑动和滑塌为特征的近源沉积，中部以砂质碎屑流为沉积特征的主体沉积，远物源方向的以浊流为特征的远源沉积。当然，由于深水重力流沉积过程复杂和流体性质转换，主体沉积和远源沉积可由不同比例的碎屑流和浊流组成。

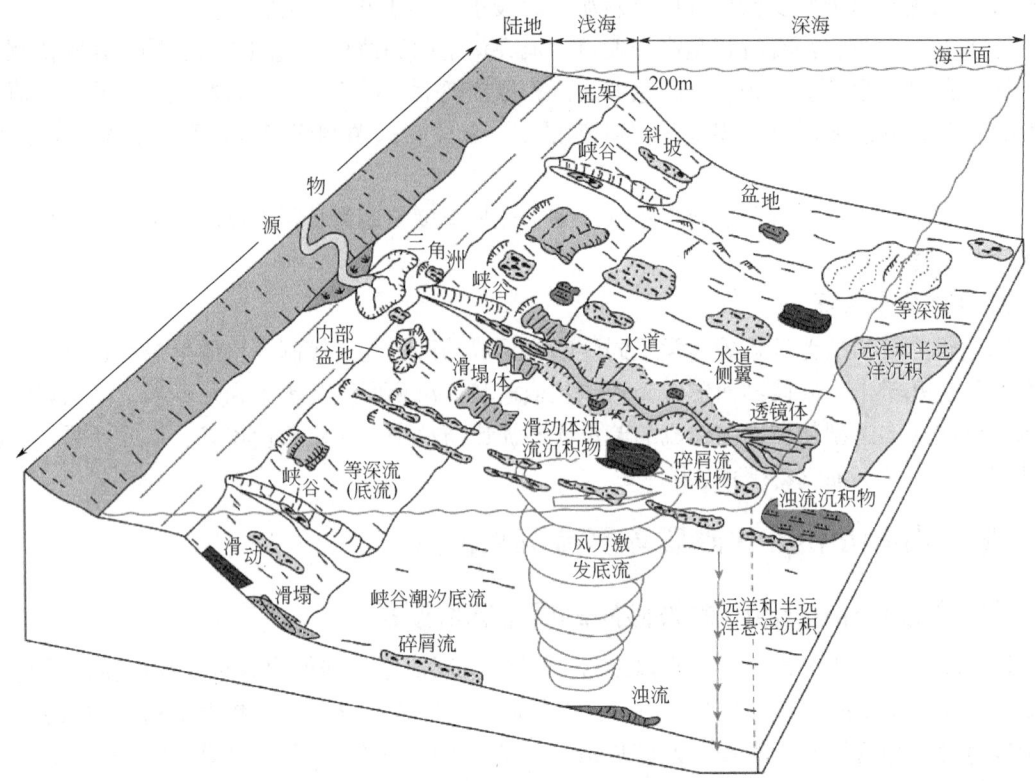

图 24-20 重力流沉积过程和有水道与无水道重力流沉积模式（据 Shanmugam，2000）

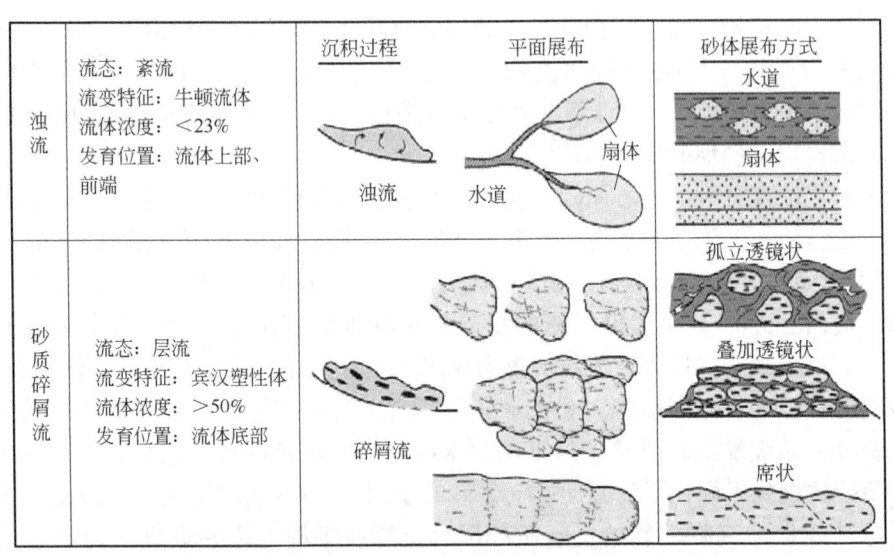

图 24-21 砂质碎屑流和浊流流体性质和砂体形态（据 Shanmugam，2000）

Shanmugam（2000）斜坡模式中以碎屑流为主，滑水机制使得水下碎屑流可以沿缓坡长距离搬运，富砂物源下的反复流体活动在盆地内发育连续的混合碎屑流沉积，形成平面和剖面上的不规则舌状体形态。Shanmugam重力流新模式与众多实例都指示斜坡地区可能发育良好的储集砂体，是未来深水油气非常重要的勘探靶区。滑塌与碎屑流成因的砂体，孔隙度可高达27%~32%，渗透率可高达900~4000mD。

（二）湖盆斜坡砂质碎屑流沉积模式

陆相湖盆常在缓坡发育源远流长的三角洲或有断裂作用形成的坡折带，当三角洲物源供给充足、三角洲前缘沉积物快速沉积并且沉积界面坡度角不断变陡，当三角洲前缘沉积界面倾角大于沉积物稳定休止角时，特别是在外界触发机制下，前缘沉积物自身重力驱动斜坡沉积物顺坡发生重力滑移、滑塌和流动。松动的岩层首先发生滑动崩塌，然后发生滑塌，这时岩层可能由一个整体破碎成多个块体，伴随大量的软沉积物变形。随着水体注入，岩层块体破碎搅混后以碎屑流的形式呈层状流动，在三角洲前缘斜坡上及深湖平原上形成大面积的砂质碎屑流舌状体，碎屑流沉积物的前方或者顶部发育少量的浊流沉积，形成互层的鲍马序列与砂质碎屑流典型岩性组合特征。在平面上，砂质碎屑流呈现出水道和非水道化共存的特征。

湖相砂质碎屑流沉积体可以划分成3个亚相带，即滑塌根部、中间部位和盆地平原。

滑塌根部靠近物源方向，砂质碎屑流流体密度大，沉积物搬运距离较短，沉积位于坡折带之下的地区，主要发育砂质碎屑流成因的块状砂岩与含泥砾块状砂岩，沉积砂体厚，储集能力较强，含油性好；中间部位可能发育碎屑流块状砂岩与浊流递变层理砂岩混合作用形成的多种类型的砂体；盆地平原部位浊流密度较小、分布广泛，可受其他水流改造，形成互层的具有鲍马序列浊流砂岩和底流改造的沙纹层理砂岩，这些薄层砂体储集能力较弱、含油性较差（邹才能，2009）。

第五节　重力流沉积识别标志及重力流与油气关系

一、重力流一般识别标志

重力流沉积岩性粒度变化较大，可以是砾岩、砂岩和含砾的泥岩，其主要特点是与暗色、质纯、富含深水化石的深水泥页岩间互，构成含浅水化石、植物屑的陆源碎屑沉积与深水化石、深水泥页岩的韵律层。

重力流沉积物从泥石流（碎屑流）演化到浊流阶段，主要的搬运方式是块体和递变悬浮载荷搬运。其粒度响应特征及其粒度参数，如平均粒径、标准偏差、偏度和尖度等，以及由粒度参数所制作的粒度概率图、$C—M$图、粒度参数判别函数等方面均有良好反映。

重力流沉积物粒级范围宽，颗粒与杂基含量的比值低或杂基含量变化大，分选性和磨圆度变化大，从较好到很差。粒度概率图多为一条斜度不大的、较平的直线或微向上凸的弧线，说明沉积物递变悬浮搬运、粒度范围分布很广、分选差的特点；在$C—M$图上，样品点C、M值平行$C=M$基线分布，属于粒序悬浮区，也反映递变悬浮沉积为主的特点（图24-22）。

不同重力流沉积物（岩）形成机制不同，形成了多样性的沉积构造。但无论哪类重力流沉积物都是以块状层理、递变层理或叠覆递变层理为其最主要的鉴定标志，其次还有平行层理、波状层理、滑塌变形层理等，以及反映牵引流水流机制的小型交错层理和斜波状层理。

除层理类型外，层面构造诸如槽模、沟模、重荷模以及撕裂屑、变形砾、直立砾、漂浮砾、液化锥、液化管、碟状构造、水下岩脉和水下收缩缝等特殊构造类型，分布虽然并不普遍，但具有良好的重力流指相性（图24-12，表24-2）。

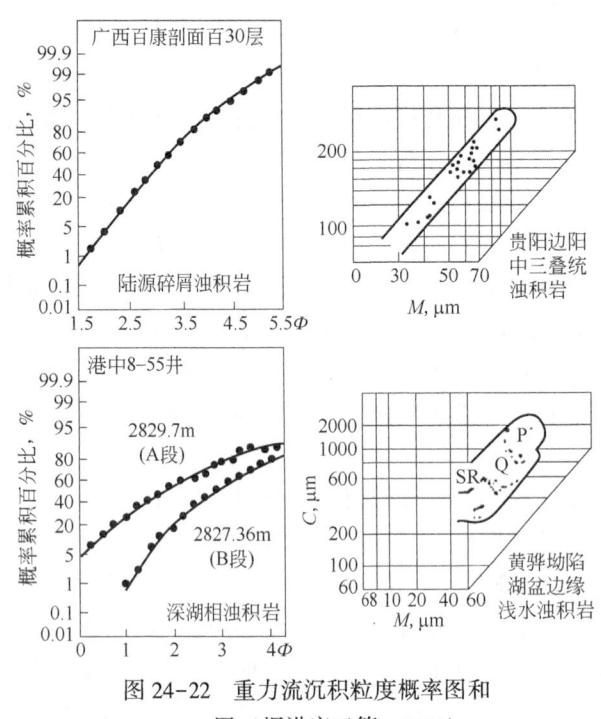

图 24-22 重力流沉积粒度概率图和 $C—M$ 图（据洪庆玉等，1979）

除指示深水环境的实体化石如有孔虫、放射虫、钙质超微化石外，深水的遗迹化石如平行层面的爬迹、网状迹和平行潜穴等也具良好指相性。

在显微镜下，可见颗粒粒度大小的规律性变化、再沉积组分诸如破碎鲕粒、化石碎片、晶体碎屑和植物屑，以及泥晶包壳等，它们在一定程度上反映了重力流将浅水区沉积物搬运到深水区的沉积作用。

重力流沉积缺少浅水沉积构造，如大型交错层理、浪成波痕、泥裂等。垂向层序中鲍马序列不一定完整，递变层理为其最主要特点。砂质碎屑流沉积为厚层块状砂岩组合，伴生有滑动—滑塌及沉积物液化的包卷层理、滑塌构造和重荷模。不同类型重力流沉积砂体形态不同，浊流沉积砂体多为扇形，砂质碎屑流沉积砂体多为舌形，异重流沉积砂体多为沟道—扇形组合。

二、浊流、砂质碎屑流和异重流识别标志

（一）浊流主要识别标志

浊流为低密度的牛顿流体，可由洪水、地震、海啸、涌浪等触发机制诱导形成，主要岩性较细，为砂岩、粉砂岩和泥岩，偶见一些砾石沉积。主要特点是浅水陆源碎屑沉积物与深水页岩（或泥灰岩）共生或组成韵律层，碎屑成分是陆源的、浅水的，可含浅水化石、植物屑和鲕粒等（表 24-3）。

表 24-3 鄂尔多斯盆地延长组深水砂岩沉积特征对比表（据李相博，2019）

岩石类型/流体类型	岩石结构	沉积构造	单岩层厚度	顶底接触关系	流变学特征	空间分布	
						平面	剖面
浊积岩/浊流	砂级—粉砂级—泥级，概率曲线为单段式，斜率小，$C—M$图平行于$C=M$基线	粒序递变层理或含有粒序层理的鲍马序列	<0.5m	底面常见槽模等侵蚀冲刷现象，顶面为渐变界面	牛顿流体，紊流（流体搬运）	有水道扇体，横向上分布相对稳定	薄层席状（扇中）或透镜体（扇根）
碎积岩/砂质碎屑流	砂级—粉砂级，概率曲线为两段式，以跳跃为主，$C—M$图平行于$C=M$基线	厚层、块状层理，砂岩内部偶见呈悬浮状零散分布泥砾，且有拖长变形现象	一般大于0.5m，最大可达几十米	顶底面均突变接触，其中底面平坦，顶面为不规则状	宾汉塑性体，层流（块体搬运）	孤立或连续不规则舌状，横向变化快	孤立或叠加透镜体

续表

岩石类型/流体类型	岩石结构	沉积构造	单岩层厚度	顶底接触关系	流变学特征	空间分布	
						平面	剖面
异重岩/异重流	砂级—粉砂级—泥级，概率曲线为单段式，斜率小，C—M图平行于C=M基线	正粒序递变层理与反粒序递变层理成对出现	单层<20cm	单层之间常见微冲刷	牛顿流体素流（流体搬运）	有水道扇体，横向上分布相对稳定	薄层席状（扇中）或透镜体（扇根）
滑动、滑塌沉积	砂到泥级	强烈揉皱变形层理，发育压力脊、滑坡壁、压力缝等	厚度变化较大	顶底面均突变接触	弹性或塑性（块体搬运）	舌状	孤立或叠加透镜体
底流改造沉积	粉砂级为主，结构成熟度较好	见低角度平行层理，交错纹层	通常<15cm	顶底面均突变接触	牵引流（流体搬运）	横向上分布稳定	薄层席状

岩石颜色深，反映深水缺氧沉积环境，成分成熟度和结构成熟度变化较大，成熟度取决于物质来源方式和搬运距离。经典浊积岩在$C—M$图上表现为平行于$C—M$基线的直线段。

浊流和牵引流共同作用，发育递变层理、平行层理、爬升波纹层理、波纹层理。流体的侵蚀冲刷，携带物体的刻蚀、拖曳、跳动和滚动，不均匀负载形成多种突变或侵蚀底面印模构造，如槽模、沟模、跳模、刷模、锥模、滚痕模、重荷模等。有滑动及沉积物液化的证据，如包卷层理、火焰构造以及滑动—滑塌岩枕构造、滑塌变形构造、滑塌褶曲、重荷模等。

向上岩性变细的正递变层理是解释浊流沉积的唯一可靠标准。浊流沉积无浅水沉积构造（如大型交错层理、波痕、泥裂等）。

富含远洋浮游化石的暗色泥岩与含浅水化石的浊积岩垂向上构成深水沉积组合，发育正粒序的砂岩可与上覆具平行层理、沙纹层理、包卷层理和水平纹层的细砂岩、粉砂岩和泥岩一起构成完整及不完整的鲍马层序（图24-10，图24-11）。

浊流沉积厚度大多小于或远小于1m，常以砂泥岩薄互层形式出现，其中暗色泥岩厚度取决于沉积时长和浊流发生频率。浊流砂体整体呈薄层席状和水道状，或呈具有水道的扇形，横向稳定分布，沉积范围较大。

（二）砂质碎屑流主要识别标志

砂质碎屑流为层状流动（块状搬运）的宾汉流体，主要鉴别标志如下（表24-3）：

砂岩呈厚层块状，内部不具粒序递变层理和其他沉积构造。砂质碎屑流在流动过程中，内部颗粒承受了剪应力，从而导致软泥变形、撕裂，形成泥岩撕裂屑。块状砂岩中上部可有各种形态的漂浮泥砾，有的泥砾呈S形撕裂状，有的泥砾呈定向排列的长条状。碎屑颗粒呈水平或无序排列，泥岩碎屑呈现反粒序，漂浮碎屑、易碎泥砾和板状碎屑组构所揭示的层状流动特点和流动强度应是碎屑流沉积的最直接证据。

块状砂岩底部具有剪切特征，说明碎屑流块体运动是在一个滑动面上曾经发生过滑动作用。块状砂岩顶底岩性突变，与暗色泥岩伴生。块状砂岩和撕裂状泥砾指示着砂质碎屑流的整体冻结式搬运过程，碎屑杂基的存在，指示高浓度的流体流动和塑性流变学性质（图24-23）。

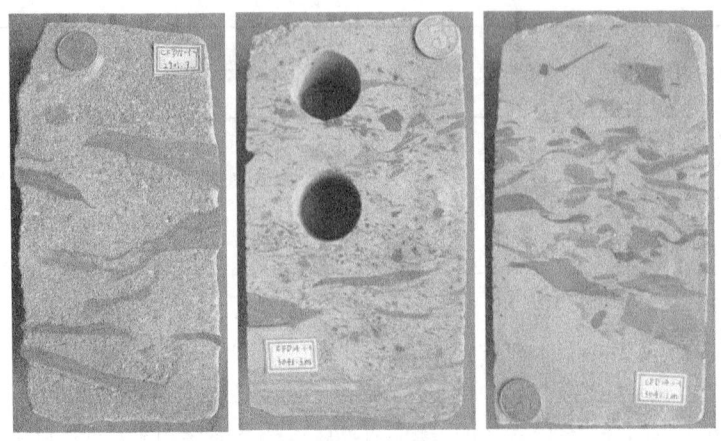

图 24-23 渤海湾盆地古近系沙河街组砂质碎屑流岩心特征

填隙物主要为杂基，含量变化较大。碎屑杂基的存在，指示了流体的高浓度流动和塑性流变学特征。粒度资料分析显示既有重力流特征，又有牵引流特征。

砂质碎屑流常见弹性、脆性及塑性形变。除常见块状砂岩外，还发育大量包卷层理、滑塌变形构造及微断裂等砂泥混搅等现象、软沉积变形构造。

碎屑流块状砂岩与上覆、下伏深水泥岩主要呈岩性突变接触，接触面平整，部分砂岩底部见冲刷现象。块状砂岩中常发育漂浮的生物碎屑及混杂少量的植物根茎化石和介形虫壳体碎片。

砂质碎屑流沉积厚度较大，可达数十米，沉积平面几何形态具有舌形和侧向尖灭的特征，这揭示了沉积物整体冻结式的沉积过程。常发育于大陆斜坡下倾方向、深海平原和三角洲前缘（坡折带）的前方。

虽然砂质碎屑流块状砂岩非均质性极强，但常构成含油储层。

总之，块状砂岩、顶底突变接触、不规则泥岩撕裂屑、漂砾、碎屑纹层状流动等特征是碎屑流沉积最直接的证据（表24-3）。

（三）异重流主要识别标志

异重流是近年来重力流沉积学研究的热点问题。受洪水水流物源供给影响，异重流具有高含水量、低密度和低黏度的特征，主要表现为浊流流态（表24-4）。异重流沉积岩性包括砾岩、砂岩和泥岩。粒度分布直方图呈双峰式、累积概率曲线呈二段式，反映了具底床载荷和悬浮载荷兼有的搬运沉积机制。

表 24-4 异重流沉积与浊流和等深流沉积特征差异性比较（据 Mulder，2012）

序列类型	浊积岩序列	异重岩序列	等深积岩序列
流体类型	浊流	浊流	等深流
流动特征	不稳定，流速以减小为主	主要为稳定状态，流速先增大后减小	稳定状态，流速先增大后减小
占主导地位的流态	紊流	紊流	紊流
流体持续时间	数分钟到数天	数小时到数周	1000a 时间内
序列底部接触关系	侵蚀突变接触	渐变接触	渐变接触

续表

序列类型	浊积岩序列	异重岩序列	等深积岩序列
序列顶部接触关系	渐变接触	渐变接触	渐变接触
层间接触关系	罕见发育	侵蚀或突变接触	无
粒序特征	清晰的正粒序	清晰的下部反序、上部正序	模糊的下部反序、上部正序
生物扰动作用	没有强烈的	没有强烈的	强烈的
遗迹相	少	少	多
构造特征	平行层理和交错层理发育	平行层理和交错层理发育，上攀层理常见	模糊的平行层理和交错层理，透镜状层理发育
动物/植物群落	主要是海洋的	主要是陆地的 频繁的植物和木头碎片	主要是原地的

异重流主要经历"早期沉积—侵蚀过路—晚期沉积"的沉降过程，在沉积近端以侵蚀充填，即底床载荷的粗碎屑沉积为主，其特征岩性包括基质支撑的块状砾岩（砾石常见叠瓦状排列）和碎屑支撑砾岩；远端以持续悬浮荷载和漂浮荷载沉积为主。

发育块状砂岩和流水成因的沉积构造，内部发育侵蚀接触面，富含陆源有机质碎屑或层面富含植物碎屑。随着异重流流量的早期增强和后期衰减，可发育水平层理、爬升波纹层理、交错层理、平行层理和块状层理、粗尾正递变层理或逆递变层理，以及泄水构造和火焰状构造等同沉积变形构造，这些沉积构造是重要的异重流识别标志（表24-4）。

由于异重流存在流量增强与衰减两个阶段，故垂向沉积序列表现为复合韵律。在早期异重流流量增强阶段，流体通常能达到侵蚀下伏沉积物的速度，内部可见突变或侵蚀界面；后期流量衰减形成正韵律。由沉积近端到沉积远端沉积序列可能依次发育厚层序列、逆—正粒序序列、薄层细砂—粉砂沉积序列。不同时期水动力条件变化显著，在不同时间与空间异重流发育特征有所差异。

值得注意的是，异重流沉积特征及沉积序列受地形、气候、物源等地质因素控制，地形高差大、半干旱气候条件、丰富的细粒悬浮沉积物供给有利于形成异重流。

异重流发源于盆地边缘，经河口—三角洲后在深水区形成完整的水道—海（湖）底扇系统。水道直线延伸距离可达数十千米，沉积厚度数米到数十米，水道末端发育湖底扇。异重流通过盆地连续的源—渠—汇系统可以形成大规模的深水储层。

总之，异重流沉积以浊流递变层理、流水成因交错层理、层内突变接触面或侵蚀接触面、富集碳质碎屑和植物碎片有别于其他深水重力流沉积特征（表24-4）。

三、重力流与油气关系

随着油气勘探和开发的进展以及沉积相研究的深入，现已发现许多油气田的储层是重力流沉积成因的砂岩。例如，美国加利福尼亚州文图拉盆地和洛杉矶盆地古近系—新近系浊积砂岩中石油产量分别占总产量的99%和83%。还有美国墨西哥湾盆地、巴西Campos盆地、西非刚果盆地等。中国松辽盆地、渤海湾盆地、鄂尔多斯盆地等也发现了重力流成因的油气田。

重力流能够将大量陆源有机质带入汇水盆地，不仅可以形成富有机质层，而且可改变水体的生态环境，对于烃源岩的形成具有积极作用。重力流沉积砂体位于深水沉积区，临近烃源岩，储层物性好，具有良好的封堵性，具有近源成藏优势，容易形成具有较大异常压力的岩性油气藏。这类油气藏具有早期高产、产量递减较快的特点。

油气勘探开发要关注受控于重力流沉积过程（滑动、滑塌、碎屑流、浊流）、沉积地貌和沉积环境的深水砂体时空分布。不同类型的重力流沉积物分布位置、规模和形态存在差异。滑动、滑塌沉积体呈块状，是值得关注的岩性圈闭的潜在发育区。浊流砂体平面形态为有水道的扇形或席状，宽几十千米至几百千米，向下倾方向砂体宽度增加，厚度几米至几十米；碎屑流砂体平面呈非扇形的舌形，沉积宽度几十米至几十千米，几十米厚的砂体边界不太规则（图24-21）；沟道状重力流沉积砂体形态呈条带状。显然，深水沉积砂体形态及其构型影响了油气勘探开发思路和方式。

重力流储层质量是影响油气储量和产量的主要因素。由于重力流成因类型不同，滑动和滑塌、碎屑流以块体状态整体"冻结式"搬运，其中的沉积物主要受到内聚强度、分散压力和浮力作用的影响，粗粒沉积物可长距离搬运，形成少泥的砾质砂岩和较粗粒砂岩，储层质量相对较好、含油性也好；浊流通过紊流悬浮支撑相对细粒沉积物，形成富泥的较细粒砂岩，储层质量和含油性相对较差。沟道型重力流沉积砂体沉积厚度较大，具有良好的储层物性。异重流沉积中部粒度较粗、泥质含量低，储层物性和含油性明显好于其边部。显然，沉积过程影响了储层质量，因为砂岩储层粒度、颗粒分选和泥质含量控制了储层孔隙度和渗透率。

重力流类型、沉积过程和沉积模式研究的新进展开拓了油气勘探新领域。随着油气勘探工作的进一步深入，由深水重力流沉积形成的岩性油气藏将成为下一步油气勘探的重点。不同类型深水重力流砂体可在垂向相互叠置或混合沉积，形成规模较大的油气藏，明显扩展了深水油气勘探领域。由于盆地结构、沉积背景、物源供给、深水沉积过程、沉积类型的复杂性，造成深水沉积样式也是复杂多变的。今后需要加强过程沉积学研究，在充分考虑构造活动和成岩演化的基础上，建立反映不同类型盆地地质特征的、考虑重力流沉积机制和底流改造的、不同粒级的深水沉积模式来指导油气勘探开发。

思考实习题

1. 简述重力流（牛顿流体和非牛顿流体）的基本概念和基本特征。
2. 简述沉积物重力流形成的基本条件。
3. 表明重力流分类依据和常用分类方案（重点是 Middleton 和 Shanmugam 的分类方案）。
4. 分述碎屑流（泥石流）、颗粒流、液化流和浊流的颗粒支撑机制和主要岩性构造特征。
5. 图示并说明鲍马（Bouma）层序各段和整体沉积特征。
6. 图示沃克（Walker）粗粒重力流岩相类型并说明主要沉积特征。
7. 图示并简述沃克（Walker）海底扇相模式和相层序。
8. 图示并简述萨玛甘（Shanmugam）重力流沉积作用过程以及斜坡重力流沉积模式。
9. 查阅文献或野外调研，图示说明浊积扇亚相特征、相模式及其与油气的关系。
10. 查阅文献或通过实验，说明重力流沉积过程、形成机制和主要控制因素。

第二十五章　碳酸盐沉积环境和沉积相模式

> **导　读**
>
> 本章核心知识点包括碳酸钙沉积作用补偿深度（CCD）、陆表海和陆缘海、清水沉积作用概念；碳酸盐沉积作用基本特点、现代碳酸盐沉积环境、碳酸盐台地类型，Irwin陆表海沉积相模式、Armstrong混积型沉积相模式、Wilson碳酸盐岩综合相模式、Tucker碳酸盐岩沉积模式以及Read碳酸盐缓坡和台地沉积相模式。

第一节　碳酸盐沉积作用的基本特点

本着"将今论古、古今对比"的现实主义沉积学研究原理，开展现代碳酸盐沉积作用和沉积结果研究有助于理解古代碳酸盐岩沉积过程。现代碳酸盐沉积物主要发育于海洋环境，少量见于非海洋环境。碳酸盐沉积物从滨浅海至深海均有发育，但主要形成于气候温暖、水体清澈的滨浅海环境，深海环境碳酸盐在现代海洋沉积物中占有重要位置，而古代碳酸盐岩则主要形成于滨浅海环境。

现代浅水碳酸盐主要发育在南、北纬30°之间，如加勒比海中的巴哈马地区、波斯湾、洪都拉斯、孟加拉湾以及我国的南海等海域。

在成因上，碳酸盐岩主要形成于化学作用、生物化学作用以及有机械作用参与的化学或生物化学作用。因此，碳酸盐岩是一类复合成因的化学岩或生物化学岩。

在现代沉积环境中，碳酸盐沉积作用总体上具有如下特点：

（1）温暖气候、浅水动荡（波浪和潮汐作用较强）、清澈的正常海水，最利于碳酸盐沉积。

（2）在碳酸盐沉积物形成过程中，机械作用仍占有重要地位。如鲕粒的形成、内碎屑的破碎磨圆和分选、细粒灰泥等物质被簸选，均与机械作用有关。而礁的发育和叠层石的堆积更与水体深度和能量密切相关。

（3）碳酸盐沉积物在海盆水下正向地貌区，即临近海平面的水下凸起处最发育，如珊瑚礁；在负向地貌区如盆地则不太发育，沉积厚度薄。在大陆架、碳酸盐台地和稳定克拉通地区，尤其在这些地区的边缘，由于水浅、水清、水体动荡，碳酸盐常大量发育。

（4）现代碳酸盐沉积作用主要发生在两种类型台地，即与大陆毗连的台地，如波斯湾、南佛罗里达和我国的南海地区，以及孤立于大海中的浅水台地，如巴哈马台地和我国的西沙和南沙群岛礁等。

（5）碳酸盐台地的形成结果表明，碳酸盐沉积持续发育的最根本要素是保持浅水环境，即海底下沉速度与碳酸盐沉积物的补偿速度基本均衡，或者说可容空间是相对稳定的。

（6）比浅水台地环境大得多的半深海—深海环境的海底，也发育着各种碳酸盐软泥和各种碳酸盐重力流沉积。根据统计，深海碳酸盐沉积物比浅水碳酸盐沉积物的数量还要大，但它们主要是微体和超微体浮游生物的堆积，而浮游生物的大量繁殖也需要水暖、水清、水浅和水咸的水体。实际上，深水碳酸盐沉积受控于碳酸钙沉积作用补偿深度。随着水深增加，二氧化碳溶于水的能力加强，水体酸性加大，碳酸盐被溶解的能力加大，沉积作用减少。

（7）尽管湖泊碳酸盐与海洋碳酸盐沉积过程相似，但湖泊碳酸盐沉积主要受控于气候、河流供源、湖平面升降、水动力、生物作用和水体性质等因素。在古湖泊碳酸盐岩中，白云岩较发育。

（8）白云岩的成因问题，主要是白云石的形成机理问题，是碳酸盐岩研究历史中热点和难点之一。现代碳酸盐沉积物的研究是解决这一问题的重要途径之一。不具有交代结构或交代结构不明显的泥晶—粉晶白云岩为准同生白云岩，具有重要的指示沉积环境意义。

第二节　现代碳酸盐沉积环境

一、现代滨岸-潮坪碳酸盐沉积

（一）无障壁的滨岸碳酸盐沉积

无障壁的滨岸碳酸盐沉积类似于碎屑滨岸沉积，在波浪作用（高能环境）下，生物碎屑、鲕粒等碳酸盐沉积颗粒形成分选好、发育低角度交错层理、平行岸线延伸的滩脊或浅滩。随着海平面升降变化，可进一步发展成为碳酸盐障壁岛。

碳酸盐碎屑滨岸浅滩（简称滩）是指水体浅（正常浪基面之上）、能量高、以沉积异地碳酸盐颗粒为主的沉积，颗粒可包括内碎屑、鲕粒、藻粒、生物碎屑等多种类型。浅滩可出现在台地的不同部位，规模可大可小，可以呈丘状、堤状或席状。浅滩与生物礁、生物丘等的区别在于其沉积物是受波浪和潮流改造、异地搬运而来的，主要岩性为亮晶颗粒石灰岩。

根据浅滩的位置和形态，可将其分为裙滩、堤滩、点滩和台缘滩。

1. 裙滩

裙滩（或称岸滩）指沿海岸发育的碳酸盐浅滩，其向陆侧没有潟湖。这种浅滩通常发育于坡度较大、波浪作用活跃的海岸，宽几千米至十几千米，长几十至几百千米，可向海或陆地方向迁移。其沉积主要为中厚层至块状亮晶颗粒石灰岩，颗粒分选、磨圆好，填隙物一般为亮晶方解石，交错层理发育，岩体呈席状。

处于后滨带的浅滩，由于处于渗流带中，胶结物多呈新月形和垂悬形。这里淡水淋滤和土壤化作用也较强烈，常形成钙结壳。位于前滨带的部分，岩层朝向海方向低角度倾斜，发育平行层理、槽状交错层理、双向交错层理以及前滨环境的特征构造——冲洗交错层理。胶结物既有代表渗流带的新月形和垂悬形（尤其是前滨上部），也有代表潜流带的、呈针状或柱状的等厚环边形（前滨下部）。部分浅滩可位于临滨带，长期处于水下，沉积的颗粒石灰岩发育板状、槽状交错层理和平行层理以及波痕等构造，胶结物为等厚环边形，胶结物晶体可呈针状或柱状。

浅滩外侧通常是开阔海，内侧为潮坪或陆地环境。在海退过程中，裙滩可形成向上变粗、变浅的沉积序列；海侵过程则形成向上变细、变深的沉积序列。

2. 堤滩

堤滩（或称障壁滩）呈堤状，其内侧为潟湖，外侧为开阔海，可处于水下，也可出露水面。当出露于水上时，堤滩可分出后滨、前滨和临滨带，其沉积和成岩特征与裙滩相似（可受到风的改造）。当处于水下时，堤滩的沉积和成岩特征与处于临滨带的浅滩相似。

堤滩沉积呈带状，宽一般为几百米至几千米，长一般为几千米至十几千米，平行海岸延伸，并可向海或陆地方向迁移。堤滩之间发育连通潟湖与开阔海的潮道，潮道深可达十几米，宽可达几百米，可侧向迁移。潮道沉积主要为颗粒石灰岩，显示向上变细的沉积序列。序列底部为冲刷侵蚀面，其上常有粗粒内碎屑或生物化石滞留沉积。序列下部具有大、中型板状交错层理，上部具有小型板状、槽状交错层理。在潮道的两端常发育潮汐三角洲，其中靠近潟湖的一侧发育涨潮三角洲，靠近开阔海的一侧发育落潮三角洲。这两种三角洲的不断向前推进都可形成向上变粗的沉积序列，但岩石共生组合不同。涨潮三角洲与潟湖沉积共生，落潮三角洲与开阔海沉积共生。通常涨潮三角洲容易保存下来。

3. 点滩

点滩指散布于台地内部的、规模较小的浅滩，大者宽可达十几千米，长可达几十千米。点滩的形成往往与台地内部局部水下隆起有关，主要岩性为中厚层至块状亮晶颗粒石灰岩，发育交错层理、平行层理以及波痕等构造。颗粒类型可为内碎屑、鲕粒、生物碎屑等；胶结物为等厚环边形，晶体可呈针状或柱状。

4. 台缘滩

台缘滩指位于台地边缘的浅滩。台地边缘水体浅、能量高，是形成浅滩的有利场所。台缘滩总体上呈带状平行台地边缘展布，其规模一般较大。大西洋巴哈马台地边缘发育的鲕粒滩宽达20多千米，长上百千米，其上还形成了许多横切浅滩的潮道。

台缘滩沉积主要由厚层至块状亮晶颗粒石灰岩组成，发育交错层理、平行层理以及大型波痕等构造。颗粒类型主要为鲕粒和生物碎屑，胶结物为等厚环边形，晶体可呈针状或柱状。

大西洋巴哈马台地安德罗斯岛东侧迎风滨岸为高能无障壁滨岸沉积，灰砂来自于临滨的生物骨骼碎屑和鲕粒，发育低角度浪成交错层理和生物扰动构造。前滨同生沉积胶结作用可形成海滩岩，后滨风暴浪和海岸风可形成海岸沙丘。在风暴浪基面之下，可出现由颗粒灰岩和泥粒灰岩组成的、具有丘状交错层理的沉积组合。

海南岛沿岸现代碳酸盐沉积区相当于无障壁的碎屑岩前滨沉积区，以发育成行排列的、富含介壳的碳酸盐海滩岩滩脊为特征。海滩岩为潮间带的碳酸盐沉积物在早期胶结成岩作用下形成的岩石，主要由各种钙质生物碎屑组成，其厚度一般1m左右，最厚可达3~4m。不同时代海滩岩沉积特征可不同。如海南岛海蚀崖剖面，自下而上依次为岸礁珊瑚层、八射珊瑚骨针状灰岩层、珊瑚砾屑灰岩层等。时代越老者成层性和胶结程度越好，总厚度较大，层面上可见海水冲刷溶解现象。这些全新世海滩岩的发育受气候、地理、生物、基岩及水动力条件等因素的综合控制。海岸沉积物中大量的海生动物壳，由于经波浪和潮水作用平行海岸堆积延伸而呈"壳积线"。故正确判定古海滩岩，可界定古海岸线，有助于恢复古地理和古气候等沉积条件，从而寻找有利油气储集的相带及沉积岩体。

由于海南岛附近水域的海水温度、含盐度、透明度等物理化学条件有利于珊瑚的生长，故在滨岸带繁生了大量的小型珊瑚礁复合体。当它们被波浪等营力打碎后，即成为碳酸盐的碎屑沉积物，形成了一些碳酸盐礁屑平台。如海南省三亚鹿回头小东海西南珊瑚礁及其碎屑堆积物组成的平台剖面，自岸向海依次为：Ⅰ—潮上坡积带；Ⅱ—潮间带上部的滨岸海滩岩带；Ⅲ—平坦宽阔礁坪带，主要由珊瑚礁体及其他生物碎屑组成；Ⅳ—潮间—潮下礁体生长带，为极浅水高能带，发育珊瑚礁及其伴生物，向海地形变陡，沿坡前有大的潮沟；Ⅴ—较深水潮下带，有破碎珊瑚堆积下来（图25-1）。

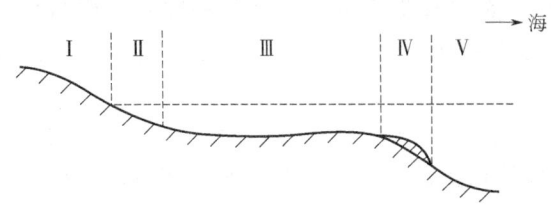

图25-1　海南岛三亚鹿回头滨岸碳酸盐沉积示意剖面（据赵澄林等，1987）

造礁珊瑚的种属与形状和喜礁生物的分布主要受地貌及水文条件的控制。海南岛沿岸的珊瑚有116种之多，但构成格架的却为数甚少，其中滨珊瑚是主要造礁生物，其次是蜂巢珊瑚、扁脑珊瑚和牡丹珊瑚等。这里主要发育岸礁和裙礁，在西沙和南沙群岛周边广海中，发育堡礁和环礁。

（二）有障壁的潮坪碳酸盐沉积

潮坪是指地形平坦、随潮汐涨落而周期性淹没、暴露的环境。可为无障壁岛的潮坪，也可为有障壁岛的潮坪。根据平均海平面的位置，潮坪可分为潮上带、潮间带和低潮面附近的潮下带，其中潮上带和潮间带是碳酸盐潮坪沉积的主体（图25-2）。

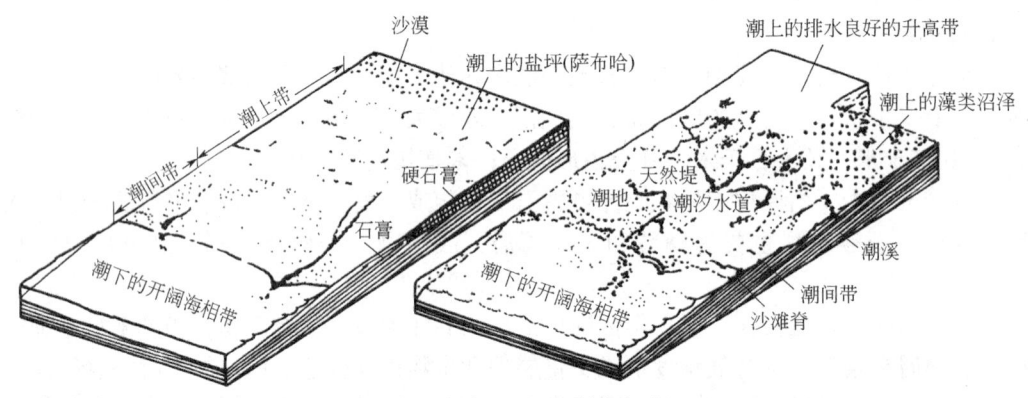

图25-2　潮坪主要地貌单元和沉积特征（据James，1979）

在波浪作用较强、中小潮差、碳酸盐岩生产率较高的地形较缓的滨岸，有利于碳酸盐岩海滩—障壁岛体系的形成。

1. 潮上带

潮上带位于平均高潮面与最大风暴潮汐面之间，绝大部分时间暴露于海平面之上，只有大潮和风暴潮期间才会被淹没，平潮期为低能环境，风暴潮期间水动力较强。在每月的新月和满月时发生两次大潮，在特定的季节偶尔发生风暴潮。

潮上带沉积物主要为浅灰色、薄层状灰泥石灰岩、准同生的泥粉晶白云岩，发育低能的水平纹理，常见泥裂、鸟眼、层状叠层石等暴露构造（图25-3）。由于沉积环境条件恶劣，少见狭盐性和广盐性生物，古代潮上带沉积中原地生物化石极少，生物扰动微弱。风搬运来的陆源泥和粉砂可以在这里发生沉积，造成潮上带沉积中泥质含量较高（5%以上），致使其测井响应表现为高伽马、低电阻率特征。

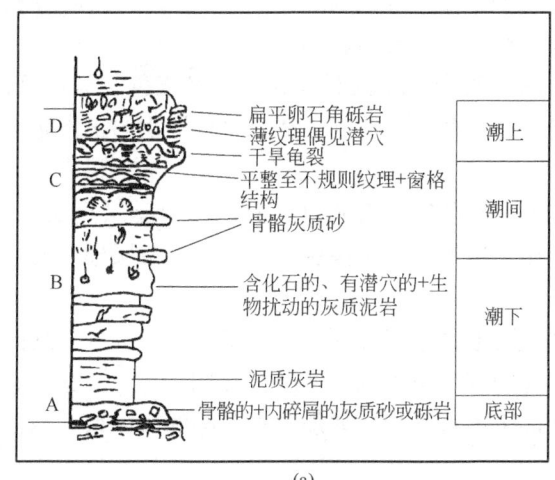
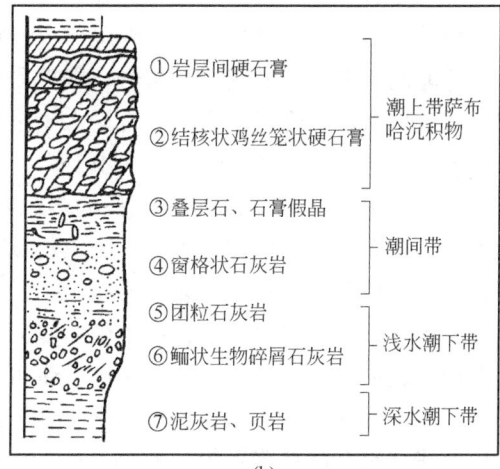

图 25-3 碳酸盐台地潮坪沉积岩性和沉积序列

(a) 正常盐度潮坪沉积序列（据 James，1979）；(b) 咸化潮坪沉积序列（据 Tucker，1981）

风暴潮期间被海水淹没形成的风暴沉积岩性为砾屑石灰岩、砂屑石灰岩、鲕粒石灰岩、球粒石灰岩、介壳石灰岩等。沉积厚度几厘米至几十厘米，横向延伸为几十米或几百米。其平面形态多为席状，剖面形态多为底平顶凸的透镜状。

潮上带沉积特征受气候影响较大。在潮湿气候条件下，如加勒比海地区，潮上带藻席发育，没有石膏等蒸发岩沉积。在干旱气候条件下，如波斯湾地区，潮上带藻席不发育，常见风成碳酸盐沙丘、准同生白云岩、石膏岩层、石膏结核等宽缓萨布哈沉积广泛发育。

2. 潮间带

潮间带位于平均高潮面与平均低潮面之间，频繁交替位于水上或水下，总体处于中低能环境。

潮间带的沉积物主要是灰泥石灰岩，少见准同生白云岩、石膏。灰泥石灰岩一般呈浅灰色、灰色、薄层状，常见柱状、波状、层状叠层石，并且从潮间带下部到上部依次由柱状变为波状、层状，这是潮间带（潮道间）的重要识别特征之一。在潮间带上，常有一些广盐性生物，如腹足类、蠕虫类等，它们形成了一些爬迹、虫孔等。可见泥裂、鸟眼、帐篷构造、水平纹理，但远不如潮上带发育，这主要是由于潮间带经常被水淹没，发育藻席和生物扰动构造，尤其是在潮湿气候条件下（图 25-3、视频 25-1）。

视频 25-1 澳大利亚现代海洋叠层石

潮间带不同于潮上带的另一个重要特征是发育潮汐水道（潮道）（图 25-2）。潮道多为蛇曲状，宽十几米到上百米，深一般为几十厘米至几米，向潮上带方向变浅。潮道通常充有快速流动海水，是潮间带中的高能环境。潮道内主要沉积砾屑石灰岩、砂屑石灰岩等，厚度一般为几米，常见双向交错层理及大型槽状交错层理，其底面为冲刷侵蚀面并沉积滞留粗粒碎屑，向上粒度变细，多见生物扰动构造。潮道可侧向迁移或废弃，岩体呈条带状，剖面形态为顶平底凸的透镜状。

3. 潮下带

潮下带位于平均低潮面之下，长期被海水淹没，或位于平均低潮面与最大低潮面之间，潮间带潮道可延伸到潮下带。

受沉积水动力影响，潮下带的沉积物类型多样，主要是灰泥石灰岩、颗粒质灰泥石灰岩、颗粒石灰岩等，颗粒可以是内碎屑、鲕粒、藻粒、生屑等。

低能潮下带沉积的灰泥石灰岩、颗粒质灰泥石灰岩、球粒石灰岩等多呈灰色、深灰色，中厚层至块状，生物扰动强烈，常见水平虫孔，不发育层理构造。常含原地堆积的正常海生物化石，如腕足类、棘皮类、有孔虫等。

高能潮下带（属于浅滩）沉积的各种颗粒石灰岩多呈浅灰色、灰色，中厚层至块状，颗粒分选、磨圆好，填隙物为亮晶胶结物或灰泥，常见双向交错层理、槽状交错层理、波痕等构造，其横向连续性好，多呈席状。

在古代碳酸盐岩台地上，潮下带、潮间带、潮上带这三种环境的沉积常常形成一系列向上变浅的旋回，即自下而上依次由潮下带沉积变为潮间带和潮上带沉积（图25-3）。这些旋回厚度多为几米，横向稳定，可追索十几千米甚至上百千米，如加拿大西部的寒武系和泥盆系以及华北地台的奥陶系等。

波斯湾南岸是一个发育现代碳酸盐沉积的广阔区域，是一个有障壁的潮坪碳酸盐沉积典型实例。该区二叠纪到新近纪中新世都广泛发育了深水泥灰岩、浅水砂屑石灰岩和鲕粒石灰岩的碳酸盐岩沉积，偶尔还发育蒸发岩。

波斯湾气候极端干旱，年降雨量$50\sim60mm$。波斯湾岸边萨布哈地区水温可达$40℃$，潟湖水温为$22\sim26℃$，开阔陆棚表面水温为$23\sim34℃$。因蒸发作用强，故盐度很高，在波斯湾南侧阿布扎比的非潟湖区盐度达4.5%，潟湖区盐度可达$5.4\%\sim6.7\%$。强烈的西北风和潮汐是主要动力因素，潮差为2m。

波斯湾南侧沙特阿拉伯是一个广阔的向北微倾斜的碳酸盐大陆架（图25-2），延伸至水下$30\sim40m$。

波斯湾南岸碳酸盐礁和鲕粒滩坝沉积主要受风和潮汐等因素控制，礁位于岛屿的迎风一侧，鲕粒则在潮汐水道口处形成潮汐三角洲沉积。在潮下潟湖边缘主要沉积了球粒状灰质砂，而在潟湖内部沉积含文石的灰泥。在潮上带的萨布哈环境，地下盐水水面非常接近于地表，并周期性地被风暴所带来的海水和来自陆地的径流所冲溢。这些萨布哈是很好的、可引起蒸发矿物（如石膏、硬石膏和石盐）的形成以及准同生的白云石化作用的成岩变化场所。

目前，波斯湾南侧的沙特阿拉伯沿岸地区正在发生快速的岸进作用，第四纪更新世以后，潮上和潮间环境已向海中央方向推进15000m以上。如果这个岸进作用持续下去，萨布哈将会发展到沙特阿拉伯沿岸的整个大陆架，即目前的滨外滩和礁都将会被蒸发盐岩所占据。

二、现代台地碳酸盐沉积

（一）碳酸盐台地沉积

碳酸盐台地是指相对平坦的、浅水的、往往具有陡峭边缘的沉积环境。碳酸盐台地可发育于不同大地构造背景，主要发育在被动大陆边缘、克拉通盆地和前陆弧后盆地，又可进一步细分为多种环境，主要包括潮坪、生物礁、浅滩、局限台地、开阔台地、台地边缘、镶边陆棚、碳酸盐缓坡、孤立台地、淹没台地等（图25-4）。碳酸盐台地类型受控于大地构造属性和相对海平面升降变化，一种台地类型可演变为另外一种类型。

开阔台地（或称开阔浅海）是指海水循环较好、盐度基本正常的浅海，其水体能量一般较低。开阔台地沉积主要为灰泥石灰岩、含颗粒灰泥石灰岩、颗粒质灰泥石灰岩和灰泥颗粒石灰岩，颗粒主要为原地堆积的正常海生物化石碎屑。岩石多呈灰色、深灰色，中厚层至块状，缺乏层理构造，生物扰动强烈。此外，还常见风暴岩夹于正常沉积的碳酸盐岩之中。现代的典型开阔台地为巴哈马台地，古代的开阔台地沉积分布广泛，如二叠纪扬子地台。

台地边缘就是浅水台地与深水斜坡相邻的部分，其宽度受多种因素影响，一般宽为几千米至二十多千米。这里是台地面向广海的前沿，不断受到海浪、洋流的冲击、簸洗，

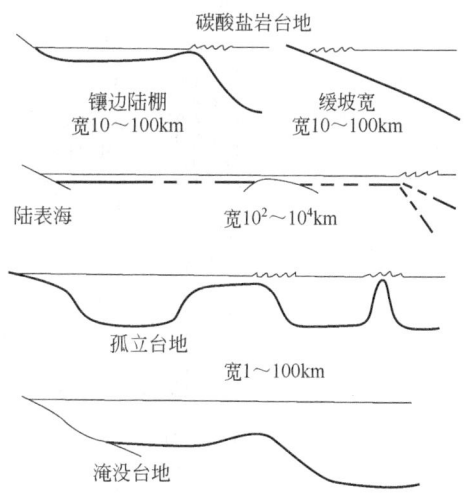

图 25-4　碳酸盐台地主要类型剖面简图
（据 Tucker，1990）

因此其水体能量高；同时这里也是台地内部较温暖、盐度较高的海水与来自深海海域较冷、盐度正常、富含养分的海水混合的地方。由于这些原因，台地边缘是生物礁和浅滩发育的有利场所。在现代的巴哈马台地、凯科斯台地、佛罗里达台地等，台地边缘广泛发育鲕粒滩、生屑滩和生物礁。例如，巴哈马台地边缘鲕粒滩宽达二十多千米，长达百千米；安德罗斯岛（Andros Island）东侧的台地边缘礁链长达 160km；佛罗里达台地边缘礁带宽 5~10km，长 100 多千米。因此，台地边缘沉积主要是亮晶颗粒石灰岩和礁石灰岩。

局限台地（或称局限浅海、潟湖）是指海水循环受限制、盐度不正常的浅海，其水体能量较低。局限台地与开阔海之间通常有滩、礁或岛屿形成的障壁。局限台地沉积以灰色、深灰色灰泥石灰岩为主，中厚层至块状，常常缺乏层理构造。该环境不利于正常海相生物（如三叶虫、腕足类、棘皮类、有孔虫、珊瑚等）生存，窄盐性生物化石贫乏。生物扰动较强，造成缺乏层理构造。但如果海水循环严重受限，可造成缺氧环境，不利于任何底栖生物生存。这种情况下，沉积物中通常发育水平纹理，并常含黄铁矿，在干旱气候下还会沉积蒸发岩。现代局限台地见于波斯湾南岸、佛罗里达海岸、伯里兹北部等地区。

现代大西洋巴哈马台地是滨外浅海台地（或称为陆棚）碳酸盐沉积的典型实例，它位于美国佛罗里达海岸外的加勒比海中，面积超过 156000km^2（图 25-5）。巴哈马台地位于海洋浅水区，非常接近海平面，平均水深 7m，台地边缘坡度达 40°，水深突然增加到数百米以上，是一个大型孤立碳酸盐台地，南为大巴哈马滩，北为小巴哈马滩。巴哈马台地位于季风带，台地潮差较小、波浪作用较强。

巴哈马台地主要发育 4 种岩相类型，不同程度地反映了 8 种生长环境和生物群落（表 25-1）。珊瑚礁灰岩和鲕粒灰岩发育于台地边缘，葡萄石和鲕粒灰岩、泥晶灰岩和球粒泥晶灰岩（灰泥）发育于台地内部（图 25-6）。

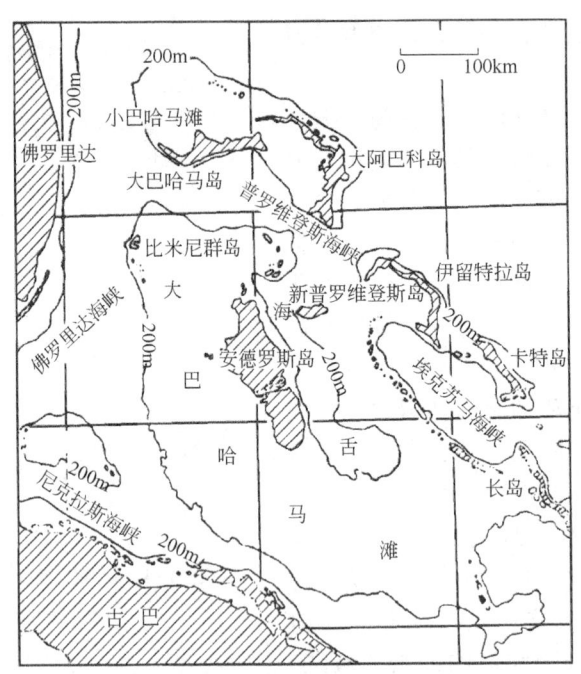

图 25-5 现代大巴哈马滩碳酸盐沉积的浅海台地沉积环境（据赵澄林等，1987）

表 25-1 大西洋巴哈马台地主要岩相类型和生长特征（据 Bathurst，1975）

主要岩相	沉积特征	生物群落
珊瑚礁灰岩	礁相	*Acropora palmata*（鹿角珊瑚属）
	砾石滩相	*Plexaurid*（柳珊瑚属）
	岩石质海岸	*Littorine*（滨螺属）
	水下岩脊和突出体	*Millepora*（千窝珊瑚）
	不稳定砂体	*Strombus samba*（风螺属）
鲕粒灰岩	移动的鲕粒岩体	*Tivela abaconis*（潜螺属）
葡萄石和鲕粒灰岩	稳定砂体	*Strombus costatus*（风螺属）
泥晶灰岩和球粒泥晶灰岩	灰泥和灰泥质砂体	*Didemnum candidum*（海鞘属）

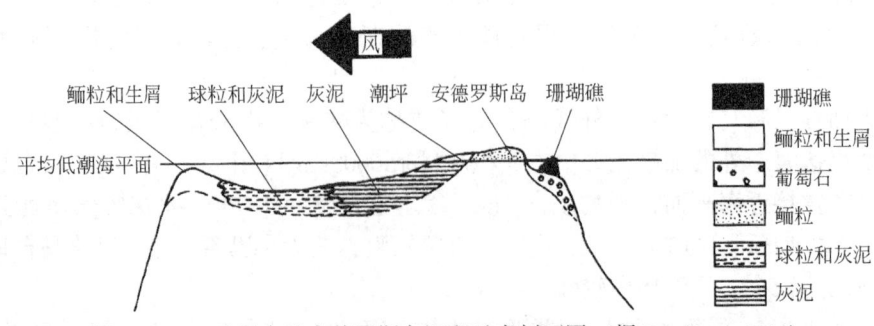

图 25-6 巴哈马台地安德罗斯岛沉积示意剖面图（据 Reading，1996）

珊瑚礁灰岩相由珊瑚、钙质红藻以及其他生物碎屑组成，通常发育在波浪能量强、潮流作用明显的台地东侧迎风边缘。这里波浪活跃、紊流和注氧作用强、海水清澈，水温和盐度与广海相似。生物礁很少在西侧台地边缘发育，因为东风带来了台内温热的、超盐度、混杂、浑浊海水覆盖于台地东缘，不利于生物礁大量生长。珊瑚礁由鹿角珊瑚等30多种珊瑚建造礁骨架，钙质红藻起到粘结和结壳作用。

鲕粒灰岩相分布相对局限，发育在靠近台地边缘的水深浅于3m的高能浅水区。在波浪和潮汐作用下，水温较高的水体中CO_2逸入大气，碳酸钙处于饱和状态，文石围绕常被扰动起来的质点发生沉淀、形成不同形状的、平行台地边缘分布的鲕粒坝或鲕粒滩。鲕粒滩可被潮汐水道分割成舌形体。

葡萄石和鲕粒灰岩相广泛分布在台地内部，水深浅于9m，具有丰富多样的生物组合和甲壳类生物扰动构造。微生物（有孔虫、多种藻类）提供了碳酸盐灰泥；风暴来临时可破坏台地边缘的鲕粒浅滩，使得部分鲕粒进入台地内部沉积；葡萄石是被微晶文石胶结在海底的颗粒集合体。

泥晶灰岩和球粒泥晶灰岩形成于水深小于4m的、波浪和潮汐作用较弱的局限区域，沉积物主要为文石泥和粪球粒，多由多毛目环动物蠕虫分泌形成。生物群稀少且多样性低，少见生物扰动构造。

（二）生物礁

生物礁（或称生态礁）主要是由造架（或称造礁）生物（如珊瑚、苔藓虫、海绵、层孔虫等）和一些附礁生物（如腕足类、有孔虫、介形虫、棘皮类、头足类等）原地堆积而成的、在地形上呈隆起状态并且抗风浪的沉积体。它主要分布于碳酸盐台地边缘，形成长几十、几百千米的礁带；也可以出现于台地内部，但规模小并多呈零散状分布。由于礁是生物建造，含有丰富的生态信息，因此是海洋底栖生物生态研究的天然实验室。礁的形成需要水暖、水浅、水清、水咸、水动等特定的环境条件，其沉积特征可以反映古水深、古盐度、古温度、古气候。此外，礁能够形成良好的油气储层，并储集大量的油气。由于这些原因，礁一直是沉积学家和古生物学家研究的重点。关于礁的沉积类型和沉积模式，本书第二十六章将专门论述。

在现代碳酸盐沉积环境中，最为人们熟悉的是热带珊瑚礁沉积。或者说，生物礁是与碳酸盐沉积有关的一种特殊类型，它主要出现在滨岸—浅水碳酸盐沉积环境中。生物礁生长受控于生物作用、具有显著的大型起伏。水深、温度、盐度、动荡程度和清洁度是决定珊瑚礁分布的最基本因素。珊瑚礁生长的理想温度范围是23~27℃左右。为了迅速钙化，造礁珊瑚要依赖共生的虫黄藻。因此，造礁珊瑚一般局限于虫黄藻能够进行光合作用的30~40m以内的浅海环境中生长。珊瑚正常生长的盐度范围为3%~4%。珊瑚多发育于波浪作用强烈浅水地区，因为这里的波浪作用可带来养分和氧气。同时，波浪作用可带走泥砂，因过多的泥砂会窒息珊瑚。

据形态可将珊瑚礁划分为裙礁/岸礁、点礁、堡礁和环礁。裙礁靠近陆地、临近岸线呈裙边状分布；点礁规模较小，主要分布在潟湖之中；堡礁离岸较远，形似宝塔状，与陆地之间存在浅水潟湖；环礁远离陆地，多个礁体平面组成环状，中间为潟湖。环礁的形成常常与断裂活动或火山作用密切相关（参见第二十六章）。

我国南海具备生物礁生长的有利条件。比如西沙群岛中的第一大岛永兴岛面积为$1.8km^2$，其形状呈不规则椭圆形，近似环礁，长轴为NW—SE向。该环礁远离大陆孤立于大洋中，它们自海向陆的沉积分带为：塌积相；槽沟砂砾相；块状砾石—粘结岩相；礁坪砾石相,块状—枝状砾石;含砾砂相,枝状砾石;海滩砂。海滩砂(灰砂岛)高出海面,是风浪将生物砂砾屑堆积在礁台上所致。自破浪带向岸,颗粒由粗变细;组分中珊瑚碎屑由多变少,有孔虫壳和钙藻碎屑由少变多,贝壳砂则稳定分布;碎屑的磨圆度和分选性也由差变好。围绕礁坪,碎屑和粒度、组分、分选均表现出分带性。

现代珊瑚礁的特征同古代的礁大致可以对比,而许多古代礁是良好的油气储集岩。

三、现代深海碳酸盐沉积

远洋开阔海碳酸盐沉积物主要由浮游生物的骨骼碎片组成。现今最常见的深海碳酸盐沉积物是由颗石藻类、有孔虫类和翼足类碎片构成的钙质软泥。在现代深海海底约50%的地区,都被钙质软泥覆盖(碳酸钙含量大于30%)(图25-7)。由于赤道附近养分较多,微体、超微体钙质浮游生物发育,故赤道附近钙质软泥沉积相对较厚。

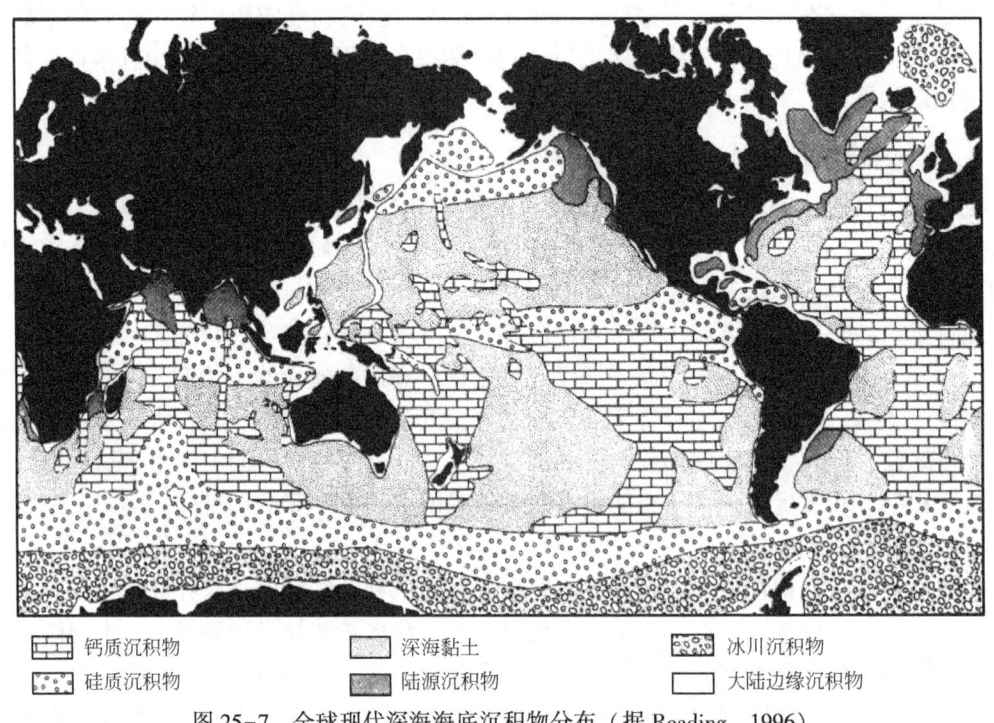

图25-7 全球现代深海海底沉积物分布(据Reading,1996)

硅质软泥由浮游动物放射虫类、浮游植物硅藻类碎片组成。红色黏土通常由伊利石、蒙脱石以及沸石、铁锰氢氧化物组成,其主要来自火山灰蚀变,部分(10%~30%)为风吹尘埃。

深海海底的软泥主要是钙质软泥、硅质软泥和来自陆源、火山作用形成的红色黏土以及自生细粒矿物。远洋碳酸盐沉积速率为10~50mm/a,硅质软泥和红色黏土沉积速率为1~10mm/1000a。深海钙质软泥与红色黏土和硅质软泥在横向常呈突变关系,其沉积分布受控于碳酸钙(方解石)沉积补偿深度(CCD)。所谓碳酸钙沉积作用补偿深度是指碳酸钙沉积供应速率与溶解速率达到平衡的水深。碳酸钙溶解作用是深水温度降低、压力增大和二氧化碳含量增加的结果。在这一水体深度界面之上,海洋中碳酸盐的沉积速率大于溶解速率;而在这一界面之下,碳酸盐的沉积速率小于溶解速率。在CCD以下,高生物生产率地区可沉积放射虫软泥,其他地区沉积红色黏土。碳酸盐沉积作用补偿深度主要取决于水体中二氧化碳的溶解量以及水温的变化。世界各大洋中以及它们的不同部位,由于洋流作用、温度和盐度变化,致使CCD发生变化。随着海洋水体水温、有机质生产率和二氧化碳生产率降低,CCD变浅。一般CCD约为400~7000m。

在深水斜坡及远洋深水碳酸盐沉积物中,还常见有钙质重力流沉积。深水钙质重力流沉积物的物源之一是碳酸盐台地形成的早期沉积物。这种重力流沉积物可能经历了滑塌、滑动、碎屑流、颗粒流及浊流等沉积过程,一般均具再搬运、再沉积特征等。沉积结构类似于以陆源碎屑为主的重力流沉积物(参见第二十四章),具有突变的底面、下部富集生物碎屑,上部可出现生物扰动构造。深水钙质重力流沉积物的物源之二是滨外或海底隆起区沉积物,缺乏不稳定的碳酸盐组分,其成分与远洋深水碳酸盐沉积物相似,但在粒级、分选、化石等特征上也有所差异。由于再搬运作用,这类重力流沉积物中可能混杂陆源碎屑或火山碎屑物质。

在深海盆地与大陆架之间的过渡地带即陆隆,有时可能出现等深流沉积。这些等深流的发育机制、沉积物特征以及其与深水钙质浊流的区别,可参见第二十三章、第二十七章。

总之,深水碳酸盐沉积是一个完整的沉积体系,它可包括碳酸盐台地边缘(大陆架边缘)沉积、大陆斜坡沉积以及深海盆地沉积。这一沉积体系中的沉积物类型可能是岩崩堆积、滑动及滑塌沉积、碎屑流→颗粒流→扇内的浊流→末梢细粒浊流→远洋软泥沉积等。

全球深水油气勘探使人们获得了大量的深水碳酸盐(岩)研究资料。研究和勘探实践表明,无论现代和古代都发育深水碳酸盐沉积物(岩),其已构成重要的油气勘探领域。

四、非海洋碳酸盐沉积

除了海洋环境,现代碳酸盐沉积物还以湖泊碳酸盐沉积、土壤中的钙结核、钙质沙丘、钙质泉华、洞穴碳酸钙沉积等形式发育于陆地环境。在非海洋碳酸盐中,湖泊碳酸钙沉积具有相当的研究价值。

湖泊是一个稳定性较差的动态系统,对微小气候变化尤其敏感。温度和含盐度变化造成的水体分层往往导致碳酸盐沉积体系更加复杂。湖泊碳酸盐沉积可形成于不同构造背景、不同规模的湖盆中,但常常与生物相关,特别是植物作用。植物通过生物控制的钙化作用和诱发沉淀作用而产生碳酸盐,水生藻类轮藻植物是直接沉淀碳酸盐的主要贡献者,还有一些微生物群落在碳酸盐沉淀中起着重要生物作用。

湖泊碳酸盐沉积一般规模较小,局部发育。它可以具有类似滨岸-浅水海洋中形成的各种颗粒,如内碎屑、鲕粒、藻粒、生物颗粒等。

湖泊成因的碳酸盐沉积物及石灰岩,在宏观上与海洋沉积的对应物难以区别,在微观上则有所不同,主要表现在其中的生物介壳和自生矿物以及晶粒的大小。古代海相细粒碳酸盐岩以泥晶石灰岩为主,隐晶石灰岩次之,其晶粒一般大于$5\mu m$;而古代湖相细粒碳酸盐岩则多为隐晶、泥晶结构,其晶粒常小于$3\mu m$。

在现代湖泊中,如美国西部犹他州大盐湖和亚洲死海,现在还正在进行着碳酸盐和蒸发盐的沉积作用。

美国西部犹他州大盐湖干燥的自然环境与著名的死海相似,湖水的化学特征与海水相同。大盐湖面积约$3525km^2$(历史时期达到$6200km^2$),平均水深$4.91m$。自最后一次冰期以来,由于气候变干,湖水面积逐渐缩小,盐度逐渐增大。目前水体的盐度高达15%~

28%。在大盐湖的东部滨岸地区，分布着各种陆源沉积物。在其西部近岸地区，则分布着鲕粒、粪球粒、藻席等。鲕粒主要出现在深度小于 3m 的滨岸地区，鲕粒核心多为陆源石英、粪球粒等，正常鲕和表皮鲕均有。藻席出现在湖岸和浅水地带。

死海位于约旦和以色列之间一个南北走向的大裂谷的中段，水面低于海平面约 400m，面积约 1049km^2，是世界上盐度最高的、也是水域最低的内陆盐湖。死海南部平均水深不到 3m，北部最大水深达 330m。夏季气温高达 50℃ 以上，死海不断地蒸发浓缩，湖水水位下降，盐度也就越来越高。水体富含高浓度的盐和硫化氢，现在正在沉积低镁方解石、文石以及石膏等碳酸盐和硫酸盐矿物，湖底的沉积物中除了 10 余米厚的盐类沉积外，还有绿藻和细菌存在。

我国青海湖是一个以碎屑沉积为主的微咸水湖泊，其沉积物具明显分带性。其中半深湖至深湖沉积区，水深 25m 以下，发育粒径小于 0.01mm 的黑色黏土质和钙质淤泥，它们占据了湖底面积的 60%。钙质淤泥的 CaO 含量高达 20.2%，MgO 含量高达 9.8%，已达到形成泥灰岩的水平。在青海湖东北部发育鲕粒砂和风成砂，呈不规则的带状分布。局部地区还有湖底泉水形成的石灰华等特殊沉积。

我国东部地区古近系湖泊沉积中，可见有生物石灰岩（包括螺石灰岩、介形虫石灰岩、生物碎屑石灰岩）、鲕粒石灰岩、泥晶石灰岩、白云质石灰岩及白云岩等，厚度几米到几十米。从湖盆边缘向中心碳酸盐岩呈带状分布，可作为油气储层。

现代碳酸盐沉积是分析类比古代碳酸盐沉积环境的钥匙，下面介绍经典并广泛使用的 4 种碳酸盐岩沉积相模式。

第三节　碳酸盐岩沉积相模式

一、Irwin 陆表海沉积相模式

肖（Shaw，1964）首先把碳酸盐的主要沉积场所——滨浅海划分为两个不同的类型，即陆表海和陆缘海。陆表海（epeiric sea）也可称为内陆海、大陆海等，是位于大陆内部或陆棚内部的、低坡度的（海底坡度一般小于 0.189m/km）、范围广阔的（延伸可达几百到几千千米）、很浅（水深一般只有几十米）的浅海。陆缘海（pericontinental sea）也可称为大陆边缘海，是位于大陆边缘或陆棚边缘或大洋边缘、坡度较大的（海底坡度约 0.568~1.89m/km）、范围较小的（宽度一般为 160~480km）、深度较大（水深可达 200~350m）的浅海。陆表海和陆缘海是性质大不相同的两种浅海。在地质历史中，沉积碳酸盐岩的海大都是陆表海。但是，现代的浅海，都不是陆表海，而是陆缘海。我们现在正生活在海平面从来没有这么低的地史年代中（今海平面比奥陶纪、白垩纪海平面低 100 余米），因此，尚未找到一个现成的陆表海实例。这也是在碳酸盐岩沉积相研究中，采用现实主义原则方面所碰到的困难和面临的挑战。

肖（Shaw，1964）第一次论述了陆表海的水体能量特征，将陆表海水体沉积动力划分成 3 个带，从此奠定了陆表海碳酸盐沉积环境分析的理论基础（图 25-8）。

欧文（Irwin，1965）在肖（Shaw，1964）的陆表海能量分布模式的基础上，提出了陆表海清水沉积作用原理。所谓清水沉积作用，是指没有或很少有陆源物质流入陆表海环境中的碳酸盐沉积作用。也就是说，缺少砂泥陆源物质、水体清澈是陆表海碳酸盐沉积作用的必

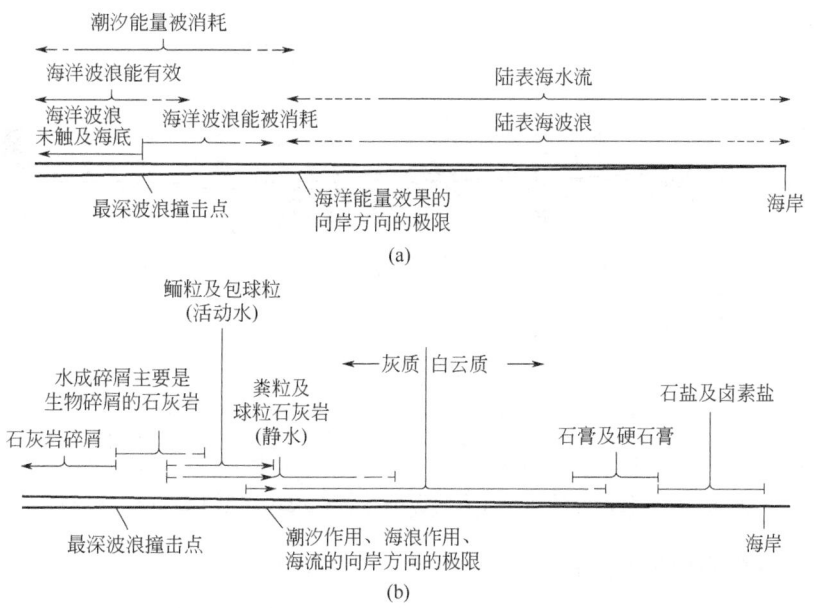

图 25-8　陆表海水体能量及沉积物分布图（垂直比例尺极大地夸大）（据 Shaw，1964）
(a) 陆表海水能量分布图；(b) 陆表海沉积相分布图

不可少的环境因素之一。

欧文主要根据潮汐和波浪作用的能量，在陆表海中划分出了三个能量带，即远离海岸的 X 带（低能带）、稍近海岸的 Y 带（高能带）和靠近海岸的 Z 带（低能带）（图 25-9）。X 带（低能带）位于浪底之下，分布范围大，沉积水动力较弱，主要沉积泥晶碳酸盐沉积物，常是油气生成的良好场所；Y 带（高能带）位于波浪和潮汐作用强烈的地带，分布范围相对窄小，沉积水动力强，细粒沉积物被淘洗，沉积了较粗粒的碳酸盐颗粒或生物礁，可形成油气储集体；Z 带（低能带）为波浪和潮汐能量耗尽处，沉积范围较大、沉积水动力弱，易形成可构成油气藏盖层的泥晶碳酸盐沉积或气候干旱时的膏盐沉积。受风暴影响，可在 Z 带（低能带）发育较粗粒的风暴沉积物（图 25-8，图 25-9）。

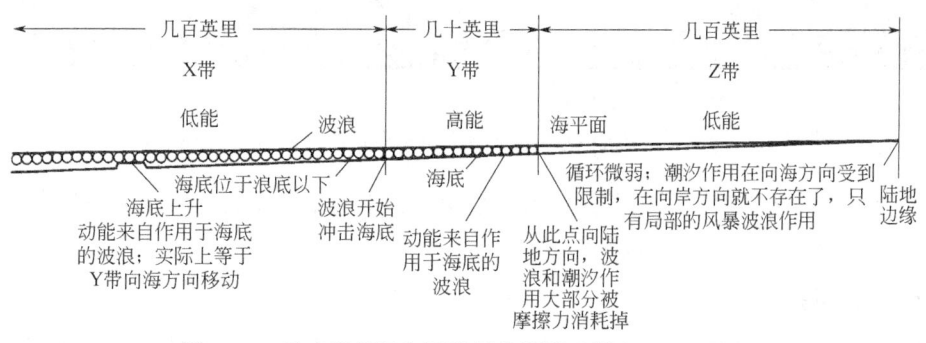

图 25-9　陆表海能量和沉积相分带图（据 Irwin，1965）

后来，拉波特（Laporte，1969）研究了美国纽约州早泥盆世碳酸盐沉积，基于肖和欧文的观点提出了反映潮间—潮下带复杂环境变化的沉积模式（图 25-10）。该模式包括低能潮上带（相当于欧文模式的 Z 带）、高能潮间带（相当于欧文模式的 Y 带）、低能无陆源碎屑沉积的潮下带和有陆源碎屑沉积的潮下带（相当于欧文模式的 X 带），指出潮下带可存在

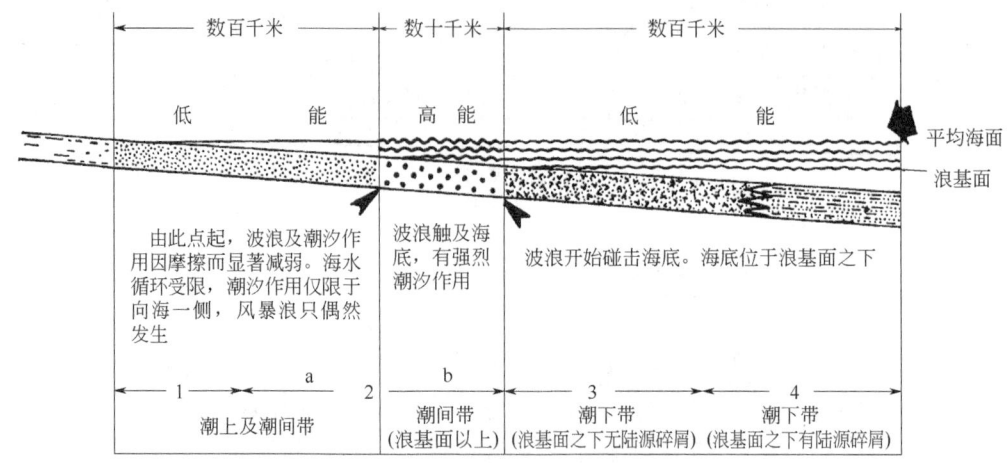

图 25-10　美国纽约州早泥盆世碳酸盐沉积模式（据 Laporte，1969）

碳酸盐和陆源碎屑沉积的分带性。

二、Armstrong 混积型沉积相模式

阿姆斯特朗（Armstrong，1974）曾长期对北美阿拉斯加北极地区的石炭系进行研究。他发现，碳酸盐岩可自生发生沉积，也可与碎屑岩共同发生沉积。故根据该地区石炭系两种不同的沉积组合，概括了两个沉积模式，即碎屑岩—碳酸盐岩混合沉积模式（图 25-11）和碳酸盐岩沉积模式（图 25-12）。

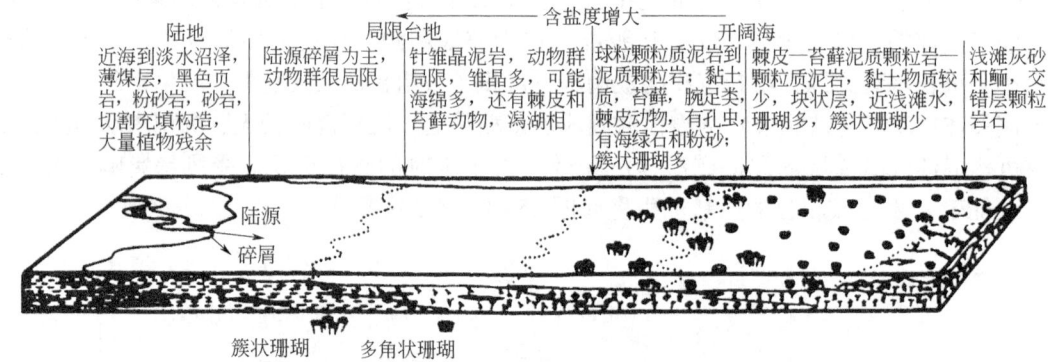

图 25-11　碎屑岩—碳酸盐岩混合型沉积相模式图（据 Armstrong，1974）

碎屑岩—碳酸盐岩混合沉积模式包括 3 个相带，不完全与欧文陆表海沉积相模式 3 个相带一一对应（图 25-9，图 25-11）。

（一）陆地

陆地（实际上是指有一定物源供给的海岸地带）主要为滨海的咸水至淡水沼泽沉积，沉积岩性为黑色碳质页岩、粉砂岩及砂岩，夹薄煤层，含大量植物化石，具有冲刷及充填构造，往往与河流供源形成小规模三角洲有关。

（二）局限台地相

局限台地相是向海盆中央方向的海陆交互地带，海水盐度加大，其又分为两个亚相带，

相	1. 停滞缺氧盆地	2. 潮汐陆棚	3. 斜坡脚	4. 前斜坡	5. 开阔海陆棚（海百合—苔藓园地）	6. 浅滩碳酸盐沙滩	开阔台地 7A 7B	局部台地 8A 8B	9. 潮间—潮上带
岩性	页岩，放射虫燧石粉砂岩	(灰)泥岩，白云岩，燧石的薄—中层互层	石灰岩与暗灰色页岩互层	根据水的能量岩性有变化，沉积角砾岩，以及砂、(灰)泥岩	层状的海百合—苔藓颗粒质泥岩、泥质颗粒岩、颗粒岩	海百合—苔藓到鲕粒颗粒岩和颗粒岩	易变的碳酸盐岩，苔藓—海百合颗粒质泥岩、颗粒岩，燧石常见	细到粗晶白云岩；白云质海岩，百合—苔藓颗粒质泥岩和白云质泥岩（灰）	不规则的纹理白云质和白云岩（灰）泥岩和硬石膏和硬石膏席的方解石假象，也可过渡到碎屑质红层
颜色	暗褐—黑	灰褐	灰—暗灰	灰—浅灰	浅灰	浅灰	浅灰	浅灰—灰	灰，黄，褐，红
层理及沉积构造	纹理(毫米厚的)，韵律层，波纹交错层理，层面穿孔上有潜穴生物和蠕虫爬痕	波状到结核状，薄到块状层，完全为潜穴，生物穿孔，层面具小间断	纹理可能较发育，有多块状层，有速变沉积体，有透镜体，有外来的岩块	软沉积物变形，沉积层中有滑动，有外来的岩块	块状到厚层，有交错层理	中到大型的交错层理	潜穴多	在潮间带或潮汐沟近有鸟眼构造；在很浅的水中有潮汐沟中有进变层理，白云变层层次，交错层粒状砂	硬石膏菱面体，硬石膏，泥裂，藻席的碎片
陆源碎屑岩（混杂的或互层）	石英粉砂岩和页岩，细粒粉砂岩，含燧石	石英粉砂岩，页岩	页岩，粉砂岩，细粉层粉砂岩	页岩，粉砂岩，细粒薄层粉砂岩	碎屑物质少见	仅有一定量的石英砂	碎屑岩和碳酸盐岩分别成层	碎屑岩和碳酸盐岩分别成层	风成的，陆源的混入，陆源物质可以是重要的成分
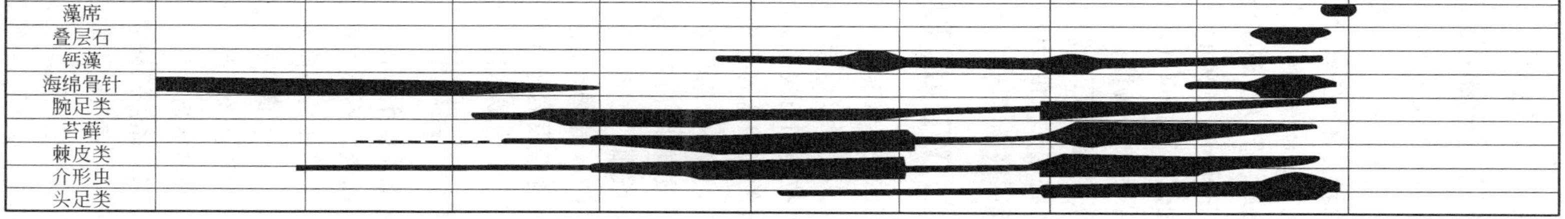 藻席									
叠层石									
钙质藻									
海绵骨针									
腕足类									
棘皮类									
介形虫									
头足类									

图 25-12 美国阿拉斯加石炭系碳酸盐岩沉积相模式图（据 Armstrong，1974）

即近岸相带和远岸相带。近岸相带具有较强的河流供源作用，以陆源碎屑沉积为主，岩石主要为暗灰色泥页岩、粉砂岩、细砂岩，少见海相化石；远岸相带具有潟湖沉积特征，沉积水动力较弱，以含海绵骨针的泥岩为主，还常含有棘皮及苔藓类海相生物碎屑。

（三）开阔台地相

开阔台地相是向海盆中央方向的海洋开阔地带，可分为生物组合不同的、沉积水动力较强的两个亚相带，即向岸相带和向海相带。向岸相带主要为含粪粒、球粒的颗粒质泥岩及泥质颗粒岩，含一些黏土及粉砂，苔藓类、腕足类、有孔虫以及丛状珊瑚发育。向海相带主要为棘皮类及苔藓类碎屑的泥质颗粒岩和颗粒质泥岩，很少含黏土。向海相带中浅滩可有大量多角状珊瑚，但丛状珊瑚较少；或者浅滩相主要为具有交错层理的鲕粒及生物碎屑的颗粒岩。

Armstrong（1974）提出的阿拉斯加石炭系碳酸盐岩沉积模式反映了物质组成、沉积能量和相带分布特点（图25-12）。该碳酸盐岩台地模式将碳酸盐岩沉积盆地划分成9个相带：（1）停滞缺氧盆地；（2）潮汐陆棚；（3）斜坡脚；（4）前斜坡；（5）开阔海陆棚；（6）碳酸盐沙滩；（7）开阔台地（或陆棚潟湖）；（8）局限台地；（9）潮间—潮上带。显然，可将这9个相带组合成与欧文陆表海沉积相模式3个相带类比的、反映能量强弱的三个沉积相区（图25-9，图25-12）。

三、Wilson碳酸盐岩综合相模式

威尔逊（Wilson，1975）基于陆棚上碳酸盐岩台地和边缘温暖浅水环境中碳酸盐岩沉积类型及其地理分布特征分析，提出了一个理想化的碳酸盐岩综合相模式，其与阿姆斯特朗提出的阿拉斯加石炭系碳酸盐岩沉积模式十分相似，目前得到广泛应用。威尔逊把盆地不同地理位置的碳酸盐岩沉积划分为三大沉积相区、9个相带、24个标准微相。从海盆中央至陆地方向，9个相带依次是：（1）盆地相；（2）开阔陆棚相（广海陆棚相）；（3）碳酸盐岩台地的斜坡脚相（或盆地斜坡相或盆地边缘相）；（4）碳酸盐岩台地的前斜坡相（或台地前缘斜坡相）；（5）台地边缘的生物礁相；（6）簸选的台地边缘砂相（或台地边缘浅滩相）；（7）开阔台地相（或陆棚潟湖相）；（8）局限台地相（半封闭—封闭的台地相）；（9）台地蒸发岩相（或蒸发岩台地相）（图25-13）。

下面说明威尔逊碳酸盐岩沉积综合相模式中9个相带的沉积特征。

（一）盆地相

盆地相位于氧化还原界面之下，水深超过几十米至几百米，为静水还原环境。因水体深而光线暗淡，不适于底栖生物生长。沉积物主要为外部注入的细粒泥质物质和硅质物质，以及浮游生物死亡后降落的生物雨。按沉积特征，将盆地相细分为下列沉积类型：

（1）深水暗色石灰岩和页岩沉积。这是一个位于氧化还原界面以下的静水沉积环境，水深多为几百米，是欠补偿和停滞缺氧的深水碳酸盐岩沉积环境。由于水深、光合作用弱，故缺少底栖生物生长。从周围陆棚来的底流可能为超盐度的，其密度较大，不易上流，这更加使底部水体停滞缺氧。主要岩石类型为薄层暗色石灰岩、暗色页岩或粉砂岩，以及一些薄层石膏，发育水动力能量较弱的纹层及波状交错层理。陆源碎屑形成的粉砂岩、页岩呈薄层与石灰岩互层出现，也常见燧石。生物群主要为自游及浮游生物，大型生物化石有笔石、浮游瓣鳃类、菊石、海绵骨针等，微体化石有钙球、硅质放射虫、硅藻等。

（2）深海泥晶灰岩和硅质沉积：主要为深海沉积物，但无大量的异地石灰岩堆积。当

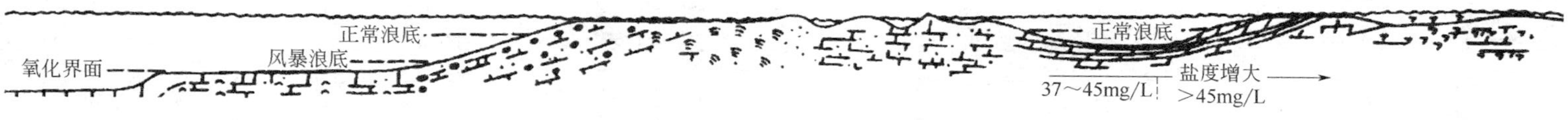

图示	宽相带		窄相带			宽相带		
	氧化界面（停滞缺氧的或蒸发的）	风暴浪底		正常浪底		正常浪底 37~45mg/L	盐度增大 >45mg/L	
相号	1	2	3	4	5	6	7	8	9
相	盆地（停滞缺氧的或蒸发的）a.细碎屑岩；b.碳酸盐岩；c.蒸发岩	开阔陆棚 开阔浅海 a.碳酸盐岩；b.页岩	碳酸盐岩斜坡脚	前斜坡 a.层状细粒沉积岩，有滑塌现象；b.前积层碎屑岩及灰砂岩；c.灰泥角砾岩	生物生态礁 a.粘结岩块体；b.生物碎屑的灰泥和灰泥粘结岩；c.障积岩	台地边缘砂 a.浅滩灰岩；b.具砂丘的岛屿	开阔台地（正常海洋，有限的动物群）a.灰砂体；b.颗粒质泥岩—泥岩地区，生物丘；c.碎屑岩地区	局限台地 a.生物碎屑颗粒质泥岩、褐湖及海湾；b.潮汐水道中的砂屑—生物碎屑的粗砂；c.灰泥潮汐坪；d.细碎屑岩	台地蒸发岩 a.盐湖上的结核状硬石膏和白云岩；c.湖沼中的纹理状蒸发岩
岩性	暗色页岩和粉砂岩，薄层石灰岩和页岩韵律层，蒸发岩，含盐	含化石的石灰岩与泥灰岩互层，岩层状的结核状灰岩层，分异良好的粉屑岩	细粒石灰岩，在某些情况下有缝合	多变化，取决于上斜坡的水能量，沉积角砾岩和灰泥砂岩	块状石灰岩—白云岩	砂屑石灰岩，鲕粒灰砂或白云岩	各种碳酸盐岩和碎屑岩	一般为白云岩或白云质石灰岩	不规则的纹理状白云岩和硬石膏的混合层
颜色	暗褐、黑、红	灰、绿、褐	暗到浅	暗到浅	浅	浅	暗到浅	浅	红、黄、褐
颗粒类型及沉积和结构构造	极平坦的毫米级的韵律层，波状交错纹理	生物碎屑化石完整，薄到中层状的结核状灰岩，一些粉屑石灰岩	大多数是泥岩，也有一些粉屑石灰岩	灰粉砂岩和生物碎屑颗粒岩，泥质颗粒岩，不同大小的岩块	粘结岩和颗粒岩的囊状体，具重力相反的纹理	颗粒岩，分选良好，圆度也好	结构变化大，颗粒岩到泥岩	凝块的、球粒的、粘结颗粒；纹理状颗粒岩、水道中的粗粒碎屑颗粒岩	结核状、结核、玫瑰花状、羽状、不规则纹理
层理及沉积构造	极平坦的毫米级的韵律层理，波状中层层理	完全被虫穿孔，波浪状中层状，有结核状页岩夹层，层面呈间断	纹理少见，块状岩层，常为递变岩，沉积物的透镜体，岩块及外来岩块；韵律层	软沉积中的滑塌，前积层，斜坡生物屑，外来岩块	块状生物构造或开阔格架，具洞穴，与重力相反的纹理	中到大型的交错层	虫孔痕迹很多	鸟眼、叠层石、毫米级纹理、递变层、白云壳；水道中的交错层砂	石膏、硬石膏结核状、结节状，刃状
陆源碎屑混入物或互层	石英粉砂岩，细颗粒粉砂岩，燧石	石英粉砂岩，粉砂岩和页岩，分异良好的贝壳	一些页岩，块状岩层中的粉细砂岩	一些页岩、粉砂岩	无	只有一些石英混入物	分异良好的岩层中的碎屑岩和碳酸盐岩	很有限的岩层中的碎屑岩和碳酸盐岩	来自陆地的混入物，碎屑可以是重要的
生物群	只有浮游—远洋动物，在岩面上局部富集	极其多样的贝壳动物	生物碎屑，主要来自上斜坡	完整化石及生物碎屑	主要为造架生物，在囊状体中呈枝状，在某些隐蔽处有原地生物群落	破坏的和磨蚀的介壳，此外仅生物生活在斜坡上，当地的生物很少	缺乏开阔海动物群（如棘皮类、头足类、胸足类）、软体动物、海绵、有孔虫、藻类丰富的斑礁	很有限的动物群，藻类，主要为腹足类，某些处有孔虫和介形虫	几乎无原地动物，叠层藻除外

图 25-13 碳酸盐岩沉积相综合模式图（据Wilson，1975）

黏土注入量很少而其水深又超过碳酸盐的补偿深度时，常聚集硅质沉积，这些沉积物与克拉通盆地内的沉积物很相似。常见的岩石类型有放射虫岩、红色泥晶石灰岩及红色结核石灰岩、浅色远洋泥晶石灰岩、暗色盆地泥晶石灰岩、骨针石灰岩，以及含有菊石、放射虫、管状有孔虫、远洋瓣鳃类和棘皮类的微球粒泥晶石灰岩等。红色沉积是由于细粒物质沉积缓慢，且缺乏有机物质，高价铁未能还原所致。

（3）深水石灰岩重力流沉积：沉积物主要通过重力流搬运来自陆棚或陆棚斜坡带的、不同粒级的碳酸盐角砾以及砂屑等内碎屑（异化颗粒），其中也常含外来岩块或漂砾，与深海结核和泥质岩层间互沉积，厚度较大，但常有变化。由于盆地长期强烈拗陷，易形成连续的、巨厚的深海沉积物（岩），并具有复理石（重力流）沉积所特有的结构和构造特征。

（二）开阔陆棚相

开阔陆棚相（或广海陆棚相）沉积环境水深几十米至100m，盐度正常，水体循环良好。海底一般位于波基面以下，但大的风暴可影响底部沉积物。这种陆棚较宽阔，沉积作用相当均匀。这是典型的、较深的浅海沉积环境，主要岩石类型为富含化石的石灰岩与泥灰岩。视氧化和还原条件而异，沉积物呈灰、绿、红及棕色等；陆源物质有石英粉砂岩、页岩等，与石灰岩互层，成层性好。生物群有代表正常盐度的介壳化石，狭盐性动物群的腕足类、珊瑚、头足类及棘皮类等相当发育。普遍见薄层或波状层理、球状或流动状构造、生物扰动构造，还可见泥丘和尖塔礁。

（三）碳酸盐岩台地的斜坡脚相

碳酸盐岩台地的斜坡脚相（或盆地斜坡相或盆地边缘相）位于碳酸盐岩台地的斜坡末端，其沉积物由远洋浮游生物及来自相邻的碳酸盐岩台地的细碎屑组成，水体深度与开阔陆棚相相似，一般位于正常波基面以下，但高于氧化还原界面；由中薄层、块状层理以及递变层理碳酸盐岩组成，可有滑塌现象；夹少量黏土质及硅质夹层，见较多的来自斜坡上部的生物碎屑。该沉积物泥质含量较少、厚度较大，具有韵律性或类似复理石层理的多个薄层石灰岩厚度可达数百米。

（四）碳酸盐岩台地的前斜坡相

碳酸盐岩台地的前斜坡相（或台地前缘斜坡相）相带为深水陆棚和浅水碳酸盐岩台地的过渡沉积，位于正常浪基面附近。此斜坡倾角较大，可达30°。主要由生物碎屑颗粒质泥岩、泥质颗粒岩以及块状灰泥岩组成，堆积在向海的斜坡上。细粒沉积物呈层状，具有前积纹层，但不稳定，可有巨大的滑塌构造，完整的广海生物化石和生物碎屑十分丰富。

（五）台地边缘的生物礁相

台地边缘的生物礁相沉积于浅水环境，生态特征取决于水体的能量、斜坡陡峻程度、生物繁殖能力、造礁生物的数量、粘结作用、捕集作用、海平面升降频率以及后来的胶结作用。此种生物建造主要由块状石灰岩和白云岩组成，几乎全由枝状生物造架，也有许多生物碎屑。根据形态和沉积水动力可分为三种类型：（1）水动力较弱的圆丘礁台或斜坡；（2）水动力中等的灰泥丘或生物碎屑丘；（3）水动力较强的格架建筑的生物礁（环礁）。

（六）簸选的台地边缘砂相

簸选的台地边缘砂相（或台地边缘浅滩相）主要呈沙洲、海滩、扇形或带状的滨外坝或潮汐坝，或风成沙丘岛。一般位于海平面附近或 5~10m 水深的范围内。组成的颗粒已受波浪、潮汐或沿岸海流的簸选，因而比较洁净，主要由砂屑石灰岩、鲕粒石灰岩或白云岩组成，具有较大规模的交错层理。此带盐度正常、水体较浅、氧气充足、水动力较强并循环良好，生物碎屑多。

（七）开阔台地相

从地理位置来看，开阔台地相（或陆棚潟湖相）相带位于台地边缘向陆一侧陆棚、潟湖、海峡及海湾中，因此也可以用陆棚潟湖或台地潟湖来命名。此环境水较浅，由数米到数十米，盐度基本正常到略为偏高，水流环境中等。主要岩性为颗粒质泥岩、泥岩，沉积物的结构变化大，含有相当数量的灰泥；较多的虫孔虫迹以及生物丘。这种条件适合各种生物生长，但缺少开阔海动物群的生物组合，如棘皮类和腕足类。

（八）局限台地相

局限台地相（半封闭—封闭的台地相）是向陆一侧的、海水循环受到很大限制的潟湖，盐度显著提高。从地理位置来看，这些潟湖可分为堤礁（堡礁）之间或堤礁（堡礁）之后的潟湖、沿岸沙嘴之后的潟湖以及环礁内的潟湖，还包括潮间带环境。主要沉积物为层状生物碎屑质灰泥岩、交错层理生物碎屑灰岩，它们堆积于潮道、潮汐坪、潟湖内。粗粒沉积物见于潮汐沟以及局部海滩内。海水盐度变化较大，淡水、盐水、超盐水均有。有的地区可暴露于水面以上，形成鸟眼构造、叠层石构造。氧化和还原环境均有，动物群种属有限，可见海水沼泽植物或淡水沼泽植物。

（九）台地蒸发岩相

台地蒸发岩相（或蒸发岩台地相）带即潮上带，干热地区的潮上盐沼地或萨布哈沉积均为此带典型代表。此带经常位于海平面之上，仅在特大高潮或特大风暴时才被水淹没。主要岩石类型为不规则纹理状、结核状的白云岩及石膏或硬石膏，它们很可能是交代成因的。这些沉积还常与红层共生。除了叠层藻外，几乎无原地动物。

在威尔逊的 9 个相带碳酸盐岩沉积模式中，（1）、（2）、（3）所述相带相当于陆棚沉积区，沉积水动力较弱，基本对应于欧文碳酸盐岩模式的低能 X 带；（4）、（5）、（6）所述相带相当于障壁岛、礁滩沉积区，沉积水动力较强，基本对应于欧文碳酸盐岩模式的高能 Y 带；（7）、（8）、（9）所述相带相当于潮坪、潟湖沉积区，沉积水动力较弱，基本对应于欧文碳酸盐岩模式的低能 Z 带。

四、Tucker 碳酸盐岩沉积模式

（一）主要相带类型

塔克（Tucker，1981）根据陆表海沉积特征和威尔逊（Wilson，1975）的碳酸盐沉积相综合模式，将碳酸盐沉积划分成两个相区，即碳酸盐台地—陆表海相区和盆地较深水斜坡相区。前者包括潮坪、滩后潟湖及局限海湾、潮间—潮下带浅滩、开阔陆棚及台地和陆棚边缘礁滩等 5 个沉积相，后者包括前缘斜坡和盆地（图 25-14）。与威尔逊的碳酸盐岩沉积相模式相比，塔克将威尔逊的一些沉积相带合并，更强调陆表海沉积作用，该模式有助于中国华北地台和扬子地台古生代及中生代的碳酸盐岩沉积相研究。

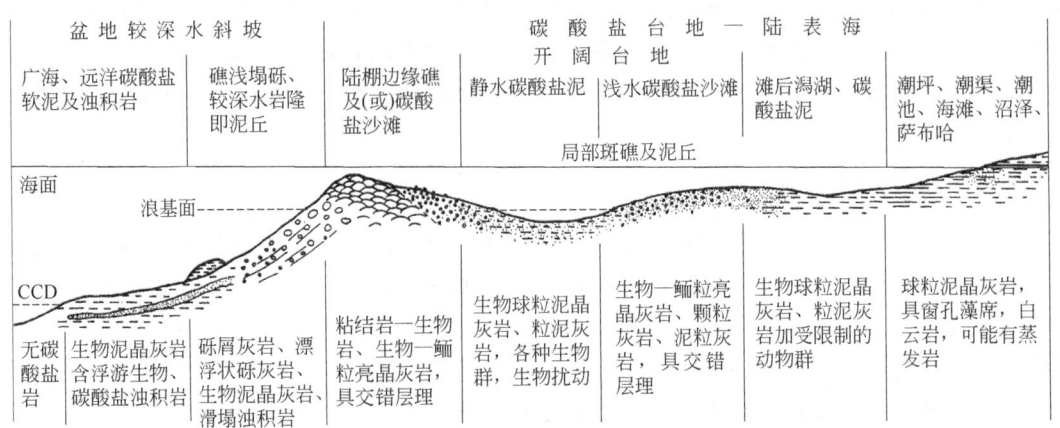

图 25-14 碳酸盐沉积环境及其沉积特征（据 Tucker，1981）

（二）主要相带沉积特征

近岸的潮间和潮上带以碳酸盐泥坪沉积为特征，主要岩性为球粒泥晶灰岩。在气候干旱地区，向萨布哈沉积特征转变，形成白云岩和蒸发岩（图 25-14）。

潟湖及局限海湾，沉积水深可浅可深，沉积水动力能量较弱，沉积生物球粒泥晶灰岩以及受限的动物群。

开阔台地潮间—潮下带浅滩沉积水动力较强，沉积具有交错层理的生物碎屑、鲕粒等颗粒碳酸盐岩。在沟通潟湖的潮道口上，可有潮汐三角洲的发育。

开阔陆棚及台地常处于浪基面之下，沉积水动力能量较弱，除了发育一些斑礁外，主要沉积较多生物扰动的球粒泥晶灰岩。

陆棚边缘礁滩处于碳酸盐台地—陆表海相区向海的边缘，是沉积水动力最强的沉积地区，养料供给充分，发育生态礁和具有交错层理的亮晶颗粒碳酸盐岩。

前缘斜坡主要处于正常浪基面附近和之下，沉积水动力较弱，主要沉积生物泥晶灰岩。但陆棚边缘礁滩沉积物可通过滑塌，在前缘斜坡下倾端沉积砂砾级塌积物、漂浮状砾屑灰岩和滑塌浊积岩。

盆地沉积环境处于风暴浪基面之下，在风暴浪基面与碳酸钙补偿深度（CCD）之间，沉积水动力能量较弱的远洋碳酸盐软泥或含有生物碎屑的泥晶灰岩。在 CCD 之下，缺少碳酸盐沉积，主要发育广海泥页岩以及浊流成因的碳酸盐岩（图 25-14）。

五、Read 三端元沉积相模式

碳酸盐台地是碳酸盐最为重要的沉积场所，可分为三种主要的类型，即碳酸盐缓坡、镶边碳酸盐台地和孤立碳酸盐台地。

在总结分析已有碳酸盐岩沉积模式的基础上，里德（Read，1989）提出了包括碳酸盐缓坡、与陆地相连的镶边碳酸盐台地、孤立碳酸盐台地等三种沉积模式。

（一）碳酸盐缓坡沉积模式

碳酸盐缓坡指海底平缓倾斜（缓坡平均坡度小于 0.1°）、水体逐渐变深的碳酸盐沉积环境，浅水与深水之间没有坡折，其最大特征是缺乏重力流沉积。由此可见，碳酸盐缓坡既包括浅水环境，又包括深水环境，而只有其上部的浅水部分才属于台地。

根据平均海平面、正常浪基面、风暴浪基面位置，可将缓坡依次划分为内缓坡、中缓坡和外缓坡三个次级单元。

根据剖面形态，缓坡可分为均匀倾斜缓坡和远端变陡缓坡（图 25-15）。

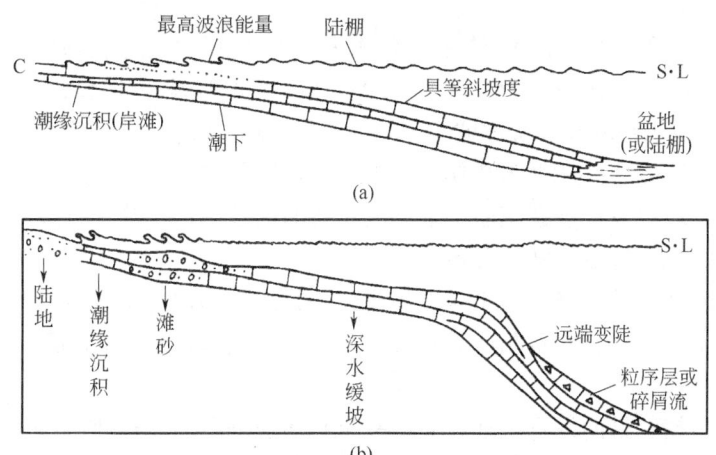

图 25-15　碳酸盐缓坡沉积模式（据 Read，1989）
(a) 均匀倾斜缓坡沉积模式；(b) 远端变陡缓坡沉积模式；S·L—平均海平面

1. 均匀倾斜缓坡

均匀倾斜缓坡指由浅水到深水坡度平缓并且均匀变化的缓坡（每千米只有几米变化），与较深水的低能环境之间无明显的地形坡折，波浪搅动带位于近岸处（图 25-15），整体呈逐渐变深的宽缓斜坡。自陆向海，其相带依次为：

（1）内缓坡：位于平均海平面与正常浪基面之间，主要受波浪和潮汐作用影响。在干旱气候条件下，主要为含叠层藻和蒸发岩的潮缘和萨布哈相；在潮湿气候条件下，低能水动力沉积形成生物扰动的层状灰泥石灰岩—潟湖相，缺乏开阔海生物群，高能波浪或潮汐水动力沉积具交错层理、颗粒多的滨岸相或潮道颗粒（生物碎屑和鲕粒）石灰岩。随着潮汐作用加强，易形成障壁岛—潟湖—潮坪沉积。

（2）中缓坡：位于正常浪基面与风暴浪基面之间。其沉积主要为灰泥石灰岩、生屑质灰泥石灰岩，含有多样的正常海生物群化石，生物扰动强烈，可发育点礁。有时，高能风暴作用可形成具有粒序层理和丘状/洼状交错层理的、向上变细的风暴沉积。

（3）外缓坡：位于风暴浪基面之下。正常气候条件下，外缓坡或盆地常以纹层状粉屑碳酸盐岩、生物扰动灰质泥岩等沉积为特征；在非常气候条件下，可出现由风暴作用诱导的、具递变层理的浊流沉积和泥灰岩沉积。但是，由于地形平缓，一般不发育重力流沉积。还可见灰泥丘、补丁礁沉积。

实际上，欧文（1965）提出的陆表海清水碳酸盐岩沉积模式便是均匀缓坡碳酸盐岩沉积模式。均匀倾斜缓坡发育于平缓的古构造斜坡上。这种平缓的斜坡可出现于大陆架上远离陆壳—洋壳边界的地方、出现于前陆盆地俯冲盘的大陆壳上或出现于大陆内部。

现代均匀倾斜缓坡见于波斯湾和澳大利亚西部的鲨鱼湾。古代实例有美国弗吉尼亚地区的中奥陶统和纽约地区的泥盆系均匀缓坡沉积（Laporte，1969）。

2. 远端变陡缓坡

远端变陡缓坡在近岸处具有均匀缓坡的特征（即高能浅水环境与低能较深水环境之间

是均匀过渡的，不存在明显坡折），也有一些镶边台地的特征（斜坡陡，重力流沉积发育）。这种缓坡与镶边台地或孤立台地的区别在于坡折不是发生在浅水高能带附近，而是在远离高能带、水体较深的地方由加积和滑塌作用形成（图25-15）。因此，此类缓坡的坡折带与浅水高能带之间具有较远距离。

自陆向海，远端变陡缓坡上发育的相带依次为：内缓坡和中缓坡的潮坪—潟湖、高能浅滩和外缓坡。这些相带的沉积特征与均匀倾斜缓坡相似，但与远端变陡缓坡相邻的斜坡坡度明显变陡，发育来源于深水缓坡或外缓坡坡折带处的滑塌、碎屑流、浊流等重力流沉积，常见层内侵蚀面和滑塌构造等，缺少内缓坡和中缓坡礁滩的浅水物质，这是与均匀倾斜缓坡的重要区别。

远端变陡的缓坡多发育于有正断层活动或有挠曲的地区。当镶边台地因海平面快速上升而被淹没时也可演化为远端变陡的缓坡。

现代的远端变陡缓坡见于墨西哥尤卡坦台地，是海平面快速上升时期由镶边台地淹没形成的。古代实例包括美国西部的上寒武统—下奥陶统远端变陡缓坡沉积（Cook，Taylor，1977；Cook，1979）。

另外，又可根据相带的发育特征将碳酸盐沉积缓坡划分为具裙滩的缓坡、具障壁滩的缓坡、具点礁的缓坡以及高能缓坡等4种类型，并具有不同的潮坪、潟湖、礁滩沉积特征。

（二）镶边碳酸盐台地沉积模式

镶边碳酸盐台地指与陆地相连、具有高能外部边缘的台地，与深水盆地之间有坡度较陡的斜坡（几度到60°以上）。沿其边缘发育镶边的高能台地边缘礁或滩并限制海水循环和波浪作用，从而在其向陆一侧形成低能的潟湖。现代的镶边碳酸盐台地包括澳大利亚大堡礁（Maxwell，1968）、美国佛罗里达南岸（Enos，Perkins，1977）。

根据地形特征、沉积水动力和沉积特征差异，可将镶边碳酸盐台地的边缘划分为三种类型：沉积型（或加积型）、过路型和侵蚀型。

1. 沉积型（或加积型）台地边缘

沉积型（或加积型）的台地边缘既有垂向加积又有侧向加积，通常缺乏高且坡度大的陡崖，台地边缘沉积可与斜坡沉积呈指状交互而不是截然接触（图25-16）。自台地向盆地发育的相带依次为：

（1）潮坪—潟湖体系：沉积颗粒质灰泥石灰岩、灰泥石灰岩，局部发育点礁和滩。海平面周期性地相对下降常导致潮坪广泛发育，甚至可以覆盖整个台地；而海平面的相对快速上升，可导致潟湖和点礁广布。因此，在这种台地上常发育侧向连续性极好（可横向追索几十甚至几百千米）的、向上变浅的米级沉积旋回。

（2）台地边缘内侧：沉积具有交错层理的生物碎屑或鲕粒砂，可发育点礁。向陆地方向颗粒含量减少，灰泥含量增高。

（3）台地边缘外侧：发育礁、浅滩。浅滩由生屑砂和来自礁的砾屑组成，同生海底胶结活跃。造礁生物常随水深变化而成带状分布，浅水高能带发育结实的包壳状、块状造礁生物，随水深加大，逐渐变为枝状、页状造礁生物。

（4）礁前斜坡：沉积灰质砂、角砾和一些灰泥，这些岩层通常呈高角度倾斜。随水深加大，灰泥含量增高。角砾主要来自台地边缘的礁和胶结的浅滩，常见滑塌构造。

（5）斜坡：发育席状和水道状浊积岩、碎屑流石灰岩以及悬浮沉积的灰泥石灰岩。砾屑来自台地边缘礁、滩以及斜坡上沉积的灰泥石灰岩。

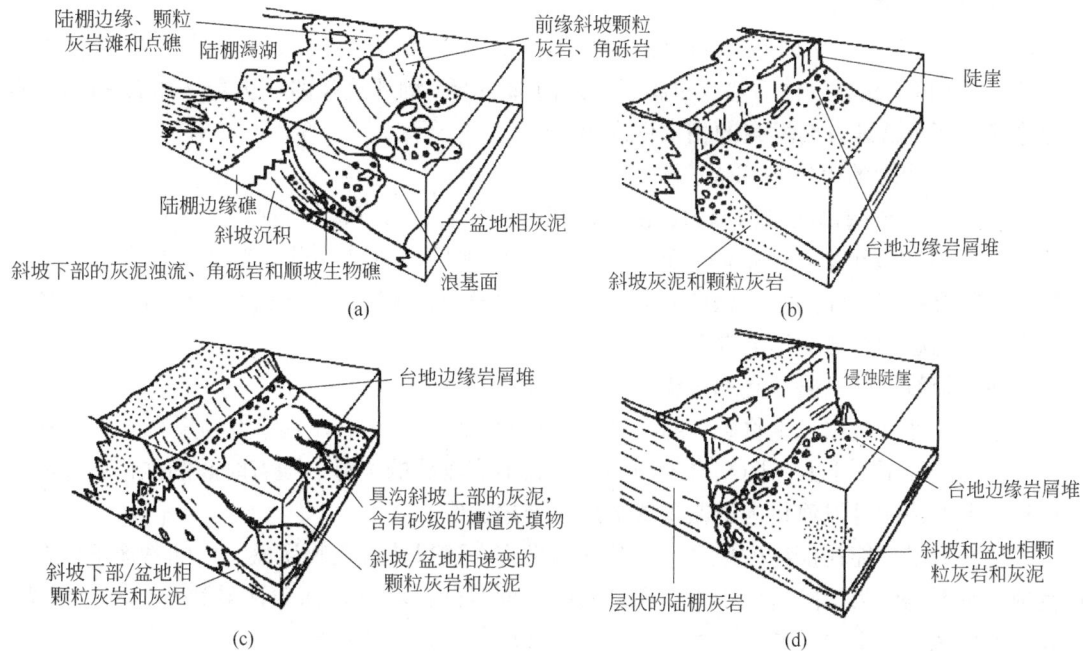

图 25-16 镶边碳酸盐台地类型和沉积模式（据 Read，1989）
(a) 加积型台地边缘；(b) 过路型台地边缘（无沟道）；(c) 过路型台地边缘（有沟道）；
(d) 侵蚀型台地边缘（有沟道）

（6）盆地：主要为半深海、深海灰泥石灰岩和页岩。

对于具有加积边缘的台地，礁（滩）、礁前斜坡、斜坡以及盆地相之间通常呈指状交叉过渡关系。这种类型的台地实例包括：美国东部斯考田（Scotian）盆地中生界（Jansa，1981）、澳大利亚肯宁盆地泥盆系（Playford，1980）。美国墨西哥湾白垩系斯塔特台地是一个斜坡坡度较小（约2°）的镶边台地（Bebout 和 Loucks，1974）。美国密歇根盆地的志留系也是斜坡坡度小（10m/km）的镶边台地，斜坡上有许多塔礁（Mesolla 等，1974）。

2. 过路型台地边缘

过路型台地边缘发育于垂向加积较快、与海平面上升同步的台地。这种台地边缘通常与陡崖和/或有沟道的斜坡伴生（图 25-16）。自台地边缘向深水盆地发育的相带依次为：

（1）台地边缘生物礁及颗粒滩。
（2）陡崖（高度多在 200m 以上）：为沉积物从边缘到斜坡的过路带。
（3）环台地塌积裙：由角砾、碳酸盐砂以及灰泥夹层组成。如果台地边缘生物礁发育，塌积物中将有大量生物礁砾屑；如果台地边缘颗粒滩发育，塌积物中将有大量碳酸盐砂及颗粒石灰岩砾屑。塌积物与陡崖直接接触并向盆地方向逐渐变细。
（4）有沟道的斜坡：主要沉积灰泥，其上发育条带状碳酸盐岩及砾屑充填的沟道。
（5）斜坡下部：主要沉积浊积岩和灰泥石灰岩。
（6）盆地：主要沉积灰泥石灰岩或页岩。

加拿大沃普枚山脉前寒武系罗克乃斯特组发育具有陡崖—过路型边缘的台地（Hoffman，1973）。

3. 侵蚀型台地边缘

侵蚀型台地边缘通常以发育高的陡崖为特征，陡崖高度可达4km。台地边缘发育生物礁，由于海平面下降和机械侵蚀后退，出露了台地内部潟湖、潮坪沉积的石灰岩（图25-16）。自台地边缘向深水盆地方向发育的相带依次为：

（1）台地边缘的生物礁和颗粒滩。

（2）陡崖：早期台地内部潟湖、潮坪沉积的石灰岩，可直接与塌积物接触。

（3）环台地塌积裙：由角砾、碳酸盐砂、灰泥夹层组成。其重要特征是具有由鸟眼石灰岩、叠层石石灰岩和潟湖沉积形成的角砾，从而表明台地边缘发生过大规模后退。这些砾屑与来自生物礁和浅滩的砾屑混合。

其他相带特征同过路型台地边缘。

镶边台地通常是由具生物礁/滩障壁的缓坡演化而来。由于有造礁生物发育，碳酸盐产率高，随海平面不断上升，障壁会不断加积增高形成较陡的边缘。随着时间的推移，加积型和进积型台地边缘可以演化为过路型或陡崖型台地边缘。

镶边台地最可能在低纬度地区的大陆架上发育，这里造礁生物繁盛。前陆盆地不发育这种台地，主要是因为前陆盆地中水体循环受限，而且陆源物质注入较多导致水体浑度较大。在高纬度地区，由于少见造礁生物，通常形成缓坡而不是镶边台地。

在造礁生物繁盛的地质时期，如中奥陶世、志留纪、泥盆纪、晚三叠世、晚侏罗世、白垩纪、渐新世、上新世和更新世等，镶边台地都很发育。

许多镶边碳酸盐台地向陆侧有碎屑岩潟湖，潟湖向陆地方向过渡为碎屑岩海岸，向海方向则逐渐过渡为浅水碳酸盐台地。台地向潟湖的一侧为地形平缓的缓坡，而与广海相邻一侧则发育较陡的生物礁或浅滩台地边缘，台地边缘前面是坡度大的斜坡，其上发育重力流沉积。

潟湖水体一般不深，多为几米至几十米，在风暴浪基面之上，其沉积主要为泥灰岩和页岩，夹一些薄层砂岩。当水深较大，海底在风暴浪基面之下时，则会形成缺氧的暗色页岩沉积。在干旱气候下，潟湖中还会有蒸发岩沉积。这种碳酸盐台地通常形成于有河流注入的陆棚上，多位于被动大陆边缘。具体实例包括：我国南方扬子地台的二叠系、三叠系（冯增昭等，1997）、加拿大西部的寒武系（Aitken，1978）、加拿大东部的中生界（Markello，Read，1978）。

镶边碳酸盐台地又可分为缓坡镶边台地、陡坡镶边台地和陡崖镶边台地，并有相关沉积模式（图25-17）。

（三）孤立碳酸盐台地沉积模式

孤立碳酸盐台地指被深水（通常水深为几百米甚至几千米）包围的台地，远离大陆架，位于陆壳、过渡壳的断块或火山上。孤立台地与镶边台地或缓坡的重要区别是迎风侧边缘通常发育生物礁，背风侧边缘通常发育颗粒滩。潮汐作用活跃的台地边缘通常发育鲕粒滩。孤立台地边缘若为生物礁的台地，内部潟湖较深（可达20m），沉积物主要为生物颗粒和灰泥。孤立台地边缘若是以浅滩为主的台地，内部潟湖通常浅而平坦，其沉积主要为球粒砂和灰泥。通常孤立台地的边缘是陡峭的，与镶边台地的边缘相似。较陡的孤立台地边缘倾角可达60°以上，向下快速过渡为坡度较小（1°~15°）的斜坡，再向下过渡为地形平坦的盆地。在极少数情况下，孤立台地的边缘可以是平缓的，其剖面特征和相带特征与缓坡相似（Matti，

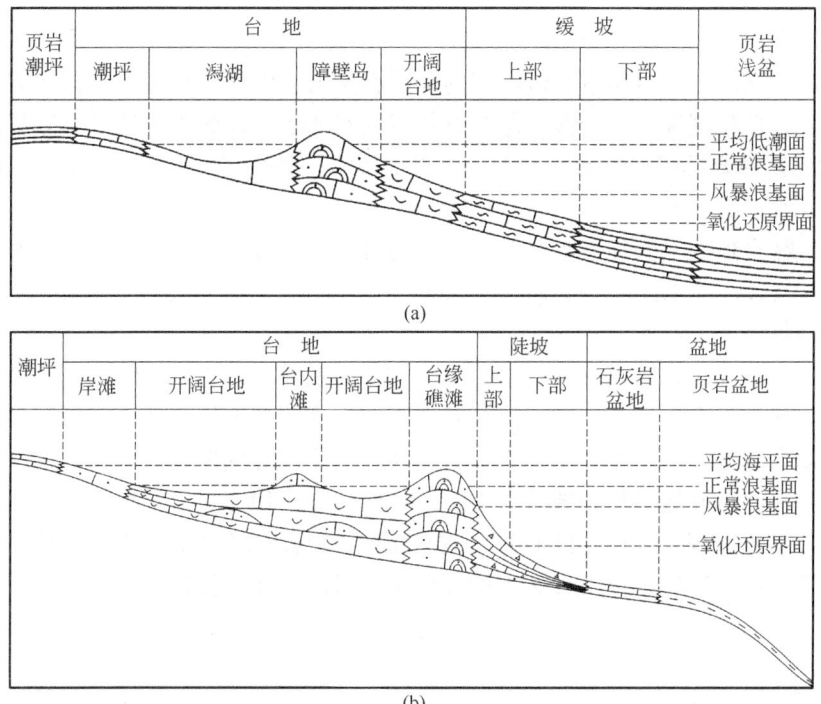

图 25-17 缓坡（a）和陡坡（b）镶边碳酸盐台地类型和沉积模式（据金振奎，2013）

McKee，1977）。

对于具有陡崖台地边缘的孤立台地，从台地到盆地发育的相带依次为（图 25-18）：

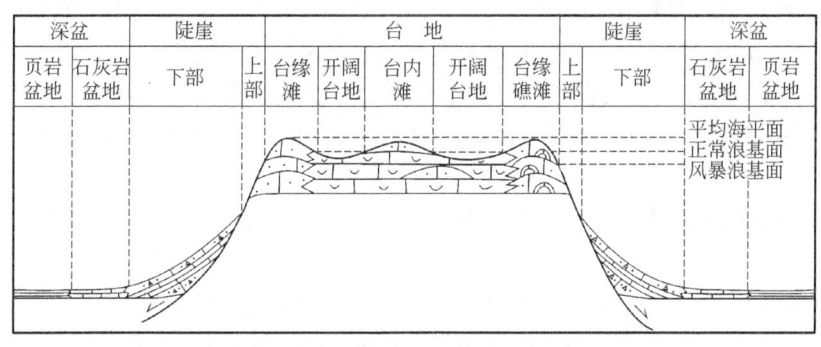

图 25-18 孤立碳酸盐台地沉积模式（据金振奎，2013）

(1) 台地内部：可发育潮坪、浅滩、点礁、局限台地、开阔台地，沉积物为灰泥石灰岩、颗粒质灰泥石灰岩、颗粒石灰岩、准同生白云岩，局部有礁石灰岩和蒸发岩，向上发育变浅的米级旋回。

(2) 台地边缘：发育浅滩或礁，主要沉积颗粒石灰岩、礁石灰岩。

(3) 陡崖：发育程度因边缘地形而异。边缘地形坡度陡窄，无沉积物堆积。边缘地形坡度相对宽缓，上部可沉积颗粒石灰岩和礁石灰岩，下部可为早期台地内部沉积的石灰岩。

(4) 斜坡上部（塌积斜坡）：主要由台地边缘和台地内部沉积岩侵蚀垮塌形成的砾级碎屑和从台地上搬运下来的颗粒、灰泥组成，形成砾屑石灰岩、灰泥颗粒石灰岩夹灰泥石灰岩。此带宽通常为 1~3km。如果陡崖很高，塌积斜坡可直接过渡为盆地，也可过渡为斜坡下部。

（5）斜坡下部：重力流（碎屑流、颗粒流、浊流等）沉积和远洋悬浮沉积为主，岩性为互层暗色薄层灰泥石灰岩与重力流沉积的砾屑石灰岩、颗粒石灰岩。向盆地方向，重力流沉积逐渐减少，颗粒变细，层变薄，灰泥石灰岩相对增多。在此相带还可有等深流沉积。

（6）盆地：主要沉积暗色薄层灰泥石灰岩、薄层放射虫和海绵骨针硅岩、页岩，纹理发育，常见深水遗迹化石。

孤立碳酸盐台地的实例除巴哈马台地外，还有我国南方黔桂交界地区的二叠系、墨西哥白垩系黄金巷（Golden Lane）和埃尔岛克特台地（Enos，1974；1977）、威尼斯阿尔卑斯地区侏罗系台地等。

大部分被动大陆边缘的孤立碳酸盐台地是在断裂发育、快速沉降的陆壳或过渡壳上发育的。许多孤立碳酸盐台地是在地垒上发育起来的，而周围的地堑则演化成深水盆地。还有一些孤立碳酸盐台地位于线状海底山脊之上，或在高海平面时期发育在大陆内部一些构造高部位上。开始，一些孤立碳酸盐台地具有类似缓坡的斜坡，但随着时间推移会发展成高而陡的边缘。在盆地沉降过程中，孤立碳酸盐台地不断加积就会导致台地边缘与盆地之间的高差加大，台地边缘开始由缓坡型依次过渡为加积边缘、过路边缘、侵蚀边缘。

思考实习题

1. 说明碳酸钙沉积作用补偿深度及其主要影响因素。
2. 说明陆表海和陆缘海、碳酸盐台地的概念及其地质含义。
3. 简述易于碳酸盐岩发生沉积的现代碳酸盐沉积环境和主要沉积特征。
4. 试述陆表海清水沉积作用原理，图示 Irwin 陆表海沉积模式及其沉积特征。
5. 试述 Armstrong 混积型沉积相模式及其对混合沉积研究的意义。
6. 试述 Wilson 碳酸盐岩综合相模式 9 个相带划分及其主要沉积相标志。
7. 说明 Tucker 碳酸盐岩沉积模式特点，并图示说明 2 个相区的主要沉积水动力和沉积特征。
8. 说明 Read 碳酸盐缓坡沉积模式特点，并图示说明 3 个亚相的主要沉积水动力和沉积特征。
9. 说明 Read 孤立碳酸盐台地沉积模式特点及其主要控制因素。
10. 列表对比说明 Irwin 陆表海沉积模式、Armstrong 混积型沉积相模式、Wilson 碳酸盐岩综合相模式、Tucker 碳酸盐岩沉积模式、Read 碳酸盐岩沉积模式的沉积能量和主要沉积特征及其相带对应关系。
11. 查阅文献说明碳酸盐岩沉积模式的研究进展。
12. 踏勘野外露头或查阅文献，说明 Wilson 碳酸盐岩综合相模式在指导油气勘探中的作用。

第二十六章　生物礁和礁相

> **导读**
>
> 　　本章核心知识点包括广义和狭义生物礁（生态礁）概念、基本特征和分类；常见造礁生物类型及其生活特性，生物礁形成条件，显生宙造礁生物类型和分布，生物礁亚相沉积特征，生物礁形成演化阶段；生物礁沉积模式、分布特征及其与油气勘探开发之间关系。

　　生物礁是指受生物作用形成的多种生物堆积的沉积体，无论在地史时期还是现代，都有广泛的分布，同时，它也是碳酸盐沉积中的一种重要的、富含油气资源的沉积类型。在国内外都已发现了许多生物礁油气田，如加拿大泥盆系的礁油气田，美国五大湖区早古生代的礁油气田，前苏联泥盆系、石炭系、二叠系中的礁油气田等。

　　生物礁可构成良好的油气储层和圈闭，我国石油地质学家和沉积学家十分重视对古代和现代生物礁的研究，已先后在陕南、湘西寒武系、浙西、陕南奥陶系、川西北、陕南志留系，滇、黔、桂地区泥盆系、二叠系，川西北地区泥盆系、二叠系、三叠系和川东地区二叠系，湖南、赣西北二叠系等发现了大量的生物礁沉积体，同时在古近系—新近系海、陆相地层中也分别发现了生物礁，在我国塔里木盆地奥陶系、四川盆地二叠系、珠江口盆地和渤海湾盆地古近系—新近系等发现了生物礁油气田。

第一节　生物礁沉积环境和沉积作用

一、生物礁的概念、组成及分类

（一）生物礁的概念

　　礁（reef），这一术语来源于挪威语 rif，其含义为脊。远在 19 世纪中期，达尔文就对现代礁有所认识。其后不久，一些地质学家把它应用到古代岩石中，从此开始了古代礁的研究。最初，研究古代礁的人对礁的概念局限于灰质骨骼的原地堆积。然而，古代礁能够反映现代礁的特征、生物的生态、气候、环境以及地质背景的资料都是有限的。因此，一些地质学家在研究古代礁时，只能根据地质时代中保存下来的有限资料来认识它，并且差不多都是从生物造成的海底地形上的特点来讨论礁的存在与否。这样，除了一些真正的礁外，常常把一些因海流作用造成的异地介壳堆积、鲕粒丘、石灰岩的残山，甚至一些砂页岩与石灰岩的相变也看成是礁。这样，礁的术语便产生了某些混乱。鉴于此，卡明斯和施罗克（Cummings, Shrock, 1928；Cummings, 1932）试图通过新的术语来澄清这种混乱。他们提出生物丘（bioherm）和生物层（biostram）的概念。这两个术语都是生物的原地堆积。前者强调地形有起伏（块状、透镜状、丘状）、规模小；后者则强调没有地形的起伏，它们呈扁平层状，与岩层的产状一致。生物丘和生物层术语出现后，在礁的概念中又引起了新的争议。一些研究者（Link，1950；Pettijohn，1975；Krumbein and Sloss，1963）直接引用卡明斯和施罗克的概念，着重强调地形上的特点，并通过地层的接触关系去论述礁，另一些研究者则强调造礁生物和它们的生态。于是，生态礁的概念开始引起人们的注意。

20世纪70年代初期，邓哈姆（Dunham，1970）提出广义的生物礁和狭义的生物礁（地层礁和生态礁）概念之后，许多研究者多从生态礁的观点来讨论礁的定义。另一些研究者（主要是欧洲人）则继续使用生物丘这一术语。还有一些研究者为了避开这种争议而使用"生物碳酸盐岩建隆"（organic carbonate buildup）这个一般性的术语。

狭义的生物礁即所谓生态礁，是指由造礁生物骨架原地迎浪生长、具有正向地貌凸起特征的碳酸盐岩建隆。生态礁主要分布在几米至几十米的正常海水水深范围，有的造礁生物可出现在400~500m水深，甚至更深的海洋水体中（视频26-1至视频26-3）。

视频26-1　活体珊瑚和海绵生长　　　视频26-2　珊瑚礁　　　视频26-3　碳酸盐岩礁滩

广义的生物礁主要是由生物和生物作用（包括宏观生物以及微观生物）所形成的，具有正向地貌特征的碳酸盐岩体。这是目前较流行的一个广义定义，包括了所有由生物和生物作用成因的原地或异地形成的碳酸盐岩体（范嘉松，1988；吴亚生等，1991）。

近来人们发现，不仅大体生物可以原地生长、形成抗浪的坚硬钙质骨架，一些微体生物集群同样也可以原地生长、形成坚硬的骨架，即由原地生长的固着底栖微体生物，如肾形菌、葛万菌和表附菌等形成的微体生物礁也属于生物礁。微体生物通过捕获和粘结碎屑物，以及自身的钙化、稳定化作用形成原地微体生物岩，进而构成具有粘结或骨架结构的微体生物礁。比如，在美国亚拉巴马州、巴西桑托斯盆地、俄罗斯东西伯利亚地区、中国上扬子地区和华北等处均发现了微生物礁滩油气田。

虽然关于生物礁的概念仍有争议，但是大多数的研究者多采用生态礁的概念。

（二）生物礁的基本组成

生物礁主要由礁核和礁翼组成。在一些大型群礁复合体中，可包含礁核、礁翼（礁前、礁后）和礁间，具有明显的正向地形起伏和抗浪性能（图26-1）。

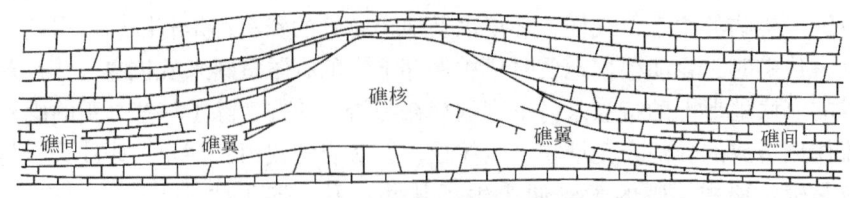

图26-1　常见生物礁组成单元（据James，1978）

1. 礁核

礁核是指礁体的格架建造或格架礁，具有明显的正向地貌特征、能够抵抗波浪作用的部分，为礁的主体。它主要由原地堆积的生物岩或粘结岩组成，其中造礁生物含量很高，还有一些附礁生物。这些造礁生物常保存有原地的生长骨架，骨架间常充填有礁的破碎物。其原生孔洞不是被内部沉积物充填，就是被早期纤状文石和镁方解石胶结。

2. 礁翼

礁翼通常是指礁相与非礁相呈指状交错过渡的那部分礁体。礁体迎风的一侧称为礁前，背风一侧称为礁后。在一些盆地或潟湖的斑礁或塔礁中，由于未受到方向性风浪作用的影响，礁前与礁后极为相似，所以礁翼就分不出礁前和礁后。

礁前处于迎风一侧。在风浪冲击下，礁碎屑顺着礁前缘的陡坡堆积形成的岩石一般称礁前塌积岩或礁前礁砾岩。这些礁碎屑大都粒径变化大、未被磨圆且分选差。通常坡前的礁屑与灰泥混积，向盆地方向砾屑减少、砂屑增加，并与正常海的盆地相泥质沉积物呈指状接触。

礁后沉积多由分选较好的砂屑石灰岩组成，胶结物多为亮晶方解石。与礁前相比，其生物门类和种属大为减少。

3. 礁间

在一些群礁复合体中，礁与礁之间的沉积物和生物组分与礁的发展有极其密切的关系。在海侵的情况下，群礁一般是发展的，在礁间可以出现正常的海相碳酸盐沉积；当海退时，群礁的发展受到抑制，礁间可以出现一些潟湖沉积。

（三）生物礁的分类

目前，主要根据生物礁整体形态、规模和地理位置（生物类型）来划分生物礁的类型（图 26-2）。

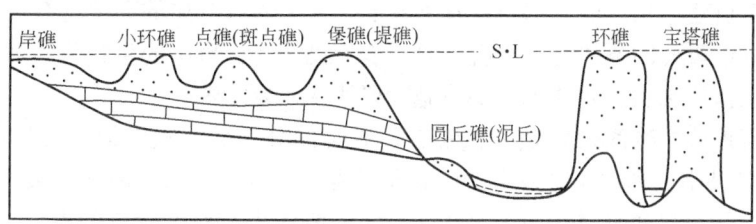

图 26-2 常见生物礁形态和位置分类示意图（据 Tucker 和 Wright，1990）

1. 岸礁

岸礁也称为边礁、裙礁、镶边礁、边缘礁。紧靠海岸生长，与陆地或岛屿相连的生物礁。礁体顶平，有时在边缘礁与岸之间有一小的平底水道相隔，水道逐渐加宽便可发育成堡礁。现代典型岸礁如我国海南岛三亚小东海礁体，最长的岸礁位于红海沿岸，长约 2700km 以上。

2. 点礁

点礁也称为斑点礁。礁体近似圆形，或呈不规则状，是在潟湖或外滨海底较小隆起上形成的孤立小礁体。现代海洋中，点礁主要分布在大陆架海域正常浪基面以上滨浅海环境。实际上，点礁常指位于大陆架的孤立小礁体，如加拿大泥盆纪利迪尤克礁。

3. 堡礁

堡礁也称为堤礁、堤岛礁或障壁礁。堡礁多在平缓的海岸生长，离海岸有一定距离，堡礁与陆地之间有潟湖相隔。平面上堡礁多由一系列礁体组成，平行海岸分布。有时堡礁不止一排，按生物不同生态（或不同生长深度）或其他原因可有多排堡礁出现，现在世界上最大的堡礁是澳大利亚东北岸的大堡礁，长达 2300 余千米，向岸外延伸达 50~145km。古代最大的堡礁是美国新墨西哥州东南部和得克萨斯州西部二叠系盆地的船长礁，厚达 360m 以上，长达 644km。

4. 环礁

礁体围绕海底较大隆起的边缘生长，连接成不规则环状，环中央带下凹成潟湖，多出现于外滨广海中。环礁的形成往往与火山作用和断层地垒形成密切相关。现代太平洋、印度洋以及我国南海均有发育，古代礁如墨西哥白垩纪的环礁。

5. 宝塔礁

宝塔礁也称尖柱礁和孤礁，形似宝塔状、锥状或者陡侧向上变尖的圆丘状，是成礁期海底持续下降而成，多出现于广海陆棚较深水地带。

6. 丘礁和马蹄形礁

丘礁孤立分布在大陆架边缘或盆地内浪基面以下较深水环境，近似半球状丘形的碳酸盐岩隆。

马蹄形礁也称为新月形礁，平面形态似马蹄状。迎风一侧礁体发育，礁体向海凸出，背风一侧不发育。多分布于开阔海盆中，如美国二叠纪马蹄形礁。

另外，还有分布面积较大、厚度不太大的层状礁（带状礁、滩礁），多分布于碳酸盐台地上。

二、生物礁的形成及生物造礁作用

（一）生物礁形成条件

一切礁和有机建造的形成，都与发育繁盛的、能分泌石灰质的动植物有关。因此，产生礁和有机建造的最重要的条件之一，就是要有能使礁生物群落中的生物蓬勃发展的、适宜的生态条件，即水体要暖和、要咸水、要清澈、要浅水、要动荡。

在现代热带地区的碳酸盐台地上，常有珊瑚礁的分布。造礁生物主要是珊瑚和珊瑚藻（红藻），影响珊瑚生长和珊瑚礁发育的因素是水温、盐度、水深、浊度（或透明度）、溶解的气体、底质以及波浪和水流作用等。此外，一些海洋生物对生物礁的发育也有很大影响。大多数的珊瑚礁一般局限在热带和亚热带，大致在南北纬 30° 的范围内分布。珊瑚在现代海洋中有造礁型和非造礁型两种类型。造礁型珊瑚，在水温 23~27℃ 的环境里生长最佳。一般说来，在冬季温度下降到 18℃ 以下，或夏季温度上升到 30℃ 以上的地区，造礁珊瑚就不能顺利地生长。通常，造礁型珊瑚比非造礁型珊瑚的钙化速度要快。

一般认为适合珊瑚生长的海水含盐度为 30‰~40‰。强烈的蒸发作用（如波斯湾）以及大陆径流的注入（如海南岛的一些海湾），均会影响珊瑚种属的分布和礁的发育。海水的透明度主要受陆源物质的影响。

阳光是珊瑚生长的必要条件之一。为了快速钙化，造礁珊瑚要依赖共生的虫黄藻。受光合作用影响，虫黄藻主要生长在浅于水深 30~50m 的、透光的滨浅海。大多数的珊瑚在特别清澈的海水中可以生活在 70~80m 的深度内。但是，一般条件下，50~60m 的深度已是珊瑚生长的极限，而以小于 50m 为宜。

波浪、海流以及风对珊瑚礁的影响也较大。它们可以给珊瑚输送生长所需要的氧气和食料，所以大多数生物礁主要生长发育在陆棚边缘或碳酸盐台地边缘水动力较强的搅动带。

（二）生物造礁动力学作用

生物礁生长发育经历了更为复杂的沉积动力过程，主要涉及生物作用、化学作用和物理作用及它们之间的相互影响。这些生物作用、化学作用和物理作用影响了生物造礁作用的多样性，主要有钙质有机质直接生长的建设作用、波浪和生物侵蚀生物礁的破坏作用、生物礁生长的早期海水胶结作用、生物成因物质和礁衍生的碎屑沉积作用等。

目前，已知有许多生物（珊瑚、层孔虫、苔藓虫等）作为积极的造礁生物，钙化明显的造礁生物可建造大块礁体、组成礁格架，这也是形成大型礁复合体的基础。在礁核，这些生物形成树枝状群体和分蘖群体（即普通的建架生物）；在礁缘，其他钙质造礁生物群体（海草、丝状藻类细菌）获得板状曼延形态，并与礁格架粘结在一起。

不同地史阶段的造礁生物类别是随着地球演变而进化的。前寒武纪—早古生代主要造礁生物是蓝绿藻和海绵，中古生代造礁生物主要是珊瑚和苔藓虫及水螅，晚古生代为结壳藻、苔藓虫以及海绵，中生代为珊瑚、海绵、水螅、藻类以及厚壳蛤，新生代为珊瑚、水螅和藻类（图26-3）。

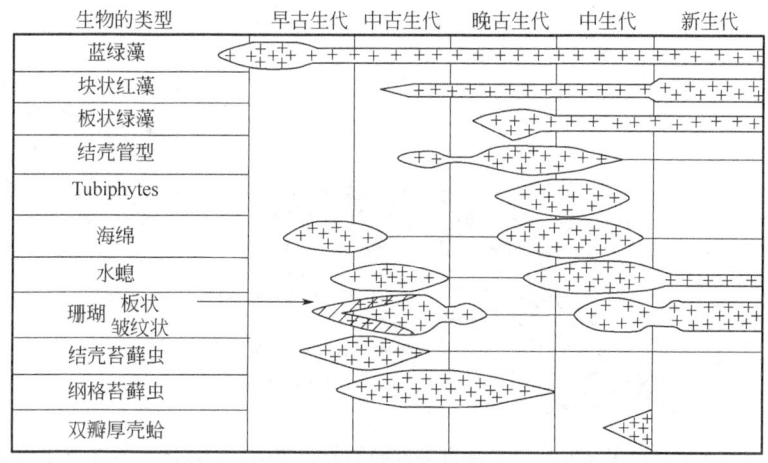

图26-3　常见地质历史时期造礁生物和分布（据Heckel，1974）

从生态角度来看，一般把与生物礁生长的相关生物划分为4种类型，即礁骨架建设者、礁骨架粘结者、礁骨架居住者以及礁骨架保护者。这些具有不同功能的各种生物形成一个统一的有机总体（图26-4）。

现在生物礁一般都有丰富的原生骨架和次生骨架的建造生物。它们是珊瑚、钙质红藻、苔藓虫、牡蛎、结壳的有孔虫、腹足类、龙介以及海绵，还有大量的各种各样的生物骨骼和软体动物堆积或固着在骨架上。固着在骨架上的生物有钙质绿藻（仙掌藻）、柳珊瑚以及某些双壳类生物。自由生活在礁中的生物有腹足类、棘皮类、蛇尾类以及有孔虫。这些生物虽然不能构成坚固的骨架，但它们可以提供礁中的沉积物来源。此外，生物礁中还生存有一些钻孔生物、某些双壳类、海绵、蠕虫以及藻类等。

上述生物礁群落中的不同类型生物按海水深度、光线、波能、淤积的条件呈带状分布，同一类生物的不同属种，也有不同分布范围（图26-5）。这种生物类别的变化在加勒比海巴巴多斯的更新世和现代礁中是很清楚的，特别是在礁前水深5~15m环境，生物分异度高。

造礁生物的形态与其生长环境有着密切关系，尤其是其外形和礁生长处的波浪、水流作

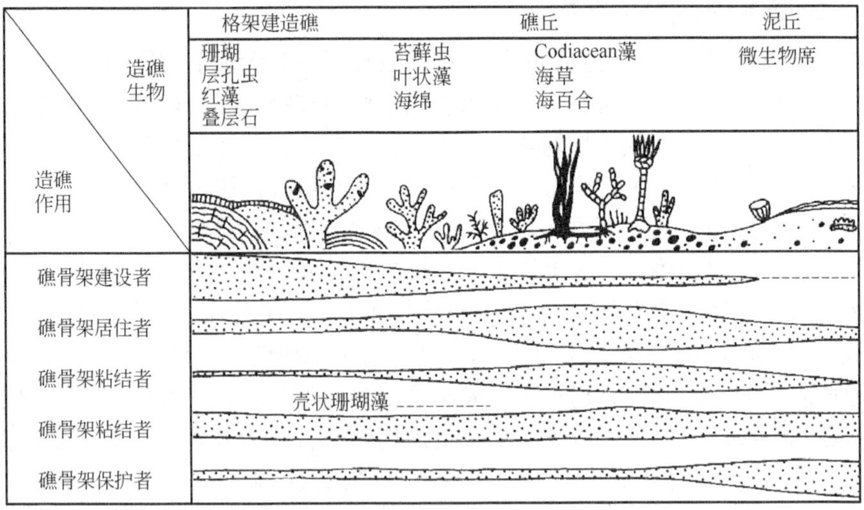

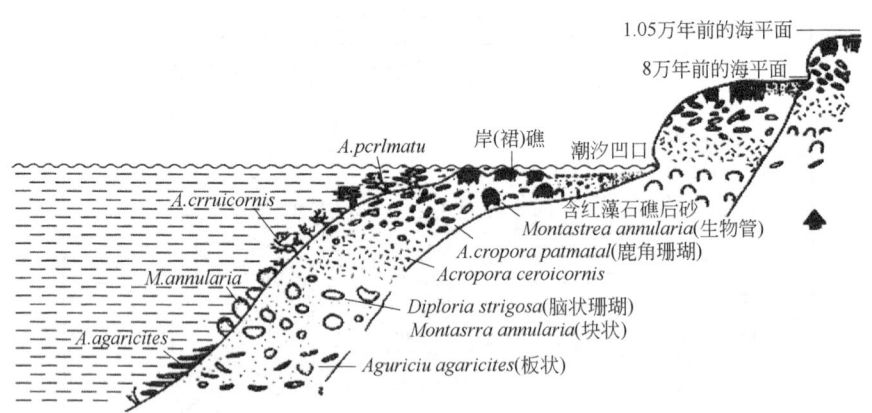

图 26-4 常见生物礁类型和有机体造礁作用（据 Tucker 和 Wright, 1990, 有修改）

图 26-5 加勒比海巴巴多斯西海岸更新世多种珊瑚分布的裙礁剖面图（据 T. P. Scoffin, 1986）

用能量之间的消长关系，可以作为现今判断古代礁沉积相的重要依据。根据对岩石记录中的生物与周围沉积物之间的相互关系，结合对现代珊瑚和热带礁分布的研究，可以作出关于生物外形与环境之间的特有对应关系（表 26-1）。

表 26-1 造礁生物的生长形状及其最常出现的环境类型（据 James, 1978）

生长形状	环境	
	波浪能量	沉积速率
纤细的分枝状	低	高
薄层、易碎的平板状	低	低
球状、球茎状、柱状	中等	高
坚硬的树枝状	中等—高	中等
半球状、穹窿状、不规则的块状	中等—高	低
结壳状	中等—强烈	低
薄板状	中等	低

生物礁是生物和环境相互作用的产物。伴随生物礁的生长发育，生物在其中起着决定性作用。例如，生物可以直接为礁体建造提供骨骼物质，也可以固定胶结其他生物化石；可以改变礁体中生物生活条件，促进礁的生长，又可促使碳酸盐物质发生生物化学沉淀，对海洋礁体的生长起到积极的作用；而同时生物又对正在建造中的礁体进行锉刮、钻孔、啃食等，破坏礁体的生长，起到消极的作用。

概括起来，生物有5种作用形式：

（1）骨架式。造架生物（如珊瑚等）死亡后仍保留其生态条件，作为礁体拓展的基本格架。这种生物作用在礁体中起着重要的建设作用。

（2）障积式。如海底的海藻，当海流经过时，生物可阻碍海流中的泥晶物质发生沉积作用而沉淀成岩。

（3）粘结式，如层孔虫，能把海底生物碎屑覆盖起来快速粘结成岩，起到粘结加固的建设作用，以抵抗波浪的强烈破坏。

（4）附着式。藻类等可以附着在骨架生物上造成结壳，起到加固作用。

（5）胶结式。藻类生长在洞穴或孔隙内，产生胶结作用，同时起到加固作用，有许多碳酸盐颗粒都是被海藻胶结成岩的。

大部分生物礁都是上述几种生物作用结合起来形成的，很少是某种单独的作用形成生物礁，进而造成礁类型和内部结构差异。

（三）生物礁形成演化过程

同自然界的其他事物一样，礁也有它的发生、发展和消亡的过程。在海侵过程中海平面上升的幅度太快，海水变深，或海退过程中海平面下降得太快，海水变浅，盐度增加，以及其他因素等，都会中止生物礁的发育。应当怎样来了解礁的发育过程和它们的地质背景呢？礁的沉积物特征、礁的微相以及造礁生物群落的演替现象是揭示礁发育过程的重要途径。

生物礁是造礁生物和沉积物的镶嵌体，但是生物起着主导作用，这类生物必须具有骨架。例如珊瑚，在适宜的环境中向上生长，并会受到大群锉刮动物、钻孔动物的不断破坏，另一些生长迅速而生命较短的、附着的钙质底栖生物造成了丰富的沉积物，这是一个自然而微妙的平衡（图26-6）。

图26-6　生物礁、生物和沉积物的镶嵌体示意图（据James，1978）

许多古代生物礁的研究表明，生物群落存在着生态演替，即随着礁的生长，一种造礁生物群落可被另一种造礁生物群落替代。Walker和Aberstate（1975）关于全球生物礁分布研究表明，不仅古生代和中生代，而且在现代均存在着上述生物群落演替。

在大多数情况下，能够辨出生物礁生长的4个独立阶段。每个阶段在石灰岩类型、造礁生物的多样性及其形状等方面均具有各自特点（图26-7）。

演化剖面	阶段	石灰岩的类型	造礁生物的多样性	造礁生物的形状
	统殖	粘结灰岩到格架灰岩	低到中	层状、结壳状
	泛殖	格架灰岩(包粘灰岩)泥状灰岩到泥状灰岩基质	高	穹状 块状 层状 分枝状 结壳状
	拓殖	具有泥状灰岩到粒泥状灰岩基质的滞积灰岩到泥灰岩(包粘灰岩)	低	分枝状、层状、结壳状
	定殖	粒状灰岩到碎块灰岩(泥粒状灰岩到粒泥状灰岩)	低	骨骼碎屑

图 26-7 生物礁生长演化阶段模型（据 James，1978）

（1）定殖阶段：在古生界和中生界，最常见的是由有柄亚门或棘皮动物碎片（古生代为海百合，新生代为绿藻的碎片）以及鲕粒、碳酸盐内碎屑组成的一系列浅滩或骨骼灰质砂的堆积体。这些沉积物的表面繁殖着藻类（钙质绿藻）、海草或者动物（有柄亚门），它们围着底层，使碳酸盐碎屑颗粒联结和固定下来，随后星星散散的枝状藻类、苔藓虫、珊瑚虫、软的海绵和其他后生生物就开始在定殖的生物之间生长繁衍起来，形成具有一定正向地貌形态的礁底座。

（2）拓殖阶段：这个单元同整个礁的构造相比，厚度比较薄，反映造礁后生生物的初期繁殖。此阶段通常以生物种属少、多样性低为特征，多以适宜较低能环境的、呈丛状枝形生态特征的生物为主，期间生活有藻类和结壳生物。上述生物有利于灰泥和灰砂的降积作用，形成泥灰岩和泥粒混合的石灰岩，具有层状、分枝状和结壳状构造。该时期生长的珊瑚能够摆脱沉积物而洗净珊瑚虫呈枝状生长，构成了第一阶段的礁生态系统。

（3）泛殖阶段：这个阶段是形成生物礁主体的时期，也是礁体向上生长速度最显著的时期，造礁生物种属多样、呈多种多样的生长习性。该阶段水动力能量强，随着生物形态的增多，以及形成格架的和起粘结作用的种属数目的扩大，栖居空间（即表面洞穴等）也相应增多，导致产生碎屑的生物的多样化。造礁生物形成的格架灰岩（含粘结灰岩）具有穹状、块状、层状、分枝状和结壳状构造。

（4）统殖阶段：受沉积环境和生物生长状态的影响，礁体生长至这个阶段常发生突然变化，生物多样性降低。造礁生物多以具有一种生长习性的（一般是页片状的结壳到纹层状的）少数几个种属的生物占统治地位。主要岩性为格架灰岩和粘结灰岩，具有层状和结壳状构造，形成礁顶。大多数礁受拍岸浪的破坏，形成礁坪碎块灰岩层。

上述 4 个生物礁演化阶段反映了生物礁一期完整的生长发育演化旋回（图 26-7）。在显生宙由于造礁生物种属演化、多样性特征、生长习性和造礁环境的变化（表 26-1），难以出现上述 4 个完整的生物礁演化阶段。主要原因是生物礁生长环境变化（海平面升降和沉积水动力变化），会造成生物群落发生生态演替，从而改变了生物礁演化的动力机制。

在古代岩石中，除了常见多期生物礁生长叠置外，还可见一个完整生物礁演化前期阶段的生物碎屑堆积，形成具有正向地貌形态的、缺少抗浪格架的礁丘。礁丘主要呈由生物成因的碎屑被多种有机体捕获和粘结形成的扁平透镜体或圆锥形丘，主要由分选较差的生物碎屑和灰质软泥以及生物粘结灰岩组成，形成环境水动力较弱，主要发育在潟湖、开阔陆棚和深水盆地中。礁丘发育演化经历三个阶段，前两个阶段类同于生物礁演化的定殖和拓殖阶段，第三个阶段是由结壳或纹层状生物构成薄层礁丘帽。

三、生物礁形成的控制因素

生物礁就是通过骨骼生物的生长、沉积物的充填、结壳生物的粘结等不断增生而成的、具有正向地貌特征的碳酸盐建隆。

生物礁形成、发展、消亡以及最终形态和内部构造受不同条件控制，主要控制因素包括生物控制作用、沉积环境控制作用、地形控制作用和海平面升降控制作用等控制因素的综合作用。

（一）生物控制作用

生物群落是控制礁生长发育的重要控制因素，也是成礁的关键性要素。造礁生物能分泌大而茁壮的各种生态骨骼（分枝状、半球状或板状），这些具有骨骼的生物在显生宙期间具有一定的分布规律。有些生物群落虽不具有骨骼，但它可以分泌黏液助力形成生物礁等碳酸盐岩建造。

生物礁生长发育和形成类型主要受控于造礁生物潜能。大部分生物礁内的沉积物是由分节（海百合、钙质绿藻）或不分节（瓣鳃类、腕足类、有孔虫等）生物死亡后解体而构成的。其余的沉积物则是由侵蚀礁的各种生物产生的：钻孔动物（蠕虫、海绵、瓣鳃类）产生灰质软泥；啃食礁的表层的锉刮动物（海胆、鱼等）产生大量灰质砂和粉砂。

一般没有单一生物形成的生物礁。在生长条件适宜，即当食物供应充足、化学和物理条件最有利时，随着造礁群落的演替，便会出现多样的生物类群和生长形式。

营养物质多少也影响生物礁的生长发育。比如现代生物礁与六射珊瑚共生的虫黄藻适应营养物质供给较少的沉积环境。营养过剩会减少或阻碍造礁生物生长；过多的营养物质（磷酸盐、硝酸盐）浓度会激励浮游生物的生长，浮游生物过多生长会降低水体的透光性，进而阻碍造礁珊瑚和钙质藻类的生长。另外，营养物质过剩会刺激非钙质藻类以及其他有机体的生长，将会增加生物竞争和侵蚀作用，降低生物礁的生长。海平面升降、气候变化和风向、构造活动将会影响营养物质的供给。

（二）沉积环境控制作用

礁主要分布于南北纬32°之间，少量的珊瑚藻礁分布于北纬50°附近。由此可见，礁的形成需要温暖的条件。除此之外，生物生长需要清洁的水域，以免有碎屑物质使生物窒息；还需要有机物质和$CaCO_3$的供给，保证生物的造架作用。各种不同的生物生存的环境各有不同。例如珊瑚礁生长于水下，而蛇螺礁则主要生长在潮间带。不同的生物需要的盐度也各有不同。如珊瑚生长的海水盐度为20‰~40‰，红藻可在广泛盐度变化的环境中（18‰~54‰）生存，牡蛎则生存于微咸水环境中（10‰），在河口中最发育。

现代大型礁的生长主要依赖六射珊瑚和壳状珊瑚藻。与造礁六射珊瑚共生的虫黄藻生长受光合作用限制，生长环境要求光照好、水浅（小于100m，主要小于20m）、水暖（最佳水温25~29℃）、水咸（最佳盐度3.6%）、水清、水动荡（循环良好）。显然，影响现代造礁群落和化石造礁群落的因素有：水体温度和盐度、水体动荡程度和强度、水体透光性、物源供给以及基底沉降与生物礁发育的均衡关系等。

不同类型的生物礁分布于不同的沉积环境，以最常见的岸礁、点礁、堡礁、宝塔礁、丘礁为例，其中岸礁分布于各种海岸带，点礁常分布于堡礁之后的潟湖中，堡礁分布于大陆架边缘地带，宝塔礁和丘礁分布于斜坡地带。

（三）地形控制作用

生物礁的生长发育明显受地形/地貌的影响，礁容易在地形相对高部位发育，特别是先成相对高部位地形有利于造礁生物生长发育，因为浅水环境更利于造礁生物（珊瑚）生长。

先成相对高部位地形包括早期礁滩、喀斯特地貌、侵蚀阶地、火山地貌以及硅质碎屑浅滩等。随着海平面上升，早期暴露地表的碳酸盐台地礁滩、喀斯特地貌、海岸区域侵蚀阶地、火山喷发和断层活动形成的地垒等正向地貌单元均有利于造礁生物生长以及有助于礁丘发育的海草集群生长。

不同类别的生物礁发育位置和形态往往受到海底地貌的控制。比如，岸礁和环礁严格地受海底地貌和海岸带地貌特点的控制。例如我国南海的岸礁，其形态和分布特点均受海岸带坡度和海岸地形的制约。海南岛的珊瑚岸礁，根据地貌可分为平直海岸岸礁、弯曲海岸岸礁等。又如环礁的形成、发育、形态和规模往往受海底火山、地垒、海山控制。

（四）海平面升降控制作用

生物礁主要发育在浅水环境并受水深控制。造礁生物生存在一定的海水深度，既不能露出水面，也不能生存于较深的水中。因此，造礁生物只能在光合作用带繁殖。上述属性使得生物礁生长对相对海平面升降变化非常敏感，特别是海平面升降变化速率、幅度与生物礁生长之间具一定平衡关系。

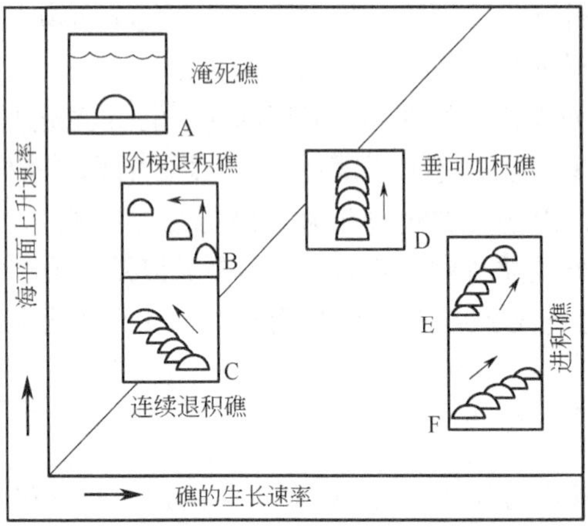

如果海平面快速上升，海平面上升并且上升速率明显大于生物礁生长速率，沉积水体加深、珊瑚生长速率降低、营养物质供给发生变化，生物礁生长环境发生变化，浅水生物群落减少，因无适宜生存能力而会被淹死（图26-8A）。如果海平面缓慢地上升，生物礁基本上向上生长或者向海岸方向逐渐推进，形成连续退积礁和阶梯退积礁（图26-8B、C），其中阶梯退积礁较常见，澳大利亚西部Canning盆地泥盆系生物礁复合体形成发育与海平面升降变化具有良好对应关系（图26-9）。如果海平面上升速率约等于生物礁生长速率，可出现连续向上生长的加积礁（并进沉积），如果海平面上升速率

图26-8 海平面升降变化及其生物礁沉积响应
（据Tucker，1990）

远大于生物礁生长速率，则可出现向上规模变小、追补沉积（图26-8D）。如果海平面上升速率稍低于生物礁生长速率，生物礁会发生侧向生长。

当海平面保持稳定，生物礁常会发生侧向生长并沿斜坡向海推进。

如果海平面快速下降或明显下降，致使生物礁出露海面，造礁生物珊瑚停止生长，发生表生淋滤作用或白云石化作用。如果海平面缓慢地下降，就会造成礁向海和向下移动，形成退覆的连续礁复合体（图26-8）。

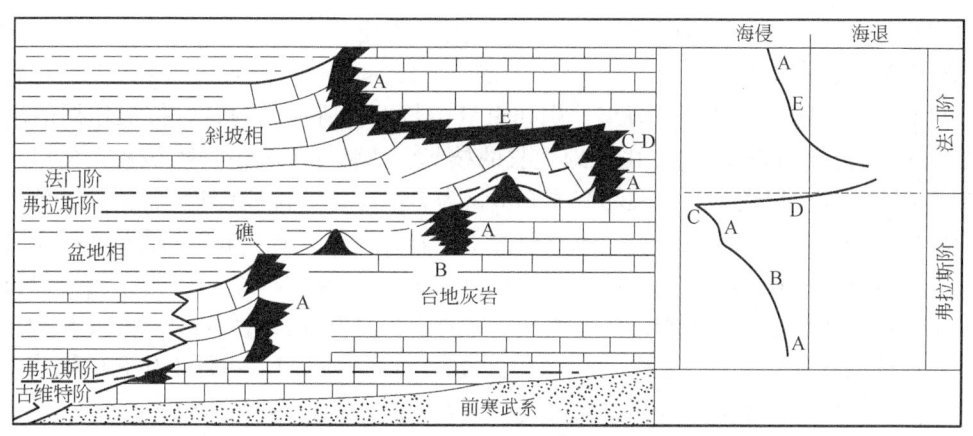

图 26-9 澳大利亚西部 Canning 盆地泥盆系生物礁复合体发育与海平面升降变化关系

（五）构造活动控制作用

构造活动对礁的控制意义与海平面的变化同等重要。生物礁的形成基本上是受构造大陆架的控制，这里的沉积作用是在浅水、缺少陆源碎屑的环境中进行的。在这个广阔的陆架环境中，多种礁类型发育与构造活动相关（图 26-10）。断层活动控制着礁的发育，多组断层活动形成地垒，在其顶部形成随断层活动发生位移的礁体。大陆架的边缘可能是断层，礁在断层悬崖的顶部建造形成堡礁或点礁；大陆架构造活动形成背斜，在其顶部沉积形成礁体，如英国早石炭世博伍伦德槽的克里锡罗礁；大陆架海底火山喷发，在熔岩锥上形成生物礁（环礁），如墨西哥塔菲拉勒盆地泥盆系生物礁；第四种礁是在广大范围中无规律分布的点礁，如加拿大地盾边缘上的志留纪点礁。

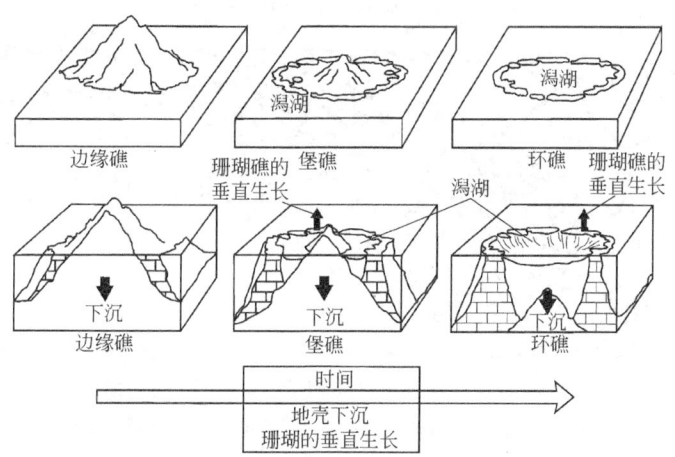

图 26-10 构造基底沉降与珊瑚礁的发育序列

局部构造也同样影响礁的生长。例如海底的突起，在适宜条件下就可以成礁。特别是大陆架脊，更利于礁的生长，例如墨西哥湾坎佩切滩即是发育于大陆架脊上。

第二节 生物礁相和礁复合体沉积模式

礁建造的典型特征，就是各类岩石和化石群落在礁块中规律分布，从而造成生物礁体岩相上的明显分带性，为生物礁的相带划分和模式建立奠定了基本轮廓。

生物礁常见岩石类型有：(1) 骨架岩 (skeletal limestone)，由块状、半球状、球状、枝状、板状等造架生物，如珊瑚、海绵、层孔虫等生长发育所形成的具有抗浪作用的岩石类型。(2) 障积岩 (bafflestone)，由原地生长的枝状、丛状等障积生物障积灰泥而成。障积生物含量可多可少，以发育的骨架间灰泥充填物为典型特征（障积结构），例如苔藓虫障积岩、叶状藻障积岩等。障积岩是组成障积礁的主要岩石类型，也可出现在骨架礁的下部和翼部。(3) 粘结岩 (boundstone) 和绑结岩 (bindstone)，由粘结—结壳生物粘结、包覆或捆绑造架生物以及各种附礁生物和碎屑所组成的礁灰岩，以发育粘结结构或绑结结构为典型特征，是组成礁核的重要岩石类型之一。(4) 盖覆岩 (coverstone)，由原地生长的板状或层纹状生物覆盖破碎的骨骼或其他碎屑并使之稳固而形成的岩石。多产于礁基、礁坪、礁盖和礁前斜坡。

礁复合体或礁组合是生物礁的不同相的总称。凡是与礁发育有关的相都应概括在礁复合体中。这样，礁后潟湖、礁前斜坡以及塌积岩也都被包括在礁复合体中（图 26-11，表 26-2）。因为这些环境的产生都与礁的形成发育相关，并且其沉积物的主要来源也是礁。

生物礁复合体各相带的沉积特征分述如下。

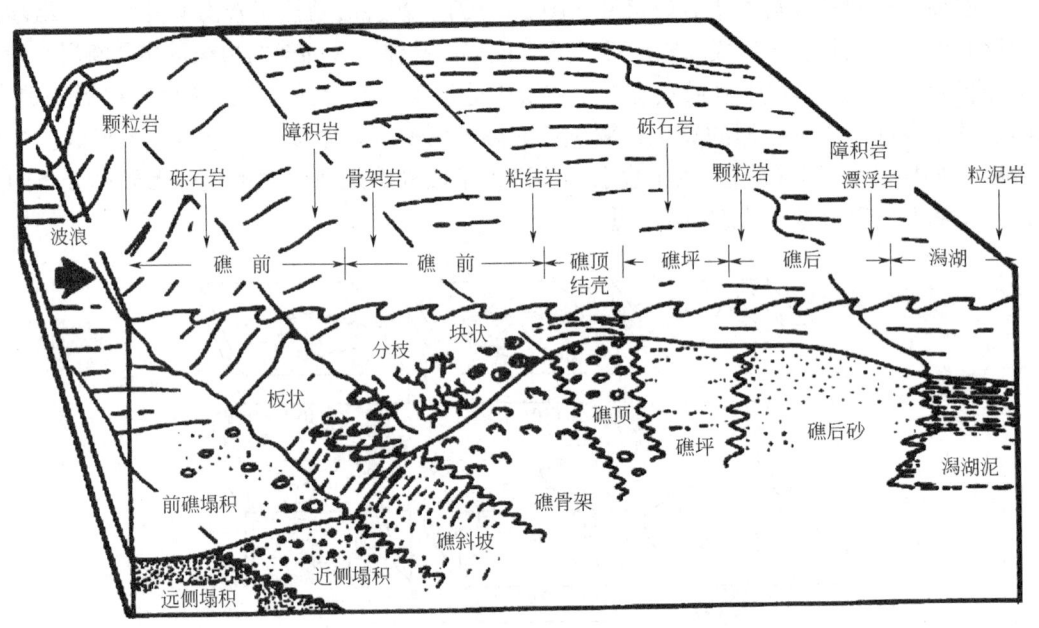

图 26-11 生物礁复合体相带名称和分布示意图
（据 James，1979；Longman，1981；Scoffin，1986；何起祥等，1986，有修改）

表 26-2 现代生物礁复合体相的特征（据何起样等，1986，有修改）

相	沉积作用和生物控制	保存的生物类型	颗粒大小	分选性	骨架含量,%	深度 m	主要岩石类型
礁骨架	水循环好，波浪能量强	丰富的珊瑚、藻、软体动物、棘皮、有孔虫	骨架和砂	差，洞穴中有泥	28~80	1~30	粘结岩
礁顶	波浪能量低，持续扰动，水循环好	抗浪的珊瑚和藻	很粗	中—好	0~80	0~2	颗粒岩（少量粘结岩）

续表

相	沉积作用和生物控制	保存的生物类型	颗粒大小	分选性	骨架含量,%	深度 m	主要岩石类型
礁坪	零星风暴,水循环好,分离出现	指状珊瑚、红藻、绿藻、大的底栖有孔虫和大的珊瑚	粗—很粗	中	0~10	1~3	颗粒岩、有少量珊瑚
礁后砂	有零星的风暴和流水横过礁,含盐性,重力滑动	仙掌藻,小粟虫、少量红藻和指状珊瑚	粗	中—好	0	1~10	颗粒岩
潟湖	低能,生物浅穴发育,零星的流水和扰动	软体动物,棘皮小粟虫,有孔虫和介形虫	泥,但混有粗骨架碎屑	差	0	5~30	颗粒泥质岩
礁斜坡	光线受限制,有零星扰动,碎屑的重力搬运作用	软珊瑚、扁平状板状珊瑚,海绵	混合的	差	5~40	20~50	泥质颗粒岩、粘结岩
近侧塌积岩	零星扰动,重力搬运,缺少光线,不稳定—稳定	仅有少量的活着的生物	中—粗	差—好	0	40~100	颗粒岩、泥质颗粒岩
远侧塌积岩	静水,无光线,沉积物重力滑动	浮游有孔虫	细	中—好	0	100~200	泥质颗粒岩

一、礁骨架相

礁骨架相位于礁的前缘（礁前），是波浪和水流强烈扰动的浅水环境。温暖的气候、富含营养的水流、充足的阳光以及良好的水体循环条件，都适合于骨架生物生长，是造礁生物繁衍最旺盛的地方，生长水深可达数十米。如果拓殖的生物是钙质生物，那么生物的大量繁殖就可以造成生物骨架的发育和礁复合体的形成。但是，由于生物的侵蚀作用以及波浪、潮汐和流水的作用，常常使这些碳酸盐骨架遭到一定程度的破坏。一些破碎的原生骨架碎屑可从礁骨架搬运到礁后区，或者在重力作用下堆积在礁前。这样，当骨架生长时，一方面有原生骨架保存下来，另一方面骨架间和骨架内的原生孔隙中也可以堆积大量的骨骼碎屑。一些研究者认为，在成熟的礁中，这种礁骨架碎屑总是在体积上比骨架自身的体积要大得多（Ladd，1971）。

从现代礁的观察可以知道，在礁骨架相中有50%~100%的地方被骨架所覆盖。但是，当这些广泛延伸的原生骨架形成至埋藏后这段时间内，它们要受到不同程度的物理作用（波浪、潮汐和水流）、生物作用（主要是钻孔）以及成岩作用（主要是泥晶化作用）的影响，使这些原生骨架遭受不同程应的破坏。所以，礁骨架一般只有30%被保存下来（Longman，1981），还有一些研究者认为连10%都不到（Land，Moore，1977；Friedman，1978）。海南岛和西沙群岛的珊瑚礁也有类似的现象，原生骨架由于受波浪、潮汐以及生物钻孔作用而受到不同程度的破坏。

二、礁顶相

礁顶相通常出现在生物礁复合体的顶部，临近海平面，水深几米。它可存在两个完全不同的沉积类型：

（1）礁顶是由活着的珊瑚骨架组成，为扁平的板状珊瑚，低能区则由指状珊瑚组成。珊瑚呈扁平状，可能是生存竞争的结果。因为在礁顶接近水面时，水体比较浅，只有呈扁平形状的珊瑚才能有效地利用可容空间生长，不至于在低潮时周期性暴露在水上恶劣环境被扼杀。

（2）礁顶由珊瑚藻（部分有孔虫、腹足类）结壳珊瑚砾块和红藻石（rhodolites）组成纹层状、结壳状礁岩。周期性暴露会杀死活着的珊瑚，故礁顶变成一个次生礁脊。受波浪活动影响，珊瑚碎屑的粒度为砂到巨大的漂砾，漂砾是由风暴从礁骨架上撕裂下来的。停滞在礁顶上的珊瑚砾块通常要受到生物的钻孔作用，与此同时，还要受到藻、蠕虫、有孔虫以及其他生物的结壳。所以，强烈的早期胶结作用和生物侵蚀作用是礁顶相典型特征。许多生物可以长在珊瑚的砾块下或砾块之间，这些生物的分异度比较低，活着的珊瑚非常少，但海星、某些有孔虫以及藻类仍然比较繁盛。

在西沙群岛，一般礁复合体无活着的礁顶存在（何起祥等，1986），实际上都是一些次生礁顶，它与太平洋中大量发育的次生礁顶类似。

三、礁坪相

礁坪相是礁复合体中最宽的一个相带。该地区地形平坦，沉积水体较浅，为几米。在特大低潮时，部分地区可以露出水面。礁坪相出现在礁顶相和礁后砂相之间的地带，该环境的特征是除了零星散布的块状珊瑚和指状珊瑚外，更多的是珊瑚碎片以及分散的海草。与礁骨架相和礁顶相相比，礁坪相的波浪和水流能量较低，水体循环受到限制，这就在一定程度上限制了生物的分异度和那些营滤食方式生活的生物的繁殖。但局部地区珊瑚较丰富，可以形成斑礁。礁坪环境阳光充足，可促进包括绿藻（仙掌藻）、分枝状和节片状的红藻以及许多非钙质藻等生物的生长。海藻和海藻层的发育为各种有孔虫、潜穴生物，特别是软体动物提供了一个良好的栖息场所。海参、甲壳类、鱼以及啃食动物也很普遍，还可见球粒与海草一起共生。

礁坪宽度的变化取决于先前的地貌、礁体发育的时间、礁前缘的波能、陆源物质的注入量以及其他因素。世界各地礁坪其宽度多为几米至几千米。比如，西沙群岛的礁坪宽度一般都在100m以上，最宽的可达1~2km。

礁坪上的沉积物分选中等，颗粒呈棱角状到次圆状。它们多由珊瑚碎屑、红藻、软体动物、棘皮类以及有孔虫组成，形成礁砾石滩。礁砾石滩多由砾屑灰岩组成，许多碎屑被壳状珊瑚藻包裹，紧邻礁顶向陆一侧分布，沉积水深几米，宽度几米至几百米。

礁坪上有时也可以有大的珊瑚岩块和生长状态的块状珊瑚，通常它们都有被生物钻孔的痕迹和早期胶结作用。

四、礁后砂相

礁后砂相位于礁坪向陆一侧，或位于礁坪礁砾石滩向陆一侧，主要岩性为颗粒灰岩，并逐渐过渡为礁后泥质含量更高的潟湖沉积。现代珊瑚礁内，礁后砂的主要成分是珊瑚和钙藻碎片，但也常常见到棘皮类、软体动物和有孔虫的碎片，沉积物分选中等到较好，灰泥很少。

由于来自广海的波浪横过礁顶、礁坪，沉积能量和营养物质供给大为降低，以致使固着的营滤食方式生活的珊瑚不能正常繁殖。该处沉积水深一般为1~5m，最深可达10m，有时其部分地区可以暴露在水面之上成为小岛。间歇性的风暴能把礁骨架破碎的物质从礁复合体的向海地带搬运到礁后环境中，同该处生长的生物，如软体动物、藻（主要是仙掌藻）以及有孔虫等混在一起。

礁后砂相沉积宽度数十米至数百米，但当海平面长期稳定时，宽度可达几千米；礁后砂相平行礁复合体走向可延伸几十至几百千米。

五、潟湖相

潟湖是指环礁内或礁复合体向陆一侧、受保护的一个静水低能环境。需要注意的是，并不是礁复合体向陆一侧均有潟湖发育，如果礁体不是连续的，就会形成更加开放的、水体循环较好的陆棚或者海湾。

潟湖规模变化较大。从环礁内部相对较小的区域到大型堡礁向陆一侧较大区域均可形成潟湖。潟湖沉积水深只有几米（太平洋环礁潟湖水深可超过70m），波浪的能量比较低，水的循环受到限制，沉积物一般为碳酸盐泥和细粒的碳酸盐砂，分选差。钙质藻类形成的碳酸盐砂泥是潟湖沉积的主要部分。除了来自礁骨架的极细粒的生物碎屑外，主要的生物碎屑是软体动物、有孔虫以及仙掌藻，缺少广海生物。海草和藻类可能对碳酸盐泥滩（礁丘）形成有贡献。还有许多生物进行着广泛的掘穴活动，如棘皮类、甲壳类以及软体动物。

礁后潟湖一个重要特征是发育点礁，比如澳洲大堡礁礁后潟湖点礁直径可达数千米。在西沙群岛，潟湖沉积主要是砂屑和泥屑，但也有少量的点礁。潟湖的周围，藻席比较发育。

六、礁斜坡相

礁斜坡相处于礁复合体的礁骨架相的向海一边，前方为深水盆地。通常礁斜坡相都有一个较陡的斜坡，其倾角一般为50°~90°。在礁斜坡上，只有零星的珊瑚生长，当有海水扰动时，有八射珊瑚（Alcyonarians）发育。该环境沉积水深通常为几十米，波浪能量相对比较低，阳光不太充足。这种环境最适合于快速生长的软珊瑚的发育，但不利于石珊瑚的生长。该相中还有仙掌藻、海绵以及硬海绵生长，这些生物死亡后和沉积物一起堆积下来。

礁斜坡相的沉积物主要来自礁复合体的浅水部分，它们受波浪作用破坏后通过重力作用、漂移和沉降进入到该环境中。这些被波浪打碎的礁骨架粗粒沉积物分选中等到差，都遭受不同程度的磨蚀作用和生物钻孔作用，并与原地形成的细粒沉积物混合沉积。斜坡沉积物的另一个特征是呈透镜状，下部比上部沉积厚度更大。

在一些斜坡相中，特别是在有礁壁存在的地方，出现硬海绵（Sclerospongea）。

西沙群岛礁复合体的斜坡相，其斜坡坡度较大，有时甚至直立，坡面坎坷不平，有时可见到冲刷、溶蚀构造。风暴破坏礁骨架带来的碎屑物质一部分被抛到礁坪上，另一部分顺着礁斜坡滑落，细小的碎屑可被带到斜坡的下部。

古代岩石中鉴别礁斜坡相的主要标志是生长的珊瑚呈板状形态，具有礁灰岩岩块的沉积角砾楔状体，其近侧出现塌积岩。

七、近侧塌积岩相

近侧塌积岩的环境是指礁斜坡之下的那个地带，其特征是含有大量的、来自礁复合体的碎屑和少量活着的钙质生物，水深变化很大，为数十米至数百米。由于它的深度比较大，所以在该环境中波浪能量低，光线微弱，其沉积物主要是通过重力作用沉积的。一般情况下水体处于静止状态,只有沉积物降落时,才产生局部的流动。

礁的塌积物来自受波浪破坏的礁复合体。礁岩碎块有时很大,其粒径可达几米以上。此外还有一些仙掌藻、红藻以及其他各种不同的生物成因的颗粒。岩石类型从泥岩到颗粒岩都有,但以骨骼泥质颗粒岩为主。在一些地区,一些陆源物质也可以混入到塌积岩中。

横向上连续性比较好的层状构造和零星的生物潜穴构造是近侧塌积岩相中常见的沉积构造。层的厚度从几厘米到几米,通常它们被页岩所分隔。塌积岩中这种层状构造的存在是区别礁骨架相和礁后相的重要标志。

八、远侧塌积岩相

远侧塌积岩相位于塌积岩相的下斜坡。该地区沉积水深数百米,沉积物粒度较细,含大量的浮游生物,主要是浮游生物和来自礁复合体的细粒碎屑物质的混合。远侧塌积岩和近侧塌积岩之间是渐变的。当来自礁复合体的碎屑物质逐渐消失后,远侧塌积岩的塌积物就逐渐过渡为深水盆地相的沉积物。

第三节 生物礁的分布规律及与油气关系

一、世界生物礁分布规律

James Hutton 和 Charles Lyell 在 19 世纪后期提出的均变说和将今论古、古今对比的理论原则一直在指导古代沉积学研究。但是近年来碳酸盐岩沉积学研究发现,上述原则只适用一般情况的碳酸盐岩沉积研究,而不适用所有碳酸盐岩沉积研究。因生物种属进化和消亡、海平面相对较低、不存在陆表海,使得显生宙碳酸盐岩沉积相仅仅发育于每个特殊阶段,海相碳酸盐沉积物的矿物成分也随地质年代变化。

前述表明,生物礁发育受控于生物作用、海平面升降、构造作用、地貌特征和气候变化等多种地质因素及其耦合作用。大地构造作用控制了碳酸盐台地类型,海平面升降控制了碳酸盐岩发育,海平面高位时期奥陶纪和白垩纪是碳酸盐岩沉积发育阶段。

现代陆棚边缘礁主要由六射珊瑚格架构成,被壳状珊瑚藻类结壳和粘结。古代生物礁内部结构和构造变化很大,这取决于生物类型和作用。某些生物(如珊瑚、有孔虫)可形成坚硬的、块状和枝状骨架;而有些生物(如海草、海藻)通过捕获和绑结沉积物形成骨架。在地质历史时期能够形成规模较大、坚硬的、树枝状和块状骨架的生物并不是连续生长发育的(图 26-3),主要有 7 个造礁生物生长发育、形成生物礁的阶段(图 26-12):(1)中—上奥陶统苔藓虫—层孔虫—板状珊瑚礁;(2)侏罗系—泥盆系层孔虫—珊瑚礁;(3)上二叠统海绵—钙质造礁;(4)上三叠统珊瑚—层孔虫礁;(5)上侏罗统六射珊瑚—层孔虫礁;(6)上白垩统厚壳蛤—珊瑚—双壳类礁;(7)新生界六射珊瑚—红藻礁。上述生物礁均可利用礁复合体岩相类型来描述(图 26-11),当然要注意生物体在造礁过程中的行为和相互作用以及胶结作用。

礁在海域和湖域中分布很广泛,但其都是在一定地质背景条件下主要由生物作用形成的地质体,因此其分布具有一定的规律。显生宙期间在动物群组成、建造模式和沉积相类型等方面存在很大差异,构成两个生物礁发育旋回(图 26-13):第一个旋回持续时间相对较短,从寒武纪到泥盆纪约 240Ma,钙化藻类(丛生藻、吉尔文藻等)是寒武系礁丘的重要组分,

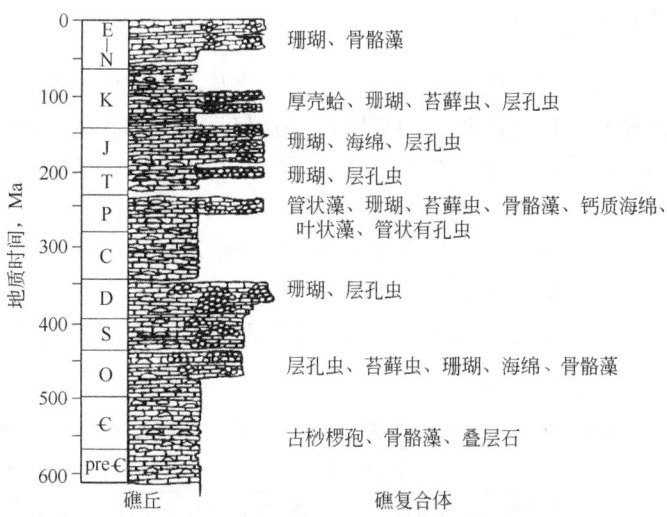

图 26-12　显生宙不同地质时代主要造礁生物及礁复合体（据 James，1983）

直到泥盆纪还出现在有海绵、珊瑚和层孔虫形成的礁复合体中；第二个旋回持续时间相对较长，从石炭纪到今约 340Ma，叶状藻和其他藻类（管状藻）有孔虫形成早期礁丘，之后又成为由海绵、珊瑚和层孔虫形成的晚期礁复合体的次要组成部分。每个旋回包含了由少量树枝状和包壳状造礁生物形成点礁的早期阶段、由个体较大的造礁生物形成礁复合体的晚期阶段。

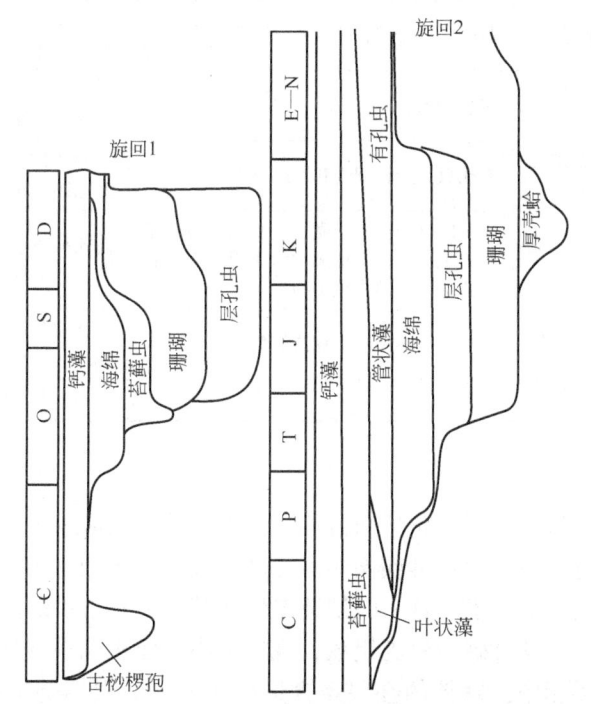

图 26-13　显生宙造礁生物分布及造礁旋回（据 James，1983）

白垩纪末期的灭绝事件使得六射珊瑚在新生代占据优势。古杯椤孢和厚壳蛤双壳类是两种独特的短期存在的造礁生物，分别发育在早寒武世和晚白垩世（图 26-13）。

二、中国生物礁分布特征

生物礁的发育受生物作用、构造作用、海平面变化及古地理环境控制。经过漫长生态系统变化的中国生物礁从震旦纪至新近纪均有发育，分布范围广，其中泥盆纪、二叠纪和新近纪时期礁体发育最盛，礁体不但数目众多，而且规模巨大，构成中国地史上3个主要造礁期（泥盆纪、二叠纪和新近纪）。不同地史时期造礁生物及其附礁生物的组合不同，形成的礁体具有不同的类型、规模和特征。需要强调的是，各个地质历史时期生物礁生态系统及其环境控制因素与现代珊瑚礁生态系统具有显著差异。

目前，所发现的生物礁遍及中国西北、西南及华北地区，在南海北部大陆架的中新统和华北的始新统中也有礁体分布（表26-3）。

表26-3 中国主要地质时代生物礁发育和分布特征（据刘春燕，2007，有修改）

地质时代	生物礁类型	造礁生物	分布地区
新近纪	格架礁和点礁	钙藻、六射珊瑚、苔藓虫和海绵以及枝管藻、龙介虫	中国南海北部、华北东部地区以及柴达木盆地（第三期重要造礁时期）
中侏罗世—早白垩世	点礁为主	海绵、层孔虫、六射珊瑚以及双壳类	西藏安多、羌塘盆地、措勤盆地
中晚三叠世	台地边缘点礁为主	层孔虫、红藻类、海绵及六射珊瑚	四川、贵州、广西、西藏羌塘盆地
二叠纪	台地边缘规模大的格架礁	海绵、苔藓虫、床板珊瑚、软体动物和藻类等	浙江桐庐、赣西北、湘南、四川、贵州、广西和昆仑山等广大地区（第二期重要造礁时期）
石炭纪	少量生物礁丘	苔藓虫、珊瑚和叶状藻、管孔藻等藻类	中国南方、华北东部、陕西秦岭地区，不太发育
泥盆纪	台地边缘规模大的格架礁	四射珊瑚、通孔珊瑚、层孔虫	陕西、四川、湘西、滇、黔、桂等地区（第一期重要造礁时期）
早志留世	陆棚边缘点礁和生物丘藻类	层孔虫、床板珊瑚和苔藓虫	川西北广元—陕西宁强、川东南—黔北地区、江西
奥陶纪	台地边缘格架礁和点礁	晚奥陶世为床板珊瑚、层孔虫、苔藓虫和藻类；早、中奥陶世为海绵、瓶筐石和藻类以及钙质微生物	湖北松滋、湘西北、浙西—赣东、陕西、塔里木地区
早寒武世	台地边缘层状礁和点礁	古杯类、钙藻、蓝绿藻等藻类	湖北宜昌、黔北、云南、川西—陕南地区
晚震旦世	叠层石	藻类	浙西、黔北地区

（一）震旦纪

我国分布广泛的震旦纪地层，包括南方的灯影组、北方的雾迷山组、塔里木盆地的奇格布拉格组都有藻礁发育，被称为点礁或藻滩。晚震旦世气候温和、阳光充足、海水洁净，给生物发育提供了良好的生活环境，这一时期造礁生物基本上是单一的藻类，形成以藻类为主体的各种形态的叠层石。这种礁由藻类组成，规模较小，面积几平方米或几十平方米，常成群出现于台地边缘浅滩相中，礁核的叠层藻含量可达80%。根据叠层石类型和几何形态很容易辨别并推断水动力条件。

（二）寒武纪

已在四川广元、湘西渔塘、黔北遵义、湖北宜昌、云南镇雄早寒武世地层中分别发现补丁礁、堤礁。补丁礁（岸礁）基本上由网格古杯藻（Retecyathus）组成，规模较小，厚仅几米，叠覆成复合体。堤礁主要由灌木丛状表附藻和管状葛万藻以及间接参与造礁的各种蓝绿藻组成，附礁生物仅见少量三叶虫和介形虫。礁体宽数百米、长数千米、厚几十米。少数为早寒武世叠层石藻礁丘。

（三）奥陶纪

在下扬子区（包括钱塘区）、塔里木盆地巴楚—轮南地区、湖北松滋、湘西、陕西铜川、浙赣交界处已发现多处层孔虫珊瑚礁。至奥陶纪时，已少见寒武纪极盛的古杯类，继而出现海绵、床板珊瑚、层孔虫、苔藓虫和瓶筐石等新的生物门类，它们成为重要造礁生物；同时，腕足类、棘皮类、足类、腹足类、有孔虫和介形虫等附礁生物大量涌现。

礁体延伸长达十余千米，厚几十米，属于堤礁性质。

（四）志留纪

志留纪生物礁见于扬子地台北缘的陕西宁强、四川广元、城口以及江西等地区，主要由蜂巢珊瑚、床板珊瑚、层孔虫、苔藓虫、藻类组成点礁及礁丘，附礁生物有苔藓虫、腕足类、鹦鹉螺和海百合以及其他生物。礁基为生屑滩或瘤状灰岩，礁发育于泥质疙瘩状灰岩和生屑滩之上，礁的衰亡以淹死型为主。此外，在贵州黔中古隆起周围也有志留纪点礁分布，厚达50m左右。

（五）泥盆纪

泥盆纪是中国地质历史上第一个主要造礁兴旺期，此时床板珊瑚已被复体四射珊瑚所取代，层孔虫发育达到鼎盛时期，成为泥盆纪最重要的两大类造礁生物。泥盆纪生物礁发育普遍，礁丘类别多，礁体规模大且复杂，达到了生物礁发育的高峰期，在贵州、广西、四川、陕西、湖南、贵州、西藏等地均有发现。以贵州为例，生物礁主要分布于台地边缘相带，造礁生物主要为层孔虫和珊瑚，附礁生物有棘皮、苔藓虫、腕足、红藻等，生物含量达20%~90%。厚达数百米，延伸几千米。可十分清楚地划分出礁核相、礁前相、礁后相。生物礁的主要类型包括以下三类：

生物层礁：主要造礁生物为层孔虫和珊瑚。厚几米至数十米，宽几千米至数十千米。

台地边缘礁：造礁生物主要是六方珊瑚和板状层孔虫，附礁生物有海百合与腕足等。生物含量达60%~80%，厚度达百余米。

丘状礁：造礁生物以珊瑚、层孔虫为主。发育在台地海盆相带内，形成于隆起之上。

（六）石炭纪

石炭纪生物礁稀少，主要造礁生物特征不明显，主要造架生物是四射珊瑚与苔藓虫，附礁生物是海百合、腕足、有孔虫、介形虫、绿藻。目前，在南方已发现石炭纪点礁为苔藓虫珊瑚礁和叠层石藻礁，礁核厚达114m，分布直径达200m，发育于孤立的碳酸盐台地上；在华北东部也发现珊瑚礁；陕西秦岭三里峡的晚石炭世生物礁主要为有孔虫、藻类、腕足类和介形类等。

（七）二叠纪

二叠纪是中国生物礁发育的鼎盛期，礁体遍及西北、西南和东南广大地区。礁体和造礁生物特征明显，造礁生物主要为海绵，还有苔藓虫、水螅、床板珊瑚以及藻类等次要造礁生物，常见藻类和钙质海绵礁丘，部分为藻类、海绵、珊瑚及苔藓虫生物礁丘。

二叠纪造礁生物丰富，生物礁类型多样，分布广泛，礁主要类型有：

台地边缘生物礁：造架生物主要是钙质海绵，附礁生物有有孔虫、腹足类、腕足类、苔藓虫等，如川东、鄂西的二叠纪生物礁。

点礁：造礁生物以海绵为主，苔藓虫、水螅、珊瑚为次，如滇黔桂南盘江、川东地区的孤立碳酸盐台地上的生物礁或台地内的点礁。

（八）三叠纪

三叠纪的生物礁以中、晚三叠世为主，早三叠世生物礁稀少。中三叠世造礁期，古生代一度昌盛的层孔虫和床板珊瑚绝灭，发育丛状生长的红藻类、海绵及六射珊瑚造礁生物，常见的附礁生物有腕足类、棘皮类、瓣鳃类、介形虫、有孔虫和菊石等，主要分布在四川、贵州、广西和西藏等地区。

贵州三叠纪生物礁属堤礁（堡礁），形成于安尼锡克期和拉丁尼克期，造礁生物以红藻为主，附礁生物有腹足类、腕足类、有孔虫等，厚度达几百米。川西北龙门山前晚三叠世的生物礁属于点礁（补丁礁），造礁生物以海绵为主，附礁生物有腕足、棘皮、介形虫等。呈礁群分布，礁残留高度约25m，椭圆形，出露宽度约50m，礁间距100~500m不等。

西藏羌塘盆地晚三叠世造礁生物主要为珊瑚和藻类，中、晚侏罗世为珊瑚礁与海绵礁。

（九）侏罗纪—白垩纪

侏罗纪和白垩纪不发育生物礁。中、晚侏罗世生物礁仅见于西藏安多县东巧和羌塘盆地。西藏安多县东巧地区晚侏罗世生物礁造礁生物以层孔虫和六射珊瑚为主，其中，层孔虫可分为枝状、筒状和块状三种类型，它们多以原地生长状态保存。礁体类型可分为筒状—枝状层孔虫障积岩隆礁、枝状层孔虫障积岩隆礁、筒状层孔虫障积岩隆礁、筒状—块状层孔虫障积—骨架岩隆礁和筒状层孔虫—六射珊瑚障积—骨架岩隆礁，礁体的演化均经历了奠基阶段、发育阶段和衰亡阶段。

在西藏措勤盆地有下白垩统郎山组生物礁。

（十）古近纪—新近纪

新近纪是中国地质历史中重要造礁期之一。珊瑚藻科的红藻得到空前发展，成为南海北部大陆架中新世最重要的造礁生物，六射珊瑚、水螅、苔藓虫和海绵等造礁生物处于次要地位。南海北部大陆架的中新统礁体分布广泛，由数十种造礁钙藻、六射珊瑚、苔藓虫和海绵及水螅等组成，造礁规模大，分布广，厚达百余米，生物礁群面积近千平方千米，属于塔礁、点礁以及台地边缘礁；附礁生物有有孔虫、腕足、软体、棘皮、介形虫等。

华北东部地区始新统造礁生物以潟湖相绿藻为主，礁体较小，一般厚10m左右。

三、生物礁分布与油气关系

礁及其复合体极易形成有效圈闭而成藏，油气资源极为丰富。比如，美国二叠纪盆地二叠系白云岩及生物礁油气藏储量大、产量高；加拿大的油气产量约有60%产自生物礁油气藏；墨西哥全国石油产量的70%产自生物礁油气藏；俄罗斯滨里海盆地是一个有巨大油气资源的含油气盆地，油气储集于上古生界碳酸盐岩中。可以说凡有碳酸盐岩（生物礁）发育的地区，大部分都存在由礁控制的油气田，因此可见礁与油气关系密切，且礁具有独特的富油气特征。

中国先后在珠江口盆地发现古近系—新近系流花11-1油田、四川震旦系威远气田、二叠系建南气田、二叠系川东生物礁气田以及浙江余杭泰山藻礁型古油藏，中国中西部广大碳酸盐岩沉积地区也具有很大的发现生物礁油气藏的潜力。生物礁容易形成大型油气田主要在于下列原因。

（一）生物礁常成群成带分布

墨西哥埃尔阿布拉环礁充注油气形成黄金巷带油气田，该黄金巷带由多个生物礁成群成带组成，生物礁群带宽近80km，长180km，50个油气田分布在陆上黄金巷带、20个油气田分布在海上黄金巷带。又如美国得克萨斯州米德兰得克拉通盆地北端马蹄形礁地下延伸282km，面积约15540km^2，是世界上最大的礁群之一。沿该礁顶部已发现有15个油田，可采储量达3.5×10^{8}t。美国密执安盆地边缘发育中、晚志留世堡礁以及宝塔礁。每个宝塔礁高达90~180m，平均面积0.5km^2。围绕密执安盆地分布有数千个聚集大量油气的宝塔礁。

加拿大阿尔伯达盆地雨虹油田由许多中泥盆世礁群组成。这些礁群又由弓形环礁、点斑礁、较小的宝塔礁等组成。礁群或礁带不仅平面上有这样分布的特点，而且在垂向上也成群体分布。众所周知，单个礁体有发生、发展和消亡（定殖、拓殖、泛殖、统殖）的过程。生物礁发育演化过程受控于沉积环境，并因沉积环境变化而发生变化，垂向上形成多个礁体的复合体。

（二）生物礁具有良好储集性能

生物礁碳酸盐岩储层通常具有异常高的储层孔隙度和渗透率，比良好的砂岩储层的孔隙度和渗透率还高。

在世界上8口日产万吨油的油井中，有4口油井产自礁型油田（墨西哥黄金巷3口，利比亚伊德里斯1口），皆因这些油田储层生物礁具有很高的孔隙度和渗透率。

资料统计表明，礁型油气田一般都具有大于10%的孔隙度，大于100mD的渗透率（表26-4）。因此，礁型油气田单井产量常常很高。这是由于礁体白云岩结构构造的特殊性所致。

表26-4 世界典型礁型油气田物性特征

国家	油田	孔隙度,%	渗透率,mD
伊拉克	基尔库克	7~25	
利比亚	英蒂萨斯	22	4~500
美国	利史纳得	7.6	19.4
加拿大	邦尼格仑	9.55	115~1271
加拿大	列杜克D	8	100~1000
加拿大	朱迪湾	12.5	170
中国	山东滨南	46（礁核）	

对整个礁体而言，孔隙度和渗透性存在着明显的非均质性。礁核相带原始孔隙度和渗透性最高，而礁翼相（礁前相、礁后相）原始孔隙度和渗透率相对较低。如伊拉克基尔库克油田，礁核灰岩孔隙度、渗透率很高；礁前灰岩由于白云岩化作用，使孔隙度、渗透率增高；礁后—潟湖相灰岩岩性比较致密、物性很差。利比亚英蒂萨斯礁块油田中央礁核储层孔隙度高达22%~26%，而礁翼相储层孔隙度下降到15%。又如我国陆相碳酸盐岩山东滨南礁型油田，礁核储层孔隙度可达46%，而礁翼相储层为6%左右。世界许多礁型油田都具有类似的特点。

值得注意的是，在实际中有不少礁型油气田，由于白云岩化作用和充填胶结作用以及后期构造作用，使礁复合体的储层物性发生异常变化。

（三）礁型油气田具有良好生储盖组合

生物礁复合体构成一个较复杂沉积体系。礁核向岸一侧常为潟湖沉积环境，礁核向海（广海）一侧则是深水盆地沉积环境。

许多资料表明，礁前深水盆地相和礁后的潟湖相都是有机物质丰富的细粒碳酸盐沉积。这些有机物质丰富的石灰岩或泥灰岩，可以在有利的条件下形成烃源岩。

生物礁油气藏中礁体储层不仅原始孔隙度和渗透率较高，而且常常发生溶蚀作用和白云石化，进而改善了储集性能，致使生物礁具有良好的沉积性能。

有的礁体周围直接被具有良好生油性能的礁前深水黑色页岩和礁后潟湖暗色泥页岩所围。在海平面升降过程中，礁复合体可上覆潟湖蒸发岩系或深水盆地细粒碳酸盐岩、页岩，形成良好的生储盖组合。

碳酸盐岩油气勘探实践表明，在生物礁自身储层质量良好的前提下，加之生物礁发生白云石化作用，礁体又与具有优质盖层性质的潟湖膏盐、具有良好生烃潜力的深水盆地泥页岩共生，构成有效的生储盖组合，容易形成大油气田。需要指出的是，在勘探生物礁油气田白云岩储层时，要关注成岩作用和构造作用对储层性能的改造，要研究在复杂地质条件下的储层孔隙发育程度和储集条件。

（四）礁核是礁型油气田有利勘探部位

礁型油气田勘探的重要基础是阐明礁复合体的沉积相带及其组合关系，这是由于礁核相具有最好的原始孔隙度和渗透性，但是经常也可以发现油气的分布不受礁核相带的制约，而是受白云石化作用的控制。例如我国鄂西建南礁型气田，生物礁发育于上二叠统长兴组中部。礁高156m，面积约15km^2。造礁生物以海绵、层孔虫、蓝绿藻为主。储集体的储集空间以次生白云石晶间孔隙和溶蚀孔隙为主，孔隙度达14.6%。而生物骨架灰岩因强烈胶结则具有很低的孔隙度。因此建南气田的天然气分布受白云石化作用的制约。川东地区长兴组生物礁气藏特征与建南礁型气田类似。

生物礁常常具有明显的油气水差异聚集特征。例如，美国密执安盆地宝塔礁带的油气水的分布，在盆地边缘的礁体储集油、水，盆地中央分布的礁体储存天然气，这是由于这些礁群型圈闭处于统一的动力学系统，流体在礁群中向上倾方向运移分异捕获所致。

总之，礁及礁复合体的分布是控制油气分布及成藏的最重要的条件之一，也是特殊的礁圈闭形成的基础，它的发育演化和时空分布规律为油气聚集提供了良好的圈闭条件。

1. 简述生物礁的概念、基本类型和分类,并举例说明典型生物礁类型及其沉积环境。
2. 说明常见造礁生物的主要类型和生活习性。
3. 简述生物礁的有利形成环境条件。
4. 试述生物礁的一般沉积特征和相带划分及其组合。
5. 说明并图示生物礁的形成发育演化阶段及其造礁特点。
6. 简述形成生物礁的主要控制因素及其耦合关系。
7. 举例论述现代礁复合体的沉积特征和沉积模式。
8. 简述显生宙造礁生物时空分布规律及生物礁与油气富集之间的关系。
9. 查阅文献,简述生物礁在沉积环境和沉积模式研究等方面的进展。
10. 踏勘露头或查阅文献,基于 Wilson 碳酸盐岩沉积模式,分析生物礁形成过程和沉积特征。

第二十七章 远洋及湖泊碳酸盐沉积

> **导读**
>
> 本章核心知识点包括碳酸钙补偿深度（CCD）概念和原理，远洋碳酸盐正常沉积作用、重力流及等深流等沉积作用，事件沉积作用及其沉积模式；湖泊碳酸盐形成条件、沉积作用和沉积特点；湖泊骨架碳酸盐岩、颗粒碳酸盐岩和灰泥碳酸盐岩沉积特征；湖泊不同类型碳酸盐沉积模式。

第一节 远洋碳酸盐沉积作用和沉积模式

第二十五章介绍了现代深海或远洋碳酸盐沉积物主要由浮游生物骨骼碎片构成的钙质软泥以及硅质软泥、陆源碎屑和火山物质组成，同时也介绍了碳酸钙补偿深度（CCD）的含义。随着20世纪70年代以来不断发展的远洋调查工作，使人们逐渐获得深水碳酸盐沉积学方面的新资料。这些资料表明，在古代地质剖面中有大量细粒碳酸盐岩，其不具有潮坪及浅海沉积的岩石特征，系形成于浪基面甚至碳酸盐补偿深度以下的缺氧深水环境。

远洋深水沉积环境是指海水深度在风暴浪基面之下的半深海和深海的远洋环境，包括大陆斜坡（或称大陆坡）和深海盆地，平均海水深度大于150~200m。在地形上，它包括大陆坡、陆隆、海沟、海底峡谷、海岭或洋中脊以及深海平原等地貌单元。目前，大洋面70%被深水沉积物所覆盖，其中含丰富的碳酸盐沉积物。

远洋或深海碳酸盐地质记录主要是大陆边缘和陆表海中的沉积物，因生物组成变化而发生变化。前寒武纪缺失真正的深水灰岩，古生代主要发育浅水碳酸盐沉积，深水灰岩沉积非常有限，三叠纪以后由于超微浮游生物和浮游有孔虫的发育演化，更多出现了深海或远洋碳酸盐岩。比较典型的有地中海中生代具有菊石、箭石等生物碎屑的远洋灰岩、阿尔卑斯山白垩纪—新近纪由超微化石构成的远洋薄层微晶灰岩以及欧洲白垩系主要由颗石藻组成的重力流沉积等。

近二十多年来，已经在美国得克萨斯、加利福尼亚、北海、中东和墨西哥等地的深水碳酸盐岩中发现了丰富的石油和天然气。这表明海相深水碳酸盐沉积具有良好的油气勘探前景。

在深海环境，碳酸盐沉积作用主要受静态物理化学正常沉积作用和动态重力流以及等深流再沉积作用等的控制。深水碳酸盐沉积作用主要有如下几类：

（1）物理化学沉积作用：是远洋深水环境中重要的沉积作用。在地球重力作用下，物理化学沉积作用以垂向加积为主。碳酸盐"生物雨"就是一种重要的生物成因的远洋沉积作用。

（2）重力流沉积作用：指在重力作用下，浅水碳酸盐沉积物沿海底顺坡搬运到深水区域，形成各种重力流沉积。

(3) 潜流沉积作用：指海洋深水底部可侵蚀、搬运沉积的深部流体。它不是由重力流驱使，可以顺坡、逆坡、沿坡等各种方向流动。海洋深部的潜流包括内潮流和内波流、峡谷流、等深流或底流以及深水面流等（参阅第二十三章）。

上述物理化学沉积作用是一种正常的、持续性的海洋沉积作用，后两种深水沉积作用均具有突发性和事件性，可称为事件沉积作用。

一、碳酸钙补偿深度与正常沉积作用

在深水沉积体系中，除了在大陆斜坡带及盆地边缘地区发育重力流和等深流等事件沉积之外，深海盆地的大部分区域发育着主要受静态物理化学沉积作用控制的正常沉积体系，主要涉及悬浮和垂向聚集沉积作用。

对静态深水环境碳酸盐沉积起控制作用的主要是海水深度以及有机质产率、海底水流流动状态。海洋水层深度分带、海水的密度分层、滞水无氧深度、碳酸盐沉积的补偿深度等，都是对碳酸盐沉积具有普遍性控制意义的沉积作用平衡面。

在开阔大洋，水深超过200m的海域底部的沉积物，主要为来自远洋的浮游生物及深水底栖碳酸盐生物介壳碎屑所组成的混合沉积，即深水碳酸盐软泥。深水碳酸盐沉积物常常是在碳酸盐不饱和状态下形成的。

远洋碳酸盐沉积的主控因素是方解石沉积补偿深度（CCD），这个深度一般对应几千米，在不同海洋是变化的（图22-20）。随着深度增加，海水温度降低、压力增加，CO_2溶解于水，水体呈酸性，碳酸钙逐渐呈不饱和状态，低于CCD，碳酸钙不再发生沉积。不同深度深水盆地中海底碳酸钙沉积物，实际上都是酸性溶解的残余物，如瘤状石灰岩、残存的钙质生物化石等。

以CCD为参照面，向上按$CaCO_3$残余物含量不同，可以划分出不同等级的碳酸盐溶解相：

(1) 非溶解相：$CaCO_3$基本无溶解，其深度上限为CCD参照面之上约1500m，又称"饱和相"，$CaCO_3$颗粒较完整地保存于沉积物中，如现代大洋中没有溶解作用迹象的白垩软泥。

(2) 弱溶解相：$CaCO_3$颗粒开始受到微弱溶解，此深度上限为CCD参照面之上约500~1500m。在现代大洋沉积物中，按标准有孔虫颗粒计算，其含量超过10%的白垩软泥被纳入此溶解相。

(3) 中等溶解相：指$CaCO_3$颗粒具有中等程度溶解迹象的白垩软泥。标准有孔虫含量为3%~10%，陆源黏土含量为10%~30%，此深度范围相当于CCD参照面以上约200~500m。

(4) 强溶解相：指$CaCO_3$颗粒具有大量溶解迹象的泥灰软泥。标准有孔虫含量小于3%，仅能在沉积物中保留极微小化石和抗溶性较强的有孔虫种属。陆源黏土物质含量相对增加，约在30%~70%。此深度界限相当于CCD参照面以上0~200m。

(5) 完全溶解相：指沉积物中所有钙质浮游生物和$CaCO_3$颗粒完全被溶解，有孔虫含量等于零，此深度位于CCD参照面之下，陆源黏土含量达100%。

白垩是一种典型的、微细的远洋碳酸钙沉积物，主要由远洋单细胞浮游生物（球藻）遗骸（颗石）构成，含有海绵骨针、浮游性有孔虫壳、菊石、箭石、海胆和贝类化石等海生动物的壳。颗石来源的球藻（coccolithophorid）是一种植物性的鞭毛虫类，它有两条等长的鞭毛，体呈球状，大小为3~35um，在其细胞表面覆盖的大量微小的石灰质壳就是颗石，呈扁圆状或扁椭圆状。白垩缺乏交错层理和波痕构造等浅水成因标志，发育韵律层理。由于组成白垩的颗石藻和有孔虫均以低镁方解石为特征，并且有很好的原始稳定性，因而不同于以含有大量不稳定文石和高镁方解石组分的浅水石灰岩。白垩主要出现在地质历史上异常高海平面时期。在高海平面的白垩纪，白垩覆盖全球海盆面积达几十万平方千米，包括陆架和内陆海盆地。例如，晚白垩世的白垩沉积覆盖了美国西部和欧洲西部地区，中国新疆西部分布有不纯的白垩沉积。

二、正常沉积碳酸盐岩特征

远洋正常碳酸盐沉积物与浅海碳酸盐沉积物相比，属于简单矿物组成的体系，其中普遍含有大量生物和非生物成因的成分，包括浮游生物和底栖生物以及自生矿物和陆源碎屑、火山、大陆架碳酸盐或其他来源的碎屑。如中生代（$1~1.5$）$\times 10^8$年的远洋碳酸盐沉积物，主要由浮游的有孔虫、颗石藻组成，其次为超微化石群；中生代和新生代大部分远洋正常沉积石灰岩主要是由微化石和超微化石组成。这些石灰岩中含有的大量的浮游有孔虫、颗石藻、翼足目、海硅藻、放射虫或其他海洋浮游生物，是识别正常沉积深水碳酸盐岩的重要依据。

深海正常沉积的碳酸盐发育程度，受沉积物的供应、溶解程度和侵蚀速度控制。总体上，深水碳酸盐沉积物具有如下特征：为低速度（通常为$10~50mm/1000a$）沉积凝集形成的；具有大量沉积间断；具有较多的硬底层（胶结形成），这是海底早期胶结作用的标志，常与沉积间断共生；沉积物常含粪球粒，具小型纹理，或者厘米级到米级的韵律层理（如白垩—灰泥旋回）；碳酸盐岩岩石层面平坦，与薄层页岩互层；具有小型的沉积构造，以水平层理为主，层理平坦，连续性好，延伸远；具有特殊的沉积层序，单调均匀，灰泥与页岩互层可形成均等层理；由于海平面的周期性振荡运动，在深水细粒碳酸盐沉积物中，可以出现小型交错层；层内常可见燧石交代方解石的现象，形成燧石结核；局部由于生物粘结作用，可形成灰泥丘或礁丘；深水远洋碳酸盐沉积物体系中，常含有丰富的遗迹化石，包括*Skolithos*和*Planolites*，以及少量的*Chondrites*和*Zoophycos*等；在大陆架海的深水正常沉积的碳酸盐堆积物中，可发育强烈的生物扰动构造。远洋碳酸盐沉积物也可与火山灰蚀变的由伊利石、蒙脱石组成的红色黏土、由放射虫和硅藻组成的硅质沉积共生。

在沉积水深大于CCD时，碳酸盐沉积速率小于溶解速率，远洋碳酸盐沉积将被放射虫燧石和硅质页岩取代，所以，海平面升降变化和有机质生产率变化等因素会影响远洋碳酸盐沉积与硅质页岩的垂向组合样式。

三、碳酸盐重力流沉积

（一）碳酸盐重力流沉积类型

重力流碳酸盐沉积是深水大陆架斜坡带及海盆边缘的十分复杂的堆积体，它一般由规模巨大的、夹有庞大石灰岩块体的异地角砾石灰岩层构成。由于深海沉积的观测工作难度较大，重力流碳酸盐沉积物（岩）只是在近二三十年才引起沉积学家的重视。

大陆坡是浅海陆棚与深海盆地之间的过渡相带，处于迅速沉淀碳酸钙的浅海和缓慢沉淀细粒远洋灰泥的深海之间。从陆架边缘到深海盆地的过渡带，大致可分两种地形：一种是较陡峭的悬崖，一种是较缓倾的斜坡。从地质历史的角度来看，陡峭悬崖式的大陆坡在地质历史上的发生和存在是短期的，而缓慢倾斜的大陆坡的形成和存在，则是长期的。其中较陡峭的斜坡上重力流碳酸盐沉积较发育，而在较缓倾的斜坡上则以原地沉积的物质为主。

因此，深海大陆坡碳酸盐沉积作用环境，始终处于短期陡斜坡重力滑塌环境与较长期宁静的远洋浮游生物和远洋软泥沉积作用环境的相互交替。

多种作用引起海底碳酸盐沉积物搬运，重力搬运作用主要包括岩崩、滑动—滑塌沉积、碎屑流、颗粒流及浊流等沉积类型（图27-1）。碳酸盐岩重力流沉积过程、支撑机制和流体性质等特征与碎屑重力流沉积相同，可参照第二十四章。

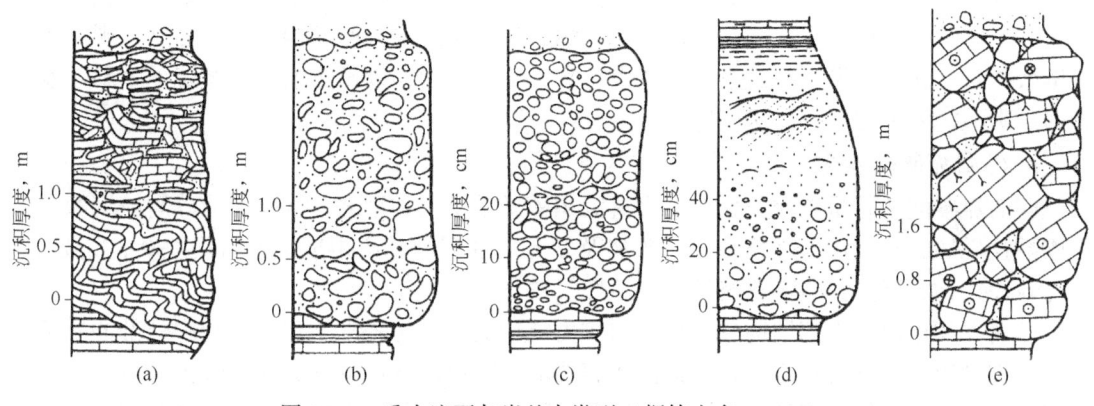

图 27-1 重力流石灰岩基本类型（据鲍志东，1998）
(a) 滑动流石灰岩；(b) 碎屑流石灰岩；(c) 颗粒流石灰岩；(d) 浊流石灰岩；(e) 岩崩堆积

1. 岩崩碎屑堆积岩

岩崩碎屑堆积岩的塌积产物主要沿陡峭的斜坡发生，包括处于斜坡底部的、孤立的巨型岩块体及岩崩堆积岩［图27-1(e)］。

孤立岩块和岩崩碎屑堆积，是指包含于原地深水沉积物中的、来自浅水台地的大型碳酸盐岩块体。岩块的规模可达若干立方米至数万立方米不等，大多数为厚层-块状浅水石灰岩块体或礁石灰岩块体，其颜色、岩性、结构、沉积构造等均与围岩很不协调，显示其异地沉积成因。

孤立岩块和岩崩堆积是深水碳酸盐重力流沉积体系的重要特征，尤其是在全球性张裂大陆边缘带的深水碳酸盐沉积中，孤立岩块和岩崩堆积岩均占有重要地位。在我国华北地台大陆边缘、扬子地台边缘也都发现有被一系列深水沉积地层包围的巨大碳酸盐岩块体，如湘西上寒武统孤立的巨大蓝绿藻礁灰岩体，贵州南部三叠系深水沉积地层中的角砾石灰岩块体等。

岩崩碎屑堆积岩和孤立岩块都是大陆边缘碳酸盐台地斜坡岩崩的产物。岩崩产生的原因与地形坡度、同生断裂和地震等有关。在断裂陡崖的碳酸盐台地斜坡和礁前陡斜坡均可以形成深水岩崩堆积角砾岩裙。

2. 滑塌碳酸盐岩

在较陡的碳酸盐大陆斜坡带，在同生或准同生作用阶段，由于地震、断裂和重力作用等，可引起碳酸盐沉积物呈塑性和半固结状态的滑动变形，形成重力滑塌沉积［图27-1(a)］。

滑塌碳酸盐沉积中常发育滑塌褶皱，其多见于薄层状碳酸盐沉积中，以塑性变形为主，也可以伴生一定程度的错断。滑塌沉积过程可演变成碎屑流沉积。

滑塌碳酸盐岩中的直滑构造和旋滑构造可作为其重要的鉴定标志。

（1）直滑构造：这是一种由变形褶曲、变形碳酸盐岩块、破碎状岩块和板状碎屑组成的滑动构造，滑动构造的底面是平整剪切滑动面，它平行层面并直接超覆在远洋灰岩沉积物之上。

（2）旋滑构造：它也是由褶曲变形碳酸盐岩块、破碎状岩块和板状碎屑组成的滑动构造。它与直滑构造的主要区别在于其与下伏岩层之间的剪切面并非平直状的，而是一个向下凹的曲面，切入远洋石灰岩层。

在碳酸盐岩斜坡上，常见沿滑脱面分布的重力蠕变，形成蠕变朵叶体和蠕变丘状体。

在我国秦岭、祁连山、燕辽、内蒙古、湘黔边界及黔南等活动构造带中均已发现深水滑塌碳酸盐岩。在湘西黔东寒武系薄层状黑色碳质石灰岩中，以及贵州下三叠统深水斜坡盆地相薄层碳酸盐岩中均发育滑塌构造。

3. 碎屑流碳酸盐岩

碎屑流碳酸盐岩是碳酸盐深水重力流沉积中最重要的类型之一。碳酸盐碎屑流沉积主要由碳酸盐砾屑（包括碳酸盐岩块、粗砾屑及砂屑）和泥晶基质组成。通常呈块状，无分选，缺乏粒序结构，但是其顶部有时可呈正粒序 [图 27-1(b)]。

碎屑沉积层序和内部结构分异程度与重力流形成的黏性强度、流动过程中外部介质条件及斜坡坡度等变化都有一定关系。近源相碎屑流沉积以块状层理和无递变性为特点，远源相碎屑流沉积以层序性递变结构为特征。这些碎屑流呈浅色的连续至不连续的席状层，或不连续的扁豆状体，或长条带状的槽形体，产于深海原地暗色泥晶石灰岩、泥晶砂屑石灰岩和深海远洋页岩层系中。

在黔南等地，这种碎屑流席状层最大厚度可达数十米或上百米，内含浅水石灰岩岩块及角砾，岩块大小和形态各异，但通常呈各向等长，带有磨圆的棱。个别岩块可大到 200m×50m。

4. 颗粒流碳酸盐岩

颗粒流沉积物通过颗粒碰撞所产生的分散应力支撑，具有与碎屑岩颗粒流相同的沉积组构特征，常呈透镜状、薄层或中层颗粒碳酸盐岩夹于其他类型的重力流碳酸盐岩之中或者深水沉积泥晶碳酸盐岩中。碳酸盐颗粒一般分选磨圆较好，亮晶或亮泥晶胶结。颗粒流碳酸盐岩一般发育于较陡的斜坡中下部。在黔南中三叠统发育颗粒流石灰岩，其赋存于碎屑流石灰岩和浊流石灰岩之间 [图 27-1(c)]。

5. 浊积碳酸盐岩

在任何大陆坡序列中，浊积岩都占相当大比重。这是一种具有特殊碎屑结构的粒序岩层。浊流沉积碳酸盐岩可以显示鲍马序列中所有的 A、B、C、D、E 5 个层序单元。但是最常见并有鉴定意义的是 A 单元以及 B 单元和 C 单元。A 层底部的颗粒通常为中砾或更大一些，比较常见的是砾级碳酸盐颗粒（如岩屑、生屑和鲕粒），标志着浊积岩的来源是浅水环境。浊积岩层序的顶部 E 单元常含翼足类、海绵骨针、放射虫等远洋沉积物 [图 27-1(d)]。浊积石灰岩的递变层序朝着向海盆斜坡底部方向而变薄并最后消失，在盆地远端被原地石灰岩和原地泥灰岩所替代。

浊积碳酸盐岩的底面构造一般较发育，可见长条脊状构造、舌状冲刷槽、不规则水流构造纹等。

随物源供给状况和沉积环境的变化，碳酸盐浊流沉积性质和沉积特征均可出现一定差别（图 27-2）。一般可将浊积碳酸盐岩进一步划分为两大类：

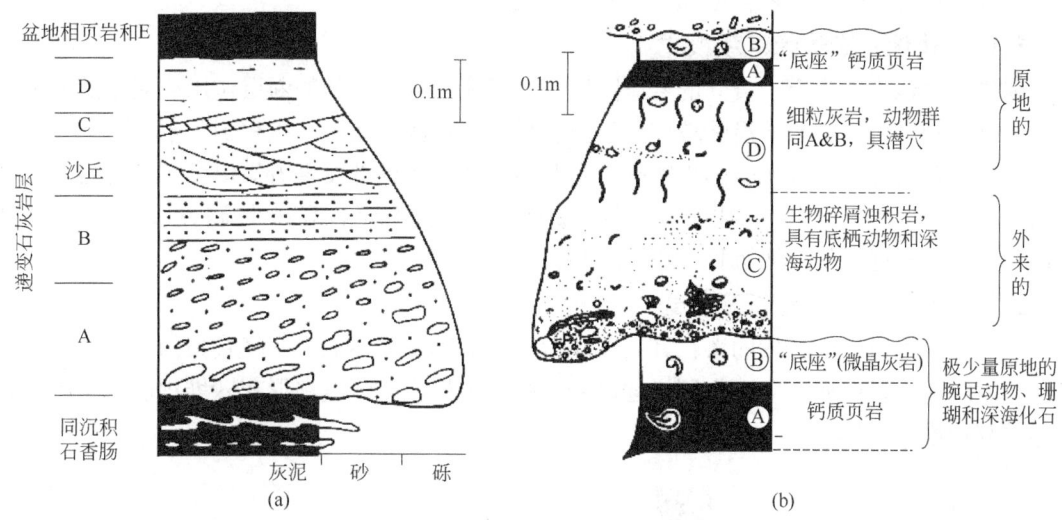

图 27-2　加拿大寒武系（a）和德国泥盆系（b）浊积碳酸盐岩沉积序列（据 Tucker，1990）

（1）低密度的浊积石灰岩：主要由砂屑、粉屑、泥屑和泥晶及黏土矿物组成，通过紊流保持悬浮状态，呈较典型的鲍马序列，沉积厚度几厘米至几十厘米，主要见于斜坡脚—盆地边缘区。在我国，十万大山盆地的三叠系和西藏的侏罗系—白垩系均发育有典型浊积石灰岩。

（2）高密度的浊积石灰岩：一般均较低密度浊积石灰岩粗，常以细砾和中粗砂屑组分为特征。细粒沉积物提供了基质升举浮力，紊流和颗粒碰撞产生的分散压力搬运粗粒物质，发育粗粒序层理、平行层理、中至小型交错层理，构成鲍马序列的 ABC、ABE、ABCE 等组合。粗粒序层理还常伴生逆行沙丘层理，代表一组高流态下形成的沉积构造序列。此类浊积石灰岩常与海底水道中碳酸盐碎屑流沉积共生。

（二）碳酸盐重力流沉积组合

随着斜坡坡度、重力流流速及外部沉积介质的变化，碳酸盐重力流在运动过程中，沉积物组合会发生相应的变化，形成一定的沉积组合。

在中国南方中、下三叠统，发育了如上所述的 5 种基本类型的重力流石灰岩。这些重力流石灰岩在斜坡的不同位置，构建了 6 种重力流沉积组合，即滑动流—岩屑流沉积组合、滑动流—岩屑流—浊流沉积组合、滑动流—岩屑流—颗粒流—浊流沉积组合、岩崩堆积—岩屑流沉积、岩屑流—浊流沉积组合和岩屑流—颗粒流—浊流沉积组合。

（三）碳酸盐重力流沉积基本模式

碳酸盐重力流沉积作用的类型主要取决于发育重力流的陆棚边缘的陡峻程度和沉积物搬运机制。第二十四章提出的陆源碎屑重力流搬运机制和沉积模式均适用于远洋碳酸盐岩重力流沉积模式分析。

根据陆棚边缘或台地边缘陡峻程度，碳酸盐台地（或陆棚）边缘一般可划分为沉积边缘（depositional margin）和跌积/过路边缘（by-pass margin）。前者边缘较平缓，沉积物可能在这种边缘沉积下来；后者边缘则很陡峻，甚至呈悬崖状态，沉积物很难在这里沉积下来，沉积物处于过路状态，大部分被水流、潮汐、波浪等带到更深水区跌落沉积。根据沉积特征或岩性特征，碳酸盐台地边缘一般可分为礁边缘和滩边缘。这样，碳酸盐台地边缘的深水重力流沉积可划分为两种类型和4种基本模式。

1. 跌积边缘—礁边缘沉积模式

碳酸盐台地边缘为近于直立的悬崖陡壁，这可能起因于强烈的断层作用或明显的海平面变化。沉积物沿着广阔的前沿陡坡或通过海底峡谷，从浅水崩落、跌积到深水盆地。

碳酸盐台地的边缘是陡峻的生物礁，在其向海陡崖的根部发育着规模巨大的礁岩碎块的岩崩堆积［图27-1(e)］。再往向海方向，就逐渐变为具有碎屑流或浊流特征的扇形灰砂堆积以及半远洋和远洋的灰泥沉积（图27-3）。

2. 跌积边缘—滩边缘沉积模式

碳酸盐台地边缘为陡峻的滩，其向海陡崖根部的礁块就不如上一模式中的发育，而且主要由灰砂组成。再向海方向，也同样逐渐变为具有碎屑流或浊流扇形灰砂堆积以及半远洋和远洋的灰泥堆积（图27-4）。

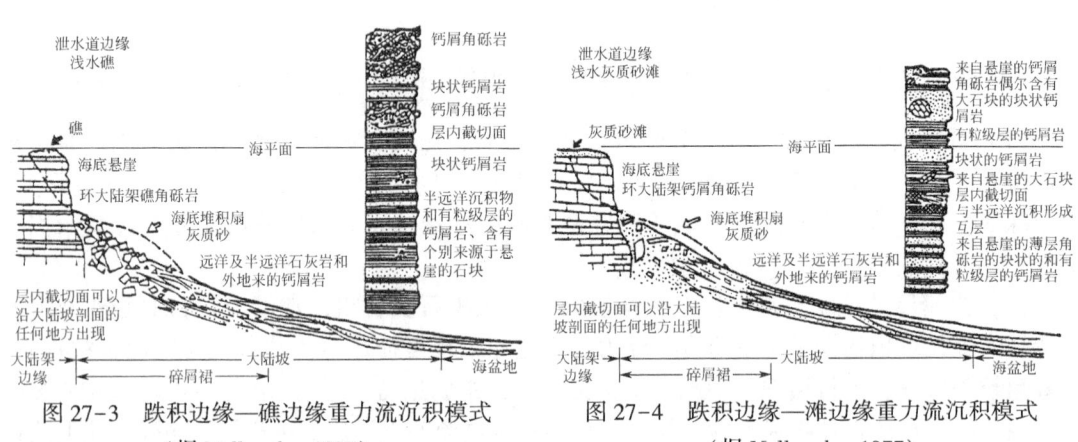

图27-3 跌积边缘—礁边缘重力流沉积模式
（据 Mcllreath，1977）

图27-4 跌积边缘—滩边缘重力流沉积模式
（据 Mcllreath，1977）

3. 沉积边缘—礁边缘沉积模式

沉积边缘—礁边缘沉积位于大陆边缘，沉积坡度较缓，为3°~25°，向海盆方向地形坡度变小。如果盆地边缘坡度较陡，则在斜坡上部形成镶边的浅水礁。

碳酸盐台地边缘为平缓的礁边缘，环台地边缘的岩崩堆积不甚发育，但却发育着一套较细粒的异地沉积。大多数异地物质都来源于礁或礁下的碎石堆，并堆积在陆坡下部或半远洋及远洋盆地中。因此，不太发育的台地边缘的碎石堆就常与半远洋的灰泥沉积呈过渡关系。在半远洋及远洋灰泥沉积中，也常有岩屑流（块体流）发生（图27-5）。

加拿大西部的寒武系和中国湘西寒武系均发育该类沉积。

4. 沉积边缘—滩边缘沉积模式

碳酸盐台地边缘地形平缓，海水能量低到中等，发育形成胶结差的灰质沙洲和沙坝，这实际上是一种沉积平衡状态。从台地边缘带出的沉积物主要为砂屑，少见砾石级碎石，大陆斜坡主体沉积为砂级钙屑沉积，浊流和颗粒流是其主要搬运机制（图27-6）。

对于大多数古代再沉积重力流碳酸盐岩，上述4种模式是最为适用的。前两种模式沿陡倾的大陆斜坡或台地边缘发育，后两种模式多出现在较缓（<4°）的斜坡。海底扇模式更多

的应用于深水硅质碎屑岩重力流研究，现代环境尚未见到碳酸盐岩海底扇。

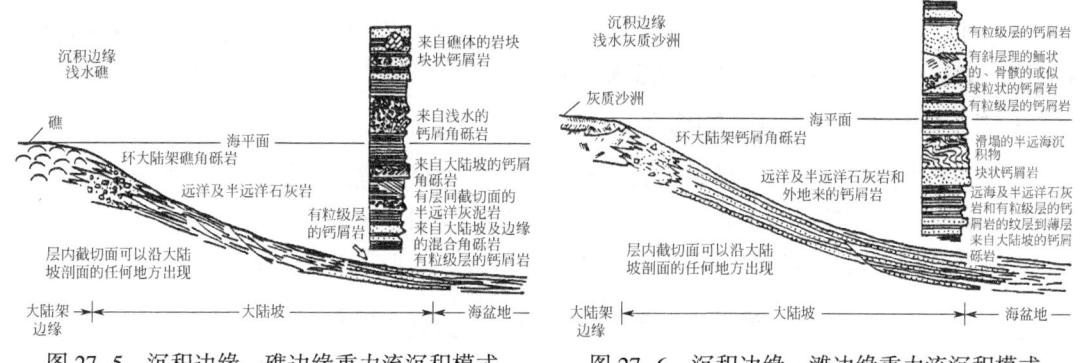

图27-5 沉积边缘—礁边缘重力流沉积模式
（据McIlreath，1977）

图27-6 沉积边缘—滩边缘重力流沉积模式
（据McIlreath，1977）

重力流碳酸盐岩是深水碳酸盐岩的重要组成部分，尤其在大陆坡沉积中。如在美国内华达州寒武系、奥陶系斜坡层序中占50%，在我国广西十万大山三叠系斜坡层序中占30%，在鄂尔多斯盆地南缘奥陶系中占近13%。另外，重力流碳酸盐岩形成机理与深水细粒碳酸盐岩也完全不同。

重力流碳酸盐岩石是重要的油气储集体。例如，墨西哥湾坦皮科湾Poza Bica油田，油气储层为岩屑石灰岩；美国得克萨斯和新墨西哥州的二叠系，深水碎屑流石灰岩也是储层。总之，重力流碳酸盐岩是寻找油气的一个新领域。

四、碳酸盐等深流沉积

等深流沉积理论是继浊流沉积理论之后沉积学研究领域的又一重要进展（参见第二十三章）。目前，大西洋硅质碎屑等深流沉积研究较为深入，但碳酸盐等深流沉积研究尚处于初级阶段，在巴哈马台地西北的佛罗里达海峡发现碳酸盐等深流沉积。

（一）等深流沉积的特点

等深流起因于温盐环流、内波与内潮汐作用，其沉积岩石可简称为等深岩。等深流沉积粒度较细，主要为砂质、粉砂质、斑状粉砂质以及均匀的泥质。岩层厚度变化较大。砂质或粉砂质等深岩层厚较薄，一般10~30cm；而泥质等深岩层普遍较厚，从几厘米到几十米不等。

等深岩的原始沉积构造较为丰富，可见较粗的贝壳富集，以及粉砂质透镜体和纹层。在部分泥质和粉砂质泥等深岩中，普遍有波状或细微纹理，少见规则的水平纹理。粉砂质和细砂质等深岩多为块状（生物扰动形成的），少见水平层理和交错纹层。

等深岩最大的特点之一是广泛受生物扰动的影响和改造。生物扰动是连续进行的，在许多情况下几个生物扰动期叠加在一起。因此，许多原始沉积构造被破坏改造，局部或完全为生物扰动切割，造成大部分粉砂、砂和泥混合。

等深岩可具有正向和反向递变层序，反映了等深流沉积速度的增加和减弱。层序的厚度变化较大，从小于10cm到大于100cm。沉积相序和沉积构造序列在层序中常常不完整。典型沉积层序常由6个层段组成，自下而上为：（1）含有贝壳碎片的泥质层段；（2）具有粉砂透镜体和大量生物扰动的、互层的泥质、粉砂与砂质层段；（3）具有生物扰动和生物碎片的粉砂质和砂质层段；（4）夹有粉砂质透镜体的泥质层段；（5）具生物扰动的粉砂质和砂质层段；（6）含生物碎片的泥质等深岩层段（图23-2）。

等深岩的分布和产状具有一定的规律。等深岩相具有稳定的空间分布，相标志具有远距离的可比性。等深岩经常与深水相浊积岩、半深海远洋沉积岩共生，在剖面上三者可表现为互层型、夹层型、渐变型和突变型的叠覆关系。

（二）等深岩与浊积岩的区别

细粒碳酸盐浊积岩分布在斜坡坡脚，易与碳酸盐等深岩混淆。等深流还可改造早期重力流沉积，有时要将等深岩与浊积岩区分开来是困难的（表24-1）。

可根据沉积构造、古生物、沉积地层产状及组构，区别等深岩与浊积岩（表27-1）。

表 27-1 浊积岩与等深岩的主要区分标志

沉积类型 沉积标志	浊积岩	等深岩	结论
分选性	差到中等，分选系数>1.50（Folk）	好到很好，分选系数<0.75（Folk）	等深岩分选好
层厚及层数频率	通常10~100cm厚，层数频率低	通常小于5cm，层数频率高	等深岩具较薄的层，单位厚度中层数多
递变性和层理接触关系	正向递变普遍，底部接触界线明显，上部接触界线不清楚	正向递变和反向递变，顶部接触界线清楚	等深岩递变性不规则，上部接触界线清楚
交错纹层	常见，细碎屑的富集使纹理增强	常见，重矿物的富集使纹理增强	等深岩与浊积岩明显不同之处在于重矿物碎屑在等深岩中形成小规模层理
水平纹层	仅在上部常见，细碎屑的富集使之增强	整个序列中常见，重矿物或有孔虫贝壳的富集使之增强	
块状层理	常见，特别是上部	缺乏	等深岩普遍发育纹层
颗粒组构	在块状递变部分很少或没有优选方向	颗粒优选方向在整个岩层中平行层理面	等深岩具较好的颗粒定向
杂基含量	10%~20%	0~5%	等深岩杂基含量低
微体化石	常见，在整个岩层中保存良好，具分选性	很少，通常被磨蚀、破碎，在重矿物富集层中具分选性	等深岩表现出明显的改造迹象
动植物残骸	常见，在整个岩层中保存良好，具分选性	很少，通常被磨蚀或破碎	等深岩表现出明显的改造迹象

中国南方三叠系等深岩常发育于重力流沉积的间歇期，即常以波状或薄层状颗粒石灰岩赋存于深水沉积石灰岩中。在平面分布上，浊积岩层及其中的定向组构垂直于斜坡的走向，而等深岩层及其中的定向组构平行于斜坡的走向。

第二节　湖泊碳酸盐沉积条件和沉积模式

湖相碳酸盐岩是指在内陆湖盆中形成的碳酸盐岩，包括淡水湖盆碳酸盐岩、半咸水-咸水湖盆碳酸盐岩和盐湖中的碳酸盐岩。

一、湖泊碳酸盐沉积条件

湖相碳酸盐岩尽管在类型和岩石特征等方面与海相碳酸盐岩非常相似，但其形成条件和沉积环境（如水体深浅与分层、湖平面升降、开放与封闭情况、水体运动能量、沉积界面地形、生物种类、生物繁衍和陆源碎屑供给等情况）都有很大的区别。相比之下，湖相沉积更明显地受气候、沉积物源供给、水动力条件和水介质性质等因素的控制。

气候对湖泊碳酸盐沉积的影响远比对海洋显著得多。如松辽盆地早白垩世泉头组至嫩江组时期的古气候为温暖潮湿性气候，但是各组段又具有周期性干湿变化。当气候温暖湿润、湖盆开阔时，降雨量大，地表径流可向湖盆带入大量陆源碎屑物质和Ca^{2+}、Mg^{2+}等成分，易于形成碎屑岩或混积岩；而在干旱期，河流作用不甚明显，入湖陆源碎屑迅速减少，水体清澈，适宜生物繁衍，导致碳酸盐和生物碳酸盐沉积相对发育；当气候更趋于干燥、湖盆面积收缩时，水体混浊、浓缩、咸化并形成不利于生物生长的环境，从而抑制了生物碳酸盐沉积的发育，可形成膏盐沉积。

淡水—半咸水碳酸盐沉积的发育程度与该盆地的生态环境密切相关。在适于大量不同类型生物繁衍的环境中，如浅水区的滩、坝、堤、岛等地形较高部位，或古岛屿周围的断阶带、斜坡带、水下古隆起带以及由浅水向深水过渡的陡坡上缘，均可形成一定规模的碳酸盐沉积。这些水下正向古地貌单元，由于具有陆源物质少、水体清洁、阳光充足、能量偏高、营养丰富等有利于碳酸盐沉积的特征，因此生物沉积作用明显，易于形成生物灰岩、礁灰岩或颗粒碳酸盐岩。一般情况下，浅水区游离氧的含量较高，其可使不稳定的负二价硫被氧化成高价，形成二价硫低值区，有利于碳酸盐泥或钙质生物壳的形成。它们除部分出现在滨岸带外，大多数沉积于半深湖至深湖环境，或多分布于高有机碳或高二价硫的地区。

湖相碳酸盐岩的发育受陆源物质的影响。湖相碳酸盐岩和砂岩在空间上呈消长关系分布，多数情况下砂岩发育区碳酸盐岩不发育，而在砂岩发育区的边缘或其间的湖湾内，则有利于碳酸盐岩发育，陆源物质影响不到的地区，如水下隆起区，有利于湖相碳酸盐岩的发育。在浅水高能环境中，由于沉积介质筛选作用加强，可形成大量的碳酸盐颗粒沉积。

根据水文特点可将湖泊划分为开放性和封闭性湖泊。前者具有永久的出水口，大气降水可以通过出水口外泄，反之为后者。因为湖泊水体流动和气候变化，水体会发生温度分层现象，进而出现化学分层。特别是在盐湖中，盐度较低的表层水体可以自由循环，盐湖底部高密度水体出现滞流和缺氧，导致底栖生物和潜底生物死亡，影响碳酸盐沉积。

湖相碳酸盐岩的发育受构造背景的影响。湖相碳酸盐岩一般发育于构造活动相对稳定、湖盆水体持续扩张阶段。这一阶段湖盆开阔、水域广布，加之适宜的气候条件，可使藻类、介形虫等生物大量生长和繁殖，从而在滨浅湖区形成各种类型的生物灰（云）岩、颗粒灰（云）岩和礁灰（云）岩，在半深水至深水湖区，可形成泥晶灰岩和泥灰岩。

湖相碳酸盐岩的形成可能与海侵作用密切相关。在海侵发育期，近海湖泊水体变深、变广，盐度增加，陆源碎屑物质供应不足，湖盆处于欠补偿沉积状态，有利于有机沉积和碳酸盐沉积。

总之，湖盆中的物理、化学和生物作用都会影响到湖相碳酸盐沉积，其性质和作用也有别于海相环境。

（一）物理作用

风力是湖泊环境中的最主要的物理作用。水的运动主要是由风以及风的吹程引起的，而潮汐的作用与海洋相比甚为微弱。风成波浪在浅水区可产生明显的沉积物运动，阻碍了轮藻等有根植物的生长，致使这些植物只能生长在不受风波干扰的较深水的湖底。风成波浪作用对各种异化颗粒的形成也是相当重要的。在多种原因形成的水流中，风驱水流占有相当重要的地位，波浪作用对于多种包壳颗粒的形成是非常重要的。大多数湖泊粒屑灰岩是内源异化颗粒经过古湖泊中风浪及其产生的湖流的搬运、分选和再分配的结果。因此，可以根据水动力学原理预测其分布。

此外，近岸浅水温度的升高和受到河水注入的影响也可形成水流，影响湖泊碳酸盐的沉积。密度流、紊流和沉积物重力流等，可在斜坡带、湖泊台地前积带及深水带形成各种再沉积的湖泊碳酸盐岩。

（二）化学作用

化学作用主要表现在碳酸钙物质在硬水湖中和在卤水湖中的沉积过程。湖泊中碳酸钙物质既有来自陆源碎屑的、生物骨架的，也有经化学作用无机沉积的。在化学沉积作用中，温度和CO_2分压是最重要的控制因素。温度的升高和CO_2分压的降低将导致介质中碳酸盐呈饱和或过饱和状态，并引起碳酸盐的沉积。但是，由温度升高所形成的碳酸钙的过饱和程度是很小的，而CO_2的逸散则是湖泊中碳酸盐沉积的一个特别重要的原因。从湖水向空气中自然脱气逸散CO_2是个缓慢的过程，所起作用微小。脱离逸散CO_2最重要的是光合作用，可以引起生物成因的碳酸钙沉淀。

导致碳酸钙沉积的温度因素在昼夜和季节性温度波动较大的湖滩带比较重要。对间歇湖来说，在春季对流时，由于湖底静水层的冷水被带到湖面并迅速升温而易于造成碳酸钙过饱和沉淀，尤其是在生物光合作用很强的时候，常因生物效应失去大量CO_2而引起碳酸钙沉淀。

在开放型的低盐度湖泊中，最常见的碳酸盐矿物是低镁方解石。其他含钙碳酸盐矿物的出现，取决于Mg与Ca的比值（Muller，1982）。例如，高镁方解石发生沉积要求的Mg与Ca离子比值为2:12，白云石要求的Mg与Ca离子的比值为7:12（在盐度较低时也可在低于该比值条件下发生），而文石则要求Mg与Ca离子比值大于12时才能沉积。

在干旱、封闭条件下，湖水盐度逐渐升高，初期的沉积物主要是方解石和文石。伴随Ca^{2+}、Mg^{2+}和CO_3^{2-}的沉淀，必将引起湖水盐度的变化，并导致或影响卤水的最终演变。若最初的湖水中所含的Ca^{2+}和Mg^{2+}远远高于HCO_3^-，在初期沉积后，卤水就会富含碱土而失去CO_3^{2-}和HCO_3^-。当HCO_3^-/Ca^{2+}值较低时，可形成小规模的碳酸钙沉积；当HCO_3^-/Ca^{2+}和HCO_3^-/Mg^{2+}近于一致时，可引起碳酸盐的广泛沉积；随着Ca^{2+}的不断减少，Mg^{2+}/Ca^{2+}值随之逐渐增加，直到形成高镁方解石、白云石和菱镁矿。

在古代湖相沉积物中，常发现有铁质碳酸盐矿物——菱铁矿。菱铁矿是化学作用环境中较为敏感的矿物，它的形成不仅需要游离的低价硫和弱还原条件，而且还需要低钙和低的氧化还原电位等条件的配合。在湖相沉积早期成岩环境中，易具备上述条件，因此，菱铁矿在地层中多以结核形式产出。

（三）生物作用

生物群对湖泊碳酸盐沉积的影响相对于海相碳酸盐沉积来说是重要的，植物作用更为重要。植物通过生物控制的钙化作用和诱发沉淀作用而产生碳酸钙。由生物直接沉积的湖泊碳酸盐，主要来源之一是小型水生轮藻及隐藻类植物。轮藻生长水深多为10~15m，除了生产大量碳酸盐外，还像海草一样阻挡和捕获细粒物质。它们或以植物体直接钙化或以植物体包壳形式再现隐藻结构，同时也经常通过粘结或障积作用使灰泥沉积。钙化藻类通常由低镁方解石组成，但在盐湖中也可由高镁方解石组成。包括蓝藻细菌在内的湖泊植物群，在间歇性硬水湖和盐碱系统中，因为没有游离的 CO_2，形成了广泛的碳酸盐沉积物，并在生物礁、叠层石和类核形石的形成过程中也起着重要作用；包括软体动物和介形类在内的湖泊动物群遗体，是湖泊碳酸盐生物沉积的另一重要组成部分。

二、湖相碳酸盐岩沉积特征和分布规律

（一）沉积特征

湖相碳酸盐岩主要岩性包括：（1）以螺、介形虫、蚌、藻类等生物化石和包壳粒、球粒、内碎屑等组成的颗粒碳酸盐岩；（2）化学及生物沉积形成的泥晶碳酸盐岩；（3）由非骨架生物介形虫、螺、蚌等的壳体埋藏石化形成的生物碎屑碳酸盐岩；（4）由造架生物枝管藻、龙介虫管或隐藻类障积粘结而成的骨架碳酸盐岩，其产状有生物礁、礁丘、泥丘等；（5）碎屑岩与碳酸盐岩混合沉积形成的混积岩。

湖相碳酸盐岩的沉积特征非常重要，特别是纹层和包壳颗粒。

1. 纹层

小尺度纹层是湖相碳酸盐岩的一个常见特征，成因解释复杂多样。许多碳酸盐纹层、硅质碎屑纹层、有机质纹层以层耦形式出现，有规律的叠加。

来自河流供源形成的硅质纹层可与碳酸盐纹层配对，其纹层厚度可反映气候周期性变化和事件沉积作用。如果配对纹层是等厚规则变化的，反映了年度气候季节变化；如果配对纹层的厚度变化没有规律性，则可能反映事件性沉积作用。

化学作用和气候变化可形成季节性纹层。春夏温暖气候容易引起碳酸盐沉淀。例如在死海季节性纹层中，夏季水温达到 36° 后形成放射虫文石针晶白色纹层，暗色纹层由黏土矿物、碎屑方解石和白云石组成。

生物作用对纹层形成也具有重要作用。在表面水体饱和碳酸钙时，可发生生物诱发的碳酸盐沉淀作用。另外，生物扰动作用、水流作用以及变形作用均会影响纹层的保存。

2. 包壳颗粒

湖相碳酸盐岩中出现多种成因的包壳颗粒。生物成因的包壳颗粒是由蓝细菌和绿藻制造的，具有层状构造，常形成于水体较浅、波浪作用不太明显的环境。鲕粒和豆粒的形成与波浪作用密切相关，其矿物成分随湖泊化学特征发生变化。低镁方解石鲕粒形成于 Mg/Ca 离子比值较低的湖泊，文石鲕粒形成于 Mg/Ca 离子比值较高的碱性咸水湖泊。

（二）分布规律

就世界范围来看，从古生代到新生代，都有湖相碳酸盐岩的分布，典型地区有坎波斯盆地白垩系、中东地区白垩系等。中国湖相碳酸盐岩集中分布于中、新生代各类陆相盆地中，自三叠纪到新近纪的古湖盆乃至现代湖盆中均有分布，比如四川盆地侏罗系、松辽盆地白垩系、珠江口盆地、柴达木盆地、渤海湾盆地古近系等。

湖相碳酸盐岩广泛分布于浅水区，具有层数多、单层厚度薄、呈韵律性变化等特点；湖相碳酸盐岩的沉积周期短、沉积速率大，旋回性明显；湖相碳酸盐岩中的生物沉积作用显著，生物组合简单；湖相碳酸盐岩呈连续或不连续的带状环湖岸分布，礁滩主要分布在滨浅湖区、相对隆起的正地形顶部或斜坡地带；滨浅湖碳酸盐岩沉积厚度大、呈不连续片状或连续带状环岸分布，浅水隆起区的碳酸盐岩呈透镜状、高部位沉积厚度较大，半深湖—深湖区碳酸盐岩多呈薄层状夹在黑色泥岩中；湖相碳酸盐中陆源碎屑的混积普遍，发育成分和层位混积。

湖相碳酸盐岩的分布主要受控于构造背景、气候和物源供给等方面的因素。有利于湖相碳酸盐岩发育的条件是：（1）湖相碳酸盐岩多形成于温热的气候条件；（2）湖相碳酸盐岩发育于构造活动相对稳定、湖盆水体持续扩张的发育阶段；（3）在构造活动缓和、湖盆沉降与沉积作用缓慢补偿，尤其是在缓慢湖侵、湖水开阔的条件下，最有利于湖相生物碳酸盐岩和颗粒碳酸盐岩的形成；（4）在陆源物质供给非常少或不易影响到的地区，如湖盆中的水下隆起，尤其是碳酸盐岩水下隆起等部位，有利于湖相碳酸盐岩的发育；（5）水介质矿化度较高、生物繁盛的、水体清澈并动荡的湖盆。

三、湖相碳酸盐岩沉积类型与沉积模式

湖泊碳酸盐沉积作用往往是湖泊演化过程中特殊阶段的沉积产物。湖泊是一个动态系统，特别容易受气候波动的影响，加之构造和沉积背景复杂，湖相碳酸盐岩沉积模式研究尚处于发展阶段。人们根据湖泊类型、生物作用、水体开放封闭状态、沉积类型、地形特征等要素建立了湖相碳酸盐岩沉积模式（图27-7）。

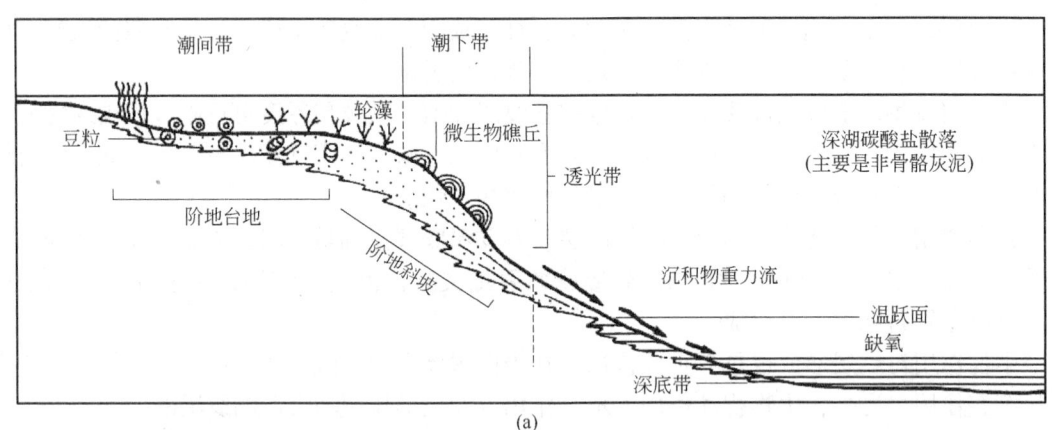

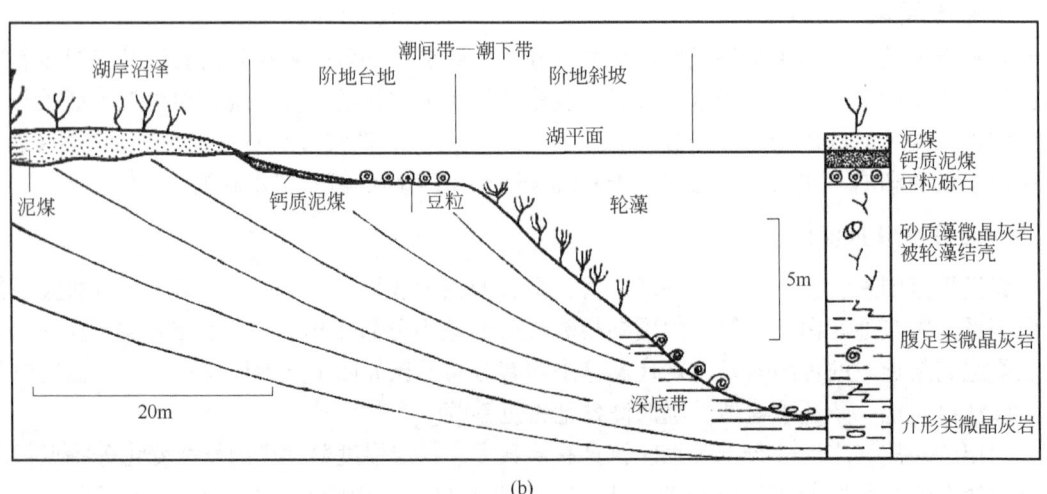

图27-7 湖相碳酸盐岩沉积模式（据 Murphy，Wilkinson，1980）

湖相碳酸盐岩的沉积类型大体可分为三类：（1）湖泊骨架碳酸盐岩沉积，主要为礁、礁丘和生物层；（2）湖泊颗粒碳酸盐岩沉积，主要为滩、堤、坝和沙嘴；（3）湖盆泥晶碳

酸盐岩沉积，主要为层状岩体。这3类沉积特征与成因都与岩石性质密切相关。

（一）湖泊骨架碳酸盐岩

1. 湖泊生物礁

湖泊生物礁是指生长于湖泊中的、由造架生物形成的碳酸盐建隆。以渤海湾盆地东营凹陷西部平方王沙河街组沙四段上部礁体为例，该礁体呈弧形、堤状，最大残余厚度49.5m，向周缘逐渐变薄尖灭（图27-8）。

东营凹陷沙河街组平方王礁体形成于水下低隆起上（包括斜坡带的上部），这里水体阳光充足、水体清澈、循环良好、水体较咸，有利于湖泊生物和海源生物繁盛共存以及碳酸钙的沉淀。

平方王礁体主要由中国枝管藻及山东龙介虫建造而成。礁体可分为4个微相，即礁核微相、礁前微相、礁后微相、礁缘微相等（图27-8）。礁核微相的岩石类型有中国枝管藻白云岩、龙介虫栖管—枝管藻白云岩、球粒白云岩及白垩等。礁核部位最宽约4km，钻遇最大厚度28.5m。礁前微相主要岩性为亮晶藻砾屑白云岩、亮晶螺灰岩，螺壳较厚，个体完整，该相带水体活跃，适宜于喜在迎风坡繁殖的腹足类生活。同时这里坡度大，易滑动滑塌致使碳酸盐颗粒大小混杂。礁后微相由泥晶白云岩组成，含部分管藻屑、生物碎片及核形石等，反映礁后部位由于受到礁核微相的障蔽，水动力弱。礁缘微相以泥晶粒屑灰岩及含粒屑泥晶灰岩为特征，夹泥岩薄层，孔隙性差。

平方王礁体纵向上微相变化明显，单体规模小，相邻的微相叠加、频繁重复。礁体是在水体进退、升降较为频繁的条件下，由不同时期沉积的礁体相互叠加而成的。

2. 湖泊礁丘

湖泊礁丘是以生物（包括微生物）建造作用为主导，由骨架岩、颗粒碳酸盐岩和泥晶碳酸盐岩共同组成，并以泥晶碳酸盐岩为主要成分的半深水岩隆，是生物礁和深水泥丘间的过渡性岩体，其岩体特征及形成过程也介于礁与深水泥丘之间。我国已知的湖泊礁丘碳酸盐岩体见于济阳坳陷沾化凹陷义和庄凸起的东部陡坡带沙河街组沙四段半深湖沉积区（图27-9）。义和庄凸起由奥陶系碳酸盐岩组成，相邻陡坡带沉积区水体清澈，由于奥陶系碳酸盐岩供源致使湖泊水体碳酸盐浓度高，有利于厚层碳酸盐岩沉积。礁丘呈扁平的透镜体，沿义和庄东部的陡坡发育。礁丘岩石类型包括含砂屑泥晶灰岩（占56%）、泥晶藻屑白云岩（占24%）、亮晶藻屑白云岩（占9%）、枝管藻（即骨架碳酸盐岩，包括龙介虫栖管）白云岩（占11%）。这种以泥晶碳酸盐岩静水沉积为主，又含骨架岩的沉积是礁丘的重要特点。义东礁丘由3个礁丘组成，每个礁丘可分出礁丘底、礁丘核及礁丘帽3个微相（图27-9）。礁丘底由含生物碎屑的泥晶灰岩组成；礁丘核微相以泥晶及亮晶藻屑白云岩为主，间夹含砾屑的枝管藻骨架白云岩，后者呈层状、漂砾状及枕状，最大连续厚度为9m；礁丘帽由分选良好的亮晶颗粒白云岩组成。

义东礁丘大致发育过程是：义东陡坡发育的藻类沉积物达到一定厚度时，发生滑塌后堆积于深水泥晶灰岩之上，随着堆积物不断增加，水体变浅，生长繁殖枝管藻类等造架生物形成骨架岩，但后来湖平面相对上升，水体加深，又被细粒的泥晶灰岩覆盖，完成一个礁丘的沉积韵律。

3. 湖泊生物层

湖泊生物层由湖相造架生物形成，主要发育于盆地缓坡带，在陡坡混水区也有发现。生物层以济阳坳陷东营凹陷沙河街组沙一段"针孔灰岩"层最典型，沉积厚度2~5m。东营凹

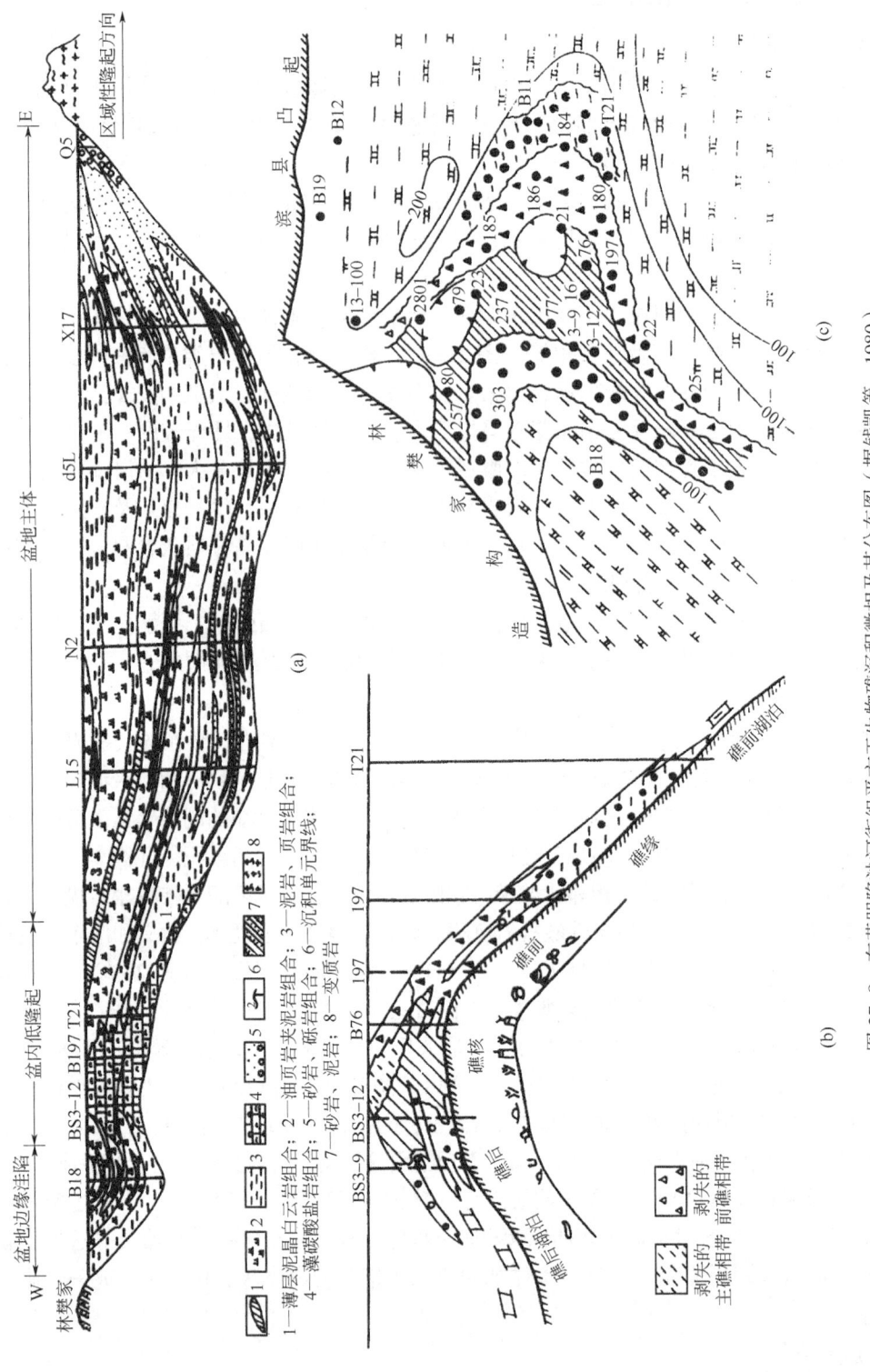

图 27-8 东营凹陷沙河街组平方王生物礁沉积微相及其分布图（据钱凯等，1980）
(a) 古地理环境；(b) 礁相剖面图；(c) 礁相平面图

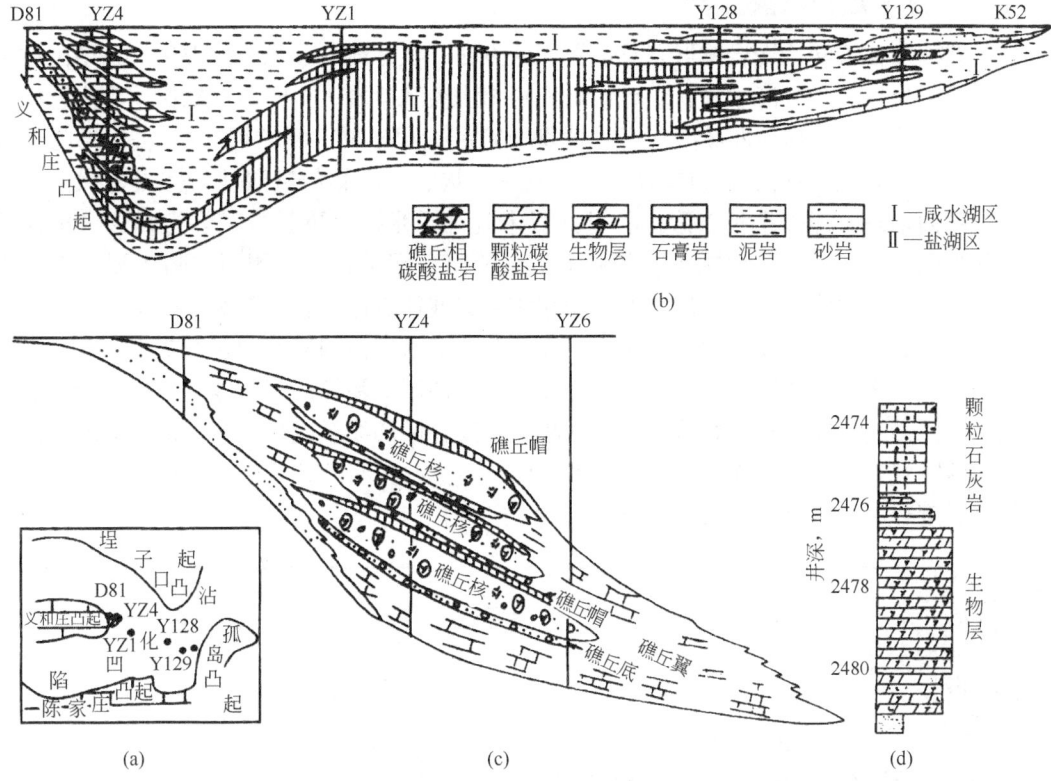

图 27-9 沾化凹陷礁丘相及生物层沉积环境（据杜韫华，1990）
(a) 岩体位置；(b) 岩体沉积环境；(c) 礁丘相剖面图；(d) Y129井生物层剖面

陷北部陈家庄凸起的南坡发育前震旦系硅质变质岩，粗碎屑物源多，不利于生物骨架岩的发育。东营凹陷南部缓坡受南侧由奥陶系石灰岩组成鲁西隆起供源影响，入湖水质富含碳酸钙，加之沉积区坡度小、波浪作用较强，利于形成薄层骨架生物层。生物层以管状藻白云岩为主体，并混有多种颗粒组分，成层分布，管状藻白云岩常覆于颗粒碳酸盐沉积之上，形成砾屑白云岩、鲕粒白云岩、藻团粒白云岩、管粒藻生物骨架岩序列，也就是说生物层常位于水进层序的上部（图 27-10）。

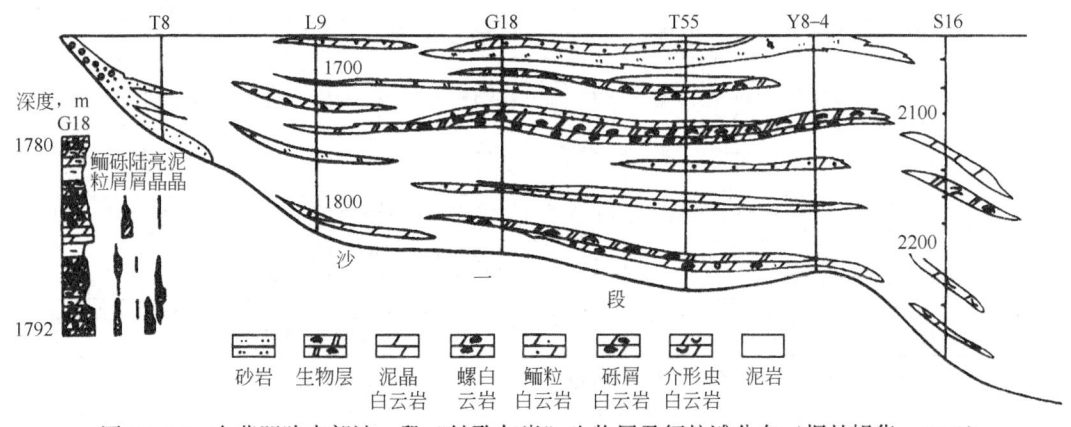

图 27-10 东营凹陷南部沙一段"针孔灰岩"生物层及鲕粒滩分布（据杜韫华，1990）

（二）湖泊颗粒碳酸盐岩

根据湖泊颗粒碳酸盐岩岩体形态及水深，分为堤、坝、洲、滩等四种类型。在中国中部含油气盆地中生界、渤海湾盆地新生界均可见到湖泊碳酸盐岩。如四川盆地侏罗系生物碎屑灰岩、辽河坳陷渐新统球粒滩碳酸盐岩、黄骅坳陷古近纪生物—鲕粒坝/滩；济阳坳陷碳酸盐岩滩、洲、堤、坝发育俱全（图27-11）。通常，堤、坝型颗粒碳酸盐岩体具有大体相似的平面与剖面形态，即多呈长条形，长可几百米到几千米甚至更长，宽多为几百米至几千米，厚几米到几十米。堤、坝颗粒石灰岩上被湖相暗色泥岩覆盖，侧面向暗色泥岩渐变尖灭，显示了沉积期始终处于水下的特点。颗粒滩型碳酸盐岩体具有形态宽缓的特点，垂直岸线方向变化较大，平行岸线方向变化较小。如东营凹陷永安镇湖滩型颗粒石灰岩体，叠合面积达百余平方千米，单层厚几米，累计厚度几十米。沙洲式颗粒石灰岩体，常见连接岛屿和陆地的特征。沙嘴式颗粒石灰岩体呈伸入湖相泥岩发育区的线形或指状体，济阳坳陷孤岛凸起西侧的沙嘴式颗粒石灰岩体很典型。这类岩体长可达几百米至几千米，厚可达几米至几十米，但其宽度较小，且可与泥岩突变接触（图27-11）。

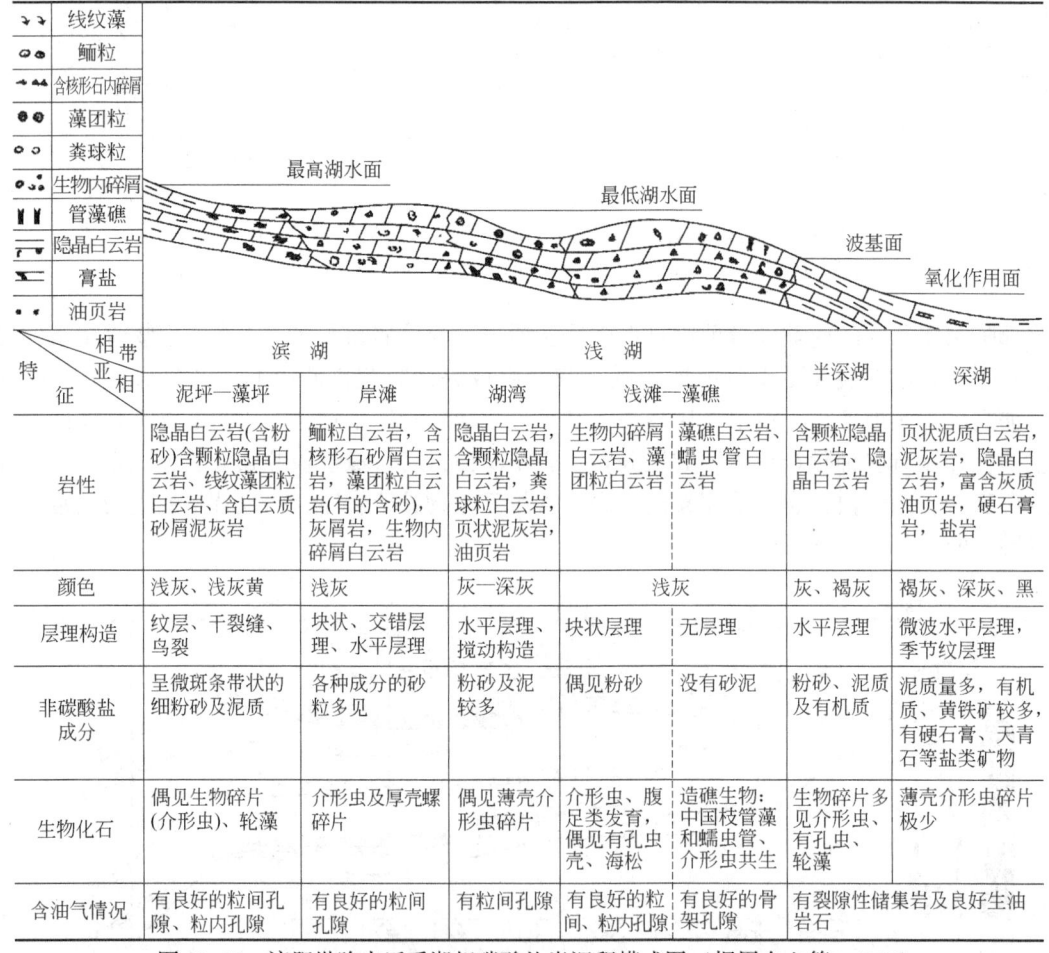

特征	相带亚相	滨湖		浅湖		半深湖	深湖
		泥坪—藻坪	岸滩	湖湾	浅滩—藻礁		
岩性		隐晶白云岩(含粉砂)含颗粒隐晶白云岩、线纹藻团粒白云岩、含白云质砂屑泥灰岩	鲕粒白云岩，含核形石砂屑白云岩，藻团粒白云岩(有的含砂)	隐晶白云岩，含颗粒隐晶白云岩，粪球粒白云岩，灰屑岩，生物内碎屑白云岩	生物内碎屑白云岩、藻团粒白云岩、页状灰岩、油页岩	藻礁白云岩、蠕虫管白云岩	含颗粒白云岩、隐晶白云岩	页状灰质白云岩，泥灰岩，隐晶灰岩，富含灰质油页岩，硬石膏岩，盐岩
颜色		浅灰、浅灰黄	浅灰	灰—深灰	浅灰	灰、褐灰	褐灰、深灰、黑
层理构造		纹层、干裂缝、鸟裂	块状、交错层理、水平层理	水平层理、搅动构造	块状层理	无层理	水平层理	微波水平层理，季节纹层理
非碳酸盐成分		呈微斑条带状的细粉砂及泥质	各种成分的砂粒多见	粉砂及泥质较多	偶见粉砂	没有砂泥	粉砂、泥质及有机质	泥质量多，有机质、黄铁矿较多，有硬石膏、天青石等盐类矿物
生物化石		偶见生物碎片(介形虫)、轮藻	介形虫及厚壳螺碎片	偶见薄壳介形虫碎片	介形虫、腹足类发育，偶有孔虫壳、海松	造礁生物：中国枝管藻和蠕虫管、介形虫共生	生物碎片多见介形虫、有孔虫、轮藻	薄壳介形虫碎片极少
含油气情况		有良好的粒间孔隙、粒内孔隙	有良好的粒间孔隙	有粒间孔隙	有良好的粒间、粒内孔隙	有良好的骨架孔隙	有裂隙性储集岩及良好生油岩石	

图27-11 济阳坳陷古近系湖相碳酸盐岩沉积模式图（据周自立等，1985）

渤海湾盆地古近系发育多种类型颗粒碳酸盐岩并具有下列分布特点：（1）湖湾地区颗粒石灰岩沉积厚、分布广；（2）水下隆起顶部及斜坡带上部岩体厚度大而面积广，厚度数十米，面积数十平方千米；（3）岩体厚度、相带宽度与古坡度密切相关，一般1°~3°，利于颗粒碳酸盐岩发育；（4）岩体厚度、相带宽度和粒径也有一定关系，粗粒碳酸盐岩往往沉积厚度较大、相带宽度较小，细粒颗粒碳酸盐岩厚度较大且相带也较宽；（5）颗粒石灰岩可以和砂层相毗邻，发育在三角洲古河口附近或侧方。

上述特点说明，除原地埋藏的生物灰岩外，各湖盆中颗粒组分都曾发生过广泛的搬运和再分配。模拟计算证明，能够起到这种作用的只有风浪及风成湖流。因此，风浪及湖流在颗粒碳酸盐岩的形成过程中起着相当重要的作用。根据湖盆大小和形状、坡度、古风向等因素，可以预测湖泊颗粒碳酸盐岩沉积的类型、规模及展布方向。

（三）湖盆泥晶碳酸盐岩

湖盆泥晶碳酸盐岩的典型产状为层状，甚至为薄层至纹层状。因为泥晶碳酸盐岩为化学沉积成因，只要湖水具备析出$CaCO_3$的条件，一般都会在较大的范围内较均匀地形成碳酸盐岩层。即使其厚度极小，乃至纹层时，也较少发生突然尖灭消失。湖水中$CaCO_3$的饱和度主要与钙离子、碳酸根的含量及pH值高低有关。当阳离子以钙为主时，饱和度随矿化度增加，否则反而降低。这样，母岩区石灰岩发育时，便对此类岩石形成有利。在干旱盆地，如柴达木等我国西部一些中-新生代盆地，泥晶碳酸盐岩多以厚几十厘米的薄层乃至纹层出现在砂泥岩相区和膏岩相区之间过渡带，纵向上也处于中间过渡层段。在渤海湾盆地则主要有两种组合：一是中薄层石灰岩、泥云岩、泥灰岩组合，主要出现在湖湾及浅湖区富氧条件下，可见生物化石；二是片状和纹层状含泥灰（云）岩，深色纹层有机质含量高，为冬季沉积物，常含介形虫碎片，有时含有大量颗石藻化石。

（四）湖相碳酸盐岩沉积模式

湖泊是一个复杂多变的动力系统，湖泊构造背景、气候和沉积条件、生物作用以及水文条件等因素控制了湖泊碳酸盐沉积过程和沉积特征。因此，不同构造背景的湖泊沉积环境是千变万化的。根据淡水湖相的物源发育状况和相带发育的不同特点，可将我国淡水湖相碳酸盐岩沉积划分为湖礁型、湖滩型和湖叠层石型三种模式（图27-12）。总之，湖相碳酸盐岩沉积模式呈现多样性特点（图27-11，图27-12，图27-13）。

渤海湾盆地古近系湖相碳酸盐岩沉积模式反映了下列特征（图27-11，图27-13）：

（1）从盆地边缘到盆地中心，碳酸盐沉积的类型呈有规律的变化，依次是湖滩型碳酸盐沉积（灰泥滩和粒屑滩）、堤坝型碳酸盐沉积和藻礁及礁丘型碳酸盐沉积、生物粒屑滩、藻滩、纹层状泥晶石灰岩和泥晶白云岩。在盐度较高的碳酸盐沉积区，常与盐岩互层。厚层粒屑滩坝和骨架碳酸盐岩都出现在高能带。

（2）湖相碳酸盐岩的平面分布与湖盆岸线的曲折性、湖盆坡度及岛屿在湖盆中所处位置、水下隆起水深具有明显的依存关系。弯曲的湖湾、宽缓的坡度、较浅的水下隆起利于碳酸盐沉积的发育。

（3）骨架碳酸盐沉积与古地貌关系密切。一是沉积在濒临深水的、平缓的水下高地或水下隆起的顶部，这些位置常受较大断裂的控制；二是沉积在凸起边缘的陡坡带，适宜礁丘发育；三是凸起边缘斜坡和岛屿周围，岩体分布范围及厚度较小，形成生物层。

（4）颗粒碳酸盐岩主要发育于多条水系入湖区以外、岸线曲折的湖盆湾口、岛屿的近陆一侧、水下隆起的顶部及斜坡凹折带。以水动力较强、沉积水体较咸、较清为背景。岸线曲折湖湾口极易在横向流作用下形成湾口坝，也易形成屏障沉积和沙嘴等沉积体。水下隆起

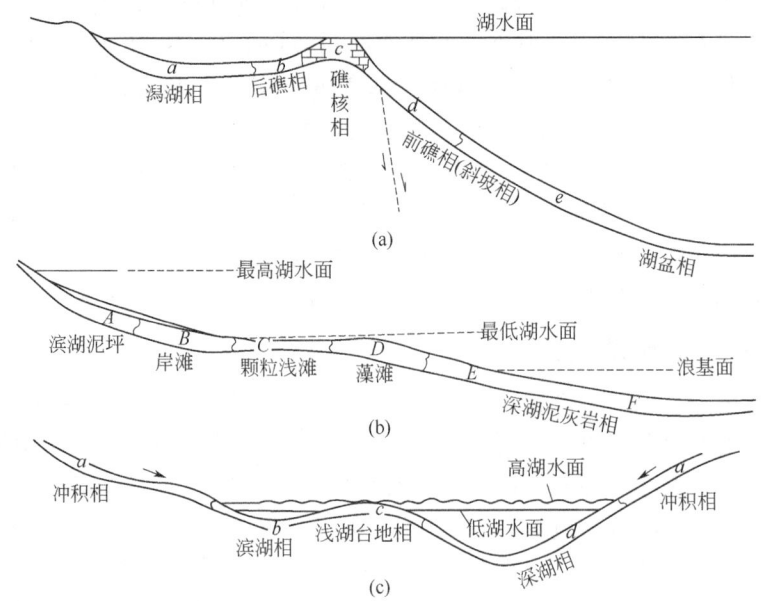

图 27-12 淡水湖泊湖礁型（a）、湖滩型（b）和湖叠层石型（c）碳酸盐岩沉积模式（据孟祥化，1985）

顶部波浪能量易大量释放，使得碳酸盐颗粒大量沉积。

（5）盆地物源区碳酸盐岩的有无，输入盆地硅铝酸盐岩屑的多寡，明显影响湖相碳酸盐沉积。在物源区碳酸盐岩发育的情况下，注入湖泊的地表水或地下水中碳酸盐浓度高，利于湖相碳酸盐沉积。输入盆地的碎屑物质多，说明淡水补给多，形成浑水区，对水体及碳酸盐颗粒起稀释作用，不利于碳酸盐颗粒的形成和沉积。渤海湾盆地周边山系为古老碳酸盐岩的断陷湖盆缓坡，往往发育湖相碳酸盐岩沉积。

四、湖相碳酸盐岩的鉴别标志与石油地质意义

（一）湖相碳酸盐岩的鉴别标志

湖相碳酸盐岩结构组分较复杂多样，但总体上与海相碳酸盐岩的组分类型是一致的。颗粒类型包括内碎屑、鲕粒、藻粒、球粒、生物碎屑、陆源碎屑等。亮晶胶结物、碳酸盐泥、晶粒和生物格架也是重要的组分类型。以下主要描述颗粒、生物格架和陆源碎屑等湖相碳酸盐岩有特色的组分类型，这些特征可以用于鉴别湖相碳酸盐岩。

1. 颗粒特征

（1）内碎屑：以砂屑和粉屑为主，少见砾屑，反映与海相碳酸盐岩相比，湖相碳酸盐岩形成时水体能量较低。内碎屑可由泥晶方解石或泥晶白云石组成。砂屑表面有时被藻纹层包覆，形成似核形石。

（2）鲕粒：鲕粒类型十分丰富，有正常鲕、表鲕、放射鲕、偏心鲕、复鲕等多种类型，以表鲕、放射鲕为主，在高能环境下，可见破碎鲕。鲕粒核心一般为砂屑、藻粒或生物碎屑，也有陆源物质，如石英砂粒等。湖相鲕粒有一个很大的特色，即多与藻活动有关，比如内层鲕的外面有藻管垂直生长的痕迹，后又有藻的同心层包裹颗粒，或藻粘结了多个鲕粒和砂屑，形成藻团粒。鲕粒可单独成层形成碳酸盐岩，也可作为重要组分分布于砂岩中。

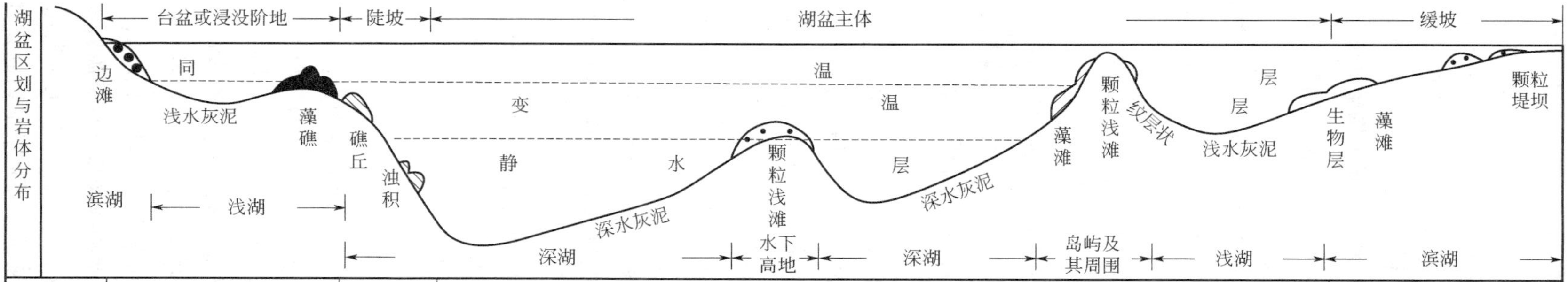

图 27-13 湖相碳酸盐岩综合沉积模式（据杜韫华，1990）

相区	盆缘台坪相区	(湖盆)陡坡相区		湖盆主体相				(湖盆)缓坡相区		
碳酸盐岩岩体类型	颗粒滩、灰泥滩	生物礁型	藻丘型	深水纹泥型	颗粒浅滩型	深水纹泥型	浅水灰泥型	岛屿颗粒滩及藻滩型	生物层及共生藻滩型	灰泥滩型	颗粒堤坝型
	浅水灰泥型										
组分构造特征	含表鲕、含砂纹层状、薄层状泥晶灰岩、含颗粒灰岩及泥灰岩，具生物碎片及干缩缝	枝管藻及龙栖介虫皮骨组架结壳粘结各种颗粒及砾屑，具原生格架构造、生物结壳长层理	以颗粒灰泥晶云岩为主，局部具生物格架构造及砾屑结构	泥晶碳酸盐岩为主要组分，可含大量颗粒石及生物碎片，具纹层状季候层理	原地堆积的介形虫化石为主，含亮晶胶结构	泥晶碳酸盐岩为主要组分，可含化石碎片及粉砂，纹层状季候层理	泥晶碳酸盐岩为主要组分	各种颗粒灰云岩，亮晶胶结物发育	薄层状枝管藻白云岩，有生长层理	以泥晶碳酸盐岩为主要组分，含砂	介形虫化石碎片为主要组分，亮晶胶结物发育

(3) 球粒：湖相沉积中常见的结构组分，多小于 0.2mm，呈浑圆或圆形，大小近似，集群产出。其内部皆为泥晶或微晶结构，色暗而富有机质。粪粒多具一致形态，密集分布，并常与虫管伴生。湖相沉积的球粒具有分布广、成因多样等特点。生物成因的球粒（粪粒和藻球粒）多与生物或生物碎屑伴生，或产于藻灰泥、藻架孔隙甚至虫孔中；化学凝聚形成的球粒边缘更为模糊，泥质成分明显增多，有时可形成泥质球粒。

(4) 藻粒：分布也较广，富集时形成藻粒云（灰）岩，如冀中坳陷沙河街组沙三段藻滩相。藻粒主要包括核形石（藻灰结核）、藻团块和藻屑。藻粒常具有清晰的内部结构，如东营凹陷平方王沙河街组沙四段的藻粒具有放射状的藻管。

(5) 生物颗粒：湖相碳酸盐岩中分布最广的颗粒类型，它常富集成生物或生屑灰（云）岩。构成湖相沉积的化石颗粒以软体动物（如瓣鳃类、腹足类介形虫和钙藻类生物）为主。

2. 生物格架特征

骨架生物种类很多，仅济阳坳陷蓝绿藻和红藻门就有 10 属 14 种，主要的造架生物是中国枝管藻、山东枝管藻及龙介虫的栖管化石。在手标本上，枝管藻呈微细管状，平行或辐射状丛生。在薄片中，其横切面呈圆环状，管径 0.03~0.05mm，其纵切面为拉长管状。这些藻类生物营底栖固着生活，可以固定软泥和其他碳酸盐沉积物，所形成的碳酸盐建造有抗风浪的作用。生物骨架组分在东营凹陷平方王沙四段、沾化凹陷义和庄凸起东部陡带沙河街组均有分布。

由造架生物组成或与生物（特别是藻类）沉积作用有关的湖相礁碳酸盐岩，是我国东部湖盆沉积的一个重要特点。渤海湾盆地、苏北盆地等均有不同规模的藻礁，如由多毛纲虫管骨架、藻类与虫管组成的礁体。由于世界各地新老湖相沉积中多无礁碳酸盐岩分布，加之我国各湖成礁体多与龙介虫栖管有关，且常有不同数量海产介形虫、有孔虫等伴生，故不少学者认为这类礁碳酸盐岩的形成与近海湖盆的多次海侵密切相关（王英华等，1993）。

3. 陆源碎屑特征

陆源碎屑的普遍混入是我国湖相碳酸盐岩的重要特色之一。除湖相生物礁以外，其他各类碳酸盐岩中都不同程度地有陆源碎屑的混入。陆源颗粒的出现反映出与海相碳酸盐岩相比，湖泊碳酸盐沉积环境的近物源和不稳定的特点。

湖相碳酸盐岩的形成与生物活动关系密切，除内碎屑和陆源碎屑外，上述各种颗粒类型都与生物活动密切相关，生物活动还形成各种生物扰动构造，甚至在沉积物形成以后，在同生期，生物活动还可形成泥晶套，对后期成岩作用产生影响。

（二）湖相碳酸盐岩石油地质意义

湖相碳酸盐岩可作为重要的烃源岩，如波斯湾上侏罗统的阿拉伯组石灰岩都是重要的生油岩。我国湖相碳酸盐岩总体分布面积有限、沉积厚度较小，难以形成主要的烃源岩。在某些沉积厚度较大的地区，如四川盆地侏罗系大安寨组半深湖介壳灰岩沉积厚 80~100m，有机质丰富，具有良好的生油条件。多数具有生油能力的湖相碳酸盐岩多形成于卤水湖泊环境，如东濮凹陷古近系沙河街组、柴达木盆地西部古近系和泌阳凹陷古近系核桃园组。在多数情况下，湖相碳酸盐岩烃源岩由湖相泥岩与湖相碳酸盐岩呈互层状沉积，如东濮凹陷古近系湖相碳酸盐岩烃源岩主要以泥灰岩和灰质泥岩为主，湖相碳酸盐岩型烃源岩占古近系烃源岩的 26%。可见，泥岩与碳酸盐岩的混合沉积是湖相碳酸盐岩生油岩的重要组成特征。湖相碳酸盐岩烃源岩中有机质变化较大，热演化存在迟缓效应。不同的矿物成分对有机质的热演化过程可产生明显不同的催化效应。

碳酸盐岩的孔隙体系主要由原生孔隙和次生孔隙构成，与碎屑岩相比，碳酸盐岩的孔隙体系要复杂得多。原生孔隙的成因取决于岩石结构，其分布与沉积类型有关，如骨架孔主要见于礁核相和礁丘核相，各种粒间孔主要见于浅湖及深湖层状、纹层状碳酸盐岩。次生孔隙是储集油气的重要孔隙类型，其形成和分布主要受成岩环境控制。受复杂成岩作用的影响，湖相碳酸盐岩的储集空间较为复杂，与海相碳酸盐岩相似。由于碳酸盐岩的矿物转变、易溶和脆性较强的原因，孔隙类型远比伴生砂岩储层的孔隙类型丰富。由于湖相碳酸盐岩孔隙类型多、形成条件复杂，致使孔隙度和渗透率变化极大。如孔隙度为1%~3%即可储油（川中大安寨油层），而有些碳酸盐岩储层最高孔隙度可达50%，如济阳坳陷东营凹陷平方王沙河街组生物藻礁白云岩。一般地说，滩相和生物礁相碳酸盐岩具有较理想的物性条件。总之，湖相碳酸盐岩由于其孔隙类型多、形成条件复杂，致使孔隙度和渗透率变化极大。

湖相碳酸盐岩可储集丰富的油气资源，形成具一定产能规模的工业油气藏和油田。湖相碳酸盐岩由于受自身结构、分布规律等条件，一般多以岩性和地层油气藏为主，也有成岩油气藏和构造油气藏。湖相碳酸盐岩在空间上多呈透镜状和薄层状展布，四周多被泥质岩包围，易形成岩性油气藏；生物颗粒灰岩多形成于浅水近岸相，侧向和垂向生储盖配置好，有利于地层油气藏的形成；地层超覆油气藏主要发育于古隆起斜坡带（包括古隆起边缘）；构造油气藏在湖相碳酸盐岩油气藏中也是较常见的一种类型，除背斜油气藏外，也有断层遮挡的构造油气藏。

湖相碳酸盐岩储层是一个值得关注的油气勘探领域，并已经发现了多种类型油气藏。如巴西坎波斯盆地、美国绿河盆地、前苏联滨里海盆地等均以湖相碳酸盐岩为储油气层；中国松辽盆地白垩系介形虫灰岩、四川盆地侏罗系介壳灰岩、渤海湾古近系滩坝灰（云）岩以及苏北盆地古近系阜宁组生物灰岩等，都是良好的储油气层，甚至是高产油气层。

思考实习题

1. 简述碳酸钙补偿深度（CCD）概念和不同深度碳酸钙的沉淀/溶解作用。
2. 说明深水沉积作用的类型和深水碳酸盐正常沉积作用。
3. 简述碳酸盐重力流沉积作用、沉积组合和沉积模式。
4. 说明碳酸盐等深流沉积作用以及沉积序列特征。
5. 简述碳酸盐浊积岩和等深岩的沉积特征区别。
6. 简述湖泊碳酸盐的沉积条件（物理、化学和生物作用）和分布特征。
7. 说明湖相碳酸盐岩沉积类型和沉积模式。
8. 简述湖相碳酸盐岩的鉴别标志及其与海相碳酸盐岩有何异同。
9. 查阅文献，说明远洋碳酸盐沉积作用和沉积机制研究进展。
10. 踏勘露头或查阅文献，建立远洋碳酸盐重力流沉积模式或湖泊生物礁沉积模式。

第二十八章 沉积作用控制因素

> **导 读**
>
> 本章核心知识点包括地质历史中的沉积环境差异性，生物类型发育演化与沉积作用关系、沉积旋回的级次，沉积作用和沉积旋回的构造、海平面升降、气候和物源供给的控制作用。

第一节 地质历史中的沉积作用和沉积旋回

一、地质历史中的沉积作用

从地球开始形成到现在的地球天文年龄约45.5（或46）亿年，已知地球上最古老的岩石（硅酸盐及其矿物）年龄约43.7亿年。显生宙寒武纪起始年代为5.4亿年，已沉积发育了具不同沉积特征的沉积序列，这些沉积序列反映了不同地质时期的沉积作用过程。

（一）大气圈和水圈的演化与沉积作用

数十亿年之前地质历史早期的大气圈和水圈（主要是海洋）与现在的大气圈和水圈有很大的不同。大气圈和水圈都是地球内部物质长期熔融分异释放到地面上来的挥发性产物，在地球引力场作用下积聚下来形成的。

早期的大气圈主要是由地球内部排出的气体逐渐聚集而成的。来自地球内部的气体可从现代的火山气体以及火山岩的研究中判断。现在的火山气体主要是 H_2O、CO_2、CO、N_2 等，没有游离的氧。因此，早期的大气圈可能也是不含氧的。它也可能几乎不含甲烷，因为在无氧的情况下，甲烷将分离并产生大量的碳；而在前寒武纪的沉积岩中，碳是很少的。大气圈中的氧可能有两个主要来源：（1）水蒸气的光离作用；（2）植物的光合作用。大气圈有氧或无氧，氧多或氧少，对沉积作用的影响很大。

在距今约46亿~40亿年间的地史早期，地球物质的熔融分异作用明显，去气作用强烈频繁，地表气温高于水沸点，所有的挥发性气体都积聚在大气中形成稠密的火山气圈，含大量强酸性气体和还原性气体，炽热潮湿，没有水圈和水的循环。

大约距今40亿年，火山去气作用开始减弱，气温下降导致火山气圈冷凝，形成了水圈。原始海水具有强酸性和强还原性，其pH值约为0.3，Eh值也低至足以使大量铁、锰、铜、硫等元素呈低价离子形式（Fe^{2+}、Mn^{2+}、Cu^+、S^{2-}）运移，并汇聚于海盆形成沉积矿床。

水圈由地史早期的强酸性和强还原性向地史晚期的弱碱性和强氧化条件演化贯穿于整个地质历史中，并伴随着火山—沉积旋回而频繁波动。

距今26亿年的太古宙，海水pH值一直很低，CO_2 在海水中溶解度低，且不能通过海水形成碳酸盐沉淀。火山作用释放出的 CO_2 都富集在大气中，形成稠密的 CO_2 大气圈。这个阶段多为强酸性和还原性雨水的风化淋滤环境，各种元素大量活化迁移，海底热液也为海水成矿作用提供了大量矿物质来源，主要形成铁、铝、钛、锆、金和硅石等惰性元素的沉积矿床。

距今 26 亿~6 亿年间的元古宙，地球去气作用进一步减弱，火山间歇期增长并使海水 pH 值、Eh 值升高，变为弱酸性和弱还原至弱氧化性海水，导致碳酸盐沉淀，主要沉积矿床有白云岩、石灰岩、铁、镁、锰等矿床。

大约距今 6 亿年开始的地史晚期，地球去气作用大大减弱，海水 pH 值、Eh 值进一步上升，变为弱碱性和强氧化性海水环境。随着海水 pH 值上升，CO_2 周期性地向沉积圈转移。

在太阳辐射和重力作用下，水圈以蒸发、降水和径流方式不断循环。在这一过程中，水对岩石矿物进行改造，使原来不稳定的矿物溶解，使元素重新活化、迁移、分异和沉淀，形成新的地表条件下稳定的矿物组合。另外，在循环过程中，水不断地与岩石发生各种复杂的化学反应，改变着自己的化学组成和性质。

水圈是地球物质演化分异的产物，水圈化学性质的演化，和地球内部物质的演化一样是一个不可逆的历史演变过程。

地球早期海洋的性质，如它的含盐度偏低或含碱度偏高等，也和现在海洋的性质有所不同。

那么，从什么时候开始，大气圈和海洋才具有或接近现在的情况呢？这需要对最古老的沉积岩进行研究后才能有所了解。年龄大于 20 亿年的维特瓦特斯兰德砾岩含有沥青铀矿和黄铁矿碎屑。在现在的大气圈中，这种易氧化的矿物是很难呈碎屑状态存在的。它们在古老的砾岩中呈碎屑出现，就成为当时的大气圈尚缺乏氧的标志。还有，最早红层的年龄不超过 20 亿年。假如该红层是在沉积作用过程中形成的，那还不需要这么高的氧分压，就可使铁变为高价的氧化物；假如该红层是在渗滤带中通过成岩作用形成的，那就需要相当高的氧分压，才能使渗滤带具有充分的溶解氧，使岩层氧化为红层。因此，在地球年龄 20 亿年以后，大气圈中才有一定含量的氧。有人估计，在大约 16 亿年以前，大气圈中的氧仅为现代大气圈的 1%。大气圈的氧接近现代大气圈的水平，可能是在前寒武纪末才到达，即大约在 6 亿年前才达到。在寒武纪早期，大量的、较高级的无脊椎动物三叶虫的出现，表明当时的大气圈已和现代的基本一样了。

在前寒武纪的碳酸盐岩中，Ca 与 Mg 的质量比值最低，约为 4；在古生代中期小于 10；在白垩纪最高，达到 56，这是由于深海有孔虫的广泛繁殖而引起的（图 28-1）。为什么会这样？这可以有许多解释。第一，它可能反映古老的碳酸盐岩的白云化机会多。第二，它可能反映产生镁方解石的生物随着时代的变老而增多，例如在古生代早期和前寒武纪晚期，钙质藻类是唯一的造礁生物，其中有的 Ca 与 Mg 质量比值很低；这种高镁方解石是最易白云石化的。第三，它可能反映当时的气候条件等适合于钙质藻类生长。现代的最能分泌镁的生物均分布于热带地区，那么以前的古老白云岩的产地也可能是这样吗？第四，在前寒武纪和古生代，大气圈中的 CO_2 分压比现代的略高，因而海水的 pH 值也将有所降低，

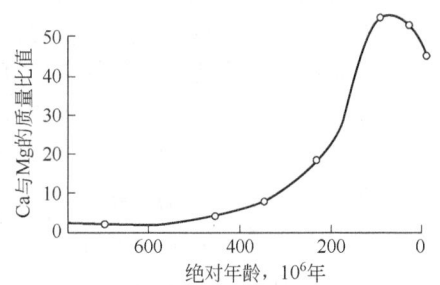

图 28-1　地质历史中碳酸盐岩 Ca 与 Mg 质量比值的变化（据 Chilinger，1956）

即当时的海水是弱酸性的。这种物理化学条件是有利于原生白云石沉淀的。

还有,前寒武纪的硅—铁矿床是十分发育的,这一铁矿类型的储量远远大于其他铁矿类型的总和。为什么在前寒武纪的沉积岩中,铁这么富集呢?这也有许多解释和推论,这些解释也涉及当时的大气圈和水圈的性质。有人认为,在前寒武纪早期,大气层是很薄的,所以紫外线可以在地表直接合成臭氧;臭氧是很强的氧化剂,所以当时的化学风化及剥蚀作用非常快,这就大大促进了硅—铁矿床的形成。

(二)生物的演化与沉积作用

地质历史中生物的发生和演化对沉积作用有巨大的影响。

一般都这么假定,最早的生物一定是在无氧的大气条件下发生的,当时它们还不能进行光合作用或其他化学作用来产生养料,它们的养料一定来自外部。这种生物称为异养生物。这在生物史上是第一个大事件,这一事件大约发生在35亿年以前。

后来,能够自己生产养料的自养生物出现了。最早的自养生物可能是具有原始叶绿素的细菌,它们开始利用 CO_2 合成糖,并把氧作为副产品析出。这称为光合自养生物或化学自养生物。自养生物的出现,在生物历史中又是一个大事件。它的出现改变了大气圈和水圈的成分和性质,从而极大地影响了沉积作用。这一事件大约发生在30亿年以前,即最古老的叠层石石灰岩生成前不久。CO_2 从海水中排出,将使海水的pH值上升,这将有利于碳酸钙的沉淀。但这一最早期的叠层石石灰岩更可能主要是生物成因的。这一生物学上的大事件逐渐地导致了富氧的大气圈的建立,这对原始动物群的发生和演化是一个前提。

寒武纪是生命演化的重要阶段,具有硬壳的后生生物大量涌现,并形成了与现代类似的完整的地球生态系统。但寒武纪也记载了不断反复的生物灭绝和生物复苏过程,同时也伴随着大气和海洋化学条件的明显变化。

在寒武纪开始时,生物界发生了一个突然的爆发性的变动,即相当高级的无脊椎动物三叶虫突然大量地出现了。这可以算作生物学发展史中的第三个大事件。这一事件突然出现的原因,现在还未解决。在三叶虫突然爆出的时代,当时的海水似乎已经具备现代无脊椎动物生活的一切条件,只不过当时还没有分泌碳酸钙骨骼的生物罢了。但是,没有多久,这种分泌碳酸钙骨骼(主要是介壳)的生物就出现了。这在生物史上可以算作第四个大事件,这一事件的出现对碳酸盐岩的广泛发育,是有极为密切关系的。

生物历史中的第五个大事件可以算作陆地植物的出现,这导致了煤的形成。这一事件在志留纪就开始了,到了石炭纪,到达全盛时期。这一造煤沉积作用一直延续到现在。

在白垩纪,在远洋中突然出现了大量的浮游生物,如球菌和深海有孔虫。这些生物是白垩的主要组分,它们的突然大量出现,使地质历史中碳酸盐岩的Ca与Mg质量比率达到了最高峰(图28-1),并且还改变了地球上碳酸盐的循环作用。其他的碳酸盐沉积大都是浅海的或陆表海的,它们很易于再旋回。碳酸盐沉积的主控因素是大地构造和气候,这两个地质因素不仅控制了海平面升降变化,而且控制了碳酸盐台地类型。显生宙碳酸盐岩沉积明显与全球海平面升降变化密切相关。海平面高位期或大陆架被海水淹没时期,沉积发育浅海碳酸盐岩(图28-2)。当然,碳酸盐岩沉积作用与生物演化过程密切相关。古生界碳酸盐岩中生物碎屑多为腕足和海百合动物以及苔藓虫、珊瑚等;中生代碳酸盐岩中生物碎屑多为双壳类;新生代碳酸盐岩中生物碎屑大多数为软体生物,含有少量的腕足类和棘皮类生物。

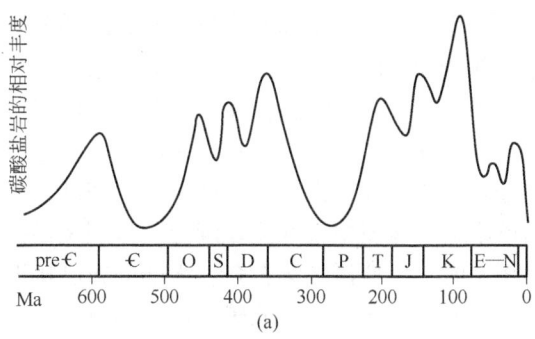
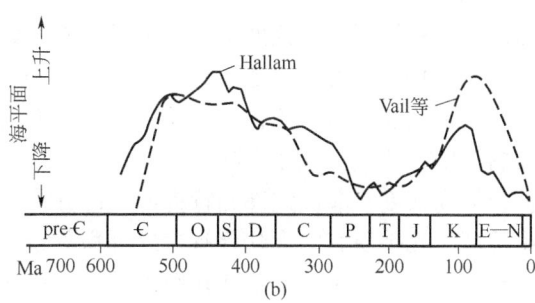

图 28-2 显生宙碳酸盐岩相对丰度（a）和全球海平面变化（b）（据 Given，1987）

（三）沉积作用速率

要明确现今和古代各个地质时代的平均沉积作用速率是相当困难的，但是，如果利用各个地质时期的最大沉积厚度除以该沉积地层所持续的地质时间，那么可以发现这么一个规律，即随着地质年龄变新，沉积作用速率在逐渐增加（图 28-3）。这个规律进一步证明了沉积作用速率存在着长期变化的结论。

二、沉积记录特征与沉积旋回

（一）古生代古地理和古气候

优地槽型沉积（含与岩浆活动相关的浅水沉积）及发育其中的蛇绿岩套是再造早古生代大陆的重要标志。已知的早古生代蛇绿岩套发现于北美阿巴拉契亚褶皱带、西北欧加里东褶皱带、澳洲东部古生代褶皱带及中亚褶皱区。这表明早古生代初，全球范围内存在 5 个彼此分隔的巨大的古大陆，即冈瓦纳大陆、古北美大陆、古欧洲大陆、古西伯利亚大陆和古中国大陆。这些古大陆不同程度地遭受了海侵，形成了陆表浅海。古地磁研究表明，北美、欧洲、

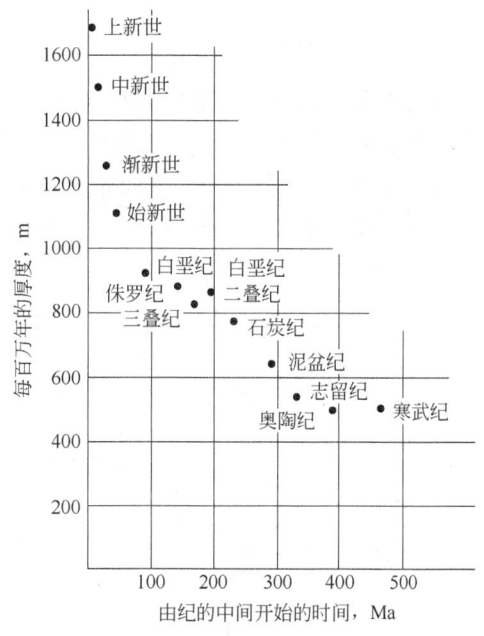

图 28-3 显生宙不同地层单元的最大沉积厚度
（据 Gilluly 和 Homes，1949）

西伯利亚等古大陆处于低纬度地区，西伯利亚、华北和巴基斯坦地区处于干旱带。

晚古生代初，古北美大陆和古欧洲大陆已连接起来，构成古欧美大陆。全球范围内 4 个巨型大陆块体边缘或内部不同程度地遭受了海侵，形成了陆表和陆缘浅海。从泥盆纪后期开始，多次地壳运动使各大陆相互靠近，所有大陆联合成统一的"泛大陆"。晚石炭世冈瓦纳大陆巨大的冰川作用反映了高纬度气候带特征，石炭纪和二叠纪北美、欧洲、中国华南、华北的热带植物群及含煤地层、生物礁反映了赤道及低纬度地区热带、亚热带气候；石炭纪、二叠纪西伯利亚安加拉植物群、冈瓦纳大陆舌羊齿植物群表示了中高纬度的温带气候。

（二）中、新生代古地理和古气候

中生代是"泛大陆"解体、新海洋形成的历史阶段。大陆解体起始于晚三叠世，此时

北美和非洲、欧洲相分离，出现原始的北大西洋，中生代的特提斯海西段也随着大陆的分离而产生。特提斯海大致处于赤道附近，南方大陆大部分处于南半球。三叠纪气候一般是较为干燥的，特提斯海域广泛发育的三叠纪石灰岩及某些地区的生物礁指示了热带—亚热带气候，西伯利亚等地区的含煤沉积代表了北方温湿气候。侏罗纪大陆进一步分裂漂移。古地磁资料表明，北美和欧亚大陆位于北半球并绝大部分处于中纬度，南非位于南半球中纬度，澳洲位于高纬度，非洲北部和特提海大部分位于赤道附近。侏罗纪气候比较潮湿，特别是早—中侏罗世几乎所有的大陆都有含煤沉积分布。白垩纪时，大西洋继续扩张，大陆分布已接近现今轮廓。白垩纪气候不断转向干燥，特提斯洋、北非等处于热带，北美、西伯利亚等地区的含煤沉积可能代表了温湿气候的北温带。

新生代时期，全球古地理发生了变化。特提斯海封闭，大西洋继续扩张，太平洋不断缩小，各大陆相对漂移逐渐形成现代七大洲、四大洋地理面貌。新生代大陆地区海水表现出退却趋势。古近纪—新近纪以炎热气候为主且分带现象明显，而第四纪气候较寒冷，冰川广布，出现多次冰期。

（三）沉积旋回特征

关于沉积旋回分析可以追溯到 19 世纪，但在 20 世纪 70 年代，Vail 等人将沉积旋回的形成与海平面的相对变化联系起来，并且认为，较大规模的海平面变化旋回在世界范围内可以对比，也就是说海平面变化旋回并不是由局部构造事件引起的，而是全球性海平面变化的结果。Vail 等人根据海平面相对变化区域旋回的对比，制作了显生宙海平面变化的综合性图件（图 28-4）。这些

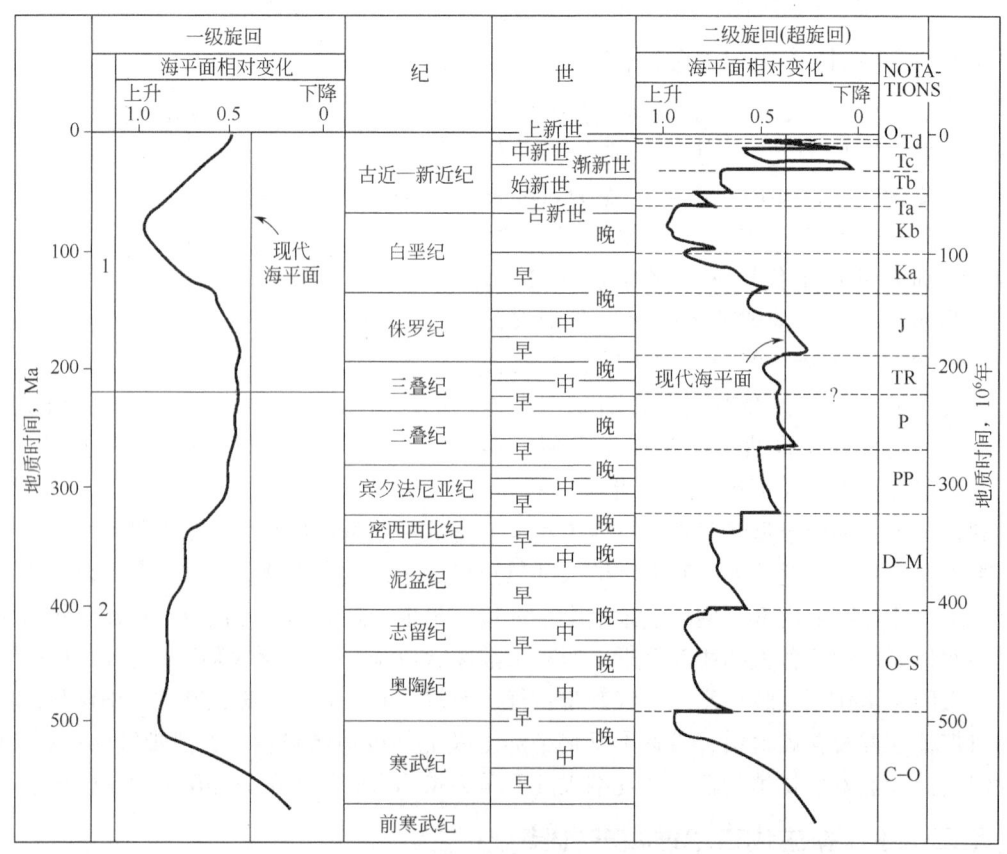

图 28-4　显生宙海平面变化旋回曲线（据 Vail 等，1977）

图件为人们提供了一把与板块构造同等重要的、了解世界范围地层事件的钥匙。Vail 等人将地层记录中的层序发育划分成多个等级的旋回，这些旋回的等级与海平面变化经历的时间长短有关。一级旋回经历的地质时间超过亿年，包括显生宙两次最大的持久性海进期（寒武纪至密西西比纪，白垩纪）和一次最大的海退期（宾夕法尼亚纪至侏罗纪）（图 28-4）。二级旋回持续时间大约为几千万年，它与地质年代中的纪同等重要。三级旋回的延续时间从不到 1 百万年至 1 千万年，往往与地质年代的世或世的一部分相对应。四级旋回的时间跨度一般为几十万年。冰川的推进和退缩使海平面发生比较迅速的变化，由此产生了作为四级旋回的地层事件（表 28-1）。

表 28-1　地层旋回级别及其形成原因（据 Miall，1984）

类别 （Vail 等，1977）	其他名称	时间长度，Ma	可能原因
一级		200~400	由超大陆的形成和解体引起的、主要的全球海面升降旋回
二级	超旋回（Vail 等，1977） 层序（Sloss，1963）	10~100	由全球性洋中脊扩张脊体系的体积变化引起的全球海面升降旋回
三级	大旋回层（Ramsbottom，1979） 中旋回层（Ramsbottom，1979）	1~10	可能由洋中脊变化和（或）大陆冰原的生长及消亡引起
四级	旋回层（Wanless，Weller，1932）	0.2~0.5	由大陆冰原的生长和消亡、三角洲的生长和废弃引起的全球性海面快速波动

第二节　沉积作用控制因素分析

地质历史阶段的沉积作用受多种因素的控制。总的来说，沉积作用控制因素主要是构造运动和沉降、全球海平面变化、沉积物供给、气候、米兰科维奇旋回和轨道作用力、内在沉积过程、物理过程、生物活动、水化学性质、火山活动、生物活动等。下面就主要沉积作用控制因素进行分析讨论。

一、构造运动和沉降

大地构造作用是沉积作用最重要的外部控制因素。首先，风化剥蚀区和沉积区就是由大地构造作用决定的。假如没有构造上升作用和下降作用，就不会有上升地区陆地表面的风化作用和剥蚀作用，沉积岩最重要的原始物质不会形成，因此在下降的地区就不会有沉积作用，也就不会有沉积岩生成。此外，像沉积区类型的划分、不同沉积区的沉积作用及沉积岩的特征以及沉积物和沉积岩的演化等，也都与大地构造作用有极密切的关系。

较稳定的沉积区，如地块、陆块、地台、地盾、克拉通、板块内部等，大地构造作用较稳定，以升降作用为主，升降的幅度也不大；基本上没有褶皱作用、逆断层作用、变质作用和岩浆作用，或这些作用很弱；沉积速度较慢，沉积厚度不大；沉积旋回主要表现为海进和海退，在海退层段常有沉积间断，这种沉积间断或假整合常是地层划分和对比的重要标志；其沉积大都是浅海沉积。

较活动的沉积区，如地槽、板块边缘等除了升降作用以外，还有较强烈的褶皱作用、变质作用和岩浆作用，沉积速度较快，沉积厚度较大，常有深海沉积（图 28-5）。

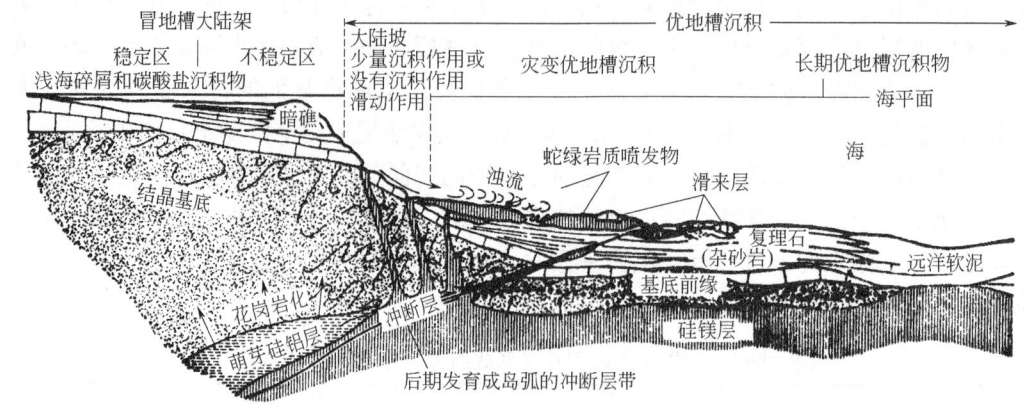

图 28-5　大陆架到深海槽的地槽沉积模式（据 Kuendig，1959）

事实上，构造运动以不同的方式和不同的规模影响着沉积作用（图 28-6）。在全球范围内，岩石圈板块的分布和运动导致了控制物源区规模和性质，沉积物搬运途径，沉积中心的洋、陆分布样式的变化。不同板块的不同演化阶段可有不同的沉积类型和沉积组合，同一板块的不同位置沉积组合类型可以不同。大陆碰撞带产生了大量的沉积物，许多造山带均有一个相邻的前陆盆地并接受沉积。走滑构造带以线性小盆地为特征，拉张裂谷也具有相对小规模的盆地，单个断块可以提供重要的局部物源。相反，被动大陆边缘以大规模不对称相分布为特征。在大陆内部，大型平缓的沉降盆地具有薄层的进积和海侵层序。在较小规模上，几十米数量级的断块的运动、褶皱形成、差异沉降会对沉积相类型、厚度及分布产生控制。

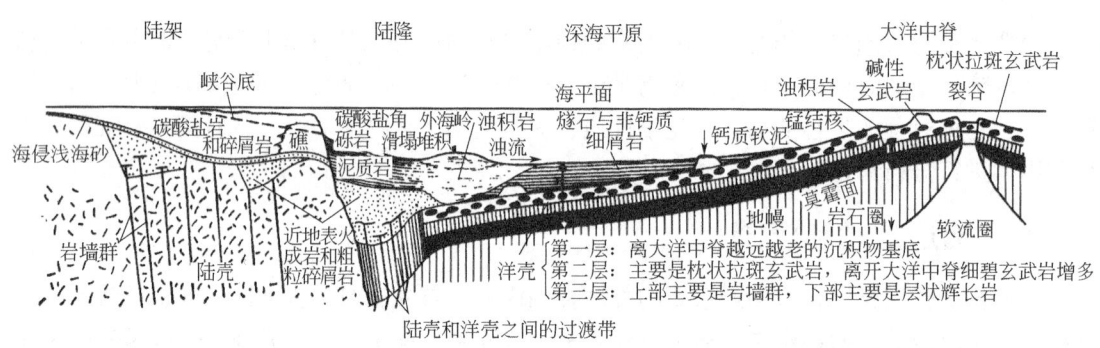

图 28-6　大西洋西部地壳结构和沉积分布剖面（据 Dewey，1970）

实际上，受大地构造作用影响形成了不同类型的沉积盆地。比如，根据板块构造运动关系、构造位置、基底地壳类型等特征，将沉积盆地划分为与离散作用有关的裂谷盆地、与俯冲作用有关的俯冲带盆地、与碰撞造山有关的碰撞带盆地、与转换断层有关的走滑盆地等。不同类型盆地构造活动特点不同，形成了具有不同地貌特征的构造次级单元（构造转换系统），造成母岩风化、搬运路径、沉积类型的差异性，形成不同规模和不同组合样式的源汇系统。

总的来说，不同规模的构造运动及盆地沉降历史控制了盆地沉积作用和沉积物的分布。比如，河流三角洲的迁移演化、重力流沉积的发育均受控于差异构造运动等。

二、全球海平面变化

全球海平面变化具有明显的旋回周期性（图28-4），这就会造成沉积作用发生变化。引起全球海平面变化的原因主要有岩石圈分异、沉积物对洋盆的充填、造山运动时期地壳的收缩、大洋扩张脊体积的变化、小型洋盆的蒸干、大陆冰原的生长和消亡、地球形体和水圈体积的变化、大洋温度和大气圈湿度变化以及垂直构造运动等。

海平面的变化对滨岸地区沉积的影响最为显著，例如在更新世时，海平面较低，北美密西西比河下游的坡度较陡，有大量的粗碎屑沉积物被搬入墨西哥湾中，从而形成了一个从大陆架一直延伸到墨西哥湾深海平原的水下沉积体系。后来，海平面上升了，密西西比河下游的坡度随之变小，早期下切谷被细粒沉积物充填起来。至于海平面的变化对滨岸地区沉积类型及其叠置样式，对沙嘴、沙坝、沙丘以及滨岸地形的影响更是明显。

海平面的变化不仅影响滨岸地区的沉积作用，其影响还可沿河流上溯很远。例如当海平面上升后，基准面变高了，河流的一些性质就会发生变化，如河流的深度变大、流速变慢、供源作用减缓等。这对河流的搬运以及河口沉积作用当然会有很大的影响。同样，海平面的变化也会对深水沉积产生重要的影响，如海平面下降利于大陆斜坡上倾端滑动滑塌形成重力流沉积。

当全球海平面上升时，比如奥陶纪陆表海广泛分布，这时陆地范围最小，气候也最温暖，这最利于碳酸盐岩生成。相反，当全球海平面下降时，陆棚减小到最小限度，陆地范围最大，表流最发育，于是陆源碎屑沉积就代替了碳酸盐沉积（图28-7）。

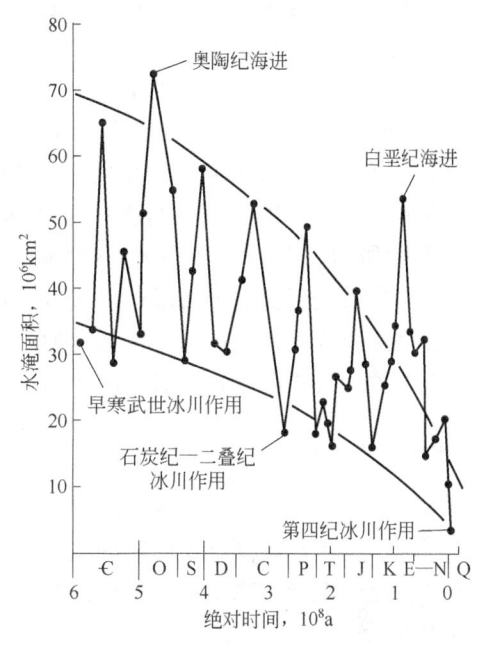

图28-7 显生宙不同地质时期主要海进海退变化

全球海平面变化幅度和规模存在明显差异。短期低幅度海平面变化包括波浪、多种潮汐作用引起的海平面变化。波浪和潮汐作用可以使局部海平面发生高达20m的变化。这些短期的海平面变化持续的地质时间较短，影响沉积作用的范围也较小，但可造成较高沉积速率的沉积作用。长期较大幅度相对海平面变化是由全球海平面变化与盆地沉降相互作用造成的。在区域范围内，长期海平面变化会对造山作用、沉积作用及沉积物压实、火山活动等产生重要影响。长期相对海平面变化持续的地质时间达百万年至千万年，海平面变化幅度为几十至几百米，在这种情况下，沉积作用表现出相对较慢的特征，沉积速率一般低于0.01mm/a。

三、沉积物供给

沉积物供给能力是控制沉积物分布的重要影响因素，它还可以控制沉积环境和水深。沉积物供给主要来源于盆地之外的陆源碎屑，也可来源于盆地内部的生物化学沉积物质或早期未固结沉积物。沉积物供给与海平面升降、构造沉降相互作用，可以造成沉积物类型和沉积序列的变化。当盆地沉降和海平面上升速度超过陆源沉积物补给量时，沉积物补给相对不足，海水加深，可容空间增加，盆地处于"欠补偿"状态，就形成了沉积粒度向上变细的海侵沉积序列。当盆地沉降和海平面上升小于陆源沉积物补给量时，可容空间减少，则会导致沉积粒度向上变粗的海退沉积序列以及陆相沉积比例的增加。

由于气候、构造活动、基岩地质特征、汇水面积和盆地水化学性质的变化会导致沉积物供给在体积、成分、粒径以及供给机制、供给速率等方面的变化，陆源沉积物供给丰富的地方，盆内主要充填硅质碎屑沉积物；而在陆源碎屑供给缺少或缺失的地方，可发生较多的生物、化学、生物化学作用，形成碳酸盐岩、蒸发岩等。

不同的沉积体系具有不同的沉积物供源地点和供源方式。诸如浊积扇等深水沉积体系沉积物来源于相邻的陆棚或三角洲，陆棚沉积物主要来源于海岸地区，三角洲沉积物来源于河流，而河流沉积物直接受控于物源供给。沉积物供给速率变化很大，但它主要取决于在一个给定时间内可获得沉积物的体积。陆源碎屑沉积体系的规模和表面坡度与陆源供给物的粒径有关。粗粒的或富含砾石的冲积扇、粗粒三角洲和深水浊积体系沉积面积一般较小（1~100km^2），地形坡度较大（>5m/km）。中粒或富砂的沉积体系多为中等规模和中等地形坡度。例如，三角洲平原面积为100~25000km^2，地形坡度为5~0.1m/km。深水扇半径10~100km，坡度为18~6m/km。沉积物粒级的变化意味着搬运和沉积过程的变化。虽然某些细粒或富泥沉积体系的规模是很小的，但大多数泥质沉积体规模是很大的，地形坡度是很低的。例如，泥质三角洲平原的面积可达20000~460000km^2，地形坡度为0.001~0.1m/km；细粒或泥质海底扇半径可为100~3000km，地形坡度1~5m/km。

沉积物供给到盆地中的搬运形式也是重要的影响因素。沉积物可以是点物源，也可以是多物源供源或线状物源供源；可从盆地某一端供源，也可以是盆地四周供源。海相沉积盆地多为点物源和线物源供源，陆相沉积盆地常见多个点物源同期供源。

四、气候

气候是控制沉积作用的重要因素之一。它主要表现在温度和降雨量两个方面，在局部地区，风的作用也是控制沉积作用的主要因素。不仅平均年温度和降雨量是重要的沉积作用控制因素，而且温度和降雨量的变化以及突发事件的变化幅度和变化频率也是重要的沉积作用控制因素。

首先，气候是控制风化作用及剥蚀作用的主要因素，对母岩风化产物的形成起着主导的作用。干旱炎热气候利于母岩发生机械风化作用，温暖潮湿气候不仅利于发生机械风化作用，还利于发生化学风化和生物风化作用。

气候对碎屑沉积作用的影响主要是通过对各种营力的控制来实现的，如潮湿多雨气候有利于流水的搬运和陆源岩石的生成，干旱气候有利于流水快速搬运沉积、风的搬运和沉积作用，寒冷气候有利于冰川的搬运沉积作用等。

气候对化学、生物化学和生物沉积作用的影响甚为明显，如珊瑚礁石灰岩生长形成于热带或亚热带气候条件下，各种蒸发岩都离不开干热的气候条件，磷酸盐岩生成于较温暖的海水中，煤生成于湿热气候下的沼泽环境中，红土及红土型铝土矿是湿热气候下的最终风化产物等。因此，这些沉积岩类就是地质历史中重要的气候标志。

气候变化的一个最重要的特征是它的周期性。季节性的变化是最明显的，这在冰水沉积的纹泥沉积中表现得最明显。含盐地层中的盐类沉积与非盐类沉积的互层，也反映气候周期性的变化。冰期与间冰期的周期更长一些，其地质表现也很明显。例如在最近的40万年中，已鉴别出至少存在8个较大规模的低温时期或冰期。在澳大利亚的维多利亚石炭系—二叠系中，出露有50层冰碛岩。在地质历史中，大的冰期只限于更新世、石炭纪—二叠纪、志留纪—奥陶纪以及前寒武纪时期。

在地球不同地区，平均温度和降雨量以及突发事件变化的特征都是不同的。这种气候的分带变化影响了沉积物的分布（图28-8）。现今地球上存在8种具不同气候特征和沉积物沉积特征的气候带。极地冰川、干旱和潮湿热带气候带是相对简单的。在极地冰川气候带，冰冻风化作用是明显的，机械风化作用中等，化学风化微弱。在干旱沙漠带，风的作用和机械风化明显，化学风化微弱，砂和粉砂是主要的可移动的沉积物。在潮湿热带气候带，化学风化作用较为明显，发育富泥的细粒沉积物。在冰缘气候带，存在变化范围很宽的季节温度、风的作用和机械风化作用，化学风化和冰川剥蚀作用较弱，河流作用具有明显的季节性，春季可卸载大量砂砾沉积物。在干旱大陆气候带，气候变化范围也是很宽的，从而导致了频繁的季节洪水作用，机械和化学风化作用中等偏低。在热带半干旱气候带，沉积作用类似于干旱大陆气候带，机械和化学风化作用较弱，河流作用是幕式的、作用明显。热带潮湿—干旱气候带包含了多种气候类型，机械风化作用虽然较弱，但河流作用明显，化学风化作用显著。在潮湿中纬度地区，具有较发育的植被和土壤层，机械风化和化学风化作用中等（图28-8）。

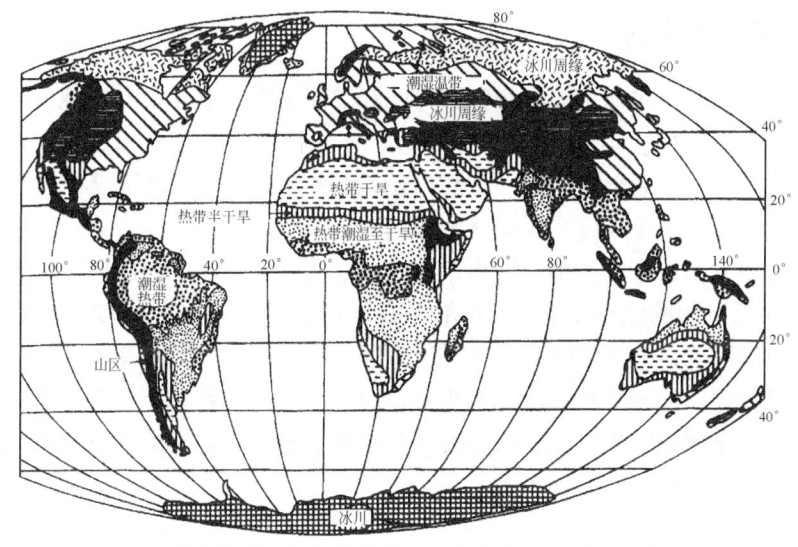

图28-8 现今地球气候分带及其对应沉积物（据Tricart等，1972）

思考实习题

1. 简述显生宇前、后地球沉积环境的差异特点。
2. 了解显生宇生物类型发育演化及其与碳酸盐沉积作用关系。
3. 明确沉积旋回的级次及其形成的主要控制因素。
4. 综合分析构造、海平面升降、气候和物源供给对沉积作用的控制。
5. 通过查阅文献或实际资料分析，说明不同级别构造活动对沉积作用的控制。
6. 查阅文献，调研分析"将今论古、古今对比"比较沉积学应用条件。

附录　油区岩相古地理研究方法提纲

> **导读**
>
> 　　本章核心知识点包括相序递变法则、沉积—补偿原理和地层等时旋回对比法则，沉积盆地岩相古地理要素分析的内容和方法，陆源碎屑沉积盆地岩相古地理图的编制流程和方法，碳酸盐岩岩相古地理图的编制流程和方法。

第一节　沉积相分析和岩相古地理基本原理

　　沉积相分析和岩相古地理各种沉积条件分析中必须遵循一些法则，主要有相序递变法则、沉积—补偿原理和地层旋回等时对比法则等。

一、相序递变法则

　　相序递变规律或相变法则是指沉积相在时间和空间上发展变化的有序性或相序递变。很早沃尔索（Walther，1894）就指出："只有在横向上成因相近且紧密相邻而发育着的相，才能在垂向上依次叠覆出现而没有间隔。"这一规律通称为相序递变规律或相序递变法则，是相序分析中应遵守的基本法则（参见第十六章）。

　　相序递变主要有两种基本类型，即由于海（湖）平面上升（或海进）所形成的退积型相层序（不考虑沉积物的强烈供给），相剖面自下而上由陆相—海陆过渡相—海相叠覆而成。另一类是由于海（湖）平面下降（或海退）所形成的进积型相层序，相剖面自下而上由海相—海陆过渡相—陆相叠覆而成。如果是由海平面上升、再次下降连续叠覆形成的一个完整旋回，即为连续沉积的相层序，或称完整相层序。依据岩性、岩相变化的级次和沉积厚度的变化，也可划分出次一级相序组合。

二、沉降—补偿原理

　　沉积盆地沉降和补偿可概括为下列4种情况：

　　（1）快速沉降、快速补偿，可容空间变化不明显。起因于盆地快速沉降、侵蚀区快速上升，为地壳活动区的特点。主要由分选差、厚度大的中—粗粒级碎屑沉积物组成，发育洪积—冲积相，多表现为陆源沉积盆地沉降中心特点。

　　（2）快速沉降、缓慢补偿，可容空间明显增大。即沉积物补偿小于沉降速度或可容空间增加速度，物源区母岩风化较彻底，多以黏土及化学溶解物质沉积为主，发育厚度较小的深水-较深水沉积，常具沉积中心（或生油中心）的特点。

　　（3）缓慢沉降、快速补偿，可容空间明显减小。由于沉积物补偿远大于沉降速度，水盆面积缩小，以淤积—冲积沉积为主，直至盆地填满消亡，显现岩性、岩相连续，但剥蚀冲刷现象明显。

（4）缓慢沉降、缓慢补偿，可容空间变化不明显。由于沉积物沉降与补偿均缓慢，代表稳定构造区特点，形成成熟度高的碎屑沉积物（如石英砂岩），常为滨浅海陆棚区所特有。

值得指出的是，地层剖面中岩性、岩相连续或不连续变化均指在正常沉积作用情况下发生的。沉积盆地沉降和补偿强调由于构造运动引起盆地水位面升降所致，即所谓构造变动控制沉积作用。这种分析在稳定构造单元一定时期的沉积作用内可能是正确的，但不应忽视由于事件作用诸如洪水（异重流）、重力滑动滑塌、风暴、火山喷发、地震等所引起的岩性和岩相不连续变化。近20年来，地层学、古生物学、沉积学、石油地质学等领域专家越来越重视在层序分析中必须区分正常沉积作用和事件沉积作用。正常沉积作用常常是连续的、缓慢的、低速的，由于沉积时间持续长，沉积物可是丰富多样的。事件沉积作用几乎是在瞬间发生的、不连续的、快速的沉积作用，但它所具有的能量经常比正常沉积作用大几个能量级，所形成的沉积可能是丰富的、独特的。

沉积盆地沉降和补偿原理对于沉积盆地岩相古地理研究具有重要意义。因此，在剖面分析中，除应注意在一定环境里由于沉降与补偿变异所造成的层序、厚度和接触关系等变化外，还应注意在环境和水深等条件相对不变，而是由于瞬间事件作用所引起的各种变化。剖面相分析中应注意下述两个基本问题。

（一）定时问题

剖面对比相分析中主要解决同一时期、不同地区的沉积相变化规律问题。选择等时对比界面就是一个首要基础问题。

在区域剖面相分析中，较好地利用标准化石定时的例子很多。近十年来，应用碳酸盐岩中的超微体化石、浮游有孔虫的鉴定，并结合古地磁的测试，较好解决了海相沉积盆地古近纪—新近纪、白垩纪和侏罗纪准确定时问题。海相碳酸盐岩中的超微体生物从侏罗纪时出现，白垩纪大量繁殖，古近纪—新近纪最盛，定年精度可以达到十万年级次。

在我国东部中、新生代陆源碎屑沉积为主的地区开展沉积剖面对比时，除应重视取心井的岩心研究外，也应加强非取心井和地震界面等时对比的研究。要重视从岩屑中获取某些沉积标志，诸如岩石类型、显微结构、构造及自生矿物等，加强薄片观察，以此尽可能弥补相分析中取心井不足的现象。总之，介形类、腹足类、孢子花粉和藻类等古生物是沉积盆地大区域划分和地层对比的基本依据。

利用标准生物化石的"科""属"可以划分"系""统"，"种"的变化可以划分"组""段"。但生物演化常不是截然突变的，甚至有一些"哑层"采不到化石，因此常不易准确划分等时界面，更多的是结合岩性特征、沉积层序、接触关系等标志来加以确定。

建立等时地层格架应综合利用地震反射特征、地震合成记录、古生物组合和沉积旋回特征以及准确定年分析测试手段，消除地层穿时问题。

（二）穿时问题

传统的群、组、段这类岩石地层单位时常存在穿时问题，即存在相同岩性组合形成于不同地质时代的现象，这在以陆源碎屑沉积为主的地层单元中尤为常见。

我国中、新生代陆源碎屑沉积盆地中的陆源碎屑岩岩性、岩相变化较大，给地层划分和对比常常带来困难，特别是在缺少化石的条件下。传统油区地层划分和对比主要注重相似或相同岩性的等时性，而忽视了等时界面和岩性界面的不一致性，即穿时现象。

新地层学原理——垂向加积作用和侧向加积作用是在近代沉积学、地震地层学、层序地层学、地震沉积学的发展中而建立起来的。沉积盆地中沉积物的沉积作用除了由于重力作用产生垂向加积外，尚有由于环流或湖面收缩—扩张所产生侧向和前积作用。例如，曲流河体系中的由凹岸（侵蚀岸）向凸岸（加积岸）的侧向加积作用；在沉积盆地中由于湖面收缩，河流三角洲或扇三角洲向盆内方向推进的前积作用等。

一般情况下，利用岩石地层单位进行剖面对比相分析，只能说同一"群、组或段"在它们分布范围内的相变，所代表的时间单元基本或大部分是等时的。目前在含油气沉积盆地勘探中，常按岩性—时间—厚度三者综合考虑建立地层单位。"系"和"统"主要考虑时间因素，"组"主要考虑岩性—时间因素，"段"和"亚段"主要考虑岩性—时间因素。

三、地层旋回等时对比法则

近几年兴起的层序地层学（Vail，1988；Galloway，1992；Cross，1994）利用层序地层界面、最大海（湖）泛面以及基准面进行地层旋回等时对比的方法得到了广泛应用。在沉积盆地勘探早中期，常应用 Vail 倡导的以不整合为层序边界的经典层序地层学，建立三级层序地层格架，实现全盆地的等时地层对比。在沉积盆地勘探后期以及油气田开发时期，即在油区大比例尺岩相古地理工业制图中，更多应用了 Vail 的层序地层学和 Cross 倡导提出的以基准面作为层序边界的高分辨率层序地层学。

经典层序地层学（Vail，1988）是地震地层学的延续发展，它继承了地震地层学的基本思想，全球海平面升降变化具有周期性，周期性海平面升降变化是形成沉积层序的根本原因；由沉积层序界面限定沉积层序及其由海泛面限定的体系域（准层序组和准层序等）均是一个等时地层单元，它的构型受控于构造作用、海平面升降、物源供给和气候变化。采用地质、测井和地震资料，结合盆地构造演化阶段分析，可以综合识别不同级次的沉积层序界面、体系域以及准层序界面，实现不同盆地或相同盆地不同地区的等时地层对比，为沉积古地理综合研究提供等时地层格架。

高分辨率层序地层学（Cross，1994）是应用 Walther 相序定律、沉积物补偿原理和采用岩石地层横剖面及相应的时空图的编制，解决陆相含油气盆地勘探和开发中砂层和砂层组的精细对比问题。其基本指导思想是应用沉积动力学观点，分析沉积盆地（区）沉积物的堆积样式、保存程度、相序递变特征及不同级次相类型的组合和纵横向变化，这一切变化受控于基准面（上下振动并横向摆动的抽象等势面）的升降变化，有效可容空间向盆地或向陆地发生迁移，从而沉积物（岩）各种性质的变化便构成了时间和空间上的函数，因此，以此为出发点来解释各种层序的岩性、岩相变化及其沉积学特征，可充实和完善传统的相序递变法则和相—旋回对比法，解决更多的生产实际问题。

地层旋回等时对比的基本原理是：伴随基准面的升降变化和可容纳空间的增大与减小，地层记录可以由完整的地层旋回组成，也可以仅由非对称的半旋回和代表侵蚀作用与非沉积作用的界面构成。

高分辨率层序地层对比是同时代地层与地层或界面的对比，不能简单地泥对泥，砂对砂，或者简单地进行旋回对比，而要根据在一个旋回中不同地理位置上的地层发育特点进行对比。

等时地层对比的总原则是：（1）先进行较大基准面旋回的对比，然后进行较小旋回的对比。（2）一个完整基准面旋回与向上变细的半旋回及向上变粗的半旋回间可以互相对比，也可以分别与没有沉积的一个界面进行对比，即所谓的岩石对比岩石、岩石对比界面或界面相互相对。（3）在短期基准面旋回对比过程中，中期基准面由上升到下降的转换点是优选对比界面位置，以此转换点为起点，依次向上或向下作小层对比，其结果会更趋合理。特别是在区域范围的地层对比中，掌握这一原则十分必要，因为此转换点是中期基准面向其幅度最大值单向移动的临界点，它在区域内表现为连续的岩石序列，即同一时间域内的不同位置均产生了沉积响应。

第二节　陆源碎屑岩相古地理条件分析和制图

在陆源碎屑沉积为主的含油气盆地，当以正常沉积作用为主时，通常侧重于沉积物来源、古水动力条件、水体深度及古地形、古气候条件和水介质物化条件等方面的分析。

一、沉积物来源的分析

沉积物来源的分析（简称物源分析）对盆地沉积作用和构造演化研究有重要意义，主要内容有母岩岩性特征和碎屑物质的搬运方式和路径，需要对潜在物源区能否供源以及物源供给强弱程度做出分析。物源分析的主要任务是确定沉积物质来源方向、侵蚀区或母岩区位置、汇水区面积和地貌特征、沉积物搬运距离及母岩性质。主要是通过陆源碎屑组分及其结构、构造特征，磷灰石和锆石定年以及古地貌恢复等方法技术确定沉积盆地沉积物的来源。物源分析的基本原理是机械沉积分异作用。通过物源分析也有助于查明盆地发育过程中侵蚀区与沉积区、隆起与坳陷、凸起与凹陷等方面的耦合关系，有助于确定沉积类型和预测砂体分布规律。

（一）砂砾岩的成分及其分布

查明砂砾岩的成分、粒度、厚度及其百分含量变化，是确定物源方向的基本手段。

砾岩主要分布在盆地边缘，接近于物源区（重力流可将砾岩搬运到盆地深水区）。砾石成分可直接反映物源区母岩成分。根据砾石组构和排列方式可恢复确定搬运介质类型和水流方向。物源方向与古水流方向常常是一致的。

靠近主要物源区的盆地边缘砂岩最发育，向盆地中央方向，砂岩粒度变小、沉积厚度变薄，但其分布远较砾岩广泛，实际意义更大。砂岩中碎屑组分及其含量变化的研究是有意义的。统计和分析石英、长石和岩屑含量的变化，对恢复物源方向、判定储集性能，均有重要作用。

根据石英的包裹体、消光类型、形态和多晶现象等标志来综合推断其来源，仍是一个重要途径。酸性火山岩中的长石主要是透长石；酸性侵入岩中为正长石和微斜长石；条纹长石说明缓慢冷凝过程，是侵入岩的特征。

阴极发光法有利于认识碎屑石英的来源及母岩性质。它是一种值得使用的新方法，尤其是对解决粒度细，以石英颗粒为主的粉—细砂岩或含粉—细砂级石英颗粒较少的砂质碳酸盐岩类的物质来源问题，不能不说是一种新的重要途径。

应用岩屑类型及含量变化，恢复母岩性质及物源方向较有成效。对于中国陆相盆地，由于母岩风化产物搬运距离短，可有效利用砾石中岩屑类型分选母岩性质和物源方向。

砂岩沉积构造也是分析判断物源方向的重要方法。测量统计砂岩交错层理、砂岩底模（槽模、沟模等）以及流水波痕、剥离线理等优势方位，可有效确定古水流流向以及物源方向。

综合统计砂岩中的各种组分，编制砂岩类型分区图，也有助于恢复母岩性质及物源方向，近母岩区长石和岩屑含量多，石英含量相对减少，多发育岩屑砂岩和长石砂岩类，向盆内稳定颗粒含量增多，逐渐过渡为石英砂岩类。这种岩性及其组合变化明显的方向即为物源方向。

（二）碎屑重矿物组合及其分布

利用碎屑重矿物类型、组合及其含量变化，追索物源及其母岩早已被广泛应用，尤其对地质年代较新的古近纪—新近纪盆地效果更好。

重矿物是一些比重较大、含量较少的矿物，主要集中在砂岩中，其含量一般不超过1%。不同的母岩区产生的碎屑沉积物具有不同的重矿物组合，由于重矿物比较耐磨蚀，稳定性强，在搬运沉积过程中能较好地保留原始特征，表征母岩信息，进而反映物质来源，因此重矿物分析是很重要的物源分析方法，同时根据重矿物抗风化作用的能力将其分为稳定重矿物和不稳定重矿物，随着物源搬运距离越远，稳定重矿物的比例越高。特别是稳定重矿物电气石、锆石、金红石在各地质时代砂岩中均有较为广泛的分布，还有 ZTR 指数，即锆石、电气石、金红石含量的总数可作为重矿物组合成熟度的一个度量（Hubert，1962）。随着搬运距离增加，ZTR 指数随之增大。

稳定重矿物抗风化能力强，分布广，远离母岩区含量相对升高；不稳定重矿物抗风化能力弱，分布不广，远离母岩区含量相对减少。通过分析稳定和不稳定重矿物组分在平面上的分布和变化，不仅可以恢复物源方向，而且可以推断母岩性质，还可以弄清各河流沉积体系的分布范围和扩散方向。同一河流体系所控制沉积范围，其重矿物类型和含量作有规律变化。

利用碎屑重矿物中的稳定组分与不稳定组分的含量比值，即所谓稳定系数，或古地理系数，通过该系数变化规律分析，有助于查明母岩类型、物源方向，明确古地理条件。区域研究成果表明，稳定系数从盆地边缘至盆内由小变大。不同气候和古地理条件下的沉积物稳定系数具有不同变化特点。风化不彻底的快速堆积区，稳定系数较小，反之，则比较大。一般来说，海相沉积比陆相沉积古地理系数大。即使同一沉积区，因不同时期的水进和水退变化造成稳定系数也有较大差异（附图1）。需要注意的是，重力流、海啸、地震等事件性地质作用会改变稳定系数或古地理系数的变化规律。

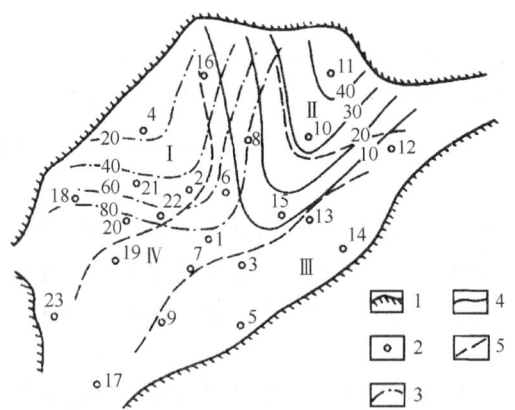

附图 1　某沉积盆地某层重矿物含量及其组合图
1—沉积边界；2—剖面点；3—锆石百分含量等值线；
4—透闪石百分含量等值线；5—重矿物组合分区；
Ⅰ—锆石、磷灰石、电气石组合区；Ⅱ—透闪石、蓝晶石、石榴子石组合区；Ⅲ—辉石、角闪石组合区；
Ⅳ—锆石、红柱石、石榴子石组合区

以碳酸盐岩为主的海相地层，因其中陆源碎屑组分含量很低，恢复物源及母岩性质常常很难，解决此问题较有效的方法就是提取其中的酸不溶组分，或通称不溶残余组分，包括少量粉—细砂及黏土物质。随着沉积物搬运距离增加，不溶残余组分减少。对于混积岩，可以统计碎屑成分含量或碎屑岩沉积厚度来指明沉积物源方向。随着远离物源区，混积岩中碎屑组分含量减少，或互层的碎屑岩沉积厚度减薄。

（三）物源的综合分析

根据露头、基岩钻井资料，沉积盆地砾石成分、岩屑和重矿物组合、轻重矿物的标型特征以及石英阴极发光特征，结合重、磁、电等地球物理资料确定母岩性质和物源方向。

根据砾石定向性、层理和层面特征、砂砾岩含量及其分布、重矿物组合及其含量分布、地震前积反射、FMI 和 DIP 测井、磷灰石和锆石定年、稀土元素特征与母岩进行对比等资料确定物源方向和母岩区位置沉积物搬运通道。

根据沉积体系组成岩性、沉积厚度和分布面积，可以结合搬运距离分析，推断母岩区地貌特征和汇水区面积以及供源强度及其变化。

根据物源供源贡献大小和资料完善符合程度，将物源分为三种类型：

（1）主要物源：物源供源贡献大，汇水面积大、影响范围大、供源持续时间久，沉积体系规模大，地质与地球物理资料物源分析符合程度好的物源；

（2）次要物源：物源供源贡献较小，汇水面积较小、影响范围较小、供源持续时间较短，沉积体系规模较小，地质与地球物理资料物源分析基本符合的物源；

（3）推测物源：在不明确物源供源贡献，同时多种物源分析资料符合较差，或资料不足推断的物源。

（四）编制物源综合图

物源综合图是物源分析的总结性图件。重点是选择样品多、分布广、能说明问题、有代表性的几种主要资料（岩性分区、轻重矿物、砂砾岩厚度、水流流向、地震前积反射方向等）叠加后编制（附图 2），来综合分析判断母岩岩性、供源能力、持续时间、供源方向和供源效果等。

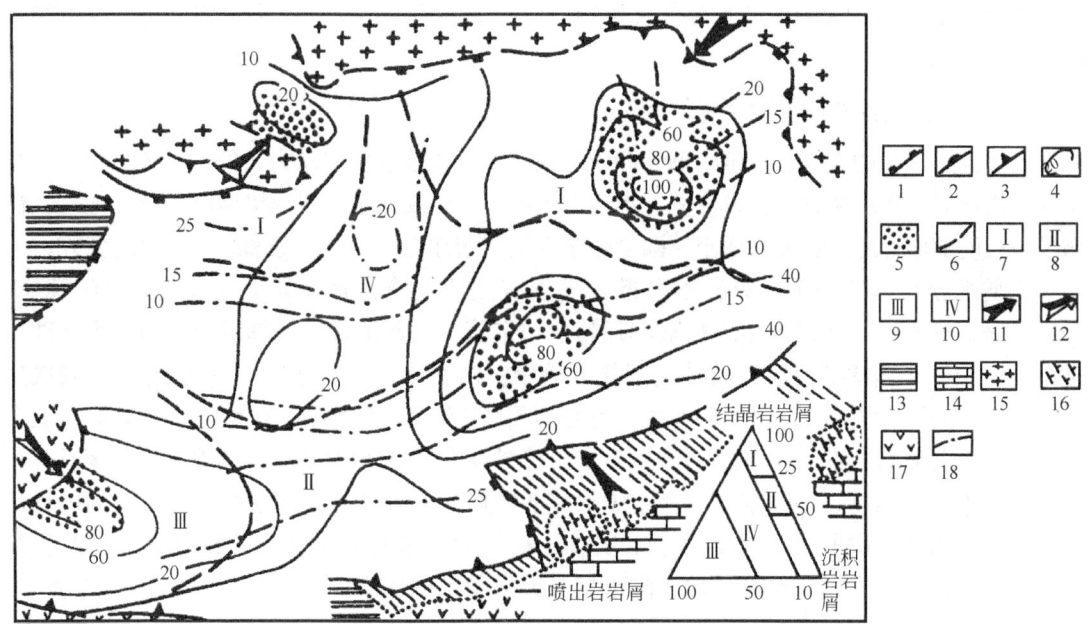

附图 2　东营凹陷古近系沉积物源综合分析图

1—断层；2—地层超覆线；3—地层剥蚀线；4—砂岩等厚线；5—砂砾岩富集区；6—岩屑分区界限；7—结晶岩岩屑分布区；8—沉积岩岩屑分布区；9—喷出岩岩屑分布区；10—各种岩屑混合区；11—主要物源方向；12—次要物源方向；13—中生代红层；14—古生代石灰岩；15—太古界花岗片麻岩；16—喷出岩；17—时代不明喷出岩；18—岩屑百分含量等厚线

二、古水动力条件的分析

古水动力条件指沉积时期的波浪和水流的运动状况，此项研究是重建古地理的重要内容和有效手段之一。

（一）根据定向构造

不同类型的斜层理可以用来测量古水流方向。在古水流流向测量结果中，只有一个优选方向是单向水流所致，有两个水流优选方向是由周期性水流变化所致。

不同水体作用形成的波痕反映了水体不同流向。对称的震荡波痕走向大致与岸线一致或与波浪震荡方向垂直；不对称波痕走向与水流方向垂直，其陡倾一侧与水流流向一致。

一般认为，浊流成因的底面印模构造（沟模、槽模等）稳定广泛分布。槽模不仅能可靠地指示古水流方向，而且说明它是浊流冲刷侵蚀作用形成的。沟槽与槽模伴生时，能更加可靠地指示古水流方向。它们指示的水流方向常与构造线走向一致。需要注意的是，浊流成因的底面印模构造常被重荷模等构造复杂化。

砾石有序排列方式分析可有效地确定古水流流向。河道中叠瓦状排列的砾石扁平面倾向河流上游方向，滨岸砾石扁平面倾向盆地中央方向，砾石长轴平行岸线延伸方向。

除了可以利用砂岩交错层理测量古水流方向外，还可采用定向砂岩薄片测定长形砂粒的定向分布来推断水流方向。考虑到砂粒小，方位稳定性差，一般应测300~400个颗粒以上。

长形的生物化石，例如箭石类的鞘、原始头足类、竹节石、树干等也可作为测量古水流方向的研究对象，比如单向水流作用可造成长形生物化石顺水流方向定向排列，化石的粗端指向水流下游方向。泥岩中的长形炭化植物茎或叶的碎屑，沿层面密集定向分布，这也是定向古水流所致。

（二）根据结构及成分变化

利用碎屑颗粒的粒度、圆度、球度和成分成熟度变化恢复古水动力条件，通常与物源分析是同时进行的。利用这方面资料恢复古水动力系统的一般规律是：根据机械沉积分异原理，碎屑颗粒粒度随搬运距离加大而变小，圆度随搬运距离增加而增大，成分和结构成熟度变好。

碎屑组分（尤其是重组分）的分散晕不仅有溯源价值，而且也是古水流方向的标志。分散晕是指地壳中，化学元素因扩散和迁移在一定范围内元素含量呈梯级分布的微观地球化学带。一个矿床通常都会形成两种类型的分散晕：内生晕（或原生晕）和外生晕（或次生晕）。内生晕在成因上与矿床本身有关，它是岩石中成矿元素及其伴生元素的含量从工业含量逐步降至背景含量的一个范围。外生晕是由于外生作用过程对矿床发生影响，在残积层、淤积层、土壤、植物、地下水、地表水中形成的成矿元素或其伴生元素浓度异常偏高的局部地带。外生晕的范围取决于元素的溶解度或迁移能力。这些因素受到矿物溶解度和共生组合、围岩、构造位置、气候、地貌、降水量及吸附条件的控制。

（三）根据孢粉资料

根据孢粉类型和含量分析古水流方向往往与物源分析结合起来。不同母岩区气候、地理位置、地貌特征差异会造成植被不同，进而造成不同物源区提供了不同组合的孢粉。孢粉组合及其含量变化可作为搬运距离的标志。携带孢粉进入沉积盆地的主要营力是流水和风，河口处孢粉浓度大，孢粉含量递减方向即为古水流流动方向；无河口的沿岸地区孢粉含量则很低。这种方法对于缺乏水流标志的泥质沉积物，通常更有意义。

（四）根据厚度变化

地层厚度变化不仅可以指示盆地沉积速率和沉降幅度，也可以说明古水流方向。在被动大陆边缘盆地和陆相坳陷盆地中，粗粒碎屑岩单层厚度的变化往往与粒度的变化相一致，向盆地中央方向厚度变薄、粒度变细，细粒碎屑岩单层厚度向盆地中央方向加厚。在前陆盆地和陆相断陷盆地中，构造活动明显的盆地边缘陡坡带粗粒碎屑岩沉积厚度大，向盆地中央方向明显变薄。对于碳酸盐岩沉积来说，近盆地边缘浅水区，常常沉积颗粒碳酸盐岩，远盆地边缘深水区，常常沉积泥晶碳酸盐岩。因此，可以根据沉积物类型和沉积厚度分析不同水体的流动方向。

（五）编制古水流体系图

编制古水流体系图主要应用重矿物组合、轻矿物组分、粒度参数、沉积构造标型特征、地层倾角分析、地震前积反射倾向分析结果等编制古水流体系图，还可应用微量元素、有机碳、还原硫、三价铁等项资料来综合确定古水流流向（附图3）。

总之，古水流条件对于古地理和古构造研究都是非常重要的。尽管难度较大，要开展地质、地球物理和地球化学等多方面综合分析。虽然古水流的局部变化是复杂的，但总体来看又是有规律可循的，所以还要结合构造活动分析、古地貌恢复以及气候变化等地质背景分析，来综合分析判断盆地不同构造单元的古水流流动体系。

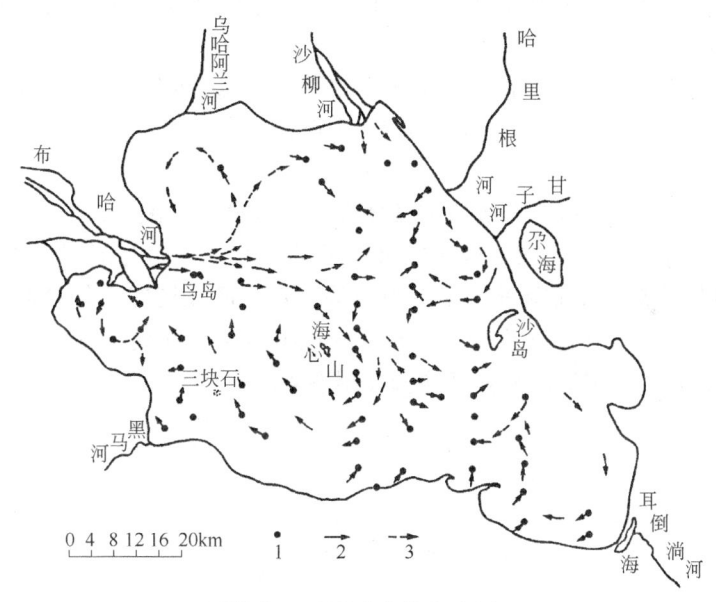

附图3 现代青海湖湖流图
1—样品点位；2—实测湖流方向；3—推断湖流方向

三、水体深度及古地形的分析

判断沉积盆地相对古水深主要有以下6种方法。

（一）根据沉积物类型和分布

根据沉积分异原理，在正常沉积过程中，偏氧化色的粗碎屑形成于浅水环境，偏还原色的细碎屑（黏土质）形成于深水环境。从浅水环境至深水环境，砂砾沉积减少，黏土质沉积递增（要注意重力流沉积）；或者颗粒碳酸盐岩沉积减少，泥晶碳酸盐岩和硅质沉积增多（要考虑碳酸钙补偿深度与二氧化硅补偿深度）。

某些自生矿物如海绿石、绿泥石、结核状磷矿、鲕状赤铁矿、铝土矿等都主要是较浅水的沉积物。

（二）根据岩石的构造特征

沉积构造是反映水体深度及机械性质的良好标志。概括起来，盆地的深水、较深水区正常沉积水动力较弱，主要形成微细水平层理或韵律层理；事件沉积的深海（湖）浊积岩具复理石构造，槽模、沟模是它的沉积标志；浅水地区沉积水动力较强，沉积构造丰富，层理类型多样，波痕、搅混构造以及侵蚀冲刷现象均较发育，发育间断韵律；干裂、雨痕、细流痕等层面构造主要是滨海（湖）环境的标志。

可以根据交错层理的层系厚度和波痕要素定量计算恢复沉积盆地古水深。

（三）根据古生物标志

利用海洋生物判定水体深度，以造礁生物最为可靠。受光合作用控制，造礁生物珊瑚主要生长在几米至几十米的水深范围，造礁生物苔藓虫、有孔虫以及藻类生长也是受日照深度影响。湖盆中微体藻类的生存明显受阳光入水强弱（光合作用）控制，对水深变化极为敏感，不同水深生存的藻类种群各不相同。气候干旱，盆地浅小，藻类化石少；气候相对湿润，盆地水体阔深，藻类化石丰富。

浅水沉积区水动力较强，古生物化石壳体和厚度大、纹饰丰富，多见垂直生物钻孔和植物茎化石；深水沉积区水动力较弱，古生物化石壳体和厚度小、纹饰简单，多见水平生物爬迹和完整植物叶化石。

根据化石群丰度和分异度可有效地定量分析盆地古水深。化石群丰度是指化石的数量，分异度是指该群中分类单元（属、种等）多样性的程度，它们与沉积水深具有定量关系。浅水地区（特别在正常浪基面附近）水动力较强、水体循环良好、营养物质供给丰富、光合作用有效，化石群丰度和分异度均高；在深水区域水动力较弱、水体循环和光合作用较差、营养物质少，化石群丰度和分异度均低（附图4）。

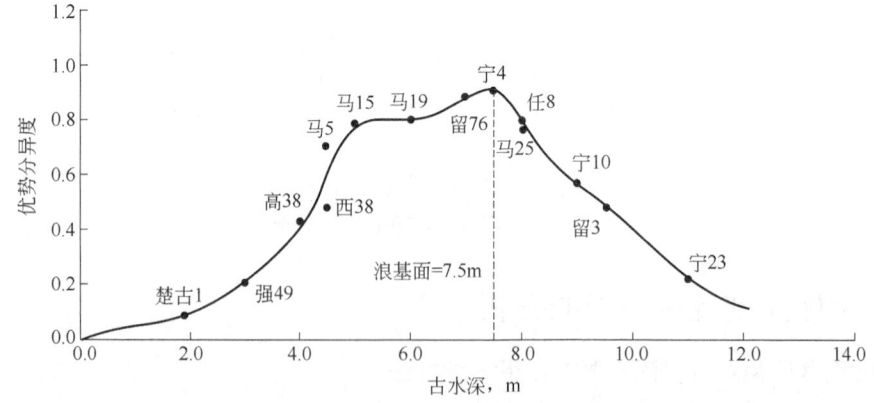

附图4　饶阳凹陷沙河街组沙一下亚段介形虫优势分异度与水深关系（据殷杰等，2017）

前人在海相古近纪—新近纪含油气盆地应用有孔虫中底栖和浮游数量的百分比、简单分异度和复合分异度恢复水体深度，编制古水深等深线图，不仅有助于确定沉积相带，而且有效指导了油气勘探。

（四）根据地层厚度和接触关系

根据沉积补偿原理，以地层厚度（如为残厚要进行恢复）变化反映盆地沉降幅度和古地形的基本轮廓，以黑色泥岩或有机碳百分含量变化反映水体的相对深度，也间接定性地表示古地形起伏状况。其研究结果是划分沉积相的基本依据。当然这种分析方法主要适用于沉积与补偿相对平衡的沉积盆地。

深水沉积区往往古地形低凹、沉积连续，地层间为整合接触。临近古地形隆起部位的浅水沉积区常处于波基面之上，易遭受水下冲刷或在海（湖）平面明显下降期间，早期沉积出露地表，地层间出现冲刷面或沉积相不连续，地震剖面中出现削蚀等不整合接触关系。

（五）根据地震前积反射

地震地层学分析方法主要根据地震反射内部结构、外形、振幅和连续性等识别地震相，解释沉积环境，尤其是各种前积反射结构的识别，对分析三角洲和沉积水深意义重大。常见的地震前积反射样式包括斜交前积、S形前积和叠瓦状前积以及复合前积、隐性前积。斜交前积、S形前积及复合前积反映沉积水体较深，叠瓦状前积及隐性前积反映沉积水体较浅。Pekar，Plink-Björklund 等（2001）提出依据前积层组反射高度和相关地质信息（如沉积岩性、古生物、后期构造活动）估算沉积水体深度（可容空间）。前积层组反射高度可直接反映沉积水深。该方法适用于现代沉积或构造、相变简单的盆地，特别是海相深水盆地。对复杂陆相盆地，事先要校正构造掀斜和地层压实误差。校正后的前积反射顶、底高差大致相当于高水位沉积时的水体深度。目前，还要加强利用地震前积反射准确恢复古水深研究。

（六）根据微量元素

微量元素类别、组合和含量与沉积水深、沉积物搬运距离等具有密切的关系，比如从太平洋滨岸向远洋方向，依次出现 Fe 族元素（Fe，Cr，V，Ge）带、水解性元素（Al，Ti，Zr，Ca，Nb，Ta）带、亲硫性元素（Pb，Zn，Cu，As）带和 Mn 族元素（Mn，Co，Ni，Mo）带。

可以利用钴（Co）元素含量定量计算沉积环境的最大古水深。在沉积盆地中，钴元素可来自地外宇宙沉降、陆源输入、生物成因和化学成因。沉积物中钴元素多为陆源沉降的结果，能够用于古水深恢复计算。具体计算公式如下：

$$v_s = v_0 \times \frac{N_{Co}}{S_{Co} - t \times T_{Co}}$$

其中

$$t = \frac{S_{La}}{N_{La}} h = \frac{3.05 \times 10^5}{(v_s \times 10^3)^{\frac{3}{2}}}$$

式中　v_s——某样品沉积时的沉积速率，mm/a；

v_0——当时正常沉积速率，湖泊—三角洲沉积速率，为 0.2~0.3mm/a；

T_{Co}——陆源碎屑岩中 Co 的平均丰度，为 4.68μg/g；

t——物源 Co 对样品的贡献值；

S_{Co}——样品中 Co 的丰度，μg/g；

S_{La}——样品中 La 的丰度，μg/g；

N_{La}——陆源碎屑岩中 La 的平均丰度，为 $38.99\mu g/g$；

h——古水深，m；

N_{Co}——正常湖泊沉积物中 Co 的丰度，为 $20\mu g/g$。

（七）根据古地貌与相特征

古地貌分为构造古地貌、剥蚀古地貌和沉积古地貌。构造古地貌与剥蚀古地貌通常用于分析隆起物源区的地貌格局和剥蚀程度，而沉积古地貌主要用来描述沉积区某一层段沉积前的地貌特征，不同的地貌单元和地形坡度对盆地内水流方向、大小和沉积物卸载有着直接的影响，进而影响砂体平面分布和叠置方式。因此古地貌分析是盆地沉积水深和沉积模式研究的基础，对沉积相展布和储层发育研究有着重要的意义，对古地貌特征的高度恢复需要综合考虑层序地层展布、剥蚀量、压实量和古水深。

归纳我国中—新生代盆地的古地形与相特征，具有如下几种关系：

（1）湖盆结构较对称、古地形较平坦者，岩性由滨湖至深水区由粗变细规律明显。相带呈环状，且较对称，沉积中心与沉降中心较一致，多位于湖盆中央（附图5）。

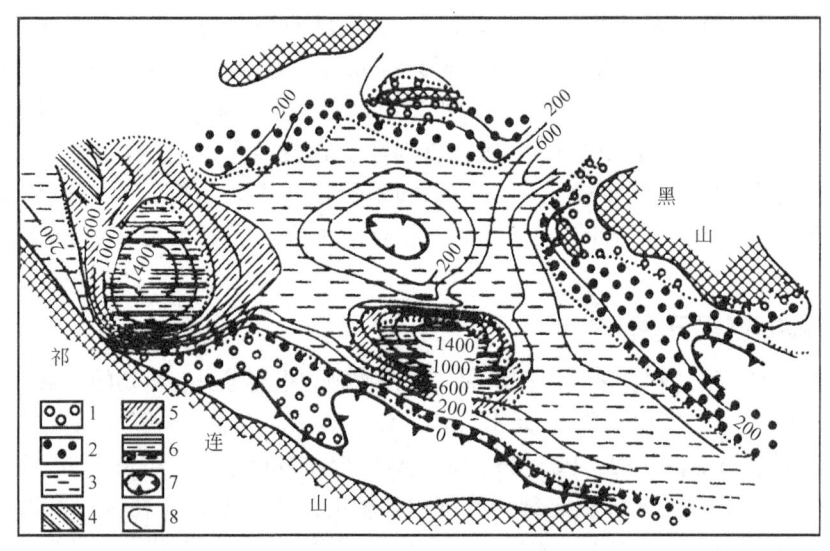

附图5 酒泉西部盆地白垩系岩相古地理图

1—山麓坡积洪积相；2—滨湖亚相；3—浅湖亚相；4—半深湖亚相；5—深湖亚相；
6—白垩系缺失区；7—剥蚀区；8—暗色泥岩厚度等值线

（2）湖盆结构不对称、古地形不对称，而且不甚平坦者，岩性粗细变化突然，水体深浅变化明显，如断陷湖盆陡坡一侧近岸水下扇可直接与深湖沉积相接；缓坡一侧地貌平缓、相带宽，多发育滩坝、三角洲。

（3）盆地内部的古隆起，及由盆地边缘向内延伸的古鼻状隆起附近，由于水下冲刷及机械分异作用，在深水及较深水相带中可出现岩性较粗的浅水三角洲和滩坝沉积。

总之，如湖盆结构复杂，古地形变化大，岩性和岩相类型多样，相带间界限明显；反之，如湖盆结构简单，古地形较平缓，沉积物及相类型简单，相带之间也是过渡的。在油气勘探中，掌握上述盆地结构和古地形分布变化规律，认识不同成因类型砂体形成水深和分布规律，对预测含油有利相带至关重要。

四、古气候条件的分析

气候变化对沉积盆地也会产生很大的影响，具体表现在对物源区风化程度、植被生长、沉积盆地水体温度和水化学特征等的控制作用。特别是一些内陆湖盆的水位变化主要受控于气候变化。古气候的周期性变化会造成湖盆沉积物的旋回性变化。恢复沉积区古气候条件的方法多种多样，但主要手段是孢粉特征分析。孢粉类型和含量是古气候变化的灵敏标志。还可采用岩性特征，古生物及古生态，微量元素和碳、氧稳定同位素法，黄土和湖泊沉积，沉积构造和地磁磁化率法等分析古气候条件。

（一）根据岩性特征

特殊岩石类型可以反映古气候。如冰碛岩、冰川纹泥是寒冷气候标志，蒸发岩是干旱气候产物，煤系地层是温暖潮湿气候沉积响应等。

盆地气候分析适宜采用综合标志划分气候类型。潮湿气候的可靠标志主要包括以暗色碎屑岩为主，发育煤层及碳质泥、页岩，黏土矿物以高岭石为主，大量出现菱铁矿、铝土矿及沉积锰矿等；沉积岩系中既不含石膏、石盐，又不含煤层、菱铁矿，黏土矿物以水云母、胶岭石为主，红色岩层较为广泛，综合起来是半干燥气候类型标志；剖面中有煤层、煤线，黏土矿物多为高岭石，缺乏红色岩层，综合判断为半潮湿气候；盆地边缘相带为红色沉积，向盆地内过渡为蒸发岩为主的沉积类型，为干燥气候标志。

在海相地层，大套石灰岩（尤其是生物石灰岩、礁石灰岩）、磷酸盐岩，铁、锰、铝等沉积矿床，均为潮湿气候的可靠标志。

盐类假晶、干裂、雨痕等一般是干燥气候标志，风棱石、沙漠漆、霜面等是沙漠干燥气候标志。

（二）根据古生物及古生态

陆生植物群的气候分带性和分区性显著，如古生代的节蕨植物、石松植物，中生代的真蕨植物、苏铁植物，新生代的棕榈和樟树都是热带气候的指示性植物。应用孢子花粉再造古地理和恢复古气候是很有成效的。剖面中旱生植物和喜湿水生植物各类孢粉百分含量变化，可较好地反映古气候演变规律。平面上由盆地边缘至内部，喜干植物的孢粉减少、水生喜湿的孢粉增加，围绕盆地呈环状分布。

可采用草原指数（SI，即 Steppe-index）研究第四纪气候变化。SI=草本植物孢粉/（草本植物孢粉+木本植物孢粉）。草本主要是寒带草原植物，冰期沉积时其含量可达 90%~100%；间冰期沉积时则很少，而以温带木本植物（如橡树、松树）孢粉为主，用统计资料编制曲线可准确地反映第四纪古气候变化，并可恢复冰期和间冰期的次数，此法在研究欧洲第四纪冰川时被广泛应用（附图6）。

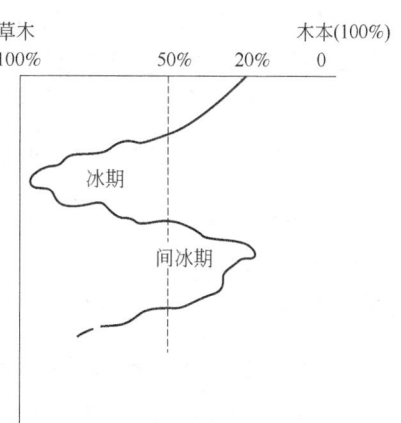

附图6 反映气候变化（冰期/间冰期）的草原指数曲线

（三）根据微量元素和碳、氧稳定同位素

在风化、搬运和沉积过程中，沉积物中不同元素会发生一定规律的迁移聚集，而这种迁移聚集规律受控于盆地构造背景、母岩性质、气候、沉积盆地性质和沉积介质的物理化学条件，因此可以采用微量元素、稀土元素和同位素地球化学特征来分析气候变化。

不同气候条件下沉积物中的微量元素富集程度有所不同。喜干元素锶（Sr）与喜湿元素铜（Cu）的比值可以反映古气候不同。Sr/Cu 值处于 1.3～5 之间指示温湿气候，大于 5 指示干旱气候。Rb/Sr 值也可指示气候的变化，在风化作用中，铷（Rb）相对稳定，而 Sr 易风化，因此，湿润环境下 Rb/Sr 值高，干旱环境下 Rb/Sr 值相对较低。Mg/Ca 值对气候的变化也具有指示意义，可以反映气温的高低，比值越大代表气温相对越高。

许多研究表明，碳酸盐在水中沉淀过程的温度变化会导致碳酸盐 $^{18}O/^{16}O$ 比值变化。如果沉积水体盐度一定，碳酸盐的 $\delta^{18}O$ 数值随着温度降低而降低。常采用沉淀碳酸盐时与海水达到同位素平衡的、含钙质壳的化石，如腕足、双壳、腹足、有孔虫等进行 ^{18}O 测定，并采用下列公式计算古水深 t（Shacleton，1974）：

$$t = 16.9 - 4.38(\delta C - \delta W) + 0.10(\delta C + \delta W)^2$$

式中，δC 为 25℃条件下，真空中碳酸盐与纯磷酸反应时产生的 CO_2 的 $\delta^{18}O$ 数值；δW 为 25℃条件下，测试的 $CaCO_3$ 样品形成时与水平衡的 CO_2 的 $\delta^{18}O$ 数值。两者均采用 PDB 标准。

（四）根据黄土和湖泊沉积

黄土和湖泊沉积敏感于气候变化。中国的黄土高原处于温带大陆性季风气候区，位于我国干旱性与湿润性气候过渡区，因此根据黄土分布和相关植被迁移来分析古气候。

欧美第四纪冰川研究成果表明，用古地磁确定时间，用孢粉恢复气候变化，尤以用湖泊纹层状淤泥沉积物所获效果最好。据对中欧黄土剖面的研究，其中黄土层为冰期产物，许多风化层为间冰期产物。研究证实欧洲在最近 70 万年内出现了 18～19 个气象周期。

湖泊作为陆地水圈的主要组成部分，与大气圈、岩石圈和生物圈具有紧密联系，是多个圈层相互联系的重要接点。湖泊沉积物（岩）记录了丰富地球气候和环境演化的信息，是研究气候和环境变化的重要信息载体，可以通过湖泊沉积物（岩）岩性、结构、沉积构造、生物化石、有机碳含量等多种信息恢复古气候。

五、水介质物化条件的分析

水介质物化条件分析主要涉及氧化还原程度、酸碱度、古盐度等。这些指标不仅影响了沉积作用过程和沉积结果，而且不同程度地影响了有机质的保存和油气生成，也直接控制水体溶解物质的化学沉积分异作用及沉积矿产的形成。

（一）确定还原程度的标志

依据同生矿物组合、微量元素、稀土元素等标志可判断沉积环境的氧化还原条件。

含铁自生矿物与沉积环境 Eh 值和 pH 值变化密切相关。随着 Eh 值降低、pH 值增加，或由氧化环境至还原环境依次出现的含铁自生矿物为：褐铁矿—赤铁矿—海绿石—鳞绿泥石—鲕绿泥石—菱铁矿—白铁矿和黄铁矿。分散在岩石中的含铁矿物造成岩石颜色变化，所以可以直接采用黏土岩的颜色判断氧化还原程度。海（湖）平面频繁波动、沉积区临近岸

线或处于水上氧化环境，黏土岩多呈缺少生物化石的红色及杂色；海（湖）平面发生大规模上升，沉积区水体加深，形成还原沉积环境，黏土岩多呈富含有机质和深水生物化石的灰色和黑色。

沉积环境的氧化还原性不同，沉积物中富集的元素也有所不同。一般选取对氧化还原性敏感的元素进行分析，认为锌（Zn）、铁（Fe）等主量元素和钒（V）、镉（Cd）、铬（Cr）、钴（Co）、铜（Cu）、铀（U）、钍（Th）、镍（Ni）等微量元素可以指示沉积环境的氧化还原性。V、Ni 和 Co 元素具有相似的在氧化条件下易迁移、还原条件下易沉淀的特点。V/(V+Ni) 和 Ni/Co 值可以作为氧化还原指标，V/(V+Ni) 值大于 0.77 为还原环境，小于 0.6 为氧化环境，中间值为过渡相；Ni/Co 值大于 7 为还原环境，小于 5 为氧化环境，中间值为过渡相。

可采用 Fe^{2+}/Fe^{3+} 比值来划分氧化还原环境。Fe^{2+}/Fe^{3+} 比值 $\gg 1$ 反映还原环境，Fe^{2+}/Fe^{3+} 比值 >1 反映弱还原环境；Fe^{2+}/Fe^{3+} 比值 <1 为弱氧化环境，Fe^{2+}/Fe^{3+} 比值 $\ll 1$ 为氧化环境。实际研究中，可用还原硫（S^{2-}）、三种铁离子（Fe^{3+}_{HCl}、Fe^{2+}_{HCl}、$Fe^{2+}_{FeS_2}$）以及 Fe^{2+}/Fe^{3+} 比值和铁的还原系数（$K=Fe^{2+}_{HCl}\times 0.236+Fe^{2+}_{FeS_2}/FeO$）来判定环境氧化还原程度。

Jones（1994）认为 U/Th 值、V/Cr 值、Ni/Co 值和 V/(V+Ni) 值是指示沉积环境氧化还原性最为可靠的指标。比如当 Ni/Co 值大于 7 时，指示缺氧、极贫氧的还原水体环境；5~7 时，指示贫氧、次富氧的亚还原环境；小于 5 为富氧的氧化环境。

轻稀土元素铈（Ce）性质与众不同，Ce 主要赋存于氧化环境。环境氧化程度越高，Ce 为正异常；环境还原程度越高，Ce 亏损程度越明显。

近期，碳、氧、硫、硼、锶同位素以及有机地球化学指标也被用于恢复古环境氧化还原程度。

（二）确定酸碱度的标志

酸碱度的划分主要根据水介质中的氢离子浓度：pH<7 为酸性介质，pH=7 为中性介质，pH>7 为碱性介质。

直接标志是根据常见的指示矿物，如碳酸盐矿物、含铁矿物和黏土矿物等（附表1）。

附表 1　判断水介质酸碱度的主要矿物标志

矿物	酸碱度					
	酸性	弱酸性	中性	弱碱性	碱性	强碱性
碳酸盐矿物			菱铁矿	白云石 铁白云石 菱锰矿	方解石	
含铁矿物	白铁矿			黄铁矿		
黏土矿物	高岭石	多水高岭石	多水高岭石，拜来石	钙胶岭石，拜来石	钙镁胶岭石	镁胶岭石

一般认为黏土矿物与同生期水流介质环境关系密切：由湖盆边缘至盆地内部，依次为高岭石—拜来石—胶岭石。生油层黏土矿物为胶岭石类，其次为水云母和拜来石类，高岭石类极少或不存在。由陆相至海相（pH 值由低变高），依次出现高岭石—单热水云母—拜来石—胶岭石。故黏土矿物是良好的 pH 指示矿物。物源区的气候条件对黏土矿物的形成也是一种影响因素。

在古代沉积中，黏土矿物类型和含量不仅受物源区气候、介质物化条件的影响，也受成岩后生变化的改造。故黏土矿物指相性，应因时因地而异，不能一概而论。

（三）古盐度的确定

直接测定海水中氯离子含量，经换算可获得海水盐度 $S=0.030+1.8050Cl^-$，Cl^- 为氯度，正常海水的氯度为 19.4‰，盐度为 35‰。

古盐度的计算主要根据微量元素或微体古生物。古盐度分析常用的有敏感微量元素含量、特殊元素比值特征和 Adams 公式定量计算 3 种方法。

Adams 公式：
$$S_p = 0.0977x - 7.043$$
$$x = 8.5 \times B(样品)/K_2O(样品)$$

式中，S_p 为古盐度，‰；x 为"相当硼（B）"含量。

微量元素是反映古盐度的有效地球化学参数。咸水环境中 Sr 质量分数大于 800μg/g，Ni 大于 40μg/g；淡水环境中 Sr 质量分数小于 500μg/g，Ni 小于 25μg/g；随着水体盐度增加，Sr/Ba 比值会持续增大，当比值大于 1 时为咸水（海相）环境，比值小于 0.6 时为淡水（陆相）环境，介于 0.6~1 时为半咸水（过渡相）环境。

通过 Sr/Ba 值和 Th/U 值可恢复古盐度。由于锶（Sr）在溶液中的迁移能力强于钡（Ba），所以 Sr/Ba 值与古盐度具有正相关性。常用指标为 Sr/Ba 值小于 0.6 为陆相淡水，处于 0.6~1 为半咸水，大于 1 为海相咸水。Th/U 值也能指示古盐度的变化，由于钍（Th）易被黏土矿物吸附，而铀（U）更易被氧化或淋滤，故而在海相环境中 Th/U 值比陆相环境中小，Th/U 值小于 2 指示海相咸水，处于 2~7 为微咸水—半咸水环境，大于 7 指示陆相淡水。

利用碳、氧同位素综合判断水体盐度的公式是
$$Z = 2.048 \times (\delta^{13}C+50) + 0.498 \times (\delta^{18}O+50)$$

当 $Z>120$ 时，为海相（咸水）特点；当 $Z<120$ 时，为湖相（淡水）特点。

综合利用碳酸盐、硫酸盐、磷酸盐、卤化物以及黏土矿物是恢复古湖泊含盐度的主要手段。

六、岩相古地理条件的基本控制因素

上述分析的沉积盆地岩相古地理条件千变万化，它的基本控制因素有两方面，即构造活动和古气候周期性变化。构造和气候决定和影响了各种沉积条件及其演变。如沉积盆地中侵蚀区和沉积区的分布、沉降与补偿的相互关系、水体深度变化、古地形变化、古气候变化以及水介质的物化条件的变化等，甚至包括沉积盆地中生物的繁殖和发育，都是在地壳运动和区域气候的影响下发展和变化的。构造和气候变化控制盆地沉积和有机物质聚集，盆地具还原条件的深水—较深水区则是有机物质转化为油气必不可少的外部条件。只有在这种条件下，大量的有机物质才能得以堆积和保存，并在适当温度、压力下转化为油气。而湖盆能否保持长期稳定存在，这主要受盆地所处大地构造位置和地壳活动性质所决定、所控制，只有在地壳振荡运动能保持以较大范围持续下沉，并伴随有良好的沉积补偿条件（即沉降速度大于或等于补偿速度），水体保持一定深度，沉积不断加厚，最终才能形成较厚的生油岩系。温湿的古气候条件，适当的水介质物化条件也是重要的影响因素，但它们也均受地壳活动的影响。

在构造运动的背景上，适宜的古气候条件，有利于陆上和水体中的生物繁殖与生长，为生成油气提供物质基础。

不同构造演化阶段的盆山耦合作用，可导致物源区上升、盆地的下沉，母岩遭受侵蚀而源源不断供给碎屑物质，形成不同规模的源汇系统。受沉积物风化、搬运和沉积水动力条件

影响，在不同构造演化阶段或不同构造单元形成了不同类型砂体，特别是海湖三角洲及滨岸地带形成的各种砂体，长期受多种水流淘洗作用，储集性能好，是油气聚集的良好相带。

所以，具备上述古地理条件及构造条件的旋回发展的沉积盆地，就可能生成并聚集大量油气。油区岩相古地理的研究任务就是要查明这些条件，为油气预测提供理论依据并指明勘探方向。

七、陆源碎屑沉积盆地岩相古地理图的编制

根据观察、描述、归纳、推断、统计分析法（大数据分析）进行岩相古地理研究，最终是通过编制岩相古地理图（沉积相图）来完成的。或者说，岩相古地理图的编制是相分析及古地理研究的归纳总结和形象表述。

如何编制岩相古地理图，要收集和整理哪些资料，先做哪些基础图件，如何进行分析，对于不同地区、不同层段以及不同的相，也不尽相同。

陆源碎屑沉积盆地岩相古地理图的编制大致有这样3个基本阶段，即基础资料的收集和整理；主要基础图件的编制和分析；岩相古地理图的编制和使用。

（一）基础资料的收集和整理

在建立等时地层格架、详细划分和对比地层的基础上，对区域地质背景、露头剖面、岩心录井（包括取心及井壁取心）、岩屑录井、古生物及古生态鉴定、分析化验（包括薄片、重矿物、粒度分析、储层分析、地化指标、油气水分析资料等）、电测井及地球物理等方面资料进行系统收集和整理，依据工业化编图要求认真审查与核对所收集的岩相古地理研究编图资料（数据），搭建数据平台。资料（数据）收集要注意准确性与代表性，以保证编图基础资料的扎实可靠。

整理原始资料，一般先建立相分析剖面和岩相古地理分析要素卡片，再逐井进行分项统计，如地层厚度、砂岩厚度及其百分比、暗色泥岩厚度、重矿物含量、粒度参数、层理特征、沉积序列、古生物、泥岩颜色和地化指标等。

（二）制图单位的划分和比例尺的选择

根据岩相古地理工业化制图要求、油气勘探开发的需求、资料的丰富程度和地质条件的复杂情况来鉴定制图单元和选择比例尺。在资料许可情况下，尽可能编制大比例尺岩相古地理（沉积相）工业化图件。

岩相古地理工业化图件编图比例尺包括小、中、大三种比例尺：

(1) 小比例尺岩相古地理图（沉积相图）：比例尺一般小于1:300万，甚至1:1000万以下。这种图件往往是全国或国际大区域性的，是在大地构造单元划分的基础上进行图件编制的，制图单位的时间间隔为代或纪或世（相当于Ⅰ级、Ⅱ级层序）。例如，中国早奥陶世岩相古地理图、中国西北侏罗纪岩相古地理图。此类图件可以作为大区域油气勘探预测的基础图件，主要说明哪个沉积盆地或某个沉积盆地哪种沉积体系类型有利于油气生成、储集和形成油气勘探地区，主要是对沉积盆地进行油气勘探远景评价。

(2) 中比例尺岩相古地理图（沉积相图）：比例尺一般为1:300万~1:50万，此类图件研究范围较小，一般为一个沉积盆地。制图单位间隔为世或期（相当于Ⅱ级或Ⅲ级层序）。例如，松辽盆地青山口组岩相古地理图、鄂尔多斯盆地延长组岩相古地理图、济阳坳陷沙河街组岩相古地理图。这类图件主要表明有利于烃源岩和储层发育的沉积相带，可为确定未来勘探方向提供古地理沉积背景、沉积岩性、岩相及其与生储盖组合方面的依据，主要

是对沉积盆地，特别是重点区带进行油气勘探评价。

（3）大比例尺岩相古地理图（沉积相图）：比例尺一般为1：50万以上，特别是服务于油气精细勘探和开发时比例尺为1：10000、1：5000的超大比例尺图件。编图范围通常是沉积盆地内某一凹陷或某个区带（甚至圈闭），制图单位为段、亚段或砂层组（相当于Ⅲ级层序、体系域或准层序组）。例如，东营凹陷沙河街组沙三段岩相古地理图、霸县凹陷沙河街组岩相古地理图、饶阳凹陷蠡县斜坡中段沙一段Ⅰ砂组岩相古地理图等（附图7）。这类图件主要表明油气勘探区带或开发区块某个重点含油层系沉积亚微相类型和时空分布特征，可为区带或圈闭范围内资源矿产精细勘探和高效开发提供高精度沉积亚微相（砂体）发育依据。

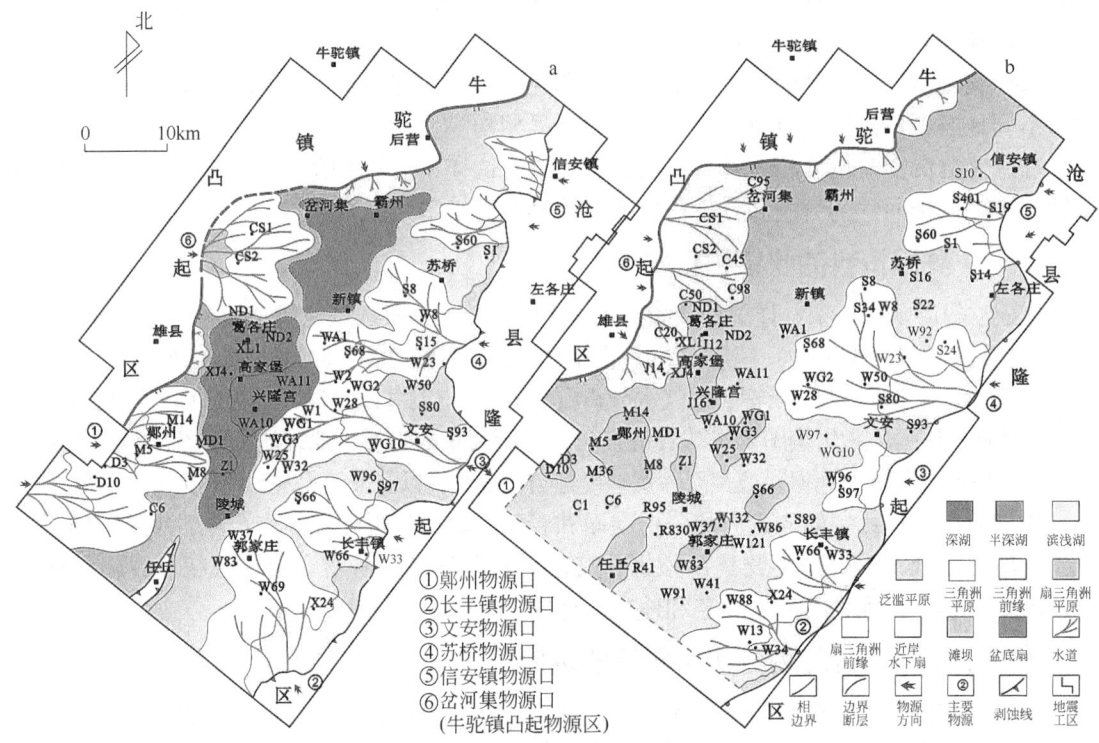

附图7 霸县凹陷沙河街组沙三中亚段（a）和沙一下亚段（b）岩相古地理图（据张自力，2020）

彩图7

总之，露头以及覆盖区岩心钻孔越多，地质与地球物理资料越丰富，油气勘探开发成果越显著，工业化岩相古地理图件制图比例尺可以越大。制图单位分得越详细，图件的精度也越高。在我国一些含油盆地的勘探开发过程中，经常根据工业制图和油气勘探开发的要求，编制大比例尺的高精度岩相古地理图，以指导油气精细勘探开发。随着层序地层学、现代沉积学和大数据方法技术的发展融合以及岩性地层圈闭勘探的进一步加强，以层序、体系域、准层序为编图单位的高精度岩相古地理图将得到广泛应用。

（三）主要基础图件

在充分收集整理地质与地球物理资料、选定岩相古地理（沉积相）编图单元的基础上，结合油气勘探开发和科学研究需求，先编制单因素的沉积基础图件，然后叠加分析反映沉积条件的单因素基础沉积图件，综合说明岩相古地理要素的时空分布特征，为沉积矿产勘探开发提供沉积依据。

在沉积盆地岩相古地理编图和综合研究中，如以油气勘探为目的，经常要编制以下一些岩相古地理基础图件：

（1）露头、岩心层序地层划分和沉积特征综合柱状图［反映地层划分和对比、相类型和组合关系、构造演化阶段、海（湖）平面升降变化以及盆地生储盖组合等］；

（2）地震剖面层序划分和地质解释剖面图（反映地震反射终止关系和层序地层格架）；

（3）基于地震约束的多井层序地层格架对比图（反映地层层序划分和横向变化）；

（4）重点层序或体系域地层厚度图（反映盆地轮廓、隆起和坳陷、凸起和凹陷，以及沉积和沉降中心等）；

（5）露头素描、关键井岩心单剖面沉积相综合分析图（反映岩性和沉积构造等相标志）；

（6）粒度参数曲线图（累积曲线、频率曲线、粒度概率曲线及其垂向演化、C—M 图和粒度参数的平面变化图等，反映沉积搬运动力和状态等）；

（7）基于地震反演剖面的沉积类型和砂体解释剖面图（反映沉积类型的地震剖面信息等）；

（8）基于层序地层格架的沉积相对比剖面图（反映沉积相类型和横向变化）；

（9）重点层序或体系域岩石类型图（反映物源方向和分布趋势，是划分相带的依据）；

（10）重点层序或体系域重矿物、岩屑类型和含量平面分布图（反映物源方向和沉积体系）；

（11）重点层序或体系域砂岩厚度图（反映砂体、砂岩富集区、砂岩尖灭界线，以及古水流方向、物源方向和三角洲位置等）；

（12）重点层序或体系域砂地比图（判断岸线位置、古水深和主要物源方向）；

（13）重点层序或体系域泥岩颜色图（反映陆上、过渡与水下三种沉积环境的大致范围，是划分湖盆相带和有利生油相带的主要依据）；

（14）重点层序或体系域有机碳、还原硫、三价铁和二价铁等多个地球化学指标等值线图（反映不同沉积环境的地球化学特征，是指示陆上或水下沉积的标志）；

（15）重点层序或体系域锶钡比值等微量元素参数等值线图（反映古沉积条件）；

（16）重点层序或体系域化石分布图（反映生物生态习性，是划分相带和鉴别环境的标志）；

（17）重点层序或体系域电测曲线划相图（利用自然电位、电阻率、微电极以及地层倾角测井、FMI 测井等电测曲线综合分析，划分岩性和韵律特征，建立测井相模式）；

（18）重点层序或体系域砂体几何形态和叠置样式图（划分砂体成因类型，反映砂体平面形态和剖面叠置样式，指明油气聚集有利地区）；

（19）重点层序或体系域地震相图（通过地震相分析，确定沉积相的平面展布，尤其在钻井剖面较少或钻井分布不均的地区，地震相图尤为重要）；

（20）基于地震沉积学地层切片解释的地震地貌和沉积分布图（反映地震地貌形态、地震岩性学标定后的沉积岩性分区等）；

（21）重点层序或体系域岩相古地理图（综合成果图，沉积边界、母岩性质、物源方向、沉积相带、沉积中心、沉降中心、砂体及砂岩富集区、生油和储油有利地区等）（附图7）；

（22）重点层序或体系域沉积模式图和有利勘探地区预测图（指导勘探地层岩性圈闭的主要根据）。

前 20 种图件是编制后两种成果图件的基本资料。总的可归纳为单因素分析和多因素分析两种类型基础图件。制作哪些基础图件，要视不同研究目的和资料丰富程度变化。

岩相古地理图及其基础图件主要以平面图形式表示。在备好的底图上，一般通过等值线图、分区图和点图（如饼状图）等多种表现形式或单一形式编制岩相古地理图件。根据研究目的和资料状况，选择编图要素和表达形式。数据齐、全、准的单因素资料最适合勾画等值线图，其精度也最高。

底图准备（数据平台）与编图质量关系十分密切，原则上剖面点和井位以及地震测线要均匀分布，符合工业编图要求。要根据勘探和开发阶段的进展情况，合理选择作图比例尺和作图单元，编制多种岩相古地理基础图件，最终编制多信息岩相古地理成果图件。

八、岩相古地理图的分析和使用

沉积体系研究和岩相古地理编图是为勘探开发沉积矿产服务的。依据岩相古地理图及其相关基础图件，分析沉积盆地母岩特性、搬运通道和沉积条件，确定沉积体系类型，建立不同规模和不同类别的源汇系统及其与油气成藏要素之间关系，指明有利的生储油地区（层段）及其形成的有利时期，为勘探部署提供岩性、岩相、砂体甚至储层方面的依据，这是油区岩相古地理研究的最终目的。

（一）有利生油地区（层）和盖层的分析和确定

岩性、岩相、地球化学特征和盖层封堵能力是评价盆地生油条件和盖层质量的基本标志。以生油地区（层）和盖层封堵能力的判定标准为依据，通过地质与地球物理综合分析，在岩相古地理图上圈定有利、较有利生油区和盖层发育区。

通过对不同时期、不同组段岩相古地理图的综合分析，有助于查明盆地的发育历史，了解和确定有利生油区（层）和盖层发育区的时空演变规律。一般来说，如盆地较稳定发育，沉积中心与沉降中心基本位于盆地中央，该地区沉积水动力较弱，沉积富含有机质的暗色质纯泥岩，形成最有利烃源岩以及盖层发育地区。除了深水泥页岩可作为盖层外，在滨岸平原形成的膏盐层、泥炭层也可作为有利的盖层。

通过编制主要含油层系的岩相古地理图，基于盆地构造演化和沉积主要控制因素分析，搞清含油气盆地的沉积古地理发育历史（旋回性）和深水—较深水相带的分布、变化规律，确定生油层和盖层发育地区，是提高勘探效率的基础工作，也是核心工作。

（二）有利储油地区（层）的分析与确定

陆源碎屑沉积盆地中有利储油地区，主要受制于砂体的发育与分布情况（还应考虑成岩作用对储层质量的影响）。在岩相古地理图或沉积体系图中，恢复出海（湖）盆地的岸线、坡折带位置、古河流和三角洲位置，圈定出不同成因类型砂体的分布、延伸方向和形态特点，是确定有利储油地区的基础。在此项工作中，应注意相带与砂岩体分布的关系，沉积相的共生组合控制砂体的共生关系。存在两种主要沉积砂体变化规律：一是从冲积扇砂体—河流砂体—三角洲砂体—浅海（湖）砂体—深海（湖）扇浊流砂体，这种分布情况与物源方向平行，与海湖岸垂直，搬运介质初为河流，后为波浪与海流以及重力流。二是三角洲砂岩体及其两侧的海滩、滩坝、堤岛砂体，这类砂体展布方向与海（湖）岸平行，主要受波浪、沿岸流等多种流体沉积作用所控制，依此可以预测有利砂岩体的分布。

在烃源岩、储层和盖层分析的基础上，应充分研究沉积盆地沉积旋回构成和演化历史，基于源汇系统和沉积砂体的研究成果以及烃源岩成熟过程分析，确定生储盖组合时空特征和有效性，明确有利的烃源岩、储层和盖层分布地区以及有利勘探开发层位。

第三节　碳酸盐岩岩相古地理图的编制

中国石油大学冯增昭（1989）倡导的碳酸盐岩"单因素分析多因素综合作图法"突出了碳酸盐岩沉积能量特点及其与碳酸盐岩沉积模式之间的对应关系，在碳酸盐岩古地理研究领域和油气勘探实践中已取得了重大进展，介绍如下。

所谓单因素是指能独立地反映某个地区、某个沉积层段沉积环境某些特征的地质因素，它的有无或含量的多少均可独立地反映该地区、该层段沉积环境的某些特征，如沉积环境水体的深浅、能量大小、性质等。实际上，某沉积层段的颜色、厚度、岩石类型、结构组分、矿物成分、化学成分、化石及其生态组合等均可作为"单因素"。

"单因素分析多因素综合作图法"可分为3个步骤：第一，对各地质露头剖面和钻井剖面，尤其是各基干剖面进行认真的地层学和定量岩石学研究，取得各种（单因素）第一手的定性和定量资料，尤其是定量资料，了解各剖面各沉积层段的沉积环境特征。第二，在已取得的各剖面的定量资料中，依据工业化编图要求选择作图单位和比例尺，选定出那些能独立地反映其沉积环境特征的地质因素，即单因素，并把全区各剖面各作图单位的各种单因素的百分含量都统计出来，编制各种单因素柱状图、剖面图和平面图，主要是等值线平面图。通过这些单因素图件，从不同的角度定量研究相关沉积层段的沉积环境，这就是单因素分析。第三，把这些定量的单因素图叠加起来，并结合该地区该沉积层段的其他定量和定性资料，去粗取精，去伪存真，全面分析，综合判断，即可编制出该地区该沉积层段的定量岩相古地理图（附图8）。这个过程就是多因素综合作图。这一方法论的核心是定量，即以各剖面的定量单因素资料为基础，从各单因素图的分析入手，再通过各单因素图的叠加和综合分析判断，最后作出定量的岩相古地理图。

在碳酸盐岩岩相古地理图的编制过程中，经常编制的单因素图件包括：厚度等值线图；浅水碳酸盐岩颗粒类型和含量等值线图；准同生白云岩含量等值线图；还原色含量等值线图；浅水碳酸盐岩含量等值线图；浅水碎屑岩含量等值线图；深水页岩含量等值线图；深水碳酸盐岩含量等值线图等。

其他特殊成分如果含量较多，如石膏、石盐、特定化石等都可以作为单因素勾绘出其含量等值线图。

下面对各主要单因素的特征及其在沉积环境分析中的意义作简要说明。

一、地层厚度分布

地层厚度主要受该地区构造作用和沉降幅度的控制，也与沉积物质供给有关。一个沉积地区某沉积层段的地层等厚图主要反映该地区该层段沉积时期的古大地构造格局，主要是相对隆起和相对凹陷的格局以及受地貌控制的地层分布特征。在陆源物质尤其是粗粒陆源物质沉积发育的地区，沉积厚度也反映陆源物质的供给条件。沉积厚度与水体深度并无必然的关系。一般来说，暗色质纯泥页岩和泥晶灰岩沉积厚度较大的地方往往反映深水环境，颗粒碳酸盐岩沉积厚度较大的地方反映浅水沉积。对于地层厚度分布特征要考虑构造抬升和剥蚀作用的影响，根据岩性和厚度综合判断沉积和沉降中心的位置。

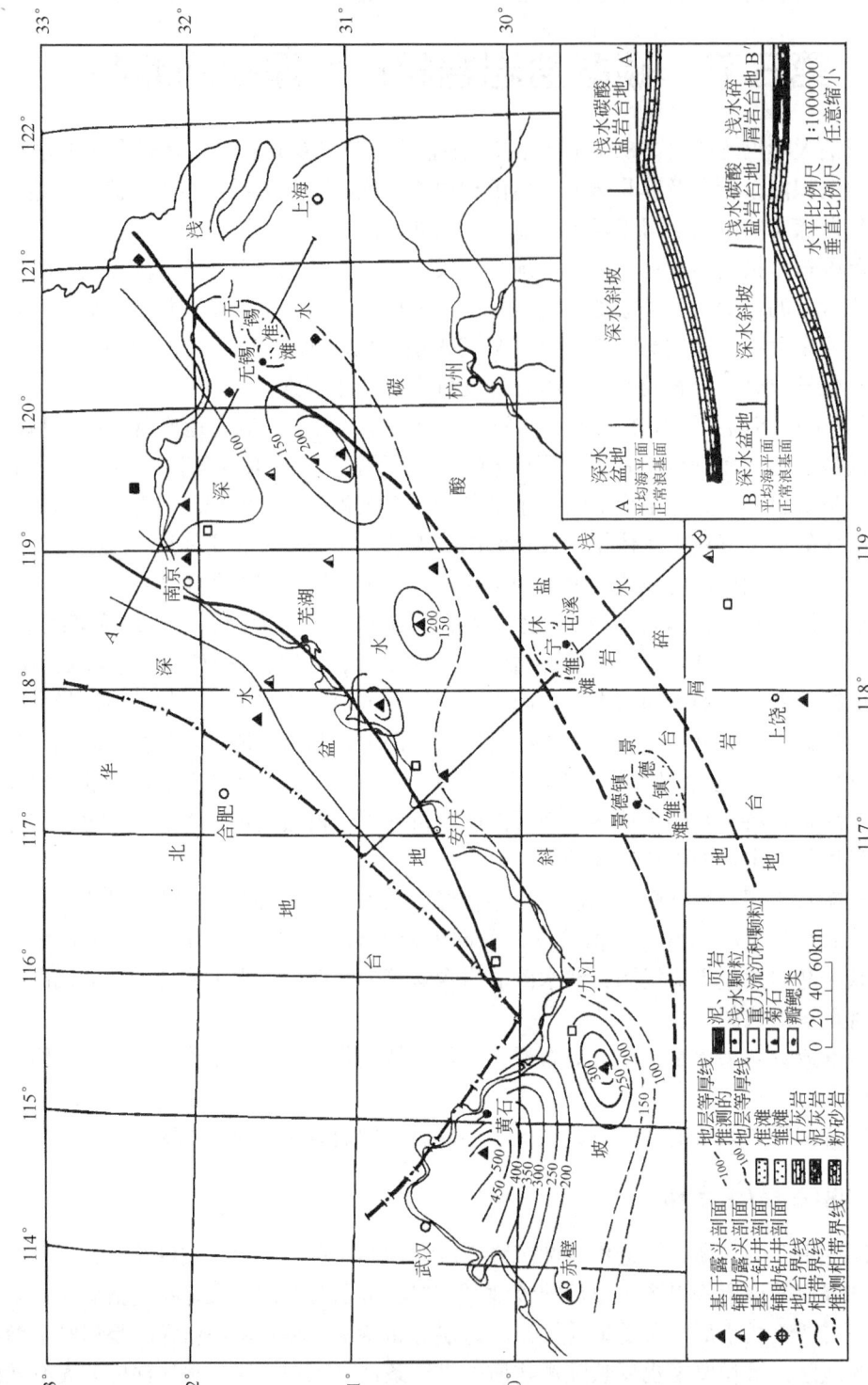

附图8 下扬子地区早三叠世殷坑期岩相古地理图（据冯增昭，1991）

二、陆源物质含量

陆源物质又可分为粗粒陆源物质和细粒陆源物质。粗粒陆源物质包括陆源砾和陆源砂，可反映陆源的方位，也可作为古陆边缘相的标志。细粒陆源物质包括陆源粉砂和陆源黏土，特别是暗色质纯的泥页岩往往形成于深水或静水环境，可指示沉积中心的位置。

一般把陆源泥含量大于50%，陆源砂及准同生白云岩等含量均小于10%，且以浅水潮坪沉积为主的地区，称作泥坪；把陆源泥含量大于50%，陆源砂含量10%~50%，且以浅水潮坪沉积为主的地区，称作砂泥坪；把陆源砂含量大于50%，陆源泥含量10%~50%，且以浅水潮坪沉积为主的地区，称作泥砂坪或砂坪。陆源砂含量更高，不具有潮坪沉积特征的地区，定为沙滩或沙坝。

三、颗粒类型和含量

颗粒是指砂级以上的、常经过搬运磨蚀的、亮晶胶结为主的盆内颗粒（如砾屑、砂屑、鲕粒、生屑等）。颗粒含量高，说明沉积环境的水动力强；颗粒含量低，说明沉积环境的水动力弱。一般把颗粒含量大于30%的地区定为滩（坝）；颗粒含量介于20%~30%的地区定为准滩；颗粒含量介于10%~20%的地区定为雏滩。滩常常发育于平均低潮线与正常浪界面的水下低隆上，水体能量相对较强。随着碳酸盐颗粒含量增加，说明沉积水动力加强。滩的名称可以根据碳酸盐颗粒类型来确定。

四、准同生白云岩含量

准同生白云岩主要是指刚沉积不久尚未固结成岩的碳酸盐沉积物，在其尚未脱离原来沉积环境时，通过某些白云石化作用，如毛细管浓缩白云石化作用、混合白云石化作用等，形成反映沉积环境的白云岩。这种白云岩主要形成于潮上及潮间环境或其邻近的潟湖环境。因此，准同生白云岩含量可以反映沉积环境特点。一般把准同生白云岩含量大于50%的地区，称作云坪；把准同生白云岩含量30%~50%并具潮坪特征的、石灰岩含量大于50%的地区，称作云灰坪；把准同生白云岩含量30%~50%并具潮坪特征的、细碎屑岩（粉砂岩和黏土岩）含量大于50%的地区，称作云泥坪。

五、颜色类型和分布

岩石的颜色主要取决于岩石本身的成分，如色素、矿物成分、粒度等，成岩后生作用也对颜色有一定的影响，但归根结底取决于沉积环境。岩石的原生颜色可反映源区位置、沉积水深和沉积环境的氧化还原程度。可采用定量数值表述碳酸盐岩颜色，并编制颜色数值等值线图，进而说明沉积水体的深浅和氧化还原程度。

六、石膏含量和分布

石膏（盐类矿物）是蒸发环境的产物，主要形成于潮上云坪环境及咸化潟湖环境。因此，膏岩层的分布尤其是它的厚度对于沉积环境的解释十分有用。一般将膏岩厚度占地层厚度比值大于50%的地区定为膏潟湖，将膏岩厚度比值为20%~50%的地区定为含膏潟湖。

膏盐岩厚度分布单因素不仅可以反映沉积环境，而且对于油气盖层和非金属矿床评价均有重要作用。

七、深水泥页岩和碳酸盐岩厚度

深水泥页岩厚度和深水碳酸盐岩厚度可以有效区分深水沉积与浅水沉积环境。如果深水泥页岩厚度、深水碳酸盐岩厚度越大，说明深水沉积环境占比越大。一般来说，深水泥页岩厚度或深水碳酸盐岩厚度占比大于50%，说明深水沉积环境占主要地位，因此可采用深水泥页岩厚度或深水碳酸盐岩厚度占地层厚度的百分比等值线图说明深水沉积地区的分布。如果发现碳酸盐重力流沉积，将有助于分析确定深水沉积环境。

八、下扬子地区早三叠世殷坑期岩相古地理研究

根据区域地质背景和沉积相标志，综合碳酸盐岩古地理研究单因素基础图件，可编绘某个地区某个沉积时期的岩相古地理图件（附图8）。

附图8为下扬子地区早三叠世殷坑期岩相古地理图。首先根据深水沉积厚度与浅水沉积厚度比值为1的等值线将下扬子地区划分为浅水与深水沉积区。在浅水沉积区，再根据陆源碎屑含量、碳酸盐颗粒含量确定碳酸盐台地和碎屑岩浅水沉积区。在深水沉积区，再根据深水沉积厚度、重力流沉积厚度和分布确定深水斜坡和深水盆地。

下扬子地区早三叠世殷坑期海底具有南浅北深的特点，发育热带或亚热带正常海的菊石，自南向北沉积水体加深。在深水盆地，沉积水深可超过200m，为典型的陆棚浅海沉积。

思考实习题

1. 说明物源分析和水动力条件分析的主要方法。
2. 简述古气候条件分析和水体物化条件分析的主要方法。
3. 说明控制沉积盆地岩相古地理分布的基本因素和作用特点。
4. 如何判断沉积中心和沉降中心？
5. 简述陆源碎屑沉积盆地岩相古地理图的编制流程和方法。
6. 简述碳酸盐岩岩相古地理图的编制流程和方法。
7. 查阅文献或选取某个沉积盆地开展碎屑岩岩相古地理综合研究：
（1）了解和掌握碎屑岩岩心的观察与描述方法；
（2）观察和描述岩心中岩石的颜色、成分、结构和构造等沉积相标志，编制岩心沉积序列素描图；
（3）根据关键井岩心沉积相标志以及测井相标志，分析确定沉积环境；
（4）编制关键井取心井段单井沉积相综合柱状图，确定沉积类型及其演化。
8. 选取典型野外露头，如北京门头沟区下苇甸寒武系张夏组剖面开展野外岩相古地理研究，并编制相关图件：
（1）了解和掌握野外地层岩性、沉积构造和沉积相标志的识别与描述方法；
（2）利用所学碳酸盐岩沉积相的知识，根据野外收集的沉积相标志，分析沉积环境；
（3）制作野外露头剖面的信手剖面，说明地层发育、接触关系、主要沉积相标志和沉积序列特征；
（4）根据信手剖面图及沉积相标志编制沉积相综合分析柱状图。

参 考 文 献

Blatt H, Middleton G V, Murray R C, 1978. 沉积岩成因. 沉积岩成因翻译组, 译. 北京: 科学出版社.
操应长, 杨田, 王艳忠, 等, 2017. 深水碎屑流与浊流混合事件层类型及成因机制. 地学前缘, 24 (3): 234-248.
陈建强, 周洪瑞, 王训练, 2004. 沉积学及古地理教程. 北京: 地质出版社.
邓宏文, 高晓鹏, 赵宁, 等, 2010. 济阳坳陷北部断陷湖盆陆源碎屑滩坝成因类型、分布规律与成藏特征. 古地理学报, 12 (6): 737-747.
段太忠, 郭建华, 高振中, 等, 1990. 华南古大陆边缘湘北九溪下奥陶统碳酸盐等深岩丘. 地质学报, 64 (2): 131-143.
方少仙, 侯方浩, 2013. 碳酸盐岩成岩作用. 北京: 地质出版社.
冯增昭, 1989. 碳酸盐岩岩相古地理学. 北京: 石油工业出版社.
冯增昭, 1993. 沉积岩石学. 2版. 北京: 石油工业出版社.
冯增昭, 2013. 中国沉积学. 北京: 石油工业出版社.
高振中, 何幼斌, 罗顺社, 1996. 深水牵引流沉积: 内潮汐、内波和等深流沉积研究. 北京: 科学出版社.
顾家裕, 1996. 塔里木盆地沉积层序特征及其演化. 北京: 石油工业出版社.
何镜宇, 孟祥化, 1987. 沉积岩和沉积相模式及建造. 北京: 地质出版社.
何幼斌, 高振中, 张兴阳, 等, 2003. 塔里木盆地塔中32井中上奥陶统内潮汐沉积. 古地理学报, 5 (4): 414-425.
何幼斌, 罗顺社, 高振中, 2004. 内波、内潮汐沉积研究现状与进展. 江汉石油学院学报, 26 (1): 5-10.
华东石油学院基础地质, 石油地质教研室, 1977. 沉积岩. 北京: 石油工业出版社.
华东石油学院岩矿教研室, 1982. 沉积岩石学. 北京: 石油工业出版社.
贾振远, 李之琪, 1989. 碳酸盐岩沉积相和沉积环境. 武汉: 中国地质大学出版社.
姜在兴, 王俊辉, 张元福, 2015. 滩坝沉积研究进展综述. 古地理学报, 17 (4): 427-440.
姜在兴, 2010. 沉积学. 2版. 北京: 石油工业出版社.
李相博, 刘化清, 潘树新, 等, 2019. 中国湖相沉积物重力流研究的过去、现在与未来. 沉积学报, 37 (5): 904-921.
李忠, 陈景山, 关平, 2006. 含油气盆地成岩作用的科学问题及研究前沿. 岩石学报, 22 (8): 2113-2122.
林畅松, 潘元林, 2000. "构造坡折带": 断陷盆地层序分析和油气预测的重要概念. 地球科学: 中国地质大学学报, 25 (3): 260-266.
林春明, 2019. 沉积岩石学. 北京: 科学出版社.
刘宝珺, 1980. 沉积岩石学. 北京: 地质出版社.
刘宝珺, 曾允孚, 1985. 岩相古地理基础和工作方法. 北京: 地质出版社.
刘春燕, 林畅松, 吴茂炳, 等, 2007. 中国生物礁时空分布特征及其地质意义. 世界地质, 26 (1): 44-51.
刘孟慧, 赵澄林, 1993. 碎屑岩储层成岩演化模式. 东营: 石油大学出版社.
潘荣, 朱筱敏, 张剑锋, 等, 2015. 克拉苏冲断带深层碎屑岩有效储层物性下限及控制因素.

吉林大学学报，45（4）：1011-1020.

潘树新，刘化清，Zavala C，等，2017. 大型坳陷湖盆异重流成因的水道—湖底扇系统：以松辽盆地白垩系嫩江组一段为例. 石油勘探与开发，44（6）：860-870.

钱宁，1985. 关于河流分类及成因问题的讨论. 地理学报，40（1）：1-10.

Reading H G，1985. 沉积环境和相. 周明鉴，陈昌明，张疆，等译. 北京：科学出版社.

任明达，王乃梁，1985. 现代沉积环境概论. 北京：科学出版社.

沈安江，寿建锋，张宝民，等，2016. 中国海相碳酸盐岩储层特征、成因和分布. 北京：石油工业出版社.

孙永传，李忠，李惠生，等，1996. 中国东部含油气断陷盆地的成岩作用. 北京：科学出版社.

谈明轩，朱筱敏，朱世发，2015. 异重流沉积过程和沉积特征研究. 高校地质学报，21（1）：94-104.

Tucker M E，Wright V P，2015. 碳酸盐岩沉积学. 沈安江，王小芳，郑剑锋，等译. 北京：石油工业出版社.

吴崇筠，薛叔浩，1992. 中国含油气盆地沉积学. 北京：石油工业出版社.

吴胜和，冯文杰，印森林，等，2016. 冲积扇沉积构型研究进展. 古地理学报，19（4）：497-512.

鲜本忠，安思奇，施文华，2014. 水下碎屑流沉积：深水沉积研究热点与进展. 地质论评，60（1）：39-51.

谢庆宾，管守锐，薛培华，等，2000. 嫩江齐齐哈尔段现代网状河沉积研究. 石油勘探与开发，27（5）：106-108.

谢庆宾，朱筱敏，胡庆喜，等，1997. 北京西山地区雾迷山组风暴硅岩沉积序列. 沉积学报，15（3）：37-40.

薛良清，Galloway W E，1991. 扇三角洲、辫状河三角洲与三角洲体系的分类. 地质学报，70（2）：141-153.

薛叔浩，刘雯林，薛良清，等，2002. 湖盆沉积地质与油气勘探. 北京：石油工业出版社.

于兴河，2008. 碎屑岩系油气储层沉积学. 2 版. 北京：石油工业出版社.

曾允孚，1986. 沉积岩石学. 北京：地质出版社.

张昌民，朱锐，赵康，等，2017. 从端点走向连续：河流沉积模式研究进展述评. 沉积学报，35（5）：926-944.

张纪易，1985. 粗碎屑洪积扇的某些沉积特征和微相划分. 沉积学报，3（3）：75-85.

赵澄林，朱筱敏，2001. 沉积岩石学. 3 版. 北京：石油工业出版社.

赵澄林，2001. 油区岩相古地理. 山东：石油大学出版社.

钟大康，朱筱敏，张枝焕，等，2003. 东营凹陷古近系砂岩次生孔隙成因与纵向分布规律. 石油勘探与开发，30（6）：51-53.

朱世发，刘欣，朱筱敏，等，2015. 准噶尔盆地西北缘克—百逆掩断裂带上下盘储层差异性及其形成机理. 沉积学报，33（1）：194-201.

朱筱敏，1995. 含油气断陷湖盆盆地分析. 北京：石油工业出版社.

朱筱敏，2000. 层序地层学. 东营：石油大学出版社.

朱筱敏，2008. 沉积岩石学. 4 版. 北京：石油工业出版社.

朱筱敏，邓秀芹，刘自亮，等，2013. 大型坳陷湖盆浅水辫状河三角洲沉积特征及模式：以鄂尔多斯盆地陇东地区延长组为例. 地学前缘，20（2）：19-28.

朱筱敏，潘荣，朱世发，等，2018. 致密储层研究进展和热点问题分析. 地学前缘，25（2）：

141-146.

朱筱敏, 谈明轩, 董艳蕾, 等, 2019. 当今沉积学研究热点讨论: 第20届国际沉积学大会评述. 沉积学报, 37 (1): 1-16.

朱筱敏, 王英国, 钟大康, 等, 2007. 济阳坳陷古近系储层孔隙类型与次生孔隙成因. 地质学报, 81 (2): 197-204.

朱筱敏, 信荃麟, 刘泽容, 1991. 陆相断陷湖盆中滑塌浊积扇的识别. 科学通报, 36 (7): 535-538.

朱筱敏, 信荃麟, 张晋仁, 1994. 断陷湖盆滩坝储集体沉积特征及沉积模式. 沉积学报, 12 (2): 20-28.

朱筱敏, 杨俊生, 张喜林, 2004. 岩相古地理研究与油气勘探. 古地理学报, 6 (1): 101-109.

朱筱敏, 曾洪流, 董艳蕾, 2017. 地震沉积学原理与应用. 北京: 石油工业出版社.

朱筱敏, 钟大康, 袁选俊, 等, 2016. 中国含油气盆地沉积地质学进展. 石油勘探与开发, 43 (5): 820-829.

朱筱敏, 钟大康, 赵澄林, 等, 2002. 塔里木盆地台盆区古生界优质碎屑岩储层形成机理及预测. 科学通报, 47 (S1): 30-35.

邹才能, 赵文智, 张兴阳, 等, 2008. 大型敞流坳陷湖盆浅水三角洲与湖盆中心砂体的形成与分布. 地质学报, 82 (6): 813-825.

邹才能, 赵政璋, 杨华, 等, 2009. 陆相湖盆深水砂质碎屑流成因机制与分布特征: 以鄂尔多斯盆地为例. 沉积学报, 27 (6): 1065-1075.

Bao Z D, 1998. Continental slope limestones of Lower and Middle Triassic, South China. Sedimentary Geology, 118 (1): 77-93.

Blatt H, Middleton G V, Murray R C, 1980. Origin of sedimentary rocks. 2nd ed. Englewood Cliffs: Prentice-Hall.

Boggs S, 2009. Petrology of sedimentary rocks. 2nd ed. Cambridge: Cambridge University Press.

Bouma A H, 1962. Sedimentology of some flysch deposit: a graphic approach to facies interpretation. Amsterdam: Elsevier Science.

Chamley H, 1990. Sedimentology. Berlin: Springer-Verlag.

Clare M A, Clarke J E H, Talling P J, et al, 2016. Preconditioning and triggering of offshore slope failures and turbidity currents revealed by most detailed monitoring yet at a fjord-head delta. Earth and Planetary Science Letters, 450: 208-220.

Conybeare C E B, 1979. Lithostratigraphic analysis of sedimentary basins. New York: Academic Press.

Dott R H J, 1963. Dynamics of subaqueous gravity depositional processes. AAPG Bulletin, 47 (1): 104-128.

Fan A P, Yang R C, Van Loon A J, et al, 2018. Classification of gravity-flow deposits and their significance for unconventional petroleum exploration, with a case study from the Triassic Yanchang Formation (southern Ordos Basin, China). Journal of Asian Earth Sciences, 161: 57-73.

Faugeres J C, Gonthier E, Stow D A V, 1984. Contourite drift molded by deep Mediterranean outflow. Geology, 12 (5): 296-300.

Faugeres J C, Stow D A V, 1993. Bottom-current-controlled sedimentation: a synthesis of the contourite problem. Sedimentary Geology, 82 (1-4): 287-297.

Galloway W E, 1998. Siliciclastic slope and base-of-slope depositional systems: component facies, stratigraphic architecture, and classification. AAPG Bulletin, 82 (4): 569-595.

Gao Z Z, Eriksson K A, 1991. Internal-tide deposits in an Ordovician submarine channel: previously unrecognized facies. Geology, 19 (7): 734-737.

Gao Z Z, Eriksson K A, He Y B, et al, 1998. Deep-water traction current deposits: A study of internal tides, internal waves, contour currents and their deposits. Beijing: Science Press.

Greensmith J T, 1989. Petrology of the sedimentary rocks. 7th ed. London: Unwin Hyman.

Haughton P, Davis C, McCaffrey W, et al, 2009. Hybrid sediment gravity flow deposits-classification, origin and significance. Marine and Petroleum Geology, 26 (10): 1900-1918.

He Y B, Luo J X, Li X D, et al, 2011. Evidence of internal-wave and internal-tide deposits in the Middle Ordovician Xujiajuan Formation of the Xiangshan Group, Ningxia, China. Geo-Marine Letters, 31 (5-6): 509-523.

Howe J A, 1996. Turbidite and contourite sediment waves in the northern Rockall Trough, North Atlantic Ocean. Sedimentology, 43 (2): 219-234.

Huang Y T, Yao G Q, Fan X Y, 2019. Sedimentary characteristics of shallow-marine fans of the Huangliu Formation in the Yinggehai Basin, China. Marine and Petroleum Geology, 110: 403-419.

Kuenen P H, Migliorini C I, 1950. Turbidity currents as a cause of graded bedding. The Journal of Geology, 58: 91-127.

Leeder M, 1999. Sedimentology and sedimentary basins from turbulences to tectonics. Malden: Blackwell Science.

Li S L, Zhu X M, Li S L, et al, 2020. Trigger mechanisms of gravity flow deposits in the Lower Cretaceous lacustrine rift basin of Lingshan Island. Eastern China. Cretaceous Research, 107: 1-18.

McPherson G J. Shanmugam G. Moiola R J, et al, 1987. Fan-deltas and braid deltas: varieties of coarse-grained deltas. Geological Society of America Bulletin, 99 (3): 331-340.

Mulder T, Syvitski J P M, 1995. Turbidity currents generated in the river mouths during exceptional discharges to the world oceans. The Journal of Geology, 103: 285-299.

Mulder T, Syvitski J P M, Migeon S, et al, 2003. Marine hyperpycnal flows: initiation, behavior and related deposits. A review. Marine and Petroleum Geology, 20 (6-8): 861-882.

Mutti E, Bernoulli D, Lucchi F R, et al, 2009. Turbidites and turbidity currents from Alpine 'Flysch' to the exploration of continental margins. Sedimentology, 56 (1): 267-318.

Nichols G, 2009. Sedimentology and stratigraphy. 2nd ed. Hoboken: Wiley Blackwell.

Normark W R, Hess G R, Stow D A V, et al, 1980. Sediment waves on the monterey fan levee: A preliminary physical interpretation. Marine Geology, 37 (1-2): 1-18.

Pettijohn F J, 1975. Sedimentary rocks. 3rd ed. New York: Harper & Row.

Postma G, 1990. An analysis of the variation in delta architecture. Terra Nova, 2 (2): 124-130.

Postma G, Cartigny M J B, 2014. Supercritical and subcritical turbidity currents and their deposits-A synthesis. Geology, 42 (11): 987-990.

Reading H G, 1996. Sedimentary environments: process, facies and stratigraphy. 3rd ed. Oxford: Blackwell Science.

Schumm S A, 1977. The fluvial system. New York: Wiley.

Selly R C, 1991. An introduction to sedimentology. London: Academic Press.

Shanmugam G, 2000. 50 years of the turbidite paradigm (1950s-1990s): Deep-water processes and facies models-a critical perspective. Marine and Petroleum Geology, 17 (2): 285-342.

Shanmugam G, 2006. Deep-water process and facies models: implications for sandstone petroleum reservoirs. Amsterdam: Elsevier.

Shanmugam G, 2013. Modern internal waves and internal tides along oceanic pycnoclines: challenges and implications for ancient deep-marine baroclinic sands. AAPG Bulletin, 97 (5): 799-843.

Stanistreet I G, McCarthy T S, 1993. The Okavango Fan and the classification of subaerial fan systems. Sedimentary Geology, 85 (1): 115-133.

Stow D A V, Mayall M, 2000. Deep-water sedimentary systems: new models for the 21st century. Marine and Petroleum Geology, 17 (2): 125-135.

Stow D A V, Pudsey C J, Howe J A, et al, 2002. Deep-water contourite systems: modern drifts and ancient series, seismic and sedimentary characteristics. London: Geological Society Publishing House.

Surdam R C, Crossey L J, Hangen E S, et al, 1989. Organic-inorganic interaction and sandstone diagenesis. AAPG Bulletin, 73 (1): 1-23.

Surdam R C, Jiao Z S, MacGowan D B, 1993. Redox reaction involving hydrocarbons and mineral oxidants: a mechanism for significant porosity enhancement in sandstones. AAPG Bulletin, 77 (9): 1509-1518.

Talling P J, 2013. Hybrid submarine flows comprising turbidity current and cohesive debris flow: Deposits, theoretical and experimental analyses, and generalized models. Geosphere, 9 (3): 460-488.

Talling P J, 2014. On the triggers, resulting flow types and frequencies of subaqueous sediment density flows in different settings. Marine Geology, 352: 155-182.

Tucker M E, 1991. Sedimentary petrology: an introduction to the origin of sedimentary rock. 3rd ed. Oxford: Blackwell Scientific Publication.

Walker R G, 1978. Deep-water sandstone facies and ancient submarine fans-models for exploration for stratigraphic traps. AAPG Bulletin, 62 (6): 932-966.

Walker R G, 1982. Facies models. Toronto: Geoscience Canada.

Wei W, Zhu X M, Meng Y L, et al, 2016. Porosity model and its application in tight gas sandstone reservoir in the southern part of West Depression, Liaohe Basin, China. Journal of Petroleum Science and Engineering, 141: 24-37.

Zavala C, Ponce J J, Arcuri M, 2006. Ancient lacustrine hyperpycnites: A depositional model from a case study in the Rayoso Formation (Cretaceous) of west-central Argentina. Journal of Sedimentary Research, 71 (1): 46-59.

Zhu S F, Jia Y, Cui H, et al, 2019. Alteration and burial dolomitization of fine-grained, intermediate volcaniclastic rocks under saline-alkaline conditions: Bayindulan Sag in the Erlian Basin, China. Marine and Petroleum Geology, 110: 621-637.

Zhu X M, Zeng H L, Li S L, et al, 2017. Sedimentary characteristics and seismic geomorphologic responses of shallow-water delta of Qingshankou Formation in Songliao Basin, China. Marine and Petroleum Geology, 79: 131-148.